The Design of High Performance Mechatronics

고성능 메카트로닉스의 설계 2차 개정판

다분야 시스템 통합에 의한 최첨단 기능구현

저자

Robert Munnig Schmidt, Georg Schitter, Adrian Rankers, Jan van Eijk

역자

장인배

· 서울대학교 기계설계학과(현 기계전공) 학사, 석사, 박사

· 현 강원대학교 메카트로닉스 공학과 교수

· 저서 : 『표준 기계설계학』(동명사), 『전기전자회로실험』(동명사)

고성능 메카트로닉스의 설계 2차 개정판

다분야 시스템 통합에 의한 최첨단 기능구현

초판 인쇄 2015년 8월 10일
초판 발행 2015년 8월 15일

지은이 Robert Munnig Schmidt 외 3인
옮긴이 장인배
펴낸이 최국주
펴낸곳 동명사
출판등록 1950년 11월 1일(제1-76호)
주소 (우 413-756) 경기도 파주시 회동길 50(문발동)
전화 031-955-7200(대표)~2, 7203(편집부), 7204(물류)
팩스 031-955-7205
전자우편 webmaster@dmsbook.com
홈페이지 www.dmsbook.com

ISBN 978-89-411-8153-8 93550
값 59,000원

목차

The Design of High Performance Mechatronics

03

운동 시스템의 동특성

04

운동제어

05 전기기계식 작동기

06

메카트로닉스 시스템의 아날로그 전자회로

07 메카트로닉스 시스템의 광학

08 메카트로닉스 시스템의 측정

09

웨이퍼 스캐너의 정밀 위치결정

Appendix 부록

역자 서언

인류가 개발한 극한기술이라고 부르는 반도체 생산기술은 이제 나노미터의 벽을 넘어서 피코미터의 세계를 엿보고 있다. 이 기술은 스테이지라고 부르는 이동물체의 극초정밀 위치결정과 노광이라고 하는 초미세 영상투사 기술을 기반으로 하고 있기 때문에 반도체 노광기는 인류가 지금까지 개발한 모든 고성능 메카트로닉스 기술이 집대성된 결정체라고 할 수 있다.

이 분야를 공부하는 엔지니어들이 필독서로 여기는 슬로큼(A. Slocum) 교수의 명저인 **정밀기계설계**(Precision Machine Design)가 출간된 지도 벌써 20여 년이 지나면서 다양한 기술발전과 설계개념의 변화로 인하여 이 책의 효용성은 많이 줄어들었지만 여전히 이 책은 정밀기계 설계의 기본개념을 확립하는 데에 중요한 지침이 되고 있다. 이 책의 앞머리에서 슬로큼 교수는 정밀공학 기술이 순수 수동조작기계에서 서보제어기계를 거쳐서 매핑기술과 계측프레임의 도입을 통해서 순차적으로 성능을 향상시켜 왔다고 설명하고 있다. 이를 통해서 순수한 기계기술만으로는 현대적인 초정밀 기계의 성능을 충족시킬 수 없으며 계측을 기반으로 하는 서보시스템 즉, 메카트로닉스 기술만이 극한의 성능을 구현할 수 있다는 것을 명확히 알 수 있다.

초정밀 기술은 더욱 발전하여 현재는 이 로드맵의 상부에 **반력상쇄**(reaction force cancellation)와 **영강성 제진**(zero stiffness vibration isolation)기술이 추가되면서 나노미터 미만의 위치결정 정확도와 10 nm 수준의 임계치수를 가지고 있는 노광기술을 실현하기에 이르렀다.

정밀공학의 기반을 이루는 **탄성평균화**(elastic averaging)의 원리는 산업혁명 이래 기계공학 전반에서 활용되면서 기계의 정밀도를 꾸준히 높이는 데에 지대한 공헌을 하였지만 설계원리의 **비결정성**(nondeterministic)으로 인하여 나노미터 또는 피코미터 단위의 극한 정밀도를 요구하는 반도체용 노광장비 설계에 활용할 수 없게 되면서 초정밀 설계분야는 급격하게 **최소구속**(minimum constraint) 이론을 받아들이게 되었다.

네덜란드의 경우 **델프트**(Delft) 과학기술대학, **에인트호벤**(Eindhoven)공대, **트웬테**(Twente)공대 등을 중심으로 하여 지난 20여 년간 1000여 명의 메카트로닉스 엔지니어를 양성하였고 기업체인 필립스 주도하에 1000여 명의 엔지니어가 메카트로닉스 교육코스를 이수하는 등 다른 나라들과는 달리 신 설계이론의 교육에 힘썼으며, 이를 통해 양성된 새로운 설계학파가 전 세계의 초정밀 설계분야를 이끌고 있으며 그 결실인 ASML의 Twinscan 노광기를 통해서 현대공학의 첨단 기술을 꽃피우고 있다.

세계 제일의 반도체 제조 강국인 우리나라에서는 수많은 엔지니어들이 초정밀 메카트로닉스를 활용하여 반도체 집적도 향상을 위해서 노력하고 있지만 이론적 기반을 뒷받침해줄 수 있는 관련서적의 부족으로 인하여 항상 새로운 지식에 목말라하고 있는 실정이다.

역자는 세계 최대의 반도체 기업과 오랜 기간 동안 다양한 초정밀 메카트로닉스 시스템 설계를 수행했으며 그 과정에서 다양한 신 설계기술들을 접해왔다. 이 책은 그간 단편적으로만 엿볼 수 있었던 초정밀 반도체 노광장비의 최신 설계기술을 중심으로 하여 초정밀 메카트로닉스 시스템 설계 방법론을 집대성한 책으로 반도체, LCD 및 기타 초정밀 설계분야를 공부하는 학생과 해당 분야에 종사하는 연구자들에게 중요한 지침서가 될 것이다.

이 책을 처음 접해서 읽을 때에는 해당 분야 전공자에게는 조금 깊이가 낮고 쉽게 느껴지겠다고 생각했었으나 번역을 수행하면서 한 문장씩 되씹어보니 배울 내용이 매우 많은 아주 충실한 책이라는 것을 알 수 있었다. 설계책은 소설책 읽듯이 한 번 읽어보는 책이 아니고 내용을 음미하고 고민하면서 여러 번 다시 읽어야 비로소 그 내용이 뜻하는 바를 깨우칠 수 있기에 역자는 독자들에게 이 책을 옆에 두고 자주 읽어보기를 권하는 바이다.

또한 정밀기계설계를 공부하는 학생들이나 관련업계에 종사하는 엔지니어라면 L. Hale의 Principles and Techniques for Designing Precision Machines, H. Soemers의 Design Principles for Precision Mechanisms, P. Yoder의 Mounting Optics in Optical Instruments, D. Blanding의 Exact Constraint : Design using Kinematic Processing 등의 필독서들을 공부할 필요가 있다. 역자는 Slocum 교수의 책을 비롯하여 위에 제시한 대부분의 책들을 이미 번역하여 놓았으며, 기회가 닿는 대로 이를 출판할 생각이다.

이 책의 내용은 워낙 넓은 분야를 다루고 있기 때문에 번역과정에서 익숙하지 않은 용어들에 대한 오역이나 잘못된 의미전달 등이 있을 수 있다. 역자는 되도록 해당 분야에서 자주 사용하는 용어로 옮기기 위해서 노력하였지만 혹시 내용상의 오류가 있더라도 독자 여러분들의 너그러운 양해를 바라는 바이다.

마지막으로 공학 분야에서 대학원 과정에 해당하는 전문서적의 출판이 매우 어려운 우리나라의 출판업계 현실 속에서 이 책의 출판을 결심해준 동명사 관계자 여러분들에게 감사의 말을 전하는 바이다.

2015년

장인배 교수

강원대학교 메카트로닉스공학과

서언

1판 저술동기

메카트로닉스가 없는 세상은 전등이 없는 세상처럼 이미 상상할 수도 없게 되었다. 메카트로닉스라는 개념은 2차 세계대전을 전후하여 생겨났으며 기계와 전자가 결합되어 특정한 기능을 수행하는 모든 종류의 기계 시스템에 그 이름이 전파되었다. 메카트로닉스의 복잡성은 전기제어식 릴레이 스위치와 같은 간단한 형태에서부터 고도로 집적된 정밀운동 시스템에 이르기까지 광범위하게 분포되어 있다. 메카트로닉스의 확산과정에서 각각의 저자들이 바라보는 특정한 기술적 관점에 따라서 공학의 광범위한 다중학문 분야들 중에서 다양한 주제가 선택되어 수많은 책들이 출간되었다.

이 책은 다양한 방식으로 기존 책들과 차별화되어있다. 우선, 이 책은 저자들의 산업계 및 학계의 경험들을 통해서 산업계를 위한 참고문헌과 대학용 교재로 활용할 목적으로 저술하였다. 산업적 측면은 현재 사용가능한 가장 세련된 운동 시스템인, 반도체 산업분야에서 사용되는 웨이퍼 스케너용 스테이지에 대한 광범위한 설계경험을 기반으로 하고 있다. 학문적 측면은 고속 스캐닝프로브 현미경과 나노미터 미만 정확도의 광학계측용 초정밀 계측장비에 대한 진보된 연구에 기반을 두고 있다. 초고속 및 높은 가속도 수준으로 고정밀 위치결정을 수행하는 분야에 대한 논의는 산업적 배경과 긴밀한 관계를 가지고 있다. 로봇 공학이나 차량용 메카트로닉스와 같은 중요한 활용분야들에서도 동일한 이론을 사용할 수 있겠지만 이 책에서는 이들을 사례로 다루고 있지 않다. 예시된 모든 내용들은 운동 시스템의 모든 동적인 측면에 대한 제어성을 극대화시키는 것에 초점을 맞추고 있다. 이 때문에 책의 제목에 **고성능**이라는 용어를 사용하고 있다.

또한 이 책을 여타의 저술들과 다른 방식으로 구성한 이유는 대학에서 공학을 가르치면서 관찰을 통해서 대부분의 학생들이 수학적 법칙을 사용하는 훈련을 잘 받았지만, 이 수학적 원리들이 실제 기계설계에 어떤 역할을 하는지에 대해서는 잘 이해하지 못하고 있다는 것을 발견한 교육적인 이유 때문이다. 이론과 더불어 실용적 기술을 골고루 갖추고, 컴퓨터 시뮬레이션의 출력결과에 대한 건강한 비판적 태도를 겸비한 진짜 엔지니어를 양성해야 할 산업적 필요성이 지루한 저술 작업을 끝마칠 수 있도록 만들어준 동기가 되었다. 모델과 현실 사이를 빠르게 오갈 수 있는 능력은 진정한 다학문 설계자가 갖춰야 하는 가장 중요한 기능이다. 이 능력은 직관과 약식계산이 정교한 모델링용 소프트웨어를 탑재한 컴퓨터를 사용한 상세계산보다 더 가치 있는, 개념설계 단계에서 근사적인 시스템 거동을 재빨리 예측할 수 있도록 도와준다. 이러한 소프트웨어 도구들은 설계 프로젝트의 후반부 상세설계와 최적화의 과정에서 필수적이기는 하지만, 가장 중요한 의사결정이 이루어지는 개념설계 단계를 담당하기 위한 기본적인 엔지니어링 전문지식에 더 많은 노력을 기울일 필요가 있다.

이와 같이 이 책을 쓰게 된 주요한 동기들의 연장선상에서, 메카트로닉스 시스템의 하드웨어 부분에 대해서도 특정한 분야에 초점을 맞추기로 결정하였다. 비록 많은 경우에 소프트웨어가 현대적인 제어 시스템에서 실제의 기능을 구현해주는 플랫폼으로서의 기능을 수행하고는 있지만, 임베디드 소프트웨어라는 중요한 분야를 제외하였다. 이 책에서는 여타의 시스템들이나 인간 조작자와의 인터페이스를 배제하고 메카트로닉스 시스템의 핵심 기능에 초점을 맞추고 있다. 제어기의 논리흐름 알고리듬이나 샘플링 지연 같은 주제의 경우 이 알고리듬을 어떻게 C-코드로 작성하는가 보다는 핵심 기능적인 측면이 더 중요하다. 메카트로닉스를 주제로 책을 저술할 때에는 반드시 다뤄야만 하는 학문분야들이 매우 광범위하기 때문에 각 분야들에 대한 이론적 깊이를 절충할 수밖에 없었다. 특정한 효과에 대해서 설명할 필요가 있을 때에는 이 책의 내용이 좀 깊어지지만, 대부분의 주제들에 대해서는 세부사안에 대해서 특화된 심오한 지식을 제공해주기 보다는 개괄적인 이해를 돕는 수준으로 기술되어 있다.

전문가집단 내에서 시스템 설계자로서 메카트로닉스 엔지니어가 일하는 것처럼, 이 책이 관련된 전문서적들과의 연결고리로 활용되기를 바라고 있다.

우리의 진정한 희망은 이 책의 목적에 맞게 활용되는 것이다.

Robert Munnig Schimidt., Georg Schitter Adrian Rankers, Jan van Eijk

2014년 1월

2판 서언

많은 저술가들이 동의하는 것처럼 아무리 열심히 한 줄씩 교정한다 하여도 모든 책에는 오류가 있게 마련이다.

이 책의 경우 대부분의 오류는 오타와 영어 문제였지만, 이 책을 사용하다 보니 특히 기계공학과 동역학에 대한 기본지식에서 단원들 간의 불균형이 심하다는 것이 명확해졌다. 이 책은 원래 학부 수준의 지식을 갖춘 기계공학 전공자들을 위하여 쓴 것이다. 그런데 다른 분야의 전공자들도 이 책을 읽게 되면서 2판에서는 기초 기계공학과 관련된 내용들을 추가하게 되었다. 또한 좋은 친구이며 네덜란드의 능동 동역학 분야 전문가인 Adrian Rankers가 3장 말미의 회전체에 대한 모달 해석의 오류를 지적하였는데, 이 문제의 해결책을 찾아가는 과정에서 제어된 메카트로닉스 시스템에서 모달 해석이 매우 자주 사용되므로 이에 대해서 좀 더 상세하게 다루기로 결정하였다. Adrian은 기꺼이 그의 박사논문[70]을 이 책에 포함시키도록 해 주었으며 모든 동역학 단원들을 세심하게 검증해 주었다. 또한 강의과정에서 학생들이 제시한 의견들과 시험결과를 통해서 이 책의 일부분을 약간 다르게 기술하는 것이 훨씬 이해하기 쉽다는 것을 알게 되었다. 그리고 몇몇 독자들은 레퍼런스로 인용된 문헌들에 관심을 나타냈다.

크게 변한 내용들은 다음과 같이 요약할 수 있다.

- 2장은 제목이 **메카트로닉스 시스템의 응용 물리학**으로 변경되었다. 기계적인 법칙인 뉴턴과 라그랑주법칙이 추가되었으며 좌표계 및 에너지와 가속도로부터 운동방정식을 유도하는 방법이 제시되었다. 고속 푸리에 변환 윈도우와 라플라스 평면을 설명하기 위해서 그림이 몇 개 추가되었으며 맥스웰 방정식이 5장에서 2장으로 옮겨왔다.
- 3장에서는 모달해석 이론에 대한 큰 절이 추가되었다.
- 4장에서는 이산시간제어에 대한 소개가 추가되었다.
- 박사학위 논문과 같은 관련된 소스와 주제들에 대해서 본문 내에 인용표기를 하였으며 참고문헌으로 모아놓았다.

마지막으로 공저자들이 자신들이 기여한 부분을 보다 명확하게 표기해 주기를 원하였다. 그래서 각 단원들마다 일일이 작성자를 표기하였다.

감사의 글

이 책에서는 우리 자신들이 저술한 많은 저작들 이외에 다른 많은 분들의 저작들을 포함하고 있다.

다수의 대학 스태프들과 학생들이 이 책의 저술에 기여했고, 검수에 참여했다. 그들 중 일부는 본문에 명기되어 있지만 모든 이름들을 다 기억하고 거명하는 것이 불가능하기 때문에, 별도로 명기되어 있지는 않지만 아주 중요한 학생들을 소개하기로 한다. 첫 번째로, Ton de Boer는 메카트로닉스 시스템 설계 강좌를 수강하면서 강의노트로 이 책의 토대가 되는 개략적인 자료를 만드는, 석사과정 학생으로서는 불가능한 임무를 수락했다. 델프트 기술대학 메카트로닉스 시스템 설계그룹의 Johan Vogel과 Oscar vd Ven은 1판 교정을 수행하였고 물리 및 전자기계에 대한 단원 저술에 기여하였다. 비엔나 기술대학의 자동화 및 제어연구소의 Markus Thier는 디지털 운동제어 절의 작성을 도와주었다.

재정 및 장비 지원과 조언, 회사가 소유한 그림들의 사용허가, 책의 검수 등을 지원해 준 산업체의 파트너들도 감사를 받을 자격이 있다. 가장 중요한 3개 업체는 네덜란드 하이테크 회사인 ASML, 독일의 계측기 회사인 Heidenhain, 그리고 미국의 Agilent Technologies 등이다.

친절하게 자신이 보유한 그림을 사용하도록 허락해 준 여타의 많은 회사들과 개인들에게도 감사를 드린다. 인용한 그림들은 그림 하단에 명기하거나 참고문헌에 표기하였다.

이 책은 책 속에서 언급한 다른 많은 사람들의 지식이나 특허와 논문들을 기반으로 하고 있다. 이들 중 몇몇은 본문 내에서 참조를 표시하였으나 이미 오래전에 공개적인 지식으로 취급되어버린 대부분의 내용들은 별도로 인용 표기를 해놓지 않았다. 하지만 이 지식들은 **여전히 우리 모두가 기대고 있는 거인의 어깨**[1] 이므로 이에 대해서 감사를 표하는 바이다. 그런 관점에서 점점 그 가치가 높아지고 있는 Wikipedia에 대해서도 언급할 필요가 있다. 특정한 물리 및 수학적 용어나 어원을 빠르게 검색할 수 있을 뿐만 아니라 과거 유명한 과학자들의 생일이나 본명과 같은 소소한 정보들을 제공해 주었다.

정오표

영문 원본 1판 및 2판의 정오표는 errata.rmsmechatronics.nl에 게시되어 있다.

1) 사르트르의 베르나르(≈1115)가 말한 격언을 약간 각색한 것임.

내용 요약

이 책은 학사 학위를 가지고 있는 학생들이 메카트로닉스를 처음 접하려 하거나, 석사 수준의 학생들이 진보된 메카트로닉스에 대한 전반적인 지식을 넓히려 하거나, 최신 전문지식을 배우고자 하는 하이테크 산업계에 종사하는 엔지니어들을 위하여 만들어졌다. 이 다양한 목표를 충족시키며 적용환경을 설명하기 위해서 첫 번째와 마지막 단원에서는 현대 메카트로닉스 시스템이 구현한 가장 높은 수준의 복잡 시스템을 대표하는 ASML 웨이퍼 스캐너에 대해서 다루고 있다.

아홉 개의 단원들은 다음과 같이 요약할 수 있다.

도입부인 **1장**에서는 **네덜란드 하이테크 산업에서 메카트로닉스의 현황**과 역사적인 배경, 메카트로닉스에 대한 국가별 접근방식의 차이에 대한 일반적인 고찰, 그리고 **시스템 엔지니어링**과의 밀접한 관계 등을 다루고 있다. 1장의 주제에는 필립스 연구소에서 개발한 광학식 비디오 플레이(VLP) 디스크와 웨이퍼 스테퍼가 포함되어 있다. 이러한 개발들이 네덜란드의 고정밀 메카트로닉스 시스템 설계의 중요한 발판이 되었고 네덜란드가 특정한 광자물리학 분야에 치중하여 발전함으로써, 기계가공을 지향하는 대부분 국가들과는 크게 차별화 되었다. 시스템 엔지니어링과 시스템 설계에 대한 고찰을 통해서 하이테크 산업의 성공에 필수적인 것으로 증명된 기능적 설계와 개발 방법론에 대해서 소개한다. 이런 방법들은 복잡한 다학제간 설계를 통해서 구현해야만 하는 산업적인 경험들을 기반으로 하고 있다. 시스템 엔지니어링은 메카트로닉스와 밀접한 관계를 가지고 있으며, 연관된 원칙들은 메카트로닉스 시스템 설계의 체계화에 활용된다.

메카트로닉스 시스템의 응용 물리학을 다루는 **2장**은 제어된 운동 시스템에 활용되는 이론을 설명하는 일련의 단원들 중 첫 번째이다. 좌표 시스템이나 힘과 운동에 대한 물리법칙 등 몇 가지 중요한 주제들에 대해서 살펴본 다음에 메카트로닉스 위치결정 시스템에서 가장 중요한 요소인 전기과 자기 이론에 대해서 소개한다. 그런 다음 신호이론과 파동의 전파에 대해서 살펴본다. 이 단원에서는 메카트로닉스의 성질들을 나타내기 위해서 기계적으로 알아보기 쉬운 시간 기반의 스텝이나 임펄스 응답 대신에 주파수 도메인을 더 많이 사용하는 이유를 설명해 준다. 이 단원에서는 또한, 이 책의 대부분의 단원들에서 사용되는 응답에 대한 다양한 도식적 표현방법들에 대해서도 소개한다.

메카트로닉스 시스템의 정수는 여전히 제어를 통해서 물체의 위치를 결정할 때에 통달해야만 하는 실제 하드웨어를 대표하는 기계적인 구조이다. 대부분의 경우, 기계 구조의 동특성이 제어성능을 결정한다. 이 분야에 대한 전문적인 지식은 메카트로닉스 설계자에게 필수이다. 그런 이유 때문에 **3장**에서는 **운동 시스템의 동특성**을 다루며 스프링, 질량 및 댐퍼 등으로 이루어진 표준 기계요소들의 진동특성에 대해서 주로 집중하여 살펴본다. 여기에는 개별 진동 모드를 사용하여 외력에 대한 동적 응답을 나타내어 제어된 운동에 대한 구조 동특성을 최적화시킬 수 있는 방법인 모달해석에 대한 깊이있는 고찰이 포함되어 있다.

중요한 분야인 **4장**의 **능동형 운동제어**는 기계적인 동특성과 직접적으로 관련되어 있다. 이 단원에서는 여전히 널리 사용되고 있는 PID 제어기의 작동원리와 튜닝에 대한 총체적인 이해에 초점을 맞추고 있다. 귀환제어기를 최적화시키기 위한 루프-형성 방법에 대해서도 설명하고 있다. 또한 메카트로닉스 시스템 설계에 활용이 늘어나고 있는 직접 극점배치를 사용한 상태-공간 제어에 대해서도 소개한다. 제어의 물리적인 측면은 매우 중요하다. 귀환제어는 스프링이나 댐퍼 등으로 이루어진 시스템의 기계 도메인에 적분기나 관찰기와 같은 새로운 가상요소를 더해준다. **전기기계식 작동기와 아날로그 전기회로**들은 메카트로닉스 시스템에서 서로 밀접하게 연관되어 있는 두 가지 요소들이다. 이들의 상호작용은 두 가지 이유 때문에 시스템 설계자들이 점점 더 과소평가하고 있다. 우선, 이 분야는 물리 및 전자공학 분야의 전문가들에 의해서 지배되고 있다. 구체적이고 기계적인 시각으로 편향되어 있는 시스템 설계자들과는 달리 이 전문가들은 대부분이 더 추상적인 관념을 가지고 있어서 근원적으로 차이가 있다. 이런 관련분야들이 과소평가되는 두 번째 이유는 우리 주변에 널려있는 전자기기, 모터 및 작동기들 때문에 이들의 구동 원리는 단순하고 수많은 전문가들이 있다고 과대평가하기 때문이다. 전자공학의 어려움은 아날로그의 동적인 거동특성과 관련되어 있으며 불행히도 이 부분을 전공하는 사람들의 숫자는 늘지 않고 오히려 줄어들기 때문에 이런 생각은 위험한 오판이다. 메카트로닉스 설계자가 가장 많은 주의를 기울여야 하는 측면은 측정과 구동을 관장하는 아날로그 전자회로 분야이다.

이런 목적을 감안하여 **5장**에서는 먼저 **선형 전기기계식 작동기**에 대해서 다루고 있다. 이 단원은 주로 전자석 작동기에 초점을 맞추고 있지만, 정밀 메카트로닉스 시스템에 적용이 증가하고 있는 압전 작동기에 대해서도 다루고 있다. 5장은 작동기 시스템의 선정과정에 도움이 될 것이며, 향후에 이 주제에 대한 공부를 위한 지식의 기반이 된다. 또한 다음 단원에서 소개할 전력증폭기와의 관계도 명확하게 규명되어 있다.

6장에서는 측정 및 동력용 **아날로그 전자회로**에 대해서 다루고 있는데, 대부분의 기계공학 전공 학생들이 전자회로에 대해서 잘 알지 못하기 때문에 매우 기초적인 수준부터 시작한다. 능동 요소의 경우에는 가장 일반적으로 널리 사용되고 있는 아날로그 전자회로의 기본인 연산증폭기의 기본적인 응용회로에 대해서 살펴본다. 이 기나긴 단원의 마지막 절에서는 제어기와 작동기 사이의 인터페이스 역할을 수행하는 **전력증폭기**의 기본 설계에 대해서 살펴본다.

광학분야는 과거 수십년간 메카트로닉스 분야의 발전을 선도해 온 견인차이다. 우선 광학은 영상화 시스템과 여타 계측장비들의 광학 성능을 제어 및 보정하기 위해서 메카트로닉스가 활용되는 분야이다. 두 번째로 광학은 다양한 센서에서 거리를 측정하기 위해서 사용되며 메카트로닉스는 측정 시스템의 극한 정밀도를 가능케 해 준다. 그런 이유 때문에 **7장**에서는 메카트로닉스 설계자의 관점에서 **광학**에 대해서 살펴보기로 한다. 광원과 빛의 이중성을 포함하는 광학에 대한 기초 물리학에서 시작하여 영상화 시스템의 성능을 제한하는 인자들을 포함하여 기하학적이고 물리적인 광학에 대해 살펴본다. 이 단원은 능동 광학에 대해서 살펴보면서 마무리한다.

8장에서는 변형률, 유도, 정전용량, 및 광학식 센서들을 포함하여 다양한 물리적 원리들에 기초한 **힘과 동적 위치측정을 위한 센서**들의 기본적인 작동원리를 다루고 있다. 이 단원에 수록된 이론들은 메카트로닉스 시스템을 설계할 때에 적합한 센서들을 일차적으로 선정하는 데에 도움을 준다. 레이저 간섭계와 인코더도 고정밀 메카트로닉스 시스템에 가장 자주 활용되기 때문에 이 단원에서 다루고 있다. 일반적으로는 계측에 대해서 간단하게 언급하고 넘어가지만, 이 단원에서는 제어를 위한 측정에 집중하고 있다. 이런 이유 때문에 서로 다른 오차 원인들의 기여도로부터 동적인 정밀 시스템의 총 오차를 구하기 위한 통계적인 방법인 **동적 오차할당** 이론이 포함되어 있다.

이 책의 마무리를 위해서 **9장**에서는 모든 이론들이 가장 극한의 수준으로 적용되어진 **웨이퍼 스캐너의 정밀 위치결정**을 위한 메카트로닉스 설계에 대해서 다루고 있다. 이 단원에서는 위치결정 스테이지의 기본적인 설계, 진동의 차폐에 능동 제어를 적용해야만 하는 필요성, 그리고 1 m/s 이상의 속도와 30 m/s^2 이상의 가속도 하에서 나노미터 미만의 위치결정 정확도를 구현하기 위한 운동제어 방법 등을 포함하고 있다.

네덜란드의 첨단산업과 메카트로닉스

Robert Munnig Schmidt

1.1 | 서언

첫 단원에서는 네덜란드 하이테크 산업의 현황을 주제로 다루고 있다. 이 하이테크 산업은 다국적 기업인 Royal Philips Electronics를 기술혁신의 핵심 원천으로 삼아서 경제성장을 이끄는 원동력이 되었다. 소비재와 공산품 모두의 분야에서 넓은 시장전망을 기반으로 필립스가 설립한 다수의 하이테크 스핀오프 기업들 중에서 ASML은 반도체 노광장비 분야에서 글로벌 시장을 주도하는 기업으로 성장하게 되었다. 이 단원의 첫 부분에서는 **필립스 전구 제조**(Philipse Gloeilampen fabrieken)사 연구개발부서의 성과에 대해서 살펴보기로 한다. 역사적인 내용들을 간단하게 살펴본 다음에 두 번째 절에서는 정밀가공과 제조가 주 적용처인 국제무대에서 메카트로닉스 분야의 위상에 대해서 논의한다. 마지막 절에서는 하이테크 산업에 적용되는 고도로 복잡한 메카트로닉스 시스템의 설계 및 개발체계로 활용되는 시스템 엔지니어링에 대해서 다루고 있다. 또한 그와 관련된 개발 과정에 대해서도 개괄적으로 살펴본다.

1.2 | 역사적 배경

네덜란드의 고성능 메카트로닉스는 1970~1980년대에 에인트호벤 근처에 위치한 필립스 연구실험실에서 시작되었다. 이 실험실은 그 시절에 이미 세계적인 명성을 가지고 있었지만, 원래의 네덜란드식 이름인 **물리학 연구실**(Natuurkundig Laboratorium)에 기초하여 간단히 Nat-Lab이라고 불렀다. 이 실험실은 활용가능성이 큰 연구주제들에 대해서 다분야 팀워크로 연구활동을 수행하는 특징을 가지고 있었다. 비록 이 가능성이 자주 틀렸고, 현실성을 갖추는 데에 오랜 시간이 걸렸지만, 비전과 의욕

그림 1.1 메카트로닉스 분야의 진정한 진보를 촉발시킨 에인트호벤에 위치한 필립스 Nat-Lab 연구실험실 (출처 : 필립스 [21])

을 가지고 있는 연구자들은 그들의 꿈을 이루기 위해 일할 기회를 가졌다.

연구주제들의 다분야적 특성은, 초창기부터 연구자들이 독특한 조합을 이루고 긴밀한 관계를 맺으며 광학식 **비디오 플레이 디스크**(VLP)와 **실리콘 리피터**(silicon repeater) 분야에서 함께 일한, 광학 연구그룹에서 특히 두드러졌다. 이들은 자신들이 새로운 분야의 전문지식을 탐구하고 있다는 사실을 인식하지 못하고 있었다. 이 분야는 나중에 **메카트로닉스**라는 이름을 얻게 되었다.

1.2.1 비디오 플레이 디스크

이 시절에는 음악 연주와 가정용 녹음기로는 레코드 플레이어용 축음기와 카세트 레코더가, 영상재생용으로는 **비디오 카세트 레코더**(VCR)만이 있었을 뿐이다. 비록 미리 녹화한 비디오테이프가 결국에 가서는 매우 널리 사용되었지만, 그 당시의 일반적인 견해로는 이 마그네틱 테이프 기기는 부품수가 너무 많고 카세트 테이프 하나에 너무 값비싼 소재가 사용되기 때문에 소비재 시장에 내보내기에는 너무 비싸다는 것이었다. 그 당시에 이미 세계의 몇몇 사람들은 레코드판 몰딩이 전혀 비싸지 않기 때문에, 레코드판 방식의 비디오 기록장치가 이 문제를 근원적으로 해결할 것이라는 비전을 가지고 있었다. 불행히도, 아날로그 방식으로 비디오 영상을 저장하려면 일반 TV 영상 신호의 경우 4 [MHz] 이상의 대역이 필요하며,

그림 1.2 디스크의 트랙위에 초점이 맞춰진 헬륨-네온 레이저의 반사광선과 비접촉 광학식 검출원리를 갖춘 VLP 광학식 디스크 플레이어 (출처 : 필립스[83])

이 값은 최대 20 [kHz]의 주파수를 갖는 2채널 스테레오 음향 재생기가 구현할 수 있는 것보다 백배 이상 높은 주파수였다. 이 20 [kHz] 조차도 다이아몬드 팁을 장착한 접촉식 스타일러스를 사용해서는 매우 구현하기 어렵고, 홈의 오염을 피할 수 없다는 사실을 감안한다면 영상 신호를 이와 유사한 방식으로는 저장할 수 없을 것으로 생각되었다. 진정한 생각의 혁신은 디스크 위의 정보를 읽어내기 위해서 다른 방법을 찾아내야만 한다는 관찰로부터 시작되었다. 광학분야 전문가들은 광선이 극도로 작은 형상을 검출할 수 있기 때문에 가장 적합한 수단이라는 결론을 얻게 되었다. 이 당시 새로 개발된 레이저를 광원으로 사용하고 정밀한 광학계를 채택하여, 기계적인 수단으로는 그 누구도 이루지 못한, 훨씬 높은 밀도로 정보를 기록할 수 있었다. 회전하는 디스크에 대한 비접촉 검출방식의 이점은 33 [rpm]으로 회전하는 레코드판 상에 22 [kHz]의 신호성분을 갖고 있는 고품질 음향을 녹음하는 과정에 대한 간단한 계산을 통해서 명확하게 알 수 있다. 만일 신호가 직경이 130 [mm]인 내측 홈에 위치해 있다면 이 신호의 한 주기는 디스크 상에서 대략 10 [μm]의 트랙 길이에 해당한다. 다이아몬드 스타일러스의 팁 반경이 줄어들수록 수명이 급격하게 감소하기 때문에, 이 길이와 동일한 수준보다 훨씬 더 작게 만들 수는 없다. 이러한 팁 반경의 한계로 인하여 더 짧은 파장의 효과적인 검출이 제한된다. 최근 출시되어 현재에도 사용하고 있는 레코드플레이어에 적용된 가장 정교한 방법을 사용한다고 하여도, 레코드판 위에 녹음할 수 있는 최고 주파수는 약 40 [kHz]로 제한된다. 그런데 적절한 광학계와 파장길이가 633 [nm]인 헬륨-네온 레이저 광원을 사용하면 회전하는 디스크 상에 기록된 마이크로미터 미만의 미세형상도 검출할 수 있다는 것을 발견하였다. 기계식 레코드플레이어에서의 특성 길이인 10 [μm]에 비해서, 이 값은 미세형상 하나가 차지하는 표면적이 백분의 일 이하이므로, 그림 1.2에 도시되어 있는 일반적인 크기의 레코드판 위에 한 시간 분량의 비디오 정보를 기록하기에 충분하였다.

1.2.1.1 신호 인코딩과 검출원리

효율성 때문에, 아날로그 비디오 신호를 디스크 위에 일련의 홈으로 이루어진 주파수와 길이가 변하는 얇은 띠로 직접 기록하는 것으로 결정 되었다. 그림 1.3에 도시된 것처럼, 비디오 정보는 주파수로 기록되는 반면에 음향은 홈의 길이로 기록된다. 직경이 0.3 [m]인 일반적인 레코드디스크와 동일한 크기인 투명 디스크 상에 폭은 0.4 [μm]이며 상호거리는 1.6 [μm]인 나선형으로 감긴 트랙 내에 홈들이 기록된다. 하지만 높은 주파수를 구현하기 위해서 회전 속도는 열배나 빠른 초당 30회전을 한다. 기존의 레코드 디스크와 다른 또 한가지 특징은 트랙의 위치로, 그림 1.4에 도시된 것처럼 더 이상 그루브 속에 새겨넣지 않고 디스크 속에 매립하였으며, 투명한 덮개층을 관통하는 작은 점광원을 사용하여 정보를 검출한다. 이 보호층은 필수적인 것으로 판명되었다. 이 당시 RCA와 같은 일부 경쟁자들은 여전히 스타일러스를 사용해서 표면에 새겨진 그루브의 정보를 검출하기 위해서 노력하고 있었다. 추적과 검출이라는 기능의 분리를 통해서, 이들은 실제로 작동하는 기계 시스템을 구현할 수 있었으며, 오염을 방지하기 위해서 카세트 내에 잘 보호된 디스크를 사용한다면 언젠가는 시장에 출시할 수도 있을 것으로 기대되었다. 이 방식

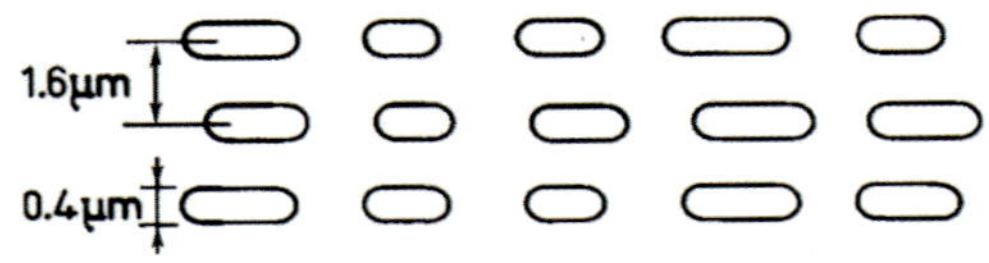

그림 1.3 비디오플레이디스크 상의 신호는 나선형으로 감긴 트랙 상에 트랙의 폭과 상호거리는 일정하지만 길이와 주파수가 변하는 홈으로 암호화되어있다. 홈들의 주파수는 비디오 신호를 나타내며, 홈의 길이는 음성신호를 나타낸다.

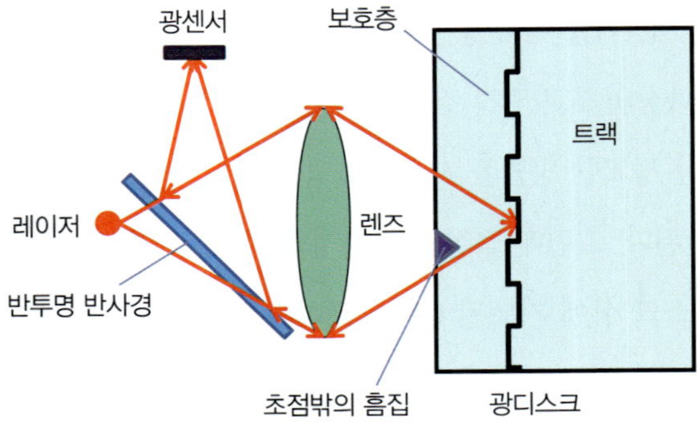

그림 1.4 광디스크의 기본적인 광학식 검출 원리는 광디스크 내에 매립되어 있는 트랙에 레이저 빔의 초점을 맞춘 후에 광센서로 반사광선의 강도를 측정한다. 보호층 표면상의 흠집은 초점에서 벗어나 있기 때문에 검출되지 않는다.

은 그 자체만으로도 그 시절의 큰 기술적 성공을 거두었지만, 필립스의 비접촉 광학식 검출시스템과 비교해 보면, 결코 살아남을 수 없었다. 특히 표면 흠집에 둔감한 특성은 광학식 검출방식의 큰 장점 중 하나였다. 표면 흠집들은 검출용 레이저 빔의 초점 평면상에 위치하지 않기 때문에 검출되지 않는다. 이 원리가 가지고 있는 한 가지 기술적 문제는 트랙을 추종하기 위해서 어떠한 기계식 접촉 수단도 사용할 수 없다는 점이며, 이로 인하여 디스크 상의 정보를 읽기 위해서 설계된 **광학식 검출 유닛**(optical pickup unit)의 위치를 능동적으로 제어하기 위한 방법을 찾을 필요가 생겼다. 이 문제에 대한 해결이 네덜란드의 정밀 메카트로닉스 산업을 있게 한 결정적인 돌파구가 되었다. 특수하게 분할된 광다이오드와 약간의 부가적인 광학계를 사용하여 광 픽업 유닛의 트랙에 대한 상대위치를 측정할 수 있었으며, 그림 1.5에서와 같이 스피커에서 사용하는 것과 유사한 초소형 직선이동 코일모터를 아주 빠른 위치제어 시스템으로 사용하여, 픽업 유닛을 트랙 바로 위에 위치시킬 수 있었다. 소위 **서보시스템**(servo system)을 사용하여 진동과 이상적인 나선형 트랙으로부터의 편차로 인한 오차를 보정할 수 있었다. 오늘날에는 가장 값싼 CD 플레이어조차도 특수한 단일 IC 디지털 프로세서를 사용하여 이 보정을 구현하지만, 그 당시에는 연산증폭기, RC 네트워크, 그리고 제어기를 조절하기 위한 몇 개의 가변저항기들을 사용해서 이 제어시스템을 구축할 수밖에 없었다.

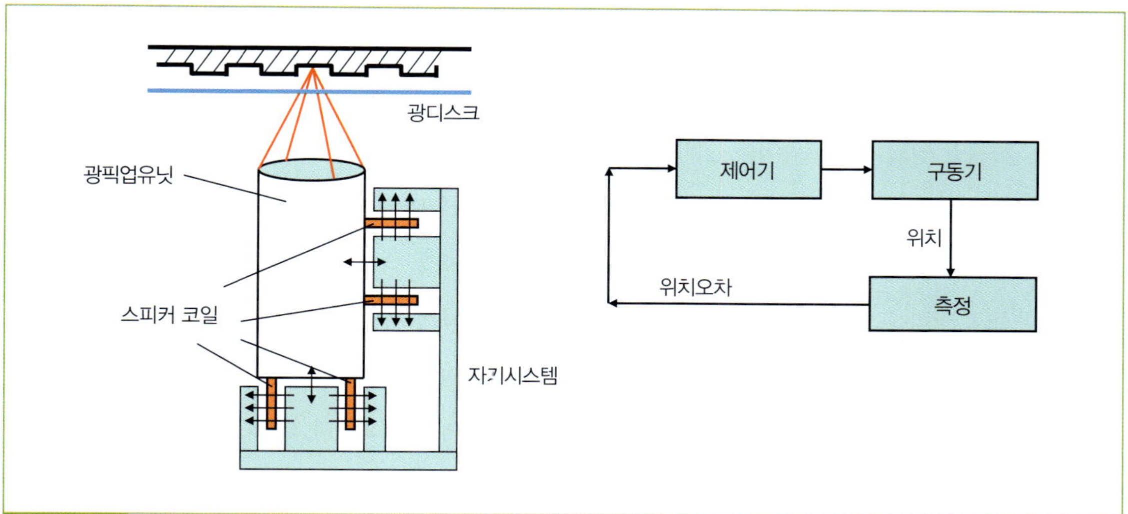

그림 1.5 반사광선의 정보로부터 위치를 측정하여 광학식 픽업유닛의 위치를 능동적으로 제어하며 이동코일 작동기를 사용하여 위치오차를 보정한다.

그림 1.6 CD303은 필립스에서 출시한 최초의 고성능 CD 플레이어이다. CD용 회전모터와 완벽한 광학식 검출 메커니즘, 그리고 광학식 픽업유닛을 이송하는 회전식 암은 전면에서 디스크를 넣을 수 있는 분리된 투입구 내측에 설치되어 있다.

1.2.1.2 콤팩트디스크와 디지털 광학 기록장치

비디오플레이어는 새롭게 개발된 **광학식 기록**(optical recording)원리를 가지고 시장에 나온 첫 번째 제품이었다. 하지만 영화 소프트웨어를 구비하기 위해서 MCA와 협력체계를 구축하였음에도 불구하고, **레이저비전**이라는 이름으로 출시했던 제품은 결국 성공하지 못하였다. 이는 예상보다 더 낮은 가격으로 출시된 비디오 카세트 방식 VCR 플레이어가 텔레비전의 영상신호를 직접 기록할 수도 있었기 때문이었다. 광학식 디스크 방식은 녹화가 불가능했다는 점이 가전제품으로서 레이저비전 디스크의 가장 큰 단점으로 대두되었다. 이 문제는 그림 1.6에 도시되어 있는 최초의 상용 가전제품 중 하나인 오디오용 **콤팩트 디스크 플레이어**(compacr disk player)가 성공적으로 도입된 이후에 해결되었다. CD-Interative, CDROM, CDRAM, DVD 슈퍼오디오 CD 및 블루레이 디스크와 같이 수많은 성공적인 제품들과 일부 덜 성공적인 제품들을 통해서 이 기술이 진정으로 연예산업의 큰 변화를 이끌어냈다. 아날로그 신호의 디지털화, 비디오 플레이어의 광학식 디스크 작동원리, 그리고 반도체 레이저의 발명 등 CD의 세 가지 주요 개발들이 결합되어 활씬 더 작은 광학식 시스템의 설계가 가능하게 되었다. 이러한 개발에 수반된 소형화의 사례로서, CD 플레이어의 전체 메커니즘과 블루레이 플레이어용 광학식 픽업이 그림 1.7에 도시되어 있다.

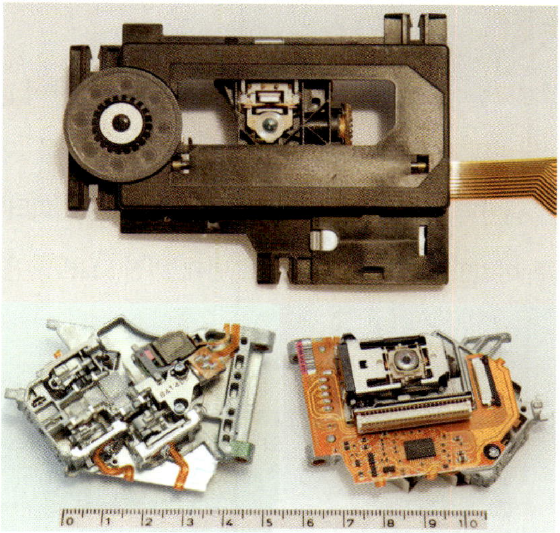

그림 1.7 이 사진의 위쪽에 있는 CD 메커니즘 내의 광학식 픽업 유닛은 회전형 모터와 나사-너트/기어휠 동력전달기구에 의해서 구동되는 간단하고 염가인 직선형 이동식 스테이지에 의해서 이송된다. 이 대변위 직선 구동기는 픽업유닛에 내장된 이동코일 모터를 사용하는 정밀한 트랙추종 서보 시스템의 검출범위 이내로 픽업유닛의 대략적인 위치를 이송한다. 이런 기본적인 대변위-미소변위 위치결정 개념은 광학식 픽업유닛이 CD 메커니즘의 하부에 설치되는 블루레이 디스크와 같은 이후의 개발과정을 통해서 더 정교하게 발전하였다. 이 유닛은 이전의 모든 CD와 DVD 관련 포맷에 적용할 수 있도록 설계되었다. 그런 이유 때문에 세 가지 서로 다른 레이저 광원들을 여러 개의 부분반사 큐브와 렌즈들을 사용하여 이 하나의 유닛에 통합하여 모든 광선을 하나의 점으로 결합시켜 놓았지만, 서로 다른 파장대역에서 작동한다.

이 시스템들에 적용된 설계원리인 정밀도와 작동범위에 따른 대변위와 소변위의 분리에 대해서는 다음 절에서 설명하며, 이 책의 마지막 단원에서는 동일한 연구 그룹에 의해서 수행된 더 최근의 개발사례인 웨이퍼 스캐너의 경우를 사례로 다시 살펴볼 예정이다.

1.2.2 실리콘 리피터

광학식 기록장치가 발명된 것과 같은 시기에, 필립스는 자체적으로 반도체를 생산하였다. 이 활동을 지원하기 위해서, Nat-lab의 몇몇 연구그룹들은 반도체 기반 **집적회로**(integrated circuit)의 소자크기를 줄이는 국제경쟁에 적극적이었다. 그림 1.8에 도시되어 있는 필립스 최초의 상용 집적회로는 매우 소수의 소자들로 구성되어 있지만, 점차로 집적된 소자의 수가 급격하게 증가하여 단일 실리콘 기판 위에 집적시켜야만 하는 트랜지스터, 저항 및 커패시터의 수가 수백만개에 이르게 되었다. 다수의 서로 다른 층들로 이루어진 전자소자들은 그림 1.8에서 밝게 보이는 영역인 능동 요소들의 상부에서 결선하여 모두 서로 연결되어 있다.

Nat-lab의 기술지원 및 설계그룹은 초점이 맞춰진 주사광선을 사용하여 IC용 마스크를 제작할 수 있는 Opticograph와 같은 정밀장비의 자체 설계와 제작을 통해서 이 연구를 지원하였다. 이런 장비들 중에서 집적회로의 패턴을 실리콘 웨이퍼 위에 직접 노광하기 위한 **실리콘 리피터**(silicon repeater)가 설계되었다. 그림 1.9에서는 이들 중 두 버전이 도시되어 있다. 첫 번째 버전(Mark 1)은 Nijmegen에 위치한 필립스

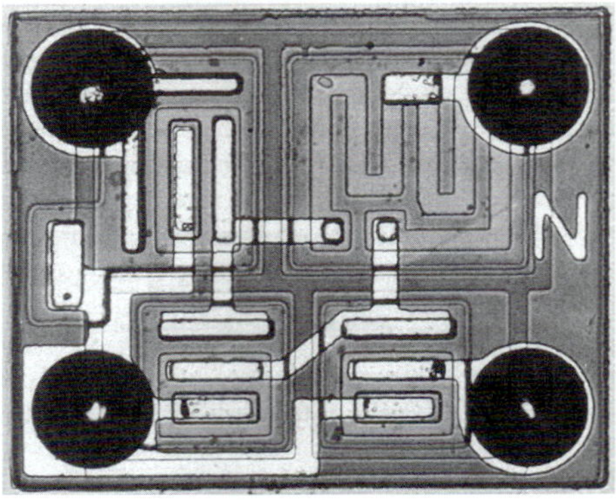

그림 1.8 OM 200은 1965년에 필립스가 최초로 제작한 집적회로이다. 크기는 0.75×0.75[mm^2]이며 3개의 트랜지스터와 2개의 저항기가 집적되어 있다. (출처 : 필립스[89])

그림 1.9 실리콘 리피터 Mark 1 및 Mark 2는 필립스 최초의 웨이퍼 스테퍼이며 마이크로미터 영역까지의 영상 분해능을 구현하였다. 이들은 IC 생산기술의 진보된 연구를 위한 실험실용 장비로 설계되었다. (출처 : 필립스[15])

반도체의 엔지니어링 부서와 함께 설계한 것이며, 실리콘 리피터 Mark 2는 온전히 Nat-lab이 자체 제작한 것이었다.

1.2.2.1 IC 제조공정

IC 내에서 능동형 전기소자를 구현하고 이들을 결선하기 위해서는 실리콘 반도체 소재에 에칭, 산화 또는 다양한 화학물질들을 사용하여 국부적으로 성질을 바꾸는 작업을 수행할 필요가 있다. 이와 관련된 공정을 **리소그래피**(lithography)라고 부르는데, 이는 고대 그리스어인 "*λιυοζ*"(=돌)과 "*γραφειυ*"(=쓰기)라는 단어에서 유래하였다.

이 공정의 첫 번째 단계는 반도체 소재 위에 도포된 광 민감성 레지스트 층 위에 광강도 패턴을 가지고 있는 빛을 노출시켜 원하는 패턴을 **프린트**하는 것이다. 광학 시스템이 레지스트 위에 위치한 마스크(**레티클**(reticle)이라고도 부른다)의 영상을 투영하여 노출을 수행한다. 레지스트를 현상한 다음에 그림 1.10에서와 같이 레지스트에 가장 강한 강도의 빛이 조사된 위치의 반도체 소재를 화학적으로 처리한다. 이와 동일한 공정들이 최대 약 30회 반복되어야 하며, 각각의 리소그래피 공정마다 서로 다른 층들이 만들어진다는 점을 알아야 한다. 그림 1.11에서는 IC 제조공정이 개략적으로 제시되어 있다.

IC의 가장 작은 형상이 에너지 소비량과 기능성을 결정한다. 비용 절감을 위해 제조 공정의 생산성을

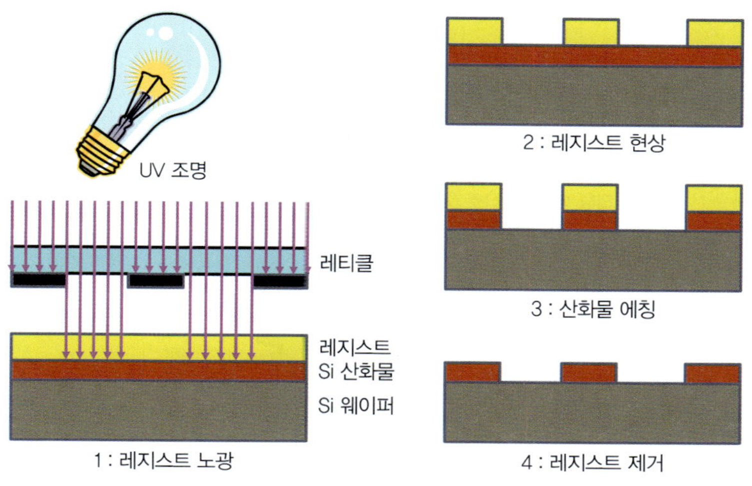

그림 1.10 리소그래피 공정은 실리콘 기판의 국부적인 화학적 처리들로 이루어진다. 처리할 영역은 광학식 노출 시스템에 의해서 마스크 상의 패턴을 투영하여 사전에 만들어놓은 형상의 패턴을 가지고 있는 레지스트 층에 의해서 결정된다.

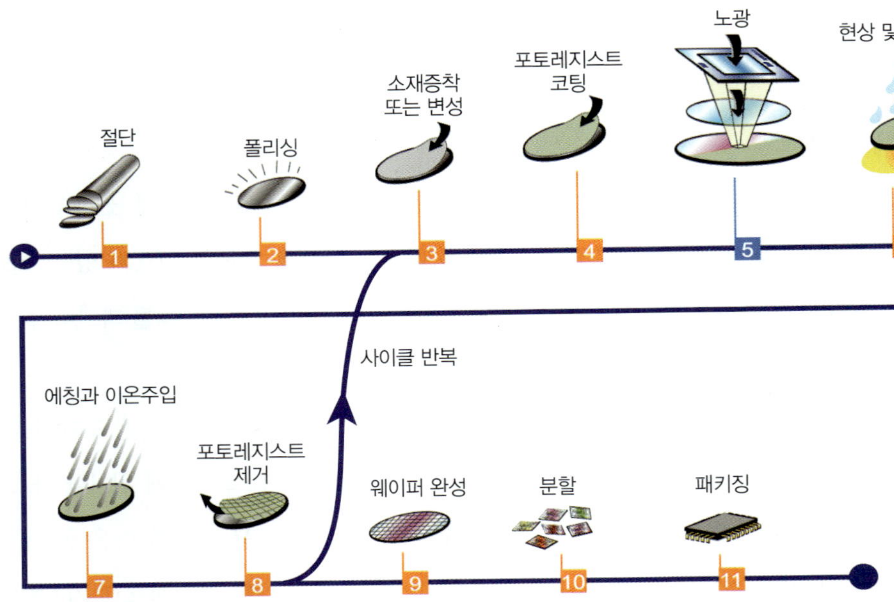

그림 1.11 IC 생산공정은 단결정 성장된 실리콘 잉곳을 다수의 화학처리를 수행할 얇은 슬라이스(웨이퍼)로 절단하는 것에서부터 시작한다. 집적회로에 대한 세부 사항들은 5단계의 노광공정에 의해서 결정된다.

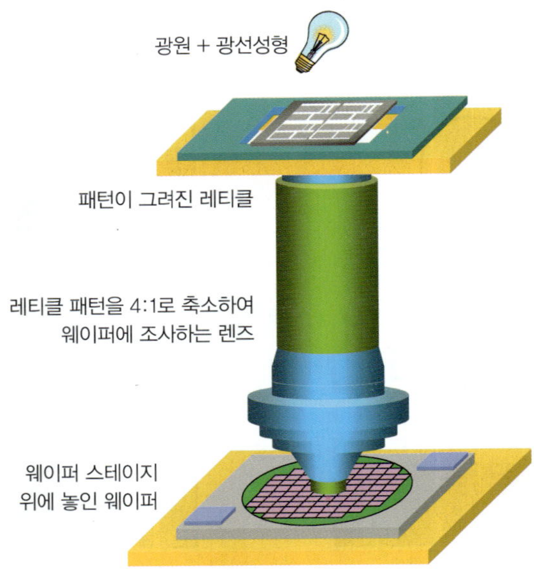

그림 1.12 웨이퍼 스테퍼의 핵심 요소들에 대한 개략도. 축소렌즈를 사용하여 마스크 영상을 웨이퍼에 투영한다. 높은 분해능을 구현하려면 개구각도가 커지기 때문에 한번 노출에 좁은 영역만을 노광시킬 수 있다. 따라서 웨이퍼 스테이지를 사용하여 스텝별로 웨이퍼를 노광해야 한다.

지속적으로 향상시킨 것과 더불어서, 형상의 축소는 반도체 산업의 가장 중요한 경제적 원동력이 되었다. 두 인자들 모두 주로 노광 시스템에 의해서 결정된다. 비록 여타의 모든 공정단계들도 마찬가지로 고도의 개선이 이루어져야 하지만, 노광 단계가 회로의 세밀함을 결정하는 유일한 공정이다. 이런 이유 때문에 노광 공정이 반도체 산업에서 개발의 최우선이 되었다. 초기에는 그림 1.10에서와 같이 웨이퍼 위에 마스크를 근접하여 위치시킨 후에 직접 투사를 통해 노광을 수행하였다. 그런데, 이런 **쉐도우 마스크**(shadow mask) 노광 원리는 회절법칙에 의해서 분해능이 제한되며 마스크 표면과의 접촉에 의해서 이전 공정에서 만들어진 층이 손상될 위험이 항상 존재하였다. 이런 문제를 해결하기 위해서, 웨이퍼 스테퍼와 웨이퍼 스캐너가 개발되었다.

웨이퍼 스테퍼의 핵심 구성요소들이 그림 1.12에 도시되어 있는데 광학식 투사 시스템이 가운데에 위치하고 있다. 광선이 필름과 렌즈를 통과하여 벽에 투영되는 슬라이드 환등기처럼, 웨이퍼 스테퍼는 광선이 레티클과 렌즈를 통과하여 웨이퍼 위에 투영된다. 유일한 차이점은 높은 분해능을 구현하기 위해서 영상을 웨이퍼 위에 축소하여 투영한다는 것이다. 높은 분해능을 구현하기 위해서는, 7장에서 설명하는 것처럼, 큰 개구각도를 갖는 렌즈가 필요하다. 이런 이유 때문에 렌즈와 매우 인접한 위치에 영상이 맺히며 모든 방향에서 광선이 조사되어야만 한다. 웨이퍼 전체를 단 한 번의 노출만으로 노광하기 위해서는 매우 직경이 큰 렌즈가 필요하며, 이를 제작하는 것은 너무 많은 비용이 소요된다. 따라서 한 번의 노광으로는 좁은 면적만을 노광할 수 있다는 결론이 내려진다. 이는 웨이퍼를 단계적으로 노출시켜야 하며 **웨이퍼 스테이지**(wafer stage)라는 메커니즘을 사용하여 각 노광스텝마다 매우 정확하게 위치를 맞춰야 한다는 것을 의미한다. 작업시간을 단축시키고 생산성을 허용 가능한 수준으로 유지하기 위해서는 이 스테핑 운동이 극도로 빠르게 이루어져야만 한다. 따라서 이처럼 극도로 정확하며 높은 운동속도를 구현하기 위해서는 완벽한 메카트로닉스를 구현하는 것이 이 장비의 핵심이 되었다.

1.2.2.2 매우 정확한 웨이퍼 스테이지

메카트로닉스 분야에서 가장 중요하며 어려운 분야는 여전히 웨이퍼 스테이지이다. 실리콘 리피터 시절에 웨이퍼가 필요로 하는 위치결정 정확도는 이미 앞에서 설명했던 비디오플레이디스크의 정확도와 동일한 수준이었으나 허용오차는 수십 센티미터의 범위에 대해서 1마이크로미터 미만으로 훨씬 더 작았다. 웨이퍼 스테퍼 위에 놓인 웨이퍼는 빠르게 움직이는 트랙을 추종하는 대신에, 스텝이동 후에 노광이 수행되는 동안 완벽한 정지해 있어야만 했다. 정지특성은 웨이퍼 위에서 0.1 [μm] 미만의 위치 반복도를 구현해야만 했다. 이 당시 웨이퍼의 크기는 5인치(약 12 [cm])였으므로 웨이퍼 스테이지는 백만분의 일 이상의 정확도로 작동해야 했다.

최초의 웨이퍼 스테이지는 그림 1.13에서 개략적으로 도시된 것처럼 **유압식 리니어모터**(hydraulic linear motor)로 구동되었다. 정밀 유압기구는 실험실에서 고정밀 광학부품을 가공하는 데에 필요한 고정밀 공작기계의 설계를 수행했었던 필립스의 전문가들에게 친숙한 분야였다. 유압 실린더와 **서보밸브**(servo valve)는 엄격한 사용조건 하에서 고정밀 위치결정을 위한 증명된 기술이었다. 유정압 베어링 내에서의 마찰을 없애고, 레이저 간섭계의 위치측정에 영향을 끼치지 않도록 유압 작동유의 온도는 최대편차가 약 100 [mK] 이내로 유지되도록 능동제어 해야만 했었다. 이 시절의 또 다른 중요한 혁신들 중 하나는 작용력 모두가 움직이는 노광용 척의 무게중심을 통과하는 동일한 평면에 작용하는 **H-구동기**(H-drive) 구조를 채용한 것이다. 이 웨이퍼 스테이지에서 유압식 모터의 차압을 제어하는 특수한 밸브를 사용하여 내부마찰에 의한 백래시 없이 0.1 [μm]의 반복도를 구현하였다.

훌륭한 성능에도 불구하고, 유압식 구동기구는 고압 펌프를 필요로 하며, 오일 누수의 위험이 있는 밀봉장치들은 IC 제조공장의 클린룸에 사용하기에 이상적인 부품이 아니었다. 실험실 내에 설치된 시제품에 사용된 고압 튜브가 단 한번만 터져도 모든 설비를 세척해야만 한다는 문제에 대해서 모두 걱정하였다. 그런 이유 때문에 전기구동장치가 훨씬 더 좋은 대안으로 여겨졌기에, 이와 병행하여 회전식 서보모터와 마찰차 구동기구를 사용하는 전기식 스테이지에 대한 연구가 수행되었다. 하지만, 이런 기구들을 사

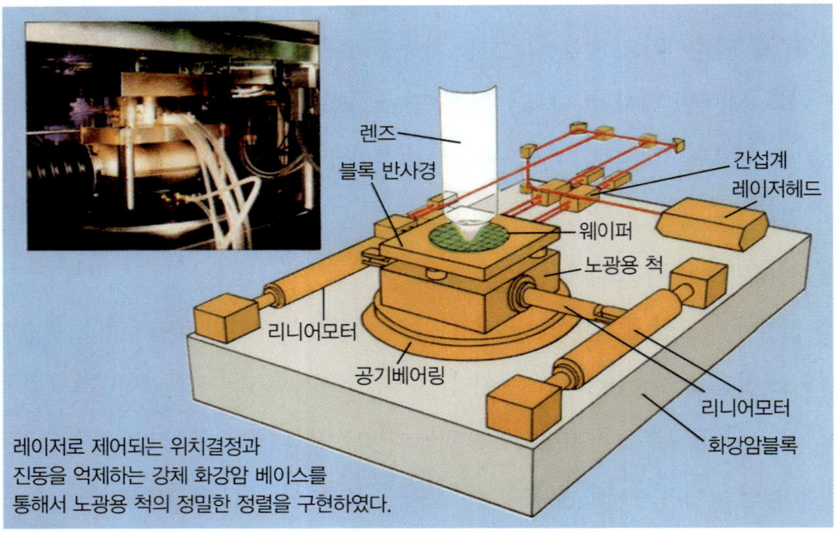

그림 1.13 최초의 웨이퍼 스테이지는 필요한 강성, 속도 및 정확도를 구현하기 위해서 유압식 리니어모터를 사용하였다.(출처 : 필립스 상용전단지)

용하여 제작된 프로토타입은 구동장치 특성과 낮은 연결강성 때문에 동적인 문제를 나타냈으며, 궁극적으로는 직접구동 방식만이 유압식 구동기구의 진정한 대안이라는 것이 증명되었다. 이런 직접구동 방식 웨이퍼 스테이지의 설계는 비디오플레이디스크와 자기방식으로 지지되는 광 픽업유닛에 대한 연구를 기반으로 하였다. 무거운 질량에 따른 직관적인 단점에도 불구하고, 이와 동일한 작동원리를 대형 위치결정 시스템에도 적용할 수 있을 것으로 생각하였다. 이 시절에 직선운동은 대부분 마찰차의 예에서와 같이 회전형 모터와 나사축을 사용하여 구현되었다. 원리상 이런 간접구동기구의 위치결정 반복도는 부품의 가공 정밀도에 의해서 결정되며, 일반적으로 이 정확도는 마이크로미터 미만 수준의 정확도를 구현하기에 충분치 못하였다. 위치제어를 적용하면 주로 백래시, 동특성 및 마찰 등에 의해서 제한되는 시스템 오차를 대략적으로 1 [μm] 수준으로 낮출 수 있었다. 잔류 오차를 줄이기 위해 압전 작동기를 사용한 실험의 결과가 이 시절에는 그리 성공적이지 못하였기 때문에, 남아있는 유일한 해결책은 비디오플레이디스크의 픽업유닛에 사용했던 직접구동원리를 사용하는 것이었다.

이 중요한 단계에서 다음과 같은 다음과 같이 흥미로운 점을 관찰할 수 있다.

정밀공학적인 생각의 기반에는 정확도와 강성이 밀접하게 연관되어 있다는 강한 믿음이 자리 잡고 있다. 불행히도 이런 생각은 너무나도 자주, **결정론적**(deterministically)으로 구속된 구동 메커니즘을 사용하여 해당 위치에 모터와 메커니즘들을 견고하게 고정해야만 한다는 것으로 잘못 해석된다. 비디오 플레이 디스크에서 사용하는 광 픽업 유닛의 경우에 정확도를 구현하기 위해서는 설치용 베이스와 픽업 사이가 아닌 트랙과 픽업 사이의 강성이 필요하므로 이런 시도는 전혀 쓸모가 없으며 트랙과 픽업 사이의 강한 기계적 연결은 불가능하다. 그 대신에 광학 픽업 유닛은 트랙과 **가상**적으로 연결되어야만 한다. 이는 서로 반대방향으로 작용하고 실제 위치와 원하는 위치사이의 차이에 비례하는 전자기력을 사용하여 구현할 수 있으며 이를 통해서 이동부와 트랙 사이에서 능동적으로 강한 연결을 만들어낼 수 있다.

기계적인 강성 대신에 귀환제어 강성을 통하여 정밀한 위치를 구현할 수 있다는 추상적인 개념은 더 진보된 고속 운동제어 원리에 익숙하지 않은 사람들이 쉽게 받아들이기 어렵다. 그 결과 초창기 메카트로닉스의 발전은 물리 및 전자 엔지니어들이 새로운 방법을 도입한 다분야 팀에 의해서 실현되었으며 이후에 더 많은 현대 기계 엔지니어들이 이를 받아들이게 되었다. 비디오 플레이 디스크 연구에서 얻은 원리를 훨씬 더 큰 시스템인 실리콘 리피터 웨이퍼 스테이지에 적용하므로서, 유압식 모터보다 월등한 성능의 전기구동기구를 설계할 수 있었으며, 필립스 최초의 웨이퍼 스테퍼가 소비자에게 외면 받았던 가장 큰 장애물을 없앨 수 있었다. 이런 이유 때문에 그림 1.14에 도시된 전기식 리니어 모터로 구동되는 웨이퍼 스테이지는 네덜란드가 메카트로닉스 분야에서 성공을 거두게 된 상징이 되었다.

그림 1.14 전기식 리니어모터를 사용하여 클린룸 친화적인 웨이퍼 스테이지를 만들 수 있었다.

1.2.3 메카트로닉스가 끼친 영향

이 절에서 설명한 두 가지 연구주제들은, 동일한 연구 그룹 내에서 메카트로닉스적인 상호관계를 통하여 네덜란드를 넘어서 세계적으로 큰 영향을 끼친 두 가지 걸출한 기술적 개발을 이루었다. 데이터, 영화와 음악을 광학식으로 저장하는 장치가 없는 세상은 이제 생각할 수도 없으며, 필립스의 자회사인 ASML을 통해서 만들어진 필립스의 웨이퍼 스테퍼는 전자산업과 그에 따른 통신 및 미디어의 압도적인 발전을 가능케 한 원동력이 되었다. 이 책의 마지막인 9장에서는 웨이퍼 스테퍼와 그 후속장비인 웨이퍼 스캐너와 관련되어 현재 시장에서 가장 수요가 많은 장비들 중 한 가지 모델에 대해서 모든 메카트로닉스 이론들을 적용하여 더 상세하게 설명할 예정이다.

1.3 | 정의와 국제적인 위상

메카트로닉스 설계는 전통적인 기계공학의 분야인 정역학과 동역학, 열역학, 계측공학 및 윤활공학과 역사적으로 비 기계공학 분야인 전자공학, 소프트웨어 및 광학 등이 혼합되어 있다. 이들의 결합은 이토록 서로 다른 학문분야들을 단순히 합한 것 이상의 의미를 가진다. 우선 메카트로닉스를 시스템 기능의

그림 1.15 주어진 문제에 대해 근본적으로 단일분야를 기반으로 한 해결책들. 이들은 작동하기는 하지만, 이들이 과연 최적의 해결책인가?

최적화를 위한 기술적 통합이라고 생각해야 한다. 사실, 완전한 메카트로닉스 제품은 개념설계 단계에서부터 내적인 모든 학문분야들을 체계적으로 통합하는 과정을 통해서만이 필요한 기능을 구현할 수 있다. 메카트로닉스는 앞 절에서 설명했던 정교한 제품인 웨이퍼 스캐너나 콤팩트디스크 플레이어가 출연했던 것처럼 거대한 기술적 가능성을 열어주었다. 이 제품들은 전통적인 단일 학문적 접근방식으로는 결코 실현할 수 없었던 것들이다.

따라서 메카트로닉스는 진정한 다분야 전문가들이, 대부분의 경우 그 결과로 제어된 운동이 결정성을 갖는, 어떤 특정 기능을 구현하기 위한 기본적인 방법이다. 비록 설계과정에서 분석이 이해를 돕기 위해 필수적이기는 하지만, 메카트로닉스는 분석보다는 통합과 합성에 초점을 맞춘다. 그림 1.15에서 유머 있게 보여주고 있듯이, 메카트로닉스는 하나의 전문분야에 초점을 맞추어 실현 가능성을 추구하는 대신에 더 최적의 기능성을 갖추기 위해서 노력한다.

1.3.1 메카트로닉스에 대한 서로 다른 시각

메카트로닉스 분야에 대해서는 많은 정의들이 존재한다. 첫 번째 사례는 메카트로닉스라는 용어를 공식적으로 처음 사용한 나라인 일본에서 찾을 수 있다.

생산 최적화를 위해서는

- **기계** 및 **전자**기술의 **계획적인 응용**과 **효율적인 통합**
- **다분야**와 **통합된 접근방식**의 계획적인 응용과 효율적인 통합
- **제품**과 **공정**설계의 계획적인 응용과 효율적인 통합

을 수행해야 한다.

이 정의는 비록 응용과 통합을 모두 목표로 하고 있지만, 제품개발보다는 생산에 더 초점을 맞추고 있다는 것이 명확하다.

유럽의 경우에는 다음과 같이 우리가 더 수긍할 수 있는 정의를 가지고 있다.

제품과 **공정**의 **설계**에 있어서

- **정밀**기계공학
- **전자**제어
- **체계적**인 사고

의 **시너지 있는 통합**

그런데, 이 정의는 매우 폭넓고 화학공정의 제어에서 항공기에 이르기까지 모든 공학적 주제들을 포함하고 있다. 정밀공학과의 관계는 명확하지만, 정밀은 상대적인 개념이다. 현대산업은 모두 자신들의 기술적 능력을 극대화시키기 위해서 노력하고 있다. 사실 메카트로닉스가 기계공학의 현대적인 버전이라고 말하는 것이 아마도 맞을 것이다. 기계공학은 마치 열역학이나 전기동력처럼 항상 역사적으로 새로 나타나는 기술들을 흡수해 왔다. 비록 **메카트로닉스**라는 용어가 1970년대에 나타났지만, 현대 기계공학 분야에서 없어서는 안 되는 분야라는 점이 명백하다.

1.3.1.1 주요 적용대상

이 분야에 대한 앞서의 정의들과 국제적인 개발노력의 메카트로닉스에 대한 접근법 차이와 관련되어서 재미있는 논평이 발표되었다. 서로 다른 지역과 산업분야의 사람들과 효과적으로 협력하기 위해서는 이런 차이를 이해하는 것이 중요하다.

무엇보다도 **정밀공학**(precision engineering)이라는 용어는 원래 정밀가공과 제조분야에서 사용되던 용

어이다. 이 분야의 연구와 개선은 가공공정의 검사와 최적화를 위한 광범위한 형상 및 치수계측과 결합되어 밀링, 연삭 및 폴리싱과 같은 가공공정에 집중되었다. 이런 배경으로 인하여 전자 및 고속 운동제어원리들이 소개 되었을 때에, 명확하게 앞서 설명했던 메카트로닉스에 대한 일본식의 정의가 도출되었다. 이 정의는 그 당시 능동귀환 제어가 적용되지 않는 가공기의 가공결함을 보정하기 위해서 새로운 기술을 적용했던, **가공**(machining)을 기반으로 하는 메카트로닉스에 대한 정의라고 말할 수 있다. 대부분의 직선운동이 회전형 모터와 정밀한 나사축에 의해서 수행되는 공작기계의 경우에 위치결정 오차를 보정하기 위해서 압전 작동기를 사용하는 경우가 사후 추가보정의 명확한 사례이다. 대변위 스핀들을 사용한 위치결정 시스템에 대한 근본적인 개념의 변화 없이, 압전 작동기는 자체만의 귀환 시스템을 사용하여 나사축 작동기구에서 발생하는 오차를 보정해야만 했다. 이런 접근방법은 귀환 제어기가 절삭력의 교란을 보정할 필요를 느끼기 전에 근원적으로 강한 압전 작동기 구조가 이를 흡수하는 뚜렷한 장점을 가지고 있기 때문에, 여전히 공작기계에서 정밀도를 구현하기 위한 경험적인 방법으로 사용되고 있다.

그러는 동안, 근본적으로 전자공학과 양자 물리학을 지향하는 산업체가 가전제품과 IC 리소그래피 노광장비에 대해서 다른 접근방식을 적용했다. 앞 절에서 광학을 사용한 비접촉 광학 기록장치의 개발이 어떻게 사람들로 하여금 빠르게 움직이는 트랙을 따라가면서 광자를 조작하는 방법을 찾도록 했는지를 설명하였다. 광자는 본질적으로 질량이나 교란 작용력이 없기 때문에, **더러운** 진동환경과의 모든 접촉을 피하기가 용이하며 읽어야만 하는 광학 디스크 상의 트랙에 대해서만 시스템을 제어하면 된다. 이런 설계 개념은 주변에 대해서 **영강성**(zero-stiffness)을 갖는 이동코일 구동 시스템과 광학 디스크 상의 트랙에 대해서 본질적으로 높은 가상 강성을 갖는 전자제어 시스템을 만들어냈다. 구현된 정밀도는 그 당시로는 매우 인상적이었다.($< 0.1\,[\mu m]$) 이 방식은 이동코일 작동기의 운동범위가 제한되어 있다는 유일한 단점을 가지고 있다. 이 문제는 저정밀 대변위 이송장치를 추가하여 결국 해결하였다. 나중에 개발된 CD 플레이어에서는 정밀 작동기를 최적 작동범위 내에서 구동하기 위해서 나사축은 이동코일 작동기의 정지부 만을 이송하였다. 대변위 작동기에 요구되는 정밀도는 매우 낮아서, 전체 시스템의 총 비용은 가공산업 분야에서 일반적으로 활용하는 압전 작동기를 사용하는 경우보다 훨씬 낮아진다.

메카트로닉스를 대하는 이런 서로 다른 두 가지 방식은 현재의 메카트로닉스 업계에서도 여전히 뚜렷하게 나타나고 있다. 가전제품의 개발과 제조 경쟁이 거의 완벽하게 사라져버린 미국의 가공 산업계는 대부분 메카트로닉스 분야에 대한 연구개발을 결정하였다. 이를 통해서 고품질 광학부품의 가공정밀도를 높이기 위해서 마운팅 강성은 낮추고 대역폭은 넓힌 고속 공구 서보 시스템이 도입된 것이 단지 몇 년 전의 일이다.

정밀가공과 가전산업 모두가 발전한 일본에서는 두 가지 접근방식이 혼재되어 있다. 그럼에도 불구하고 더 보수적인 접근방식이 자주 목격되고 있다.

유럽은 이런 관점에서 자신들만의 길을 가고 있다는 점이 흥미롭다. 대부분의 유럽 산업계는 미국의 개발방향을 따르고 있으며 가전제품과 관련된 기술 대신에 정밀가공과 그에 관련된 메카트로닉스에 초점을 맞추고 있다. 특히 네덜란드는 거의 완벽하게 다른 길로 가고 있다. 우선 네덜란드에는 가공 산업이 거의 남아있지 않았지만 하이테크 산업 분야에서 세계적 수준의 기업 몇 개가 전문적인 인쇄, 전자광학 및 x-레이 영상, 그리고 광학식 리소그래피 장비 등의 분야에서 정밀 메카트로닉스를 활용하고 있다. 이와 관련된 광자물리 기반의 메카트로닉스적 접근법은 이 산업의 성공에 중요한 역할을 했으며, 그런 이유로 광자물리학을 기반으로 하는 **네덜란드의 메카트로닉스 교육기관**들이 이 책의 내용에 공감할 수밖에 없다.

1.3.1.2 정밀한 운동제어 분야의 집중

이미 언급했던 고려사항들을 통해서 이 책에서는 메카트로닉스에 대한 유럽의 정의를 사용하기로 결정했으며, 특히 네덜란드의 하이테크 산업에 사용되고 있는 정밀공학과 위치결정 원리를 강조하는 제어운동 시스템에 대해서 초점을 맞춘다. 이러한 관심분야에서 사용하는 메카트로닉스 시스템은 일반적으로 다음과 같은 핵심요소들로 이루어진다.

- 이동이 가능한 기계식 구조
- 부여된 자유도에 따라 메커니즘을 이송하기 위한 전기적으로 제어 가능한 구동기구인 작동기

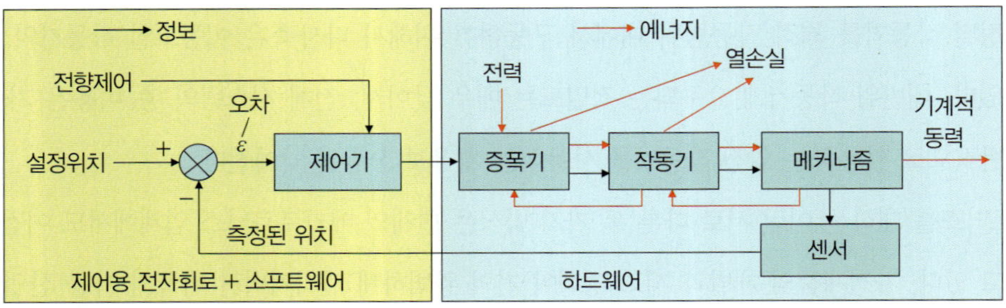

그림 1.16 전체적인 기능을 유지하기 위해서 필요한 다수의 요소들로 구성된 메카트로닉스 운동제어 시스템. 좌측(노란색)은 정보만을 다룬다. 비록 아날로그 전자회로만으로 이루어진 시스템도 여전히 사용되고 있지만, 이 기능은 현재 대부분이 디지털 전자회로와 소프트웨어에 의해서 구현되고 있다. 하드웨어측(하늘색)은 최종적인 목적을 달성하기 위해서 정보와 에너지를 조작하고 있다.

- 제어출력에 따라서 전기동력을 작동기가 필요로 하는 동력으로 변환시키기 위한 증폭기
- 운동을 모니터링하기 위한 측정 시스템인 센서

그림 1.16에서는 이 구성요소들을 개괄적으로 보여주고 있다. 화살표들은 정보와 에너지의 흐름을 보여주고 있으며, 이들 대부분은 전기적으로 작동한다. 메커니즘 내에서 사용되는 전기적 연결함수들은 이 책에서 내용을 이어주는 연결요소로 활용된다.

1.4 | 시스템엔지니어링과 설계

메카트로닉스 설계는 시스템 엔지니어링 분야와 매우 밀접한 관계를 가지고 있다. 시스템 엔지니어링과 설계는 하이테크 산업계에서 널리 사용되고 있으며 모든 메카트로닉스 시스템의 다분야 설계를 위한 유용한 체계를 제시해 주고 있기 때문에, 이 절에서는 그 기본원리에 대해서 살펴보기로 한다.

1.4.1 시스템 엔지니어링 방법론

시스템 엔지니어링은 2차 세계대전을 전후하여 지속적으로 증가하는 기계의 복잡성에 대처하기 위한 방안으로 탄생하였다. 그 이전의 항공기, 자동차 및 함선과 같은 기계들은 개념의 측면에서 근본적으로 너무나도 단순하여 거의 예외 없이 소수의 사람들만으로도 시스템 전체가 어떻게 작동하는지를 알 수 있었다. 하지만 이런 기계들에 전자공학, 소프트웨어와 모든 유형의 안전, 자가진단 및 여타 주변정보에 관련된 기술들이 도입되면서, 한사람이 전체 시스템을 세부사항까지 모두 이해하는 것은 위험하며, 심지어는 불가능하게 되었다. 산업계는 이러한 발전으로 인해서 전반적인 관점에서 시스템의 기능성에 대한 설계능력을 갖추고 있는 **일반설계자**와 특정한 분야의 세부사항들에 대해서 특출한 관점의 설계능력을 갖추고 있는 **전문 설계자**로 구분할 필요가 생겼다. 이는 그림 1.17에 도시되어 있다.

메카트로닉스의 다분야적 측면에서 볼 때에, 메카트로닉스 설계자는 전문 설계자라기보다는 일반 설계자에 가까우며, 개발 팀의 수석 설계자로서 일하기 위해서는 복잡한 시스템 전체에 대한 개념을 가지고 있어야 한다.

다양한 전공의 전문가들과 효율적으로 의사소통하기 위한, 충분한 지식을 갖춘 진정한 일반 설계자로

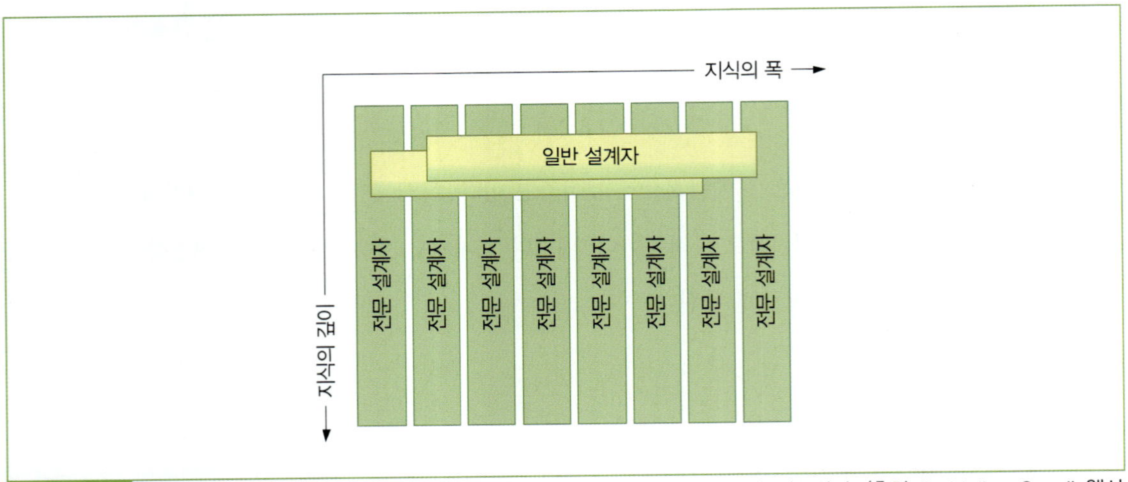

그림 1.17 복잡한 시스템을 설계하기 위해서는 일반설계자와 전문설계자 모두가 필요하다. (출처 G. Muller, Gaudi 웹사이트)

일할 능력은 책을 통해서 습득하기 어려우며 거의 경험에 의존하고 있기 때문에 점점 더 현실적인 문제로 대두되고 있다.

이런 경향에 따라서, 지속적으로 증가하는 문제의 복잡성을 통제하기 위한 방법을 찾으려는 노력이 꾸준히 시도되고 있다. 다음에서는 복잡한 시스템 설계를 성공적으로 수행하기 위한 적합한 도구로서 널리 사용되고 있는 몇 가지 기본적인 방법들을 살펴보기로 한다.

1.4.1.1 정의와 V-모델

앞에서 설명했듯이, 시스템 복잡성이 증가함에 따라서 시스템의 일부분에 대해서 좁고 깊게 알고 있는 전문 설계자들이 많아졌다. 자동차의 경우, 엔진, 조향장치, 브레이크, 서스펜션, 그리고 나중에는 전자와 소프트웨어 등 다양한 분야에서 전문 설계자들이 나타나게 되었다. 만일 이 전문설계자들이 서로 대화하며 서로 약간씩 전문분야가 중첩되어 있다면 최적의 자동차를 설계할 수 있기 때문에 이런 방식이 최선이라고 생각할 수 있다. 하지만 쥐덫의 사례에서처럼, 불행히도 이런 체계는 현실세계에서 작동하지 않는다. 몇몇 사람들이 다른 사람들에 비해서 더 지배적이라면, 최적의 방향과는 무관하게 그들의 취향에 따라서 설계를 몰아가 버린다. 물론 여기에도 긍정적인 측면이 있지만, 특히 실패가 허용되지 않는 상황에 처한 많은 대형 업체들에서는 기술적인 품질과 성능의 연속성을 구현하기 위해서 개인에 의존성이 적은 설계를 도출하기 위한 방법을 개발해야만 했다. 이런 수요에 부응하여 각종 전문업종, 군수 및 항공산업 등에서 시스템 엔지니어링이 처음으로 탄생하게 되었다. 이 개념은 수많은 정의와 가시화 된 모델로 이루어진,

시스템 엔지니어링의 V-모델(V-model of system engineering)을 기반으로 하고 있다.

다음의 정의는 (노르웨이)부스케루 대학에서 시스템 엔지니어링을 전공하는 Gerrit Muller 교수가 시스템 엔지니어링 국제협회[2](INCOSE)와 가우디 웹사이트[3]에서 제공하는 시스템 구성 정보를 취합하여 약간 수정한 것이다.

- **시스템 :** 정의된 목표를 실현하기 위한 요소들의 상호조합. 여기에는 하드웨어, 소프트웨어, 펌웨어, 인간, 정보, 기술, 설비, 서비스 및 여타 지원요소들이 포함된다.
- **시스템 엔지니어링 :** 성공적인 시스템을 구현하기 위한 학제간의 협력방안
- **시스템 엔지니어 :** 시스템 엔지니어링 분야에서 훈련 및 경험을 쌓은 엔지니어
- **시스템 엔지니어링 공정 :** 시스템 엔지니어링 과업을 달성하기 위해서 선별적으로 사용되는 논리적이고 체계적인 일련의 공정단계
- **제품의 창출/개발공정(PCP/PGP) :** 제품이나 시스템을 창출/개발하는 논리적이고 체계적인 일련의 공정단계
- **시스템 구조 :** 시스템 요구조건들을 충족시키기 위한 요소들과 하위 시스템의 배치와 기능의 할당
- **시스템 설계 :** 어떻게 시스템을 구현할 것인지를 결정하는 활동
- **시스템 요구조건 :** 소비자가 원하는 시스템이 갖춰야 할 기능 리스트
- **시스템 사양** 또는 **명시된 요구조건** : 시스템에서 구현하기로 계획한 **명확하게 계량화** 된 기능성의 리스트
- **시스템 성능 :** 시스템 개발 후에 실제로 구현된 명확하게 계량화 된 기능성의 리스트
- **시스템 특성 :** 원했거나 원하지 않았던, 명확하게 계량화 할 수 있거나 계량화가 어려운 시스템 기능성

특히 **사양**(specification)과 **요구조건**(requirement)이라는 용어가 모호한 의미에서 명확하게 정의된 값에 이르기까지 다양한 의미로 사용되므로 상황에 따라서 정확히 무엇을 의미하는지를 파악해야 한다. 명확한 설명 없이 그냥 요구조건이라고 말한다면 사용자 요구조건과 명시된 요구조건이라는 뜻이 섞여 있으

2) www.incose.org
3) www.gaudisite.nl

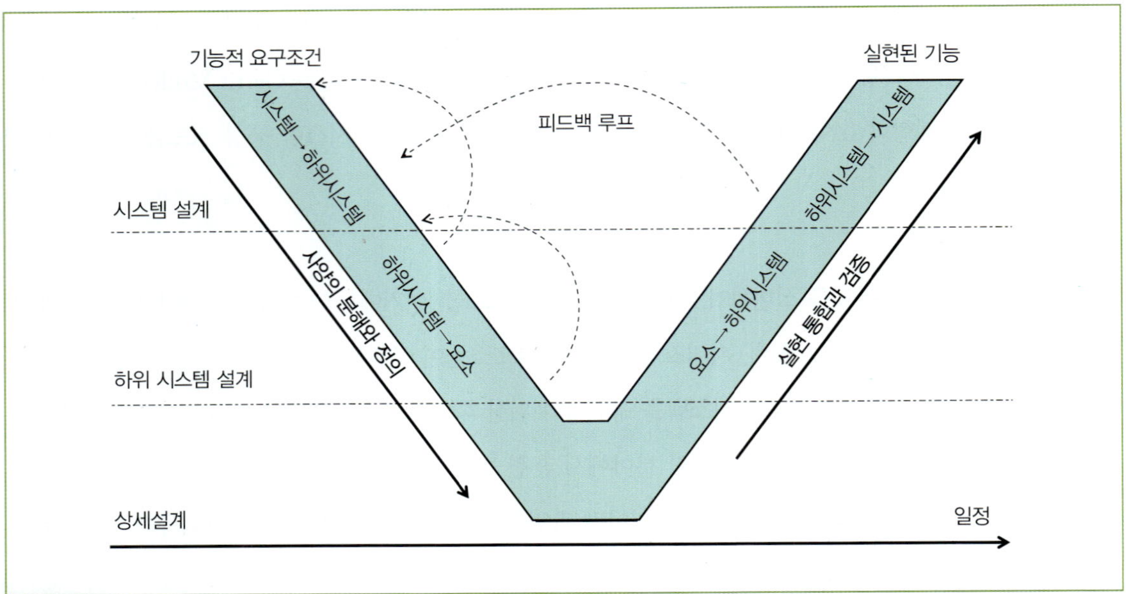

그림 1.18 시스템 엔지니어링의 V-모델은 전문설계자와 일반설계자의 노력을 체계화하기 위해서 복잡한 시스템의 설계과정을 시간과 복잡성의 수준으로 나눈다.

므로 프로젝트의 초기단계에서만 사용할 수 있다. 오해는 잘못된 의사결정을 초래하여 값비싼 대가를 치르게 된다. 정말로 무엇이 필요하며 무엇이 **좋은 선택**인지에 대한 비판적인 태도가 프로젝트의 성공을 가르게 된다.

이런 정의를 통해서 시스템 엔지니어링을 복잡한 시스템 설계를 **정리**하기 위한 방법론과 접근법으로 활용할 수 있게 만든다는 것을 인식하는 것이 중요하다. 이는 공정을 기획하는 시스템 엔지니어의 역할이 내용에 더 집중하는 시스템 설계자의 역할과는 다르다는 것을 의미한다. 원리상, 가급적이면 이 역할은 한사람에게 집중되어야 한다.

설계과정 내에서 일하는 방법을 체계화시키기 위한 시스템 엔지니어링의 V-모델이 그림 1.18에 도시되어 있다. 이 모델의 가치는 시스템의 복잡성에 대한 전문 설계자와 일반 설계자 모두의 책임과 의무를 나누는 방법을 제시하고 있다는 데에서 찾을 수 있다. 아래로 한 층씩 내려갈 때마다 디테일이 증가하므로 그 층에 맞춰서 일하다 보면, 복잡한 시스템의 설계는 관리가 가능하게 된다. V의 좌측 다리 아래쪽으로 내려가면, 다음 순서대로 이벤트가 이어진다.

- 최상층인 **시스템 설계**에서 사용자 요구조건은 전체 제품의 명시된 요구조건과 하위 시스템의 사용자 요구조건으로 변환된다.

- **하위시스템 설계**층에서 하위시스템 사용자 요구조건들은 하위시스템의 **명시된 요구조건**과 세부요소들의 **사용자 요구조건**으로 변환된다.
- **상세설계** 층에서 세부요소들에 대한 사용자 요구조건들은 도면, 소프트웨어 코드, 그리고 기능적 하위시스템으로 조립이 가능한, 검증된 성능을 갖춘 실제 부품으로 변환된다.

대부분의 경우 하부층의 사용자 요구조건들은 이미 잘 정의되어 있으며 계량화가 가능하다는 점을 인식하는 것이 중요하다. 이들을 명시된 요구조건으로 변환하는 과정은 대부분 준수해야만 하는 경계조건과 전체 시스템보다는 하위 시스템 자체에 대해서 더 중요한 여타의 세부사양들에 관련되어 있다. 이를 위해서 생산 과정에서 하위시스템의 교정과 튜닝을 위한 특정한 도구를 활용하는 것을 생각해 볼 수 있다. 부품의 설계가 끝나고 나면 이들을 완전히 기능을 하는 시스템으로 통합하기 위해서 우측 다리는 다시 위로 올라간다.

- **하위시스템** 층에서 엔지니어는 개별시험을 통해서 성능이 사양을 충족시킨다는 것이 증명된 서로 다른 부품들을 작동하는 하위시스템으로 통합시킨다.
- **시스템설계** 층에서 서로 다른 하위 시스템들을 전체 시스템으로 통합하며 시험을 통해 전체 시스템의 성능을 검증한다.

매우 복잡한 시스템에서, 하위시스템 층들은 대부분 자신만의 요구조건 및 구현된 기능성을 가지고 있는 다수의 층들로 이루어진다.

각 층별로 하는 일들은 서로 다른 특징을 가지고 있다. V-모델의 바닥으로 깊이 갈수록 더 상세하고 구체적인 일을 한다. 또한, 정의를 하는 것과 이를 실제로 구현하는 것은 서로 다른 기술을 필요로 하므로, 하나의 층 내에서도 좌측 다리와 우측 다리에서 하는 일은 달라진다. 이런 이유 때문에, 프로젝트를 수행하는 동안에 팀 내의 구성원들이 자주 교체된다. 실현단계의 결과에 대한 경험은 다음 프로젝트의 정의단계에서 수행되는 결정을 개선시켜주기 때문에 학습의 측면에서 구성원 교체는 바람직하지 않다. 그럼에도 불구하고, 좌측 다리에서 하는 일은 사실, **혁신가와 창조자**(innovator and creator) 유형의 설계자들에 의해서 주로 수행되는 반면에, 우측 다리는 **완결자와 마무리**(completer and finisher) 유형의 사람들에 의해서 실현된다. 어떠한 경우라도, 검증단계에서 나타나는 사양의 경직성을 극복하기 위해서 프로젝트 내에서 빈번한 피드백이 필요하다. 시간이 지나면서 과거의 경험을 활용하여 지속적인 발전을 이루어야 하는 프로젝트들 사이에도 의사소통이 필요하다. 서로 다른 사람들 사이의 이러한 피드백 루프는 자동적으로 만들어지지 않기 때문에 지속적인 주의가 필요하다.

하위시스템 층은 위치결정 스테이지나 능동 제어되는 광학식 영상 시스템과 같은 다양한 메카트로닉스 시스템이 설계되는 곳이다. 다음 절에서는 **제품창출 프로세스**(product creation process)에 따른 일상적인 개발 과정을 설명하고 있다.

1.4.1.2 제품의 창출과정

그림 1.19에서는 산업체에서 일반적으로 사용되는 제품 창출 프로세스의 일정표를 보여주고 있다. 0, 1 및 2단계는 V-모델의 좌측 다리에 해당하는 반면에 3, 4 및 5단계는 우측 다리에 해당한다. 타당성 검토 및 정의단계에서 모든 인자들을 순리대로 결정하기 위해서 충분한 시간과 노력이 투입되지 않으면 많은 실수를 한다는 것을 실무 경험을 통해서 알고 있다. 이런 초기단계에서는 가장 적은 비용으로 프로젝트를 성공시키는 데에 가장 큰 영향을 끼치는 결정들이 자주 이루어진다. 이런 관계들이 그림 하단의 그래프에 표시되어 있다. 특히 **시스템 엔지니어**(system engineer)는 이 단계에서 시장의 수요와 기술적 가능성에 대해서 좋은 안목을 가지고 있어야 한다. 대부분의 경우 시스템 엔지니어는 마케팅 문제를 책임지며 제품의 최종 사용자를 대신하는 생산 관리자와 긴밀하게 협조해야 한다. 이런 조합은 종종 단 두 사람이 제품의 성공과 실패에 가장 큰 책임을 지게 만든다. 잘못 시작한 창조 프로세스는 수습하기가 어려우며, 물론 잘 출발한 프로세스도 실행과정이 나쁘면 엉망으로 끝나버린다. 따라서 시스템 엔지니어와 생산 관리자가 짝을 이루어 수익성과 기능성을 충족시키며 적시에 외부 시장에 제품을 출시해야 한다는 상반된 요구조건을 관리할 수 있어야 한다. 이들은 그림 1.20에 도시되어 있는 과정을 통해서 명시된 최종 요구조건 세트를 정의하며 이 명시된 요구조건들은 개발활동 과정에서 입력으로 활용된다.

명시된 요구조건을 작성하는 과정에서 주의할 점은 과도한 사양이 만들어지지 않도록 하는 것이다. 비판능력이 충분치 못한 시스템 엔지니어가 단순히 요구조건들을 활용하여 과도한 기능을 만들어내려고 한다면 가격상승에 대한 충분한 고려 없이 모든 종류의 최고수준의 **경계조건**(boundary condition)을 추가할 수 있으며 상상할 수 있는 모든 기능적 위험성을 경고할 수 있다. 따라서 덜 중요한 요구조건들을 명확하게 구분하여 설계자에게 **여지**를 남겨주는 것이 중요하다.

일단 명시된 요구조건들이 승인되고 나면 시스템 엔지니어와 생산 관리자는 변경사항 관리를 통해서 이 명시된 요구조건들을 가능한 한 유지해야 한다. 제품의 조립과 시험이 끝나고 나면, 많은 경우 이 팀은 제품의 시장반응도 살펴봐야 하는 의무가 있다.

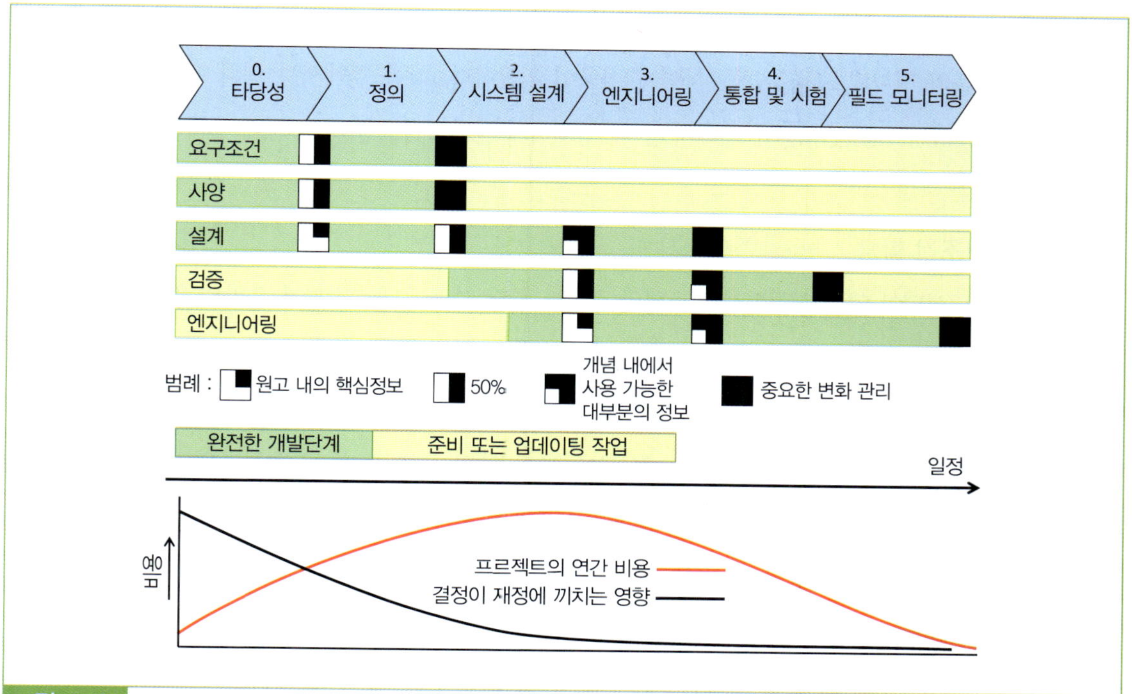

그림 1.19 제품창출 프로세스의 표준 일정표는 V-모델과 밀접한 연관관계를 가지고 있으며, 계획의 목적에는 더 직접적으로 적합하다. 하단의 그래프는 의사결정이 프로젝트의 재정에 끼치는 영향을 연간 소요비용으로 표시하고 있으며, 초기단계에서의 의사결정을 특별히 관리해야 만 한다는 것을 강조하여 보여주고 있다. (출처 G. Muller, Gaudi 웹사이트)

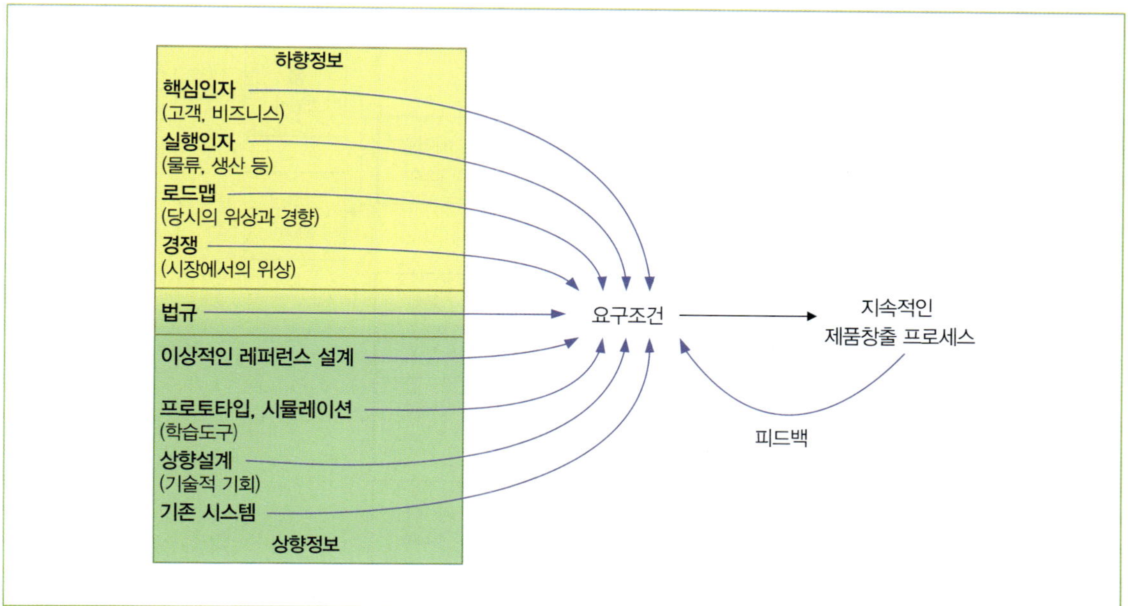

그림 1.20 다량의 입력정보로부터 명시된 요구조건이 만들어진다. 명시된 요구조건들의 품질이 최종결과의 성공이 크게 영향을 끼친다.(Courtesy of G. Muller Gaudi site)

V-모델의 모든 단계에서, 전체 시스템에 대해서도 동일하게 적용되는 명시된 요구조건에 영향을 끼치는 하위시스템들의 명시된 요구조건들 사이에 절충이 필요하다. 다음 절에서는 이와 관련된 **요구조건의 할당절차**(requirement budgeting)에 대해서 좀 더 상세하게 살펴보기로 한다.

1.4.1.3 요구조건 할당

그림 1.21에 도시되어 있는 위치결정 시스템의 정확도 할당 사례에서는 각자가 오차의 원인을 가지고 있는 서로 다른 하위시스템들에 대해서 어떻게 하향식 사용자 요구조건을 분할하는지를 보여주고 있다. 이런 사용자 요구조건들을 정의해야만 하는 시스템 엔지니어는 가장 민감한 하위시스템에 가장 큰 오차를 할당해 주기 위해서 전반적인 최종결과에 기여하는 모든 하위시스템들에 대해서 깊은 통찰력을 가지고 있어야 한다. 제시되어 있는 계산은 오차가 통계적으로 임의적인 특성을 가지고 있으며 독립적인 경우에만 유효하다. 이런 경우 관련된 모든 오차들에 대한 제곱합의 제곱근을 취할 수 있으며, 이에 대해서는 8장의 측정 단원에서 더 상세하게 살펴보기로 한다.

시스템 엔지니어는 또한 할당 중 얼마만큼을 크기가 작고 자주 발생하는 임의오차 원인에 할애할 수 있는지도 결정해야 한다. 이는 계산에서 **기타** 항목으로 표기한다. 요구조건들을 분리하기 위한 하향과정에 이어서 그에 해당하는 명시된 요구조건들을 결정하기 위한 상향과정이 수행되므로 이 사용자 요구조건의

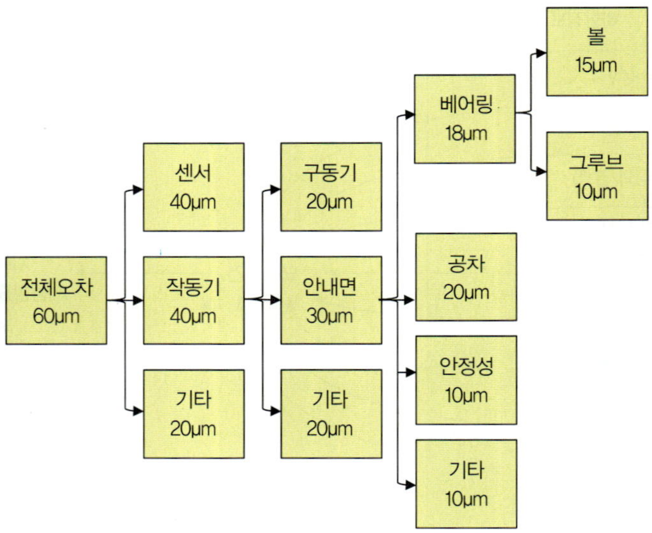

그림 1.21 다수의 독립적인 오차원인을 가지고 있는 위치결정 시스템에 대한 단순화 된 정확도 할당에서 조차도 목표한 할당을 실현해야 하는 설계팀과 긴밀한 협력을 통해 오차값 선택을 수행해야 한다는 것을 알 수 있다.

할당과정은 전체 활동 중에서 단지 절반에 불과할 뿐이다. 이 과정에 참여하는 설계자들은 자주 모순된 또는 상반된 사용자 요구조건에 직면하게 되며, 시스템 오차를 절충할 때에는 원래 목표하는 전체 시스템의 명시된 요구조건에 최소한의 영향을 끼치도록 명시된 요구조건 값들을 결정한다. 이런 방식으로 경험이 많은 하위시스템 설계책임자는 과도사양이 없는 균형 잡힌 사양할당을 도출해 낸다.

1.4.1.4 로드맵

그림 1.22에서는 제품의 개발과정이 외부영향 변화와 시장요구의 증가에 따른 지속적인 기술발전이 연속적인 흐름으로 진행된다는 것을 보여주고 있다. 대부분의 경우, 이런 외적인 인자들은 설계팀에 거의 영향을 끼치지 못한다. 퍼스널 컴퓨터의 개발이 좋은 사례이다. 초기에는 IBM, 인텔 그리고 마이크로소프트 조합이 경쟁을 고려할 필요 없이 그들의 시장 접근성을 결정할 수 있었다. 그런데, 어떤 시점이 되자, 고객의 수요에 의해서 애플과 유닉스 기반의 리눅스 커뮤니티가 탄생하여 독점체제처럼 보였던 PC 리그가 경쟁 체제로 바뀌게 되었다.

이런 경쟁적인 환경으로 인하여 시장의 역동성에 대해서 좋은 감을 유지하며 미래의 수요와 기술적인 기회에 대한 믿을만한 추정을 통한 설계 결정의 기반을 마련하기 위해서는 마케팅 연구가 필요하게 되었다. 몇 가지 실제적인 이유 때문에, 제품 개발은 결코 시장처럼 연속적일 수는 없다. 가격은 낮추고 품질은 높이기 위해서는 부품과 제품의 다양성이 제한될 수밖에 없다. 이런 이유 때문에 일반적으로 제품이 가능한 한 오래 생산되도록 제품군의 형태로 개발하므로, 이를 **플랫폼**(platform)이라고 부른다. 이로 인하여 개발 자체에 필요한 시간을 고려한다면, 요구조건과 사양에 대한 초기 결정은 오랜 시간동안 타당성을 유지해야만 한다. 이런 장기적인 결정을 체계적으로 지원하기 위한 도구들 중 하나는 일련의 **로드맵**

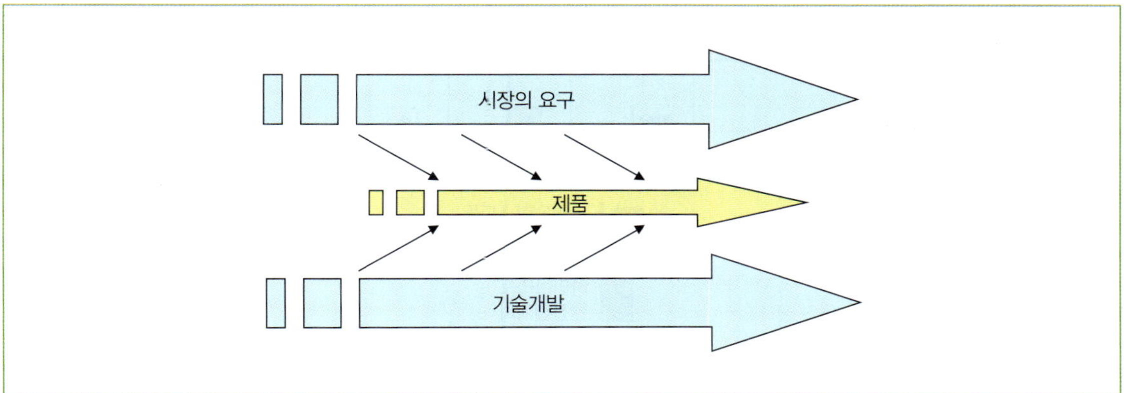

그림 1.22 제품개발의 자연적인 흐름

(road map)을 만드는 것이다. 이 로드맵은 전략적인 프로세스로서, 정기적으로 새로운 기술과 개발에 투자하기 위한 기초자료로 활용된다. 그림 1.23에서는 원리를 설명하기 위해서 이런 로드맵의 전형적인 사례를 보여주고 있다. 이것은 자동차 엔진 구동트레인에 대한 매우 단순화 된 로드맵이다.

물론, 로드맵 작성방법에는 큰 자유도를 가지고 있으며 제시된 사례는 미래의 개발활동을 계획하기 위한 적절한 로드맵을 그려내는 많은 가능성들 중 단 하나일 뿐이다. 로드맵은 여러 층들로 이루어져 있으며, V-모델처럼, 상부층은 모든 제품도입의 전체적인 개관을 다루며 하부층은 하위시스템 레벨의 상세적인 실제 계획을 다루고 있다. 이런 로드맵을 정의하기 위해서는 마케팅, 개발, 제조 및 여타 부서에 종사하는 사람들 모두가 진정한 팀워크를 이루어 정보를 입력해야 한다. 이 과정의 추가적인 이점은 관여한 모든 사람들이 이미 약속한 내용을 실현하도록 결과적인 책임을 가진다는 것이다. 이런 방식을 통해서 전기 자동차의 로드맵이 사용하는 배터리에 의존하는 것처럼 어떤 분야의 개발이 다른 분야보다 더 많은 시간이 필요하다는 것이 명확하게 의사소통과 이해된다.

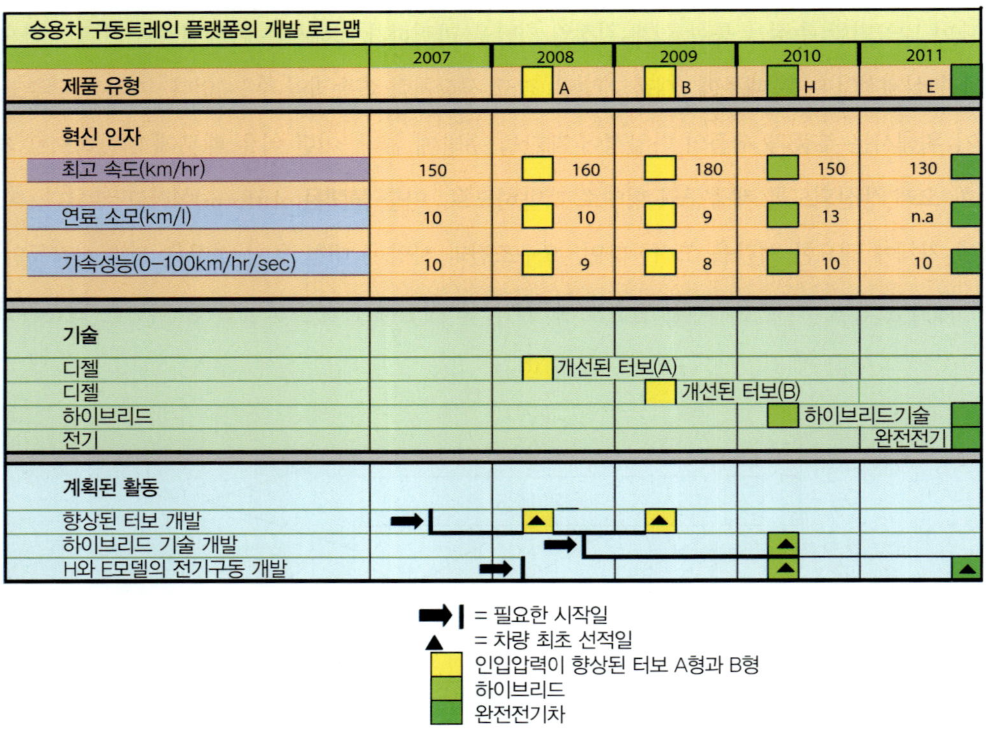

그림 1.23 완성차업계에서 연차별로 개발될 것으로 예견되는 다양한 엔진구동 원리에 대한 기본적인 로드맵 사례로서 2007년에 작성된 대학의 강의자료

제품군의 전체 로드맵은 모두 상호 연관관계를 가지고 있는 다수의 서로 다른 로드맵들로 이루어진다. 여기서도 시스템 레벨에서의 전체적인 로드맵과 하위레벨에서의 더 세밀한 로드맵을 가지고 있는 V-모델에 기반을 두는 것이 적절한 방법이다.

1.4.2 설계 방법론

앞에서 설명했듯이 (시스템)설계자는 서로 모순되는 수많은 요구조건들을 취급해야만 한다 :

- 제품을 조기에 출시하기 위해서 개발시간을 단축(이익증가!)
- 신제품을 지속적으로 출시하여 시장 자극(시장 점유율 증대!)
- 기능을 추가하여 제품성능 보강(비용증가!)
- 제품비용을 절감하여 마진 확대(이익증가!)

간단하게 이런 문제들을 동시에 충족시킬 수는 없으므로, 이들 사이에는 균형이 필요하다. 추가적인 조치 없이는 당연히 개발시간의 단축이 개발과정의 총 비용을 지수함수적으로 증가시키는 반면에 제품의 조기출시를 통한 이익증대의 기대치는 이로 인해서 증가된 비용을 항상 정당화시키지는 못한다는 현상이 이런 균형의 좋은 사례이다. 그런데 특히 하이테크 전자산업 분야에서는 제품의 조기출시가 매우 큰 가치를 가진다. 많은 경우 감성에 의존하여 충동구매가 이루어지기 때문에 핸드폰과 PDA 모델을 드라마틱하게 다변화하여 시장을 선점한 것이 좋은 사례이다. 이런 감성가치에 의해서 구형모델은 단지 몇 달 만에 폐기되어 버린다. 이런 문제는 세탁기와 같이 사용자를 놀라게 할 만한 것이 없으며, 매우 긴 사용기간 동안 신뢰성을 갖춰야만 하는 대형 가전제품의 경우에는 훨씬 덜하다. 이런 상반된 요구조건들 때문에 제품 개발 과정에 몇 가지 방법이 도입되었으며 이 간원의 마지막으로 다음에 제시된 두 가지 방법에 대해서 살펴보기로 한다.

- 동시공학
- 플랫폼을 사용한 모듈화설계

1.4.2.1 동시공학

지난 후반세기 동안 **종합품질**(total quality)관리에 대한 요구로 인하여 점점 더 엄격하게 기획된 과정에 따라서 개발활동을 진행하게 되었다. 종합품질 관리란 제품이 정확히 약속한 기능을 수행할 뿐만 아니라 제품을 개발 및 생산하는 과정이 완벽하게 결정되어있어야만 한다는 뜻이다. 이 시절의 최대 이슈는 개발 타이밍의 신뢰성과 계획되지 않은 수리에 따른 낭비시간의 단축이었다. 이런 과정을 통해서 이전 단계에서의 모든 의문에 대한 답을 찾기 전에는 다음 단계를 시작하지 못하도록 만드는 마일스톤을 사용한 엄격한 기획과 진행/중지의 결정이 도출된다. 이런 접근방법은 몇 가지 장점을 가지고 있다.

- 계획은 프로세스의 끝으로 갈수록 더 엄격해진다.
- 정말로 필요해 지기 전까지는 대규모 투자를 미룬다.
- 긴 리드타임이 요구되는 기간 동안 시제품을 시험하여 불의의 사태를 미연에 방지한다.
- 제조과정을 더 잘 준비할 수 있다.
- 개발자들이 부품의 **주문에서 납품**(order and delivery) 사이의 기간 동안 제품과 서비스 매뉴얼을 만들 수 있다.

모든 활동들을 배치하는 과정은 본질적으로 시간에 따른 순차적 특성을 가지고 있어서 평균적인 소비재 제품 개발에는 보통 3년 이상의 리드타임이 필요하다. 이 문제를 부분적으로 해결하기 위해서, 그림 1.24에서와 같은 동시공학 공정이 도입되었다. 시장수요에 대한 압박 속에서 사람들은 개발과정의 각 단계마다 어떤 과업들을 끝마치는 데에 다른 과업들보다 더 많은 시간이 소요된다는 사실을 활용하기 시작했다. 이는 장납기 부품들을 마치 즉시 사용가능한 **단납기**(off the shelf) 부품처럼 취급하는 방법으로서 매우 유용하다. 이 방법은 리드타임이 긴 과업을 우선 설계하고 여타의 과업들을 이 리드타임이 긴 과업들 사이의 인터페이스로 활용한다. 이런 방식으로 설계자가 과정 내에서 다음 단계를 미리 시작하도록 만드는 과업들 사이의 체계가 수립된다.

이 방법이 작동하도록 만들기 위한 중요한 전제조건은 승인된 인터페이스를 활용하는 것이다. 컴퓨터 산업계에서는 PCI, USB 및 (직렬)ATA 등과 같은 몇 가지 잘 확립된 인터페이스 표준들을 사용하고 있으며 이들은 컴퓨터 산업이 현재의 성공을 이루도록 기여했다. 메카트로닉스 설계의 경우 하드웨어의 유연성이 부족하여 공용 인터페이스 기법을 적용하기는 어렵지만 표준화의 대표적인 사례인 볼트와 너트 같은 연결부품들처럼 필드표준 인터페이스가 매우 일반적으로 사용되고 있다.

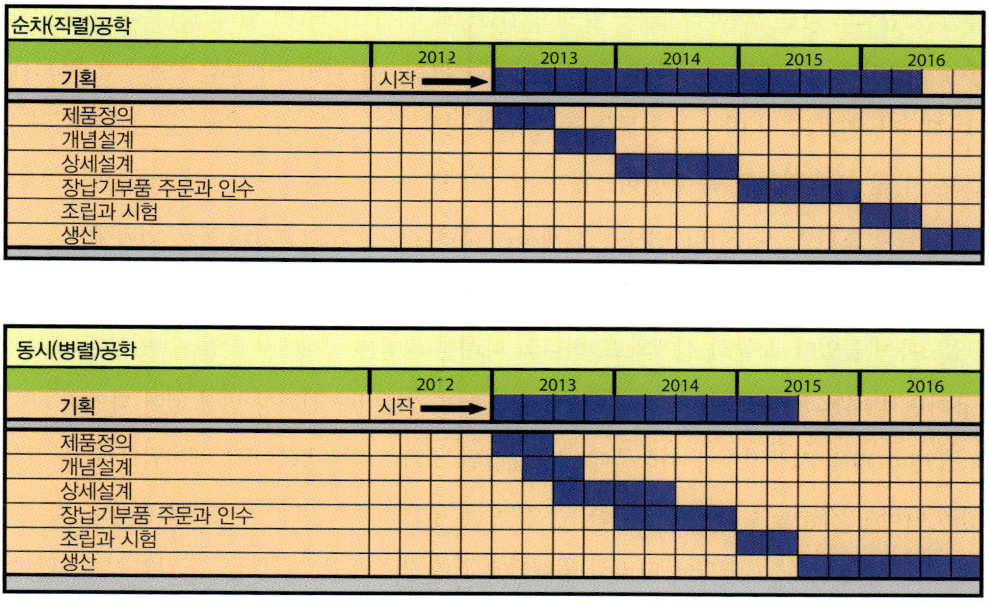

그림 1.24 동시공학은 프로젝트의 여러 단계들을 병렬로 진행함으로써 리드타임을 단축시켜 준다. 이를 위해서는 원활한 부서간 의사소통과 변경사항 통제가 필요하다.

개발기간 단축에도 불구하고, 동시병행설계 방법은 몇 가지 단점을 가지고 있어서 이에 대한 주의가 필요하다.

- 잊거나 간과했던 인터페이스가 필요하게 되면 뒷수습에 많은 비용이 들어간다.
- 문서작업에 할애할 수 있는 시간이 줄어든다.
- 개발자원 투입에 대한 단계적인 계획이 어려워진다.

동시공학이 반도체 제조장비 기업의 실질적 표준이 되어버린 산업계에서는 이런 문제들의 발생을 막기 위해서 몇 가지 방법들이 사용되고 있다. 우선 정확한 인터페이스의 정의에 초점을 맞춰서, 정규적이고 집중적인 의사소통을 위한 네트워크가 만들어졌다. 시스템 엔지니어링의 원칙에 의거한 징계절차를 거쳐야만 사양변경이 가능하다. 두 번째로 하나의 제품개발보다는 긴 수명을 갖는 기술 플랫폼에 기반을 둔 모듈형 설계를 이용하여 작업하는 것이 매우 중요한 것으로 판명되었다.

1.4.2.2 플랫폼을 사용한 모듈화설계

플랫폼을 중심으로 하는 모듈화 설계는 앞에서 언급했던 것처럼 컴퓨터 업계에서 최초로 출현했다. 이 책의 1판이 출간되던 시점에서 기본적인 데스크톱 PC는 파워 서플라이, 마더보드, 메모리, 프로세서, 하드디스크, 모니터, 키보드 및 여타 부속품들 등 다수의 명확하게 구분된 모듈들로 구성되어 있었다. 플랫폼이 프로세서 및 그에 관련된 특정한 하드웨어들의 조합일 때에, 이들 모두는 원리상 플랫폼 내에서 다른 유사 모듈들과 호환이 가능하다. 플랫폼 설계자는 주변의 전자 모듈들과의 통신 인터페이스를 결정해야 한다. 이런 작업방식은 다수의 전자회사들이 다양한 수준의 기능과 가격을 가지고 있는 부품들을 공급할 수 있도록 만들었다. 모듈화 설계의 또 하나의 사례를 피처폰 업계에서 찾을 수 있었다. 표준 전자회로를 사용하면서 패널과 윈도우만 교체하므로서 근본적인 기능이나 신뢰성 변경 없이 다양한 제품을 생산할 수 있었다. 파워 서플라이와 디스플레이는 내장된 소프트웨어(펌웨어)로 제어되므로, 특정 제품의 시장특성에 따라서 기능들을 보이거나 감출 수 있는 큰 유연성이 있었다. 카메라를 포함한 대부분의 기능들은 통합되어 있어서 실행명령에 따라서 펌웨어에서 이 기능들을 켜고 끌 수 있었으며, 때로는 단지 뚜껑으로 덮어놓기도 했다. 이런 설계의 총 비용은 제품 내의 어떤 하드웨어를 사용하지 않을 때조차도

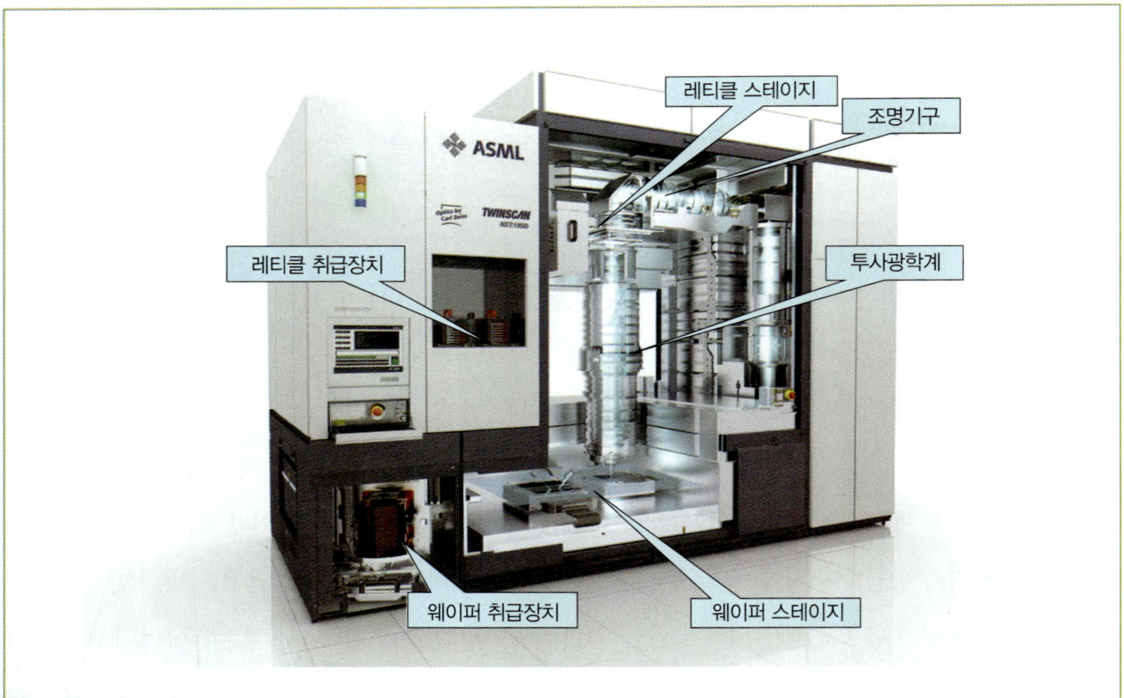

그림 1.25 ASML 트윈스캔 플랫폼을 기반으로 하는 웨이퍼 스캐너의 메인모듈. 모든 모듈들은 개별적으로 업그레이드가 가능하여 시장에서 지속적인 성능향상 요구에 대응이 가능하므로 플랫폼의 수명은 무한하다. (출처 : ASML)

특정한 기능을 배제한 별도의 하드웨어 버전을 개발하는 것보다 저렴했다. 이는 주로 다양성을 줄여서 물류비용을 줄였기 때문이다.

모듈화 설계의 마지막 사례는 그림 1.25에 도시된 ASML 웨이퍼 스캐너이다. 한 쌍의 웨이퍼 스테이지를 갖춘 **트윈스캔** 플랫폼은 이 업계를 선도하는 기술이 되었다. 회상해 보면 단체정신, 사람들의 헌신과 열정, Carl Zeiss와의 파트너십, 그리고 필립스의 강한 메카트로닉스 기반 등을 성공의 원인으로 꼽을 수 있다. 그럼에도 불구하고, 다음과 같은 이유로 모듈화 설계가 성공의 핵심 요인인 것으로 판명되었다.

- 모든 모듈들을 각기 다른 공급자들이 각자의 본사에서 개발할 수 있다.
- 모든 모듈들을 여타 모듈과 결합하지 않은 상태에서 시험 지그를 사용하여 전체 사양에 대해서 개별시험을 수행할 수 있다.
- 모든 모듈들은 다른 모듈에 영향을 주지 않으면서 설치 및 분해가 가능하다.
- 모듈화 되지 않은 장비에 비해서 사용자 사이트에서의 설치 시간을 크게 줄여준다.
- 사용자 사이트에서도 모듈교체를 통한 업그레이드가 가능하므로 대부분의 장비들을 영구적으로 사용할 수 있다.
- 중요 모듈들을 해체할 수 있어서 시험 및 수리가 비교적 용이하다.

02

메카트로닉스 시스템의 응용 물리학

Robert Munnig Schmidt

2.1 | 서언

메카트로닉스 시스템의 성능은 물체에 특정한 운동을 일으키고, 이를 제어하는 능력에 관계되어있다. 일반적으로 이는 물체를 안내면 위에서 움직이도록 힘을 가하며 여타의 외력들을 보상해 주어야 한다는 것을 의미한다. 외력이 일정한 경우에는 이를 제어하는 데에 별 어려움이 없지만, 실제의 경우에 외력은 절대로 일정하지 않기 때문에 운동의 제어가 필요해 진다. 이런 힘과 운동은 주기적이며 확률적으로 매번 다르게 변하기 때문에 시스템의 응답을 기계적인 도메인과 전기적인 도메인에서 관찰된 서로 다른 주파수의 주기적인 신호로 검출하여 성능변환하는 방법에 대해서 살펴본다. 이 단원의 마지막에서는 동적 시스템을 주파수와 시간에 대해서 분석하는 방법을 설명한다.

이 단원은 기계 시스템과 힘의 상호작용을 나타내는 뉴턴, 후크 및 라그랑주와 같은 기초역학에서부터 출발한다. 이어서 전기, 자기, 신호이론에 대해서 살펴본 다음 파동현상에 대한 고찰을 통해서 신호를 분리된 정현신호들로 만들어주는 중요한 푸리에 분석에 대해서도 살펴보기로 한다. 마지막으로 이 책에서 자주 사용되는 라플라스 변환 및 푸리에 변환을 포함하여 주파수 및 시간응답의 도식적 표현과 같이 이 책에서 자주 사용되는 동적 해석방법에 대해서 살펴보면서 단원을 마무리하기로 한다.

2.2 | 역학

메카트로닉스 시스템의 정수는 기계적 구조에 있으며 지난 수십년간의 뛰어난 설계를 통해서 강도, 질량 및 내구성의 측면에서 기계구조를 최적화 했음에도 불구하고 기계의 거동은 항상 모든 메카트로닉스 시스템의 성능을 제한하는 인자로 작용하고 있다. 이 절에서는 다차원 좌표계를 포함하여 뉴턴의 운동법칙, 후크의 탄성법칙, 그리고 라그랑주의 운동방정식 등과 같은 가장 중요한 기계법칙들에 대해서 간략하게 소개한다.

2.2.1 좌표계

메카트로닉스 시스템은 물체들 사이의 정밀한 상대위치를 구현하도록 설계된다. 따라서 물체들 사이의 상대위치를 항상 완벽하게 아는 것이 극도로 중요하다. 원리상 전용 상대거리 측정센서를 사용하여 이 상대운동을 정확히 측정할 수 있으며 이와 동일한 방향으로 작용하는 작동기를 사용하여 위치제어를 수행할 수 있다. 그리 복잡하지 않은 시스템의 경우에는 이 방법만으로도 충분히 잘 작동하는 시스템을 구현할 수 있다. 그런데 웨이퍼 스캐너와 같은 약간 더 복잡한 시스템의 경우에는 완벽하게 동기화 되어 작동해야 하는 다수의 운동 시스템들이 서로 다른 위치에 설치되어 있다. 이런 경우 모든 운동의 기준으로 삼을 수 있는 신뢰할 만한 기준 프레임[4]을 사용할 필요가 있다. 이런 기준 프레임이 좌표계를 형성한다.

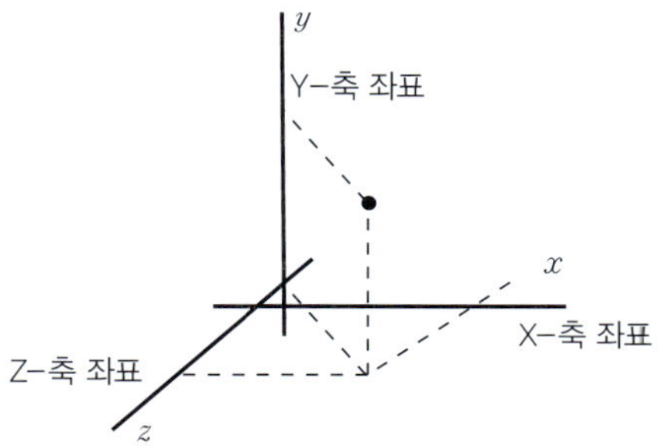

(a) 3차원 직교좌표계

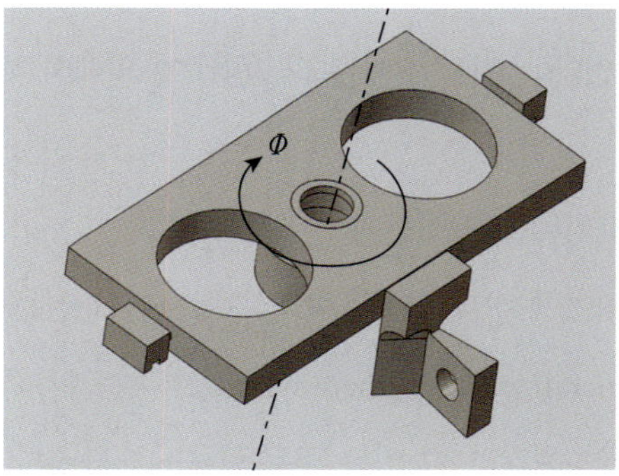

(b) 회전 1 자유도

그림 2.1 (a) 3차원 직교 좌표계는 서로 직교하는 축들에 의해서 상대적으로 결정되는 공간 내에서 물체의 위치를 결정한다.
(b) 중앙부 회전축에 대해서 회전하는 시스템의 경우에 라그랑주 일반화 좌표계를 사용하여 1자유도 회전운동을 나타내고 있다.

4) 이를 **계측 프레임**(metrology frame)이라고도 부른다. 역자 주.

2.2.1.1 직교좌표계

그리스의 수학자인 알렉산드리아의 Euclid(~300BC)가 최초로 소위 **유클리드 공간**(Euclidian space) 내에서 포괄적인 방법으로 물체의 형상을 다차원(2차원 및 3차원)적으로 정의하였다. 유클리드 기하학은 예를 들어 삼각형 각도 사이의 상관관계와 같이 평면형상에 대한 수학적 관계를 설명하고 있다. 유클리드는 또한 몇 가지 3차원 물체들의 비례관계를 증명하였으며 그의 작업은 많은 과학자들에 의해서 오랜 기간에 걸쳐서 정리되었다. 그런데 이 수학적인 방법들은 모두 물체 자체에 대한 것이며 공간 내에서 물체의 위치와는 무관하다. 물체의 상대위치와 형상을 수학적으로 더 확실하게 나타내기 위해서 라틴어 이름이 Renatus Cartesius인 프랑스의 철학자이자 수학자인 Rene Descartes(1596－1650)는 두 개 또는 3개의 서로 직교하는 축들로 이루어진(x, y, (z)) **직교좌표계**(Cartesian coordinate system)를 도입하였다. 축들 사이의 직교성으로 인하여 3개의 축방향 각각에 대한 크기값을 가지고 있는 벡터를 사용하여 3차원 공간 내에서 물에의 위치를 간단하게 분해할 수 있다. 컴퓨터를 사용한 수치계산을 통해서 메카트로닉스 시스템을 검사하려면 이 벡터 표현방법이 필수적이다. 벡터와 행렬식을 사용한 수학계산 방법을 **선형대수학**(Linear Algebra)이라고 부르며 강력한 연산능력을 갖춘 컴퓨터가 나온 이후에는 이 수학적 방법이 **운동방정식**(equations of motion)의 다항식 표현이나 유한요소 해석을 사용하여 동적 시스템을 기술하는 표준방법이 되었다. 이런 유용성에도 불구하고 직교좌표계는 몇 가지 한계를 가지고 있는데 가장 심각한 것은 회전이 없다는 것이며 이는 라그랑주에 의해서 해결되었다.

2.2.1.2 일반화 좌표계

이탈리아에서 태어난 프랑스 수학자이며 천문학자인 Joseph Louis Lagrange (1736－1813)는 **일반화 좌표계**(generalized coordinate system)이라는 이름의 새로운 좌표계를 고안했으며 이를 통해서 좌표계 내에서 물체가 움직일 수 있는 **주운동**(principal motion) 방향에 대한 **자유도**(Degrees Of Freedom : DOF)이라는 용어를 도입했다. 자유도는 마운트, 가이드 및 베어링 등에 의해서 구속되지 않는 운동방향(그래서 **자유**라는 단어를 사용한다)만을 포함한다. 비록 직선운동 방향이 대부분 직교좌표계를 따르지만 두 좌표계 간의 상관관계가 명확하다면 반드시 직교좌표계를 사용할 필요는 없다. 여기서 가장 중요한 차이점은 회전축이 추가되었다는 것이다. 불행히도 자유도라는 용어는 기계공학 이외의 다른 많은 영역에서도 의미있게 사용되고 있다. 이론상 모든 독립적인 물리적 매개변수들은 형식상 자유도로 정의되므로 능동 제어되는 메카트로닉스 시스템은 기계적 구조물에 적용되는 것보다 훨씬 더 많은 자유도를 가지고 있다는 것을 의미한다. 이 책에서 자유도라고 하면 대부분의 경우 방향과 물리적인 치수와 관련되어 있으므로 뜻하는 바가 명확한 경우에는 일반적인 표현을 사용한다. 다른 자유도들과 의미를 구분해야 하는 경우에는 **물리적**이라는 접두사를 붙이기로 한다. 단순화를 위해서 이 책의 많은 사례들이 이동물체 하나당 1자유도만을 가지고 있다.[5] 하지만 이 제한조건을 고성능 메카트로닉스 시스템의 비구속 운동에 적용할 때에는 매우 주의를 기울여야만 한다. 모든 이론적 구속들은 유한한 연결강성을 가지고 있기 때문에 높은 주파수에서 실제로 공진을 일으킬 수 있으므로 시스템을 구성하는 각각의 물체들마다 가지고 있는 6자유도 모두를 더 엄격하게 고려하는 것이 오차를 유발할 위험을 줄여준다.

일반화 좌표계는 일반적으로 $q_i(i = 1,\ 2,\ 3,\ \cdots,\ n)$로 표기한다. 하지만 불행히도 이 표기법은 다음 절에서 소개할 모달 좌표계에서도 사용되며 기계 동역학에서도 자주 사용되고 있다. 대부분의 실제 상황에서는 이동요소 하나당 세 개의 서로 직교하는 선형 변위 x, y, z와 이 선형 변위 축들에 대한 회전 R_x, R_y, R_z로 이루어진 6자유도를 가지고 있는 확장된 직교좌표계가 사용된다. 대부분의 경우 시스템 내의 운동 또는 기능과 관련된 주방향들이 좌표축으로 선정된다. 이런 현실적인 고려를 통해서 이 책에서는 x를 단일 운동방향으로 사용하며 x, y, z와 R_x, R_y, R_z를 확장된 직교좌표계로 사용하고 $q_i(i = 1,\ 2,\ 3,\ \cdots,\ n)$를 좌표 방향의 일반적인 부호로 사용하기로 한다.

2.2.1.3 모달 좌표계

세 번째 좌표계는 **모달 좌표계**(modal coordinate system)로서 3장의 동특성에서 소개할 예정이다. 이 좌표계는 기계적 구조들이 외력에 의해서 가진되면 서로 다른 특징적인 **고유모드**(eignemode)로 진동하며 이들 각각은 서로 다른 **고유주파수**(eignefrequency)와 **모드선도**(mode-shape)를 가지고 있다는 사실을 기반으로 하고 있다. 하나의 위치에서 전체 진동을 각 자유도에 대해서 관찰하면 서로 다른 고유모드의 영향들이 조합된 결과가 측정된다. 때로는 각각의 고유모드들을 분리하여 관찰할 필요가 있으므로 **모달 자유도**(modal degree of freedom) $q_i(i = 1,\ 2,\ 3,\ \cdots,\ n)$가 도입되며 이를 통해서 외력에 대한 각 고유모드들의 **비동조**(decoupled) 응답을 나타낼 수 있다. 더 자세한 내용들은 뒤에서 동특성에 대한 기본 지식이 필요해졌을 때 자세히 설명할 예정이다.

5) 각각의 움직이는 물체는 최대 6자유도를 가질 수 있다. 따라서 강체요소가 아닌 복잡한 시스템은 무한한 숫자의 물리적인 자유도를 가질 수 있다.

2.2.2 힘과 운동

기계 시스템의 주된 성질은 시스템에 힘이 가해졌을 때에 어떻게 반응하는 가이다. 역학에서는 이 거동을 인위적으로 **정역학**(statics) 및 **동역학**(dynamics)의 두 가지 범주로 분류하여 공부하고 있다.

정역학에서는 (준)정적인 힘이 가해졌을 때에 기계 시스템 내에 존재하는 응력 레벨(단위면적 당 힘)을 다룬다. 정역학에서는 이 응력에 의한 탄성 및 소성변형에 의해 유발되는 선형 및 비선형 변형률 효과를 해석한다.

동역학에서는 작용력이 변화할 때에 기계 시스템의 거동을 다루는데, 일반적으로 작용력에 의한 영향은 선형화되며 비가역적인 소성변형이 발생하지 않는 응력레벨로 제한된다. 메카트로닉스 시스템의 경우 변화하는 힘에 의해서 제어되며 사용되는 기계구조는 정상적인 작동조건 하에서 비가역적인 변형한계를 넘어서지 않아야 한다. 따라서 메카트로닉스 시스템은 대부분 다음 장에서 설명할 선형화 된 동적 모델로 모델링된다. 그런데 **기구학**(kinematics)이라고 부르는 기계공학의 세 번째 중요한 분야에서 비파괴적인 원인에 의한 또 다른 비선형성을 발견할 수 있다. 이 분야는 레버, 스프링 및 힌지 등으로 이루어진 메커니즘의 상대적인 운동을 다루고 있다. 각도의 변화 때문에 회전 메커니즘 내에서 각도와 위치 사이의 상관관계는 비선형성을 가지고 있으므로 제어기를 사용하여 이를 제어하기 위해서는 실제위치 주변의 좁은 영역에서 선형화를 수행하며 각 위치에 대해서 제어기를 최적의 상태로 세팅하는 등 본질적인 비선형성을 극복하기 위한 특수한 예방책이 필요하다. 메카트로닉스 시스템 중에서 기구학을 적용하는 주요 분야는 로봇공학이지만 이 책에서는 이 분야에 대해서 별도로 다루지 않는다. 하지만 이 책에서 사용하는 방법들은 동특성을 선형화한 다음에 로봇공학 분야에 충분히 적용할 수 있다.

2.2.2.1 갈릴레이와 뉴턴의 운동법칙

이탈리아 과학자인 Galileo Galilei(1564–1642)는 물리적인 현상에 대한 그 당시 일반적인 시각에 반하는 몇 가지 혁명적인 개념을 제시하였다. 특히 지구가 태양 주위를 회전한다는 이론은 개인적으로 큰 문제를 야기하였다. 이 지동설의 개념은 중력에 대한 그의 관찰을 기반으로 하며 물체의 중력 가속도는 물체의 질량과는 무관하다는 결론을 내렸다.

지구가 태양 주위를 일정한 속도로 회전한다는 결론과 더불어 지구상의 어떤 물체도 어떤 작용력 없이는 저절로 움직이지 않는다는 관찰에 기초하여 물체의 자연적인 상태는 일반적으로 생각하는 것처럼 속도가 0으로 되돌아가지 않는다는 가설도 포함하고 있다. 그의 상식을 뒤엎는 발군의 사고는 현대과학으로의 중대한 전진인 것으로 판명되었다. 이 중요한 가설을 부정하기 위한 종교 지도자들의 모든 노력에도 불구하고 그의 이론은 다른 과학자들에 의해 받아들여지고 정제되었으며 영국의 과학자인 Sir Isaac Newton(1643－1727)은 새로운 이론적 체계와 그 자신만의 중력에 대한 연구를 기초로 하여 다음의 세 가지 법칙을 (라틴어로)제안하였다.

- 물체에 외력이 작용하여 상태를 변화시키지 않는다면 기존의 모멘텀과 방향을 보존한다.
- 물체의 모멘텀 변화는 가해진 외력에 비례하며 외력이 작용한 직선방향을 추종한다.
- 하나의 물체가 다른 물체에 힘을 가하면 두 번째 물체는 크기는 같고 방향은 반대인 힘을 첫 번째 물체에 가한다.

■ 관성에 대한 뉴턴의 제1법칙

제1법칙은 갈릴레이의 발견을 더 엄밀하게 공식화한 것이며 힘을 움직이는 물체의 질량과 속도의 곱인 모멘텀에 영향을 끼치는 현상으로 나타냈다. 오늘날에 조차 아무도 가속현상이나 물체의 변형을 통하지 않고는 **힘**의 실제 의미를 알지 못한다는 점이 흥미롭다. 사실 뉴턴의 제2법칙은 힘을 가속도에 비례하는 계수로 정의하고 있으며 힘의 단위에 **뉴턴**[N]이라는 이름을 붙였다.

■ 가속도에 대한 뉴턴의 제2법칙

각 자유도 방향을 정의하기 위해서 벡터 형식을 사용한다면 제2법칙에서는 모멘텀($p = \boldsymbol{M}v$)의 시간미분을 사용하여 힘[6]을 구할 수 있다.

$$\boldsymbol{F}(t) = \frac{d\boldsymbol{p}}{dt} = \frac{d\boldsymbol{M}v}{dt} = \boldsymbol{M}\frac{dv}{dt} = \boldsymbol{M}c \text{ [N]} \tag{2.1}$$

여기서 $\boldsymbol{M}$은 질량행렬이며 a는 가속도이다.

벡터형태를 사용하면 단일 강체에 대해서 뉴턴 제2법칙을 6자유도 시스템으로 확장할 수 있다.

6) 비록 이것이 공식적으로는 옳지 않지만 시간주파수 f 및 시간 t와 구분하기 위해서 이 책에서는 힘과 토크에 대한 벡터와 스칼라 심벌을 각각 $\boldsymbol{F}$ 또는 F와 $\boldsymbol{T}$ 또는 T와 같이 대문자로 나타낸다.

$$\begin{bmatrix} F_x \\ F_y \\ F_z \\ T_x \\ T_y \\ T_z \end{bmatrix} = \begin{bmatrix} m_1 & 0 & 0 & 0 & 0 & 0 \\ 0 & m_2 & 0 & 0 & 0 & 0 \\ 0 & 0 & m_3 & 0 & 0 & 0 \\ 0 & 0 & 0 & I_x & 0 & 0 \\ 0 & 0 & 0 & 0 & I_y & 0 \\ 0 & 0 & 0 & 0 & 0 & I_z \end{bmatrix} \begin{bmatrix} \ddot{x} \\ \ddot{y} \\ \ddot{z} \\ \ddot{R}_x \\ \ddot{R}_y \\ \ddot{R}_z \end{bmatrix} \tag{2.2}$$

여기서 T_x, T_y, T_z는 토크이며 I_x, I_y, I_z는 각각 x, y, z –축에 대한 관성 모멘트이다.

이 단순한 시스템에서는 $m_1 = m_2 = m_3$이지만 더 복잡한 적층식 기계구조에서는 한쪽 방향으로의 운동질량은 다른 방향으로의 운동질량과 매우 다를 수 있다. 일반적으로 기계 시스템은 다수의 집중질량 요소들의 집합으로 모델링할 수 있으며 이들 각각은 6자유도를 가지고 있어서 n이 전체 시스템의 자유도일 때에 결과적인 질량 행렬은 $n \times n$ 행렬로 커지게 된다.

이는 복잡한 시스템을 모델링할 때에 컴퓨터의 가치를 명확하게 보여주고 있다. 다행히도 이 책에서 다루는 동적 현상들에 대한 기본적인 이해를 위해서는 모든 차원에 대해서 시스템을 해석할 필요가 없다. 벡터를 사용하여 하나의 좌표계 방향 $q_i = x$로의 운동에 대한 운동방정식을 나타낼 수 있지만 이런 경우에 벡터와 행렬식 내에는 0이 아닌 요소가 단 하나뿐이기 때문에 이 책에서는 이런 단순한 시스템을 나타내기 위해서 스칼라 식을 사용한다.

■ 작용과 반작용에 대한 뉴턴의 제3법칙

뉴턴의 제3법칙은 설계과정에서 너무나 자주 잊혀지거나 무시되지만 정밀 메카트로닉스 시스템에서는 가장 중요한 법칙이다. 다음 장에서 설명하겠지만 정밀도는 시스템에 작용하는 외란 힘에 의해서 주로 훼손된다. 이 외란은 보통 작동기로부터의 반력에 의해서 유발된다. 이 힘들은 지지 프레임에 작용하며 이 프레임의 질량이 매우 크기 때문에 설계자들은 반력에 의해 유발되는 프레임의 운동이 작을 것이라고 생각하게 된다. 그런데 이 프레임은 결코 무한히 강하지 않으며 많은 경우 잘 보정할 수 없는 주파수에서 공진을 일으킨다. 따라서 다음과 같이 말할 수 있다.

> 정밀하게 위치가 제어되는 물체에도 제어된 작용력이 가해지기 때문에 반력의 영향에 대한 동적 해석은 정밀 메카트로닉스 설계에서도 마찬가지로 중요하다.

따라서 이 책의 모든 그림들에서 힘은 항상 두 물체 사이에서 작용한다는 것을 나타내기 위해서 이중 화살표로 표시한다. 작용위치에서 힘의 방향(부호)은 나타내고 있는 자유도의 숫자에 따라서 하나 또는 그 이상의 화살표로 표시하므로 항상 해당 좌표계와 일치한다.

2.2.2.2 후크의 탄성법칙

힘이 작용한다는 두 번째 징후는 작용력에 의한 물체의 변형이며 물체의 탄성에 대한 상관관계를 정의한 사람은 영국의 과학자인 Robert Hooke(1635–1703)였다. 이것은 탄성 요소가 미소 변형(dq)에 대한 반작용으로 생성한 힘의 미소변화($d\boldsymbol{F}$)와 같다. 미소변형이 어느 한 방향을 향하고 있다면 그에 따른 미소 작용력은 그 반대방향으로 작용한다. 일반화 좌표계를 사용하여 벡터 식으로 표현하면 후크의 법칙을 다음과 같이 나타낼 수 있다.

$$d\boldsymbol{F} = -\boldsymbol{K}(q)dq \tag{2.3}$$

여기서 강성행렬 $\boldsymbol{K}(q)$는 모든 일반화 좌표계에 대해서 q_i 방향으로 작용하는 탄성요소의 **강성**(stiffness) 또는 **스프링계수**(spring constant) k_i 에 해당하는 탄성항들로 이루어진다. 미소변형에 대해서 강성행렬은 거의 변형에 의존하지 않는 일정한 값을 가진다. 이 경우 후크의 법칙은 선형화 되며 다음과 같이 일반화 좌표계에 대한 벡터 식으로 나타낼 수 있으며 x–축 방향으로만 힘이 작용하는 시스템의 경우에는 간단한 스칼라 방정식으로 나타낼 수 있다.

$$\boldsymbol{F} = -\boldsymbol{K}q\text{이며 } F = -kx \tag{2.4}$$

여기서 q와 x는 각각 힘이 0인 위치로부터의 상대변위이다.

강성행렬은 비 대각선 항들을 가지고 있기 때문에 질량행렬 $\boldsymbol{M}$보다 더 복잡하다. 이런 항들이 추가되는 첫 번째 이유는 스프링의 양쪽이 일반화 좌표계 방향으로 2 자유도에 대해 각각 연결되어서 힘을 가하기 때문이다. 예를 들어 아래 그림의 스프링에서 크기는 같고 방향이 반대인 외력이 두 연결부위에서 $q_i = x$방향으로 작용한다면 $\boldsymbol{K}$ 행렬식의 항들은 다음 순서에 따라서 유도할 수 있다.

- 양의 변위 x_1은 음의 스프링 작용력을 유발하며 이는 양의 외력 F_1과 음의 외력 F_2에 의해서 평형을 이루어야 한다.
- 양의 변위 x_2는 양의 스프링 작용력을 유발하며 이는 음의 외력 F_1과 양의 외력 F_2에 의해서 평형을 이루어야 한다.

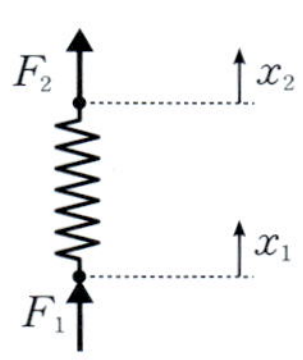

이를 통해서 한 방향으로 작용하는 하나의 스프링에 대한 후크의 법칙과 강성행렬을 구할 수 있다.

$$\boldsymbol{F} = -\boldsymbol{K}q \Rightarrow \begin{bmatrix} F_1 \\ F_2 \end{bmatrix} = \begin{bmatrix} k & -k \\ -k & k \end{bmatrix} \begin{bmatrix} x_1 \\ x_2 \end{bmatrix} \tag{2.5}$$

시스템에 작용하는 힘에 의존하는 비 대각선 항들로 인하여 다자유도를 가지고 있는 시스템의 $\boldsymbol{K}$행렬은 매우 복잡해지게 된다. 예를 들어 스프링의 길이방향으로 작용하는 힘이 없다면 스프링의 두 연결점 위치에서 길이방향과는 직각을 이루는 횡방향 강성은 0이 된다. 이 스프링에 인장력이 작용하면 이로 인한 스프링 내부의 양응력은 연결점에서 양의 횡방향 강성을 유발한다. 이는 장력을 받는 기타 현의 횡방향 강성을 통해서 잘 알려져 있다. 이와는 반대로 예를 들어 막대에 압축력을 가하면 중력 하에서 불안정하게 세워져 있는 **도립진자**(inverted pendulum)처럼 음의 횡방향 강성이 유발된다. 이런 상관관계를 **기하학적 강성행렬**(geometric stiffness matrix)이라 하며 힘의 평형관계나 연결점 위치에서의 미소변위에 대한 **가상일**(virtual work)로부터 유도할 수 있다. 유한요소 모델링 소프트웨어를 사용하면 실제 작동위치 주변에서의 선형화를 통하여 임의의 하중조건 하에서 기계 시스템의 모든 위치에 대한 강성행렬의 계산이 가능하다.

식 (2.3)의 음의 부호는 힘이 변형과 반대 방향으로 작용한다는 것을 의미한다. 후크의 법칙과 뉴턴의 제3법칙을 조합하여 두 물체 사이에서 상호작용하는 힘은 크기가 같고 방향은 반대이며 일직선상에 놓인다고 정의하면 동일한 힘 $\boldsymbol{F} = \boldsymbol{K}x$는 탄성 요소의 변형 방향과 일직선상에 놓여야만 한다. 음의 부호가 없는 이 두 번째 방정식도 역시 때로는 후크의 법칙이라고 부르기 때문에 작용력과 반작용력 중 어느 힘을 의미하는지에 대한 명확한 정의가 없는 경우에는 혼동을 일으킬 우려가 있다. 그런 이유 때문에 비록 이 두 명의 걸출한 과학자들 사이의 개인적인 관계를 고려한다면 자신들의 이름이 서로 나란히 불리는 것을 좋아하지 않겠지만, 이 두 번째 식을 후크의 법칙이라고 부르기보다는 **후크-뉴턴의 법칙**(Hooke-Newton law)이라고 부른다.

2.2.2.3 라그랑주 운동방정식

라그랑주 운동방정식(Lagrange equations of motion)은 기계 시스템의 동적 해석을 위한 일반화 좌표계를 제시한 Joseph Louis Lagrange가 제안하였다. 이와 관련된 수학적 해석방법을 역시 **라그랑주 역학**(Lagrange Mechanics)이라고 부르며 복잡한 시스템의 계산을 단순화시키기 위해서 만들어졌다. 힘과 가속도를 기반으로 하는 뉴턴의 고전 역학법칙을 사용하여 운동방정식을 유도하는 대신에 변수로 스칼라 성분인 에너지를 사용하기 때문에 계산의 복잡성이 줄어들게 된다.

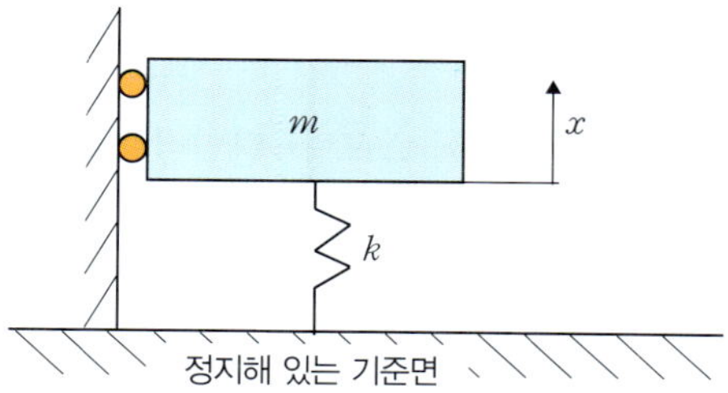

그림 2.2 자유도가 구속되어 있는 간단한 스프링-집중질량 시스템

우선 운동 에너지 E_k와 위치 에너지 E_p 사이의 차이를 나타내며 **라그랑지안**(Lagrangian)이라고도 부르는 라그랑주 함수 L을 정의한다.

$$L = E_k - E_p \tag{2.6}$$

라그랑주 방정식은 일반화 된 자유도에 대해서 다음과 같이 벡터 형태로 주어진다.

$$\frac{d}{dt}\left(\frac{\partial L}{\partial \dot{q}}\right) - \frac{\partial L}{\partial q} + \frac{\partial D}{\partial \dot{q}} = 0 \tag{2.7}$$

여기서 q는 일반화좌표계에서의 위치이며 $\dot{q}$는 속도이다. D항은 감쇠에 의해서 소모되는 에너지를 나타낸다. **보존계**(conservative system)의 경우 에너지가 소모되지 않으므로 두 번째 항은 0이 된다.

그림 2.2에 도시되어 있는 것과 같이 물체의 질량 m이 정지되어 있는 기준과 강성이 k인 스프링으로 연결되어 있는 간단한 1자유도 집중질량 요소 모델의 사례에 대해서 이 방정식으로부터 운동방정식을 구할 수 있다.

$q_1 = x$인 1자유도 모델에 대한 라그랑지안으로부터 다음 식을 구할 수 있다.

$$L = E_k - E_p = \frac{1}{2}m\dot{x}^2 - \frac{1}{2}kx^2 \tag{2.8}$$

$q_1 = x$인 단 하나의 일반화 된 자유도에 대해서 라그랑주 방정식의 미분항들은 다음과 같이 계산된다.

$$\frac{\partial L}{\partial \dot{q}_1} = m\dot{x} \Rightarrow \frac{d}{dt}\left(\frac{\partial L}{\partial \dot{q}_1}\right) = m\ddot{x} \text{ 이며 } \frac{\partial L}{\partial q_1} = -kx \tag{2.9}$$

시스템은 보존계이므로 감쇠나 외력에 의한 에너지 유입이 없기 때문에 위의 미분 항들을 사용하면 식 (2.7)은 다음과 같이 정리된다.

$$\frac{d}{dt}\left(\frac{\partial L}{\partial \dot{q}_1}\right)-\frac{\partial L}{\partial q_1}=m\ddot{x}+kx=0 \tag{2.10}$$

위 식은 외력이 작용하지 않는 1 자유도 비감쇠 스프링-단일질량 시스템에 대한 표준 운동방정식이다.

뉴턴의 법칙을 사용하면 이보다 훨씬 간단하게 운동방정식을 유도할 수 있기 때문에 이 간단한 사례들만으로는 라그랑주 방정식의 장점이 명확하지 않다. 하지만 더 복잡한 시스템의 경우에 뉴턴 방정식을 사용하면 매우 급격하게 복잡해지며 특히 부호에서 실수를 저지르기가 쉬워진다. 이런 복잡한 시스템을 해석적으로 다뤄야만 하는 경우에는 심지어 감쇠항이 추가되는 비 보존계라고 할지라도 라그랑주 방정식을 사용하는 것이 더 쉽다. 이 책에서 예시되는 사례들은 결코 복잡하지 않으며 외력과 내부감쇠를 가지고 있는 비 보존계가 자주 사용되므로 뉴턴 방정식을 사용하기로 한다.

2.3 | 전기와 자기

전기현상은 기본적으로 원자 내부의 전하 구성형태에 기초하고 있다. 원자는 중성자와 양성자로 구성된 핵을 가지고 있는데, 양전하는 양성자의 총량에 의해서 결정되는 반면에 중성자는 전하를 가지고 있지 않다. 원자핵의 주변에는 음전하를 가지고 있는 전자구름이 둘러싸서 전자 수와 양성자의 수가 동일한 안정상태로 원자핵의 양전하를 중성화시켜준다.

전하량의 단위는 전기와 자기에 대한 연구를 수행한 물리학자인 Charles-Augustin de Coulomb (1756-1806)의 이름을 따서 쿨롱[C]이라고 부른다. 전기에 관한 많은 정의들과 마찬가지로, 쿨롱 값은 최초 정의가 만들어지고 오랜 시간이 지난 후에 확정되었다. 최초의 전기실험이 수행되었을 때에는 전자와 양자에 대해서 알지 못하였다. 1[C]는 전자 하나가 가지고 있는 전하의 6.25×10^{18}배에 해당한다.

전자는 자신이 속해있는 원자에 절대적으로 구속되어있는 것이 아니며 얼마간은 자유롭게 움직일 수 있다. 전자 이동의 자유도는 재료의 전기저항(ρ_r[Ω])에 반비례한다. 독일의 물리학자인 Georg Simon Ohm(1789-1854)이 수행한 소재의 저항에 대한 연구를 기려서 저항의 단위를 옴[Ω]이라고 부르게 되었다.

전기저항이 $\rho_r \approx 10^{10}$[Ωm]에 이를 정도로 매우 높은 유리나, 심지어는 $\rho_r \approx 10^{20}$[Ωm]에 이르는 플라스틱과 같은 소재를 부도체라 한다. 반면에 전기저항이 $\rho_r = 1.68\cdot10^{-8}$[Ωm]에 달할 정도로 매우 낮은 구리와 같은 소재를 도체라 한다. 반도체 물질들은 도체와 부도체의 사이의 전기저항을 갖는 특별한 종류이다. 이런 소재들의 전기저항은 물리적/화학적인 변성을 통해 영구적으로, 또는 전기회로에 의해서 일시적으로 완전 부도체에서 높은 전도성에 이르기까지 넓은 범위에 대해서 변화시킬 수 있다.

단면적(A)과 길이(l)를 가지고 있는 물체의 저항값($R[\Omega]$)은 소재의 비저항을 사용하여 다음과 같이 유도할 수 있다.

$$R = \rho_r \frac{l}{A} \quad [\Omega] \tag{2.11}$$

저항값은 소재의 길이와 비저항에 비례하며 단면적에 반비례하여 증가함을 알 수 있다.

2.3.1 전기장

전자나 양자와 같은 하전입자들은 전하가 서로 반대부호를 가지고 있으면 서로 잡아당기며 동일한 부호를 가지고 있으면 서로 밀쳐내는 특성을 가지고 있다.

예를 들어 양성자의 수보다 전자의 수가 작은 원자의 경우, 전하량이 다시 중성화 될 때까지 전자를 잡아당긴다. 이에 따른 **정전력**(electrostatic force)은 이후의 모든 중요한 전기현상의 원동력이 된다. 이 힘의 크기와 방향을 전기장 E로 나타낸다. 전하량 단위벡터가 q인 단일 하전입자의 중심을 원점으로 하여 단위벡터 $\hat{r}$ 방향으로 거리 r에 위치한 전기장을 다음과 같이 수학적으로 나타낼 수 있다.

$$E(r) = \frac{1}{4\pi r^2} \cdot \frac{q}{\varepsilon_0} \cdot \hat{r} \quad [\text{V/m}] \tag{2.12}$$

여기서 ε_0는 진공중에서의 **유전율**(electric permittivity)이며 $\varepsilon_0 \approx 8.85 \times 10^{-12}$[As/Vm]의 값을 가진다. 분모의 $4\pi r^2$ 항으로부터, 전기장의 크기는 거리 r로 둘러싸인 구체의 표면적과 관계가 있다는 것을 알 수 있다. 이는 그림 2.3에서 **필드선**(field line)으로 가시화시킬 수 있다. 이 필드선들이 전기장의 방향을 화살표로 나타내며, 필드선들의 밀도는 필드의 세기에 비례한다. 이는 또한 필드선의 직각 방향으로는 필드의 크기가 일정하다는 것을 의미한다. 단위벡터 $\hat{r}$의 정의에 따라서, 양전하의 경우에는 밖을 향하며 음전하의 경우에는 안을 향한다. 비록 이 그림은 2차원이지만, 실제로 전하를 둘러싼 공간은 3차원으로, 전기장의 감소와 그에 따른 필드선의 밀도가 거리의 제곱에 비례하여 감소한다. 아래쪽 그림에서는 두 반대 극성의 전하 사이에 형성된 필드선 경로를 보여주고 있다. 필드선들은 서로 단순합산 할 수 있다는 정전기장 중첩의 원리에 따라서 휘어지면서 연결된 필드선들이 얻어진다. 그 결과, 두 전하들로부터 등거리에 위치한 평면에서의 필드전위는 평면을 따라서 0이며 필드선들은 이 평면을 수직으로 통과하여 한쪽 전하에서

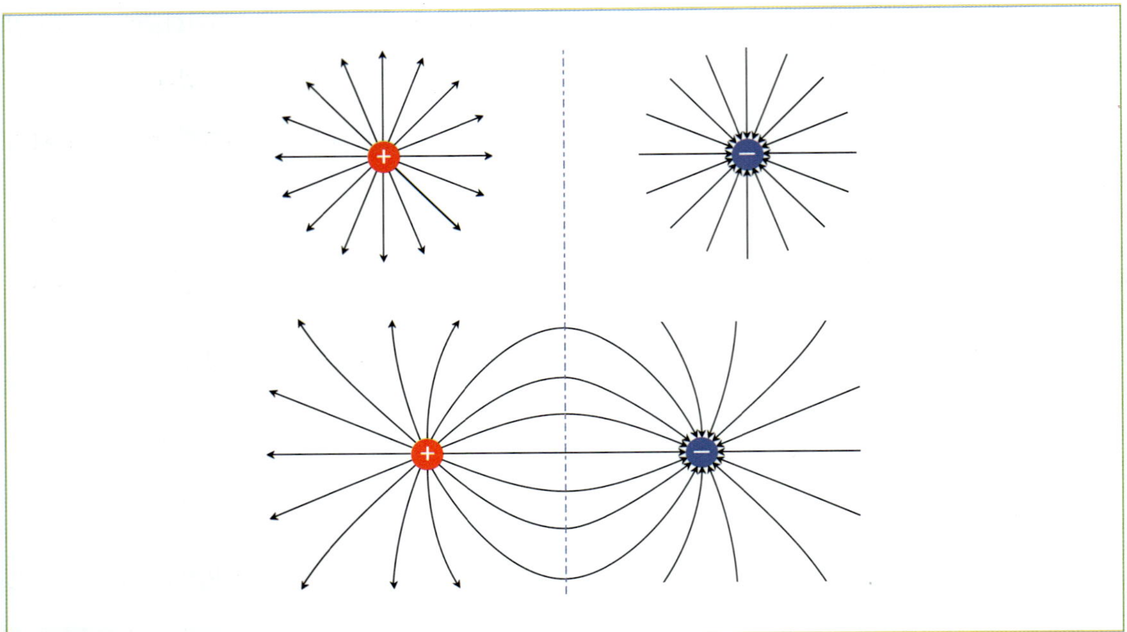

그림 2.3 전하들은 양전하에서 유출되어 음전하로 유입되는 전기장을 가지고 있다. 이 전기장들을 필드선으로 나타낼 수 있다. 필드선들의 밀도에 따라서 인접한 다른 전하에 작용하는 힘이 결정되며, 양으로 표시된 전하의 경우 필드선 화살표는 힘이 작용하는 방향을 나타낸다. 서로 반대부호를 갖는 전하들에 의해 조합된 필드는 양전하에서 출발하여 음전하로 향하는 휘어진 필드선을 형성한다.

다른 쪽 전하로 이어지는 곡선들이 만들어진다.

다수의 하전입자들에 의해서 만들어진 전기장 $E(r)$ 속으로 투입된 전하량이 q_x인 하전입자에 작용하는 힘의 크기와 방향은 다음 식을 사용해서 간단하게 구할 수 있다.

$$F(r) = q_x \cdot E(r) \quad [\mathrm{N}] \tag{2.13}$$

양전하가 투입된 경우에는 이 힘 F가 필드 방향을 향하며, 음전하가 투입된 경우에는 그 반대 방향을 향한다. 이 방향은 우리가 알고 있는 음전하가 양전하 쪽으로 잡아당겨지는 현상에 해당한다.

2.3.1.1 위상차와 정전용량

전기장과 그에 관련된 힘들의 벡터적 특성은 하전입자들의 속도를 조절해야 하는 전자현미경과 같은 사례에서 물리적인 영향을 구할 때에 매우 유용하다. 전자들이 저항, 도선 및 여타 요소들 같은 도전성 소재 속을 흐르는 전기 시스템에서는 전기장 속으로 투입된 하전입자들에 의한 퍼텐셜 에너지의 스칼라 크기를 사용하는 것이 더 쉽다. 그림 2.4에서와 같이 첫 번째 전하로부터 서로 다른 거리에 위치한 전기장

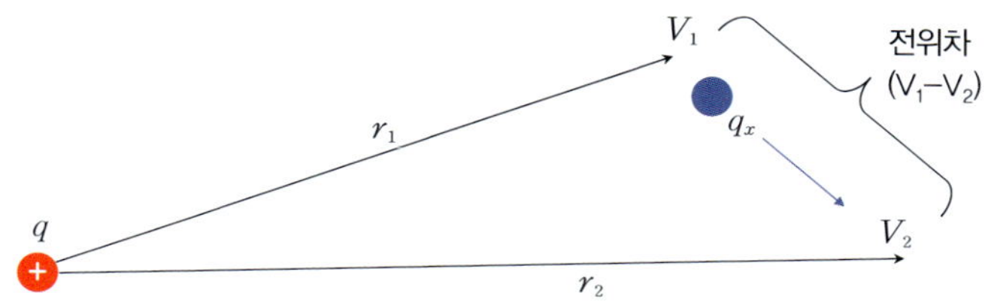

그림 2.4 전하 q로부터 서로 다른 거리에 위치한 두 점들은 각기 서로 다른 전위를 가진다. 전하 q가 양인 경우, 전위 V_1은 전위 V_2보다 높으며, 이는 V_1-V_2가 양이라는 것을 의미한다. r_1에서 r_2로 움직이는 전하 q_x는 $q_x<0$일 때에 위치 에너지가 증가하며 $q_x>0$일 때에 위치 에너지가 감소한다.

속의 두 점들을 바라보면 어떤 일이 벌어지는지를 가장 잘 설명할 수 있다. 퍼텐셜 에너지는 중력과 같은 방식으로 구할 수 있다. 전하량이 q_x인 입자가 r_1에서 r_2 위치로 이동할 때에 입자를 이동시키기 위해 가해진 일은 퍼텐셜 에너지를 변화시킨다. 입자가 전기장의 힘에 저항하면서 반대방향으로 이동하면 위치에너지가 증가하며 동일한 방향으로 움직이면 전기장의 힘이 위치 에너지를 감소시킨다. 에너지(E)는 에너지에 대한 중요한 탐구 작업을 수행한 영국의 물리학자 James Prescott Joule(1818–1889)의 이름을 따서 줄[J] 단위를 사용한다. 하전입자의 위치 에너지 변화는 다음과 같이 주어진다.

$$\Delta E_p = -\int_{r_1}^{r_2} F\cdot dl = -q_x\cdot\int_{r_1}^{r_2} E\cdot dl \quad [\mathrm{J}] \tag{2.14}$$

앞의 설명에서와 같이 전기장의 힘과 동일한 방향으로 움직이면 위치에너지가 감소하기 때문에 위 식에는 음의 부호가 붙어있다. 따라서 음의 값 q_x를 가지고 있는 입자는 양전하 q에 의해서 당겨지기 때문에 양전하 q까지의 거리가 증가하면 이 입자의 위치 에너지는 함께 증가한다. 이는 지구에 의해 중력을 받고 있는 질량의 퍼텐셜 에너지와 동일한 경우에 해당된다. 전기장 속에 투입된 입자의 전하에 무관한 값을 얻기 위해서 위치 r_1과 r_2 사이의 위치에너지 차이를 음 또는 양의 값을 갖는 전하량 q_x으로 나누어 **전위차**(potential difference)를 정의할 수 있다.

$$\Delta V = \frac{\Delta E_p}{q_x} = -\int_{r_1}^{r_2} E\cdot dl \quad [\mathrm{V}] \tag{2.15}$$

이 전위차 ΔV는 r_1과 r_2 사이의 전기전위와 같으며 이들 두 점 사이의 단위 전하량 당 정전위 에너지를 나타낸다.

변위(V)라는 개념을 사용하면 정보의 손실 없이 벡터장 E를 스칼라 장으로 축소시킬 수 있다. 전위차이에 대한 더 일반적인 이름은 **전압**(voltage) [V]로서 전압의 단위는 최초의 전기 배터리를 발명한 이탈리아 물리학자 Count Alessandro Guiseppe Antonio Anastasia Volta(1745 – 1827)의 이름을 따서 **볼트**[V]라고 명명했다.

모든 유형의 퍼텐셜 에너지들과 마찬가지로, 이 전압 V는 단지 전위차이만을 나타내므로 상대적인 양이다. 특정한 상태의 전위를 0으로 정의하면 절댓값을 얻을 수 있다. 전기회로에서는 이 점을 공통접지라고 부른다. 정전기학에서는 무한히 먼 위치를 사용하기도 한다. 식 (2.12)를 사용하면 전하 q 주변의 거리 r_1인 위치에서의 **절대**전위를 다음과 같이 구할 수 있다.

$$V(r_1) = -\int_{\infty}^{r_1} E \cdot dl = -\int_{\infty}^{r_1} \frac{1}{4\pi r^2} \frac{q}{\varepsilon_0} \hat{r} \cdot dl = \frac{q}{4\pi\varepsilon_0 r_1} \quad [\text{V}] \tag{2.16}$$

물체의 **정전용량**(capacitance) C는 전하량과 물체의 절대전위 사이의 관계에 따라서 정의된다. 진공 중에서 반경이 r_1인 구체에 대해서 이 관계는 식 (2.16)과 같이 주어진다.

$$C = \frac{q}{V} = 4\pi\varepsilon_0 r_1 \tag{2.17}$$

식 (2.16)을 사용하면 전하 q 주변의 전기장 속으로 투입된 전하 q_x의 절대위치 에너지는 다음과 같이 구해진다.

$$E_p(r) = -q_x \int_{\infty}^{r} E \cdot dl = q_x \frac{q}{4\pi\varepsilon_0 r_1} \quad [\text{J}] \tag{2.18}$$

투입된 전하 q_x가 양이며 양전하에 의해서 E 필드가 생성된 경우에는 전기장이 바깥 방향을 향하므로 에너지는 양의 값을 가진다. 이동하는 전하는 전류를 나타내며 에너지의 변화는 전력을 나타내기 때문에 이는 전기 시스템에서 중요한 의미를 가진다.

2.3.1.2 전기요소 내에서의 전기장

전기장은 공간 내에서 전위차이를 생성하며 반대로 전위차이는 전기장을 생성한다. 즉, 예를 들어 저항 양단에 전위차이가 존재하면, 요소 내부에는 전기장이 존재한다. 이 전기장은 저항 내부의 전하에 힘을 가하여 자유전하를 이동시킨다. 이를 가시화시키기 위해서 그림 2.5를 사용하여 전위가 V_2인 터널 내의 위치 r_2에 붙잡혀 있는 하나의 전자가 전위가 V_1인 r_1 방향으로 움직이는 경우에 대한 상상실험을 해보면 도움이 된다. 이 경우 r_1 위치의 양전위가 더 높기 때문에 무한히 먼 곳에 대해 식 (2.16)을 적용해 보면 전자는 r_1 쪽으로 이동한다. 만일 무한히 먼 곳 대신에 양전하의 중심에 대해서 전위를 계산한다면,

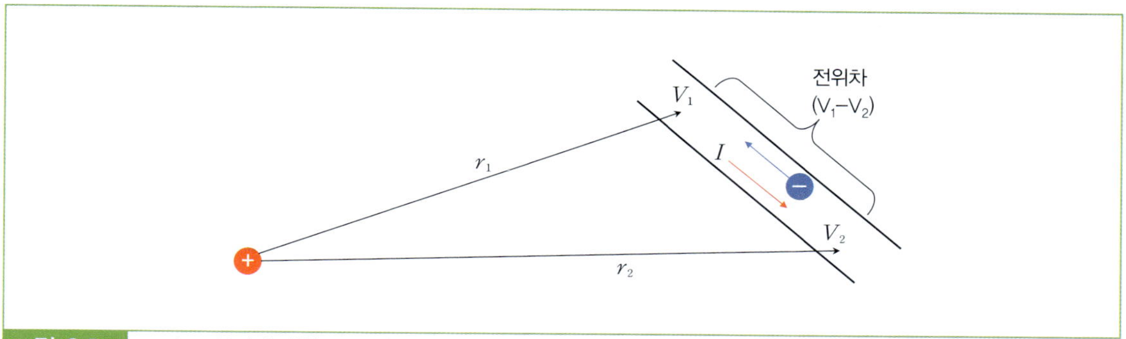

그림 2.5 r_1과 r_2 사이의 닫힌 요소 내에 포획된 음전하 q_x는 r_1방향으로의 정전기력에 의해서 구동되며 이는 반대 방향으로 흐르는 양의 전류에 해당한다.

즉, $\boldsymbol{r}$에서 0까지 적분해 보면, 거리 $|\boldsymbol{r}|$에 따라서 증가하는 음전위값이 얻어진다. 이 상상실험을 통해서 전자는 양전하를 기준으로 음전위 에너지가 가장 낮은 곳을 찾는다는 것을 알 수 있다 $|\boldsymbol{r}|=0$인 경우, 반대인 전하들이 서로 상쇄되기 때문에 에너지를 잃어버린다. 반면에, 전자를 양전하로부터 멀어지게 하여 이 과정을 반대로 진행시키면, 양전하로부터의 거리가 증가함에 따라서 전위차이가 증가하게 된다. 이 원리에 의해서 전기회로가 구현된다.

2.3.1.3 전류

움직이는 전하에 의한 전류는 변수로는 I를 사용하고, 전자기학에 대한 가치 있는 연구를 수행한 프랑스의 물리학자이자 수학자인 André-Marie Ampère의 이름을 따서 단위는 **암페어**[A]를 사용한다. 전류는 단위시간 당 표면을 통과하는 전하 C의 양[C/s]과 같다. 대부분의 메카트로닉스 시스템에서 전기는 도선으로 사용하는 금속과 같이 양전하를 가지고 있는 소재에 의해서 물리적으로 포획되어 있는 음전하를 가지고 있는 전자의 흐름에 따른 전류의 형태로 활용된다.

2.3.2 자기와 맥스웰 방정식

전기 다음으로 전자기력이 메카트로닉스 시스템에 큰 역할을 한다. 전자기학은 전기와 자기장의 상호작용과 관련된 현상을 나타내는 물리적인 학문분야이다. 전하에 대한 앞서의 설명은 단지 이들 사이의 상호관계를 설명하기 위한 물리적 법칙의 첫 번째 단계에 해당할 뿐이다. 이 기본 법칙들을 **맥스웰 방정식**이라고 부르며 5장에서 설명할 전자석 작동기의 설계에 이 이론을 적용하기에 충분한 수준까지 살펴보기로 한다. 스코틀랜드의 물리학자이며 수학자인 James Clerk Maxwell(1831–1879)은 이전 과학자들의 연구를 부분적으로 참조하여 그의 방정식을 만들었지만, 방정식을 조합한 방법 때문에 그의 이름을 붙이게 되었다. 맥스웰 방정식은 전기 및 자기장과 이들의 근원인 전하밀도와 전류밀도 사이의 상관관계를 정의하는 물리적 법칙의 상태에 대한 4개의 방정식들이 한 세트를 이루고 있다.

표 2.1에서는 맥스웰의 법칙에 사용되는 변수들을 정의하고 있다. 보다 완벽한 고찰을 위해서 전기변수들도 함께 정의되어 있다. 앞에서 정의되었던 전기장 $\boldsymbol{E}$처럼, 전류밀도 $\boldsymbol{J}$는 공간내의 자유전하 또는 **비구속**(unbound) 전하의 운동을 나타내는 벡터장이다. 전기 유전율 ε_0도 앞에서 정의했었으며 전하밀도 ρ_q는 체적 내 비구속 전하의 양을 나타낸다.

자기장(magnetic field) $\boldsymbol{B}$는 세르비아계 미국인 엔지니어이자 물리학자인 Nikola Tesla (1856–1943)의 이름을 따서 단위로 테슬라[T]를 사용하는 벡터장이다. 전기장처럼, 자기장도 자속선의 밀도와 방향을 사용하여 도식적으로 나타낸다. 전자석 작동기를 설계할 때에, 관심 방향 자기장의 크기를 자속밀도 B[T]라고 부른다. 자속밀도는 자속의 방향과 직교하는 표면에 대해 자기장을 적분하여 계산한 그 방향으로의 자속 Φ의 정량적인 성질과 직접적으로 연관되어 있다. 자속의 단위는 독일의 물리학자인 Wilhelm Eduard Weber(1804–1891)의 이름을 따서 웨버[Wb]라고 부르며 관심방향과 직교하는 표면에 대해서 자기장을 적분하여 구한다.

자계(magnetising field) $\boldsymbol{H}$와 그에 관련된 크기인 자계강도 H는 미국의 물리학자인 Joseph Henry (1797–1878)의 이름을 따서 헨리[H]라는 단위를 사용한다. 자계와 자속 사이에는 투자율에 의해서

표 2.1 전자기학에 사용되는 물리변수들

물리량	기호	SI단위
전기장	$\boldsymbol{E}$	[V/m]
전류밀도	$\boldsymbol{J}$	[A/m^2]
전하	q	[C]
진공중 유전율	ε_0	[As/(Vm)]
전하밀도	ρ_q	[C/m^3]
자속	$\boldsymbol{B}$	[T = Vs/m^2]
자속밀도	B	[T]
자속	Φ	[Wb = V·s]
투자율	μ	[Vs/(Am)]
자계	$\boldsymbol{H}$	[A/m]
자계강도	H	[A/m]

$\boldsymbol{B} = \mu \boldsymbol{H}$ 및 $B = \mu H$의 관계를 가지고 있으며, 이는 자기장이 물체를 통과할 수 있는 가능성을 시사하고 있다. **투자율**(permeability)이라는 단어는 "**스며들다**(permeate)"라는 어원을 가지고 있다. 진공 중에서의 투자율은 μ_0이며 이 값은 여타 소재들의 투자율의 기준값으로 사용된다.

맥스웰 방정식은 적분 또는 미분형식으로 나타낼 수 있다. 적분형태의 방정식이 그 의미를 설명하기가 더 쉬우므로 5장에서 방정식의 유도에 사용된다. 미분형태의 방정식은 수학적 모델링에 더 적합하다. 이 미분형태를 쓰기 쉽게 만들기 위해서, **다이버전스**(divergence)와 **로테이션**(rotation)이라는 수적 용어들이 사용된다. 이 항들은 각각 미분벡터 **나블라**(∇)와 관심벡터 사이에 **점**(div)과 **곱**(rot)으로 표시된다. 3차원 공간에서 ∇는 다음과 같다.

$$\nabla = \left[\frac{\partial}{\partial x}, \frac{\partial}{\partial y}, \frac{\partial}{\partial z} \right] \tag{2.19}$$

앞에서 정의된 변수들과 그림 2.6의 정의들을 사용하여 다음과 같이 **첫 번째 맥스웰 방정식**을 나타낼 수 있다.

- **가우스의 법칙(gauss's law)(전기)**

$$\oint\!\!\!\oint_s (\boldsymbol{E} \cdot \hat{\boldsymbol{n}}) dS = \frac{q_{enc}}{\varepsilon_0} \tag{2.20}$$

$$div\boldsymbol{E} = \nabla \cdot \boldsymbol{E} = \frac{\rho}{\varepsilon_0} \tag{2.21}$$

이 첫 번째 법칙은 원래 독일의 수학자이며 과학자인 Johann Carl Friedrich Gauss (1777−1855)가 가설로 만든 것이었다. 그에 따르면 구체와 같이 임의의 닫힌 3차원 표면 q_{enc}의 전기장에 대한 표면적분은 닫

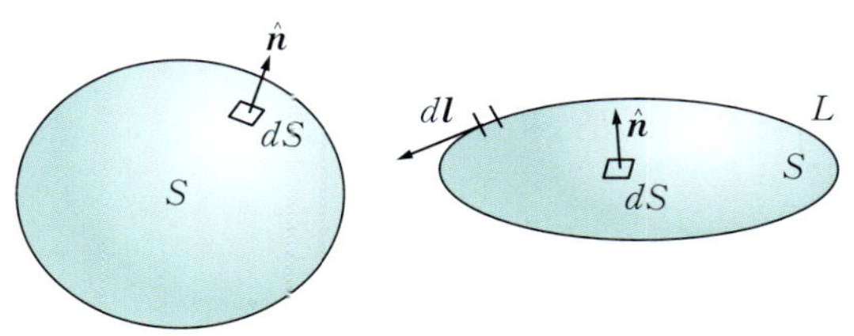

그림 2.6 맥스웰 방정식에 사용되는 벡터 $\hat{n}$과 $d\boldsymbol{l}$, 표면 S 및 폐루프 L. 좌측 그림은 체적을 감싸고 있는 표면 S를 보여주고 있으며 가우스의 법칙에 사용된다. 우측 그림에서는 폐루프 L와 이를 감싸고 있는 표면 S를 보여주고 있으며 패러데이와 암페어의 법칙에 사용된다.

힌 표면속의 전하 q_{enc}를 전기 유전율(ε_0)로 나눈 값과 같다. 이 값은 식(2.12)와 직접적으로 연관되어 있다. 하지만 전자석 작동기에서는 모든 전하들이 도전체 속에 구속 되어있기 때문에 이 법칙을 사용하지 않는다. 즉 이들은 항상 도전체 내 양성자들의 양전하와 평형을 이루고 있다는 것을 의미한다. 그럼에도 불구하고 **두 번째 맥스웰 방정식**을 통해서 완벽성에 대해서 언급했고 또한 전기장과 자기장 사이의 차이를 입증하였다.

- **가우스의 법칙(gauss's law)(자기)**

$$\oiint_s (\boldsymbol{B} \cdot \hat{\boldsymbol{n}}) dS = 0 \tag{2.22}$$

$$div\boldsymbol{B} = \nabla \cdot \boldsymbol{B} = 0 \tag{2.23}$$

가우스의 2법칙에 따르면 닫힌 표면 S에 대한 자기장의 표면적분은 항상 0이 된다. 임의의 닫힌 표면에 대해서, 닫힌 표면 내의 체적으로 들어가는 자속은 이 체적 밖으로 나가는 자속과 같다. 이는 자속선으로 표시하면 모든 자속선들이 닫힌 형상일 경우에만 성립한다. 자기장에 대한 가우스의 법칙은 자석은 항상 북극과 남극의 쌍극으로 작용하며 자석 내부에서 자속은 남극에서 북극으로 흐르며 외부에서는 북극에서 남극으로 되돌아온다는 관찰을 기반으로 하고 있다. 반면에 전기장에 대한 가우스 법칙은 대응하는 **단극**(monopole) 없이도 전하가 존재할 수 있으며 적분값이 0이 아닐 수도 있다는 큰 차이점이 있다. 자기회로에 대한 자속을 계산하기 위해서는 자기장에 대한 가우스의 법칙에 대한 통찰과 이해가 필요하다.

세 번째 맥스웰 방정식은 자기장의 변화와 그 장을 둘러싸고 있는 도선 내에서 그로 인해 유발된 전위차이 사이의 관계를 설명하고 있다.

- **패러데이의 법칙(Faraday's law)**

$$\oint_L \boldsymbol{E} \cdot d\boldsymbol{l} = -\frac{d}{dt}\iint_S (\boldsymbol{B} \cdot \hat{\boldsymbol{n}}) dS \tag{2.24}$$

$$rot\boldsymbol{E} = \nabla \times \boldsymbol{E} = -\frac{\partial}{\partial t}\boldsymbol{B} \tag{2.25}$$

이 법칙은 원래 영국의 화학자이자 물리학자인 Michael Faraday(1791-1867)가 제안하였다. 이에 따르면 폐루프 L에 대한 전기장의 선적분은 루프 L에 의해서 경계가 만들어진 열린표면 S를 통과하는 플럭스의 변화와 같다. 패러데이의 법칙은 자기력을 사용하여 전기를 만드는 원리를 구성하는 기반이 된다. 도선이 감겨서 형성한 루프 L 주변에 변화하는 자기장이 부가되면 도선 양단의 전극에는 **기전력**(Electromotive Force) $\mathscr{F}_e$ 라고 부르는 전위차이의 소스가 생성된다. 이 기전력은 반대 극성의 전하를 각각 코일의 다른 전극 쪽으로 이동시켜서 전극 양단에 전위차이가 생성된다.

이 법칙은 또한 5장에서 정의할 자체 인덕턴스 현상을 설명해 준다. 이 법칙의 중요한 요소는 음의 부호로서, 전기장의 방향은 벡터 $d\boldsymbol{l}$의 반대방향이라는 것을 의미한다. 이는 임피던스가 낮은 전원으로 작동기를 구동할 때 관찰되는 감쇠현상을 포함하여 전자석 작동기의 몇 가지 성질들을 설명해 준다. 기계 에너지에서 전기 에너지로의 변환은 가역반응으로서, 자기장 내에서 전선에 전류를 흘리면 이 도선은 **로렌츠 힘**(Lorentz force)을 받게 되며, 이에 대해서는 5장에서 더 자세히 살펴볼 예정이다.

네 번째 맥스웰 방정식은 전류에 의한 자기장 성성원리를 나타내고 있다.

- **암페어의 법칙(Ampere's Law)**

$$\oint_L \boldsymbol{B} \cdot d\boldsymbol{l} = \mu_0 I_{enc} + \varepsilon_0 \mu_0 \frac{d}{dt} \iint_S (\boldsymbol{E} \cdot \hat{\boldsymbol{n}}) dS \tag{2.26}$$

$$rot\boldsymbol{B} = \nabla \times \boldsymbol{B} = \mu_0 \boldsymbol{J} + \varepsilon_0 \mu_0 \frac{\partial}{\partial t} \boldsymbol{E} \tag{2.27}$$

원래 암페어가 제안했던 이 법칙에 따르면 폐루프 L에 대한 자기장의 선적분은 두 항의 합과 같다. 첫 번째 항은 루프로 둘러싸인 부분에서 흐르는 전류 I_{enc}를 나타내며 두 번째 항은 루프에 의해 둘러싸인 표면의 전기장 변화를 타나낸다. 이 두 번째 항은 사실 전기장에 대한 가우스의 법칙에서와 마찬가지로 전하의 경계특성 때문에 전자석 작동기와 무관하다. 두 번째 항이 없다면 이 법칙은 도선을 통과하는 전류와 자기장 사이의 상관관계를 나타내고 있다. 이를 다시 μ_0로 나누면 기전력의 등가 자기력인 기자력(magnetomotive force) $\mathscr{F}_m$이 얻어진다.

$$\mathscr{F}_m = \oint_L \frac{\boldsymbol{B}}{\mu_0} \cdot d\boldsymbol{l} = \oint_L \boldsymbol{H} \cdot d\boldsymbol{l} = I_{enc} \tag{2.28}$$

홉킨슨의 법칙을 사용하여 자기회로를 단순화 모델링하는 경우에 이 기자력을 사용하며 5장에서 설명할 예정이다.

2.3.3 전압원과 전력

2.3.3.1 전압원

능동적으로 전하를 분리하면 **전압원**(voltage source)이라고 부르는 전위차가 생성된다. 전압원은 외부에 **전극**(electrode) 또는 **터미널**(terminal)이라고 부르는 두 개의 접점을 가지고 있으며 이들 중 양전극이 음전극보다 더 높은 양전위를 가지고 있다. 전압원은 외부에 설치된 도전성 부하를 통해서 음전극에서 양전극 쪽으로 전자가 연속적으로 흐를 수 있도록 전자를 공급한다. 전자는 음전하가 충전되어 있으므로 실제로는 음극에서 양극쪽으로 흐르지만, 이 전자의 흐름을 전자회로에서는 양전류로 나타낸다.

음전하가 충전된 전자와 양전하가 충전되어 있으며, 정지해 있는 양성자 사이에 분리작용을 일으키기 위해서, 전압원 속에는 음전극에서 양전극으로 향하는 내부 전기장이 있다고 생각할 수 있다. 앞 절의 패러데이의 법칙에서 설명했던 것처럼, 이 전기장이 전자가 양성자에서 떨어져 나와 음전극 쪽으로 향하도록 만든다. 이로 인하여 음극에는 전자들이 집적되며 양극에는 전자가 부족하여 전극들 사이에는 전압원 외부의 전극들 사이에서 전기장과 더불어서 전하의 불균형과 전위차이가 초래된다. 이 외부전기장은 내부에 형성된 구동장과 크기는 같지만 방향은 반대이다.

■ 기전력과 전위차

외부 전기장과 내부 전기장 사이의 방향이 서로 반대이기 때문에 특정한 거리에 대한 전기장의 음의 적분값으로 정의된 전위차이를 사용할 때에 혼동을 일으킬 수 있다. 이 설명은 양전극과 음전극 사이에 양의 전위차이를 가지고 있는 전압원 외부의 외부 전기장에 대해서 여전히 타당하다. 하지만 내부 전기장의 경우에는 전기장에 대한 양의 적분을 사용해서 전위차이를 계산해야 한다. 혼동을 피하기 위해서, 전압원 내부 전기장에 대한 양의 적분을 패러데이의 법칙에서 정의된 **기전력**(electromotive force)이라는 이름을 붙여 놓았다.

내부전기장을 $\boldsymbol{E}_i$라 할 때에, e_1과 e_2는 전극의 위치이며 $d\boldsymbol{l}$은 전극간의 내부경로라 하면, 전압원의 기전력은 다음과 같이 구해진다.

$$\mathscr{F}_e = \int_{e_1}^{e_2} \boldsymbol{E}_i \cdot d\boldsymbol{l} \ \ [\mathrm{V}] \tag{2.29}$$

변화하는 자기장에 의해서 전원이 만들어진다면 이 방정식은 전기를 만들어내는 가장 일반적인 방법인 패러데이의 법칙으로 완성될 것이다. 전기를 만들어내는 또다른 유명한 방법은 **배터리**(battery) 내에서 화학반응을 이용하는 것으로, 사용하는 요소들의 화학퍼텐셜 차이를 이용하여 전위차이를 만들어내는 복잡한 과정을 사용한다. 특히 배터리의 경우에는 전극들 사이에서 전위차이를 생성하는 화학적 기전력을 주어진 값으로 사용하는 것이 간단하다.

무부하 상태에서 기전력 값은 외부 전기장의 전위차이와 같다. 이 경우, 기전력과 외부 전위차 사이에 평형이 이루어지므로, 추가적인 전하의 분리는 발생하지 않는다. 즉, 부하와 연결되지 않는다면, 전압원 내부에서는 전류가 흐르지 않는다. 도전성 부하가 전압원과 연결되자마자, 전위차이로 인해 전자들은 음극을 출발하여 부하를 거쳐서 양극으로 이동한다. 기전력과 전위차이 사이의 평형이 필요하기 때문에 부하를 통과하여 흐르는 전자의 숫자는 기전력에 의해서 공급되는 새로운 전자들로 보충된다. 이런 연속적인 전자의 흐름은 전원 내의 음전극에서 양전극으로, 그리고 양전극에서 부하를 거쳐서 음전극으로 흐르는 연속적인 양의 전류흐름과 등가이다.

이런 설명은 **이상적**인 전압원의 경우에만 적용된다. 실제의 경우, 전압원은 약간의 내부결함이 존재하여 전류량에 따라서 전극단에서의 전압과 기전력 사이에 편차가 유발된다. 이런 현상은 전기에 대해서 다루는 6장에서 설명할 예정이다. 6장에서는 또한, 부하의 크기에 무관하게 항상 일정한 전류를 공급해주는 **전류원**(current source)에 대해서 소개한다. 전류원은 어떤 부하에 대해서도 일정한 전류를 흘릴 수 있도록 기전력을 변화시키는 무한한 능력을 갖추고 있다.

다음에서는 중요한 몇 가지 사항들을 요약하고 있다.

- 전류는 양전하를 기반으로 한 물리적인 표현이다. 대부분의 전기회로 내에서 실제의 전류흐름 현상[7]은 음전하 특성에 의해서 전류와 반대방향으로 흐르는 전자의 이동에 의한 것이다.
- 전원이나 부하 내에서 전기장은 양전류의 방향을 향한다.
- 전압원은 전자를 음극으로 이동시키는 기전력에 의해서 생성된 전기장에 의해서 만들어진다.
- 전압원 외부 전기장은 전압원 내부와는 반대 방향인 양극에서 음극으로 향하며, 이로 인하여 전위차이가 만들어진다. 외부 전위차이로 인하여 양극에서 부하를 통과하여 음극 쪽으로 전류가 흐른다.
- 전원의 기전력은 외부 전기장의 전위차와 같으며 대부분의 경우 이 전위차이를 **전압**이라고 부른다.

7) 고체물질 내에서 양전하는 움직일 수 없다. 이온화 된 가스만이 유일하게 양전류에 해당하는 물질 흐름과 양자의 이동을 일으키지만, 실제 공학적인 측면에서는 중요한 의미를 갖지 못한다.

2.3.3.2 전력

전하가 전기장을 통과하여 전기전위 V가 다른 위치로 이동하면 위치 에너지 E_p가 변한다. 전기시스템을 살펴보면 전하가 놓여있는 전기장에 의해서 전하는 시스템을 통과하여 연속적으로 움직인다. 전원에 의해서 전달된 에너지는 기전력에 의해서 증가한 위치 에너지와 같다. 물리적인 성질인 시스템의 **전력**(P)은 에너지의 시간 미분값과 같으며 스코틀랜드 기계 엔지니어인 James Watt(1736–1819)의 최초로 널리 사용된 기계적인 동력원인 스팀엔진에 대한 결정적인 공헌을 기려서 **와트**[W] 단위를 사용한다. 전원의 경우 전력은 소스로 유입되는 총 전하의 위치 에너지와 소스에서 유출되는 동일한 총 전하의 위치 에너지 사이의 차이를 사용하여 계산할 수 있다.

이 정의를 사용하면 전원을 통과하는 총 전하가 q_i일 때에 전력은 다음과 같이 나타낼 수 있다.

$$P = \frac{dE_p}{dt} = \frac{dE_{p,out}}{dt} - \frac{dE_{p,in}}{dt} = \frac{dq_t V_{out}}{dt} - \frac{dq_t V_{in}}{dt} = \Delta V \frac{dq_t}{dt} \quad [\mathrm{W}] \tag{2.30}$$

전류 $I = dq_t / dt$ [A]라는 정의를 사용하면 다음과 같은 전력에 대한 낯익은 식을 구할 수 있다.

$$P = V \cdot I \quad [\mathrm{W}] \tag{2.31}$$

어떤 전력을 계산하는지를 혼동하지 않기 위해서는 변수의 부호가 매우 중요하다. 음전하인 전자는 음전위가 감소되는 방향으로 움직이는 반면에 양전하는 양전위가 감소하는 방향으로 힘을 받는다. 이 이동으로 인하여 전기요소 내를 움직이는 전자의 전기적인 위치 에너지가 감소하며 그에 따라서 전력은 저항의 발열이나 전기 모터의 기계적인 일 등과 같이 사용 가능한 다른 형태로 변환된다. 전원의 경우에는 이와 반대로 내부 기전력이 전자를 퍼텐셜이 높은 쪽으로 이동시킨다. 다행히도 전류가 양전극에서 흘러나오는 경우에는 대부분의 경우 양의 전력송출을 통해서 양의 전류가 흘러나오는 전통적인 모델이 완벽하게 들어맞는다. 전자 현미경과 같이 실제 전자의 운동을 활용하는 경우에만 부호와 방향의 차이에 주의하면 된다. 이 책에서 양의 전류방향은 단방향 화살표의 방향으로 정의하는 반면에 양의 전위차 방향은 양방향 화살표 옆에 +와 – 부호를 붙여서 상대 전위차이로 나타낸다.

방정식이 뜻하는 의미가 명확한 경우에는 방정식 말미에 단위계 표기를 생략한다는 점도 유의해야 한다.

2.3.3.3 옴(Ohm)의법칙

그림 2.7에서는 기본적인 전기회로를 보여주고 있다. 이 회로는 전압원과 **옴**[Ω] 단위를 사용하며 양단이 전압원의 전극들 사이에 연결되어 전류가 흐르는 저항성 부하 R로 구성되어 있다. 다음 절에서는 부하가 복소부하로 확장되겠지만 원래의 부하는 Georg Simon Ohm이 볼타의 전기 배터리를 사용한 그의 연구를 통해 확립된 법칙을 기반으로 하고 있다. 시간에 따라서 변하지 않으며 크기가 일정한 배터리의 전압을 사용하면 회로 내에서 전류는 저항에만 의존한다. 그런 이유 때문에 옴의 법칙은 이 전기시스템에서 전류 I, 전압 V, 그리고 저항 R 사이의 관계를 정의해 준다.

$$V = IR \Rightarrow \quad I = \frac{V}{R} \tag{2.32}$$

이 명확한 관계식을 사용하여 전원에서 송출되어 저항 내에서 열로 발산된 전력은 다음과 같이 나타낼 수 있다.

$$P = IV = I^2R = \frac{V^2}{R} \tag{2.33}$$

이처럼 제곱이 사용된 비선형 관계식은 전력과 에너지의 전형적인 특성이다. 다음의 사례는 메카트로닉스 시스템에서 이 현상의 중요성을 강조하고 있다. 작동기의 작용력을 증가시키기 위해서는 전류를 증가시켜야 한다. 하지만 전류를 증가시키면 작동기에 직렬로 연결되어 있는 저항 내에서 소모되는 전력을 제곱의 형태로 증가시킨다. 이로 인하여 열의 관점에서 안전했던 구조가 전류를 조금만 증가시켰는데도 갑자기 과열될 수 있다.

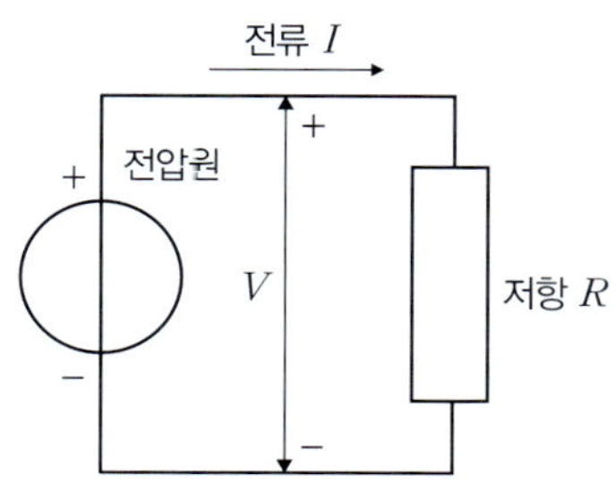

그림 2.7 전압원과 저항성 부하로 이루어진 기본적인 전기회로. 전류는 옴의 법칙에 따라서 전압에 비례하며 저항에 반비례한다. 전위차이는 양방향 화살표 옆에 +와 − 부호를 붙여서 방향과 함께 나타낸다.

2.3.3.4 실제값과 요약

전압의 실제값은 매우 넓은 범위를 가지고 있다.

- [MV] : 번개의 전압
- [KV] : 송전전압
- [V] : 주 전압, 가전기기 및 디지털 전자기기의 전원전압
- [mV] : 측정용 센서의 미소신호전압
- [μV] : 노이즈와 인터페이스 속에 **묻혀**있는 초미세신호전압
- [nV] : 측정이 불가능한 전압

실제의 경우, [nV] 단위는 특정한 주파수 대역에서 노이즈밀도를 나타내는 [$nV/\sqrt{Hz}$]와 같은 사례에서만 찾아볼 수 있다.

전류의 실제값은 훨씬 더 넓은 범위를 가지고 있다.

- [kA] : 송전 전류
- [A] : 가전기기나 작동기 소비전류
- [mA] : 소신호, 저전력 전자회로의 동력전류
- [μA] : 소신호, 센서전류
- [nA] : 노이즈와 인터페이스 속에 **묻혀**있는 극소신호전류
- [pA] : 거의 측정불가, 주사터널현미경(STM)프로브
- [fA] : 측정불가

표 2.2 전기에 대한 SI 단위계

물리량	SI단위	변수	관계식
전하	쿨롱[C]	C	
전류	암페어[A]	I	$A = C/s$
전위차	볼트[V]	V	$V = J/c = Nm/(As)$
저항	옴[Ω]	R	$\Omega = V/A$
전력	와트[W]	P	$W = V \cdot A$

표 2.2에서는 가장 적합한 정의들을 요약하여 제시하고 있다.

2.4 신호이론과 파동의 전파

일반적으로 전압과 전류는 시간에 대해서 일정하지 않다. 이런 전압과 전류의 변화 속에는 그 원인에 대한 정보가 포함되어있기 때문에 이를 **전기신호**(electric signal)라고 부른다.

물리학에서 **신호**(signal)는 시간 또는 공간에 따른 어떤 값의 변화, 즉 **시간적 또는 공간적인 가변성**(temporal or spatial variability)을 의미한다. 시간에 따라서 진폭 및 음색이 변하는 음향을 시간적 가변성의 사례로 들 수 있다. 광학의 경우, 공간적 가변성은 표면 위의 위치에 따른 빛의 강도차이를 만들어낸다. 수학적인 관점에서는 관련 식 내에서 x를 t로, 또는 t를 x로 바꾸면 그만이기 때문에 공간($f(x)$) 및 시간($f(t)$)적 가변성은 동일하게 취급된다.

메카트로닉스 시스템 내에서 전기신호는 그 신호가 비록 시간적 또는 공간적인 물리현상으로부터 추출되었을 지라도 항상 시간적 특성을 가진다. 예를 들어, 일정한 속도로 이루어지는 스캐닝 운동을 명확한 시간기준에 따라서 측정함으로써 공간적 현상이 시간영역으로 변환된다. 이런 이유 때문에, 이 단원의 이후에서는 시변특성을 갖는 신호에 대해서 다루며, 광학을 주제로 하는 7장에서는 공간 가변성에 대해서 주로 다루기로 한다.

2.4.1 주파수의 개념

시간에 따른 전기신호의 변화는 다음 세 가지 거동의 조합으로 간주할 수 있다.

- **직류**(DC)라고 부르는 일정한 단방향 전류
- **교류**(AC)라고 부르는 주기적으로 방향이 변하는 양방향 전류
- **노이즈**(noise)라고 부르는 임의적이고 통계적인 성분

전기신호의 직류값은 시간에 따른 전류의 평균값과 같다. 교류신호의 경우, **시간주파수**(temporal frequency)는 단위시간 동안 발생하는 특정한 이벤트의 숫자로 정의된다. 따라서 이 주파수에 관련된 시

간주기를 하나의 이벤트가 지속되는 시간으로 정의할 수 있다. SI 단위계에서 주파수(f)는 독일의 물리학자인 Heinrich Hertz (1857−1894)의 이름을 따서 헤르츠[Hz] 라는 단위계를 사용한다. 한 사이클의 시간 주기는 변수부호로 T를 사용하며 단위는 시간[s]이며 주파수 f에 반비례한다.

$$T = \frac{1}{f} \quad [\mathrm{s}] \tag{2.34}$$

물리 및 공학 분야에서는 **각운동 주파수**(angular frequency) ω를 자주 사용한다. 그림 2.8에서와 같이, 일정한 각속도 ω를 가지고 있으며 각각의 피크값 x_p 및 y_p가 **진폭**(amplitude) A와 같은 경우에 이 주파수는 각도변화의 사인 및 코사인으로 정의되어 있는 정현진동의 수학적 표현과 직접적인 연관관계를 가지고 있다.

$$x(t) = x_p \cos(\omega t) = A\cos(\omega t) \text{이며 } y(t) = y_p \sin(\omega t) = A\sin(\omega t) \tag{2.35}$$

사인과 코사인의 정현함수를 그래프로 나타내면 그림 2.9와 같은 파동 그래프 형태가 만들어진다. 비록 이것이 실제 물리적인 파동은 아니지만, 그 형상적인 특징 때문에 교류신호의 도식적인 표현에서 **파형**(waveform)이라는 용어가 자주 사용된다. ω가 일정할 때에, 수평축은 2π와 주기 T가 동일한 시간직선이 만들어진다. 즉, 한 주기 T는 각도(φ)가 2π [rad]인 한바퀴의 원과 같기 때문에 각도주파수는 시간주파수와 직접적으로 연관되어있다.

$$\omega = 2\pi \cdot f \quad [\mathrm{rad/s}] \tag{2.36}$$

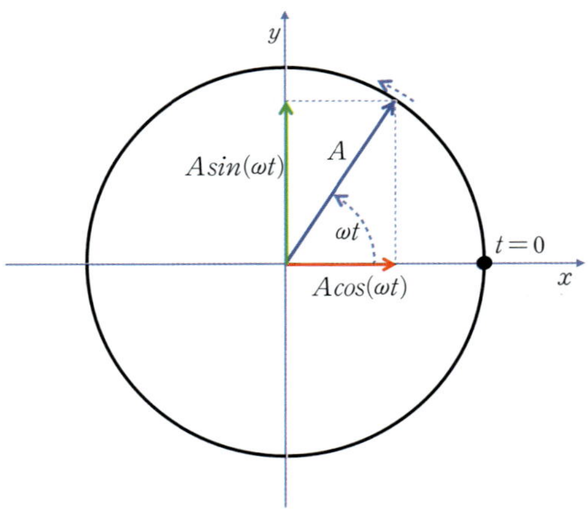

그림 2.8 시간에 대해 각도($\varphi = \omega t$)가 연속적으로 변하는 조화함수의 극좌표 표시

이런 서로 다른 단위들은 경험이 많은 설계자조차도 자주 만나게 되는 함정이기 때문에 매우 조심해야 한다. 주기와 각도 사이에서 발생하는 $2\pi \approx 6.3$ 정도의 계수차이는 거의 한 자릿수 차이에 해당하므로 잘못된 결론을 초래할 위험성이 매우 높다. 이 책에서는 두 가지 단위계를 모두 사용하고 있다. [Hz]단위는 주기성과 이벤트의 다양성이 더 명확하게 나타나는 실용사례와 그래프에서 사용된다. [rad/s] 단위는 수학적 해석이나 물리적인 영향들과의 관계를 나타낼 때에 주로 사용된다.

그림 2.9에서 보여주듯이 동일한 주파수의 사인과 코사인 함수를 비교해 보면, 사인 함수가 코사인 함수에 비해서 $\varphi = \pi/2$만큼 시프트 되어 있음을 알 수 있다. 이 시간관계를 **위상**(phase)이라고 부르며 음의 위상차는 음의 피드백에 사용하는 경우 불안정을 유발할 수 있는 시간지연을 의미하므로 위상차는 운동제어 시스템에서 가장 중요한 변수들 중 하나이다. 위상 시프트는 보통 작은 각도로 나타난다는 현실적인 이유에서 도(°) 단위를 사용한다. 30° 위상 시프트는 매우 큰 영향을 끼치지만 $\pi/4$보다 작은 각도이다. 도 단위는 SI 단위계의 공식 단위가 아니지만, 이 책에서 광범위하게 사용하고 있다.

피크 진폭 $x_p = 1$이며 $x(t) = x_p \sin(\omega t) = x_p \sin(2\pi f t)$인 사인파형을 가지고 x방향으로 진동하는 물체의 위치, 속도 및 가속도에 대해서 간단한 사고실험을 수행할 수 있다. 그림 2.10의 청색선에 따르면 $\pi/2$에서 위치는 정지해 있다. 즉 이때의 속도는 0이며, 속도 그래프인 녹색선은 코사인 함수를 나타내고 있음을 알 수 있다. 또한, 위치의 하강 기울기가 가장 급한 π에서는 속도가 음의 최댓값을 가진다. 이런 추론은 그래프 내의 어떤 위치에서도 동일하게 적용된다. 속도와 가속도의 상관관계에 동일한 추론을 적용하면 사인 함수의 −1배로 그려진 가속도의 적색선이 만들어진다.

사실, 그래프를 보기만 해도 수학 방정식이 맞는다는 것을 확인할 수 있다. 위치(x) 함수가 다음과 같다면,

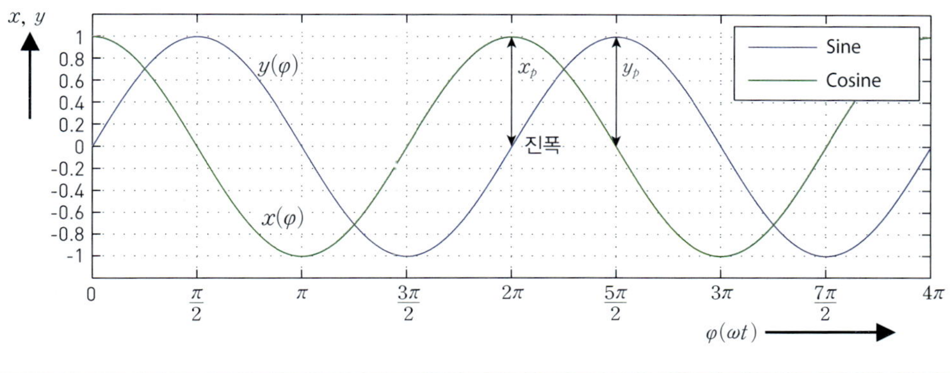

그림 2.9 진폭 $A = x_p = y_p = 1$인 경우에 그림 2.3의 조화함수에 대한 도식적인 표현

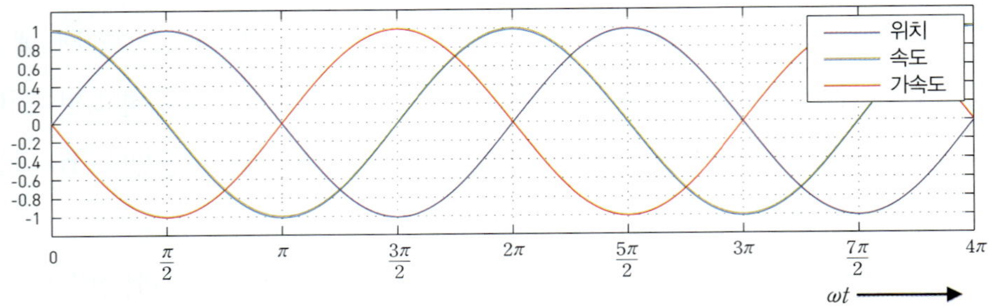

그림 2.10 정현운동을 일으키는 물체의 위치, 속도, 및 가속도의 2주기 그래프 : $x(\omega t) = x_p \sin(\omega t)$, $x_p = 1$이며, $\omega = 1$이다.

$$x(t) = x_p \sin(\omega t) \tag{2.37}$$

속도 $v(t)$는 위치를 시간으로 미분한 값과 같다.

$$v(t) = \frac{dx(t)}{dt} = \dot{x}(t) = v_p \cos(\omega t) = x_p \omega \cos(\omega t) \quad \Rightarrow \quad v_p = x_p \omega \tag{2.38}$$

그리고 가속도 $a(t)$는 속도를 시간으로 미분한 값과 같다.

$$a(t) = \frac{dv(t)}{dt} = \frac{d^2x}{dt^2} = \ddot{x}(t) = -a_p \sin(\omega t) = -x_p \omega^2 \sin(\omega t) \quad \Rightarrow \quad a_p = x_p \omega^2 \tag{2.39}$$

하지만 그림 2.10의 표현은 $\omega = 2\pi f = 1$인 경우의 속도와 가속도의 진폭만을 보여주고 있기 때문에 실제 상황을 완벽하게 나타내지 못하고 있다. 주파수가 높다는 것은 빠르게 변한다는 것을 의미하기 때문에, 간단한 추론을 통해서 다른 주파수에서의 진폭을 추정할 수 있다. 위치 진폭이 일정한 경우에, 속도의 진폭은 주파수에 비례하여 증가하며 가속도의 진폭은 주파수의 제곱에 비례한다.

두 번째 단계로, 이 세 변수들 사이의 위상 관계가 중요하다. 이 그래프는 무한히 연속적인 신호중에서 일정 기간만을 추출한 샘플이며, 이로부터 속도는 위상보다 $\varphi = \pi/2$ [rad] $\doteq 90°$만큼 앞서거나 $\varphi = 3\pi/2$ [rad] $\doteq 270°$만큼 뒤진다고 말할 수 있다. 그런데, 논리적이지는 않지만, 물체의 위치는 속도에 의해 만들어지므로 속도보다 늦게 발생한다.

$$x(t_1) = x(t_0) + \int_{t_0}^{t_1} v(t)dt \tag{2.40}$$

여기서 $x(t_0)$는 t_0에서의 시작위치이며 $x(t_1)$은 t_1에서의 위치이다. 이와 동일한 관계를 속도와 가속도 사이에도 적용할 수 있으며 이를 통해서 속도는 가속도에 비해서 $\varphi = \pi/2$ [rad] $\doteq 90°$ 만큼 위상지연이 발생한다. 이들을 조합해 보면 가속도는 위치에 비해서 $\varphi = \pi$ [rad] $\doteq 180^\circ$ 만큼 위상이 앞선다는 것을 알 수 있다.

2.4.1.1 임의신호 또는 노이즈

DC 및 AC 다음으로 세 번째 형태의 신호는 노이즈이다. 노이즈는 임의적이며 비결정적인 신호로서, 어떤 순간의 신호값은 특정한 범위 내에서 어떤 값이라도 나타낼 수 있다. 신호값의 확률을 나타내는 통계적 분포에 의해서 출력값의 범위가 정의된다. 2.4.4절에서는 시간역 내에서의 임의신호는 주파수 도메인 내에서 무한한 수의 주파수들로 구성되어 있다는 것을 설명할 예정이다. 또한 **주파수 스펙트럼**(frequency spectrum)이라고 부르는 이 주파수들의 분포는 통계적으로만 설명할 수 있다. 때로는 노이즈의 주파수 스펙트럼에 색상 명칭을 붙여서, 전체 주파수 스펙트럼에 모든 주파수 성분들이 균일하게 존재하는 노이즈를 **화이트 노이즈**(white noise)라 칭하고 저주파 성분들이 고주파 성분들보다 더 강한 경우에는 **핑크 노이즈**(pink noise)라고 부르기도 한다.

예측이 가능하며 잘 제어되는 운동 시스템의 동특성에 의해서 고성능 메카트로닉스 시스템이 구현되므로, 임의 신호는 정의상 성능을 훼손하는 외란을 유발할 가능성을 가지고 있다. 이런 노이즈의 영향을 회피하거나 억제할 수는 있지만, 이를 상쇄하려면 미래값을 알 필요가 있으며, 그렇다면 더 이상 임의신호가 아니기 때문에 노이즈는 결코 제거할 수는 없다. 노이즈의 영향을 받는 메커니즘을 연구하여 규칙적으로 발생하는 **계통효과**(systematic effect)에 대한 예측성을 개선하거나 최소한 걸러내는 노이즈 저감 분야는 항상 연구의 중요한 부분을 차지한다.

노이즈에 대한 통계적 분석과 관련되어서 8.2절의 **동적 오차할당**(dynamic error budgeting)에서는 정밀 측정 및 위치결정 시스템에서 임의분포를 어떻게 취급하는가에 대해서 더 상세하게 살펴볼 예정이다.

2.4.1.2 교류신호의 전력

때로는 전기신호를 순시값의 제곱인 전력으로 나타낸다. 이 표시방법은 서로 다른 임의 교란신호가 시스템의 정확도에 끼치는 영향을 평가할 때에 유용하다.

전압신호의 경우, 1 [Ω] 저항기를 통과하여 흐르는 전류는 전압과 같기 때문에 여기서 소모되는 전력은 전류값과 같다. 교류신호도 역시 시간에 따라서 전력이 변한다. 순수한 저항성 부하의 경우, 전력은 항상 양으로서, $P_s \propto \sin^2(\omega t)$이다. 하지만 전류와 전압이 서로 다른 부호를 가지고 있으면 전력이 음의 값을 가진다.

신호의 전력을 구할 때에 정의했던 대로 순시값의 제곱을 사용하는 대신에 전력의 시간에 대한 평균값을 대푯값으로 사용하기도 한다. 신호함수 $f(t)$에 대한 전력 P_s의 평균값은 다음과 같다.

$$\overline{P_s} = \frac{1}{T}\int_0^T < f(t) > ^2 dt \tag{2.41}$$

1 [Ω] 저항기에 가해지는 전압신호의 경우, 이 평균전력의 크기는 아래의 DC 전압에 의해서 소모되는 전력과 같다.

$$V_{rms} = \sqrt{\frac{1}{T}\int_0^T < f(t) > ^2 dt} \tag{2.42}$$

여기서 하첨자 rms는 함수의 제곱 평균값의 근을 취하는 과정으로부터 이름을 따왔기 때문에 **제곱평균**(root mean square)이라고 부른다. 이 제곱평균값은 전기공학 분야에서 정현전압 $V = V_p \sin(\omega t)$이 가해지는 주전원의 특성을 나타내는 유용한 값이다.

등가 DC 전압은 다음과 같이 구해진다.

$$V_{rms} = \sqrt{\frac{1}{T}\int_0^T (V_p \sin(\omega t))^2 dt} = V_p \sqrt{\frac{1}{T}\int_0^T \sin^2(\omega t) dt} \tag{2.43}$$

$$= V_p \sqrt{\frac{1}{T}\int_0^T \frac{1-\cos(2\omega t)}{2} dt} = V_p \sqrt{\frac{1}{T}\left[\frac{t}{2} - \frac{\sin(2\omega t)}{4\omega}\right]_0^T}$$

정의에 따르면 제곱평균값은 무한히 긴 시간동안에 대해서 계산해야 한다. 다행히도 반복적인 주기신호의 경우, 이 값은 정수값인 n주기의 신호에 대한 적분값과 같다. 즉, 사인항의 평균값은 0이 되며 최종값은 다음과 같아진다.

$$V_{rms} = V_p \sqrt{\frac{1}{T}\left[\frac{t}{2}\right]_0^T} = V_p \sqrt{\frac{T}{2T}} = \frac{V_p}{\sqrt{2}} \tag{2.44}$$

네덜란드의 가정용 전원인 230V AC의 제곱평균 전압으로부터 산출한 피크전압은 $V_p = \sqrt{2} \cdot 230 = 325\,V$이다.[8)]

전압과 마찬가지로 피크값이 I_p인 정현전류의 제곱평균 값은 $I_{rms} = I_p / \sqrt{2}$이다. 따라서 교류전압과 교류전류가 곱해진 평균전력은 $\overline{P} = V_{rms} I_{rms} = 0.5 \cdot V_p I_p$와 같다.

---

8) 우리나라의 경우 가정용 전원인 220V의 피크전압 $V_p = \sqrt{2} \cdot 220 = 331\,V$이다.

2.4.2 복소평면의 표현

메카트로닉스 시스템의 동적 거동은 일반적으로 시스템에 작용하는 신호의 응답함수로 나타낸다. 이 함수들은 운동방정식이라고 부르는 시간도메인 함수와 **주파수 응답함수**(frequency response : FRF) 또는 간단히 **주파수 응답**이라고 부르는 주파수 도메인 함수로 유도할 수 있다. 이 주파수 응답함수는 주파수의 함수로 표시된 입력에 대한 시스템 출력의 진폭과 위상을 보여준다는 이점을 가지고 있다. 위상을 그림 2.11에 도시되어 있는 복소평면 내의 각도로 변환시킬 수 있기 때문에 전달함수에는 복소수를 사용한다. 복소수 $Z = a + jb$는 복소평면 내에서 종점좌표가 $[a,\ b]$인 벡터를 나타낸다. 일반적으로 위상각도가 φ인 복소수를 나타내기 위해서는 벡터보다 다양한 멱급수들의 전개에 대한 연구를 수행한 스위스의 수학자이자 물리학자인 Leonhard Euler(1707-1783)의 이름을 딴 **오일러 공식**(Euler formula)을 사용한다.

오일러 공식은 다음과 같이 유도된다.

$$\begin{aligned} exp\{jx\} &= e^{jx} = 1 + jx + \frac{(jx)^2}{2!} + \frac{(jx)^3}{3!} + \cdots \qquad (2.45) \\ &= 1 + jx - \frac{x^2}{2!} - j\frac{x^3}{3!} + \frac{x^4}{4!} + j\frac{x^5}{5!} - \frac{x^6}{6!} - j\frac{x^7}{7!} + \frac{x^8}{8!} \cdots \\ &= \underbrace{\left(1 - \frac{x^2}{2!} + \frac{x^4}{4!} - \frac{x^6}{6!} + \frac{x^{\varepsilon}}{8!} - \cdots\right)}_{=\cos x} + j\underbrace{\left(x - \frac{x^3}{3!} + \frac{x^5}{5!} - \frac{x^7}{7!} + \cdots\right)}_{=\sin x} \\ &= \cos x + j\sin x \end{aligned}$$

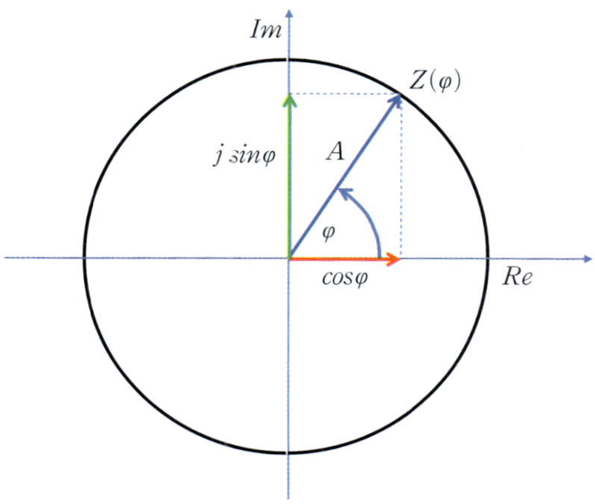

그림 2.11 위상 시프트 각도가 φ인 복소수 $Z(\varphi) = A(\cos\varphi + j\sin\varphi) = A \cdot e^{j\varphi}$의 벡터표현

오일러 공식을 사용하면 복소수 $Z(\varphi)$는 다음과 같이 나타낼 수 있다.

$$Z(\varphi) = A(\cos\varphi + j\sin\varphi) = A \cdot e^{j\varphi} \tag{2.46}$$

이 지수함수는 몇몇 중요한 변환을 수학적으로 유도하기 위해서도 사용하지만, 정현현상의 이해와 도식적인 표현을 위해서 자주 사용되고 있다.

전기소자의 주파수 의존성을 포함하기 위해서 그림 2.12에서는 옴의 법칙을 주파수에 의존적인 모든 값들에 대해서도 적용할 수 있도록 더 일반적인 형태로 나타내고 있다. 부하의 경우, 이 주파수 의존성에 의해서 부하전류와 전압 사이에는 자동적으로 위상 시프트가 초래되며, 이에 대해서는 다음 단원에서 더 상세하게 살펴보기로 한다. 이런 이유 때문에, 부하는 **임피던스**(impedance) Z를 가지고 있으며 $Z(\omega) = R + j\omega L$과 같이 복소수로 표시하면 **복소 임피던스**(complex impedance)를 갖는 부하가 된다.

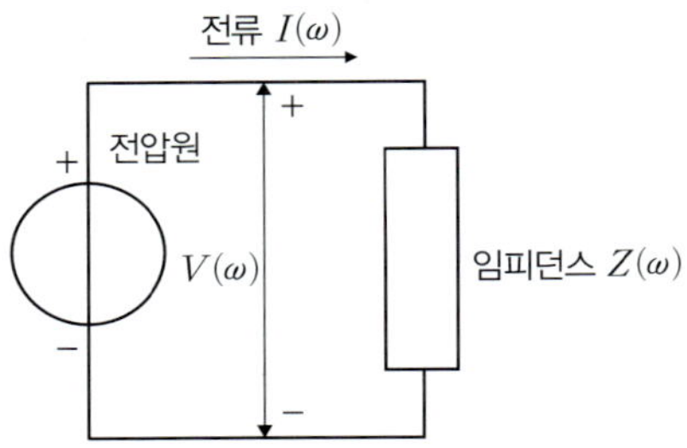

그림 2.12 포괄적인 형태로 표현된 옴의 법칙. 모든 변수들은 주파수 의존성을 가질 수 있다. 부하는 **복소** 임피던스가 되어 전류와 전압 사이에 위상 시프트가 발생할 수 있다.

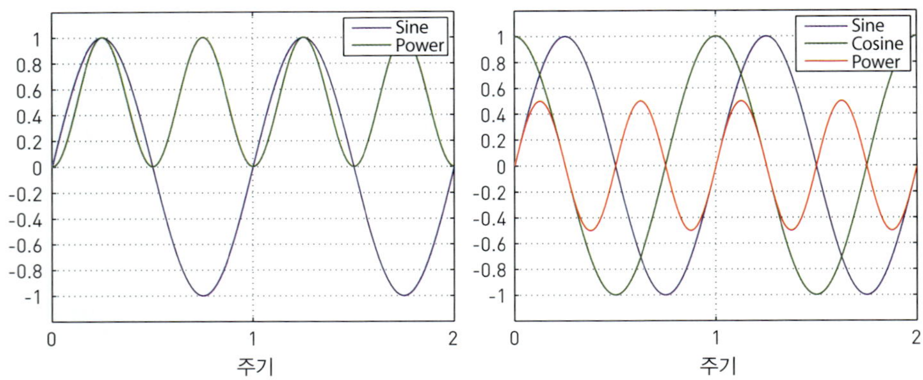

그림 2.13 두 정현함수의 곱인 전력 그래프. 좌측의 경우, 함수들이 동일위상을 가지고 있으며, 평균 전력은 $\overline{P} = 0.5$가 된다. 우측의 경우 함수들은 $\pi/2$의 위상차를 가지고 있으며, 이로 인하여 시간에 대한 평균 전력은 0이 된다.

옴의 법칙을 일반적인 형태로 나타내면 다음과 같다.

$$V(\omega)=I(\omega)Z(\omega) \quad \Rightarrow \quad I(\omega)=\frac{V(\omega)}{Z(\omega)} \tag{2.47}$$

또한 전류와 전압 사이의 위상 시프트가 전력에 영향을 끼치기 때문에 전력에 대한 관계식도 조금 복잡해진다. 위상 시프트가 없다면, 전력의 피크가 $P_p = V_p I_p$일 때에 전력의 시간에 대한 평균값은 $\overline{P} = P_p/2$ 였다. 하지만 전류가 전압보다 $\pi/2$ 만큼 위상이 앞서는 경우에, 전력은 다음과 같이 구해진다.

$$\begin{aligned} P &= I(\omega)V(\omega) = I_p \sin(\omega t-\pi/2)V_p \sin(\omega t) = P_p \sin(\omega t-\pi/2)\sin(\omega t) \\ &= P_p \cos(\omega t)\sin(\omega t) = P_p \frac{1}{2}\sin(2\omega t) \end{aligned} \tag{2.48}$$

이 함수는 평균값이 0인 정현함수이다($\overline{P} = 0$). 이로부터 전류와 전압의 위상이 일치하는 성분만이 저항기와 같은 부하에 가해지는 평균 전력에 기여한다는 것을 유추할 수 있다.

0[rad] 및 위상차이가 $\pi/2$[rad]인 경우에 전력과 위상 사이의 유도된 상관관계가 그림 2.13에 도시되어 있다. 위상차이가 0에서 $\pi/2$[rad]까지 점진적으로 시프트 되면, 평균 전력은 $\overline{P} = 0.5 \cdot P_p$에서 $\overline{P} = 0$으로 시프트 된다.

■ 평균전력과 순시전력

그림에 따르면 비록 평균 전력이 0이더라도 전력의 순시값은 0이 아니라는 점을 알아야 한다. 절반의 시간 동안은 전력이 양이며 나머지 절반의 시간 동안은 전력이 음이다. 이런 일시적인 에너지 저장 현상은 많은 **반응성 임피던스**(reactive impedance)에서 발생하며, 이에 대해서는 다음 단원에서 살펴본다. 기계의 경우 물체의 질량과 스프링의 강성이 반응성 임피던스에 해당하며, 전기 시스템의 경우에는 커패시터와 인덕터가 반응성 임피던스에 해당한다.

2.4.3 파동에서의 에너지 전파

진행파에 의한 에너지수송 현상은 주기적으로 교차하는 신호와 직접적으로 관련되어 있다. 파동현상은 수면위로 불어오는 바람이나, 배, 동물이나 극단적인 경우에는 지진 등에 의해서 잔잔했던 수면이 너울대는 파도를 통해서 실생활에서 잘 알려져 있다. 그림 2.14에 도시되어 있는 수달도 교란의 원인으로서 표면의 너울을 통해서 에너지가 수면으로 전파된다. 외란에 의한 촉발과 매질의 왜곡에 의한 외란의 공간전파, 물리적인 장 또는 물질의 전송 등은 항상 파동의 본질적인 측면이다. 양자역학은 파동을 광원에서 방출되는 광자와 같은 입자들로 대체하여 이런 관점을 더 확장시켰다. 그런 관점에서 보면 빠르게 움직이는 별, 행성 및 여타 물질들에 의한 우주의 확장조차도 빅뱅에서 출발하여 물질 전송에 의해 에너지를 확산시키는 파동처럼 거동한다. 메카트로닉스 시스템에 대한 일반적인 고찰에서도 마찬가지로 이 장에서 소개할 고전적인 파동 모델이 충분히 유용하다.

파동은 **파동함수**(wave function)로 나타내며 체인 내의 각 요소에 대해서 연속적, 단속적, 빅뱅과 같은 단일사건 또는 평균값이 0인 임의함수 등의 형태를 가질 수 있다. 첫 번째 근사에서 파동 함수는 전파되는 동안 감쇠나 더 많은 차원으로의 전파 등에 의해서 진폭은 변할 수 있지만 형태($f(x,\ t) = f(x \pm vt)$)는 변하지 않거나 매질의 성질에 의해서 형상조차도 변할 수 있다. 모델링을 위해서 이 절에서는 연속적인 사인파형 조화함수를 사례로 주로 사용하는데, 이는 다른 모든 파동함수들도 푸리에 전개를 통해서 사인파 모양의 조화함수로 분해할 수 있기 때문이며 이에 대해서는 2.4.4절에서 설명할 예정이다.

진행파 내의 에너지는 **전파**(propagation)라고 부르는 연속적인 과정에 의해서 **전파 스피드**(propagation speed) c_p [m/s]의 크기를 가지고 있는 공간벡터인 **전파속도**(propagation velocity) 또는 **위상속도**(phase

그림 2.14 몬터레이 해변의 두 마리 수달들의 움직임이 해수면을 교란시켜서 동심원으로 퍼져나가는 파동을 일으켰으며 서로 다른 쪽에서 만들어진 파동과 간섭을 일으키고 있다.

velocity) v_p [m/s]로 다른 위치로 전달된다. 정지위치에서 연속적인 사인파형의 운동을 관찰하면 변위나 압력 같은 관찰된 값은 파동의 소스에 의해서 결정되는 특정한 시간주파수 f [Hz]와 주기 T [s]를 가지고 변화하는 것처럼 보인다. 특정한 전파 스피드 c_p에서 시간주파수 f 역시 정지된 순간에 전파방향으로 관찰된 값의 공간변화에 해당한다. 이 공간주파수는 **파수**(wavenumber) ν [1/m]라고 부르며 1미터 당 파장의 주기수와 같다. 그 역수인 **파장**(wavelength) λ [m]라고 부르는 공간 주기 길이가 더 일반적으로 사용된다. 시간주파수와 마찬가지로 공간주파수도 사인파형 함수의 위상과 관련되어서 라디안으로 나타낼 수 있다. 이런 경우에는 벡터 형태인 **각도 파동벡터**(angular wave vector) k [rad/m]가 서로 다른 소스에서 전파된 파동들의 공간 내 상호작용을 관찰할 때에 필요한 전파방향에 대한 정보를 포함하고 있기 때문에, 각도 파동벡터만을 사용하는 것이 좋다. 전파속도에 **위상속도**라는 용어를 사용하는 것은 각도 시간 주파수 ω와 각도 파수벡터 사이의 관계 때문이다. 위상 속도는 푸리에 분해된 함수들을 구성하는 서로 다른 파장들 사이의 시간 시프트로 인한 비 정현함수의 왜곡을 유발하는 **분산**(dispersion)이라고 부르는 파장현상에 의존한다. 위에 정의된 용어들 사이의 관계는 다음과 같다.

$$\lambda = \frac{1}{\nu} = \frac{2\pi}{k} = c_p T = \frac{c_p}{f} \quad [\text{m}], \quad v_p = \frac{k}{\omega} = \frac{2\pi f}{2\pi\nu} \quad [\text{m/s}] \tag{2.49}$$

다음에서는 근본적으로 서로 다른 유형의 두 가지 파동인, 소재의 운동에 기반을 두고 있으며 실제적이고 관찰이 가능한 **기계적 파동**과 물리적 모델에 기반을 둔 **전자기파**에 대해서 살펴본다. 파동 내의 에너지는 공간 속으로 퍼져 나가므로 파장 내 임의 위치에서는 밀도의 항으로 에너지를 나타낼 수밖에 없다. 이는 전파방향과 직각인 단위 표면적 당 에너지로서 **강도**(intensity)라고 부른다. 방사선학의 경우에는 단위 입체각 당 파동의 소스에서 방출되는 전력을 나타내기 위해서 강도 또는 **방사강도**(radiant intensity)라는 용어를 함께 사용하기 때문에 전자기파의 경우에는 일반적으로 강도보다는 **방사조도**(irradiance)라는 용어를 사용한다. 방사조도라는 용어는 7장의 광학 및 8장의 측정에서 자주 사용될 예정이다.

2.4.3.1 기계적 파동

기계적 파동의 전파속도는 거의 매질의 밀도와 탄성에 의해서 결정된다. 탄성매질 속에서 파동의 전파는 그림 2.15에 도시된 것과 같이 스프링과 질량들의 체인으로 이루어진 단순화 된 집중질량요소 모델을 사용하여 정성적으로 설명할 수 있다. 이 체인은 아무것에도 지지되지 않은 채로 외력 없이 허공에 떠 있고 감쇠부가 없으며 연속적인 정현력에 의해서 구동된다. 그림에서는 두 개의 서로 다른 유형의 파동에 대한 한 주기의 파장의 정지영상이 도시되어 있다. 전파방향으로 진동하는 파동을 **종파**(longitudinal wave)라고 부르며 전파 방향과 직각 방향으로 진동하는 파동을 **횡파**(transverse wave)라고 부른다. 3차원의 경우 주기적으로 교차하는 횡파운동은 전파방향과 직각인 어느 방향으로도 진동할 수 있다.

에너지 전달 원리를 설명하기 위해서 종파를 사례로 든다면 횡파의 경우에도 동일한 추론이 성립된다. 체인의 전파방향으로 질량 m_1의 운동이 발생하면, 우선 탄성 커플링 k_1의 압축이 유발된다. 그로 인한 압축력은 질량 m_2로 전파되며, 이 질량의 가속은 다시 k_2의 압축을 초래한다. 이 과정은 원래의 운동이 m_n에 전파될 때 가지 체인 전체에서 반복된다. 이 메커니즘에서 질량 m_1의 운동 에너지는 k_1의 위치 에너지로 변환되며 이는 다시 m_2의 운동 에너지로 변환되며, 마지막 질량이 움직일 때까지 이 변환과정은 지속된다. 이 모두는 에너지 손실이 없다는 가정 하에서 성립된다. 구동력도 파동의 형태로 물체를 통해 전파되며, 그 결과 작동기와 센서가 다른 위치에 설치되어 있다면 이들 사이에 지연이 발생하기 때문에 탄성체 내에서의 에너지 전파현상은 메카트로닉스 시스템에서 중요하다. 전파 스피드 c_p는 밀도 ρ_m과 고체 봉 내에서 한쪽 방향으로 진행하는 파동의 영계수 Y로 표시되는 매질의 탄성, 그리고 체적 내를 진행하는 파동의 체적 탄성률 B 등에 의해서 다음과 같이 결정된다.

$$1-D : c_p = \sqrt{\frac{Y}{\rho_m}},\ \ 3-D : c_p = \sqrt{\frac{B}{\rho_m}}\ \ [\mathrm{m/s}] \tag{2.50}$$

이 방정식의 3-D 버전은 기체 및 액체에 대해서 성립하며 고체의 경우에는 이를 근사값으로만 사용할 수 있다. 고체 물체의 형상도 전파속도에 영향을 끼치며 횡파와 종파의 속도는 서로 다르다. 강철의 경우 $B \approx 160 \cdot 10^9$ [Pa]이며 $\rho \approx 8 \cdot 10^3$ [kg/m^3]이므로, 산출된 전파속도는 대략적으로 4500 [m/s]이다. 스테인리스 강의 경우 실제 속도는 횡파의 경우 3500 [m/s], 종파의 경우 5500 [m/s]이다. 500 [mm] 길이의 강철의 경우, 이로 인하여 수십분의 일 밀리초의 지연이 초래되며, 이는 1 [kHz] 진동의 경우 거의 35°의 위상지연에 해당하므로 제어의 관점에서는 매우 큰 값이다.

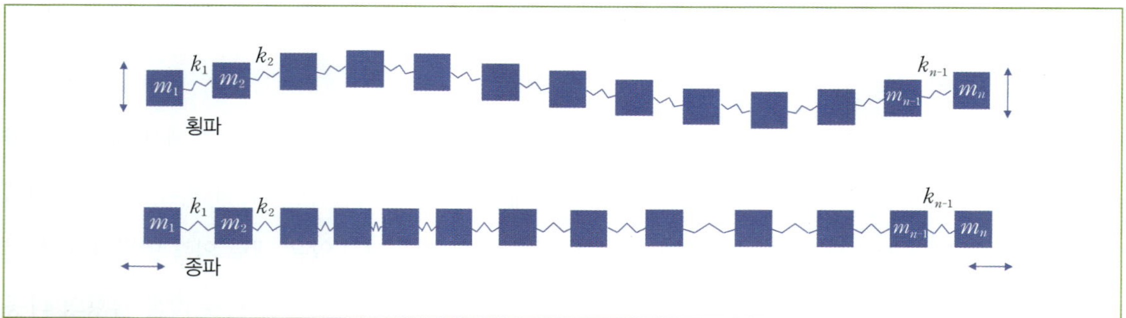

그림 2.15 기계적인 물체 내에서의 에너지 전파는 종방향 및 횡방향으로 일어날 수 있다. 횡파는 항상 길이방향을 향하는 파동의 전파방향과 수직한 어떤 방향으로도 일어날 수 있다.

2.4.3.2 파동 방정식

앞 절에서는 시간 및 위치에 대해서 연속파의 주기성이 나타나는 반면에 전파 속도는 이들 둘 사이를 직접적으로 연결시켜 준다는 것을 보여주었다.

두 번째 연결현상은 항상 각자가 완벽하게 파동을 묘사할 수 있는 두 변수들 사이의 관계를 항상 나타낸다. 이 두 가지 변수는 기계적 파장의 경우에는 변위와 힘이며 음파의 경우에는 변위와 압력이다. 이 직접적인 관계는 힘/압력이 가속도를 유발하여 변위를 초래하는 반면에 변위는 전적으로 힘/압력을 유발하는 동적인 상호관계에 전적으로 기초하고 있다. 이를 종합해 보면 기계적인 파동을 묘사하는 공식을 도출하기 위해서는 단 하나의 매개변수만으로도 충분하다는 것을 알 수 있다. 종방향 음파의 경우 매개변수는 일반적으로 음압이며 구조물 내부 기계적 파동의 경우에는 일반적으로 변위이다.

기계적 파동의 파동방정식은 종파가 통과하는 고체 봉 내부 요소의 두 개의 연이은 위치를 관련시켜 주는 그림 2.16에서 정의된 매개변수를 사용하여 유도할 수 있다. 이들 두 위치는 변형이 없는 외란을 받지 않은 위치와 변형과 세그먼트의 표면 A에 더한 파동 $\xi(x)$ 및 표면 A'에 대한 파동 $\xi'(x)$가 있는 외란을 받은 위치이다. 이 위치들과 운동 사이에는 다음과 같은 상관관계를 가지고 있다.

$$dx+(\xi'(x)-\xi(x))=dx+d\xi(x) \tag{2.51}$$

응력 σ와 변형률 ε에 대한 일반적인 역학법칙과 영계수 Y를 사용한 후크-뉴턴의 힘 관계를 적용하면 다음 식을 얻을 수 있다.

$$\varepsilon=\frac{\partial\xi}{\partial x},\ \sigma=\frac{F}{A},\ \sigma=Y\varepsilon \ \Rightarrow\ F=YA\frac{\partial\xi}{\partial x},\ \frac{\partial F}{\partial x}=YA\frac{\partial^2\xi}{\partial x^2} \tag{2.52}$$

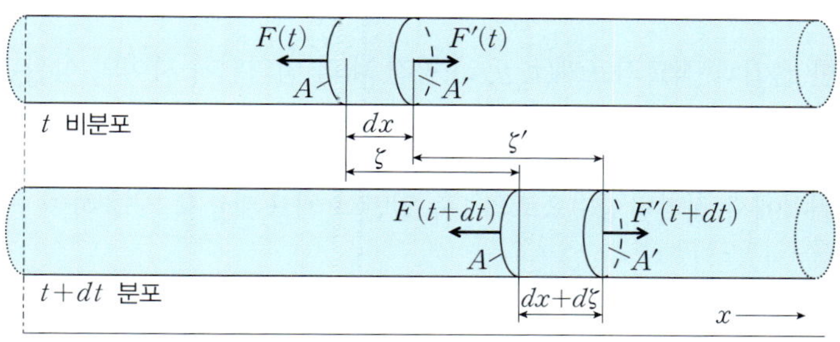

그림 2.16 무한히 긴 고체 봉 내부에서의 종파를 통해서 파동 방정식을 유도하기 위해서 사용되는 매개변수들을 보여주고 있다. 두 연이은 순간의 세그먼트가 도시되어 있는데, 첫 번째는 외란 처음 발생한 순간이며 두 번째는 외란이 운동에 영향을 끼친 이후를 나타낸다.

다음 단계로 밀도는 ρ, 단면적은 A일 때에 질량 $dm = \rho dV = \rho A dx$인 세그먼트에 대해서 동적 관성 효과가 계산되어 있다.

$$F' - F = dF = \frac{\partial F}{\partial x}dx = ma = m\frac{\partial^2 \xi}{\partial t^2} = \rho A dx \frac{\partial^2 \xi}{\partial t^2} \quad \Rightarrow \quad \frac{\partial F}{\partial x} = \rho A \frac{\partial^2 \xi}{\partial x^2} \tag{2.53}$$

식 (2.52)와 식 (2.53)을 조합하면 x-축 방향으로의 위치 및 시간 t와 파동 ξ 사이의 관계를 나타내는 파동방정식을 얻을 수 있다.

$$YA\frac{\partial^2 \xi}{\partial x^2} = \frac{\partial F}{\partial x} = \rho A \frac{\partial^2 \xi}{\partial t^2} \quad \Rightarrow \quad \frac{\partial^2 \xi}{\partial t^2} = \frac{Y}{\rho}\frac{\partial^2 \xi}{\partial x^2} \tag{2.54}$$

마지막 단계로 파동방정식을 $c_p{}^2$에 연결시키고 식 (2.50)을 증명하기 위해서 파동함수 $\xi = f(x,t) = f(x \pm c_p t)$이 적용된다. $u = x \pm c_p t$라고 한다면 $\partial u/\partial x = 1$이며 $\partial u/\partial t = c_p$이므로

$$\frac{\partial \xi}{\partial x} = \frac{\partial \xi}{\partial u}\frac{\partial u}{\partial x} = \frac{\partial \xi}{\partial u} \text{ 이며 } \frac{\partial \xi}{\partial t} = \frac{\partial \xi}{\partial u}\frac{\partial u}{\partial t} = \pm c_p \frac{\partial \xi}{\partial u} \tag{2.55}$$

위 식으로부터 이중 편미분은 다음과 같이 정리된다.

$$\frac{\partial^2 \xi}{\partial x^2} = \frac{\partial}{\partial x}\left(\frac{\partial \xi}{\partial x}\right) = \frac{\partial}{\partial u}\left(\frac{\partial \xi}{\partial u}\right) = \frac{\partial^2 \xi}{\partial u^2} \text{ 이며, 시간에 대해서는} \tag{2.56}$$

$$\frac{\partial^2 \xi}{\partial t^2} = \frac{\partial}{\partial t}\left(\frac{\partial \xi}{\partial t}\right) = \pm c_p \frac{\partial}{\partial t}\frac{\partial \xi}{\partial u} = c_p{}^2 \frac{\partial^2 \xi}{\partial u^2} \text{ 이므로 } \frac{\partial^2 \xi}{\partial t^2} = c_p{}^2 \frac{\partial^2 \xi}{\partial x^2}$$

3차원 종방향 음파의 경우, 음압 p_s에 대한 파동방정식은 대기압 하에서 약 340 [m/s]인 음속 c_p의 함수로 다음과 같이 나타낼 수 있다.

$$\nabla^2 p_s = \frac{1}{c_p^2}\frac{\partial^2 p_s}{\partial t^2} \quad \Rightarrow \quad \frac{\partial^2 p_s}{\partial t^2} = c_p^2\left(\frac{\partial^2 p_s}{\partial x^2} + \frac{\partial^2 p_s}{\partial y^2} + \frac{\partial^2 p_s}{\partial z^2}\right) \tag{2.57}$$

위 식은 시간에 대한 음압과 직교좌표계(x, y, z) 공간 내의 임의위치 사이의 상관관계를 직접적으로 보여주고 있다. 음원에서 가까운 거리에서 파동은 3차원 구면형태로 전파되지만 음원에서 거리가 멀어지면 파동 방정식을 관찰 위치에서 전파방향(i)으로의 1축 일반화 좌표계 q_i를 사용하여 근사화 시킬 수 있다.

$$\frac{\partial^2 p_s}{\partial t^2} = c_p^2 \frac{\partial^2 p_s}{\partial q_i^2} \tag{2.58}$$

그림 2.17에서는 연이은 두 순간에 대해서 한 파장의 1차원 종방향 음파[9]를 도식적으로 보여주고 있다. 두 상황 사이의 차이를 비교해 보면 압력과 속도 사이의 동조현상을 명확하게 확인할 수 있으며 파동 방

정식도 검증할 수 있다.[10] 또한 고압인(위치 에너지가 높은) 경우에는 공기가 우측으로 움직이지만 저압이 되면 다시 좌측으로 움직이기 때문에 공기 입자들의 평균 운동을 수반하지 않고 에너지가 전달된다는 것이 명확하다.

유사한 식을 사용해서 일반화 좌표 q_i와 시간함수로 국부 주기적으로 교차하는 이동 u를 유발하는 횡방향 기계적 파동을 나타낼 수 있다.

$$\frac{\partial^2 u}{\partial t^2} = c_p^2 \frac{\partial^2 u}{\partial q_i^2} \tag{2.59}$$

이 미분 방정식은 이동의 사인함수적인 주기적 변화에 대해서 풀어낼 수 있다. 이 식의 해는 다음과 같이 전파방향에 대한 일반화 좌표 q_i에 대해서 시간 t에서의 이동값 $u(q_i, t)$를 제공해 주는 더 알기 쉬운 표현식으로 정리된다.

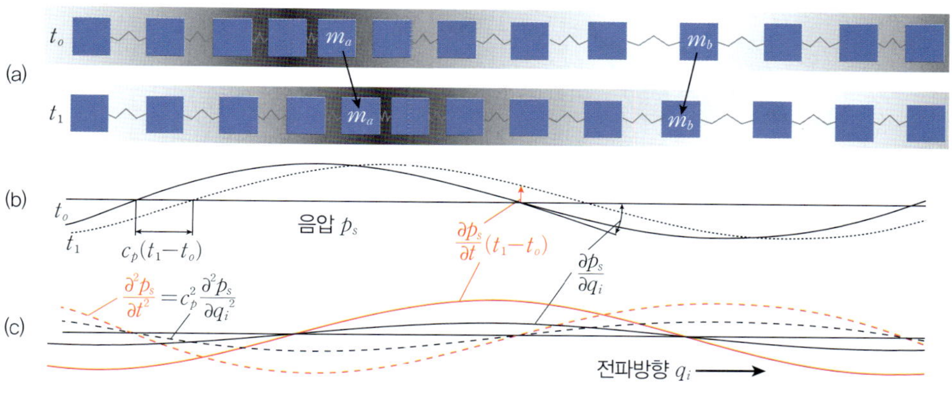

그림 2.17 (a) 공기를 스프링들에 연결되어 있는 블록들로 모델링하여 연이은 두 순간에 대한 종방향 음파를 1차원 공간에 대해 가시화 하였다. 밀도(= 총 압력)가 가장 높은 영역에서 m_a의 파동을 밀도가 가장 낮은 m_b의 파동과 비교해 보면 압력과 속도가 동상이라는 것을 명확히 알 수 있다.
(b) t_0(실선)와 t_1(점선)의 연이은 두 순간의 음압은 전파방향으로의 위치 q_i의 함수이다.
(c) 파동 방정식은 시간에 대한 압력의 편미분(적색선)과 위치에 대한 압력의 편미분(흑색선)을 통해서 검증할 수 있다. 최댓값은 m_a와 m_b 사이의 영역에서 발생한다. 이 최댓값에서 두 2차미분(점선)은 모두 0이다. 실제로 진폭은 전파속도의 제곱(음파의 경우 ≈ 340^2)이지만 그림에서는 실제와 다르게 3배만 증가시켜 놓았다.

---

9) 실제 음압은 평균 공기압의 미소한 압력차이이다. 그림 2.17 (a)의 배경에는 밀도차이가 과장되어 명암으로 표시되어 있다. 실제의 음의 음압은 공기의 밀도보다 약간 낮을 뿐이다.

10) 그림 2.15로부터 횡파에 대해 동일한 현상을 살펴보면 그림의 시작, 중간 및 마지막 위치에서 횡파의 최대 응력과 속도값이 발생한다는 것을 인식하는 것이 중요하다. 이는 종파에서 도시된 최대 응력 및 속도위치와 다르다.

$$u(q_i, t) = u_p \sin\left(\omega t + \frac{\omega q_i}{c_p}\right) = u_p \sin\omega\left(t + \frac{q_i}{\lambda}\right) = u_p \sin 2\pi f\left(t + \frac{q_i}{\lambda}\right) \quad (2.60)$$

위치와 시간에 대한 주기성이 동시에 발생한다는 것이 명확하다.

2.4.3.3 전자기파

전자기파는 파동의 전파에 매질을 필요로 하지 않는 특별한 형태의 파동이다. 전자기파는 횡파이며 이 횡의 운동방향을 **분극**(polarisation)방향이라고 부른다. 전자기파의 물리적 모델은 무선전송과 빛의 전파

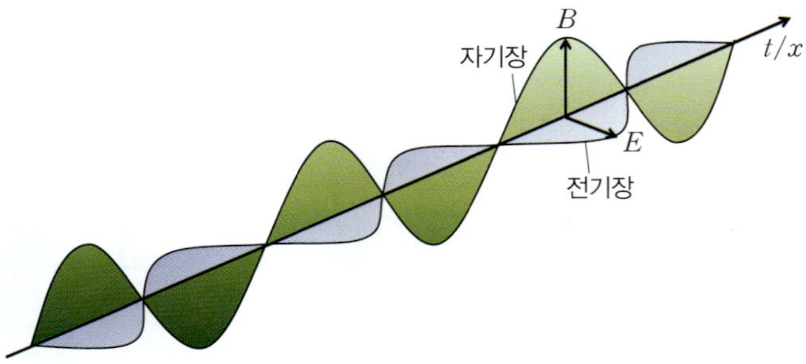

그림 2.18 전자기파는 시간과 위치의 함수에 따라서 전파되는 주기적으로 교차하는 전기장과 자기장으로 이루어져있다. 진공 중에서 이 전파속도는 광속 c_0와 같으며 정확히는 299,792,458[m/s]이다.

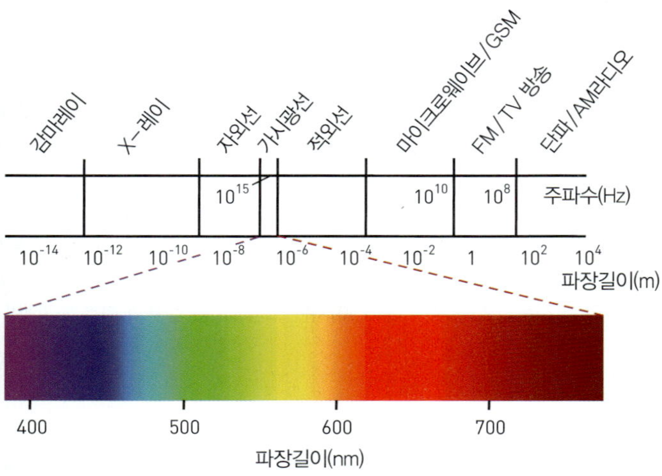

그림 2.19 전파에서 감마선에 이르는 넓은 주파수 범위에서 전자기파가 관찰된다. 가시광선의 스펙트럼은 여기서 매우 좁은 부분을 차지할 뿐이다.

현상을 설명하기 위해서 James C Maxwell(1831–1879)에 의해서 처음으로 만들어졌다. 기계적 파동이론에 익숙한 사람들이 처음에는 전자기파도 에너지를 전파하기 위해서는 매질이 필요하다고 생각했었다. 그 때문에 사람들은 파동을 전파하는 미지의 매질을 **에테르**(Aether)라고 불렀다. 그런데 현대이론에 따르면 전자기 에너지는 전자기장의 상호작용에 의해서 전파되며 Max K.E.L. Planck (1858–1947)는 양자역학을 통해서 에너지의 독립부대들(양자들)이 확산되는 현상을 설명하고 있다. 광자와 전자의 상호작용에 대한 이론인 양자 전자기학은 Richard P. Feynman(1918–1988)이 제안하였다[31]. 그는 통계적 확률을 사용하여 전자기 현상에 대한 계산 모델을 제시하였다. 이 이론은 그 자체로도 매우 흥미로우며, 특히 왜 자연이 이상한 것들로 이루어졌는가에 대한 해답을 찾는 것은 쓸모없는 일이라는 것을 알게 되지만, 메카트로닉스 시스템에 사용되는 규모의 전자기학에는 적용되지 않으므로, 이 책을 굳이 읽을 필요는 없다. 이런 목적이라면 파동이론만으로도 충분하다. 그럼에도 불구하고 격자에서의 회절을 다루는 광학 단원에서 이 이론에 대해서 약간 더 살펴보기로 한다.

그림 2.18에서는 두 개의 서로 직교하는 자기장(B)과 전기장(E)의 조합으로 만들어진 전자기파의 횡방향 파동모델을 보여주고 있다. 이 모델은 7장의 광학 단원에서 간섭이나 회절 같은 현상을 설명하기 위해서 사용된다. 전자기파는 그림 2.19에서와 같이 매우 넓은 스펙트럼을 포함한다. 전자기파의 스펙트럼은 감마복사에서 전파에 이르는 넓은 범위에 걸쳐 있다. 가시광선은 600 [nm] 주변에 주로 분포되어 있다. 전자기파는 광속으로 전파되며 진공중에서의 속도는 $c_0 = 299{,}792{,}458$ [m/s]이다. 이 엄청난 속도로 인해서 가시광선의 주파수는 극단적으로 측정하기 어려운 값인 $\approx 5 \cdot 10^{14}$ [Hz]에 달한다.

2.4.3.4 파동의 반사

밧줄은 무한히 많은 질량과 스프링이 서로 연결된 구조로 이루어진 기계식 체인으로 모델링할 수 있다. 그림 2.20에서는 사람이 밧줄을 위 아래로 흔들어 횡방향 반파를 만들어내는 상황을 보여주고 있다. 밧줄의 끝단은 어디에도 연결되어있지 않으며 중력의 영향은 무시한다. 파동이 밧줄의 끝에 도달하면 더 이상 로프의 인접한 부분으로 모멘텀이 전달될 수 없어진다. 밧줄 끝에서는 힘이 0인 경계조건이 적용되기 때문에 밧줄 끝에서의 상향운동이 지속된다. 이 상향운동은 밧줄 앞부분에서 전달된 원래 구동력이 밧줄 끝의 상향운동을 감속시키면서 모멘텀을 밧줄의 앞부분으로 되돌려줄 때가지 지속된다. 밧줄 끝은 중심선을 지나쳐서 아래로 내려가면서 파동의 하부 반파를 만들어낸다. 이런 효과를 **반사**(reflection)라고 부르며 그로 인한 파동의 복귀운동은 밧줄 끝단의 극한 상향운동에 의해서 상향 모멘텀을 가지고 시작하며 하향운동이 뒤따르기 때문에 원래의 반파와 동일한 부호를 가진다.

그림 2.21에서와 같이 밧줄의 끝단이 벽과 같은 강체에 연결되어 있다면 다른 상황이 발생한다. 이런 운동이 0인 경계조건 때문에 파동의 모든 운동에너지가 밧줄의 국부 탄성의 위치 에너지로 변환될 때까지 연결위치에서의 힘 증가를 유발한다. 위치 에너지는 밧줄의 운동이 중심선을 지나치면서 최대 모멘텀을 얻은 후 후진방향으로 전달되는 아래쪽에서 다시 느려지면서 이 위치 에너지는 밧줄 속으로 다시 유입된다. 이 상태에서 파동의 반사는 강체 벽 연결부에 의해서 하향 작용력이 가해지므로 부호 반전이 일어난다. 그 결과 이제는 파동이 반사된 다음에 하향운동이 상향운동을 앞서게 된다.

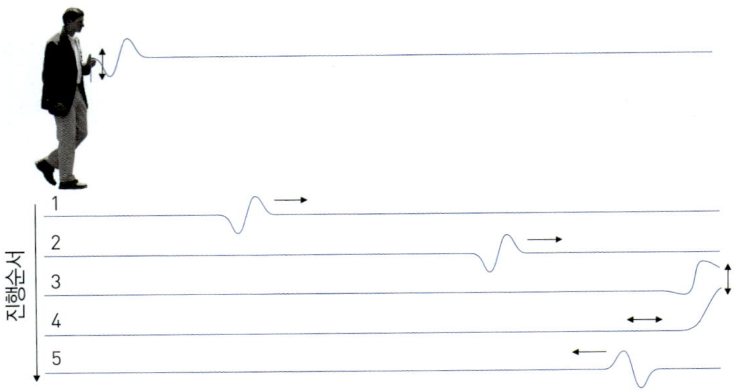

그림 2.20 밧줄의 자유단을 붙잡고 있는 사람이 줄을 위 아래로 흔들어 한 주기의 파동을 가한다. 반대쪽 자유단에서 파장이 반사된 이후에 동일한 부호로 파동이 되돌아온다는 것은 하향 반파가 상향 반파를 앞선다는 것을 의미한다. 말단에서의 작용력이 0인 경계조건 때문에 말단은 우선 상향 극한이동을 일으킨 다음 하향이동이 뒤따르므로 상향 모멘텀을 먼저 반사된다. 여기서 중력의 영향은 무시되었다.

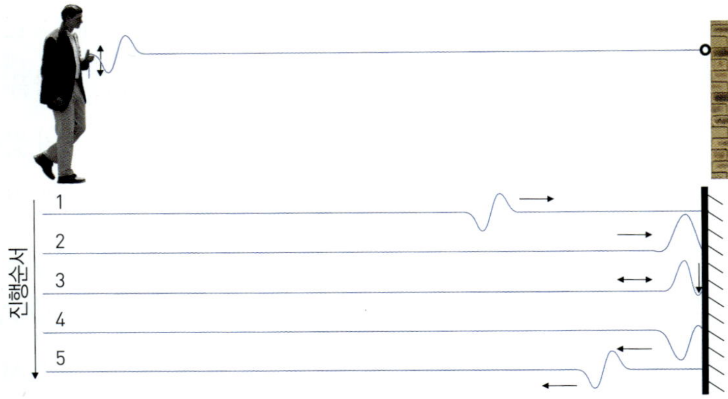

그림 2.21 밧줄 끝이 강체에 연결된 경우의 운동 반사는 운동이 0인 경계조건 때문에 반사파의 부호반전이 일어난다. 이 상태에서 연결점에서의 힘은 횡파를 중지시킬 뿐만 아니라 파동을 아래쪽 방향으로 반사시킨다.

여기서 제시된 밧줄의 부호반전은 7.3.2.1절에서 설명하는 것처럼 저밀도 매질에서 거울과 같은 고밀도 매질로 입사되는 전자기파의 반사에서도 마찬가지로 관찰된다는 점을 알아야 한다.

여기서 반사가 일어나지 않는 조건이 존재하는지에 대해서 의문을 품을 수 있다. 연결부가 마치 밧줄이 연속된 것처럼 연결부에 도달하는 모든 에너지를 흡수하는 경우에는 반사가 일어나지 않는다. 기계적 시스템에서는 에너지를 열로 발산하는 적절한 감쇠요소를 사용하여 이를 구현할 수 있으며 전기의 경우에는 8.5.4절에서와 같이 케이블의 **특성 임피던스**(characteristic impedance)와 동일한 저항값을 가지고 있는 저항을 신호선에 연결하면 원하는 효과를 거둘 수 있다.

2.4.3.5 정재파

진행파는 소스에서 투입된 에너지를 전달하지만 반사로 인해서 오랜 시간동안 소스에서 에너지를 흡수하여 진동하는 **정재파**(standing wave)라고 부르는 또다른 유형의 파동이 발생할 수 있다. 양쪽에 위치한 벽에 고정된 밧줄을 사람이 흔드는 상황을 통해서 이를 설명할 수 있다. 이는 그림 2.22에 도시되어 있으며 에너지 손실이 없다면 일단 투입된 파동은 여러 번 반사된다. 두 번 반사된 파동이 가진 파동과 동상을 이루는 타이밍에 사람이 밧줄에 정현운동을 투입하면 두 진폭이 합해진다. 양쪽 벽의 연결부는 각각 반사시 부호반전을 일으키므로 1회 왕복을 하는 동안 2회 반사로 인하여 위상은 반전되지 않는다. 파동이 소스에서 출발하여 양 쪽 벽을 거쳐서 다시 소스로 되돌아오는 총 경로를 이동하는 시간에 의한 위상 시프트가 360°의 배수인 경우에 반사된 파동이 가진파동과 동상을 이루는 동기운동 조건이 충족된다. 이는 최소한 λ인 총 경로를 파동이 이동하는 경우에 이 조건이 구현된다. 파동은 양쪽 벽들 사이를 왕복하기 때문에 벽들 사이의 최소 거리는 $\lambda/2$가 된다. 벽간 거리가 λ의 두 배인 경우에는 0°나 360°와 마찬가지인 720°의 위상 시프트를 일으키므로 $d = \lambda$인 경우에도 이 조건이 충족된다. 식 (2.49)의 주파수와 파장

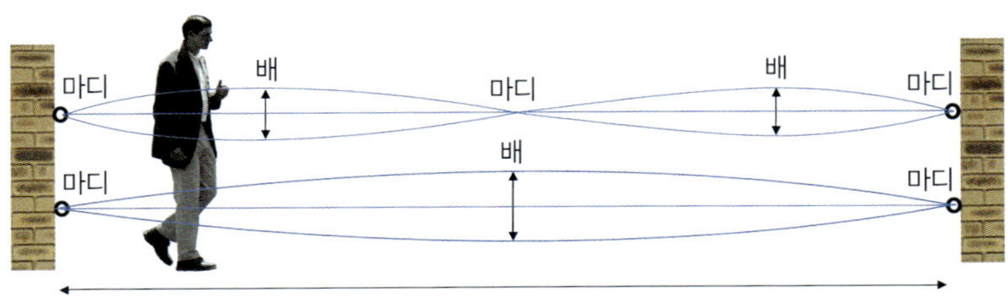

그림 2.22 반사파가 가진파와 동일한 위상을 가질 때 정현가진에 의한 정재파가 만들어진다. $n = 1, 2, 3, \cdots$일 때 주파수 $f = nv_p/2d$이면 정재파가 만들어진다. $n = 2$인 경우가 위의 그래프이며, $n = 1$인 경우가 아래의 그래프이다.

길이 사이의 관계를 이용하면 이를 다음과 같이 일반화시킬 수 있다.

$$f=\frac{c_p}{\lambda},\quad d=\frac{n\lambda}{2}\quad \Rightarrow\quad f=\frac{nc_p}{2d},\quad n=1,2,3,\cdots \tag{2.61}$$

이 주파수들에서는 동상반사를 일으키기 때문에 가진위치에서의 속도는 사람이 가하는 힘과 동상을 이루어 밧줄에 연속적인 에너지 전달을 일으키며 그로 인하여 운동의 진폭이 증가한다. 이런 현상을 **공진**(resonance)이라 부르며, 3장의 동역학 분야에서 다시 논의할 예정이다.

■ 마디와 배

그림 2.22에서 진폭이 0인 밧줄의 고정된 위치들을 **마디**(node)라고 부르며 운동진폭이 최대가 되는 위치들을 **배**(anti−node)라고 부른다. 이 마디와 배에 대해서 두 가지 중요한 효과들을 설명하기로 한다.

첫 번째 효과는 에너지의 저장위치와 관련되어 있다. 진행파에서 에너지는 연속적으로 탄성 위치에너지와 운동에너지로 분할되며 이들은 동상으로 함께 움직인다. 정재파의 경우 운동 에너지는 항상 속도가 최대인 배 주변에 집중되는 반면에 진행파에서 위치 에너지는 밧줄 전체에 분산되며 종방향 음파의 경우에 위치에너지는 최대주기 압력변화가 발생하는 마디에 집중된다. 이렇게 서로 다른 정지위치 이외에 시간관계도 더 이상 동상이 아니다. 마디 내에서의 운동이 밧줄 내의 힘과 위치에너지가 0인 중립위치(밧줄의 중심선)를 최대로 통과할 때에 최대 운동 에너지가 발생한다. 진동하는 밧줄이 속도가 0이며 로프에 작용하는 힘이 최대인 최대진폭에 도달했을 때에 최대 위치에너지가 축적된다. 두 번째 효과는 가진력이 가해지는 위치에서의 작동기 특성에 관련되어 있다. 밧줄의 운동과 무관하게 작동기가 힘을 가하려면 작동기의 강성이 작아야 한다. 동력은 힘과 속도의 내적($p=F\cdot v$)이기 때문에 이런 저강성 작동기를 사용하여 전달되는 동력을 극대화시키기 위해서는 최대속도에서 속도방향으로 힘을 가해야만 한다. 인간의 근육은 제한된 강성을 가지고 있으므로 운동의 진폭에 별 영향을 받지 않으면서 최대 힘을 전달할 수 있다. 따라서 그림 2.22에 도시된 사람은 효율성을 극대화시키기 위해서 배 근처에 근접하여 힘을 가해야 한다. 음을 만들기 위해서 현의 배 위치에 음악가가 손톱이나 픽으로 주기적인 힘을 가하는 현악기에서도 동일한 효과가 사용된다. 음조 각각의 조화 주파수에 따라서 현의 서로 다른 곳에 배가 위치하기 때문에 현 위의 가진위치에 따라서 서로 다른 음조가 만들어진다.

대부분의 전자석 작동기들이 이런 저강성 특성을 가지고 있어서 작용력에 거의 무관하게 주기적으로 교차하는 운동을 생성하지만 압전 작동기는 매우 특이하게 고강성 특성을 가지고 있다. 이런 경우 힘이 최대가 되는 마디에 근접하여 구동할 때에 최대 출력이 전달된다.

2.4.4 교류신호의 푸리에 변환

실제의 메카트로닉스 시스템에서 단 하나만의 주파수로 이루어지는 정현운동은 일반적으로 공진주파수에서만 일어난다. 실제 능동 위치결정 시스템들은 아무런 연관 없이 동시에 발생하는 서로 다른 많은 주파수의 주기적인 교류신호들에 의해서 지속적으로 가진된다. 프랑스의 수학자인 Jean Baptiste Joseph Fourier (1768－1830)는 임의의 주기적인 교류함수를 명확한 주파수, 진폭 및 위상관계를 가지고 있는 서로 다른 조화함수들의 조합으로 나타낼 수 있다고 가정하였다. 불연속은 수렴하지 않는 급수를 만들기 때문에 이 가설은 불연속이 없는 함수에 대해서만 적용된다. 메카트로닉스 시스템에서 관심을 가지고 있는 주기적인 이벤트들은 자연적인 진동이기 때문에 항상 이 조건이 충족된다.

이 방법은 다음의 삼각함수 변환공식에 기초하여 급수전개를 사용하여 주기적인 교류함수를 단일 조화성분들로 분해해 주기 때문에 푸리에 분해 또는 **푸리에 급수**(Fourier series)라고 부른다.

$$\sin(\omega_1 t)\sin(\omega_2 t) = \frac{-\cos(\omega_1 t+\omega_2 t)+\cos(\omega_1 t-\omega_2 t)}{2} \tag{2.62}$$

$\omega_1 = \omega_2$일 때, 분자의 첫 번째 항은 시간에 대한 평균값이 0인 표준 코사인함수가 되며, 두 번째 항은 1이 되어 함수의 전체 평균값은 0이 아닌 값(0.5)을 갖게 된다. ω_1과 ω_2가 같지 않은 경우, 분자의 두 항들은 단순한 코사인함수가 되어서 시간에 대한 평균값이 0이 된다. 이 두 가지 상황이 극명한 차이를 나타내기 때문에, 임의 주기적 교류함수가 정현함수와 동일한 위상과 주파수 성분을 가지고 있지 않다면, 임의의 주기적 교류함수와 특정 주파수를 갖는 정현함수의 곱의 시간에 대한 평균은 0이다.

이런 수학적 결론에 따라서 주기적 교류함수의 푸리에 분해는 다음과 같이 계산된다. 이론상 해석은 식 (2.62)가 시간(또는 공간신호인 경우에는 공간)에 대해서 연속적인 조화함수를 다루고 있다는 사실에 기반을 두고 있다. 신호가 완벽한 주기성을 가지고 있으며 함수가 시간에 대해서 변하지 않는다면 한 주기만을 분석해도 다른 모든 주기들을 대신할 수 있다. 일단 실제로는 존재하지 않는 이상적인 신호에 대해서 해석을 수행하며 2.4.4.5절에서는 좀 더 실제적인 시간 또는 공간변수 신호에 대한 해석을 다루기로 한다. 단 하나의 총 주기만을 분석하기 때문에 함수 내에서 시간 대신에 각도 ϑ를 사용하며 한 주기의 간격 T는 $-\pi$에서 π까지를 나타낸다. 이를 통해서 분석을 주기나 주파수에 무관한 더 일반적인 형태로 정규화 시킬 수 있다. 주기적인 교류함수 $f(\vartheta)$의 푸리에 분해 $F(\vartheta)$는 다음과 같이 나타낼 수 있다.

$$F(\vartheta) = a_0 + \sum_{n=1}^{\infty} \left[a_n \cos(n\vartheta) + b_n \sin(n\vartheta)\right] \tag{2.63}$$

여기서 n은 정수이며 $n \geq 1$이다. **푸리에 계수**(Fourier coefficient) a_n 및 b_n은 각각 사인 및 코사인 함수의 진폭이며 다음 식을 사용해서 한 주기에 대해서 계산한다.

$$a_0 = \frac{1}{2\pi}\int_{-\pi}^{\pi} f(\vartheta)d\vartheta \tag{2.64}$$

이 첫 번째 계수는 평균값을 나타내며 DC 오프셋이 없는 주기적 교류신호의 경우에는 0이다. 다른 항들도 식 (2.62)의 삼각함수 공식을 사용하여 구할 수 있다.

$$a_n = \frac{1}{\pi}\int_{-\pi}^{\pi} f(\vartheta)\cos(n\vartheta)d\vartheta \tag{2.65}$$

그리고

$$b_n = \frac{1}{\pi}\int_{-\pi}^{\pi} f(\vartheta)\sin(n\vartheta)d\vartheta \tag{2.66}$$

a_n은 함수의 실수부를 나타내며 b_n은 허수부를 나타내는 오일러 함수를 사용하면 이를 다른 방식으로 나타낼 수 있다.

$$F(\vartheta) = \sum_{n=-\infty}^{\infty} c_n e^{jn\vartheta} \tag{2.67}$$

여기서 푸리에 계수 c_n은 다음과 같다.

$$c_n = \frac{1}{2\pi}\int_{-\pi}^{\pi} f(\vartheta)e^{jn\vartheta} \tag{2.68}$$

여기서 푸리에 계수 a_n, b_n 및 c_n은 다음의 관계를 가진다.

$$\begin{aligned}
a_n &= c_n + c_{-n} && n = 0, 1, 2, \cdots \\
b_n &= j(c_n + c_{-n}) && n = 1, 2, \cdots \\
c_n &= 0.5(a_n - jb_n) && n > 0 \\
c_n &= 0.5(a_0) && n = 0 \\
c_n &= 0.5(a_{-n} + jb_{-n}) && n < 0
\end{aligned}$$

수학적 해석에서는 이 복소수가 더 유용하지만 도식적인 표현에는 사인과 코사인을 이용한 표현방법이 더 적합하다.

2.4.4.1 주파수 도메인에서의 푸리에

식 (2.63)의 주기적인 교류신호를 시간 도메인에서 일반적인 푸리에 분해로 분석하려면 각도 ϑ를 $\omega_0 t$로 치환하여야 한다. 여기서 ω_0는 주기적인 교류신호의 기저주파수이다. 이 치환을 통해서 시간 주기적 교류함수의 푸리에 분해는 다음과 같이 나타낼 수 있다.

$$F(t) = a_0 + \sum_{n=1}^{\infty} [a_n \cos(n\omega_o t) + b_n \sin(n\omega_o t)] \tag{2.69}$$

여기서 사인과 코사인 항은 서로 다른 요소들 사이의 위상 관계를 정의한다. 이 방정식에서 주파수항 $n\omega_o t$는 모두 기저주파수 ω_o의 정수배이다. 음악에서 배음 주파수들만으로 이루어진 파형이 (곡조가 아닌) 화음을 만들기 때문에 이 상호관계를 **배음**(harmonic)이라고 부른다. 기저주파수는 첫 번째 배음과 같으며 $n = (1, 3, 5 \cdots)$에 해당되는 주파수들을 홀수 배음, $n = (2, 4, 6 \cdots)$에 해당되는 주파수를 짝수 배음이라고 부른다.[11)]

푸리에 계수 a_0는 교류신호가 아니라 일정한 DC값이므로 배음이 아니다.

주기신호의 푸리에 분해에 대한 기본이론을 설명하기 위해서 삼각파, 톱니파 및 구형파의 세 가지 파형을 사례로 살펴보기로 한다.

2.4.4.2 삼각파

그림 2.23에서는 ϑ의 함수로 일반적인 형태의 삼각파형이 도시되어 있다. 이 파형의 시간에 대한 평균값은 0이기 때문에 a_0가 0이라는 것은 명확하다. 또한 삼각파형은 우함수이므로 기저주파수는 아마도 거의 코사인함수일 것이다. 삼각파형을 각도 ϑ의 함수로 나타내는 수학적 표현식으로부터 여타의 푸리에 항들을 계산할 수 있다.

$$f(\vartheta) = 1 + \frac{2}{\pi}\vartheta \quad for \ -\pi < \vartheta \leq 0 \tag{2.70}$$

$$f(\vartheta) = 1 - \frac{2}{\pi}\vartheta \quad for \ 0 < \vartheta \leq \pi$$

시간으로 표기된($\vartheta = \omega t$) 이 함수에 대한 푸리에 급수의 계수들을 계산하기 위해서는 다음의 주파수에 대한 무한급수를 구해야 한다.

---

11) **홀수**(odd)와 **짝수**(even)라는 용어는 수학에서 함수의 대칭성을 다루는 **기함수**(odd function) 및 **우함수**(even function)와 혼동해서는 안 된다. 함수를 $x-y$ 평면에서 표시했을 때 y축에 대해서 대칭인 함수를 우함수라고 부른다. 반면에 원점에 대해서 180° 회전시켰을 때에도 모양이 변하지 않는 함수를 기함수라고 부른다. 예를 들어 $\cos(x)$는 우함수이며 $\sin(x)$는 기함수이다.

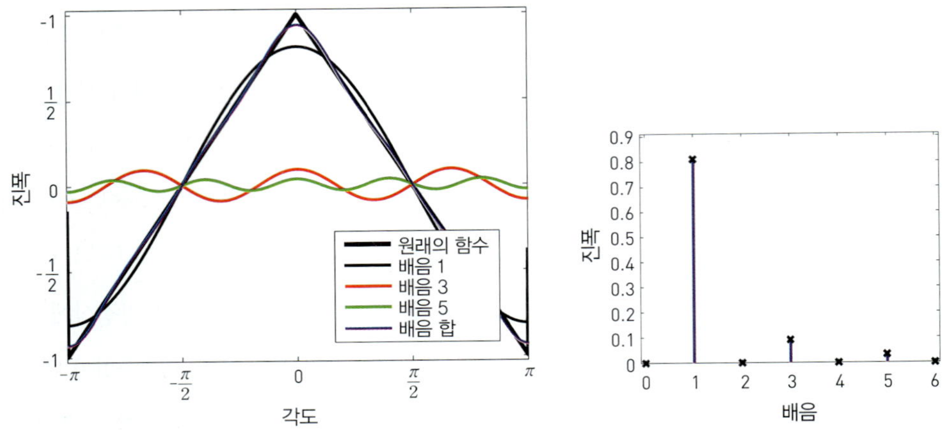

그림 2.23 푸리에 급수의 첫 3개 0이 아닌 배음항들을 합하여 근사화 시킨 삼각파형은 벌써 이상적인 삼각파형과 매우 유사함을 알 수 있다. n>1인 배음 스펙트럼의 진폭은 빠르게 감소한다.

$$F(t) = \frac{8}{\pi^2}\left(\cos(\omega t) + \frac{1}{3^2}\cos(3\omega t) + \cdots + \frac{1}{n^2}\cos(n\omega t)\right),\ n = 1, 3, 5, 7, \cdots \tag{2.71}$$

그림 2.23의 파형 그래프에서는 푸리에 계수가 0이 아닌 첫 3개의 배음항들을 보여주고 있다. 언뜻 보면 3개의 주파수들 모두가 $\vartheta = 0$에서 최대이며, 따라서 이들을 모두 합하면 최상부는 뾰족한 모서리 형태로 솟아난다. 예를 들어 $\vartheta = \pi/4$에서 $\pi/2$ 사이에서 0이 아닌 두 번째 및 세 번째 항의 합이 이 영역에 속한 첫번째 항의 휘어진 경사를 펼쳐주는 것을 확인할 수 있다.

식 (2.71)에 따르면 그림 2.23의 우측에 도시된 배음 스펙트럼 진폭을 가지고 있는 홀수 배음만이 존재한다는 것을 알 수 있다. 이 스펙트럼 그래프의 수평축은 배음항들로 분할되어 있으며 진폭은 일반적으로 n값에 따른 사인 및 코사인 진폭항의 조합인 $x_p = \sqrt{a_n^2 + b_n^2}$ 이며 $n = 1, 2, 3, \cdots$이다. 코사인항만 존재하는 경우에는 $b_n = 0$이다.

진폭계수 분자의 이차항 때문에 고차항의 영향은 급격하게 감소한다. 이 그림에서 배음들의 합인 청색선은 단 3개의 푸리에 급수 항들로 만들어졌지만 벌써 삼각파형처럼 보인다. 그럼에도 불구하고 날카로운 꼭지를 갖는 이상적인 삼각파형을 만들기 위해서는 무한히 많은 숫자의 배음들이 필요하다.

2.4.4.3 톱니파

그림 2.24에는 톱니파형이 도시되어 있다. 톱니파형은 삼각파형의 일종인 것처럼 보이기는 하지만, 그렇게 단순하지 않다. 이론적으로 이상적인 톱니파형은 $\vartheta = 0$ 근처에서 무한히 급격한 불연속 경사를 가지

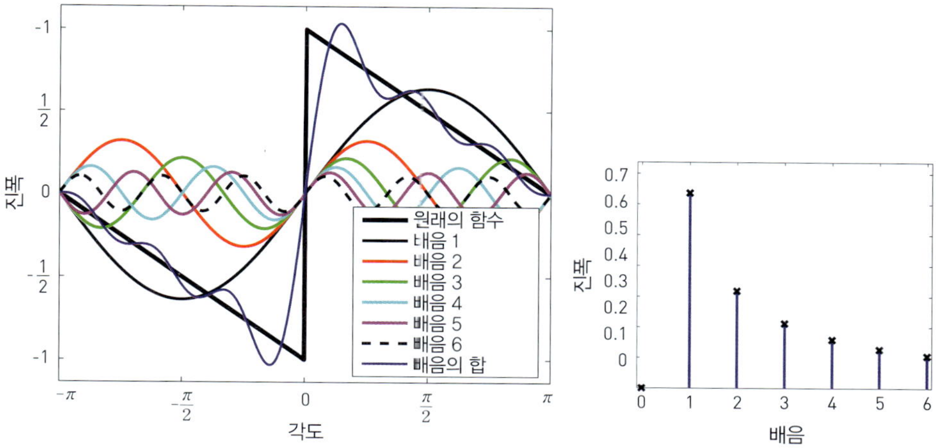

그림 2.24 푸리에 급수의 첫 6개 배음들을 합하여 근사화시킨 톱니파형은 여전히 실제 톱니파형과 많은 차이를 보이고 있다. 배음 스펙트럼의 진폭은 느리게 감소하는 것을 볼 수 있다.

고 있다. 그 결과 푸리에 급수를 허용할 만한 수준의 정확도를 갖는 톱니파형으로 근사화 시키기 위해서는 많은 항들이 필요하다. 삼각파형처럼 a_0는 0이지만, 톱니파형은 사인파형처럼 기함수이므로 이 경우의 기저주파수는 사인함수이다. 각도 ϑ의 함수로 톱니파형을 나타낸 수학공식은 다음과 같다.

$$f(\vartheta) = -1 + \frac{1}{\pi}\vartheta \qquad for\ -\pi < \vartheta < 0 \tag{2.72}$$

$$f(\vartheta) = 1 - \frac{1}{\pi}\vartheta \qquad for\ < \vartheta < \pi$$

$$f(\vartheta) = 0 \qquad for\ \vartheta = 0$$

시간으로 표기된($\vartheta = \omega t$) 이 함수에 대한 푸리에 계수를 계산하면 다음과 같은 주파수에 대한 무한급수가 얻어진다.

$$F(t) = \frac{2}{\pi}\left(\sin(\omega t) + \frac{1}{2}\sin(2\omega t) - \cdots + \frac{1}{n}\sin(n\omega t)\right),\ n = 1, 2, 3, 4, \cdots \tag{2.73}$$

즉, 여기에는 홀수 및 짝수 배음이 모두 존재한다는 것을 의미한다. 더욱이, 그림 2.24의 배음 스펙트럼에서 명확하게 알 수 있듯이 연속되는 배음들의 진폭계수는 n에 비례하여 감소하므로 쓸 만한 톱니파형을 만들기 위해서는 많은 항들이 필요하다. 이는 앞서 설명했던 것처럼, 유한한 경사를 갖는 사인파형들의 기울기를 합하여 무한히 경사가 큰 램프를 생성해야만 하기 때문이다. 그림 속에서 배음들의 합인 청색선은 단지 여섯 항을 합한 결과임에도 불구하고 톱니파 형상을 어렴풋이 추정할 수는 있지만 톱니파형과는 여전히 큰 차이를 보이고 있다.

2.4.4.4 구형파

세 번째 사례는 그림 2.25에 도시되어 있는 구형파이다. 이 경우 신호에는 두 개의 불연속이 존재하므로 정현함수를 사용해서 파형을 근사화하기 위해서는 더 많은 항들이 필요하다. 구형파는 이전의 두 파형들처럼 a_0가 0이며 기함수이므로 톱니파형처럼 기저주파수는 사인함수이다. 각도 ϑ의 함수로 구형파를 나타내는 수학공식은 다음과 같다.

$$f(\vartheta) = -1 \qquad for\ -\pi < \vartheta < 0 \tag{2.74}$$

$$f(\vartheta) = 1 \qquad for\ 0 < \vartheta < \pi$$

$$f(\vartheta) = 0 \qquad for\ \vartheta = -\pi, 0, \pi$$

시간으로 표기된($\vartheta = \omega t$) 이 함수에 대한 푸리에 급수의 계수들을 계산하기 위해서는 다음의 주파수에 대한 무한급수를 구해야 한다.

$$F(t) = \frac{4}{\pi}\left(\sin(\omega t) + \frac{1}{3}\sin(3\omega t) + \cdots + \frac{1}{n}\sin(n\omega t)\right),\ n = 1, 3, 5, 7, \cdots \tag{2.75}$$

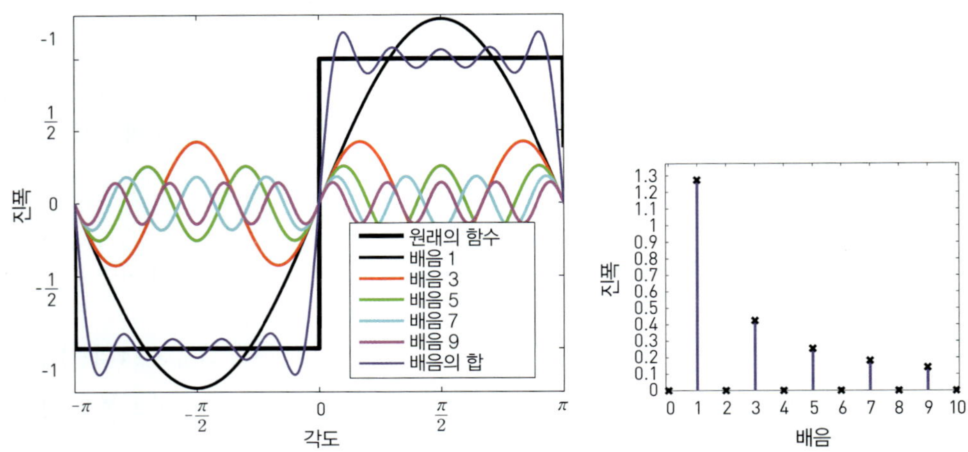

그림 2.25 푸리에 급수의 0이 아닌 첫 5개 배음 항들을 합하여 근사화 시킨 구형파는 실제 구형파와 비슷하게 보이기 시작한다. 그런데 배음 스펙트럼은 n이 큰 값인 경우에 비교적 큰 진폭을 나타낸다.

여기서는 삼각파형처럼 홀수 배음만이 존재한다는 것을 알 수 있다. 더욱이 톱니파형처럼, 일련의 배음들의 진폭계수들은 n에 비례하여 감소할 뿐이므로 이상적인 구형파가 가지고 있는 불연속 특성을 근사화시키면서 쓸 만한 구형파를 만들기 위해서는 많은 항들이 필요하다. 푸리에 급수의 0이 아닌 처음 5개 항들을 합산한 결과가 톱니파형의 경우에 비해서 더 구형파를 닮아있는 이유는 짝수 배음이 없기 때문에 이 근사화에 사용한 마지막 항의 주파수가 더 높아졌기 때문이다.

이 세 가지 사례들에 기초하여 다음의 결론을 도출할 수 있다.

$\pi/2 \pm n\pi$에서 y축 방향에 대해서 대칭인 주기적 교류신호는 홀수 배음만을 생성한다. 톱니파형에서 알 수 있듯이 짝수 배음은 y축에 대해서 비대칭형상을 나타낸다. 이런 특성은 원리상 홀수 배음만 존재하는 광학계의 공간주파수에서 특히 중요하다.

2.4.4.5 비주기성 교류신호

주기적인 교류신호에 푸리에 분해를 적용하면 신호를 푸리에 계수에 의해서 정해지는 서로 다른 진폭을 갖는 배음관계 개별 주파수들의 선형 합으로 나타낼 수 있다는 것을 입증했다. 이 푸리에 계수들을 계산하는 과정은 연속함수 전체를 대표할 수 있는 한 주기에 대해서 적분을 수행하는 것이다. 하지만 실제의 신호는 그림 2.26의 그래프와 같이 짧은 시간주기성을 갖는 임의신호 특성을 가지고 있다.[12] 이런 실제

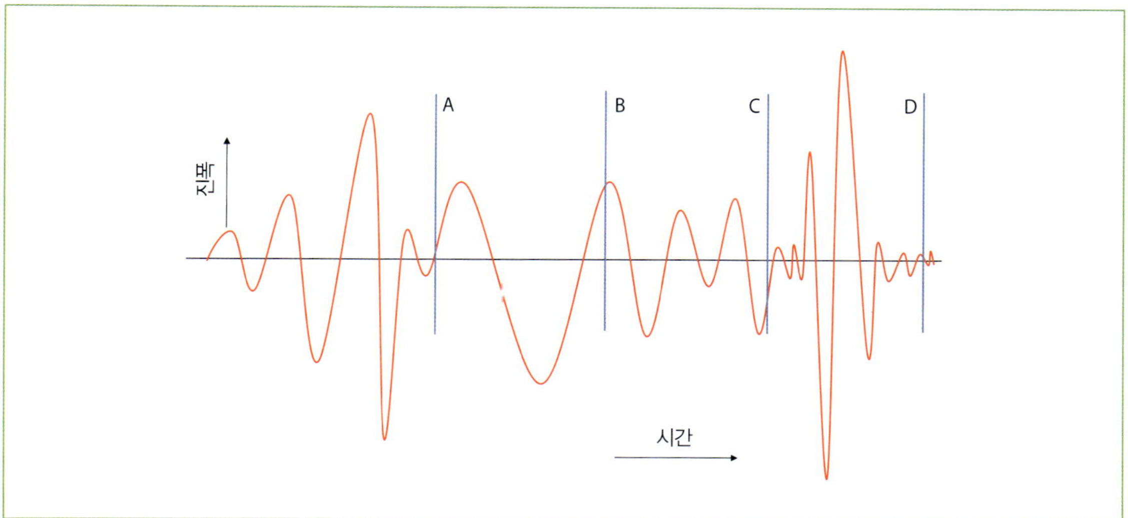

그림 2.26 시간 도메인 내에서 임의 신호의 그래프

[12] 여기서는 시간 의존성 신호를 사례로 사용하고 있지만, 이 절에서 제시된 결과를 공간 의존성 신호에도 똑같이 적용할 수 있다.

의 미지신호는 한 주기가 시간에 대한 신호 전체에 해당하기 때문에 푸리에 분석을 수행하기 위한 주기성을 찾아낼 수 없다. 그런 이유 때문에 신호의 주기성과는 무관하게 제한적으로 선택된 시간간격에 대해서 신호를 분석한다. 이렇게 제한된 시간간격만을 관찰한다면, 그림 2.26에서와 같이 A-B의 저주파 구간과 C-D의 고주파 구간을 구분할 수 있을 것이다. 관찰 결과에 따르면 제한된 시간간격에 대해서만 분석을 수행한다면 제한된 수의 주파수들만으로 이런 임의신호를 근사화시킬 수 있다. 푸리에 분해를 사용하여 신호를 분석할 때에 이런 시간간격을 **푸리에 윈도우**(Fourier window)라고 부르며 대부분의 문헌들에서는 그냥 간단하게 **윈도우**라고 부른다.

비록 이 윈도우를 측정 샘플로 간주할 수 있지만 실제의 경우 컴퓨터 연산을 사용한 디지털 샘플링을 사용하여 윈도우 내에서의 진폭 측정이 수행된다. 혼동을 피하기 위해서 **윈도우**라는 용어는 전체 주기에 대해서 사용하며 윈도우 내의 모든 측정에 대해서는 **샘플**이라는 용어를 사용한다.

푸리에 윈도우에 대한 샘플의 변환은 2.5.2.1절에서 자세히 설명할 시간 도메인 함수를 주파수 도메인 함수로 변환하는 **푸리에 변환**(Fourier transform)을 사용하여 수학적으로 수행한다. 그림 2.27에서는 앞서 설명한 푸리에 분해방법을 사용하여 분석한 결과를 보여주고 있다. 임의신호를 30개의 주파수들로 분해하였으며 각 주파수들의 진폭은 **주파수 스펙트럼**(frequency spectrum)그래프에 도시되어 있다. 진정한 임의신호는 모든 주파수 성분들이 존재하는 연속 스펙트럼을 나타내지만 좁은 푸리에 윈도우에 대해서 신호를 분석하면 이산화 된 주파수들만이 나타나게 된다. 이 사례에서 푸리에 윈도우는 37 [ms]의 시간간

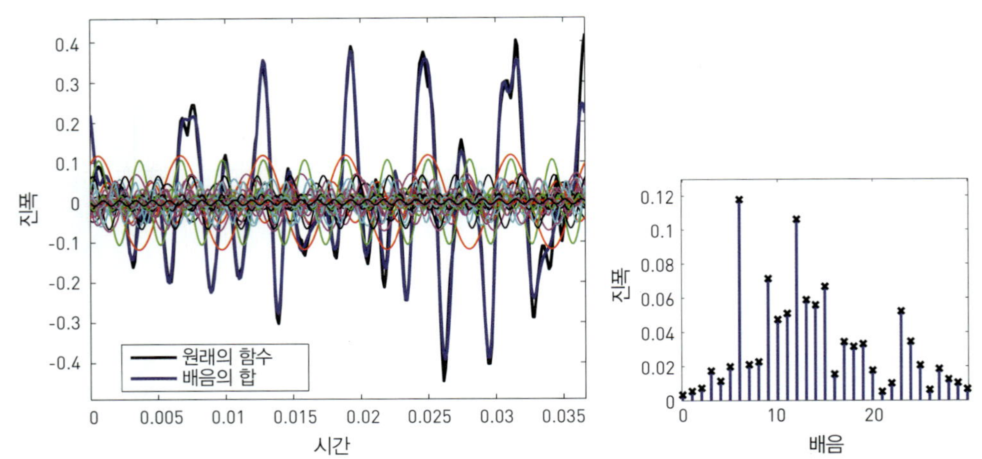

그림 2.27 푸리에 급수로 이루어진 다수의 배음 항들을 합산하여 임의파형을 근사화 하였다. 그림에 따르면 정현파형의 조합을 통해서 제한된 시간간격 동안 관찰된 임의신호를 신뢰성 있게 나타낼 수 있음을 보여주고 있다. 주파수 도메인에서의 배음 스펙트럼을 주파수 스펙트럼이라고 부른다.

격을 가지고 있다. 임의의 윈도우에서 구분되는 배음 주파수들은 n=1, 2, 3, …일 때에 윈도우 길이 역수의 n배를 가진다. 이 사례의 경우 윈도우 시간간격이 37 [ms]이므로 첫 번째 배음은 ≈ 27 [Hz]이다. 마찬가지로 두 번째 배음은 ≈ 54 [Hz]이며 그 이후도 정수배로 배음이 증가한다. 30개의 배음들이 합쳐진 그래프를 원래의 신호와 비교해 보면 특히 피크값들이 약간 달라 보이며 원래신호와 완벽하게 동일한 신호함수를 도출하기 위해서는 더 많은 배음들이 필요하다는 것을 알 수 있다. 하지만 실제의 경우에는 극도로 높은 주파수는 보통 관심이 없다. 예를 들어 많은 메카트로닉스 시스템에서는 이 사례에서 사용된 0~810 [Hz]의 주파수 스펙트럼만으로도 동적 해석에는 충분하다.

예를 들어 1~1 [kHz] 주파수 범위에 대해서 높은 주파수 분해능을 가지고 주파수분석을 수행하기 위해서는 1000개의 배음 주파수항을 가지고 있는 1 [s] 윈도우가 필요하다. 모든 푸리에 계수를 구하기 위해서 윈도우에 대해서 2000개의 사인/코사인 곱셈을 각각 적분하는 **이산화 푸리에 변환**(discrete Fourier transform) 알고리듬을 사용하여 이 항들 모두를 계산할 필요가 있다. 특히 빠르게 변하는 신호의 **실시간**(real time) 정보를 지연 없이 구하면서 높은 주파수 분해능이 필요한 경우에는 이 계산을 위해서 엄청난 계산능력이 필요하다는 것이 명확하다.

고속 계산방법을 구현하기 위해서 **고속 푸리에 변환**(Fast Fourier transform : FFT)이라는 더 효율적인 알고리듬이 사용된다. 이 알고리듬은 많은 수의 샘플 데이터를 사용하면서 효율성을 크게 증가시키기 위해서 사인과 코사인 함수의 대칭성을 활용한다. 상세한 수학적 내용은 이 책의 범주를 넘어서지만 이 방법이 **스펙트럼 분석기**(Spectrum Analyser)와 같은 장비에서 신호분석의 표준으로 자리잡게 되었다. 디지털 FFT 처리방법 이외에 푸리에 윈도우 내에서 샘플링 된 데이터를 사용하여 스펙트럼 분석기는 비선형 전자요소를 사용하여 미지의 신호와 이미 알고 있는 주파수의 아날로그 방식 곱셈을 구현한다.

그런데 제한된 시간간격에 대한 푸리에 분해는 그림 2.28의 위쪽 3개 그래프에서 설명하고 있는 것과 같이 한 가지 문제를 가지고 있다. 제한된 푸리에 윈도우로 신호를 절단하면 이로 인하여 얻어지는 푸리에 계수 a_0가 실제 신호의 DC 값과는 다를 수 있다. 그림의 사례에서 윈도우 길이와 신호 주기 사이에는 연관관계가 있다. 그 결과 실제로는 DC값이 0인 순수한 교류 구형파에 대해서 적분연산을 통해서 a_0값을 계산해 보면 때로는 실제보다 더 양인 값이 산출되며 때로는 더 음인 값이 산출된다. 이론상 윈도우에 대해서 신호주기의 n배(정수배) 만큼 샘플링을 수행하면 이 오차를 방지할 수 있지만 미지의 신호나 주기성과 진폭이 시간에 따라서 변하는 신호를 검사하는 경우에는 이것이 불가능하다. 그런 경우에는 기간이 긴 윈도우가 오차를 줄여주지만 대부분의 경우 신호의 시간 가변성이 동적 해석에 더 중요하기 때문에 비교적 짧은 푸리에 윈도우를 사용하는 경우에 오차를 줄이기 위해서 다른 방법이 소개되었다.

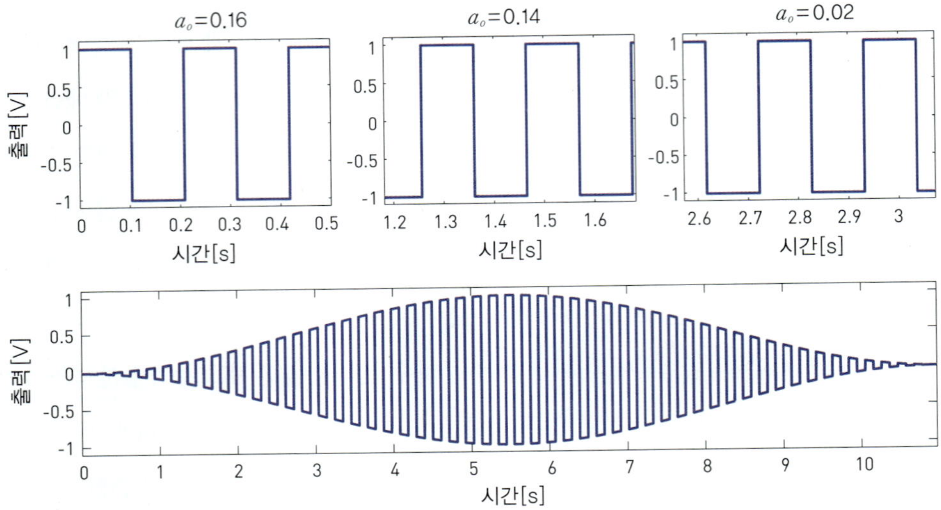

그림 2.28 푸리에 윈도우가 푸리에 계수에 큰 영향을 끼칠 수 있다. 서로 다른 주기성을 갖는 샘플 윈도우에 따라서 원래는 0이어야만 하는 a_0가 다른 값을 갖게 된다. 윈도우 함수를 적용하면 샘플 윈도우의 처음과 끝에 위치하는 외곽부분은 전체 계산결과 중 낮은 비중을 차지하므로 샘플 손실이라는 부수적인 효과를 줄여준다.

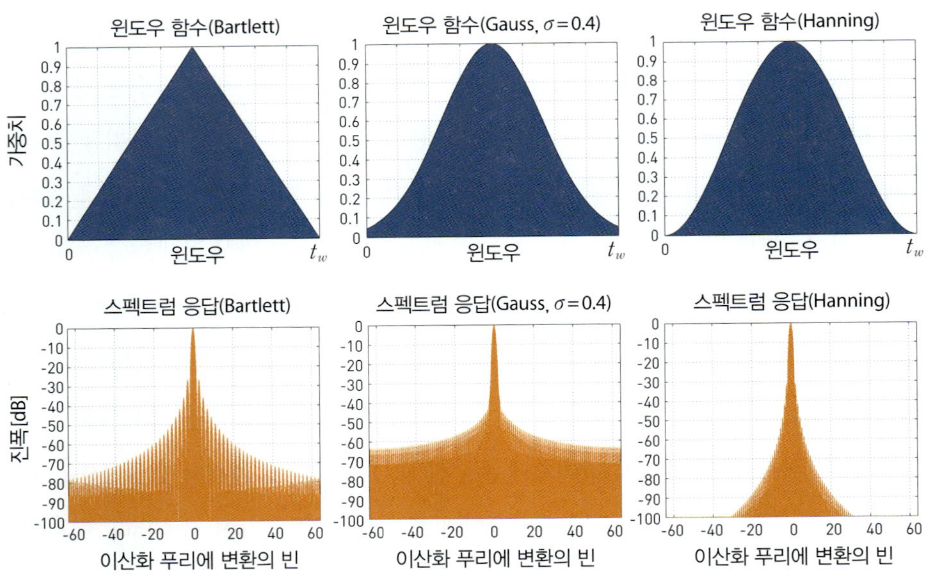

그림 2.29 신호의 주파수 스펙트럼 해석을 위하여 윈도우 푸리에 분해를 적용할 때에 Bartlett, Gauss 및 Hanning의 윈도우 함수 형상에 따른 차이. 여기에 도시된 스펙트럼 응답들은 **이산화 푸리에-변환**(DFT)을 사용할 때 0[Hz] 중심 주파수 주변에서 정규화 되었다. 여기서 **빈**(bins)은 윈도우 내에서 DFT에 의해서 샘플링 된 주파수들을 뜻한다. 주기적 교류신호를 관찰할 때에 주파수 피크 주변에서 볼 수 있는 이 스펙트럼은 서로 다른 신호 주파수에 해당한다.(source MATLABcode : Bob K. Wikipedia)

모든 방법들의 주 개념은 푸리에 윈도우 내에서 시간의 함수로 측정된 신호와 곱하는 **윈도우 함수**(window function)를 도입하는 것이다. 윈도우 밖에서의 윈도우 함수값은 0이다. 윈도우 내에서는 샘플의 중앙에서 최댓값이 발생하는 대칭함수를 가진다. 이 윈도우 함수들 대부분은 그림 2.28의 아래 그래프에 도시되어 있는 사례에서와 같이 매끄러운 종 모양을 가지고 있지만 각진 형상도 사용된다.

다른 방법들과 마찬가지로 이 방법 역시 단점을 가지고 있다. 윈도우 함수들을 적용하면 원래의 신호에는 존재하지 않지만 스펙트럼 분석에서 나타나는 신호분석주파수 주변에서의 **측대파**(side-lobe) 주파수들과 함께 **스펙트럼 누설**(spectral leaking)이 발생한다. 윈도우 사용에 따른 또 다른 부정적 효과를 스펙트럼 분석의 주파수 분해능에서 찾아낼 수 있다. 예를 들어 1 [kHz]의 사인파 주파수를 가지고 있는 신호는 앞서 삼각파, 구형파 및 톱니파 신호를 나타낸 그림에서와 마찬가지로 주파수 스펙트럼에서 사인파 진폭을 크기로 갖는 날카로운 바늘 형태로 표시된다. 그런데 윈도우 함수는 피크 폭의 확장을 초래한다. 더욱이 노이즈에 대한 스펙트럼 응답도 윈도우 함수에 의해서 영향을 받는다. 이 모든 이유 때문에 다양한 형상함수들이 정의되었으며, 이들은 Hanning, Gauss 및 Bartlet과 같이 개발자의 이름을 사용한다. 모든 함수들은 분석과정에서 가장 중요시하는 측면에 따라서 각자 장점과 단점을 가지고 있다. 그림 2.29에서는 0 [Hz]를 중심으로 앞서 언급한 세 가지 윈도우 함수에 대한 정규화 된 스펙트럼 응답의 사례를 보여주고 있다. 단일 주파수 신호를 분석하는 경우에는 신호주파수 주변에서 이 스펙트럼을 볼 수 있다. 중심 주파수 주변의 최고 측대파를 관찰해 보면 Bartlet 윈도우 함수의 경우 −26 [dB]이며 Gauss 윈도우 함수의 경우에는 −45 [dB]의 값을 가지고 있어서 주파수 누설을 명확하게 볼 수 있다. 하지만 Gauss 윈도우 함수는 중심 주파수에서 멀리 떨어진 주파수에서 더 큰 값의 측대파를 가지고 있다.

메카트로닉스 설계자가 스펙트럼 분석기를 사용할 때에 이런 차이를 인식할 필요가 있다. 만일 실제의 세밀한 분석이 필요하다면 측정 결과에 대한 확신을 갖기 위해서 전문서적을 참조하여야 한다.

2.5 | 동적 시스템 해석

앞 절에서는 시간, 공간 및 주파수와 같은 시스템 매개변수의 변화에 따른 신호들을 소개했었다. 다음 단계로는 메카트로닉스 시스템의 동적 응답을 가해진 힘과 운동에 대해서 해석하기 위해서 이 지식을 사용할 필요가 있다. 이 해석하기 위해서는 자극에 대한 동적 시스템의 반응을 유발하기 위한 특정한 신호를 **외란**(stimulus)이라 한다. 메카트로닉스 시스템에서 외란은 작동기나 진동과 같은 외부교란에 의해서 생성된다.

기계 시스템의 동적 성질에 대한 실험적 연구들은 항상 다양한 위치에서 시스템에 외력을 가하면서 이 외란에 대한 시스템의 응답을 측정하는 방식으로 수행된다. 이 외란들은 매우 다양한 주파수 성분들을 가지고 있을 수 있다. 외란의 원인에 따라서 시간 및 주파수 도메인에서 작용하는 표준 외란에 대한 몇 가지 전형적인 응답들을 구분할 수 있다. 단위스텝 외란에 대한 **스텝 응답**과 단위 임펄스 외란에 대한 **임펄스 응답**은 시간 도메인 응답이다. 넓은 주파수 스펙트럼을 가지고 있는 외란에 대해서는 **주파수 응답**을 사용하여 주파수 도메인에서 분석하며, 연속 분석이 가능하다. 다음 절들에서는 우선 기계 시스템의 동적 해석이나 모델링에 자주 사용되는 시간 도메인에 관련된 동적 응답들을 살펴본다. 그 뒤의 절들에서는 기계의 움직이는 부분을 포함하는 메카트로닉스 시스템 해석에 더 널리 사용되는 동적 시스템의 주파수 응답에 대해서 다루기로 한다. 여기서는 자주 사용되는 라플라스 변환과 관련된 수학적 공식들을 라플라스 매개변수 s와 함께 살펴보기로 한다.

2.5.1 시간 도메인 응답

시간 도메인은 기계공학의 **본거지**이다. **스텝 응답**(step response)이 가장 잘 알려져 있으며 입력 조건이 순간적으로 변했을 때에 두 개의 서로 다른 평형상태 사이의 과도 거동을 나타내 주므로 외란에 대한 시스템 응답을 가장 손쉽게 가시화시켜준다. 자동차에 승객이 탑승하거나(부하변동) 도로 표면 높이가 갑자기 변하는 곳을 지나칠 때(경로의 변화)와 같은 사례를 생각해 볼 수 있다. 외란이 발생한 이후에 응답은 항상 운동의 지연을 나타내며 때로는 감쇠특성이 수반된다. 기계요소의 이러한 감쇠응답은 극한거동에 영향을 끼치거나 심지어는 거동을 지배하기 때문에 중요하다.

시간 도메인과 관련된 두 번째 응답은 임펄스 응답이다. 이상적인 임펄스는 시간은 무한히 짧고 진폭은 무한히 큰 외란이므로 상상하기가 쉽지 않다. 망치로 타격을 가하여 물체를 달구는 경우를 생각해 볼 수 있는데, 이 방식은 기계 구조물의 동적 거동을 시험하는 방법으로 사용되고 있다.

2.5.1.1 스텝응답

그림 2.30에서는 작용력이 0에서 1로 갑작스럽게 변했을 때(스텝) 전형적인 동적 시스템의 응답을 보여주고 있다. 이 경우 동적 시스템은 3장에서 사용하는 것과 같은 감쇠된 스프링-질량 시스템이다. 이 응답의 위아래를 뒤집으면 승객이 자동차에 부하를 가하는 경우의 응답특성에 해당한다.

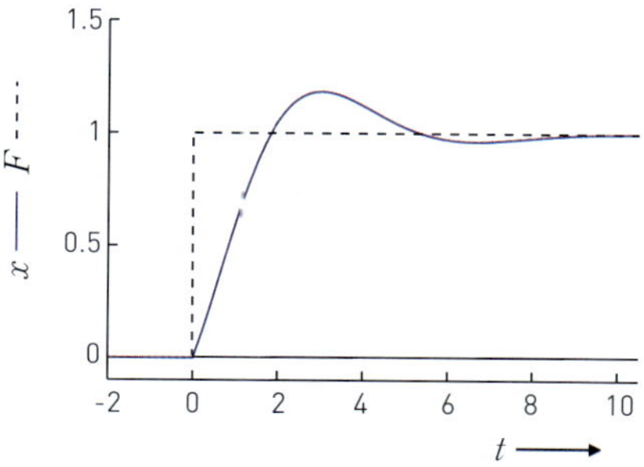

그림 2.30 감쇠된 스프링-질량 시스템의 질량에 $t=0$에서 힘이 0에서 1로 작용했을 때의 전형적인 응답곡선. 수직축은 $t=\infty$일때의 값을 1로 정규화 시켰다.[13)]

스텝 응답은 입력 스텝이 시작할 때에 푸리에 측정 윈도우를 시작하며 지연된 이벤트들이 감쇠되어 없어진 이후에 윈도우를 종료하는 푸리에 분해방법을 사용하여 분석할 수 있다. 이 분석에 따르면 스텝 함수는 T가 푸리에 윈도우의 지속기간일 때에 1/T [Hz]의 정수배로 이루어진 사인파 주파수들의 연속적인 스펙트럼으로 이루어진다는 것을 알 수 있다. 이 모든 주파수들이 $t=0$에서만 위상이 일치하며 다른 모든 시간에는 위상이 일치하지 않고 조합 함수의 평균은 0이 되는 경우가 여기에 해당된다. 이상적인 경우 푸리에 윈도우는 $T=\infty$에서 종료되므로 수학적인 개념에서 스텝 함수는 기저주파수가 0 [Hz]인 구형파에 해당된다. 식 (2.75)에 따라서 구형파의 푸리에 급수를 구한 후에 $\omega \rightarrow 0$의 극한값을 구하면 0 [Hz]에서 시작되는 연속적인 주파수 스펙트럼을 구할 수 있다.

스텝 함수는 매우 넓은 주파수 스펙트럼을 가지고 있으므로 **수동 기계 시스템**의 고유주파수 발생을 연구하기 위한 외란으로 매우 유용하다. 그런데 대부분의 제어기들에서 무한 경사 입력은 작동기의 포화를 유발하며 정상적인 조건 하에서는 존재하지 않는 여타의 비선형 특성을 유발하므로 스텝 응답은 능동제어 되는 작동기를 갖춘 동적 시스템의 외란으로는 별로 유용하지 않다.

비록 스텝은 단 한번의 이벤트이지만, 저주파 구형파를 사용하여 스텝을 근사화시킬 수 있다. 물론 이로 인하여 해당 배음 주파수에 대한 스펙트럼이 제한되겠지만, 관심 주파수 영역에 따라서는 다중측정을 통해서 임의 노이즈의 영향을 평균화시켜서 제거할 수 있으므로 도움이 된다.

13) $L\{u(t)\}=1/s$, 역자 주

2.5.1.2 임펄스응답

임펄스 함수는 그림 2.31에서와 같이 한번 상승한 직후에 다시 하강하는 두 스텝이 특수한 형태로 조합된 함수이다. 이상적인 임펄스는 무한히 짧은 시간동안만 지속되며 무한히 높은 진폭이 발생되어 둘을 곱한 값이 1이 된다. 스텝응답에서 사용했던 동적 시스템의 임펄스 외란에 대한 응답이 그림 2.32에 도시되어 있다. 이 임펄스 응답은 $x = 0$에서 출발하며 다시 $x = 0$에서 안정화 되지만 스텝 응답과 매우 유사한 경향을 나타낸다. 이 유형의 외란이 매우 중요하며 널리 사용되는 이유는 임펄스가 주파수 도메인에서 **동일한 진폭**의 모든 주파수 성분들을 포함하고 있기 때문이다. 임펄스 응답을 측정하여 FFT 분석을 수행하면 동적 시스템의 공진을 즉시 찾을 수 있다. 불행히도 실제의 경우에는 물리적 수단(가진기)의 고주파 작동한계 때문에 이상적인 임펄스 함수를 만들어낼 수 없다.

이것이 의미하는 바는, 길이는 0보다 길며 피크값은 무한대에 비해서 작은 반면에 모서리들은 둥글려져

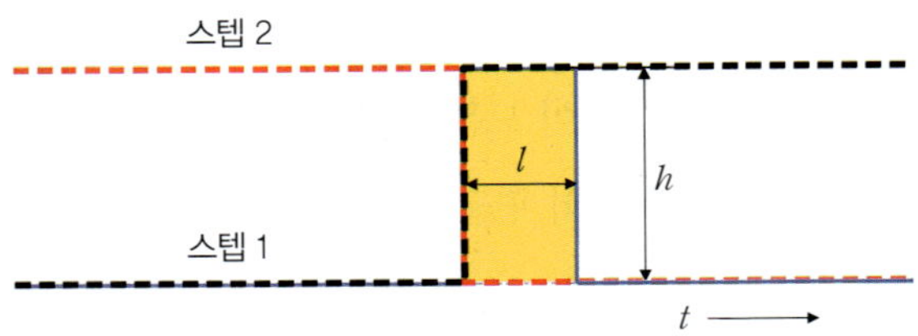

그림 2.31 두 스텝의 조합으로 만들어진 임펄스 함수. 힘 스텝의 경우, ℓ과 h에 의해서 정의된 표면적은 1 [Ns]이다.

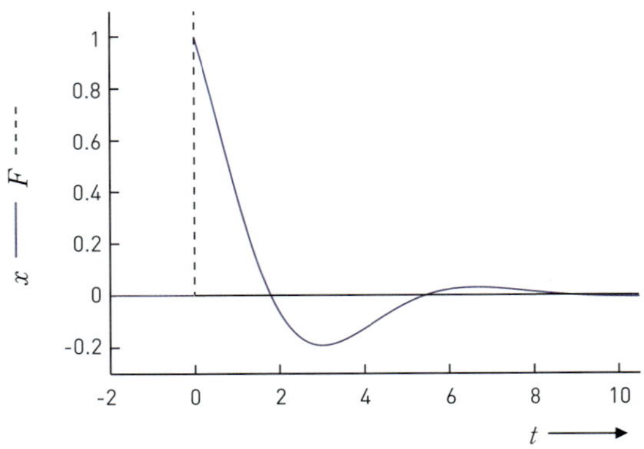

그림 2.32 $t = 0$에서 감쇠된 스프링-질량 시스템에 임펄스 가진이 가해졌을 때의 전형적인 응답특성. 수직축은 임펄스 직후의 진폭에 대해서 정규화 되어 있다.[14)]

있음을 의미한다. 어느 정도까지는 외란에 대한 실제 측정된 응답 스펙트럼의 콘볼루션[15]을 통해서 이런 고주파 성분의 부족을 보상할 수 있지만 이보다 더 높은 주파수에서는 노이즈가 출력의 신뢰성을 떨어트린다. 임펄스 응답은 기계 시스템의 모달 해석에 자주 사용된다. 표준화 된 **망치**로 타격하여 임펄스를 생성한다. 이 망치 앞에는 **무한**히 큰 타격력에 의한 시편의 손상을 방지하기 위해서 고무 팁이 붙여져 있으며, 그 결과, 임펄스를 구성하는 고주파 성분의 진폭이 깎여버린다. 망치에 의해서 가해진 임펄스를 직접 측정하면 이상적인 임펄스와의 편차를 보정할 수 있다.

임펄스 외란의 중요한 결점 하나는 짧은 시간 동안 작용하는 큰 힘을 사용하여 매우 짧은 시간 동안 모든 에너지가 시스템 내로 투입된다는 점이다. 비선형 시스템의 경우 이로 인하여 필연적으로 잘못된 정보가 만들어진다. 이런 이유로 스텝 응답과 함께 임펄스는 능동 제어되는 동적 시스템에는 적합하지 않다.

2.5.2 주파수 응답

외란은 충분히 저감된 진폭을 갖는 영구적인 연속 스펙트럼의 특성을 어느 정도 가지고 있기 때문에, 주파수 도메인에 관련된 외란으로는 앞 절의 **단일 이벤트 외란**과 관련된 극도로 큰 힘을 사용하지 않는다. 이런 신호들은 비선형성에 의한 오차가 없는 장시간 측정을 가능케 해 준다. 정현파 교류신호는 전자회로로 구현하기가 매우 쉽다. 그런 이유 때문에 일찍부터 일정한 진폭을 가지고 있으며 점차적으로 주파수가 증가하거나 감소하는 단일 정현파 교류신호로 이루어진 외란이 사용되었다. 이런 **주파수 스윕** 방법은 고속 전자 시스템에 가장 적합하며 최대진폭 측정을 통해서 손쉽게 응답을 구할 수 있다. 응답이 가진 주파수에 직접 영향을 받는 경우에는 푸리에 분해가 필요 없다. 본질적으로 적당히 낮은 공진 주파수를 가지고 있는 기계 시스템에서 주파수 스윕 방법은 측정된 주파수 스펙트럼에서 보일 만큼 충분한 공진 에너지를 얻기 위해서 시간이 필요하기 때문에 오차가 유발될 수 있다. 고속 스윕에서는 고유주파수에서의 이런 공진이 발현되지 않을 우려가 있다. 이런 문제를 극복하기 위한 방법들 중 하나는 시간이 허용된다면 충분히 느린 스윕을 사용하는 것이며 이 과정에서 관심 대역을 더 세밀하게 살펴볼 수도 있다. 공진 거동을 간과하지 않을 수 있는 더 좋은 방법은 스윕 정현신호를 사용하는 것보다 긴 시간동안 모든 주파수 성분을 포함하고 있는 외란을 사용하는 것이다. 이런 광대역 신호의 첫 번째 사례는 전체 주파수 대역에 대한

---

14) $L\{\delta(t)\} = 1$, 역자 주

15) **콘볼루션**(convolution)은 서로 다른 함수들 사이의 상호상관 관계를 정의하는 수학적인 방법이다.

파워 스펙트럼 밀도(신호값의 제곱을 주파수 범위로 나눈 값)값이 일정한 **화이트 노이즈**(white noise)를 외란으로 사용하는 것이다. 실제의 경우, 물리적인 기구의 고주파 한계가 존재하며 관심 대역만 가진하기 때문에, 이상적인 화이트 노이즈는 존재하지 않는다. 노이즈 가진에 대한 응답을 구하기 위해서 푸리에 분해를 사용해야 한다. 윈도우 효과와 윈도우 함수에 따른 본질적인 문제들이 정확도를 제한하지만 스펙트럼의 피크를 통해서 공진효과를 명확하게 확인할 수 있다.

두 번째 사례인 더 연속적인 주파수 스펙트럼 가진은 고속 디지털 전자시대인 현대에 창안되었으며 다중사인의 형태로 외란신호를 합성하는 방법을 활용한다. 원리상 이 방법은 연관된 위상과 주파수, 임의 위상관계 및 여타의 조합을 사용하여 어떠한 신호 스펙트럼도 만들어낼 수 있다. 관심이 없는 주파수 영역은 회피할 수 있으며 과열이나 비선형 거동을 피하기 위해서 서로 다른 주파수 영역에 대해서 서로 다른 진폭을 선택할 수 있고, 가장 관심이 있는 영역에 대해서는 주파수 스펙트럼을 골라낼 수 있다. 신호들은 완벽하게 만들어낼 수 있기 때문에 외란에 포함되어 있는 모든 위상과 진폭 관계를 알 수 있으며 동적 시스템 응답을 매우 간단하게 구할 수 있다.

■ 주파수 응답선도

이런 주파수 도메인과 관련된 외란에 대한 동적 시스템의 응답특성을 나타내기 위해서 두 가지 표현방법이 자주 사용된다 :

- **보드선도** : 연속적인 주파수 외란에 대한 진폭과 위상응답을 나타내기 위해서 주파수에 대한 진폭과 위상의 두 가지 보드선도가 사용된다.
- **나이퀴스트 선도** : 연속적인 주파수 외란에 대한 진폭과 위상응답을 주파수에 대한 하나의 그래프로 나타내기 위해서 나이퀴스트 선도가 사용된다.

이 두 가지 표현방법 모두 라플라스 변환방법을 기반으로 하고 있으므로 이에 대해서 우선 살펴보기로 한다.

2.5.2.1 라플라스와 푸리에 변환

라플라스 변환은 프랑스의 천문학자이며 수학자인 Pierre–Simon, Marquis de Laplace(1749–1827)에 의해서 창안된 수학적 방법이다. 라플라스가 그의 확률이론을 통해서 이 변환방법을 도입했지만 이 변환이 **시간 도메인**(time domain)에서의 미분 방정식을 **주파수 도메인**(frequency domain)에서 $s=\sigma+j\omega$를 변수로 갖는 **전달함수**(transfer function)의 형태로 풀어주기 때문에 선형 동적 시스템의 해석에 널리 사용되게 되었다. 주파수 응답함수를 검사할 때에는 이 방법이 **푸리에 변환**(Fourier transform)으로 축소되며 이 책의 많은 단원들에서 활용할 예정이기 때문에 이 단원에서 다루게 되었다.

$f(t)$는 시간변수 t의 함수인 경우에 라플라스 변환 $F(s)=\mathscr{L}\{f(t)\}$는 라플라스변수 s를 사용하여 다음과 같이 나타낼 수 있다.

$$F(s)=\mathscr{L}\{f(t)\}=\int_0^\infty e^{-st}f(t)dt \tag{2.76}$$

라플라스 변수 s는 복소수이다.

$$s=\sigma+jw \tag{2.77}$$

여기서 $j^2=-1$(때로는 i로도 나타낸다)이며 σ와 ω는 실수이다. 특히 ω는 각속도를 나타낸다. 이 변환에 관련된 모든 이론을 살펴보는 것은 이 책의 범주를 넘어서는 일이다. 미분 및 적분작용의 시간에 대한 변환의 해만이 가장 중요하기 때문에 사인 및 코사인 함수를 포함한 미분방정식을 직접 풀지 않고 일련의 변환을 수행한다. 운동에 대한 미분방정식을 구하기 위해서 라플라스 변환을 통해 시간에 대한 변수 $x(t)$의 미분을 다음과 같이 나타낸다.

$$F_d(s)=\mathscr{L}\left\{\frac{dx(t)}{dt}\right\}=sx(s)-x(0) \tag{2.78}$$

실제 메카트로닉스 시스템의 동특성 해석의 경우 라플라스 변환을 통해서 유도된 주파수 응답함수는 연속적인 시스템 입력 신호에 기초하기 때문에 $t=0$에서 $x(t)$의 초기값 $x(0)$를 무시한다.

적분식에 대해 라플라스 변환을 적용하면 다음 식을 얻을 수 있다.

$$F_i(s)=\mathscr{L}\left\{\int_0^{t'}x(t)dt\right\}=\frac{x(s)}{s} \tag{2.79}$$

2.5.2.2 극점과 영점

다른 모든 복소수들처럼 라플라스 변수 s를 실수축과 허수축으로 이루어진 2차원 공간에 나타낼 수 있다. 이 평면을 2.5.2.6절에서 소개할 나이퀴스트 선도와 같은 여타의 복소평면들과 구분하기 위해서 **라플라스 평면**(Laplace plane)이라고 부른다. 이 평면은 동적 전달함수의 **극점**(pole)과 **영점**(zero) 위치에 의해서 결정되는 동적 시스템의 안정성을 검사할 때에 사용된다. 일반적으로 전달함수는 분모와 분자가 s의 다항식으로 이루어진 함수이다. 영점은 전달함수의 분자를 0으로 만들어서 전체 전달함수를 0으로 만드는 s값으로 정의된다. 극점은 영점과 반대로 전달함수의 분모를 0으로 만드는 s값으로 정의된다. 이 경우 전체 전달함수는 무한대가 되어버린다. 사례로서 앞서 소개했던 미분연산의 라플라스 변환은 $s=\sigma+j\omega$에서 0이 되므로 이 s는 라플라스 평면의 원점에 위치한다. 마찬가지로 적분연산도 라플라스 평면의 원점에 극점이 위치한다.

2.5.2.3 주파수 응답함수

제어용어에서는 양의 변수 ω나 f의 함수로 시스템의 동적 거동을 묘사하는 주파수응답함수와 구분하기 위해서 s변수를 사용하여 **라플라스 도메인**(Laplace domain)에 속하는 함수만을 전달함수라고 부른다. 라플라스 도메인 내의 전달함수로부터 동적 시스템의 주파수 응답을 얻기 위해서는 가능한 모든 복소수 s값들 중에서 양의 복소수 세트만을 해석에 사용한다. s의 실수부는 시간 의존적 값을 나타내지 않으며 음의 주파수는 실제 시스템에서 무의미하다. s중에서 모든 양의 허수값만을 취하면 라플라스 변환은 푸리에 변환으로 축소된다. 푸리에는 이 변환을 주파수 응답 해석에 도입하였으며 관련된 수학 연산은 앞 절에서 설명했던 푸리에 분해와 직접적으로 관련되어 있다. 비록 동적 시스템의 주파수 응답함수에 실수 σ를 사용하지 않지만 음의 귀환을 사용하는 제어 시스템에서는 극점과 영점이 가장 중요하다. 이론상 모든 메카트로닉스 운동 시스템은 일정 수준의 음의 귀환을 가지고 있으므로 이 책에서 사례로 사용하는 시스템의 동적 거동에 대한 해석적 방정식들은 항상 변수 $s=\sigma+j\omega$를 사용하는 라플라스 변환에서부터 시작한다. 라플라스 변환을 통해서 얻어진 전달함수는 MATLAB이나 도식적인 주파수 응답함수를 얻기 위한 여타의 모델링 소프트웨어에서 직접 사용할 수 있다. 주파수 도메인에서의 해석적 방정식의 경우에는 s변수의 양의 허수부만을 사용한다. 이 경우 식 (2.78)과 (2.79)는 푸리에 변환 $\mathscr{F}$로 축소되며 시간에 대한 미분 및 적분연산의 주파수 응답함수는 다음과 같이 주어진다.

$$F_d(\omega)=\mathscr{F}\left(\frac{dx(t)}{dt}\right)=j\omega x(\omega) \tag{2.80}$$

$$F_i(\omega)=\mathscr{F}\left(\int_0^{t'}x(t)dt\right)=\frac{x(\omega)}{j\omega}=-j\frac{x(\omega)}{\omega} \tag{2.81}$$

이 변환은 미분과 적분이 주파수 응답에 끼치는 두 가지 중요한 영향을 보여주고 있다. 위치의 시간에 대한 미분은 그림 2.23 (a)에 도시되어 있는 것처럼 ω가 곱해지므로 주파수 증가에 비례하여 주파수 응답

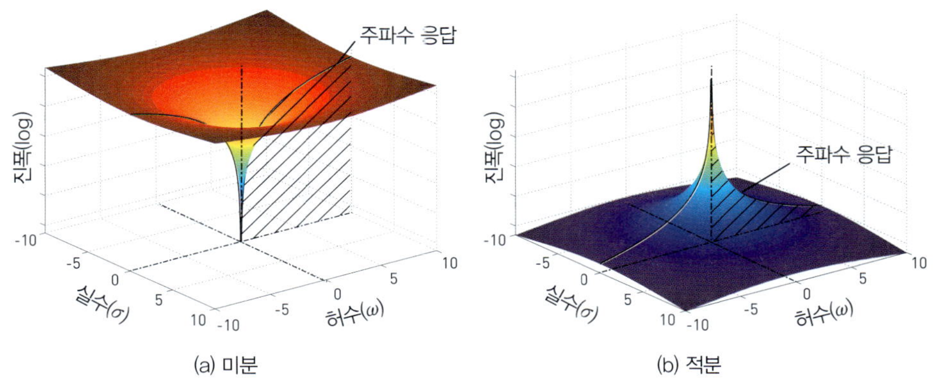

그림 2.33 미분과 적분 진폭을 라플라스 평면에 나타낸 도표를 보면 $\omega = \sigma = 0$인 영점과 극점위치를 명확하게 볼 수 있다. 로그 진폭 스케일을 사용하면 영점에 대해서 **반공진**(anti-resonance)항이 생기게 만들어서 영점도 극점과 동일한 형상을 나타낸다. 양의 허수부만으로 이루어진 s의 하위 세트로부터 푸리에 변환으로 이어져서 주파수 응답이 유도된다. 주파수 응답은 전체 도표를 양의 허수(주파수)축과 라플라스 평면에 수직하며 원점을 통과하는 양의 실수축으로 이루어진 평면에 투영한 것이다.

의 크기가 증가한다. 시간에 대한 미분의 두 번째 효과는 전달함수 내에서 양의 허수항 j에 해당하는 90° 만큼 양의 위상 시프트를 일으킨다는 것이다. 이는 2.4.1절에서 소개되었던 정현운동의 위치, 속도, 및 가속도에 대한 추론을 완벽하게 따르고 있다. 이와 동일한 논리의 연장선 상에서 시간에 대한 변수의 적분은 그림 2.33 (b)에 도시되어 있는 것처럼 ω가 나눠지므로 주파수 증가에 비례하여 주파수 응답의 크기가 감소하며 전달함수 내에서 음의 허수항 $-j$에 해당하는 $-90°$만큼의 위상 시프트를 일으킨다.

2.5.2.4 동적 함수의 도메인 표현

주파수 도메인에서의 방정식들과 시간 도메인으로 기술된 방정식들을 혼동하지 않아야 한다. 서로 다른 도메인들을 명확하게 구분할 필요가 있을 때에는 $f(t)$와 같이 둥근 괄호 속에 변수 t를 기입하여 시간 도메인임을 명확히 해야 한다. 변수 (s)는 라플라스 도메인을, (ω)[16]는 각속도를, 그리고 (f)는 시간주파수를 나타내며, 이들은 모두 주파수 도메인에서 사용된다. 방정식에 괄호를 너무 많이 사용하지 않도록 하기 위해서, 변수항 (t), (s), (ω) 및 (f)는 대부분의 경우 방정식의 처음에 등호 앞에 한 번만 표기하거

16) s의 jw부 만을 취하여 라플라스 도메인에서 전달함수를 유도하기 때문에 많은 경우 주파수 응답 함수는 (jw)의 함수로 나타낸다. j는 상수이므로 표현의 단순화를 위해서 변수로는 (w)만을 사용한다.

나 명확한 경우에는 아예 생략해 버린다. 방정식이 유일하게 성립되거나, 전체 방정식이 동일한 도메인에 대해서 정의된 경우에는 이런 표기의 생략이 허용되며 그것만으로도 충분하다.

2.5.2.5 보드선도

원래 아날로그 전자신호의 분석에 사용되었던 **보드선도**(Bode–plot)는 미국 엔지니어 Hendrik Wade Bode(1905–1982)의 이름을 딴 그래프로서 정현주기 교류 외란입력에 대한 동적 시스템 출력의 주파수 응답을 가시화시켜준다. 3장에서 소개할 예정인 4차 동조된 스프링–질량 시스템의 보드선도 사례를 그림 2.34에서 보여주고 있다. 보드선도는 주파수를 변수로 하는 수평축을 공유하며 위 아래로 배치된 두 그래프로 이루어진다. 상부 그래프는 외란 진폭에 대한 응답 진폭의 비율을 수직축으로 하는 진폭 보드선도이다. 하부 그래프에서 수직축은 외란의 위상에 대한 응답의 위상 시프트를 보여주고 있다. 그 이외에도 보드선도는 다음과 같은 특징을 가지고 있다.

- 진폭과 주파수 스케일은 10을 밑으로 하는 로그를 사용한다.
- 주파수 스케일로는 [rad/s]나 [Hz]를 모두 사용한다.
- 진폭 스케일은 서로 다를 수도 있는 외란과 응답의 단위에 의존한다. 예를 들어 외란은 [N] 단위인 반면에 응답은 [m] 단위일 수도 있다.
- 위상 스케일로는 **라디안**(radian)이나 **도**(degree)를 모두 사용할 수 있다. 하지만 라디안보다는 도가 인식하기 편하기 때문에 항상 도 단위를 사용하며 제어 시스템에서는 단 몇 도의 위상 시프트만 발생해도 이미 중요하다.
- 보드선도는 표시된 주파수 범위 내에서 모든 주파수를 가지고 있는 일정한 외란 가진에 대한 시스템의 응답과 관련된 정보를 제공해 준다. 공진과 같이 몇 가지 시간 도메인과 관련된 현상에 대한 보드선도를 측정할 때에는 에너지를 축적하기 위한 시간이 필요하다는 점에 유의해야 한다.

대부분의 주파수 응답은 n이 정수일 때 주파수 f나 ω의 n승에 비례 또는 반비례하기 때문에 진폭과 주파수에 **이중 로그**(double logarithmic) 스케일을 사용한다. 이중 로그 스케일에서 함수 $\log \omega^n = n \log \omega$의 경우 한 축은 $\log \omega^n$를, 다른 한 축은 $\log \omega$를 나타내기 때문에, 모든 n값에 대해서 직선으로 표시된다. 이를 통해서 만들어진 직선은 n이 양일 때에는 상승 기울기를, 음일 때에는 하강 기울기를 가진다. 기울기의 차수를 n으로 나타내는 것이 일반적이다. 예를 들어서, 전달함수 $f(\omega) = 1/\omega^2$의 경우 $n = -2$이므로 보드선도에서는 기울기가 −2인 직선이 그려진다. 라플라스 변환에 대해서 소개한 2.5.2.1절에 따르면 +1 기울기는 +90°의 위상 시프트를 수반한 미분 작용을 나타내며 −1 기울기는 −90°의 위상 시프트를 수반한 적분작용을 나타낸다. 위상과 기울기 사이의 이런 직접적인 연관관계를 기반으로 위상선도를 사용하여 추가적인 정보를 얻을 수 있다. 단순한 **최소위상**을 갖는 선형 시스템에서 위상과 진폭 사이의 관계는 명확하게 정의된다.

그런데, 때로는 이 관계가 더 복잡해지며 **비최소위상**(non−minimum phase) 시스템의 경우 위상 시프트가 진폭 보드선도에서 진폭−기울기 값으로부터 예상했던 것보다 더 음의 값을 나타낼 수 있다. 이는 예를 들어 가진력과 반대 방향으로 발생하는 초기 반응운동에 의한 특성일 수 있으며 이런 시스템의 사례로 3.4.3절에서는 센서와 작동기가 **비정렬**(non−collocated)되어 운동이 측정된 곳과 다른 위치에 힘을 가하는 경우를 보여주고 있다. 이런 현상은 실제로 발생하므로 현대적인 귀환 제어되는 메카트로닉스 시스템의 **개루프**(open−loop) 응답 해석에서 위상선도를 활용하여야 한다. 심지어 안정성과 견실성 해석의 경우에는 개루프 위상 선도가 진폭 선도보다 더 중요하다. 이것이 나이퀴스트 선도가 개발된 주요 원인이다. 그럼에도 불구하고 운동제어 시스템에서 표준적으로 사용되는 적분 및 미분조작과의 명확한 상관관계 때문에, 현장에서와 이 책 모두에서 그래프 표현방식으로 보드선도를 자주 사용한다.

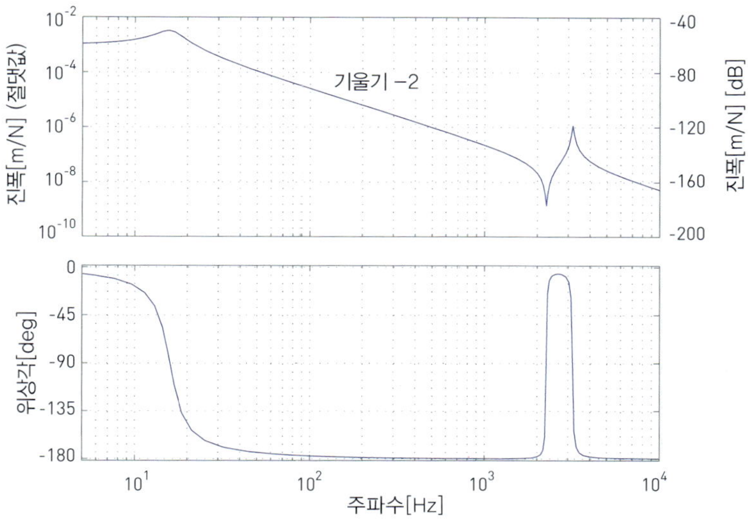

그림 2.34 동적 시스템의 보드선도 사례. 상부 그래프는 위치응답의 진폭을 힘 외란의 진폭으로 나눈 값을 표시하고 있다 하부 그래프는 위치 응답과 힘 외란 사이의 위상 관계를 보여주고 있다. 저주파수 대역에서 응답은 주파수와 무관하지만, 15[Hz]에서의 감쇠공진 이후에는 진폭이 주파수에 반비례하는 음의 기울기를 가지고 감소한다. 3[kHz] 주변에서의 전형적인 반공진 및 공진 현상은 3장에서 설명할 질량의 비동조 특성을 나타내고 있다.

■ 절대진폭 또는 데시벨

시스템의 주파수 거동에 대한 최초의 연구는 음향 특성에 관한 것이었다. 예를 들어 레일레이 경으로 더 잘 알려진 영국의 물리학자 John William Strutt Rayleigh(1842–1919)는 이 주제에 대한 두 권의 저서 **음향이론 1권 및 2권**을 통해서 이 책에서 사용하는 많은 이론들을 포함하여 오늘날에도 여전히 가르치고 있는 동역학, 파동 및 주파수에 의존하는 전달함수에 대한 대부분의 기초이론을 제시하였다. 음의 레벨은 주로 데시벨로 나타내며 이 값은 실제 음의 레벨과 선정된 기준레벨 사이의 비율에 10을 밑으로 하는 로그를 취한 값에 비례한다. 음향 강도를 감지하는 인간의 능력은 로그스케일 특성을 가지고 있어서 서로 다른 레벨의 음향들이 절대레벨과는 무관하게 인식되기 때문에 이 로그스케일이 도입되었다. 전기 및 제어공학에서도 두 신호들 사이의 관계와 전력 레벨을 나타내기 위해서 데시벨이 널리 사용된다. 전압과 같은 교류전압의 두 레벨을 나타내는 경우가 가장 잘 알려진 사례이다. 두 전압레벨 사이의 비율을 [dB]로 나타내면 다음과 같다.

$$20 \log \frac{V_1}{V_2} \quad [\mathrm{dB}] \tag{2.82}$$

신호와 관련된 전력에 동일한 [dB]값을 부여하기로 결정되었다. 저항에 의해서 소산되는 전기 신호의 전력은 2.3.3.3절에서 다음과 같이 유도되었다.

$$P = VI = I^2R = \frac{V^2}{R} \quad [\mathrm{W}] \tag{2.83}$$

수학으로부터 $\log x^y = y \log x$임을 알고 있으며 두 파워레벨들 사이의 비율에 대한 10을 밑으로 하는 로그는 전압이나 전류들 사이의 비율에 대한 로그값보다 두 배 더 크다. 따라서 동일한 [dB]값을 만들어내기 위해서는 전력비율에 대한 [dB] 계산에서 다음 식을 사용해야 한다.

$$10 \log \frac{P_1}{P_2} \quad [\mathrm{dB}] \tag{2.84}$$

미국의 엔지니어인 Alexander Graham Bell(1847–1922)이 전신 케이블에서의 전력 손실을 표시하기 위해 도입한 **벨**(Bel)이라는 단위가 데시벨의 기원이므로 이 식은 데시벨의 기원인 벨과 더 직접적으로 관련이 있다. 이를 통해서 소수점 이하에 유효숫자가 있는 작은 값으로 변화된다는 것을 알 수 있다. 예를 들어 비율이 2배인 경우 $\log 2 = 0.6$ [Bel]이 되므로 관습적으로 이 전력 비율의 로그값에 10을 곱한 다음 **데시벨**(deci–Bel)이라는 용어를 사용하게 되었다. 데시벨의 측면에서 보드선도의 기울기를 나타내는 −1, −2, +1, +2등의 값은 표 2.3에서와 같이 주파수 비율의 특정한 [dB]값과 같아진다. 이 값들은 10배의

표 2.3 보드선도에서의 기울기 값과, 주파수 차이에 대한 진폭비 또는 전력비로 인하여 계수를 2나 10을 사용하는, 데시벨로 표시된 진폭비 사이의 상관관계

기울기	옥타브 기준($f_1 = 2f_2$)			10배수 기준($f_1 = 10f_2$)		
	dB	진폭	전력	dB	진폭	전력
−2	−12	0.25	0.0625	−40	10^{-2}	10^{-4}
−1	−6	0.5	0.25	−20	0.1	10^{-2}
0	0	1	1	0	1	1
1	+6	2	4	+20	10	10^2
2	−12	4	16	+40	10^2	10^4

주파수 비율을 나타내는 **디케이드**(decade)와 음향이나 음악에서 일반적으로 사용되는 두 배 차이를 나타내는 **옥타브**(octave)에 대해서 제시되어 있다. 보드선도에서 10의 몇 승 씩 되는 큰 수들을 사용하지 않기 위해서 dB 단위가 진폭 스케일에 자주 사용되지만, 메카트로닉스 시스템의 동특성을 분석하는 경우에는 절댓값을 사용하는 것이 더 실용적이다. 이는 진폭 레벨이 서로 다른 제어 파라미터들의 크기에 대한 기준이 되기 때문이다. 실제의 경우, 계수가 2나 10이 아닌 비율을 갖는 [dB] 단위를 사용함으로 인하여 서로 다른 주파수에서 시스템의 동특성을 해석할 때에 혼동을 일으킬 우려가 있다. 예를 들어 주파수 3배 차이를 10배수의 0.33배와 같다고 생각하면 기울기 −2(10배수 당 40 [dB])를 $-0.33 \cdot 40 = -13.2$ [dB]라고 착각할 수 있다. 실제로는 이 감소율은 $20 \log 1/3^2 = -19$ [dB]이다. 이 문제는 주로 학생들이 시험 때 잘 틀린다. 제어 용어에서 0 [dB] **레벨**은 시스템의 개루프 전달함수 진폭이 1인 주파수를 나타내기 위해서 자주 사용된다. [dB]단위의 사용을 원하지 않는 경우에는 이 주파수를 **균일이득 교차 주파수**(unity gain cross over frequency)라고 부른다. 이 책에서는 보드선도의 수평축으로 항상 [Hz] 단위를 사용하며 수직축으로 거의 절댓값을 사용하였지만 전자관련 내용을 다루는 단원에서는 보드선도 수직축의 양쪽에 두 단위를 각각 표기하였다. 이렇게 예외적으로 데시벨 단위도 함께 표시한 이유는 오디오 엔지니어의 경우 [dB] 단위가 더 논리적이며, 이 분야에서는 전자 필터가 자주 사용되기 때문이다.

동적 시스템의 능동제어 분야에서는 절댓값을 선호하지만, [dB] 단위도 여전히 자주 사용되고 있다. 그 때문에 메카트로닉스 설계 엔지니어는 항상 이러한 서로 다른 표기방법들을 숙지하고 있어야 한다.

2.5.2.6 나이퀴스트 선도

스웨덴의 전자 엔지니어인 Harry Nyquist(1889−1976)의 이름을 딴 **나이퀴스트 선도**(Nyquist plot)는 극좌표로 표시된 2차원 벡터선도로서 전달함수의 위상과 진폭 조합을 나타낸다. 이 도표는 귀환제어 시

스템의 안정성과 견실성 해석에 자주 사용되며 4장의 운동제어에서 심도 깊게 다룰 예정이다. 진폭 M은 원점에서 출발한 벡터의 길이로 나타내며 위상각(φ)은 양의 수평축에 대한 벡터의 자세각을 나타내며 반시계 방향으로 이동할 때에 이 각도의 부호는 양이다.

안정성 해석을 위해 나이퀴스트 선도를 사용하는 것은 나이퀴스트 안정성 이론을 기반으로 한다. 개루프 전달함수의 나이퀴스트 선도가 전체적으로 실수축 상의 −1점을 반시계 방향으로 감싸 돌면 폐루프 전달함수는 라플라스 평면의 우반면에 극점을 갖지 않는다.

대부분의 동적 시스템들은 위상지연을 가지고 응답하기 때문에 대부분의 나이퀴스트 선도들은 시계방향에 대해서 음의 위상각을 나타낸다. 귀환 제어되는 간단한 시스템의 개루프 응답에 대한 전형적인 나이퀴스트 선도가 그림 2.35에 도시되어 있다. 청색 선은 주파수의 증가에 따라서 원점을 향하는 응답특성의 변화양상을 나타내고 있다. 원리상 모든 동적 시스템들이 극도로 높은 주파수에는 응답할 수 없다. 그 결과 동적 시스템의 모든 나이퀴스트 선도들은 원점에서 끝난다. 청색 선에서 점선으로 그려진 원들까지의 거리가 루프가 닫힌 이후에 음의귀환 시스템이 얼마나 강하게 공진을 일으키는지를 결정한다. 제시된 사례의 경우 청색 선은 $2\,[\mathrm{dB}]/Q = 1.25$의 원과 접촉하며, 이는 폐루프에 일정한 진폭의 외란이 가해졌을 때에 공진 주파수에서 저주파 진폭보다 약 25% 정도 더 큰 진폭의 응답을 나타낸다는 것을 의미한다.

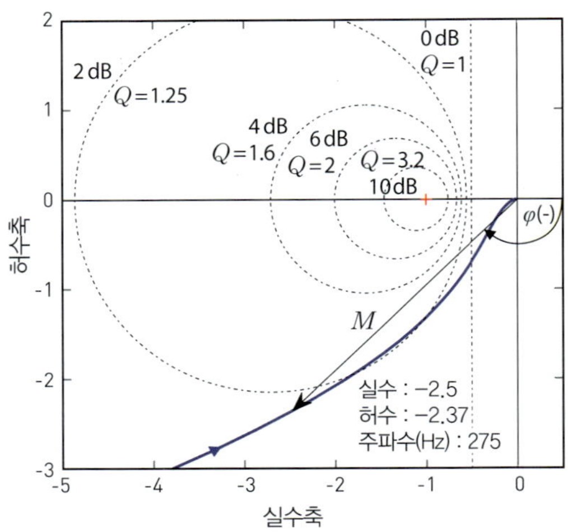

그림 2.35 음의 귀환제어를 사용하는 시스템의 귀환 루프가 닫히기 전의 안정성을 예측할 때에 나이퀴스트 선도가 자주 사용된다. 이 사례에서는 위치가 제어되는 물체의 개루프 전달함수를 보여주고 있다. 청색 선은 서로 다른 주파수에 대해서 양의 실수축에 대한 위상각과 벡터의 길이인 진폭으로 이루어진 극좌표 벡터(검은색 화살표 M)들을 서로 연결한 점들이다. 이 곡선은 저주파에서 출발하여 청색 화살표를 따라서 원점으로 접근한다. 이 사례에서 위상각은 음이다.

Q계수가 작아질수록 중심이 좌측으로 시프트 되는 점선으로 그려진 원들 대신에 −1을 중심으로 하는 다른 형태의 원들도 폐루프 시스템의 교란에 대한 최대 민감도를 나타내기 위해서 자주 사용된다. 이들에 대해서는 4장에서 자세히 설명할 예정이다.

비록 보드선도와 나이퀴스트 선도가 모두 동일한 정보를 포함하고 있지만 이들 모두를 유용하게 만드는 두 가지 중요한 측면이 있다.

- 보드선도는 동적 시스템의 개루프 및 폐루프 해석 모두에 유용하지만 안정성을 판별하기가 약간 어렵다.
- 나이퀴스트 선도는 안정성을 판별하는 데에는 이상적이지만 폐루프 시스템의 해석에는 아무런 도움이 되지 못한다.

불행히도 후자에 대해서는 학생들이 충분히 이해하지 못하고 있으며 표준 세팅된 음 및 양의 주파수 모두에 대한 나이퀴스트 선도를 디스플레이하는 특정한 모델링 소프트웨어 패키지를 사용한 시행착오적인 연습을 통해서는 결코 해결할 수 없는 문제이다. 이미 언급했듯이 음의 주파수는 실제로는 무의미하며 이로 인한 이중선들과 나선들은 매우 혼란스럽다.

2.5.2.7 선형 시불변 시스템의 한계

라플라스 변환은 **선형 시불변**(Linear Time Invariant : LTI) 시스템의 운동을 나타내는 미분 방정식에서만 사용할 수 있다. LTI 시스템은 입력과 출력 사이의 선형 스케일 변화가 가능하며 서로 다른 시스템 입력들 사이의 영향을 중첩할 수 있고 동일한 입력 신호에 대한 시스템의 동적 응답은 시간에 대해서 변하지 않는다. 실제 시스템은 항상 비선형 시변 시스템(NLTV)이므로 약간의 비선형성을 가지고 있으며 예를 들어 열팽창 등에 의해서 시간에 대해서 동적 거동이 변한다. 그럼에도 불구하고 대부분의 경우 이런 시스템의 동특성을 특정한 작동점에 대해서 선형화하는 것이 허용된다. 이 책의 대부분의 사례들에서 명확하게 다르다고 명시되지 않았다면 이 선형화가 적용된다.

03

운동 시스템의 동특성

Adrian Rankers, Jan van Eijk, Robert Munnig Schmidt

3.0 | 서언

메카트로닉스 시스템을 구성하는 모든 요소들 각각의 동적 성질들은 속도와 정밀도의 측면에서 시스템 성능에 영향을 끼친다. 기계부품들이 메카트로닉스 시스템 전체의 최종 성능에 가장 중요한 영향을 끼친다는 것이 사실이다. 그런 이유 때문에 서로 연결된 스프링, 본체 및 댐퍼들과 같은 기구물에 대한 물리적 성질들을 완전하게 이해하는 것은 그 무엇보다도 중요하다.

이 단원에서는 기계 구조물의 강성과 외부 하중에 의한 상대적인 위치정확도 사이의 상관관계로부터 시작한다. 이를 통해서 정확도와 고유 공진주파수 사이의 상관관계를 보여주며 숫자로 나타낸 사례들을 통해서 매개변수들의 크기에 대한 감을 얻을 수 있을 것이다. 4장의 운동제어 단원에서 피드백 메커니즘을 강성과 연결시키기 위해서 CD 플레이어에서 사용되는 능동 귀환제어 위치결정 시스템을 사례로 간략하게 소개하고 있다.

다음 절에서는 힘을 받는 기계 시스템의 **컴플라이언스**(compliance)와, 주기적인 외력을 받는 스프링-집중질량 시스템[17)]의 운동 등에 대한 더 이론적인 분석이 이루어진다. **전달율**(transmissibility)이라고 부르는 동적 시스템의 반력이 지지구조에 끼치는 영향이 이와 밀접한 관련을 가지고 있다. 전체적인 주파수 응답에 이들이 끼치는 영향을 더 명확하게 규명하기 위해서 각 요소들의 컴플라이언스를 가시화해주는 보드선도와 단순화된 도식적 방법들을 많이 활용할 것이다.

17) 비록 스프링과 댐퍼는 물체이며 질량은 물질의 특성을 가지고 있지만 스프링-질량 또는 스프링-댐퍼-질량 시스템이라는 용어가 일반적으로 사용된다. 혼동을 방지하기 위해서 전체 시스템에서는 일반적인 명칭을 사용하지만 요소를 지칭하는 경우에는 질량 m에 대해서 **물체**(body)라는 용어를 사용한다.

정당한 이유 때문에 이 단원에서 제시한 동적 성질들은 처음부터 대부분 x를 좌표방향으로 사용하는 1자유도 운동으로 제한되며 선형화된 요소를 사용한다. 관련된 물리학에 대한 기본적인 이해는 다차원 구조물의 수학적인 해석을 다루기 전에 미리 숙지하고 있어야만 한다. 3.3절의 모달해석은 굳건한 토대를 제공해 주며 다자유도를 가지고 있는 복잡한 구조의 해석에 기초가 된다. 이 절에서는 우선 2물체 스프링-질량 시스템을 사용하여 처음으로 **비강체 동역학**을 살펴본 다음에 일반적으로 **동적 고유모드**(dynamic eignemode)라고 부르는 고유 진동모드와 측정기 및 작동기의 위치가 메카트로닉스 시스템 내의 기계 구조물의 관찰된 동적 전달함수에 어떤 영향을 끼치는지에 대해서 설명한다. 이 절에서는 이해를 돕기 위해서 동적 성질들을 시각적으로 나타내어주는 도식적 방법을 사용한 기계구조물의 고유모드 해석과 관련된 더 심도깊은 논문들을 포함하고 있다.

동적 고유모드에 대해 습득한 지식들을 통해서 3.4절에서는 제어된 운동 시스템을 설계하기 위해서는 완전한 이해가 필요한 기계 구조물들의 전형적인 주파수 응답을 살펴보면서 이 단원을 마무리한다.

3.1 | 강성

대부분의 사람들은 무엇이 단단하고 무엇이 유연한지에 대해서 비교적 좋은 감을 가지고 있지만, SI 단위계를 기반으로 하는 정량적인 데이터를 사용할 필요가 있는 경우에는 상황이 달라진다. 일반적으로 스프링 상수는 변형에 대해 저항하는 개별 요소인 스프링과 관계되어 있다. 스프링의 강성값 크기에 대한 감을 얻기 위해서는 사례로 실제의 물체들을 사용하여 이미 알고 있는 부하를 가했을 때에 이들이 얼마나 변형되는지를 살펴보는 것이 도움이 된다. 수영장의 스프링보드를 사례로 살펴보기로 하자. 다이빙선수의 체중이 75 [kg]여서 약 750 [N]의 힘이 보드에 가해지며 보드는 10 [cm] 변형되었다고 가정하자. 이로부터 보드의 강성값은 7.5×10^3 [N/m]이 구해진다. 이 값은 강성의 측면에서는 매우 작은 값이며, 이는 스프링보드의 유연한 특성 때문이다. 두 번째 사례는 교실로서 체중 합이 1000 [kg]인 15명의 학생들이 강한 테이블 위에 올라서 있는 경우이다. 이 경우의 힘은 약 10^4 [N]이며 테이블의 처짐은 10 [mm] 미만이라면 강성은 대략적으로 10^6 [N/m]이며, 이는 스프링보드보다 훨씬 더 큰 값이다. 길이가 200 [mm]이며 직경이 10 [mm]인 매우 강성이 높은 강철봉의 경우, 강성값은 $\approx 10^8$ [N/m] 정도이다.

이런 사례들로부터, 실제의 강성값은 대략 적으로 10^3에서 10^9 [N/m]의 범위로, 백만 배 이상의 편차를 가지고 있다고 간주할 수 있다.

3.1.1 정밀을 위한 강성의 중요성

특정한 수준의 정확도를 구현하기 위해서는 시스템의 강성이 매우 중요한 성질이다. 고강성을 가지고 있는 시스템은 작용력에 대해서 변형이 작으며, 대부분의 경우 고강성은 정밀 시스템에 도움이 된다. 강성을 저감할 필요가 있는 시스템의 사례는 다리가 네 개인 테이블이나 바퀴가 네 개인 자동차 등이다. 자동차나 테이블이 강체로 거동한다면 이들의 구속을 위해서는 세 개의 다리나 세 개의 바퀴만으로도 충분하기 때문에 이들은 **과도구속**(over-constrained)되어있다. 하지만 테이블 상판의 유연성 덕분에 작은 바닥의 굴곡을 수용할 수 있으며 잘 설계된 자동차 서스펜션 시스템은 과도구속 문제를 해결함과 동시에 승차감도 향상시켜 준다.

그림 3.1에 도시되어 있는 선반은 강성의 증가가 직접적으로 시스템 성능을 향상시켜 주는 시스템의 사례이다. 절삭 공구 선단부에 절삭력이 가해지면 지지구조의 강성에 따라서 공구가 뒤로 밀리게 된다. 이 작용력과 그에 따른 변형량은 거의 일정하지 않으며 정확히 예측할 수 없기 때문에 정밀부품 가공의 제약조건으로 작용한다. 선반의 전형적인 강성값은 대략적으로 $10^7 \sim 10^8$ [N/m]의 범위를 가지고 있다. 최대 허용 오차가 1 [μm]으로 지정되어 있다면, 절삭력의 허용 변화폭은 10 [N] 미만이다.

고강성이 필요한 또 다른 사례는 그림 3.2에 도시되어 있는 검사용 현미경이다. 이 사례에서, 필요한 최대 오차는 10 [nm]이다. 즉, 현미경과 측정물체 사이의 이상적인 위치로 부터의 최대편차 x_{max}가 10 [nm] 미만으로 유지되어야만 한다. 현미경이 설치되는 테이블 상판의 진동의 영향 때문에, 이 요구조건으로부

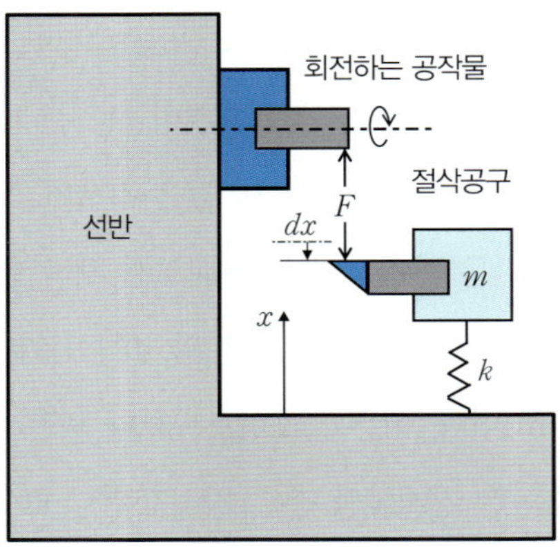

그림 3.1 선반의 개략도. 회전하는 공작물에 의해서 가해지는 힘은 공구를 지지하고 있는 강성이 k인 스프링에 힘을 가하여 공구 선단부의 의도하는 위치를 dx만큼 변형시킨다.

터 측정물체와 현미경 사이의 최소 강성값이 직접 구해진다. 이 사례의 경우에 다음과 같은 가정이 선행된다.

현미경의 상부 질량은 5 [kg]이며 테이블 상판의 가속수준이 최대 0.01 [m/s^2]으로 측정되는 실험실 환경에서 사용된다. 이 가속을 위해서는 현미경의 상판으로 이루어진 물체의 질량에 이 가속을 전달하기 위한 특정한 힘 $F_b(t)$가 필요하다. 이 힘은 연결강성 k에 변형을 초래하며 이 변형은 최대 허용오차인 $x_{e,p} = 10$ [nm]을 넘어서지 않아야 한다. 이런 환경 하에서 최대 허용 위치오차를 달성하기 위해서 필요한 강성은 뉴턴의 2법칙을 사용하여 계산할 수 있다.

$$k \geq \frac{F_b(t)}{x_{e,p}(t)} = \frac{m\dfrac{d^2x}{dt^2}}{x_{e,p}} = \frac{5\times 0.01}{10\times 10^{-9}} = 5\times 10^6 \quad [\mathrm{N/m}] \tag{3.1}$$

정현조화진동의 경우 이 값은 다음의 추론에 따른 운동방정식에 의해서 결정되는 **비감쇠 고유주파수**(undamped natural frequency) ω_0와 직접적인 연관관계를 가지고 있다. 측정물체와 스프링으로 이루어진 시스템은 시스템 내부의 힘이 평형을 이루고 있으며, 외력 없이도 운동이 지속되는 비감쇠 고유주파수에서 공진을 일으킨다. 즉, 스프링의 변형에 의한 힘 $F_s(t)$는 물체에 가해지는 가속에 의한 힘 $F_b(t)$와 항상 평형을 이룬다.

$$F_b(t)+F_s(t) = m\frac{d^2x}{dt^2}+kx = 0 \quad \Rightarrow \quad m\frac{d^2x}{dt^2} = -kx \tag{3.2}$$

양의 x방향으로의 스프링 변형은 변형과 반대 방향으로의 힘과 그에 따른 가속을 유발하므로 이 부호

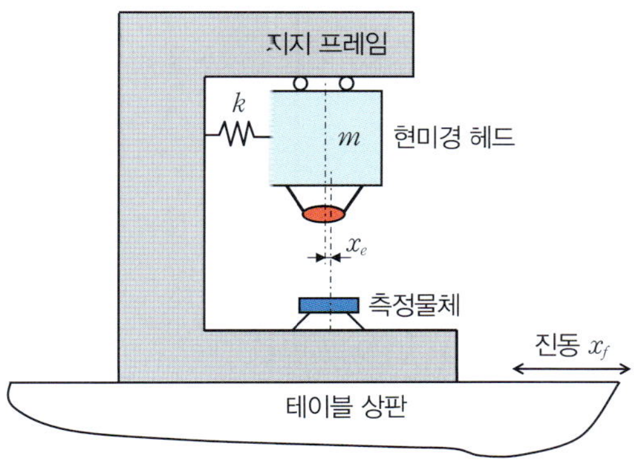

그림 3.2 검사용 현미경의 개략도. 테이블 상판의 진등은 장비 전체에 작용한다. 현미경 헤드의 질량과 제한된 강성 때문에 가속을 완벽하게 추종할 수 없으므로 측정물체와의 정렬오차 x_e가 유발된다.

가 맞는다. 공진시 물체는 $x(t) = x_p \sin(\omega_0 t)$ 형태의 정현조화운동을 일으키는 것으로 알려져 있다. 여기서 x_p는 진폭이다.

이 정보로부터 다음 공식을 도출할 수 있다.

$$-mx_p\omega_o^2 \sin(\omega_0 t) = -kx_p \sin(\omega_o t) \tag{3.3}$$

이 공식으로부터 다음 식을 추출할 수 있다.

$$\omega_0 = \sqrt{\frac{k}{m}} \tag{3.4}$$

필요한 강성값을 계산한 식 (3.1)을 사용하면 관련된 시스템의 비감쇠 고유주파수를 유도할 수 있다.

$$\omega_0 \geq \sqrt{\frac{5\times 10^6}{5}} = 1000 \quad [\mathrm{rad/s}] \tag{3.5}$$

$$f_0 \geq \frac{1}{2\pi} \cdot 1000 = 160 \quad [\mathrm{Hz}]$$

식 (3.1)로부터 현미경의 상부질량이 증가하면 동일한 정확도를 구현하기 위해서 그에 비례해서 강성을 증가시켜야 한다는 결론을 얻는다. 즉 고유주파수를 일정하게 유지시켜야 한다는 것을 의미한다. 이 고유주파수는 진동 외란의 저감성능과 직접 연관되어 있다는 것이 명백하다. 이를 수학적인 형태로 나타내기 위해서, 현미경 상부의 거동을 관찰하였다. 이 현미경 헤드는 $x(t)$의 위치에서 정현조화운동 형태인 테이블 상부 진동을 추종해야만 하며 이때의 가속도 $\ddot{x}(t)$는 다음과 같다.

$$x(t) = x_{f,p} \sin(\omega t) \quad \Rightarrow \quad \ddot{x}(t) = -x_{f,p}\omega^2 \sin(\omega t) \tag{3.6}$$

여기서 $x_{f,p}$는 테이블 상판 진동의 피크 진폭이다. 진동을 추종하기 위해서 측정용 헤드에 작용하는 힘의 진폭 $F_{b,p}$는 뉴턴의 2법칙에 의해서 결정된다.

$$F_b(t) = m\ddot{x}(t) \quad \Rightarrow \quad F_{b,p} = mx_{f,p}\omega^2 \tag{3.7}$$

그에 따른 연결 스프링의 최대(피크) 변위는 다음과 같다.

$$x_{e,p} = \frac{F_{b,p}}{k} = \frac{mx_{f,p}\omega^2}{k} \quad [\mathrm{m}] \tag{3.8}$$

식 (3.4)에서 k/m은 ω^2으로 치환할 수 있으므로, 다음 식을 얻을 수 있다.

$$x_{e,p} = x_{f,p}\frac{\omega^2}{\omega_0^2} \quad \Rightarrow \quad \frac{x_{e,p}}{x_{f,p}} = \frac{\omega^2}{\omega_0^2} \tag{3.9}$$

특정한 정밀도를 구현하기 위해서 필요한 ω_0의 최솟값은 다음과 같다.

$$\omega_0 \geq \omega\sqrt{\frac{x_{f,p}}{x_{e,p}}}\ [\text{rad/s}]\text{이며}\ f_0 \geq f\sqrt{\frac{x_{f,p}}{x_{e,p}}}\ [\text{Hz}] \tag{3.10}$$

이는 최소 비감쇠 고유주파수는 가진 주파수에 비례하며 가진 진폭과 허용 오차의 비율에 대한 제곱근에도 비례한다는 것을 의미한다. 다음 절에서는 최대 트래킹 주파수에 의해서 결정되는 **대역폭**(band width) ω_c와 위치편차 δ라고 부르는 피드백 제어되는 비감쇠 위치결정 시스템의 성능에도 이와 동일한 관계가 있음을 보여줄 예정이다. 이를 통해서 이 성능값들이 수동 시스템에서의 고유주파수와 관련이 있음을 보여주며, 4장 내용인 위치제어에 대한 미리보기의 역할을 한다. 현미경 사례의 경우 주파수 대역폭 이상의 주파수에 대해서 현미경 헤드는 더 이상 진동을 추종할 수 없기 때문에 지지프레임의 진동은 측정 오차에 완전히 합해진다.

3.1.2 능동강성

1장에서는 광학식 디스크의 개발이 메카트로닉스의 중요한 견인차였다는 점을 설명한 바 있다. 이 장치에서는 광 픽업 유닛의 비접촉 위치결정을 위한 능동제어 시스템이 필요하였다. 이것은 4장의 능동형 운동제어와 정밀도를 연결시켜 주는 매우 적절한 사례이다. 이 광디스크 시스템의 기본사양은 요구조건으로부터 만들어진다. 그림 3.3에는 이 시스템의 개략도가 제시되어 있다. 이 사례에서는 반경방향 트래킹 편차(δ_r)에 대해서 살펴볼 예정이며, 초점 트래킹 편차(δ_f)와 회전을 포함한 여타의 이동방향에 대해 필요한 강성을 결정하기 위해서 동일한 추론을 활용할 수 있다. 오류 없는 데이터 검출을 위해서, 광디스크 픽업 유닛의 반경방향 트래킹 오차는 0.2 [μm] 미만, 초점 오차는 1 [μm] 미만으로 유지되어야만 한다. 시스템에 가해지는 외란은 10 [Hz] 주파수와 반경방향으로 200 [μm]의 진폭을 갖는 주기적인 운동이 유발되는 광디스크의 편심과 모든 방향으로 200 [μm] 진폭의 운동을 유발하며 메인 주파수 성분이 25 [Hz]인 충격이다.

첫 단계로서, 마치 광 픽업 유닛이 반경방향 강성 k_r인 스프링으로 트랙에 연결되어있는 것처럼 제어 시스템을 근사화 한다. 앞서의 현미경 사례와 마찬가지로, 추종해야 하는 가속도로부터 필요한 강성값 k_r을 계산할 수 있다. 가장 큰 외란 작용력을 계산의 기본값으로 사용한다. 편심과 동일한 변위진폭이 큰 가속도와 광학 디스크 시스템에 관련된 힘을 초래하는 가장 높은 주파수를 가지고 있기 때문에 충격에 의해서 유발된 힘이 기본값으로 사용된다. 가속도의 진폭과 주파수 사이에는 이차함수의 관계를 가지고 있기 때문에 편심에 의한 힘은 무시할 수 있다. 계산을 위해서 충격에 의한 운동을 정현 파형으로 근사시킬 수 있다고 가정한다. 이를 통해서 충격 운동의 최대(피크) 가속도를 다음과 같이 나타낼 수 있다.

$$\ddot{x}_p(t) = x_p\omega^2 = x_p(2\pi f)^2 = 200 \cdot 10^{-6}(2 \cdot \pi \cdot 25)^2 \approx 5 \ [\text{m/s}^2] \tag{3.11}$$

픽업유닛의 질량이 10^{-2} [kg]일 때 가속도에 해당하는 힘의 피크진폭 $F_{b,p} = 0.05$ [N]이며 허용 가능한 최대편차 $\delta_r \leq 0.2$ [μm]이라면 최소 반경방향 강성 k_r은 다음과 같이 산출할 수 있다.

$$k_r \ \geq \ \frac{F_{b,p}}{\delta_r} = \frac{0.05}{0.2\times10^{-6}} = 2.5\times10^5 \ \ [\text{N/m}] \tag{3.12}$$

이로 인한 픽업 유닛의 비감쇠 고유주파수는 다음과 같다.

$$f_0 = \frac{\omega_0}{2\pi} = \frac{1}{2\pi}\sqrt{\frac{k}{m}} = \frac{1}{2\pi}\sqrt{\frac{2.5\times10^5}{0.01}} \approx 800 \ \ [\text{Hz}] \tag{3.13}$$

식 (3.10)을 사용하여 이 주파수를 검산하면 동일한 결과가 얻어진다.

$$f_0 \ \geq \ f\sqrt{\frac{x_p}{\delta_r}} = 25\sqrt{\frac{200\times10^{-6}}{0.2\times10^{-6}}} \approx 800 \ \ [\text{Hz}] \tag{3.14}$$

실제 광디스크 플레이어의 경우 스프링을 사용하여 디스크와 렌즈 유닛 사이를 직접 연결할 수 없으므로 다른 방식으로 연결 강성을 구현할 필요가 있다. CD 플레이어의 경우, 음의 귀환 제어기 중에서 비례

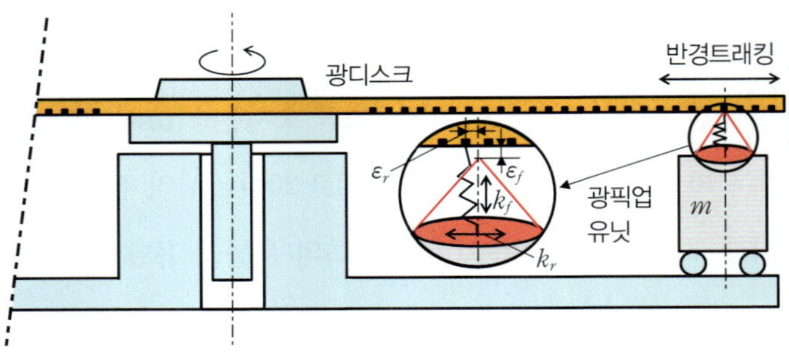

그림 3.3 픽업유닛을 트랙과 직교좌표계의 6자유도(병진과 회전)로 연결시켜 주는 위치제어 시스템에 의해서 생성된 **가상 스프링**을 갖춘 광디스크 시스템의 개략도. 이 그림에서는 반경강성 k_r과 초점강성 k_f의 두 방향의 병진 강성값이 도시되어 있으며, 픽업유닛의 질량과 결합되어 디스크의 편심 및 편평도 오차와 외부 진동에 따른 트래킹 편차 δ_r 및 δ_f가 결정된다.

부가 이 역할을 수행하며 로렌츠 작동기가 이에 비례하는 반작용력을 생성한다. 5장에서 구동원리가 설명될 이 로렌츠 작동기는 입력 전류에 비례하는 힘을 생성하기 때문에 메카트로닉스 시스템에서 널리 사용된다. 그림 3.4에서는 이런 비례식 음의 귀환제어기를 구현하기 위해 사용하는 4단계를 보여주고 있다.

1. 측정 시스템은 설정위치와의 편차를 측정값 $\delta_m = G_m\delta_r$로 변환시켜 준다. 이 사례에서는 0인 기준값($r = 0$)을 측정값에서 차감하면 제어를 위한 오차값이 산출된다 : $e_c = -\delta_m$.
2. 비례귀환제어기는 전력 증폭기의 설정값에 대해서 이 제어오차 값을 비례제어 값으로 변환시킨다 : $u_p = G_c e_c = -G_c\delta_m$.
3. 전력 증폭기는 제어기의 설정점에 비례하여 작동기 전류를 생성한다 : $I_0 = G_p u_p$.
4. 작동기는 증폭기로부터의 전류에 비례하여 이동물체에 힘을 가한다 : $F_a = G_a I_0$.

이 단계들은 순차적으로 적용되기 때문에 모든 이득값들을 곱하면 작동기의 힘과 반경방향 편차 사이의 상관관계를 구할 수 있다.

$$F_a = G_t\delta_r = -(G_m G_a G_p G_c)\delta_r \tag{3.15}$$

음의 귀환에 따른 음의 부호 때문에 마치 수동 스프링이 후크의 법칙에 따라서 변형에 저항하듯이 작용력은 편차와 반대 방향으로 작용한다. 등가 스프링 강성은 다음과 같다.

$$k_r = -\frac{F_a}{\delta_r} = -G_t = G_m G_a G_p G_c \tag{3.16}$$

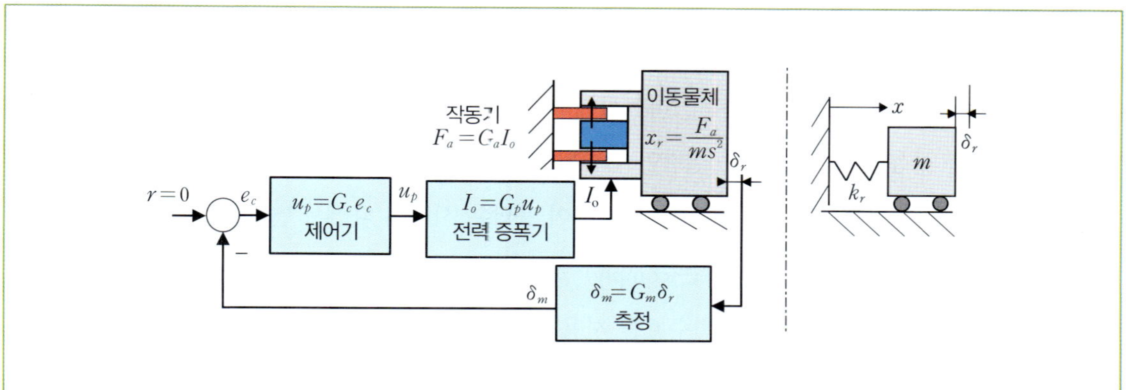

그림 3.4 서보 시스템에서 물체에 작용하는 힘과 설정위치 x_0로부터의 위치편차 δ_r의 음의 피드백에 의해서 가상 스프링이 만들어진다. 후크의 법칙을 따르는 등가 스프링 강성은 음의 귀환 루프의 총 직렬이득과 같다.

이를 통해서 일정한 루프 이득 G_l를 가지고 있는 비례식 음의 귀환 위치 제어기는 위치를 조절해야 하는 물체에 작용하는 가상 스프링을 생성하며 이것은 수동적인 스프링–질량 시스템에 사용되는 기계적 스프링과 완벽하게 상응한다고 결론지을 수 있다.

다음 절에서 설명하겠지만, 물체와 스프링이 있는 간단한 동적 시스템이 외란에 의해서 가진된 이후에 안정된 위치로 되돌아가려면 감쇠가 필요하며 이는 가상 스프링만을 갖추고 있는 능동 시스템에서도 마찬가지이다. 4장의 운동제어에서는 미분 작용이 어떻게 음의 귀환 제어되는 위치결정 시스템을 안정화시키는 댐퍼처럼 작용하는지에 대해서 설명할 예정이다.

3.2 | 감쇠가 있는 스프링–질량 시스템

모든 물질은 질량을 가지고 있고 모든 구조물들이 강성을 가지고 있으며 운동 에너지는 항상 마지막에는 열로 소산되기 때문에 위치결정 시스템의 메커니즘은 집중된 동적요소, 물체, 스프링 및 댐퍼로 동적 모델링할 수 있다. 이것은 약간 진부한 말이기는 하지만, 어떤 위치결정 시스템의 성능은 적용된 기계적 구조물의 동적 거동에 의해서 지배된다는 설명은 큰 의미를 함축하고 있다. 다음에서는 기계 시스템의 **동적 컴플라이언스**(dynamic compliance) 또는 **어드미턴스**라고도 부르는 작동기의 작용력에 대한 동적 응답과 지지구조물의 운동에 대한 반력을 나타내는 **전달율**(transmissibility)이라는 두 가지 중요한 관점에 대해서 살펴본다.

3.2.1 동적 컴플라이언스

동적 컴플라이언스의 개념을 설명하기 위한 사례로 그림 3.5에 도시되어 있는 감쇠가 있는 단일질량–스프링 시스템을 사용한다. 이 사례는 질량이 집중된 물체, 스프링 및 댐퍼로 구성되어 있으며 이들 각각은 주기적 작용력에 대해서 서로 다르게 응답한다. 이 응답은 시간에 따라서 변화하는 힘에 대해서 **추종한다**는 의미를 가지고 있는 요소의 **따르는**(comply) 능력을 값으로 매긴 것이기 때문에 동적 컴플라이언스라고 부른다. 동적 컴플라이언스에는 변수 C를 사용한다. 접두어로 **동적**(dynamic)이라는 단어를 붙이는 이유는 세 가지 요소들 중에서 두 가지의 컴플라이언스가 주파수에 의존하기 때문이다. 하지만 정의상 모든 메카트로닉스 시스템의 분석은 동적이므로 시간 또는 주파수 의존적 변수라는 것이 명확한 경우에는

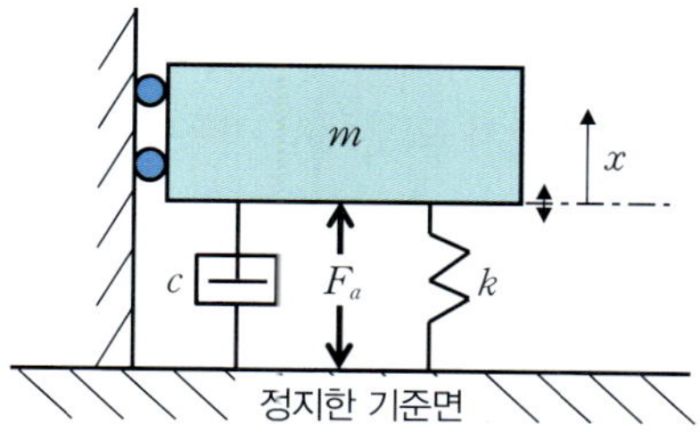

그림 3.5 작동기에 의해서 외력교란을 받는 감쇠된 스프링-집중질량 시스템. 작동기의 작용력 F_a에 의한 변위 x는 물체, 스프링 및 댐퍼가 조합된 컴플라이언스에 의해서 결정된다.

동적이라는 접두어를 사용하지 않는다.

세 가지 기본 요소들의 컴플라이언스는 다음과 같이 요약할 수 있다.

- 첫 번째 요소인 **스프링**(spring)은 힘에 비례하여 **변형**(displacement)된다. 스프링의 컴플라이언스는 강성 k에 반비례한다. $C_s = 1/k$
- 두 번째 요소인 **댐퍼**(damper)는 힘에 비례하는 **속도**(velocity)를 유발한다. 이 컴플라이언스는 감쇠계수 c에 반비례한다. $C_d \propto 1/c$
- 세 번째 요소인 **물체**(body)는 힘에 비례하는 **가속도**(acceleration)를 유발한다. 이 컴플라이언스는 질량 m에 반비례한다. $C_m \propto 1/m$

다음 절에서는 우선 각 동적 요소들의 컴플라이언스를 시간 도메인, 라플라스 도메인, 그리고 주파수 도메인(주파수 응답)에 대해서 구한다. 전체 시스템의 컴플라이언스를 구하기 위해서 이 표현식들을 조합한다. 도식적인 표현은 이 동특성을 결정하는 물리학에 대한 기본적인 감을 만들어준다. 이를 기반으로 하여 3.2.1.6에서는 운동방정식이 유도되며 고유주파수 주변의 주기적인 작용력에 대한 감쇠된 스프링-질량 시스템의 실제 응답을 보여준다.

3.2.1.1 스프링의 컴플라이언스

스프링의 컴플라이언스($C_s(t)$)는 스프링에 작용하는 힘으로부터 다음과 같이 간단한 표현식으로 유도할 수 있다.

$$F_s(t) = kx \quad \Rightarrow \quad C_s(t) = \frac{x}{F_s} = \frac{1}{k} \text{ [m/N]} \tag{3.17}$$

여기서 주의할 점은 부호가 양이지만 변위가 외부에서 작용하는 힘과 같은 방향이기 때문에 후크-뉴턴의 법칙이 성립된다는 것이다. 스프링의 컴플라이언스는 상수이므로 시간과 주파수에 의존하지 않는다. 즉, 진폭 보드선도 상에서 크기가 C_s인 수평 직선을 나타내며, 이를 **강성 직선**(stiffness line) 또는 **스프링 직선**(spring line)이라고 부른다. 스프링의 컴플라이언스 방정식 라플라스 변형을 시행했을 때에 (s) 항을 가지고 있지 않기 때문에 위상선도에서 강성 직선의 위상각은 0°를 나타낸다.

3.2.1.2 댐퍼의 컴플라이언스

특정한 속도로 댐퍼를 잡아 늘이기 위해서는 그에 비례하는 힘이 필요하다. 이 컴플라이언스의 시간에 대한 수학적 표현식은 다음과 같이 힘에서부터 시작한다.

$$F_d(t) = c\frac{dx}{dt} \tag{3.18}$$

라플라스 변형을 통해서 다음 식을 얻을 수 있다.

$$F_d(s) = csx \quad \Rightarrow \quad F_d(\omega) = jc\omega x \tag{3.19}$$

$s = \sigma + j\omega$ 중에서 복소수 항만을 취하면 이 변환은 다음과 같이 반경방향 주파수(ω)의 함수로 댐퍼의 컴플라이언스에 대한 주파수 응답이 구해진다.

$$C_d(\omega) = \frac{x}{F_d} = \frac{1}{jc\omega} \text{ [m/N]} \tag{3.20}$$

진폭의 경우 댐퍼의 컴플라이언스는 주파수에 반비례하므로 컴플라이언스의 절댓값을 취한다. 진폭 보드선도에서 이는 기울기가 −1인 직선을 나타내며, 이를 **댐퍼직선**(damper line)이라고 부른다. 이 기울기도 역시 다음 추론의 결과물이다. 댐퍼의 힘은 속도에 비례하며 정현운동 $x = A\sin\omega t$에 대한 위치미분을 통해서 진폭에 ω항이 추가된다. 따라서 더 높은 주파수에서 댐퍼를 움직이기 위해서는 더 큰 힘이 필요하다는 것을 의미한다. 분모에 j항이 있으므로, 댐퍼의 컴플라이언스가 허수이며 그로 인하여 위상선도에서 댐퍼직선은 −90°의 위상 시프트를 나타낸다는 점에 각별한 주의를 기울여야 한다.

3.2.1.3 물체의 컴플라이언스

물체는 뉴턴의 2법칙에 따라서 힘에 반응한다. 시간 도메인에서 물체의 컴플라이언스는 다음과 같이 수식으로 나타낼 수 있다.

$$F_b(t) = m\frac{d^2x}{dt^2} \tag{3.21}$$

라플라스 변환을 수행하면 이 방정식은 다음과 같이 변형된다.

$$F_b(s) = ms^2x \ \Rightarrow \ F_b(\omega) = -m\omega^2x \tag{3.22}$$

$s = \sigma + j\omega$ 중에서 양의 복소수항에 대해서 위 식을 정리하면 각속도(ω)의 함수로 질량의 컴플라이언스에 대한 다음의 주파수응답함수를 얻는다.

$$C_b(\omega) = \frac{x}{F_b} = -\frac{1}{m\omega^2} \ [\mathrm{m/N}] \tag{3.23}$$

질량의 컴플라이언스는 주파수의 제곱에 반비례한다. 진폭 보드선도에서 이는 기울기가 −2인 직선을 나타낸다. 이 직선을 **질량 직선**(mass line)이라고 부른다. 정현운동 $x = A\sin\omega t$에 대해서 가속도의 진폭은 시간에 대한 이차 미분으로 인하여 ω^2의 항이 생성되기 때문에 이 −2 기울기도 추론을 통해서 예상할 수 있다. 음의 부호는 분모에 $j^2 = -1$ 항이 있기 때문이며, 그로 인하여 위상선도에서 질량직선은 -180°의 위상 시프트를 나타낸다.

3.2.1.4 동적 강성

댐퍼와 물체의 컴플라이언스 값은 시간과 주파수에 대해서 변하는 것으로 판명되었기 때문에 이들의 컴플라이언스는 진짜로 동적 컴플라이언스이다. 그런 관점에서 모든 요소들의 (동적) 컴플라이언스의 역수는 운동에 대한 저항의 역수로 간주할 수 있다. 스프링의 경우 컴플라이언스는 주파수에 의존하지 않는 스프링 상수인 강성의 역수와 같다. 물체와 댐퍼의 동적 컴플라이언스의 역수를 **동적 강성**(dynamic stiffness)이라고 부를 수 있으며 다음과 같다.

$$\text{물체의 경우 } k_m(\omega) = \frac{F_b}{x} = -m\omega^2 \ [\mathrm{N/m}] \tag{3.24}$$

$$\text{댐퍼의 경우 } k_d(\omega) = \frac{F_d}{x} = jc\omega \ [\mathrm{N/m}] \tag{3.25}$$

표 3.1 시간 및 주파수 도메인에서 질량, 스프링 및 댐퍼의 동적특성 요약. 단순화를 위해서 (t), (s) 및 (ω) 등의 항들은 생략하였다.

물리량	스프링	댐퍼	물체
변수	k[N/m]	c[Ns/m]	$m[kg]$
외력	$F_s(\omega)=kx$	$F_d(\omega)=jc\omega x$	$F_d(\omega)=-m\omega^2 x$
(동적) 강성	$k_s(\omega)=\dfrac{F_s}{x}=k$	$k_d(\omega)=\dfrac{F_d}{x}=jc\omega$	$k_m(\omega)=\dfrac{F_b}{x}=-m\omega^2$
(동적) 컴플라이언스	$C_s(\omega)=\dfrac{x}{F_s}=\dfrac{1}{k}$	$C_d(\omega)=\dfrac{x}{F_d}=\dfrac{1}{jc\omega}$	$C_m(\omega)=\dfrac{x}{F_b}=\dfrac{1}{m\omega^2}$
크기, 위상각[°]	$\dfrac{1}{k}$, 0°	$\dfrac{1}{c\omega}$, -90°	$\dfrac{1}{m\omega^2}$, -180°

표 3.1에서는 이 관계가 함께 제시되어 있다.

3.2.1.5 동적 요소의 럼핑

그림 3.5에서와 같이 스프링-질량 시스템에 가해지는 힘은 3개의 집중요소들에 분산되지만 이들은 $F=0$일 때의 시스템 위치인 x_0에 대해서 동일한 위치 x를 공유한다. 이는 그림 3.6에 개략적으로 도시되어 있다. 모든 주파수에서 총 동적 컴플라이언스 $C_t = x/F$는 항상 각 요소들의 동적 컴플라이언스 레벨을 넘어서지 못한다.

비록 뒤에서 설명하듯이 이 가정이 완전히 옳은 것만은 아니지만, 상호 영향에 대한 감을 얻기 위해서는 이렇게 시작하는 것이 도움이 된다.

이 가정 하에서 다음의 관계식을 얻을 수 있다.

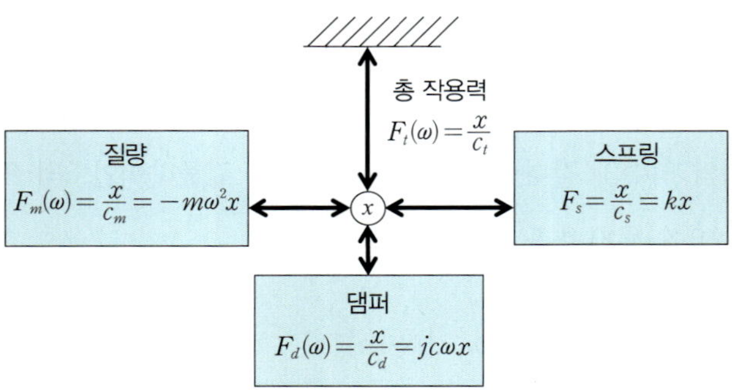

그림 3.6 스프링-댐퍼-질량 시스템에서 힘은 각각의 컴플라이언스에 반비례하여 3개의 요소들에 배분되는 반면에 동일한 위치를 공유한다.

$$F_t = F_s + F_d + F_b = x\left(\frac{1}{C_s} + \frac{1}{C_d} + \frac{1}{C_b}\right) = \frac{x}{C_t} \tag{3.26}$$

따라서 총 컴플라이언스는 다음과 같이 구해진다.

$$C_t = \frac{x}{F_t} = \frac{1}{\dfrac{1}{C_s} + \dfrac{1}{C_d} + \dfrac{1}{C_b}} \quad [\mathrm{N/m}] \tag{3.27}$$

이는 임의의 주파수에서 가장 컴플라이언스가 작은 요소가 전체 컴플라이언스를 결정한다는 것을 의미한다.

각 요소들이 보드선도에 개별적으로 끼치는 영향을 설명하기 위해서, 그림 3.7에서와 같이 진폭 및 위상 보드선도에 각각의 응답을 개별적으로 표시하였다. 각속도를 사용하여 요소들의 컴플라이언스 항을 수학공식으로 나타내기가 용이하기 때문에 이 도표에서 주파수는 각속도(ω)로 나타내었다.

이를 활용하여 주파수 범위에 따라서 개별 요소들의 가장 작은 값을 취하여 질량 – 스프링 – 댐퍼가 조합된 시스템의 컴플라이언스 진폭을 도출할 수 있다. 저주파에서는 스프링이 시스템의 응답을 결정하며 $1/k$의 컴플라이언스 진폭레벨을 갖는 수평 강성 직선으로 나타난다. 고주파에서 거동은 완전히 질량에 의해서 결정되며, $1/m\omega^2$ 크기의 진폭을 갖는 질량선을 따른다. 진폭의 **하강 주파수**(roll – off frequency)는 비감쇠 고유주파수 ω_0가 위치하는 이 직선들의 교차점에서 시작된다. 다음의 추론으로부터 이런 결론을 얻을 수 있다.

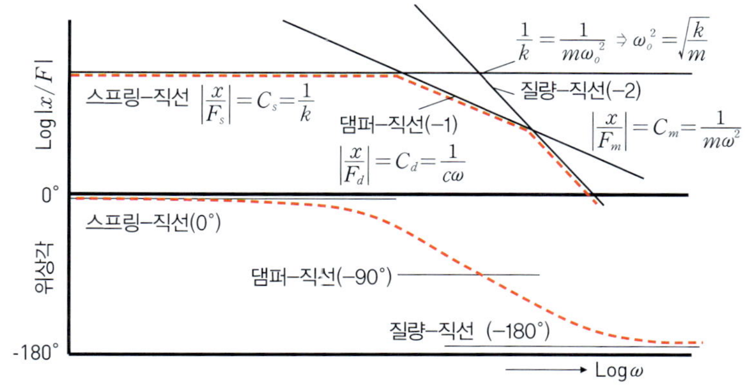

그림 3.7 질량, 댐퍼 및 스프링의 응답은 각각이 진폭 및 위상각 보드선도에서 별개의 요소들로 표시된다. 빨간색 점선은 이들이 조합된 컴플라이언스 선도를 나타내고 있다. 응답이 떨어지는 비감쇠 고유주파수 ω_0는 스프링과 질량 직선이 서로 교차하는 곳에 위치한다.

교차점에서 두 진폭은 동일하므로,

$$\frac{1}{k} = \frac{1}{m\omega^2} \Rightarrow \omega^2 = \frac{k}{m} \Rightarrow \omega = \sqrt{\frac{k}{m}} = \omega_0 \tag{3.28}$$

중간 주파수 범위에서는 댐퍼가 시스템의 거동을 결정한다. 댐퍼-직선 진폭($1/c\omega$)의 레벨에 따라서 위상은 서로 다른 요소들의 위상 시프트 사이를 점진적으로 연결시켜준다.

서로 다른 레벨의 댐핑이 끼치는 영향에 대한 개념을 얻기 위해서 그림 3.8에서 네 가지 사례를 제시하고 있다. 그림 3.8 (a)의 보드선도는 감쇠가 없는 스프링-질량 시스템의 응답을 보여주고 있다. 이는 컴플라이언스의 상한에 대한 가정이 적용되지 않는 상태이다. 비감쇠 고유주파수 ω_0에서 시스템의 진폭은 에너지를 흡수하면서 증가하며, 위치(스프링)에너지와 운동(질량)에너지 사이의 교환을 통해서 무한히 큰 컴플라이언스를 유발한다. 이 주파수에서 위상각도는 점진적인 변화 없이 0°에서 $-180°$로 점프한다. 다음 절에서는 운동방정식을 통해서 이 효과에 대해서 자세히 살펴볼 예정이다.

그림 3.8 (b)에서와 같이 작은 댐퍼를 추가하면, ω_0에서의 컴플라이언스 피크가 댐퍼에 의해서 억제되어

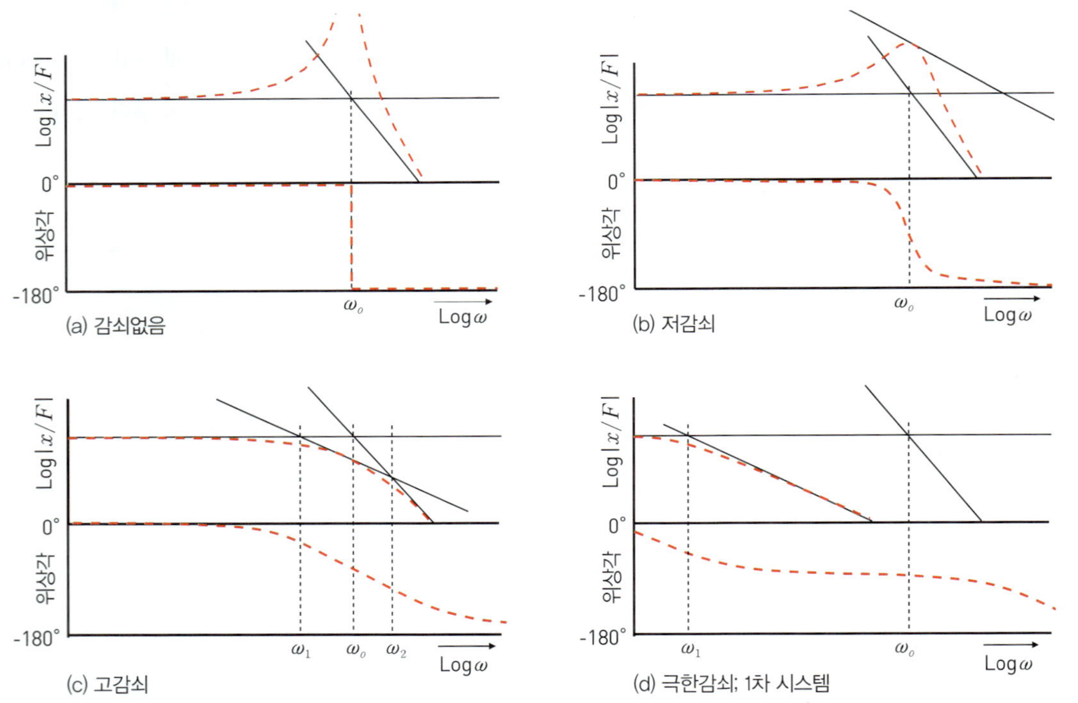

그림 3.8 스프링-질량 시스템의 보드선도는 비감쇠 고유주파수 ω_0에서의 공진에 서로 다른 수준의 감쇠가 끼치는 영향을 보여주고 있다. 극한수준의 감쇠 하에서의 2차 시스템은 두 개의 1차 시스템의 조합과 같다.

동적 시스템으로부터 에너지가 흡수된다. 감쇠는 여전히 적당한 크기이므로 원래 무한히 컸던 응답이 이제는 유한한 크기로 저감되었다. 그림 3.8 (c)에서와 같이 감쇠계수가 매우 큰 댐퍼를 사용하면, 진폭선도에서 감쇠직선은 더욱 아래쪽을 향하게 된다. 만일 감쇠가 충분히 크다면, 감쇠직선이 스프링 직선과 질량 직선의 교점보다 아래에 위치하게 되어서 공진주파수에서의 진폭이 감쇠에 의해서 결정되며 공진피크가 발생하지 않는다. 이 상태는 두 개의 저역통과 1차 시스템이 직렬로 연결된 상태로서, 첫 번째 하강 주파수는 $\omega_1 < \omega_0$ 에서 시작되며, 두 번째 하강 주파수는 $\omega_2 > \omega_0$ 에서 시작된다. 만일 감쇠값이 더 증가하면 스프링-질량 시스템은 그림 3.8 (d)에서와 같이 과도 감쇠된다. 진폭선도에서 감쇠직선은 질량직선보다 완전히 아래로 시프트 되어 있다. 이 상황에서 동적 응답은 하강 주파수가 ω_1인 1차 시스템으로 근사화 시킬 수 있다. 이 주파수 이상에서 댐퍼는 질량에 앞서서 시스템 거동을 지배하는 반면에 ω_2는 매우 높은 주파수에 위치하여 응답의 진폭은 무시할 정도로 작아진다.

3.2.1.6 컴플라이언스의 전달함수

이 절에서는 변수로 라플라스 변수인 $s = \sigma + jw$를 사용하는 주파수 의존성 **전달함수**(transfer function)의 형태로 자주 묘사되는 감쇠된 선형 시불변(LTI) 스프링-질량 시스템의 주파수응답 모델에 대해서 논의한다. 2장에서 설명했듯이 라플라스 변수 중 양의 허수항 $s = jw$만을 사용하여 동적 시스템의 주파수 응답함수(FRF)를 구하기 위해서 라플라스 도메인으로부터의 전달함수가 사용된다. 라플라스 도메인 내에서 전달함수는 작용력에 대한 물체의 반응인 위치, 속도 및 가속도로 이루어진 선형 운동방정식으로부터 유도된다. 다음 절에서는 우선 앞 절에서 개략적으로 설명했던 컴플라이언스 거동을 유도할 예정이다. 비록 주파수 응답함수의 계산에 각속도 ω [rad/s]가 사용되지만 공학분야에 활용하기 위해서는 시간주파수 f [Hz]가 유용하기 때문에 그래프에서는 주파수를 사용한다. 메카트로닉스 설계자의 경우, 주파수 도메인에서 2π 만큼의 차이를 가지고 있는 이들 두 표현법을 모두 숙지하고 익숙하게 활용하는 것이 중요하다.

■ 감쇠된 스프링-질량 시스템

댐퍼가 설치된 일반적인 스프링-질량 시스템의 컴플라이언스를 수학적으로 모델링하기 위해서, 물체에 작용하는 힘을 나타내기 위한 **자유물체도**(free-body diagram)를 사용하여 그림 3.9에와 같은 집중된 물체, 스프링 및 댐퍼의 기본구조가 사용되었다. 시스템 컴플라이언스는 시스템이 정지해 있을 때에 작동기에 의해서 물체와 정지해 있는 기준면 사이에 가해지는 힘(F_a)에 의한, 기준위치 x_0에 대한 물체의 운동

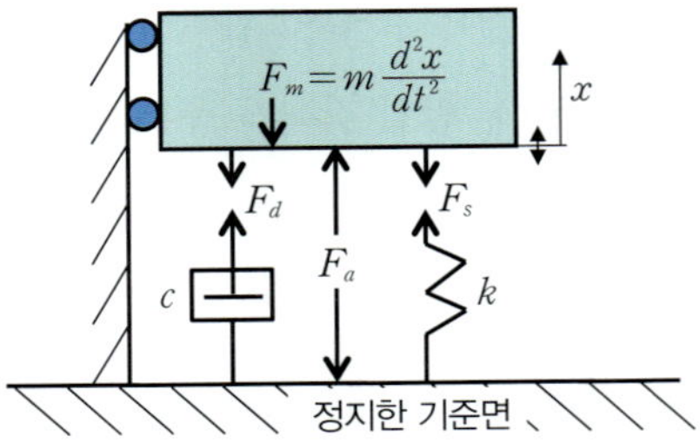

그림 3.9 외란 하에서 감쇠된 집중요소 질량-스프링 시스템 의 자유물체도. 물체에 가해지는 총 작용력은 양의 x방향으로 작용하는 외력과 스프링, 댐퍼 및 물체의 질량에 의한 음의 x방향으로 작용하는 힘을 합한 것이다.

(x)과 같다. 물체는 롤러로 표시된 직선안내 시스템에 의해서 한 방향의 자유도만 가지고 움직인다. 힘이 작용하는 x방향에 대해서 강성이 k인 스프링과 감쇠계수가 c인 댐퍼가 질량이 m인 물체의 운동에 앞에서 설명한 컴플라이언스를 통해서 영향을 끼친다.

수학적 해석은 시간 도메인에서 운동 방정식을 유도하기 위한 물체에 작용하는 힘과의 평형으로부터 시작한다. 작동기의 힘 F_a가 양의 x방향으로 가해진다. 양의 x방향으로의 물체운동은 스프링을 인장시켜서 음의 x방향으로 작용하는 물체의 견인력을 유발하며 댐퍼에 의한 음의 x방향으로의 힘도 함께 유발한다. 마지막으로 뉴턴의 2법칙에 따라서 외력들의 총합에 의해서 스스로 유발되는 가속도는 뉴턴의 3법칙에 따라서 가속 방향과 반대방향으로의 반작용력과 평형을 이룬다. 이 모두는 시간도메인에서 다음과 같이 나타낼 수 있다.

$$F_a(t)+F_b(t)+F_d(t)+F_s(t) = F_a - m\frac{d^2x}{dt^2} - c\frac{dx}{dt} - kx = 0 \tag{3.29}$$

이 또한 외력과 그에 따른 반력들 사이의 힘 평형 방정식으로 나타낼 수 있다.

$$m\frac{d^2x}{dt^2} + c\frac{dx}{dt} + kx = F_a(t) \tag{3.30}$$

라플라스 변환을 사용하여 이 미분방정식을 라플라스 도메인에서 다음과 같이 나타낼 수 있다.

$$(ms^2x + csx + kx) = x(ms^2 + cs + k) = F_a(s) \tag{3.31}$$

이 방정식으로부터 총 컴플라이언스 $C_t(s)$에 대해서 다음의 관계식을 유도할 수 있다.

$$C_t(s)=\frac{x}{F_a}=\frac{1}{ms^2+cs+k} \tag{3.30}$$

$$=\frac{\frac{1}{k}}{\frac{m}{k}s^2+\frac{c}{k}s+1}\ [\mathrm{m/N}]$$

이 식을 정리하기 위해서 스프링 컴플라이언스 C_s, 그리고 비감쇠 고유주파수 ω_0, 감쇠비 ζ의 세 가지 변수들이 사용되었다. 실제의 감쇠계수 c와, 다음 절의 그림 3.15에서 도시하는 것처럼 스텝 응답이 오버슈트를 나타내지 않기 시작하는 레벨로 정의되어 있는, **임계감쇠계수**(critical damping coefficient) c_0 사이의 비율인 감쇠비는 새롭게 도입된 용어로서 무차원수이다. 이는 2차 스프링 질량 시스템이 동일한 두 개의 1차 시스템의 조합처럼 작동하는 상태이다. 나중에 보여주겠지만, 이 임계감쇠계수는 $2\sqrt{km}$과 같다.

유도된 변수들을 요약해 보면,

$$\omega_0=\sqrt{\frac{k}{m}} \tag{3.33}$$

$$C_s=\frac{1}{k} \tag{3.34}$$

$$\zeta=\frac{c}{2\sqrt{km}}=\frac{c}{2m\omega_0} \tag{3.35}$$

이 항들을 사용하여 (3.32)식을 정리하면 다음과 같아진다.

$$C_t(s)=\frac{x}{F_a}=\frac{C_s}{\frac{s^2}{\omega_0^2}+2\zeta\frac{s}{\omega_0}+1}\ [\mathrm{m/N}] \tag{3.36}$$

■ 진폭

신호의 진폭을 구하기 위해서는 각속도(ω)의 함수로 주파수 응답을 구해야 하므로 라플라스 변수 s의 양의 허수항 $j\omega$만을 s에 대입한다.

$$C_t(\omega)=\frac{x}{F_a}=\frac{C_s}{\frac{j^2\omega^2}{\omega_0^2}+j2\zeta\frac{\omega}{\omega_0}+1}=\frac{C_s}{\underbrace{1-\frac{\omega^2}{\omega_0^2}}_{\text{실수}}+\underbrace{j2\zeta\frac{\omega}{\omega_0}}_{\text{허수}}}\ [\mathrm{m/N}] \tag{3.37}$$

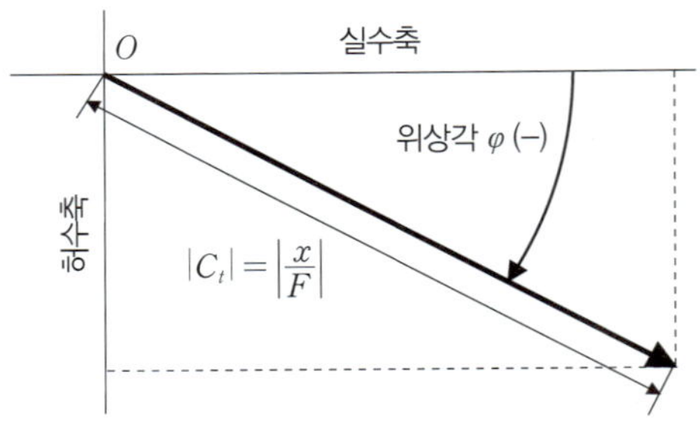

그림 3.10 하나의 주파수에 대한 감쇠된 스프링-질량 시스템의 응답에 대한 극좌표(나이퀴스트) 선도. 삼각함수에 따르면 진폭은 실수부와 허수부 각각을 제곱한 값을 합한 값의 제곱근과 같다. 위상각은 허수부와 실수부 사이의 비율의 아크탄젠트 값과 같다.

진폭은 그림 3.10의 나이퀴스트 선도에서 보여준 것처럼 실수부와 허수부 각각의 제곱을 합하여 제곱근을 구한 벡터의 절댓값이다. 즉, 진폭은 다음과 같아진다.

$$|C_t|(\omega) = \left|\frac{x}{F_a}\right| = \frac{C_s}{\sqrt{\left(1-\frac{\omega^2}{\omega_0^2}\right)^2 + \left(2\zeta\frac{\omega}{\omega_0}\right)^2}} \tag{3.38}$$

첫 번째 결론으로서, 감쇠가 없는($\zeta = 0$) 경우, $\omega = \omega_0$일 때에 응답은 무한히 커진다. 이 때문에 $f_0 = \omega_0/2\pi$인 주파수를 스프링-질량 시스템의 비감쇠 고유주파수라고 부르거나 또는 외란의 주기적인 주파수가 f_0 일 때에 **공진**을 일으키므로 스프링-질량 시스템의 **비감쇠 공진주파수**(undamped resonance frequency)라고 부른다. 감쇠 C_s가 존재하는 경우 f_0에서 최대응답은 다음과 같아진다.

$$\frac{|C_t|_{f_0}}{C_s} = \frac{1}{2\zeta} \tag{3.39}$$

이 비율은 오랫동안 진동을 견뎌낼 수 있는 공진기의 능력을 나타내는 **품질계수**(quality factor) Q와도 관련되어 있다.

■ 위상

2장에서 설명했듯이, 라플라스 도메인에서의 시간 미분은 전달함수의 분자에 s항을 추가하는 것과 같으며 주파수 응답에 $+90^\circ$의 위상 시프트를 초래하는 반면에 시간 적분은 전달함수의 분모에 s항을 추가하며 주파수 응답에 -90°의 위상 시프트를 초래한다. 따라서 전달함수의 분자항 다항식에 포함된 모든

s들은 주파수 응답에서 양의 위상 시프트(위상 앞섬)을 유발하는 반면에 이와 동일한 다항식이 분모에 위치하면 크기는 같지만 음의 위상 시프트(위상 지연)를 유발한다. 이들이 조합되면 주파수 응답의 총 위상 시프트는 분자항의 위상 시프트에서 분모항의 위상 시프트를 뺀 값과 같다.

일반적으로 분자와 분모는 모두 실수부와 허수부로 이루어져 있으며 이런 경우 분자와 분모 각각의 위상각 φ는 이들 각각의 허수부와 실수부 사이의 비율에 대한 아크탄젠트 값에 의해서 결정된다.

$$\text{위상각} = \varphi = \arctan\left(\frac{\text{허수부}}{\text{실수부}}\right) \tag{3.40}$$

실수항이 음이 되는 $-90°$보다 큰 위상각도의 경우에 총 위상각은 $180°$에 계산된 (음의) 아크탄젠트 값을 더하여 계산한다. 실수항과 허수항 모두가 음인 경우에는 $180°$에 계산된 (양의) 아크탄젠트 값을 더하여 총 위상각을 계산한다. 실수부는 양이며 허수부는 음인 경우에는 $360°$에 계산된 (음의) 아크탄젠트 값을 더하여 총 위상각을 계산한다.

이런 감쇠된 스프링-질량 시스템의 사례에서 식 (3.36)의 분자항은 허수부가 없는 상수이다. 그 결과 분자의 위상각은 $0°$이며, 위상각은 식 (3.40)의 분모항에 음의 부호를 붙여서 구할 수 있다. 이 모두가 다음의 위상각 계산에서 요약되어 있다.

두 개의 사상한($0° \sim -180°$)에서는 허수부가 항상 양이며 실수부만이 ω_0 미만의 주파수에서는 양, ω_0 이상의 주파수에서는 음으로 두 개의 부호를 갖기 때문에 위상각은 항상 음의 값을 가진다.

$$\varphi_{tot} = \varphi_{num} - \varphi_{den} = \arctan\left(\frac{0}{C_t}\right) - \arctan\left(\frac{2\zeta\frac{\omega}{\omega_0}}{1-\frac{\omega^2}{\omega_0^2}}\right) = -\arctan\left(\frac{2\zeta\frac{\omega}{\omega_0}}{1-\frac{\omega^2}{\omega_0^2}}\right) \tag{3.41}$$

$\omega = 0$에서 위상각은 0이며 $\omega = \omega_0$에서 위상각은 $-90°$이다. 고주파에서 위상각은 더 음이며 $\omega = \infty$에서 $-180°$에 도달한다.

■ 보드선도

이 변환의 진폭과 위상각을 도식적으로 나타내기 위해서, 이 절의 대부분에서 활용할 감쇠된 스프링-질량 시스템의 사례를 제시한다. 스프링의 스프링계수 $k = 1 \cdot 10^4$ [N/m]이며 물체의 질량 $m = 0.025$ [kg]으로서, 비감쇠 고유주파수는 다음과 같다.

$$f_0 = \frac{1}{2\pi}\sqrt{\frac{k}{m}} = \frac{1}{2\pi}\sqrt{\frac{1 \cdot 10^4}{0.025}} = 100 \text{ [Hz]} \tag{3.42}$$

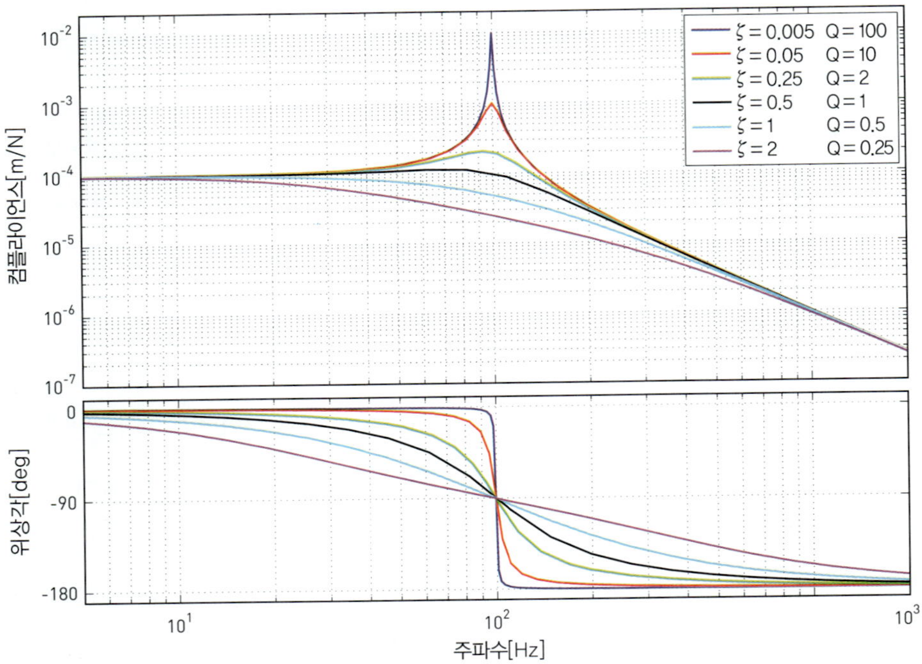

그림 3.11 $k = 1 \cdot 10^4$ [N/m]와 $m = 0.25$ [kg]인 감쇠된 스프링-질량 시스템의 컴플라이언스에 대한 보드선도는 서로 다른 ζ와 Q값에 대해서 $f_0 = 100$ [Hz]의 비감쇠 고유주파수를 나타내고 있다.

적절한 수학적 모델링 소프트웨어[18]를 사용하여 식 (3.36)에 대한 보드선도를 구하여 그림 3.11에 도시하였다. 앞 절에서 설명한 도식적 방법을 통해서도 이와 동일한 형태의 도표가 만들어졌었다. f_0 아래에서 그래프는 $C_s = 1/k = 1 \cdot 10^{-4}$[m/N]의 크기를 갖는 수평인 강성직선으로 시작된다. f_0 이상에서 그래프는 -2의 기울기를 갖는 $1/(m(2\pi f)^2)$의 질량직선을 따른다. 다양한 감쇠값에 대해서 컴플라이언스가 계산되어 있다. $\zeta = 0.25$인 경우에 피크의 최댓값은 f_0보다는 낮은 주파수에서 발생하며, 이에 대해서는 다음 절에서 설명할 예정이다. 예를 들어 $\zeta = 0.005$인 경우에는 $Q = 100$에 해당하므로 공진 피크는 강성 직선보다 100배 더 큰 진폭을 나타내기 때문에 식 (3.39)가 옳다는 것을 보여주고 있다.

18) 이런 용도로 다양한 소프트웨어 프로그램을 사용할 수 있다. 이 책의 대부분의 그림들은 MATLAB을 사용하여 만든 것이다.

3.2.2 감쇠의 영향

스프링-질량 시스템에서 감쇠의 크기는 동적 거동에 큰 영향을 끼친다. 가장 큰 영향은 공진주파수 근처에서는 감쇠가 주파수 응답의 최댓값을 결정하는 것으로, 이에 대해서는 앞 절에서 이미 보여주었다. 앞서 유도된 방정식을 기반으로 하여 이 절에서는 우선 **감쇠 공진주파수**(damped resonance frequency)에 대해서 살펴보기로 한다. 이는 감쇠를 사용하면 ω_0보다 낮은 주파수에서 최대 응답이 발생하는 현상이다. 특정한 레벨의 감쇠계수($\zeta = 0.5\sqrt{2}$)에서는 외력을 사용하여 시스템을 구동하여도 더 이상 공진이 발생하지 않기 때문에 이 감쇠레벨을 **비진동 감쇠**(aperiodic damping)이라고 부른다.

두 번째 효과는 임펄스나 스텝 외란이 가해진 이후에 시스템이 자유롭게 진동할 때에 시스템의 동적 거동을 묘사한다. 감쇠가 있는 이 진동주파수는 ω_0보다 낮지만 앞서 정의한 연속적인 외란에 의해서 발생하는 감쇠 공진주파수만큼 낮지는 않다는 것을 보여줄 예정이다. **공진**(resonance)이라는 단어는 **외란 주파수에 대한 튜닝**이라는 뜻을 가지고 있는 반면에 자유진동은 **고유**(natural)라는 단어와 더 관련이 있기 때문에 감쇠된 자유진동 주파수를 **감쇠 고유주파수**(damped natural frequency)라고 부른다. 이 자유진동 특성은 전달함수의 극점들과 강한 연관을 가지고 있으므로 이에 대해서는 더 자세히 살펴볼 예정이다. 그림 3.8에 대한 관찰을 통해서 $\zeta = 1$일 때에는 2차 시스템을 직렬 연결된 두 개의 1차 시스템으로 치환할 수 있다는 사실을 발견하게 될 것이다. 이 감쇠레벨에서는 오버슈트가 발생하지 않기 때문에 **임계감쇠**(critical damping)라고 부른다.

감쇠의 마지막 중요한 효과는 에너지와 관련되어 있다. 공진시 작용력의 주기성분이 속도의 주기성분과 동상을 이루기 때문에 스프링-질량 시스템은 에너지를 흡수한다. 반면에 감쇠는 이 에너지를 다시 소산시키므로 투입된 동력과 소산되는 동력 사이의 에너지 평형이 공진시 전달함수의 최댓값을 결정한다. 품질계수 Q는 이 에너지 평형과 관련되어 있으며 Q와 감쇠비 ζ 사이의 관계에 대해서도 설명할 예정이다.

3.2.2.1 감쇠공진과 비주기 감쇠

ζ값이 낮은 경우 응답의 최댓값은 대략적으로 ω_0에서의 진폭과 같으며 식 (3.39)를 사용하여 이를 구할 수 있다.

$$\frac{|C_t|_{max}}{C_s} \approx \frac{|C_t|_{\omega_0}}{C_s} \approx \frac{1}{2\zeta} \tag{3.43}$$

ζ값이 높은 경우 최대 진폭은 ω_0에서 발생하지 않으며 오히려 식 (3.38) 분모항의 최솟값에 의해서 결정

되는 더 낮은 주파수인 감쇠 공진주파수 $\omega_{d,r}$에서 발생한다. 따라서 분모항을 ω에 대해서 미분한 값이 0이 되는 $\omega_{d,r}$이 분모가 최소가 되는 주파수이다. $\omega_{d,r}$을 구하고 나면 진폭을 계산할 수 있다.

일단 (3.38)식의 분모항 중에서 루트 내의 항($= den^2$)들을 정리한다.

$$den^2 = \left(1-\frac{\omega^2}{\omega_0^2}\right)^2 + \left(2\zeta\frac{\omega}{\omega_0}\right)^2 = 1+(4\zeta^2-2)\frac{\omega^2}{\omega_0^2}+\frac{\omega^4}{\omega_0^4} \tag{3.44}$$

분모가 최소가 되는 주파수에서는 위 식의 ω에 대한 미분이 0이 된다.

$$\frac{d(den^2)}{d\omega} = \frac{2(4\zeta^2-2)}{\omega_0^2}\omega_{d,r} + \frac{4}{\omega_0^4}\omega_{d,r}^3 = 0 \tag{3.45}$$

이 방정식은 두 개의 해가 존재한다. 첫 번째 해는 $\omega_{d,r} = 0$에서의 최대응답으로 그 크기가 C_s와 같으며 ζ가 높은 경우에만 진폭이 최대가 된다. ζ가 낮은 경우 두 번째 해는 감쇠레벨에 따라서 0과 ω_0 사이에 위치하는 주파수인 $\omega_{d,r}$에서 최대 응답을 나타낸다.

$$\frac{4}{\omega_0^4}\omega_{d,r}^2 = \frac{4-8\zeta}{\omega_0^2} \quad \Rightarrow \quad \omega_{d,r}^2 = \omega_0^2(1-2\zeta^2) \tag{3.46}$$

(3.38)식과 함께 이 방정식은 $\omega = \omega_{d,r}$에서 주파수 응답의 최댓값을 구해준다.

$$\frac{|C_t|_{max}}{C_s} = \frac{1}{\sqrt{(1-1+2\zeta^2)^2+4\zeta^2(1-2\zeta^2)}} = \frac{1}{2\zeta\sqrt{1-\zeta^2}} \tag{3.47}$$

$\zeta = 0.5$에서 최대 응답은 강성-직선 컴플라이언스의 1.15배를 나타내므로 여전히 매우 작은 양의 공진이 존재하지만 감쇠비 $\zeta \geq 0.5\sqrt{2}$ 인 경우에는 $\omega_{d,r} = 0$에서의 첫 번째 해가 1이 되므로 최대 응답은 강

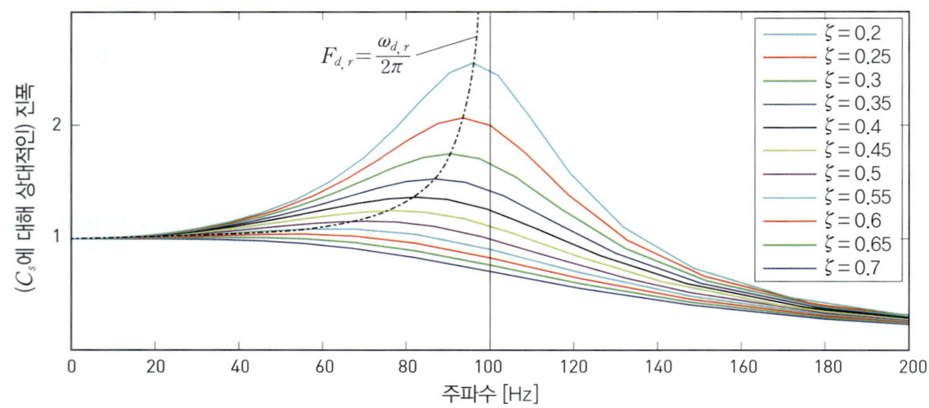

그림 3.12 감쇠값이 증가하면 주파수 응답의 최대진폭 주파수가 감소한다. 이 현상은 선형 스케일에서 가장 잘 관찰된다.

성-직선 컴플라이언스와 일치한다. 따라서 $\zeta \geq 0.5\sqrt{2}$ 이면 그림 3.12에서와 같이 더 이상 공진이 발생하지 않는다.

앞서 설명한 이유 때문에 ζ가 0.5보다 작은 경우에는 식 (3.43)을 사용하여 주파수 응답의 피크 레벨의 근사값을 구할 수 있다.

3.2.2.2 극점과 임계감쇠

ζ의 정의는 컴플라이언스 전달함수의 **극점(pole)**에 대한 해석에 기초하고 있다. 2장에서 설명했듯이 극점들은 전달함수의 분모가 0이 되는 s값으로, 전달함수 자체는 무한히 큰 값을 갖게 된다. 이는 $s = \pm j\omega_0$에서 비감쇠 스프링-질량 시스템의 컴플라이언스의 크기가 무한대가 된다는 것으로 이해할 수 있다. 2차 시스템의 극점들은 켤레복소수의 형태로 나타나며 비감쇠 상태에서 극점들은 실수축에 대해서 대칭으로 허수축 상에 위치한다.

그림 3.13에서는 이 감쇠된 상황을 2장에서 정의된 완전한 복소수 라플라스 평면에 대해서 3차원 도표로 보여주고 있다. 그림에 따르면 주파수 응답이 어떤 주파수에서도 무한대로 발산하지 않는 극점들이 항상 존재한다는 것을 명확히 알 수 있다. 따라서 극점을 검사하여 실수부 σ를 포함하는 극점 위치를 구하기 위해서는 전체 라플라스 변수 $s = \sigma + j\omega$를 사용해야만 한다. 컴플라이언스 전달함수의 분모($d_c(s)$)는

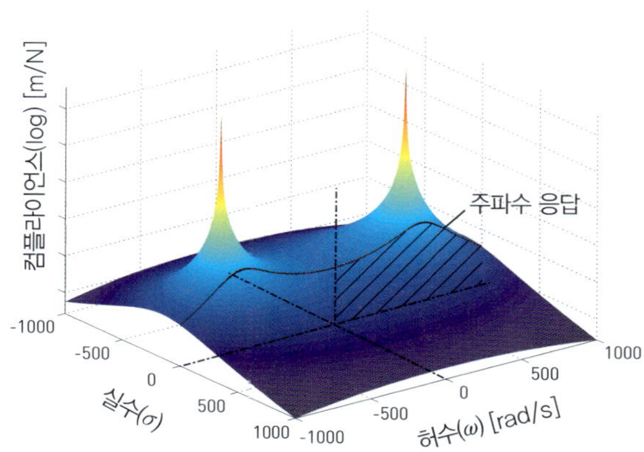

그림 3.13 그림 3.11에 도시된 감쇠된 스프링-질량 시스템의 컴플라이언스 전달함수에 대한 3차원 그래프를 통해서 함수가 무한대가 되는 극점들의 위치를 명확하게 확인할 수 있다. 총 컴플라이언스의 주파수 응답은 양의 허수(ω)축과 라플라스 평면의 원점을 통과하는 수직선에 의해서 정의되는 평면과 이 3차원 도표의 교차선과 같다. 이 도표에서 수직축은 로그 스케일을 사용하며 허수축 스케일은 f 대신에 ω를 사용하고 있다.

변수 s를 사용하는 이차 미분방정식이다. 극점을 결정하기 위해서는 이 방정식을 두 항들이 서로 곱해지는 더 일반화된 형태로 재구성할 필요가 있다.

$$d_c(s) = (s - p_1)(s - p_2) \tag{3.48}$$

여기서 p_1과 p_2는 두 r의 극점들이다. 일반적으로 이 극점들은 복소수이며 다음과 같은 두 켤레복소수의 형태를 가진다.

$$p_1 = -\sigma + j\omega_{d,n} \text{ 이며 } p_2 = -\sigma - j\omega_{d,n} \tag{3.49}$$

여기서 σ는 극점의 실수부이며 허수부는 한 번의 스텝이나 임펄스 외란이 가해진 후 더 이상의 외력이 시스템에 가해지지 않는 상태에서 시스템이 자유롭게 진동할 때의 주파수인 감쇠 고유주파수인 $\omega_{d,n}$를 포함하고 있다. 분모를 일반화된 표현식으로 재구성하여 정리하면

$$d_c(s) = (s + \sigma - j\omega_{d,n})(s + \sigma + j\omega_{d,n}) = (s + \sigma)^2 + \omega_{d,n}^2 \tag{3.50}$$

다음 단계에서는 극점에 대한 표현식과 비교를 위해서 식 (3.32)를 다른 형태로 나타낸다.

$$C_t(s) = \frac{x}{F_a} = \frac{\frac{1}{k}}{\frac{m}{k}s^2 + \frac{c}{k}s + 1} \tag{3.51}$$

고유주파수 $\omega_0 = \sqrt{k/m}$과 스프링 컴플라이언스 C_s를 도입하여 식을 정리하면,

$$C_t(s) = \frac{x}{F_a} = \frac{C_s}{\frac{1}{\omega_0^2}s^2 + \frac{c}{k}s + 1} \tag{3.52}$$

분모와 분자에 ω_0^2를 곱하면

$$C_t(s) = \frac{x}{F_a} = \frac{C_s\,\omega_0^2}{s^2 + \frac{c\omega_0^2}{k}s + \omega_0^2} \tag{3.53}$$

극점의 위치를 구하기 위해서는 분모항들 만이 사용된다.

$$d_c(s) = s^2 + \frac{c\omega_0^2}{k}s + \omega_0^2 \tag{3.54}$$

극점을 구하기 위해서 중간항의 ω_0를 $\sqrt{k/m}$으로 치환하고 $\zeta=\dfrac{c}{2\sqrt{km}}$ 와 같이 정의된 감쇠비를 사용하면,

$$d_c(s)=s^2+\frac{c\sqrt{\dfrac{k}{m}}\omega_0}{k}s+\omega_0^2=s^2+\frac{c\omega_0}{\sqrt{km}}s+\omega_0^2=s^2+2\zeta\omega_0 s+\omega_0^2 \tag{3.55}$$

이 방정식의 중간 항과 마지막 항을 다음에 제시된 식 (3.50)의 전개식과 비교해 볼 수 있다.

$$d_c(s)=(s+\sigma)^2+\omega_{d,n}^2=s^2+2\sigma s+\sigma^2+\omega_{d,n}^2 \tag{3.56}$$

따라서 극점의 실수부와 허수부를 ω_0와 연결시켜 주는 다음 방정식들을 얻을 수 있다.

$$\sigma=\zeta\omega_0 \text{ 이며 } \omega_0^2=\sigma^2+\omega_{d,n}^2 \tag{3.57}$$

두 번째 식은 원의 방정식으로 극점의 허수부 $\omega_{d,n}$를 구하기 위해서 다음과 같이 정리할 수 있다.

$$\omega_{d,n}=\sqrt{\omega_0^2-\sigma^2}=\omega_0\sqrt{1-\frac{\sigma^2}{\omega_0^2}} \tag{3.58}$$

식 (3.57)에서 주어진 σ의 관계식과 ζ에 대한 정의를 사용하면

$$\omega_{d,n}=\omega_0\sqrt{1-\frac{c^2}{4km}}=\omega_0\sqrt{1-\zeta^2} \tag{3.59}$$

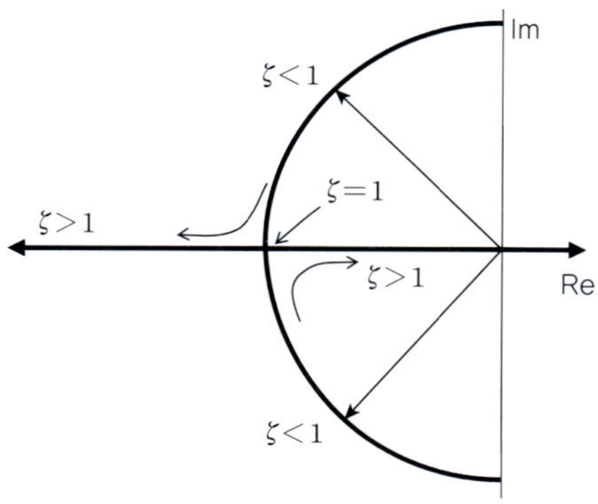

그림 3.14 감쇠된 스프링-질량 시스템의 복소수 평면 내에서의 극점위치. 감쇠비에 따라서 극점들은 두 개의 1차 시스템으로 이루어진 과도 감쇠된 시스템을 나타내는 실수들이나 감쇠값이 작은 켤레 복소수들을 가질 수 있다. 복소부에 대한 실수부 크기의 비율이 시스템 내에서 감쇠의 크기를 결정짓는다.

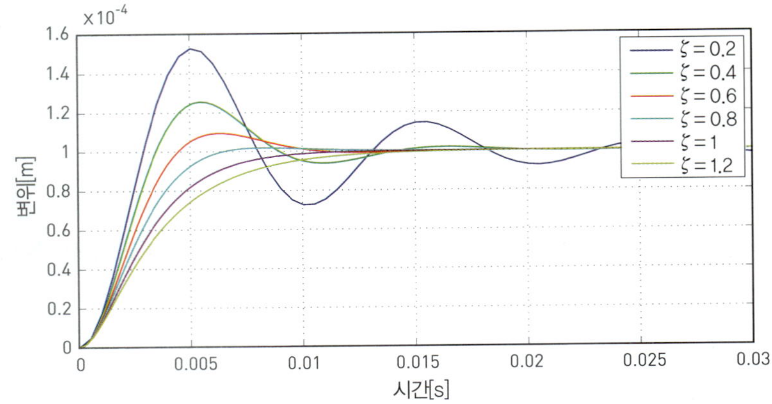

그림 3.15 $k = 1 \cdot 10^4$[N/m]이며 $m = 0.025$[kg]인 스프링-질량 시스템에 1N의 스텝 작용력이 가해졌을 때, 서로 다른 감쇠값들에 의한 위치응답특성

ζ항이 1이 되면 극점은 동일한 두 개의 음의 실수 극점을 갖게 된다. 이런 상황이 발생하는 c값($c = 2\sqrt{km}$)을 **임계감쇠계수**(critical damping coefficient)라고 부르며 $\zeta = 1$일 때를 **임계감쇠비**(critical damping ratio)라고 부른다.

그림 3.11에서는 감쇠된 스프링-질량 시스템에서 감쇠가 복소수 평면 상에서 극점의 위치에 끼치는 영향을 도식적으로 보여주고 있으며, 식 (3.57)에 따른 극점항들의 원형 궤적을 볼 수 있다. 지배적인 음의 실수항이 감쇠에 해당한다는 사실은 시스템을 안정화시키기 위해서는 극점들을 복소수 평면의 좌측 반면에 위치시켜야 하는 4장의 운동제어에서도 활용될 예정이다. 4장에서는 또한 상태-공간 피드백 제어에 대해서 살펴봄으로서, 이 극점들이 벡터 행렬 표기법으로 나타낸 전달함수의 항들을 포함하고 있는 **고유동역학**(eigendynamics) 행렬식 $\boldsymbol{A}$의 고유치에 해당된다는 것을 알아볼 예정이다.

위의 방정식들로부터, 감쇠값의 증가는 $\zeta = 1$에서 실제의 감쇠 고유주파수가 0이 될 때까지 실제의 감쇠 고유주파수 $\omega_{d,n}$를 비감쇠 고유주파수 ω_0보다 아래로 시프트 시킨다. 이는 공진에서의 외란과 속도 사이의 위상 때문에 자유진동시에는 아무런 역할을 하지 못하지만 $\zeta = 0.5\sqrt{2}$에서 비진동 감쇠가 구현되는 감쇠 공진주파수 $\omega_{d,n}$과는 다르다. 이 성질에 대해서는 3.2.2.3절에서 설명할 예정이다. 이로 인한 직접적인 결과로, **그림 3.15**에서와 같이, $\zeta \geq 1$에서 두 개의 1차 시스템들은 스텝 응답의 오버슈트가 0이 된다.

■ 2차 시스템을 두 개의 1차 시스템으로 치환

$\zeta \geq 1$에서 두 개의 실수극점이 있는 경우에는 동적 시스템의 2차 전달함수를 두 개의 **1차**(first-order)

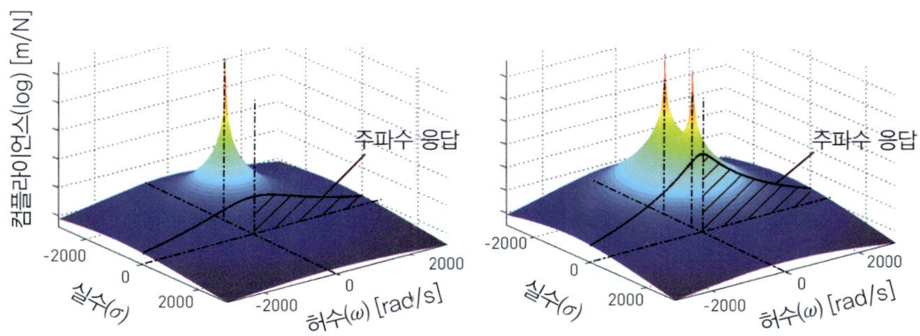

(a) 1차 시스템 (b) 2개의 1차 시스템

그림 3.16 라플라스 평면의 3차원 그래프로 표시된 1차 시스템의 응답을 보면 전형적인 단일극점 저역통과 필터의 주파수 응답 특성을 나타내고 있다. 두 개의 1차 시스템을 조합한 그래프는 그림 3.11의 $\zeta > 1$인 감쇠된 스프링-질량 시스템의 두 실수 극점과 유사한 주파수 응답 특성을 나타낸다.

시스템의 조합으로 치환할 수 있다는 것을 의미한다. 전달함수에 식 (3.48)을 분모로 취하면 이를 확인할 수 있다.

$$TF(s) = \frac{Num}{d_c(s)} = \frac{Num}{(s-p_1)(s-p_2)} = \frac{Num\, p_1 p_2}{\left(\frac{s}{p_1}-1\right)\left(\frac{s}{p_2}-1\right)} \tag{3.60}$$

양의 시상수 $\tau_1 = -1/p_1$과 $\tau_2 = -1/p_2$에 대해서 분자항은 $Num' = Num/(p_1 \cdot p_2)$가 되며 $s = \sigma + j\omega$ 중에서 양의 허수항 만을 취하면 전달함수와 주파수 응답함수는 다음과 같이 구해진다.

$$TF(s) = \frac{Num}{p_1 p_2(\tau_1 s+1)(\tau_2 s+1)} = \frac{Num'}{(\tau_1 s+1)(\tau_2 s+1)} \tag{3.61}$$

$$FRF(\omega) = \frac{Num'}{(j\omega\tau_1+1)(j\omega\tau_2+1)}$$

분모항 $j\omega\tau+1$은 코너 주파수 $\omega_c = 1/\tau$를 가지고 있는 1차 저역통과 필터에서와 같이 제어와 필터 이론으로부터 잘 알려져 있으며 극점의 실수값 σ와 같다.[19] 이 주파수 이상에서는 $\omega\tau$ 항이 1보다 커지기 때문에 주파수가 증가함에 따라서 분모값을 증가시키며 주파수 응답함수 (ω)값을 감소시킨다. $\zeta = 1$인 경우 1차 응답의 시상수는 동일하다. 이 레벨 이상으로 감쇠가 증가하면 두 1차 시스템들의 상향전이 주파수들

19) 1차 시스템에서는 공진이 발생하지 않기 때문에 이 1차 코너 주파수 ω_c는 비감쇠 고유주파수 ω_o와 아무런 관계가 없다는 점을 명심해야 한다.

은 그림 3.8에 도시된 것처럼 서로 분리된다. 낮은 쪽 상향전이주파수는 복소평면의 실수축 상에서 원점을 향해서 이동하는 극점에 해당하며($\omega_c = \sigma$), 높은 쪽 상향전이주파수는 원점에서 멀어지는 극점에 해당한다. 그림 3.16에서는 전체 라플라스 평면의 3차원 그래프를 보여주고 있다.

3.2.2.3 품질계수 Q와 공진 에너지

전기공학에서는 공진의 척도로 공진 시스템 내에서 주파수 응답선도에서 저주파 및 고주파 점근선이 서로 교차하는 점에서 피크의 최댓값으로 정의되는 품질계수 Q를 자주 사용한다. 이 점근선들은 기계 시스템에서의 스프링-직선과 질량-직선과 등가이다. 전기공학은 전형적으로 주파수 도메인에 편향된 학문이며 품질계수 Q도 저감쇠 공진시의 거동에 중점을 두기 때문에 주파수 도메인에 속해 있다. 튜닝필터, 안정화 클록 및 여타 유용한 기능들을 위한 전기회로에서 공진은 긍정적인 가치를 가지고 있다. 이런 이유 때문에 더 이상 공진이 발생하지 않는 $Q = 1$이 최솟값으로 정의된다.

전형적으로 시간 도메인에 편향되어 있는 기계공학에서는 공진이 자주 부정적인 영향을 끼치며 감쇠비는 시간응답 관계를 가지고 있기 때문에 감쇠비 ζ가 더 일반적으로 활용되고 있다. 사실, 상황에 따라서 두 항들을 모두 사용할 수 있다. 공진기의 경우, Q값이 큰 것을 선호하는 반면에 높은 감쇠가 필요한 제진시스템의 경우에는 큰 ζ값이 필요하다. 다행히도 Q와 ζ 사이에는 매우 단순한 관계를 가지고 있다.

$$Q = \frac{\sqrt{km}}{c} = \frac{1}{2\zeta} \tag{3.62}$$

품질계수 Q와 보드선도에서의 공진피크 사이의 직접적인 관계가 그림 3.11에 도시되어 있다. 스프링계수 $k = 1 \cdot 10^4$ [N/m]와 질량 $m = 0.025$ [kg]으로 이루어진 감쇠된 스프링-질량 시스템의 사례에서는 진폭이 1 [N]인 가진력에 의해서 강성-직선에서 0.1 [mm]의 운동이 발생하며 $Q = 10$인 경우에 ω_0에서 1 [mm]의 피크 진폭을, $Q = 100$인 경우에는 ω_0에서 10 [mm]의 피크 진폭을 나타낸다는 것을 의미한다.

■ 에너지 저장

Q와 ζ도 시스템 내에서 에너지와 관계를 가지고 있다. 기계 시스템의 공진시 작동기에 의해서 가해진 에너지는 운동 에너지(질량)와 위치 에너지(스프링)로 주기적으로 변환된다. 실제로는 히스테리시스, 공기마찰 등과 같은 피할 수 없는 소재 내부의 감쇠로 인하여 모든 사이클마다 에너지의 일부분이 손실되기 때문에 에너지의 공급이 중단되면, 공진은 점차적으로 감소한다. 이런 점진적인 에너지의 손실을 유발하는 메커니즘에서 감쇠력과 속도는 위상이 일치하며 방향은 반대이기 때문이다. 즉, 댐퍼에 의해서 힘과 속도

의 스칼라 곱과 같은 비율로 파워가 소모된다는 것을 의미한다.

$$P(t) = F_d \frac{dx}{dt} = -c\frac{dx}{dt}\frac{dx}{dt} = -c\left(\frac{dx}{dt}\right)^2 = -cv^2 \tag{3.63}$$

이 에너지는 열로 소모된다.

Q와 에너지의 정확한 관계는 한 번의 임펄스나 스텝 외란이 가해진 다음에 자유롭게 진동하면서 감쇠되는 스프링-질량 시스템 내에 저장된 에너지와 한 사이클 당 소모되거나 잃어버린 에너지 사이의 비율에 대한 고찰을 통해서 결정된다. 감쇠고유주파수 $\omega_{d,n}$에서 저장된 에너지(E_s)는 진동의 중앙 위치에서 스프링이 언로드 되었을 때의 최고속도(v_p)에서 물체의 운동 에너지($E_{k,p}$)와 같다.

$$E_s = E_{k,p} = \frac{1}{2}mv_p^2 \tag{3.64}$$

감쇠고유주파수 $\omega_{d,n}$에서의 사이클 당 에너지 손실(E_l)는 정현속도 $v = v_m \sin\omega_{d,n}t$와 주기($T$) 동안 전력의 적분값을 사용하여 식 (3.63)으로부터 계산할 수 있다.

$$E_l(t) = c\int_0^T v_p^2 \sin^2\omega_{d,n}t\,dt = \frac{1}{2}cv_p^2T = \frac{1}{2}cv_p^2\frac{2\pi}{\omega_{d,n}} \tag{3.65}$$

감쇠가 작은 경우 $\omega_{d,n} \approx \omega_0 = \sqrt{k/m}$ 이며 위 방정식을 사용하면 에너지비율(R_e)이 다음과 같이 구해진다.

$$R_e = \frac{E_s}{E_l} = \frac{\frac{1}{2}mv_p^2}{\frac{1}{2}cv_p^2\frac{2\pi}{\omega_{d,n}}} = \frac{m\omega_{d,n}}{2\pi c} \approx \frac{\sqrt{km}}{2\pi c} \tag{3.66}$$

$Q = 1/2\zeta = \sqrt{km}/c$ 이므로 다음과 같은 결론을 얻을 수 있다.

$$Q = 2\pi R_e = 2\pi\frac{\text{저장된 최대 에너지}}{\text{한 사이클 당 소모되는 에너지}} \tag{3.67}$$

여기서 **저장된 최대 에너지**는 매 사이클마다 시스템 내부에 존재하는 에너지를 의미하며, 이 값은 자유운동 상태에서 매 사이클마다 댐퍼에 의한 에너지 소모 때문에 지속적으로 감소한다.

한 사이클 당 에너지 손실의 점진적인 감소는 지수함수적인 특성을 타나내며 자유진동 시스템의 시간에 대한 진폭의 외형은 다음 방정식으로 나타낼 수 있다.

$$A(t) = A_0e^{-\zeta\omega_0 t} = A_0e^{-\frac{\omega_0}{2Q}t} \tag{3.68}$$

이는 그림 3.17에 도시되어 있다.

■ 고유주파수 근처에서의 거동

사고실험의 일환으로, $t = 0$에서 감쇠가 없는 스프링-질량 시스템이 일정한 진폭의 정현 작용력에 의해서 비감쇠 고유주파수로 가진된다고 생각해 보자. 물체의 질량과 작용력의 진폭에 따라서 $t = 0$에서 운동 진폭의 연속적인 증가가 발생할 것이다. 이런 현상은 일정한 작용력에 비례하여 물체가 선형 가속을 하는 것과 완전히 동일하다. 앞서 설명했듯이, 스프링-질량 시스템의 비감쇠 고유주파수에서 스프링 내의 위치 에너지와 물체의 운동 에너지 사이에는 끊임없이 에너지 교환이 이루어진다. 가진이 계속되기 때문에, 운동의 진폭이 무한히 커질 때까지 시스템에 유입되는 에너지의 양이 지속적으로 증가한다.

실제로는 완벽하게 일정한 가진 주파수를 구현하기는 어렵다. 오히려 히스테리시스와 마찰에 의해서 항상 약간의 감쇠가 존재한다. 마지막으로, 무한한 선형 변형률을 갖는 스프링도 존재하지 않는다. 이들 모두를 종합해 보면, 실제로는 이러한 무한 이득은 결코 발생하지 않는다. 이런 측면에서 2장의 내용 중 일부를 여기서 다시 상기하는 것이 중요하다.

보드선도는 모든 주파수의 연속적인 외란이 유입될 때의 정지영상이다.

공진 시스템은 그림 3.17의 감쇠현상과 유사하지만 방향이 반대여서 에너지를 흡수하기 위한 시간이 필요하다. 가진 시간이 너무 짧으면 공진이 관찰되지 않으므로 시스템 동특성에 대한 잘못된 결론이 내려질 수 있다.

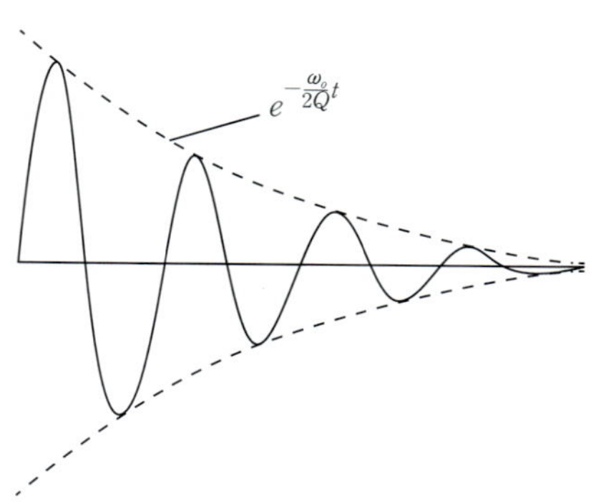

그림 3.17 스프링-질량 시스템의 감쇠 자유응답

에너지와의 이런 관계는 위상 거동을 관찰해도 명확하게 알 수 있다. 정현운동의 경우, 고유주파수에서 힘과 위치 사이의 위상각은 $-90°$인 반면에 속도 역시 위치와 $-90°$의 위상 차이를 가지고 있다. 이는 비감쇠 고유주파수 ω_0에서 힘이 속도와 동일한 위상각을 갖게 되어 운동하는 방향으로 힘을 가하게 되며 일을 극대화시킨다는 것을 의미한다. 이로 인하여 진동 시스템의 경우에 비감쇠 고유주파수에서는 작동기에서 기계적 운동으로의 에너지 전달 효율이 극대화된다.

이는 또한 감쇠 고유주파수 $\omega_{d,n}$과 감쇠 공진주파수 $\omega_{d,r}$ 사이의 차이를 설명해 준다. 후자의 경우 비록 시스템 자체가 감쇠 고유주파수 $\omega_{d,n}$에서 공진을 일으키려 하더라도 주기적인 작용력이 ω_0보다 낮은 쪽 주파수에 가해지면서, 그 결과 힘과 속도 사이의 위상차이로 인하여 응답의 진폭은 낮아진다. 그림 3.18에서는 스프링 상수 $k = 1 \cdot 10^4$ [N/m]이며 물체의 질량 $m = 0.025$ [kg]인 스프링-질량 시스템에 외력이 가해졌을 때에 대한 속도 응답의 보드선도를 통해서 이 현상을 설명하고 있다. 이 속도응답은 위치에 대한 시간 도메인 운동 방정식을 시간에 대해 미분하여 간단하게 구할 수 있다. 라플라스 도메인에서 이 미분은 시스템 컴플라이언스 $C_t(s)$에 s를 곱한 값과 같다.

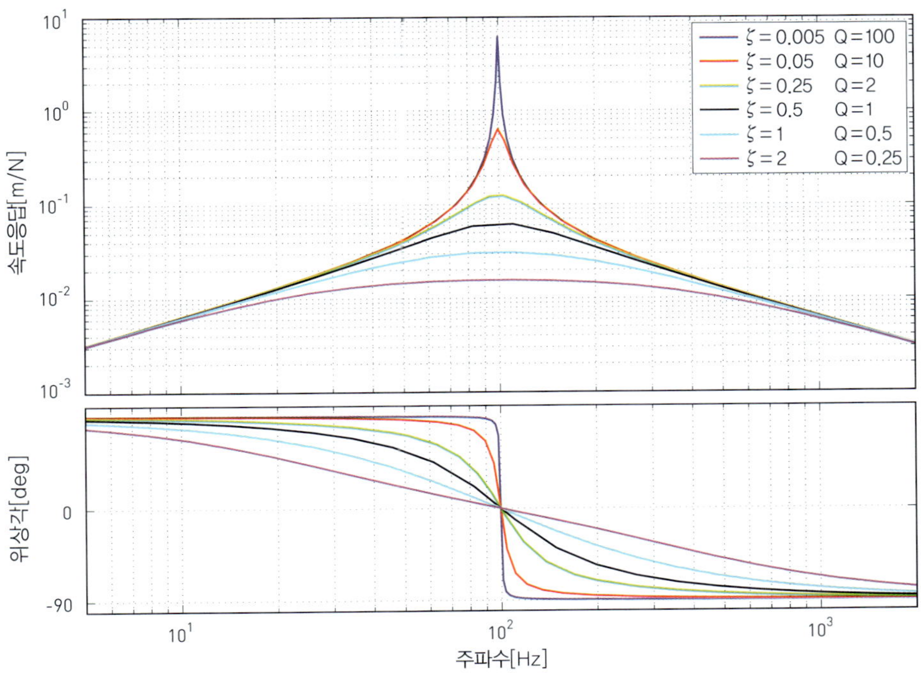

그림 3.18 다양한 ζ와 Q에 대해서 스프링 상수 $k = 1 \cdot 10^4$ [N/m]이며 물체의 질량 $m = 0.025$ [kg]인 스프링-질량 시스템에 외력이 가해졌을 때의 속도 응답 보드선도. 그림에 따르면 고유주파수에서 외력과 속도는 동일한 위상각을 가지며 에너지전달 효율이 극대화된다는 것을 명확하게 알 수 있다.

$$\frac{v(s)}{F_a} = \frac{sx(s)}{F_a} = sC_t(s) = \frac{sC_s}{\frac{s}{\omega_0^2} + 2\zeta\frac{s}{\omega_0} + 1} \tag{3.69}$$

예를 들어 $Q = 100$일 때에 운동 진폭의 피크레벨은 앞서의 계산에서 10 [mm]라는 것을 이미 구했으므로 여기에 ω를 곱하면 최고속도를 구할 수 있다. 100 [Hz] = 628 [rad/s]에서 계산된 최고속도는 6.28 [m/s]이며, 이는 보드선도에서 모델링 된 피크레벨과 일치한다.

감쇠와 에너지에 대한 주제를 마무리 하면서 비감쇠 고유주파수 근처의 좁은 영역에서 속도의 제곱에 대한 도표를 그려보는 것이 도움이 될 것이다. 저장된 운동 에너지 $E = 0.5mv^2$이므로, 이 도표는 서로 다른 Q값에 대한 상대적인 에너지 레벨을 보여준다. 그림 3.19에서는 앞서 논의했던 시스템의 $f_0 = 100$ [Hz]에서의 상대 에너지 레벨을 보여주고 있다. $Q = 1$에서의 에너지를 기준 레벨로 삼고 있으며 시스템에 저장된 최대 에너지는 속도 진폭의 제곱에 해당하는 Q레벨의 제곱에 비례한다는 것을 명확하게 알 수 있다. 이 도표의 수직방향을 로그와 선형 스케일에 대해서 표시하였지만, 이 도표는 높은 Q레

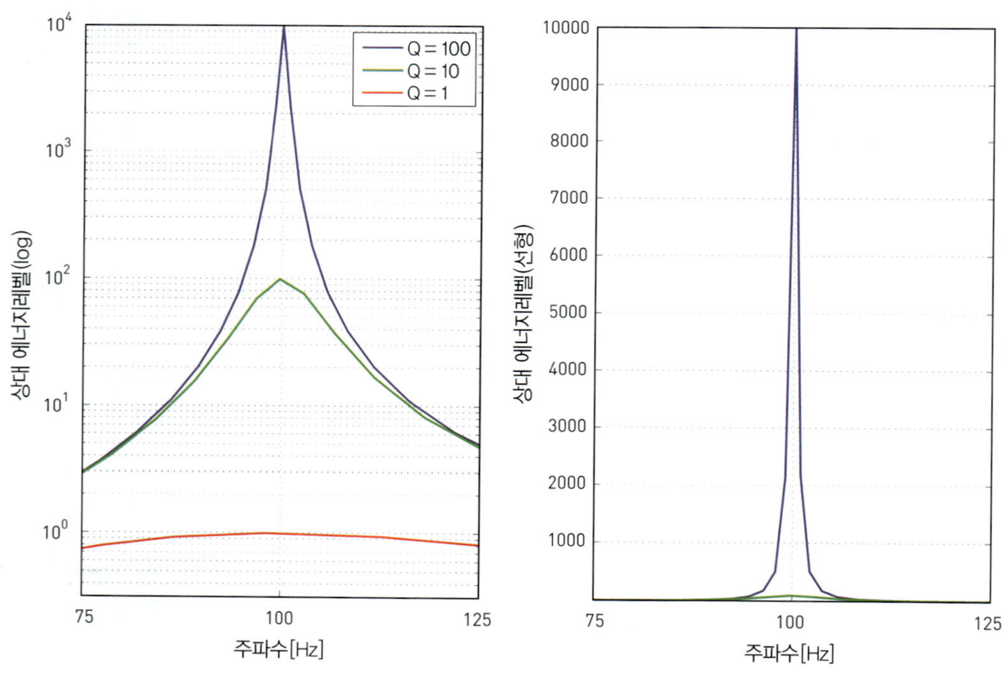

그림 3.19 100[Hz]의 비감쇠 고유주파수 주변 좁은 대역 내에서 다양한 레벨의 Q에 대한 주파수의 함수로 나타낸 상대적인 에너지 레벨. 높은 레벨의 Q에서 발생하는 좁은 피크는 리니어 스케일에서 특히 두드러져 보인다.

벨에서의 공진기를 결정하는 매우 좁은 주파수 범위를 강조하여 보여주고 있다. 이런 성질은 Q계수가 10^7에 달하며 그에 따른 에너지 피크 레벨은 10^{14}에 달하는 수정 진동자와 같은 타이밍 소자의 능력을 극대화시키기 위해서 사용된다. 에너지 레벨이 이렇게 극한값을 가지고 있으므로 이런 유형의 공진기는 외부 교란에 영향을 받지 않으며 고도로 정확한 클록과 시계에 적합하다.

3.2.3 전달율

전달율이라는 용어는 물체 내부뿐만 아니라 연결된 물체들 사이에서 운동을 한 영역에서 다른 영역으로 전달하는 시스템의 능력을 나타낸다. 이것은 2장의 탄성파 전달과도 관계가 있으며 작동기와 센서 사이의 경로에 항상 몇 개의 유연요소와 제한된 감쇠를 가지고 있는 물체들이 게재되어 있는 운동 시스템의 제어와도 연관되어 있다. 전달율이 제어에 끼치는 영향은 다음 절에서 자세히 살펴볼 예정이지만, 우선 지지 프레임의 진동이 스프링과 댐퍼를 통해서 물체에 전달되는 경우에 운동에 끼치는 영향을 살펴보기로 한다. 실제의 적용 사례로는 이 단원의 처음에 논의했었던 진동하는 테이블 위에 얹혀있는 검사용 현미경이나 진동하는 바닥 위의 정밀기계를 생각해 볼 수 있다. 민감한 시스템이 유연한 스프링을 통해서 지지 프레임에 얹혀 있다면, 테이블의 진동이 희석될 것이다. 이런 기본적인 **진동차폐**(vibration isolation)원리는 진동에 민감한 계측장비에 자주 활용되고 있다.

테이블 운동(x_s)이 질량(m)을 가지고 있는 물체에 전달되는 크기를 계산하기 위해서 그림 3.20와 같은 단순화 된 모델이 사용된다. 지지 프레임과 물체 사이의 거리 $x_s - x_m$은 프레임의 운동에 의한 가진이 없는 정지상태에서 일정한 값을 가진다. 상대적인 변위만이 운동방정식에 힘을 생성하므로, 이 일정한 거리는 운동 방정식에 아무런 영향도 끼치지 못한다. 그러므로 운동방정식의 미분을 수행하면 상수값이 0이 된다.

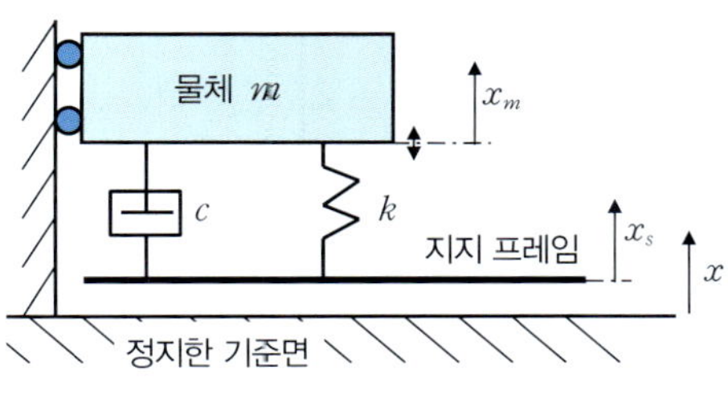

그림 3.20 동적 시스템의 전달율은 지지 프레임에서 스프링과 댐퍼에 의해서 프레임에 연결된 물체로 전달되는 외부운동에 대한 민감도를 반영하고 있다.

스프링, 댐퍼 및 가속도에 의해서 물체에 작용하는 모든 힘들의 합은 0이 되어야 한다. 반면에 스프링과 댐퍼의 힘은 지지 프레임과 물체 사이의 위치와 속도간의 차이에 의해서 결정된다. 양의 운동 x_s는 스프링과 댐퍼에 양의 x 방향으로의 힘을 유발하는 반면에 가속도는 반대방향으로의 반력을 생성한다. 따라서 시간 도메인에서 이 힘 방정식은 다음과 같이 나타낼 수 있다.

$$F_t(t) = F_b + F_d + F_s = -m\frac{d^2x_m}{dt^2} + c\frac{d(x_s - x_m)}{dt} + k(x_s - x_m) = 0 \tag{3.70}$$

이항을 통해서 식을 정리하면 물체의 가속도를 지지 프레임의 운동으로 나타낼 수 있다.

$$m\frac{d^2x_m}{dt^2} = c\frac{d(x_s - x_m)}{dt} + k(x_s - x_m) \tag{3.71}$$

라플라스 변환을 수행하고 나면 이 방정식을 다음과 같이 나타낼 수 있다.

$$ms^2x_m = cs(x_s - x_m) + k(x_s - x_m) = x_s(cs + k) - x_m(cs + k) \tag{3.72}$$

몇 개 항들을 이항하여 식을 정리하면 다음 식을 얻을 수 있다.

$$x_m(ms^2 + cs + k) = x_s(cs + k) \tag{3.73}$$

이를 사용하여 다음과 같이 x_s에서 x_m으로의 전달함수를 만들 수 있다.

$$\frac{x_m(s)}{x_s(s)} = \frac{cs + k}{ms^2 + cs + k} = \frac{\frac{cs}{k} + 1}{\frac{m}{k}s^2 + \frac{cs}{k} + 1} \tag{3.74}$$

$\omega_0 = \sqrt{k/m}$ 및 $\zeta = c/(2\sqrt{km})$과 같은 변수들을 도입하면 다음과 같이 (s)의 함수로 전달함수와 반경방향 주파수 (ω)의 함수로 주파수응답함수가 다음과 같이 유도된다.

$$\frac{x_m(s)}{x_s(s)} = \frac{2\zeta\frac{s}{\omega_0} + 1}{\frac{s^2}{\omega_0^2} + 2\zeta\frac{s}{\omega_0} + 1} \tag{3.75}$$

$$\frac{x_m(\omega)}{x_s(\omega)} = \frac{2j\zeta\frac{\omega}{\omega_0} + 1}{-\frac{\omega^2}{\omega_0^2} + 2j\zeta\frac{\omega}{\omega_0} + 1} \tag{3.76}$$

이 전달율 함수를 앞서 논의했던 컴플라이언스와 관련된 함수와 비교해 보면 몇 가지 차이점을 가지고 있음을 알 수 있다. 우선 방정식은 하나의 변위가 다른 쪽의 변위에 끼치는 영향을 나타내고 있기 때문에 무차원이다. 더욱이 스프링과 관련된 컴플라이언스 항이 더 이상 존재하지 않으며 $\omega \ll \omega_o$에서 분자값은 분모값과 동일하다. 즉, 아주 낮은 주파수에서 전달율은 항상 1부터 시작한다는 것을 의미한다. 컴플라이언스 전달함수와의 마지막 차이점은 댐퍼와 관련된 추가적인 미분인 s항이 분자에 나타난다는 것이다. 이 항은 감쇠비(ζ)에 의존하며 주파수에 비례하여 전달율을 증가시킨다. 이 항이 없다면 고주파에서의 전달율은 분모의 s^2항에 의해서만 결정되기 때문에 전달율의 진폭 보드선도에서 -2의 기울기를 만든다. 이로 인하여 민감한 계측장비에 전달되는 고주파진동이 저감되기 때문에 이 물체 위에 민감한 계측장비를 설치하는 것이 도움이 된다. 하지만 분자에 존재하는 댐퍼에 관련된 항이 이런 장점을 감소시키며, 이는 더 강한 댐퍼는 지지 프레임과 물체를 더 강하게 연결시켜준다는 측면에서 이해할 수 있다.

그림 3.21에 도시되어 있는 고유주파수 $f_0 = 1\,[\mathrm{Hz}]$로 모델링된 시스템에 다양한 감쇠값을 부가했을 때의 보드선도를 통해서 이런 영향들을 모두 살펴볼 수 있다. 댐퍼가 그리 강하지 않은($Q = 10$인 적색선)

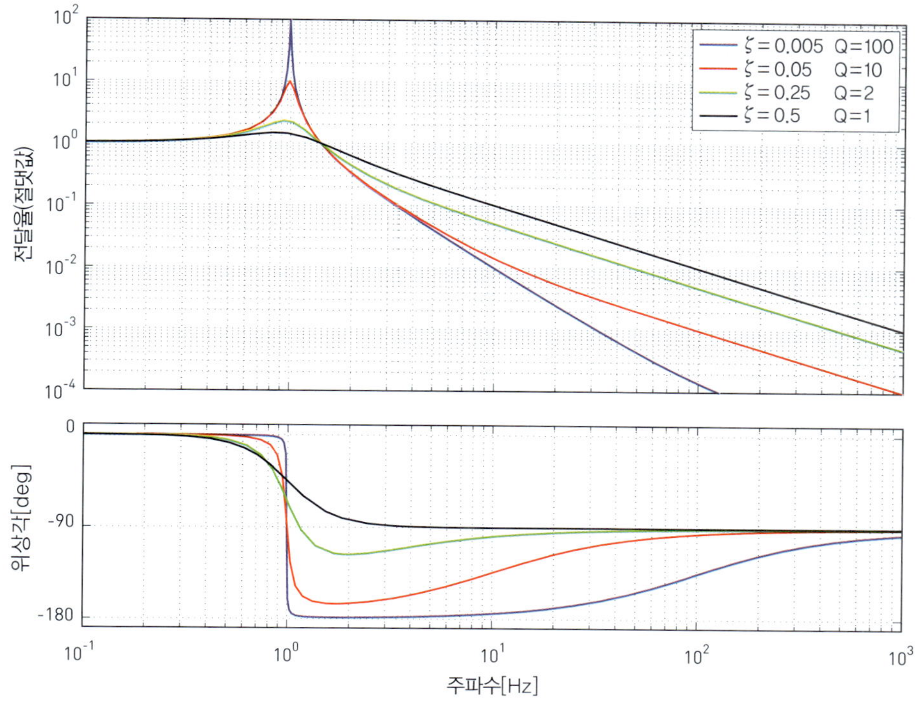

그림 3.21 비감쇠 고유주파수 $f_0 = 1\,[\mathrm{Hz}]$를 가지고 있는 감쇠된 스프링-질량 시스템의 지지 프레임으로부터의 외부 진동에 대한 전달율 보드선도. 이를 통해서 고주파에서 전달율이 감소하는 부정적인 영향을 명확하게 확인할 수 있다.

경우조차 f_0에서 비교적 일반적인 공진과 비감쇠 고유주파수 이후의 −2 기울기가 관찰된다. 그런데, 주파수가 높아지면 100 [Hz]에서는 $Q = 100$(청색선)인 상태에 비해서 전달율이 약 10배가 증가되어 버린다. 감쇠값이 커지면 궁극적으로 $Q = 1$에서 90°의 위상 시프트가 발생하는 위상선도에서 볼 수 있었던 1차 시스템이 되어 버린다.

실험실용 장비에서는 고유주파수가 충분히 낮아서 측정에 영향을 끼치지 않는 저감쇠 진동차폐 시스템이 자주 사용된다. 산업적 용도에서는 많은 경우에 이것만으로는 충분치 못하다. 특히 주로 100 [Hz] 내외에서 감쇠가 매우 취약한 고유주파수를 가지고 있는 광학 시스템의 경우에는 추가적인 대책이 필요하다. 9장의 웨이퍼 스캐너에서는 고주파에서의 전달율에 부정적인 영향을 끼치지 않는 능동 제어되는 관성 기반의 감쇠를 사용해서 전달율 증가문제를 해결하는 방법에 대해서 설명할 예정이다.

3.2.4 2물체 스프링-질량 시스템

실제 정밀 위치결정 시스템의 역학은 앞 절에서 예시했던 단일 질량-스프링-댐퍼 구조보다 훨씬 더 복잡하다. 일반적으로 정밀 메카트로닉스 시스템은 다자유도로 모델링해야만 한다. 더욱이 현실성 있는 시스템들은 다수의 집중된 물체와 스프링들로 이루어지기 때문에 일반적으로 강체가 아니며 동역학적으로 거동한다. 이런 동특성의 영향들을 정량화 및 정성화 할 수 있는 능력이 메카트로닉스 설계자에게는 매우 중요하다. 무엇보다도, 탄성적으로 커플링 된 물체들은 그에 따른 고유주파수로 인하여 안정적으로 제어되는 운동 시스템을 구현하는 데에 큰 영향을 끼친다. 두 번째로, 현실적인 제약 때문에 능동 위치결정 시스템 내에서 측정 위치를 작동기의 위치나 여타의 관심위치와 일치시키는 것은 거의 불가능하다. 이런 상황에 대한 전달 함수를 나타내기 위해서는 일반적으로 모든 방정식들을 서로 다른 방향들 사이의 교차동조를 고려할 수 있는 다중 물리적 자유도 벡터와 행렬식으로 나타낼 수 있다. 다음 절에서 소개할 중요한 동적 해석도구인 모달해석을 위한 디딤돌로서 우선 1자유도 운동방정식을 사용한 해석적 접근방법을 적용하기 위해서 사용할 수 있는 물체의 운동과 이들의 동적 상호작용을 묘사하는 간단한 사례가 제시되어 있다.

■ 감쇠가 없는 모델링

기계구조는 스프링과 댐퍼로 연결된 강체의 조합으로 모델링할 수 있다. 일반적으로 이 연결사이의 수동 감쇠는 매우 제한적이며 소재의 히스테리시스 성질이나 안내면의 마찰에 의해서만 결정된다. 그런 이

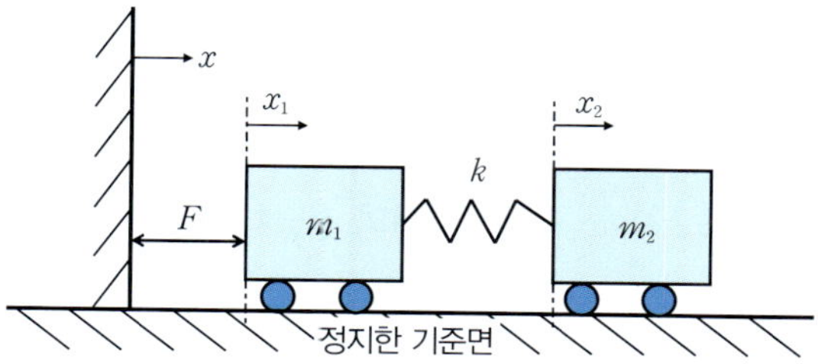

그림 3.22 질량이 각각 m_1 및 m_2인 두 물체가 강성이 k인 스프링에 의해서 연결되어 있는 스프링–질량 시스템. 작용력 F_a가 첫 번째 물체를 가진시키며 그로 인한 운동이 두 물체에서 각각 측정된다.

유 때문에, 이후의 절들에서는 식이 길어지는 것을 피하기 위해서 동적 시스템의 거동해석에 감쇠를 고려하지 않는다.

그림 3.22에 도시되어 있는 사례에서는 두 물체가 스프링에 의해서 서로 연결된 구조를 가지고 있다. 작용력 F_a는 질량이 m_1인 첫 번째 물체에 가해지며 질량이 m_2인 두 번째 물체와는 강성이 k인 스프링으로 연결되어 있다. 이 사례는 질량이 m_1인 물체가 작동기이며 질량이 m_2인 물체가 렌즈인 CD 플레이어 광픽업 유닛의 현실적인 동적 모델을 대신하고 있다.

3.2.4.1 해석적 설명

시스템 동특성을 해석적으로 나타내기 위한 첫 번째 단계로서 단일물체 스프링–질량 시스템의 운동방정식에서와 동일한 방식을 활용하여 두 물체에 작용하는 힘들의 평형상태를 구한다. 첫 번째 물체의 경우 시간 도메인에서 뉴턴의 2법칙을 사용하여 힘 평형상태를 나타낸다.

$$F_a - m_1 \frac{d^2x_1}{dt^2} - k(x_1 - x_2) = 0 \tag{3.77}$$

여기서 스프링의 작용력은 두 물체에 서로 반대방향으로 작용하며 외력은 첫 번째 물체에만 작용한다. 두 번째 물체의 경우, 시간 도메인에서 뉴턴의 2법칙에 따른 힘 평형상태는 다음과 같다.

$$-m_2 \frac{d^2x_2}{dt^2} + k(x_1 - x_2) = 0 \quad \Rightarrow \quad m_2 \frac{d^2x_2}{dt^2} - k(x_1 - x_2) = 0 \tag{3.78}$$

라플라스 변환을 수행하면 이 미분방정식들은 다음과 같이 정리된다.

$$F_a - m_1 s^2 x_1(s) - k(x_1 - x_2) = 0 \tag{3.79}$$

$$m_2 s^2 x_2(s) - k(x_1 - x_2) = 0 \tag{3.80}$$

식 (3.80)을 사용하여 x_2를 x_1의 함수로 나타낸 다음 이를 식 (3.79)에 대입하여 풀어내면, 이들 두 방정식으로부터 라플라스 도메인에서 F와 x_1 및 x_2 사이의 전달함수들을 각각 다음과 같이 유도할 수 있다.

$$\frac{x_1}{F_a}(s) = \frac{m_2 s^2 + k}{m_1 m_2 s^4 + k(m_1 + m_2)s^2} \tag{3.81}$$

$$\frac{x_2}{F_a}(s) = \frac{k}{m_1 m_2 s^4 + k(m_1 + m_2)s^2} \tag{3.82}$$

이 방정식들을 서로 다른 주파수 스펙트럼 영역에 대해서 살펴봄으로서 몇 가지 정량적인 결론을 도출할 수 있다. 두 전달함수 모두에서 s가 매우 작은 경우, x_1/F의 분자항에 있는 $m_2 s^2$항은 k에 비해서 무시할 정도이며 분모의 $m_1 m_2 s^4$항도 $k(m_1+m_2)s^2$항에 비해서 무시할 수 있다. 이런 작은 항들을 무시하면 두 물체에 대한 전달함수는 다음 방정식과 같이 근사화 시킬 수 있다.

$$\left(\frac{x_1}{F_a}(s)\right)_{s\to 0} \approx \left(\frac{x_2}{F_a}(s)\right)_{s\to 0} \approx \frac{1}{s^2(m_1+m_2)} \tag{3.83}$$

이는 보드선도에서 하나의 강체와 같이 함께 움직이는 것처럼 보이는 질량 m_1과 m_2의 합에 대한 기울기가 −2인 표준 질량직선을 나타낸다.

고주파에서는 s값이 크기 때문에 x_1/F의 분자 내의 $m_2 s^2$항은 k보다 훨씬 더 크며 두 전달함수 모두에서 분모 내의 $m_1 m_2 s^4$항도 $k(m_1+m_2)s^2$보다 훨씬 더 크다. 크기가 작은 항들을 무시하면 전달함수는 다음과 같이 근사화 시킬 수 있다.

$$\left(\frac{x_1}{F_a}(s)\right)_{s\to\infty} \approx \frac{1}{m_1 s^2} \text{ 이며, } \left(\frac{x_2}{F_a}(s)\right)_{s\to\infty} \approx \frac{k}{m_1 m_2 s^4} \tag{3.84}$$

즉, 고주파에서 첫 번째 물체는 자체 질량만의 질량 직선을 따라서 거동하는 반면에 두 번째 물체는 두 물체의 질량에 비례하여 응답의 기울기가 −4가 된다. 이런 급격한 기울기는 두 번째 물체가 첫 번째 물체의 운동을 따라가지 못하여 벌어지는 현상이다. 이를 두 번째 물체의 **비동조화**(decoupling)라고 부른다.

3.2.4.2 곱셈표현

유도된 전달함수들은 제어 엔지니어들에게 익숙한 형태의 다항식으로 표현된다. 중간 주파수 범위에서의 응답을 해석적으로 고찰하기 위해서는 이 방정식을 다른 형태로 나타내는 것이 더 좋다. 곱셈계수를 사용하여 식 (3.81)과 (3.82)를 재구성할 수 있다. 분모를 분할하면 세 개의 항으로 이루어진 첫 번째 물체의 라플라스 도메인에서의 전달함수에 대한 곱셈 표현을 얻을 수 있다.

$$\frac{x_1}{F_a}(s) = \frac{1}{(m_1+m_2)s^2} \times (m_2s^2+k) \times \frac{1}{m_cs^2+k} \tag{3.85}$$

여기서 조합된 질량항 m_c는 다음과 같다.

$$m_c = \frac{m_1m_2}{m_1+m_2}$$

이 전달함수에서 첫 번째 항은 자유물체운동을 하는 질량들의 컴플라이언스임을 알 수 있다. s가 작은 경우, 즉 낮은 가진 주파수에서 이들 두 항의 합은 1이 되며 시스템은 앞 절에서의 결론에서와 같이 한 몸처럼 움직인다. 두 번째 항인 (m_2s^2+k)는 저주파에서 강성 k와 같은 상수값을 가진다. 고주파에서는 이 계수가 주파수의 제곱에 비례하여 증가하며 +2의 기울기를 가진다. $s=j\omega=\pm j\sqrt{k/m_2}$이 되는 주파수 ω_a에서 이 항은 0이 된다. s에 대한 이 값들은 전달함수의 두 켤레복소수 영점들이며 동적 응답은 ω_a에서 0이 된다. 이 현상은 에너지를 저장하지 않기 때문에 실제 공진이 아니지만 **반공진**(anti-resonance)이라고 부른다. 세 번째 항은 단일 스프링-질량 시스템의 전달함수와 유사하다.

이 식에는 동적 특성에 영향을 끼치는 주파수가 세 개 존재한다. 두 개의 주파수에서 전달함수는 무한대가 된다. 이 비감쇠 고유주파수들은 시스템의 극점에 해당하며 **고유주파수**(eignefrequency) $f_{0,i}$라고 부른다.

$$f_{0,1} = 0\ [\text{Hz}]\text{이며},\quad f_{0,2} = \frac{1}{2\pi}\sqrt{\frac{k}{m_c}}\ [\text{Hz}] \tag{3.86}$$

식 (3.85)의 분자항이 0이 되는 주파수는 이 전달함수의 영점에 해당하며 **반공진**이라고 부른다.

$$f_a = \frac{1}{2\pi}\sqrt{\frac{k}{m_2}}\ [\text{Hz}] \tag{3.87}$$

이 경우 m_1이 정지된 기준에 고정되어 있다면 반공진 주파수는 물체 m_2의 고유주파수에 해당한다. 이와 유사한 방식으로 첫 번째 물체를 고려하여 라플라스 도메인에서 두 번째 물체의 전달함수를 구할 수 있다.

$$\frac{x_2}{F_a}(s) = \frac{1}{(m_1+m_2)s^2} \times \frac{k}{m_cs^2+k} \tag{3.88}$$

이 방정식은 동일한 두 개의 극점을 가지고 있지만 영점은 없기 때문에 그에 따른 주파수 응답의 가장 큰 차이가 유발된다.

3.2.4.3 서로 다른 질량비율의 영향

앞 절에서는 두 개의 연결된 질량들에서 나타나는 몇 가지 동적 특성들을 수학적으로 살펴보았다. 두 번째 질량의 비동조에 의해서 낮은 주파수에서부터 높은 주파수까지 −2의 기울기가 높은 쪽으로 시프트되는 반면에 곱셈 표현을 통해서 공진 및 반공진을 일으키는 세 개의 주파수들을 찾아내었다. 이런 발견을 설명하기 위해서 서로 다른 세 가지 상황들에 대해서 x_1/F와 x_2/F의 보드선도를 살펴보기로 한다.

- $m_1 < m_2$: 이 상태는 큰 질량(m_2)을 유연 마운트로 연결되어 있는 가벼운 작동기(m_1)로 구동하는 상태이다.

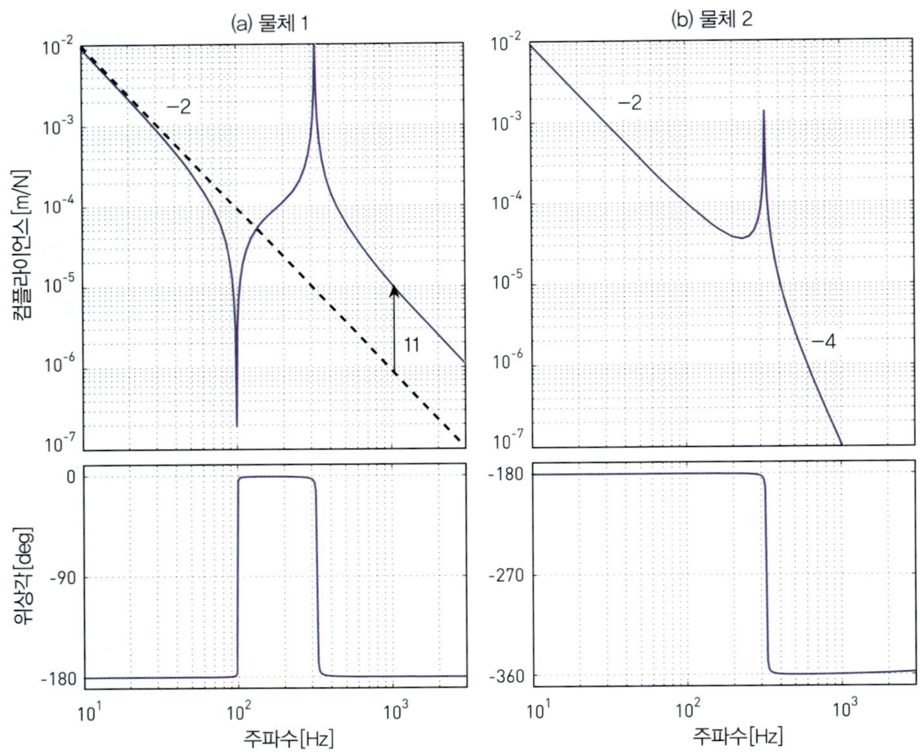

그림 3.23 $m_1 = 2.5 \cdot 10^{-3}$[kg], $m_2 = 25 \cdot 10^{-3}$[kg]이며 $k = 1 \cdot 10^4$[N/m]인 스프링-이중질량 시스템 응답의 보드선도. 이 설계값들로 부터 첫 번째 물체의 **반공진** 주파수는 100[Hz], 비감쇠 공진 주파수는 333[Hz]인 것으로 계산되었다. 두 번째 물체가 **비동조** 된 이후에 첫 번째 물체의 컴플라이언스 기울기는 초기 기울기인 −2가 되었지만 m_1과 m_1+m_2(= 11)의 비율만큼 레벨은 더 높아졌다. 두 번째 물체에서는 공진만이 관찰되며 −2였던 초기 컴플라이언스 기울기는 공진 주파수 이후에 −4가 되며, 이는 두 번째 물체가 첫 번째 물체의 운동을 추종하지 못한다는 것을 의미한다.

- $m_1 = m_2$: 이 경우는 능동 질량체가 위치결정 시스템의 총 이동질량에 대해서 최적화 되어 작동기와 위치결정이 필요한 물체의 무게가 동일한 경우이다.
- $m_1 > m_2$: 이 상태는 질량이 무거운 위치결정 시스템(m_1)에 기생공진을 유발하는 작은 질량(m_2)이 부착되어있는 경우이다.

정규화 된 질량계수 m_c는 항상 m_2보다 작기 때문에, 첫 번째 물체의 **반공진**은 두 번째 고유주파수에서의 공진보다 낮은 주파수에서 발생한다.

m_1과 m_2 사이의 비율에 따라서, 그림 3.23, 3.24 및 3.25에 도시되어 있는 것처럼 이 주파수들 사이의 상관관계도 달라진다.

$f = f_a$에서 x_1/F의 주파수 응답은 전달함수의 영점에 따라서 반공진을 나타내며 모든 힘이 두 번째

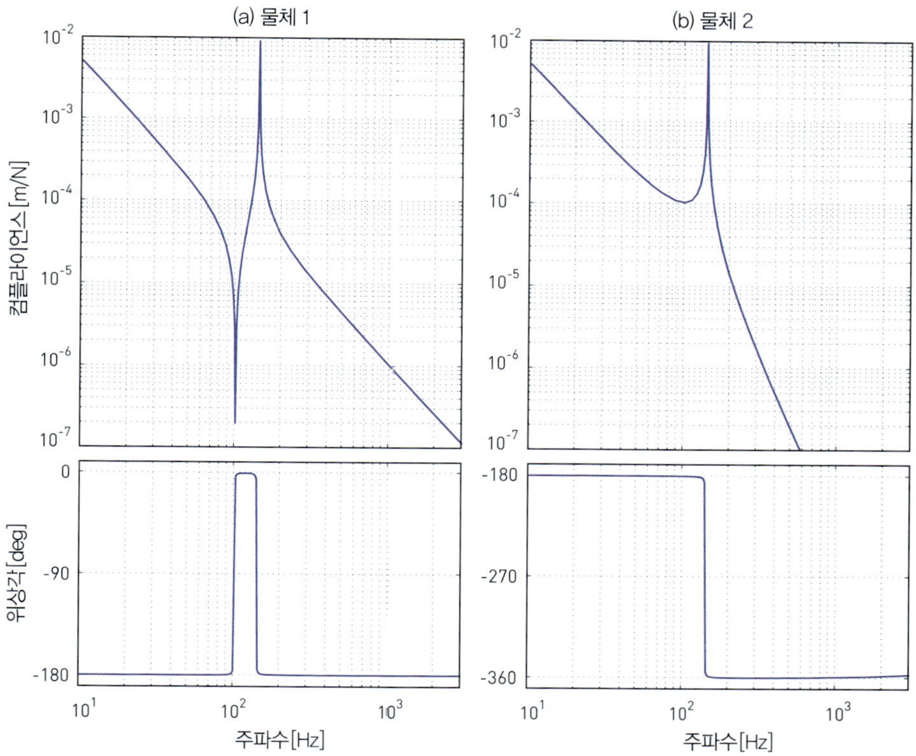

그림 3.24 $m_1 = m_2 = 25 \cdot 10^{-3}$[kg]으로 질량이 동일하며 $k = 1 \cdot 10^4$[N/m]인 스프링-이중질량 시스템 응답의 보드선도. 이 설계값들로 부터 계산된 141[Hz]의 비감쇠 고유주파수에서 두 물체는 동일한 진폭을 가지고 서로 반대방향으로 움직인다. 첫 번째 물체에서 관찰되는 **반공진**은 그림 3.23에 비해서 변한 것이 없다.

물체로 직접 전달된다. 스프링 전체가 포함된 자체적인 고유주파수에서 두 번째 물체의 눈에 보이는 공진을 예상했기 때문에 이것은 의외의 상황이다. 하지만 x_2/F의 그래프에서는 공진이 발견되지 않기 때문에, 이 사고모델은 틀린 것이다. 이 주파수에서 첫 번째 물체의 진폭 x_1은 0이며 두 번째 물체로는 힘 전달을 통해서 진폭을 증가시키기 위해서 필요한 파워의 전달이 발생하지 않는다는 사실을 근거로 하여 이 현상을 설명할 수 있다.

두 번째 물체 운동의 진폭은 그에 따른 스프링의 변형률이 첫 번째 물체에 작용하는 외력을 보상할 힘을 생성할 만큼만 발생한다. 이 진폭은 보드선도에서 외란이 없는 위치의 직선과 같으며 f_a에서는 x_2/F의 진폭이 스프링의 컴플라이언스 ($C_s = 1/k$)와 같기 때문에, 두 번째 물체의 응답에도 아무런 반력이 관찰되지 않는다. $f_a = 100\,[\mathrm{Hz}]$에서 두 번째 물체 전달함수의 진폭은 10^{-4}으로, 이는 연결 스프링의 컴플라이언스와 같기 때문에 그림 3.23 (b)를 통해서 이를 검증할 수 있다.

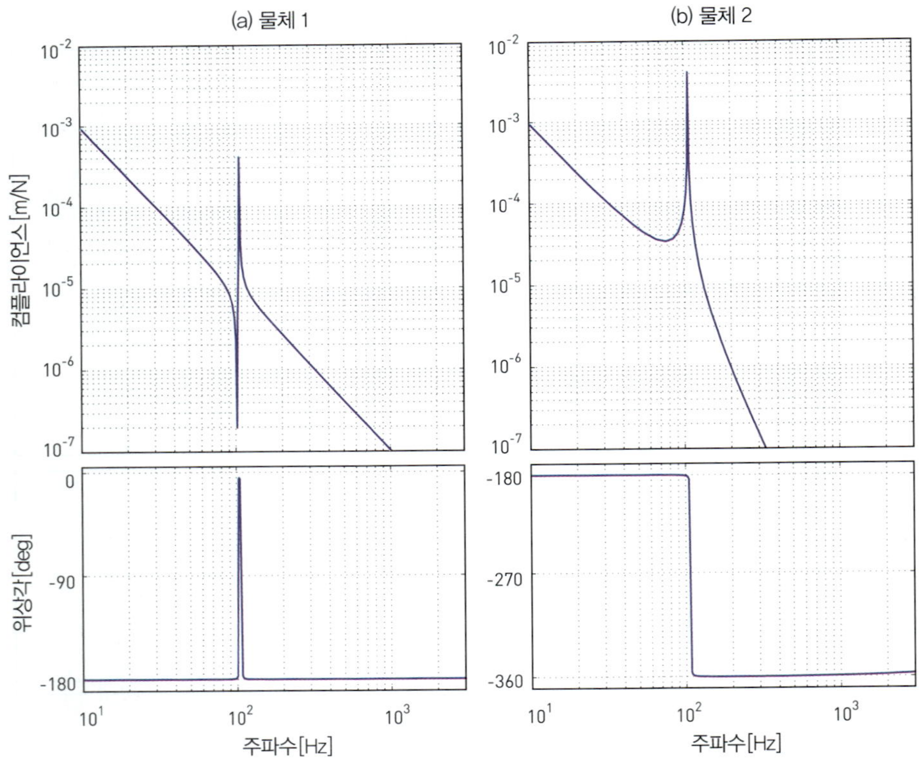

그림 3.25 첫 번째 물체의 질량이 두 번째 물체의 질량보다 열 배 더 큰 스프링-이중질량 시스템 응답의 보드선도. 이 사례에서 $m_1 = 0.25\,[\mathrm{kg}]$, $m_2 = 25 \cdot 10^{-3}\,[\mathrm{kg}]$이며 $k = 1 \cdot 10^4\,[\mathrm{N/m}]$로서 비감쇠 고유주파수는 105[Hz]가 되어 **반공진**과 매우 인접해 있다. 여기서는 전체 질량의 증가로 인하여 전반적인 컴플라이언스가 감소한 것에 주의해야 한다.

$f=f_{0,2}$에서 두 물체는 공진하는 반면에 첫 번째 물체의 운동은 두 번째 물체에 비해서 180°의 위상차이를 가지므로 서로 반대방향으로 움직인다. $f>f_{0,2}$일 때에 첫 번째 물체의 보드선도의 기울기는 다시 −2가 되지만 $f \ll f_a$에서의 기울기를 연장한 선보다는 더 높은 레벨을 나타낸다. 이는 두 번째 물체가 첫 번째 물체와 비동조 되어 더 이상 함께 움직이지 않게 되었기 때문이다. 그 결과, 두 번째 물체 응답의 기울기는 첫 번째 물체의 기울기(−2)보다 두 배 더 급격하게 떨어진다. 첫 번째 물체의 컴플라이언스는 질량차이의 비율에 비례하여 증가하는데, 이 비율이 1대 11이므로, 첫 번째 물체의 컴플라이언스는 그림 3.23(a)에 도시되어있는 것보다 11배 더 커진다.

$m_1=m_2=m$인 경우에는 $f_{0,2}=1/2\pi\sqrt{2k/m}=\sqrt{2}\cdot f_a$가 된다. 이 경우의 보드선도(그림 3.24)에 따르면, $f_{0,2}$에서 두 물체는 동일한 진폭을 가지고 서로 반대방향으로 움직인다. 이때에 스프링의 중앙은 움직이지 않으므로, 두 물체는 스프링의 절반만을 가지고 공진하는 셈이 된다. 바로 이 두 배가 된 강성이 $f_{0,2}$와 f_a 사이에 $\sqrt{2}$ 의 비율이 만들어지는 이유이다.

m_1이 m_2보다 훨씬 더 큰 경우에는 $f_{0,2}$가 f_a와 거의 같아진다. 전반적으로 두 번째 물체는 첫 번째 물체의 운동에 큰 영향을 끼치지 못한다. 비감쇠 고유주파수에서만 특징적인 영점과 극점의 조합이 나타날 뿐이다.

3.3 | 모달해석

2물체 스프링 질량 시스템의 동특성 운동방정식을 유도하기 위한 해석적 방법은 기계 구조물의 일반적인 주파수 응답에 대한 감을 얻기에 유용하다. 다중질량−스프링 시스템의 조합으로 모델링된 더 복잡한 구조물을 분석하는 경우에는 벡터−행렬 형식을 사용하여 이 방정식을 확장시켜야 결과를 계산할 수 있다. 이 과정을 가능케 하려면 식 (3.81)과 (3.82)로부터 유도된 전달함수를 다른 방식으로 나타내야 한다. 고유치 분해를 사용해서 두 개의 동조된 2차 미분방정식으로 이루어진 4차 미분방정식을 풀어야 한다. 이 수학적 고유치 분해 방법에 대해서는 3.3.3절에서 더 자세히 살펴볼 예정이며 이를 통해서 식 (3.86)에 제시되어 있는 **고유주파수**(eignefrequency)라고 부르는 각 고유모드의 비감쇠 고유주파수를 결정하는 **모달 질량**(modal mass)과 **모달 강성**(modal stiffness)을 가지고 있는 두 개의 **고유모드**(eigenmode)들이 만들어진다. 고유모드와 함께 **모드선도**(mode−shape)는 시스템 내에 모델링 된 모든 물체들에 대한 운동 진폭을 포함하는 **고유벡터**(eignevector)로 이산화 되는 다차원 연속 **형상함수**(shape function)를 사용하여 시스템의 운동을 나타낸다. 독일/네덜란드 단어인 eigen = **자기자신**(own) 이라는 뜻이 의미하듯이 고유모드는 마치 피아노 현을 해머로 두드린 이후에 발생하는 음처럼 특정한 고유주파수로 가진된 이후에 관찰할 수 있는 시스템의 성질이다. 대부분의 경우 기계 구조물 내에서는 이 고유모드들의 감쇠가 매우 낮기 때문에 이 고유모드들의 **감쇠 공진주파수**(damped resonance frequency : $\omega_{d,r}$)와 **감쇠 고유주파수**(damped natural frequency : $\omega_{d,n}$)는 거의 **고유주파수**[20](eigen frequency : ω_0)와 일치하며($\omega_{d,r} \approx \omega_{d,n} \approx \omega_0$) 서로 다른 고유모드들의 고유주파수는 예를 들어 시험용 해머 등을 사용한 임펄스로 기계 구조물을 가진하여 측정할 수 있다. 가진 이후에 시스템은 자유진동을 일으키며 내부 감쇠가 이 진동을 저감시킨다. 진동 센서를 사용해서 이 고유주파수를 측정할 수 있기 때문에 관찰된 현상을 잘 이해하고 있다면 메카트로닉스 시스템용 제어기를 설계할 때에 **모달해석**(modeal analysis) 방법이 매우 유용하다. 이런 통찰력을 얻기 위해서 우선 앞 절의 사례를 고유모드에 대해서 살펴보기로 한다. 그런 다음 이 원리를 2자유도 시스템의 모달해석으로 확장한다. 이런 개괄적인 고찰 이후에 행렬식과 벡터 표기법을 사용한 더 일반적인 수학적 해석방법을 고찰하고 실제 상황에서 이 이론을 적용하는 데에 도움이 되는 도식적 표현방법에 대해서도 살펴본다. 이 절의 마지막은 서로 다른 고유모드들의 모달 중첩을 통한 총 주파수 응답 유도방법에 대해서 다룬다.

3.3.1 2물체 스프링-질량 시스템의 고유모드

그림 3.26에 도시되어 있는 2물체 스프링-질량 시스템은 0 [Hz]에서 1차 고유주파수 $f_{0,1}$을 가지고 있으며 이때의 고유모드는 두 물체 함께 움직이는 형태의 모드선도를 가지고 있다. 이와는 다른 고유주파수 $f_{0,2}$에서는 서로 반대 방향으로 두 물체가 움직이는 모드선도를 가지며 이들 사이의 진폭비는 질량비율에 의존한다. 물리적인 관점에서 이는 시스템에 외력이 가해지지 않는다면 두 물체의 질량들이 함께 형성하는 질량중심은 항상 정지해 있어야 한다는 것으로 이해할 수 있다. 이 고유모드들에서의 운동을 외력이 가해지지 않는 상태에서 안정상태를 이루고 있는 진동으로 간주할 수 있다. 이 시스템이 우주공간에 떠 있는 경우에 외력이 가해지지 않는다면 두 물체는 함께 항상 일정한 속도로 움직일 것이며 2차 고유모드로 비감쇠 공진을 일으킨다면 이 또한 계속 지속될 것이다. 이 간단한 상상속의 가능성은 실제로 활용할 경우에 매우 가치가 있다. 시스템이 선형적으로 거동하는 한, 이 모드들이 **독립**(independant)적이기 때

20) 번역 과정에서 natural frequency와 eigenfrequency를 모두 고유주파수라고 표기하였으며 둘이 동시에 사용되는 경우에는 괄호로 영문을 표기하였다. 역자 주.

문에 더욱더 그렇다. 선형조건 하에서 이들의 외란에 대한 개별 응답을 단순 합산하여 전체 시스템의 응답을 구할 수 있다. 정밀 메카트로닉스 장비의 변형은 매우 미소량이 발생하므로 실용 설계에서는 이런 선형화가 자주 사용된다.

이 중첩원리를 설명하기 위해 해석적인 운동 방정식의 마지막 사례로 관련된 두 개의 전달함수가 유도되었다. 이런 가정들이 좀 부당해 보일 수 있겠지만 뒤에서 이런 가정들이 허용되는 이유를 설명할 예정이다.

수학적인 해석은 라플라스 도메인에서 첫 번째 물체의 위치에 대한 식 (3.85)에서부터 시작한다.

$$\frac{x_1}{F_a}(s)=\frac{1}{(m_1+m_2)s^2}\,\frac{m_2s^2+k}{m_cs^2+k} \tag{3.89}$$

위 식을 분모에 s^2항을 가지고 있는 두 개의 덧셈항들로 변환시키기 위해서 분자의 마지막 항에 m_cs^2항을 더하고 빼는 표준 분수전개를 사용한다.

$$\begin{aligned}\frac{x_1}{F_a}(s) &= \frac{1}{(m_1+m_2)s^2}\,\frac{(m_cs^2+k)+(m_2-m_c)s^2}{m_cs^2+k} \\ &= \frac{1}{(m_1+m_2)s^2}\left(1+s^2\frac{m_2-m_c}{m_cs^2+k}\right) \\ &= \left(\frac{x_1}{F_a}\right)_1+\left(\frac{x_1}{F_a}\right)_2=\frac{1}{(m_1+m_2)s^2}+\frac{\dfrac{m_2-m_c}{m_1+m_2}}{m_cs^2+k}\end{aligned} \tag{3.90}$$

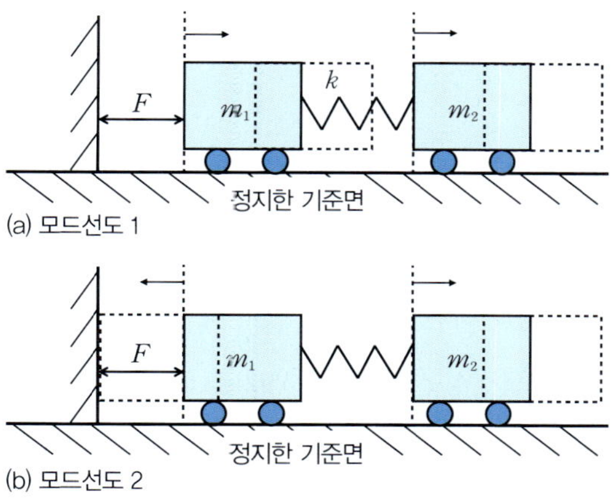

그림 3.26 스프링으로 연결된 스프링-이중질량 시스템의 두 고유모드에서의 모드선도들. 첫 번째 고유주파수 $f_{0,1}=0$[Hz]에서의 고유모드는 한쪽 방향으로의 선형 강체운동을 나타내고 있다. 두 번째 고유주파수인 $f_{0,2}$에서의 고유모드는 두 물체가 서로 반대 방향으로 탄성운동을 일으키며 운동의 진폭비는 두 물체의 질량비와 반비례한다. 여기서는 두 질량이 동일한 경우를 보여주고 있다. 그림에 도시되어 있는 모드 방향은 주기적인 왕복운동을 하는 운동의 한쪽 방향만을 나타내고 있다.

위 식에 따르면 전체 전달함수는 이제 두 고유모드 전달함수들의 합으로 이루어진다. 분자의 m_c를 $m_1m_2/(m_1+m_2)$로 치환하면 전체 전달함수는 이제 다음과 같이 변환된다.

$$\frac{x_1}{F_a}(s)=\left(\frac{x_1}{F_a}\right)_1+\left(\frac{x_1}{F_a}\right)_2=\frac{1}{(m_1+m_2)s^2}+\frac{\frac{m_2^2}{(m_1+m_2)^2}}{m_cs^2+k} \tag{3.91}$$

이 결과를 식 (3.89)와 비교해 보면 첫 번째 항이 변하지 않았음을 알 수 있다. 이는 저주파에서 이 고유모드가 전달함수를 지배하기 때문이다. 고주파에서는 식 (3.89)의 두 번째 분자항에 의한 이중영점이 사라지는 반면에 두 번째 고유모드의 두 극점은 두 물체의 질량값에 의해서 결정되는 분자의 비례계수와 함께 잔류하게 된다. 이중 영점에 의해서 결정되는 이러한 반공진은 단지 서로 반대의 위상을 갖는 두 개의 동일한 응답진폭의 합에 의한 것이라는 사실을 몇 페이지 뒤에서 살펴볼 예정이다. 따라서 이 반공진은 공진 같은 **에너지 저장**(energy container)기구가 아니다. 또한 두 고유모드들의 기여도는 마치 동일한 작용력 F_a에 의해서 구동되는 것처럼 생각할 수 있다. 이 힘이 두 모드들에 분할된다고 생각할 수도 있기 때문에 이를 인식하는 것이 중요하다.

(i)번째 고유모드에 대한 모달질량 $\mathscr{M}_i$와 모달강성 $\mathscr{K}_i$를 도입하여 식 (3.91)을 약간 다르게 나타낼 수 있다.

$$\frac{x_1}{F_a}=\left(\frac{x_1}{F_a}\right)_1+\left(\frac{x_1}{F_a}\right)_2=\frac{1}{\mathscr{M}_1s^2+\mathscr{K}_1}+\frac{\frac{m_2^2}{(m_1+m_2)^2}}{\mathscr{M}_2s^2+\mathscr{K}_2} \tag{3.92}$$

모달질량값은 다음과 같다.

$$\mathscr{M}_1=m_1+m_2\text{이며 }\mathscr{M}_2=m_c \tag{3.93}$$

정지한 기준면과 시스템 사이를 연결하는 스프링이 없기 때문에($\mathscr{K}=0$) 첫 번째 고유모드의 모달강성값은 0이다. 두 번째 고유모드의 모달강성 $\mathscr{K}_2$는 식 (3.92)를 (3.91)에 대입하여 구할 수 있으며 선정된 모달 질량과 고유주파수 사이에는 다음과 같은 관계를 가진다.

$$\omega_{0,2}^2=\frac{k}{m_c}=\frac{\mathscr{K}_2}{\mathscr{M}_2} \tag{3.94}$$

서로 다른 모달질량에 해당하는 항들의 분자의 상수항이 그 비율에 맞춰서 스케일되어 있다면 이론상 두 고유모드들의 모달질량을 서로 다른 값으로 선택할 수 있다. 이렇게 모달질량값을 자유롭게 선정할 수 있다는 것은 3.3.3절에서 자세히 설명하고 있는 것처럼 자동적으로 모달질량과 물체의 실제질량 사이의 관계는 순수한 비례관계를 가지고 있다는 것을 의미하므로 이 차이를 인식하는 것이 중요하다.

최종 항들의 모달질량과 강성값들이 첫 번째 물체의 항들과 동일할 필요가 있는 경우에 식 (3.88)과 동일한 부분분수는 두 번째 물체의 운동에 기여하는 두 개의 고유모드들에 대해서 해석적인 전달함수를 제공해준다. 이와 같은 동일값 필요조건은 전달함수 내에서 서로 다른 분모값을 초래한다.

$$\frac{x_2}{F_a}(s) = \frac{1}{(m_1+m_2)s^2}\,\frac{k}{m_c s^2+k} \tag{3.95}$$

$$= \frac{1}{(m_1+m_2)s^2}\,\frac{(m_c s^2+k)-m_c s^2}{m_c s^2+k}$$

$$= \frac{1}{(m_1+m_2)s^2} + \frac{-\dfrac{m_1 m_2}{(m_1+m_2)^2}}{m_c s^2+k}$$

$$= \left(\frac{x_2}{F_a}\right)_1 + \left(\frac{x_2}{F_a}\right)_2 = \frac{1}{\mathscr{M}_1 s^2+\mathscr{K}_1} + \frac{-\dfrac{m_1 m_2}{(m_1+m_2)^2}}{\mathscr{M}_2 s^2+\mathscr{K}_2} \tag{3.96}$$

두 번째 물체의 응답에 대한 첫 번째 물체의 기여도는 첫 번째 물체의 응답에 대한 이 고유모드의 기여도와 같다. 이는 첫 번째 고유모드는 마치 하나의 강체[21]인 것처럼 두 물체가 함께 운동한다는 사실에 기인한다.

두 번째 고유모드가 물체들의 운동에 끼치는 영향을 통해서 두 물체들 사이의 동적 거동의 차이를 발견할 수 있다. 첫 번째 차이는 분자항에서 두 번째 물체와 −1의 부호를 가진다는 것이며 두 번째 고유모드에서는 두 질량체들이 서로 반대 방향으로 움직인다는 사실로부터 이 차이를 설명할 수 있다. 상대적인 진폭은 다음과 같다.

$$\frac{x_1}{x_2} = \frac{m_2^2}{m_1 m_2} = \frac{m_2}{m_1} \tag{3.97}$$

두 물체들의 질량 사이의 비율이 반비례한다는 것은 스프링력이 두 물체에 대해서 동일하다는 뉴튼의 3법칙으로부터 직접 설명할 수 있다. 고유모드는 외력없이 자유롭게 진동하는 고유모드이므로 가속도와

21) 3.3.3절에 따르면 이 사례에서처럼 고유모드의 모달 강성이 거의 0인 경우에만 **강체모드**(rigid body mode)가 존재한다. 동일한 질량체들로 이루어진 2물체 시스템이 동일한 스프링들에 의해서 정지한 기준면에 연결되어 있는 경우에도 이런 강체모드가 발생한다.

그에 따른 속도 및 위치값들이 물체의 질량과 반비례한다. 첫 번째 물체의 총 운동에 대해서 두 고유모드들이 동일한 방향으로 작용할 때에 두 번째 물체에 대한 2차 고유모드의 부호반전은 180°의 위상차이와 첫 번째 고유모드 운동과 반대방향으로의 운동을 초래한다. 모델링 원리는 고유 모드들을 추가하는 것이므로 일관성의 측면에서 음의 부호를 추가하는 것이라고 부르는 것이 더 좋다. 그런 이유 때문에 음의 부호가 분자항에 포함되어 있다.

시스템의 자유도에 작용하는 힘에 대한 시스템의 응답은 힘이 가해지는 위치에 부가되는 실제 질량과 강성값에 의해서 결정된다. 이 값들은 마치 물리적인 자유도 k에 가해지는 실제의 질량과 강성처럼 i번째 고유모드에 대한 **유효 모달질량**(effective modal mass) $\mathcal{M}_{eff.i,k}$와 **유효 모달강성**(effective modal stiffness) $\mathcal{K}_{eff.i,k}$라고 부른다. 이 유효값들은 식 (3.92)와 (3.96)을 분자가 1이 되도록 정리하여 유도할 수 있다.

$$\frac{x_1}{F_a} = \left(\frac{x_1}{F_a}\right)_1 + \left(\frac{x_1}{F_a}\right)_2 = \frac{1}{\mathcal{M}_1 s^2 + \mathcal{K}_1} + \frac{\frac{m_2^2}{(m_1+m_2)^2}}{\mathcal{M}_2 s^2 + \mathcal{K}_2} \tag{3.98}$$

$$= \frac{1}{\mathcal{M}_{eff.1,1} s^2 + \mathcal{K}_{eff.1,1}} + \frac{1}{\mathcal{M}_{eff.2,1} s^2 + \mathcal{K}_{eff.2,1}}$$

사례의 모달 강성에서 도입된 값들을 사용하면 1차 고유모드의 유효 모달값은 다음의 모달값과 같아진다.

$$\mathcal{M}_{eff.1,1} = \mathcal{M}_1 = m_1 + m_2 \text{ 이며 } \mathcal{K}_{eff.1,1} = \mathcal{K}_1 = 0 \tag{3.99}$$

2차 고유모드의 경우 집중 모델의 매개변수들, 모달 매개변수들, 그리고 x_1 자유도에 대한 유효 모달 매개변수들 사이의 상관관계는 다음과 같이 주어진다.

$$\mathcal{M}_{eff.2,1} = \mathcal{M}_2 \frac{(m_1+m_2)^2}{m_2^2} = m_c \frac{(m_1+m_2)^2}{m_2^2} = (m_1+m_2)\frac{m_1}{m_2} \tag{3.100}$$

$$\mathcal{K}_{eff.2,1} = \mathcal{K}_2 \frac{(m_1+m_2)^2}{m_2^2} = k \frac{(m_1+m_2)^2}{m_2^2} \tag{3.101}$$

이 방정식들을 통해서 유효강성과 질량값들은 질량비에 따라서 물체의 실제 질량값보다 훨씬 더 크다는 것을 알 수 있다. 질량값들이 동일($m_1 = m_2 = m$)한 경우에는 그림 3.27에 도시되어 있는 것처럼 모달강성의 유효값들은 $\mathcal{K}_{eff.2,1} = 4k$와 같은 반면에 모달질량은 $\mathcal{M}_{eff.2,1} = 2m$과 같다. 따라서 고유주파수는 두 배인 질량과 네 배인 강성에 의해서 결정된다. 이는 질량값이 동일한 경우에 질량의 절반인 m_c에 총 강성 k가 가해지는 경우에 대한 식 (3.94)에 의해서 구해진 것과 동일한 주파수 값을 가진다. 나란히 작용하지 않기 때문에 두 번째 물체에 작용하는 것이 아니라 첫 번째 물체에 작용하는 힘에 대한 두 번째 물체의 응답은 운동의 진폭 차이를 고려하기 위해서 분자항에 서로 다른 계수들이 사용되는 동일한 고유모드들로부터 직접 유도할 수 있다. 1차 고유모드는 강체 고유모드이므로 두 물체의 운동 진폭은 동일하다. 2차 고유모드의 경우 스프링의 동일한 작용력이 두 물체에 가해져서 질량에 반비례하는 가속도가 발생하므로 두 번째 물체의 응답은 질량비에 따라서 변하게 된다.

$$\frac{x_2}{F_a} = \left(\frac{x_2}{F_a}\right)_1 + \left(\frac{x_2}{F_a}\right)_2 = \frac{1}{\mathscr{M}_1 s^2 + \mathscr{K}_1} + \frac{-1\dfrac{m_1 m_2}{(m_1+m_2)^2}}{\mathscr{M}_2 s^2 + \mathscr{K}_2} \tag{3.102}$$

$$= \frac{1}{\mathscr{M}_{eff.1,1} s^2 + \mathscr{K}_{eff.1,1}} + \frac{-\dfrac{m_1}{m_2}}{\mathscr{M}_{eff.2,1} s^2 + \mathscr{K}_{eff.2,1}}$$

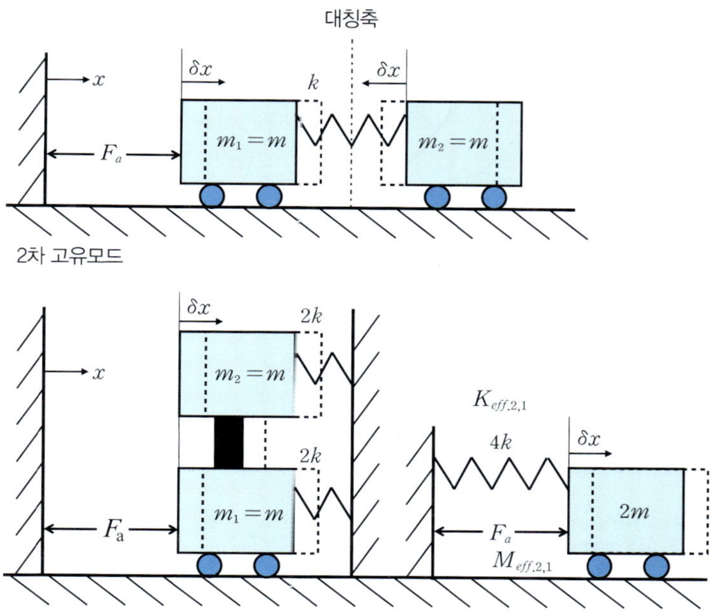

그림 3.27 2차 고유모드의 경우 스프링에는 두 질량들이 서로 반대방향으로 움직이는 정지위치가 있기 때문에 이를 이용하면 2차 고유모드의 유효질량과 강성을 단순화시킬 수 있다. 두 질량이 동일한 경우에는 마치 이들을 기구적으로 구동하는 것처럼 동일한 진폭으로 움직인다. 이 대칭성 덕분에 두 번째 물체의 스프링과 질량을 대칭위치에 배치할 수 있다. 이들 두 질량을 결합시키면 유효 모달질량은 $\mathscr{M}_{eff.2,1} = m_1 + m_2 = 2m$이 된다. 등가의 단순 스프링-질량 시스템보다 4배가 더 큰 가상 스프링을 연결할 때에는 특별한 주의가 필요하다.

고유모드들의 조합을 통해서 전달함수를 다른 형태로 나타낸 결과 복잡한 시스템에 대한 주파수응답 함수의 보드선도를 개별 고유모드들의 진폭 및 위상에 대한 기여도를 합산하여 비교적 간단하게 유도할 수 있다. $m_2 = 10m_1 = 25 \cdot 10^{-3}$ [kg]을 사용하여 그림 3.23에 모델링 되어 있는 이상적인 시스템에 대한 보드선도가 그림 3.28에 그래프로 제시되어 있다. 주파수 f_a에서 첫 번째 물체의 주파수 응답에 나타난 반공진은 동일한 진폭의 두 고유모드들이 180°의 위상차이를 가지고 있어서 이들 둘의 기여도를 합하면 0이 되기 때문이다. 따라서 **반공진**(anti-resonance) 현상은 반대 위상을 가지고 있는 동일한 신호에 의한 결과일 뿐이므로 용어가 잘 못 선정된 것이다. 마찬가지로 두 번째 물체의 전달함수 x_2/F는 두 개의 개별적인 고유모드들의 합과 같다. 이 경우에는 2차 고유모드의 분모항에 -1 항이 있기 때문에 위상 반

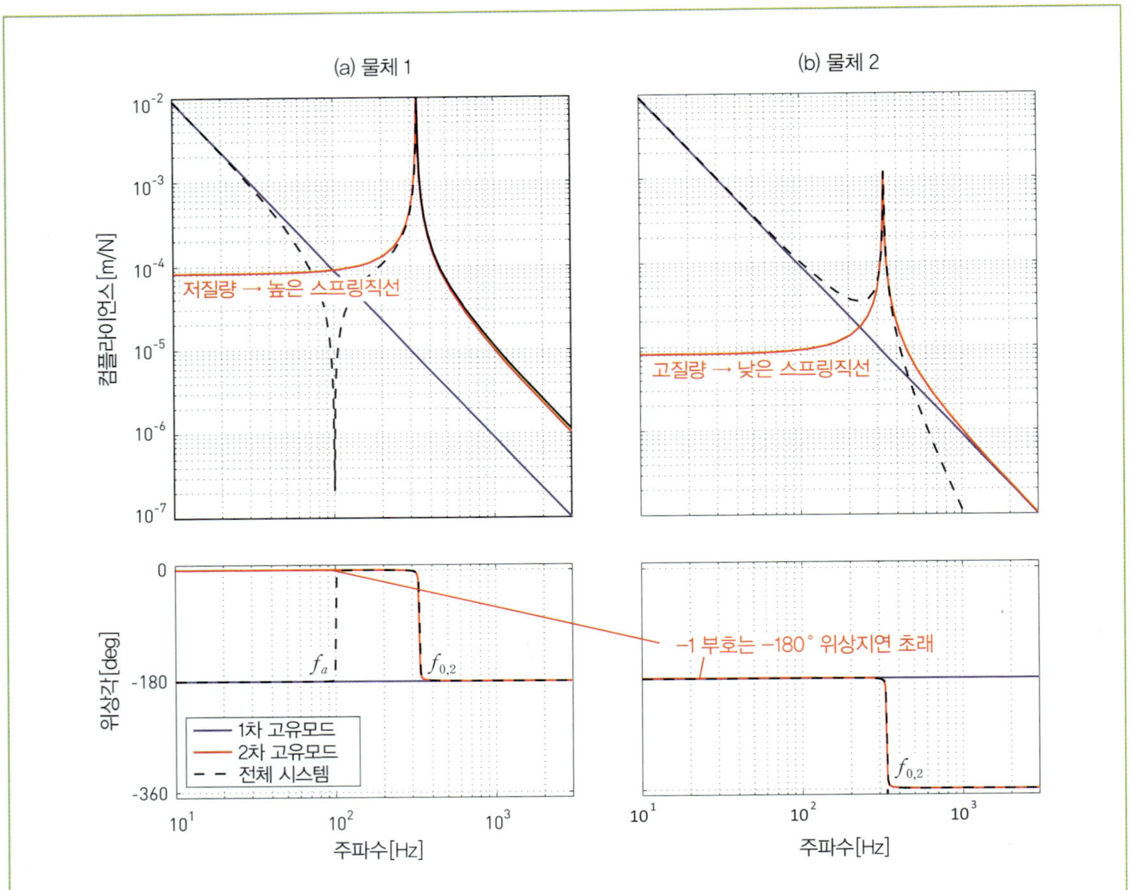

그림 3.28 $m_1 = 2.5 \cdot 10^{-3}$[kg], $m_2 = 25 \cdot 10^{-3}$[kg]이며 $k = 1 \cdot 10^4$[N/m]인 그림 3.23과 동일한 이중 스프링-질량 시스템의 응답에 대한 보드선도. 물체 1 및 물체 2에 대한 1차 모드의 기여도는 동일한 반면에 물체 1 및 물체 2의 보드선도에 대한 2차 모드의 기여도는 완전히 다르다. 물체 1에서 관찰되는 반공진은 동일한 진폭을 가지고 있지만 부호가 반대인 두 모드들의 상호작용에 의해서 발생하는 반면에 물체 2의 경우에는 두 모드들의 주파수 응답이 서로 교차하는 위치에서 부호가 서로 같기 때문에 기여도가 합산되어버린다.

전이 일어나서 반공진이 발생하지 않는다. f_2보다 높은 주파수에서는 2차 고유모드가 $-180°$에서 $-360°$로 더 시프트되는 반면에 두 고유모드들은 동일한 질량직선을 추종한다. 두 성분들의 진폭은 거의 동일하며 반대 위상을 가지고 있기 때문에, 조합된 진폭은 더 빠르게 감소하여, 고주파 대역에서는 -4의 기울기와 $-360°$의 위상각을 가진다.

3.3.2 고유모드에 감쇠 추가

실제의 경우에 모든 고유모드들은 약간의 감쇠를 가지고 있다. 구조물이 가지고 있는 이런 내부감쇠는 주로 (점성)감쇠와 소재의 히스테리시스 특성으로 인해서 서로 다른 많은 부품들 속에서 진동 에너지의 손실 때문에 일어난다. 에너지 손실이 발생하는 원자의 개별 위치들을 유한한 메쉬를 사용하는 유한요소 모델로 근사화시킬 수밖에 없기 때문에 감쇠에 대한 완벽한 모델링은 어렵다. 모달해석에 대한 이 절의 서두에서 말했듯이, 실제의 경우 Q-레벨이 높기 때문에 감쇠레벨은 일반적으로 매우 낮다. 그러므로 3.2절에서 설명했던 집중 감쇠된 스프링-질량 시스템과 동일한 방식으로 감쇠를 모델링할 수 있다. 즉 댐퍼는 스프링과 병렬로 배치되어 두 개의 연결된 위치들에서 스프링과 동일한 운동을 공유하며 이 스프링의 변위만을 저감시킨다는 것을 의미한다. 실제의 경우 **모달 댐퍼**(modal damper)의 감쇠계수 c_m은 라플라스 도메인 내에서 k에 cs항을 추가하여 총 복소강성 $k_t = k+cs$와 같이 나타낼 수 있다. 따라서 이중물체 스프링-질량 시스템의 사례에서 감쇠된 스프링-질량 시스템의 표준모델에 적용되는 2차 고유모드의 품질계수는 식 (3.91)과 (3.95)의 마지막 항의 분모로부터 다음과 같이 유도할 수 있다.

$$Q_{m(2)} = \frac{\sqrt{km_c}}{c} \tag{3.103}$$

비록 기계 구조물 내의 감쇠 레벨이 매우 낮기 때문에 고유주파수 계산 과정에서 이를 무시할 수 있다고 하더라도 특정한 레벨의 감쇠가 존재해야만 이런 시스템의 제어가 가능한 경우가 자주 발생한다. 이런 제어 시스템을 튜닝하는 과정에서 발생하는 가장 큰 문제는 감쇠계수가 마운팅의 마찰과 (윤활제에 의한) 조인트의 오염으로 인하여 크게 변한다는 점이다. 일반적으로 초기 설계시에는 최악의 경우에 대한 가정을 해야 하며 품질계수인 Q 값은 10~100 사이로 정한다. 많은 경우 구조물의 유형에 따라서 경험에 기초하여 이 값을 정한다. 제어시스템에서 고감쇠는 거의 불안정을 유발하지 않으며 최종적으로 만들어진 시스템에서 감쇠값은 측정을 통해서 구할 수 있다. 필요하다면 제어기를 최적화시킬 필요가 있지만 어떤 모델도 결코 완벽할 수 없기 때문에 결과적으로 항상 최적화 과정이 수행되어야 한다. 운동 제어기의 튜닝 방법에 대해서는 4장에서 더 자세히 설명할 예정이다.

3.3.2.1 고감쇠

높은 감쇠계수를 가지고 있는 전용 요소가 기계 시스템에 사용된다면 스프링으로 서로 연결된 두 개의 물체의 고유모드에 댐퍼가 더 큰 영향을 끼치기 때문에 감쇠에 대한 단순 관계식을 더 이상 사용할 수 없다. 이를 설명할 좋은 사례가 그림 3.29에 도시되어 있는 자동차용 감쇠기이다. 노면의 굴곡에 의해서 전달되는 진동이 스프링, 댐퍼 및 차체를 통해서 전달된다. 아무런 감쇠도 없는 경우에 이 4차 시스템은 두 개의 명확한 고유모드를 가지고 있기 때문에 승차감이 매우 나쁠 것이다. 사례에서 주어진 데이터에 따

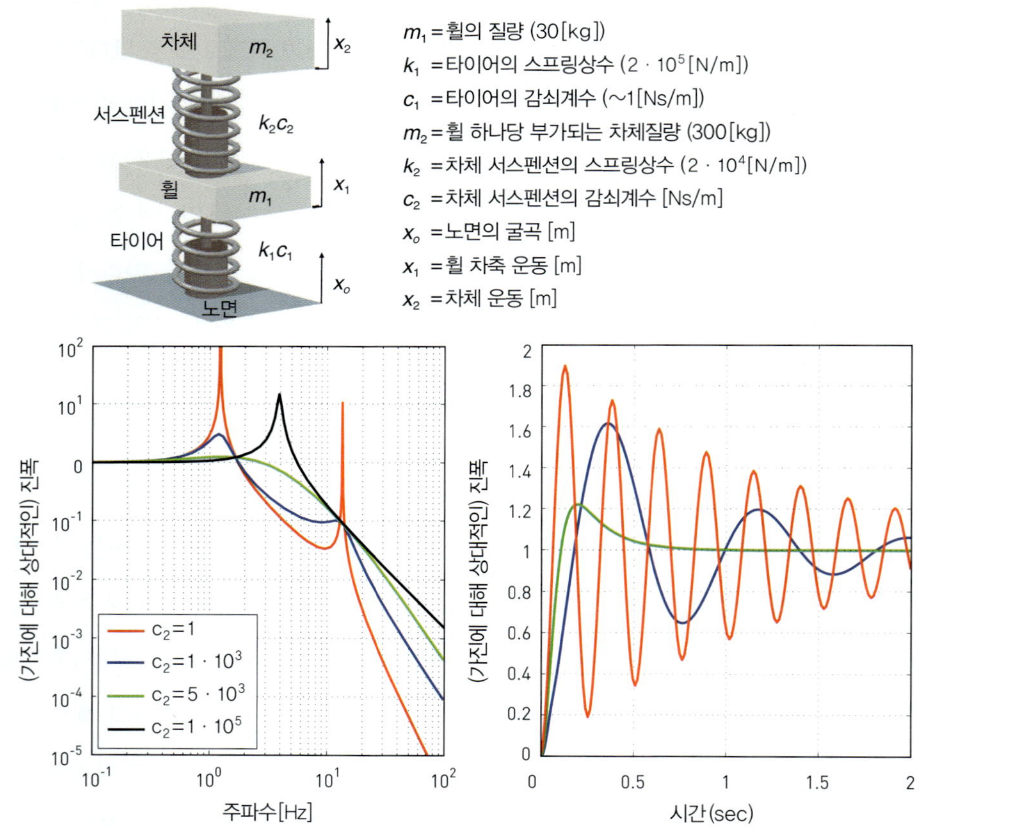

그림 3.29 자동차의 서스펜션은 감쇠특성이 나쁜 스프링처럼 작용하는 두 개의 타이어, 휠과 잘 감쇠된 스프링으로 휠과 연결된 차체 등으로 이루어진다. 차체와 휠 사이의 댐퍼는 노면의 굴곡이 차체에 전달되는 두 고유모드들의 감쇠에 영향을 끼친다. (3D 그림의 출처 : Edwin de Vries TUDelft)

르면 1.2 [Hz] 주변에서 발생하는 1차 고유모드는 차체와 휠을 연결하는 스프링 k_2와 차체에 의해서 발생한다.

2차 고유모드의 고유 주파수는 대략 12 [Hz]로서 주로 휠의 질량과 타이어의 강성에 의해서 결정된다. 일반적으로 연료의 소모를 줄이기 위해서 타이어의 감쇠는 작게 만든다. 감쇠계수 c_2를 증가시키면 감쇠가 두 고유모드 모두에 영향을 끼치는 것을 그래프에서 확인할 수 있다. 앞서 집중질량-스프링 시스템을 감쇠시키는 경우에 대한 사례에서와 마찬가지로 $c_2 = 1 \cdot 10^3$ [Ns/m]인 경우에 공진 피크는 비감쇠 공진주파수보다 약간 낮은 주파수에서 살짝 나타난다. 감쇠값이 $c_2 = 5 \cdot 10^3$ [Ns/m]로 증가하면 저주파 고유모드는 완벽하게 상쇄되어 0 [Hz]로 시프트 되며 두 번째 고유모드는 완벽하지는 않지만 거의 상쇄된다. 실제의 경우 이 모드는 타이어의 강성과 차체의 질량에 의해서 결정되며 약 4 [Hz] 시프트 된다. 감쇠값이 $c_2 = 1 \cdot 10^5$ [Ns/m]와 같이 매우 큰 값으로 증가하면 이런 현상이 더 명확해진다. 이 경우 댐퍼는 이 주파수에서 차체를 휠과 연결시켜 주며 휠과 차체의 총 질량이 하나의 강체처럼 움직인다. 이론상 이 상황도 고유모드들을 조합하는 모달해석을 통해서 분석할 수 있지만 실제의 메카트로닉스 시스템에서는 이런 방식을 거의 사용하지 않으며 일반적으로 더 복잡한 모델링을 활용하지 않는다.

3.3.3 모달해석 이론

기계 구조물에 가해지는 주기적인 힘에 따른 주파수와 위상응답에 대한 기초적인 감을 얻기 위해서 앞 절에서는 모달해석에 대한 도식적인 방법을 살펴보았다. 일반적으로 사용되는 수학적 모델의 결과에 대한 타당성을 검증하기 위해서는 거동에 대한 이런 감(feel)이 필요하다. 가장 자주 나타나는 문제는 시뮬레이션 소프트웨어를 사용하여 출력한 보드선도의 위상관계 표현에서 발생한다. 수학적으로는 360°를 0°나 360°의 임의의 배수와 구분할 수 없기 때문에 특히 문제를 단순화시키기 위해서 감쇠를 무시하는 경우에 그래프 상에서 −180° 점프해야 하는 것이 +180° 점프로 나타나는 것처럼 위상 선도는 종종 모순된 상황을 나타내게 된다. 이런 경우 모델링 소프트웨어가 실제보다 작은 음의 위상각도를 제시하기 때문에 메카트로닉스 설계자가 특정 시스템이 높은 주파수에서도 안정적인 귀환제어를 수행할 수 있다는 잘못된 결론을 내리게 된다. 설계자가 이런 문제점을 충분히 인식하고 있다면 수학계산 소프트웨어는 다수의 물체와 스프링들이 결합된 실제의 복잡 시스템을 거의 무한한 수의 내부연결 요소들로 물체를 모델링한 유한요소 해석의 수준까지 해석해 주는 매우 강력한 해석도구이다.

3.3.3.1 다자유도 운동 방정식

감쇠가 없는 다자유도 선형 기계 시스템의 시간도메인에 대한 일반적인 운동방정식을 다음과 같이 행렬 및 벡터를 사용하여 식(3.30)의 1자유도 시스템과 유사하게 나타낼 수 있다.

$$\boldsymbol{M}\ddot{x}(t)+\boldsymbol{K}x(t) = F(t) \tag{3.104}$$

여기서 $\boldsymbol{M}$과 $\boldsymbol{K}$는 2장에서 정의되었던 질량과 강성에 대한 대칭 (준)정치행렬을 나타내며 x와 $\ddot{x}$는 선정된 좌표계에 대한 변위 및 가속도 벡터를 나타내고, F는 외부에서 가해지는 힘 벡터를 나타낸다.[22)]

라플라스 도메인에서 식 (3.104)는 다음과 같이 나타낼 수 있다.

$$\boldsymbol{M}s^2x(s)+\boldsymbol{K}x(s) = F(s) \tag{3.105}$$

3.3.3.2 고유치와 고유벡터

일반적으로 시스템 방정식들은 강성행렬(정적 연결) 및 질량행렬(동적 연결) 내의 대각선 바깥쪽 항들에 의해서 서로 연결된다. 즉 각각의 변위 및 가속도와 관련된 총 작용력은 행렬 내의 다수의 항들에 의해서 결정된다는 것을 의미한다. 이런 대각선 바깥쪽 항들은 고유벡터 $\boldsymbol{\phi}_i$에 대한 변환을 사용하여 소거할 수 있다. 고유벡터 $\boldsymbol{\phi}_i$는 시스템의 모든 위치에서 관성력과 강성력이 평형을 이루는 고유주파수 $\omega_{0,i}$라는 특정한 경우에 변형된 형상 x이다. 비감쇠 자유진동의 경우 이 고유주파수에서 이런 변형형상을 가지고 일단 진동이 시작되면 외력이 없어도 운동이 지속된다. 외력 F가 없는 경우에 양의 허수항 $s = \sigma+j\omega$만을 취한다면 주파수 도메인에 대해서 식 (3.105)는 다음과 같이 정리된다.

$$\boldsymbol{K}x(\omega)-\omega^2\boldsymbol{M}x(\omega) = \boldsymbol{0} \tag{3.106}$$

다음의 고유치 문제에 대한 실용해(고유벡터 $\boldsymbol{\phi}_i$)를 기반으로 하는 변환을 통해서 이 상호 연관된 방정식을 분리시킬 수 있다.

$$[\boldsymbol{K}-\omega_{0,i}^2\boldsymbol{M}]\boldsymbol{\phi}_i = \boldsymbol{0} \tag{3.107}$$

이론상 $\det([\boldsymbol{K}-\omega_{0,i}^2\boldsymbol{M}]) = 0$을 이용하여 이 고유치 문제를 풀 수 있지만, 특히 행렬식이 매우 큰 경우에는 이 식으로 인하여 $(\omega_{0,1}^2)$값이 매우 커지게 되므로 연산과정에서 작은 반올림 값이 큰 연산오

22) 이 책의 모든 단원들에서와 마찬가지로 힘은 단지 벡터임에도 불구하고 시간주파수 f와 구분하기 위해서 대문자 F를 사용한다.

차를 초래할 우려가 있다. 고유주파수 $\omega_{0,1}^2$, $\omega_{0,2}^2$, $\cdots$ $\omega_{0,n}^2$와 그에 따른 고유벡터 또는 모드선도 벡터 $\boldsymbol{\phi}_1$, $\boldsymbol{\phi}_2$, $\cdots$ $\boldsymbol{\phi}_n$을 구하기 위해서 여타의 전용 수치해석 방법을 사용하는 것은 이 책의 범주를 넘어서는 일이다.

고유벡터들은 항상 다음과 같이 직교성을 갖도록 선정되어야 한다.

$$\boldsymbol{\phi}_i^T \boldsymbol{M} \boldsymbol{\phi}_j = 0 \quad (i \neq j) \tag{3.108}$$

$i = j$인 경우 식 (3.108)의 곱셈결과는 0이 아니며 이를 보통 모달질량 $\mathscr{M}_i$로 나타낸다.

$$\boldsymbol{\phi}_i^T \boldsymbol{M} \boldsymbol{\phi}_i = \mathscr{M}_i \tag{3.109}$$

고유벡터의 길이를 제외한 방향만이 정의되기 때문에 식 (3.109)에 기초한 다수의 스케일링 방법이 사용된다. 기본적으로 두 가지 방법이 존재한다. 하나는 모드선도 벡터에 대해서 특정한 스케일을 지정하고 식 (3.109)로부터 그에 따른 모달 질량 $\mathscr{M}_i$를 계산하는 것이며, 다른 하나는 모달질량 $\mathscr{M}_i$값을 선정한 다음 식 (3.109)를 만족시키도록 모드선도 벡터 $\boldsymbol{\phi}_i$의 스케일을 조절하는 것이다.

다음의 세 가지 스케일링 방법들이 자주 사용된다.

- $|\boldsymbol{\phi}_i| = 1$: 각 고유벡터 $\boldsymbol{\phi}_i$를 길이가 1이 되도록 스케일링한다. 그런 다음 식 (3.109)를 사용하여 모달질량 $\mathscr{M}_i$를 계산한다.
- $max(\boldsymbol{\phi}_i) = 1$: 가장 큰 고유벡터가 1이 되도록 각각의 고유벡터 $\boldsymbol{\phi}_i$들을 스케일링 한다. 그런 다음 식 (3.109)를 사용하여 모달질량 $\mathscr{M}_i$를 계산한다.
- $\mathscr{M}_i = 1$: 모달질량 $\mathscr{M}_i$를 1로 놓는다. 그런 다음 식 (3.109)를 사용하여 고유벡터 $\boldsymbol{\phi}_i$를 스케일링 한다.

강성행렬 $\boldsymbol{K}$에도 직교성이 적용된다. 식 (3.107), (3.108) 및 (3.109)로부터 다음 식을 얻을 수 있다.

$$\boldsymbol{\phi}_i^T \boldsymbol{K} \boldsymbol{\phi}_j = 0 \quad (i \neq j) \tag{3.110}$$

$$\boldsymbol{\phi}_i^T \boldsymbol{K} \boldsymbol{\phi}_i = \omega_{0,i}^2 \mathscr{M}_i = \mathscr{K}_i \tag{3.111}$$

여기서 $\mathscr{K}_i$는 i차 고유모드에 대한 모달 강성이다.

3.3.3.3 모달 좌표계

n차원 공간 내에서 n개의 고유벡터 $\boldsymbol{\phi}_i$가 베이스를 형성하기 때문에 동적 시스템에 대한 임의의 변위벡터 x를 고유벡터들의 선형 조합으로 나타낼 수 있다. $q_i(t)$를 모달 질량과 강성의 위치에서 분리된 고유모드 i의 운동이라면 총 변위벡터 x는 다음과 같이 주어진다.[23)]

$$x(t) = q_1(t)\boldsymbol{\phi}_1 + q_2(t)\boldsymbol{\phi}_2 + \cdots q_n(t)\boldsymbol{\phi}_n \tag{3.112}$$

연결된 운동방정식을 분리된 고유모드들로 변환하는 과정은 2장에서 소개했던 **모달 좌표계**(modal coordinate system)라고 부르는 새로운 좌표계를 생성하는데, 여기서 q_i를 모달 질량과 강성 위치에서의 모달 좌표 또는 **모달 자유도**(modal degrees of freedom)라고 부른다. 모달 질량과 강성위치로의 이러한 연결은 선정된 고유벡터의 스케일링이 모달 좌표계의 스케일링을 결정한다는 것을 의미하므로 고유벡터와 모달 좌표계의 곱셈은 스케일링과 무관하다.

하나의 개별적인 물리적 자유도 x_k에 대해서 식 (3.112)는 다음과 같이 정리된다.

$$x_k(t) = q_1(t)\phi_{1,k} + q_2(t)\phi_{2,k} + \cdots q_n(t)\phi_{n,k} \tag{3.113}$$

여기서 $\phi_{i,k}$는 물리적 자유도 x_k에 해당하는 모드선도 벡터 ϕ_i의 요소이다.

식 (3.112)와 (3.113)의 물리적 해석에 따르면 임의 시간에 시스템의 임의의 운동은 다양한 모드들의 기여도 조합으로 간주할 수 있다. 행렬식 $\boldsymbol{\Phi}$내에서 고유벡터와 벡터 $q(t)$ 내에서 계수 q_1, q_2, $\cdots$ q_n를 조합하면 식 (3.112)를 더 간략한 방식으로 나타낼 수 있다.

$$\boldsymbol{x}(t) = \boldsymbol{\Phi}\boldsymbol{q}(t) \tag{3.114}$$

여기서 $\boldsymbol{\Phi} = [\boldsymbol{\phi}_1\boldsymbol{\phi}_2\cdots\boldsymbol{\phi}_n]$이며 $\boldsymbol{q}(t) = \begin{bmatrix} q_1(t) \\ \vdots \\ q_i(t) \\ \vdots \\ q_n(t) \end{bmatrix}$ 이다.

원래의 방정식 (3.104)를 (3.114)로 치환한 후에 앞쪽에 $\boldsymbol{\Phi}^T$를 곱하면 다음을 얻을 수 있다.

$$\boldsymbol{\Phi}^T\boldsymbol{M}\boldsymbol{\Phi}\ddot{\boldsymbol{q}}(t) + \boldsymbol{\Phi}^T\boldsymbol{K}\boldsymbol{\Phi}\boldsymbol{q}(t) = \boldsymbol{\Phi}^T\boldsymbol{F}(t) \tag{3.115}$$

23) 이 절에서는 동적 변수들을 상수들과 구분하기 위해서 도메인을 나타내는 (t), (s), (ω) 또는 (f)등이 방정식 내에서 자주 언급된다.

식 (3.108), (3.109), (3.110) 및 (3.111)을 사용하면 최종적으로 각각의 모드에 기여하는 일련의 분리된 운동방정식을 얻을 수 있다.

$$\begin{bmatrix} \mathcal{M}_1 & & & & \\ & \ddots & & & \\ & & \mathcal{M}_i & & \\ & & & \ddots & \\ & & & & \mathcal{M}_n \end{bmatrix} \begin{bmatrix} \ddot{q}_1(t) \\ \vdots \\ \ddot{q}_i(t) \\ \vdots \\ \ddot{q}_n(t) \end{bmatrix} + \begin{bmatrix} \mathcal{K}_1 & & & & \\ & \ddots & & & \\ & & \mathcal{K}_i & & \\ & & & \ddots & \\ & & & & \mathcal{K}_n \end{bmatrix} \begin{bmatrix} q_1(t) \\ \vdots \\ q_i(t) \\ \vdots \\ q_n(t) \end{bmatrix} = \begin{bmatrix} \boldsymbol{\phi}_1^T \boldsymbol{F}(t) \\ \vdots \\ \boldsymbol{\phi}_i^T \boldsymbol{F}(t) \\ \vdots \\ \boldsymbol{\phi}_n^T \boldsymbol{F}(t) \end{bmatrix} \tag{3.116}$$

여기서 $\mathcal{M}_i = \boldsymbol{\phi}_i^T \boldsymbol{M} \boldsymbol{\phi}_i$이며 $\mathcal{K}_i = \boldsymbol{\phi}_i^T \boldsymbol{K} \boldsymbol{\phi}_i$이다.

i번째 모달 자유도 $q_i(t)$에 대해서 운동방정식은 다음과 같다.

$$\mathcal{M}_i \ddot{q}_i(t) + \mathcal{K}_i q_i(t) = \boldsymbol{\phi}_i^T \boldsymbol{F}(t) \tag{3.117}$$

이 식은 단일질량 스프링 시스템과 유사한 단순 2차 미분방정식이다. 단일질량 스프링 시스템에 대해서 유도된 기본 방정식을 사용하면 이제 모든 개별모드들의 시간 및 주파수 응답을 구할 수 있다. 이들을 모두 구하고 나면 모든 모드들의 기여도를 합산하여 시스템의 총 운동을 구할 수 있다.

3.3.3.4 최종 전달함수

메카트로닉스 장치의 제어루프에 대한 안정성 해석을 위해서는 주파수응답의 형태로 기계 시스템의 동특성을 나타내는 것이 좋다. 이런 해석에서는 변위의 물리적 자유도 x_l과는 다를 수 있는 물리적 자유도 x_k에 작용하는 작동기의 힘 F_k와 자유도 x_l에서 측정된 변위 사이의 전달함수 x_l/F_k에 특히 관심을 갖게 된다. 모달해석이론에 따르면 일단 개별 모드들의 거동을 계산한 다음에 모든 모달 기여도들을 합산하여 모든 전달함수들을 유도해 낼 수 있다.

하나의 단일 i차 고유모드가 전달함수 $x_l/F_k(s)$에 끼치는 기여도는 우선 0이 아닌 성분이 F_k 하나뿐인 힘 벡터 $\boldsymbol{F}$에 의한 모달 자유도 $q_i(t)$의 응답을 통해서 구할 수 있다. 이 경우 식 (3.117)은 다음과 같이 정리된다.

$$\mathcal{M}_i \ddot{q}_i(t) + \mathcal{K}_i q_i(t) = \phi_{i,k} F_k(t) \tag{3.118}$$

라플라스 변환을 수행한 다음에 방정식을 약간 정리하면 다음 식을 얻을 수 있다.

$$q_i(s) = F_k \frac{\phi_{i,k}}{\mathcal{M}_i s^2 + \mathcal{K}_i} \tag{3.119}$$

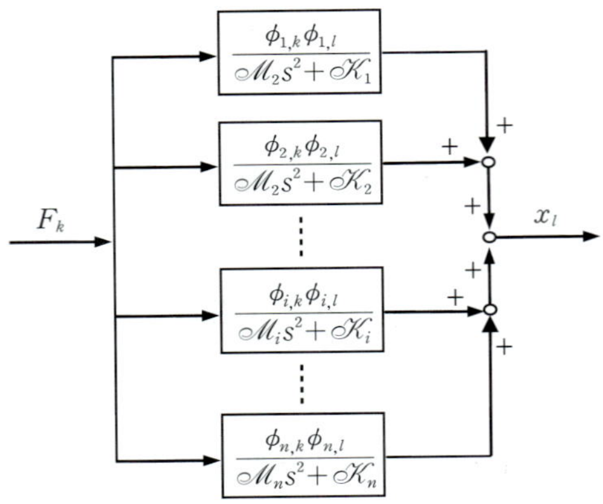

그림 3.30 모달해석을 사용하여 나타낸 전달함수 x_l/F_k의 블록선도

일단 모달응답 q_i를 구하면 간단히 $\phi_{i,l}$을 곱하여 변위응답 x_l을 구할 수 있으며(식 (3.113) 참조) 최종적으로는 다음 식과 같이 i차 고유모드가 전달함수 x_l/F_k에 끼치는 영향을 구할 수 있다.

$$\left(\frac{x_l}{F_k}\right)_i(s) = \frac{\phi_{i,k}\,\phi_{i,l}}{\mathscr{M}_i s^2+\mathscr{K}_i} \tag{3.120}$$

다음과 같은 형태를 가지고 있는 개별적인 모달 기여도들을 합산하여 전체 전달함수 $(x_l/F_k)(s)$를 구할 수 있다.

$$\frac{x_l}{F_k}(s) = \sum_{i=1}^{n}\left(\frac{x_l}{F_k}\right)_i = \sum_{i=1}^{n}\frac{\phi_{i,k}\,\phi_{i,l}}{\mathscr{M}_i s^2+\mathscr{K}_i} \tag{3.121}$$

모달해석을 통해서 그림 3.30에서와 같이 병렬구조를 가지고 있는 기구에 대한 블록선도를 얻을 수 있다. 이 방법은 인자들이 직렬로 배치되므로 이들을 서로 곱하는 전달함수에 익숙한 제어 엔지니어들이 일반적으로 사용하는 방식과는 다르다. 이 방법은 전달함수의 곱셈 항들을 합산 항들로 치환하는 식 (3.91)과 직접적으로 연관되어 있다.

3.3.4 모드선도의 일반적인 표현

식 (3.117)은 단일질량-스프링 시스템의 미분 방정식과 등가이므로 종종 힘 $F'(t) = \boldsymbol{\phi}_i^T\boldsymbol{F}(t)$가 작용하는 단일질량-스프링 시스템을 사용해서 나타낸다. 때로는 이 등가 작용력 $F'(t)$를 **모달 작용력**(modal

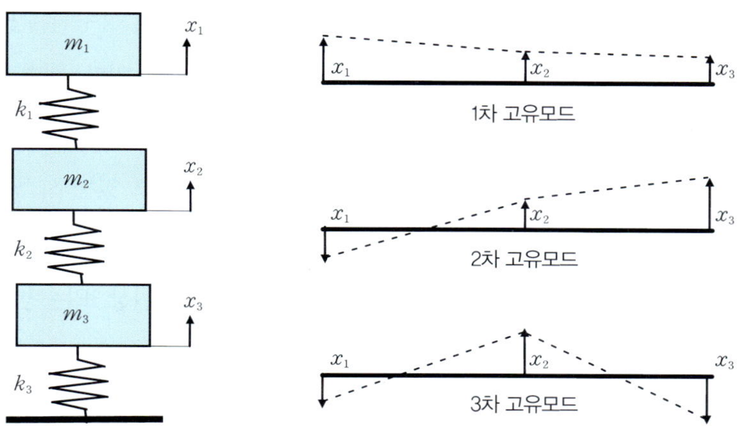

그림 3.31 3개의 물체와 스프링으로 이루어진 집중질량-스프링 모델을 나타내는 6차 시스템이 가지고 있는 3개의 모드선도에 대한 전통적인 도식적 표현. 화살표 1, 2, 3이 향하는 방향과 길이는 자유도 $x_{(1,2,3)}$을 가지고 있는 물체 1, 2, 3의 모드선도의 진폭과 위상각(부호)를 나타낸다. 1차 고유모드에서는 k_3 위에 얹혀있는 세 개의 물체가 k_1 및 k_2의 변형이 매우 작은 상태로 함께 진동한다. 2차 고유모드에서 m_2 및 m_3는 m_1과 반대 방향으로 움직이며 3차 고유모드에서는 중간 물체가 양단 물체와 반대로 움직인다.

force)이라고 부른다[22]. 그런데 이 표현방법은 모드선도 벡터의 모든 정보들을 무시하기 때문에 중요한 정보가 손실되어 버린다. 이 절에서는 모달 해석과 모달 중첩의 개념을 이해하는데 매우 유용한 모달 데이터의 도식적 표현방법에 대해서 살펴본다. 분리된 모달 방정식의 도식적 표현방법은 사용자로 하여금 **모달 표현식**(modal description)이라는 개념을 더 직관적인 방법으로 활용할 수 있도록 만들어준다. 따라서 작동점에서 유효 모달질량, 민감도해석, 또는 도드를 가진하지 않기 위한 보상력의 적용 등과 같은 아이템들을 더 쉽게 설명할 수 있다.

3.3.4.1 전통적인 표현방법

우선, 그림 3.31에서와 같이 스프링으로 서로 연결되어 있는 세 개의 질량들로 이루어진 집중질량 모델로 이루어진 사례를 사용하여 도식적인 방법에 대해서 설명해 보기로 한다. 이 시스템의 경우 일반적인 교재에서 볼 수 있는 전통적인 도식적 표현방법을 사용하면 세 개의 모드선도를 나타낼 수 있다. 이 모드선도 들에서 자유도는 일정한 위치에 고정되어 있으며 모드선도의 진폭과 위상은 화살표의 길이와 방향으로 표시된다.

3.3.4.2 레버식 표현방법

각 고유모드에 대해서 모드선도 벡터는 다양한 물리적 자유도들 사이의 상수관계 또는 전달율을 정의하므로 모드 선도를 그림 3.32에서와 같이 레버를 사용해서도 나타낼 수 있다. 개별적인 i차 고유모드들마다 레버 상의 회전위치에 모드선도 벡터($=\phi_{i,k}$) 내의 물리적 자유도의 진폭과 부호에 해당하는 각각의 자유도 x_k가 표시된다. 무감쇠, 매우 작은 감쇠, 그리고 비례감쇠를 가지고 있는 시스템들은 실제의 모드선도 벡터를 나타내며 따라서 진동 사이클의 동일한 시점에 다양한 물리적인 자유도들이 동시에 최댓값에 도달하게 된다. 따라서 이 시점에 각각의 물리적 자유도들은 동일한 위상 또는 반대 위상만을 나타내게 된다. 모달 자유도 $q_i(t)$를 모달레버의 각도(그림 3.32 (a))나 피벗점에서 1만큼 떨어진 거리의 변위(그림 3.32 (b)) 등으로 해석할 수 있다. 두 경우 모두 물리적 도메인과 모달 도메인 사이에 올바른 관계가 존재한다. 식 (3.113)에 따르면 임의의 물리적 자유도 x_k를 모달 자유도 $q_i(t)$의 항으로 다음과 같이 나타낼 수 있다.

$$x_k(t)=\sum_{i=1}^{n} q_i(t)\phi_{i,k}=\sum_{i=1}^{n} x_{k,i}(t) \qquad (3.122)$$

따라서 물리적 자유도 $x_k(t)$에 대한 하나의 단일 모달 자유도 $q_i(t)$의 기여도는 다음과 같이 나타낼 수 있다.

$$x_{k,i}(t)=q_i(t)\phi_{i,k} \qquad (3.123)$$

그림 3.32 (b)가 모달 질량과 강성을 도식적으로 나타내기가 더 편하기 때문에 이후의 모든 절들에서는 이 방식을 사용하기로 한다.

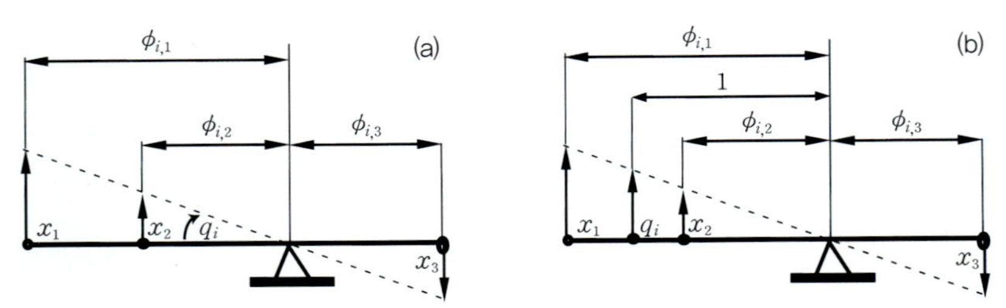

그림 3.32 3자유도 $x_{(1,2,3)}$에 대한 i차 고유모드의 새로운 도식적 표현방법. 두 가지 등가 표현방법을 사용할 수 있다. 좌측에 도시되어 있는 첫 번째 방법(a)의 경우 q_i는 레버의 각도이며 우측에 도시되어 있는 두 번째 방법(b)의 경우 q_i는 거리 1에서 레버의 변위이다.

이 새로운 방법을 사례에 적용하면 그림 3.33의 도식적인 표현을 얻을 수 있다. 앞에서 예시했던 집중질량 모델의 경우, 그림 3.34의 좌측에 도시되어 있는 물리적인 질량에 해당하는 각각의 물리적 자유도를 모달 레버위에 나타낼 수 있다. 그에 따른 i차 모달 레버의 질량 관성 모멘트 I_i는 다음과 같이 나타낼 수 있다.

$$I_i = \sum_{i=1}^{n} m_k \phi_{i,k}^2 \tag{3.124}$$

이 사례에서 질량행렬 $\boldsymbol{M}$은 물리적 질량 m_k들로 이루어진 대각선 행렬이므로 이 결과는 식 (3.109)에 기초하여 찾아낸 모달질량 $\mathscr{M}_i$와 동일하므로 도달질량 $\mathscr{M}_i$는 다음과 같이 나타낼 수 있다.

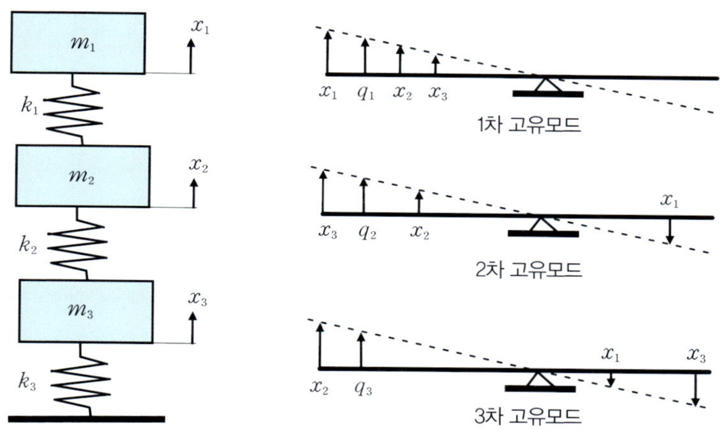

그림 3.33 3개의 물체와 스프링들로 이루어진 집중질량-스프링 모델과 이 6차 시스템의 3개의 고유모드들이 포함되어 있는 모드선도의 새로운 도식적 표현방법

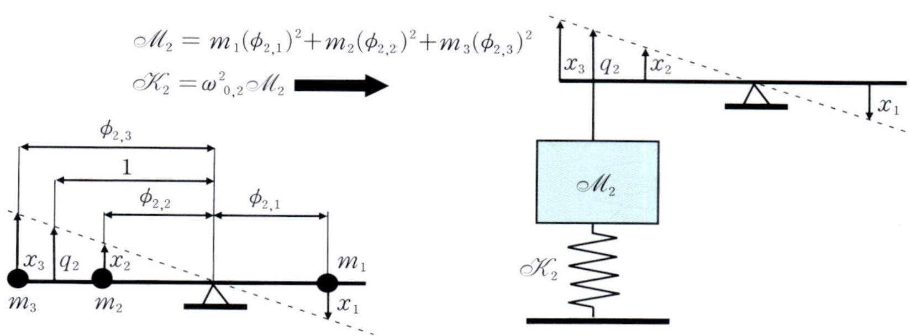

그림 3.34 좌측의 집중질량과 우측의 등가 모달질량과 강성을 사용해서 나타낸 2차 고유모드의 도식적 표현

$$\mathscr{M}_i = \boldsymbol{\phi}^T \boldsymbol{M} \boldsymbol{\phi}_i = \sum_{k=1}^{n} m_k \phi_{i,k}^2 \tag{3.125}$$

따라서 모달질량 $\mathscr{M}_i$는 모달 레버의 질량 관성 모멘트나 피벗점에서 1만큼의 거리에 위치한 질량으로 간주할 수 있으므로 이 위치는 모달 레버상에서 모달 자유도 $q_i(t)$의 위치에 해당한다.

예시된 시스템의 2차 고유모드에 대한 물리적 질량들을 모달질량들로 변환하는 방법이 그림 3.34에 도시되어 있다. 모달강성 $\mathscr{K}_2$는 고유주파수, 질량 및 강성들 사이의 관계를 사용하여 간단하게 계산할 수 있다.

$$\mathscr{K}_i = \omega_{0,i}^2 \mathscr{M}_i \tag{3.126}$$

3.3.4.3 일반적인 시스템

앞 절을 통해서 집중질량 모델에 대한 **모달레버**(modal lever) 표현방법에 대한 개념을 소개하였다. 하지만 이 방법은 구조물의 모달질량 $\mathscr{M}_i$와 물리적인 질량값들 사이의 관계를 활용하기 위해서만 사용된다. 식 (3.117)에 따르면 i번째 모달좌표계 $q_i(t)$는 다음과 같이 주어진다.

$$\mathscr{M}_i \ddot{q}_i(t) + \mathscr{K}_i q_i(t) = \boldsymbol{\phi}_i^T \boldsymbol{F}(t)$$

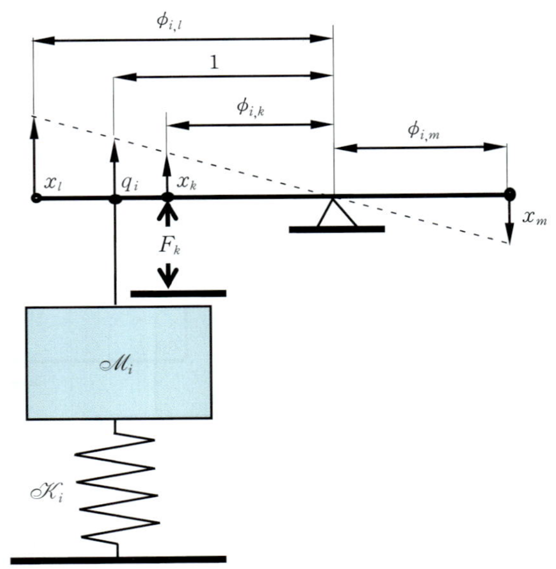

그림 3.35 물리적인 자유도 x_k에 작용하는 작동기의 작용력 성분 F_k의 적절한 작용위치를 포함하는 i차 고유모드의 도식적인 표현

여기서는 물리적인 자유도에 작용하는 가진력의 영향도 고려하여 모달레버 개념을 확장시켰다. q_i와 $\ddot{q}_i$를 레버의 회전위치에서 1만큼 떨어진 거리에서의 변위와 가속도라 하고 모달질량 $\mathscr{M}_i$와 모달강성 $\mathscr{K}_i$를 그 점에 위치시킨 후에 힘 벡터 $\boldsymbol{F}$의 각 구성요소 F_k를 그림 3.35에 도시되어 있는 레버상의 해당 물리적 자유도에 위치시키면 운동방정식을 얻을 수 있다. 각 힘 성분들에 모드선도 벡터의 해당 성분을 스칼라 곱한 $\phi_{i,k}F_k$를 모달레버 i에 작용하는 모멘트(힘 곱하기 거리) 또는 레버상의 q_i 위치에 작용하는 등가 모달 작용력으로 간주할 수 있다. 도식적 표현방법에 기초하면 i차 고유모드가 총 전달함수 $x_l/F_k(s)$에 끼치는 영향을 이해하는 것이 그리 어렵지 않다. 식 (3.120)에 따르면 이 영향을 다음과 같이 나타낼 수 있다.

$$\left(\frac{x_l}{F_k}\right)_i(s)=\frac{\phi_{i,k}\,\phi_{i,l}}{\mathscr{M}_i s^2+\mathscr{K}_i}$$

따라서 레버상의 q_i의 위치에서의 등가 가진력을 찾아내기 위해서 힘 F_k를 거리 $\phi_{i,k}$과 곱해야 하며 물리적 자유도 x_l의 변위를 구하기 위해서는 변위 q_i에 거리 $\phi_{i,l}$를 곱해야만 한다.

3.3.4.4 사용자 정의된 물리적인 자유도

대부분의 경우 하나의 단일 물리적 자유도보다는 물리적 자유도의 선형 조합이 필요하다. 공구와 시편 사이의 상대변위나 레이저 광선 광학경로 내의 고든 성분들이 영향을 끼치는 콤팩트 디스크 모듈의 초점과 디스크 상의 트랙 사이의 상대변위에 대해서 생각해 보기로 하자. 이 물리적 자유도의 선형 조합을 **사용자 정의된 물리적 자유도**(user defined physical DOF) 또는 **사용자 자유도**(user DOF)라고 부르며 다음과 같이 나타낼 수 있다.[24)]

$$x_u(t)=b_1x_1(t)+b_2x_2(t)+\cdots+b_nx_n(t)=\boldsymbol{b}^T\boldsymbol{x}(t) \tag{3.127}$$

사용자 자유도 $x_u=x_3-x_2$에 대해서 그림 3.36에서 설명되어 있는 것처럼 일반적인 물리적 자유도와 마찬가지로 이런 사용자 자유도를 모달 레버상에 나타낼 수 있다. 모달레버 i의 피벗점에 대한 사용자 자유도 $x_u(t)$의 위치는 사용자 자유도에 대한 식 (3.127)의 변환법칙을 사용하며 식 (3.112)를 (3.127)에 대입하여 구한 $\phi_{i,u}$에 의해서 정의된다.

$$x_u(t)=\boldsymbol{b}^T\boldsymbol{x}(t)=\boldsymbol{b}^T\sum\boldsymbol{\phi}_i q_i(t)=\sum\boldsymbol{b}^T\boldsymbol{\phi}_i q_i(t)=\sum\phi_{i,u}q_i(t) \tag{3.128}$$

24) 1차원 모델의 경우 사용자 자유도에 대한 정의는 단순하며 어떤 문제도 유발하지 않는다. 그런데 만일 2차원 또는 3차원 구조물에 이를 적용하기 위해서는 사용자 자유도 공식을 통합하는 과정에서 특별한 주의가 필요하다.

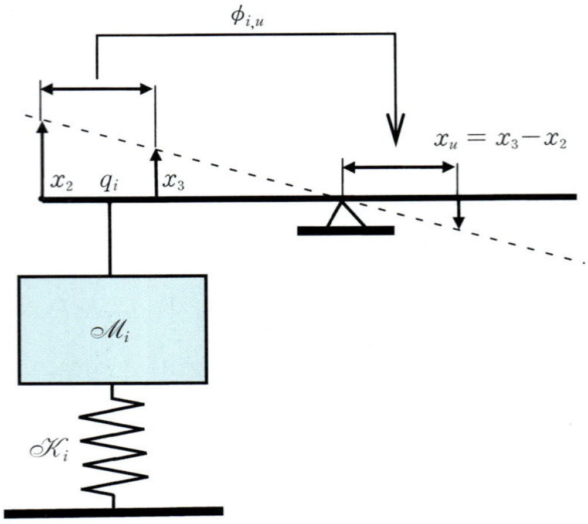

그림 3.36 사용자 자유도 $x_u = x_3 - x_2$를 포함하는 i차 고유모드의 도식적인 표현

$$\phi_{i,u} = \boldsymbol{b}^T \boldsymbol{\phi}_i \tag{3.129}$$

수치해석을 통해서 찾아낸 고유모드 벡터의 차원은 시뮬레이션 모델의 물리적 자유도의 수와 동일하며 수백 또는 수천 개의 물리적 자유도를 포함할 수 있다. 구조물 상의 각 점들이 서로 다른 거동을 나타내므로 수학적 모달해석의 경우에 이 차원은 이론적으로 무한히 커질 수 있다. 하지만 제어의 관점에서는 3개의 사용자 자유도만이 실제로 중요하다(다른 모든 자유도들은 모드의 성질을 이해하는 경우에만 중요할 뿐이다).

이 3개의 사용자 자유도는 다음과 같이 정의된다.

- 작동기의 작용력에 의해서 고유모드가 가진되는 작동기 자유도 x_a
- 위치 센서에 의해서 측정된 변위인 측정출력 x_s
- 시스템 정확도를 결정하는 실제변위인 성능출력 x_p

이 사용자 자유도는 다음 단원에서 정의될 세 개의 공통적인 제어항들인 제어력 u, 측정된 값 y, 그리고 시스템의 실제 출력값 x와 밀접한 관계를 가지고 있다.

이 사용자 자유도를 설명하기 위해서 이 단원의 서두에서 그림 3.1을 통해 설명한 선반의 정확도에 영향을 끼치는 귀환제어 위치결정 시스템의 개략도가 그림 3.37의 좌측에 도시되어 있다. 이 시스템의 실제

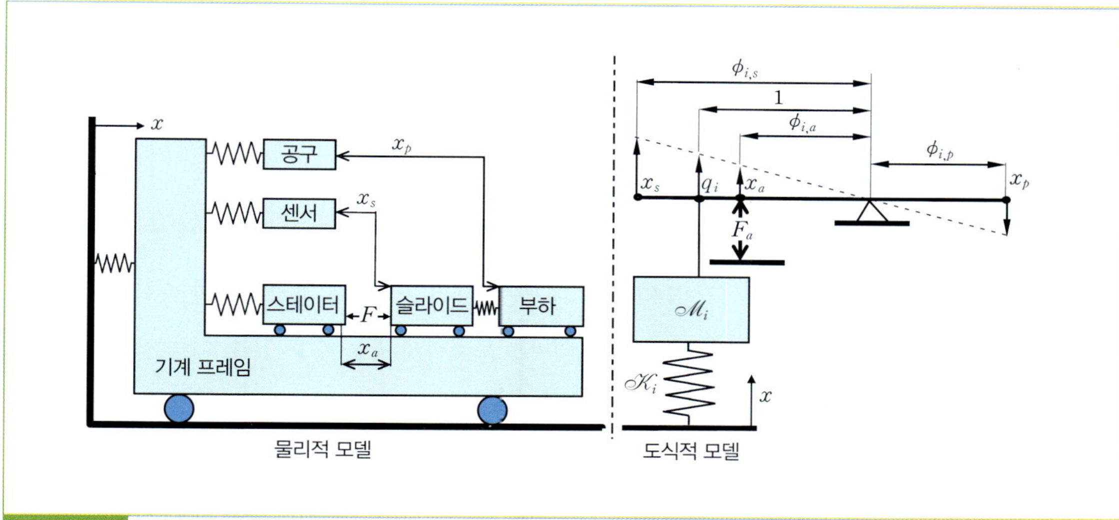

그림 3.37 귀환 제어되는 위치결정 시스템의 물리적 모델과 도식적 모델을 통해서 3개의 중요한 사용자 자유도를 확인할 수 있다.

임무는 기계의 프레임에 설치되어 있는 공구에 대해서 부하를 이동시키는 것이다. 결과적으로 (x_p로 표시된)기계의 성능은 이들 두 구성요소들 사이의 상대운동에 의해서 결정된다. 그런데 공구와 부하 사이의 거리를 직접 측정하는 것은 불가능하므로 제어작용은 프레임에 설치된 센서와 부하가 설치되어 있는 슬라이드 사이의 거리측정(x_s로 표시)에 기초한다. 슬라이드는 제어기의 출력을 슬라이드에 작용하는 힘과 스테이터에 작용하는 반력으로 변환시켜 주는 작동기에 의해서 구동된다. 고유모드의 가진에는 이들 두 힘만이 관련된다. 그림 3.35의 도식적인 표현이나 식 (3.118)의 수학공식을 사용하면 결과적인 고유모드의 가진 레벨은 스테이터에 대한 슬라이드의 상대운동 x_a에 의해서 결정된다. 그러므로 구체적인 고유모드에 대해 관심이 없다면 그림 3.37의 우측에 도시되어 있는 3개의 사용자 자유도만으로 고유모드의 동특성을 완벽하게 나타낼 수 있다.

- $x_s = x_{slide} - x_{sensor}$
- $x_p = x_{payload} - x_{tool}$
- $x_a = x_{slide} - x_{stator}$

그림 3.36에서 이미 설명했듯이 물리적인 자유도의 기여도로부터 이들을 손쉽게 구할 수 있다.

기본적으로는 3개의 값들 $\phi_{i,s}$, $\phi_{i,p}$ 그리고 $\phi_{i,a}$와 더불어 모달질량, 강성 및 감쇠를 사용하면 주파수 응답이나 시간응답 모두에 대해서 제어된 위치결정 시스템의 동특성에 i차 고유모드가 끼치는 영향을 충분히 나타낼 수 있다.

3.3.5 모달 매개변수들의 물리적인 의미

3.3.3절의 서두에서 언급했듯이, 모드선도와 모달 매개변수들의 스케일링 과정에 대한 수학적 접근방법이 때로는 모달 질량과 모달 강성에 대한 물리적인 의미를 모호하게 만들 수도 있다. 이들 각각의 크기는 모드선도 벡터의 스케일링 과정에 의존하므로 이런 모호성이 명확하게 강조된다. 3.3.1절에 따르면 해석 대상이 되는 시스템의 실제 질량[kg]과 강성[N/m]이라는 **실제 세계**(real world)와는 연결관계가 존재한다. 실제 세계와의 이런 연결관계는 기계 구조물의 특정한 위치와 방향(=물리적인 자유도)에 대해서 측정할 수 있는 고유모드의 유효 모달질량과 유효 모달강성을 통해서 찾아낼 수 있다. 이 양들은 힘이 작용하는 위치에 대해서 고유한 값을 가지고 있으며 스케일링 과정에 의존하지 않고 물리적인 의미와 물리적 단위를 가지고 있다. 모드선도 벡터들을 정규화하는 방법과는 무관하게 그림 3.38에 도시되어 있는 것과 같이 작동기가 작용하는 사용자 자유도 x_f와 같은 특정한 자유도에 대해서 검출된 유효 모달 질량 및 강성을 기반으로 하는 등가 표현식을 항상 찾아낼 수 있다.

에너지 등가를 기반으로 하는 다음의 방정식을 통해서 모달 매개변수들로부터 물리적인 자유도 x_f의

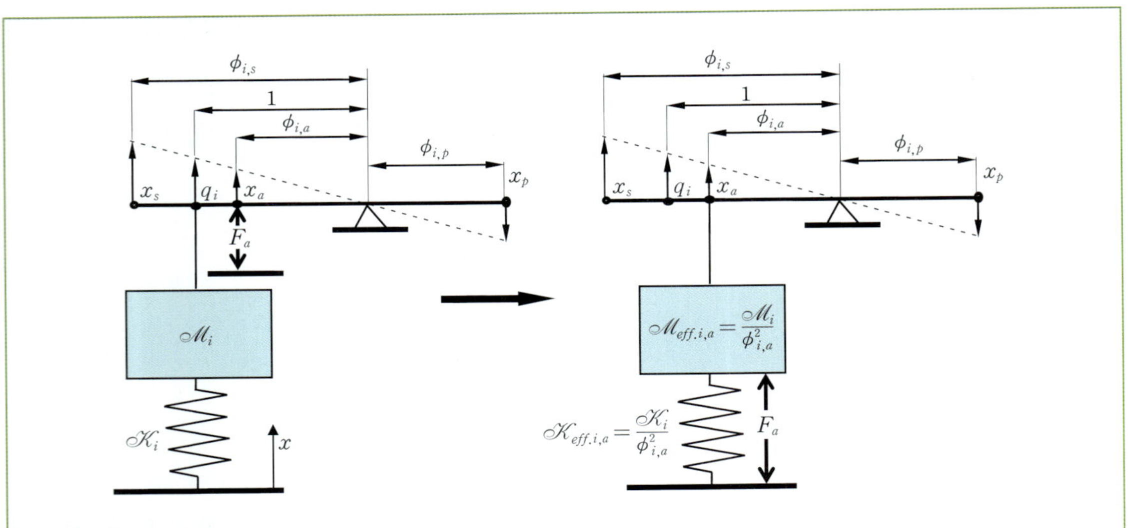

그림 3.38 모달 매개변수를 작동기가 작용하는 사용자 자유도(x_a)의 유효 모달값으로 변환. 이 위치에서 이 값들은 실제의 물리적 의미를 가진다.

i차 고유모드의 유효 모달 매개변수를 유도할 수 있다.

$$\mathscr{M}_{eff.i,a} = \frac{\mathscr{M}_i}{\phi_{i,a}^2} \text{ 이며 } \mathscr{K}_{eff.i,a} = \frac{\mathscr{K}_i}{\phi_{i,a}^2} \tag{3.130}$$

이 유효 모달 매개변수들은 뒤의 3.3.6절에서의 민감도 해석이나 모달 기여도에 대한 정보에 기초한 복잡한 시스템의 주파수 응답 x_s/F_a구축과 같은 주제를 이해하는 과정에 매우 효과적으로 사용된다.

이 유효값들에 대해서는 2물체 스프링 질량 시스템이나 유연 안내를 사용하는 평면운동 시스템과 같은 두 가지 사례를 통해서 더 상세하게 설명하기로 한다.

3.3.5.1 2물체 스프링-질량 시스템

그림 3.39에 도시되어 있는 2물체 스프링-질량 시스템은 정지한 기준면과 강건하게 연결되어있기 때문에 그림 3.22에서와 같이 자유롭게 떠있는 경우와는 다르다. 다음의 해석으로부터 두 물체의 총 질량과 같은 유효 모달질량을 가지고 있는 강체모드가 더 이상 존재하지 않는다는 것이 명확하다.

해석은 외력이 없는 경우에 대해서 이 시스템으 고유치를 유도하는 것부터 시작한다.

$$\boldsymbol{M}\ddot{\boldsymbol{x}}(t)+\boldsymbol{K}\boldsymbol{x}(t) = \begin{bmatrix} m_1 & 0 \\ 0 & m_2 \end{bmatrix} \cdot \begin{bmatrix} \ddot{x}_1(t) \\ \ddot{x}_2(t) \end{bmatrix} + \begin{bmatrix} k_1+k_2 & -k \\ -k_2 & k_2 \end{bmatrix} \cdot \begin{bmatrix} x_1 \\ x_2 \end{bmatrix} = 0 \tag{3.131}$$

적절한 수학적 계산도구를 활용하여 그림 3.39의 매개변수 값들에 대한 시스템의 고유치 해석을 수행하면 표 3.2에 제시되어 있는 모드를 구할 수 있으며 그림 3.40에서는 이를 도식적으로 나타내고 있다. 이

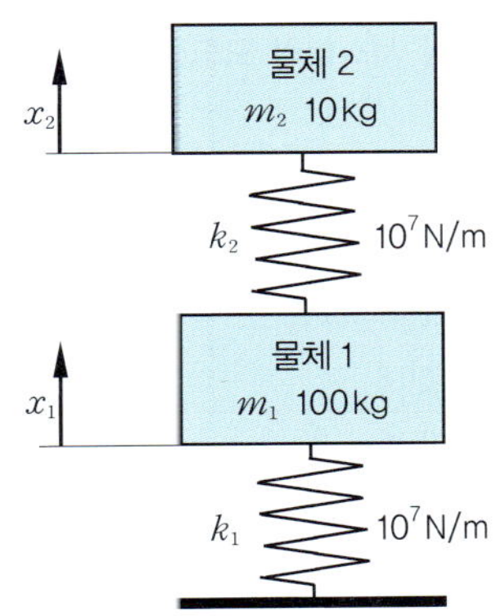

그림 3.39 2물체 스프링-질량 시스템

집중질량 시스템의 경우, 해당 모드선도 벡터와 물리적인 질량 m_1 및 m_2로부터 모달질량 $\mathscr{M}_1$ 및 $\mathscr{M}_2$를 유도할 수 있다.

$$\mathscr{M}_1 = \boldsymbol{\phi}_1^T \boldsymbol{M} \boldsymbol{\phi}_1 = m_1\phi_{1,1}^2 + m_2\phi_{1,2}^2 = 100 \cdot 0.67^2 + 10 \cdot 0.74^2 = 50.8\,[\text{kg}]$$

$$\mathscr{M}_2 = \boldsymbol{\phi}_2^T \boldsymbol{M} \boldsymbol{\phi}_2 = m_1\phi_{2,1}^2 + m_2\phi_{2,2}^2 = 100 \cdot (-0.11)^2 + 10 \cdot 0.99^2 = 11.1\,[\text{kg}]$$

반면에 모달강성값은 $\mathscr{K}_i = \omega_i^2 \mathscr{M}_i$식을 따른다. 이 결과들로부터, 개별 물리적인 자유도 위치에서 측정된 각 고유모드에 대한 유효 모달 매개변수들을 유도할 수 있다.[25)]

모드 1 :

$$\mathscr{M}_{eff.1,1} = \frac{50.8}{0.67^2} = 112\,[\text{kg}] \qquad \mathscr{K}_{eff.1,1} = \frac{0.46 \cdot 10^7}{0.67^2} = 1.02 \cdot 10^7\,[\text{N/m}]$$

$$\mathscr{M}_{eff.1,2} = \frac{50.8}{0.74^2} = 92.8\,[\text{kg}] \qquad \mathscr{K}_{eff.1,2} = \frac{0.46 \cdot 10^7}{0.74^2} = 0.84 \cdot 10^7\,[\text{N/m}]$$

모드 2 :

$$\mathscr{M}_{eff.2,1} = \frac{11.1}{(-0.11)^2} = 928\,[\text{kg}] \qquad \mathscr{K}_{eff.2,1} = \frac{1.23 \cdot 10^7}{(-0.11)^2} = 1.02 \cdot 10^9\,[\text{N/m}]$$

$$\mathscr{M}_{eff.2,2} = \frac{11.1}{0.99^2} = 11.2\,[\text{kg}] \qquad \mathscr{K}_{eff.2,2} = \frac{1.23 \cdot 10^7}{0.99^2} = 1.25 \cdot 10^7\,[\text{N/m}]$$

이 값들을 살펴보면 일단 첫 번째 물체의 운동에 대해서 1차 고유모드의 유효 모달질량 $\mathscr{M}_{eff.1,1}$이 두 물체의 조합 질량보다 약간 더 크다는 것을 알 수 있다. 이는 앞의 사례에서 $\mathscr{M}_{eff.1,1}$이 조합 질량과 같았

표 3.2 그림 3.39에 도시된 2물체 스프링-질량 시스템의 모드정보. 고유벡터의 스케일링은 $|\phi| = 1$에 기초하여 수행되었다.

	모드 1	모드 2
고유주파수[Hz]	$f_{0,1} = 47.8$	$f_{0,2} = 168$
고유벡터[–]	$\boldsymbol{\phi}_1^T = [0.67 \quad 0.74]$	$\boldsymbol{\phi}_2^T = [-0.11 \quad 0.99]$
모달질량[kg]	$\mathscr{M}_1 = 50.8$	$\mathscr{M}_2 = 11.1$
모달강성[N/m]	$\mathscr{K}_1 = 0.46 \cdot 10^7$	$\mathscr{K}_2 = 1.23 \cdot 10^7$

25) 이들은 물리적 자유도들을 작용력으로 구동할 때의 유효값이다. 뒤에서 설명하겠지만 이 매개변수들은 다른 물리적 자유도를 구동하는 경우에 각각의 물리적 자유도의 비동위치 운동을 나타내지는 않는다.

던 자유롭게 떠 있는 물체와의 첫 번째 차이점이다. 이 차이는 1차 고유모드의 고유주파수에서 두 번째 물체의 더 큰 운동으로 인하여 겉보기 질량이 증가했기 때문이다. 자유롭게 떠 있는 시스템의 경우, 이 고유주파수는 0 [Hz]이므로 이 주파수에서의 가속도와 힘도 마찬가지로 0이며 연결 스프링은 변형되지 않고 강체처럼 작용한다. 정지한 기준면과 견고하게 연결되어 잇는 경우에 고유주파수와 가속도는 0과는 크게 다른 값을 가지고 있기 때문에 두 물체를 연결하는 스프링이 변형되므로 1차 고유모드에서 두 번째 물체의 운동 증가가 초래된다. 진폭비는 두 번쩌 물체의 운동에 대한 고유벡터값(0.74)과 첫 번째 물체의 운동에 대한 고유벡터값(0.67) 사이의 비율과 같다. 두 번째 물체의 진폭이 크다는 것은 첫 번째 물체의 유효 모달질량에 비례하여 가해지는 것보다 더 높은 가속도와 힘이 두 번째 물체에 가해진다는 것을 의미한다.

2차 고유모드의 경우에는 이 영향이 더 커진다. 앞서의 사례에 따르면 이 고유모드는 물체들이 서로 반대 방향으로 움직이는 특성을 가지고 있으며 더 큰 질량이 더 조금 움직이므로 첫 번째 물체의 고유벡터값인 (−0.11)과 두 번째 물체의 고유벡터값 (9.99)이 이로 인해서 차이가 나는 것이다. 그 결과 첫 번째 물체의 유효 모달 질량과 유효 모달 강성은 매우 크므로 이 2차 고유모드에서의 컴플라이언스는 작다는 것을 알 수 있다. 이 또한 식 (3.100)이 첫 번째 물체의 운동에 대한 2차 고유모드의 유효 모달질량값이 매우 큰 것과 유사한 결과를 나타내는 앞서의 사례틀 통해서 알 수 있다.

주어진 스케일링에 따른 모달 질량과 모달 강성에 기초하는 그림 3.40의 대안으로 그림 3.41의 도식적인 표현에 제시되어 있는 물리적인 자유도 x_1에 대한 유효 모달변수들도 사용할 수 있다.

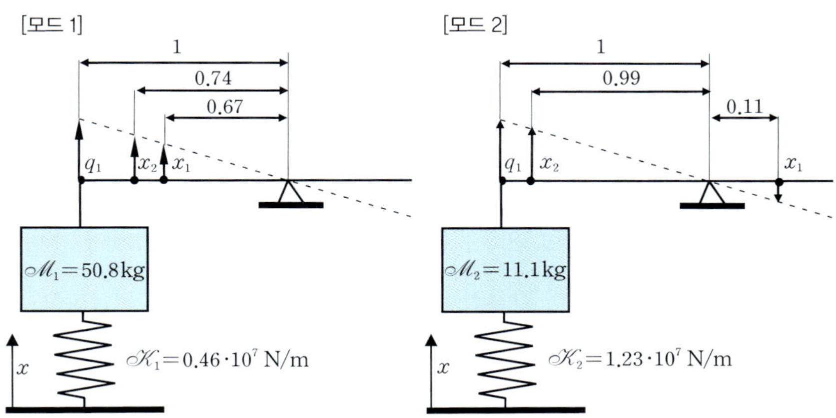

그림 3.40 2물체 스프링-질량 시스템의 고유모드와 모달 매개변수들에 대한 도식적 표현

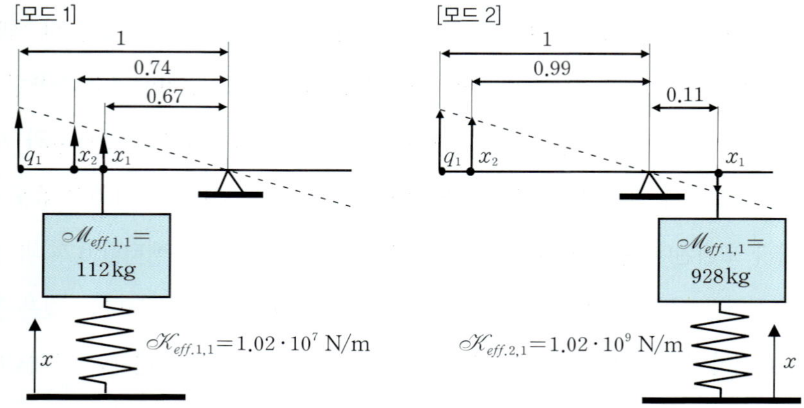

그림 3.41 물리적인 자유도 x_1의 유효 모달질량과 유효 모달강성에 기초한 2물체 스프링-질량 시스템의 고유모드에 대한 다른 방식의 도식적 표현

이 표현을 기반으로 하여 사례로 사용된 시스템의 주파수 응답함수 $x_1/F_1(f)$에 대한 개별적인 모달 기여도를 구하며 개별 응답들로부터 전체 응답을 유도하는 것은 그림 3.42의 좌측 그래프에서와 같이 매우 간단하다.

우선 모달 기여도에 대해서 살펴보면, 물리적 자유도 x_1에서 계산된 유효 모달강성의 역수에 해당하는 개별적인 모달 기여도 $(x_1/F_1)_i$의 저주파 부분을 관찰할 수 있다.

$$\left(\frac{x_1}{F_1}\right)_{1,f\to0}=\frac{1}{\mathscr{K}_{eff.1,1}}\approx1\cdot10^{-7}\,[\mathrm{m/N}]$$

$$\left(\frac{x_1}{F_1}\right)_{2,f\to0}=\frac{1}{\mathscr{K}_{eff.2,1}}\approx1\cdot10^{-9}\,[\mathrm{m/N}]$$

반면에 고주파 기여도는 유효 모달 질량에 의해서 정의된다. 마지막으로 그림 3.42에 도시된 보드선도의 2차 고유주파수의 주파수 범위 내에서 두 모달 기여도들이 동일한 간섭을 일으키면서 앞서의 그림 3.28의 사례에서 볼 수 있었던 반공진(두 개의 영점)과 공진(두 개의 극점)의 조합이 만들어지는 것을 관찰할 수 있다. 비동위치인 두 번째 물체의 위치 x_2와 x_1에 부가되는 힘 사이의 주파수 응답을 구하기 위해서는 그림 3.42 (b)에서와 같이 고유벡터 값들의 비율에 대해서 고유모드들의 전달함수들만을 보정하면 된다. 또한 이 결과는 두 번째 물체와의 비동조화에 의해서 유발되는 2차 고유주파수보다 높은 대역에서 -4의 기울기를 가지고 있는 앞서의 사례와 완벽하게 대응된다.

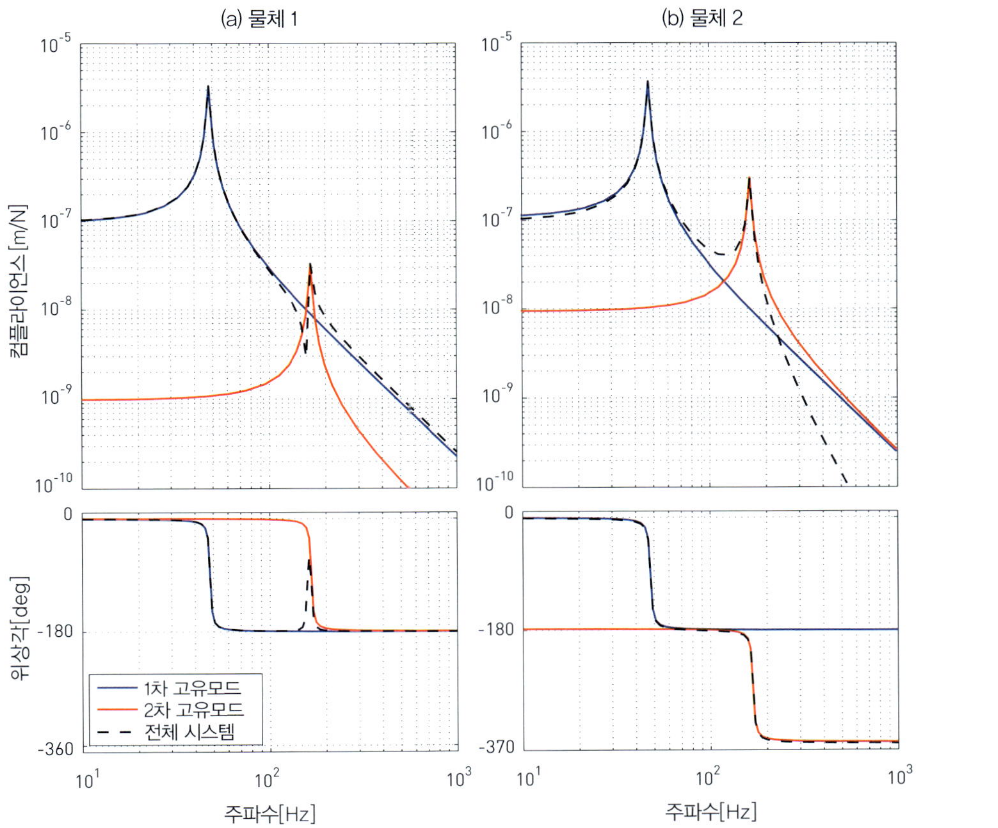

그림 3.42 보드선도는 첫 번째 물체의 위치에 대한 모달 기여도(x_1/F_1)와 두 번째 물체의 위치에 대한 모달 기여도(x_2/F_1)의 주파수응답을 보여주고 있다.

3.3.5.2 유연안내 평면운동 시스템

두 번째 사례에서 동적 구조물상의 특정 점을 기준으로 하는 유효 모달 질량과 강성은 간단한 이유에 의해서 직접 유도할 수 있다는 것을 알 수 있었다. 유한한 강성을 가지고 있는 공기베어링에 의해 지지되는 운동물체의 물리적인 모델을 그림 3.43에서와 같이 유연한 안내장치를 장착한 평면 작동기로 나타낼 수 있다. 베어링의 유연성은 병렬로 배치된 두 개의 강성이 k이며 미끄럼 지지대에 의해서 정지한 기준면과 연결되어 정지한 기준면 위를 x 방향으로 움직일 수 있는 선형 스프링으로 모델링한다. 시스템은 운동방향으로의 병진운동 물리적 자유도 x, 기준면과 직각 방향으로의 병진운동 물리적 자유도 y, 그리고 두 지지대사이의 대칭점에 위치하는 무게중심 Z를 관통하는 직교축 z를 중심으로 하는 회전 자유도 R_z 등의 3개의 물리적 자유도를 가지고 있다. 그러므로 미소변위에 대해서 이 시스템의 물리적 자유도는 서로 완

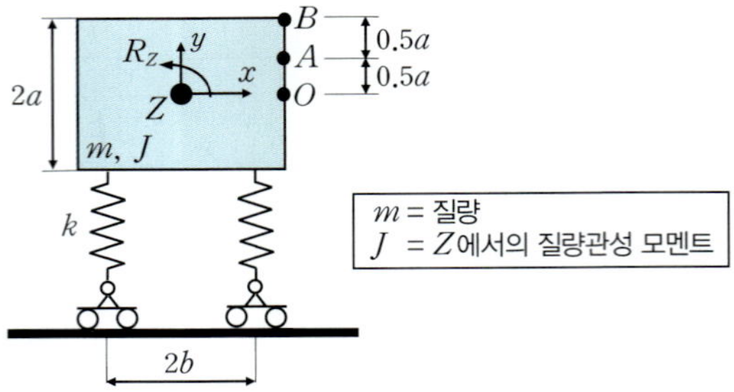

그림 3.43 유연한 안내 시스템을 장착한 평면운동 물체의 2차원 모델

벽하게 분리되어 있다.

고유모드는 x방향 강체운동, 순수한 수직방향 고유모드, 그리고 무게중심에 대한 순수한 회전 고유모드 등으로 이루어진다. 이 3개의 고유모드들의 개략적인 형상과 그에 따른 Z, O, A 및 B점의 x방향 운동, 그리고 Z점의 y방향 운동 등이 그림 3.44에 도시되어 있다.

1차 고유모드 및 3차 고유모드의 유효 모달 질량과 유효 모달 강성값은 x_B를 기준으로 한다. 2차 고유모드의 경우 x방향 변위는 0이기 때문에 유효 모달 질량과 유효 모달 강성값은 y_Z를 기준으로 한다.

B 위치에서 x방향으로 힘을 가할 때 질량 m은 직선 방향으로 움직이므로 x_B에 대한 1차 고유모드의 유효 모달 질량은 총 질량 m과 같다. 물체가 Z를 중심으로 회전하는 경우에 운동의 진폭은 Z로부터의 거리에 의존하므로 B에 작용하는 동일한 작용력에 대한 3차 고유모드의 응답은 다르다. 그로 인한 유효 모달 질량 $\mathcal{M}_{eff,3,xB}$는 질량 관성 모멘트 J와 Z에서 B까지의 거리에 의존한다. 앞서 말했듯이, 2차 고유모드의 경우 y_Z에 대해서 유효 모달 매개변수가 계산된다. $\mathcal{M}_{eff,1,xB}$에서와 동일한 이유 때문에 y_Z에 대한 유효 모달 질량은 총 질량 m과 같다. B점의 x운동은 0이므로 유효값 계산시 분모가 $(0)^2$이 되어서 x_B에 대한 2차 고유모드의 유효 모달 질량과 유효 모달 강성을 계산하면 무한히 큰 값이 구해진다. 이는 B점에서 x방향으로 작용하는 힘을 사용하여 2차 고유모드를 가진시킬 수 없다는 사실과 부합된다.

3.3.6 민감도 해석에 대한 실용적 관점

예를 들어 공진을 피하거나 감쇠를 추가하기 위해서 때로는 시스템의 동적 성질을 변화시킬 필요가 있다. 이런 경우 필요한 변화를 구현하기 위해서 어떻게 시스템을 변화시키는지 아는 것이 도움이 된다. 현대적인 실험 및 수학적 모달해석 도구들의 표준 사양이 되어버린 민감도 해석이 시스템 매개변수들의 변

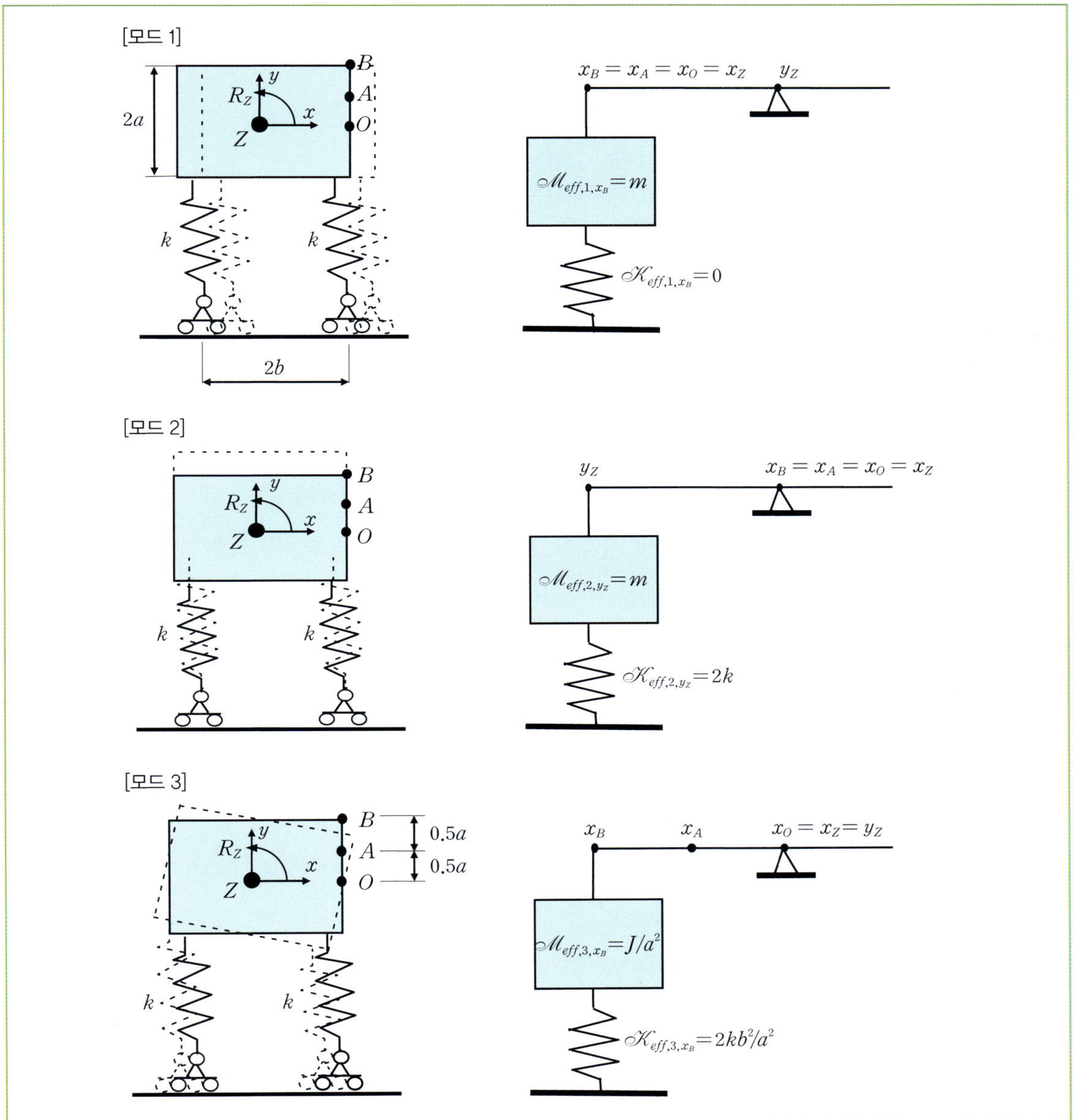

그림 3.44 그림 3.43에서 소개되었던 유연한 안내 시스템을 장착한 평면운동 물체의 3가지 고유모드

화에 따른 각각의 고유주파수 변화율을 구하는 데에 도움이 된다. 민감도 해석을 통해서 다음과 같은 질문의 답을 얻을 수 있다.

- 고유주파수에서 최대 이득을 구현하기 위해서는 어느 위치의 질량을 줄여야 하는가?
- 고유주파수를 증가시키기 위해서 구조물 내의 어느 두 점 사이의 강성을 보강해야 하는가?

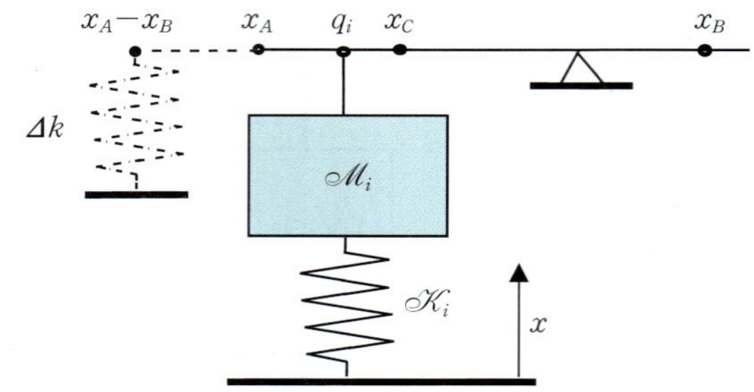

그림 3.45 물리적인 자유도 x_A와 x_B 사이에 강성 Δk를 삽입한 경우에 3개의 물리적인 자유도 x_A, x_B 및 x_C를 가지고 있는 고유모드의 도식적인 표현

더욱이 이 기법은 구현할 수 있는 주파수 시프트 양에 대한 지표를 제공해 준다.

보통 일종의 섭동법을 기반으로 하는 이 기법[71, 90, 91]의 수학적 모호성을 없애기 위한 시도를 통해서 유효 모달 질량과 유효 모달 강성에 대한 상식과 정확한 이해가 실용적 관점에서 민감도 해석의 핵심이라는 결론에 도달하게 된다. 이런 비 수학적인 접근방법의 출발점은 다시 그림 3.45에 도시되어 있는 고유모드에 대한 모달레버 표현이다. 만일 임의의 2자유도 사이에 선형 스프링을 삽입하여(단순화를 위해서 레버에는 단지 3개의 자유도만을 나타내었다) 이 고유모드의 고유주파수를 높여야 한다면 값비싼 모델링 도구를 사용하지 않아도 가능한 모든 조합들 중에서 x_A와 x_B 사이의 상대운동이 가장 크다는 결론을 쉽게 내릴 수 있다. 그 결과 레버가 회전할 때에 위치에너지에 대한 기여도가 최대가 되기 때문에 이들 두 자유도 사이에 추가한 스프링 k의 효용성이 극대화된다. 그림에서 두 물리적인 자유도 x_A와 x_B 사이에 추가된 스프링은 레버상에 위치 에너지의 측면에서 추가된 등가 위치인 $x_A - x_B$와 정지한 표면 사이를 연결하는 스프링으로 모델링된다. 관성 및 연결의 유연성 측면에서 시스템의 운동에너지와 위치에너지를 다룬다는 아이디어는 이 개념과 매우 잘 일치한다. 모든 모달변형 패턴에 대해서 다양한 요소 및 연결부재들의 상대적인 기여도가 모달 운동에너지 및 모달 위치에너지에 끼치는 영향을 계산할 수 있다. 만일 특정 고유모드의 주파수를 증가시켜야 한다면, 해당 모달 위치에너지에 가장 큰 기여를 하는 요소들이나 연결부재들의 강화에 초점을 맞춰야 한다. 반면에 모달 운동에너지에 크게 기여하는 요소들에 대해서는 질량저감을 심각하게 고려해야 한다. 관련된 자유도 내에서 해당 고유모드의 유효 모달 질량과 유효 모달 강성을 고려하므로서 i차 고유모드의 새로운 고유주파수에 대한 1차 근사를 유도할 수 있다. 자유도 x_k에 질량 Δm이 추가되는 경우에는 해당 자유도의 유효 모달질량 $\mathcal{M}_{eff,i}$가 필요한 반면에 x_k와 x_l의 두 자유도 사이에 스프링 Δk가 추가되는 경우에는 사용자 자유도 $(x_k - x_l)$내에서 Δk가 유효 모달강성 $\mathcal{K}_{eff,i}$에 끼치는 기여도를 비교해 보아야만 한다. 질량을 추가하는 경우에 i차 고유모드의 새로운 고유주파수는 대략적으로 다음과 같이 변한다.[26)]

$$f_{0,new,i} \approx \frac{1}{2\pi}\sqrt{\frac{\mathcal{K}_{eff,i}}{\mathcal{M}_{eff,i}+\Delta m}} \approx \frac{1}{2\pi}\sqrt{\frac{\mathcal{K}_{eff,i}}{\mathcal{M}_{eff,i}}}\sqrt{\frac{\mathcal{K}_{eff,i}}{\mathcal{M}_{eff,i}+\Delta m}} \tag{3.132}$$

$$\approx f_{0,old,i}\sqrt{\frac{\mathcal{M}_{eff,i}}{\mathcal{M}_{eff,i}+\Delta m}}$$

그리고 강성 Δk를 추가하면 고유주파수는 다음과 같이 변한다.

$$f_{0,new,i} \approx \frac{1}{2\pi}\sqrt{\frac{\mathcal{K}_{eff,i}+\Delta k}{\mathcal{M}_{eff,i}}} \approx \frac{1}{2\pi}\sqrt{\frac{\mathcal{K}_{eff,i}}{\mathcal{M}_{eff,i}}}\sqrt{\frac{\mathcal{K}_{eff,i}+\Delta k}{\mathcal{K}_{eff,i}}} \tag{3.133}$$

$$\approx f_{0,old,i}\sqrt{\frac{\mathcal{K}_{eff,i}+\Delta k}{\mathcal{K}_{eff,i}}} \tag{3.134}$$

이 방정식들은 구조적 변경을 적용하여도 모드가 변하지 않는다는 가정 하에서 유도된 것이다. 일반적으로는 이 가정이 옳지 않지만 대상이 되는 유효 모달 매개변수들에 비해서 변경값이 작다면 공학적인 관점에서 고유 주파수는 충분한 정확도를 가진다. 비교적 큰 구조 변경을 시행해서 이 방법으로 변경된 고유주파수를 예측하지 못한다 하여도 다양한 변경시안들을 비교 평가하는 데에는 여전히 유용하다.

두 가지 사례를 통해서 이 방법을 더 자세히 살펴보기로 한다.

3.3.6.1 2물체 스프링 – 질량 시스템의 사례

이 방법을 설명하기 위해서 3.3.5.1절에서 논의했었던 간단한 2물체 스프링 – 질량 시스템(그림 3.46)을 사용하기로 한다. 우선, 물리적 자유도 x_2에 추가된 질량에 의한 주파수 시프트에 대해서 살펴본 다음에 x_2와 x_1 사이에 추가된 스프링의 영향을 살펴보기로 한다.

■ x_2 위치에 질량 추가

x_2 위치에 추가된 질량의 영향을 분석하기 위해서는 두 가지 모드에 대한 해당 자유도의 유효 모달 질량을 알아야 한다. 3.3.5.1절의 결과를 찾아보면

26) 질량을 저감하는 경우에는 Δm이 음의 값을 가진다.

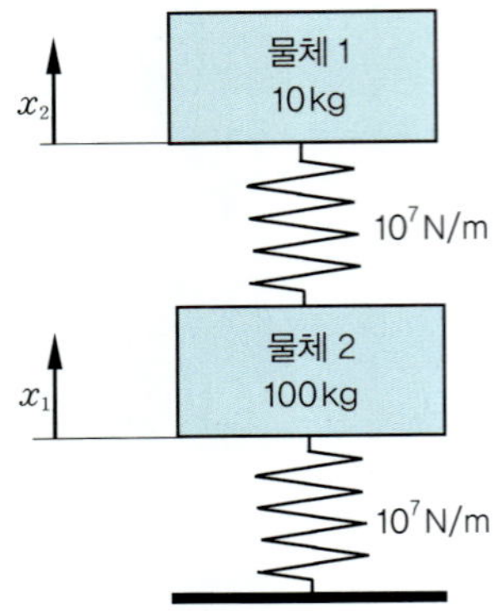

	모드 1	모드 2
고유주파수[Hz]	$f_{0,1} = 47.8$	$f_{0,2} = 168$
고유벡터[–]	$\boldsymbol{\phi}_1^T = [0.67 \quad 0.74]$	$\boldsymbol{\phi}_2^T = [-0.11 \quad 0.99]$
모달질량[kg]	$\mathscr{M}_1 = 50.8$	$\mathscr{M}_2 = 11.1$
모달강성[N/m]	$\mathscr{K}_1 = 0.46 \cdot 10^7$	$\mathscr{K}_2 = 1.23 \cdot 10^7$

그림 3.46 모달 매개변수들을 $|\boldsymbol{\phi}_i| = 1$로 스케일링 한 2물체 스프링-질량 시스템

1차 고유모드 : $\mathscr{M}_{eff.1,2} = 92.8$ [kg]

2차 고유모드 : $\mathscr{M}_{eff.2,2} = 11.2$ [kg]

이 값들을 사용하면 식 (3.132)에 따른 새로운 고유주파수를 산출할 수 있으며 그 결과를 수정된 시스템의 고유치 해석을 통한 정확한 값과 비교해 볼 수 있다.

m_2에 질량 $\Delta m = 1$ [kg]을 추가

$$f_{0,1} = 47.8\sqrt{92.8/93.8} = 47.5\,[\mathrm{Hz}]\text{(엄밀해 : }47.5\,[\mathrm{Hz}])$$

$$f_{0,2} = 167.7\sqrt{11.2/12.2} = 160.7\,[\mathrm{Hz}]\text{(엄밀해 : }160.7\,[\mathrm{Hz}])$$

m_2에 질량 $\Delta m = 10$ [kg]을 추가

$$f_{0,1} = 47.8\sqrt{92.8/102.8} = 45.4\,[\mathrm{Hz}]\text{(엄밀해 : }45.2\,[\mathrm{Hz}])$$

$$f_{0,2} = 167.7\sqrt{11.2/21.2} = 121.9\,[\mathrm{Hz}]\text{(엄밀해 : }125.2\,[\mathrm{Hz}])$$

■ x_1과 x_2 사이에 강성 추가

두 물리적인 자유도 x_1 및 x_2 사이에 추가된 강성의 영향을 살펴보기 위해서는 이 물리적인 자유도들 사이의 상대운동에 해당하는 유효 모달 강성을 계산할 필요가 있다. 3.3.4.4절에서 이미 설명했던 모달 레버의 개념을 물리적인 자유도들의 임의조합에 대해서 확장시킬 수 있다. 그러므로 그림 3.47에 도시되어

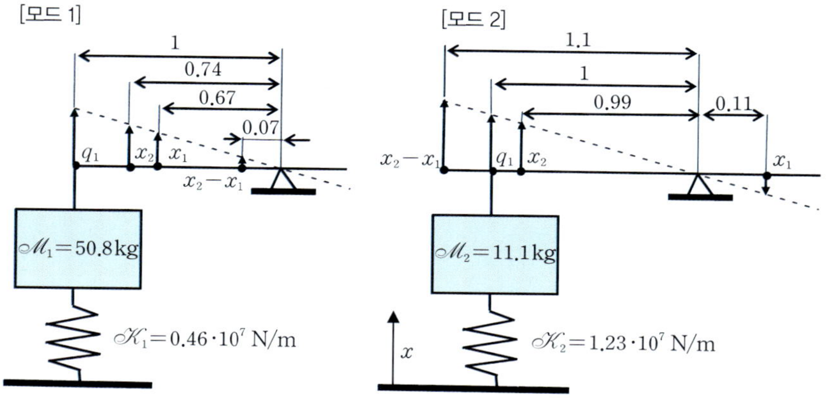

그림 3.47 2물체 스프링-질량 시스템의 모드와 모달 매개변수들의 도식적 표현

있는 것처럼 상대운동 x_2-x_1을 가지고 있는 두 가지 모드에 대해서 도식적인 표현을 확장시킬 수 있다.

이 도식적 표현으로부터 새롭게 정의된 사용자 자유도에 대해서 유효 모달 강성을 손쉽게 유도할 수 있다. 이는 임의의 일반적인 물리적 자유도에서와 똑같은 방법으로 계산한다.

$$1\text{차 고유모드}: \mathscr{K}_{eff.1,(2-1)} = 0.46\cdot10^7/0.07^2 = 93.9\cdot10^7\ [\text{N/m}]$$

$$2\text{차 고유모드}: \mathscr{K}_{eff.2,(2-1)} = 1.23\cdot10^7/1.1^2 = 1.0\cdot10^7\ [\text{N/m}]$$

이 값들과 식 (3.133)에 기초하여 x_1과 x_2 사이에 추가된 강성의 영향을 산출하고 정확한 결과와 비교해 본다.

x_1과 x_2 사이에 강성 $\Delta k=10^7$ [N/m]추가

$$f_{0,1} = 47.8\sqrt{94.9/93.9} = 48.1\,[\text{Hz}](\text{엄밀해}: 47.9\,[\text{Hz}])$$

$$f_{0,2} = 167.7\sqrt{2/1} = 237.2\,[\text{Hz}](\text{엄밀해}: 236.2\,[\text{Hz}])$$

x_1과 x_2 사이에 강성 $\Delta k=10^8$ [N/m]추가

$$f_{0,1} = 47.8\sqrt{103.9/93.9} = 50.3\,[\text{Hz}](\text{엄밀해}: 48\,[\text{Hz}])$$

$$f_{0,2} = 167.7\sqrt{11/1} = 556.2\,[\text{Hz}](\text{엄밀해}: 553.9\,[\text{Hz}])$$

이 사례에서 볼 수 있듯이 이 방법은 민감도 해석 과정에서 과도한 수학적 연산처리 없이도 구조를 변경한 이후에 새로운 고유주파수의 수용할 만한 1차 근사값을 제공해 주는 매우 실용적인 방법이다. 하지만 이는 근사값에 불과하며 완벽하게 새로운 고유치 해석이 아니므로 유효 모달 매개변수 값에 비해서 작은 변화에 대해서 좋은 결과가 얻어진다. 하지만 변경값이 큰 경우조차도 이 방법을 사용하면 특정한 설계변경에 따른 영향을 주파수 시프트의 측면에서 신속하게 살펴볼 수 있다.

3.3.6.2 저감쇠 공진의 사례

어떤 고정밀 기계에서 150 [Hz] 주변에서 매우 약하게 감쇠된 공진이 발견되었으며 이는 작동성능에 심각한 제약으로 작용하였다. 이에 대해서는 강성증가나 질량저감을 통한 추가적인 개선이 불가능하였으므로 기계 내의 세심하게 선정된 두 위치 사이에 댐퍼를 추가하는 것을 고려하게 되었다. 해당 모드선도를 구분하기 위해서 실험적 모달해석이 수행되었으며 이를 통해서 댐퍼의 설치위치가 명확해졌다. 하지만 댐퍼를 추가한 다음의 최대 상대감쇠값에 따른 진동감쇠 효과를 평가할 필요가 있었다. 비록 실제의 경우에는 추가된 댐퍼가 모드선도에 영향을 끼치기 때문에 감쇠 효과가 감소할 수는 있겠지만 실험적 모달 해석 결과를 사용하여 댐퍼의 최대 효과를 손쉽게 산출할 수 있다. 댐퍼의 성능과 더불어서, 이를 위해서 필요한 데이터들은 모달질량과 모달강성, 그리고 그림 3.48에 도시되어 있는 댐퍼가 추가된 두 점들(x_1 및 x_2) 사이의 모달 변위 등이다.

댐퍼 c를 추가한 후에 고유모드의 상대감쇠는 댐퍼 연결점들 사이의 상대 변위에 해당하는 사용자 정의된 자유도 (x_2-x_1) 내에서의 유효 모달 특성을 사용하여 근사적으로 산출할 수 있다. 사용자 정의된 자유도 (x_2-x_1) 내에서의 유효 모달 질량과 유효 모달 강성값은 다음과 같다.

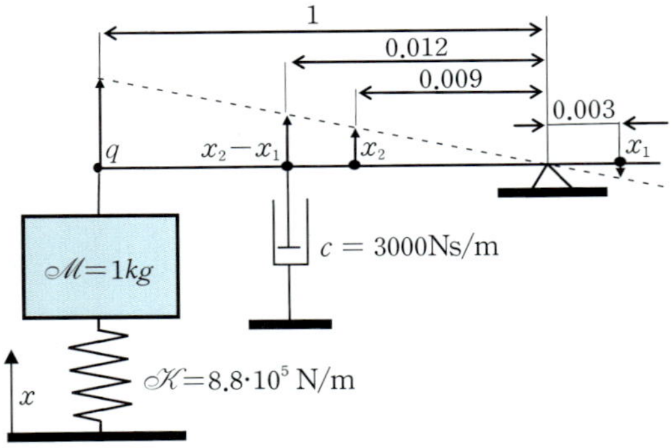

그림 3.48 x_2 및 x_1 자유도 사이에 설치된 댐퍼의 영향을 평가하기 위한 150 [Hz] 고유모드의 모달 데이터

$$\mathscr{M}_{eff} = 1/(0.012)^2 = 6944\ [\text{kg}]$$

$$\mathscr{K}_{eff} = 8.8 \cdot 10^5/(0.012)^2 = 6.1 \cdot 10^9\ [\text{N/m}]$$

이 값들을 사용하면 상대모달감쇠비 ζ를 구할 수 있다.

$$\zeta = \frac{c}{2\sqrt{\mathscr{K}_{eff}\mathscr{M}_{eff}}} = \frac{3000}{2\sqrt{6944 \cdot 6.1 \cdot 10^9}} = 1.5 \cdot 10^{-3} \tag{3.135}$$

감쇠값이 이토록 작기 때문에 보통 퍼센트(이 경우에는 0.15%)로 나타내며 실제의 경우 거의 무시할 만한 값을 가지고 있다. 구조물의 경우에 특수한 감쇠수단을 사용하지 않는다면 0.1~2% 정도의 감쇠값(500>Q>25)을 가진다. 이 사례의 경우에 실망스러울 정도로 감쇠값이 낮은 이유는 댐퍼가 시스템에 연결되는 사용자 자유도 위치 (x_2-x_1)의 유효질량과 유효강성이 엄청난 크기이기 때문이다.

3.3.7 서스펜션과 강체모드

자동차와 항공산업이 모달해석 개념의 개발에 지배적인 역할을 한다는 사실은 모달 연구에 사용되는 용어에도 어느 정도 반영되어 있다.

비행중인 로켓이나 항공기는 지구와 같은 기준위치와의 강성 연결이 존재하지 않기 때문에 전적으로 질량특성에 의해서 결정되는 강체 모드를 가지고 있으며 해당 고유주파수인 0 [Hz]에서 구조물은 전혀 변형되지 않는다. 여타의 고유모드들은 비강체 또는 유연모드로서 명확한 차이를 타나낸다. 그런데 이 용어를 기계나 서스펜션 시스템의 유연성과 관련된 제품의 최저차 고유주파수에도 함께 사용한다. 이런 상태에서 **강체모드**(rigid body mode)라는 용어는 구조물이 서스펜션의 고유주파수에서 아무런 내부 변형도 나타내지 않는다는 뜻으로 오인될 수 있으며 이는 정밀기계의 경우에 아주 잘못된 가정이다. 대신에 **서스펜션 모드**(suspension mode)라는 용어를 사용하면 기계가 강체 거동을 한다는 듯한 잘못된 의미전달 없이 이 고유모드의 특성을 정확하게 나타내주기 때문에 이런 고유모드에 더 알맞은 용어이다. 내부변형의 중요성을 설명하기 위해서 그림 3.49에 도식적으로 제시되어 있는 정밀기계의 매우 단순화 된 물리적 모델을 살펴보기로 하자.

이 기계는 기본적으로 광학 유닛들이 견고하게 고정된 매우 무거운 화강암 프레임(조합질량이 m_2)을 갖추고 있다. 광학 유닛은 화강함 기계 프레임에 대해서 일정한 내부 유연성을 가지고 있는 매니퓰레이터(질량 m_1) 위에 설치되어 시편의 영상을 측정한다. 기계의 올바른 작동을 위해서는 내부변형 $\varepsilon = x_2 - x_1$을

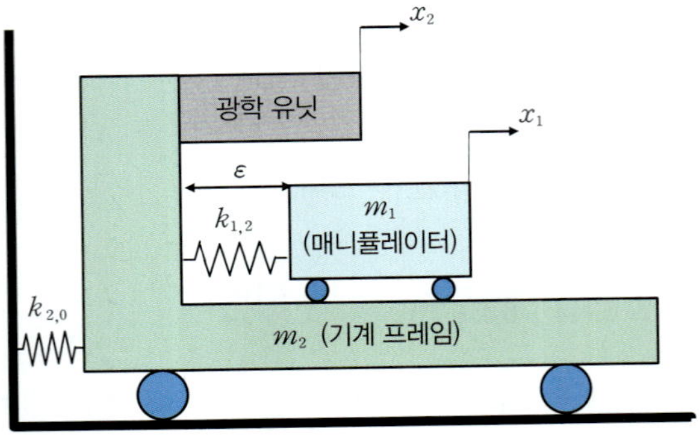

그림 3.49 정밀기계의 단순화 된 물리적 모델

최소화시켜야 한다. 전형적으로 이런 유형의 기계들은 높은 내부강성을 갖도록 설계하며 기계 속으로 유입되어 정확도를 저하시키는 외부진동의 유입을 막기 위해서 저강성 스프링으로 지지한다. 서스펜션 모드 $\boldsymbol{\phi}_1$의 고유주파수 $\omega_{0,1}$이 내부 고유모드보다 월등하게 낮다면 기계 전체의 운동을 서스펜션 시스템의 강성 위에 얹힌 하나의 강체로 간주하여 서스펜션 모드의 고유 주파수를 근사화시킬 수 있다. 이 방법을 사용하여 정확한 지지주파수를 구할 수는 있지만, 명심할 점은 서스펜션 강성 $k_{2,0}$이 0이 아닌 경우에는 항상 약간의 내부 변형이 발생한다는 점이다. 이는 힘이 가해지지 않는 경우의 시스템 운동방정식을 사용하여 매우 간단하게 확인할 수 있다.

$$\begin{bmatrix} m_1 & 0 \\ 0 & m_2 \end{bmatrix} \cdot \begin{bmatrix} \ddot{x}_1 \\ \ddot{x}_2 \end{bmatrix} + \begin{bmatrix} k_{1,2} & -k_{1,2} \\ -k_{1,2} & k_{2,0}+k_{1,2} \end{bmatrix} \cdot \begin{bmatrix} x_1 \\ x_2 \end{bmatrix} = \mathbf{0} \tag{3.136}$$

이를 고유치 문제에 대해서 정리하면

$$\begin{bmatrix} -\omega^2 m_1 + k_{1,2} & -k_{1,2} \\ -k_{1,2} & -\omega^2 m_2 + k_{2,0} + k_{1,2} \end{bmatrix} \cdot \begin{bmatrix} x_1 \\ x_2 \end{bmatrix} = \mathbf{0} \tag{3.137}$$

두 모드들 모두 식 (3.137)을 충족하여야만 한다. $\omega_{0,1}$인 서스펜션 모드에서 내부변형이 없다고 한다면 x_1과 x_2의 모달변형은 동일하다(따라서 $\boldsymbol{\phi}_1^T = [1, 1]$이 된다).[27] 이 벡터를 식 (3.137)의 좌변에 대입하면 다음 식을 얻을 수 있다.

27) 모드선도 벡터의 길이가 아닌 방향만이 유일하게 정의되기 때문에 선정이 용이하다(3.3.3절 참조).

$$\begin{bmatrix} -\omega_{0,1}^2 m_1 + k_{1,2} & -k_{1,2} \\ -k_{1,2} & -\omega_{0,1}^2 m_2 + k_{2,0} + k_{1,2} \end{bmatrix} \cdot \begin{bmatrix} 1 \\ 1 \end{bmatrix} = \begin{bmatrix} -\omega_{0,1}^2 m_1 \\ -\omega_{0,1}^2 m_2 + k_{2,0} \end{bmatrix} = \mathbf{0} \tag{3.138}$$

위 식은 서스펜션 강성 $k_{2,0}$과 서스펜션 모드의 고유주파수 $\omega_{0,1}$이 모두 0인 경우에만 만족된다. 다시 말해서 만일 서스펜션 강성이 0이 아니라면 서스펜션 모드의 고유주파수는 0이 아니며 내부변형이 발생한다. 서스펜션 모드와 관련된 내부 변형량은 $\varepsilon_r = \varepsilon / x_2$가 x_2의 운동에 대한 상대 내부 변형량이라고 할 때에 서스펜션 모드벡터가 $\boldsymbol{\phi}_1^T = |(1+\varepsilon_r), 1|$이라고 가정하면 간단하게 산출할 수 있다. 이를 식 (3.137)에 대입하면 다음 식을 얻을 수 있다.

$$\begin{bmatrix} -\omega_{0,1}^2 m_1 + k_{1,2} & -k_{1,2} \\ -k_{1,2} & -\omega_{0,1}^2 m_2 + k_{2,0} + k_{1,2} \end{bmatrix} \cdot \begin{bmatrix} 1+\varepsilon_r \\ 1 \end{bmatrix} = \begin{bmatrix} -\omega_{0,1}^2 m_1 + k_{1,2}\varepsilon_r \\ -\omega_{0,1}^2 m_2 + k_{2,0} - k_{1,2}\varepsilon_r \end{bmatrix} = \mathbf{0} \tag{3.139}$$

식 (3.139)의 첫 번째 부분으로부터 서스펜션 모드와 관련된 내부 변형을 찾아낼 수 있다.

$$\varepsilon = \varepsilon_r x_2 = \omega_{0,1}^2 \frac{m_1}{k_{1,2}} x_2 = \frac{\omega_{0,1}^2}{\omega_{0,int}^2} x_2 \text{이며 } \omega_{0,int} = \sqrt{\frac{k_{1,2}}{m_1}} \tag{3.140}$$

여기서 $\omega_{0,int}$는 기계 프레임이 클램핑 되어 있거나 무한히 무겁다고 가정한 경우에 매니퓰레이터 고유모드의 고유주파수를 나타낸다. 식 (3.140)에 따르면 서스펜션 모드와 관련된 내부 변형은 서스펜션 모드와 관련된 내부 고유모드들 사이의 고유주파수들 비율에 의존한다. 서스펜션 모드에 비해서 내부 모드의 주파수가 높아질수록 내부 변형은 감소한다. 서스펜션 모드와 관련된 내부 변형은 그 모드의 고유주파수가 0인 경우에만 0이 된다는 앞서의 논의를 이 방정식이 다시 한 번 확인해 준다.

3.1.1절에서 설명했던 강성과 정밀도 사이의 관계에서와 마찬가지로 더 직관적인 방법으로 식 (3.140)을 유도할 수 있다는 점을 언급할 가치가 있다. 내부 변형을 기계 전체가 서스펜션 주파수인 $\omega_{0,1}$로 진동하는 동안 매니퓰레이터에 가해진 가속력에 의해서 유발된 준 정적 변형이라고 간주할 수 있다. 매니퓰레이터가 베이스 프레임의 운동 x_2를 추종하도록 만들기 위해서는 진동중에 베이스 프레임에서 매니퓰레이터로 전달되는 가속력을 전달할 필요가 있다. 3.1.1절에서 설명했던 것처럼, 매니퓰레이터의 몸체와 내부강성 $k_{1,2}$를 가속하기 위한 힘 F_b로 인한 내부 변형이 발견된다.

$$\varepsilon = \frac{F_b}{k_{1,2}} \text{ 이며 } F_b = m_1 \ddot{x}_2 = m_1 \omega_{0,1}^2 x_2 \tag{3.141}$$

$$\varepsilon = \frac{m_1 \omega_{0,1}^2}{k_{1,2}} x_2 = \frac{\omega_{0,1}^2}{\omega_{0,int}^2} x_2 \tag{3.142}$$

이 공학적 방법을 통해서도 식 (3.140)과 동일한 결과를 얻을 수 있음을 확인할 수 있다.

서스펜션 모드와 관련된 내부 변형이 매우 중요한 경우에 해당하는 사례로 바닥진동이 3 [Hz] 주파수에서 10 [μm]의 진폭으로 서스펜션을 가진하는 전자현미경과 같은 고정밀 기계를 생각해 볼 수 있다. 만일 매니퓰레이터의 내부 주파수가 150 [Hz]라면 식 (3.140)을 사용하여 기계의 내부 변형을 계산할 수 있다.

$$\varepsilon = \frac{3^2}{150^2} 10 \cdot 10^{-6} = 4 \cdot 10^{-9} \quad [\text{m}] \tag{3.143}$$

이 4 [nm]의 진폭은 무시할 정도로 작은 값인 것처럼 보이지만 서브나노미터의 분해능으로 조준해야만 하는 웨이퍼 스캐너나 전자현미경과 같이 고정밀 기기에서는 전혀 그렇지 않다.

3.3.7.1 준 강체 서스펜션 모드

그림 3.50에서는 두 개의 물체가 스프링에 의해서 서로와 정지한 기준면에 각각 연결되어 있는 특별한 지지구조를 보여주고 있다. 고유벡터 $\boldsymbol{\phi}_i$의 항들이 서로 동일한 경우에 지지된 시스템의 내부변형이 없이도 서스펜션 모드가 0 [Hz]가 아닌 고유주파수를 가지고 있기 때문에 이 구조는 특별하다. 식 (3.108)과 $\boldsymbol{\phi}_i = [1, 1]^T$를 사용하면 다음 식을 얻을 수 있다.

$$\left(\begin{bmatrix} k_1+k_2 & -k_2 \\ -k_2 & k_2+k_3 \end{bmatrix} - \omega_{0,i}^2 \begin{bmatrix} m_1 & 0 \\ 0 & m_2 \end{bmatrix}\right) \cdot \begin{bmatrix} 1 \\ 1 \end{bmatrix} = \mathbf{0} \tag{3.144}$$

$$\begin{bmatrix} k_1+k_2-\omega_{0,i}^2 m_1 & -k_2 \\ -k_2 & k_2+k_3-\omega_{0,i}^2 m_2 \end{bmatrix} \cdot \begin{bmatrix} 1 \\ 1 \end{bmatrix} = \mathbf{0}$$

$$\begin{bmatrix} k_1-\omega_{0,i}^2 m_1 \\ k_3-\omega_{0,i}^2 m_2 \end{bmatrix} = \mathbf{0}$$

따라서 두 물체를 지지하는 동적 시스템은 다음 조건이 충족된다면 $\omega_{0,i}$에서 강체모드처럼 거동한다.

$$\omega_{0,i}^2 = \frac{k_1}{m_1} = \frac{k_3}{m_2} \quad \text{또는} \; k_1 m_2 = k_3 m_1 \tag{3.145}$$

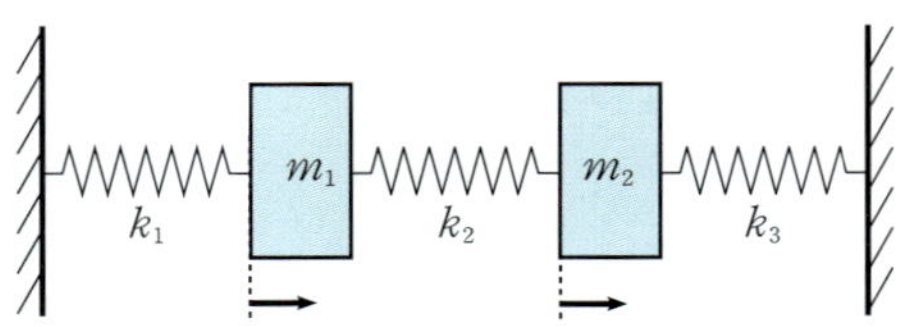

그림 3.50 3개의 스프링이 장착된 2물체 스프링-질량 시스템

실제 시스템의 경우에는 이런 조건을 결코 충족시킬 수 없기 때문에 실제의 강체모드들은 0 [Hz]의 고유주파수를 가지고 있는 자유롭게 떠 있는 물체의 6자유도에 해당할 뿐이다.

3.4 | 기계적 주파수응답

3.4.1 다중 고유모드

메카트로닉스 위치결정 시스템에 사용되는 실제 기계구조는 복잡한 시스템에 통합되는 많은 부품들로 이루어지며 무한히 많은 고유모드들을 가지고 있다. 그림 3.51에 도시된 모드와 같이 관찰되는 공진은 물체의 다차원 변형을 수반한다. 이런 경우에는 실제로 제작하기 전에 설계가 충분히 만족스러우며 제작해도 무방하다는 것을 확인하기 위해서 각 고유모드의 고유주파수와 모드선도를 구하려면 ANSYS와 같은 소프트웨어를 사용해서 기계 시스템의 동특성에 대한 유한요소 모델링을 수행해야 한다. 이런 해석을 통해서 그림 3.52와 같은 보드선도들을 얻을 수 있으며 이를 통해서 기계 시스템 모델에 대한 6개의 직교 구동력과 6개의 직교 운동방향들 사이의 주파수응답을 살펴볼 수 있다. 그림에는 위상선도가 제시되어있지 않지만 필요하다면 이들도 구할 수 있다. 실물을 제작한 다음에는 **실험적 모달해석**(experimental modal analysis)[28]을 통해서 첫 번째 시제품에 대한 타당성 검증이 수행된다. 이 방법에서는 대상물의 서로 다

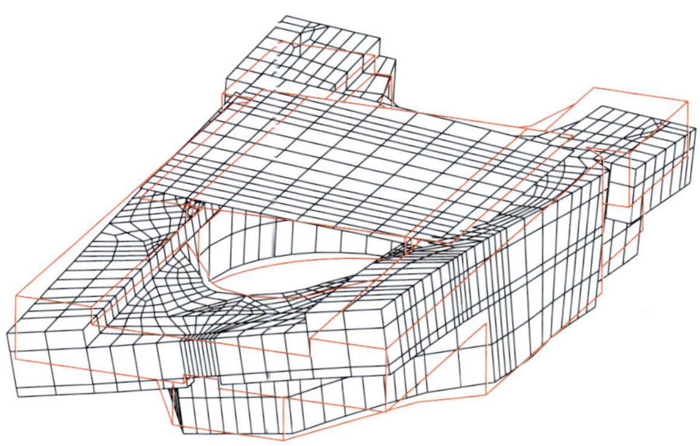

그림 3.51 유한요소 모델링 소프트웨어를 사용해서 계산한 물체에 존재하는 다수의 모드선도들 중 하나. 적색선은 변형되지 않은 원래의 형상을 나타낸다. 이 비틀림 고유모드의 가진은 작동기와 센서의 위치를 세심하게 배치하는 방법 이외에는 피하기가 극도로 어렵다.

른 위치에 설치된 가속도계나 여타의 진동에 민감한 센서들을 사용해서 동적 교란에 대한 응답을 측정한다.

일반적으로 임펄스 작용력을 측정하기 위한 힘 센서가 내장되어 있는 해머를 사용한 임펄스로 교란을 가한다. 2장에서 설명했듯이, 임펄스 신호에는 넓은 주파수 대역이 포함되어 있다. 관련된 모드선도, 고유주파수들 및 모달질량/강성 등에 의해서 유도된 **상관 알고리듬**(correlation algorithm)을 사용하여 서로 다른 응답들을 서로에 대해서 비교하며 교란의 주파수 스펙트럼에 대해서도 비교한다. 최근 들어 강화된 상관방법들은 심지어 실제 시스템에 상존하는 임의 외부진동만을 사용해서 개별교란 없이도 모드선도를 유도해 낼 수 있다.

기계공학자들이 이 방법을 사용하여 검증을 수행할 때에는 작동기와 센서들을 설치하며 작동기와 센서로부터의 주파수 응답을 측정한 후에 그림 3.52에 도시되어 있는 모델링 된 그래프들과 비교해 본다. 이 측정된 그래프들은 항상 편차를 나타내는데, 보통은 편차가 작지만 특히 고주파에서는 종종 큰 편차를 나타내므로 모델링되지 않은 것이 명확한 고유모드들이 관심 주파수 영역에서의 위상 거동에 영향을

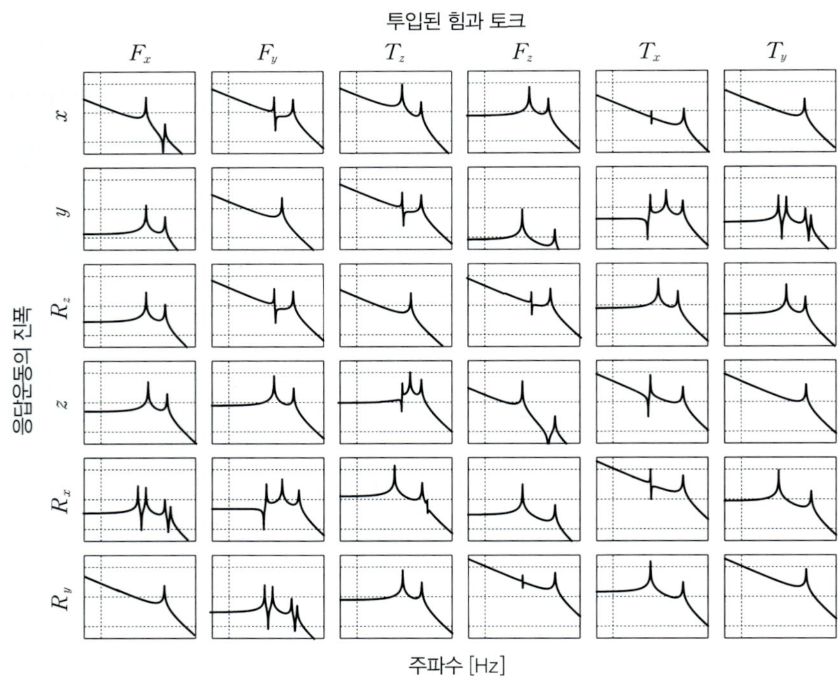

그림 3.52 6개의 직교좌표 방향에 대해서 가진 및 측정한 기계 시스템의 동적 주파수 응답에 대한 진폭 보드선도에 따르면 항상 많은 공진 고유모드가 나타난다. (Hans Butler[9]의 승인 하에 사용한 그림)

끼친다면 추가적인 수단이 필요하다. 결과 그래프에 대한 해석능력을 향상시키기 위해서 다음 절에서는 4가지 특징적인 주파수 응답에 대해서 살펴보기로 한다.

3.4.2 주파수응답의 특성

모달분해 이론은 기계 시스템의 총 동적 거동을 모든 개별 고유모드들의 동적 거동을 선형 조합하여 나타낼 수 있다는 개념에 기반을 두고 있다. 따라서 응답의 상대적인 진폭과 관련된 가중치가 포함된 개별적인 고유모드들로부터 주파수 응답을 추가하여 동적 시스템의 총 주파수 응답을 유도할 수 있다. 다음에서는 측정위치가 아니라 상대방 물리적 자유도에 힘이 가해지는 경우에 강체모드와 비강체 모드라는 두 개의 고유모드를 가지고 있는 시스템에 대한 기본적인 사례로부터 이 합산의 영향에 대해서 살펴보기로 한다. 이 기본적인 시스템의 간단한 사례는 3.3절의 서두에 소개했던 정지한 기준면과의 연결이 없는 2물체 스프링-질량 시스템이다. 이런 시스템의 또다른 버전은 그림 3.53에 도시되어있는 것과 같이 자유롭게 떠 있는 상태에서 압축 모드를 나타내고 있는 물체이다.

첫 번째 고유모드는 순수한 강체모드로서 작동위치에서의 유효 모달 질량은 움직이는 물체의 질량 m과 같다. 두 번째 고유모드는 $i=2$인 경우에 대한 식 (3.120)을 사용하여 시스템을 표준 2물체 스프링-질량 시스템으로 모델링하여 유도할 수 있다.[28] 두 고유모드를 합산하면 라플라스 도메인에서 측정이 수행된 센서위치 x_s와 작용력 F_a가 가해진 위치 사이의 총 전달함수를 구할 수 있다.

$$\frac{x_s}{F_a}=\frac{1}{ms^2}+\frac{\phi_{2,s}\,\phi_{2,a}}{\mathscr{M}s^2+\mathscr{K}_2}=\frac{1}{ms^2}+\frac{\phi_{2,s}\,\phi_{2,a}}{\mathscr{M}_2(s^2+\omega_{0,2}^2)} \tag{3.146}$$

식 (3.146)내의 두 항들 사이의 정확한 상호작용과 전달함수는 다양한 매개변수 값들에 의존한다. 이를 통해서 최종적인 주파수 응답에 4개의 서로 다른 상호작용 패턴을 초래하는 여섯 개의 서로 다른 조합을 구분할 수 있다. 이 여섯 개의 조합을 유도하기 위해서는 고유모드의 고주파 기여도를 강체운동과 관련시켜주는 변수 α를 도입하여 식 (3.146)을 단순화시킨다.

$$\alpha=\frac{\dfrac{\phi_{2,s}\,\phi_{2,a}}{\mathscr{M}_2}}{\dfrac{1}{m}}=\frac{\phi_{2,s}\,\phi_{2,a}}{\mathscr{M}_2}m \tag{3.147}$$

28) 추가적인 고유모드의 모달감쇠는 작다고 가정한다. 그런데 명확성을 위해서 이 감쇠항을 방정식에 포함시키지 않는 대신에 모델링값에 품질계수 Q=25를 가정하여 피크의 진폭을 제한하고 현실적인(매끄러운) 위상 전이를 구현한다.

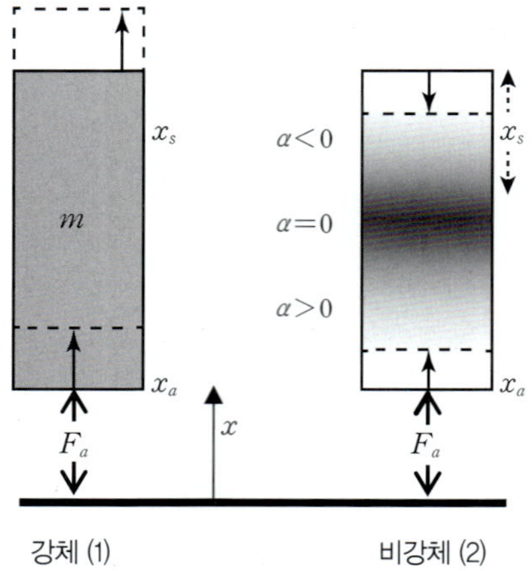

그림 3.53 하나의 강체 모드와 하나의 비강체 압축 고유모드를 가지고 있는 시스템. 외력은 x_a 위치에서 부가되는 반면에 측정은 물체의 길이방향으로 다른 위치에서 수행되므로 α값이 결정된다.

이를 사용하면 식 (3.146)을 다음과 같이 단순화시켜 준다.

$$\frac{x_s}{F_a} = \frac{1}{ms^2} + \frac{\alpha}{m(s^2+\omega_{0,2}^2)} = \frac{1}{ms^2} + \frac{\alpha}{ms^2+k} \tag{3.148}$$

여기서 $k = m\omega_{0,2}^2$이다.

이 방정식은 주파수응답에서 관찰되는 다양한 패턴들에 대한 논의의 기반이 된다. 식 (3.148)은 특수한 경우가 아니라 공진을 포함하고 있는 기계 구조물의 동적 거동을 나타내는 일반적인 표현방법이다. 그림 3.54의 보드선도에 도시되어 있는 두 기여성분들의 일반적인 형상과 식 (3.148)을 살펴보면 진폭선도에서 두 번째 고유모드의 고유 주파수 $\omega_{0,2}$의 정밀한 위치는 제외하고 세 가지 서로 다른 유형의 교차패턴을 발견할 수 있다.

α의 절댓값에 따라서 다음을 관찰할 수 있다.

- $|\alpha| < 1$: 두 개의 교차점
- $|\alpha| = 1$: 한 개의 교차점과 고주파에서 점근적 접근
- $|\alpha| > 1$: 하나의 교차점

강체운동과 추가적인 모드 사이의 마지막 상호작용은 $|\alpha|$에 의존할 뿐만 아니라 두 기여도들 사이의

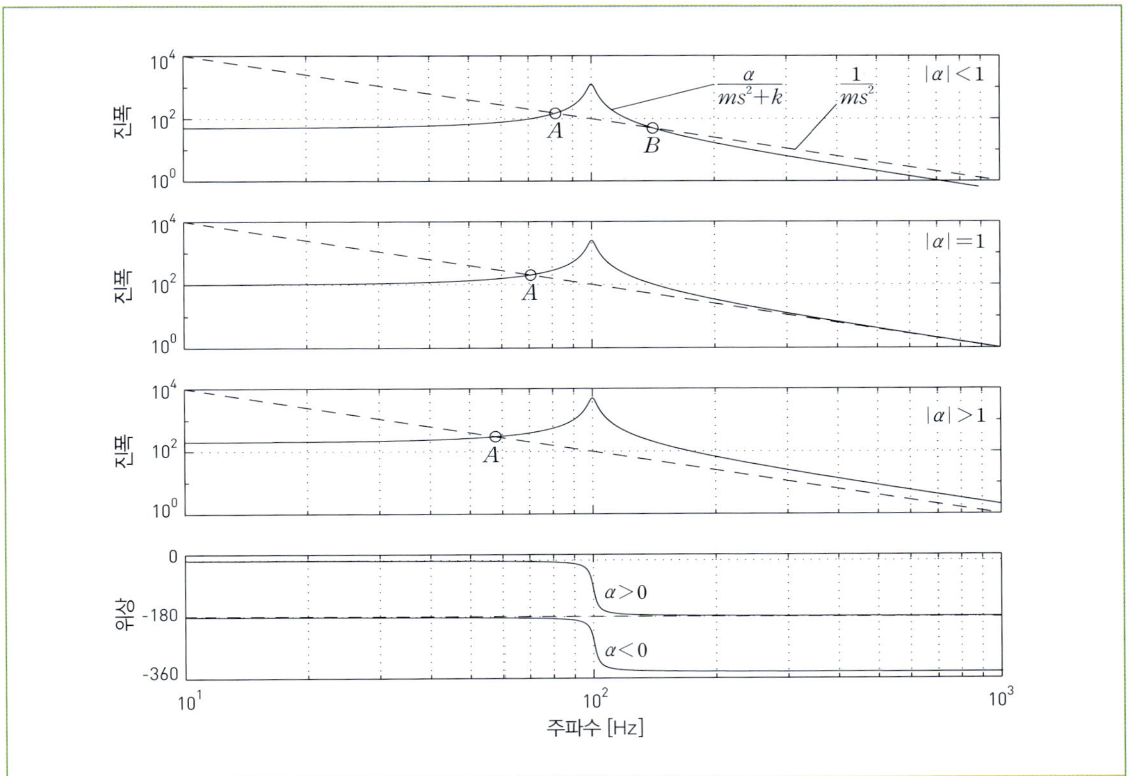

그림 3.54 다양한 α값을 가지고 있는 전달함수 x_s / F_a의 진폭과 위상각에 대한 강체운동과 모달 동특성의 기여도

위상 관계를 결정하는 α의 부호에도 의존한다.[29] 이로 인하여 조합의 수가 여섯 개로 늘어난다.

응답에 기여하는 두 개의 고유모드들의 진폭과 위상으로부터 전체적인 주파수 응답의 일반적인 형상을 구축하는 것은 비교적 쉬운 일이다. 관심사항은 진폭선도의 교차점에 해당하는 주파수에서 두 고유모드들의 상호작용이다. 이 주파수에서 진폭은 서로 동일하므로 두 기여성분들의 위상관계에 따라서 서로 상쇄되어 한 쌍의 영점이 만들어지거나 단지 서르 합해질 수 있다.

그림 3.55에 도시되어 있는 여섯 가지의 서로 다른 조합들로 이루어진 주파수 응답함수의 보드선도를 해석하고 이해하는 데에 이 방법을 사용할 수 있다.

이 보드선도를 분석해 보면 네 가지의 서로 다른 주파수 응답(그림 3.56)을 발견할 수 있으며 이들은 다음과 같이 분류할 수 있다.

29) α값이 양이라는 것은 고려하는 모드에서 힘이 가해지는 위치의 운동(더 정확하게 서보 작용력이 가해지는 점들 사이의 상대운동)이 측정점의 운동(더 정확하게 위치를 측정하는 점들 사이의 상대운동)과 동일한 부호를 가진다는 것을 의미한다.

유형 I 기울기 −2/한 쌍의 영점/한 쌍의 극점/기울기 −2 $(\alpha > 0)$

유형 II 기울기 −2/한 쌍의 극점/한 쌍의 영점/기울기 −2 $(-1 < \alpha < 0)$

유형 III 기울기 −2/한 쌍의 극점/기울기 −4 $(\alpha = -1)$

유형 IV 기울기 −2/한 쌍의 극점/기울기 −2 $(\alpha < -1)$

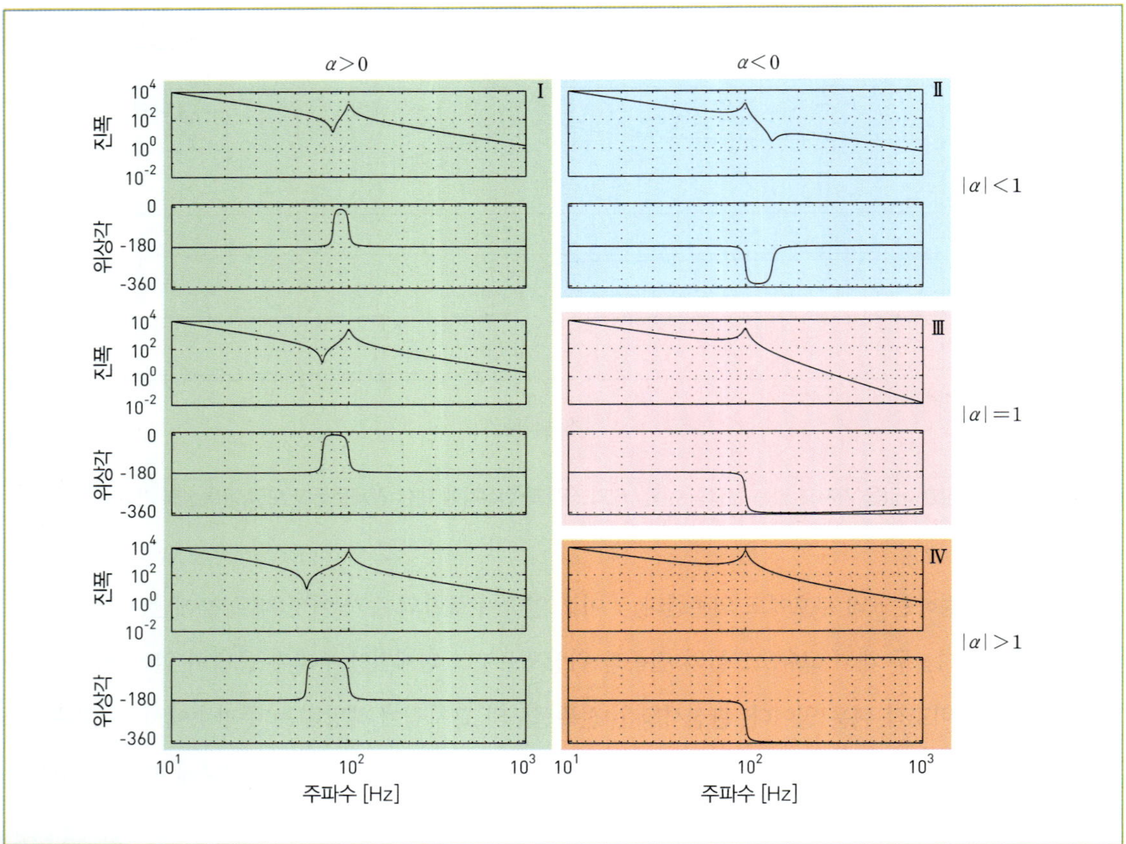

그림 3.55 다양한 α값에 대한 조합된 주파수 응답함수 $x_s/F_a(f)$의 보드선도를 통해서 4가지 진폭과 위상응답 특성을 보여주고 있다.

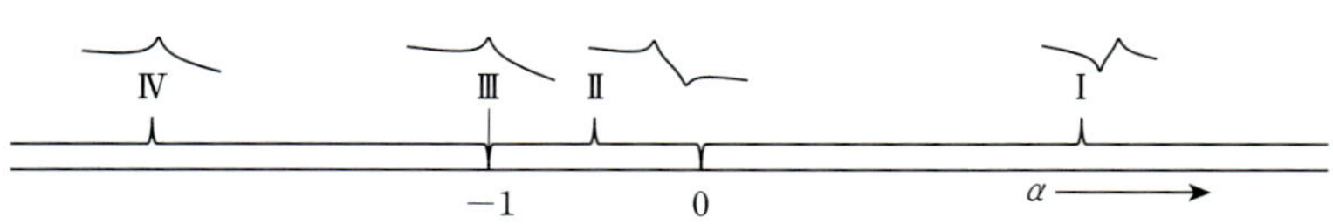

그림 3.56 α값에 따른 4가지 유형의 응답

이 네 가지 유형들 각각에 대해서 더 자세히 살펴보기로 한다. 이 논의과정에서는 다음과 같은 부호를 사용하기로 한다.

- f_0 : 공진(또는 한 쌍의 극점)주파수
- f_a : 반공진(또는 한 쌍의 영점)주파수

4장의 운동제어에서 논의하겠지만 나이퀴스트 선도는 동특성이 제어성능에 끼치는 영향을 설명하는 데에 매우 유용하기 때문에 보드선도와 더불어서 나이퀴스트 선도에 대해서 특별한 관심을 가져야 한다.

3.4.2.1 I형의 주파수 응답

α가 양의 값을 가지고 있다면 영점 쌍의 정확한 위치와는 무관하게 전체적인 주파수 응답은 항상 **기울기 −2/한 쌍의 영점/한 쌍의 극점/기울기 −2** 형태를 나타낸다는 점이 흥미롭다. 극점 쌍의 위치는 단순히 고유모드의 고유주파수에 의해서 결정되므로 교차점 위치에 의해서 영향을 받지 않는다. 더욱이, 그림 3.54에서 A로 표시되어 있는 첫 번째 교차점은 180°의 위상관계로 인하여 항상 한 쌍의 영점을 생성하는 반면에 두 번째 교차점 주파수에서 두 기여성분의 위상은 동일하기 때문에 진폭은 단순히 합해진다. 그 결과 α가 양의 값을 가지고 있다면 전체적인 주파수 응답의 특성은 **기울기 −2/한 쌍의 영점/한 쌍의 극점/기울기 −2** 형태를 갖게된다. 그림 3.57에서는 이런 유형의 주파수 응답에 대한 보드선도와 나이퀴스트 선도를 보여주고 있다.

보드선도는 다음과 같은 특성을 가지고 있다.

- f_a 이하에서의 기울기는 −2이며 f_a와 f_0 사이에서 점근선은 수평을 이루다가 다시 고주파로 가면서 기울기는 −2가 된다. 정의(식 (3.148))상 고주파 점근선은 저주파 점근선보다 $(1+\alpha)$만큼 높다. 반면에 f_a와 f_0 사이의 점근선으로부터 이 구간에서 고주파 점근선은 저주파 점근선보다 $(f_0/f_a)^2$만큼 더 높다는 것을 유추할 수 있는데, 이 값은 $(1+\alpha)$와 같아야만 한다.
- 영점 쌍/극점 쌍 조합의 주파수들 사이에서는 위상앞섬이 발생한다.

나이퀴스트 선도에서 영점/극점 쌍의 조합은 저주파에서 고주파로 이행할 때에 원래의 강체궤적의 우측에 위치하는 매우 크고 대략적으로 원형인 궤적을 생성한다.

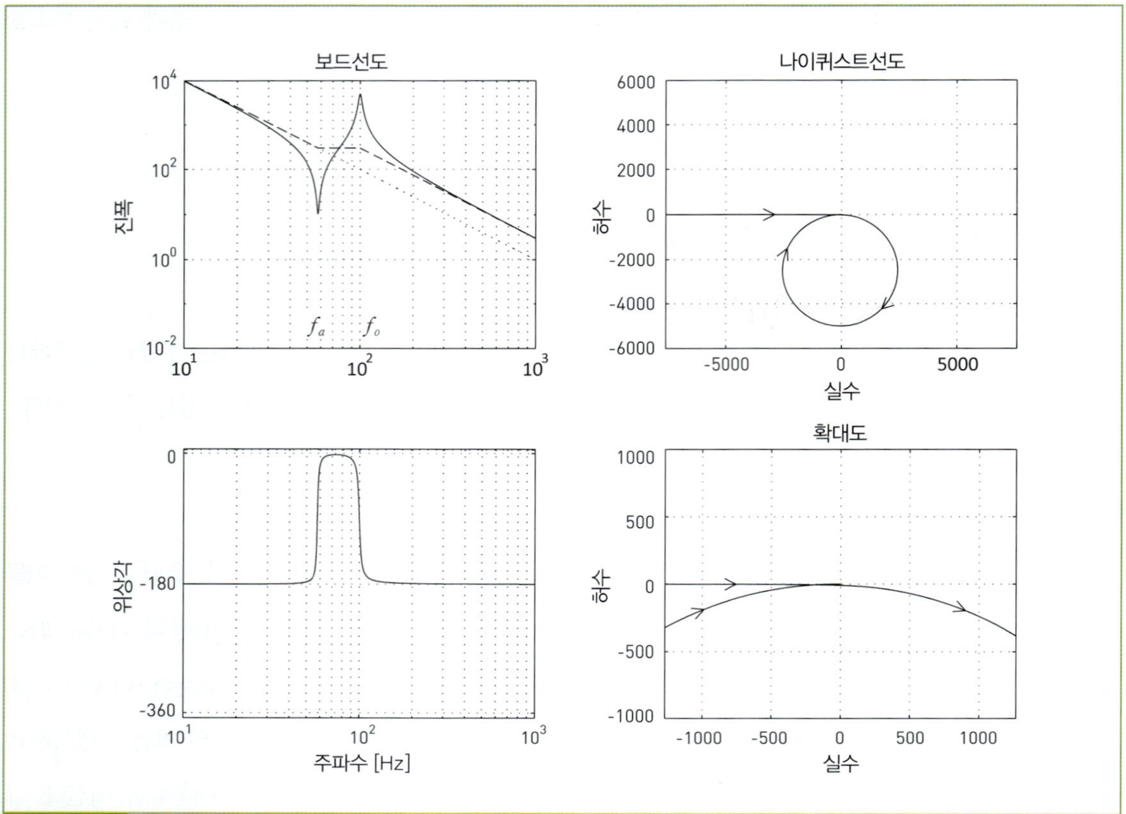

그림 3.57 기울기 −2/한 쌍의 영점/한 쌍의 극점/기울기 −2의 거동특성을 가지고 있는 I형 시스템의 주파수 응답에 대한 보드선도와 나이퀴스트 선도

3.4.2.2 II형의 주파수 응답

$-1 < \alpha < 0$인 경우에만 **기울기 −2/한 쌍의 극점/한 쌍의 영점/기울기 −2**의 조합이 발생한다. 극점 쌍의 위치는 모달 고유주파수의 존재에 의해서 결정되는 반면에 영점 쌍은 두 고유모드 응답의 진폭은 동일하지만 위상이 서로 반대인 두 번째 교점(그림 3.54에서 B로 표시)에서 나타난다. 첫 번째 교점(그림 3.54의 A점)에서는 위상이 서로 일치하기 때문에 상쇄현상이 일어나지 않는다. 이 기계적 주파수 응답에 대한 보드선도와 나이퀴스트 선도가 그림 3.58에 도시되어 있다.

이 보드선도의 전형적인 특징은 다음과 같다.

- 고주파 질량직선(점근선 기울기 −2)은 저주파 질량직선보다 항상 낮으며 f_0와 f_a 사이의 주파수 대역에서는 점근선의 기울기가 −4가 된다. 고주파 점근선의 레벨은 저주파 점근선 레벨보다 $(1+\alpha)$만큼 낮으며 이는 $(f_0/f_a)^2$ 비율과 동일한 값을 가진다.

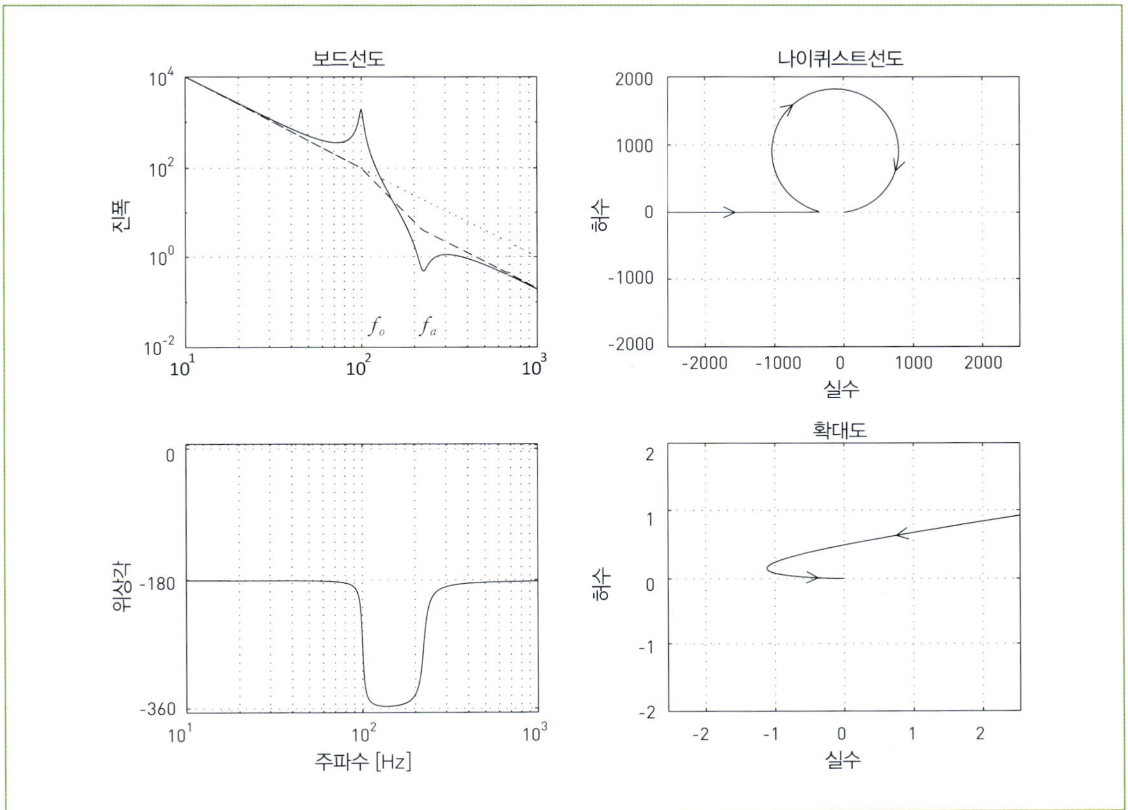

그림 3.58 기울기 −2/한 쌍의 극점/한 쌍의 영점/기울기 −2의 거동특성을 가지고 있는 II형 시스템의 주파수 응답에 대한 보드선도와 나이퀴스트 선도

- 극점 쌍/영점 쌍 조합의 주파수들 사이에는 180° 위상지연이 발생한다.

앞서의 주파수 응답과는 반대로 나이퀴스트 선도에서의 원형 궤적은 저주파에서 고주파로 이행할 때에 원래의 강체궤적의 좌측에 위치하며 닫힌 원을 형성하지 않는다. 더 중요한 점은 도표를 확대해 보면 균일이득에서 0이득으로 마지막 이행하면서 실수축상의 −1점을 우측에서 통과한다는 것이다. 4장에서 설명하겠지만 이런 유형의 동적 거동은 제어루프에 대해서 불안정을 유발하기가 매우 쉽다.

3.4.2.3 III형의 주파수 응답

기울기 −2/한 쌍의 극점/기울기 −4의 거동특성은 $\alpha = -1$인 경우에만 나타난다. 이는 3.3.1절과 3.3.5.1절에서 예시했던 것처럼 2물체 스프링–질량 시스템에서 물체 2의 위치를 측정하는 반면에 물체 1을 구동하는 경우에 해당한다. 이 사례들에서는 고주파 대역에서의 기울기가 −4인 이유를 정성적으로만 설명했었다. 이 기울기를 제대로 유도하기 위해서는 식 (3.148)로 되돌아가서 $\alpha=-1$에 대해서 식을 약간 손봐야 한다.

$$\frac{x_s}{F_a}=\frac{1}{ms^2}+\frac{-1}{ms^2+m\omega_{0,i}^2}=\frac{(ms^2+m\omega_{0,i}^2)-ms^2}{ms^2(ms^2+m\omega_{0,i}^2)}=\frac{\omega_{0,i}^2}{ms^4+ms^2\omega_{0,i}^2} \tag{3.149}$$

이 식을 통해 고주파 대역에서의 점근선 기울기가 정말 -4임을 알 수 있다. 고유주파수에서 위상각은 $-180°$에서 $-360°$로 시프트되며, 이 또한 -4의 기울기에 해당한다. 그림 3.59에서는 이 유형의 주파수 응답에 대한 보드선도와 나이퀴스트 선도를 보여주고 있다. (위상각이 $-360°$에 접근하는)고주파 거동과는 별개로 나이퀴스트 선도는 좌측에서 큰 궤적을 그리는 그림 3.58의 주파수 응답과 매우 유사하게 보인다.

상대 모달감쇠가 존재하기 때문에 $f_0/2\zeta$ 이상의 주파수 대역에서 고주파 점근선이 실제로는 -3의 기울기를 나타낸다. $\zeta=1\%$인 경우에 이 교차주파수는 $50\cdot f_0$와 같으며 관심 주파수 대역에서의 위상선도가 약간 증가하는 이유를 설명해 준다.

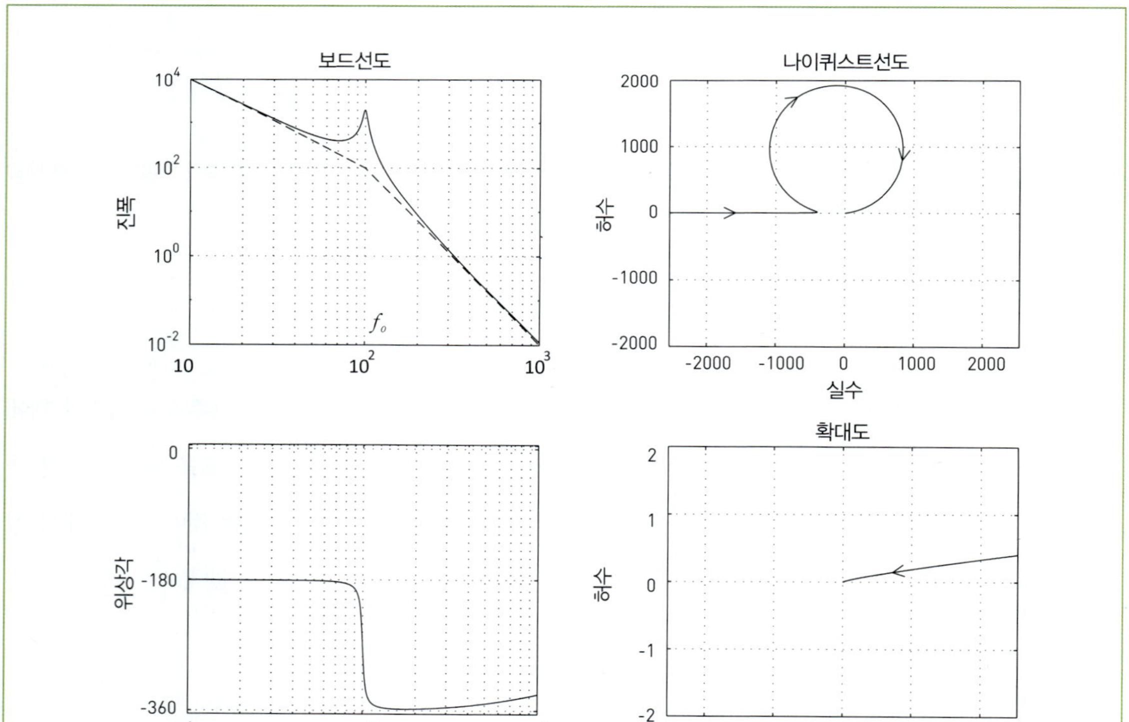

그림 3.59 기울기 −2/한 쌍의 극점/기울기 −4의 거동특성을 가지고 있는 III형 시스템의 주파수 응답에 대한 보드선도와 나이퀴스트 선도

3.4.2.4 IV형 주파수 응답

마지막 조합인 **기울기 −2/한 쌍의 극점/기울기 −2**는 $\alpha < -1$인 경우에 나타난다. 극점 쌍의 위치는 다시 모달 고유주파수에 의해서 결정된다. 그림 3.54(A점)에서는 두 곡선이 단 하나의 점에서 교차하지만 위상이 서로 일치하기 때문에 기여도의 상쇄는 발생하지 않는다. 이 기계적 주파수 응답의 보드선도와 나이퀴스트선도가 그림 3.60에 도시되어 있다.

이 보드선도의 전형적인 특징은 다음과 같다.

- 저주파 대역과 고주파 대역 모두에서 점근선의 기울기는 −2이다. 하지만 고주파 점근선은 저주파 점근선보다 $|1+\alpha|$만큼 높은데 $\alpha < -1$이므로 $0 < |1+\alpha| < \infty$의 값을 갖게 된다. 결론적으로 α 값에 따라서 고주파 점근선은 저주파 점근선보다 낮거나 높을 수 있다.
- 위상각은 공진 주파수에서 점근선의 기울기 변화 없이 -180°에서 -360°로 시프트 된다. 이는 이

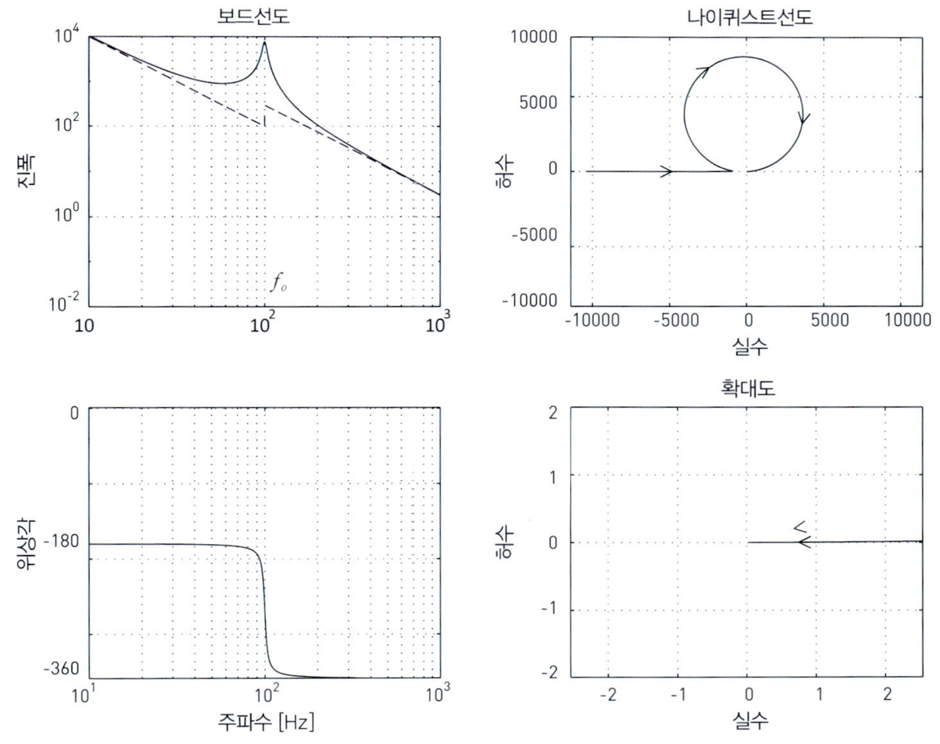

그림 3.60 기울기 −2/한 쌍의 극점/기울기 −2의 거동특성을 가지고 있는 IV형 시스템의 주파수 응답에 대한 보드선도와 나이퀴스트 선도

상태가 비최소위상 특성을 가지고 있음을 의미한다.

앞서의 주파수 응답에서와 유사하게 나이퀴스트 선도에서의 원형 궤적은 저주파에서 고주파로 이행할 때에 원래의 강체곡선의 좌측에 위치하며 닫혀있지 않고, 위상각이 $-360°$가 되면 $(0, 0)$점에 접근하게 된다.

이는 전형적인 **비최소위상**(non-minimum phase) 시스템의 사례로서 위치와 힘 사이의 위상지연은 진폭 보드선도 내의 경사로부터 예측한 것보다 더 크게 나타난다. 비최소위상 거동은 라플라스 평면의 우반면에 존재하는 하나 또는 그 이상의 영점에 의해서 결정된다는 것을 4장에서 설명할 예정이다. 양의 실수부에 영점이 존재한다는 것은 식 (3.148)을 약간 정리하여 증명할 수 있다.

$$\frac{x_s}{F_a} = \frac{1}{ms^2} + \frac{\alpha}{ms^2 + \omega_{0,i}^2} = \frac{ms^2 + m\omega_{0,i}^2 + \alpha ms^2}{ms^2(ms^2 + m\omega_{0,i}^2)} = \frac{(1+\alpha)s^2 + \omega_{0,i}^2}{ms^4 + ms^2\omega_{0,i}^2} \tag{3.150}$$

이 전달함수의 영점들은 이 방정식의 분자항에 의해서 결정된다.

$$(1+\alpha)s^2 + \omega_{0,i}^2 \tag{3.151}$$

$\alpha < -1$인 경우 두 개의 실수 영점 $z_{1,2}(s)$는 다음과 같이 정의된다.

$$z_{1,2}(s) = \pm \frac{\omega_{0,i}}{|1+\alpha|} \tag{3.152}$$

이 영점들 중 하나는 라플라스 평면 내에서 양의 실수축 상에 위치하며, 이는 비최소위상 거동에 해당한다.

3.4.3 I/II/IV형 시스템 응답의 사례

이 단원을 마무리하고 운동제어에 대해 다루는 다음 단원으로 넘어가는 과정에서 센서의 설치위치에 따라서 I형, II형 및 IV형 응답이 나타날 수 있다는 것을 보여주기 위해서 두 개의 운동방향을 가지고 있는 두가지 사례에 대해서 살펴보기로 한다. 앞서 언급했듯이, 센서와 작동기의 위치가 일치하지 않으면 작동기에서 센서로의 주파수 응답에 현저한 차이가 유발될 수 있다. 이런 편차는 능동제어되는 운동 시스템에 적용하였을 때에 기계 구조물의 서로 다른 동적 고유모드들을 측정 및 가진할 수 있는 가능성을 나타내는 동적 시스템의 **관측성**(observability)과 **제어성**(controllability)에 영향을 끼친다.[78, 79].

첫 번째 사례는 유연 스프링 위에 설치된 평면운동 물체이며 두 번째 사례는 이 책의 표지그림과 1장의 그림 1.14에 도시되어있는 전기식 H-드라이브 웨이퍼 스테이지이다.

3.4.3.1 유연 스프링에 지지된 평면운동 물체

그림 3.61에서는 단지 두 개의 고유모드만을 가지고 있는 무게가 없는 이상적인 리프 스프링을 사용하여 정지한 기준면에 연결되어 있는 강체로 이루어진 2차원 시스템을 보여주고 있다.

첫 번째 고유모드는 리프 스프링의 중심보다 약간 아래에 위치하며 물체의 치수에 따라서 위치가 결정되는 회전중심을 기준으로 **선회**(swinging)운동을 하는 형태의 모드선도를 가지고 있다. 두 번째 고유모드는 물체의 무게중심보다 약간 위에 위치한 한 점을 중심으로 회전하는 모드선도를 가지고 있다. 서로 다른 고유모드들의 모드선도는 상호 독립적이기 때문에 이 단일물체가 가지고 있는 두 가지 고유모드들의 응답을 조합하는 방법은 앞서 설명했던 2물체 스프링-질량 시스템에서의 고유모드 조합방법과 동일하다. 따라서 모든 모드선도들이 동일한 좌표계를 사용하는 한은 전체적인 거동을 구하기 위해서 개별 모드선도들을 선형조합할 수 있다. 그렇다 하여도 반드시 결과들이 동일하지는 않으며 작동기와 센서의 위치가 서로 다른 경우에는 주파수 응답이 달라진다.

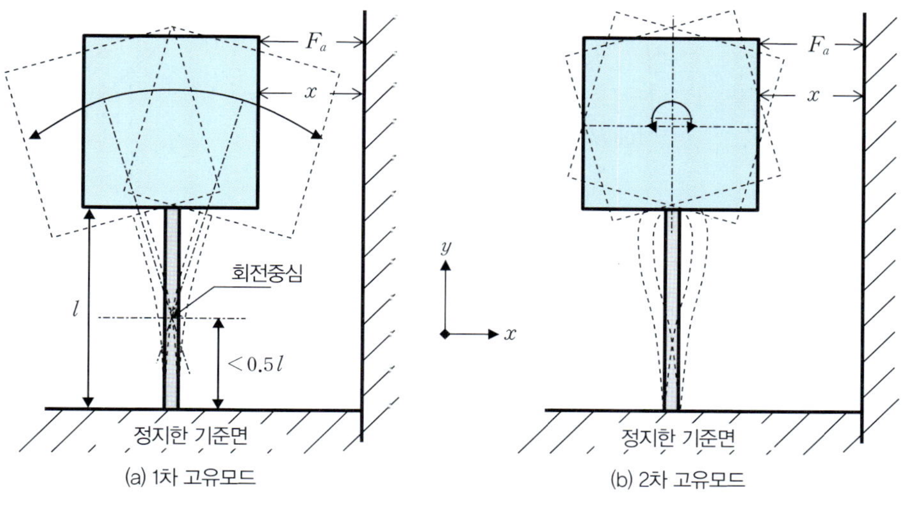

그림 3.61 리프 스프링으로 정지한 기준면과 연결되어 있는 물체의 두 가지 평면 내 고유모드의 모드선도. 첫 번째 모드선도는 리프스프링의 중심 약간 아래에 위치하는 회전중심 주변으로의 선회운동이며 두 번째 모드선도는 무게중심 약간 위의 한 점을 중심으로 회전하는 왕복운동이다. 작동기(F)와 센서(x)의 위치에 따라서 특히 두 번째 고유모드의 경우에, 관찰되는 시스템의 동적 거동이 서로 다르다.

주파수 f를 가지고 있는 주기적인 외란 F가 물체의 상부에 가해진다고 하자. 검출된 거동과의 차이를 설명하기 위해서 물체의 바닥과 상부 사이의 다양한 위치에서 측정이 수행된다. 고유주파수와 보드선도를 계산하기 위해서 서로 다른 매개변수들에 대해서 특정한 기준값을 사용하기로 한다. 1차 고유모드의 경우에는 회전량이 작기 때문에 물체 상부에서의 유효모달질량 $\mathscr{M}_{eff.1,t}$는 주로 0.05 [kg]인 물체의 질량(m)에 의해서 결정된다. 그에 따른 1차 고유모드의 유효모달강성 $\mathscr{K}_{eff.1,t}$는 리프 스프링의 굽힘강성과 같으며 대략적으로 $5 \cdot 10^3$ [N/m]이다. 이 값들에 따라서 1차 고유모드의 고유주파수는 $f_{0,1} \approx 50$ [Hz]의 값을 가진다. 2차 고유모드의 고유 주파수는 주로 무게중심 주변에서의 관성 모멘트와 무게중심 위치에서 리프 스프링의 회전강성의 조합에 의해서 결정된다. x방향으로의 결과적인 운동만이 중요하므로, 위의 값들을 가진력이 가해지는 상부 모서리 위치에 대한 등가 유효모달질량과 등가 유효모달강성으로 변환시킨다. 사각형 모서리에 대해서 유효모달질량을 계산하면 대략적으로 $\mathscr{M}_{eff.2,t} \approx 0.033$ [kg]이 구

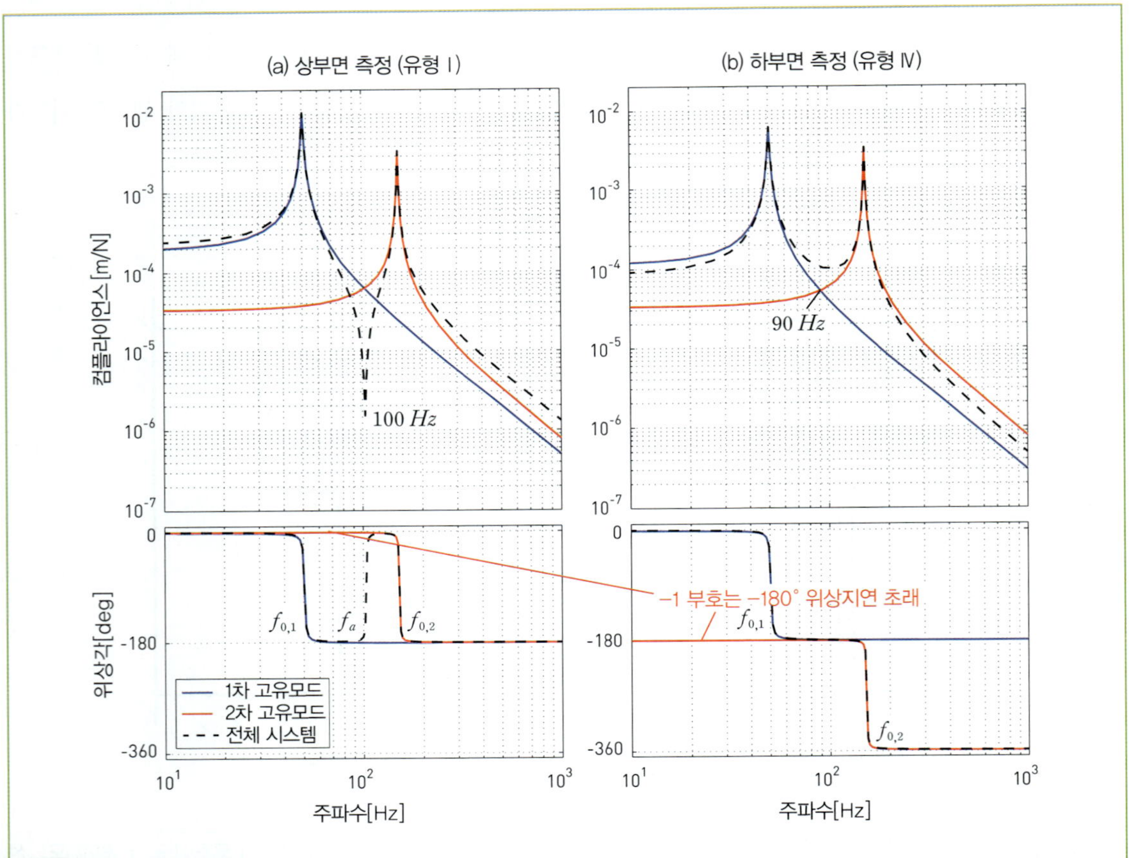

그림 3.62 그림 3.61에 도시되어 있는 두 고유모드들의 주파수응답 보드선도. 좌측 그래프(a)는 외력 이 가해지는 위치와 동일한 곳에서 측정을 수행하는 경우에 측정된 거동을 보여주고 있으며 우측 그래프(b)는 물체의 바닥면에서 측정을 수행하는 경우의 측정결과를 보여주고 있다. 이 경우 반공진은 사라지지만 두 공진은 여전히 남아있다.

해진다. 2차 고유모드의 유효모달강성은 1차 고유모드에서 리프스프링의 굽힘강성보다 현저히 높기 때문에 이는 터무니없는 값이 아니다. 구해진 값을 사용하여 가진 위치에서의 유효모달강성을 계산해 보면 대략적으로 $\mathscr{K}_{eff.2,t} \approx 3 \cdot 10^4$ [N/m]이 되며 이로 인한 2차 고유모드의 고유주파수는 대략적으로 $f_{0,2} \approx 150$ [Hz]가 구해진다.

소위 **구동점 측정**(driving point measurement)라고 부르는, 외력이 가해진 점과 동일한 위치에서 위치 측정이 수행된다면, 모델링 된 거동의 보드선도는 그림 3.62 (a)에서와 같이 I형 거동을 나타낸다. 두 고유모드의 전달함수를 조합하면 반공진 주파수에 위치하는 한 쌍의 켤레 복소수 영점들을 발견할 수 있다.

$$\begin{aligned}\frac{x_{top}}{F_a}(s) &= \frac{1}{\mathscr{M}_{eff.1,t}s^2+\mathscr{K}_{eff.1,t}} + \frac{1}{\mathscr{M}_{eff.2,t}s^2+\mathscr{K}_{eff.2,t}} \\ &= \frac{1}{\mathscr{M}_{eff.1,t}(s^2+\omega_{0,1}^2)} + \frac{1}{\mathscr{M}_{eff.2,t}(s^2+\omega_{0,2}^2)} \\ &= \frac{\dfrac{1}{\mathscr{M}_{eff.1,t}}(s^2+\omega_{0,2}^2)+\dfrac{1}{\mathscr{M}_{eff.2,t}}(s^2+\omega_{0,1}^2)}{(s^2+\omega_{0,1}^2)(s^2+\omega_{0,2}^2)}\end{aligned} \tag{3.153}$$

영점들을 구하기 위해서는 분자값들이 0이 되는 s값을 구해야 하며, 이 사례에서의 수치값을 사용하여 이를 계산해 보면 다음 값을 얻을 수 있다.

$$\frac{1}{\mathscr{M}_{eff.1,t}}(s^2+\omega_{0,2}^2)+\frac{1}{\mathscr{M}_{eff.2,t}}(s^2+\omega_{0,1}^2) = 0 \quad \Rightarrow \tag{3.154}$$

$$s^2 = -\frac{\dfrac{\omega_{0,2}^2}{\mathscr{M}_{eff.1,t}}+\dfrac{\omega_{0,1}^2}{\mathscr{M}_{eff.2,t}}}{\dfrac{1}{\mathscr{M}_{eff.1,t}}+\dfrac{1}{\mathscr{M}_{eff.2,t}}} = -\left(\frac{\omega_{0,2}^2}{1+\dfrac{\mathscr{M}_{eff.1,t}}{\mathscr{M}_{eff.2,t}}}+\frac{\omega_{0,1}^2}{1+\dfrac{\mathscr{M}_{eff.2,t}}{\mathscr{M}_{eff.1,t}}}\right)$$

$$\begin{aligned}s &= \pm j\sqrt{\frac{\omega_{0,2}^2}{1+\dfrac{\mathscr{M}_{eff.1,t}}{\mathscr{M}_{eff.2,t}}}+\frac{\omega_{0,1}^2}{1+\dfrac{\mathscr{M}_{eff.2,t}}{\mathscr{M}_{eff.1,t}}}} \\ &= \pm j\sqrt{\frac{(2\pi \cdot 150)^2}{1+\dfrac{0.05}{0.033}}+\frac{(2\pi \cdot 50)^2}{1+\dfrac{0.033}{0.05}}} \approx \pm j \cdot 640\end{aligned}$$

이 값은 $f \approx 640/2\pi \approx 100$ [Hz]의 주파수에 해당하는 한 쌍의 켤레 복소수값에 해당하며 그림 3.62 (a)에서와 같이 반공진이 발생하는 주파수 f_a에 해당한다.

비동위치인 물체의 하단부에서 측정을 수형하면 전형적인 Ⅳ형 거동이 관찰된다. 그에 따른 응답이 그림 3.62 (b)에 도시되어 있다. 1차 고유모드의 경우 선회운동의 회전중심 근처에서 측정이 수행되기 때문에 상부에서 측정을 수행하는 경우에 비해서 응답의 진폭은 대략적으로 절반 정도로 감소된다. 하지만 가장 크고 중요한 차이는 2차 고유모드를 상부에서 측정을 수행한 경우와 비교해 보면 진폭은 동일하지만 위상각의 부호가 반전된다는 것이다. 따라서 2차 고유모드의 응답에 대해서는 −1을 곱해서 합산을 차감으로 변경해야만 한다. 그 결과 두 고유모드의 위상은 이들이 동일한 진폭을 갖는 주파수에서 위상각이 −180°가 되며 동일한 위치에서 측정이 수행되는 경우에 관찰되는 반공진이 발생하는 대신에 총 진폭이 증가한다. 2차 고유주파수보다 높은 주파수에서 조합된 응답의 기울기는 −2이며 부호반전으로 인하여 위상각은 −360°이다. 이는 전달함수에서 양의 실수 영점항들에 의해서 반영되어야 하는 비최소위상 거동에 해당한다. 식 (3.153)의 분모의 두 번째 항에 양의 부호 대신에 음의 부호를 사용하여 동일한 조합을 나타내 보면 알 수 있듯이 이 센서위치에서 정말로 두 개의 실수 영점 쌍들이 생성된다. 이 위치는 회전중심과 가깝기 때문에 1차 고유모드의 기여도는 상부면에서의 값에 비해서 대략 절반에 불과하다. 이 모두[30]가 물체의 바닥에 위치하는 측정점에 대한 전달함수에 의한 것이다.

$$\frac{x_{bottom}}{F_a}(s) = \frac{0.5 \cdot \dfrac{1}{\mathscr{M}_{eff.1,t}}(s^2+\omega_{0,2}^2) - \dfrac{1}{\mathscr{M}_{eff.2,t}}(s^2+\omega_{0,1}^2)}{(s^2+\omega_{0,1}^2)(s^2+\omega_{0,2}^2)} \tag{3.155}$$

식 (3.154)에서와 동일한 과정을 통해서 그림 3.62 (b)에 도시되어있는 것과 같이 두 고유모드들의 진폭 기여도가 서로 동일한 주파수인 $f \approx 540/2\pi \approx 90\,[\mathrm{Hz}]$에 해당하는 $s \approx \pm 540$에서 두 개의 실수 영점들을 발견할 수 있다. 따라서 전달함수는 양의 실수 영점들을 가지고 있으며 그 결과 시스템은 비최소위상을 가진다. 시간 도메인 내에서 비최소위상 시스템은 특히 스텝 외란에 대한 초기 수축현상을 통해서 확인할 수 있다. 물체 상부의 표시된 위치에서 시스템에 힘이 가해지자마자 물체는 두 고유모드들의 유효모달질량값에 따라서 가속되기 시작한다. 두 번째 고유모드의 유효모달질량이 작기 때문에 두 번째 고유모드의 위치에 대한 영향은 초기에 더 크다. 그림 3.63의 스텝응답을 통해서 알 수 있듯이, 측정 위치가 일치한다면 두 고유모드들의 기여도가 초기에 동일한 방향으로 작용하는 것을 관찰할 수 있지만 바닥의 비동위치에서 측정하는 경우에는 두 번째 고유모드 때문에 초기운동이 작용력과는 반대 방향으로 발생한다. 측정위치에 따른 현상을 부각시키기 위해서 이들 두 극한위치들이 선정되었지만, 실제 시스템의 경

30) α값이 양이라는 것은 고려하는 모드에서 힘이 가해지는 위치의 운동(더 정확하게 서보 작용력이 가해지는 점들 사이의 상대운동)이 측정점의 운동(더 정확하게 위치를 측정하는 점들 사이의 상대운동)과 동일한 부호를 가진다는 것을 의미한다.

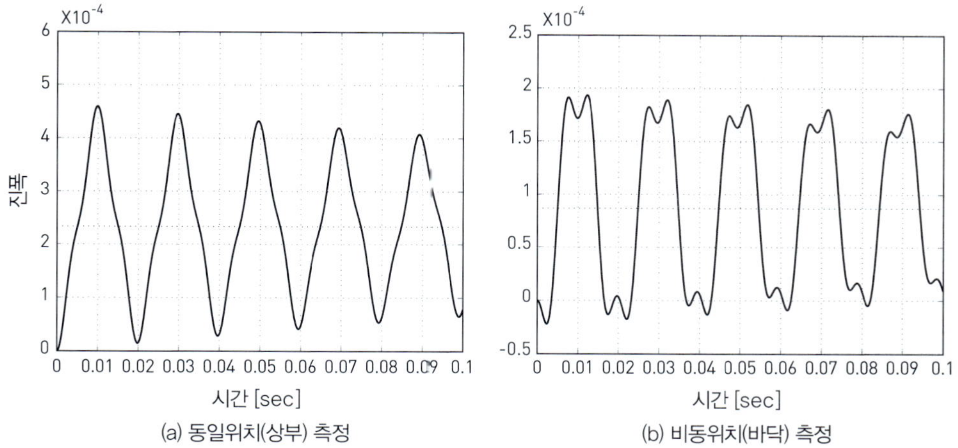

그림 3.63 그림 3.61에 소개되어 있는 동적 시스템이 양의방향으로 작용하는 두 개의 분리된 고유모드들에 대한 스텝응답. 바닥의 비동위치 측정의 경우에 발생하는 비최소위상 거동은 작용력과는 반대방향으로 발생하는 초기운동의 특성을 타나낸다.

우에는 센서위치를 이들 두 극한위치 사이의 어디쯤으로 선정한다. 이 중간위치에서 조차도 이 극한위치들까지의 거리에 따라서 여전히 동일한 현상이 어느 정도 발생한다. 상부에 가까워질수록 센서 신호는 동일위치 센서 신호에 가까워지는 반면에 바닥 쪽으로 가까워질수록 비최소위상 거동을 타나내게 된다. 측정용 센서가 중간에 위치하는 경우에 2차 고우모드에 의한 x방향으로의 운동이 더 이상 측정되지 않는 특수한 상황이 발생한다. 따라서 센서는 이 고유모드를 측정할 수 없다. 폐루프 귀환 시스템에 이 구조를 적용하면 2차 고유모드의 동적 효과가 안정성에 영향을 끼치지 못하게 되는 긍정적인 효과를 얻을 수 있다. 불행히도 이것이 이 고유모드가 가진되지 않는다는 것을 의미하지는 않는다. 시스템에 작용하는 미지의 교란 작용력이 이 관찰할 수 없는 고유모드의 고유주파수 주변 성분을 포함하고 있을 수 있다. 이런 힘들이 작동기에 의한 노이즈나 지지 구조물을 통해서 전달되는 외부진동에 의해서 유발될 수 있다. 따라서 진동차폐 등의 수단을 사용하여 항상 이런 미지의 힘들이 전달되는 것을 가능한 한 막아야 한다. 앞서 설명한 작동기의 위치의 경우와 동일한 추론에 의거하여 작동기가 관찰할 수 없는 고유모드를 가진하지 못하도록 만들 필요가 있다. 힘이 가해지는 위치가 2차 고유모드의 회전중심과 일치한다면 작동기는 이 모드를 가진시킬 수 없다. 이와 같이 고유모드를 공진시키는 가진을 피하기 위한 최적의 위치는 시스템의 제어성을 저감시키는 단점이 있다. 제어기가 이 고유모드에 대한 정보를 가지고 있더라도 이를 제어할 위치에 작동기가 위치하지 않기 때문에 이를 제어할 수 없다. 이 제어모드를 제어하기 위한 별도의 전용 작동기를 설치하여 이 문제를 해결할 수 있지만, 대부분의 경우 여타 원인들의 간섭을 방지하기 위한 엄밀한 대책이 필요하다. 이것이 극한의 정밀도를 가지고 있는 복잡한 메카트로닉스 시스템을 설계할 때에 살펴봐야 하는 매우 중요한 주의사항들 중 하나이다.

발견된 현상들을 다음과 같이 운동제어 시스템에 적용할 수 있는 세 가지 중요한 결론으로 요약할 수 있다.

- 고유모드들의 관측성과 제어성은 센서와 작동기의 위치에 의존한다.
- 대부분의 고유모드들의 경우 센서가 관측할 수 없거나 작동기가 해당 고유모드를 가진할 수 없는 위치를 발견할 수 있다.
- 제어할 수 없으며 관측할 수 없는 고유모드라고 하여도 여전히 외란에 의해서 가진될 수 있다. 이로 인하여 시스템의 기능성이 저하될 수 있지만 제어기는 동적 거동을 개선할 수 없다.

3.4.3.2 H-드라이브 웨이퍼 스테이지

그림 3.64에서는 1장에서 소개되었던 노광용 스테퍼를 위한 웨이퍼 스테이지의 도면과 물리모델을 보여주고 있다. 이 시스템은 모든 구동력이 이동물체의 무게중심을 통과하는 하나의 평면상에서 작용하므로, 평면 작용력과 웨이퍼 척의 텀블링 모드를 유발하는 토크 사이의 교차연결을 방지하는 H-드라이브 구

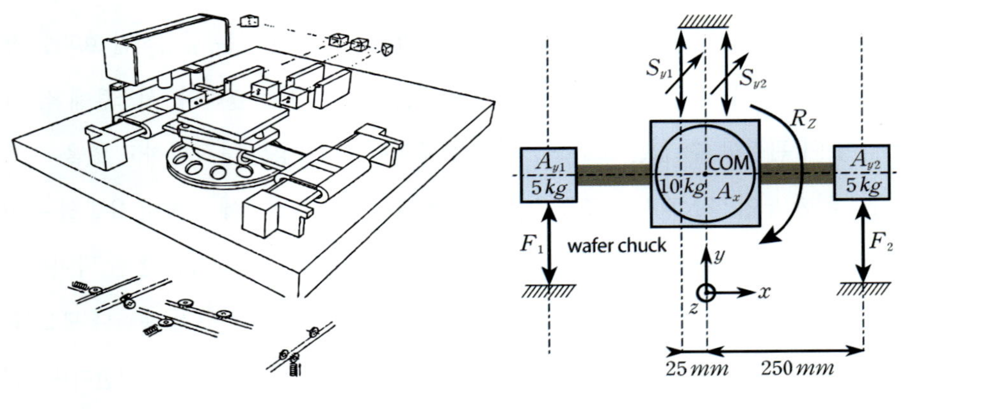

그림 3.64 평면운동 H-드라이브 웨이퍼 스테이지는 x, y 및 R_z의 3개 직교좌표 방향으로 움직인다. S_{y1} 및 S_{y2}에서의 운동측정을 조합하여 무게중심 COM을 중심으로 하는 회전운동과 y방향으로의 병진운동을 측정한다. y-방향 작동기의 미끄럼 베어링은 병진방향 강성이 없지만 회전강성을 가지고 있어서 작동기 위치에서의 유효모달강성값은 $K_{eff,2,1} = 1 \cdot 10^5$ [N/m]이다.

조를 가지고 있다. 이 사례에서는 그림 3.64에서와 같이 중앙에 위치한 이동물체의 x방향 위치와 더불어서 두 개의 y-작동기와 두 개의 y-센서들만이 고려된다.

이 y-방향 센서들과 작동기들은 y-방향으로의 강체 병진모드(1)와 스프링에 지지되어 무게중심(COM)을 중심으로 회전하는 회전모드 $R_z(2)$의 두 고유모드에 대해서 작동한다. 이 사례의 경우에 작동기의 질량값 $2\times5=10\,[\mathrm{kg}]$과 비교해 보면 웨이퍼 척의 관성 모멘트는 작은 값이기 때문에 이를 무시하면 두 y_1-방향 작동기들($i=1,2$) 중에서 하나만을 구동하는 경우에 병진모드에 대한 유효모달질량 $\mathscr{M}_{eff.1,i}=20\,\mathrm{kg}$이 되는 반면에 회전모드에 다한 유효모달질량 $\mathscr{M}_{eff.2,i}=10\,[\mathrm{kg}]$가 된다. 주어진 유효모달회전강성 $\mathscr{K}_{eff.2,i}=1\cdot10^5\,[\mathrm{N/m}]$에 대해서 고유주파수는 16 [Hz]가 된다. 병진 고유모드의 경우 S_{y1} 및 S_{y2}에서는 작동기 운동에 대해서 서로 동일한 값이 측정된다. 그런데 회전모드의 경우에는 무게중심으로부터의 거리차이 때문에 작동기 운동에 비해서 10배나 작은 값이 측정되며 무게중심과 반대방향에 위치한 센서는 운동방향이 반대가 되므로 부호반전이 나타난다. 회전에 대한 유효모달질량이 절반인 경우에는 센서의 위치에 따라서 $\alpha=0.2$ 또는 $\alpha=-0.2$의 값을 가진다. 이 데이터에 따라서 그림 3.65의

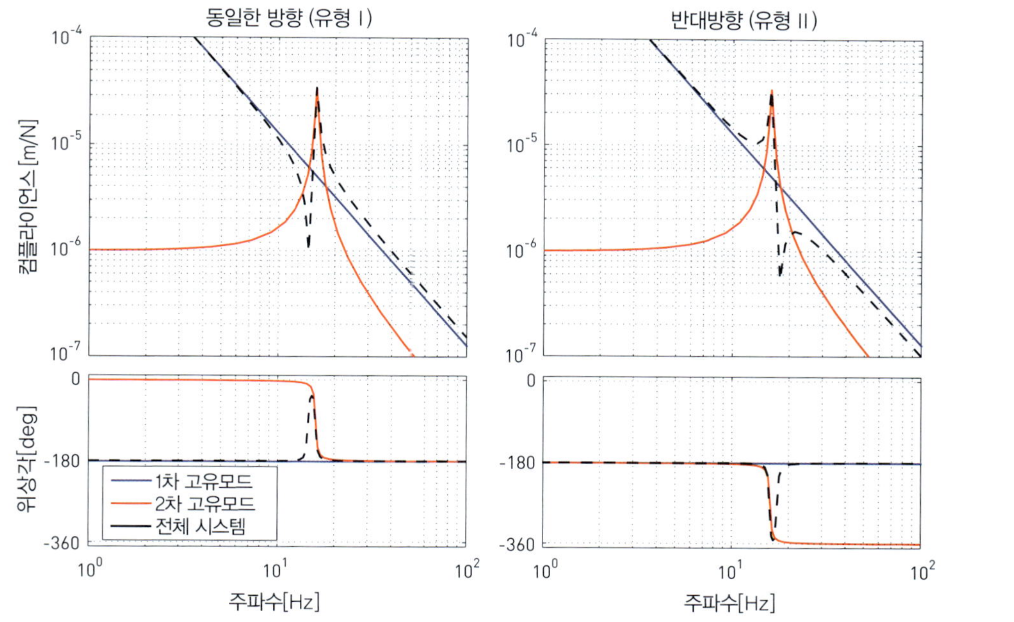

그림 3.65 H-드라이브 웨이퍼 스테이지의 두 고유모드 응답에 대한 보드선도. 좌측 그래프는 작동기와 동일한 방향에서 측정을 수행한 경우($A_{y1}\rightarrow S_{y1}$ 또는 $A_{y2}\rightarrow S_{y2}$)의 거동을 나타내는 반면에 우측 그래프는 작동기와 반대 방향에서 측정을 수행했을 때($A_{y1}\rightarrow S_{y2}$ 또는 $A_{y2}\rightarrow S_{y1}$)의 응답을 보여주고 있다.

보드선도에서는 두 가지 유형의 센서위치에 따른 두 고유모드의 주파수 응답을 보여주고 있다. 첫 번째의 경우는 센서들이 무게중심에 대해서 같은 쪽에 위치하는 경우이며 두 번째는 센서들이 무게중심에 대해서 서로 반대방향에 설치되어있는 경우이다. 대칭성 때문에 이 응답들은 좌측 그래프와 우측 그래프에서 각각 작동기 A_{y1} 및 A_{y2}에 대해서 센서를 서로 바꿔 사용해도 최종결과는 서로 동일하다. 도표에 따르면 동일위치 센서를 사용하는 경우에는 I형 응답을 나타내며 반대쪽 센서를 사용하는 경우에는 II형 응답을 나타내고 있음을 알 수 있다.

각각의 고유모드들을 개별적으로 제어하기 위해서 일반적으로 **게인 스케줄링**(Gain Scheduling)행렬을 사용하여 센서 신호들을 무게중심에 대한 측정값으로 변환시킨다. 이 결과값을 사용하면 회전모드에만 존재하는 16 [Hz]의 공진을 일으키지 않고 병진 모드를 제어할 수 있다.

3.5 | 동적 시스템 요약

이 단원에서는 몇 가지 중요한 사항들에 대해서 살펴보았다. 이들은 다음과 같이 요약할 수 있다.

- 강성은 기계적으로 구현되었던, 제어시스템에 의해서 구현되었던 간에 관계없이 정밀도의 결정적인 요인이다.
- 모든 기계적인 구조물들은 분할된 물체나 유한요소로 이루어진 스프링-질량 및 댐퍼의 조합으로 모델링할 수 있다.
- 위상각은 기계시스템 운동제어의 가능성을 결정하는 중요한 인자이다.
- 품질계수 Q와 감쇠비 ζ는 반비례한다. 이들은 각자만의 실용가치를 가지고 있다.
- 집중질량-스프링 시스템에 설치된 댐퍼는 고유주파수에서 공진 진폭을 제한해 준다. 하지만 댐퍼는 고유주파수 이상에서의 전달률을 증가시킨다.
- 각자가 모드선도, 고유주파수 모달 매개변수 및 감쇠를 가지고 있는 개별 고유모드들의 기여도를 중첩하여 복잡 시스템의 동적 거동과 외란에 대한 응답을 유도 및 이해할 수 있다.
- 작동기와 센서의 위치가 서로 다른 고유모드들에 대한 관측성과 제어성을 결정하며, 이를 네 가지 유형의 주파수 응답으로 분류하였다.

- 정밀설계를 위해서는 고유모드를 고려하여 모든 요소들을 세심하게 배치해야 한다.
- 모달 해석은 기계 구조물의 동특성을 연구하기 위해서 널리 사용되는 강력한 도구이다.

마지막으로, 이런 통찰은 동적 모달 문제에 대한 민감도를 줄여주는 최적의 위치에 설치된 작동기와 센서를 갖춘 능동 제어되는 동적 시스템의 설계를 도와준다고 결론지을 수 있다. 이 결론을 내리면서 이 단원을 마무리하고 다음 장에서는 메카트로닉스 시스템의 능동 요소들에 대해 살펴보기로 한다.

운동제어

Georg Schitter, Robert Munnig Schmidt

4.0 | 서언

앞 장에서 살펴봤듯이, 대부분의 메카트로닉스 시스템들은 능동제어 운동 시스템으로서, 이런 시스템들은 동적인 특성을 가지고 있다. 만일 제어해야 하는 메카트로닉스 시스템이 위치결정이 필요한 주파수 대역 내에서 어떠한 동특성도 나타내지 않는다면, 전체적으로 준정적 제어문제가 되므로 문제가 쉬워진다. 대부분의 운동제어 시스템은 여기에 해당되지 않으며 정밀도, 정확도 및 주파수 응답 등의 측면에서 지정된 성능을 구현하기 위해서는 제어를 통해 시스템 동특성을 보상해야 한다. 이 단원에서는 운동 시스템의 안내와 능동제어를 위한 다양한 방법들을 살펴본다. 이미 명칭에서 알 수 있듯이, 운동제어는 다양한 용도를 위해서 시간과 공간 내에서 미리 정의된 궤적을 따르도록 기계를 제어하는 모든 행위이다. 사례에는 환경이나 불완전한 기계 시스템으로부터의 진동에 의한 외란의 제거를 통한 정밀 위치제어 뿐만 아니라 스캐닝을 위한 경로계획 및 속도제어 등이 포함되어있다. 이 단원은 세 부분으로 구성되어 있다. 우선 전반적인 고찰을 위해서 제어루프에 대해서 살펴본다. 두 번째로 주파수 응답과 전달함수에 대해서 매우 강조하면서 전향제어와 PID-귀환제어와 같은 고전적 제어설계에 대해서 상세하게 살펴본다. 마지막으로 현대적인 모델 기반의 제어설계에 사용되며 시간 도메인에서 시스템 모델을 가능케 해 주는 상태-공간 방정식에 대해서도 간략하게 살펴본다.

4.1 | 제어루프 주변 탐구

그림 4.1에서는 제어부가 전향제어 경로와 귀환제어 경로로 구성되어 있는 위치결정 시스템의 기본적인 제어루프를 보여주고 있다. 원리상 전향제어나 귀환제어 경로만으로 제어시스템을 구축할 수 있

지만, 다음 절에서 분리하여 설명하는 것처럼 각각의 작동원리들마다 장점과 단점이 공존하기 때문에 일반적으로 이들을 조합하여 사용한다. 설명을 단순화하기 위해서 이 단원에서는 선형 동력학에 대해서만 다룰 예정인데, 다행히도 대부분의 실제 정밀 위치제어 시스템이 여기에 해당된다. 대부분의 경우 선정된 작동위치에 대해서 비선형 운동 시스템을 선형화시킬 수 있다.

플랜트(plant)는 제어되지 않은 물리적 시스템을 지칭하는 공학 용어이다. 위치결정 시스템에서 플랜트는 그림 4.2에서와 같이 동력증폭기, 작동기, 및 기계 구조물 등으로 구성되어 있다.

이 구성요소들 각각은 자기만의 본질적인 동적 성질들을 가지고 있다. 이들은 각 구성요소들이 다음 구성요소의 입력을 결정할 뿐만 아니라 동적 부하를 통해서 이전 요소에도 영향을 끼치는 방식으로 양방향으로 작용한다. 종종 플랜트를 단순히 **시스템**(system)이라고 부르며, 이는 제어되거나 제어되지 않은 시스템, 센서가 포함되거나 포함되지 않은 제어 시스템 등을 의미할 수 있으므로, 정확히 지정하지 않으면

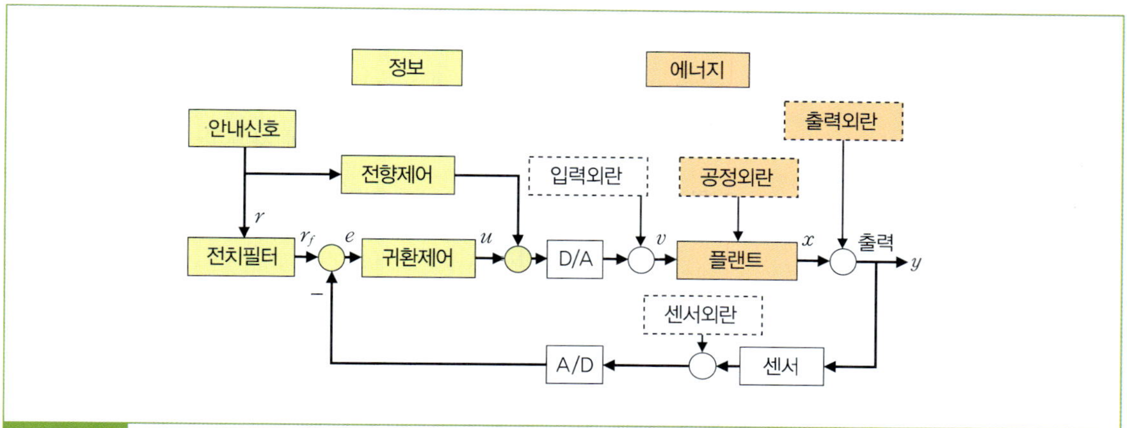

그림 4.1 전향제어 및 귀환제어를 포함하는 운동제어 시스템의 블록선도. 플랜트는 동력 증폭기, 작동기 및 기계적 동특성 등으로 이루어진다. 이 도표에서는 시스템에 영향을 끼치는 외란들이 유입되는 위치를 명확하게 보여주고 있다. 제시되어있는 변수들은 제어공학에서 일반적으로 사용되는 심볼들이다.

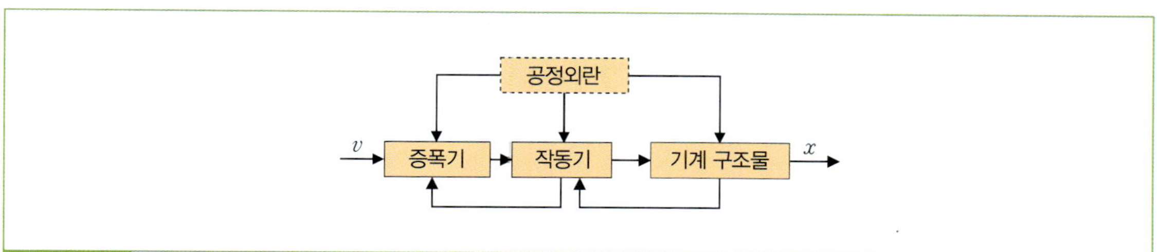

그림 4.2 메카트로닉스 시스템에서 플랜트는 증폭기, 작동기 및 기계 구조물로 구성되어 있다. 때로는 센서와 관련된 전자회로가 포함되기도 한다. 이 구성요소들은 양 방향으로 상호작용하면서 에너지를 전달한다. 예를 들어 증폭기는 작동기의 입력을 결정하는 반면에 작동기는 증폭기의 거동에 영향을 끼치는 동적 **부하**를 결정한다. 동일한 관계가 작동기와 기계 구조물 사이에도 존재한다.

혼동을 일으킬 우려가 있다.

또한 이 책에서는 **시스템**이라는 용어를 더 일반적으로 사용하기 때문에 그 의미를 정확하게 정의하지 않고 있다. 예를 들어 앞 장의 기계적인 스프링-질량 시스템에서는 제어 시스템 또는 센서를 포함하는 제어된 메카트로닉스 시스템 전체를 의미할 수도 있다. 하지만 문맥 속에서 그 의미가 명확해진다.

그림 4.1에 도시되어 있듯이, 외란의 영향을 받는 플랜트를 정의하는 기능적 블록들은 빨간색으로 표시되어 있으며 제어 시스템을 구성하는 기능적 블록들은 노란색으로 표시되어 있다.

D/A 및 A/D 변환기 자신들을 포함하여 좌측에 위치한 모든 요소들은 정보교환만을 수행하므로, 각 기능적 블록의 도메인을 명확히 구별할 필요가 있다. 즉, 이 블록들은 개별 블록들의 성질을 변화시키지 않으면서 직렬이나 병렬구조로 상호연결할 수 있다. 반면에 빨간색으로 표시된 블록들은 에너지 교환이 수반되는 물리적 시스템 또는 그 하위시스템을 나타낸다. 이것은 하나의 하위 시스템(또는 블록)이 상호작용하는 블록의 동특성도 교환한다는 것을 의미한다. 간단한 사례로 기계적 부하의 부가여부에 따라서 다르게 거동하는 모터를 들 수 있다. 이런 방식으로 시스템을 분류하는 경우에는 제어 시스템을 포함하는 메카트로닉스 하위 시스템의 상호연결 과정에서 세심한 주의가 필요하다. .

제어부에 대한 분석과 논의를 위해서 우선 이 단원 전체에 걸쳐서 긴요하게 사용할 **극점**(pole)과 **영점**(zero)에 대해서 간단히 살펴본 다음 **전향제어**(feedforward control)과 **피드백제어**(feedback control)에 대해서 각각 살펴보기로 한다.

4.1.1 극점과 영점

3장의 3.2.1.6절에서는 전달함수의 분모가 영이 되는 라플라스 변수값 $s=\sigma \pm j\omega$인 전달함수의 극점이 소개되었다. 이 극점은 라플라스 평면 내에서 극점의 위치들과 스프링-질량 시스템의 감쇠비 ζ 사이의 관계를 설명하는 데에 사용된다. 극점들이 라플라스 평면의 좌반면에 위치할 때, 실수부와 허수부 사이의 비율이 스프링-질량 시스템 내의 감쇠량을 결정한다.

앞 장의 감쇠된 스프링-질량 시스템과 같은 많은 수동적 기계 시스템들은 제어되지 않은 **개루프**(open-loop) 상태에서 **안정**(stable)적이다. 동적 시스템에서 **안정성**(stability)은 외란에 대해서 둔감해지거나 외란이 가해진 이후에 미리 정의된 평형상태로 되돌아가는 시스템의 능력으로 정의된다.

4.1.1.1 불안정한 기계적 시스템의 제어

안정적이지 않은 수동적인 기계 시스템의 사례로는 도립진자나 서로 마주보고 있는 두 영구자석 사이에 놓인 철편을 들 수 있다. 이 시스템들은 **음강성**(negative stiffness)을 가지고 있기 때문에 두 극단위치 사이의 어디에도 안정적으로 위치할 수 없다. 라플라스 도메인 내에서의 영향을 설명하기 위해서 표준 스프링-질량 시스템의 일반적인 컴플라이언스 전달함수로부터 전달함수를 유도할 수 있다.

감쇠가 없는 경우 컴플라이언스는 다음과 같다.

$$C_t(s) = \frac{x}{F} = \frac{1}{ms^2 + k} \tag{4.1}$$

음강성 스프링이란 두 극점이 모두 실수값인 $\pm\sqrt{k/m}$을 가지고 있는 전달함수로 인해 강성 k가 음의 값을 가진다는 것을 의미한다. 이 값들 중 하나는 양이기 때문에 이 극점의 위치는 라플라스 평면 우반면의 실수축 상에 위치하므로 불안정한 극점이다. 이로 인한 불안정성은 그림 4.3에 도시된 것처럼 원점으로부터 점점 더 가속되어 멀어져가는 운동에 의해서 명확해진다.

피드백 제어를 통해서 라플라스 평면상에서 양의 극점을 좌반면으로 시프팅 시킴으로서 이런 불안정한 시스템을 안정화시킬 수 있다. 이 효과는 음의 비례귀환이 CD 플레이어 광픽업 유닛의 위치결정을 위한 양의 강성을 가지고 있는 스프링을 생성하는 3장의 사례를 통해서 설명할 수 있다. 음의 피드백 원리

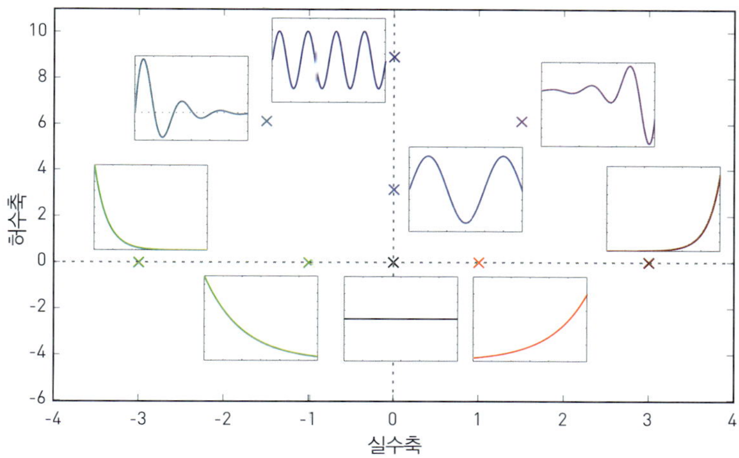

그림 4.3 라플라스 평면 내에서 극점의 위치에 따른 동적 시스템의 임펄스 응답. 좌반면에 극점이 위치한 경우 응답은 점근적으로 편차가 0이 되도록 수렴하는 반면에 우반면에 극점이 위치한 경우에는 응답이 지수함수 적으로 발산한다. 단순화를 위해서 양의 허수축만을 보여주고 있지만 허수축 상의 어떤 극점도 실수축에 대한 대칭 위치에 켤레복소수가 존재한다.

가 이 단원의 뒤편에 제시되어 있는 **자기베어링**(magnetic bearing)과 같이 음강성을 가지고 있는 기계 시스템에 적용되면 총 루프이득이 충분히 커서 음강성을 이 양강성이 보상할 수 있다. 피드백에 의한 양강성이 기계 시스템의 음강성보다 크면 결과적인 양강성이 허수축 상의 두 개의 공액 복소수 극점을 가지고 있는 일반적인 스프링-질량 시스템을 생성하며 이러한 변환은 원래의 양의 극점이 음의 피드백에 의해서 라플라스 평면의 좌반면을 향해서 시프트 된다는 것을 의미한다. 뒤에서 설명하듯이 귀환 신호의 미분을 통해서 감쇠를 추가하면 극점이 좌측으로 더 멀어지며 자기베어링은 여타의 잘 제어되는 위치결정 시스템처럼 거동하게 된다.

4.1.1.2 능동제어에 의해 유발되는 불안정

능동형 동적 시스템에서 증폭기나 작동기와 같이 플랜트에 에너지를 더해주는 구성요소들은 원래는 안정적이었던 수동 시스템에 불안정성을 유발할 수도 있으며, 이 또한 간단한 사례를 통해서 설명할 수 있다. 앞 장을 통해서 음의 비례귀환 루프는 시스템에 기계적인 스프링과 동일한 거동을 생성한다는 것을 규명했다. 이는 단지 귀환루프의 부호를 반전(= 180° 위상지연)시킴으로써 라플라스 평면의 우반면에 위치하는 근원적으로 불안정한 극점과 함께 음강성이 생성된다는 것을 의미한다.

동적 시스템에서 루프 내의 위상각은 주파수의 함수이며 질량 및 감쇠, 그리고 고차 고유모드로 인하여 기계적 시스템에는 위상 지연이 존재한다. 궁극적으로 이들로 인하여 음의 피드백을 도입한다고 해도 시스템을 불안정한 상황으로 전환시키기에 충분한 큰 위상지연이 초래된다. 그런 이유 때문에 동적 시스템의 능동제어를 다룰 때에는 극점 분석이 가장 중요하다. 그림 4.3에서는 라플라스 평면 내의 서로 다른 극점 위치에 따른 동적 시스템의 임펄스 응답을 전반적으로 보여주고 있다. 이를 통해서 어떤 현상이 발생하는지를 명확히 알 수 있다. 실수축 상의 극점들에 의한 응답은 진동하지 않으며 점진적으로 변화하는데, 좌반면의 극점들은 안정된 응답을 나타내는 반면에 우반면의 극점들에 의한 응답은 발산한다. 극점의 복소수 성분들은 실수성분과는 달리 응답의 진동 특성을 결정한다. 복소수 성분($j\omega$)의 크기는 진동의 주파수를 결정하며 복소수 성분과 실수 성분 사이의 비율은 감쇠비를 결정한다.

4.1.1.3 영점들

극점과 영점은 서로 대응관계를 가지고 있다. 영점은 전달함수의 분자항을 0으로 만드는 s값이므로, 이론상 안정성에 해를 끼치지 않는다. 사례로서, 3장의 (3.85)식에서 알 수 있듯이, 연결된 스프링-질량 시스템의 반공진은 전달함수 영점의 켤레복소수 쌍에 의한 것이다. 영점의 단점은 해당 주파수에서 외란에 대한 반응이 없다는 것이다. 그런데, p는 극점을 나타내며 z는 영점을 나타낸다고 할 때에 극점과 영점으로 인수분해 된 다음의 일반화 된 전달함수를 통해서 볼 수 있듯이 영점이 극점을 상쇄할 수 있기 때문에 이런 현상을 전향제어에서 유용하게 활용할 수 있다.

$$G(s) = \frac{(s-z_1)(s-z_2)(s-z_3)(s-z_4)(s-z_5)\cdots(s-z_m)}{(s-p_1)(s-p_2)(s-p_3)(s-p_4)(s-p_5)\cdots(s-p_n)} \tag{4.2}$$

여기서 m과 n은 $m < n$인 정수값이다. 동적 시스템에서 항상 극점의 수가 영점의 수보다 많아야 한다는 요구조건은 실제 시스템이 무한히 높은 주파수에 응답할 수 없다는 사실과 관계되어 있다. 이런 시스템을 **적합**(proper)하다고 부르며 전체 피드백 시스템의 모든 하위시스템은 실제적으로 항상 영점보다 극점의 수가 많은 적합시스템이 되어야 한다. 증폭기, 작동기 및 제어기 등이 하위시스템이 될 수 있지만, 이론상 저항, 커패시터, 스크류 및 볼트에서부터 원자레벨에 이르기까지 구분 가능한 성분들 모두가 영점보다 극점의 수가 많은 하위시스템으로 간주할 수 있다. 비록 이 극점들 대부분이 극도로 높은 주파수(원자 스케일) 대역에 위치하기 때문에 메카트로닉스 시스템의 해석과정에서는 무시할 수 있지만, 모든 시스템들은 영점보다 무한히 많은 수의 극점을 가지고 있다고 결론지을 수 있다. 하지만 제어기 설계과정에서 결코 실제로는 구현할 수 없는 제어기를 설계하고 있는 것은 아닌지에 대해서는 항상 주의를 기울여야만 한다.

동일한 위치의 극점과 영점은 서로 소거되며 동적 시스템의 거동을 향상시키기 위해서 이를 활용할 수 있다. 더욱이 좌반면에서 실수값을 갖는 단일 영점은 90°의 위상 앞섬을 가지고 있으며 미분 거동에 비해서 보드선도에서 +1 만큼의 기울기를 나타낸다.

비록 영점들이 불안정을 유발할 수 없을 지라도 라플라스 평면의 우반면에 위치하며 양의 실수항을 가지고 있는 영점들을 **불안정한 영점**(unstable zeros)이라고 부른다. 이 명칭은 두 가지 중요한 현상과 관련되어 있다. 우선 양의 실수항을 가지고 있는 영점은 두 가지 특징있는 현상을 가지고 있는 시스템의 비최소위상 거동을 나타낸다. 우선 진폭 보드선도의 기울기를 통해서 예측한 것보다 더 큰 음의 위상 시프트를 나타내며 두 번째로 스텝 응답의 초기운동 방향이 작용력의 방향과 반대로 움직이기 때문에 직관적으로 예측한 것과 반대방향이다. 비최소위상 시스템의 동특성에 대해서는 앞 장의 3.4.3절에 설명되어 있으며 이런 성질은 작동기와 센서의 위치가 일치하지 않기 때문에 유발되는 것이다. 실제의 경우 모든 메카트로닉스 피드백 시스템들의 센서위치는 작동기 위치와 완벽하게 일치하지 못하기 때문에 다소간의 비최소위상 거동을 나타낸다. 다행히도 대부분의 경우 이 영향은 매우 작아서 무시할 수 있지만 메카트로닉스 시스템이 극한의 성능을 요구받는 경우에는 이 불안정한 영점을 고려할 필요가 있다. 다음 절에서는 극점 및 영점의 존재여부 및 그 위치에 대해서 자주 다룰 예정이다.

4.1.2 전향제어의 성질

그림 4.4에서는 때로는 **개루프 제어**(open loop control)라고 부르는 전향제어기의 전형적인 기본 구조를 보여주고 있다. 이 사례는 입력변수와 출력변수가 단 하나씩 뿐이어서 제어용어로는 **단일입력 단일출력**(SISO) 시스템이라고 부른다. 기계공학에서 SISO 위치결정 시스템을 3차원 직교 공간 좌표계 내에서 특정한 방향으로의 1자유도 시스템이라고도 부른다. 불행히도 제어의 측면에서 전향제어와 귀환제어는 하나의 방향에 대해서 적용된다고 하더라도 2자유도로 간주하기 때문에 **자유도**라는 용어가 기계 시스템의 위치제어에서 혼란을 초래할 수 있다. 그런 이유 때문에 이 단원에서는 자유도라는 용어를 사용하지 않는다.

기준신호 또는 안내신호 r이 주파수 의존성 전달함수 $C_{ff}(s)$를 가지고 있는 제어기에 부가된다. 제어기의 출력 u는 위치값 x를 출력하는 전달함수 $G(s)$를 가지고 있는 운동 시스템의 입력에 연결된다. 이 구조에서 전향제어기는 기준신호를 변형시켜서 제어된 메카트로닉스 시스템의 운동이 기준신호를 추종하도록 만드는 필터로 작용한다.

만일 기준신호와 시스템의 실제 위치 사이에 아무런 편차도 없는 완벽한 제어를 구현하려고 한다면, r에서 x로의 조합된 전달함수 $G_{t,ff}(s)$가 1이 되어야만 한다. 따라서,

$$G_{t,ff}(s) = \frac{x}{r} = C_{ff}(s)G(s) = 1 \tag{4.3}$$

이 경우 전향제어기는 플랜트와 정확히 역수관계를 가져야만 한다.

$$C_{ff}(s) = G(s)^{-1} \tag{4.4}$$

만일 아무런 동특성도 개입되어있지 않다면, 전향제어기에는 궁극적으로 기준신호의 크기를 변환시켜

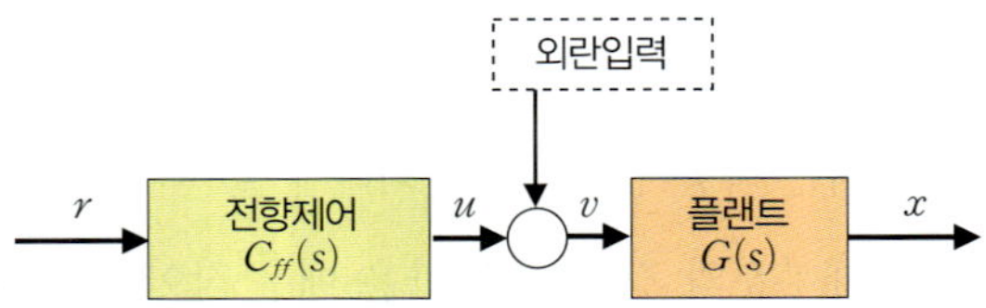

그림 4.4 단일입력 단일출력(SISO) 전향제어 운동 시스템의 블록선도. 라플라스 변수 s로 표시되어 있는 전향제어기의 전달함수 $C_{ff}(s)$와 플랜트의 전달함수 $G(s)$는 주파수에 의존한다.

주는 이득만 존재한다. 실제의 위치결정 시스템에서는 주파수 의존성 전달함수를 가지고 있는 동특성이 개입된다. 이 경우 위치결정 시스템의 동특성도 역수관계를 가지며, 제어기의 극점과 시스템의 영점사이뿐만 아니라 제어기의 영점과 시스템의 극점 사이에도 **극점-영점 소거**(pole-zero cancellation)가 이루어진다.

전향제어는 매우 유용하며 다음과 같은 장점들을 가지고 있어서 복잡한 동적 운동 시스템의 제어에 일차적으로 사용할 필요가 있다.

- **센서가 필요 없음** : 아무런 센서 정보도 시스템으로 귀환되지 않는다. 즉 센서가 필요 없게 되어 순수한 전향제어 시스템에 소요되는 비용이 절감된다.
- **예측 가능한 운동** : 기준신호(궤적)를 미리 알고 있다면, 시스템의 위상지연과 시간지연을 예측하여 보상할 수 있다.
- **불안정성 없음** : 제어의 대상이 되는 시스템의 극점들은 전향제어에 의해서 변하지 않는다. 그러므로 전향제어기 스스로가 안정적인 한도 내에서는 어떠한 불안정성도 발생하지 않는다.
- **센서노이즈 피드백 없음** : 정밀운동 시스템에서 위치 노이즈는 제어기 설계에서 항상 고려해야만 하는 심각한 문제이다. 센서를 사용하지 않으면 시스템에 노이즈가 유입되지 않는다.

하지만 모든 플랜트 동특성들에 대한 역수를 손쉽게 구할 수 있는 것은 아니기 때문에 전향제어 문제는 더 복잡해질 수 있다. 예를 들어 저역통과 특성을 가지고 있는 시스템의 경우, 고주파 특성이 질량직선에 의해서 제한되기 때문에 고주파 대역에서 매우 높은 주파수 이득을 가지고 있는 고역통과 특성을 갖춘 전향제어기가 필요하다. 그런 이유 때문에 운동 시스템의 전향 제어는 시스템의 동특성에 따라서 특정한 주파수 대역에만 적용할 수 있다. 두 번째 문제는 불안정한 시스템의 불안정한 극점을 소거하는 방식의 개루프 제어로 안정화시킬 수는 없다는 것이다. 더욱이 비최소위상 거동과 관련된 양의 실수항을 가지고 있는 불안정한 영점들은 전향제어기에서 양의 실수항을 가지고 있는 불안정한 극점을 만들 수 있기 때문에 역수를 취해서는 안 된다.

전향제어기가 가지고 있는 단점들에는 이들 모두가 포함되어 있다.

- **저역통과 최소위상 특성에 대한 역수의 제한** : 매우 높은 주파수에서 매우 높은 이득을 가지고 있는 제어기를 만드는 것은 가능하지도, 현명하지도 않다.

- **플랜트를 안정화시켜야만 한다** : 불안정한 시스템을 순수한 전향제어기만으로 안정화시킬 수는 없다. 불안정한 극점을 그와 동일한 영점으로 소거한다고 해도 항상 존재하는 최소한의 외란이나 노이즈 때문에 시스템은 불안정해진다.
- **모델의 불확실성에 대한 보상이 불가능함** : 공진주파수의 시프팅이나 감쇠의 변화와 같은 시스템 동특성의 변화를 감시할 수 없으므로 전향제어기에서는 이들이 고려되지 않는다.
- **알려진 외란에 대해서만 보상이 가능하다** : 운동 시스템에 가해지는 외란은 측정할 수 있을 경우에만 보상할 수 있다. 측정을 추가한다고 하여도 완벽한 보상을 구현하기 위해서는 최소한 외란이 발생되자마자 시스템 출력에 제어가 영향을 끼쳐야만 하기 때문에, 외란보상에는 한계가 있다. 이를 위해서는 반응속도가 무한히 빨라야 하는데, 이는 현실적으로 불가능하다.

메카트로닉스 시스템의 운동제어에서 전향제어는 순수한 귀환제어보다 빠르기 때문에 매우 중요한 도구이다.

4.1.3 귀환제어의 성질

귀환제어에서 운동 시스템의 실제 상태를 센서가 감시하고 제어기는 원하는 운동(기준신호)과 실제 시스템의 상태(센서신호) 사이의 편차를 기반으로 제어작용을 만들어낸다.

그림 4.5에서는 표준 SISO 피드백 루프의 블록선도를 보여주고 있다. 출력[31] y를 측정하여 기준신호 r을 필터링한 r_f와 비교(차감)한다. 이 비교의 결과는 귀환제어기의 입력값으로 사용된다.

폐루프에서 센서 신호가 시스템의 입력으로 피드백되기 때문에 귀환제어를 **폐루프**(closed-loop)제어라고도 부른다.

폐루프의 전달함수는 주파수 도메인에서 다음 방정식으로부터 유도된다.

$$e = r_f - M(s)y,\ y = G(s)C_{fb}(s)e, \quad \Rightarrow \quad T(s) = \frac{y}{r_f} = \frac{G(s)C_{fb}(s)}{1+M(s)G(s)C_{fb}(s)} \tag{4.5}$$

입력 필터를 포함시키면 그림 4.5에 도시되어 있는 기준신호 r로부터 출력 y까지를 포함하는 귀환루프

31) 이 책을 포함한 제어이론에 대한 많은 책들에서 출력 y는 플랜트의 일부분으로 측정용 센서를 포함한다고 가정하며, 그런 경우에는 출력의 외란과 센서의 외란이 조합된다. 이상적인 선형성을 갖추지 못한 센서를 사용하는 실제 시스템의 경우에는 센서의 동적 성능과 한계를 별개의 전달함수로 나타내는 것이 때로는 더 유리하다.

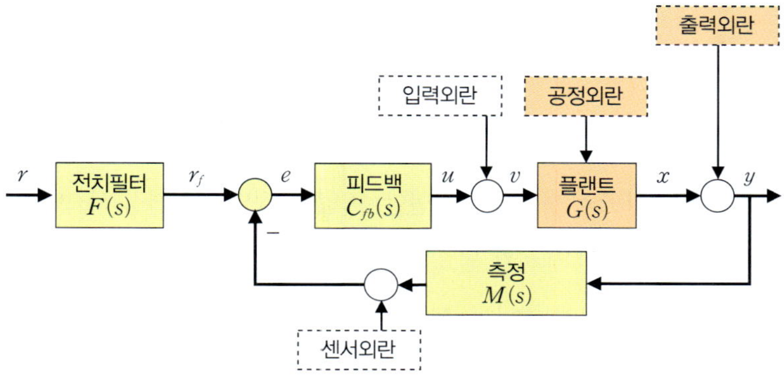

그림 4.5 SISO 피드백 제어되는 운동 시스템의 블록선도. 각각의 기능적 구성요소들은 대부분 주파수 의존적인 자신만의 전달함수를 가지고 있다.

의 전체 전달함수는 다음과 같이 주어진다.

$$T(s) = \frac{y}{r} = \frac{G(s)C_{fb}(s)}{1+M(s)G(s)C_{fb}(s)}F(s) \tag{4.6}$$

제어기 설계에 있어서 원하는 조건을 충족시키도록 만들기 위해서 전체 전달함수 중에서 $F(s)$와 특히 $C_{fb}(s)$를 자유롭게 선정할 수 있다. CD 플레이어의 광픽업 유닛 위치결정의 사례와 같은 순수한 오차귀환의 경우에는 기준값이 일정하며 전치필터가 필요 없다. 다음 절에서는 이 사례를 통하여 귀환 루프의 동특성을 원하는 형태로 만들기 위해서 귀환제어기 $C_{fb}(s)$를 어떻게 설계하는지에 대해서 설명할 예정이다.

전향제어기가 장점과 단점을 가지고 있듯이, 귀환제어기도 강점과 약점을 가지고 있다.

- **불안정한 시스템의 안정화** : 모든 운동 시스템이 본질적으로 안정하지는 못하며, 일부는 준안정하고, 일부는 도립진자처럼 불안정하다. 귀환제어를 통해서 제어되는 시스템의 폐루프 극점들의 위치를 변화시킬 수 있으므로 불안정한 극점을 안정화시킬 수 있다.
- **외란영향의 저감** : 제어되는 운동 시스템에 가해지는 외란은 센서신호에서 관찰되므로 피드백 제어기가 이를 보상할 수 있다.
- **불확실성의 수용** : 피드백 제어되는 시스템은 제어되는 메카트로닉스 시스템의 변수들이 변한다 하여도 안정성과 성능 요구조건을 브장하는 **견실성**(robustness)을 갖추도록 설계할 수 있다.

비록 귀환제어가 일부 매우 훌륭한 특성들을 갖추고 있지만, 당연히 해결해야만 하는 약점들도 함께 가지고 있다.

- **센서의 필요성** : 센서로부터의 정보를 기반으로 귀환 루프가 닫힌다. 그러므로 귀환제어는 센서 신호가 허용하는 한도의 성능밖에 구현할 수 없다. 정밀 위치결정 시스템에서는 높은 분해능과 대역폭을 갖춘 정확한 센서가 필요한데, 이는 매우 고가이다. 측정과 감지 시스템이 전체 시스템 예산의 대부분을 차지하는 경우가 허다하다.
- **반응속도의 한계** : 귀환제어기는 기준신호와 측정된 시스템 상태 사이의 편차에만 반응할 수 있기 때문에 오차가 발생한 다음에야 제어기가 이를 보정할 수 있다.
- **노이즈도 귀환된다** : 루프를 닫으면 운동 시스템의 위치 노이즈뿐만 아니라 센서 노이즈도 함께 귀환되므로 시스템과 제어기 설계시 이를 고려해야만 한다.
- **불안정 유발** : 귀환제어는 불안정한 시스템을 안정화시켜줄 뿐만 아니라 심지어는 제어 없이도 안정했던 시스템을 불안정하게 만들 수도 있다.

귀환 제어는 준안정 시스템이나 불안정 시스템을 안정화시켜주기 때문에 운동 시스템에 매우 유용한 원리이다. 더욱이 귀환제어는 공진 모드에 능동 감쇠를 가해주며 제어된 시스템의 견실성을 개선시켜 준다.

4.2 | 전향제어

개루프 안정 시스템의 경우 기준 신호나 반복 스캐닝 운동과 같이 미리 정의된 궤적을 추종하는 경우에 시스템 성능을 개선하기 위해서 전향제어를 적용할 수 있다. 앞 절에 따르면 전향제어기는 기본적으로 플랜트의 동특성을 보상하기 위해서 플랜트와 직렬로 연결되어 있는 필터로 구성된다.

4.2.1 모델기반의 개루프제어

그림 4.6에서는 **모델 기반**(model based) 전향제어기의 사례인 압전 작동기를 사용한 원자 작용력 현미경의 스캐닝 유닛이 제시되어 있다. 이 유닛은 델프트 기술대학의 시스템 및 제어 연구실 소속 Stefan

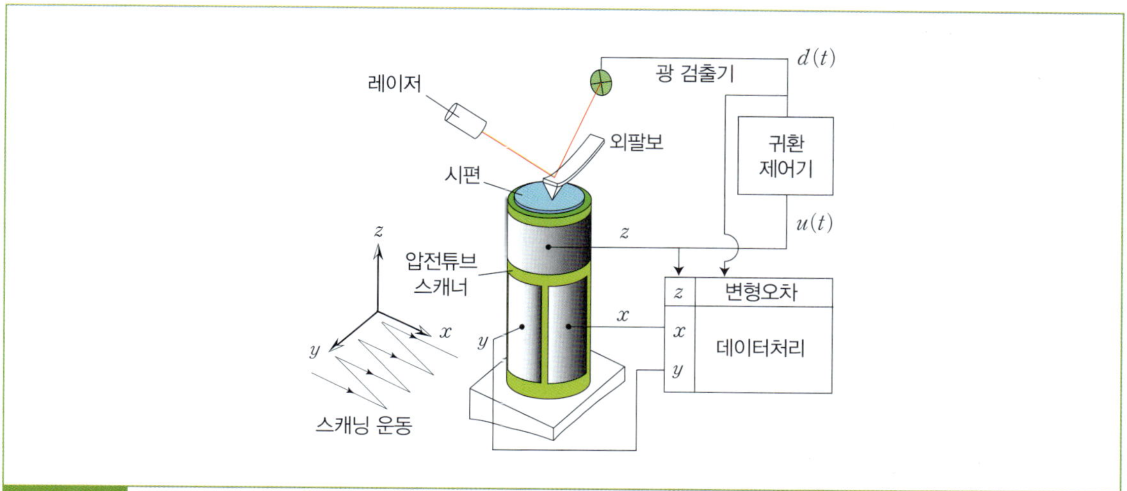

그림 4.6 원자 작용력 현미경(AFM)의 주요 구성요소에 대한 개략도. 측정용 시편은 압전튜브 스캐너 위에 설치되어 AFM 외팔보 방향으로 빠르게 이송된다. 외팔보 선단의 날카로운 꼭지는 시편의 표면을 따라가며 귀환제어기로 시편의 z-방향 운동을 제어하여 외팔보의 굽힘을 일정하게 유지한다. 이 제어작용을 검출하여 시편의 표면 토폴로지를 측정한다. (Courtesy of Stefan Kuiper)

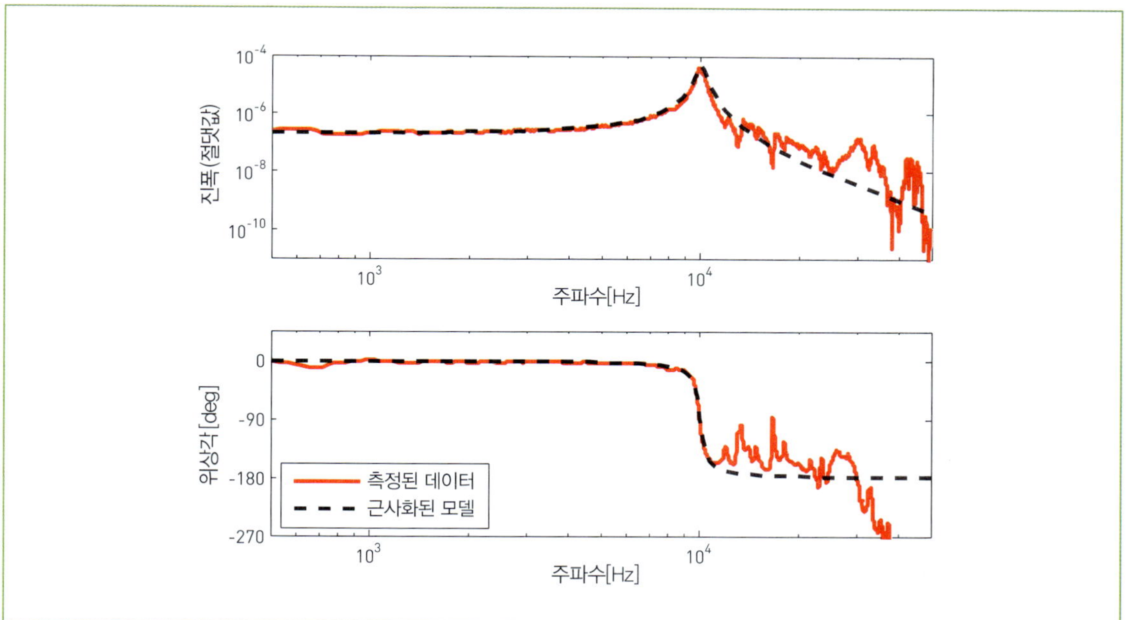

그림 4.7 나노미터 분해능의 위치결정을 위한 압전작동기를 기반으로 하는 스캐닝 유닛의 보드선도. 그림에서는 측정된 응답(실선)과 첫 번째 모드선도의 고유주파수에 해당하는 공진 피크를 포함한 저주파 시스템 거동에 대해서 근사화된 2차 모델(점선)을 보여주고 있다.

Kuiper[56]의 연구에 사용된 나노미터 분해능을 갖는 미소변위 정밀 위치결정 스테이지이다. 이 스캐닝 유닛의 주파수 응답 측정결과가 그림 4.7에 도시되어 있다.

2차 스프링–질량 시스템의 수학적 모델은 이 측정된 응답에 대해서 근사화 되어 있다. 1차 고유모드는 10 [kHz]의 고유주파수에서 약하게 감쇠된 공진을 나타내고 있다. 다음의 데이터는 이 **시스템 식별**(system identification) 문제를 풀어서 구한 것이다. 첫 번째 고유모드의 비감쇠 고유주파수에 대한 각속도는 $\omega_0 = 2\pi f_1 = 6.28 \cdot 10^4$ [rad/s]이며 ζ_f는 근사화 된 감쇠비, 그리고 C_f는 근사화 된 컴플라이언스이다. 이 데이터들을 사용하여 3장의 (3.36)식으로부터 스캐닝 유닛의 전달함수를 구할 수 있다.

$$G(s) = \frac{C_f}{\frac{s^2}{\omega_0^2} + 2\zeta_f \frac{s}{\omega_0} + 1} = \frac{C_f \omega_0^2}{s^2 + 2\zeta_f \omega_0 s + \omega_0^2} \tag{4.7}$$

고속으로 위치결정을 수행할 경우에 이 스캐닝 유닛의 1차 모드선도에서의 공진이 추종 정확도를 저하시키는 진동을 유발한다. 이런 유해한 거동을 해결하기 위해서, 위치결정 시스템의 정적 이득을 변화시키지 않으면서 전달함수의 역수를 사용하여 이 스캐너의 동특성을 보상해 주는 전향 제어기를 만들어 낸다[74]. 즉 이상적인 전향제어기의 전달함수는 다음과 같이 주어진다.

$$C_{ff}(s) = \frac{s^2 + 2\zeta_f \omega_0 s + \omega_0^2}{\omega_0^2} \tag{4.8}$$

이 제어기는 동일한 감쇠를 가지며, 스캐너의 1차 고유모드가 발생하는 고유주파수에서 반공진을 일으키는 한 쌍의 영점을 가지고 있다. 불행히도 이 영점들은 보드선도의 고주파 대역에서 +2의 기울기로 제어기 전달함수의 진폭을 증가시킨다. 물리적으로는 이런 거동이 불가능하므로 실현 가능한 형태로 제어기를 수정할 필요가 있다. 이 경우에는 플랜트와 동일한 고유주파수를 갖는 잘 감쇠된 스프링–질량 시스템처럼 제어기와 플랜트가 거동하며 더 높은 주파수의 고유모드들에 대한 가진에 대해서는 추가적인 저감이 이루어지도록 전체적인 전달함수를 만들기로 결정하였다. 이런 제어기를 구현하기 위해서는 우선 공진과 동일한 주파수에 위치하지만 감쇠비는 더 큰 값을 갖는 두 개의 극점을 추가한다. 진동의 발생을 방지하기 위해서 전형적으로 감쇠비는 과도감쇠비와 임계감쇠비 사이($0.7 < \zeta < 1$)의 값을 사용한다. $\zeta = 1$의 경우, 다음과 같은 전달함수가 만들어진다.

$$C_{ff}(s) = \frac{s^2 + 2\zeta_f \omega_0 s + \omega_0^2}{s^2 + 2 \cdot 1 \cdot \omega_0 s + \omega_0^2} \tag{4.9}$$

이 전향제어기는 보드선도 상에서 노치 형상의 반공진을 가지고 있기 때문에 기본적으로 **노치필터**(notch filter)이다.

유연체 모드선도에 의한 고주파 응답에 대해서 추가적인 저감능력을 부여하기 위해서는 첫 번째 고유주파수에 추가적으로 1차 극점을 덧붙여야 하며, 이를 통해서 완전한 3차 전향제어기의 전달함수가 구해진다.

$$C_{ff}(s) = \frac{s^2 + 2\zeta_f \omega_0 s + \omega_0^2}{(s+\omega_0)(s^2+2\omega_0 s+\omega_0^2)} \tag{4.10}$$

이 제어기를 스캐닝 유닛과 직렬로 연결하면 제어기의 반공진과 압전 스캐너의 공진이 서로 소거된다. 이 극점-영점 소거는 전향제어기에서 극점에 가할 수 있는 유일한 조작이며, 이를 통해서 이 사례에서는 잘 감쇠된 3차 전달함수가 얻어진다.

$$G_{t,ff}(s) = G(s)C_{ff}(s) \tag{4.11}$$

$$= \frac{C_f}{(s^2+2\zeta\omega_0 s+\omega_0^2)} \frac{(s^2+2\zeta_f\omega_0 s+\omega_0^2)}{(s+\omega_0)(s^2+2\omega_0 s+\omega_0^2)} \tag{4.12}$$

$$= \frac{C_f}{(s+\omega_0)(s^2+2\omega_0 s+\omega_0^2)} \tag{4.13}$$

이를 통해서 구현된 메카트로닉스 시스템의 보드선도가 그림 4.8에 도시되어 있다. 그림에 따르면 스캐너의 1차 모드선도를 발생시키는 공진이 보상되고 있음을 알 수 있다. 제어된 메카트로닉스 시스템이 가

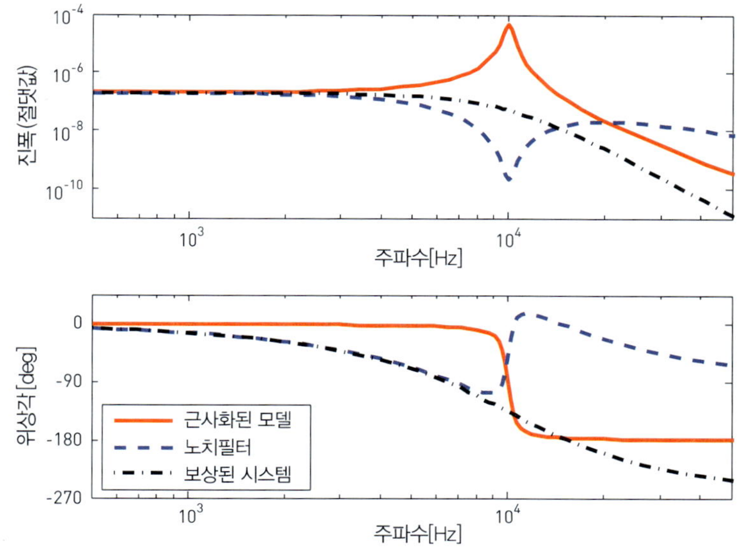

그림 4.8 나노미터 분해능의 위치결정을 위한 전향제어 되는 스캐닝 유닛의 보드선도. 그림에서는 제어되지 않은 스캐닝 유닛의 근사화 된 동적 모델(실선), 3차 전향제어기에 의한 노치필터(점선), 그리고 스캐닝 유닛과 제어기 조합에 의해서 보상된 동적 성능(일점쇄선) 등이 비교되어 있다.

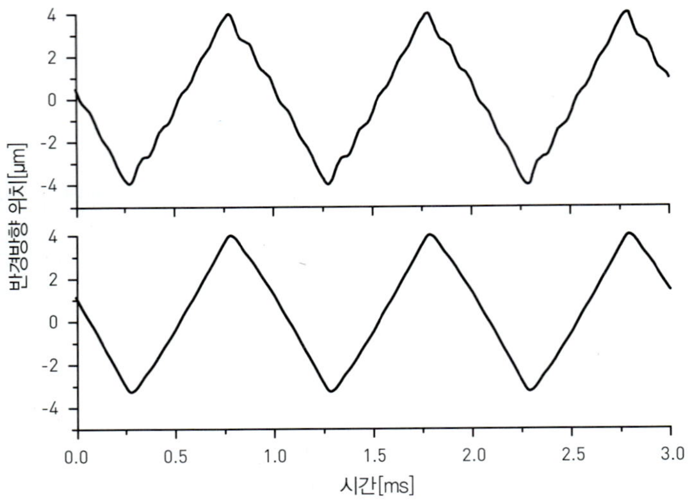

그림 4.9 레이저 진동계로 측정된 초당 1000회 수행되는 삼각파형 스캐닝 신호에 응답하는 압전 작동기로 구동되는 위치 결정 시스템의 운동. 제어가 없는 경우(상부 그래프) 스캐닝 유닛의 진동이 스캐닝 신호의 꼭짓점 주변에서 명확하게 관찰되고 있다. 개루프 제어를 통한 극점-영점 상쇄(하부 그래프)를 수행한 경우 이 진동이 저감되며 추종성능이 향상되었다.

지고 있는 저역통과 특성이 스캐너의 1차 고유주파수를 저감시키고 있다. 이런 전향제어기가 이 스캐너의 성능향상에 끼치는 영향이 그림 4.9에 도시되어 있다. 1초간 1000회 수행되는 삼각파형 스캐닝 운동에 대해서 개루프 제어와 제어되지 않은 스캐닝 유닛의 성능차이를 관찰해 보면 스캐너의 진동이 저감되었으며 삼각파형 스캐닝 신호에 대한 추종성능이 현저하게 개선되었음을 확인할 수 있다.

■ 불안정한 영점

플랜트에서 불안정한 영점에 대한 역수를 취하면 제어기에 불안정한 극점이 생성되기 때문에 비최소위상 시스템에서 극점-영점 소거를 위해서 제어기에서 플랜트의 역수를 취하는 것은 한계가 있다. 이런 불안정한 영점을 보상하는 것은 최근의 연구주제이므로 이 책의 범주를 넘어선다. 메카트로닉스 설계자의 입장에서는 이 문제를 인식하는 것만으로도 충분하다.

4.2.2 입력성형

개루프 제어에 자주 사용되는 또다른 방법이 **입력성형**(input shaping)이다. 이 방법에서는 앞 절에서 설명한 선형 필터링과 보상 등을 통하여 기준 신호를 다른 방법으로 수정한다. 이 방법의 적용 사례로, 나노미터 분해능의 위치결정을 위한 압전 작동기로 구동되는 스캐닝 유닛의 모델이 예시되었다[76]. 그런데 이 경우에는 위치결정 시스템의 동특성이 22 [kHz]에서 발생하는 공진 주파수에 지배되고 있다. 스캐너 유닛에 (외란으로) 스텝 신호를 가하면 시스템이 고유주파수로 진동하기 시작하며, 이 진동은 공진에 대한 감쇠에 의해서 점차로 없어진다. 근사화를 위해서 우선 스캐너가 선형 시스템처럼 거동한다고 가정할 수 있다. 즉, 스텝 외란 입력이 절반으로 줄면 응답 진폭도 마찬가지로 절반으로 줄어든다는 것을 의미한다.

선형 시스템에서는 스텝 두 개가 하나의 완전한 스텝 입력에 비해서 절반의 진폭으로 가해지는 경우에도 진동이 감쇠된 이후에 완전한 스텝 외란이 입력된 경우와 동일한 정상상태 응답이 얻어진다. 만일 이 절반 진폭 스텝들 중 하나가 스캐너 공진 주파수의 반주기만큼 지연되어 가해진다면 개별 스텝에 의해서 유발되는 진동이 180°만큼 위상차이를 일으켜서 서로 상쇄된다. 이렇게 기준신호를 (동일한) 두 개의 신호로 분리하고 이들 중 하나를 시스템 공진의 절반 주기만큼 지연시키는 것이 입력성형의 전형적인 사례이다. 이 방법은 주파수 도메인이 아니라 시간 도메인을 기반으로 필터링을 수행하기 때문에, 극점-영점 소거와 매우 다르다. 주파수 도메인에서 입력에 대한 이러한 **표본조정**(sampled adaptation)은 이 조정이 적용된 주파수의 배음에 대해서 다중 노치필터를 갖춘 주파수 스펙트럼을 생성한다. 이 영향은 8장의 측정에서 설명할 실제 샘플링과도 관련되어 있다.

극점-영점 소거를 사용하는 전향제어기에 대한 앞서의 사례에 따르면 삼각파형 주사 신호의 기울기가 변한 직후에 스캐닝 유닛의 진동이 **촉발**된다는 것을 알 수 있다. 이는 미분의 불연속과 2장의 푸리에 분석에서 설명했던 삼각파형에 해당하는 고차 조화함수에 의해서 유발된다.

입력성형을 이 삼각형 주사신호에 적용하면 뾰족한 꼭지 대신에 그림 4.10에서 보듯이 고원의 폭이 스캐너 공진의 절반 주기에 해당하는 평평한 고원이 만들어진다. 주사 신호의 양의 기울기가 고원에 도달하여 상승이 멈추면 스캐너는 고유주파수의 정현운동으로 진동하기 시작한다. 이 진동의 절반 주기가 지난 후에 스캐너는 진동이 시작한 곳과 동일한 위치에 도달하지만 낮은 감쇠로 인하여 거의 동일한 속도로 반대 방향으로 움직인다. 이 운동이 시작되는 순간에 주사 신호가 음의 기울기로 변하게 되면 스캐너의 공진을 더 가진하지 않는 매끄러운 전환이 이루어지게 되어 실제의 운동은 원하는 삼각형 주사운동을 추종하게 된다.

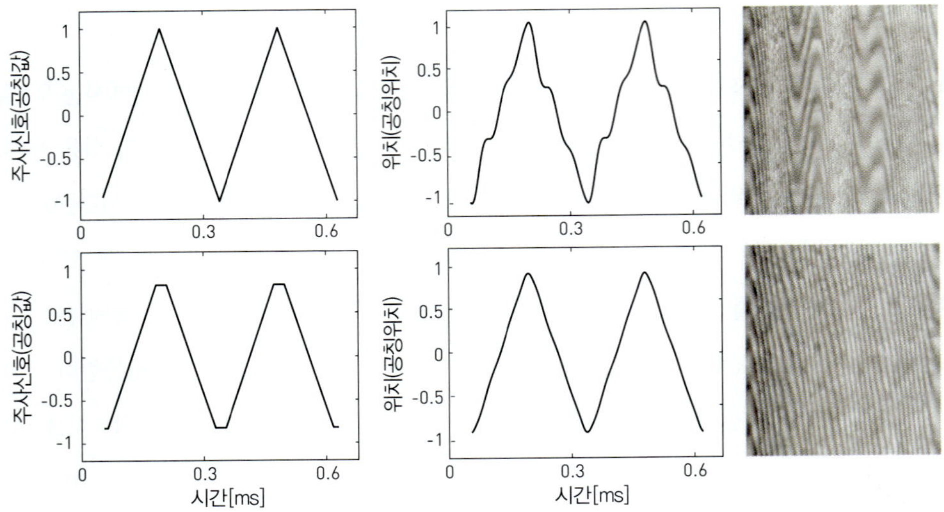

그림 4.10 1초 당 3900 라인의 속도를 갖는 주사 프로브 현미경에서 삼각형 주사신호의 입력성형제어. 삼각형 신호의 상단을 절단하여 입력신호를 성형하므로서 이동부의 진동이 현저하게 저감되었다. 좌측 열은 입력성형이 없는 신호(상부)와 입력성형을 시행(하부)한 입력신호를 보여주고 있으며, 중간 열은 그로 인한 스캐너의 실제 운동궤적을 보여주고 있다. 우측의 사진은 233[nm] 피치를 가지고 있는 평행 격자에 대해 측정한 AFM 데이터 세트를 보여주고 있다. 격자 구조의 왜곡과 이 왜곡의 저감을 명확하게 비교할 수 있다.

4.2.3 적응형 전향제어

전향제어의 두 사례인 모델 기반의 극점-영점 소거와 입력 성형은 전체 플랜트의 동적 성질들을 정확히 알고 있으며, 일정하게 유지되는 경우에만 신뢰성 있게 작동한다는 점이 매우 중요하다. 이런 동특성은 기계장치와 같은 수동 요소들뿐만 아니라 증폭기나 작동기와 같은 능동 요소들의 전달함수를 모두 포함하고 있다. 실제의 경우 외부의 영향이 이런 동적 성질에 영향을 끼쳐서 모델에 사용한 계수들과 실제값 사이의 편차를 증가시킨다. 실제의 거동에 대한 측정을 통해서 전향제어 신호를 변경하는 **적응형 전향제어**(adaptive feedforward control)를 통해서 이런 편차들을 부분적으로 개선할 수 있다. 이 방법은 거동에 대한 정보를 얻기 위해서 센서를 필요로 하며 그 때문에 자주 귀환제어와 조합되어 사용된다. ASML의 Hand Butler[18]는 이동물체의 질량을 측정해야 하는 실시간 적응형 전향제어에 대해서 연구하였다. 여기에서는 가속도의 시간에 대한 2차 미분을 사용하는 **스냅**(snap) 전향제어를 통해서 오차를 절반으로 저감할 수 있었다. 반복공정의 경우, 이전 사이클로부터 필요한 전향제어 신호를 추출할 수 있다. 이런 방식의 적응형 전향제어를 **반복학습제어**(iterative learning control)라고 부른다. 알려진 궤적에 대한 운동 시스템 출력의 측정과 측정된 거동과 의도한 거동 사이의 비교를 통해서 모델에서 발생되는 오차의 양과 필요한 보정의 방향에 대한 정보를 수집한다. 사례로서 MIT의 정밀 운동제어 실험실 소속의 Stephen Ludwick 등[61]와 Marten Byl 등[20]이 수행한 불균일한 광학 표면의 선삭을 위한 고속 툴 서보에 대한 연구를 들 수 있다.

4.3 | PID 귀환제어

앞 절에서는 알고 있는 성질과 환경을 가지고 있는 안정된 개루프 시스템에서 전향제어가 어떻게 작용하는지 살펴보았다. 전향제어의 편이성 때문에 메카트로닉스 시스템의 동적 거동에 대한 예측성을 극대화시키기 위한 노력은 설계의 중요한 부분을 차지한다. 이런 노력에도 불구하고 가장 정교한 모델을 사용하고 외란을 최소로 저감시킨다고 하여도 거의 항상 귀환제어를 사용하여 일부 잔류오차들을 보정할 필요가 있다. 임의오차가 잔류하는 안정된 시스템 이외에, 자기베어링과 같이 우반면에 극점이 존재하는 근원적으로 불안정한 운동 시스템의 경우에는 안정화를 위해서 귀환제어가 필요하다.

귀환제어는 전향제어보다 설계가 더 복잡하며 어렵다. 그렇기 때문에 귀환제어가 과학계에서 일반적으로 더 많은 관심을 받고 있으며, 과거 몇십년 간 다양한 최적이론을 기반으로 한 **최적**의 귀환제어 시스템 설계 방법이 제안되었다. 대부분의 경우 이런 혁신은 **실시간** 모델링과 고차 시스템의 실시간 제어를 가능케 해 주는 고성능 컴퓨터의 개발이 이끌어 왔다. 고전적인 **PID 제어**이론에서 PID는 각각 귀환 루프의 비례-적분-미분을 나타내고 있으며, 이 제어방식은 작동모드가 비교적 단순하며 일반적으로 만족스러운 성능을 구현해주기 때문에 여전히 산업계에서 주된 제어방식으로 사용되고 있다. PID 제어요소 각각의 서로 다른 성질들에 대한 지식은 고성능 메카트로닉스 시스템의 설계에 결정적인 영향을 끼친다. 이런 지식을 숙지하지 않고는 제어이론에 대한 더 이상의 공부가 아무런 쓸모가 없어진다. 따라서 이 절에서는 주파수 도메인을 통해서 PID 제어에 대해서 총체적으로 살펴보기로 한다.

메카트로닉스 시스템에서 현재는 주로 PID 제어가 사용되고 있지만, 앞으로는 현대적인 제어이론들이 점점 더 자주 사용될 것으로 기대된다. 따라서 현대제어공학에서 앞으로 사용될 몇 가지 새로운 기법들에 대해서는 그 다음 절에서 시간 도메인에서의 **상태-공간**(state-space) 표현방식을 기반으로 하여 살펴보기로 한다.

더 일반적인 기법에 대해서 설명하기 전에, 제어이론에 대한 기본 지식을 습득하기 위해서 콤팩트디스크 플레이어의 광 픽업유닛에 대한 PD-귀환제어, 또는 짧게 **PD-제어**(PD-control)에 대해서 살펴보기로 한다. 이 유닛의 동특성에 대해서는 이미 3장에서 살펴본 바 있다. 제어의 측면에서 이 유닛은 **서보시스템**(servo system)이다. **서보**(servo)라는 용어는 **노예**(slave)를 뜻하는 라틴어 "servus"에서 유래했으며 이동 표적을 추종하도록 설계된 제어 시스템을 뜻한다.

4.3.1 콤팩트 디스크 플레이어의 PD 제어

콤팩트 디스크 플레이어의 광 픽업유닛에 대한 소개를 통해서 제어의 역할과 CD 트랙에 대한 렌즈의 최대 위치결정오차 사이의 상관관계에 대해서 설명한 바 있다. 제어 시스템은 그림 4.11에서 기계적 스프링으로 나타낸 것처럼 트랙과 광학 시스템 사이에 가상 연결을 만들어준다. 이 때 필요한 반경방향 강성은 이동질량 $m = 10^{-2}$ [kg]에 대해서 $k_r = 2.5 \cdot 10^5$ [N/m]이며, 그에 따른 비감쇠 고유주파수 $f_0 = 800$ [Hz]이라는 것을 이미 설명한 바 있다. 이 강성은 그림 4.12의 좌측에 개략적으로 도시되어 있는 측정 시스템, 제어기, 동력 증폭기 및 작동기들의 이득이 조합된 이동물체에 대한 귀환루프의 총 루프이득 G_t와 동일한 크기를 가진다. 고유 주파수에서의 공진을 제어하기 위해서 이 스프링과 질량에는 댐퍼가 필요하다. 따라서 이 절에서는 가상 댐퍼도 추가할 예정이다.

그림 4.12의 우측에는 위치제어 메커니즘에 대한 등가 피드백 루프가 도시되어 있다. 이 그림은 그림 4.5에서 기준신호와 전치필터를 제외한 것이다. 플랜트는 증폭기, 작동기 그리고 기계적 이동물체 등으로 구성된다.

플랜트 내에서 이 루프를 단계별로 살펴볼 예정이다. 기계부에 입력되는 성분은 렌즈를 붙잡고 있는 위치결정 시스템의 작동기에 의해서 생성되는 힘이다. (이미 교란된)운동 시스템의 출력은 렌즈 위치와 트랙

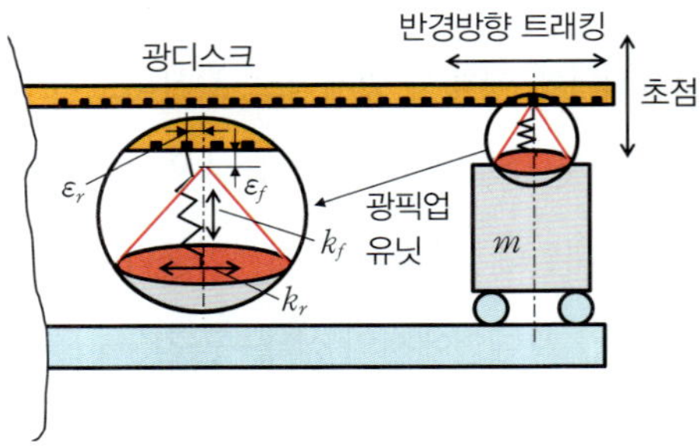

그림 4.11 위치제어 시스템에 의해서 생성된 **가상** 스프링에 의해서 트랙과 연결되어 있는 3장의 광디스크 픽업유닛

중심 사이의 반경방향 트래킹 위치오차인 ε_r이다. 등가 피드백 루프에서 이 반경방향 오차는 측정에 의한 제어오차인 e로 변환된다.

렌즈를 장착한 위치결정 시스템을 단일질량 m으로 모델링할 수 있으며, 이 질량의 컴플라이언스 전달함수와 주파수응답함수에 대해서는 앞 절에서 설명한 바 있다.

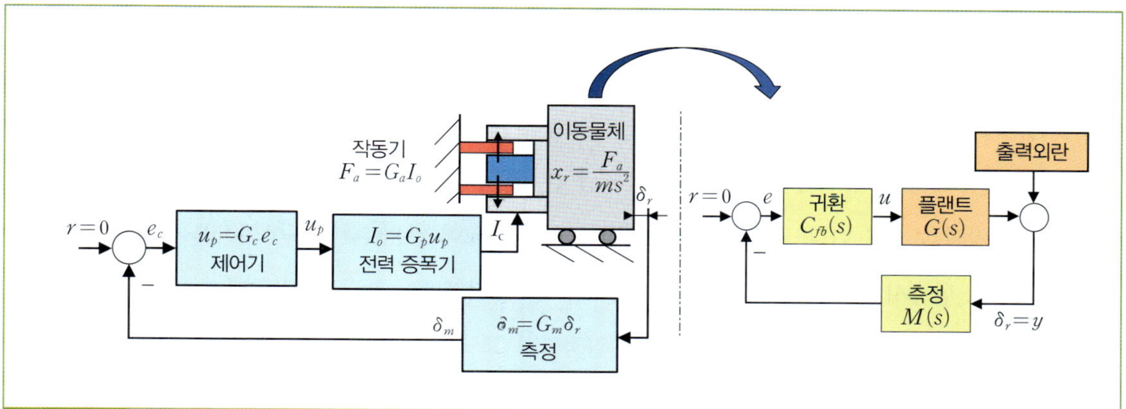

그림 4.12 폐루프 제어에 의해서 생성된 가상 스프링을 갖춘 스프링-질량 시스템. 플랜트는 동력증폭기, 작동기 및 이동물체로 이루어져 있다. 제어기와 결합된 전체 시스템은 우측 그림에서와 같이 간단한 피드백 루프로 나타낼 수 있다. 편심과 외부 진동에 의한 트랙의 운동으로 이루어진 외란이 플랜트의 출력에 직접적인 영향을 끼친다.

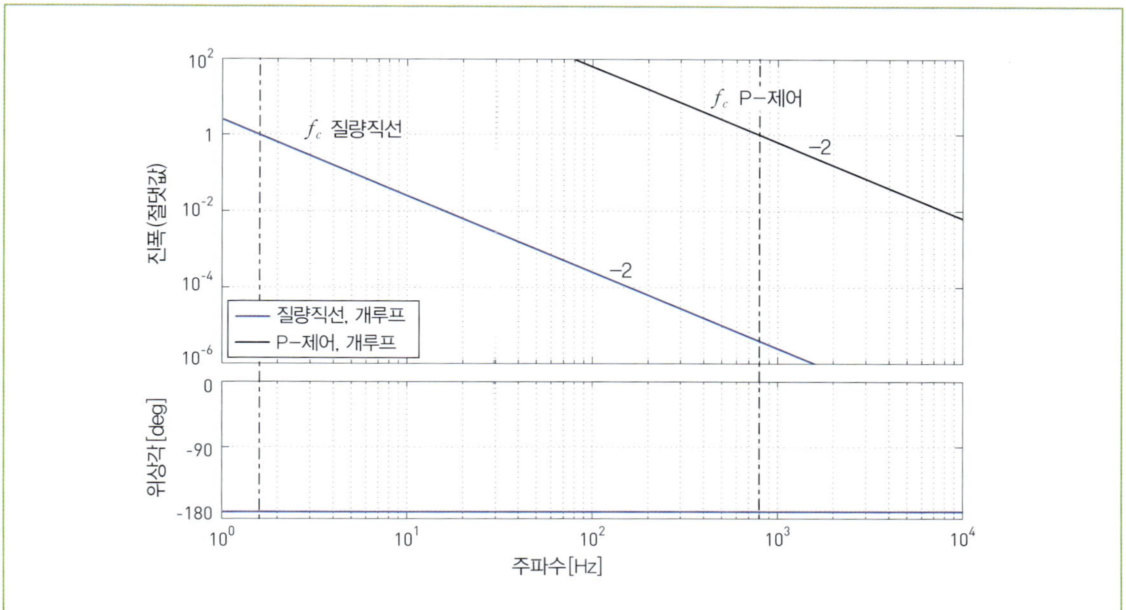

그림 4.13 질량이 $1 \cdot 10^{-2}$[kg]인 CD 플레이어 렌즈의 개루프 보드선도. $k_p = 2.5 \cdot 10^5$의 이득을 갖는 P-제어가 조합된 시스템의 전체 주파수 응답을 위쪽으로 이동시켜서 균일이득 교차 주파수를 800[Hz]까지 상승시켜준다.

$$C_m(s) = \frac{x}{F} = \frac{1}{ms^2} \quad \Rightarrow \quad C_w(\omega) = -\frac{1}{m\omega^2} = -\frac{1}{0.01\omega^2} \tag{4.14}$$

이 전형적인 질량기반 시스템의 주파수 응답은 보드선도에서 전체 스펙트럼에 대하여 기울기가 −2인 전형적인 질량직선과 180°의 위상지연을 나타낸다. 컴플라이언스의 크기는 그림 4.13의 하부 질량직선(청색선)에서와 같이 **균일이득 교차 주파수**(unity gain cross over frequency) $\omega_c \approx 1.6$ [Hz]에서 이득값이 1을 나타낸다.

4.3.1.1 비례 귀환

첫 번째 단계로, 앞서 제시했던 귀환에 의해서 생성된 강성의 개념을 제어공학에서 사용하는 일반화 된 방식으로 설명해 보기로 한다. 원래 1.6 [Hz]였던 균일이득 교차 주파수를 진동 외란을 차단하기에 충분한 800 [Hz]로 상승시키기 위해서 이 강성이 필요하다. 이 사례에서 증폭기, 작동기 및 계측용 센서들의 이득들은 단순화를 위해서 주파수에 무관하게 일정하며 그 크기는 1이라고 가정하자. 따라서 전체 플랜트의 전달함수 $G(s)$는 이동물체의 컴플라이언스 $C_m(s)$와 같아진다. 3장에 따르면 물체의 전달함수를 제외한 전체 루프이득 G_t는 필요한 반경방향 강성 $k_r = 2.5 \cdot 10^5$ [N/m]와 같아야만 한다. 이 값은 목표하는 개루프 균일이득 교차 주파수인 ω_c, f_c에서 플랜트 컴플라이언스의 역수와 같다는 것을 증명할 수 있으며 이 주파수는 폐루프에서의 비감쇠 고유주파수 ω_0, f_0와 같다.

$$\omega_0 = \omega_c = \sqrt{\frac{k}{m}} = \sqrt{\frac{G_t}{m}},\ C_m(\omega_c) = \frac{1}{m\omega_c^2} \quad \Rightarrow \quad G_t = m\omega_c^2 = \frac{1}{C_m(\omega_c)} \tag{4.15}$$

플랜트를 제외한 귀환제어기의 총 루프이득을 k_t라 하고 증폭기는 균일이득만을 가지고 있다고 하면, 이 사례의 경우에 $k_t = G_t$가 되므로 다음과 같이 PID 제어의 가이드라인을 제시할 수 있다.

- **예비적인 첫 번째 PID 가이드라인** : 목표로 하는 균일이득 교차 주파수에서의 총 제어기 이득은 그 주파수에서의 작동기와 센서를 포함하는 플랜트 이득의 역수값과 같도록 선정해야 한다.

이 가이드라인을 예비라고 부르는 이유는 서로 다른 이득들이 조합되어 총 이득이 만들어지기 때문에 이 규칙에 의해서 구한 이득을 곧장 사용할 수 없기 때문이다. 예를 들어 필요한 비례이득을 구하기 위해서 미분작용에 대한 보정을 수행해야 한다. 이 비례이득과 관련된 제어를 **비례제어**(proportional control) 또는 **P-제어**라고 부른다. 이에 필요한 보정에 대해서 설명하려면 3장의 사례에서와 같이 비례제어만 있는 귀환시스템에 대해서 살펴봐야 한다. 미분작용이 없는 제어기의 경우 비례이득 k_p는 목표가 되는 800 [Hz]의 균일이득 교차 주파수에서 필요로 하는 총 이득[32] $G_t = 2.5 \cdot 10^5$과 같아야 한다. 루프 내에서 이득값은 주파수에 의존하지 않기 때문에 라플라스 변수가 게재되지 않으며 귀환제어 전달함수 $C_{fb}(s)$는 $C_p = k_p$가 된다는 것을 의미한다. 이 단순한 P-제어 피드백 시스템의 루프가 닫히기 전의 **개루프**(open-loop) 보드선도는 그림 4.13의 상부 질량선(흑색선)으로 표시되어 있다. 개루프 전달함수는 측정된 신호 e를 제어기의 피드백 입력으로 연결시키지 않으면서 제어기에 입력된 신호가 측정된 센서 신호에 도달할 때까지의 모든 기능적 요소들을 포함하는 시스템의 전체 전달함수이다. 라플라스 도메인 내에서 이 개루프 전달함수 $L_p(s)$는 다음과 같이 주어진다.

$$L_p(s) = G(s)C_p = C_m(s)C_p = \frac{k_p}{ms^2} \quad \Rightarrow \quad L_p(\omega) = -\frac{2.5 \cdot 10^5}{0.01\omega^2} \tag{4.16}$$

P-제어는 단지 이득값만을 가지고 있기 때문에 보드선도에서 렌즈 시스템의 질량 직선을 위쪽으로 시프트 시킨다. 이 진폭 시프트는 필요로 하는 $f_0 = 800$ [Hz]의 균일이득 교차주파수 시프트를 유발한다.

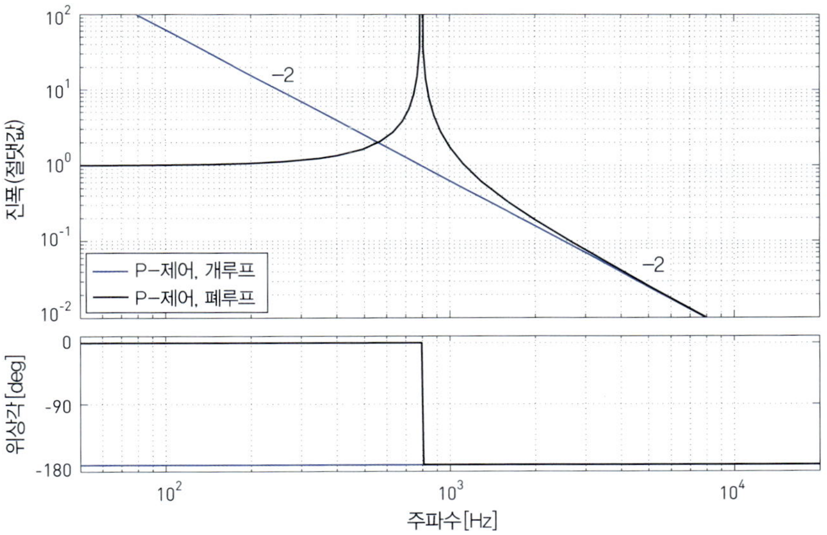

그림 4.14 $k_p = 2.5 \cdot 10^5$의 이득으로 피드백 P-제어되는 CD 플레이어의 개루프와 폐루프 보드선도. 800[Hz]의 고유주파수에서 발생하는 비감쇠 공진이 명확하게 나타나고 있다.

32) G_t항은 일반적으로 서로 다른 항들로 이루어진 복소수 제어기 전달함수 $C(s)$의 진폭(이득)을 나타낸다. 이 단순화 된 첫 번째 사례에서 이 항은 주파수에 의존하지 않는 실수로 이루어진 비례항 C_p만을 가진다.

P-제어만을 사용하는 귀환 루프가 닫히면, 주파수 도메인에서 다음과 같은 전달함수가 만들어진다.

$$T_p(s) = \frac{L_p(s)}{1+L_p(s)} = \frac{1}{\frac{m}{k_p}s^2+1} \quad \Rightarrow \quad T_p(\omega)\frac{1}{-\left(\frac{\omega}{\omega_c}\right)^2+1} \tag{4.17}$$

이에 따른 폐루프 시스템의 보드선도가 그림 4.14에 도시되어 있다.

개루프 응답과 폐루프 응답을 비교해 보면, 첫 번째 차이는 개루프의 균일이득 교차주파수 아래의 주파수 대역에서 찾아볼 수 있다. 시스템의 폐루프 응답은 스프링직선에 해당하는 일정한 값인 1을 갖으며, 위상 시프트는 0°가 된다. 800 [Hz]의 개루프 균일이득 교차 주파수에서 날카로운 공진 피크가 관찰되며 800 [Hz] 이상의 주파수에서는 개루프 응답의 원래 특성인 −2의 기울기를 추종한다.

폐루프 시스템의 보드 선도를 앞 장에서 논의했던 수동적인 동적 시스템과 비교해 보면, 비례 귀환제어가 스프링 작용을 만들어낸다는 것을 충분히 재확인할 수 있다.

물론 폐루프로 작동하는 시스템에서 공진 피크를 허용할 수는 없으며, 제어공학의 측면에서는 라플라스 평면 내에 위치하는 시스템의 극점 위치를 사용하여 이 공진위치를 나타낼 수 있다. 폐루프 극점들은 허수축 상의 켤레 복소수로 나타나며, 균일이득 교차 주파수에서 개루프 전달함수의 위상 지연이 180°이므로 시스템은 준안정 상태이다. 수용할 만한 제어 성능을 구현하기 위해서는 균일이득 교차 주파수 근처에서의 감쇠와 위상 앞섬을 위한 수단이 추가되어야 한다.

4.3.1.2 비례-미분 귀환

렌즈 위치결정 시스템의 감쇠를 추가하기 위해서는 속도에 비례하는 힘 성분을 만들어내야만 한다. 이 힘은 시간에 대한 위치오차 신호의 미분을 이용하여 만들 수 있다. 이 미분신호에 의해서 귀환제어기의 전달함수 $C_{fb}(s)$는 **비례 미분제어**(Proportional Differential control) 또는 PD-제어 전달함수 $C_{pd}(s)$와 같아진다.

$$C_{fb}(s) = C_{pd}(s) = k_p + k_d s \tag{4.18}$$

이 PD-제어 전달함수를 다른 형태로도 나타낼 수 있다.

$$C_{pd}(s) = k_p\left(1+\frac{k_d}{k_p}s\right) = k_p(1+\tau_d s) \tag{4.19}$$

이 두 번째 방정식에서 τ_d는 $\omega_d = 1/\tau_d = k_p/k_d$ 이상의 각속도에서 전달함수의 진폭이 +1의 기울기를

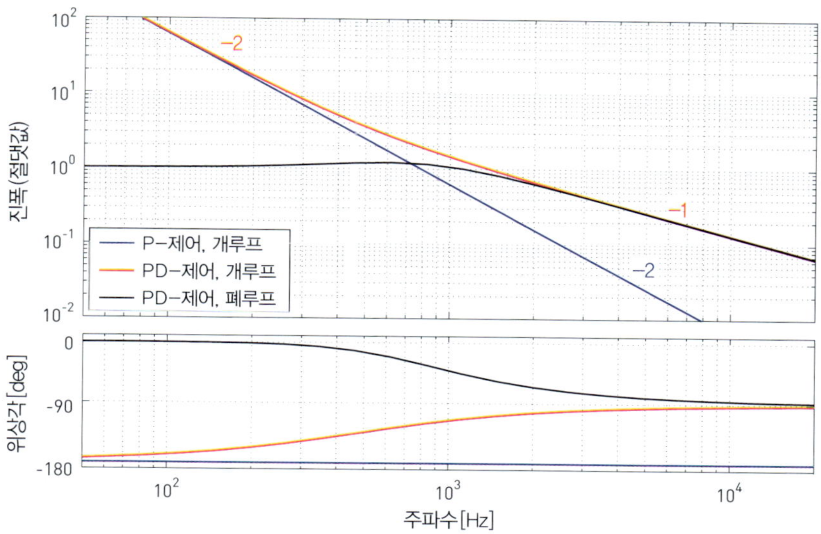

그림 4.15 고주파에서의 미분작용에 한계가 없는 PD 제어기를 장착한 귀환 제어되는 CD 플레이어 렌즈 시스템 응답의 보드선도. 균일이득 교차 주파수가 증가하였으며 고주파에서 폐루프 응답은 –1의 기울기를 가지고 있다. 이는 고주파 모드선도로 인하여 노이즈와 공진이 저감되었음을 의미한다.

가지고 증가하는 1차 미분기의 시상수를 나타낸다. ω_d보다 낮은 각속도에서 미분항(s)의 크기는 1보다 작으며 귀환 제어기는 P–제어 시스템처럼 거동한다. 이보다 높은 주파수에서는 미분항이 지배적으로 변하여 제어기는 주로 미분 거동을 나타낸다.

필요한 감쇠효과를 구현하기 위해서는 개루프 전달함수 $L(s)$의 균일이득 교차 주파수보다 충분히 낮은 주파수부터 제어기 작동이 비례특성으로부터 미분작용으로 변해야만 한다. 질량직선을 기반으로 하는 위치결정 시스템의 경우, PID 제어의 두 번째 가이드라인에 의해서 이 주파수에 대한 가이드라인이 만들어진다.

- **두 번째 PID 가이드라인** : 미분작용은 균일이득 교차 주파수의 1/3에서부터 시작해야 한다.

식 (4.19)의 경우, 이는 $k_d = k_p\tau_d = k_p/\omega_d = k_p/0.33\omega_c$임을 의미한다.

PD–제어되는 CD 플레이어 렌즈의 질량응답에 대해 조합된 개루프 전달함수는 다음과 같다.

$$L_{pd}(s) = G(s)C_{pd}(s) = \frac{k_p + k_d s}{ms^2} \tag{4.20}$$

두 번째 가이드라인을 적용하고 나면, 주어진 변수값들에 대해서 주파수응답은 다음과 같이 주어진다.

$$L_{pd}(\omega) = -\frac{2.5\cdot 10^5\left(1+\dfrac{1}{0.33\cdot 2\pi\cdot 800}\right)}{0.01\cdot\omega^2} \tag{4.21}$$

그림 4.15에서 이 전달함수의 응답 빨간색 선으로 표시되어 있으며 k_p가 지배적인 주파수 대역에서 −2의 기울기를 나타내고 있다. 미분이 지배적인 대역에서는 진폭선도가 −1의 기울기를 나타내며 균일이득 교차 주파수 근처의 주파수에서 위상지연이 줄어드는 것을 확인할 수 있다. 이때의 위상 지연은 원래의 180°에 비하여 줄어든 120°이다. 따라서 제어 시스템에서 미분 작용이 개루프 응답의 위상 앞섬을 유발하여 균일이득 교차 주파수에서 질량 응답의 원래 위상지연을 줄여주기 때문에 이를 **리드 네트워크**(lead network)라고도 부른다.

이 시스템의 귀환루프를 닫으면 다음과 같은 폐루프 시스템 전달함수를 얻는다.

$$T_{pd}(s) = \frac{L_{pd}(s)}{1+L_{pd}(s)} = \frac{\dfrac{k_p+k_d s}{ms^2}}{1+\dfrac{k_p+k_d s}{ms^2}} = \frac{k_p+k_d s}{ms^2+k_p+k_d s} \tag{4.22}$$

ω/ω_c의 비율을 변수로 사용하여 앞 장의 수동적인 동적 시스템에 대해 표현했던 방식으로 이 방정식을 주파수 응답함수로 다시 쓸 수 있다.

$$T_{pd}(s) = \frac{\dfrac{k_d}{k_p}s+1}{\dfrac{m}{k_p}s^2+\dfrac{k_d}{k_p}s+1} = \frac{\dfrac{s}{\omega_d}+1}{\dfrac{s^2}{\omega_c^2}+\dfrac{s}{\omega_d}+1} \tag{4.22}$$

$s = \sigma + j\omega$의 양의 허수항만을 사용하여 주파수응답을 유도할 수 있다.

$$T_{pd}(\omega) = \frac{2j\zeta\dfrac{\omega}{\omega_c}+1}{-\left(\dfrac{\omega}{\omega_c}\right)^2+2j\zeta\dfrac{\omega}{\omega_c}+1} \tag{4.24}$$

여기서 $\omega_c = 2\pi f_c = \sqrt{k_p/m}$이며 $\omega_d = k_p/k_d = 1/\tau_d = \omega_c/2\zeta$이다.

두 번째 가이드라인을 적용하면($\omega_d = 0.33\omega_c$) $2\zeta = 1/0.33$이 되므로 $\zeta = 1.5$가 되어 과도감쇠 시스템에 해당한다. 이 주파수 응답은 식 (3.76)에서와 같이 스프링과 댐퍼에 연결되어 지지되는 물체 운동의 기계적으로 감쇠된 전달율에 대한 주파수응답 특성을 나타내고 있다. 전달함수 분자항의 영점에 의해서

-2의 기울기가 고주파 대역에서 -1로 변한다. CD 플레이어의 광학 렌즈도 트랙을 추종하기 때문에 이 결과는 그리 놀라운 것은 아니지만, 이 사례에서는 가상 스프링과 가상 댐퍼에 의해서 렌즈가 트랙에 연결되어 있다. 전달율의 사례에서와 마찬가지로, 이 구조도 고주파에서 댐퍼의 동조가 지배적이 된다는 단점을 가지고 있지만, 능동제어를 통해서 고주파에서의 가상 감쇠를 제한하여 이 영향을 저감시킬 수 있다.

4.3.1.3 미분작용의 제한

실제의 위치결정 시스템은 고주파에서 다수의 공진모드가 발생하므로, 불안정의 발생을 방지하기 위해서는 이들을 저감시키는 것이 좋다. 하지만 이는 물리적으로 불가능하며 무한한 주파수 대역에서 무한한 이득을 갖는 제어기를 만들려고 하는 것은 현경한 처사가 아니다. 능동형 PD-제어 시스템의 경우 이를 위해서는 균일이득 교차 주파수보다 충분히 높은 주파수에서의 위상 앞섬이 도움이 되는 한도 내로 유지되도록 고주파에서의 미분작용을 제한해야만 한다.

이 주파수는 PID-제어의 세 번째 가이드라인에 의해서 주어진다.

- **세 번째 PID 가이드라인** : 미분작용은 균일이득 교차 주파수의 3배에 해당하는 주파수에서 종료되어야 한다.

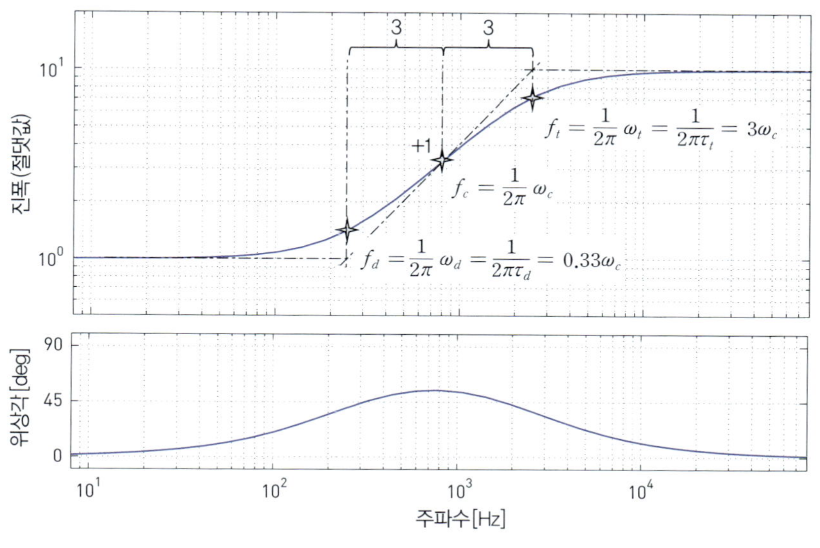

그림 4.16 제한된 또는 조절된 D-제어기의 보드선도. 미분작용은 f_d에서 시작하며 f_t에서 종료된다. PID-제어의 두 번째 및 세 번째 가이드라인에 따르면 $f_d = 0.33f_c = 0.1f_t$에서 제어기에서 약 55°의 위상 앞섬이 발생한다.

이런 **조절된 PD-제어**(tamed PD-control)는 균일이득 교차 주파수 근처에서 특징적인 거동을 하며, 미분 작용은 영점을 생성하여 위상 앞섬을 일으키며 위상 지연을 유발하는 극점을 추가하여 미분기의 영점에 의한 위상 앞섬을 보상함으로써 이를 중지시키기 때문에 이를 **앞섬-지연 보상기**(lead-lag compensator)라고도 부른다. 이런 보상기는 미분 작용이 종료된 이후에도 실제 지연을 일으키지 않으며 조합된 제어기의 위상각은 0°가 되어 다시 비례이득값을 갖게 된다. 그림 4.16에서는 $f_d = \omega_d/2\pi$ 이며 $f_t = \omega_t/2\pi$인 경우를 보여주고 있다. 실제의 경우에는 주파수 f_t에 저역통과 필터를 추가하면 기울기는 -1이 되며 고주파에서 위상지연을 수반하는 실질적인 진폭저감이 발생하므로, 지연 보상기보다는 저역통과 필터를 더 선호한다는 점에 대해서는 나중에 다시 설명할 예정이다.

미분항에 의한 진폭증가로 인해서 균일이득 교차 주파수가 현저히 상승함에 따라서 PD-제어작용에는 또 다른 문제가 야기되며 그림 4.15에서 이를 발견할 수 있다. 전형적인 두 번째 PID 가이드라인 값인 $\omega_d = 0.33\omega_c$을 사용하는 경우에 교차점을 변화시키지 않기 위해서는 k_p도 마찬가지로 0.33배 만큼 줄여야 한다. 이런 문제를 해결하기 위해서 예비적인 첫 번째 PID 가이드라인을 확대한 첫 번째 가이드라인이 만들어진다.

- **첫 번째 PID 가이드라인** : 목표로 하는 균일이득 교차 주파수에서의 총 이득은 해당 주파수에서 작동기와 센서를 포함하는 플랜트 총 이득의 역수와 같아지도록 선정해야만 한다. 비례이득은 두 번째 가이드라인에 따라서 미분기에 의해서 만들어진 추가적인 3배의 이득에 대한 보상이 이루어진 총 이득값과 같다.($k_p = 0.33k_c = 0.33/G_{plant\,@f_c}$)

이런 보정을 통해서 라플라스 도메인에서 시스템의 총 개루프 전달함수는 다음과 같이 주어진다.

$$L_{pdt}(s) = G(s)C_{pdt}(s) = \frac{\omega_d}{\omega_c}\frac{k_p}{ms^2}\frac{1+\frac{1}{\omega_d}s}{1+\frac{1}{\omega_t}s} = \frac{\omega_d}{\omega_c}\frac{k_p}{ms^2}\frac{1+\tau_d s}{1+\tau_t s} \tag{4.25}$$

PID-제어의 세 번째 가이드라인에 따라서 대략적으로 ω_1의 3배에서 미분기의 작동을 종료시키는 각속도인 $\omega_t = 1/\tau_t$는 대략적으로 ω_d의 10배에 해당한다. P-제어만을 수행한 경우의 응답과 비교를 위해서 $\omega_d = 0.33\omega_c = 0.1\omega_t$ 또는 $f_d = 0.33f_c = 0.1f_t$에서 위 식의 개루프 및 폐루프 응답에 대한 보드선도가 그림 4.17에 도시되어 있다. 개루프 전달함수의 균일이득 교차 주파수는 폐루프 시스템의 **상향전이 주파수**(roll-off frequency)가 된다. 폐루프 주파수 응답은 상향전이주파수에서 -2의 기울기를 가지고 잘

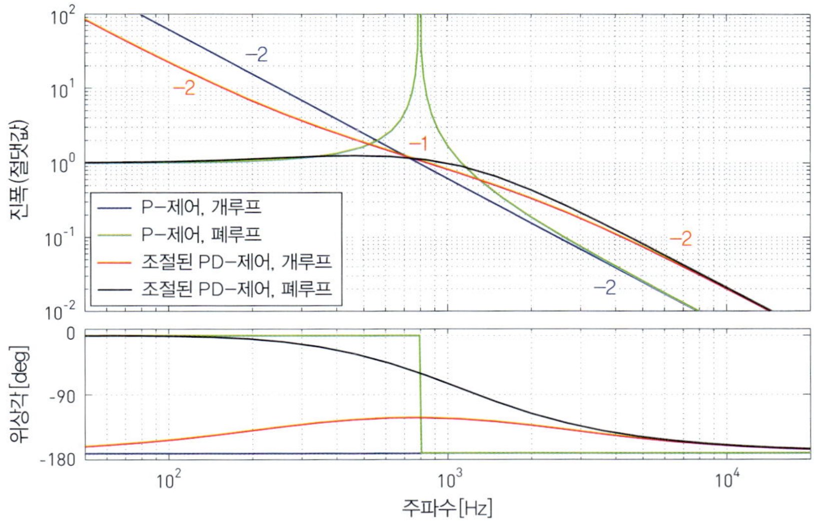

그림 4.17 P-제어기와 $\omega_d = 0.33\omega_c = 0.1\omega_t$인 조절된 PD-제어기에 의해서 귀환제어되는 CD 플레이어 렌즈의 개루프 및 폐루프 보드선도. 균일이득 교차 주파수에서 필요한 위상 보상으로 인한 저주파에서의 루프이득 감소와 고주파에서의 감소비 저하가 목격된다.

감쇠된 거동을 나타내지만, 그 대가를 치러야 한다. 우선 저주파 대역에서 루프 이득이 3배정도 저하되며, 그에 비례하여 가상강성이 저감된다. 그에 따른 직접적인 결과로 이 주파수 대역에서의 오차 저감 능력이 감소된다. 두 번째로 고주파 대역에서 공진과 느이즈의 저감능력도 3배 만큼 감소한다. 균일이득 교차 주파수 ω_1주변에서 감쇠를 낮추고 저주파 및 고주파에서 오차저감능력을 향상시키기 위해서는 ω_d와 ω_t가 서로 인접해야 하기 때문에 여기가 최적화가 필요한 영역이라는 점을 인식하는 것이 중요하다.

저주파에서 루프이득 저감 문제를 해결하는 또다른 방법으로 적분제어(I-제어)를 도입할 수 있어서 궁극적으로는 잘 알려진 **PID-제어**(PID-control)원리가 만들어진다. I-제어와 비교할 만한 단순한 기계요소가 존재하지 않기 때문에 이 유용한 원리를 설명하기 전에 제어이론에 대해서 조금 더 살펴보기로 한다.

이 사례의 결론으로, 그림 4.18에 도시되어 있는 폐루프 시스템의 스텝 기준신호에 대한 시뮬레이션 응답을 살펴보면, PD-제어 시스템은 스텝 기준신호에 대해서 약간의 오버슈트만을 일으키고 잘 추종하는 반면에 순수한 P-제어 시스템은 감쇠가 없기 때문에 최종값 주변에서 지속적으로 진동한다는 것을 명확하게 확인할 수 있다.

비록 **시뮬레이션** 된 스텝 응답이 메카트로닉스 시스템의 제어 성능을 평가하는 데에 유용하지만, 실제

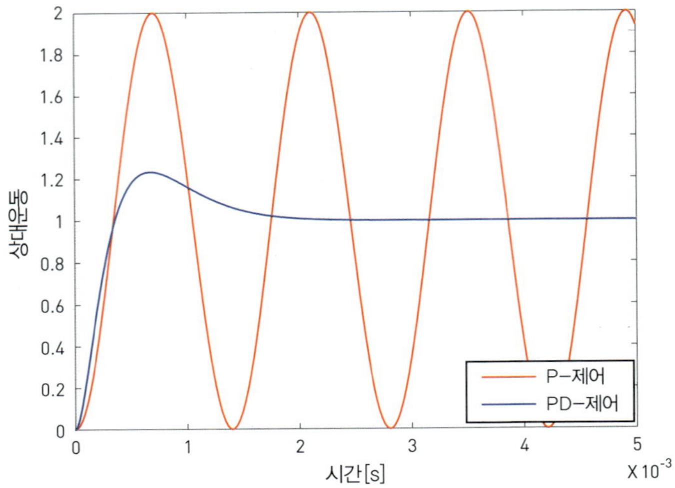

그림 4.18 P–제어 및 PD–제어를 사용하여 폐루프 제어하는 CD–플레이어의 스텝응답을 통해서 균일이득 교차 주파수 ω_1에서의 공진에 감소가 끼치는 영향을 명확하게 확인할 수 있다.

하드웨어를 사용하여 제어기를 최종적으로 시험하는 경우에는 각별한 신경을 써야만 한다는 것을 다시 한 번 강조한다. 스텝이나 심지어는 임펄스와 같은 기준신호는 제어신호와 그에 따른 작용력에 너무 급격한 피크를 유발한다. 정현파 신호나 저역 통과된 스텝이나 램프 신호와 같이 완만하게 변하는 기준신호가 실제 시스템의 제어 성능 시험에는 더 적합할 수 있다. 물론 비선형 문제의 발생이나 심지어는 하드웨어의 손상 등을 방지하기 위해서 시험신호의 진폭 선정에도 신경을 써야만 한다.

4.3.2 귀환제어의 민감도함수

CD 플레이어 렌즈용 추종 제어기의 사례에서 설명했듯이, 귀환루프를 닫으면 제어된 시스템의 동특성을 직접 변화시킬 수 있다. 귀환제어를 통해서 운동 시스템의 원래 극점위치보다 더 유용한 작동을 하는 값으로 극점들의 위치를 직접 이동시킬 수 있다. 이를 통해서 적절한 감쇠와 빠른 시스템응답을 구현할 수 있다. 이런 성질은 플랜트 동특성 보상을 위해서 전달함수의 역수를 곱하는 극점–영점 소거만이 가능한 전향제어와는 극명한 대조를 이룬다. 귀환 제어의 또 다른 장점들 중 하나는 외란의 영향이 저감된다는 것이다. 그림 4.19에서는 측정 시스템이 균일이득 전달함수를 가진다고 가정하는 경우에 포괄적인 귀환루프의 중요한 성질들을 설명하고 있다. 이 사고모델의 경우 제어기의 기준신호와 입력신호는 출력시

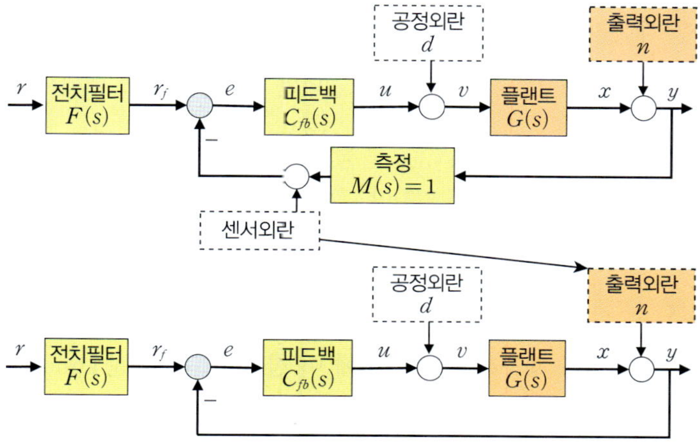

그림 4.19 플랜트의 출력 x, 피드백 제어기 u 및 전체 시스템 y의 출력에 기준신호와 주요 외란원인들이 끼치는 영향을 살펴보기 위해 간단하게 나타낸 피드백 루프. 기준입력과 피드백 제어입력은 전체 시스템의 출력과 동일한 위치 도메인을 가지고 있다. 공정외란은 플랜트 내의 모든 외란만을 포함한다. y는 측정 시스템을 갖춘 제어 시스템의 균일이득 주파수에서 측정된 출력이며 출력 외란에는 센서 외란이 포함되어 있다.

스템과 동일한 위치 도메인 상에서 작동한다는 것을 의미한다.

추가적인 단순화를 위해서 출력 외란 n에는 측정 시스템 내의 센서 외란을 포함할 수 있으며, 이를 통해서 실제적으로 접근할 수 있는 유일한 값인 시스템의 출력 y를 측정된 출력으로 정의한다. 공정외란에는 귀환제어기와 플랜트의 출력 사이에서 발생하는 모든 외란이 포함된다. 단순화를 위해서 이 외란을 플랜트와 제어기 사이에 입력시켜 놓았다. 플랜트 내에서 발생하는 외란은 플랜트의 수학적 모델을 사용하여 이 위치에 대해서 계산할 수 있다. 이 단순화 모델에서 루프 내에서 관련된 3개의 출력변수들에 대한 시스템의 서로 다른 입력들의 전달함수들을 일련의 방정식들로 나타낼 수 있다. 입력변수들에는 기준신호와 두 개의 외란들이 포함된다. 첫 번째 출력변수는 4.5절에서 소개할 시스템 상태의 하위세트인 플랜트 출력 x이다. 두 번째와 세 번째 출력변수는 전체 시스템의 출력 y와 제어기의 출력 u이다. 이 전달함수를 간단하게 표시하기 위해서 라플라스 변수 (s)를 생략했으며 $C_{fb} = C$로 나타냈다.

$$x = \frac{GCF}{1+GC} r + \frac{G}{1+GC} d - \frac{GC}{1+GC} n \tag{4.26}$$

$$y = \frac{GCF}{1+GC} r + \frac{G}{1+GC} d + \frac{1}{1+GC} n \tag{4.27}$$

$$u = \frac{CF}{1+GC} r - \frac{GC}{1+GC} d - \frac{C}{1+GC} n \tag{4.28}$$

이 전달함수들은 스카라 값들을 사용하여 1차원적으로 나타냈다는 점에 유의해야 한다. 더 많은 자유도를 제어해야 한다면 대문자들은 행렬식이 되며 소문자들은 벡터가 된다. 행렬식의 곱셈에서는 순서가 중요하며 위 방정식에 제시된 순서는 그림 4.19에서 정의된 피드백 루프에 대해서 유효하다. 예를 들어 외란 d를 무시한다면, 벡터식은 $\boldsymbol{x} = \boldsymbol{G}\boldsymbol{v}$이며 $\boldsymbol{v} = \boldsymbol{C}\boldsymbol{e}$이므로 $\boldsymbol{x} = \boldsymbol{G}\boldsymbol{C}\boldsymbol{e}$가 된다. 비록 이 전달함수들이 아홉 개의 전달함수들의 조합으로 이루어져 있지만, 그중 하나는 각각의 입력–출력 조합에 대한 것이며, 일부는 똑같다. 이렇게 중복된 것들을 생략하면, 표 4.1에서와 같이 여섯 개의 서로 다른 전달함수가 남는다. 이 일련의 전달함수들이 서로 다른 시스템 입력에 대해서 피드백으로 제어된 시스템이 어떻게 반응하는지에 대한 흥미로운 이해를 제공해 주기 때문에 이 함수들을 스웨덴 Lund 대학의 제어학자인 Karl Johan Åström이 처음으로 소위 **6명의 갱**(gang of six)이라고 명명했다.

첫 번째 열의 전달함수들은 기준 신호가 플랜트의 출력과 피드백 제어기의 출력에 끼치는 영향을 나타낸다. 두 번째 열의 첫 번째 전달함수는 출력 외란이 플랜트의 출력에 끼치는 영향을 보여주는 반면에 두 번째 열의 두 전달함수들은 두 외란들이 제어기 출력에 끼치는 영향을 나타낸다. 세 번째 열의 첫 번째 전달함수는 플랜트의 출력이 공정외란에 어떻게 반응하는지를 보여준다. 세 번째 열의 두 번째 전달함수는 출력 외란이 전체 시스템의 출력에 끼치는 영향을 보여준다. 입력필터가 없는 경우에는 $F = 1$이 되므로 첫 번째 열이 두 번째 열과 같아져서 6명의 갱들이 표 4.2에서와 같이 **4명의 갱**(gang of four)들로 줄어든다. 이런 유형의 방정식들은 CD 플레이어의 순수한 오차귀환 시스템과 같이 기준입력이 없는 상태에 해당한다. 이 네 개의 방정식들 중에서 가장 많이 사용되며 가장 중요한 두 개의 전달함수들은 두 번째 열의 두 번째 전달함수에 해당하는 **민감도함수**(sensitivity function) $S(s)$와 첫 번째 열의 첫 번째 전달함수에 해당하는 **상보감도함수**(complementary sensitivity function) $T(s)$이다.

표 4.1 6명의 갱들(gang of six)

$\frac{x}{r} = \frac{y}{r} = \frac{GCF}{1+GC}$	$-\frac{x}{n} = -\frac{u}{d} = \frac{GC}{1+GC}$	$\frac{x}{d} = \frac{y}{d} = \frac{G}{1+GC}$
$\frac{u}{r} = \frac{CF}{1+GC}$	$\frac{u}{n} = \frac{C}{1+GC}$	$\frac{y}{n} = \frac{1}{1+GC}$

표 4.2 4명의 갱들(gang of four)

$\frac{x}{r} = \frac{y}{r} = -\frac{x}{n} = -\frac{u}{d} = \frac{GC}{1+GC}$	$\frac{x}{d} = \frac{y}{d} = \frac{G}{1+GC}$
$\frac{u}{r} = \frac{u}{n} = \frac{C}{1+GC}$	$\frac{y}{n} = \frac{1}{1+GC}$

민감도함수를 라플라스 변수를 포함하여 기술하면 다음과 같다.

$$S(s) = \frac{y}{n} = \frac{1}{1+G(s)C_{fb}(s)} \tag{4.29}$$

이 민감도함수는 귀환제어되는 시스템이 추종해야 하는 표적의 궤적변화와 같은 시스템 출력에 작용하는 외란에 저항하는 능력을 나타낸다. 이상적인 경우 이 값은 0이 되어야만 하므로 높은 루프이득이 필요하다.

상보감도함수를 라플라스 변수를 포함하여 기술하면 다음과 같다.

$$T(s) = \frac{y}{r} = \frac{G(s)C_{fb}(s)}{1+G(s)C_{fb}(s)} \tag{4.30}$$

상보감도함수는 $F = 1$일 때 기준신호에 대한 시스템 응답을 나타낸다. 이는 시스템이 얼마나 신뢰성있게 서보시스템처럼 지정된 경로궤적을 추종하는가의 지표이다. 이상적인 경우 이 값은 1이 되어야 하므로 높은 개루프 이득이 필요하다. $T(s)$에 **상보**(complementary)라는 용어를 붙이는 이유는 $T(s)$와 $S(s)$를 합하면 1이 되기 때문($T(s)+S(s) = 1$)이다.

플랜트 내부와 플랜트 앞단에 존재하는 외란이 가장 다루기 어렵기 때문에 제3의 민감도 함수인 **공정 민감도함수**(process sensitivity function) $GS(s)$는 최소한 귀환제어 시스템에서 중요하다고 많은 정밀공학자들이 주장한다. 공정민감도 함수는 4명의 갱들 중 두 번째 열의 첫 번째 전달함수와 같으며 라플라스 변수를 포함하여 기술하면 다음과 같다.

$$GS(s) = \frac{y}{d} = \frac{G(s)}{1+G(s)C_{fb}(s)} \tag{4.31}$$

이 세 개의 민감도 함수들은 시스템의 귀환오차를 결정하기 때문에 3명의 갱들을 형성한다.

4.3.2.1 실제의 귀환오차 민감도

시스템의 출력 y는 시스템의 측정된 출력으로 정의되기 때문에 귀환루프를 단순화시키기 위해서 출력외란에 센서 외란을 포함시킨다. 비록 측정이 시스템의 출력을 고찰하는 유일한 방법일지라도 모든 측정 시스템들은 귀환루프 내에 관찰이나 제어가 되지 않는 오차를 가지고 있다. 이에 대해서는 8장에서 세밀하게 살펴볼 예정이지만 기준 r과 x 사이의 차이를 오차라 할 때에 서로 다른 입력들이 플랜트의 실제 출력 x에 끼치는 영향에 대해서 고찰할 가치가 있으며, 식 (4.26)에 $F = 1$을 사용하면 다음과 같이 정리된다.

$$e_{real} = r - x = r - \left(\frac{GC}{1+GC} r + \frac{G}{1+GC} d - \frac{GC}{1+GC} n \right) \tag{4.32}$$
$$= \frac{1}{1+GC} r - \frac{G}{1+GC} d + \frac{GC}{1+GC} n$$

정의된 민감도 함수를 사용하면 실제 오차는 다음과 같이 정리된다.

$$e_{real} = S(s)r + GC(s)d + T(s)n \tag{4.33}$$

이 식을 통해서 높은 개루프 이득만이 기준 및 공정외란과 관련된 오차를 저감해 주지만 개루프 이득이 큰 경우에 $T(s)$는 1에 근접하므로 측정 시스템에 의한 오차는 줄여주지 못한다.

4.3.3 피드백제어의 안정성과 견실성

CD 플레이어의 사례를 통해서 PD 귀환제어 시스템의 개루프 전달함수가 특정한 성질을 가져야 할 필요가 있다는 것을 살펴보았다. 루프가 닫힌 후에, 트랙을 추종하면서 제어 시스템은 안정되어야 하며 정확도의 측면에서 훌륭한 성능을 가져야만 한다. 이런 요구조건들을 기반으로, 변화하는 조건에 대한 안정성과 견실성을 확보하기 위한 특정한 조건을 유도할 수 있다. 안정성과 견실성에 대한 이런 조건들은 또한 폐루프 시스템이 잘 작동하려면 개루프 시스템이 어떻게 만들어져야 하는가에 대한 통찰력을 제공해 준다. 이런 통찰력은 개루프 시스템의 전달함수를 올바르게 조절하기 위한 제어기 매개변수들을 선정하는 데에 사용할 수 있다. 귀환루프의 최적 튜닝을 **루프형성설계**(loop shaping design)라고 부른다.

제어된 메카트로닉스 시스템의 분석을 위한 가장 중요하고 특징적인 주파수 영역은 그림 4.20과 같이 개루프 균일이득 교차 주파수 주변에 위치한다. 제어공학 분야에서는 상보감도함수 $S(s)$와 관련되어서 폐루프 **대역폭**(band width)이라는 용어를 자주 사용하며 균일이득 교차 주파수 이상의 영역에서 루프 이득은 1보다 작아지므로 결과적으로 귀환제어기가 더 이상 역할을 하지 못하게 된다. 일반적으로 대역폭이라는 용어는 시스템 출력신호의 전력이 필요한 전력 크기의 절반 이하가 되는 주파수 밴드로 정의된다. 신호 진폭의 측면에서 이 값은 $1/\sqrt{2} \approx 0.7$에 해당된다. 데시벨로 환산하면 이 값은 $-3\,[\mathrm{dB}]$에 해당하며 이 값은 필터나 라우드 스피커와 같이 주파수 의존적 기능을 수행하는 여러 장치들의 대역폭을 정의하는 경우에 사용되는 잘 알려진 값이다.

메카트로닉스 시스템에서는 특정 주파수에서의 개루프 이득이 중요하기 때문에 정밀 위치결정 시스템에서는 개루프 전달함수의 진폭이 1보다 커지는 $0\,[\mathrm{Hz}]$에서부터 균일이득 교차주파수까지의 주파수 영역

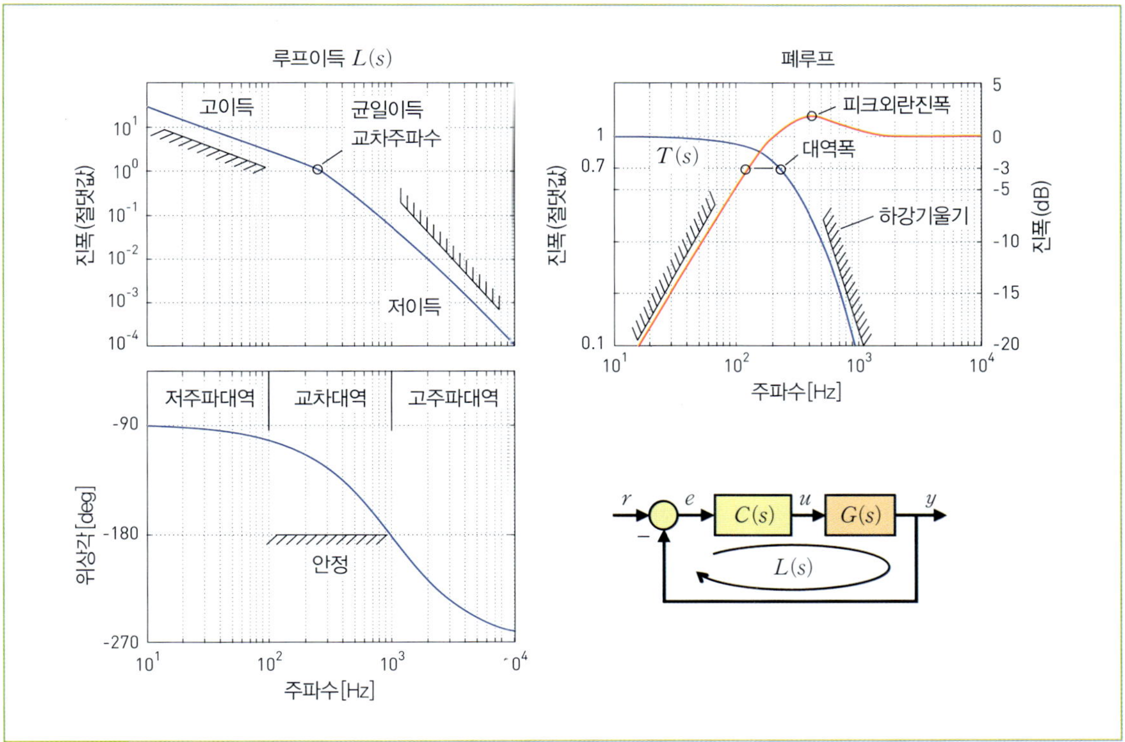

그림 4.20 귀환 제어되는 시스템의 안정 조건과 견실성. 저주파 및 고주파에서 외란의 억제를 위한 진폭 보드선도와 교차주파수 대역에서의 위상 보드선도에서 바람직한 곡선형태의 레벨과 기울기 최적화를 통해서 제어설계를 안내한다. 이를 **루프형성설계**(loop shaping design)라고 부른다.

으로 제어 대역폭을 정의하는 것을 선호한다. 이 개루프 이득이 민감도 함수와 이에 연관된 외란억제 성질을 결정한다. 사실 정밀 메카트로닉스 시스템은 오차저감이 매우 큰 아주 낮은 주파수를 제외하고는 균일이득 교차 주파수 주변에서 결코 사용하지 않는다. 저주파에서 루프이득을 높이면 제어시스템 설계의도와 무관하게 균일이득 교차주파수와 그에 따른 고주파 대역한계가 상승하게 된다. 여전히 대역폭과 민감도 사이에는 강한 연관이 존재하므로 일반적으로 개루프 균일이득 교차주파수와 동일한 폐루프 대역폭을 적절한 성능지표로 간주한다.

폐루프 안정성을 위한 조건은 귀환제어기와 메카트로닉스 시스템과 직렬로 연결되어있는 개루프 시스템의 총 위상지연이 교차주파수 영역에서 180°보다 작아야만 한다는 것이다. P-제어만을 수행하는 CD 플레이어의 경우와 같이 교차점에서 정확히 180°의 위상지연을 갖는 시스템을 준안정이라고 부른다. 이런 경우 아주 조금이라도 추가적인 시간지연이나 위상지연이 발생해도 폐루프 시스템이 불안정해진다.

안정성을 결정하기 위해서는 안정성 조건이 임의의 직선운동 시스템과 같은 폐루프 시스템의 극점을 분석해볼 수도 있다. 점근안정성을 위해서는 모든 시스템 극점들이 확실하게 음의 실수값을 가져야만 하며,

이는 모든 극점들이 라플라스 평면의 좌반면에 위치해야만 한다는 것을 의미한다.

그림 4.21의 사례에서와 같은 나이퀴스트 선도는 귀환시스템의 견실성을 분석하기에 가장 유용하다. 나이퀴스트 선도는 루프가 닫힌 이후에 안정성과 **폐루프** 응답을 예측하기 위해서 위상정보를 포함하는 귀환제어 시스템의 **개루프**[33] 주파수응답을 검사하는 분석도구이다. 2장에서 언급했듯이 이 도표는 개루프 전달함수의 나이퀴스트 선도가 실수축 상의 −1점을 시계방향으로 감싸돌지 않는다면 폐루프 전달함수는 라플라스 평면의 우반면에 극점이 존재하지 않는다는 나이퀴스트 안정성 이론을 기반으로 하고 있다.

실수축 상의 −1 위치에 대한 **개루프** 시스템 응답 그래프의 거리와 방향을 검토하여 나이퀴스트 선도를 활용한 안정성 분석을 수행한다. 좌측의 그래프에서는 **폐루프** 시스템이 상보감도 함수에 따라서 기준값을 추종하는 능력과 관련된 여유값 원들을 보여주고 있다. 우측의 그래프는 민감도 함수에 따라서 **폐루프** 시스템이 외란을 억제하는 능력과 관련된 여유값 원을 보여주고 있다.

폐루프 귀환 시스템의 견실성과 관련된 세 가지 값들인 안정성을 기반으로 하는 **이득여유**(gain

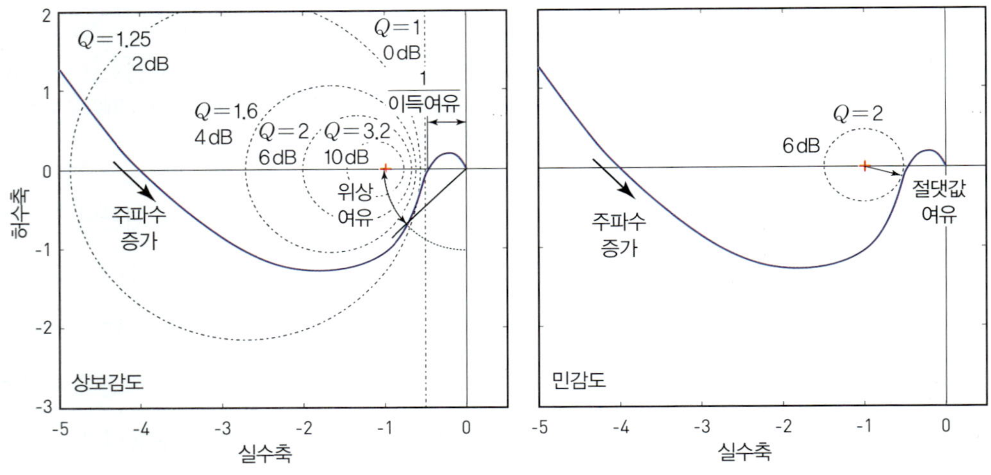

그림 4.21 귀환제어 시스템의 개루프 응답에 대한 나이퀴스트 선도는 시스템의 안정성 여유를 나타내는 가장 적합한 도구이다. 청색 응답선은 PID 제어되는 질량 위치결정 시스템의 사례로서 질량에 대한 I-제어 작용이 저주파 대역에서 −180° 이상의 위상각을 생성하고 있다. 주파수가 증가하면서 응답곡선이 실수축 상의 −1점을 좌측에 놓고 지나가는 한은 안정성이 보장된다. 좌측 그래프의 점선으로 표시된 원들은 폐루프가 만들어진 후에 응답곡선이 원들을 교차할 때의 주파수에서의 상보감도함수의 진폭 피크(Q)를 결정한다. 우측 그래프에서는 민감도 함수가 최고값을 나타내는 직경이 0.5인 원을 보여주고 있다.

33) 여기서 폐루프와 개루프라는 용어를 강조하는 이유는 학생들이 나이퀴스트 선도를 사용하면서 이들 둘 사이의 차이를 잘 이해하지 못하기 때문이다.

margin), **위상여유**(phase margin) 및 민감도함수를 기반으로 하는 **절댓값여유**(modulus margin)가 제시되어 있다.

- **이득여유**(gain margin) : 어떤 인자를 통해서 폐루프 시스템이 불안정해지기 전에 개루프 이득을 추가적으로 증가시킬 수 있는가를 결정한다. 이 여유는 루프이득 $L(s)$과 $L(s)$의 위상지연이 $-180°$보다 더 음이 되는 균일이득 주파수 사이의 거리로 정의된다. 이득여유는 1과 무한대 사이의 값을 가질 수 있다. 위상각이 $-180°$보다 더 음이 되지 않는 1차 및 2차 전달함수를 사용한다면 이론적으로는 이득을 무한히 증가시킬 수 있으며, 이는 무한이득여유에 해당된다.
- **위상여유**(phase margin) : 균일이득 교차 주파수에서 추가적으로 얼마나 위상지연이 발생해야 시스템이 불안정해지는가를 결정한다. 균일이득 교차 주파수에서 $L(s)$의 실제 위상지연과 $-180°$ 사이의 차이로 정의된다.
- **절댓값여유**(modulus margin) : 나이퀴스트선도에서 그래프와 실수축 상의 -1점 사이의 가장 가까운 거리로 정의된다. 이를 통해서 1보다 큰 민감도 함수의 최고레벨을 결정한다.

나이퀴스트 선도와 관련된 이득여유 및 위상여유로부터 안정성에 대한 다음의 법칙들을 추출할 수 있다.

- 개루프 주파수응답함수의 위상각이 음의 실수축($-180°$)을 1보다 큰 진폭을 가지고 통과하며 이득이 1보다 작아지기 전에는 음의 실수축 아래로 내려가지 않는다면 폐루프가 생성되면 시스템이 불안정해진다.
- 주파수가 증가하면서 나이퀴스트 선도에서 응답곡선이 실수축 상의 -1점을 좌측에 놓고 지나가는 한은 폐루프가 생성된 이후에 시스템은 안정하다.

이 사례 그래프의 저주파 위상각이 $-180°$브다 더 시프트 되어있다는 점도 흥미롭다. 다음 절에서 설명하겠지만, CD 플레이어 픽업 유닛처럼 질량만으로 이루어져서 정지된 기준과 연결된 스프링이 없는 위치결정 시스템에 I-제어가 가해졌을 때에 이런 상황이 발생된다. 이런 시스템이 폐루프 상태에서 안정적이라 하여도 개루프 응답의 균일이득 교차 주파수에서의 공진이 얼마나 잘 감쇠되는지에 대해서는 즉시 알 수 없다. 기준값을 추종해야 하는 시스템의 경우 첫 번째 그래프의 좌측에서부터 다양한 값의 폐루프 상보감도함수에 따라서 원들이 그려져 있으며 이들은 귀환제어 시스템의 기준값 추종능력을 나타낸다. 개루프 응답의 그래프가 교차하는 원이 작아질수록 폐루프 응답의 진폭은 더 커진다. 이 원들의 중심이 실수축의 -1점에 위치하지는 않으며 진폭이 작아질수록 더 좌측으로 시프트 된다. 이 원들은 나이퀴스트 선도에서 상보감도함수의 진폭으로부터 특정한 크기의 Q에 대해서 유도된다.

$$|T(s)| = \frac{|GC|}{|1+GC|} = \frac{\sqrt{Re^2+Im^2}}{\sqrt{(1+Re)^2+Im^2}} = Q \tag{4.34}$$

약간의 수학적 계산을 수행하면 위 식은 다음과 같이 정리된다.

$$\left(Re+\frac{Q^2}{Q^2-1}\right)^2+Im^2=\left(\frac{Q}{Q^2-1}\right)^2 \tag{4.35}$$

위 식은 원점으로부터 거리 D인 실수축 상에 중심이 위치하며 반경은 r인 원을 나타낸다.

$$D=-\frac{Q^2}{Q^2-1} \text{ 이며, } r=\frac{Q}{Q^2-1} \tag{4.36}$$

MATLAB과 같은 모델링용 소프트웨어는 이 원들을 자동적으로 표시해 주며, 비록 불행히도 [dB] 레벨만 표시해 주기는 하지만, 시스템의 예상되는 폐루프 상보감도함수를 미리 평가해 볼 수 있어서 유용하다. 로그수를 되도록 사용하지 않기 위해서 나이퀴스트 선도에 대한 이후의 사례들에서는 Q레벨만 언급하기로 한다.

외란억제를 위해서 최적화가 필요한 시스템의 경우에는 민감도 함수가 가장 중요하다. 이런 경우에는 실수축 상의 -1점을 중심으로 원을 그리는 것이 더 유용하다. 일반적으로 최대 민감도값 2에 해당하는 반경이 0.5인 원을 사용는데, 이는 나이퀴스트 선도가 이 원과 접촉하는 순간의 주파수에서 외란신호는 2배로 최대증폭이 이루어진다는 것을 의미한다.

그 이유를 다음과 같이 설명할 수 있다 : 민감도 함수는 $T(s) = 1/(1+GC)$이다. 이 함수는 분모의 절댓값이 최소인 경우에 최댓값을 가진다. 이는 $T(s) \leq 2$인 경우에 $|1+GC| \leq 0.5$라는 것을 의미하며, 0 근처에서 $1+GC$가 반경이 0.5인 원의 밖에 위치하는 경우에 해당한다. 이는 -1 근처에서 GC가 반경이 0.5인 원의 밖에 위치하는 경우와 동일하다. 이 원과 관련된 여유는 거리의 절댓값을 나타내므로 절댓값 여유라고 부른다.

4.3.4 스프링-질량 시스템의 PID 제어

CD 플레이어에 대한 앞서의 사례에서는 가상 스프링과 댐퍼를 생성하기 위해서 P-제어와 D-제어를 도입하였다. 실제의 PID-제어기는 성능향상을 위해서 새로운 제어작용인 적분제어 또는 **I-제어**(I-control)를 도입한다.

제어이론에 따르면 PID-제어는 라플라스 및 주파수 도메인에서 입력오차 e와 제어기의 출력 u 사이에 다음의 관계를 통해서 정의된다.

$$u(t) = k_p e(t) + k_i \int_0^t e(\tau)d\tau + k_d \frac{de(t)}{dt} \tag{4.37}$$

$$u(s) = e(s)\left(k_p + \frac{k_i}{s} + k_d s\right) \quad \Rightarrow \quad C_{pid}(s) = \frac{u(s)}{e(s)} = k_p + \frac{k_i}{s} + k_d s \tag{4.38}$$

$$C_{pid}(\omega) = \frac{u(\omega)}{e(\omega)} = k_p + \frac{k_i}{j\omega} + j\omega k_d \tag{4.39}$$

주파수응답함수에 따르면 적분작용은 90°의 위상지연($-j$)을 나타내며 미분작용은 90°의 주파수 앞섬(j)을 나타낸다. 실제값을 사용한 PID 제어기의 영향을 설명하기 위해서, 앞서의 CD 플레이어에 대한 PD-제어기의 사례와 유사한 세팅을 가지고 있는 단순하며 약하게 감쇠된 스프링-질량 시스템에 대한 PID-제어기가 설계되었다. CD 플레이어처럼 순수한 관성 모멘트만을 가지고 있는 경우와의 차이를 보여주기 위해서 이 경우 물체는 정지한 기준위치에 스프링계수가 $k = 100$ [N/m]인 매우 유연한 스프링으

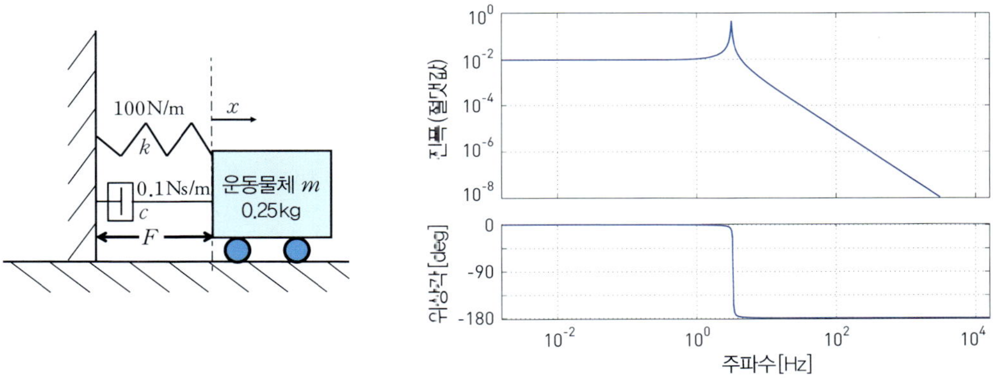

그림 4.22 실제의 데이터가 적용된 PID-제어를 설명하기 위해 사용된 $Q=50$으로 약하게 감쇠된 스프링-질량 시스템과 주파수 응답의 보드선도

로 연결되어 있다. 물체의 질량 $m = 0.25\,[\text{kg}]$이며 시스템 내에는 $c = 0.1 \rightarrow Q = \sqrt{km}/c = 50$인 매우 미약한 수동감쇠가 존재한다. 이처럼 낮은 감쇠는 실제의 경우 나사나 접착제로 마운팅 된 부품들의 내부감쇠를 대표한다. 이 값들과 함께, 증폭기, 작동기 및 센서의 이득은 1로 놓으면, 플랜트의 전달함수는 다음과 같이 주어진다.

$$G(s) = \frac{1}{ms^2 + cs + k} \quad \Rightarrow \quad G(\omega) = \frac{1}{-m\omega^2 + j\omega c + k} \tag{4.40}$$

$$= \frac{1}{-0.25\omega^2 + 0.1j\omega + 100} \tag{4.41}$$

저주파에서는 $1/k = 0.01$인 스프링 직선이 전달함수를 결정한다. $\omega_0 = \sqrt{k/m} = 20\,[\text{rad/s}]$에서 시스템은 스프링 직선보다 위로 $Q = 50$만큼의 공진 피크를 나타낸다. $\omega \gg \omega_0$에서 주파수 응답은 -2의 기울기를 갖는 질량직선($-1/m\omega^2$)에 지배되며 $180°$의 위상지연을 가진다. 이 시스템에 대해서 다음과 같은 제어 목표를 가지고 PID 제어기를 설계한다.

- 균일이득 교차 주파수에 의해서 정의된 대역폭은 $100\,[\text{Hz}]$이다.
- 귀환 제어되는 시스템은 **점근적 안정**(asymptotically stable)상태를 가져야만 하며, 이는 라플라스 평면상에서 모든 극점들이 좌반면에 위치해야 된다는 것을 의미한다.
- 충분히 감쇠된 귀환 제어 시스템은 진동을 거의 유발하지 않는다.
- 귀환 제어되는 시스템은 기준신호 뿐만 아니라 질량의 제어위치에 작용하는 외란에 대한 응답의 정상상태 오차가 0이어야만 한다.

바람직한 균일이득 교차주파수인 $100\,[\text{Hz}]$는 $\omega_1 = 628\,[\text{rad/s}]$에 해당하며, 이는 스프링-질량 진동기구의 공진 주파수보다 높은 주파수이다. 이 영역에서 플랜트의 주파수 응답은 질량직선($-1/m\omega^2$)의 지배를 받는다. 이 주파수에서 플랜트 주파수응답의 진폭은 $G(\omega) \approx 1 \cdot 10^{-5}$이다.

4.3.4.1 P-제어

제어기의 총 이득은 균일이득 교차 주파수에서 플랜트 이득의 역수값과 같아야만 한다. 이 값이 총이득 $k_t = 1/G(\omega) = 1 \cdot 10^5$이 $628\,[\text{rad/s}]$($100\,[\text{Hz}]$)의 균일이득 주파수를 생성한다. 비례제어기만으로도 충분한 경우에 예비 PID 가이드라인에 따르면 이 제어기는 동일한 비례이득 10^5를 가져야 할 필요가 있다. 안정성을 위해서 개루프 시스템의 총 위상지연은 균일이득 교차 주파수에서 180°보다 작아야만 한다. 여기서 논의된 시스템의 경우 순수한 P-제어 이득은 준안정 시스템을 초래하여 균일이득 교차주파수에서 날카로운 폐루프 공진 피크와 함께 0°에서 −180°로의 급격한 위상 시프트를 수반한다. 귀환 제어되는 시스템에 안정성과 견실성을 더하기 위해서 균일이득 교차영역 주변에서 위상 앞섬을 생성하는 미분작용(D-제어)을 추가하여 진동하는 시스템에 감쇠특성을 부여한다.

충분한 위상앞섬(과 감쇠)을 더하기 위해서 **PID 제어의 두 번째 가이드라인**에 따라서 $0.33\omega_c$에서 미분작용(D-제어)이 개시되어야 한다. 즉, 이 주파수 이상에서 시스템은 원래의 질량직선 기울기인 −2 대신에 −1의 기울기를 나타낸다는 것을 의미한다. CD 플레이어의 사례에서 설명했듯이, 이를 위해서는 첫 번째 PID 가이드라인에 따라서 628 [rad/s]에서 총 루프이득을 1로 만들기 위해서는 비례이득 k_p가 필요한 총 이득보다 3배만큼 작아야 한다. 따라서 이 사례에 대한 비례이득은 다음과 같아야만 한다.

$$k_p = 0.33k_t = 3.3 \cdot 10^4 \tag{4.42}$$

4.3.4.2 D-제어

균일이득 교차 주파수 ω_1 주변에서 시스템에 위상 앞섬과 감쇠를 부여하기 위해서 미분 작용(D-제어)이 사용된다. PID 제어의 두 번째 가이드라인에 따라서 PD 제어기($k_p + sk_d$)의 미분항이 $\omega_c/3$부터 지배적이 되기 시작해야만 한다. 적분기를 배제($k_i = 0$)하고 식 (4.39)를 다시 쓰면 다음과 같이 PD 제어기의 주파수응답을 얻을 수 있다.

$$C_{pd}(\omega) = k_p\left(1 + j\omega\frac{k_d}{k_p}\right) = k_p(1 + j\omega\tau_d) \tag{4.43}$$

여기서는 4.3.1.2절에서 정의되었던 시상수 τ_d를 이용한다.

이 식에 따르면 미분기가 지배적이 되기 시작하는 주파수는 식 (4.43)의 주파수항이 1보다 커지는 ω와 같다. 이 주파수는 다음과 같다.

$$\omega_d = \frac{1}{\tau_d} = \frac{k_p}{k_d} = \frac{\omega_c}{3} \tag{4.44}$$

따라서 이 사례의 경우에 미분이득과 시상수는 다음과 같아야 한다.

$$k_d = 3 \cdot \frac{k_p}{\omega_c} = \frac{3 \cdot 3.3 \cdot 10^4}{628} \approx 160 \text{이며 } \tau_d = \frac{3}{\omega_c} \approx 5 \cdot 10^{-3} \tag{4.45}$$

고주파에서 제어능력의 급격한 저하를 통해서 제어능력을 제한하기 위해서 제어작용이 100[Hz]인 균일이득 교차주파수 주변의 대역에서만 가해지도록 미분작용을 **조절**(tamed)한다. **PID 제어의 세 번째 가이드라인**에 따르면 미분작용이 종료되는 주파수는 균일이득 교차주파수보다 3.3배 더 높은 주파수이다. 이 제한을 구현하기 위해서 $\omega_t = 3.3 \cdot \omega_c \approx 2000$[rad/s]의 주파수에 제어기의 극점이 추가된다. 이는 시상수가 $\tau_t = 1/\omega_t = 5 \cdot 10^{-4}$인 1차 저역통과 필터를 통해서 구현된다.

그 결과 식 (4.43)에 시상수가 $\tau_t = 1/\omega_t$인 1차 저역통과 필터를 곱하여 PD 제어기의 총 주파수응답을 유도할 수 있다. 앞서 구한값인 k_p, τ_d 및 τ_t를 사용하면 다음 결과식을 얻을 수 있다.

$$C_{pd}(\omega) = k_p \frac{1+j\omega\tau_d}{1+j\omega\tau_t} = 3.3 \cdot 10^4 \frac{1+j\omega \cdot 5 \cdot 10^{-3}}{1+j\omega \cdot 5 \cdot 10^{-4}} \tag{4.46}$$

4.3.4.3 I-제어

저주파 대역에서 루프 이득을 증가시키며 기준신호 뿐만 아니라 외란응답에 대해서도 정상상태 오차를 0으로 만들기 위해서 적분작용이 시스템에 추가된다. 주파수 도메인에서 적분은 전달함수의 분모에 $j\omega$항을 추가하는 것과 같으며 그 결과, 시스템에 90°의 위상지연이 추가된다. 제어에 도움이 되는 D-제어의 위상앞섬에 너무 많은 영향을 끼치지 않기 위해서, 다음과 같은 PID 제어에 대한 네 번째 가이드라인이 추가된다.

- **네 번째 PID 가이드라인** : 적분작용은 극히 낮은 주파수에서 시작되어야 하며 대략적으로 균일이득 교차주파수의 1/10에 해당하는 미분기 개시주파수의 1/3과 같은 주파수에서 정지해야 한다.

따라서 적분기는 $\omega_i = 0.1 \cdot \omega_1 \approx 60$[rad/s]에서 중지해야 한다. 이 각주파수에서 식 (4.39)의 $k_i/j\omega$항은 k_p와 같아야 하며 고주파에서는 k_p보다 더 작아져야만 한다. 그러므로 이 사례 시스템의 경우에 적분이득은 다음과 같아야 한다.

$$k_i = k_p \cdot 60 \approx 1.8 \cdot 10^6 \tag{4.47}$$

k_p, k_d 및 k_i에 대한 이 제어기 이득들은 그림 4.23과 같은 제어기 주파수응답의 보드선도를 생성한다. 적분작용은 10[Hz]까지 작동하며 미분작용은 33[Hz]에서 330[Hz]까지 작동하며, 그에 따른 위상각 거동을 명확하게 확인할 수 있다.

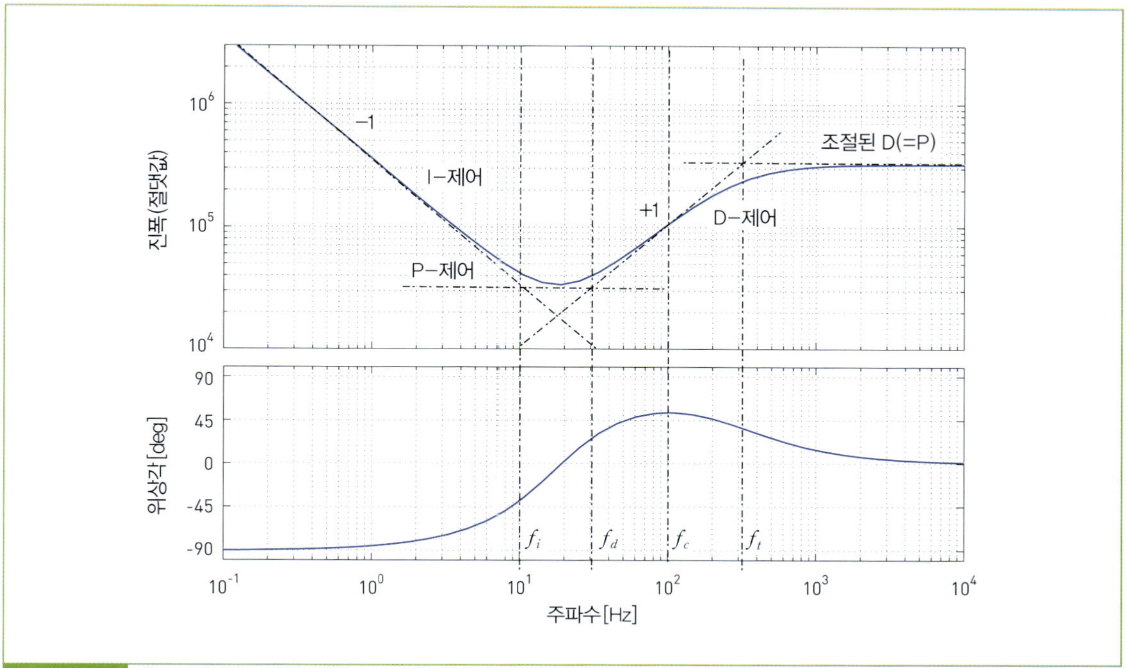

그림 4.23 PID 제어기의 보드선도. 좌측에서 우측으로 우선 기울기가 −1인 I−제어 직선이 f_i = 10[Hz]에서 수평인 P−제어 직선과 만날 때까지 이어진다. P−제어 직선이 f_d = 33[Hz]에서 기울기가 +1인 D−제어직선과 교차한 다음에는 f_t = 330[Hz]에서 P−제어 직선보다 10배 더 높은 곳에 위치하며 미분과 제어 전달함수가 비례이득과 같아지는 조절 주파수에 의해서 결정되는 두 번째 수평선과 만날 때까지 진폭은 다시 증가한다. 균일이득교차주파수 f_c = 100[Hz]에서 이 제어기는 필요로 하는 $1 \cdot 10^5$의 이득과, 견실성 확보를 위해서 필요한 위상여유인 55°를 전후하는 위상 앞섬을 구현한다.

그림 4.24에서는 식 (4.40)에서 정의된 스프링−질량 시스템과 직렬로 연결되어있는 PID 제어기의 개루프 보드선도와 나이퀴스트 선도를 보여주고 있다. 저주파에서 적분 작용은 −90°의 위상각에서의 높은 이득에 대해서 −1의 기울기를 만들어준다. 공진에 의해서 대략적으로 −240°까지 급격하게 낮아지기 전에 위상각이 −90°보다 약간 상승하는 현상을 통해서 미분기의 작은 영향을 볼 수 있다.

100[Hz]에서 개루프 시스템의 이득은 필요한 것처럼 1의 값을 가진다. 3.3[Hz] 주변에 위치하는 제어되지 않은 스프링−질량 시스템은 고유주파수에서 급격한 공진 피크를 나타낸 후에 −2 기울기를 나타내지만 균일이득 교차 주파수 주변에서는 미분작용에 의해서 기울기가 −1로 줄어든다.

나이퀴스트 선도는 전체 도표의 타원형상을 통해서 공진이 위상각도와 진폭에 끼치는 영향을 더 명확하게 보여준다. 나이퀴스트 선도의 −1 주변을 확대해 보면 **조건적 안정**(conditional stability)이라고 부르는 특별한 상태를 보여주며, 루프 내에 두 개 이상의 적분기가 존재하는 것과 관련되어 있다. 조건적 안정 시스템은 이득여유에 따른 이득의 최댓값 뿐단 아니라 최솟값도 필요로 한다. 사례 시스템의 경우 질량과 관계된 두 개의 적분기와 제어기와 관련된 하나의 적분기를 합하여 총 3개의 적분기를 가지고 있다. 두 도표를 통해서 알 수 있듯이, 위상각이 -180°보다 더 음이 되는 균일이득 교차주파수 영역에서 k_p가 10배 이상 줄어든다. 나이퀴스트 선도에서 이득저감은 -1 점이 좌측으로 시프트되는 효과를 초래하며 이득이 일정한 값 이하로 줄어들면 -1 점을 우측에 두고 통과해 버리면서 불안정을 유발한다.

100 [Hz]의 균일이득 교차주파수에서 시스템의 위상지연($\approx 125^\circ$)과 최대한계인 180°의 위상지연 사이

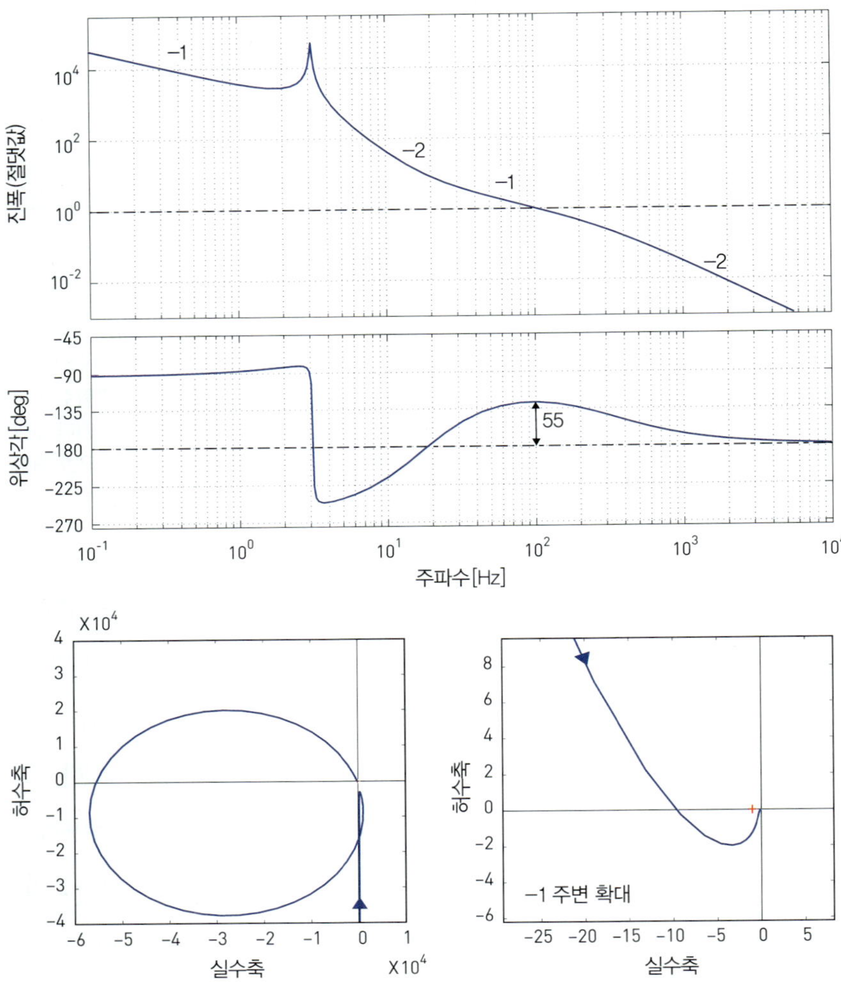

그림 4.24 스프링-질량 시스템과 직렬 연결된 PID 제어기로 이루어진 전체 시스템 개루프 주파수응답의 보드선도와 나이퀴스트 선도. 기계 시스템의 동특성이 3[Hz] 주변에서 명확한 공진을 보이고는 있지만, 100[Hz]에 위치하는 균일이득 교차주파수에서의 위상지연은 180° 미만을 유지하고 있다. 나이퀴스트 선도는 0[Hz]에서 무한히 큰 이득과 −90°의 위상각으로 시작하며 타원궤적을 그리며 위상각이 −180°을 넘어서면서 공진을 나타낸다. 확대된 나이퀴스트 선도에서는 실수축 상의 −1점을 좌측에 놓고 있는 것이 명확히 보이지만 조건적 안정성을 나타낸다.

의 차이인 이 시스템의 위상여유는 대략적으로 55° 정도이다. 고주파 대역에서 위상각은 결코 −180° 이하로 되돌아가지 않기 때문에 조건적 안정과 관련된 낮은 레벨에서의 이득한계를 제외하고도 이 이상적인 시스템의 이득 여유는 무한히 크다. 메카트로닉스 시스템은 영점보다 극점이 무한히 많으므로 궁극적으로는 위상각을 무한히 음으로 이동시킬 수 있기 때문에 이 모델은 확실히 현실적이 아니다.

그림 4.25에서는 폐루프 시스템의 보드선도를 보여주고 있다. 위상선도는 안정성에 대한 더 이상의 정보를 주지 못하기 때문에 일반적으로 폐루프 주파수 응답에서 더 이상 의미를 갖지 못한다. 9장의 웨이퍼 스캐너와 같이 동기식으로 움직여야 하는 정밀 시스템에서 폐루프 위상각은 운동의 시간지연에 대한 정보를 주며, 그런 경우에는 여전히 위상각이 중요한 정보이다.

이 경우 위상선도는 단지 100 [Hz]에 고유주파수를 가지고 있는 잘 감쇠된 스프링−질량 시스템의 표준형태에 해당하는 상보감도함수 $T(f)$의 청색 진폭선도를 나타낸다. 저주파에서 폐루프 이득은 1이며, 이는 시스템이 매우 작은 오차만을 가지며 기준신호를 추종한다는 것을 의미한다. 제어대역폭을 넘어서면 귀환 제어되는 시스템 응답은 고주파로 가면서 −2의 기울기로 강하한다. 공진 피크가 없다는 사실을 통해서 귀환제어되는 시스템이 잘 감쇠되고 있다는 사실을 확인할 수 있다.

CD 플레이어에 대한 앞서의 사례에서 언급했듯이, 제어대역폭을 넘어선 이후의 −2의 기울기를 갖는 응답 강하현상은 미분작용이 **조절**되었기 때문이다. 이 조절작용이 없으면 감쇠된 전달율 거동만이 실현되어 −1 기울기의 응답감소와 고주파에서 무한히 큰 제어이득이 수반된다. 그런 이유 때문에 미분기의 작동을 중지시키기 위한 극점의 추가가 중요하다는 점을 다시 한 번 강조한다.

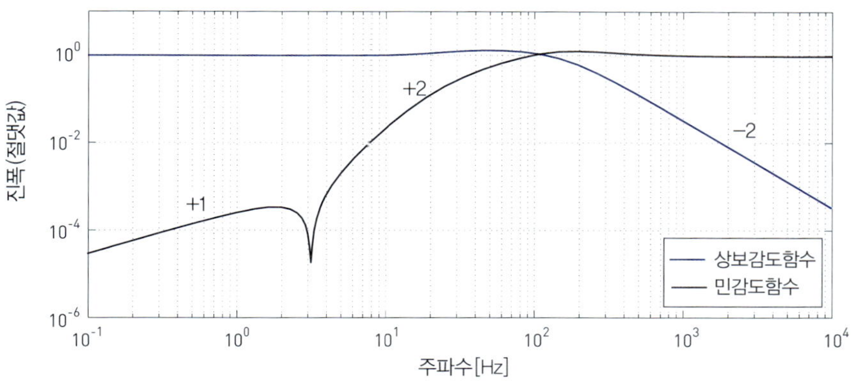

그림 4.25 폐루프 PID 귀환 제어되는 스프링−질량 시스템의 진폭 보드선도. 기준신호를 추종하는 능력을 나타내는 상보감도함수 $T(s)$와 외란배제능력을 나타내는 감도함수 $S(s)$를 주파수의 함수로 나타내고 있다. 원래의 공진은 사라졌으며 공진주파수에서 강력한 외란배제특성이 생겼다.

감도함수 $S(f)$는 저주파에서 작은 값을 가지며 +1의 기울기를 나타낸다. 이는 최고 10 [Hz]까지 작동하는 적분기에 의해 구현된 양호한 외란배제특성이다. 스프링-질량 시스템의 고유주파수에서 민감도함수 $S(f)$의 급격한 함몰과 고주파에서 더 급한 기울기가 관찰되며, 이는 공진에 의한 높은 이득 때문이다. 이 높은 이득이 기계 시스템의 공진 주파수에서의 외란 억제에 도움이 되기 때문에 이런 효과를 인식하는 것은 매우 가치가 있다. 이 효과는 직관에 반대되며 시스템에 일정한 주파수의 지속적인 외란이 가해질 때에만 적용할 수 있다. 사례로는 CD 플레이어나 하드디스크의 트랙 편심과 같이 이상적으로 회전하지 못하는 시스템과 머시닝센터의 고속 스핀들에서 편심질량에 의한 힘 등을 들 수 있다.

균일이득 교차 주파수 이상에서 $S(s)$는 진폭이 1보다 큰 주파수 영역을 지난 후에 1 주변의 값으로 안착되며 위치결정 시스템과 같은 고차 귀환 시스템의 경우에는 이를 피할 수 없다. 외란배제와 외란증폭 사이에는 **풍선효과**(waterbed effect)라고 부르는 관계가 존재한다. 이 풍선효과는 모든 제어기들에서, 제어기 세팅을 조절하여 저주파에서 외란배제 성능을 향상시키면 자동적으로 대역폭 이상의 주파수에서 감도 증가를 유발한다는 귀환제어 시스템의 성질로부터 이름이 붙여졌다. 이 효과는 **보드감도적분**(Bode Sensitivity Integral)으로 나타낸다.

$$\int_0^{\infty} \ln|S(\omega)|\,d\omega \tag{4.48}$$

이 적분은 동적 시스템의 개루프 전달함수 $L(s)$가 영점보다 최소한 두 개 이상 극점의 수가 더 많으며 모든 극점들이 라플라스 평면의 좌반면에 위치할 때에 0의 값을 가진다. 이 조건은 안정된 귀환 제어되는 위치결정 시스템에서 항상 성립한다.

풍선효과가 일반적인 보드선도에서 명확하게 관찰되지 않는 이유는 로그 스케일로 표시되어있기 때문이다. 그림 4.26에서는 두 축을 선형 스케일로 나타냈을 때 $S(f)$의 크기를 보여주고 있다. 이 그래프를 살펴보면 100 [Hz] 이상의 주파수에서 증가된 감도는 100 [Hz] 미만의 주파수 범위에서보다 훨씬 크다는 것을 알 수 있는 반면에 일반적인 보드선도에서는 이 차이가 이처럼 뚜렷하게 표시되지 않는다. 또한 이 크기는 두 축을 로그 스케일로 타나내면 상대적으로 줄어든다. 선형 그래프에서는 저주파 영역에서 귀환의 이점이 사라진 것처럼 보이지만 선형 스케일 역시 이 영역에서 귀환의 실제 가치를 대변하지는 못한다. 저주파에서 외란이 100배나 1000배 감소한 것을 선형 스케일에서는 구분할 수 없다. 대부분의 운동제어 시스템의 경우, 공정외란 $d(f)$가 전형적으로 일종의 $1/f$ 스펙트럼을 갖는 주파수 범위인 저주파 영역에서 더 많은 외란이 발생한다. 실제의 경우 풍선효과로 인하여 저주파 영역에서 귀환의 이점보다는 고주파 영역에서의 외란증폭이 훨씬 더 크다. 이런 이유 때문에 균일이득 교차 주파수 직후의 영역에 함께 존재하

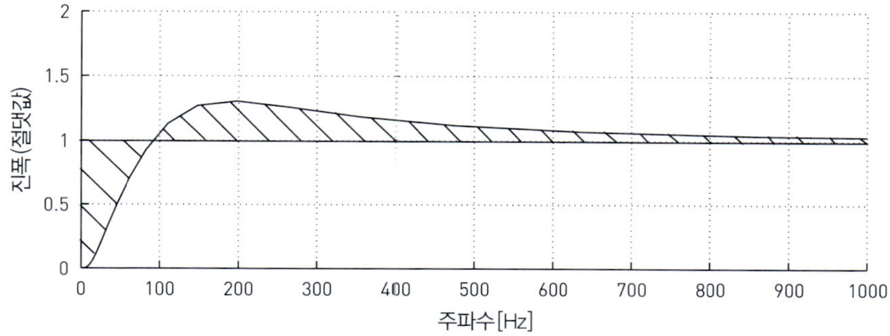

그림 4.26 선형 스케일로 나타낸 PID-귀환 제어되는 스프링-질량 시스템의 감도함수 *S*(*f*). 이 그림을 통해서 대역폭인 100[Hz] 이상의 주파수에서 능동 제어되는 시스템의 증가된 민감도를 명확하게 확인할 수 있다. 저주파에서의 외란배제 성능을 향상시키기 위해서 진폭이 1보다 작은 빗금친 영역을 증가시키면 1보다 큰 빗금친 영역도 함께 증가한다. 이런 **풍선효과**(waterbed effect)는 1차 이상의 고차 운동제어 귀환시스템에서 필연적이며 피할 수 없다.

는 현저한 크기의 외란에 대한 배제에 부정적인 영향을 끼친다는 것을 메카트로닉스 설계자가 인식하고 있는 한은 로그 스케일을 사용하는 것을 선호한다.

4.3.4.4 공진하는 단 하나의 고유모드만 포함

귀환제어되는 스프링-질량 시스템을 CD 플레이어의 사례와 비교할 때에는 두 시스템 모두 하나의 진동 모드를 가지고 있는 2차 동적 시스템이라는 점을 인식해야 한다. 사실 CD 플레이어는 무한히 유연한 스프링으로 인하여 0[Hz]의 고유주파수를 가지고 있는 스프링-질량 시스템의 특수한 형태이다. 따라서 CD 플레이어에서도 루프 내에 공진이 포함된다. 불행히도 안정성을 해치지 않으면서 단 하나의 고유모드만을 포함시킬 수 있다. 4.3.6.2절에서와 같이 고주파에서의 다른 모든 고유모드들에 대해서는 따로 소개할 필요가 있다.

4.3.5 PID 제어에 대한 일반적인 가이드라인

광학식 CD 픽업 유닛과 스프링-질량 시스템의 PID-제어 사례 등이 PID 제어에 대한 네 가지 가이드라인을 일관되게 사용하고 있음을 알 수 있었다. 이 가이드라인들을 여기서 다시 한 번 정리해 본다.

1. 목표로 하는 균일이득 교차 주파수에서의 총 이득은 그 주파수에서 작동기와 센서를 포함하는 플

랜트 이득의 역수와 같도록 선정해야 한다. 비례이득은 두 번째 가이드라인에 따라 미분기에 의해서 유발된 추가적인 3배의 이득을 포함하는 총 이득값과 같다.($k_p = 0.33/k_t = 0.33/G_{plant\,@f_c}{}^{*}$)

2. 미분작용은 균일이득 교차주파수의 1/3 주파수에서 시작해야 하므로 교차주파수에서는 이득이 3배가 되어버려서, 비례이득을 통해서 이를 보정해야만 한다.($f_d = 0.33f_c$, $\omega_d = 0.33\omega_c$)
3. 미분작용은 균일이득 교차주파수의 3배 주파수에서 종료되어야만 한다.($f_t = 3f_c$, $\omega_t = 3\omega_c$)
4. 적분작용은 극도로 낮은 주파수에서 시작하고 미분개시주파수의 1/3 주파수에서 종료되어야만 한다. 이는 대략적으로 균일이득 교차주파수의 1/10에 해당한다.($f_i = 0.33f_d \approx 0.1/f_c$, $\omega_t = 0.33\omega_d \approx 0.1\omega_c$)

이 가이드라인들은 질량을 기반으로 하는 귀환제어 위치결정 시스템에 적용할 수 있으며 대략적으로 45°의 위상각 여유를 갖게 된다. 이 여유는 일반적인 용도에 대해서는 충분히 견실하며 민감도 함수와 상보감도함수 모두에 대해서 최대 피크는 1.5정도(+3 [dB])가 나타난다. 이 세팅들은 초기 세팅된 폐루프 제어되는 시스템을 추가적으로 최적화하는 경우에 출발점으로 매우 적합하다.

다음 절에서는 이 법칙들에 대해서 더 정리해 보기로 한다.

4.3.6 더 복잡한 시스템의 PID 제어

앞 절에서는 현실적으로는 결코 존재할 수 없는 비교적 단순화 된 시스템에 대해서 살펴보았다. 이 절에서는 운동제어 시스템을 설계할 때에 접할 수 있는 다양한 변화들에 대해서 살펴보기 위해서 두 가지 사례들이 제시되어 있다. 첫 번째 사례에서는 자기베어링과 같이 음강성을 가지고 있는 시스템에 대해서 다룬다. 두 번째 사례에서는 모든 기계적 구조물에 존재하는 고차 고유모드들에 의한 공진을 다루는 방법에 대해서 설명한다.

4.3.6.1 자기베어링의 PID-제어

4.1.1절에서 음강성을 가지고 있는 시스템은 라플라스 평면의 우반면에 극점을 가지고 있다고 설명했었다. 또한, 양의 강성과 감쇠를 추가함으로써 안정된 라플라스 평면의 좌반면으로 극점들을 이동시키기 위해서 PID-제어를 사용할 수 있다고도 설명했었다. 다음 절에서 소개할 전자석 작동기들 중 일부는 음강성을 가지고 있으므로 이런 시스템의 제어는 중요하다. 특히 자기베어링이 이런 시스템의 사례이며, 따라서

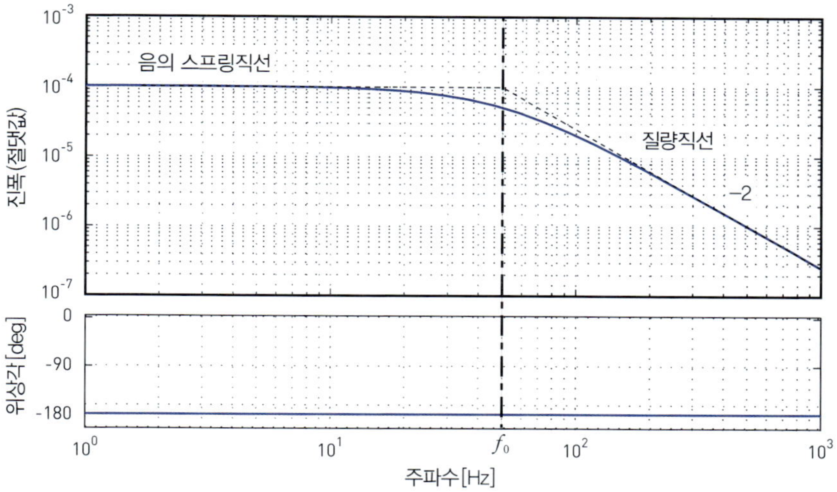

그림 4.27 자기베어링의 전달함수 보드선도는 공진이 없고 음강성으로 인하여 −180°의 일정한 위상각을 갖는 주파수응답을 나타낸다.

능동귀환제어를 사용해야만 한다. 이 제어기가 어떻게 작동하는지 설명하기 위해서 그림 4.27에서는 이득이 1인 작동기와 음강성 $k_n = -10^4$ [N/m], 이동질량 $m_m = 0.1$ [kg], 그리고 역시 이득이 1인 위치센서 등으로 이루어진 단방향(SISO) 전체 플랜트의 전달함수와 주파수응답에 대한 보드선도를 보여주고 있다.

$$C_t(s) = \frac{x}{F} = \frac{1}{m_m s^2 + k_n} = \frac{1}{0.1s^2 - 10^4} \tag{4.49}$$

$$C_t(\omega) = \frac{1}{-0.1\omega^2 - 10^4} = -\frac{1}{0.1\omega^2 + 10^4} \tag{4.50}$$

첫눈에 보기에는 진폭선도는 잘 감쇠된 스프링-질량 시스템처럼 보일수도 있지만, 음강성 때문에 전체 주파수 대역에서 -180°의 위상각을 가지고 있어서 위상선도는 완전히 다르다. 이 음의 부호는 위치가 항상 힘과 반대 방향에 있다는 것을 의미한다.

주파수가 증가하면서 음의 스프링직선을 따르던 총 컴플라이언스는 교차주파수[34] f_0에서 질량직선으로 전환된다.

---

34) 교차주파수에서 공진이 발생하지 않으며 고유모드도 관찰되지 않으므로 **고유주파수**(natural frequency or eigenfrequency)라고 부르지 않는다.

$$f_0 = \frac{1}{2\pi}\omega_0 = \frac{1}{2\pi}\sqrt{\frac{k_n}{m_m}} = \frac{1}{2\pi}\sqrt{\frac{10^4}{0.1}} \approx 50\ [\mathrm{Hz}] \tag{4.51}$$

질량직선도 $-180°$의 위상각을 가지고 있기 때문에 전체 주파수 대역에서 위상각은 일정한 값을 유지하고 있다. 음의 부호 다음으로 일반적인 스프링-질량 시스템과는 다른 두 번째 차이는 공진이 없다는 점이다. 이는 어떠한 ω값에 대해서도 분모가 0이 되지 않는다는 사실에 기인한 것이며, ω가 0이 되는 경우는 실수축 상의 $\pm\sqrt{k/m} = \pm\sqrt{10^5} \approx \pm 320$에 위치하는 두 극점에 해당한다. 이런 정보를 토대로 하여 이 절의 앞부분에서 수행했던 것과 동일한 단계를 통해서 PID 제어기를 설계할 수 있다. 하지만 음강성 때문에 여전히 몇 가지 점들이 아주 다르다.

우선 최소한 스프링 직선보다는 크기가 더 큰 P-제어를 적용해야 한다. 기계적인 측면에서 이는 음의 귀환 루프가 닫히고 나면 P-제어작용에 의한 양의 강성이 작동기의 음강성보다 커진다는 것을 의미한다. 음강성의 변화에 대한 견실성을 확보하기 위해서 양강성 k_p는 최소한 발생할 수 있는 음강성의 최댓값보다는 더 커야만 한다. 실제로는 음강성의 평균값보다 최소한 두 배 이상 큰 값을 사용한다. 이를 통해서

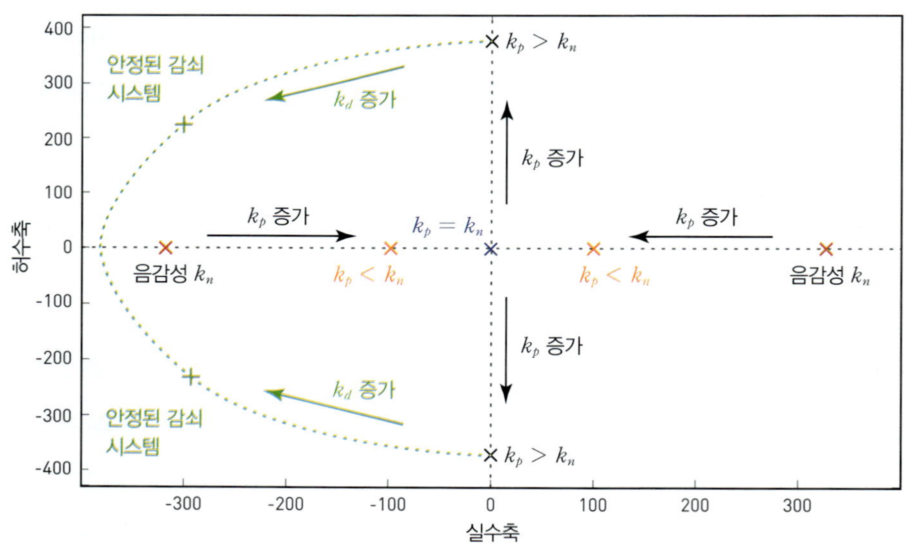

그림 4.28 이동질량 $m_m = 0.1$ [kg]이며 음강성 $k_n = -10^4$ [N/m]인 불안정한 자기베어링 시스템의 비례이득과 미분이득 증가에 따른 서로 다른 극점 위치들의 근궤적 선도. $k_p = 1$이며 $k_d = 0$인 경우, 시스템의 선도는 실수축 상의 ± 320에 위치한다. 두 단계를 통해서 극점들을 라플라스 평면상의 좌반면으로 이동시킬 수 있다. 우선 P-제어에서 $k_p = 2.3 \cdot 10^4$가 될 때까지 k_p값을 증가시켜서 허수축 상의 ± 360에 두 개의 켤레 복소수들이 위치하는 비감쇠 시스템을 만든다. 두 번째 단계에서는 감쇠를 만들기 위해서 D-제어를 추가하여 극점들을 원호 궤적을 따라서 좌측으로 이동시킨다. 스케일의 차이 때문에 이 원호는 타원 형상을 가지고 있다.

전체 양강성은 항상 음강성과 크기가 같거나 더 크게 된다.

소위 **근궤적**(root-locus)선도를 사용해서 그림 4.28에서는 극점에 끼치는 영향이 설명되어 있으며, 이를 통해서 비례이득 및 미분이득값의 증가에 따른 극점들의 위치 변화를 보여주고 있다. 그림에 따르면 P-제어만을 사용했을 때 폐루프 응답은 일반적인 비감쇠 스프링-질량 시스템과 동일해 진다는 것을 알 수 있다. 이 시스템의 등가 고유주파수는 f_0와 같거나 약간 더 큰(강성의 제곱근) 주파수에서 음강성 작동기와 P-제어이득 k_p가 조합된 경우의 균일이득 교차 주파수 f_c에 해당한다.

두 번째 단계는 두 번째 PID 가이드라인에 따라서 D-제어를 추가하는 것이다. 이 경우에 비례이득이 줄어들면 미분작용이 시작될 때에 전체 루프이득이 1보다 작아지며 위상각은 -180° 이상이 되어서 불안정이 초래되므로 비례이득을 줄여서는 안 된다. D-제어는 3장의 식 (3.57)에서 정의된 감쇠된 스프링 질량 시스템에서와 같이 극점들을 원호를 따라서 좌측으로 이동시킨다. 또한 D-제어작용은 균일이득 교차 주파수를 증가시키며 실제의 경우 개루프 균일이득 교차 주파수는 대략적으로 자기 베어링의 질량직선과 스프링 직선이 교차하는 주파수인 f_0의 두 배가 된다.

이 효과를 통해서 자기베어링에 대한 두 가지 중요한 결론이 만들어진다.

> 자기베어링의 음강성은 폐루프 시스템에서 구현해야만 하는 **최저 대역폭을 결정**한다. 공진모드선도나 전기신호의 지연과 같은 여타의 동적 문제가 발생하면 자기베어링을 안정화시킬 만큼의 높은 대역폭을 구현할 수 없다.

이 내용들은 원리상 도립진자나 로켓과 같이 개루프에서 불안정한 어떠한 시스템에도 적용할 수 있다.

$\omega_i = 0.1\omega_1$ 미만에서 비교적 제한된 개루프 이득을 증가시키기 위해서 마지막으로 I-제어가 추가된다. 비록 음강성 값보다 매우 큰 비례이득이 매우 강성이 큰 시스템을 만들어 줄 것처럼 보이지만, 이런 높은 비례이득은 **루프가 닫힌 이후**의 병렬강성을 만들어줄 뿐이다. 개루프 상황에서의 곱셈은 음강성보다 크게 선정된 비례이득과 같은 배수의 루프이득을 만들어내지만, 이는 대부분의 경우에 저주파에서의 외란 배제에 충분치 않다. 더욱이, 음강성보다 매우 높은 k_p는 기계시스템의 고유모드에 의한 고주파공진에 따른 불안정 위험의 증가와 함께 매우 높은 균일이득 교차 주파수를 초래한다.

그림 4.29에서는 음강성 플랜트에 대한 PD-제어기 및 PID-제어기의 개루프와 폐루프 주파수 응답을 보여주고 있다. 이 경우 $k_p = 2.3 \cdot 10^4$으로 이는 음강성보다 2.3배 더 큰 값이다. 귀환제어를 통해서

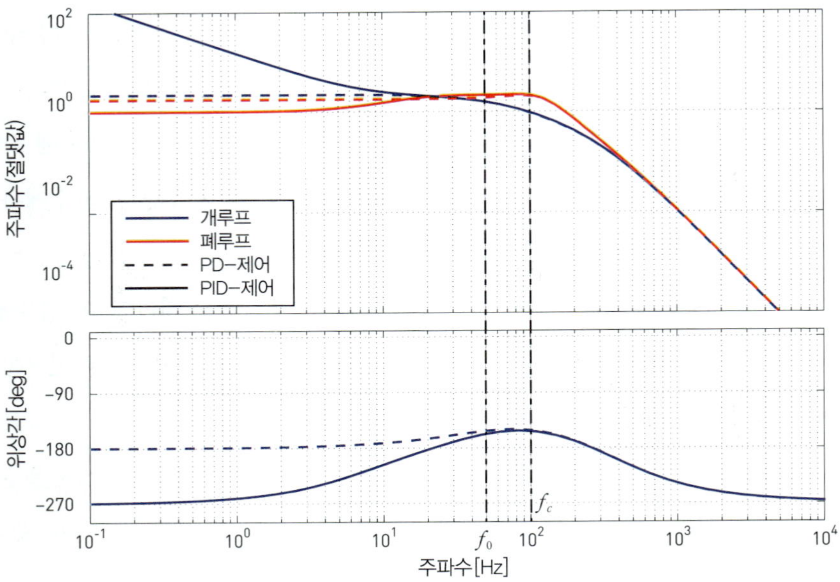

그림 4.29 PD–제어(점선) 및 PID–제어(실선) 되는 음강성 자기베어링의 개루프 및 폐루프 보드선도. 폐루프에서 주파수 응답은 f_c까지 의 넓은 주파수 범위에 펼쳐지는 진폭이 1보다 큰($Q = 2$) 폐루프 주파수 응답을 나타낸다. PD– 제어는 0[Hz] 주변에서 시작하며 PID–제어는 20[Hz] 주변에서 시작된다.

이 강성이 음강성과 합해져서 총 강성은 $k_t = 1.3 \cdot 10^4$이 되며 그림 4.28과 같이 폐루프 시스템의 극점들은 허수값 $\pm\sqrt{k_t/m} = \pm\sqrt{1.3 \cdot 10^5} \approx \pm 360$을 가진다. D–제어작용은 30[Hz]에서 시작하여 조절작용이 시작되는 300[Hz]까지 작동하며, 이를 통하여 균일이득 교차 주파수는 100[Hz]가 된다. I–제어는 10[Hz] 미만에서 작동한다. 폐루프 대역폭은 100[Hz]이며 공진피크는 위상앞섬이 단지 30° 내외여서 양강성을 가지고 있는 앞서의 시스템보다 덜 감쇠($Q = 2$)된다. PD–제어를 사용하면 이 효과가 0[Hz]까지 확대되기 때문에 더욱 명확해진다. 이 효과는 온전히 음강성의 −180°에 의해서 유발되며 그림 4.30의 나이퀴스트 선도를 통해서 더 잘 분석할 수 있다. PD–제어의 경우, 진폭은 $k_p \times k_n = 2.3$에서 출발하며 $Q = 2$ 원 주변을 선회한다. 0[Hz]에서 시작하여 100[Hz] 직후까지의 대역 전반에 걸쳐서 그래프는 $Q = 1.6$에서 $Q = 2$인 원 사이에 머무르며, 이는 보드선도에서 관찰했던 것처럼 이 주파수 범위에서 폐루프 진폭이 약 1.8 내외로 유지된다는 것을 의미한다. PID–제어의 경우 20[Hz]에서 100[Hz]까지의 대역에서 그래프는 $Q = 2$인 원의 내측에서 움직이며, 이로 인하여 이 주파수 대역에서 보드선도를 통해서 관찰된 폐루프 주파수 응답 진폭을 초래하는 반면에 20[Hz] 미만에서의 폐루프 응답은 적분기에 의한 높은 루프이득 때문에 1에 접근한다. 사례에서 사용된 값인 $k_p = 2.5 \cdot 10^4$미만으로 절반

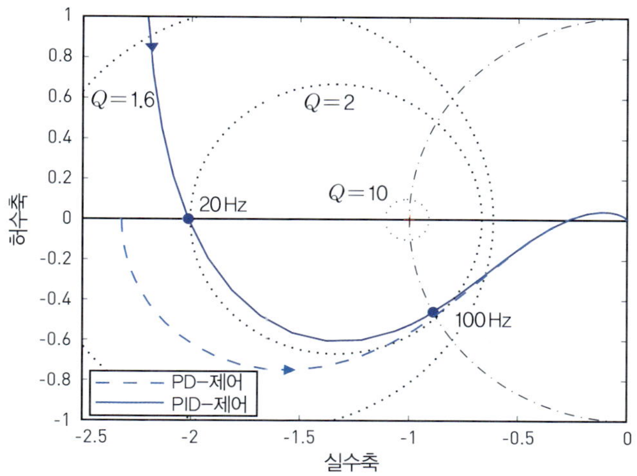

그림 4.30 PD–제어 및 PID–제어를 사용하는 자기베어링의 개루프 주파수 응답에 대한 나이퀴스트 선도를 통해서 Q–원들에 대한 상대적인 위치를 통해서 폐루프 주파수 응답의 진폭을 확인할 수 있다.

($k_p = 1.15 \cdot 10^4$)까지 비례이득을 줄이면 나이퀴스트선도 상에서 그래프는 실수축 상의 −1 점으로 접근하며 넓은 주파수 범위에서 높은 Q값을 유발하며 20 [Hz]에서 공진을 일으킨다. 최적화는 예상되는 외란의 주파수 스펙트럼이나 작동 주파수 범위와 같은 많은 변수들에 의존하기 때문에 이런 자기 베어링의 최적 튜닝은 간단한 일이 아니다. 여기서는 폐루프 시스템은 k_p가 충분히 큰 경우에만 안정하다는 것을 인식하는 것이 중요하다. 개루프 응답이 나이퀴스트 선도 수평축의 −1점에서 균일이득을 통과하는 k_p값은 준안정 상태를 나타낸다. 비례이득값이 이보다 더 낮은 경우에는 −1점을 우측에 두고 나이퀴스트 선도가 통과하며 폐루프 시스템은 불안정해 진다.

4.3.4절의 스프링–질량 시스템의 사례에서와 같이, 자기베어링의 귀환 시스템은 조건적 안정상태이며, 특히 플랜트가 불안정한 이런 시스템의 경우에는 조절하기가 매우 어렵다. 루프를 닫지 않으면 플랜트의 주파수 응답을 측정할 수 없으며 새로 설계하는 귀환 시스템에 작은 값의 비례제어에서 출발해서 불안정이 발생할 때까지 이득을 점차로 높여가는 고전적인 제어방법을 적용할 수 없다. 이런 방법은 PID 제어되는 자기베어링과 같은 조건적 안정 시스템에 사용할 수 없다. 현실적으로 유일한 해결책은 I–제어작용 없이 튜닝을 시작하며 초기 안정상태에 도달하고 나면 시스템을 측정하는 것이다. 이 측정에 기초하여 제어 매개변수들을 최적화할 수 있으며 I–제어작용을 추가할 수 있다.

4.3.6.2 공진하는 고유모드들의 포함

앞 장의 3.4.2절에서는 공진하는 두 개의 고유모드들을 조합하여 네 가지 서로 다른 특성을 가지고 있는 기계적 주파수응답들을 유도하였다. 이들이 그림 4.31에 도시되어 있다. 모든 응답들은 강체 고유모드의 전형적인 −2 기울기로 시작하지만 잇따른 극점과 영점들에 의해서 차별화된다.

I형 동적 시스템은 두 개의 영점 뒤에 두 개의 극점이 나타나서 관련된 주파수들 사이에는 양의 위상 시프트가 만들어진다. 일반적으로 이런 시스템들은 양의 위상 시프트로 인하여 귀환에서 큰 조합을 생성하지 않는다. 하지만 나머지 세 개의 유형들은 음의 위상 시프트를 나타낸다. 두 개의 극점 뒤에 두 개의 영점들이 따라오는 II형 동적 시스템은 균일이득 교차 주파수가 극점 및 영점들에 해당하는 주파수에 근접하면 문제가 유발된다. 이런 경우 음의 위상 시프트는 나이퀴스트선도에서 −1점을 우측으로 두고 통과하게 만든다. 더 높은 주파수에서 위상각은 −180°로 되돌아가므로 공진영역보다 높은 균일이득 교차주파수가 구현되며 이 주파수 근처에서는 여타의 공진이 나타나지 않는다. III형 동적 시스템은 단지 두 개의 극점만 추가되므로 위상각은 −360°에 머물게 만드는 반면에 IV형 동적 시스템은 공진주파수 이상에서 −2 기울기에 해당하는 것보다 더 음의 위상각을 갖는 비최소위상 거동을 나타낸다. 비최소위상거동은 전향제어에서(불안정 영점이 불안정 극점으로 변하면서) 극점−영점 상쇄의 가능성을 낮추며 귀환제어의

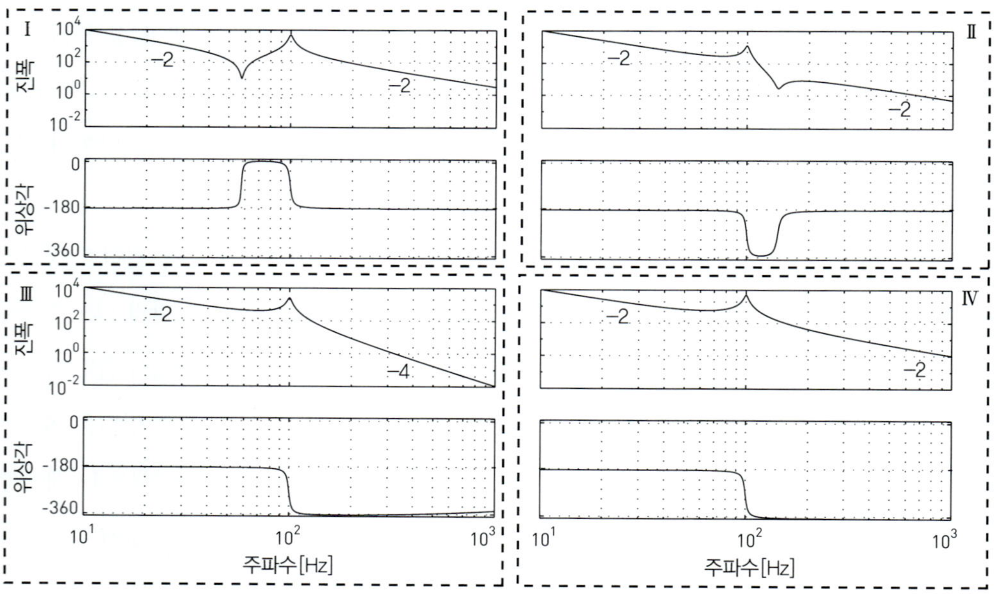

그림 4.31 강체모드와 공진하는 고유모드의 두 고유모드들이 조합되어 만들어지는 네 가지 특징적인 주파수 응답

안정성을 저하시키므로 일반적으로 피하거나 가능한 한 최소레벨로 낮춰야 한다.

고차 고유모드에 대한 PID-제어의 사례로서 III형 동적 시스템에 대한 PID-제어가 다음 절에서 제시되어 있다. 목표로 하는 균일이득 교차주파수가 극점에 해당하는 주파수 아래에 위치할 때에 추가적인 저역통과 필터를 사용하는 방법을 II형 시스템에도 마찬가지로 사용할 수 있다.

■ III형 동적 시스템의 제어

D-제어에 대한 논의에서, D-작용은 대략적으로 균일이득 교차주파수의 3배가 되는 주파수에서 종료(조절)되어야 한다는 것을 설명하였다. 무한한 주파수까지 미분을 수행하는 것은 불가능하지만, 이런 성질은 고주파 레벨에서 시스템 고유주파수에 도움이 된다. 일반적으로 귀환 시스템을 설계할 때에 이렇게 높은 고유주파수에서의 주파수 응답의 진폭을 1 미만으로 유지하여 안정성을 확보하려 한다면 이것이 훌륭한 시작점이 된다.

다음에서는 이 요구조건을 더 세밀하게 검토하고 위상각 조작을 통해서 이 요구조건을 어느 정도 줄일 수 있음을 보여줄 예정이다. 사례로 4.3.4절에서 사용했던 것과 동일한 스프링-질량 시스템을 사용하지만, 이제 더 실제적인 위치센서를 사용한다. 센서는 질량이 있으며 본체에 직접 연결되어있지 않다. 대신에 그림 4.32에서와 같이 센서몸체의 질량은 $25 \cdot 10^{-3}$[kg]이고 마운팅 강성은 $2.5 \cdot 10^{5}$[N/m]이다. 3장 3.2.4절에서 논의했던 다중 연결 물체의 동특성에 따르면 이 구조는 ≈ 500[Hz]의 고유주파수에서 2차 고유모드를 가지고 있다. 실제의 경우 이 시스템의 감쇠는 매우 작기 때문에 모델링에 $Q \approx 20$이 사용되었다.

그림 4.33에서는 4.3.4절에서 정의된 PID 제어기를 사용하는 동적 시스템의 보드선도와 나이퀴스트 선

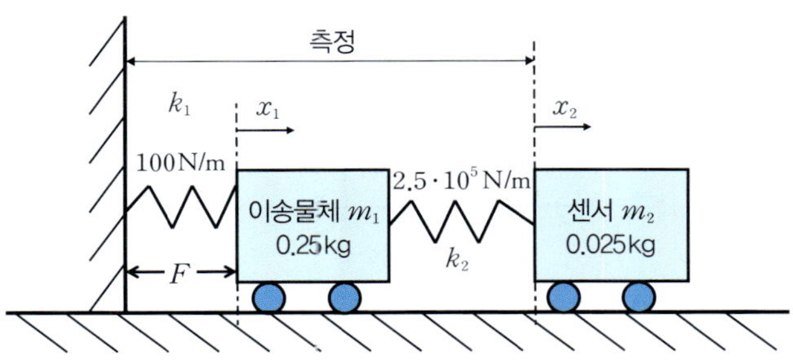

그림 4.32 유연 마운팅을 통해서 센서가 이송물체에 연결되면 2차 고유모드로 인하여 고주파에서 센서의 질량이 비동조 되며, 두 물체는 탄성 연결체 k_2에 의해서 서로 반대방향으로 진동한다.

도를 보여주고 있다. 나이퀴스트 선도는 더 복잡한 동적 피드백 시스템의 폐루프 안정성에 대한 관점에서 실수축 상의 −1점 주변에서 어떤 일이 발생하는지를 명확히 보여주기 때문에 이 상황에서 특히 유용하다. 2차 고유모드에 의한 500 [Hz]에서의 위상각은 D−제어작용과 질량직선이 결합되어 거의 −150°에서 −180° 미만으로 급변한다. 이 위상시프트는 2차 고유모드의 공진피크에 의해서 진폭이 1보다 커지는 주파수 범위에서 발생하며 이로 인하여 불안정이 발생한다.

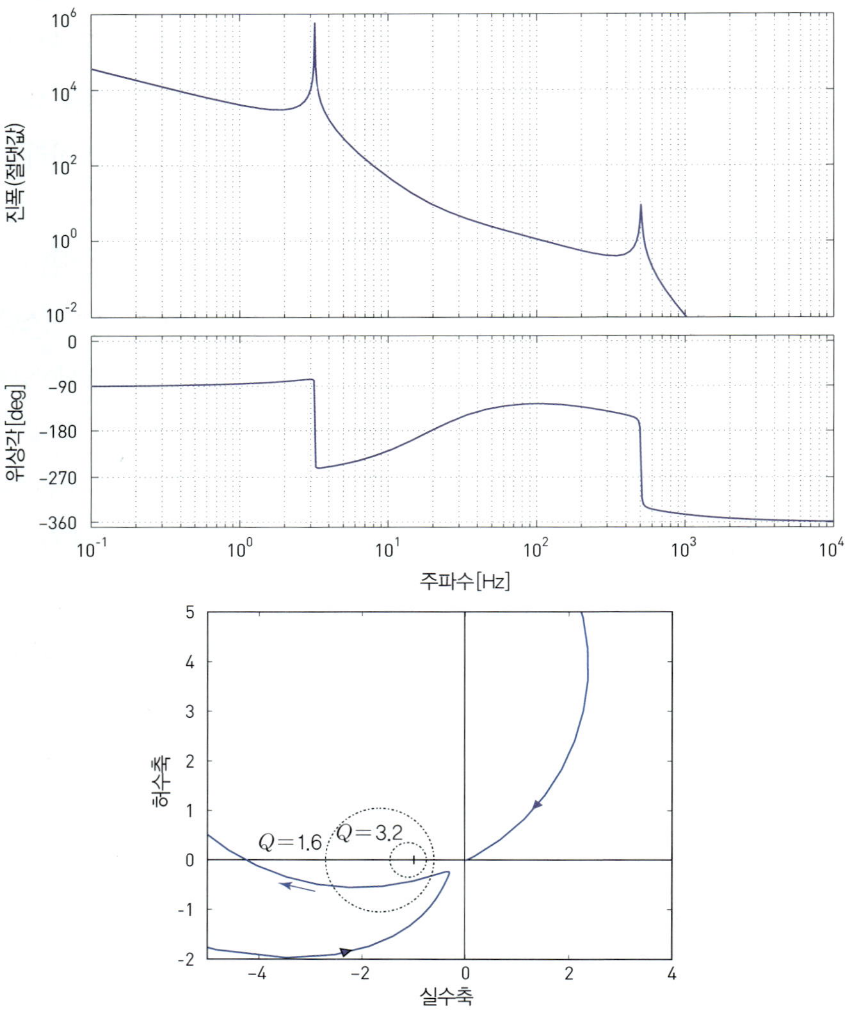

그림 4.33 동역학적으로 500[Hz]에서 $Q \approx 20$으로 비동조되어 센서가 본체에 마운트된 스프링−질량 시스템을 PID−제어하는 경우의 개루프 전달함수 $L(s)$에 대한 보드선도와 나이퀴스트 선도. 나이퀴스트 선도 상의 그래프는 실수축 상의 −1점을 우측으로 놓고 통과하므로 루프를 닫으면 불안정해진다. 안정성을 유지하기 위해서는 공진 진폭을 1 이하로 유지할 필요가 있음을 보여주고 있다.

나이퀴스트 선도는 그래프가 실수축 상의 −1점을 우측에 놓고 통과하므로 불안정이 유발된다는 것을 명확하게 보여주고 있다. 루프이득을 줄여서 2차 고유모드의 진폭을 1 미만으로 유지해야만 이 불안정 조건이 발생되는 것을 막을 수 있지만, 이로 인하여 제어된 시스템의 대역폭이 ≈ 20 [Hz] 미만으로 줄어들며, 이는 고성능 메카트로닉스 시스템에서 그리 높은 값이 아니다.

■ 위상의 시프팅

이 문제를 극복하기 위해서 다른 방법을 사용할 수 있다. 극점−영점 상쇄를 사용하여 이 특정한 공진을 억제하기 위해서 고유모드 공진과 반대의 특성을 가지고 있는 노치 필터를 자주 사용한다. 이런 사례가 4.2.1절의 모델기반 전향제어기에서 제시되었다. 그런데 이 방법은 매우 높은 Q−계수를 가지고 있는 필터의 주파수를 거의 완벽하게 공진과 튜닝해야 하는데 대량 생산시 생산공차로 인하여 각 시스템의 동특성이 조금씩 달라지기 때문에 모든 제어기들을 그에 맞춰 조절해야만 한다. 비록 마운팅 스프링을 고의로 유연하게 만들지는 않겠지만 마운팅 강성이 무한하지는 못하기 때문에 생성된 비동조 스프링 k_2에 감쇠를 부가할 방안에 대해서도 고려해야 한다. 마운팅에 감쇠를 추가하는 것은 매우 구현하기 어렵고 때로는 고무 마운트의 경우처럼 강성이 저하되고 2차 모드를 저주파 대역으로 시프팅 시킨다. 능동제어와 더 많이 연관되어 있는 또 다른 방법은 위상이 거의 −180°에 근접해 있기 때문에 이 문제가 발생한다는 점을 기반으로 하고 있다. 실수축 상의 −1점을 좌측으로 두고 통과하기만 한다면 위상지연이 더 증가했을 때에 진폭이 1보다 더 커져도 더 이상 문제가 되지 않는다. 주어진 사례의 경우 비동조 질량의 고유주파수 근처의 주파수에서 루프에 간단한 저역통과 필터를 삽입하여 해결할 수 있다. 미분기의 조절을 위하여 사용되는 첫 번째 저역통과 필터와 이 두 번째 저역통과 필터가 결합되어 2차 저역통과 필터가 생성된다. 또한 균일이득 교차 주파수에서 위상 시프트를 제한하기 위해서 이 조합은 감쇠가 작은 2차 저역통과 필터로 대체할 수 있지만, 이런 세부사항들은 시스템에 대한 추가적인 최적화가 필요한 경우에 조절할 수 있다. 하지만 원리를 이해하기 위해서는 일단 이들을 별개의 필터로 취급하는 것이 도움이 된다.

그림 4.34에서는 사례로 사용된 PID−제어되는 스프링−질량 시스템의 개루프 전달함수에 추가적인 저역통과 필터가 끼치는 영향을 보여주고 있다. 추가적인 저역통과 필터가 없는 상태와 더불어서 350 [Hz]와 650 [Hz]의 저역통과 필터를 갖춘 시스템의 개루프 응답을 비교하여 도시하고 있다. 보드선도에서는 이런 필터가 100 [Hz] 균일이득 교차주파수에서의 위상여유에 단지 제한된 부정적인 영향을 끼치는 반면에 공진시의 위상각은 확실히 −180° 미만이 된다는 것을 명확하게 보여주고 있다. 이처럼 더 복잡한 PID−제어 상황에서 나이퀴스트 선도는 안정성과 관련된 영향을 더 명확하게 보여주기 때문에 없어서는

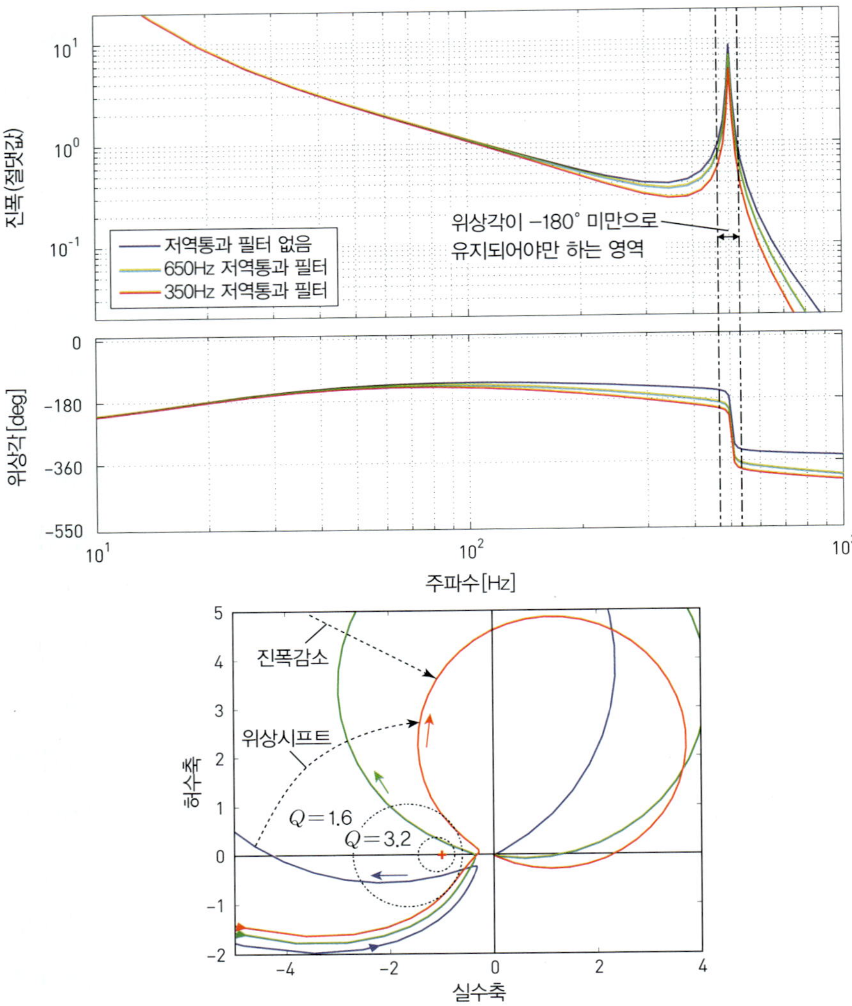

그림 4.34 PID-제어되는 질량 위치결정 시스템에 추가적으로 저역통과 필터를 삽입하면 위상여유를 약간 감소시키지만 비동조 질량의 공진에서의 위상각을 −180° 미만으로 변화시킨다. 나이퀴스트 선도에서는 이 영향을 보다 명확하게 보여준다. 350[Hz]에 필터를 추가하면 $Q = 1.6$ 원을 스쳐 지나간다.

안 될 도구이다. 1차 저역통과 필터의 추가를 통해서 나이퀴스트 선도는 실수축 상의 −1 점을 좌측에 두고 통과하기 때문에 안정성이 구현되는 반면에 저역통과 필터가 없으면 시스템이 불안정해진다. 필터주파수가 350 [Hz]일 때에는 $Q = 1.6$인 원을 좌측에 두고 통과하는 대칭상태 만들어지는데, 이는 원과 접하는 두 개의 주파수에서 폐루프 응답의 진폭이 동일하다는 것을 나타내므로 최적인 상태이다. 따라서 균일이득 교차주파수와 2차 고유모드에서의 최대 진폭상승이 60%가 된다. 이런 최적상태는 그림 4.35의 상

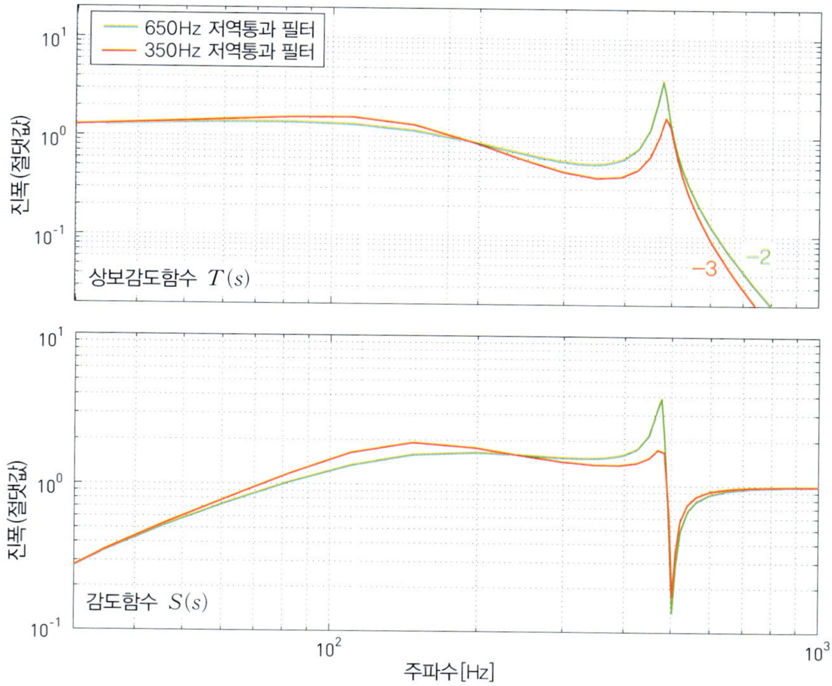

그림 4.35 비동조 질량을 가지고 있는 질량 위치결정 시스템의 PID-제어시 민감도함수에 대한 폐루프 보드선도를 통해서 저역통과 필터가 교차 주파수와 비동조 질량의 고유주파수에서 이 함수들의 진폭에 끼치는 영향을 보여주고 있다. 350[Hz]에서 이 진폭은 동일한 크기를 가지고 있다. 아래쪽 민감도함수 그래프를 통해서 이것이 최적의 세팅임을 확인할 수 있다.

보감도함수 $T(s)$와 감도함수 $S(s)$에 대한 보드선도에서 확인할 수 있다.

이 방법의 명확한 이득은 1 이상의 진폭을 갖는 2차 고유모드 공진의 영향을 귀환을 통해서 효과적으로 저감시킬 수 있다는 것이다. 제어되지 않은 시스템의 원래의 Q값은 추가적으로 1차 저역통과 필터를 갖춘 조절된 PID-제어기를 통해서 20 이상에서 2 미만으로 저감된다. 추가된 저역통과 필터의 또다른 장점은 고주파 대역에서 상보감도함수 $T(s)$가 −3의 기울기를 가진다는 점이다. 이는 고차 고유모드에서의 공진과 고주파 센서 노이즈들을 더 손쉽게 저감시킬 수 있다는 것을 의미한다.

4.3.6.3 최적의 PID 제어

3개의 기본적인 PID-제어이득들과 D-제어작용을 조절하며 1차 공진에서의 위상각을 시프트시키기 위한 2차 저역통과 필터가 조합된 PID-제어 전달함수가 그림 4.36에 도시되어 있다. 실제의 경우 이 구

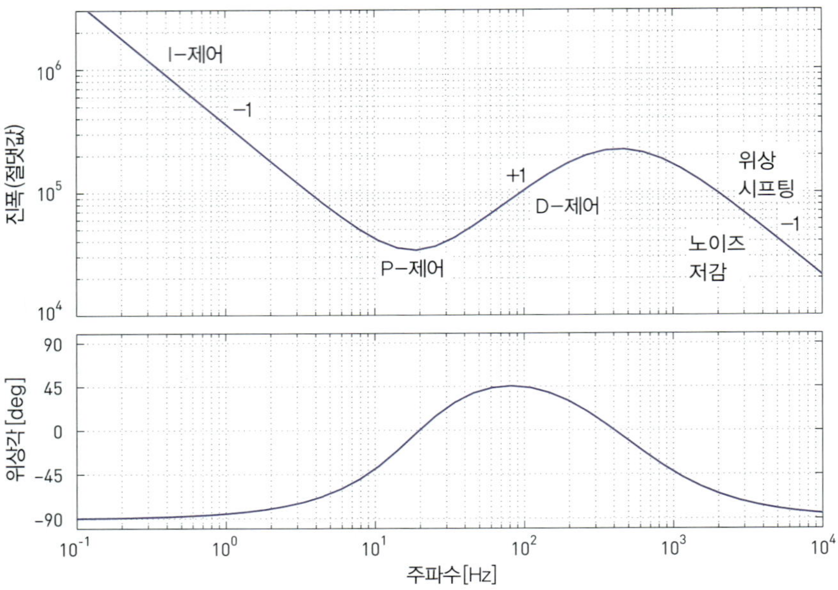

그림 4.36 기계적인 시스템의 운동제어기로 최적화된 추가적인 위상 시프팅 저역통과 필터를 갖춘 PID-제어기의 주파수 응답

조가 로렌츠 작동기를 사용하는 힘 구동 방식의 저강성 질량-위치결정 귀환 시스템의 표준이 되었다. 이런 응용분야에 대해서, 시스템의 변화와 편차에 대한 견실성의 측면에서 최적의 선택인 것으로 판명되었다.

제어이론에서, **비용함수**(cost function)와 같은 특정한 최적화 기준을 오차에 대해서 최소화 하거나 성능에 대해서 극대화 시키는 방식으로 주어진 시스템에 대해서 제어 알고리듬을 찾아내기 위해서 수학적인 최적화 방법이 사용되는 경우에 **최적제어**(optimal control)라는 용어는 일반적으로 비슷하기는 하지만 다른 의미를 가진다. 유용한 기준으로 작동기의 작용력이나 작동기 내에서의 본질적인 열 발산과 직접적으로 관련되어 있는 **제어방안**(control effort)의 최소화를 예로 들 수 있다. 2차 저역통과 필터를 갖춘 PID-제어 방법이 최적이라는 것은 견실성과 성능이 최선으로 조합된 것으로 이해할 수 있으며, 동적 위치결정 시스템의 **현실적인** 기준이 된다.

4.3.6.4 개루프와 폐루프

이 절에서는 PID-귀환제어를 통해서 적분기능을 추가한 가상스프링과 댐퍼를 만들어내는 과정을 명확하게 제시하고 있다. 불행히도 적분이득 k_i와 기계적인 등가요소를 만들어낼 수는 없다. 적분 작용은 저주파에서 높은 제어이득 C를 제공하며 점차적으로 정상상태 오차를 0으로 줄여주는 **슈퍼스프링**처럼 작동한다.

이런 능동요소는 플랜트 내에서 물리적인 스프링 및 댐퍼와 병렬로 설치되며 이들의 조합은 능동 및 수동 강성값 및 감쇠계수들을 단순 **합산**한 것처럼 작용한다. 하지만, **루프가 닫혀야만** 이런 효과가 구현된다는 점을 인식하는 것이 매우 중요하다. 출력 y가 기준신호 r과 합산되는 점에 연결되어있지 않은 개루프 상태에서는 제어기가 플랜트 앞단에 단지 직렬로 연결되어 있을 뿐이므로 제어기와 플랜트의 전달함수는 **곱**해진다. 예를 들어 스프링의 강성과 비례이득만으로 이루어진 시스템의 비례특성만을 점검하는 경우에는 이런 차이로 인해서 자주 혼동을 일으킨다.

앞 장에 따르면 강성 k를 갖는 물리적 스프링의 전달함수는 개루프에서 k^{-1}의 값을 갖는 컴플라이언스로 작용한다는 것을 알 수 있었다. 개루프 상태에서 이 전달함수의 총 컴플라이언스는 P-제어를 통해서 총 컴플라이언스를 균일이득으로 만들기 위해서 필요한 값($\Rightarrow k_p = k$)까지 증가시킬 수 있다. 루프가 닫히면 $k_p = k$ 값을 갖는 추가적인 스프링이 생성되므로, 물리적인 스프링과 조합되어 $2k$의 총 강성이 만들어진다. 첫눈에 보기에는 균일이득 개루프값과 폐루프에서의 이중강성 사이에 아무런 관계도 없는 것처럼 보이겠지만, 폐루프 주파수 응답을 계산해 보면 개루프 전달함수 $G(s)C(s) = 1$로 인하여 귀환 상보감도 함수 $T(s) = GC/(1+GC) = 0.5$가 된다. 이 값은 폐루프 컴플라이언스가 개루프 컴플라이언스의 절반이라는 것을 나타내며, 폐루프 시스템의 강성이 물리적인 스프링의 강성보다 두 배가 된다는 뜻이어서, 이는 합산을 통해서 이중강성이 만들어진 다는 것을 의미한다.

이 사례에서는 귀환루프에 의해서 생성되는 가상요소들은 귀환 루프가 닫힐 경우에만 존재한다는 점을 항상 인식할 필요가 있다는 점을 보여주고 있다. 개루프 상태에서는 댐퍼나 스프링과 같은 요소들은 아무런 의미가 없다. 이 절에서 설명한 것처럼 개루프 해석은 안정성과 루프이득의 측면에서 제어기를 튜닝할 때에 사용되므로 이 요소에 대한 용어들을 혼동해서 사용해서는 안 된다.

4.4 | 디지털 제어

앞 절에서 제시되어 있는 PID-제어기를 모든 신호들이 시간간격이나 스텝 없이 시간에 대해서 연속적으로 변화하는 **연속시간**(continuous time)도메인에서 분석하였다. **이산시간**(discrete time) 도메인에서 디지털 프로세서를 사용하여 작동하는 대부분의 현대적인 제어기들은 고정된 시간간격에 대해서 샘플링 된

데이터를 사용한다. 덜 중요한 적용사례의 경우에는 샘플링과 변환과정 속에 **숨어있는**(latency) 지연을 평균화하여 위상각에 끼치는 영향을 고려함으로써 연속시간에 대해서 충분히 시스템을 설계할 수 있다. 더 중요한 적용사례의 경우에는 이산화가 제어기에 끼치는 영향에 대한 더 많은 통찰이 필요하며 이 절에서는 이에 대해서 설명할 예정이다.

4.4.1 연속시간과 이산시간

주파수 도메인에서 위치제어기는 필터처럼 작동하면서 특정한 주파수 범위에 대해서 시스템 응답을 희석시키거나 증폭하며 시스템의 위상응답을 변화시킨다. 이론상 이 필터들은 모두 미분 방정식이나 극점과 영점을 가지고 있는 전달함수를 나타내며 아날로그 전자회로나 디지털 실시간 하드웨어 연산 플랫폼 상에서 작동하는 디지털 필터를 사용하여 구현할 수 있다.

매우 높은 주파수 대역폭을 가지고 있는 저가의 연산증폭기 회로를 사용해서 아날로그 전자회로를 이용한 필터를 구현할 수 있다[35]. 그런데 아날로그 전자회로의 단점은 시간에 대한 일관성이 부족하여 온도와 같은 환경조건이 변하면 DC 드리프트나 옵셋 뿐만아니라 필터 매개변수도 약간씩 변화한다. 또한 연산증폭기의 귀환 네트워크에 사용되는 저항이나 커패시터와 같은 수동요소들을 선정하여 하드웨어 내의 각 필터 매개변수들을 조절해야 하지만, 이들은 메카트로닉스 시스템이 작동하는 중에는 손쉽게 조절할 수 없다. 더욱이 아날로그 전자회로를 사용하여 (4차 이상의) 고차 필터를 구현하기가 극히 어려우며 마지막으로 설계과정에서 필터에서 발생하는 노이즈와 그 전파에 대해서 고려해야만 한다.

이미 설명했듯이, 디지털 제어방식은 아날로그 필터에 비해서 드리프트가 없고 작동중에도 재구성이 용이하며 문제해결을 위한 직접방식 데이터기록이 가능하다는 다양한 장점을 가지고 있기 때문에 현대제어시스템은 많은 경우 디지털 방식으로 구현한다. 디지털 제어는 또한 PID 이득과 같은 제어 매개변수 튜닝이 용이하며 능동제어, 실시간 최적화, 비선형제어, 및 학습제어방법등과 같은 더 복잡한 알고리듬을 구현하기도 용이하다.

이 단원의 처음에 그림 4.1에 제시되어 있는 두 가지 요소들인 **아날로그-디지털 변환기**(analogue to digital converter : ADC)와 **디지털-아날로그 변환기**(digital to analogue converter : DAC)은 아날로그 도메인에서 디지털 도메인으로, 그리고 그 반대방향으로 신호를 변환시켜주며 이들은 디지털 제어 시스템

35) 이 절에서 사용하는 연산증폭기 및 여타 전자회로들과 관련된 용어들은 6장에서 자세히 설명하고 있다.

에 사용되는 전형적인 요소들이다. 디지털 제어에서는 디지털 신호처리기(DSP), PowerPC 또는 필드프로그램이 가능한 게이트 어레이(FPGA) 등과 같은 프로세서를 통해서 귀환 및 전향제어 작용이 구현된다. 연속적인 실제 세계와 디지털 제어세계 사이를 이어주는 인터페이스로 그림 4.37에서와 같이 DAC 및 ADC와 아날로그 저역통과 필터들이 사용된다. 전형적으로 샘플링 된 값에 디지털 숫자를 할당하기 위해서 프로세스가 필요로 하는 각각의 샘플링 순간들 사이에서 샘플링 된 신호를 일정한 값으로 유지하는 샘플링비가 T_s인 영차홀드(ZOH)요소를 사용하여 시간에 대해서 아날로그 센서 신호들을 샘플링 한다. 이 **양자화**(quantisation)가 수행되면 ADC의 분해능에 따라서 정보의 손실이 발생한다. ADC에 대해서는 8장의 8.5.3절에서 더 자세히 다룰 예정이며 **나이퀴스트-샤논 샘플링 정리**(Nyquist-Shannon sampling theorem)에 따라서 입력단에서 주파수 범위를 샘플링 주파수의 절반 이하로 제한하기 위해서 ADC의 입력단에는 아날로그 방식의 위신호 방지 저역통과 필터가 필요하다. 이 요구조건은 위신호 발생과 관련되

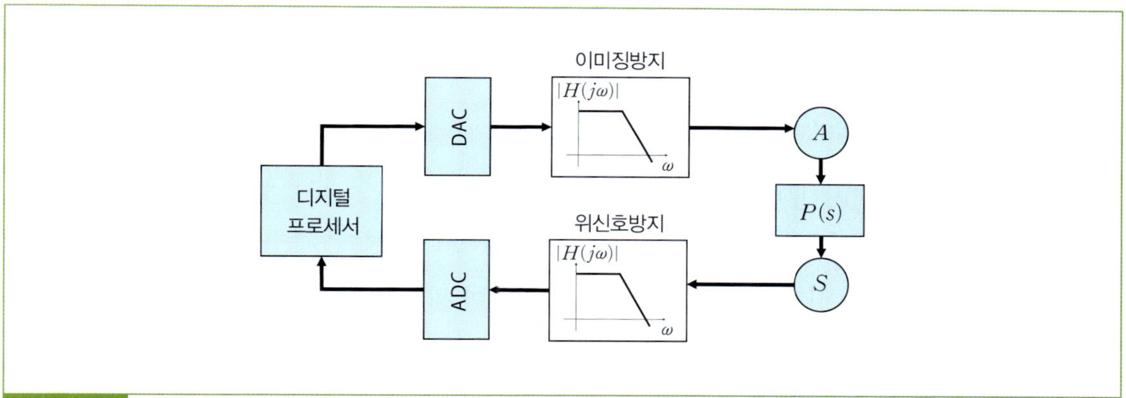

그림 4.37 아날로그-디지털 변환 및 디지털-아날로그 변환과 각각이 필요로 하는 아날로그 필터를 강조하여 나타낸, 디지털 제어기를 이용한 귀환제어기의 개요

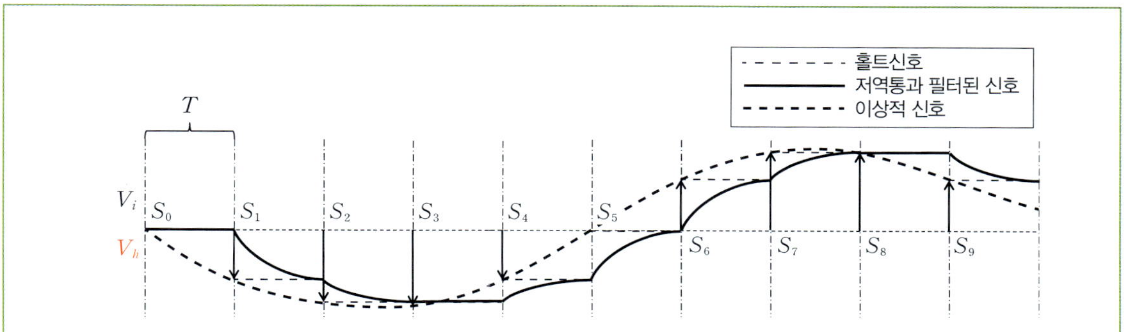

그림 4.38 DAC와 함께 사용된 이미징방지 필터는 샘플링 순간의 급격한 변화를 저감시켜 준다. 이 필터의 저역통과 특성이 이상적인 신호에 비해서 추가적인 위상 시프트를 유발한다.

어 있다. 입력필터가 없는 경우에는 원래의 신호와 아무런 자연적 관계없이 샘플링 주파수 주변에서 이 높은 주파수가 낮은 주파수로 반사된다. 만일 샘플링 주파수가 최고 주파수의 딱 두 배라면 신호를 올바르게 재구성하기 위해서는 무한히 긴 기간 동안 신호를 기록해야만 한다.

따라서 실제적인 디지털 제어 시스템의 경우 이 이론적인 한계는 별로 유용하지 않으며 또한 구현된 디지털 필터는 양자화 효과에 의해서 불확실성이 발생할 수 있기 때문에 작은 매개변수 불확실성에 대해서 매우 민감하다. 제어기 성능을 향상시키기 위한 경험법칙에 따르면 귀환제어 또는 전향제어 시스템의 제어대역보다 5~10배 이상이 되도록 샘플링 비율을 선정해야 한다.

DAC의 경우에는 일정한 시간간격마다 디지털 데이터가 송출되며 각 샘플링 순간들 사이의 시간동안 이들을 일정하게 유지하도록 아날로그 출력단에는 영차홀드 요소를 사용하는 필터가 필요하다. 스텝형태로 변하는 아날로그 신호에 의한 날카로운 모서리는 증폭기와 작동기에 문제를 유발할 수 있으므로 샘플링 DAC의 이미지를 필터링하여 이 모서리를 둥글리기 위해서 재건필터 또는 **이미징 방지**(anti-imaging) 필터라고 부르는 저역통과 필터가 사용된다. 이 필터는 제어 안정성 분석시 고려해야만 하는 추가적인 위상 시프트를 초래한다. 미래의 입력에 대한 출력을 기반으로 하는 **비인과**(acausal)필터라고 부르는 특수한 형태의 필터를 사용하면 미래의 입력을 예측할 수 있는 한도 내에서 이 지연을 저감할 수 있다. 이것이 미리 정해진 궤적을 추종하기 위해서 전향제어기를 사용하는 사례가 될 수 있다. ASML의 Hans Butler[17]의 연구는 이산시간 제어기에서 비인과 필터를 생성하기 위해서 전향신호예측을 구현한 좋은 사례이다. 여기에서는 별도의 센서를 사용해서 외란 작용력을 측정하여 위치 제어기의 전향제어 신호로 사용하였다. 보통 이산시간 제어기는 별도로 설치된 센서의 신호가 작동기에 도달하기 전에 약간의 지연이 발생하는데 이 연구에서는 두 샘플 전에 신호를 추출해 내기 위한 세 가지 방법에 대해서 설명하고 있다. 처음 두 방법에서는 유한임펄스응답(FIR) 필터를 사용해서 과거 데이터의 다항식 외삽과 일련의 선정된 주파수들에 대한 정현 외삽을 활용하여 신호를 추출한다. 세 번째 방법은 켤레가 아닌 디지털 영점들을 가지고 있는 주파수 샘플링 필터를 활용한다.

ADC와 DAC의 분해능 선정이 운동제어 시스템의 분해능과 구현 가능한 정밀도를 결정하는 반면에 샘플링 시간의 선정은 필터가 제대로 처리할 수 있는 신호의 최대 주파수를 결정한다.

4.4.2 연속신호의 샘플링

샘플링을 통해서 $x[n] = x(nT_s)$인 이산신호가 생성되는데, 여기서 T_s는 샘플링 주기, $f_s = 1/T_s$는 샘플링 주파수이며 n은 **러닝 인덱스**(running index)이다. 아날로그-디지털 변환을 수행한 이후에 샘플링된 신호 $x(t)$는 정의된 시간 간격 T_s에 대해서 등간격으로 측정된 신호값에 해당하는 높이를 갖는 **디랙-임펄스**(Dirac-impulse) $\delta(t-nT_s)$값을 숫자로 표시한다.(그림 4.39 참조)

$$\delta_s(t) = \sum_{n=-\infty}^{+\infty} \delta(t-nT_s) \tag{4.52}$$

지터(jitter)라고도 부르는 샘플링의 불확실성이 구현된 운동제어 시스템에 매우 불리한 효과를 나타내기 때문에 ADC의 정밀한 타이밍이 매우 중요하지만 전형적인 현대 디지털 제어에서는 심각한 문제가 아니다. 타이밍이 완벽하다고 한다면 이 시간간격 동안 이산신호에 대한 추가적인 신호처리가 이루어진다.

4.4.3 디지털 숫자의 표현

컴퓨터는 이진수 논리로 작동한다. 이진수의 기본 자릿수들을 **비트**(bits)라고 부르며 0과 1의 두 값만을 가진다. 이진수는 n이 0보다 큰 정수일 때에 n개의 비트값들을 각각 합산하여 만들어진다. 수학적인 관점에서 $0 \le k < n$일 때에 k번째 비트의 값은 2^k이다. $k = 0$인 비트를 **최하위비트**(Least Significant Bit : LSB)라 부르며 $k = n-1$번째 비트를 **최상위비트**(Most Significant Bit : MSB)라고 부른다. 디지털 연산용 플랫폼 상에서 디지털 알고리듬을 구현하기 위해서는 부동소수점과 고정소수점의 두 가지 표현방식으로 디지털 숫자를 나타낸다.

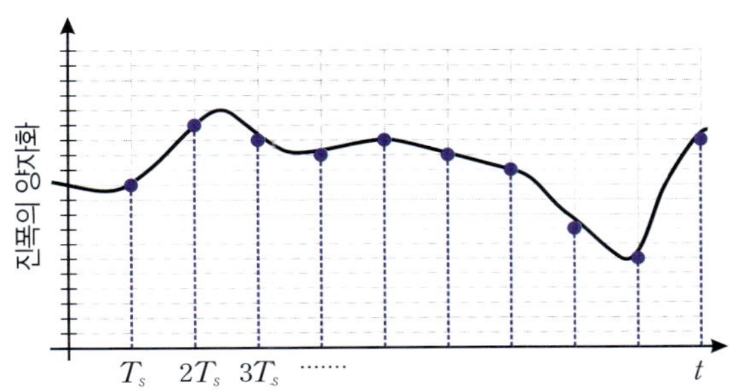

그림 4.39 시간 도메인에서 연속 신호에 대한 샘플링

■ 고정소수점 연산

과거에는 염가의 덜 복잡한 구조를 갖는 DSP 프로세서를 사용할 수 있으며 연산 부하가 낮아서 소형 저전력 임베디드 시스템에 적합하기 때문에 고정소수점 연산을 선호했었다. 중요한 단점은 코드 개발자가 연산과정에서 발생할 수 있는 절사, 오버플로우, 언더플로우, 반올림오차 등에 주의를 기울여야만 한다는 것이다. 고정소수점 연산을 사용해서 알고리듬을 개발하는 경우에는 항상 구현 가능한 정확도에 대해서 주의를 기울여야만 한다. 필요하다면 고정소수점 프로세서에서 부동소수점 연산을 모방하는 소프트웨어 솔루션을 사용할 수 있지만, 이는 고정소수점 연산에 비해서 시스템의 속도를 저하시킨다. 고정소수점 숫자들은 전체 범위에 대해서 최하위비트에 표시된 간격을 두고 서로 분리되어 동일한 공간을 차지한다. 양수와 음수를 나타내기 위해서 2의 보수 형식을 가장 많이 사용한다. 2의 보수 표현방식에서 소수점 이하의 고정소수점 값들을 나타내기 위해서 그림 4.40의 상부 그림에서와 같이 소위 $Q_{m,n}$포맷[36]이 자주 사용된다. 여기서 m은 정수 비트의 숫자를 나타내며 n은 소수점 이하의 비트숫자를 나타낸다. 부호를 포함하는 $Q_{m,n}$ 수를 나타내기 위해서는 $m+n+1=N$비트가 필요하다. 이 이진수가 나타낼 수 있는 십진수 범위는 $-2^m \le x \le 2^m - 2^n$ 이다. 만일 이진수 표현방법이 정해지고 나면 십진수 값은 다음 식을 사용하여 구할 수 있다.

$$x = \frac{1}{2^n}\left(-2^{N-1}b_{N-1} + \sum_{i=0}^{N-2} 2^i b_i\right) \tag{4.53}$$

여기서 b는 그림 4.40에서와 같이 b_0에서 출발하는 비트의 위치를 나타낸다.

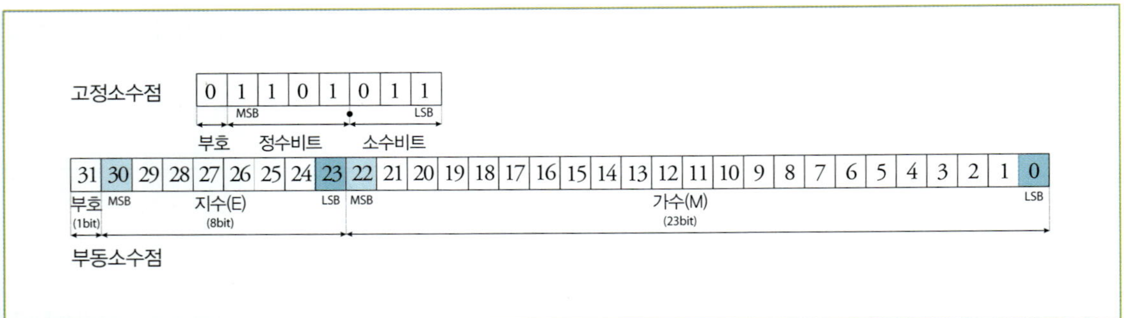

그림 4.40 $Q_{m,n}$을 사용한 고정 소수점 숫자표현과 단정밀도 부동소수점 숫자표현의 사례

36) 이 정의는 Texas Instrument에 의해서 제안되었다.

■ 부동소수점 연산

부동소수점 연산은 나타낼 수 있는 최대숫자와 최소 숫자의 측면에서 고정소수점 연산보다 가변범위가 넓고, 인접 숫자들 사이의 간격이 최소화 되어서 더 높은 정밀도를 갖으며 양자화 노이즈가 적고 프로그래밍 시 취급하기가 더 용이하다. 부동소수점 숫자는 기수 M에 지수가 q인 기저수 b를 곱하여 나타낸다.

$$x = -1^{i}Mb^{q} \tag{4.54}$$

여기서 -1^{i}는 **전인자**(prefactor)이며, i는 0 또는 1인 정수로서 양수나 음수를 나타낸다. 이 표현방법으로 인해서 인접한 숫자들 사이의 간격을 최소화 하면서 매우 작은 숫자나 큰 숫자를 나타낼 수 있다. 숫자간 간격은 숫자가 작은 경우에는 매우 좁으며 숫자가 커지면 간격도 함께 커진다. 부동소수점을 나타내기 위해서 일반적으로 사용되는 표준은 ANSI/IEEE Std. 754-1985이다. 이 표준에서는 기본포맷과 단정밀도(32비트 형식)과 배정밀도(64비트 형식) 등을 정의하고 있다.

다음에서는 사례로 기저수 2를 사용하는 단정밀도 형식을 보여주고 있다. 십진수 값은 다음과 같이 계산된다.

$$x = -1^{i}M2^{E-127} \tag{4.55}$$

여기서 지수항에는 양수값만 나타나도록 만들기 위해서 E값에는 127만큼 더하여 옵셋시키며, 이를 통해서 8비트의 경우 $0 \le E < 256$의 범위를 갖게 된다.[37] 십진수 값이 정규화 되어 있으므로 소수점 좌측에는 단 하나의 0이 아닌 자릿수만 표시된다. 저장용 레지스터는 그림 4.40에서와 같이 세 개의 그룹들로 나뉜다. 1비트는 부호를 나타내며 지수항 E는 8비트로 나타내고, 기수에는 23비트가 저장된다.

4.4.4 디지털 필터이론

디지털 필터이론은 전용 수학을 사용하는 공학의 확장된 영역이다. 이 필터는 이전의 샘플링 기간 동안에 특정한 진폭비를 가지고 있는 입력신호로부터 취한 샘플값들의 합산에 기반을 두고 있다. 또한 필터의 출력 샘플값들도 포함할 수 있으며, 이를 통해서 샘플링 귀환 루프가 생성된다. 필터의 영향을 살펴보기 위한 간단한 사례로서 각각의 샘플링 순간에 동일한 진폭 1을 가지고 있는 과거의 10개의 입력 샘플들

37) 음수에 대해 2의 보수 표현방법을 사용하면 연산속도가 저하된다.

을 합한 값을 출력으로 송출하는 필터를 생각해 볼 수 있다. 샘플링 주파수보다 현저히 낮은 주파수에서는 이 샘플들 모두가 거의 동일한 값을 갖게 되므로 필터의 출력값은 거의 각 샘플값의 10배와 같을 것이다. 하지만 샘플링 주파수의 0.2배보다 높은 주파수에서는 10개의 샘플들이 합해진 평균값은 거의 0이 되어버리므로 합산결과 필터의 출력은 거의 0이 되어버린다. 이 때문에 이런 시스템은 저역통과 필터처럼 작동한다.

이산시간 도메인에 대한 해석에서도 연속시간 시스템에 대한 라플라스 변환과 유사한 변환인 **Z-변환**(Z-transform)을 사용할 수 있다. Z-변환을 사용하면 디지털 필터의 거동을 주파수 도메인에서 나타낼 수 있으며, 이를 사용하여 귀환제어 시스템의 안정성 해석이 가능하다. 미분 방정식 대신에 차분 방정식을 사용하여 다음 절에서는 기본적인 필터의 구조에 대해서 살펴보기로 한다. 일반적으로 사용되는 **유한임펄스응답**(Finite Impulse Response : FIR) 필터와 **무한임펄스응답**(Infinite Impulse Response : IIR)필터의 두 가지의 디지털 필터들이 제시되어 있다.

4.4.4.1 Z-변환과 차분 방정식

디지털 필터를 구현 및 설명하기 위해서 합산기, 곱셈기, 시간 지연 및 루프 등의 기본 요소들로 이루어진 네트워크 구조가 일반적으로 사용된다. 이들의 작동특성은 시스템의 입력 $x[n]$과 출력 $y[n]$에 대한 차분 방정식을 사용하여 다음과 같이 나타낼 수 있다.

$$y[n]+\sum_{k=1}^{N} a_k y[n-k] = \sum_{k=0}^{M} b_k x[n-k] \tag{4.56}$$

여기서 M은 앞서 취득한 연이은 입력 샘플들의 숫자이며 N은 고려의 대상이 되는 출력 샘플들의 숫자이다. 시간 n_0와 알려진 초기값에서 시작하여 주어진 입력 신호에 대한 차분 방정식의 연속적인 연산을 통해서 출력값이 계산된다.

일련의 미분 방정식들을 대수방정식으로 변환하기 위해서 라플라스 변환을 적용하는 것과 유사하게 이산시간 시스템에서 일련의 차분 방정식들을 단순화하기 위해서 Z-변환이 사용된다(그림 4.41). Z-변환은 이산시간신호에 대한 푸리에 변환의 정의를 기반으로 한다. 푸리에 변환은 다음과 같이 나타낼 수 있다.

$$X(e^{j\theta}) = \mathscr{F}\{x[n]\} = \sum_{n=-\infty}^{\infty} x[n]e^{-j\theta n} \tag{4.57}$$

여기서 θ는 이산주파수를 나타내며, T_s가 샘플링 주파수일 때에 연속시간 도메인에서 $\theta = \omega T_s$이다. 푸

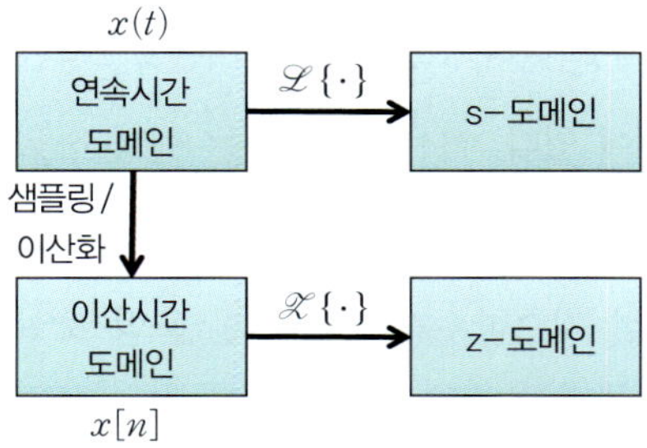

그림 4.41 Z-변환은 연속시간 도메인에서의 라플라스 변환에 대응하는 이산시간에서의 변환방법이다.

리에 변환은 $x[n]$의 절댓값 합산을 통해서 만들어지므로 적용범위가 현저하게 제한된다. 이런 요구조건을 완화시키기 위해서 $r \geq 0$인 경우의 복소변수 $z = re^{j\theta} = r(\cos\theta + j\sin\theta)$을 사용하여 Z-변환을 도입한다.

$$X(e^{j\theta}) = \mathscr{Z}\{x[n]\} = \sum_{n=-\infty}^{\infty} x[n]z^{-n} \tag{4.58}$$

양방향 Z-변환을 사용하면 음 및 양의 시간 시프트 N_0에 따른 이산시간 신호 $x[n]$는 다음과 같이 나타낼 수 있다.

$$x[n-N_0] \quad \Leftrightarrow \quad z^{-N_0}X(z) \tag{4.59}$$

식 (4.59)를 식 (4.56)에 대입하며 초기값을 없애면($y[-1]=0$), 식 (4.56)의 z-변환 $H(z)$는 다음과 같이 나타낼 수 있다.

$$Y(z)\left(1+\sum_{k=1}^{N} a_k z^{-k}\right) = X(z)\sum_{k=0}^{M} b_k z^{-k} \quad \Rightarrow \quad H(z) = \frac{Y(z)}{X(z)} = \frac{\sum_{k=0}^{M} b_k z^{-k}}{1+\sum_{k=1}^{N} a_k z^{-k}} \tag{4.60}$$

$H(z)$의 영점과 극점들은 각각 분자와 분모에 의해서 주어지며 이들의 위치를 복소 z-평면에 나타낼 수 있다. 연속시간 도메인에서의 전달함수와 마찬가지로 이산시간 시스템의 극점 위치도 안정성 해석에 절대적인 영향을 끼친다. 이산시간 시스템에서의 안정성은 연속시간 시스템과의 비교와 $z = e^{sT_s}$의 관계를 통해서 가장 잘 나타낼 수 있다. 연속시간 시스템에서 안정적인 시스템은 그림 4.42의 좌측 그림에서와 같이 s-평면의 좌반면에 모든 극점들이 위치한다. 이 s-평면을 z-평면으로 변환하면 그림 4.42의 우측 그림에서와 같이 s-평면의 허수축이 z-평면의 단위원으로 변환된다. s-평면의 좌반면은 z-평면

의 단위원 속으로 투영되며 s-평면의 우반면은 단위원의 외부에 해당된다. 그 결과 안정된 이산시간 시스템의 극점들은 단위원의 내측에 위치한다. 그림 4.43에서는 z-평면내의 서로 다른 점에 할당될 수 있는 다양한 임펄스 응답들이 제시되어 있다. 이산주파수 θ는 원형 경로를 따라가면서 변화하는 반면에 신호의 진폭은 단위원의 내측으로 갈수록 감소하며 외측으로 갈수록 증가한다. 양의 실수축을 따라가면서 ($\mathscr{R}\{z\} > 0$이며 $\mathscr{I}\{z\} = 0$) 순수한 지수함수가 나타나며, 음의 $\mathscr{R}\{z\}$방향으로 지수함수적으로 감소하는 주파수 $f_s/2$을 갖는 사인함수가 나타난다.

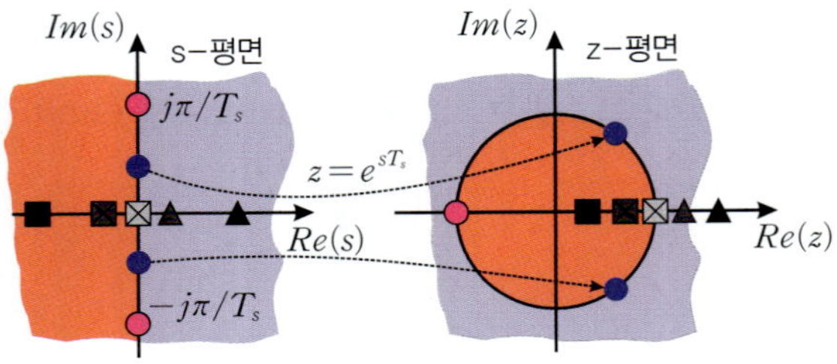

그림 4.42 s-평면과 z-평면에서의 상호 대응위치와 영역

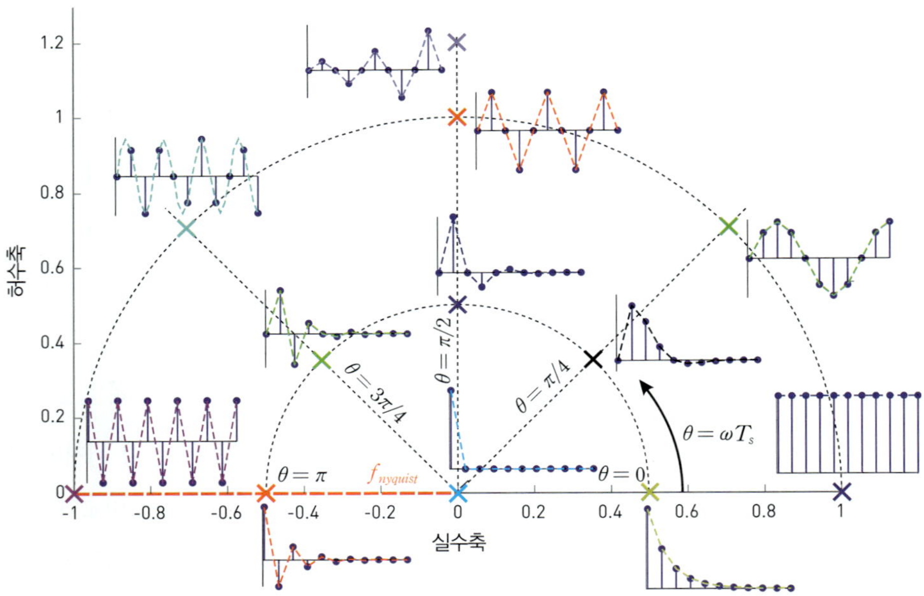

그림 4.43 관련된 시간도메인 임펄스 응답을 갖는 극점지도를 통해서 샘플링 된 출력 신호의 이산화된 값을 명확하게 확인할 수 있다.

4.4.4.2 유한임펄스응답(FIR) 필터

인과성(causal) 유한임펄스 필터는 제한된 숫자의 이전 샘플들만을 합산하므로 유한한 길이의 임펄스 응답을 갖으며, 이를 차분 방정식과 z-전달함수로 나타낼 수 있다.

$$y[n]=\sum_{k=0}^{M}b_k x[n-k] \quad \xrightarrow{\mathscr{Z}} \quad H(z)=\sum_{n=0}^{M}b_k z^{-n} \tag{4.61}$$

여기서 M은 고려되는 이전의 연이은 입력 샘플들의 숫자이다.

출력이 절대적으로 과거의 입력에 의해서 결정되는 인과성 시스템의 경우에 식 (4.61)의 모든 극점들은 z-평면의 중심에 국부적으로 위치한다. 따라서 유한임펄스응답 필터들은 가능한 모든 계수값 b_k에 대해서 안정하다. 그림 4.44에서는 실제로 구현된 지연선필터라고 부르는 유한임펄스응답 필터의 구조를 보여주고 있으며, 이 필터는 4.4.4절의 초반에 예시된 사례와 직접적으로 관계되어 있다. 이 구조는 안정성을 보장해 주는 전향경로만을 포함하고 있다. (다음 절의 무한임펄스응답 필터와 함께)유리함수를 사용해서

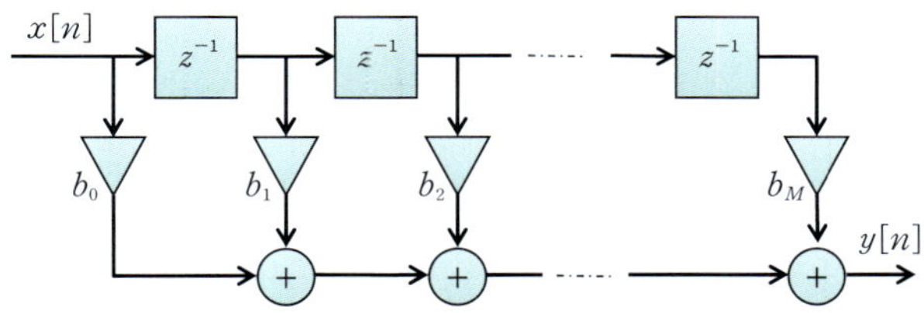

그림 4.44 유한임펄스응답필터의 지연선필터구조. 각각의 z^{-1}항들은 샘플링 주기를 나타낸다. b_0는 직전 샘플의 이득이며 b_1은 그 이전 샘플의 이득이다. 각각의 샘플링 순간마다 모든 샘플들은 우측으로 시프트된다.

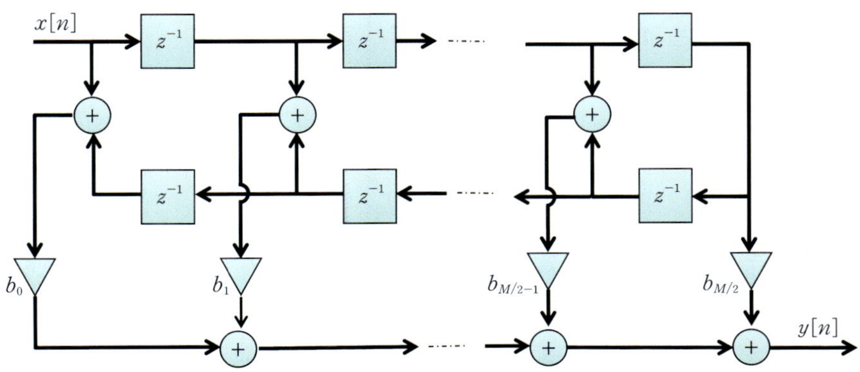

그림 4.45 대칭필터계수들을 사용하여 최적화 된 유한임펄스응답필터의 구조

구현된 필터에 비해서 전형적으로 더 크며 높은 계산부하를 필요로 하는 선정된 필터 다항식을 통해서 필터의 주파수 응답이 지정된다.

모든 주파수 성분들에 대해 일정한 시간지연을 나타내는 필터의 정확한 선형 위상 응답이 필요한 경우에 유한임펄스응답 필터가 자주 사용된다. 선형위상설계를 사용한 유한임펄스응답 필터는 대칭 또는 비대칭 필터계수를 갖는 필터를 만들어낸다. 예를 들어 짝수의 필터차수 M과 대칭계수($h[n]=h[M-n]$)들에 대해서 그림 4.45로부터 다음과 같은 지연선필터 구조를 얻을 수 있다.

$$H(z)=b_0(1+z^{-M})+b_1(z^{-1}+Z^{-M+1})+\cdots+b_{M/2}\,z^{-M/2} \tag{4.62}$$

이 최적화된 필터 구조는 필터 계수들의 메모리 저장 측면에서 장점을 가지고 있다. 디지털 필터 구조를 구현할 때에는 하드웨어 레지스터의 고정된 비트길이 때문에 계수 양자화 문제에 부딪치게 된다. 그러므로 계수들을 절사하거나 반올림시켜야만 한다. 특히 고차필터구조들은 필터계수들의 편차에 매우 민감하다.

필터의 양자화는 다음과 같은 영향을 끼친다.

- 양자화는 필터의 주파수 응답에 편차를 유발한다. 유한임펄스응답 필터의 경우 양자화는 영점의 위치에만 영향을 끼친다. 일반적인 법칙에 따르면 영점들 사이의 간격이 좁아질수록 주파수 응답의 편차는 커진다.
- 수학연산을 수행하고 나면 연산결과가 저장되는 레지스터의 비트 폭을 넘어서면서 오버플로우를 초래할수도 있다. 만일 음과 양의 방향으로 오버플로우 되는 수가 동일하다면 최종적인 결과는 영향을 받지 않는다. 더 좋은 방법은 수학연산을 수행하기 전에 숫자들을 스케일링하거나 실제 결과에 포화를 적용시키는 것이다.
- 정지대역감쇠로 인하여 필터의 신호 대 노이즈 비율(SNR)이 낮아진다. 이로 인한 감쇠율은 필요로 하는 필터사양과 비교해 보아야만 한다.

선형 위상필터들은 필터계수들의 대칭성으로 인하여 필터 양자화 이후에도 그들의 위상특성을 보존한다. 필터계수 양자화에 따른 민감도를 저감하기 위해서는 그림 4.46에서와 같이 고차필터를 직렬로 연결된 작은 2차구조(SOS)로 분해하여야 한다. 이에 따른 전달함수는 다음과 같다.

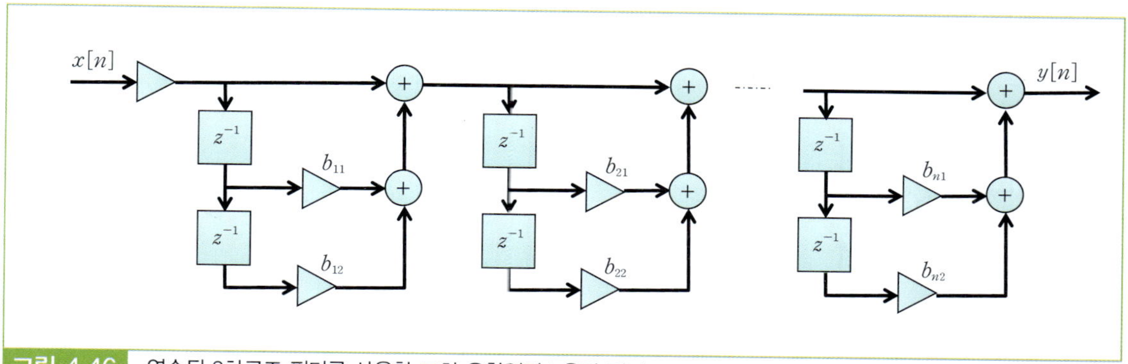

그림 4.46 연속된 2차구조 필터를 사용한 고차 유한임펄스응답 필터

$$H(z) = b_0 \prod_{i=0}^{N} (1 + b_{i1}z^{-1} + b_{i2}z^{-2}) \tag{4.63}$$

4.4.4.3 무한임펄스응답(IIR) 필터

무한임펄스필터는 출력 샘플을 포함하므로 샘플링 된 피드백을 생성하기 때문에 유한임펄스응답 필터에 비해서 무한임펄스응답 필터의 길이는 무한하다. 이는 다음과 같이 나타낼 수 있다.

$$y[n] = \sum_{k=0}^{M} b_k x[n-k] - \sum_{k=1}^{N} a_k y[n-k] \tag{4.64}$$

여기서 M은 이전의 연이은 입력 샘플들의 숫자이며 N은 고려의 대상이 되는 출력 샘플들의 숫자이다.

그에 따른 Z-변환은 식 (4.60)에 주어져 있다. $x[n-k]$로 명시된 전향경로와 $y[n-k]$로 명시된 귀환경로를 식별할 수 있다. 소위 직접형태 1(DF-1)과 직접형태 2(DF-2)라고 부르는 실현 가능한 두 가지 차분 방정식이 그림 4.47에 제시되어 있다. DF-2 무한임펄스응답 구조는 DF-1과는 달리 전향경로와 귀환경로를 공유하므로 실제 구현시 절반의 저항만이 필요하다. 유한임펄스응답 필터에 비해서 무한임펄스응답 필터는 아날로그 필터의 주파수 거동특성을 더 잘 근사화시켜준다. 그런데 재귀(귀환)구조가 불안정을 유발할 수 있으며 필터가 계수 양자화에 대해서 매우 민감해진다. 이런 경우에 하드웨어 내에 고차구조를 구현하려면 2차구조(SOS)가 일반적으로 사용된다. DF-2 구조를 실제로 구현한 사례가 그림 4.48에 도시되어 있다. B_i가 다음과 같을 때에, 다수의 2차구조(SOS)들을 직렬로 연결하면 $H(z) = g_s \prod_{i=1}^{n} B_i(z)$이 되며 병렬로 연결하면 $H(z) = g_p + \prod_{i=1}^{n} B_i(z)$이 된다.

$$B_i(z) = \frac{b_0 + b_1 z^{-1} + b_2 z^{-2}}{1 + a_1 z^{-1} + a_2 z^{-2}} \tag{4.65}$$

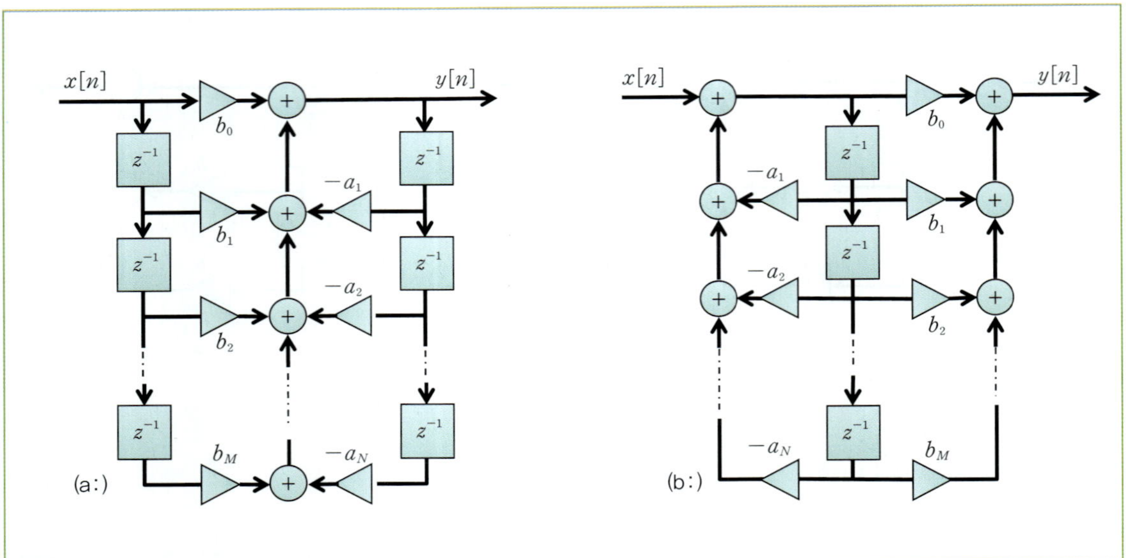

그림 4.47 (a) DF-1형 무한임펄스응답 구조, (b) DF-2형 무한임펄스응답 구조

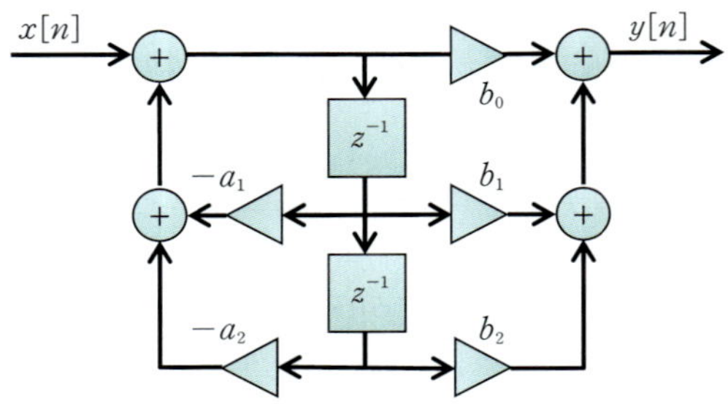

그림 4.48 DF-2 구조 속의 무한임펄스응답 2차구조

이런 필터구조는 분모와 분자 모두가 z에 대해서 2차함수이기 때문에 **바이쿼드**(biquad)라고 부른다. 고차필터 전체의 안정성은 이를 구성하는 각각의 2차구조 바이쿼드 필터들의 안정성을 검사하여 증명할 수 있다. 필터 전체로부터 2차구조를 추출할 때에 일반적으로 사용되는 방법은 인접한 영점들을 사용해서 극점들의 신호이득을 보상하기 위해서 서로 인접한 극점들과 영점들을 결합하는 것이다. 가장 자주 활용되는 직렬 바이쿼드와는 달리 병렬 바이쿼드는 필터 전체의 전달함수 진폭이 영이 되어야만 하는 경우에는 각각의 바이쿼드들의 이득도 0이 되어야만 하기 때문에 계수 양자화에 더 민감하다.

계수 양자화는 무한이득 필터에서 중요한 역할을 한다. 계수들에 부동소수점을 사용하는 경우에 단위원 내측에 모여 있던 무한이득필터의 극점들이 계수들을 고정소수점으로 변환시키면 단위원 바깥쪽으로

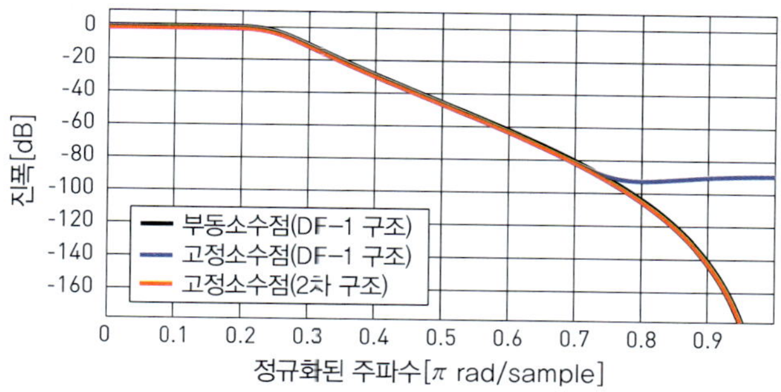

그림 4.49 서로 다른 하드웨어 구조를 사용하여 디지털 등가로 변환된 6차 아날로그 버터워스 필터의 사례

이동한다. 또한 주파수 응답을 살펴보면 부동소수점을 사용하는 필터와 고정소수점을 사용하는 필터 사이에 큰 차이가 있음을 발견할 수 있다. 그림 4.49에서는 고정소수점을 사용하는 2차구조 필터를 부동소수점의 경우와 중첩하여 보여주고 있는데, 고정소수점 필터는 고주파 영역에서 차이를 나타낸다.

4.4.4.4 연속시간 필터에서 이산시간 필터로의 전환

디지털 필터 $H(z)$를 설계하기 위해서 일반적으로 사용되는 방법은 일단 연속시간 필터 $H(s)$를 설계한 다음에 이를 이산시간 표현으로 변환시켜서 디지털 실시간연산 하드웨어 플랫폼에서 구현하는 것이다. 이를 위해서 허수축 전체를 z-평면의 단위원으로 매핑해주는 소위 **터스틴 방법**(Tustin's method)이라고 부르는 2중선형 변환을 사용할 수 있다.[38)]

$$s = \frac{2}{T_s}\frac{z-1}{z+1} \tag{4.66}$$

식 (4.66)에 $s = j\omega$와 $z = e^{j\theta}$를 대입하면 아날로그 주파수 ω와 이산화 주파수 θ 사이의 관계를 구할 수 있다.

$$\omega = \frac{2}{T_s}\tan\left(\frac{\theta}{2}\right) \tag{4.67}$$

이를 이용하여 이산화 필터를 유도할 수 있다.

38) 표준 z-변환 $z = e^{sT_s}$의 경우에는 허수축 전체를 2π주기의 원형축으로 변환시켜 준다.

$$H(z) = H(s)|_{s=\frac{2}{T_s}\frac{z-1}{z+1}} = H\left(\frac{2}{T_s}\frac{z-1}{z+1}\right) \tag{4.68}$$

식 (4.67)로부터 알 수 있듯이 ω가 0에서 $+\infty$까지 증가하는 동안에 θ는 0에서 π까지 증가하며, 이로 인해서 고주파 대역에서는 연속시간 필터 $H(s)$와 이산시간 필터 $H(z)$의 응답 사이에 차이가 발생하게 된다. 이런 **워핑문제**(warping problem)는 $H(s)$의 중요한 주파수에 대해서 **사전워핑**(pre-warping)을 시행하여 대응할 수 있다.

사전워핑은 미리 정의된 주파수 ω_0에서 디지털 필터 $H(z)$의 진폭과 위상각이 $H(s)$와 일치하는 경우에 연속시간 필터의 전달함수에 다음의 변환을 대입하여 구현할 수 있다.

$$s = \frac{\omega_0}{\tan(\omega_0 T_s/2)}\frac{z-1}{z+1} \tag{4.69}$$

이는 $H(z)$를 구하기 위해서 터스틴 방법을 수정한 것이다. ω_0가 매우 낮은 주파수로 선정된 경우에 이 변환은 식 (4.66)의 표준 터스틴 방법이 되며, 이는 DC의 경우에 표준 변환이 필터 응답과 일치한다는 것을 의미한다.

귀환제어기를 이산화하는 경우에 사전워핑 주파수 ω_0로 균일이득 교차주파수를 사용할 수 있다. 전향제어기용 필터를 만드는 경우에는 시스템의 주파수 응답이 사전워핑 주파수 영역과 올바르게 매핑될 수 있도록 하기 위해서 사전워핑 주파수로 시스템 고유주파수나 추적대역폭을 사용한다.

4.5 | 상태공간제어의 표현

일반적으로 단일물체 위치결정 시스템은 6개의 물리적 자유도에 대해서 위치결정을 수행해야 하므로 6개의 작동기와 6개의 센서가 필요하다. 제어시스템의 측면에서 이런 위치결정 시스템을 **다중입력 다중출력**(Multiple Input Multiple Output : MIMO) 시스템이라고 부르며 각 방향들 사이의 상호간섭이나 **교차동조**(cross coupling)로 인하여 혼란이 발생할 수 있다. 모든 센서와 작동기들이 여섯 개의 독립된 방향에 대해서 잘 정렬되어 있다면 시스템을 여섯 개의 독립적인 SISO 하위시스템들의 조합으로 단순화시킬 수 있으며, 심지어는 이들이 잘 정렬되어있지 않더라도 충분히 결정적인 거동을 할 수 있다는 가정하에서 변환행렬을 사용하여 SISO 방법을 적용할 수 있다. 이런 원리를 적용한 사례가 9장의 웨이퍼 스테이지 제어에서 설명되어 있다. 다수의 입력 및 출력들 사이에 간단한 결정론적 방법을 사용해서는 보상할 수 없는 강

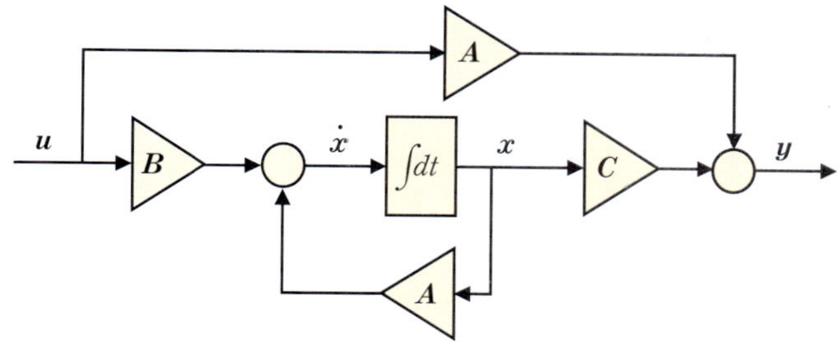

그림 4.50 표준 다차원 상태-공간 시스템의 도식적 표현. 행렬식 *A*로 표시된 귀환부는 시스템의 고유동특성을 나타낸다. 시스템의 입력부는 예를 들어 이득행렬 *B*를 갖는 작동기로 이루어지며 출력부는 예를 들어 이득행렬이 *C*인 센서로 이루어진다. 행렬 *D*로 표시된 부분은 입력에서 출력으로 직접 통과되는 성분을 나타내며 예를 들면 작동기 전류로부터 센서 신호로 이어지는 교차동조에 의해서 유발된다.

한 (비선형) 교차동조 항들이 존재하는 경우, 특히 다중물체들 사이에 교차 동조항들이 생성되는 고주파 고유모드에 대해서는 이 방법을 사용하는 것이 적합지 않다.

실용제어에서 디지털 제어기에서 필요한 MIMO 제어작용을 계산하기 위해서 사용하는 시간도메인에 관련된 방법으로 **상태-공간**(state-space) 표현법이 도입되었다. 이 방법은 n차의 미분방정식을 행렬식으로 표현된 n개의 1차 미분방정식들로 분리해주기 때문에 매우 효과적이다. 상태-공간 모델을 사용하면 모든 연속적인 제어작용들을 간단한 벡터와 행결식 연산으로 계산할 수 있다.

상태-공간 모델은 시스템의 일시적인 상태를 나타내는 **상태변수**(state variable)들인 입력 u, 출력 y 및 $\boldsymbol{x}$의 3개 변수들로 구성되어 있다. 일반적으로 이 변수들은 다수의 요소들을 포함하고 있기 때문에 벡터로 표시된다. 상태변수 벡터는 축들이 벡터를 구성하는 상태변수 요소들로 이루어진 **공간**(space)을 정의한다. 이 때문에 이 모델링 방법을 상태-공간 방법이라고 이름을 붙인 것이다. 대부분의 경우 단지 **상태**라고 부르는 상태변수들의 총 숫자는 최소한 모델링 된 미분 방정식의 차수와 같아야 한다.

표준 상태-공간 식은 다음의 두 방정식으로 이루어지는데, 상태-공간 방정식은 시간 도메인에서만 사용되기 때문에 주파수 도메인과 구분할 필요가 없어서 (t) 항이 생략된다.

$$\dot{\boldsymbol{x}} = \boldsymbol{A}\boldsymbol{x} + \boldsymbol{B}u \tag{4.70}$$
$$y = \boldsymbol{C}\boldsymbol{x} + Du$$

이 방정식들은 동적 시스템의 상태변수 $\boldsymbol{x}$와 시스템 출력 y가 시간에 대한 행렬식 $\boldsymbol{A}$, $\boldsymbol{B}$, $\boldsymbol{C}$, D, 입력 u 및 상태벡터 $\boldsymbol{x}$의 초기조건 x_0 등을 통해서 어떻게 연관되는지를 보여주고 있다. 행력식들은 각각 고유동특성 행렬식 $\boldsymbol{A}$, 입력 행렬식 $\boldsymbol{B}$, 출력 행렬식 $\boldsymbol{C}$, 그리고 **관통**(feedthrough)이득 D[39] 등으로 이루어진다.

그림 4.50에서는 이 표준 상태–공간 모델을 도식적으로 나타내고 있다. 그림에서 보여주듯이, 이 행렬식의 서로 다른 요소들은 모두 특정한 물리적 성질이나 기능을 나타내고 있다.

4.5.1 운동제어와 연관된 상태공간

상태–공간 운동제어에서는 제어되지 않은 시스템과 제어작용을 수행하는 작동기 사이의 외부연결과 센서를 포함하는 플랜트를 입력 및 출력에 대해서 완벽하게 수학적으로 나타내는 상태–공간 모델을 사용한다. 이것이 무엇을 의미하는지 설명하기 위해서 앞에서 해석적인 방식으로 운동제어에 사용했던 몇 가지 사례들을 살펴보기로 한다.

3장에서는 2차 시스템의 사례로 감쇠된 스프링–질량 시스템에 대해서 살펴보았는데, 여기에 하나 또는 그 이상의 물체가 스프링으로 연결되면 스프링–질량 시스템이 하나가 더 연결될 때마다 차수가 2씩 증가하는 고차 시스템이 만들어진다. 일반적으로 동적 시스템의 차수 n은 시스템 내에 포함된 스프링($E=0.5kx^2$)이나 질량($E=0.5m\dot{x}^2$), 커패시터($E=0.5CV^2$)나 인덕터($E=0.5LI^2$)와 같은 에너지 저장장소의 숫자와 같다. 하지만 댐퍼는 에너지를 저장하지 못한다. 플랜트를 제어하기 위해서 상태–공간 모델을 사용할 때에 플랜트를 나타내는 미분 방정식의 차수는 기계뿐만 아니라 사용된 센서, 증폭기 및 작동기의 동특성도 포함한다. 센서의 1차 필터는 추가적인 상태를 만들어내며 작동기의 동특성도 그에 해당하는 상태를 생성한다.

일단 운동제어의 관점에서 서로 다른 행렬식들을 살펴보기로 하자.

- 고유동특성 행렬 $\boldsymbol{A}$는 동력증폭기, 작동기, 기계 시스템 및 센서의 동특성을 포함하여 제어되지 않은 시스템의 동특성을 나타내는 매개변수들을 포함하고 있다. 이 정방행렬식은 $(n\times n)$ 차원을 갖는다.
- 입력행렬 $\boldsymbol{B}$에는 작동기나 동력 증폭기의 단순이득이나 변환계수 등이 포함되지만, 앞에서 설명했듯이 동특성은 $\boldsymbol{A}$에 포함되므로 동적 성질은 포함하지 않는다. 입력 행렬식의 열의 수는 입력의 수(i)와 같으며 행의 수는 상태의 수(n)와 같다.

39) D는 직접전달항(directi transmission term)이라고도 부른다. 역자 주.

- 출력행렬 $\boldsymbol{C}$는 측정 시스템의 단순이득이나 변환계수 등이 포함되지만, 앞에서 설명했듯이 동특성은 $\boldsymbol{A}$에 포함되므로 동적 성질은 포함하지 않는다. 출력 행렬식의 열의 수는 상태의 수(n)와 같으며 행의 수는 출력의 수(o)와 같다.
- 관통행렬 D는 대부분의 메카트로닉스 시스템에서 존재하지 않지만, 예를 들어 전자석 작동기와 와전류 센서를 사용하는 경우와 같이 작동기-센서 사이의 **누화**(cross-talk)에 의해서 유발될 수도 있다. 이 행렬식의 차원은 입력의 수(i)가 열을, 출력의 수(o)가 행을 결정한다.

상태-공간 모델에서 이 행렬식과 상태들에 대해서 감쇠된 스프링-질량 시스템에 전통적인 PID-제어기를 사용한 경우와 사용하지 않은 경우의 두 가지 사례를 사용하여 설명할 예정이다.

4.5.1.1 상태공간 내에서 기계식 동적 시스템

메카트로닉스 시스템의 상태공간제어를 위해서는 동적기계시스템의 상태를 나타낼 필요가 있다. 우선 단순한 1자유도 감쇠된 스프링-질량 시스템의 물체위치 x를 상태공간으로 나타낸 다음 진동하는 고유모드를 가지고 있는 다자유도 기계 시스템의 상태공간 모델과의 차이를 살펴보기로 한다.

■ 1자유도 동적 시스템

물체의 위치가 x인 간단한 1자유도 감쇠된 스프링-질량 시스템의 상태 $\boldsymbol{x}$와 그 미분 $\dot{\boldsymbol{x}}$는 다음과 같다.

$$\boldsymbol{x}=\begin{bmatrix} x_1 \\ x_2 \end{bmatrix}=\begin{bmatrix} x \\ \dot{x} \end{bmatrix} \qquad \dot{\boldsymbol{x}}=\begin{bmatrix} \dot{x}_1 \\ \dot{x}_2 \end{bmatrix}\begin{bmatrix} \dot{x} \\ \ddot{x} \end{bmatrix} \tag{4.71}$$

이 사례에서 입력 u는 스카라 값을 갖는 힘이다($u=F$). 출력 y는 위치 x와 같으므로 이 또한 스카라 값이다. 이 경우에 입력행렬 $\boldsymbol{B}$는 질량계수를 통해서 힘을 가속도로 변환시켜 주며 고유동특성 행렬 $\boldsymbol{A}$는 다음의 상태-공간 방정식에서와 같이 댐퍼와 스프링 관계를 포함하고 있고, 관통행렬 D는 0이다. 이를 통해서 물리적 1자유도에 대한 상태-공간 방정식을 다음과 같이 확장시킬 수 있다.

$$\dot{\boldsymbol{x}}=\boldsymbol{A}\boldsymbol{x}+\boldsymbol{B}u \quad \Rightarrow \quad \begin{bmatrix} \dot{x} \\ \ddot{x} \end{bmatrix}=\begin{bmatrix} 0 & 1 \\ \dfrac{-k}{m} & \dfrac{-c}{m} \end{bmatrix}\cdot\begin{bmatrix} x \\ \dot{x} \end{bmatrix}+\begin{bmatrix} 0 \\ \dfrac{1}{m} \end{bmatrix}\cdot F \tag{4.72}$$

$$y=\boldsymbol{C}\boldsymbol{x}+Du=[1 \quad 0]\cdot\begin{bmatrix} x \\ \dot{x} \end{bmatrix}+[0]\cdot u=x$$

이 식을 가속도에 대해서 정리하면 다음과 같은 방정식을 얻을 수 있다.

$$\ddot{x} = -\frac{k}{m}x - \frac{c}{m}\dot{x} + \frac{F}{m} \quad \Rightarrow \quad F = m\ddot{x} + c\dot{x} + kx \tag{4.73}$$

이 식은 3장에서 시스템의 주파수 응답을 유도할 때에 사용된 표준 힘 방정식이다. 또한 더 공들인 시스템의 경우에 전달함수는 상태-공간 방정식에 대해 라플라스 변환을 적용하여 이 사례에서와 같이 유도할 수 있다.

이 스프링-질량 시스템의 상태-공간 방정식이 그림 4.51에 도시되어 있으며, 여기서 $x_1 = x$는 시스템의 위치, $x_2 = \dot{x}$는 속도, 그리고 $\dot{x}_2 = \ddot{x}$는 가속도이다. 다음 절에서 스프링-질량 시스템이 귀환 제어와 조합되었을 경우에 대한 설명에서 강성과 감쇠항들을 포함한 귀환 루프가 매우 좋은 사례가 된다.

상태-공간 모델의 또한가지 중요한 측면은 전달함수의 극점들은 $\boldsymbol{A}$ 행렬식의 **고유치**(eigenvalue)와 같다는 점이다. 이 고유치들은 $\boldsymbol{I}$가 $\boldsymbol{A}$와 차원이 같은 단위행렬식일 때에 **행렬식**(determinant) $\det(\lambda\boldsymbol{I}-\boldsymbol{A})$가 0이 되는 λ 값들이다. 이 경우 행렬식의 해(극점들)들이 라플라스 도메인에 속해있기 때문에 고유치를 나타내기 위해서 일반적으로 사용하는 λ를 라플라스 연산자 s로 대체할 수 있다

$$\det\left(\begin{bmatrix} s & 0 \\ 0 & s \end{bmatrix} = \begin{bmatrix} 0 & 1 \\ \frac{-k}{m} & \frac{-c}{m} \end{bmatrix}\right) = \begin{vmatrix} s & -1 \\ \frac{k}{m} & \frac{c}{m}+s \end{vmatrix} = 0 \tag{4.74}$$

이를 전개하면 다음과 같이 s에 대한 **특성다항식**(characteristic polynomial)을 구할 수 있다.

$$s\left(\frac{c}{m}+s\right) + \frac{k}{m} = s^2 + \frac{cs}{m} + \frac{k}{m} = 0 \quad \Rightarrow \quad ms^2 + cs + k = 0 \tag{4.75}$$

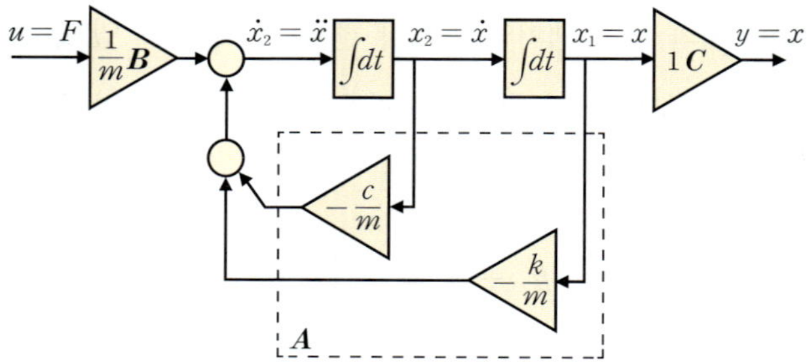

그림 4.51 감쇠된 스프링-질량 시스템을 스카라, 단일입력 단일출력(SISO), 및 상태-공간 방식으로 나타낸 그림. 댐퍼(속도)와 스프링(위치)루프가 개별적으로 표시되어 있다.

극점들은 이 다항식의 s에 대한 고유치 해와 같다.

$$p_{1,2} = -\sigma \pm j\omega_d = -\frac{c}{2m} \pm j\sqrt{\frac{k}{m} - \frac{c^2}{4m^2}} \tag{4.76}$$

$\omega_0 = \sqrt{k/m}$ 이라고 놓으면 이 극점값들은 스프링-질량 시스템의 임계 감쇠값을 유도했던 3.2.2.2절의 결과와 같아진다.

$$\begin{aligned} p_{1,2} = -\sigma \pm j\omega_d &= -\frac{c\sqrt{\frac{k}{m}}}{2\sqrt{km}} \pm j\sqrt{\frac{k}{m}}\sqrt{1-\frac{c^2}{4km}} \\ &= -\frac{c\omega_0}{2\sqrt{km}} \pm j\omega_0\sqrt{1-\frac{c^2}{4km}} \end{aligned} \tag{4.77}$$

이는 $\boldsymbol{A}$ 행렬식의 항들을 변화시키면 라플라스 평면 내에서 극점들을 다른 곳으로 이동시켜서 고유치들을 조절할 수 있다는 것을 의미한다. 이는 정확히 귀환제어에서 발생하는 일이며 다음의 사례에서 알 수 있듯이 상태-공간 모델은 최적의 극점 위치를 구현하는 매우 간단한 방법이다.

■ 상태-공간에서 다자유도의 모달 표현식

많은 경우 서보 제어기를 포함한 매니퓰레이터에 대한 시간 도메인 시뮬레이션은 기계 시스템의 해석에 사용되는 모델링 도구를 사용해서 수행할 수 없다. 따라서 제어 시스템을 포함시킬 수 있는 다른 모델링 도구에 기계 시스템의 동적 성질들을 전달해 줄 필요가 생겼다. 일반적으로 이 전달은 기계 시스템의 모드와 모달 매개변수를 기반으로 한다. 만일 전체 시스템에 대한 동영상이 필요없다면 다음과 같은 물리적인 자유도를 가지고 있는 모드선도 데이터가 적합하다.

- **가진 자유도** : 힘(구동력, 외란)이 가해지거나 운동(바닥진동)이 유입되는 자유도
- **응답 자유도** : (위치서보의) 귀환루프 내에서 사용되거나 (공구와 부하 사이의 거리를) 제어하거나 (프레임 운동을) 모니터링할 필요가 있는 자유도

관련된 자유도의 수가 r이며 전달된 모드들의 수가 m이라면, 모달 매개변수 $\mathscr{M}_i$, $\mathscr{K}_i$ 및 길이가 r인 모드선도 벡터 $\boldsymbol{\phi}_i$의 세트 m개를 사용하여 동적 성질을 나타낼 수 있다. 모달감쇠비 ζ_i(전형적인 값은 1% 내외)를 가지고 있는 모달감쇠의 형태로 감쇠를 추가할 수 있다. 모달 상태방정식을 유도하기 위해서는 다음과 같이 앞 장의 식 (3.114)와 (3.116)을 상태-공간 방식으로 변환시켜야 한다. 모달 자유도 q_i와 모달

속도 $\dot{q}_i$가 시스템의 상태라고 한다면 모든 물리적 자유도 x_i에 힘 $u = F_i$을 가한 경우의 모달상태 방정식을 유도할 수 있으며 모든 물리적 자유도 x_i의 응답을 관찰할 수 있다. $\boldsymbol{A}$ 및 $\boldsymbol{B}$ 행렬식에 대해서 다음 관계식을 얻을 수 있다.

$$\dot{\boldsymbol{x}} = \boldsymbol{A}\boldsymbol{x} + \boldsymbol{B}u \quad \Rightarrow \tag{4.78}$$

$$\begin{bmatrix} \dot{q}_1 \\ \vdots \\ \dot{q}_m \\ \cdots \\ \ddot{q}_1 \\ \vdots \\ \ddot{q}_m \end{bmatrix} = \left[\begin{array}{ccc:ccc} 0 & & & 1 & & \\ & \ddots & & & \ddots & \\ & & 0 & & & 1 \\ \cdots & \cdots & \cdots & \cdots & \cdots & \cdots \\ -\omega_{0,1}^2 & & & -2\zeta_1\omega_{0,1} & & \\ & \ddots & & & \ddots & \\ & & -\omega_{0,m}^2 & & & -2\zeta_m\omega_{0,m} \end{array}\right] \cdot \begin{bmatrix} q_1 \\ \vdots \\ q_m \\ \cdots \\ \dot{q}_1 \\ \vdots \\ \dot{q}_m \end{bmatrix}$$

$$+ \begin{bmatrix} 0 & & \\ & \ddots & \\ \cdots & \cdots & \cdots \\ \mathscr{M}_1^{-1}\phi_{1,1} & \cdots & \mathscr{M}_1^{-1}\phi_{1,r} \\ & \ddots & \\ \mathscr{M}_m^{-1}\phi_{1,1} & \cdots & \mathscr{M}_m^{-1}\phi_{m,r} \end{bmatrix} \cdot \begin{bmatrix} F_1 \\ \vdots \\ F_r \end{bmatrix} \tag{4.79}$$

그리고 $\boldsymbol{C}$ 행렬은 다음과 같다.$(D = 0)$

$$y = \boldsymbol{C}\boldsymbol{x} + Du \quad \Rightarrow \quad \begin{bmatrix} x_1 \\ \vdots \\ x_r \end{bmatrix} = \begin{bmatrix} \phi_{1,1} & \cdots & \phi_{m,1} \\ & \ddots & \\ \phi_{1,r} & \cdots & \phi_{m,r} \end{bmatrix} \cdot \begin{bmatrix} q_1 \\ \vdots \\ q_m \end{bmatrix} + 0 \cdot \begin{bmatrix} F_1 \\ \vdots \\ F_r \end{bmatrix} \tag{4.80}$$

위 식들에 따르면 $\boldsymbol{A}$ 행렬식에는 고유주파수의 제곱$(= k/m)$과 $\zeta_i = c_i/(2\mathscr{M}_i\omega_{0,i})$로 치환하고 나면 식 (4.74)와 같아지는 감쇠비 ζ_i를 포함하고 있다는 것을 알 수 있다. $\boldsymbol{B}$ 행렬식은 자유도 x_i 방향으로의 모달 질량 항을 포함하고 있는 반면에 $\boldsymbol{C}$ 행렬식은 모달 자유도로부터 자유도 x_i의 운동을 유도하기 위한 고유 벡터 행렬식과 같다.

4.5.1.2 상태-공간에서 PID-제어의 귀환

능동 제어되는 상태-공간 방법에 대해 설명하기 위해서, 2차 스프링-질량 시스템에 대한 PID-제어 세팅이 제시되어 있다.

PID 귀환 제어되는 2차 스프링-질량 시스템의 도식적인 상태-공간 모형이 그림 4.52에 도시되어 있다. 이 그림에서 시스템에 개별적으로 작용하는 서로 다른 귀환 루프들을 따라갈 수 있다. 제어되지 않는 스프링-질량 시스템에 대한 두 개의 내부 루프가 스프링과 댐퍼 작용에 대한 동특성을 결정한다. 이들 두 개의 내부 귀환루프에 3개의 귀환제어 루프들이 합해진다.

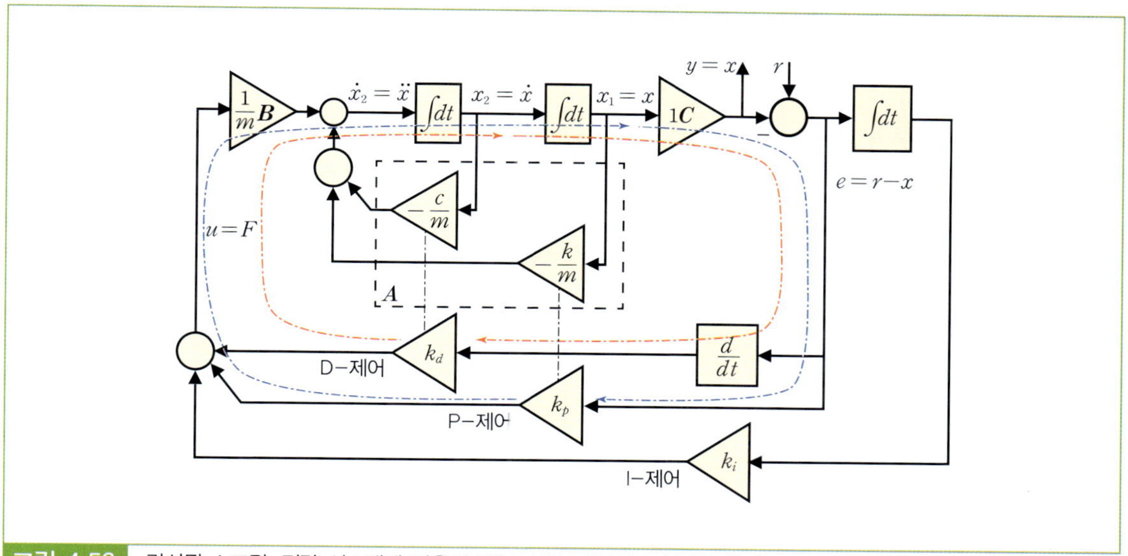

그림 4.52 감쇠된 스프링–질량 시스템에 적용된 SISO PID–제어의 도식적인 상태–공간 모형. 3개의 항들로 이루어진 귀환 경로는 오차 *e*로부터 미분 및 적분을 수행한 후에 제어기의 출력 *u*를 계산한다. 그림에서 청색 일점쇄선으로 표시된 k_p에 대한 루프는 강성 *k*에 의한 내부 루프와 동일한 기능을 가지고 있으며 루프 내에서 직렬로 연결되어 있는 적분과 미분항은 서로 상쇄되기 때문에 k_d를 통과하는 빨간색 일점쇄선은 감쇠계수 *c*와 동일한 기능을 가지고 있다. 제어되지 않는 시스템 내부에는 I–제어작용에 해당하는 등가요소가 없으며 정상상태 오차 저감을 위해서 사용된다. 기준신호는 출력 *y*와 제어기 사이에 삽입된다.

청색의 일점쇄선으로 표시된 k_p를 통과하는 귀환루프는 $-k/m$ 요소의 내부 강성루프와 병렬로 배치되어 있다. $\boldsymbol{B}$에 의해서 입력요소 $1/m$과 결합되면 k_p값은 k에 합해진다. 그러므로 CD–플레이어의 사례에서 설명했던 것처럼 P–제어 이득은 시스템의 강성을 변화시킨다. 이와 유사한 관계가 기계 시스템에서의 감쇠계수 c에 해당하는 미분이득 k_d에도 존재한다. 미분기 블록(d/dt)을 통과하는 빨간색 일점쇄선 루프는 측정된 위치를 k_d의 입력으로 사용되는 속도신호로 변환시켜 준다. D–제어 귀환루프에서 계산된 속도는 실제 속도 $\dot{x}$와 같다. 요약해 보면, 시스템의 강성과 감쇠를 변화시키기 위해서 k_p와 k_d가 사용된다.

기준신호와 적분기가 추가된 I–제어루프에는 특별한 주의가 필요하다. 이 PID–제어 사례에서 사용하는 기준신호는 앞 절의 PID–제어에 대한 해석적 접근방법에서와 동일한 위치에서 입력된다. 상태–공간 제어를 사용하는 경우, 기준위치를 더 자유롭게 선정할 수 있다. 이론상 기준신호는 외부에서 정의되는 신호이기 때문에 제어기의 어느 위치에도 집어넣을 수 있다. 종종 이 기준신호를 귀환제어기의 출력단에 삽입하기도 한다. 이 단원의 도입부에 제시되어 있는 그림 4.1에서도 알 수 있듯이 이 위치는 전향제어기가 삽입되는 위치이기도 하다.

오차의 적분은 세 번째 귀환 루프를 구성한다. 제어되지 않는 2차 스프링–질량 시스템에서는 적분기에 해당하는 등가요소가 없다. 폐루프에서 적분기의 작용은 정상상태 오차를 0으로 줄여주며, 이 때문에 적분기를 **슈퍼스프링**(super spring)이라고 부르기도 한다.

극점들의 위치를 살펴보면 k_p+k는 허수축 상의 두 극점을 형성하여 비감쇠 고유 주파수를 결정하는 반면에 k_d+c는 이 극점들을 원주상을 따라서 실수축 방향으로 이동시키므로 귀환요소들이 극점들의 위치를 직접 결정한다는 것을 명확히 알 수 있다. k_p와 k_d가 $\boldsymbol{A}$ 행렬식 내의 항에서 합산되면 서로 다른 고유치를 갖는 새로운 $\boldsymbol{A}$ 행렬식이 만들어지며 이는 전체 상태귀환에서 다시 사용된다.

4.5.2 상태귀환

비록 PID 제어기가 실용 위치제어 시스템에서 주류를 이루고 있지만, 시스템 상태 뿐만 아니라 다수의 입출력을 가지고 있는 복잡한 시스템에 대한 제어 알고리즘 구축을 가능케 해 주는 더 기본적인 수학적 방법론에 대해서 간단히 살펴볼 필요가 있다. 상태귀환은 다양한 위치결정 시스템들이 교차동조문제를 겪는 경우에도 유용하다. 이 기본적인 방법은 동특성을 포함한 전체 모델과 모든 상태를 알고 있는 경우에 최적의 제어기를 설계할 수 있다는 가정으로부터 출발한다. 개별적인 상태들에 대해서 비례귀환을 적용하면 **상태귀환**(state feedback)이 실현된다. 일단 이 원리에 대해서 자세히 설명한 다음에 시스템 **식별**(system identification)을 통해서 어떻게 상태-공간 행렬식을 구하고, 모든 상태를 측정을 통해서 알 수 있는 이상적인 상황에 근접하기 위해서 **상태 추정기**(state estimator)가 어떻게 사용되는지 등에 대해서 다음 절에서 살펴보기로 한다. 직접 측정이 불가능한 상태에서 조차도 제한된 세트의 측정된 상태로부터 전체 상태를 재구성(추정) 할 수 있다.

동적 시스템에 대한 표준 상태-공간 표현식이 다음과 같이 주어진다.

$$\dot{\boldsymbol{x}} = \boldsymbol{A}\boldsymbol{x} + \boldsymbol{B}u$$
$$y = \boldsymbol{C}\boldsymbol{x} + Du$$

대부분의 시스템에서는 직접관통 D가 없거나 매우 작으므로 여기서는 상태귀환의 설명 과정에서 D를 0으로 가정한다. 이미 설명한 바와 같이, 상태귀환에서 상태벡터 $\boldsymbol{x}$가 모든 정보를 가지고 있다고 가정한다. 즉 시스템의 모든 상태는 제한된 세트의 측정을 통해서 직접 측정되거나 계산될 수 있다는 것을 의미한다. 귀환 루프는 n개의 열과 i개의 행으로 이루어진 귀환행렬식 $\boldsymbol{K}$를 통해서 닫힌다. 이로 인한 귀환 제어기의 출력은 $u = -\boldsymbol{K}\boldsymbol{x}$이다. 기준신호는 폐루프 시스템의 동특성을 변화시키지 않은 채로 u에 설정위치를 추가할 뿐이므로, 기준신호를 고려하지 않는다면 동적 시스템의 상태-공간 방정식은 다음과 같이 구해진다.

$$\dot{\boldsymbol{x}} = \boldsymbol{Ax} + \boldsymbol{B}(-\boldsymbol{Kx}) = (\boldsymbol{A} - \boldsymbol{BK})\boldsymbol{x} \tag{4.81}$$
$$y = \boldsymbol{Cx}$$

그 결과 개루프 시스템과 똑같아 보이지만 새로운 고유동특성 행렬 $\boldsymbol{A}' = \boldsymbol{A} - \boldsymbol{BK}$를 갖는 새로운 시스템이 만들어진다. 따라서 상태 귀환 하에서 필요한 폐루프 제어 시스템의 성능을 구현하기 위해서는 안정적인 작동을 위해서 필요한 극점들의 위치를 결정해야 하며 필요한 귀환 행렬식 $\boldsymbol{K}$를 계산할 필요가 있다. 시스템 전달함수의 극점에 해당하는 $\boldsymbol{A}$ 행렬식의 고유치들이 모두 음의 실수부를 가지고 있다면 상태-공간 시스템은 안정적이다. 폐루프 제어 시스템이 양호한 제어성능을 구현하기 위해서는, $\boldsymbol{A}' = \boldsymbol{A} - \boldsymbol{BK}$의 모든 고유치들이 음의 실수부를 가져야 하며, 허수부(진동)가 충분한 감쇠를 가져야 한다.

그림 4.53에서는 위치와 속도라는 두 개의 상태를 측정하며 위치적분을 계산하는 1차원 스프링-질량 위치결정 시스템(SISO)의 상태귀환 제어기를 도식적으로 표현하여 보여주고 있다. 그림을 통해서 귀환 벡터의 개별 매개변수 $k_{\#}$은 시스템의 고유 동특성 행렬식의 개별 매개변수 $a_{\#}$에 해당한다는 것을 알 수 있다. 이는 앞에서 제시했던 2차 스프링-질량 시스템에 대한 PID 제어기와 매우 유사하다. 즉, 상태귀환은

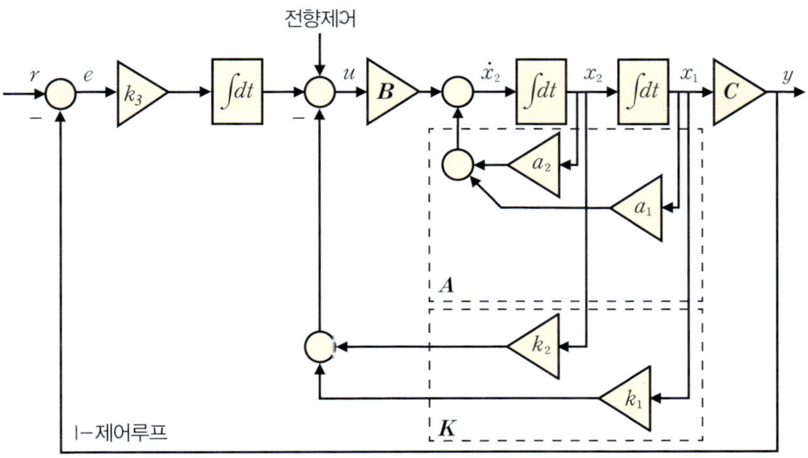

그림 4.53 SISO 위치결정 시스템의 상태귀환. 위치 x_1과 속도 x_2가 측정된다. 속도의 미분값인 $\dot{x}_2$는 가속도와 같으며, 여기서 사용된 2차 시스템은 두 개의 상태만으로도 완벽하게 나타낼 수 있으므로 전체 상태귀환에서 가속도는 측정할 필요가 없다. 위치와 속도에 비례 귀환을 적용함으로써, 라플라스 평면 상에서 극점들을 적절한 위치로 이동시킬 수 있다. 정상상태 오차를 줄이기 위해서 I-제어 루프가 추가된다.

모든 상태를 직접 측정하는 시스템에 대한 P-제어 항들과 같으며 개별적인 P-제어 이득은 귀환행렬식 $\boldsymbol{K}$의 매개변수들에 해당한다는 것을 의미한다.

상태-공간 제어에서 적분 작용은 시스템 내의 유사한 상태와의 직접적인 연관 없이 제어기 자체에 의해서 새로운 상태가 만들어지기 때문에 특수한 경우이다. 2차 시스템의 경우에는 원리상 두 개의 상태만으로도 충분하기 때문에 이 상태는 시스템 동특성의 제어에는 필요가 없다. 앞에서 설명 했듯이, I-제어 작용은 저주파에서의 루프 이득을 증가시켜서 정상상태 오차를 줄이기 위해서 귀환제어 시스템에 추가된다. 그런 이유 때문에, 상태-공간 제어에서는 일반적으로 I-제어 작용을 시스템 출력 y에서 기준 r과의 비교 이후에 입력으로 이어지는 별도의 음의 귀환 루프로 집어넣는다. 적분은 저주파 대역에서의 오차만을 줄여주므로 기준신호의 고주파 성분들은 I-제어 작용$(1/\omega)$에 의해서는 제어되거나 심지어는 희석되지도 않는다. 이 문제는 기준신호의 고주파 성분을 시스템의 전향제어 입력으로 추가함으로써 해결할 수 있다. 이를 통하여 상태귀환 루프가 주파수 스펙트럼의 이 부분을 제어할 수 있게 된다.

참고 : 비판적인 성향의 제어시스템 설계자는 이 대목에서 "왜 센서 두 개를 사용해야 하는가? 속도를 추출하기 위해서 D-제어를 사용하면 되기 때문에 위치센서 하나만으로도 충분하다"고 말할 것이다. 이 말은 완전히 옳기는 하지만, 그런 경우에는 항상 센서 노이즈에 대해서 주의를 기울여야 한다는 점을 잊어서는 안 된다. 만일 위치 센서에 노이즈가 많이 유입된다면 미분 작용은 특히 고주파 노이즈를 증폭하며 이 노이즈가 귀환 루프로 유입된다. 여러 개의 스프링과 질량으로 이루어진 고차 시스템에 대해서 마지막 질량체의 위치만을 측정하는 경우에는 전체 상태귀환을 위해서는 센서신호에 대한 다중 미분이 필요하며 이로 인하여 노이즈는 더욱더 증폭된다. 이는 메카트로닉스 설계가가 자주 접하게 되는 경제적인 이유와의 타협의 사례이기도 하다.

4.5.2.1 시스템 식별

성공적인 제어기 설계를 위해서는 플랜트의 동특성을 잘 알고 있어야만 한다. 특히 모델 기반의 제어기를 설계하기 위해서는 제어되지 않은 시스템의 동특성에 대한 수학적 모델뿐만 아니라 PID-제어기와 같은 고전적인 제어기의 튜닝을 위해서도 플랜트 전달함수에 대한 지식이 필요하다. 이런 모델은 이 책의 여러 단원을 통해서 설명하는 기계적 구조, 증폭기 및 작동기 등에 대한 이론을 기반으로 하는 물리적인 모델링을 통해서 얻을 수 있다. 이런 물리적 모델링의 대안은 **시스템 식별**(System Identification) 방법을 통해서 동적 시스템의 주파수 응답을 측정하여 수학적인 전달함수 근사를 통해서 수학적 모델을 구하는 것

이다.[58]

시스템 식별에서는 측정된 입력 및 출력 데이터 세트에 대한 미분 방정식의 매개변수 근사화를 통해서 센서를 포함하는 플랜트의 모델이 구해진다. 구하려는 모델의 구조를 알고 있다면, 모델의 매개변수만을 식별하면 되며, 이를 **그레이박스 시스템 식별**(grey-box system identification)이라고 부른다. 만일 시스템의 구조를 알지 못한다면 이를 **블랙박스 시스템 식별**(black-box system identification)이라고 부르며 식별 알고리즘을 통해서 모델의 차수와 구조도 파악해야만 한다. 시스템 식별은 시스템의 상태-공간 형태나 전달함수를 직접 제공해 주지만 플랜트의 시스템 동특성에서 고려한 차수의 모드까지만 관찰 및 제어할 수 있으므로 시스템의 **최소차수**(minimal realisation)에 의해서 항상 제한을 받는다. 하지만 관찰하지도 제어하지도 못하는 모드로 힘이 가해지지 않는다면 이는 보통 문제가 되지 않으며, 제어 루프 내의 노이즈에 의해서 이 모드들이 가진되는 것을 막아주기 때문에 심지어는 바람직할수도 있다. 그럼에도 불구하고 관찰되지 않거나 제어되지 않는 고유모드들이 다수의 하위 시스템을 가지고 있는 복잡한 메카트로닉스 시스템에서 문제를 유발하는 주요 원인이 될 가능성이 높기 때문에 이 사실을 인식하는 것이 중요하다.

시스템 식별은 제어공학 분야에서 강력하게 발전하고 있는 분야이며 특정한 경우에는 실시간으로 생성된 고속 알고리듬을 활용할 수 있으므로 제어기의 실시간 제어가 가능하다. 이런 고도로 전문화 된 분야는 이 책의 범주를 넘어서지만 메카트로닉스 설계자들은 이를 통해서 복잡한 메카트로닉스 제어 문제를 풀어낼 가능성이 커진다는 점을 잘 알고 있어야만 한다.

4.5.2.2 상태추정

앞 절에서는 모든 상태가 측정되었을 경우에 그에 적합한 제어기를 어떻게 구현하는지에 대해서 설명하였다. 그런데 정밀한 센서들은 매우 비싸기 때문에 메카트로닉스 시스템의 모든 위치, 속도 및 관련된 미분값들을 측정하는 것이 항상 가능할 수는 없다. 앞에서 언급했듯이, 속도 신호를 얻기 위해서 D-제어 귀환 시스템에서와 같이 위치 신호의 미분을 사용하는 것도 가능하지만, 노이즈에 너무 민감할 수 있다. 상태벡터의 모든 정보를 얻는 또 다른 방법은 고유 동특성을 포함하는 플랜트 모델을 기반으로 하여 실시간 **상태 추정기**(state estimator)를 구축하는 것이다. 이런 추정기는 또한 **관측기**(observer)라고도 부르며, 모델링 된 거동과의 비교를 통해서 시스템의 거동을 관찰하며 **갱신**(innovation)이라고 부르는 과정을 통해서 이 비교결과로부터 모델링된 매개변수를 보정한다. 이런 관측기는 또한 추정된 대역폭(속도)과 노이즈 성능 사이의 절충을 가능케 해 준다. 이들 두 중요한 성질들 사이의 최적 절충을 수행하는 관측기를 헝가리 수학자이며 전자공학 엔지니어인 Rudolph Emil Kálmán의 이름을 따서 **칼만필터**(Kalman－filter)라고 부른다.

그림 4.54에서는 관찰된 시스템의 상태－귀환 제어와 조합된 상태 관측기의 구조가 도시되어 있다. 파선으로 구획이 나누어진 블록들은 실제 메카트로닉스 시스템을 나타낸다. 점선으로 구획이 나누어진 구획은 메카트로닉스 시스템의 거동을 실시간으로 시뮬레이션하기 위한 컴퓨터에 의해서 만들어진 수학적인 모델을 나타내고 있다. 두 시스템 모두가 동일한 신호 u를 입력받으며 두 시스템이 동일하다면, 즉 완벽한 모델이 사용된다면, 출력 y와 y_0는 서로 같아야만 한다. 그런데 실제의 경우에는 항상 모델링 오차가 발생하며 고려하지 않았던 외력에 의해서 메카트로닉스 시스템이 교란되어 위치 및 속도오차가 유발된다. 모델의 출력과 실제 시스템의 출력 사이의 차이값($e = y_0 - y$)인 이 편차를 보상하기 위해서 관측기에서 예상되는 귀환오차를 결정하는 관측기 이득행렬 $\boldsymbol{L}$이 도입된다. 관측부의 폐루프 시스템이 안정되도록 $\boldsymbol{L}$이 설계되어야만 한다. $\boldsymbol{A}$, $\boldsymbol{L}$ 및 $\boldsymbol{C}$에 의해서 결정되는 관측기의 귀환 루프의 모든 극점들이 라플라스 평면의 좌반면에 위치하는 경우가 이에 해당한다.

$\boldsymbol{L}$의 선정이 이 극점들의 위치에 영향을 끼치며 상태 관측기가 물리적 시스템의 실제 상태 변화를 추종하는 속도를 결정한다. 빠른 응답을 선택하면, 관찰된 상태벡터는 시스템이 변화를 빠르게 추종하지만,

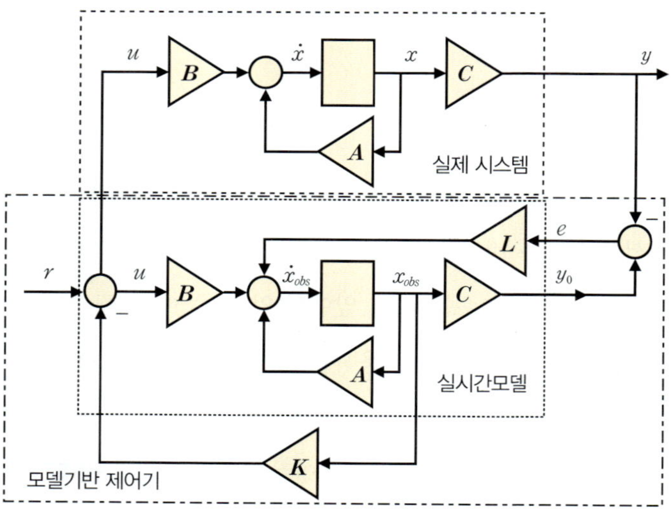

그림 4.54 상태귀환 제어 시스템에서 측정되지 않는 상태를 추정하기 위한 모델 기반의 제어기. 실시간 귀환 경로는 모델 내에서 추정된 상태값을 기반으로 하는 귀환 행렬식 K에 의해서 결정된다. 이 모델은 행렬식 L을 통해서 관측기 출력 y_0와 실시간 시스템 출력 y 사이의 차이가 갱신된다.

예를 들어 센서로부터 유입되는 노이즈에 대해서도 응답성이 증가하게 된다. 상태 관측기의 응답이 느려지면 예를 들어 센서 노이즈에 의해서 오염된 측정 등에 의해서 빠르게 변하는 외란신호에 대한 **평탄화** 또는 차단이 이루어진다. 최적 관측기에서, 분산특성을 이미 알고 있는 센서 노이즈에 대해서 속도와 노이즈 성능 사이의 최적의 절충을 제공해 주는 관측기 이득을 **칼만이득**(Kalman–gain)이라고 부른다.

4.5.2.3 상태공간제어에 대한 추가적인 논의

해석적 모델링이 메카트로닉스 시스템의 물리적 거동과 더 직관적으로 연결되어있기 때문에 이 책에서는 전달함수를 사용한 동적 시스템의 해석적 모델링에 집중하고 있다. 그럼에도 불구하고 상태–공간 방법은 특히 더 복잡한 시스템의 경우에 해석적 전달함수를 사용하는 방법보다 많은 장점이 있다. 행렬식 계산을 통해서 서로 다른 채널들 사이의 모든 교차동조를 고려한 MIMO 제어기를 직접 만들어낼 수 있다[80]. 하지만, 이 장점은 복잡한 시스템에서 한 요소에 의해서 유발된 오동작 문제를 찾아내기가 더 어려워지기 때문에 단점으로도 작용할 수 있다. 이 문제가 오랫동안 MIMO 제어기를 실제 메카트로닉스 시스템에 적용하는 것을 막는 주요 원인으로 작용하고 있다.

더욱이 상태–공간 모델은 동일한 시스템 상태에 작용하는 초기조건과 추가적인 외란들을 더 쉽게 포함시킬 수 있다. 관측기 기반의 제어기는 또 다른 장점을 가지고 있다. 표준 방식으로 만들어진 관측기가 제어기와 동일한 샘플링 비율로 모든 이산화–시간 측정을 수행할 수 있을 뿐만 아니라 샘플링 비율을 비동조시킬 수도 있다. 모델과 실제의 유사성 수준과 연관지어 $\boldsymbol{L}$ 행렬식의 시간거동 특성을 선정할 수 있다. 모델이 거의 이상적이라면, 추정오차 e는 매우 작은 편차를 가질 것이며, 이 편차가 느리게 변한다면 $\boldsymbol{L}$ 행렬식의 모델 보정을 가끔씩만 수행하면 된다. 이를 통해서 측정경로의 타이밍을 귀환루프의 타이밍과 분리시킬 수 있다.

긴 시간 간격마다 한 번씩밖에 측정을 수행할 수 없는 몇 가지 상황에 대해서 생각해 볼 수 있다. 첫 번째 사례는 환경적 제약 때문에 측정을 위해서 물체가 다른 위치에 놓여야 하는 경우에 발생한다. 또 다른 사례는 공정이 과도한 노이즈와 외란을 유발하기 때문에 정밀한 측정을 위해서 공정을 중지시킬 필요가 있는 경우이다. 이런 경우에 관측기는 실제 측정된 값보다 앞서서 귀환 루프에 정보를 제공해 주며, 따라서 동특성의 시뮬레이션처럼 작동하게 되므로 느리게 측정된 신호의 위상지연에 의한 불안정 현상의 발현을 막아준다. 측정의 지연량을 알고 있으며, 모델이 충분히 정확하다면 이 방법은 규칙적인 주기를 가지고 있는 실시간 동적 모델에 대한 잦은 재교정 과정을 정의해주기 때문에 매우 효과적이다. 또한 규칙적인 주기마다 실제 귀환루프가 일시적으로 깨지며, 이 주기들 사이에는 관측기가 시뮬레이터나 적응형 전향제어기처럼 작용한다고 말할 수도 있다. 모델이 완벽하지 못하다 해도 실시간으로 수행되는 관측기 기반의 장주기 보정에 의해 국부적으로 근사화 된 측정값이 전체 성능에 여전히 필요한 결과를 만들어줄 수 있다. 시스템은 고대에 제어기의 역할을 수행하는 선장이 풍향과 파도에 대한 관찰을 기반으로 하여 실시간 귀환방식으로 방향을 결정하며 가끔씩 육분의를 사용하여 별을 관측하여 모델을 수정하면서 바다 위를 항해하는 배처럼 거동하게 된다.

4.6 | 선형 귀환제어의 한계

이 장의 서언에서 말했듯이, 이 책에서는 단순화를 위해서 선형(제어) 시스템만을 다루고 있다. 선형제어의 주요 단점들 중 하나는 관심영역 전체에 대해서 플랜트의 시스템 상태를 정의하고 이를 관찰할 수 있다고 가정하는 것이다. 더욱이 제어작용에 한계가 없다고 가정하고 있다. 하지만 모든 실제 시스템은 유연하거나 경직된 작동범위 한계와 관련된 경계조건과 여타의 비선형성들을 가지고 있다. 이 장을 마무리하기 위해서 이 절에서는 정밀 위치결정 시스템에서 발생하는 몇 가지 가장 일반적인 비선형 특성에 대해서 살펴보기로 한다. 적절한 (비선형) 제어 시스템의 설계를 통해서 이런 발생 가능한 제한조건들을 어떻게 보상 또는 고려하는가에 대한 논의는 이 책의 범위를 너무 넓히게 된다. 그런 이유 때문에 비록 비선형 제어가 시스템의 안정성을 향상시켜 주며 성능한계를 높여줄 수 있지만 이 책에서는 논의하지 않는다. 이 주제에 대한 더 많은 정보들은 부록에 제시되어 있는 제어관련 서적들을 읽어보기를 권한다.

그림 4.1에 도시되어 있는 운동제어 시스템의 블록선도를 자세히 살펴보면, 비선형성이 발생할 가능성이 있는 요소들을 몇 가지 발견할 수 있다.

플랜트의 측면에서 보면, **클리핑**(clipping)이라고 부르는 센서의 최대 측정범위나 **포화**(saturation)에 의한 작동기의 작동범위 한계와 같이 물리적인 시스템은 필연적으로 어떤 한계를 갖고 있다. 예를 들어 강성설계를 기반으로 하는 압전 작동기는 단지 수 마이크로미터를 움직일 수 있을 뿐이다. 한계의 또 다른 사례로는 영강성을 갖도록 설계된 로렌츠력 작동기가 만들 수 있는 최대 작용력을 들 수 있다. 증폭기의 경우에는 동력용 스테이지의 출력과 최대전류 또는 최대전압의 변화속도 사이의 한계인 **변화율**(slew-rate) 한계는 시스템 성능에 영향을 끼친다. 기계요소들의 백래시, 마찰 및 비선형 강성, 또는 다음 장의 5.7절에 제시된 압전 트랜스듀서의 크리프와 히스테리시스 등에 대해서 살펴볼 예정이다.

(디지털) 제어 시스템에서는 또한 A/D 변환기를 통한 연속적인 센서 신호의 (값의) 양자화 및 (시간의)

샘플링, D/A 변환기의 양자화에 따른 제어신호의 업데이트 속도와 분해능 한계뿐만 아니라 소위 **지터**(jitter)라고 부르는 변환기의 샘플링 타이밍의 불확실성과 같은 비선형의 원인과 한계들을 만날 수 있다.

제어시스템에 의한 한계는 올바른 제어요소들을 선정함으로써 쉽게 극복할 수 있지만, 플랜트에서 발생하는 한계들은 오차의 주요 원인이 되며 이를 간과하면 시스템의 손상을 유발할 수도 있다. 실제의 경우 이런 오차의 원인 중 하나는 Matlab이나 Simulink와 같은 표준 모델링 소프트웨어들이 실제 시스템의 구현 능력과는 아무런 관계가 없는 극도로 큰 제어작용, 오차입력 및 시스템 상태 등을 허용하기 때문이다.

모델을 실제 물리적 시스템과 근접하도록 만들기 위해서는 그림 4.55에 도시되어 있는 것처럼, 작동기와 센서의 한계(포화)를 고려해야만 하며 적절한 기능블록을 추가하여 Simulink 모델에 통합시켜야만 한다. 메카트로닉스 시스템 모델링 과정에서 값비싼 실수를 방지하기 위해서는 센서, 증폭기 및 작동기의 실제 한계에 대한 인식이 필요하다.

이런 한계를 가시화 시켜서 보여줄 사례로, 그림 4.56에서는 앞 절에서 사례로 사용했던(식 (4.40) 참조) PID-제어 시스템에 제어력의 최대치 한계를 부가하여 작동기 작용력의 포화가 발생한 경우의 거동을 보여주고 있다. 기준 신호(첫번째 그림의 점선)는 기저주파수가 5 [Hz]이며 피크간 진폭이 0.2 [m]인 사다리꼴 신호이다. 구속되지 않은 시스템의 경우, 작용력 범위는 최대 1600 [N](청색 실선)에 달하는 반면에 시뮬레이션에서 구속된 시스템의 제어능력은 각각 1 [kN](노란색 파선)과 300 [N](빨간색 실선)으로 제한되었다. 제어작용이 작용력 한계를 넘어서면, 제어루프가 파괴되며 시스템은 이미 최대 작용력(과 단위시간당 시스템이 공급할 수 있는 최대 에너지)을 내보냈기 때문에 제어작용에 반응하지 않는다. 이 포화로 인하여 선형제어 시스템은 비선형으로 변하게 되며 더 이상 PID 제어기가 기대하는 대로 반응하지 않는다.

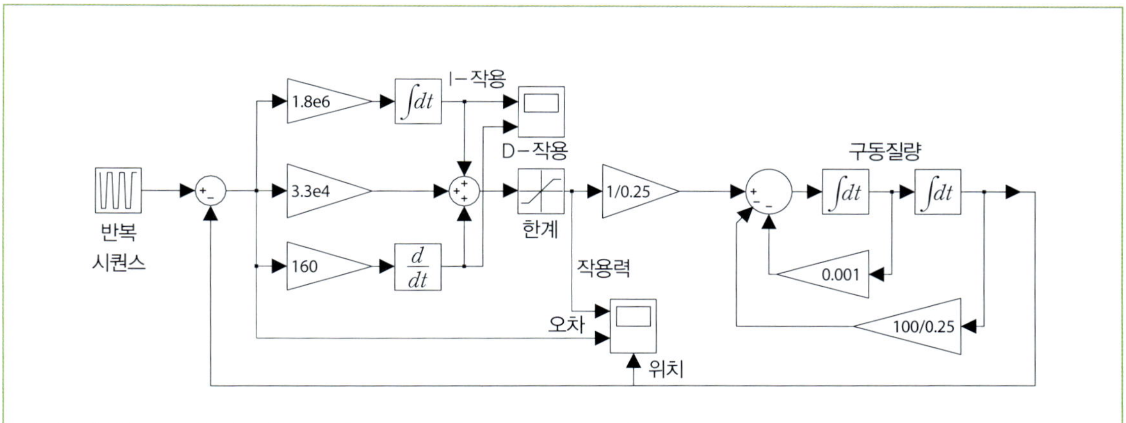

그림 4.55 작용력 포화를 고려한 식 (4.40)에 대한 PID-제어 스프링-질량 시스템의 MATLAB-Simulink 모델

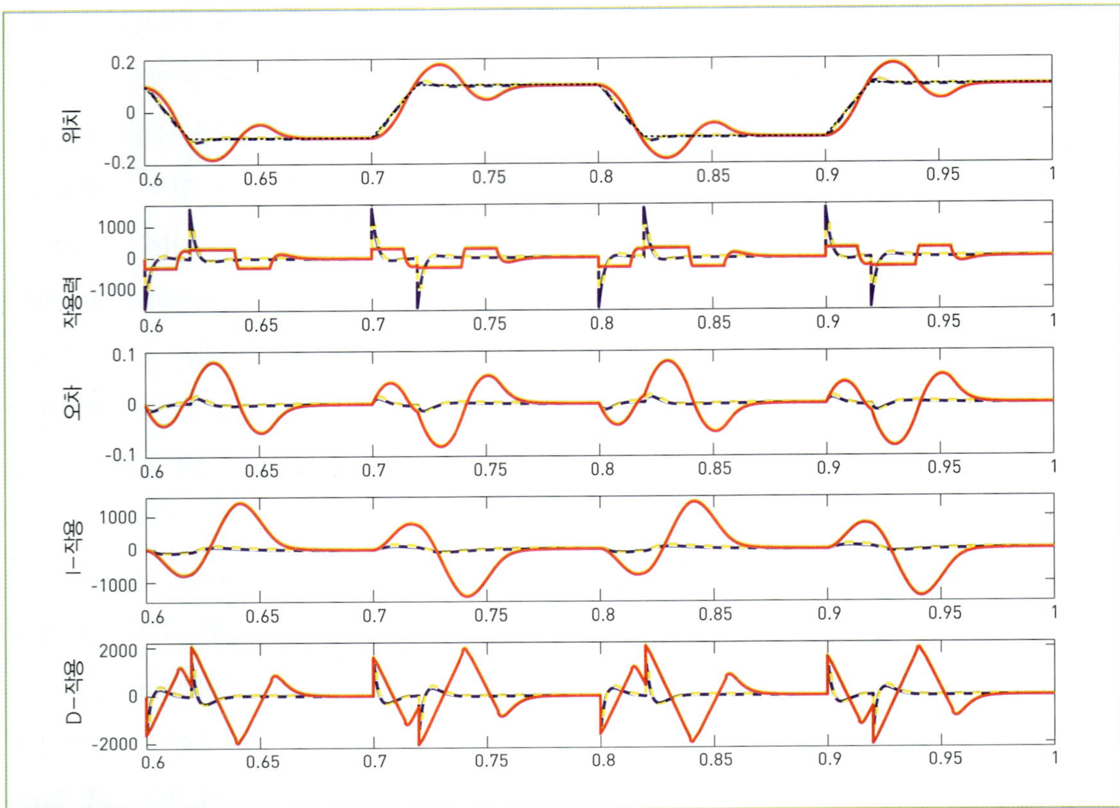

그림 4.56 무제한출력(청색선), 최대 1000[N](황색 파선), 그리고 최대 300[N](적색 실선)으로 최대작용력을 제한했을 때에 PID-제어되는 질량 위치결정 시스템의 거동특성. 첫 번째 도표는 사다리꼴 기준신호(검은색 점선)에 대한 제어된 질량의 위치 응답을 보여주고 있다. 두 번째 도표는 작용력과 같은 값인 PID-제어기의 출력을 보여준다. 세 번째 도표는 오차신호로서, 여기에 비례계수를 곱하면 P-제어와 같아진다. 네 번째와 다섯 번째 도표는 각각 I-제어와 D-제어를 보여주고 있다. 청색선으로 표시되어 있는 (제한되지 않은) 선형 PID-제어기에서 기대되는 작용력과 작용력이 300[N]으로 제한된 경우의 실제 작용력 사이의 불일치는 제어성능의 심각한 저하를 초래하여 시스템이 격하게 진동한다.

작용력이 1[kN]으로 제한된 경우에는 기준신호가 변할 때에 D-이득에 의해서 매우 짧은 기간(노란색 파선)동안만 포화레벨에 도달한다. 이것이 실제 시스템의 경우에 스텝이나 임펄스 형태의 신호 대신에 부드럽게 변하는 신호를 기준신호로 사용해야 하는 이유이다. 이 포화는 제어작용을 매우 조금만 제한하기 때문에 제어오차의 증가도 매우 작으며 시스템은 제한되지 않은 작용력이 1[kN]을 넘어서는 시간보다 약간 더 긴 기간 동안만 포화될 뿐이다. 시스템이 다시 선형 영역으로 진입하면 PID-제어기가 포화기간 동안 발생된 약간 큰 오차를 손쉽게 보상할 수 있다.

그런데, 작용력이 300[N]으로 제한된 경우에는 제어를 위해서 시스템으로 집어넣을 수 있는 단위시간당 에너지가 PID-제어기가 주어진 기준신호에 대해서 요구하는 값보다 훨씬 작다. 선형 시스템과 실제

시스템 사이의 불일치가 너무 크므로 큰 제어오차와 시스템 성능의 현저한 저하를 초래한다. 여기서 주된 문제는 제어기의 I－이득이 시스템이 포화된 매우 긴 기간 동안 지속적으로 오차를 누적시키기 때문에 제한되지 않은 시스템의 경우보다 훨씬 더 큰 I－작용이 누적된다는 것이다. 이 효과를 **적분누적**(integral windup)이라고 부른다. I－작용은 시스템이 반대방향으로 움직여서 오차의 부호가 바뀌어야만 감소하기 시작하기 때문에, 이런 장기간 적분 및 큰 오차는 시스템이 다시 선형영역으로 진입했을 때에 손쉽게 보상할 수 없다. 이로 인하여 시스템의 강한 진동이 초래되며, 심지어는 제어작용이 너무 많이 누적되어 제어신호가 작용력의 양과 음의 포화값 사이를 오가는 뱅뱅작용이 유발되는 **사이클 한계**(limit cycle)를 일으킬 수도 있다.

실제 시스템에서는 제어기에 이런 현상을 방지하기 위한 방안이 마련되어야만 한다. 그중 하나는 작용력의 포화한계 내로 유지되는 선형 영역으로 시스템이 다시 들어갈 때까지 I－제어작용을 줄이거나 상쇄하는 것이다. 이를 **반포화 제어**(anti－windup control)라고 부르며 PID－제어 시스템 내에 설치되어야 하며, 대변위 센서를 사용하는 경우에는 이것만으로도 충분하다.

이 사례를 통해서 선형제어는 그 자체가 강력하지만 제어기 설계에 있어서 미리 알고 고려해야만 하는 제한들이 있다는 것을 알 수 있다.

그림에서는 도시되어있지 않지만, 또 다른 한계는 센서의 측정범위 한계이다. 센서의 측정범위를 벗어난다고 해도 작동기에 의해서 제어루프가 깨지지는 않지만, 일단 센서 신호가 측정한계에 의해서 깎이면 제어기는 **장님주행**을 하게 된다. 즉 실제 오차는 제어기가 관찰한 값보다 훨씬 크지만 이를 보상할 수 없다는 것을 의미한다. 근접추종 시스템과 같이 매우 측정범위가 좁은 센서와 작동범위가 넓은 작동기를 사용하는 경우에는 안정성을 확보할 때까지 P－이득은 줄이고 D－이득은 증가시켜야 한다. 초점 센서의 감지범위는 렌즈의 초점 조정범위보다 훨씬 더 작으며, 측정범위 밖에서는 아무런 정보도 없는 카메라의 자동초점이 좋은 사례이다. 따라서 카메라는 날카로운 초점을 지나쳐도 제시간 안에 멈추지 못하고 스캐닝을 계속한다.

직접구동방식 작동기와 공기 베어링을 사용할 수 없는 저가형 메카트로닉스 시스템에 자주 존재하는 비선형성 때문에 마지막 사례인 선형제어 백래시의 한계에 대해서는 주의가 필요하다. 회전형 DC 모터와 기어식 감속기를 사용하는 위치결정 시스템에서, 동력전달장치의 백래시와 마찰은 모터와 위치결정 질량체 사이의 전달을 교란시킨다. 운동의 반전시 백래시에 의해서 동력전달의 연속성이 깨지기 때문에 정밀한 질량체 위치결정이 이루어지는 빠르고 잘 감쇠된 귀환제어 시스템을 구축할 가능성이 이 비선형성으로 인해서 제한된다. 이 문제는 DC 모터축에 **속도검출 발전기**(tacho－generator)를 설치하면 부분적으로 해결할 수 있다. 이 센서는 모터 속도에 대한 신뢰할만한 상태 정보를 제공해 주며 위치/회전 귀환을 위한 내부루프의 (고 대역폭)안정화를 위해서 사용할 수 있다. 그런데 속도검출 발전기는 동력전달기구의 비선형 오차를 측정할 수 없으므로 부하질량의 위치결정 정밀도를 향상시키지 못한다.

선형제어는 운동제어 시스템에서 극도로 강하며 중요하기 때문에 이 절을 오해해서는 안 된다. 하지만 대부분의 경우 선형제어의 성능은 물리적 플랜트의 경계에 의해서 제한되므로 제어기 설계에 있어서 이를 고려해야만 한다. 앞서 말했던 것처럼 선형제어의 한계를 넘어선 제어성능을 구현할 목적으로 현대적인 비선형 제어기법에 대한 통찰력을 갖추기 위해서는 부록에 제시된 선형 및 비선형 제어에 대한 레퍼런스를 읽을 것을 권하는 바이다.

4.7 | 운동제어에 대한 결론

이 장을 통해서, 적절한 환경 하에서 귀환제어 및 전향제어는 메카트로닉스 운동 시스템의 동적 성능을 현저하게 향상시켜준다는 것을 보여주고 있다. 귀환제어는 시스템의 극점 위치를 이동시켜서 시스템의 성질을 변화시켜 주기 때문에 불안정한 시스템을 제어하고 귀환제어 시스템에 견실성을 더해준다. 전향제어는 예를 들어 기준위치 추종을 위한 영점-극점 소거를 통해서 운동 시스템의 성능을 개선시켜 주는 반면에 안정성 조건에 의해 제한되지 않으며 일반적으로 귀환제어보다 단순하고 빠르다.

2자유도 제어(two degree of freedom control)라고도 부르는 전향제어와 귀환제어의 조합을 통해서 시스템 설계자는 성능과 견실성 사이의 절충을 포함하여 제어기 설계를 최적화시킬 수 있다.

능동제어는 시스템 상태에 대한 최소한 하나 이상의 신뢰성 있는 정보를 필요로 한다는 것을 알 수 있었다. 또한 시스템 식별이나 모델링을 통해서 플랜트의 거동도 충분히 잘 알고 있어야 한다. 메카트로닉스 플랜트를 구성하는 작동기와 센서 같은 중요한 요소들의 모델링을 위해서 다음 장에서는 이들의 거동을 살펴보기로 한다. 마지막 장에서는 웨이퍼 스캐너에 대한 실제 데이터를 통해서 전향제어와 귀환제어의 중요성을 다시 한 번 확인해 본다.

전기기계식 작동기

Robert Munning Schmidt, Georg Schitter

5.1 | 서언

메카트로닉스 시스템의 고유 동특성은 기계적인 동적 성능에 의해서만 결정되는 것이 아니다. 앞서 설명했듯이, 증폭기, 작동기 및 센서와 같은 하위 시스템들도 전체 시스템의 동적 성능에 영향을 끼친다. 균형이 잘 맞는 시스템을 설계하기 위해서는 에너지 변환에 대한 기계공학 및 전기공학 분야들 사이의 상호작용에 대한 총체적인 이해가 필요하다. 이 장에서는 전기기계를 통해서 이 상호작용에 대해서 살펴본다.

이 장은 전류를 이용한 자기장 생성에 대한 역사를 살펴보면서 시작한다. 5.3절에서는 이동코일 로렌츠 작동기와 같은 선형 작동기와 더 강하지단 비선형 특성을 가지고 있는 릴럭턴스 작동기, 그리고 이들 둘의 최적조합인 하이브리드 작동기 등의 거동을 다룬다. 이런 기본구조들은 대부분의 전자석 작동기의 설계를 대표하기에 충분하다. 단순화 된 방정식을 통해서 개념설계 과정에서 힘에 대한 합리적인 계산을 도출할 수 있다.

또한 메카트로닉스 시스템의 통합에 중요하게 사용되는 전기적 성질들에 대해서 세심하게 살펴본다. 특히 전기 시스템은 작동기에 전류를 공급해야 하므로 전류 증폭기와 관련된 내용들에 대해서는 주의를 기울인다.

전자석 작동기가 정밀 메카트로닉스 시스템 작동 원리의 주류를 형성하고 있지만, 가공용 공구와 같이 미소변위의 매우 큰 힘을 필요로 하는 경우와 같은 용도에서 압전 작동기의 중요성이 증가하고 있다. 또한 매우 작은 시스템에서 압전 작동기는 매우 높은 주파수로 변위를 발생시킬 수 있으므로 그 장점이 활용된다. 5.7절에서는 압전 작동기에 대해서 설명하고 있다.

5.2 | 전자기

전자석 작동기(electromagnetic actuator)는 **전기모터**(electric motor)의 특수한 형태이다. 작동기라는 용어는 전기 에너지를 제한된 선형운동이나 회전운동 에너지로 직접 변환시켜주는 장비라는 의미를 가지고 있다. 전자기학에 대한 이론적 배경을 설명하기 전에 우선 역사적 배경에 대해서 간략하게 살펴보기로 한다.

5.2.1 자기학의 역사

전기에 대한 최초의 실험은 1750년 경에 미국의 정치인이자 과학자인 Benjamin Franklin(1706–1790)에 의해서 수행되었다. 이런 초기연구에도 불구하고 전기가 처음으로 실용화 된 것은 전등이 발명된 19세기 후반이었다. 또한 이 시기에 독일의 물리학자인 Hans Christian Oersted(1777–1851)가 수행한 전자기력에 대한 실험을 기반으로 하여 최초의 전기모터가 발명되었다. 이런 초기 전기모터들 중 하나의 사례로 1898년 경에 에디슨이 설계한 선풍기용 모터가 그림 5.1에 도시되어 있다. Thomas Alva

그림 5.1 Thomas Alva Edison이 설계한 선풍기용 전기모터. 이 모터는 영구자석을 사용하지 않았으며 자속은 전류에 의해서 생성된다. 에디슨이 선호했던 전기 에너지인 직류전력을 사용하기 위해서 미끄럼 접촉하는 정류자가 사용되었다. (Courtesy of John Jenkins, www.sparkmuseum.com)

Edison(1847-1931)은 미국의 발명가이며 과학자이나, 무엇보다도 그는 전기사용에 대한 관심을 높이기 위해서 무엇이든 했던 성공한 사업가였다. 잘 알려진 백열등의 실용화와 더불어서, 그는 또한 그림에 도시되어있는 것과 같은 전기 선풍기와 같은 전기기기들도 만들었다.

오랫동안 세상에서는 전기로 구동되는 모든 운동기기에 회전형 전기모터가 사용되었다. 이 모터들은 정류기법이나 회전자계를 사용하면서 비동기 유도나 영구자석 동기형과 같이 다양한 작동원리에 따라서 분당 수천회전의 속도로 회전한다. 기어박스를 사용하면 일반적으로 매우 높은 모터의 회전속도를 낮추어 운동의 제어를 더 쉽게 만들어준다. 크라운 휠과 나사축 메커니즘을 사용하면 회전운동을 직선운동으로 바꿀 수 있다. 20세기 중반에 이미 예하중을 받는 (볼스크류) 메커니즘을 사용하여 10~100 [μm]에 이를 정도로 높은 수준의 직선 위치 정밀도를 구현할 수 있었다. 이들은 주로 공작기계에 사용되었으나, 사람들은 그 당시에 막 도입되기 시작한 능동형 위치결정 시스템의 성능을 제한하는 백래시, 마찰 및 유격과 같은 이 기계적 구동장치가 가지고 있는 본질적인 문제들이 발생하지 않는 대안을 찾기 시작했다. 이 책의 서언 부에서 논의했듯이 이는 두 가지 서로 다른 방향으로 전개되었다. 첫 번째는 공작기계 업계에서 시작되었으며 대부분이 새롭게 발견된 특정한 소재의 압전 성질을 작동기로 사용했다. 두 번째 방향은 강한 외력을 사용하지 않으며, 주로 전자기 에너지 변환 원리를 사용하는 위치결정 시스템을 기반으로 하였다.

5.2.2 전류에 의한 자력

2장에서 소개했던 벡터 미분식으로 표현된 맥스웰 방정식은 많은 유한요소 모델링 소프트웨어 패키지에서 사용된다. 이를 이용한 계산 결과는 선정된 격자의 정밀도, 자석부품 형상의 정확도, 그리고 적절한 계산시간 등에 따라서 거의 완벽한 결과를 얻을 수 있다. 그런데 메카트로닉스 시스템 설계자는 종종, 전자석 시스템의 특성에 대해 전용 소프트웨어를 사용한 상세해석을 수행하기 전에 일차적으로 약식 계산을 수행할 필요가 있다. 또한, 경계조건을 잘못 선정했을 경우에 모델링 소프트웨어에 의해서 만들어지는 오류를 인식할 필요가 있다. 그런 이유 때문에 다음 절에서는 필드와 전류의 방향을 알고 있다는 가정 하에서 벡터 방정식을 크기만 다루는 스칼라 식으로 근사화 시킨다. 이 가정은 모든 매개변수들 사이의 방향관계가 평행하거나 직각일 경우에만 유효하다. 이런 1차 근사식은 직교 특성을 가지고 있으므로 작동기의 초기 설계단계에서 자주 사용된다. 필요하다면 2차 보정을 위해서 각도인자(sine/cosine)를 도입할 수 있다.

사용 가능한 방정식을 얻기 위한 과정은 도전체 내의 전류만을 고려하기 때문에 구속되지 않은 전하에 대한 항을 배제하고 암페어의 법칙으로부터 유도한 전기와 자기 사이의 기본관계에서 시작한다.

$$\oint_L \boldsymbol{B} \cdot d\boldsymbol{l} = \mu_0 I \tag{5.1}$$

그림 5.2에서와 같이 전류 I가 흐르는 도선 주변 거리 x인 위치에 원형 루프에 대해서 자기장 $\boldsymbol{B}$는 원주 방향을 따라 일정한 자속밀도 B를 가진다. 즉 좌측의 적분항은 $2\pi x B$와 같다는 뜻이다. 그 결과 자속밀도는 다음과 같이 구해진다.

$$B(x) = \frac{\mu_0 I}{2\pi x} \quad [\mathrm{T}] \tag{5.2}$$

이 방정식은 암페어의 법칙이 가정하고 있듯이 주변 소재가 진공이라는 조건 하에서만 성립된다. 이 방정식이 말해주듯이, 자속밀도는 도선에 흐르는 전류와 진공중의 투자율에 비례하며 거리에는 반비례한다. 이 투자율에 대한 의존성 때문에 투자율이 변하면 자동적으로 자속밀도의 변화가 초래된다.

전류와 더 직접적인 관계를 갖는 성질은 스칼라 크기인 자장강도 H를 갖는 자계 $\boldsymbol{H}$이다.

$$H(x) = \frac{B(x)}{\mu_0} = \frac{I}{2\pi x} \quad [\mathrm{H}] \tag{5.12}$$

즉 자장강도는 전류와 도선까지의 거리에 의해서만 결정된다. 그렇기 때문에 자기장 $\boldsymbol{B}$[40]의 원천으로서 전류를 나타내기 위해서 자장강도 H에 해당하는 벡터장 $\boldsymbol{H}$를 **자계**(magnetising field)라고 부른다.

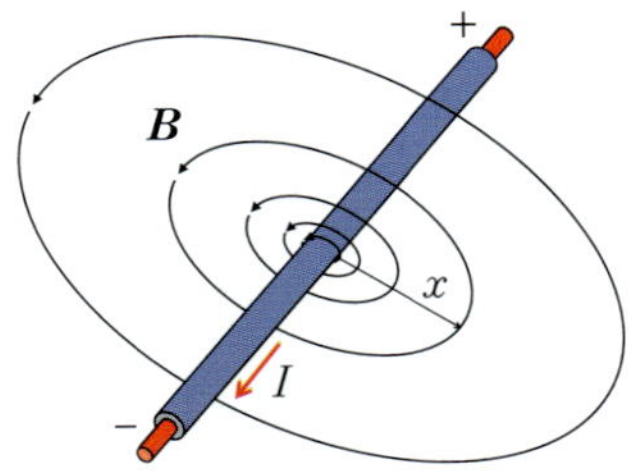

그림 5.2 도선을 통과하는 전류에 의해서 생성되는 자기장은 그림의 전류방향에 대해서 시계방향으로 생성된다. 자기장의 크기는 도선으로부터의 거리에 비례하여 감소한다.

40) $\boldsymbol{H}$와 $\boldsymbol{B}$의 두 장들은 동일하게 존재하며 필요에 따라 적절하게 사용할 수 있으므로 무엇이 원인이고 인과관계는 어떻게 되는지에 대한 철학적인 질문의 정답은 이 책의 범주를 넘어선다.

실제 전자기 시스템에서 도선은 권선수가 n인 코일 형태로 만들어진다. 그림 5.3에서 볼 수 있듯이 평행하게 배치된 다중 도선에 의해서 생성된 자기장은 중첩원리에 따라서 벡터합산을 할 수 있다. 그 결과 도선을 코일 형태로 감으면 전류에 의해서 생성되는 총 자기장은 그림 5.4에서와 같이 권선수에 따라서 증가한다. 식 (5.2)를 사용하여 권선높이 h_c를 갖는 코일 내부의 단면 A_c에 대해서 모든 권선들의 자기장에 대한 적분을 수행하면 진공 또는 공기중에서 코일 내부의 자속밀도 B_w[T]와 자장강도 H_w[H], 그리고 총 자속 Φ_w[Wb]를 구할 수 있다.

$$B_{w,av} = \varkappa \frac{\mu_o nI}{h_c} \quad \Rightarrow \quad H_{w,av} = \frac{B_{w,av}}{\mu_0} = \varkappa \frac{nI}{h_c}, \ \Phi_w = B_w A_c = \varkappa \frac{\mu_o nI}{h_c} A_c \tag{5.4}$$

코일 양단에서의 영향으로 인하여 실제적으로는 균일하지 않은 자기장을 고려하여 각 권선들 사이

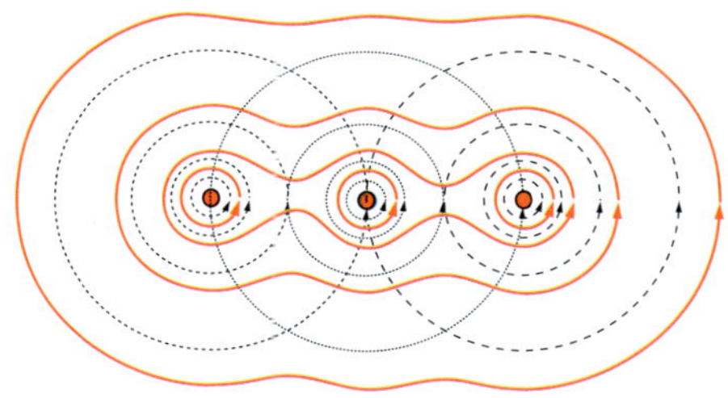

그림 5.3 평행한 도선을 통해 3개의 전류가 지면 밖을 향해서 흐르면서 도선 각각이 점선으로 표시된 자장선들처럼 자기장을 형성한다. 자기장의 중첩원리에 따라서 이 자기장들을 벡터합산하면 빨간색 실선으로 표시된 큰 전체필드가 만들어진다. 그림에서와 같이 와이어가 배치된 방향과 평행한 일정한 거리에 직선화된 필드선이 만들어진다.

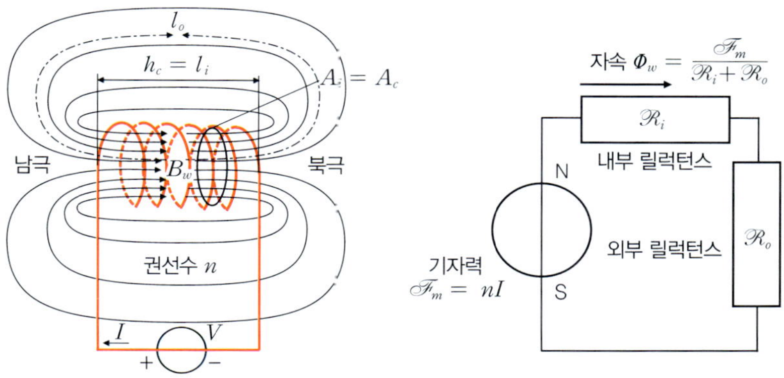

그림 5.4 전류를 운반하는 코일에 의한 자기장은 개별 권선들에 의한 자기장의 기여도를 모두 벡터 합산한 값이다. 이를 통해서 코일의 내부에는 모든 권선들이 공유하는 대략적으로 균일한 자기장이 생성된다. 등가 홉킨스 회로모델이 우측에 도시되어 있다.

의 **상관계수**(coupling factor) $\varkappa < 1$을 취한다. 코일의 길이가 무한히 길어서 공간 내에서 전류가 일정하게 분포되는 경우에만 $\varkappa = 1$이 되며, 길이가 짧은 코일의 경우에는 코일의 길이 대 직경 비율에 따라서 $\varkappa \approx 0.3 \sim 0.7$의 값을 가진다. 이런 개략적인 근사에도 불구하고 식 (5.4)는 코일의 길이가 자장의 성질에 끼치는 영향을 잘 보여주고 있으므로 정성적인 관점에서 유용하다. 권선길이 h_c가 증가하면 자기장이 감소하며, 각 권선간의 거리가 증가하므로 개별적인 자속레벨의 합이 줄어들기 때문에 전류와 권선수에 따라서도 자기장은 감소한다. 직경의 영향은 $\varkappa$ 속에 포함되어 있기 때문에 방정식에 나타나지 않으며 무한히 긴 코일의 경우 코일 중앙부 권선의 등간격 위치에서는 각 권선들의 기여도가 서로 같은 반면에 한쪽 끝으로 갈수록 바깥쪽에 위치한 권선의 기여도가 내측에 위치한 권선보다 증가하게 된다. 근사식에서는 코일의 직경에 대해서 자속밀도가 일정하다고 가정한다.

전류의 방향에 대해서 상대적인 자속의 방향은 2장의 그림 2.6에 정의된 맥스웰 방정식을 따른다. 그림 5.2에서와 같이 전류의 방향을 따라서 도선 주변을 시계방향으로 자속이 회전한다. 다중권선 코일의 경우 코일 내측의 자속 방향은 시계방향으로 그 주변을 흐르는 전류 흐름에 해당한다. 자속이 자석을 떠나는 위치를 **북극**, 그 반대쪽을 **남극**이라고 정의한다. 비록 이것이 지구의 자기장과 똑같은 것처럼 보이겠지만, 자석의 북극은 나침반 바늘이 지구의 북극을 가리키는 방향으로 정의되었기 때문에 지구의 극은 반대로 되어있다. 서로 반대인 극들이 서로 잡아당기기 때문에 이 정의가 이런 반전을 초래하였다.

5.2.3 홉킨슨의 법칙

자기장은 3차원 공간속에 분포하며 나중에 설명하겠지만 자기장의 차폐는 불가능하고 강자성체는 고도로 비선형적인 거동을 하기 때문에 무한히 큰 공간을 고려해야 하므로 실제 자기장을 구하기 위해서는 엄청난 계산이 필요하다. 많은 경우 맥스웰 방정식을 그대로 적용한 유한요소모델에서 조차도 2차원 계산에 국한하며, 축대칭을 사용하여 준 3차원으로 확장시킨다. 극단적인 경우에만 실제 3차원 모델링 소프트웨어를 사용한다. 그런 이유 때문에 자기특성에 대한 근사해석을 위해서는 자기회로에 대한 단순화 된 해석모델이 널리 사용된다.

전기에서의 **옴**(Ohm)의 법칙에서 영감을 받아서 영국의 물리학자이며 전기 엔지니어인 John Hopkinson(1849－1898)은 자기 시스템을 자기**전류**인 자속 Φ를 결정하는 자력 공급원과 자기부하의 조합으로 이루어진 등가회로 모델을 사용하여 근사화 할 수 있다고 규정했다.

앞 절에 따르면 전류는 자력의 공급원처럼 작용한다는 것을 알 수 있었다. 자기에 대한 홉킨슨의 법칙에서 이 공급원은 암페어의 법칙에 의해서 정의된 기자력과 같다.

$$\mathscr{F}_m = \oint_L \boldsymbol{H} \cdot d\boldsymbol{l} = I_{enc} = nI \ \ [\mathrm{A}] \tag{5.5}$$

여기서 L은 코일의 모든 권선들이 형성하는 내측에서 외측으로의 루프길이이며 n은 권선수이다.

자기장에 의해서 투과되는 소재의 수동성과 관계되는 영어 단어인 "reluctant(마지못하는)"라는 의미가 있는 **릴럭턴스**(Reluctance : $\mathscr{R}$)라고 부르는 자기저항이 도입된다. 자기저항은 다음 관계식을 통해서 정의된다.

$$\mathscr{R} = \frac{l_\Phi}{\mu A} \tag{5.6}$$

여기서 l_Φ는 자속이 따라가는 경로길이이며, A는 경로 단면적이다. 릴럭턴스 $\mathscr{R}$이 특정 소재의 자속을 흘리기 위해서 필요한 노력의 양을 나타낸다는 점을 생각해 보면 이 식은 논리적이다. 넓은 표면과 큰 투자율은 이 노력을 줄여주는 반면에 경로길이 증가는 이를 증가시킨다.

이 정의를 통해서 전기에서 옴의 법칙과 유사한 자기에 대한 **홉킨슨의 법칙**이 다음과 같이 정의된다.

$$\Phi = \frac{\mathscr{F}_m}{\mathscr{R}} \ \frac{nI\mu A}{l_\Phi} \ \ [\mathrm{Wb}] \tag{5.7}$$

일반적으로 시스템 전체에 대해서 단면적 A, 경로 l_Φ, 그리고 μ는 모두 일정하지 않지만 릴럭턴스 기여도는 서로 직렬 연결되어 있으므로 실제의 경우 릴럭턴스는 서로 다른 성질을 갖는 각 영역에 대해서 자속경로에 대한 릴럭턴스의 기여도를 합산하여 계산한다. 모든 저항에 동일한 전류가 흐르는 직렬 연결된 저항에서와 마찬가지로, 자속의 흐름은 자속경로내의 모든 요소들을 통과하므로 각각의 릴럭턴스 요소들을 합산하여 총 릴럭턴스를 구한다.

이 법칙을 검증하기 위해서 자기에 대한 홉킨슨의 법칙을 사용하여 그림 5.4에서와 같이 진공 중에서 코일내의 전류에 의해 유발된 자기장을 구할 수 있다. 이를 통해서 코일 권선 내부의 자속밀도 B_W를 구할 수 있다.

$$B_W = \frac{\Phi_W}{A_c} = \frac{\mathscr{F}_m}{A_c\mathscr{R}} = \frac{nI}{A_c\mathscr{R}} \ \ [\mathrm{T}] \tag{5.8}$$

릴럭턴스는 길이 l_i인 코일 내부 요소의 R_i와 길이 l_o인 코일 외부요소의 $\mathscr{R}_o$로 모델링할 수 있다.

$$\mathscr{R} = \mathscr{R}_i + \mathscr{R}_o = \frac{l_i}{A_i\mu_0} + \frac{l_o}{A_o\mu_0} \tag{5.9}$$

여기서 A_i와 A_o는 각각 코일의 내부와 외부의 플럭스 경로와 같다. 단면 $A_i = A_c$와 코일 높이 $(l_i = h_c)$가 일정하기 때문에 코일내측 릴럭턴스를 나타내는 첫 번째 항은 매우 간단하게 구할 수 있다. 코일 외측에 대한 릴럭턴스의 두 번째 항은 각 플럭스선의 길이 l_o가 코일 출구 측에서 h_c부터 무한대까지 변하기 때문에 더 복잡하다. 하지만 단면적 A_o도 코일 외부의 모든 공간이 포함되므로 무한대이다. 앞 절에서 사용했던 $\varkappa$를 사용해서 외부 경로의 릴럭턴스를 근사화하여 고려할 수 있다. 따라서 총 릴럭턴스는 내부경로의 릴럭턴스를 $\varkappa$로 나눈값과 같다.

$$\mathscr{R} \approx \frac{l_i}{\varkappa A_c \mu_0} \tag{5.10}$$

평균자속밀도와 그에 따른 코일의 자장강도는 다음과 같다.

$$B_{w,av} = \varkappa \frac{\mu_o nI}{l_1} = \varkappa \frac{\mu_o nI}{h_c} \quad \Rightarrow \quad H_{w,av} = \varkappa \frac{nI}{l_i} = \varkappa \frac{nI}{h_c} \tag{5.11}$$

이는 앞서 발견한 관계와 동일하다.

또한 기자력 $\mathscr{F}_m = nI$와 평균 자장강도 $H_{w,av}$ 사이의 관계를 명확하게 보여주고 있다.

$$H_{w,av} \approx \varkappa \frac{\mathscr{F}_m}{l_i} \quad \Rightarrow \quad \mathscr{F}_m \approx \frac{H_{w,av}\, l_i}{\varkappa} \tag{5.12}$$

5.2.3.1 홉킨스 법칙의 실용적 측면

일반적으로 홉킨스 법칙은 이 공심코일의 사례에서와 같이 큰 공기체적에 의해서 릴럭턴스가 결정되는 자기장에 대한 계산에는 적합지 않다. $\varkappa$ 때문에 이 경우의 정확도는 10배 이상 편차를 유발하는 반면에 작은 공극과 자기 전도성 **강자성체**(ferromagnetic)로 이루어진 실제 시스템의 경우에는 5.2.4.1절에서와 같이 이 방법이 더 좋은 결과를 만들어준다. 이런 경우, 길이가 l_y인 총 자속루프, 대략적으로 등방성인 자장$(H_{w,av} = H_w)$, 그리고 대략적으로 상관계수 $\varkappa \approx 1$인 경우에 대해서 다음과 같이 자장 강도를 구할 수 있다.

$$H_w \approx \frac{\mathscr{F}_m}{l_y} \quad \Rightarrow \quad \mathscr{F}_m \approx H_w\, l_y \tag{5.13}$$

전기회로에서와 마찬가지로 6.2.1.4절에서 소개할 키르히호프의 법칙에 따르면 루프에 대한 총 기자력은 0이다. 따라서 이 기자력과 그에 따른 자장강도 H를 경로길이가 가장 긴 경우에 최댓값을 갖는 릴럭턴스로 나눈다.

마지막으로 전기회로와의 유사성 때문에 쉽게 자속밀도 곱하기 기자력이 전력과 같다는 결론을 얻을 수 있지만 실제로는 그렇지 않기 때문에 홉킨슨 법칙의 항들을 활용하는 경우에 그 차이점을 인식하는 것이 매우 중요하다. 단위계를 따라가 보면 $\mathscr{F}_m\Phi \rightarrow$ [A · V · s] = [W · s] = [J]이며 이는 에너지의 단위이며 결코 전력이 아니다. 정지해 있는 자기장은 일정한 양의 에너지를 저장하고 있으므로 자속은 전기에서 움직이는 전자처럼 전력을 운반할 수 없다.

5.2.3.2 자기 에너지

자기장은 이 장을 생성하기 위해서 사용되는 에너지를 포함하고 있다. 코일에 전류를 투입하면 패러데이의 법칙에 따라서 코일에는 자기장의 증가에 따른 전압이 유도된다. 이런 전압과 전류 사이의 조합은 전력의 투입을 의미하며 특정한 전류레벨에 도달하는 시간에 대한 적분은 자기 시스템 내에 저장된 에너지의 양을 나타낸다. 자장강도 H [A/m]는 전류에 비례하며 자속밀도의 변화 ΔB [T = V · s/m²]는 유도된 전압에 비례하므로 자장 내 특정한 위치에서의 에너지밀도[A · V · s/m³ = J/m³]는 국부적인 자속레벨 B_{xyz}의 국부적인 자장강도 H_{xyz}에 대한 적분을 통해서 구할 수 있다. 전류를 운반하는 코일 주변 자기 시스템의 총 체적 V_t에 대해서 이 에너지 밀도값을 적분하면 시스템의 총 자기에너지를 얻을 수 있다.

$$E_m = \iiint_0^{V_\Phi} \int_0^{B_{xyz}} H\,dB\,dV \quad [\mathrm{J}] \tag{5.14}$$

$H = B/\mu_0$라면, 단위체적 당 비 에너지값은 국부적인 자속밀도와 국부적인 자장강도의 곱으로 나타낼 수 있다.

$$\frac{E_m}{V_t} = \int_0^{B_{xyz}} \frac{B}{\mu_0}\,dB = \frac{1}{2}\frac{B_{xyz}^2}{\mu_0} \doteq \frac{1}{2}H_{xyz}^2\mu_0 \doteq \frac{1}{2}H_{xyz}B_{xyz} \quad [\mathrm{J/m^3}] \tag{5.15}$$

자기 시스템 내의 총 에너지를 계산하려면 이 값을 시스템의 총 체적 $V_\Phi = A_\Phi l_y$에 대해 적분한다. 여기서 A_Φ는 자속과 직교하는 시스템의 단면적이며 l_y는 자속경로의 총길이다. 홉킨슨의 법칙에 따라서 다음의 관계식들을 식 (5.14)에 대입한다.

$$\iiint_0^{V_\Phi} dV = \int_0^{l_y}\iint_0^{A_\Phi} dl\,dA,\ \int_0^{l_y} H_w\,dl = \mathscr{F}_m = \Phi\mathscr{R},\ \iint_0^{A_\Phi}\int_0^{B_{xyz}} dA\,dB = \int_0^{\Phi_w} d\Phi$$

따라서 총 에너지는

$$E_m = \iiint_0^{V_\Phi}\int_0^{B_{xyz}} H\,dB\,dV = \int_0^{\Phi_w} \mathscr{F}_m\,d\Phi = \int_0^{\Phi_w} \Phi\mathscr{R}\,d\Phi = \frac{1}{2}\Phi_w^2\mathscr{R} \doteq \frac{1}{2}\frac{\mathscr{F}^2}{\mathscr{R}} \tag{5.16}$$

이 방정식이 비록 전류가 흐르는 코일의 자기시스템에 대해서 유도되었지만, 다음 절에서 논의하는 것처럼 강자성체를 구비한 자석 시스템으로까지 확장시킬 수 있다. 강자성체의 릴럭턴스 값은 비교적 작기 때문에 자장강도 H와 그에 따른 자기에너지($E_m \propto BH$)도 매우 낮은값을 가진다.

5.2.4 강자성체

전류의 증가 없이 자속을 증가시키는 방법 중 하나는 투자율이 높은 소재를 사용하는 것이다. μ_0는 기준값이므로, 진공이 아닌 소재는 진공 속에서의 투자율에 대한 비투자율 μ_r값을 가진다. 이 값은 공기, 유리 및 많은 금속들과 플라스틱 등의 비자성체는 1 내외의 값을 갖는 반면에 강자성체의 μ_r은 철이나 니켈의 경우에 약 100 내외이며 **슈퍼 퍼멀로이**(super permalloy)와 같은 소재는 100,000에 달한다. 대부분의 비자성 소재는 매우 제한된 효과를 나타내며 만일 μ_r값이 1보다 크다면 **상자성체**(paramagnetic)라고 부르며, μ_r값이 1보다 작으면 **반자성체**(diamagnetic)라고 부른다. 반자성체는 자기장을 되튕겨 내는 이상한 특성을 가지고 있다. 그 유명한 사례가 그림 5.5에 도시되어 있는 살아있는 개구리의 부상현상이다. 이것은 독일계 러시아 노벨상 수상자인 Andre Konstantinovitsj Geim(1965)가 네덜란드 Nijmegen에 위치한 Radboun 대학의 고준위 자기장 실험실에서 시연한 실험이다. 개구리의 주요 구성요소인 물의 매우 약한 반자성 성질 때문에 개구리는 약 20 [T]의 매우 강한 자기장 속에서 안정적으로 부상해 있었다. 반자성체

그림 5.5 노벨상 수상자인 Ander Geim이 시연한 20[T]의 자속밀도의 코일 속에서 부상해 있는 살아있는 개구리의 모습. 개구리 체내 수분의 상자성 특성 때문에 코일 내측에서 위치가 안정화된다. (Courtesy of Radboud University Nijmegen)

의 μ_r값은 극도로 작기 때문에 이들은 전자석 시스템에서 여전히 실용화가 거의 되어있지 못하므로 이 장에서 더 이상 다루지 않는다. 반면에 실제 강자성체들은 강한 자기장을 생성하는 데에 자주 사용된다.

5.2.4.1 강자성체 요크에 설치된 코일

코일에 강자성체 요크를 추가하면 그림 5.6에 도시된 것처럼 코일의 내측과 외측 모두에서 강자성 소재가 자속의 낮은 릴럭턴스 경로를 결정하므로 자속과 자속밀도가 현저히 증가된다. 자기에 대한 홉킨슨의 법칙을 사용하여 요크 내의 플럭스를 계산할 수 있다.

전류의 기자력은 다음과 같다.

$$\mathscr{F}_m = nI \tag{5.17}$$

충분히 큰 μ_r값에 대해서 릴럭턴스는 높은 투자율로 소재를 통과하는 경로에 의해서 주로 결정된다. 이것은 일반적인 강자성체 소재를 사용하는 메카트로닉스 시스템의 대부분의 경우에 해당된다.

이 조건에 따르면 릴럭턴스는 다음과 같아진다.

$$\mathscr{R} = \frac{l_y}{\mu_0 \mu_r A_y} \tag{5.18}$$

여기서 l_y와 A_y는 각각 요크 내부의 플럭스경로 길이와 단면적이다. 2차원의 경우임에도 불구하고 A_c는 자속에 직각이라고 가정하며 l_c는 평균 경로길이인 경우에 이 값들은 1차원으로 근사화 된다.

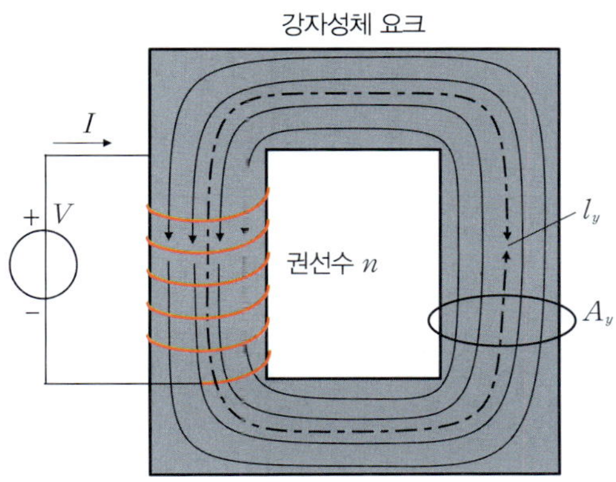

그림 5.6 강자성 소재의 높은 투자율 때문에 강자성체 요크에 권선된 코일에 흐르는 전류에 의해서 생성된 자속은 요크가 없는 경우보다 훨씬 더 크다.

요크 내측의 자속 Φ_y는 코일 내측의 자속 Φ_w와 같다.

$$\Phi_y = \Phi_w = \frac{\mathscr{F}_m}{\mathscr{R}} = \frac{A_y \mu_o \mu_r nI}{l_y} \tag{5.19}$$

그에 따른 코일 내측에서의 자속밀도와 자장강도는 다음과 같다.

$$B_w = \frac{\Phi_y}{A_y} = \frac{\mu_o \mu_r nI}{l_y} \quad \Rightarrow \quad H_w = \frac{B_w}{\mu_0 \mu_r} = \frac{nI}{l_y} \tag{5.20}$$

5.2.4.1 자화곡선

앞서의 방정식들로부터 요크 소재의 상대 투자율 μ_r의 증가는 그에 비례하는 자속과 자속밀도의 증가를 초래한다는 결론을 얻을 수 있다. 강자성체의 경우 상대투자율 μ_r은 일정하지 않으며 자속밀도가 높은 경우에는 감소한다. 이는 자속밀도 B_w를 자장강도 H_w의 함수 그래프로 나타낸 자화곡선을 통해서 확인할 수 있다. 자장강도는 투자율에 의존하지 않으므로 수평축은 기자력과 자화코일에 흐르는 전류에 비례한다.

그림 5.7에서는 그림 5.6의 구조를 갖는 강자성 소재의 자화곡선을 강자성체 요크가 없는 경우와 비교하여 보여주고 있다.

전류는 0인 원점에서 출발하여 점차로 증가한다. 이 전류는 자장강도 H_w의 크기를 갖는 비례자장을 유발한다. 이는 또한 자속밀도 값이 소재의 상대투자율 크기에 의존하는 자장의 증가를 수반한다.

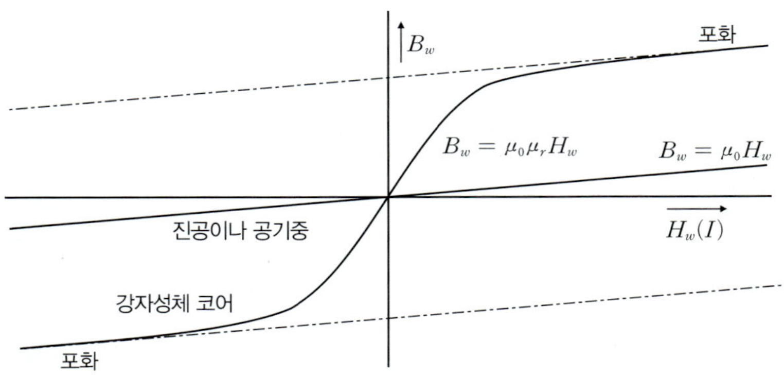

그림 5.7 전류가 흐르는 코일 내측에서 자속밀도 B_w와 자장강도 H_w 사이의 관계와, 강자성체 요크의 유무에 따른 영향. H_w가 코일 내측의 전류에 비례하므로, 투자율에 의해 결정된 비율에 따라서 전류의 증가는 자속밀도의 증가를 초래한다. 강자성체 요크를 사용하는 경우, 초기에는 μ_r의 강한 영향을 받지만 포화 때문에 특정한 자속밀도 이상에서는 그 영향이 감소한다. 그 이상의 레벨에서는 곡선이 μ_0만 있는 경우의 직선을 점근적으로 추종하게 된다.

자속밀도가 특정한 수준을 넘어서면 소재가 포화되기 시작한다. 이는 상대 투자율을 결정하며 스스로가 자장 방향으로 향해야만 하는 소재 속 마이크로구조 내부의 작은 자기영역에 의해서 유발된다. 자성소재를 구성하는 이 기본 요소들의 자기배향은 이를 발견한 프랑스 물리학자인 Pierre-Ernest Weiss (1865-1940)의 이름을 따서 이 영역을 **바이스 도메인**(Weiss domain)이라고 부른다. 바이스 도메인의 전형적인 크기는 10^{-6}에서 10^{-8}[m] 수준이며 대략적으로 $10^6 \sim 10^9$개의 원자들을 포함하고 있다. 외부 자기장의 배향이 내부 바이스 도메인을 발생시키며 이를 마치 탄성효과처럼 생각할 수 있다. 초기에는 이 도메인이 부분적으로만 스스로 배향을 이루지만, 높은 자화레벨을 부가하면 이들이 점차로 완벽한 배향을 맞추게 된다. 이런 현상이 발생하자마자 자장의 증폭효과가 감소된다. 이 레벨을 넘어서도록 전류가 흐르면 μ_0에 비례하여 자속밀도가 증가하므로 강자성체 요크가 없는 경우의 직선과 평행해진다.

5.2.4.3 영구자석

모든 강자성체들은 특정한 양의 **히스테리시스**(hysteresis)를 나타낸다. 즉 자기장을 가했다가 제거하면 소재는 잔류 자기특성을 나타낸다. 포화효과처럼, 이는 바이스 도메인이 자기 배향을 변화시키기 위해서 약간의 에너지를 소모하는 것이므로 소재 자체가 가지고 있는 특성이다. 이는 바이스 도메인의 방향전환을 방해하는 마찰효과로 간주할 수 있다. 많은 용도에서 이 히스테리시스는 에너지 손실을 유발하므로 바이스 도메인의 배향을 바꾸기 위해서 에너지를 공급할 필요가 있기 때문에 단점으로 작용한다. 하지만, 이 특별한 성질은 전기에너지 없이 자기장을 생성하는 데에 도움이 된다. 이것이 바로 대부분의 정밀 메카트로닉스용 전자석 작동기에 활용하는 영구자석이다.

영구자석은 그림 5.6과 같은 자석구조에 대해서 그림 5.8과 같은 높은 히스테리시스 특성이 있는 강자성 소재이다. 히스테리시스 효과를 설명하기 위해서 아직 자화되지 않은 소재를 사용하여 자화 사이클을 시작한다. 이 경우 코일에 흐르는 전류를 증가시키면 그래프의 원점에서부터 자화가 시작되며 포화에 이를 때까지 지속된다. 그래프 상에서 이 최초의 곡선을 아직 자화되지 않은 소재를 사용한 것이므로 **초기 자화곡선**(virgin curve)이라고 부른다. 포화에 도달한 다음에 전류를 0으로 감소시키면 정의상 자장강도 역시 0으로 감소되어야 한다. 하지만 히스테리시스로 인하여 전류가 반대방향인 음의 값으로 공급될 때까지 자속밀도가 남아있다. 이 음의 전류가 증가하면 반대방향으로의 소재 자화가 포화에 이를 때까지 자속밀도는 화살표 방향을 따라서 그래프의 상부곡선을 따라 이동한다. 다시 전류의 방향이 반전되면 다시 반대방향으로의 자화가 포화에 이를 때까지 그래프의 하부곡선을 따라서 이동한다. 초기 자화곡선은 단 한 번만 지나간다. 영구자석의 경우에는 그래프의 상부 좌측(또는 하부 우측) 사분면만을 사용한다. 외부

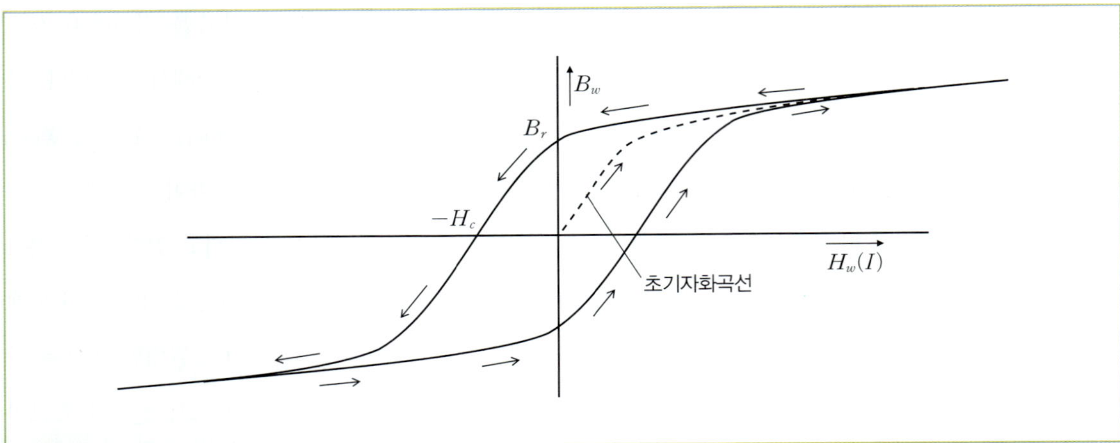

그림 5.8 영구자석의 히스테리시스. 첫 번째 자화 사이클이 지난 후에 소재는 얼마만큼의 자기 에너지를 갖게 되어 전류에 의해 유발된 자기장이 없어진 이후에도 자기장이 존재한다. 이때의 자속밀도 B_r을 잔류자속밀도라고 부르며 히스테리시스에 의한 자장을 상쇄시키기 위해서 필요한 음의 자장강도를 보자력이라고 부른다.

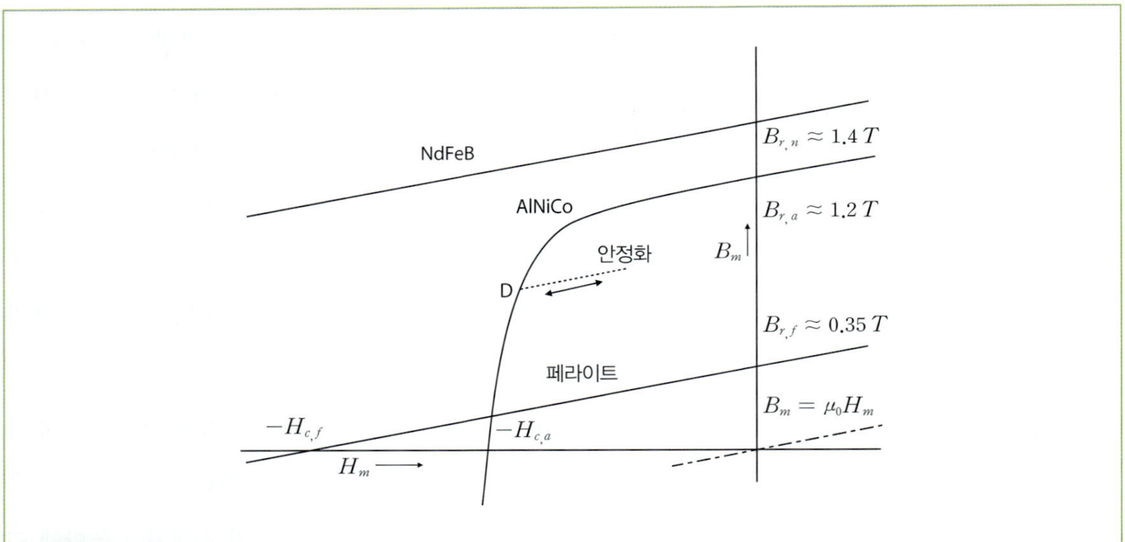

그림 5.9 세 가지 서로 다른 유형의 영구자석의 감자곡선. **알니코**(Alnico) 소재는 매우 강한 잔류 자속밀도를 갖는 곡선형 그래프를 가지고 있지만 안정화가 필요하다. 페라이트(산화철)를 기반으로 하는 자석소재와 현대적인 매우 강한 소재인 NdFeB의 감자곡선은 $B_m = \mu_0 H_m$과 평행하며, 이들의 자석 특성은 H_c 수준의 강한 감자기장을 가지고 있다.

자장이 없는 경우, 자화된 영구자석의 자속밀도는 **잔류자속밀도**(remnant flux density) B_r과 같다. 자석의 내부자장강도는 자장을 상쇄하는 데에 필요한 외부자장강도와 같다. 그에 따른 자장강도의 크기를 **보자력**(coercive force) H_c라고 부른다.

더 강한 자석에 대한 탐구를 통해서 소재과학 분야에서는 다양한, 때로는 기묘한 조합의 매우 다른 특성을 가지고 있는 영구자석 소재를 개발하였다. 서로 다른 세 가지 소재의 **감자곡선**(demagnetisation curve) 사례가 그림 5.9에 도시되어 있다.

그래프들 중 하나는 과거에 매우 일반적이었던 자성소재로서, 코발트, 니켈 및 알루미늄과 몇 가지 첨가제를 섞어 만든 자석의 상품명은 **알니코**(Alnico)와 **티코날**(Ticonal)이다. 이들은 매우 큰 잔류자속밀도를 가지고 있었으며 또한 곡선형태의 그래프를 나타낸다. 이는 음의 자기장에 대해서 바이스 도메인이 스스로 재배향되는 성질을 가졌기 때문이며 상대 투자율 $\mu_r > 1$이다. 소재의 높은 히스테리시스로 인하여 이러한 바이스도메인의 재배향은 영구적으로 유지되며, 그 결과 잔류 자속밀도가 감소한다. 이 소재를 전자석 코일과 함께 사용하는 전자석 작동기로 사용할 때에는 이 성질이 좋은 것이 아니다. 작동기 코일의 자기장에 의한 의도하지 않은 감자 때문에 영구적인 감자가 비교적 쉽게 일어나며, 그로 인해 작동기의 출력이 감소한다. 그림에서 이는 D 점에서 시작하는 점선으로 표시되어 있다. 자석이 D 점까지 감자되면, 외부 감자장이 다시 줄어들 때에 자속밀도는 점선을 따르게 된다. 그 결과 외부 감자장이 예상될 때에 이런 유형의 자석들은 의도적으로 이 레벨로 만들 필요가 있다. 메카트로닉스 위치결정 시스템에 이 자석을 사용할 때에는 이런 안정화 작용이 작동기에서 특히 필요하며, 이로 인하여 이 소재의 퍼텐셜이 크게 감소한다. 자석 회로가 닫히지 않은 상태에서 높은 릴럭턴스는 높은 외부 감자장이 존재하는 것과 같은 효과를 가지므로 자석을 자기 회로 속에 설치한 다음에는 자석을 자화시킬 필요가 있다.

이 때문에, 이상적인 영구자석 소재는 자기회로에서 사용하는 수준보다 훨씬 강한 자기장에 대해서만 스스로 배향을 바꾸는 성질의 바이스 도메인을 가지고 있어야만 한다. 다행히도 그런 소재가 존재하는데, 산화철과 페라이트를 기본성분으로 하면서 사마륨-코발트와 네오디뮴-철-붕소(NdFeB) 같은 더 진보된 합금을 사용하는 자석들이 그 사례이다. 이런 소재에서 바이스 도메인의 반전은 H_c보다 더 큰 자장강도에서 시작하며, 이는 자장강도가 H_c 미만일 때에는 이들의 상대 투자율이 1이라는 것을 의미한다. 그 결과, 감자곡선은 $B_m = \mu_0 H_m$과 평행하다.

이런 자석들은 소재의 상대 투자율이 1이기 때문에 그림 5.10에 도시되어 있는 것처럼 전기 에너지 공급 없이도 공심코일처럼 작동한다. 내부 자장강도를 보상하기 위해서는 외부 자장강도 H_c가 필요하다는 사실로부터, 이상적인 영구자석의 등가 기자력에 대해서 다음의 관계가 성립한다.

$$\mathscr{F}_m = H_c l_m = \frac{B_r l_m}{\mu_0} \tag{5.21}$$

이 방정식에서 영구자석의 길이 l_m은 식(5.13)에서 사용한 등가코일의 내측에서의 자속 경로길이인 l_i와 같다.

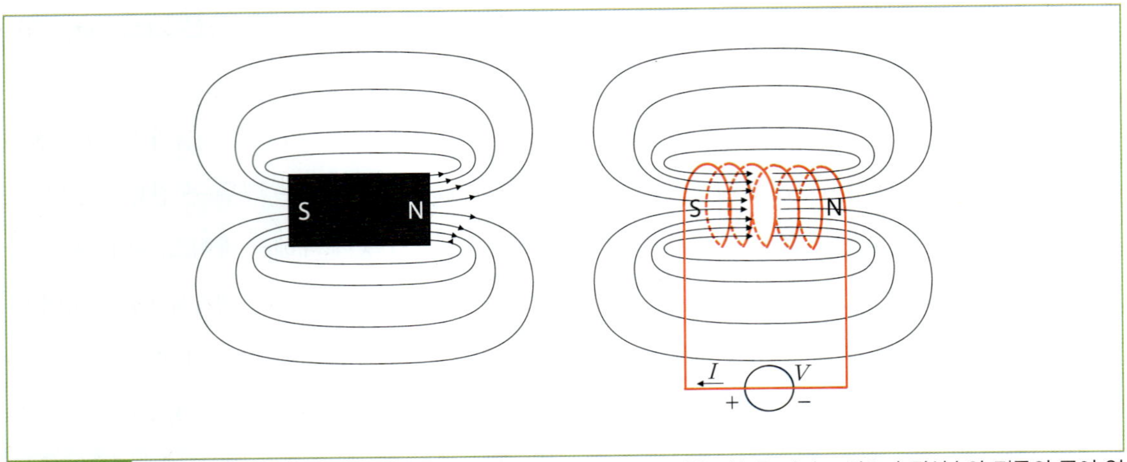

그림 5.10 상대투자율 $\mu_r = 1$인 영구자석 조각이 생성한 외부자장과 동일한 치수를 가지고 있으며 권선수와 전류의 곱이 영구자석과 동일한 외부자장을 생성하도록 맞춰진($nI = H_c \ell_m$)공심코일

영구자석의 강도를 설명하기 위해서 이 방정식에 숫자를 집어넣어 보면 흥미로운 결과를 얻을 수 있다. 예를 들어 B_r 값이 1 [T]이며 길이가 10 [mm]인 영구자석은 100회 권선한 코일에 80 [A]의 전류를 흘려서 만든 기자력 $\mathscr{F}_m = 8 \cdot 10^3$에 해당한다. 동일한 크기의 코일만을 가지고 이런 크기의 자기장을 생성하기 위해서는 엄청난 전기에너지가 필요하다는 사실을 통해서 영구자석의 가치를 명확하게 이해할 수 있다.

■ 열반응과 큐리온도

신뢰성과 예측 가능성을 필요로 하는 메카트로닉스 시스템에 영구자석을 사용할 때에 마주치는 가장 큰 단점은 감자곡선이 온도 의존성을 가지고 있다는 사실이다. 이런 거동은 고온에서 바이스 도메인이 히스테리시스를 잃어버리기 때문이다. 이는 프랑스의 물리학자이며 자성과 압전특성에 대한 연구를 통해서 노벨상을 수상한 Pierre Curie(1859－1906)의 이름을 따서 지은 큐리 온도 T_c에 직접적인 영향을 받는다. 큐리온도 이상이 되면 모든 바이스 도메인은 완벽하게 배향을 잃어버리며 자성이 없어진다. 고가인 SmCo 합금과 같은 일부 영구자석 소재의 경우 큐리온도가 약 700 [°C]에 달하여 비교적 높지만, 더 구하기 쉬운 현대적인 소재인 NdFeB 합금은 약 300 [°C] 내외의 비교적 낮은 큐리온도를 가지고 있어서 대략적으로 100 [°C] 미만으로 사용온도를 제한하고 있다.

저온영역에서 조차도 NdFeB 합금의 자성은 1 [°C]당 약 $1 \cdot 10^{-3}$정도의 비율로 감소한다. 다행히도 이런 완만한 수준의 감자도 온도가 올라가면 다시 회복되고 온도 측정을 통해 감자의 영향을 보상할 수 있다.

5.2.5 공극 내에서의 자기장 생성

앞 절에서는 그림 5.6에서와 같이 높은 히스테리시스 특성을 가지고 있는 닫힌 형상의 요크에 코일을 설치하여 영구자석을 만드는 방법에 대해서 설명했다. 이 요크를 자화시킨 이후에 만들어진 영구자석 소재는 B_r 크기의 자속밀도를 가지고 있는 자기장이 요크 내부에만 머물러있기 때문에 여전히 쓸모가 없다. 공극 내에서 영구자석이 자기장을 생성하도록 만들기 위해서는 자석 내측에 자장이 통과해야 하는 **공극**(air gap)이라는 틈새를 만들어야만 한다. 이는 요크를 절단한 후에 직선형 자석과 정렬을 맞춘 상태를 상상하면 된다. 그림 5.10에서와 같이 영구자석 내측에 생성된 자속은 **극편**(pole piece)이라 부르는 절단된 모서리를 통해서 유출되며 열린 공간 속에서 귀환 경로를 따라 이동한다.

이런 자속의 외부 귀환경로는 당연히 큰 릴럭턴스값을 갖게 되므로 그 결과 자석이 닫힌 요크 속에 있는 경우보다 자속이 줄어든다. 이는 감자 그래프에 따라서 자속밀도를 감소시키는 외부경로에 의해서 반대방향으로 감자장이 생성된다는 것을 의미한다.

이는 영구자석의 기자력이 내부와 외부 릴럭턴스의 합에 비례하는 자속을 생성하는 자기장에 대해서 홉킨슨의 법칙을 적용하면 이해하기가 더 쉽다. 연속적인 형상의 요크에 의해서 둘러싸여 외부 릴럭턴스가 0인 경우에 B_r에서 자속은 최대가 되며 내부 릴럭턴스에 의해서만 결정된다. 두 개의 극편을 갖고 자석 경로가 열리게 되면 앞서 설명했던 것처럼 외부 릴럭턴스는 자속을 감소시킨다.

이 모든 것을 통해서 외부 자속경로의 릴럭턴스를 영구자석의 내부 릴럭턴스와 균형을 맞춤으로서 영구자석 외부에 적절한 자속밀도를 가지면서 영구자석 소재를 최적 상태로 활용할 수 있게 된다는 것을 알 수 있다.

이 원리에 대한 개념을 잡기위한 사례로서 로렌츠 작동기에 사용할 수 있는 근사적인 기법을 사용하여 공극 내의 자기장 크기를 계산할 수 있다.

이것은 공극 내에서 자기장을 생성하기 위해서 사용되는 영구자석과 강자성체 요크로 이루어진 표준화된 구조로서 그림 5.11에 도시되어 있는 것처럼 공극에 자기장을 집중시키기 위해서 사용된다.

회로 내의 자속을 계산하기 위해서 영구자석의 등가 기자력이 사용된다.

$$\Phi_m = \frac{\mathscr{F}}{\mathscr{R}_t} = \frac{B_r l_m}{\mu_0 \mathscr{R}_t} \tag{5.22}$$

이 구조에서 전체 자기경로의 자기 릴럭턴스는 영구자석 자체의 내부 릴럭턴스, 강자성체 요크의 릴럭턴스, 그리고 공극의 릴럭턴스의 3가지 릴럭턴스가 직렬로 연결된 것이므로 이들을 합산해야 한다.

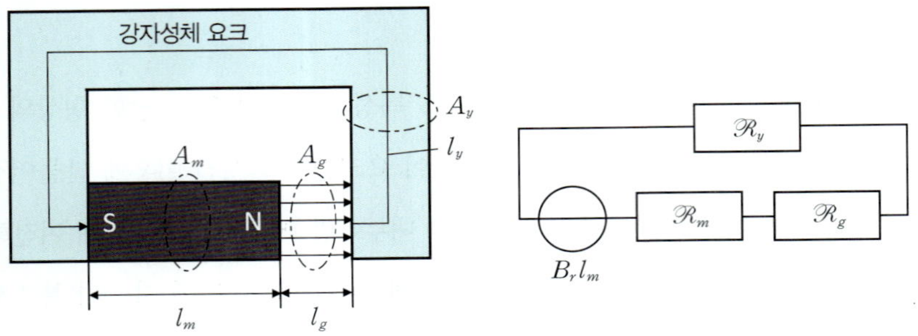

그림 5.11 자속 손실을 무시할 때에 영구자석에 의해서 유발된 공극 내의 자기장. 자속경로의 릴럭턴스는 영구자석과 공극 및 요크의 릴럭턴스가 직렬 연결된 크기를 가진다.

$$\mathscr{R}_t = \mathscr{R}_m + \mathscr{R}_y + \mathscr{R}_g = \frac{l_m}{A_m \mu_0} + \frac{l_y}{A_y \mu_0 \mu_r} + \frac{l_g}{A_y \mu_0} \tag{5.23}$$

위 식을 (5.22)식에 대입하면 영구자석의 자속에 대한 다음 식을 얻을 수 있다.

$$\Phi_m = \frac{B_r A_m}{1 + \dfrac{A_m l_y}{A_y l_m \mu_r} + \dfrac{A_m l_g}{A_g l_m}} \tag{5.24}$$

대부분의 실제적인 경우 $\mu_r \gg A_m l_y / A_y l_m$이므로 방정식은 다음과 같이 정리된다.

$$\Phi_m = \frac{B_r A_m}{1 + \dfrac{A_m l_g}{A_g l_m}} \tag{5.25}$$

공극 내의 자속은 자석의 총 플럭스 중 일부에 불과하다. 이외에도 공극의 유효 영역 밖으로 흐르는 **프린징 자속**(fringing flux)이 존재한다. 이 프린징 자속과 그에 따른 손실계수 λ는 공기나 진공을 포함하여 모든 물체가 자기력을 통과시키기 때문에 유발된다. 자기차폐는 불가능하므로 자기장은 활용가능한 모든 공간을 사용하여 에너지준위가 가장 낮은 경로를 찾아간다. 이 효과의 크기가 그림 5.12에 도시되어 있는데, 이 사례의 구조에서 B_r값이 1 [T]인 자석이 공극 내에서 생성하는 자속밀도는 약 0.3 [T]에 불과하며 손실계수 λ는 대략 0.45에 달한다는 것을 자속선의 숫자를 세어서 확인할 수 있다.

그런 이유 때문에 대략적인 근사계산에서 공극 내의 자속 Φ_g에 대해서는 다음의 관계식을 사용한다.

$$\Phi_g = B_g A_g = \lambda \Phi_m = \lambda B_m A_m \tag{5.26}$$

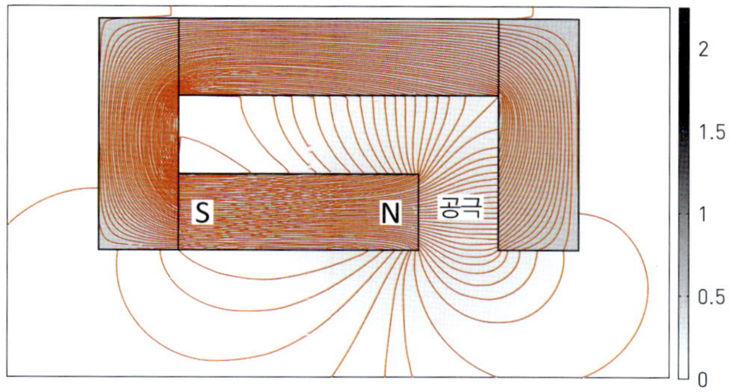

그림 5.12 프린징 자속이 공극 내에서 사용 가능한 자속을 감소시킨다. 유한요소해석 모델링 소프트웨어를 사용하면 그림 5.11의 구조에 대해서 이 현상을 명확하게 나타낼 수 있다. 공극의 내부와 외부를 흐르는 자속선의 숫자를 세어 보면 손실계수 λ가 0.45에 달하는 것을 알 수 있다. 즉, 전체 플럭스의 절반 이상이 손실되고 있다. (Courtesy of Ron van Ostayen)

실제의 경우 구조에 따라서 λ값은 0.25~0.75의 값을 가진다. 수학적인 분석을 수행한 다음에 $\lambda \approx 0.45$인 앞서의 사례 이외에 손실계수가 낮은 경우와 높은 경우의 두 가지 사례를 더 살펴보기로 한다.

식 (5.25)를 식 (5.26)에 대입하면 공극 내에서의 자속밀도를 구할 수 있다.

$$B_g = \frac{\Phi_g}{A_g} = \frac{\lambda\Phi_g}{A_g} = \frac{A_m}{A_g} \cdot \frac{\lambda B_r}{1+\dfrac{A_m l_g}{A_g l_m}} = \frac{\lambda B_r}{\dfrac{A_g}{A_m}+\dfrac{l_g}{l_m}} \tag{5.27}$$

이 식에 따르면 공극 내의 자속밀도는 영구자석의 최대 자속밀도에 비례한다. 공극 내의 자속밀도는 손실계수 λ에 따라서 감소하며 자석의 길이와 단면적 사이의 비율과 공극에 의해서 결정된다. 공극이 자석보다 길수록 자속밀도는 감소하며 자석에 비해서 공극의 표면적이 넓을수록 마찬가지로 자속밀도가 감소한다. 사례에서와 같이 자석과 공극의 단면적이 같은 경우 이 방정식은 다음과 같이 정리된다.

$$B_g = \frac{\lambda B_r}{1+\dfrac{l_g}{l_m}} \tag{5.28}$$

이 사례에서 $l_m = 3l_g$이며 $B_r = 1$이므로 공극 내부의 자속밀도는 대략 0.3 [T]가 된다. 이 계산결과는 매우 근사적인 값이므로 소숫점 첫째자리 이외에는 의미가 없다.

5.2.5.1 영구자석의 최적 활용

그림 5.13에 도시되어 있는 직선형 감자 그래프를 가지고 있는 영구자석은 외부자장 강도가 $H_c/2$이며 자속밀도가 $B_r/2$일 때에 가장 효율적으로 사용할 수 있다. 이는 다음과 같이 5.2.3.2절에서 유도되었던 단위체적 당 비 에너지값에 기초하고 있다.

$$\frac{E_m}{V} = \frac{1}{2}\frac{B^2}{\mu_0} = \frac{1}{2}HB \tag{5.29}$$

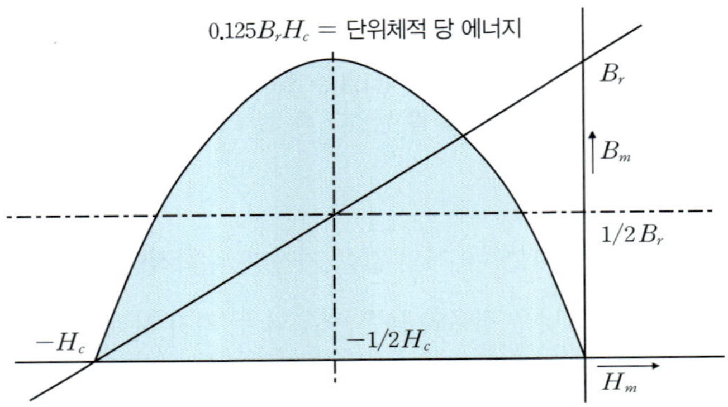

그림 5.13 직선형 감자그래프를 가지고 있는 영구자석의 단위 체적당 자기 에너지는 B_r과 H_c가 각각 절반인 경우에 $0.125B_rH_c$로 최댓값을 가진다. 최대 자기 에너지를 갖도록 영구자석을 활용하는 자석회로의 크기가 정해지면 자석소재의 체적과 비용이 최소화된다.

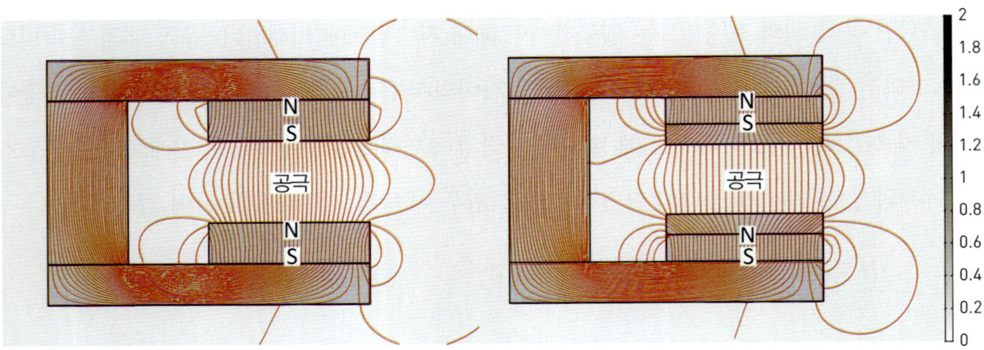

그림 5.14 공극과 직접 마주하는 평판형 영구자석을 사용하면 프린징 자속은 최소로 유지된다. 때로는 자기장을 더 균일하게 분산시키기 위해서 강자성체 극편을 사용하지만 우측 그림에서 알 수 있듯이, 자석 모서리에서의 릴럭턴스 경로가 낮기 때문에 이 극편이 프린징 자속을 현저하게 증가시킨다. 공극이 더 작은 경우에 조차도 자속선의 숫자를 세어보면 손실계수 λ가 대략 0.75에서 0.6으로 감소한다. (Courtesy of Ron van Ostayen)

영구자석의 체적 V_{pm}에 대해서 적분하면 이 초대 에너지 레벨은 $0.125B_rH_cV_{pm}$이 된다.

저가의 활용분야에서 영구자석을 사용하여 자기회로를 설계할 때에는 필요한 영구자석의 체적을 줄이기 위해서 자석 소재를 이 작동점에 되도록 근접시켜서 사용할 필요가 있었다. 비교적 값이 싼 네오디뮴 기반의 자석이 발견되면서 자석 소재의 활용도 측면에서 보면 최적에서 벗어난 설계를 가지고도 매우 강한 자기장을 생성할 수 있게 되었다. 이런 구조들이 자석의 가격이 중요치 않은 극도로 높은 성능을 필요로 하는 위치결정 시스템에 적용되었다. 이 분야에 대한 지식을 넓히기 위한 좋은 시작점으로, 다음에서는 더 최적인 구조들을 살펴보기로 한다.

5.2.5.2 프린징 자속 저감을 위한 판형 영구자석

프린징 자속을 저감하고 비싼 자석 소재를 최적으로 활용하기 위해서 그림 5.11과는 다르게 자석의 단면적이 길이보다 큰 형상을 더 선호한다. 자속이 자석의 내부에서 유출되어 나온다 하여도 강자성체 부품이 공극 양측에서의 낮은 릴럭턴스 경로를 결정하기 때문에 자석과 공극 사이에 강자성체 부품을 삽입하지 않는 것이 효과적이다. 그림 5.14의 우측 그림에서는 강자성체 극편이 끼치는 영향이 도시되어 있으며 좌측 그림에서는 영구자석이 공극과 직접 인접하고 있는 최적의 구조를 보여주고 있다. 많은 경우 이 구조에서 공기를 통과하는 경로길이가 자석을 통과하는 경로길이와 같게 설계하며 식 (5.28)을 이용하여 구한 공극 내에서의 자속밀도는 다음과 같다.

$$B_g = \frac{\lambda B_r}{2} \tag{5.28}$$

$B_r = 1$인 자석을 사용하면 이 두 번째 사례에서 공극의 자속밀도는 대략 0.4 [T]가 된다. 영구자석 내에서의 자속밀도는 자속선의 수를 세어서 구한 손실계수 $\lambda = 0.75$를 식 (5.26)에 대입하여 구할 수 있다. $A_m = A_g$이므로 이 계산을 통해서 대략 B_m이 $B_r/2$인 자석의 자속밀도 값이 구해지며, 따라서 이 영구자석은 최적에너지 점에서 사용되고 있다는 것을 의미한다.

5.2.5.3 저가형 라우드 스피커용 자석의 구조

비교적 좁은 공극 내에서 매우 높은 자속밀도를 만들어야 하는 경우에는 공극위치의 표면적이 자석의 표면적보다 작은 강자성체 극편을 사용하여 자속을 집중시킬 수 있다. 비록 이 구조가 손실을 증가시키지만, 페라이트와 같은 저가형 자석을 사용할 수 있으며, 스피커와 같은 용도에서 자주 활용된다. 자속에 끼치는 영향은 그림 5.15에 도시되어 있다.

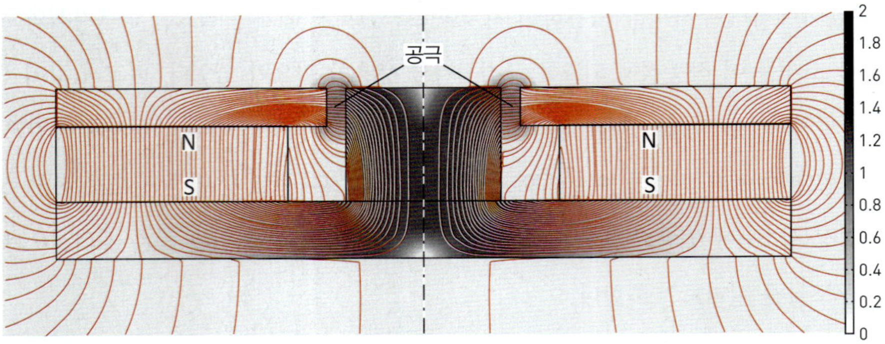

그림 5.15 강자성체 극편에 의한 자속의 집중현상. 일반적인 스피커에서와 마찬가지로 크기는 크지만 저가인 자석을 사용하는 축대칭 구조에서는 공극 내에서 반경방향을 향하는 강한 자기장이 생성된다. 하지만 자속의 대부분이 공극 외부로 손실된다. (Courtesy of Ron van Ostayen)

식 (5.27)를 사용하여 이 집중효과를 계산할 수 있으며, 다량의 기생자속($\lambda < 0.3$)이 발생하기 때문에 그림 5.14에 도시된 평판형 자석의 경우와는 달리 훨씬 더 큰 자석이 필요하다. 이 사례의 경우에 B_r이 0.4 [T]인 저가형 영구자석을 사용하여 공극에서 0.7 [T]의 자속밀도를 구현하였는데, 이는 낮은 가격이 주 사양이며 크기는 문제가 되지 않을 때에 아주 적합하다.

다음 절에서는 자장 속으로 전류가 흐르는 도선을 삽입하는 로렌츠 작동기를 구현하기 위해서 공극 내의 자기장이 사용된다.

5.3 | 로렌츠 작동기

로렌츠 작동기는 정지부와 이동부 사이의 기계적 강성이 근원적으로 낮기 때문에 고정밀 위치결정 시스템에 주로 사용된다. 또한 양호한 동특성과 더불어서 전류와 힘 사이의 선형적 관계가 중요한 인자이다. 낮은 강성으로 인하여 지지구조물로부터 작동기를 통과하여 이동부로 전달되는(전달율) 외부운동이 저감된다. 이런 운동은 주변 기기들의 진동에 의해서 유발될 수 있을 뿐만 아니라 작동기 자체의 반력에 의해서도 유발되어 지지구조를 공진시킬 수 있다. 뒤에서 설명할 예정이지만, 로렌츠 작동기는 또한 전류 대 힘 비율이 비교적 작기 때문에 최대가속에 한계가 있으며 운동의 범위 또는 **스트로크**가 제한적이라는 단점을 가지고 있다. 이름 자체가 의미하듯이 로렌츠 작동기는 로렌츠력에 기반을 두고 있다.

5.3.1 로렌츠력

독일의 과학자이며 노벨상 수상자인 Hendrik Antoon Lorentz(1853–1928)는 맥스웰 방정식의 결정판으로 로렌츠력을 도출했다. 패러데이의 법칙은 자기장의 변화가 전하에 끼치는 영향과 그에 따라서 운동에너지로부터 전기를 만들어내는 원리를 설명하고 있다. 에너지 보존의 법칙을 기반으로 하면 운동으로부터 전기에너지를 만들어내는 법칙은 전기에너지로부터 운동 에너지를 만들어내는 것과 완벽하게 상호보완적인 관계를 가지고 있으므로 로렌츠의 법칙과 패러데이의 법칙은 강한 연관관계를 가지고 있다.

벡터로 표현된 로렌츠 공식은 움직이는 하전입자에 가해지는 힘을 나타낸다.

$$\boldsymbol{F} = q(\boldsymbol{E}+\boldsymbol{v}\times\boldsymbol{B}) \tag{5.31}$$

여기서 $\boldsymbol{v}$[m/s]는 입자의 순간속도이다. 식의 첫 번째 항인 $q\boldsymbol{E}$는 정전기력이며 두 번째 항은 전자기력이다. 이 두 번째 항이 전자석 작동기에 사용된다. 이 움직이는 입자에 작용하는 힘을 사용하여 자기장 속에 삽입된 길이 l_W[m]인 전류가 흐르는 도선에 가해지는 힘도 똑같이 나타낼 수 있다. 이 경우에 움직이는 전하는 전류와 길이의 곱 $q\boldsymbol{v} = l_W\boldsymbol{I}$와 같으며, 이를 사용하여 전자기 로렌츠력을 구하면 다음과 같다.

$$\boldsymbol{F} = l_W\boldsymbol{I}\times\boldsymbol{B} \tag{5.32}$$

자속밀도가 B인 자기장의 방향에 대해서 각도 α로 배치되어 전류 I가 흐르는 도선에 가해지는 자기력에 대해서 전자석 작동기의 로렌츠력에 대한 스칼라 식을 유도하면 그 크기는 다음과 같이 주어진다.

$$F = BIl_w \sin\alpha \tag{5.33}$$

이 힘의 작용 방향은 벡터식으로 표현된 로렌츠 방정식의 **벡터외적**으로 인하여 자기장과 전류의 방향에 의해서 만들어지는 평면과 직교한다. 이 법칙은 **오른손의 법칙** 또는 **코크스크루의 법칙**이라고 부른다. 양의 힘 작용방향은 그림 5.16에서와 같이 코크스크루를 양의 전류 방향에서 양의 자기장 방향으로 회전시킬 때로 정의된다. 물론 실제의 기계 엔지니어라면 일반적인 오른손나사도 마찬가지라고 생각하겠지만, 코크스크루가 더 기억하기 쉽다.

대부분의 실제적인 경우 로렌츠력이 극대화되어야만 하며, 이는 $\sin\alpha$가 되도록 1에 가까워야 한다는 것을 의미한다. 따라서 방정식을 단순화시키면 다음과 같아진다.

$$F = BIl_w \tag{5.34}$$

그리고 권선수가 많아지면 로렌츠력은 다음과 같이 변경된다.

$$F = BInl_w = BIl_{w,t} \tag{5.35}$$

여기서 $l_{w,t}$는 자기장 속에 삽입된 도선의 총 길이이다. 이 방정식을 전류 I로 나누면 작동기의 **모터상수**(motor constant) k라고도 부르는 힘 대 전류비가 구해진다.

식 (5.35)에 따르면 작용력은 전류, 총 도선길이, 그리고 자속밀도에 의존한다는 것을 명확히 알 수 있다. 위치와는 아무런 직접적인 관계가 없기 때문에 이상적인 작동기는 영강성을 가진다. 이로 인하여 정지부에서 운동부로 진동이 전달되는 것을 막아주기 때문에 정밀 위치결정 시스템에서 로렌츠 작동기를 선

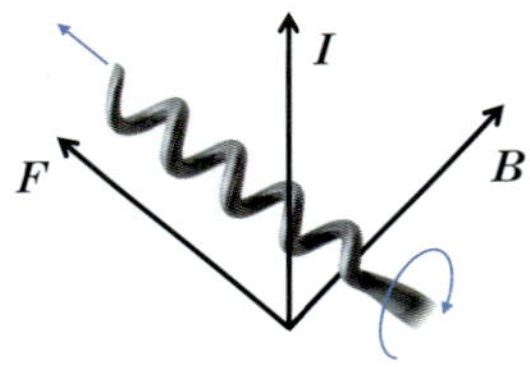

그림 5.16 코크스크루의 법칙에 따른 로렌츠력의 작용방향. 코크스크루가 양의 전류방향으로부터 자기장 방향(화살표)으로, 즉 시계방향으로 회전하면 코크스크루의 끝단 운동이 힘의 작용방향을 나타낸다.

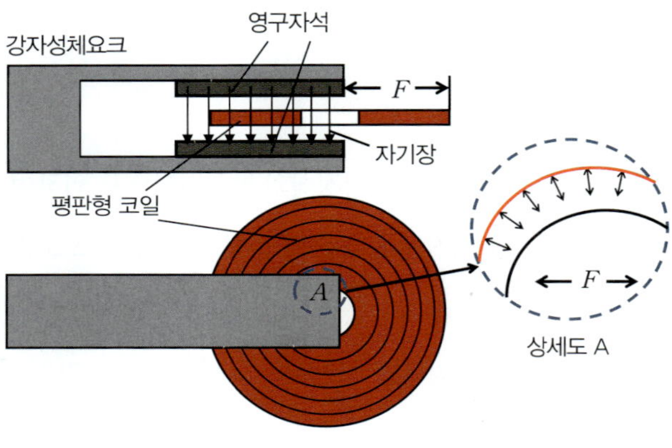

그림 5.17 기본적인 평면형 로렌츠 작동기. 힘 F는 전류와 자기장 B 속으로 삽입된 도선의 권선길이 ℓ에 비례한다. 공극 밖에 대부분의 코일이 위치하므로 이는 그리 효율적인 구조가 아니다. 상세도 A에 따르면 코일 중심에 위치한 도선 요소에 작용하는 힘이 비효율성을 명확하게 보여주고 있다.

호하게 되었다. 실제의 경우 모터상수를 감소시키는 Bl값의 비선형성과 위치 의존성 때문에 고전류 레벨에서 약간의 강성이 관찰된다.

그림 5.17에서는 단지 작동 원리를 설명하기 위한 목적이어서 최적 형상이 아닌 기본적인 평판형 로렌츠 작동기의 구조를 보여주고 있다. 이 작동기에서는 앞 절에서 설명했던 평판형 고효율 영구자석을 사용하며 평면 형태로 권선된 코일이 자기공극 내에 부분적으로 삽입되어 있다. 이 작동기의 작용력은 원리상 식 (5.35)를 사용하여 계산할 수 있다. 영구자석의 자속은 전류에 대해 수직 방향을 향한다. 도선의 곡률을 무시한다면 $l_{w,t}$가 공극 내에 위치한 도선의 총 길이일 때, 힘은 대략적으로 $BIl_{w,t}$와 같아진다. 내부 권선은 곡률 때문에 작용력에 큰 기여를 하지 못한다. 상세도 A에 따르면 도선요소의 각 위치에서 생성된 작용력은 중심을 향하고 있다는 것을 알 수 있다. 이 힘 성분들 중에서 우측을 향하는 분력만이 총 작용력에 기여한다.

그런데 단순화된 방정식을 사용하여 작용력을 계산하다 보면 때로는 실수를 할 수 있다. 이를 설명하기 위해서 그림 5.18에서는 작동하지 않는 로렌츠 작동기의 실제 사례가 제시되어 있다. 원래 이 개념은 스트로크를 증가시키기 위해서 철심 부분의 길이를 증가시키고 자석과 코일을 함께 움직이도록 만든 것이다. 하지만 코일 속을 흐르는 전류와 영구자석의 자속 사이에서 힘이 작용하기 때문에 아무런 힘도 생성되지 못한다. 그 결과 코일과 자석이 기계적으로 고정되어 있는 경우에는 철편에 아무런 힘도 가하지 못한다. 이런 개념적인 오류를 피하기 위해서는 자장에 대한 코일 이동의 함수로 표현한 권선에 대한 자속의 변화를 기반으로 하는 더 일반적인 관계식이 필요하다. 권선의 한쪽이 자기장 속에 삽입되어 영구자석 시스템에 대하여 힘이 작용하는 방향으로 dx만큼 움직이면 권선 내부의 자속 Φ_w는 자속밀도와 자속내로 삽입된 권선의 길이 l_w에 따라서 변한다.

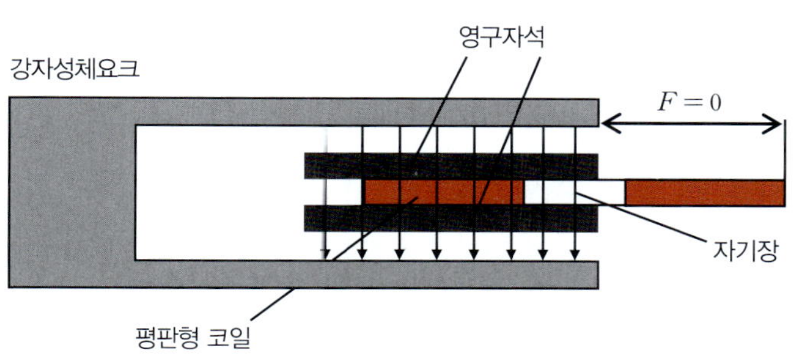

그림 5.18 자석과 코일이 기계적으로 고정되어 움직이지 않는 작동기. 작용력은 자속과 전류 사이에서 생성되며 자석-코일 조합과 철편 사이에서는 힘이 만들어지지 않는다.

$$d\Phi_w = Bl_w dx \quad \Rightarrow \quad \frac{d\Phi_w}{dx} = Bl_w \tag{5.36}$$

이를 통해서 각 권선마다 생성되는 로렌츠력은 다음과 같다.

$$F_W = I\frac{d\Phi_w}{dx} \tag{5.37}$$

그리고 다중권선의 경우에는 다음의 관계식이 성립된다.

$$F = nI\frac{d\Phi_w}{dx} \tag{5.38}$$

이 방정식을 사용하면 그림 5.18의 작동기 구조는 변위의 함수인 코일을 통과하는 자속의 변화가 없기 때문에($d\Phi_w/dx = 0$) 작동기가 작동하지 않는다는 것이 명확해진다.

5.3.2 로렌츠 작동기의 작용력 개선

앞 절에서 그림 5.17과 같은 로렌츠 작동기는 잘 사용하지 않는다고 설명한 바 있다. 작동기의 저항에 의한 동력손실($P_l = I^2R$)은 권선의 길이에 정비례하므로, 자기장 속으로 삽입되는 코일의 면적을 극대화하며 올바른 방향으로 힘을 발생시키는 권선부를 극대화시킬 수 있도록 작동기를 설계해야만 한다. 일단 코일의 양쪽 모두를 사용할 수 있도록 만들어야 한다. 언뜻 보기에는 코일 전체를 덮을 수 있도록 영구자석의 크기를 증가시키는 것이 좋은 것으로 생각하기 쉽다. 하지만 불행히도 이 경우에 작용력은 코일의 중심을 향하게 되므로 서로 상쇄되어버린다. 이는 $d\Phi_w/dx = 0$이 되는 상태이다. 코일의 우측은 좌측과 반대방향으로 전류가 흐르기 때문에 우측 코일부에서 자기장의 위치를 반전시키면 이 문제가 해결된다. 첫 번째 세트의 자석방향과는 반대방향으로 자화된 두 개의 영구자석을 추가하여 그림 5.19의 위쪽 그림에서와 같이 자석 시스템을 확장시키면 코일을 거의 완벽하게 활용할 수 있다. 그 결과 코일은 동일한 동력을 소비하면서 작용력은 첫 번째 사례에서보다 두 배가 증가된다.

그림 5.19의 아래 그림에서와 같이 코일을 타원형상으로 바꾸면 성능이 훨씬 더 향상된다. 이런 형상을 **경주트랙 코일**(race track coil)이라고 부르며 권선을 최적화하여 사용할 수 있으며 자장의 경로길이가 짧기 때문에 상부에서 하부로의 짧은 릴럭턴스 경로가 필요없게 되어, 고속 고정밀 위치결정 시스템에 사용하는 평판형 로렌츠 작동기의 표준이 되었다.

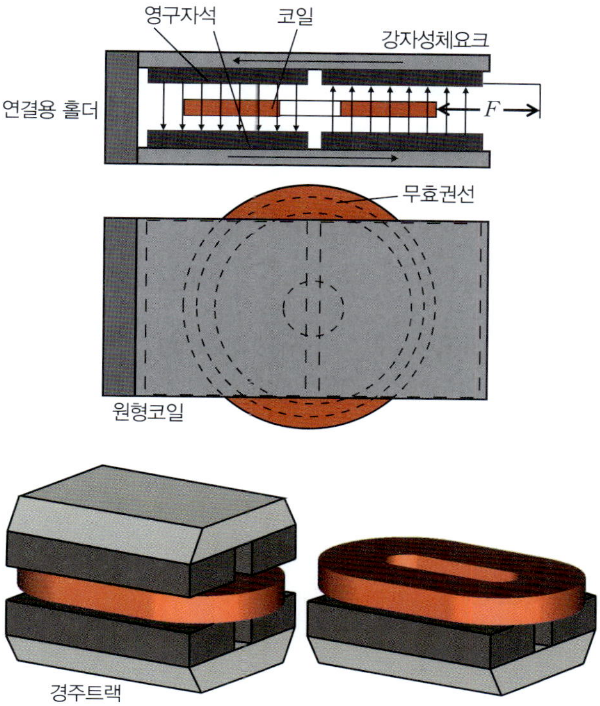

그림 5.19 향상된 모터상수를 가지고 있는 평판형 로렌츠 작동기. 폭을 증가시키고 위쪽 그림처럼 두 개의 자석을 추가하여 권선이 동일한 동력을 소비하면서 작용력을 두 배로 증가시켰다. 상부에서 하부로 향하는 자장에 대한 귀환 경로가 필요없다. 연결용 홀더는 어떤 재질로도 만들 수 있다. 아래 그림에 연결용 홀더를 생략하고 도시된 그림에서와 같이 경주트랙처럼 생긴 타원형 코일을 사용하면 힘 대 동력 비율을 더욱더 증가시킬 수 있다. 아래 우측의 그림에서는 코일의 형상을 보여주기 위해서 상부 요소를 생략하였다. (Courtesy of Sven Hol)

5.3.3 라우드 스피커용 이동코일 작동기

로렌츠 작동기의 가장 일반적인 형태가 라우드 스피커와 전자석 작동기에 사용되기 때문에 **보이스코일**(voice coil) 작동기라고도 부르는 이동코일 라우드 스피커 작동기이다. 이 유형의 작동기는 그림 5.15에서와 같이 반경방향으로 구조물의 중심을 향하고 있는 자기장 속으로 축대칭 원형구조의 코일을 삽입되어 있다. 비록 공극 내에 형성된 자기장이 3차원 태향을 가지고 있더라도 권선 속을 흐르는 전류와는 직교한다. 따라서 이 사례에서는 작용력에 대한 스칼라 근사식을 사용할 수 있다. 코일이 삽입된 공극에 인접하여 영구자석이 설치되어 있는 형태가 그림 5.20에 제시되어 있다. 이 구조에서 코일은 영구자석에 의해서 완벽하게 둘러싸여 있으므로 효율이 극대화 된다.

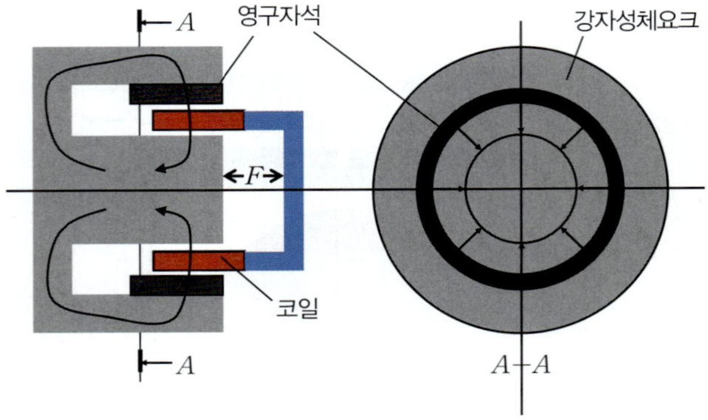

그림 5.20 영구자석이 공극에 인접하여 설치되어 있는 이동코일 라우드스피커 모터. 중심위치에서 코일은 자기장 속으로 완전히 삽입되어 **모터상수**라고 부르는 작용력 대 전류 비율이 극대화된다.

5.3.4 로렌츠력의 위치 의존성

이동코일 라우드스피커와 같은 로렌츠 작동기에서 모터상수(힘 대 전류비 : F/I)는 공극 내에서 코일의 위치에 의존한다. 그림 5.21의 그래프에서 빨간색 선으로 표시되어 있는 위치에 따른 작용력의 변화는 코일이 중심을 벗어나면 코일 전체가 동일한 크기의 자기장에 둘러싸이지 못하기 때문에 발생되는 것이다. 이 작동기를 폐루프 위치결정 시스템에서 사용하는 경우에 전류레벨과 중심위치 x_0에 대한 상대위치에 따라서 제어루프 증폭비(이득)와 비선형 양강성 또는 음강성이 변한다는 것을 의미한다.

이는 다음과 같이 설명할 수 있다. 일단 코일이 양의 x방향으로의 힘에 해당하는 전류를 흘리고 있다고 가정한다. 코일에 음의 x방향으로 밖에서 공극 내측을 향하여 외력 F_x가 작용하면 일단 코일을 움직이기 위해서 필요한 힘이 증가한다. 이는 공극 내에 위치하는 코일의 높이 $h_{c,g}$가 증가하기 때문이며 x_0위치에 도달할 때까지 증가하여 최고값에 이르게 된다. 그 결과, 이 경로에서는 양의 강성($dF/dx \geq 0$)을 나타낸다. 여기서 코일을 음의 x방향으로 더 이동시키면 힘은 감소하며 이는 음강성($dF/dx \leq 0$)에 해당한다.

5.3.4.1 돌출 및 인입형 코일

로렌츠 작동기의 모터상수의 위치 의존성을 저감시키기 위해서 실제의 경우에는 공극의 높이 h_g를 코일의 높이 h_c와 다르게 선정한다. 코일의 높이가 공극높이보다 더 큰 경우를 **돌출**(overhung)형 로렌츠작동기라고 부른다.

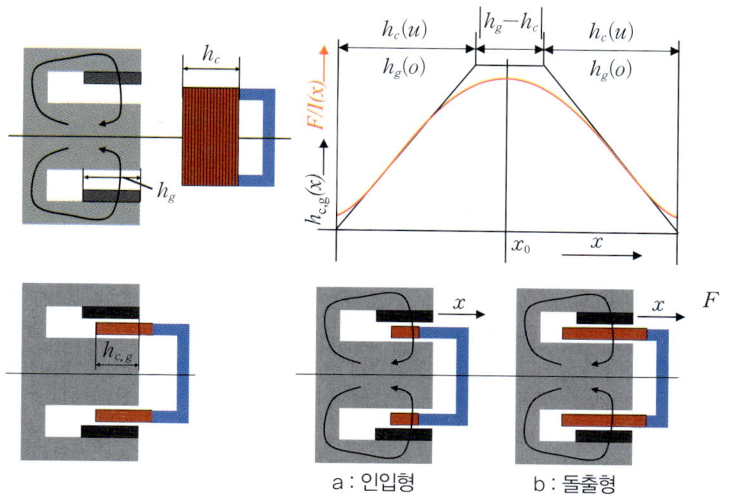

그림 5.21 로렌츠 작동기의 스트로크는 공극과 코일의 치수에 의해서 결정되는 제한된 스트로크를 가지고 있다. 코일이 공극 속으로 삽입되는 유효높이 $h_{c,g}$가 줄어들면 힘 대 전류비(F/I)가 감소한다. 코일의 높이 h_c와 공극의 높이 h_g를 변화시키면 위치 x에 따른 힘 대 전류비율을 특정한 x 범위에 대해서 더 일정하게 만들 수 있다. 공극 모서리에서 자기장의 점진적인 감소(프린징 자속)는 변화율을 완화시켜주며 코일이 공극 밖에 위치하는 경우에는 작은 힘만을 생성한다.

돌출형은 영구자석의 자속 대부분을 최적으로 사용하며 위치 의존성이 더 완만하게 변한다. 돌출형 작동기의 단점은 효율적으로 활용되지 않는 다수의 코일권선이 사용된다는 점이다. 코일이 이동부가 되는 상황에서 이는 돌출이 없는 경우보다 이동질량이 증가되었음을 의미한다. 이는 자석의 가격이 라우드 스피커의 효율성 향상보다 더 중요한 경우에 사용하는 방식이다. 돌출량은 비선형성에 따른 허용 왜곡수준에 따라서 결정된다. 차량용 스피커나 경기장용 스피커와 팝음악용 장비의 증폭 등과 같이 왜곡 증가를 감수하고라도 효율성을 향상시키는 민감하지 않은 용도에서는 돌출형 코일을 사용하지 않는다. 고급 음향기기의 경우에는 효율을 희생하더라도 왜곡을 줄이기 위해서 큰 돌출을 선택한다. 이 때문에 가정용 고급 음향기기들이 고출력 앰프를 필요로 한다.

공극의 높이가 코일의 높이보다 큰 구조를 **인입**(underhung)형 로렌츠 작동기라고 부른다. 이 경우에는 장점 및 단점이 앞에서와 반대가 된다. 이 구조는 코일의 활용도가 극대화되며 질량이 줄어들지만 영구자석에 비교적 높은 비용이 소요된다. 모터상수의 위치 의존성은 코일이 완전히 공극 내에 위치하는 경우에는 돌출형 구조보다 더 좋지만, 코일의 크기가 작기 때문에 코일이 공극의 외부로 다가감에 따라서 급격하게 악화된다. 라우드 스피커에서 긴 스트로크가 필요 없으며 이동질량이 작아야 하고 왜곡 저감이 주요 목표인 경우에 인입형 로렌츠 작동기를 사용한다. 이는 특히 중간대역에서 고주파 라우드스피커, 고음용스피커 등에 해당한다.

5.3.5 전자식 정류

모터 상수를 일정하게 유지하면서 로렌츠 작동기의 작동범위를 증가시키는 유일한 방법은 여러 개의 코일들과 자석들을 조합하여 **전자정류**(electronically commutated)식 작동기를 만드는 것이다. 그 작동원리가 그림 5.22에 도시되어 있다. 서로 교차하여 배치된 짝수의 영구자석들이 공극 내에서 교번 자기장을 형성한다. 코일은 동일한 영역으로 분할된 3개의 구획으로 이루어진다. 그림 5.21에서 각 코일요소의 힘 계수 Bl은 위치에 의존한다. 영구자석에 대해서 최적의 높이를 선정하면 각 코일요소들의 힘 계수들은 위치에 따라서 거의 이상적인 정현함수가 된다. 코일요소들 중심간의 거리 d_c가 자석 4개의 전체길이 h_4의 1/3과 같다면 공간정현 모터상수값들 사이에는 120°의 공간위상차이가 발생한다. 이를 **3상**(three-phase) 작동기의 구조라고 부른다. 이 정현함수들 사이의 관계는 전력의 송전을 위해서 서로 120°의 위상차이를

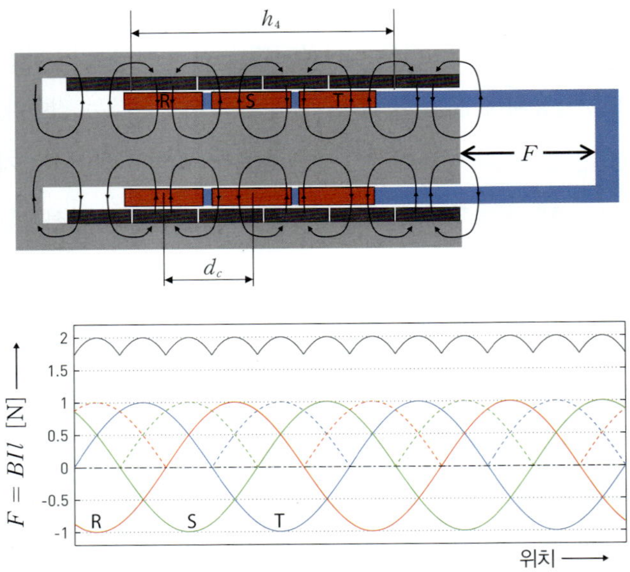

그림 5.22 모터상수가 위치에 거의 영향을 받지 않는 로렌츠 작동기의 운동범위는 다수의 코일과 자석을 사용하는 전자식 정류를 통해서 증가시킬 수 있다. 각 코일요소들은 서로 120°의 공간 위상차이를 가지고 있는 정현적인 위치함수에 따라 변하는 모터상수를 가지고 있다. 각 코일의 작용력이 0인 위치(점선)에서 전류의 방향을 반전시켜서 거의 일정한 작용력을 구현한다. 이 사례에서 코일 당 전류는 1[A]이며 $(B\ell)_{max} = 1$을 사용하여 모델링하였다.

가지고 있는 R, S 및 T 라고 부르는 순시 정현전압들을 사용하는 3상 전원과 완벽하게 일치한다. 이 방식을 사용하는 이유들 중 하나는 주기 내의 임의위치에서 3개의 정현함수들의 합은 항상 0이기 때문이며, 이는 다음의 삼각함수들을 적용하여 증명할 수 있다.

$$\sin(x)+\sin\left(x-\frac{2}{3}\pi\right)+\sin\left(x-\frac{4}{3}\pi\right)= \tag{5.39}$$

$$\sin(x)+\sin(x)\cos\left(\frac{2}{3}\pi\right)-\sin\left(\frac{2}{3}\pi\right)\cos(x)+$$

$$\sin(x)\cos\left(\frac{4}{3}\pi\right)-\sin\left(\frac{4}{3}\pi\right)\cos(x)=0$$

이는 배전을 통하여 이 전압을 운반하는 3개 도선의 평균전압이 항상 0이 된다는 것을 의미한다. 이를 통하여 전력선에서 전자기 방전이 발생하는 것을 막을 수 있다. 또 한 가지 중요한 사실은 머시닝센터의 이송용 직접 구동형 AC 유도전동기를 대체할 수 있다는 것이다. 메카트로닉스 시스템에서 대변위 리니어 모터는 매우 유용한 것으로 판명되었다. 그림 5.22의 구조에서 모든 코일 요소들에 동일한 DC 전류를 부가하면 합력이 0이 된다. 이것은 쓸모없어 보일수도 있지만, 각 코일에 흐르는 전류가 해당 요소에 작용하는 힘이 0이 되는 정확한 위치에서 반전되었을 대, 3개 요소 모두의 작용력을 합한 값이 각 코일요소가 생성할 수 있는 최대작용력인 BIl의 두 배로 거의 일정한 값을 나타내게 되며, 그 편차가 그림에 표시되어 있다.

회전하는 DC 모터의 경우 기계적인 미끄럼 접촉을 통하여 이러한 전류의 정류작용을 수행하지만, 현대적인 정류기구에서는 정류위치에서의 스파크 발생과 미끄럼 접촉의 마모를 방지하기 위해서 전자식 정류의 사용이 확대되고 있다.

전자식 정류는 또한 기계식 스위칭을 더 연속적인 전류변화로 대체함으로써 연속적인 작용력의 불완전성 발생문제를 해결할 수 있다.

5.3.5.1 3상 전자제어

6장의 6.4절에 제시되어 있는 공간3상 증폭기를 사용하면 각 코일요소에 공급되는 전류를 전류량이 위치와 동일한 정현함수인 모터상수에 따라 변하게 제어할 수 있다. 이를 통하여 작용력은 전류의 진폭 $\hat{I}$, 힘 계수의 진폭 $(Bl)_{max}$, 그리고 사인함수의 제곱 등을 모두 곱한 값과 같아진다. 그림 5.23에서는 전류와 $(Bl)_{max}$값이 그림 5.22을 기계식으로 스위칭 한 경우와 같을 때의 신호와 힘을 나타내고 있다. 사인값의 제곱이 원래 사인파형 공간주파수의 두 배에 달하는 3상 조합신호를 만들어내며 이 사인값들을 합

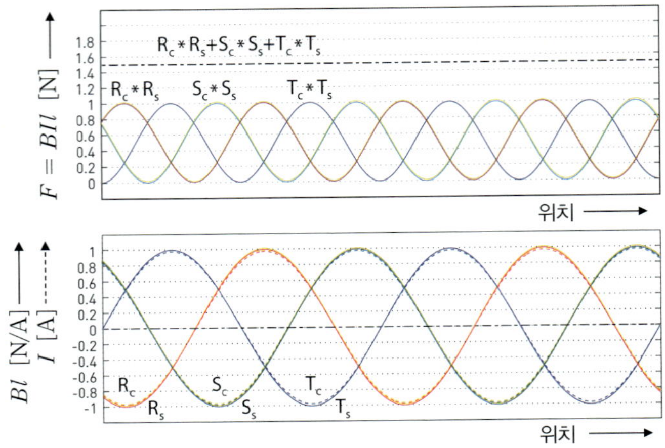

그림 5.23 각 코일요소(/mathrm R_c, S_c, T_c)들의 모터상수($B\ell$)값(/mathrm R_s, S_s, T_s)과 동일위상을 갖는 전류의 정현제어를 통한 3상 정류는 각 코일요소마다 원래 코일의 공간 주파수보다 두 배의 공간주파수를 가진다. 그로 인한 3개 코일요소들의 총 작용력은 각 코일요소들의 작용력 평균값들의 합과 같으며 위치에 무관하다.

하면 평균값의 세 배가 얻어진다. 예를 들어 전류가 1 [A]이며 $(Bl)_{max}$ 값이 1인 경우에 작용력의 크기는 $3 \cdot 0.5 = 1.5$로서 일정한 값이 얻어진다. 비록 이 힘 레벨이 그림 5.22의 기계식 스위칭 정류레벨보다는 약간 낮은 값을 갖지만, 평균 전류도 기계식 스위칭보다 낮기 때문에($0.5\sqrt{2}$) 도선에서의 전력소모가 줄어든다. 전자기 간섭을 유발하며 기구 내에서 제어할 수 없는 고유모드를 가진할 수도 있는 전류와 힘의 빠른 변화가 없으며 작용력이 일정하기 때문에 기계식 스위칭보다 3상 전자식 정류를 더 선호한다.

5.3.6 로렌츠 작동기의 성능지수

전자석 작동기의 비선형 거동에 대해서 살펴보기 전에 필립스전자가 **성능지수**(figure of merit) 향상 작업을 통해서 어떻게 로렌츠 작동기를 지속적으로 개선했는지에 대해서 간단히 살펴보기로 한다.

1장에서 제시했던 CD 구동기용 작동기의 개발 초기단계에서 수없이 다양한 개념들이 검토되었다. 약 1 [mm]의 스트로크에 대해서 일정한 전류 대 힘 비율[N/A]을 얻기 위해서 인입형 **짧은 코일-긴 자석** 조합이나 돌출형 **긴 코일-짧은 자석** 조합을 사용할 수 있었다. 또한 코일을 이송체로 한 설계와 자석을 이송체로 한 설계가 제시되었다. 하나 또는 두 방향으로 구동하는 동안 나머지 자유도들은 안내요소에 의해서 지지되어야만 한다. 이를 위해서 미끄럼 요소나 유연 설계를 채용할 수 있다. 마찬가지로 운동을 기구학적으로 구현하기 위해서 병진운동이나 회전운동 모두를 사용할 수 있다. 이런 모든 옵션들을 검토해 보면 의사결정이 쉽지 않았음을 곧장 알아차릴 수 있다. 과거에 성공적으로 사용되었던 성능지수라는 기준 사용하여 설계를 결정하게 되었다. 작동기의 기본 기능은 광학 요소에 특정한 가속을 만들어내는 것이다. 높은 전류로 구동하면 더 높은 가속을 얻을 수 있지만 과도한 열이 발생한다. 최종적으로 만들어진 **성능지수**를 **와트의 제곱근 당 G값**이라고 불렀다. 즉 1와트의 동력을 집어넣어 얼마나 높은 중력가속도를 구현하는가를 뜻한다. 지수값이 높을수록 좋은 설계이다. 성능지수를 Q_m이라고 부르며 다음의 관계를 가지고 있다.

$$Q_m = \frac{G}{\sqrt{Watt}} \tag{5.40}$$

비록 일반적이지도, 과학적이지도 않으며 최소한 SI 단위계도 따르지 않았지만, 이 계수는 매우 적합했으며, 이후 10여 년간 사용되었다. 작동기 설계의 관점에서 이 지수값을 분석해보면, 그 이유가 명확해진다. 우선 이 성능지수를 SI 법칙에 따라 나타내면 다음과 같다.

$$Q_m = \frac{a}{\sqrt{P}} = \frac{\frac{F}{m}}{\sqrt{P}} = \frac{F}{m\sqrt{P}} \tag{5.41}$$

이 때 a는 가속도이며 P는 동력이다. 로렌츠 작동기 메커니즘의 경우 운동량은 매우 작기 때문에 이 전력은 거의 저항성 전력손실($P = P_l$)에 의해서 소모된다. 이 관계식으로부터 질량이 작을수록 유리하다는 것을 명확히 알 수 있다. 작은 에너지 소모로 큰 힘을 낼 수 있다면 높은 지수값을 얻을 수 있다. 한 단계 더 나가서 $l_{w,t}$가 영구자석에 의해 만들어진 자기장 속에 위치하는 도선의 총 길이라 할 때에 간단한 로렌츠 작동기 공식 $F = BIl_{w,t}$를 사용하면 F항을 소거할 수 있다.

$$Q_m = \frac{BIl_{w,t}}{m\sqrt{P_l}} \tag{5.42}$$

두 번째 단계는 기하학적 형상과 관계되어 있다. 각 권선들의 공극 내에 위치한 부분(능동부)의 길이를 $l_{w,a}$라고 부르며 각 권선들의 공극 밖에 위치한 부분(수동부)의 길이를 $l_{w,p}$라 하고, n을 권선수라 하면 성능지수를 다음과 같이 변형시킬 수 있다.

$$Q_m = \frac{BInl_{w,a}}{m\sqrt{P_l}} \tag{5.43}$$

다음으로, $P_l = I^2R$을 사용해서 열 발생항을 소거할 수 있다. 이를 대입하면 분모와 분자항에 존재하는 전류항이 소거된다.

$$Q_m = \frac{Bnl_{w,a}}{m\sqrt{R}} \tag{5.44}$$

여기서 저항 R은 각 권선의 능동부와 수동부 모두를 포함하는 총 저항값이다. 비저항 값이 ρ_r이며 단면적이 A_w인 도선을 n회 권선하면 코일의 총 저항은 다음과 같아진다.

$$R = \frac{n\rho_r(l_{w,a}+l_{w,p})}{A_w} \tag{5.45}$$

γ는 권선의 충진계수이며 $A_{c,w}$는 코일 권선의 단면적($b_c h_c$)일 때에, 권선 당 단면적은 다음과 같이 주어진다.

$$A_w = \frac{\gamma A_{c,w}}{n} \tag{5.46}$$

이 값을 사용하면 저항값은 다음과 같이 구해진다.

$$R = \frac{n^2\rho_r(l_{w,a}+l_{w,p})}{\gamma A_{c,w}} \tag{5.47}$$

자기장 $V_{c,a}$ 내에 위치한 코일중에서 능동부의 체적은 $A_{c,w}l_{w,a}$와 같다. 이를 식 (5.47)과 함께 식 (5.44)에 대입하면 대수식 형태의 성능지수를 얻을 수 있다.

$$Q_m = \frac{B}{m}\sqrt{\frac{\gamma V_{c,a}}{\rho_r}}\sqrt{\frac{l_{w,a}}{(l_{w,a}+l_{w,p})}} \tag{5.48}$$

이 식을 통해서 작동기의 지수인 **와트 제곱근 당 G값**이 명확히 이해할 수 있으며 훨씬 더 논리적인 공학적 판단을 가능케 해 주는 형태로 변형되었다는 것을 알 수 있다. $B, \gamma, V_{c,a}$ 값들을 극대화 시키고 m, ρ_r 및 $l_{w,a}$에 대한 $l_{w,p}$를 최소화시켜야 최소비용의 최적설계를 구현할 수 있으며, CD 플레이어가 최초로 개발되었을 때에는 매우 비싼 부품이었던 것이 최적화 설계를 통해서 오늘날에는 염가로 대량생산이 가능해 지게 되었다.

5.4 | 가변 릴럭턴스 작동기

전자석 작동기의 작용력은 이상적인 로렌츠 작동기처럼 항상 전류와 선형적인 관계를 가지고 있는 것은 아니다. 일반적으로 전류레벨이 증가하면 다양한 이유 때문에 힘과의 비례관계가 변하게 된다. 우선 코일의 자기장이 영구자석의 자기장과 합해진다. 그 결과 자석 조립체의 철로 이루어진 부분이 포화되어 릴럭턴스가 증가하며 그로 인하여 영구자석에 의한 자속이 감소하는 결과가 초래된다. 이는 전류레벨이 높아질수록 작용력은 선형관계식 $F = BIl_w$보다 작아지게 된다는 것을 의미한다. 비선형성의 또다른 원인은 강철부품과 코일 사이의 직접적인 상호작용에 따른 것이다. 코일은 전자석처럼 작용하여 전류 방향과는 무관한 방향으로 철심을 잡아당긴다. 코일이 철심 쪽으로 접근하면 릴럭턴스가 변화하기 때문에 이 견인력을 **가변 릴럭턴스력**(variable reluctance force)이라고 부르며 그 크기는 전류의 제곱에 비례한다. 대부분의 경우 가변 릴럭턴스력을 단지 릴럭턴스력이라고 부른다. 이 힘은 이 장의 뒤쪽에서 다룰 많은 작동기에서 사용되지만, 비선형성이 크기 때문에 정밀 위치결정 시스템에는 단점으로 작용한다. 릴럭턴스에 대해서 살펴보는 첫번째 단계로 로렌츠 작동기의 바람직하지 않은 영향들과 이를 저감하는 방안에 대해서 살펴보기로 한다. 이 분석을 수행한 다음에 에너지보존법칙으로부터 임의 형태의 전자석 작동기에 대한 해석적 힘 방정식을 유도해 본다. 마지막으로 가변 릴럭턴스 작동기와 영구자석 편향형 릴럭턴스 작동기에 대해서 논의한다.

5.4.1 로렌츠 작동기의 릴럭턴스력

정밀 위치결정 시스템에서 모터 강성에 의한 힘 전달이 허용되지 않는 경우에 주로 로렌츠 작동기를 사용한다. 하지만 앞에서 설명한 것처럼 로렌츠 작동기도 강성이 완전히 없는 것이 아니다. 잔류강성의 첫번째 이유는 힘과 위치 사이의 관계에 기초하며 이에 대해서는 앞 절에서 설명한 바 있다. 그에 따르면 운동을 중심 주변의 좁은 영역으로 국한시키거나 전자정류를 사용함으로써 비선형 강성을 낮출 수 있다. 스트로크가 짧은 작동기의 경우 릴럭턴스력은 또다른 강성인자를 유발할 수 있다. 그림 5.24에서는 코일이 공극 중심의 최적위치에서 약간 바깥쪽에 위치하는 경우에 작동기의 코일 내의 전류에 의해서 유발되는 자속을 보여주고 있다. 여기서 릴럭턴스력은 강자성체 부품에 의해서만 결정되므로 영구자석은 도시하지 않았다.

코일 내의 전류에 의해 유발되는 자속의 릴럭턴스는 코일이 강자성체 부품 속에 완전히 들어가 있을 때에 최소가 된다는 것이 명확하다. 자속 내에서 릴럭턴스력은 위치에 따라서 최댓값을 가진다. 즉 코일에 가해지는 릴럭턴스력은 항상 강자성체 쪽을 향한다는 것을 의미한다.

이 릴럭턴스력을 저감할 방법들 중 하나는 강자성체 부품을 자석보다 우측까지 늘이는 것이나 이는 질량을 증가시키고 더 긴 코일 고정구를 필요로 한다.

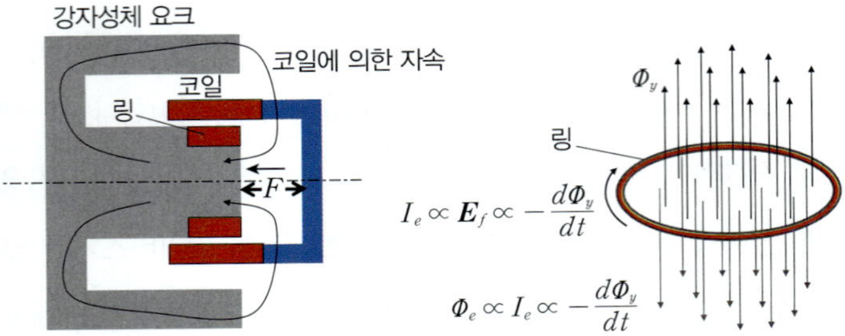

그림 5.24 로렌츠 작동기 내의 릴럭턴스력은 영구자석 자속과는 독립적으로 작용하는 힘이다. 이 힘은 코일의 자기장에 의해서 강철 부품이 견인되면서 만들어진다. 주파수가 높은 경우 이 힘은 그림의 우측에 도시되어 있는 것처럼 강철 부품 내의 자속 변화에 반대로 작용하는 도전성 링을 통해서 저감시킬 수 있다.

5.4.1.1 와전류 링

릴럭턴스력을 저감할 두 번째 방법은 그림 5.24와 같이 강자성체 부품에 도전성 링을 붙이는 것이다. 이 방법의 효용성은 코일에서 발생하는 자속의 가변성에 기반을 두고 있다. 코일 내를 흐르는 전류에 의한 링 내부 자속 Φ_y의 변화는 패러데이의 법칙에 따라서 내부 전기장 E_f를 유발한다. 링이 닫혀있기 때문에 이 전기장은 전자의 이동을 유발하여 2장의 전기에서 설명했던 것처럼 전기장의 방향으로 링 내부에서 전류 I_e를 만들어낸다. 원리상 변화하는 자기장 속에 삽입된 모든 도전성 소재 내에서 전류가 유도되며 빠르게 흐르는 강에서의 소용돌이처럼 소재 내에서 전류가 원형으로 맴돌기 때문에 이 전류를 **와동전류**(eddy current)라고 부른다. 링 내에 유도된 와동전류가 코일의 자속과 반대방향으로 암페어의 법칙에 따라서 자기장 Φ_e를 생성한다. 즉 링 내부에서 코일의 자속변화가 억제된다. 링 내부의 총 자속은 시간에 따른 플럭스 변화의 적분과 같다. 자속의 변화가 주파수에 따라 증가하면 링이 자속에 끼치는 영향과 그에 따른 릴럭턴스력의 감소효과는 고주파에서 가장 크게 발생하며 정상상태 전류에서는 완전히 사라진다. 고주파의 한계 때문에 이 방법은 라우드 스피커에 자주 사용된다. 그런데 정밀 메카트로닉스 시스템의 경우 정상상태 작용력의 변화가 없어야 하며 작동의 신뢰성이 보장되어야 하므로 이런 성질은 적합하지 않다.

5.4.1.2 무철심 스테이터

자석소재의 가격보다는 선형성능이 훨씬 더 중요한 경우에는 강자성체 소재를 완전히 배제하는 결정을 내릴 수도 있다. 그림 5.25에서는 자석이 비자성체 구조물에 지지되어있는 경우를 보여주고 있다. 자석 시스템의 큰 릴럭턴스를 보상하기 위해서 추가적으로 자석링이 설치된다. 외측에서의 영구자석에 의한 자속

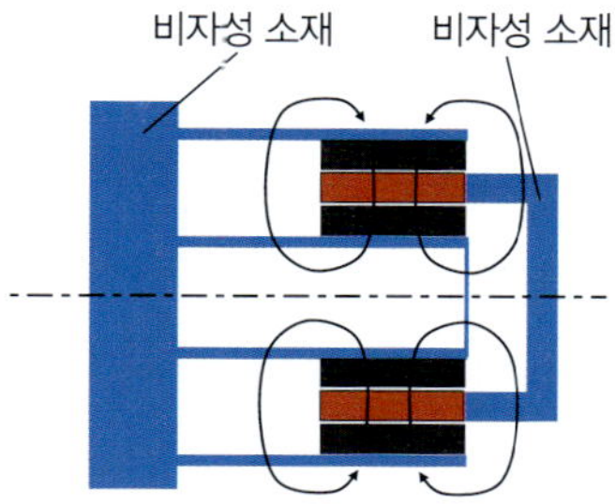

그림 5.25 릴럭턴스력을 상쇄시키기 위해 강자성체 부품을 없앤 로렌츠 작동기. 영구자석 플럭스의 귀환경로는 공기공극만을 통과한다.

의 릴럭턴스 증가는 그림 5.4의 공심코일에서 설명했던 것과 마찬가지로 코일 외측 경로에서의 릴럭턴스는 코일 내측의 릴럭턴스에 비해서 무시할 수 있기 때문에 거의 영향이 없다. 귀환자속의 긴 경로길이는 대략적으로 스테이터 주변의 모든 공간의 넓은 단면적에 의해서 보상되기 때문에 외측에서 영구자석 자속에 의한 릴럭턴스의 증가는 코일을 포함한 공극의 릴럭턴스와 동일한 크기를 가진다. 많은 양의 영구자석 소재를 사용하기 때문에 작동기 외측에 강력한 자기장이 형성되어 인접한 볼트나 스크류와 같은 강자성체 부품들에 기생 작용력을 생성하는 문제를 갖게 된다.

이 구조는 자석식 중력보상기구와 조합되어 9장의 웨이퍼 스캐너에서 설명할 노광용 웨이퍼 스테이지에서 사용된다.

5.4.2 릴럭턴스력의 해석적 유도

다음 절의 릴럭턴스 작동기에서 설명할 예정이지만, 식 (5.38)은 $d\Phi_w/dx$가 전류가 아니라 영구자석에만 의존하는 경우에만 유효하다. 즉 릴럭턴스력을 포함하여 전자석 작동기에 작용하는 모든 힘들을 구하기 위해서는 새로운 방법이 필요하다. 닫힌 시스템에 대한 에너지 보존법칙을 기반으로 하여 적절한 방법을 찾을 수 있다. 전자석 작동기의 경우 전기 에너지는 3가지 서로 다른 에너지로 변환된다.

1. 유용한 기계 에너지(일)
2. 저장된 자기 에너지
3. 열손실

그림 5.26에서는 전력 입력을 위한 전류원, **자체-인덕턴스**(self-inductance) L로 표시되어 있는 자기 위치에너지 저장요소, 열 출력을 나타내는 저항요소, 그리고 속도에 관계된 모터전압 등을 사용하여 나타낸 전자석 작동기의 등가 전기회로가 도시되어 있다. 자체-인덕턴스를 나타내는 전기요소는 전류에 의한 유도 자기장 속에서 작동하므로 **인덕터**(inductor)라고 부른다. 자체-인덕턴스는 전자석 작동기의 매우 중요한 동적 특성이다. 이 특성에는 패러데이와 거의 동시대에 패러데이의 제3 맥스웰 방정식에 따라서 코일의 유도전압과 닫힌 자속변화의 함수 사이의 관계를 구한 미국의 물리학자 Joseph Henry의 이름을 따서 **헨리**[H] 단위를 사용한다.

자체-인덕턴스는 모든 권선에 의한 총 자속 $\Phi_{w,t}$와 코일 내의 전류 사이의 비율로 정의된다.

$$L = \frac{\Phi_{w,t}}{I} \quad [\mathrm{H}] \tag{5.49}$$

동일한 자속 Φ_w를 생성하는 권선이 n회 감긴 코일의 총 자속 $\Phi_{w,t}$는 $n\Phi_w$와 같다. 이 자체-인덕턴스 관계식의 뒤에 숨겨진 논리는 패러데이의 법칙을 기반으로 하고 있으며 권선 내에서 유도된 전기장 E_f는 권선내의 닫힌 표면에서 변화하는 자속과 같다. 이를 통해서 권선수에 비례하는 기전력이 만들어진다. 코일 내 각 권선들에 동일한 자속변화가 발생하면 코일 전체에서 발생하는 기전력은 개별권선들의 기전력들이 직렬로 연결된 것처럼 합해진다. 2장에서 설명했던 것처럼 패러데에 법칙의 음의 부호로 인하여 코일 내의 기전력은 음극에서 양극 방향을 향한다. 이 방향은 전류방향과 반대방향이므로 전극들이 그림 5.26처럼 정의되었을 때에 인덕터 전극들에 유도된 전압 V_L은 이 기전력과 같으며 전압과 반대 방향으로 작용하여 전류 변화를 유발한다.

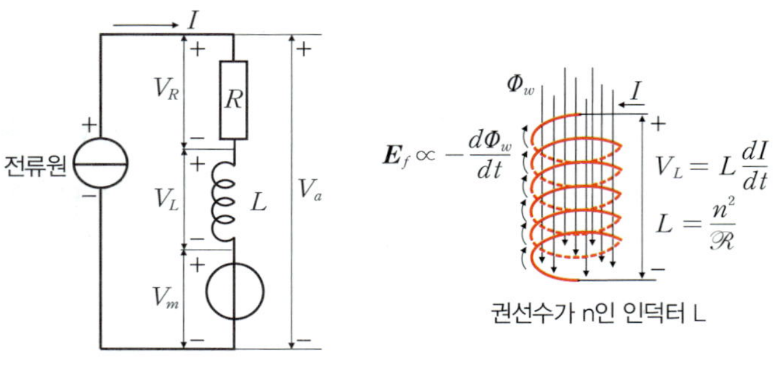

그림 5.26 전자석 작동기의 전기적 등가회로. 저항 R은 권선 저항과 와전류에 의한 손실을 나타내며 인덕터 L은 저장된 자기에너지를, 전압원 V_m은 속도에 의해서 유도된 전압을 나타낸다. 우측의 그림은 인덕터의 작동원리를 보여주고 있다. 인덕터는 자기장의 변화에 따라서 전류변화를 기전력으로 변환시키며 기전력은 외부전압에 반대되어 또다시 전류변화를 유발한다.

$$V_L = \mathscr{F}_e = n\frac{d\Phi_w}{dt} = \frac{d\Phi_{w,t}}{dt} \tag{5.50}$$

L에 대한 정의와 자속에 의해서 유도된 총 전류 $\Phi_{w,t} = LI$로부터 다음 식을 얻을 수 있다.

$$V_L = L\frac{dI}{dt} \tag{5.51}$$

자체-인덕턴스가 코일의 치수와 자기특성에 의해 결정된다는 것을 예상할 수 있다. 홉킨슨의 법칙을 사용하여 이 관계식을 권선수와 릴럭턴스 항으로 나타낼 수 있다.

$$L = \frac{\Phi_{w,t}}{I} = n\frac{\Phi_w}{I} = n\frac{nI}{I\mathscr{R}} = \frac{n^2}{\mathscr{R}} \tag{5.52}$$

동적 도메인 내에서 코일의 자체-인덕턴스에 따른 영향에 대해서는 5.5.1절에서 자세히 살펴볼 예정이다. 여기서는 에너지 보존법칙을 기반으로 하여 5단계로 릴럭턴스력을 계산하기 위해서 자체-인덕턴스를 사용한다.

■ 1단계 : 전력 입력

그림 5.26의 등가회로도를 사용하면 임의 시점에서의 전력은 다음과 같다.

$$P_{in}(t) = V_a(t)\,I(t) \tag{5.53}$$

단순화를 위해서 이후에는 시간항 (t)를 이후의 방정식에서 생략하기로 한다.

총 전압 V_a는 등가회로도의 세 가지 요소들로 이루어진다.

$$V_a = V_R + V_L + V_m \tag{5.54}$$

저항 양단의 전압은 다음과 같다.

$$V_R = IR \tag{5.55}$$

전류변화에 따른 자체-인덕턴스에 의한 유도전압은 다음과 같다.

$$V_L = L\frac{dI}{dt} \tag{5.56}$$

운동전압은 운동에 의한 자속의 변화에 따라서 유도된 전압이다. 사실 자속의 변화 Φ_w는 두 부분으로 이루어진다. 그 중 하나는 코일 내에서 전류의 변화이며 자체-인덕턴스와 일치한다. 다른 하나는 위치 변화와 관련되어 있다.

$$V_m = n\frac{\partial \Phi_w}{\partial x}\frac{dx}{dt} \tag{5.57}$$

따라서

$$P_{in} = I^2R + IL\frac{dI}{dt} + nI\frac{\partial \Phi_w}{\partial x}\frac{dx}{dt} \tag{5.58}$$

■ 2단계 : 에너지 저장

에너지는 자체-인덕턴스라는 단 하나의 요소에만 저장할 수 있다. 저장된 자기 에너지는 자기장을 생성하는 데에 필요한 전기 에너지와 같으므로 자체-인덕턴스에 투입된 전력의 적분을 통해서 계산할 수 있다. 이 전력은 전류변화에 의해서 유발된 전압을 전류와 곱한 값과 같다.

$$P_L = I(t)V_L = I(t)L\frac{dI}{dt} \tag{5.59}$$

만일 t_0에서의 전류는 0이며 t_1에서의 전류는 I_1이라면 특정한 L 값에 대해서 전류레벨 I_1에서 저장된 자기에너지 E_L은 t_0에서 t_1까지의 시간동안 전력을 적분하여 구할 수 있다.

$$E_L = \int_{t_0}^{t_1} P_L(t)dt = \int_{t_0}^{t_1} I(t)L\frac{dI}{dt}dt = L\int_0^{I_1} I(t)dI = \frac{1}{2}LI_1^2 \tag{5.60}$$

자체-인덕턴스가 위치 $x(t)$에 의존하며 I_1 레벨은 다시 변수 I라고 한다면 자기에너지에 대한 더 일반적인 관계식을 구할 수 있다.

$$E_L = \frac{1}{2}L(x(t))I^2 \tag{5.61}$$

임의시간에 이 저장요소 속으로 흘러들어가는 총 전력은 이 에너지의 시간미분값과 같다.

$$P_{storage} = \frac{d}{dt}(E_L) = IL\frac{dI}{dt} + \frac{1}{2}I^2\frac{dL(x(t))}{dt} \tag{5.62}$$

■ 3단계 : 전력 방출

전력은 유용한 기계적 동력과 무용한 발열이라는 두 가지 방법을 통해서 시스템에서 방출된다.

$$P_{out} = P_{diss} + P_{mech} \tag{5.63}$$

소산된 열은 다음과 같다.

$$P_{diss} = I^2 R \tag{5.64}$$

기계적인 동력은 다음 단계에서 결정할 수 있다.

■ 4단계 : 전력 평형

전체적인 전력 평형은 다음과 같다.

$$P_{storage} = P_{in} - P_{out}$$

$$\left\{ IL\frac{dI}{dt} + \frac{1}{2}I^2\frac{dL(x(t))}{dt} \right\} = \left\{ I^2R + IL\frac{dI}{dt} + nI\frac{\partial \Phi_w}{\partial x}\frac{dx}{dt} \right\} - \{ I^2R + P_{mech} \} \tag{5.65}$$

약간의 항들을 소거하고 나면 기계적 출력은 다음과 같아진다.

$$P_{mech} = nI\frac{\partial \Phi_w}{\partial x}\frac{dx}{dt} - \frac{1}{2}I^2\frac{dL(x(t))}{dt} \tag{5.66}$$

■ 5단계 : 힘

운동 중에 힘이 가해지면 기계적 동력이 소모된다.

$$P_{mech} = Fv = F\frac{dx}{dt} \tag{5.67}$$

또는

$$\begin{aligned} F &= P_{mech}\frac{dt}{dx} \\ &= nI\frac{\partial \Phi_w}{\partial x} - \frac{1}{2}I^2\frac{dL(x)}{dx} \end{aligned} \tag{5.68}$$

이 방정식에서 첫 번째 항은 모든 작동기에 존재하는 전류에 대한 힘의 선형관계를 나타낸다. 두 번째 항은 전류에 대한 힘의 비선형 제곱관계이며 자체-인덕턴스 내에 저장된 자기에너지에 의해서 유발된다. 5.4.1.2절의 로렌츠 작동기는 코일에 의해서 생성된 자기장의 릴럭턴스에 영향을 끼칠 수 있는 강자성체가 코일주변에 없기 때문에 자체-인덕턴스는 위치에 무관하다. 이 구조의 경우 두 번째 항은 0이며 일반

방정식은 앞서 유도했던 (5.38)식과 같아진다.

$$F = nI\frac{d\Phi_w}{dx} \tag{5.69}$$

다음에 소개할 영구자석을 사용하지 않는 릴럭턴스 작동기의 경우에는 두 번째 항이 첫 번째 항의 정확히 절반이 되기 때문에 상황이 아주 달라진다. 즉 (저항 손실을 제외한)유용한 전기 에너지의 절반이 코일을 자기 에너지로 **충전**하는 데에 사용되며 나머지 반만이 기계적 에너지로 사용된다는 것을 의미한다.

5.4.3 가변형 릴럭턴스 작동기

릴럭턴스력만으로 작동하는 작동기의 사례인 (가변) **릴럭턴스 작동기**(reluctance actuator)의 두 가지 형태가 그림 5.27에 도시되어 있다. C-코어 버전은 다리가 두 개이며 E-코어 버전은 다리가 세 개다. E-코어 버전의 장점은 코일이 컵 속에 매립되며 완전한 축대칭 구조를 형성할 수 있다는 것이다.

이 작동원리는 강자성체 요크에 전류가 흐르는 코일을 삽입하여 만든 표준 전자석에 가장 널리 사용된다. 이 전자석은 분리된 강자성체를 잡아당길 수 있으며 제임스본드 영화인 **007 두 번 산다**에서 강력한 전자석으로 악당이 탄 차를 끌어당긴[41)] 후에 불쌍한 승객들과 함께 바다 속으로 떨어트려 버리는 장면을 많은 사람들이 알고 있다.

C-코어 버전에 대한 힘을 계산하기 위해서는 식 (5.68)이 사용되며, 여기서 고정물체에 대한 이동물체의 상대운동이 dx이다.

$$F = nI\frac{\partial \Phi_w}{\partial x} - \frac{1}{2}I^2\frac{dL(x)}{dx} \tag{5.70}$$

이 경우, 영구자석이 없으므로 $\partial\Phi_w/\partial x$는 전류에 의해서만 결정되며 자체-인덕턴스와 직접 관계되어 있어서 결과적으로 위치만의 함수가 된다.

$$\frac{\partial \Phi_w}{\partial x} = \frac{d}{dx}\frac{LI}{n} \tag{5.71}$$

이제 이 두 방정식을 조합한다.

41) 저자는 독자들에게 이 장을 공부한 다음에 필요한 힘, 전력, 자동차의 릴럭턴스, 그리고 철제 천정의 자기포화 등을 고려하여 이 영화 속 장면이 현실성이 있는지를 계산해 볼 것을 권한다.

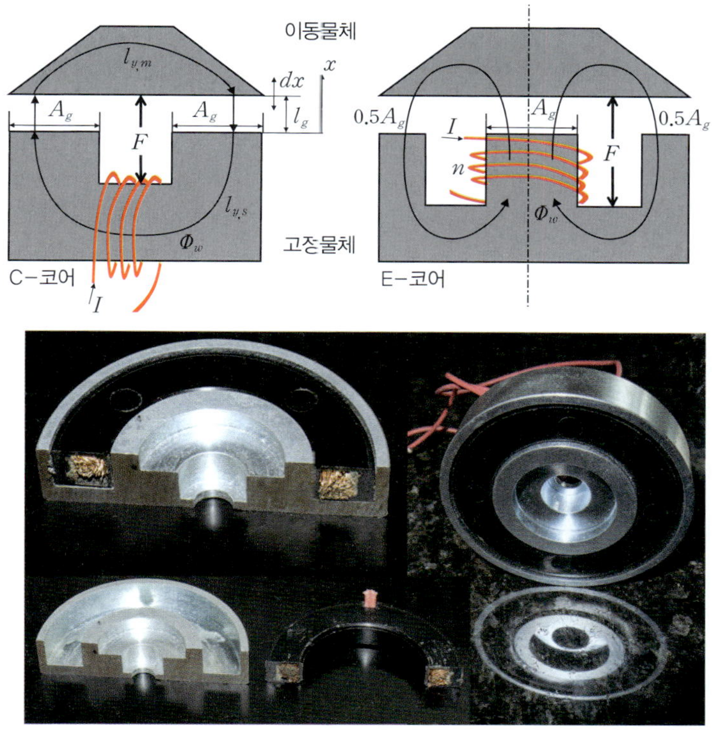

그림 5.27 가변 릴럭턴스 작동기는 릴럭턴스력의 원리를 통해서만 작동한다. 이동부는 전류의 제곱에 비례하며 거리의 제곱에 반비례하는 힘 −F에 의해서 고정물체 쪽으로 견인된다. 상부 좌측에는 C-코어, 우측에는 E-코어의 두 가지 버전이 도시되어 있다. E-코일 단면의 축대칭 구조가 아래 그림에 도시되어 있다. 원형으로 권선된 코일(검은색)이 철심 속에 매립된다.

$$F = I^2 \frac{dL(x)}{dx} - \frac{1}{2} I^2 \frac{dL(x)}{dx} = \frac{1}{2} I^2 \frac{dL(x)}{dx} \tag{5.72}$$

자체-인덕턴스는 **고정물체**(stator)와 **이동물체**(mover)의 두 강자성체 부품들의 직렬 릴럭턴스에 의해서 결정되며 총 길이는 $l_y = l_{y,s} + l_{y,m}$과 자속이 공극을 두 번 통과하기 때문에 총 길이가 $2l_g$인 두 개의 공극으로 이루어진다.

$$L = \frac{\Phi_t}{I} = \frac{n^2}{\mathscr{R}_c + \mathscr{R}_G} = \frac{n^2}{\dfrac{l_y}{A_y \mu_0 \mu_r} + \dfrac{2l_g}{A_g \mu_0}} \tag{5.73}$$

$\mu_r \gg 1$이며 l_g값이 비교적 크다면, 이 식을 다음과 같이 근사화 시킬 수 있다.[42]

42) 이 근사식은 자속밀도가 높고 l_g가 작은 경우에 큰 오차를 나타낸다는 것을 나중에 설명하겠다.

$$L \approx n^2 \frac{A_g \mu_0}{2 l_g} \tag{5.74}$$

자체-인덕턴스에 대한 이 값과 $x = l_g$를 식 (5.72)에 대입한 후에 약간의 대수식을 사용하면 릴럭턴스력은 다음과 같이 정리된다.

$$F \approx -\left(\frac{nI}{l_g}\right)^2 \frac{\mu_0 A_g}{4} \tag{5.75}$$

여기서 음의 부호는 이동물체에 작용하는 힘은 음의 x방향을 향한다는 것을 의미한다. 이 방향은 전자석이 **잡아당기는** 방향에 해당한다. 또한 이 방정식에 따르면 릴럭턴스 작동기는 극도로 비선형적이라는 것을 명확하게 알 수 있다. 무엇보다도 힘은 한 방향으로만 작용하며 모터상수는 전류에 따라서 증가한다. 또한 x방향 운동에 대한 의존성이 높으며 현저한 강성과 더불어 비선형성을 가진다. 특정한 전류레벨에서는 공극 거리가 증가하면 힘의 크기가 감소한다. 즉 작동기는 비선형 음강성을 가지고 있다는 것을 의미한다. 포화효과를 무시한다면 무한히 작은 공극은 무한히 큰 힘을 만들어낸다. 실제의 경우 자속밀도는 사용된 강자성체의 포화에 의해 제한되며 강자성 연철의 경우 약 2[T]에 달한다(제임스본드의 예를 생각해 본다!). 그로 인한 힘은 다음 절의 방정식을 사용하여 구할 수 있다.

5.4.3.1 전자석 릴레이

그림 5.28에서는 스위칭 된 전류에 대한 릴럭턴스력의 제곱관계를 사용하는 전기식 릴레이의 물리적 모델을 도시하고 있다. 릴레이는 이동물체가 힌지를 통해서 고정물체와 연결되어 있는 릴럭턴스 작동기이다. 탄성 힌지에는 예하중이 가해져서 이동물체를 **열림** 위치로 유지한다. 코일에 전류가 증가하면 특정한 전류레벨 이상에서의 예하중과 같은 크기의 릴럭턴스력이 생성된다. 그 결과 이동물체가 고정물체 쪽으로

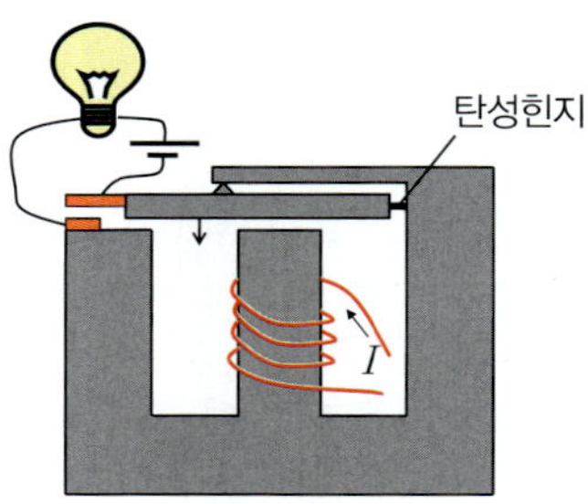

그림 5.28 전자석 릴레이는 쌍안정 시스템으로 신뢰성 있는 접점을 형성하기 위해서 릴럭턴스력의 비선형성이 사용된다.

움직이기 시작하며 공극이 감소하여 작용력이 증가하고 이동물체가 완전히 닫혀버린다. 이 비선형 눈사태 효과는 이동물체와 고정물체 사이에 설치되어 있는 전기접점을 빠르고 강하며 신뢰성 있게 닫아준다.

5.4.3.2 견인자기력

자기장 소스와 강자성체 부품 사이의 공극내의 자속밀도 B_g는 이들 둘 사이의 견인력과 관계되어 있다. 이 관계는 식 (5.16)과 그림 5.29에서 정의된 값들을 사용하여 거리변화에 따른 자기 에너지를 미분하여 구할 수 있다.

$$\Delta E = -F\Delta x \quad \Rightarrow \quad F = -\frac{dE_m}{dx} = -\frac{d}{dx}\frac{1}{2}\Phi_w^2\mathcal{R} = -\frac{1}{2}\Phi_w^2\frac{d\mathcal{R}}{dx} \tag{5.76}$$

음의 부호에 따르면 힘은 $-x$방향을 향하는 반면에 자기 에너지는 이동물체가 양의 x방향으로 이동하는 경우에 증가한다. 홉킨슨의 법칙을 사용하여 자속을 계산한 다음 이 미분을 통해서 특정 위치에서 시스템의 힘을 구할 수 있다.

대안으로 5.4.3절에서 릴럭턴스 작동기에 대해 유도된 힘 방정식은 자속밀도와 힘 사이의 직접적인 관계를 나타낸다. 이 자속밀도와 힘 사이의 관계는 영구자석과 같은 다른 소스에 의해서 생성된 자장에 대해서도 동일하게 적용된다. 그림 5.29를 통해서 이를 확인할 수 있다. 그림의 우측과 같이 영구자석이 사용된 경우에도 좌측에서 전류에 의해 생성된 것과 동일한 자속밀도를 유발하며 이동물체에는 완전히 동일한 자속과 그에 따라서 완전히 동일한 힘이 가해진다. 이런 관계는 홉킨슨의 법칙을 사용하여 공극 내의 자속밀도와 기자력 사이의 관계로부터 유도한다.

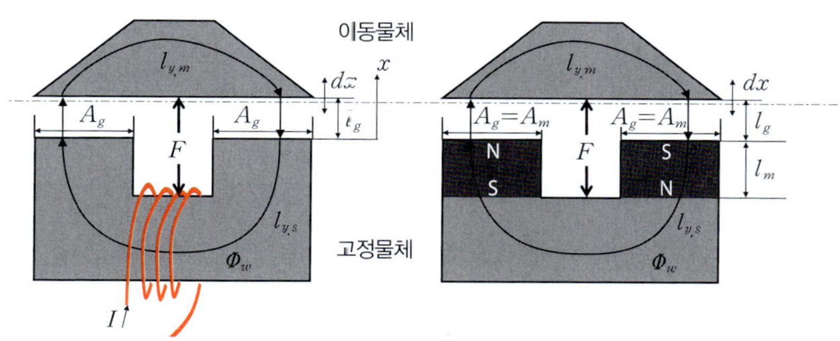

그림 5.29 자기력 소스와 강자성체 표적으로 이루어진 자석 시스템의 두 부분 사이의 견인력은 자속의 소스 유형에 관계없이 강자성체 이동물체와 자석 고정물체 사이를 가로지르는 경계면(수평 점선)에서의 자속밀도의 제곱값에 비례한다.

$$B_g = \frac{\Phi_w}{A_g} = \frac{\mathscr{F}_m}{\mathscr{R}A_g} = \frac{nI}{\mathscr{R}A_g} \tag{5.77}$$

릴럭턴스 작동기의 경우 두 공극 내의 릴럭턴스를 사용하여 릴럭턴스를 근사화시킬 수 있다.

$$\mathscr{R} \approx \frac{2l_g}{\mu_0 A_g} \tag{5.78}$$

위 식과 (5.77)식으로부터 다음 식을 얻을 수 있다.

$$B_g \approx \frac{nI\mu_0}{2l_g} \quad \Rightarrow \quad \mathscr{F}_m = nI \approx \frac{2B_g l_g}{\mu_0} \tag{5.79}$$

이를 (5.75)식과 조합하면

$$F \approx -\left(\frac{nI}{l_g}\right)^2 \frac{\mu_0 A_g}{4} \approx -\left(\frac{B_g l_g}{\mu_0 l_g}\right)^2 \frac{\mu_0 A_g}{4} \approx -\frac{B_g^2 A_g}{\mu_0} \tag{5.80}$$

공극의 총 면적은 $2A_g$이므로 자속밀도 B가 등가 가상견인압력 P_m을 생성한다.

$$P_m \approx \frac{F}{2A_g} \approx -\frac{B_g^2}{2\mu_0} \tag{5.81}$$

예를 들어 자속밀도가 1 [T]인 경우에 단위표면적 당 견인력(음압)은 다음과 같이 주어진다.

$$P_{1T} \approx -\frac{1}{8\pi \cdot 10^{-7}} \approx -0.4 \cdot 10^6 \ \text{[Pa]} \tag{5.82}$$

이는 진공의 4배에 달하는 음압이므로 왜 영구자석이 정밀 위치결정 시스템용 공기베어링의 비접촉 예하중 부가장치로 자주 사용되는지를 곧장 알 수 있다.

■ 영구자석들 사이의 작용력

이동물체도 자석 소스를 가지고 있는 경우에는 두 소스들 사이의 상호작용을 무시한 채로 릴럭턴스 변화만을 고려하기 때문에 위 계산이 성립되지 않는다. 사례로 강자성체 없이 두 개의 서로 분리된 영구자석들 사이에 자극 방향에 따른 견인 또는 반발작용을 생각해 볼 수 있다. 주변 공간의 릴럭턴스가 일정하다면 전류가 흐르는 코일로 취급하여 로렌츠력으로부터 이 힘을 설명할 수 있다. 각각의 코일은 다른 쪽 코일의 자장에 의한 로렌츠력을 감지한다. 이는 3차원 문제이기 때문에 해석적인 계산은 매우 어려우며 작용력에 대한 정확한 계산은 맥스웰 방정식을 사용한 유한요소해석을 통해서만 가능하다.

5.4.4 영구자석 편향식 릴럭턴스 작동기

어떻게 하면 매우 좁은 공극 구조로 인하여 높은 힘 대 전류비를 필요로 하는 제어된 위치결정 시스템에 적합하도록 릴럭턴스 작동기를 만들 수 있는지를 살펴보는 것이 가치가 있다. 해결해야만 하는 첫 번째 문제점은 작용력이 한쪽 방향이라는 것이다.

5.4.4.1 이중가변 릴럭턴스 작동기

작용력이 단방향인 경우에 반대방향으로 수동적인 힘을 부가하기 위해서는 스프링을 사용하거나 그림 5.30에서와 같이 두 개의 릴럭턴스 작동기를 하나의 작동기로 결합시켜서 해결할 수 있다. 이후의 계산을 통해서 알 수 있듯이 이 구조는 매우 흥미로운 시스템을 만들어준다. 우선 중앙의 이동물체에 가해지는 힘은 각 작동기의 견인력의 차이와 같다. 앞서의 단일 릴럭턴스 작동기 사례에서 양의 x방향은 고정물체에서 이동물체를 향하는 방향으로 정의되어 있으므로 힘은 음의 부호를 가진다. 여기서는 그림에서와 같이 양의 x방향은 우측을 향한다. 따라서 좌측 절반 작동기가 이동물체에 가하는 힘(F_1)은 음의 부호를 가지며 우측 절반 작동기의 힘(F_2)은 양의 부호를 가진다. 각각의 절반 작동기에 대해서 (5.75)식을 두 번 사용하면 총 작용력은 다음과 같이 구해진다.

$$F = F_2 - F_1 = \left(\frac{nI_2}{l_{g,2}}\right)^2 \frac{\mu_0 A_g}{4} - \left(\frac{nI_1}{l_{g,1}}\right)^2 \frac{\mu_0 A_g}{4} = \frac{n^2 \mu_0 A_g}{4}\left(\frac{I_2^2}{l_{g,2}^2} - \frac{I_1^2}{l_{g,1}^2}\right) \tag{5.83}$$

이를 통해서 $l_{g,1} = l_{g,2}$인 중앙 위치에서 전류가 동일하다면 힘은 0이라는 첫 번째 결론을 얻을 수 있다.

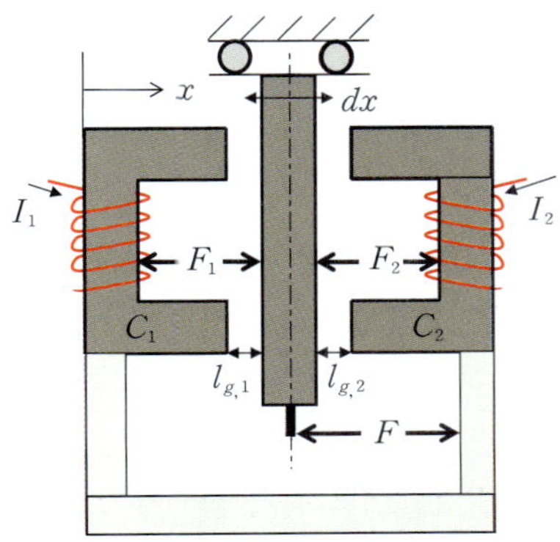

그림 5.30 중앙에 이동물체를 가지고 있는 이중 릴럭턴스 작동기는 중앙 위치에서 선형적인 전류 대 힘 관계를 가지고 있다. 이는 두 비선형 작동기의 작용력 평형에 의해서 만들어진다.

다음 단계로 만일 전류의 총 합은 일정하게 유지하면서 양쪽에 흐르는 전류를 조절했을 때에 어떤 일이 발생할지를 관찰하는 것도 흥미로운 일이다. 즉 I_a가 평균전류일 때에 전류 I_1은 $I_a-\Delta I$이며 I_2는 $I_a+\Delta I$가 된다는 것을 의미한다.

계산은 이동물체가 중간위치에 위치하여 $l_{g,1}=l_{g,2}=l_g$인 경우의 식 (5.83)으로부터 시작한다.

$$F=\frac{n^2\mu_0 A_g}{4}\left(\frac{I_2^2-I_1^2}{l_g^2}\right) \tag{5.84}$$

$I_1=I_a-\Delta I$이며 $I_2=I_a+\Delta I$인 경우에 힘은 다음과 같이 구해진다.

$$F=\frac{n^2\mu_0 A_g}{4}\left(\frac{(I_a+\Delta I)^2-(I_a-\Delta I)^2}{l_g^2}\right)=\frac{n^2\mu_0 A_g}{4}\left(\frac{4I_a\Delta I}{l_g^2}\right) \tag{5.85}$$

이 결과로부터 전류변화 ΔI에 따른 이 작동기의 힘 대 전류비는 다음과 같이 나타낼 수 있다.

$$\frac{F}{\Delta I}=\left(\frac{I_a n^2 A_g \mu_0}{l_g^2}\right) \tag{5.86}$$

즉 모터상수는 양쪽 절반이 공통으로 가지고 있는 전류레벨에 의존한다는 것을 의미한다. 따라서 이 공통 전류 레벨을 사용하여 미분이득을 조절할 수 있다. 두 번째 결론은 중앙 위치에서 힘은 전류차이에 선형적으로 비례한다는 것이다. 즉 이 작동기를 이득을 별도로 조절할 수 있는 선형작동기에 사용할 수 있다. 불행히도 이는 중앙 위치에만 해당된다. 다른 위치에서는 공극이 좁은쪽 절반 작동기가 다른 쪽 절반을 지배하며 선형성은 점차로 사라진다. 하지만 큰 힘을 받고 있는 미소변위에 대해서 이 구조는 유용하다.

이 구조의 또 다른 단점은 공통 전류에 의존하는 **음강성**(negative stiffness)이다. 중앙 위치에서 벗어난 임의 위치에서 이동물체는 더 가까운 작동기 쪽으로 끌려간다는 점을 통해서 음강성의 영향을 설명할 수 있다. 이로 인하여 진동 차폐 시스템과 같이 고정물체와 이동물체 사이의 직접 연결이 바람직하지 않은 경우에 이 작동기는 적합하지 않다. 원리상 이 음강성을 기계적 스프링의 양강성을 사용하여 보상할 수 있지만 실제의 경우에는 공차로 인하여 10배 이상의 신뢰성 있는 저감을 구현하기가 어렵다.

5.4.4.2 일정한 공통자속

두 개의 릴럭턴스 작동기가 조합된 릴럭턴스 작동기에서 두 절반 작동기에 공통성분의 전류를 공급함으로써 작동기를 선형화할 수 있다는 것을 보여주었다. 하지만 DC 전류는 작동기 내에서 동력 손실을 일으키며 음강성도 매우 크기 때문에 이 원리는 단점을 가지고 있다. 이 공통모드 전류에 의해 생성되는 자속을 영구자석의 자속으로 대체하여 릴럭턴스 작동기의 큰 힘과 영구자석 작동기의 선형성이라는 각자의 장점을 조합하는 것이 논리적인 결론이다.

이런 **영구자석 편향식**(permanent magnet biased)작동기 또는 **하이브리드 릴럭턴스**(hybrid reluctance) 작동기를 만들기 위해서는 앞서 설명했던 이중릴럭턴스 작동기의 작동원리에 대해서 세심하게 살펴볼 필요가 있다. 힘과 전류 사이에는 제곱 관계를 가지고 있기 때문에 작용력은 공통전류와 관련된 자속과 전류차와 관련된 자속의 곱과 같다. 따라서 자속이 정말로 이동물체의 위치에 무관하게 완벽하게 완벽한 선형인 경우에 매우 강력한 작동기가 만들어진다. 드한 전류가 흐르는 코일의 자속이 릴럭턴스 경로길이를 현저하게 증가시키는 반면에 영구자석은 모터상수를 감소시키는 추가적인 릴럭턴스를 초래하지 않기 때문에 선호한다. 다음 절에서는 이를 어떻게 구현할지에 대해서 설명한다.

5.4.4.3 두 가지 자속의 결합

첫 번째 단계는 전류와 힘 사이의 제곱관계로 인하여 코일 내의 전류방향과는 무관하게 작동하는 그림 5.30에 도시되어 있는 이중 릴럭턴스 작동기를 살펴보는 것이다. 비록 작용력에는 아무런 영향을 끼치지 못하지만, 그림 5.31에서와 같이 한쪽 코일의 자속이 반전되면 자속이 달라진다. 만일 두 코일의 자속이 동일한 방향(위쪽 또는 아래쪽)으로 흐른다견 두 코일의 자속은 이동물체를 통해서 수직 방향으로 귀환되어야만 한다. 우측의 그림처럼 코일 중 한쪽의 전류가 반전된다면 두 코일의 자속은 공극을 통과하는

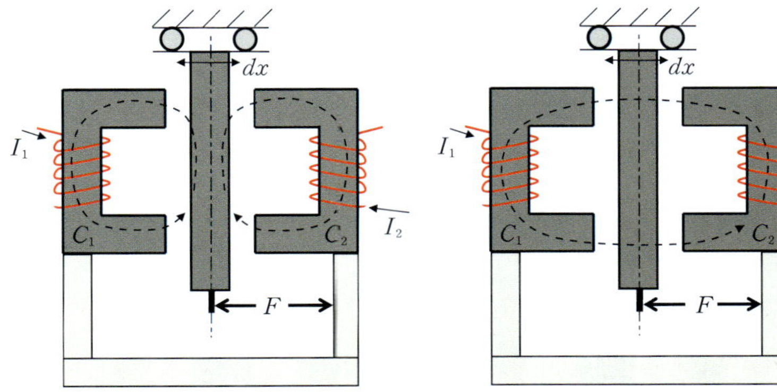

그림 5.31 이중 릴럭턴스 작동기 내의 자속은 코일 중 하나에 흐르는 전류 방향을 반전시켜서 변화시킬 수 있다. 릴럭턴스력이 제곱 관계를 가지고 있기 때문에 이 반전은 작용력에 아무런 영향도 끼치지 않는다. 그럼에도 불구하고 자속 경로는 완벽하게 바뀐다. 이로 인하여 릴럭턴스력에 영향을 끼치지 않으면서 이동물체의 물성을 바꿀 가능성이 만들어진다.

동일한 경로를 공유한다. 자속이 이동물체의 수직 경로를 따라 흐르지 않게 되며 이동물체의 중간 부분을 영구자석과 같은 비자성체로 대체할 수 있게 된다. 이를 통해서 광학부품 가공용 머시닝 센터의 **고속 툴 서보**(fast tool servo)에 사용하기 위해서 MIT 정밀운동제어 실험실의 Lu와 Trumper가 개발한 강력한 작동기가 만들어졌다[59], [60]. 그림 5.32에 도시되어 있는 작동기는 추가적인 릴럭턴스 없이 영구자석의 자속이 전류에 의해서 유발된 자속과 완벽하게 결합된다. 조금 더 단순화 된 형태인 우측 그림에서 이동물체의 한쪽은 탄성힌지에 의해서 고정물체에 연결되어 영구자석 자속을 위한 짧은 릴럭턴스 경로를 형성하면서 동시에 회전할 수 있다. 뒤에서 설명하듯이 탄성힌지는 작동기의 근원적인 음강성을 부분적으로 보상해 주지만 완벽하게 없앨 수는 없다.

자기회로는 그림 5.33에 개략적으로 도시되어있는 것처럼 두 위치중 하나에서 가장 낮은 릴럭턴스를 갖기 때문에 영구자석이 불안정한 상태를 만들어내는 것이 명확하다. 이동물체가 중앙에 위치해 있으면 자속은 작동기의 양쪽 절반에 대해서 동일하게 분배되면서 두 공극에서의 견인력은 서로 상쇄된다. 이동물

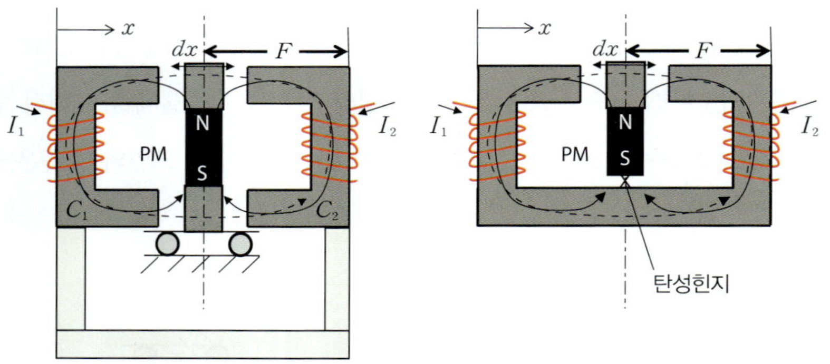

그림 5.32 이중 릴럭턴스 작동기의 이동물체에 영구자석을 삽입하여 원래의 이중 릴럭턴스 작동기의 평균 전류에 의해서 생성된 자속을 대체할 수 있는 추가적인 자속이 생성되었다. 이 대체를 통해서 작동기의 동력 소모를 크게 줄여준다.

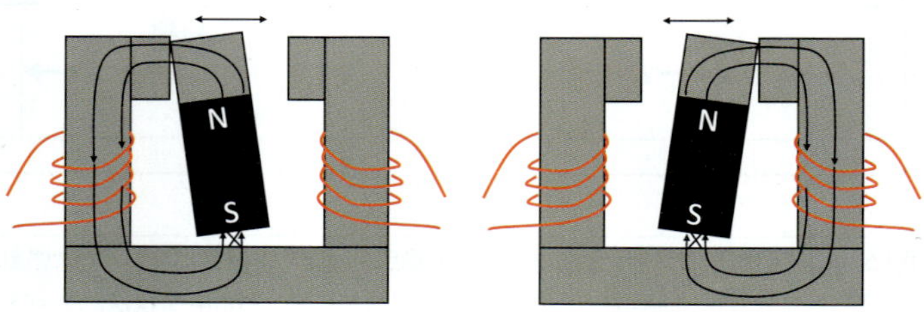

그림 5.33 하이브리드 작동기의 영구자석에 의한 자속은 이동물체의 위치에 의존한다.

체가 양쪽 방향 중 한쪽으로 움직이면 가까워진 쪽 자속이 증가하며 반대쪽 자속은 감소하면서 음강성이 유발된다. 영구자석의 자속을 계산하기 위해서 그림 5.34가 사용된다. 각 공극의 릴럭턴스는 길이 x에 비례하는 반면에 두 공극이 조합된 총 릴럭턴스는 두 공극의 릴럭턴스를 사용하여 다음과 같이 계산할 수 있다.

$$\frac{1}{\mathscr{R}} = \frac{1}{\mathscr{R}_1} + \frac{1}{\mathscr{R}_2} \tag{5.87}$$

이동물체의 변위를 dx라 하면, 양쪽 공극의 길이는 각각 $l_{g,1} = l_g + dx$, $l_{g,2} = l_g - dx$이고, A_g는 자속과 수직하는 공극의 단면적이며, 강자성체가 무한히 큰 μ_r을 가지고 있다면 다음 방정식을 얻을 수 있다.

$$\mathscr{R} = \frac{1}{\mu_0 A_g\left(\frac{1}{l_g + dx} + \frac{1}{l_g - dx}\right)} = \frac{l_g^2 - (dx)^2}{2\mu_0 A_g l_g} \tag{5.88}$$

$dx \ll l_g$인 중앙위치 주변에서 이 릴럭턴스는 대략적으로 일정하지만 한쪽으로 치우치면 총 릴럭턴스가 감소한다. 이로 인하여 높은 자속과 강한 음강성이 초래되지만 앞 절의 이중 릴럭턴스 작동기의 경우보다는 덜하다. 이는 영구자석 자장의 릴럭턴스가 자속밀도를 B_r 아래로 유지하려는 영구자석 소재 자체의 성질에 의해서 지배되기 때문이다. 현대적인 영구자석은 매우 큰 전류가 흐르는 공심코일처럼 작동한다는 점을 명심해야 한다. 릴럭턴스 작동기에서 좁은 공극은 자속의 급격한 증가를 초래하며, 이는 포화에 의해서만 제한된다. 이 구조에서는 하이브리드 작동기의 음강성이 더 작고 선형적이기 때문에 탄성 힌지의

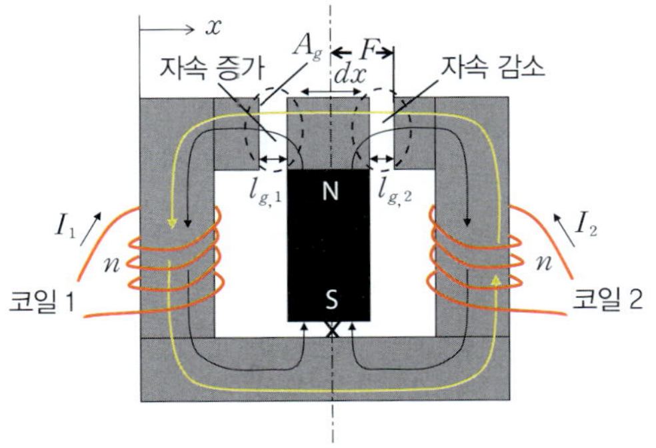

그림 5.34 하이브리드 작동기 내의 자속은 영구자석의 자속과 코일의 자속이 조합된 것이다. 한쪽 공극에서 코일의 자속은 영구자석의 자속과 동일한 방향을 향하고 있어서 총 자기장을 증가시키는 반면에 다른 쪽 공극에서는 그 반대가 된다. 따라서 더 강한 자기장 방향으로 더 강한 합력이 만들어진다.

양강성을 통해서 더 쉽게 보상할 수 있다.

그림 5.34에서는 코일에 흐르는 전류의 영향을 보여주고 있다. 각 코일에 의해서 생성된 자속은 노란색 화살표로 표시된 가장 낮은 릴럭턴스 경로를 따라가며 영구자석을 통과하지 않는 대신에 강자성체 경로를 선회한다. 코일의 권선 방향은 이들의 자속이 서로 합해지도록 설정된다.

전류방향에 따라서 코일의 자속과 영구자석 자속의 조합은 한쪽 공극의 자속밀도를 낮추고 다른 쪽 공극의 자속을 높여서 자속밀도가 증가하는 방향으로 견인력을 생성한다. 이는 양쪽 방향으로 발생되기 때문에, 힘은 전류 방향에 의존하며 이중 릴럭턴스 작동기에 대한 식 (5.86)에서와 동일한 이유 때문에 이 효과는 선형화된다.

5.4.4.4 하이브리드 힘의 계산

힘의 크기를 근사적으로 계산하기 위해서 우선 전자석 작동기의 일반 방정식인 (5.68)을 활용한다.

$$F = nI\frac{d\Phi_w}{dx} - \frac{1}{2}I^2\frac{dL(x)}{dx} \tag{5.89}$$

코일의 릴럭턴스는 **직렬**(series)로 연결된 두 공극의 릴럭턴스로 이루어져 있기 때문에 코일의 자체-인덕턴스는 이동물체의 위치에 의해서 거의 영향받지 않는다.

$$\mathscr{R} = \mathscr{R}_1 + \mathscr{R}_2 \tag{5.90}$$

한쪽 공극이 좁아지면 반대쪽 공극은 넓어져서 두 번째 항을 무시할 수 있게 되며 로렌츠 작동기로부터 이미 알고있는 관계식을 사용할 수 있게 된다.

$$F = nI\frac{d\Phi_w}{dx} \tag{5.91}$$

이 방정식에서 두 코일 권선들에 의한 자속은 동일한 방향으로 작용하기 때문에 합산할 수 있으므로 n을 $2n$으로 대체할 필요가 있다. 권선을 통과하는 자속 Φ_w는 영구자석의 자속과 코일을 통과하는 전류에 의해서 유발되는 자속으로 이루어진다. (5.90)식에서 논의하였듯이 철심이 포화되지 않았다면 전류에 의해서 유발된 자속은 직렬로 연결된 공극의 릴럭턴스에 의해서 결정된다. 이 공극들의 총 릴럭턴스는 다음과 같다.

$$\mathscr{R} = \frac{l_{g,1} + l_{g,2}}{\mu_0 A_g} \tag{5.92}$$

공극 길이의 합은 일정하기 때문에 이 값은 일정하다. 즉 $d\Phi_w/dx$는 영구자석의 자속에 의해서만 결정된다. 작용력은 이동물체가 고정물체와 막 접촉하기 시작하는 두 극한위치에 대해서 근사화 시킬 수 있다. 양 극한에서 철심은 영구자석의 짧은 릴럭턴스 경로를 결정한다. 즉 영구자석의 자속밀도 B_m이 B_r로 수렴한다는 것을 의미한다. 따라서 이동물체를 한쪽 끝에서 다른 쪽 끝까지 이동시키면 평균자속은 대략적으로 0에서 $B_r A_m$까지 변화한다. 따라서

$$\frac{d\Phi_w}{dx} = \frac{B_m A_m}{l_{g,1}+l_{g,2}} \approx \frac{B_r A_m}{l_{g,1}+l_{g,2}} \tag{5.93}$$

두 코일이 동일한 경우($2nI$) 대략적인 힘 대 전류[43]비율은 다음과 같이 구해진다.

$$\frac{F}{I} \approx 2n\frac{d\Phi_w}{dx} \approx 2n\frac{B_r A_m}{l_{g,1}+l_{g,2}} \tag{5.94}$$

다른 모든 작동기들과 마찬가지로, 하이브리드 작동기도 앞서 언급한 음강성에 연관되어있을 뿐만 아니라 위치에 의존적인 힘 대 전류비율에 기인하여 힘에 대한 위치 의존성을 가지고 있다. 하이브리드 작동기에서 이 두 번째 영향은 위치의 함수인 영구자석 회로의 총 릴럭턴스 변화에 의해서 유발된다. 앞서 언급했듯이 중앙 위치에서 영구자석의 릴럭턴스는 두 공극 릴럭턴스의 병렬합과 같다. 한쪽 공극이 매우 좁아지는 바깥쪽 위치에서는 총 릴럭턴스가 낮아진다. 즉 영구자석의 자속은 바깥쪽 위치에서는 증가하여 중앙위치보다 높은 $d\Phi_w/dx$값을 나타낸다.

극한의 위치에서 철심부의 자속이 포화되며 영구자석 자속이 근사값이기 때문에 시스템의 특성이 복잡하므로 이 계산결과는 매우 근사적이라는 점이 명확하다. 이 근사값을 검증하기 위해서 공극의 단면에 대한 식 (5.81)과 영구자석 자속의 평가 등을 통해서 중앙 위치에서의 힘을 다른 방식으로도 계산할 수 있다.

이중 릴럭턴스 작동기에서와 마찬가지로 두 개의 상호작용력들이 조합된다. 공극 1 내에서의 힘은 음의 x방향으로 작용하며 공극 2에서의 힘은 양의 x방향으로 작용한다. 공극 내에서의 자속밀도(B_g)는 영구자석의 자속밀도($B_{g,m}$)과 코일에 의해서 유발된 자속밀도($B_{g,c}$)의 조합과 같다. 그림 5.34에 도시되어 있는 전류방향에 대해서 공극 1에서의 총 자속밀도는 $B_{g,m}+B_{g,c}$와 같으며 공극 2에서는 $B_{g,m}-B_{g,c}$와 같기 때문에 다음 식이 얻어진다.

43) 여기서 전류(I)는 위치제어기에서 힘을 제어하기 위한 가변전류를 나타낸다. 이 전류는 식 (5.86)의 ΔI에 해당된다.

$$F = F_2 - F_1 = \frac{A_g}{2\mu_0}(B_{g,m} - B_{g,c})^2 - \frac{A_g}{2\mu_0}(B_{g,m} + B_{g,c})^2 = -\frac{2A_g B_{g,m} B_{g,c}}{\mu_0} \tag{5.95}$$

그림에 도시되어 있는 방향으로 흐르는 양의 전류는 이동물체를 좌측으로 미는 힘을 생성하며 이는 음의 x방향이기 때문에 음의 부호가 생긴다.

공극의 단면적이 공극의 길이에 비해서 크다면 자속의 누설은 적당한 수준($\lambda > 0.80$)으로 유지된다. 잘 설계된 시스템의 경우 자석의 자속밀도는 $B_r/2$로 선정되며 각 공극에서의 자속밀도가 아래 식과 같이 주어지도록 자속은 절반으로 나뉜다.

$$B_{g,m} = \frac{0.8 \cdot B_r}{2} \frac{A_m}{2A_g} \tag{5.96}$$

공극의 릴럭턴스가 강자성체 요소의 릴럭턴스에 비해서 크다면 전류에 의해서 유발된 자속은 다음과 같아진다(두 코일 각각의 권선수는 n).

$$B_{g,c} = \frac{\Phi_w}{A_g} = \frac{2nI}{A_g \mathcal{R}} = \frac{2nI\mu_0}{l_{g,1} + l_{g,2}} \tag{5.97}$$

$B_{g,m}$과 $B_{g,c}$의 두 식들을 식 (5.95)에 대입하면 다음과 같은 하이브리드 작동기의 힘 대 전류 비율을 얻을 수 있다.

$$\frac{F}{I} = 0.8n \frac{B_r A_m}{l_{g,1} + l_{g,2}} \tag{5.98}$$

이 결과를 식 (5.94)와 비교해 보면 영구자석 자속에 대한 공극의 릴럭턴스로 인하여 중간 위치에서의 작용력이 절반 이하로 감소했으며 따라서 자석 소재를 가능한 한 조금만 사용($B_m = B_r/2$)해야 한다는 것을 명확하게 알 수 있다. 실제 설계에서는 종종 큰 자석을 사용하는데, 이로 인하여 더 큰 힘이 생성되며 자속밀도가 B_r근처에서 더 일정해 지므로 힘 대 전류 비율의 위치 의존성이 감소된다.

자기회로의 복잡성이 증가함에 따라서 FEM 컴퓨터 시뮬레이션을 통한 더 정확한 설계에 대한 필요성이 더 커지게 된다. 그럼에도 불구하고 제시된 계산은 실용 작동기의 실제 작용력에 유사한 자릿수를 갖는 결과를 제시해 준다.

5.4.4.5 자기베어링

하이브리드 작동기의 좋은 적용사례는 자기베어링이다. 그림 5.35에서는 고속 회전축의 서로 직교하는 3개의 직선방향과 2개의 회전방향의 5자유도를 지지하는 완전 일체형 자기베어링을 보여주고 있다. 따라서 중심축에 대한 회전방향만 자유롭다. 이 콤팩트한 자기베어링과 구동 시스템은 델프트 기술대학 메카트로닉스 시스템 설계 실험실의 Maarten Kimman[54]이 고속 마이크로 밀링센터용으로 설계하였으며 300,000 [rpm] 이상의 속도로 작동하였다[55], [13]. 또한 이 시스템에서 영구자석은 편향자속을 생성하며 코일은 이를 조절한다. 적색 화살표들과 같이 서로 다른 코일 단면들의 자속을 화살표로 그리고 이들을 청색 화살표들로 표시되어 있는 영구자석의 자속과 합하면 모든 힘들이 어떻게 생성되는지를 상상해 볼 수 있다. 이 경우에 영구자석은 코일 자속의 릴럭턴스를 증가시키지 않는다는 점을 인식할 필요가 있다. 여전히 이 구조는 코일 전류에 의해 유발된 자속이 3번째 차원의 낮은 릴럭턴스 경로를 사용하기 때문에 앞 절의 사례와는 근본적으로 다르다. 이 구조는 수없이 많은 전자석 작동기 설계들 중에서 한 가지 사례일 뿐이다. 영구자석 자속이 회전축을 통해서 축방향으로 흐르기 때문에 이런 자기베어링을 **동극**(homopolar)이라고 부르며, 이는 축 내의 자속은 회전에 의해서 변하지 않는다는 것을 의미한다. 이런 구조로 인하여 회전축 내에서의 자속 변화에 의해서 유발되며 동력을 소모하는 와동전류의 생성이 방지된다.

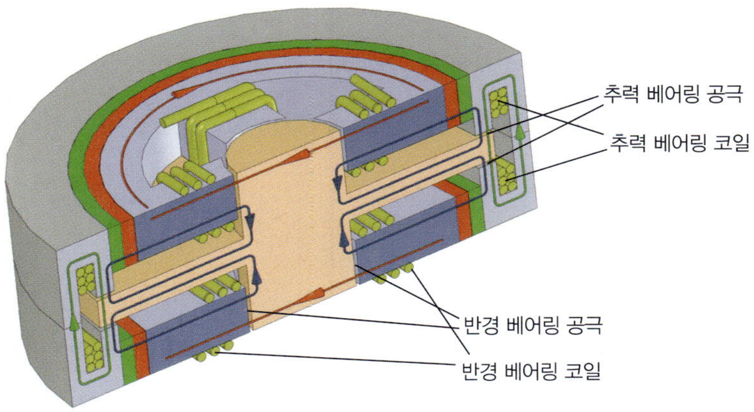

그림 5.35 5 자유도 **동극**(homopolar) 자기베어링. 단면도에는 좌측의 공극 및 추력 베어링의 권선과 하부 공극 및 반경베어링의 권선만이 표시되어 있다. 반경베어링 코일에 흐르는 전류에 의해서 생성된 자속(적색 화살표)은 영구자석에 의한 자속과는 다른 경로를 따라 흐른다. 공극 내에서 이들이 결합되어 전류의 방향에 따라서 더 높거나 낮은 값으로 합해지므로 서로 다른 방향으로 작용력을 변화시킬 수 있다. 추력 베어링 코일 주변에서의 자속(녹색선) 모듈화를 통해서 추력 베어링의 상부와 하부 공극에서의 자속차이가 발생하여 추력 베어링이 작동한다.

5.4.5 릴럭턴스력의 능동 선형화

자기베어링의 중요한 성질은 본질적으로 음강성을 가지고 있다는 점이다. 회전주축은 자유롭게 회전할 필요가 있으므로 베어링 강성을 앞에서 설명했던 선형 하이브리드 작동기의 탄성 힌지와 같은 기계적 스프링으로 보상할 수 없다는 것을 의미한다. 4장에서는 음의 귀환제어를 사용하여 양의 강성과 감쇠를 갖는 가상 스프링을 구현함으로써 어떻게 자기베어링 내의 주축 위치를 안정화할 수 있는지를 살펴보았다. 이런 능동제어를 통하여 기계적인 접촉이 허용되지 않으며 극도로 높은 회전속도에서 회전축의 이상적인 위치로부터의 편차를 엄격히 제어할 필요가 있는 민감한 용도에 자기베어링을 사용할 수 있게 되었다.

여타의 용도에서도 항상 이중가변 릴럭턴스 작동기를 구현할 수 있는 것은 아니다. 사례로서 무거운 물체를 운반하기 위해 로봇에 설치된 작동기를 생각해 볼 수 있다. 이 작동기의 경우 그림 5.27에 도시된 것과 같은 비대칭 작동기가 아래로 향하며 이동물체는 무거운 물체에 부착되어 있을 것이다. 이런 작동기는 중력에 의한 일정한 힘을 받아야 하므로 릴럭턴스 작동기의 모터상수가 큰 경우가 소비전력을 허용할 만한 수준으로 유지할 수 있어 더 좋을 것이다. 에인트호벤 기술대학 제어 시스템 연구실의 Andelko Katalenic과 전기기계 및 전력 실험실의 Jeroen de Boeij는 히스테리시스 보상을 포함하는 보상기를 사용하여 비선형과 음강성에 관련된 문제에 대한 협동연구를 수행하였다[53].

선형화의 다음 단계는 Katalenic의 박사학위논문[52]에서 설명하고 있는 것처럼 작동기 내에서 측정된 자속밀도에 대한 귀환을 사용하는 것이다. 이 개념은 식 (5.80)을 기반으로 하고 있다. 이 식을 다시 써 보면 다음과 같다.

$$F \approx -\frac{B_g^2 A_g}{\mu_0} \tag{5.99}$$

자속밀도를 계산된 설정점과 같게 유지하기에 적합한 제어기는 작용력 역시 일정하게 유지해 주므로 자속과 관련된 강성의 발현을 막아준다. 제곱함수만으로 설정점 계산이 가능하며 현대적인 고속 컴퓨터는 이를 충분히 수행할 수 있다. 자속레벨이 변하는(AC) 경우에는 가변자속용 코일을 사용하여 측정할 수 있으며 일정한 자속(DC)은 홀 세서로 측정한다. 홀 센서는 전류에 부가되는 로렌츠력을 사용하여 자장을 측정하며 전력 증폭기의 고전류 측정용 홀센서의 경우에 대해서는 6.4.4.2절의 그림 6.83에서 설명하고 있다. 그러나 자장이 측정위치만을 통과하도록 만드는 것이 불가능하기 때문에 이 방법을 구현하는 것은 그리 쉬운 일이 아니다. 하지만 지금까지 로렌츠 작동기만을 사용했던 분야에서 점차로 릴럭턴스 작동기를 사용할 것으로 예상된다.

5.5 | 전자석 작동기의 적용

제시된 3종의 전자석 작동기들을 메카트로닉스 시스템에 적용하기 위해서는 시스템의 다른 부분들에 이 작동기들이 끼치는 성질들을 살펴봐야 한다. 이 절에서는 우선 증폭기와의 전기적 인터페이스에 대해서 살펴본 다음에 3가지 유형의 작동기들의 서로 다른 특성들을 실제의 데이터를 사용하여 비교하여 설명한다.

5.5.1 전기 인터페이스의 성질

메카트로닉스 위치결정 시스템에서 작동기는 항상 증폭기와 함께 사용된다. 이 증폭기 역시 한계를 가지고 있으며 이에 대해서는 6장에서 설명할 예정이다. 작동기의 임피던스는 총 전달함수와 증폭기-작동기 조합의 안정성에 강한 영향을 끼치며 증폭기의 출력특성 또한 작동기의 거동에 강한 영향을 끼친다. 이 절에서는 이 영향에 대해서 세밀하게 살펴본다. 우선 증폭기를 이상적인 전류원으로 근사화 시킬 수 있을 때에 자체-인덕턴스의 동적인 영향에 대해서 주파수 도메인에서 살펴본다. 이는 작동기의 거동이 증폭기의 전류에 영향을 끼치지 않는다는 것을 의미한다. 이 동적 성질은 코일의 치수에만 의존하며 권선 수나 와이어 두께에는 영향을 받지 않는다. 자체-인덕턴스와 직접적으로 관련된 성질은 가속도를 빠르게 변화시킬 수 있는 작동기의 능력이다. 이는 가속도의 시간에 대한 미분값으로 **저크**(jerk)라고 부른다. 마지막 단계로서 증폭기를 작동기의 거동이 전류에 영향을 끼치는 좀 더 실제적인 형태로 모델링한다. 이를 통해서 증폭기가 이상적인 전류원이 아닌 경우에 작동기는 감쇠특성을 나타낸다는 것이 명확해 진다.

5.5.1.1 자체-인덕턴스의 동적인 영향

그림 5.26에서 따르면 전기 도메인 내에서 전자석 작동기를 저항, 자체-인덕턴스 및 전압원이 직렬로 연결된 형태로 나타낼 수 있다. 작동기에 전류가 공급되면, 작동기에 부가되는 전압은 다음과 같이 나타낼 수 있다.

$$V_a = V_m + IR + L\frac{dI}{dt} \tag{5.100}$$

실제 값에 대한 감을 얻기 위해서, 권선저항은 다음 관계식으로부터 계산할 수 있다.

$$R = \rho_r \frac{n l_w}{A_w} \tag{5.101}$$

여기서

ρ_r = 권선소재의 비저항값 [Ω/m]

l_w = 권선 당 평균길이 [m]

n = 권선수

A_w = 권선 단면적 [m^2]

특정한 크기의 코일을 설계할 때에는 그림 5.36에 제시되어 있는 전형적인 두 가지 형태의 코일구조에 대해서, 각 권선들의 평균길이($l_w = \pi d$)와 단면적($A_{c,w} = bh$)부터 결정한다.

$A_{c,w}$와 A_w사이에는 다음과 같은 관계를 가지고 있다.

$$A_w = \frac{\gamma A_{c,w}}{n} \tag{5.102}$$

충진계수 γ는 권선의 원형 단면과 절연두께에 의해서 감소된 코일의 유효체적 비율이다. γ의 실제값은 대략적으로 얇은 원형단면 와이어의 경우 0.5에서 판형 와이어의 경우 0.9의 범위를 가진다. 이 계수들을 고려하면 저항값은 다음과 같다.

$$R = \frac{\rho_r n^2 l_w}{\gamma A_{c,w}} \tag{5.103}$$

주어진 코일크기에 대해서 γ와 ρ_r 값이 일정하다면 저항값은 권선수의 제곱에 비례한다.

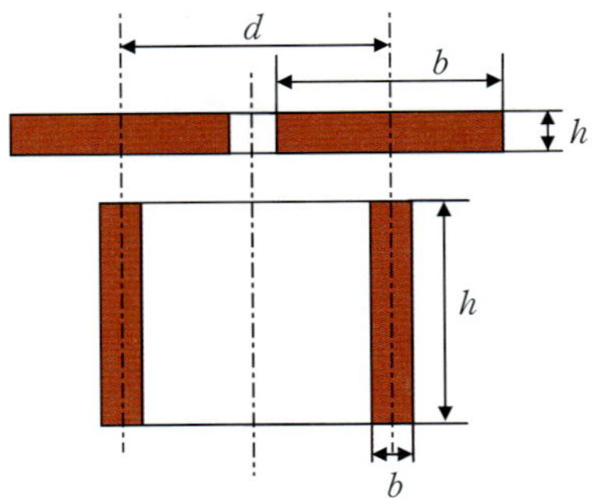

그림 5.36 다양한 코일 형태들 중에서 서로 다른 두 가지 형태의 기본 치수들. 축대칭 형상 이외에도 사각형, 경주트랙 및 심지어는 3차원 형상도 활용할 수 있다.

자체-인덕턴스의 영향을 평가하기 위해서 기계적으로 정지해 있는 상태, 즉 $V_m = 0$에 대해서 식 (5.100)이 사용되었다.

$$V_a(t) = IR + L\frac{dI}{dt} \tag{5.104}$$

라플라스 변환을 통해 방정식을 주파수 도메인으로 이동시키면 다음 식이 얻어진다.

$$V_a(s) = I(R+sL) \quad \Rightarrow \quad V_a(\omega) = IR\left(1+\frac{j\omega L}{R}\right) \tag{5.105}$$

힘을 빠르게 변화시킬 수 있는 능력을 정량화하기 위해서 다음과 같이 정의된 전기적 시상수가 도입된다.

$$\tau_e = \frac{1}{\omega_0} = \frac{L}{R} \tag{5.106}$$

식 (5.105)를 통해서 임피던스 Z는 다음과 같이 구해진다.

$$Z(\omega) = \frac{V_a}{I} = R(1+j\omega\tau_e) \tag{5.107}$$

따라서 $\omega_0 = 1/\tau_e$ 이상에서 임피던스와 그에 따른 작동기에 전류를 공급하기 위해서 필요한 전압은 주파수에 비례하여 +1의 기울기로 증가한다. 이는 자체-인덕턴스에 대항하기 위한 높은 전압과 높아진 주파수에서 힘을 전달하기 위한 높은 전류 모두를 절실하게 필요로 한다. 그런 이유 때문에 τ_e를 가능한 한 낮게 유지해야만 한다. 저항 R을 식 (5.103)으로 바꾸고 자체-인덕턴스 L을 $n^2/\mathscr{R}$로 대체하기 위해서 식 (5.52)를 사용하면 다음과 같은 전기적 시상수를 얻을 수 있다.

$$\tau_e = \frac{\gamma A_{c,w}}{\mathscr{R}\rho_r l_w} \tag{5.108}$$

이를 통해서 코일의 치수, 저항 및 릴럭턴스를 통해서 τ_e를 조절할 수 있음을 알 수 있다.

■ 와전류 링

5.4.1.1절에 따르면 스피커형 이동코일 로렌츠 작동기에서 철심 요크가 자체-인덕턴스와 릴럭턴스력에 끼치는 영향을 저감하기 위해서 구리 링을 사용할 수 있다고 설명한 바 있다. 이상적으로는 이 링이 자체-인덕턴스를 철심 요크가 없는 자석 시스템 수준까지 낮출 수 있지만 이는 코일에 의한 모든 자속이 링을 통과하여 흐르며 링의 저항은 0(초전도체)인 경우에 한한다. 불행히도 현실은 그렇지 못하므로 코일의 위

치, 치수 및 요크의 소재와 주파수 등에 따라서 자체-인덕턴스 중 일부만이 소거된다. 또한 이미 설명했듯이 링은 직류에 대해서는 아무런 효과가 없으며 주파수가 증가함에 따라서 효용성이 증가한다. 그 결과 이런 구리 링을 사용하는 코일의 실제 임피던스는 대략적으로 자체-인덕턴스의 절반 정도가 되기 때문에 음향공학협회의 122차 회의에서 Tymphany/Scanspeak의 Knud Thorborg는 이를 **준-인덕턴스**(semi-inductance)라고 칭하였으며, 정상적인 자체 인덕턴스의 전류와 전압 사이의 특성인 −20 [dB/decade]와 −90°의 위상각 대신에 전류와 전압 사이의 특성은 대략 +0.5 [dB/decade]의 기울기와 −45°의 위상각을 가진다. 이로 인하여 다음 장에서 설명할 전류의 제어와 관련된 문제가 완화된다.

5.5.1.2 저크의 영향

고속 정밀제어 위치결정 시스템에서 작동기의 자체-인덕턴스에 공급되는 전류를 변화시키기 위해서 필요한 전압이 동력 증폭기의 최대 전압범위 내에서 유지되도록 능동적으로 제한할 필요가 있다. 이 범위를 벗어나면 증폭기가 작동기로 신뢰성 있게 제어 정보를 전달하지 못한다. 이는 사실상 시스템이 (일시적으로) 제어되지 않는 상태라는 것을 의미한다. 대부분의 작동기에서 전류는 힘에 비례하며 그 결과 구동되는 질량의 가속도에 비례한다. 즉 전류의 변화를 제한함으로써 가속도의 변화량인 **저크**(jerk)가 제한된다. 이 한계로 인하여 고속 정밀 제어되는 위치결정 시스템은 위치, 속도, 가속도 및 저크를 모두 제어할 필요가 있다. 때로는 저크의 시간에 대한 미분값을 제어하기도 한다. 이 항을 **스냅**(snap)이라고 부른다.

웨이퍼 스캐너와 같이 고속으로 움직이는 왕복동 시스템의 경우 저크를 제한하면 자동적으로 시간에 대한 저크의 적분값인 구현 가능한 최대 가속도를 제한하게 된다. 특히 그림 5.25에서와 같이 강자성체 부품을 완벽하게 배제했을 때에 로렌츠 작동기는 모든 작동기들 중에서 가장 작은 τ_e값을 갖기 때문에 이런 시스템에 로렌츠 작동기를 선호한다. 릴럭턴스나 하이브리드 이론을 기반으로 하는 더 효율적인 작동기가 소비전류를 감소시켜 주며, 더 높은 전압에 대해서 자체-인덕턴스를 통하여 높은 dI/dt를 구현하기 위해서 필요한 전류가 보상된다. 이것은 메카트로닉스 시스템의 또 다른 최적화 분야이다.

5.5.1.3 소스 임피던스에 의한 감쇠

앞서의 전자석 작동기의 거동에 대한 모델링에서는 항상 전류가 주어진 값이라고 가정하였다. 사실 전류는 전력 증폭기에 의해서 공급된다. 전자에 대한 다음 장에서는 전력 증폭기가 부하에 전혀 무관하게 전류를 공급할 수는 없다는 점에 대해서 설명할 예정이다. 증폭기의 출력은 연결된 작동기의 거동에 영향을 끼치는 특정한 소스 임피던스 부하를 가지고 있다. 그 결과 모든 전자석 작동기들은 증폭기에 연결되었을 때에 약간의 감쇠를 나타낸다. 이 감쇠는 운동에 따른 자속 변화에 의해 코일에 유도된 운동전압 V_m에 의해서 발생한다. 이 전압은 다시 그림 5.37에 도시되어 있는 일련의 작동기 임피던스와 증폭기 소스 임피던스에 의해서 결정되는, 회로를 따라 흐르는 전류를 유발한다. 다음에서는 영구자석의 자속이 일정하기 때문에 사례를 단순화해주는 로렌츠 작동기를 통해서 이 전류의 영향을 설명할 예정이다.

원리상 두 전압원의 영향은 선형적으로 조합할 수 있으며 회로 내를 흐르는 총 전류는 두 전압원에 의해 유발된 전류의 합과 같다.

$$I_t = I_s - I_m = \frac{V_s}{R_s + R_a + j\omega L} - \frac{V_m}{R_s + R_a + j\omega L} = \frac{V_s - V_m}{R_s + R_a + j\omega L} \tag{5.109}$$

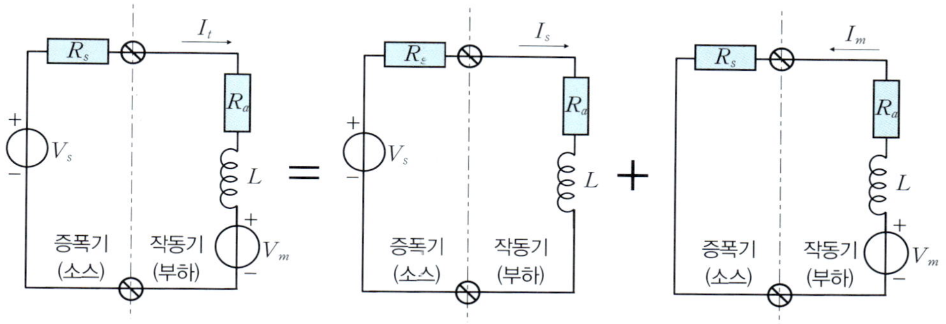

그림 5.37 저항성 출력 임피던스 R_s를 가지고 있으며 전자석 작동기의 소스로 작용하는 증폭기의 전기등가회로. 회로의 총 전류 I_t는 증폭기에 의해서 유발된 전류 I_s와 운동전압 V_m에 의해서 유발되는 전류 I_m이 조합되어 $I_t = I_s - I_m$이 된다. 감쇠는 I_m에 의해서만 발생한다.

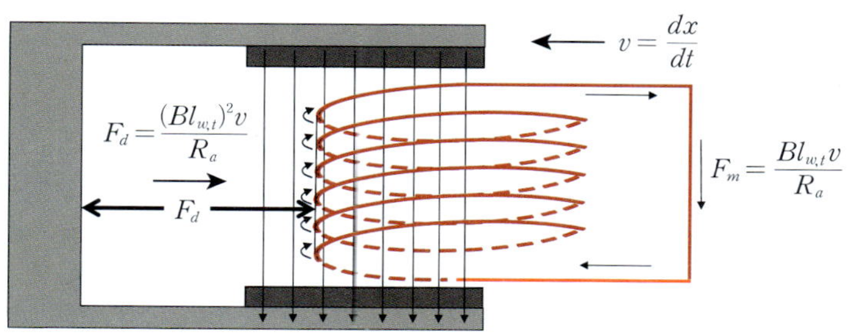

그림 5.38 로렌츠 작동기는 코일의 두 단자가 임피던스가 낮은 회로($R_s = 0$)로 연결되었을 때에 속도의존성 감쇠를 나타낸다. 패러데이의 법칙에 따르면 운동에 관련된 자속변화에 의해서 유도된 전기장이 음의 부호 때문에 그림에 도시된 방향으로 전류 I_m을 생성한다. 이 전류가 코크 스크류의 법칙에 따라서 운동의 반대 방향을 향하는 로렌츠력 F_d를 생성한다.

즉 각각의 전압원을 분리하여 다른 쪽 전압원을 도선으로 대체한 다음 작동기의 거동을 분리하여 해석할 수 있다는 것을 의미한다.

증폭기 전압에 의해서 유발된 전류는 앞 절에서 논의했던 힘을 생성한다. 운동전압에 의해서 유발된 전류는 새로운 인자이다. 이 전류가 작동기에 속도에 반하는 힘을 가하여 감쇠효과를 생성한다. 이에 따른 로렌츠 작동기의 감쇠계수 c를 다음과 같이 유도할 수 있다.

그림 5.38에 표시된 방향들을 사용해서 운동전압부터 유도한다.

$$V_m = (Bl_{w,t})v \quad [\mathrm{V}] \tag{5.110}$$

여기서 $l_{w,t}$는 자기장 내에 위치한 권선의 총 길이이다. 유도전류를 구하기 위해서, R_a+R_s에 비해서 자체-인덕턴스의 임피던스는 작기 때문에 무시한다. 이는 비교적 낮은 주파수에서 작동하는 로렌츠 작동기에서 거의 허용된다.

$$I_m = \frac{V_m}{R_s+R_a} = \frac{(Bl_{w,t})v}{R_s+R_a} \quad [\mathrm{A}] \tag{5.111}$$

전류가 동일한 자기장 속을 흐르므로 로렌츠력이 생성된다.

$$F_d = (Bl_{w,t})I_m \quad [\mathrm{N}] \tag{5.112}$$

I_m에 $\dfrac{(Bl_{w,t})v}{R_s+R_a}$를 대입하면

$$F_d = \frac{(Bl_{w,t})^2 v}{R_s+R_a} \quad [\mathrm{N}] \tag{5.113}$$

따라서 감쇠계수 c는 다음과 같이 구해진다.

$$c = \frac{F_d}{v} = \frac{(Bl_{w,t})^2}{R_s+R_a} \quad [\mathrm{Ns/m}] \tag{5.114}$$

이 방정식의 결론은 감쇠가 Bl-계수의 제곱에 비례한다는 것이다. 이 계수는 또한 힘 대 전류비와 관계되어 있다. 즉 감쇠를 줄여야 할 필요가 있는 경우에 이 Bl-계수를 줄이는 것은 좋은 방법이 아니라는 것을 의미한다. 이 경우에는 회로의 저항값을 조절하여 감쇠를 조절하는 것이 더 좋다.

라우드 스피커 시스템에서 지지구조의 강성과 밀폐된 공동을 가지고 있는 라우드 스피커 콘의 공진을 억제하기 위해서 감쇠를 생성할 필요가 있다. 이 때문에 음악용 증폭기의 출력 임피던스는 낮아야 한다. 정밀 메카트로닉스 시스템의 경우에는 전자석 댐퍼를 통해서 외부진동이 전달되기 때문에 운동과 관련된

감쇠를 가능한 한 낮춰야 한다. 그런 이유 때문에 이런 경우에 증폭기의 출력 임피던스는 가능한 한 높아야 한다. 즉 증폭기는 부하에 거의 무관한 전류 레벨을 가지고 있는 전류원처럼 작동해야만 한다. 언뜻 보기에 자체-인덕턴스는 시스템의 동적 성능에 어떤 문제도 야기하지 않을 것처럼 보이지만 다음 장에서 설명 하듯이 자체-인덕턴스의 임피던스는 증폭기의 안정성에 영향을 끼칠 우려가 있다. 따라서 전기적 시상수 τ_e를 가능한 한 낮게 유지하는 것이 매우 중요하다.

5.5.2 작동원리간의 비교

메카트로닉스 시스템의 설계에 있어서 때로는 상반된 수많은 요구조건들로 인하여 선택을 하기가 어려워진다. 실제의 경우 차선의 해결책을 선택할 우험이 있는 1장의 쥐덫 사례에서와 같이 경험과 개인적 선호도에 의해서 많은 결정들이 내려진다. 많은 사람들, 특히 고속의 극도로 정확한 위치결정 시스템 분야에서 일하는 사람들은 선형성이 높고 외부로부터 진동을 전달할 수 있는 기계적 강성이 낮기 때문에 거의 아무런 주저없이 로렌츠 작동기를 선택한다. 특히 외부로부터의 교란진동 전달을 저감하기 위해서는 저강성이 극도로 중요하다. 9장에서 설명할 웨이퍼 스캐너의 경우에는 **영강성**(zero-stiffness) 구동원리가 성능에 결정적인 영향을 끼치는 것으로 판명되었다. 하지만 전기동력 대비 작용력이 부족하다는 본질적인 단점으로 인하여 스테이지 당 수 킬로와트의 엄청난 전력을 소모하게 되었다. 사실 로렌츠 작동기의 최대 가속은 물리적으로 구현할 수 있는 최대 열발산량에 의존한다. 특정한 단위질량에 대한 작용력 비율을 넘어서면 증가된 냉각용량에 대응하기 위한 질량의 증가가 필요하게 되고 이는 가속에 필요한 작용력을 더 많이 증가시켜야만 하는 악순환을 초래한다. 따라서 이전에는 부적합하다고 생각했던 릴럭턴스 작동기와 같은 다른 형태의 현명한 조합을 만들게 되었다. 현대적인 고속 제어 알고리즘과 이에 적합한 센서를 통해서 릴럭턴스 작동기들의 부정적 성질들을 부분적으로나마 보상할 수 있게 되었다. 공작기계 업계에서는 매우 큰 힘을 출력하는 능동제어 절삭 시스템을 필요로 한다. 이런 용도에서는 높은 강성 때문에 압전 작동기가 자주 사용되며 이에 대해서는 이 장의 마지막 절에서 설명할 예정이다. 그런데 더 최근에는 하이브리드 작동기의 조합이 소모하는 전기동력에 비해서 큰 힘을 내며 제어가 쉬운 선형적 특성과 적당한 강성을 가지고 있기 때문에 하이브리드 형태의 전자석 작동기를 활용하는 방안이 모색되고 있다. 비록 하이브리드 작동기의 작동범위가 1 [mm] 내외에 불과하지만, 이는 작동기 길이 1 [mm] 당 최대 1 [μm]의 변위를 출력하는 압전 작동기의 스트로크에 비해서는 훨씬 더 큰 값이다.

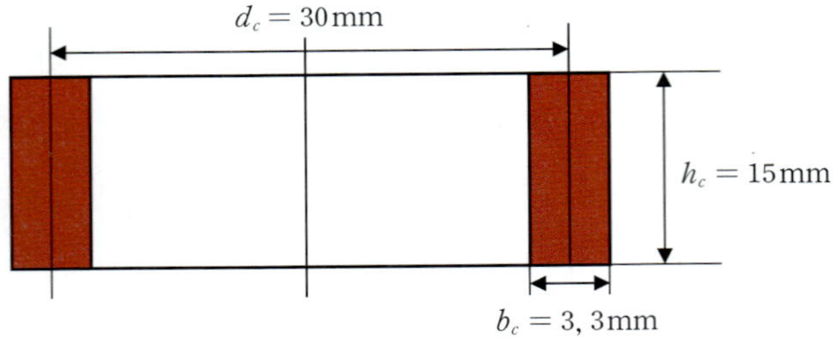

그림 5.39 서로 다른 3가지 형태의 작동기를 비교하기 위해서 사용하는 코일의 치수

5.5.2.1 표준 코일 치수들의 비교

앞서 논의했던 3가지 유형의 작동기들이 가지고 있는 서로 다른 특성들을 살펴보기 위해서 전자석 작동기에 사용하는 실제 값들을 사례로 제시해 보겠다. 일단 가장 중요한 몇 가지 변수들을 정의한다.

- 준도로 표시하는 소비전력 대 작용력 비율
- 전기적 시상수
- 이동질량

작동기의 **준도**(steepness) S는 작동기 작용력 F_a의 제곱을 소비전력 P_l로 나눈 값으로 정의된다. 소비전력이 전류의 제곱에 비례하기 때문에 힘의 제곱관계가 사용되며, 이를 통해서 준도와 모터상수 k 사이에는 다음과 같이 명확한 관계가 성립된다. $P_l = I^2R$이며 $F_a = kI$이므로,

$$S = \frac{F_a^2}{P_l} = \frac{k^2I^2}{RI^2} = \frac{k^2}{R} \quad [\text{N}^2/\text{W} = \text{N} \cdot \text{s/m}] \tag{5.115}$$

동일한 전력에 대해서 간단한 계산 사례를 통해서 로렌츠 작동기, 릴럭턴스 작동기 및 하이브리드 작동기의 주 작용력 특성들을 비교한다. 이 비교를 위해서 그림 5.39와 같이 동일한 구조와 권선의 총 단면적을 가지고 있는 코일을 선정하였다. 전류는 n에 반비례하는 반면에 저항은 n^2에 비례하며 발열량 $P_l = I^2R \propto n^2/n^2 = 1$이므로 코일의 발열량은 권선수와는 무관하게 코일의 치수가 코일 내의 특정한 전류밀도에 의존한다. 이미 (5.108)식에서 제시했듯이 권선수는 전기적 시상수로 표시된 작동기의 동적 특성에 영향을 끼치지 못한다. 따라서 권선수를 결정할 때는 전력 증폭기의 전압과 전류용량만 고려하면 된다. 권선수가 많아지면 전압은 증가하고 전류는 낮아진다. 고출력 운동 시스템에서는 전력공급을 위해서

표 5.1 코일 권선용 구리 도선에 대한 조견표

절연된 도선직경[mm]	도선직경[mm]	[cm^2]당 권선수	100[m] 당 저항[Ω]
0.259	0.20	1890	55.8
0.282	0.22	1540	64.1
0.316	0.25	1230	35.7
0.342	0.27	1060	30.6
0.350	0.28	1000	28.5
0.374	0.30	890	24.8
0.396	0.32	750	21.8
0.430	0.35	640	18.2
0.460	0.38	560	15.5
0.487	0.40	510	13.9
0.540	0.45	400	11.2
0.595	0.50	310	8.90
0.650	0.55	270	7.38
0.700	0.60	230	6.21
0.750	0.65	199	5.29
0.810	0.70	174	4.56
0.860	0.75	132	3.97
0.920	0.80	118	3.49
0.970	0.85	106	3.11
1.030	0.90	96	2.76

최대 두께의 도선이 필요하지만, 이 비교에서는 별다른 의미가 없다. 여기서 사용하는 코일의 권선 당 평균 길이 l_w는 약 100 [mm]이며 단면적 A_c는 50 [mm^2]이다. 사례를 단순화하기 위해서 도선특성에 대하여 표 5.1과 같은 조견표를 제시하였다. 이 사례에서는 계산을 쉽게 하려고 실제값으로 절연을 포함하여 0.75 [mm] 직경의 도선을 선정하였다. 이 도선직경을 사용하면 가용체적 내에 약 100회의 권선을 감을 수 있으므로 도선의 총 길이 $l_{w,t}$는 약 10 [m]이며 저항은 약 0.5 [Ω]이 된다. 여기에 1 [A]의 전류를 흘리면 0.5 [W]의 전력이 소모된다. 이 코일을 사용하여 서로 다른 세 가지 작동기의 성능을 평가하기로 한다.

5.5.2.2 로렌츠 작동기의 작용력

로렌츠 작동기에서는 선정된 코일의 직경이 요크의 직경을 결정한다. 이는 또한 이 요크가 전달해야 하는 자속의 양도 제한한다. 그 때문에 코일의 직경이 길이보다 더 크게 선정되었다. 요크에서의 포화를 피하기 위해서 자속밀도는 2 [T] 미만으로 유지해야만 한다. 공극의 표면적과 공극 내 자속밀도를 곱한 값은 이 최대 자속밀도와 요크 단면적을 곱한 값보다 작아야만 한다. 약간의 계산을 해보면 공극 내에서 균일한 자기장은 최대 0.9 [T]가 됨을 알 수 있다. 공극의 높이는 코일과 같으며 중앙 위치에서 $F = BIl_t$이므로 전류 대 힘 비율은 9 [N/A]가 된다. 실제의 경우에는 기생자속 때문에 이 값보다 낮아진다. 이 값에 대해서 준도 $S = k^2/R \approx 80/0.5 \approx 160$ [Ns/m]가 된다.

5.5.2.3 릴럭턴스 작동기의 작용력

동일한 코일을 릴럭턴스 작동기에 사용하면 식 (5.75)를 사용할 수 있다.

$$F = -\left(\frac{nI}{l_g}\right)^2 \frac{\mu_0 A_g}{4} \tag{5.116}$$

만일 공극의 길이가 꽤 큰 값인 $l_g = 10^{-3}$ [m]이며 $A_g = 6 \cdot 10^{-4}$ [m^2]라면, 힘 대 전류비는 최대 3.75 [N/A]에 불과하여 그리 만족스럽지 못하다. 하지만 공극이 0.3 [mm]로 줄어들면 1 [A] 전류에 대해서 이미 37.5 [N]이 생성된다. 이 경우 준도 $S = k^2/R \approx 3000$ [Ns/m]로서, 이는 로렌츠 작동기에 비해서 매우 큰 값이다. 공극이 거의 근접하면 철심 내의 자속밀도는 2 [T] 내외로 포화되어 버린다. 식 (5.80)을 사용하면 구현 가능한 최대 작용력을 구할 수 있다.

$$F_m = -\frac{B_g^2 A_g}{\mu_0} = -\frac{4 \cdot 6 \cdot 10^{-4}}{4\pi \cdot 10^{-7}} \approx 2000 \ \text{[N]} \tag{5.117}$$

이를 통해서 릴럭턴스 작동기의 가치를 명확히 알 수 있지만 강철의 투자율에 대한 근사($\mu_r = \infty$)로 인하여 큰 오차가 발생한다는 점을 감안해야 한다. 하지만 자속밀도가 포화에 근접하면 여기에 훨씬 못 미치게 된다. l_y는 강자성체 부품 속을 흐르는 자속 경로길이이며 공극은 완전히 닫혀서 $l_g = 0$인 경우에 자기에 대한 홉킨슨의 법칙을 적용하여, 자속밀도 2 [T]에 대해서 이 값을 구현하기 위한 최소 투자율을 구할 수 있다.

$$B = \frac{\Phi}{A_g} = \frac{nI}{A_g \mathcal{R}} = \frac{\mu_0 \mu_r nI}{l_y} = 2 \ \text{[T]} \tag{5.118}$$

이 사례에 이미 알고 있는 값들인 $nI = 100$과 $l_y \approx 0.1$ [m]를 대입하면 필요한 최소 상대투자율을 구할 수 있다.

$$\mu_r \geq \frac{2 l_y}{\mu_0 nI} \approx 1.6 \cdot 10^3 \tag{5.119}$$

일반적인 강자성 소재에서 이토록 높은 값은 비현실적이다. μ_r값은 약 500 정도가 일반적이며, 이를 사용하면 최대 자속밀도는 약 0.7 [T]가 되므로 최대 작용력은 ≈ 230 [N]이며 준도 $S \approx 1 \cdot 10^5$ [Ns/m]가 구해진다. 이런 한계에도 불구하고 릴럭턴스 작동기는 여전히 3가지 전자석 작동기들 중에서 가장 큰 작용력을 발생시킬 수 있다.

5.5.2.4 하이브리드 작동기의 작용력

하이브리드 작동기의 작용력을 구하기 위해서는 (5.98)식이 사용된다.

$$F \approx 0.8nI\frac{B_r A_m}{l_{g,1}+l_{g,2}} \tag{5.120}$$

다른 작동기들과 동일한 치수들을 사용한다.

$A_m = A_g = 6 \cdot 10^{-4}$ $[m^2]$ (코일내측 치수)

$B_r = 1.2$ [T]

$n = 50$ (동일한 전력을 유지하기 위해서 코일은 둘로 나뉜다)

$l_{g,1}+l_{g,2} = 1 \cdot 10^{-3}$ [m] (릴럭턴스와 동일한 스트로크)

이 값들은 약 30 [N/A]의 선형적인 전류 대 힘의 비율과 $S \approx 1800$ [Ns/m]의 준도를 나타낸다. 이 작동기는 적당한 범위 내에서 큰 작용력을 출력하며 선형적인 힘 대 전류관계를 갖기 때문에 **두 분야에서 최고**의 조합된 성능을 나타낸다는 것을 명확하게 알 수 있다.

5.5.2.5 동역학적인 차이

올바른 작동기를 선정하기 위한 다음의 기준은 빠르게 작용력을 변화시킬 수 있는 능력이다. 이 능력은 전기적 시상수와 그에 따라서 필요한 저크의 한계를 반영하고 있다. 그림 5.40에 도시되어 있는 코일을 사용하는 동일한 3가지 작동기의 경우에 전기적 시상수는 순전히 코일 내의 전류에 의해 생성되는 자속의 릴럭턴스에 의해서 결정된다. 릴럭턴스가 클수록 시상수가 더 짧아진다.

3가지 작동기에 사용된 코일을 통과하여 흐르는 전류에 의해 생성된 자기장의 자속선을 그려보면 로렌츠 작동기는 긴 공기경로를 포함하고 있기 때문에 릴럭턴스값이 매우 크다는 것을 알 수 있다. 이 릴럭턴스는 강자성체를 전혀 사용하지 않는 경우에 더욱 커진다. 로렌츠 작동기의 릴럭턴스는 어떠한 경우에도 공극이 작은 릴럭턴스 작동기나 하이브리드 작동기보다 현저히 크다. 그런 이유 때문에 로렌츠 작동기는 빠르게 변화하는 전류를 사용하는 고속 정밀 작동기에 더 적합한 반면에 다른 작동기들은 큰 힘과 준 정적 상태를 필요로 하는 곳에 사용할 수 있다. 그럼에도 불구하고 앞 절에서 언급했듯이, 릴럭턴스 작동기와 하이브리드 작동기의 힘 대 전류비가 더 높기 때문에 필요한 전류가 줄어들어서 자체-인덕턴스로 인한 부정적 영향을 어느 정도 보상할 수 있으며 특히 하이브리드 작동기는 미래가 아주 밝다. 좁은 간극이 하이브리드 작동기와 릴럭턴스 작동기의 동적 성능에 영향을 끼치기 때문에 실제의 최적값을 구하기 위해서는 세밀한 FEM 해석이 필요하다.

5.5.2.6 이동질량

마지막 차이점은 이동질량이다. 동일한 크기의 코일에 대한 작동기들의 상대적인 크기를 비교하여 보여주고 있는 그림 5.40에 따르면 코일을 이동부로 삼는 경우에 로렌츠 작동기가 장점을 가지고 있음을 알 수 있다. 하지만 항상 그런 것만은 아니다. 정밀 시스템에서 전류를 코일에 공급하는 도선은 비교적 높은 강성을 가지고 있기 때문에 외부진동 전달의 측면에서 그리 바람직스럽지 않다. 자석 회로를 이동부로 사용하여 이런 문제를 피할 수 있다. 더욱이 힘 대 전력의 비율이 낮기 때문에 동일한 힘을 출력하기 위해서 더 많은 전류가 필요하며 큰 전력손실이 발생한다. 고출력 정밀 시스템의 경우 발산되는 열이 여타의 정밀 부품으로 전달되기 전에 수냉 등을 통해서 열을 방출시켜야만 한다. 이를 위해서 필요한 케이블과 호스 및 방열판 등으로 인하여 코일부와의 연결강성이 현저하게 증가되므로 이런 경우에는 영구자석을 이동물체로 사용할 필요가 있다.

사실 로렌츠 작동기는 투입되는 전력에 대한 작용력의 측면에서 보면 가장 큰 이동질량을 가지고 있는 셈이다. 더욱이 가변 릴럭턴스 작동기나 하이브리드 작동기에는 더 많은 수의 권선을 감을 수 있으므로 힘 대 동력비율이 높기 때문에 동적 성능이나 선형성 등이 덜 중요한 용도에서는 이런 작동기들을 절대적으로 선호한다.

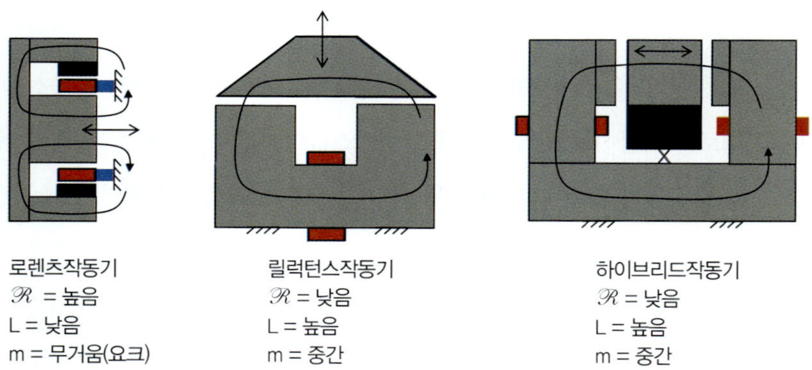

그림 5.40 동일한 코일을 사용하는 3가지 유형의 작동기들의 릴럭턴스, 자체-인덕턴스 및 질량의 차이

5.6 | 전기적 변환

전자석 작동기와 6장의 전자 사이를 이어주는 주제로 전기 변압기가 매우 적절하다. 이 중요한 소자를 보통 단순히 **변압기**(transformer)라고 불러도 문맥 내에서 의미하는 바가 명확하기 때문에 혼동을 일으킬 염려가 없다. 전기 변압기는 교류 형태로 입력된 전압과 전류를 크기는 변하지만 전력은 그대로인 교류 형태의 전압과 전류로 출력하는 수동소자이다. 즉 고전압 저전류 입력을 저전압 고전류 출력이나 여타 다른 형태로 변환시킬 수 있다는 뜻이다. 변압기는 교류신호의 전압과 전류 사이의 비율을 변화시킬 뿐이며 이 변환은 2단계로 이루어진다. 우선 전기동력은 릴럭턴스 작동기에서와 유사한 방식으로 자기동력으로 변환되지만 이 자기동력은 운동을 일으키는 대신어 입력측과 전기적으로 연결되어있지 않은 다른 쪽 단자에서 다시 전기로 변환된다. 이 원리는 본질적으로 전기를 발생시키는 **갈바닉 절연**(galvanic insulation)을 만들어주며, 이것이 변압기를 사용하는 주요 이유이다. 메카트로닉스 시스템에서 변압기는 주로 전원으로 사용되지만 8장에서 설명하는 것처럼 갈바닉 절연은 접지루프의 간섭을 막아주기 때문에 원거리 신호측정에도 활용된다.

그림 5.41에서는 **변압기 코어**(transformer core)라고 부르는 자성체 요크를 공유하는 두 개의 코일이 설치되어 있는 기본적인 변압기의 구조를 보여주고 있다. 강자성 소재의 릴럭턴스가 낮기 때문에 두 코일들은 동일한 자속을 공유한다. 원리상 다수의 코일을 설치할 수 있으며, **단권변압기**(autotransformer)처럼 코일들을 직렬로 연결하거나 서로 갈바닉 절연된 다수의 개별 전압원들을 만들 수도 있다. 원리를 설명하기 위해서는 그림에 도시되어 있는 두 개의 분리된 코일들만으로도 충분하다. 전류와 전압을 다른 값으로 변

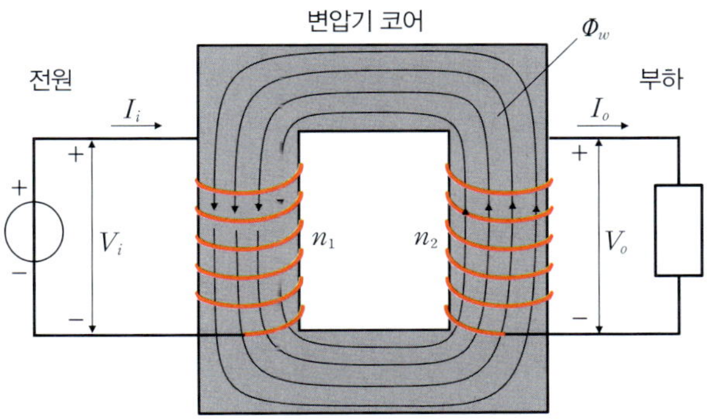

그림 5.41 전기 변압기의 두 코일들은 변압기 코어라고 부르는 동일한 자성체 요크에 권선되어 있다. 이들은 동일한 자속을 공유하기 때문에 두 코일의 전압들은 각 코일의 권선수 비율과 관련되어 있다.

환시키기 위해서는 코일의 권선수가 서로 달라야 하며 권선수가 증가하면 전압은 높아지지만 전류는 감소한다. **1차측 권선**(primary winding)은 전원에 연결되어 있으며 **2차측 권선**(secondary coil)은 부하에 연결된다. 원리상 변압기는 전기 에너지를 양 방향으로 변환시킬 수 있기 때문에 1차측 권선이나 2차측 권선이라는 용어는 논리적이지 않지만 현실적인 이유 때문에 이런 구분을 하게 되었다. 예를 들어 위험한 주 전압을 안전한 저전압으로 변화시키도록 설계된 변압기를 뒤집어서 연결하면 훨씬 더 높은 전압이 유도되므로 **휴즈**(fuse)가 미리 끊어지지 않는다면 변압기가 타버린다.

각 코일들의 도선은 절연되어 있으므로 변압기의 1차측 권선과 2차측 권선 사이에는 갈바닉 절연이 이루어져 있다는 것도 그림을 통해서 알 수 있다.

5.6.1 이상적인 변압기

이상적인 변압기에서 권선들은 저항이 없으며 강자성 소재의 투자율은 무한히 높고 자기장 변화에 대해서 자기적 한계나 에너지 손실이 없다고 가정한다. 작동원리를 설명하기 위해서 이상적인 변압기의 1차측 권선 n_1에 의한 자기장과 교류 입력전압 V_i는 코일의 자체-인덕턴스에서와 동일한 관계식에 의해서 결정된다.

$$V_i(\omega) = n_1 \frac{d\Phi_w}{dt} = \hat{V}_i \sin \omega t \tag{5.121}$$

여기서 Φ_w는 코어내의 자속이다.

2차측 권선은 동일한 자속을 공유하므로 출력전압 V_0는 다음과 같이 주어진다.

$$V_0(\omega) = n_2 \frac{d\Phi_w}{dt} = \hat{V}_0 \sin \omega t \tag{5.122}$$

이 방정식을 통해서 1차측과 2차측 권선 전압 사이에는 다음의 관계가 성립된다.

$$\frac{V_0}{V_i} = \frac{n_2}{n_1} \tag{5.123}$$

1차측과 2차측 전류를 구하기 위해서는 일단 코어 내의 자속을 계산해야 한다. 식 (5.121)로부터 코어 내의 자속변화는 다음과 같아야 한다.

$$\frac{d\Phi_w}{dt} = \frac{\hat{V}_i}{n_1} \sin \omega t \tag{5.124}$$

시간에 대해 적분하면 자속은 다음과 같이 구해진다.

$$\Phi_w(\omega) = -\frac{\hat{V}_i}{\omega n_1}\cos\omega t \tag{5.125}$$

1차측 전류는 자기에 대한 홉킨스의 법칙에 따라서 자속과 전류 사이의 관계로부터 계산할 수 있다.

$$\Phi_w = \frac{n_1 I_i}{\mathscr{R}} \tag{5.126}$$

외부 부하가 없는 경우에 2차측 전류는 0이며 무부하시 1차측 전류 $I_{i,0}$는

$$I_{i,0}(\omega) = \frac{\Phi_w(\omega)\mathscr{R}}{n_1} = -\frac{\hat{V}_i\mathscr{R}}{\omega n_1^2}\cos\omega t \tag{5.127}$$

코어의 릴럭턴스가 낮기 때문에 무부하시 1차측 전류는 낮은 값을 가진다. μ_r이 무한히 큰 이상적인 변압기의 경우 $I_{i,0}$는 0이 된다. 2차측 권선에 부하가 연결됨과 동시에 2차측 전류 I_0는 코어 내에 자속 $\Phi_{I,o}$를 생성하며 이는 Φ_w에 합해진다. 1차측 전압에 의해서 총 자속은 변하지 않고 유지되어야만 하므로 2차측 전류에 의해서 유발되는 추가적인 자속을 보상하는 1차측 전류와 그에 따른 자속 $\Phi_{I,i}$가 함께 흐르기 시작한다. 단순화를 위해서 식에 ωt를 표기하지 않으면 이상적인 변압기에서

$$\Delta\Phi_w = \Phi_{I,i} + \Phi_{I,o} = 0 \tag{5.128}$$

그림 5.41에서 정의된 전압과 전류 방향은 암페어의 법칙과 패러데이의 법칙을 따르고 있다. 출력전압에 의한 자속은 1차측 전류에 의해 생성된 자속과 반대 방향을 향해야 한다. 이렇게 정의된 방향에 따라서 방정식을 정리하면

$$\Phi_{I,i} + \Phi_{I,o} = \frac{n_1 I_i - n_2 I_o}{\mathscr{R}} = 0 \quad \Rightarrow \quad n_1 I_i = n_2 I_o \tag{5.129}$$

따라서 1차측 전류와 2차측 권선 사이에는 다음의 관계식이 성립된다.

$$\frac{I_o}{I_i} = \frac{n_1}{n_2} \tag{5.130}$$

이상적인 변압기는 전력이 소모되지 않는다는 사실을 기반으로 해서 이 결과를 간단하게 검증할 수 있다. 즉,

$$P = P_i = I_i V_i = P_o = I_o V_o \tag{5.131}$$

이는 앞서의 결과와 일치하는 것이다.

5.6.2 실제적인 변압기

실제의 변압기는 이상적인 변압기와는 달리 권선저항이 존재하며 코어 역시 이상적인 자기도체가 아니다. 우선 1차측 자속과 2차측 자속이 100% 동조되지 않는다. 이 동조율을 높이기 위해서는 1차측과 2차측 권선을 되도록 인접하여 감아놓아야 한다. 이런 영향을 설명하기 위해서 1차측과 2차측 권선에 직렬 연결된 저항과 비동조 자체-인덕턴스를 가지고 있는 실제 변압기의 전기적 등가회로를 그림 5.42에 도시하였다. 부하전류가 흐르면 저항으로 인하여 동력의 손실과 출력전압의 감소가 초래된다. 비동조 자체-인덕턴스는 시스템의 동적 거동에 영향을 끼친다.

그런데 변압기의 가장 중요한 한계는 코어의 자기장 포화에 의해서 결정된다. 식 (5.125)를 사용하여 변압기 내에서의 최대자속과 최대자속밀도를 유도할 수 있다.

$$|\hat{\Phi}_w| = |\hat{B}A_c| = \left|\frac{\hat{V}_p}{\omega n_1}\right| \tag{5.132}$$

자속밀도는 포화레벨인 B_s미만으로 유지되어야만 하므로, 코어의 단면은 다음 식을 만족해야 한다.

$$A_c \geq \frac{\hat{V}_p}{B_s \omega n_1} \tag{5.133}$$

이 식에 따르면 DC 전압을 변압하려면 무한히 큰 코어를 필요로 하므로 변압기로 직류를 변압할 수 없다는 것을 알 수 있다. 저주파 AC 전압의 경우 1차측 권선수를 증가시켜야 하는데, 이는 자동적으로 저항손실의 증가를 초래한다. 따라서 변압기의 설계는 출력, 효율 및 크기 사이의 절충과정이라는 것을 알

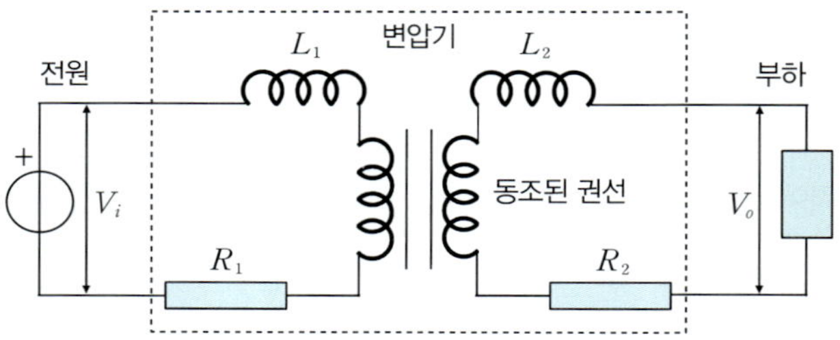

그림 5.42 실제 변압기의 전기적 등가회로

수 있다.

주파수와의 관계 때문에 50 [Hz]로 작동하는 고출력 전력용 변압기는 매우 무거워진다. 이런 문제를 해결하기 위해서 **스위치-모드 전원**(switched-mode power supply)이 개발되었다. 이 전원에서는 우선 저주파 주전원을 전기적 변환을 통해서 수 [kHz]의 매우 높은 주파수로 변환시킨 다음 소형 고주파 변압기를 사용하여 저전압으로 변환시킨다. 이 작동원리는 6장의 6.3.3절에서 설명할 스위치-모드 전력증폭기와 유사하다.

5.7 | 압전형 작동기

5.7.1 압전(piezoelectricity)현상

피에조(piezo)이라는 단어는 **압축하다**라는 뜻을 가지고 있는 그리스어 "πιεζο"에서 유래하였다. 압전효과는 물리학자인 Pierre Curie와 Paul-Jacques Curie(1856- 1941) 형제에 의해서 최초로 관찰되었다. 이들은 수정 결정체에 압축을 가하면 **직접 압전효과**(direct piezoelectric effect)라고 부르는 전기전위가 발생되는 것을 발견하였다. 나중에 이 효과가 가역반응이라는 것이 밝혀졌으며 이를 **역압전효과**(converse or inverse piezoelectric effect)라고 부른다. 압전소재 표면에 설치된 전극에 전압을 가하여 압전소재에 전기장을 부가하면 전기장의 방향에 따라서 소재는 팽창하거나 수축된다.

수정 이외에도 다수의 소재들이 압전 거동을 나타내는 것으로 밝혀졌다.

- **로셸염**(Rochelle salt)과 같은 일부 천연 결정체
- 뼈나 나무과 같은 일부 천연 조직
- **티탄산 지르콘산 납**(Lead Zirconate Titanate : PZT)과 **티탄산 지르콘산 란탄산 납**(Lead Lanthanum Zirconate Titanate : PLZT)등의 압전 세라믹 합성물
- **폴리비닐리덴 플루오라이드**(Polyvinylidene Fluoride : PVDF)와 같은 합성 폴리머

압전현상이 발생하는 이유는 결정체인 압전소재 분자구조 내부에 비대칭성 때문에 분자에 대한 전기장과 그에 따른 극성들 사이의 전위차이에 따른 전하의 **쌍극자**(dipole)가 생성되기 때문이다. 이런 전하의 비

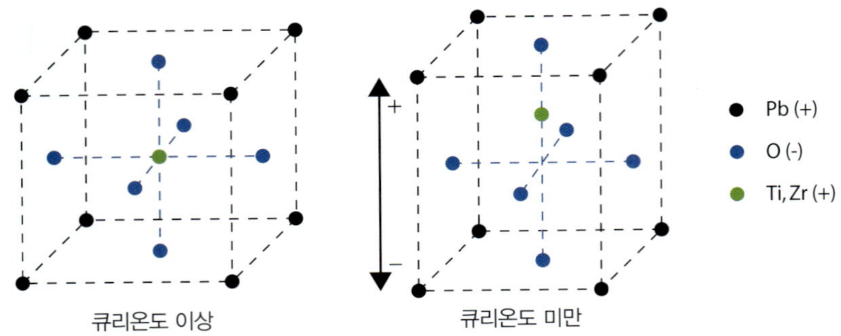

그림 5.43 PZT 소재 내에서의 압전 효과는 티타늄이나 지르코늄과 같은 크기가 큰 원자들이 큐리온도 이하로 냉각되면서 소재의 결정 격자구조 내에서 비대칭 상태로 **고착**되면서 분자 내에 전하의 비대칭성인 **쌍극자**(dipole)가 생성된다.

대칭을 **분극화**(polarisation)라고 부르며 다른 원자들에 의해서 만들어진 결정 격자구조 내에 위치한 큰 이종원자에 의해서 유발된다. 원리상 많은 소재들이 쌍극자 구조를 가지고 있으며, 이들은 예를 들어 다음 장에서 설명하듯이 커패시터의 정전용량을 증가시키기 위해서 사용된다. 압전소재의 경우 이 쌍극자 구조는 변형률에 민감하므로 외력에 의해 전하의 변위를 유발하여 극편들 사이의 전기장을 변화시킬 수 있다. 그림 5.43에 사례로 도시되어 있는 PZT 소재는 납 산화물(PbO_3) 결정체 구조로 이루어져 있으며 **페로브스카이트형 구조**(Perovskite structure)에 따라서 일정량의 티타늄(Ti)이나 지르코늄(Zr) 원자들이 섞여있다. 고온에서는 격자구조가 Ti/Zr 원자들을 수용할 수 있을 정도로 충분히 크다. 이 경우 소재는 등방성이며 압전 성질을 가지고 있지 않는다. **큐리온도**(Curie temperature) 이하로 냉각하면 결정격자구조가 수축하면서 강유전체 구조로 변형되며, 이 과정에서 Ti/Zr 원자들은 한쪽으로 밀쳐지면서 산소 원자들의 위치이동을 유발한다. 산소 원자들은 화학결합 과정에서 다른 원자로부터 전자를 받아들여 음으로 하전되며 전자를 빼앗긴 원자는 양으로 하전된다. 다른 원자들에 대해 상대적인 Ti/Zr 원자들의 위치변화로 인한 전하의 이동이 분자 내에서 쌍극자를 생성한다.

5.7.1.1 극성화(poling)

영구자석 소재처럼 압전 소재도 동일한 분극방향을 가지고 있는 바이스도메인이 형성된다. 다중결정소재에서 이 도메인은 일반적으로 임의방향으로 배치되며 미세구조에서 압전효과는 관찰되지 않는다. 미세구조에서 압전 성질을 활용하기 위해서는 바이스도메인이 정렬을 맞춰야 한다. 수정 같은 소재는 이 정렬이 자동적으로 맞춰지는 반면에 PZT와 같은 소재의 경우에는 그림 5.44에서와 같이 정렬을 맞추기 위

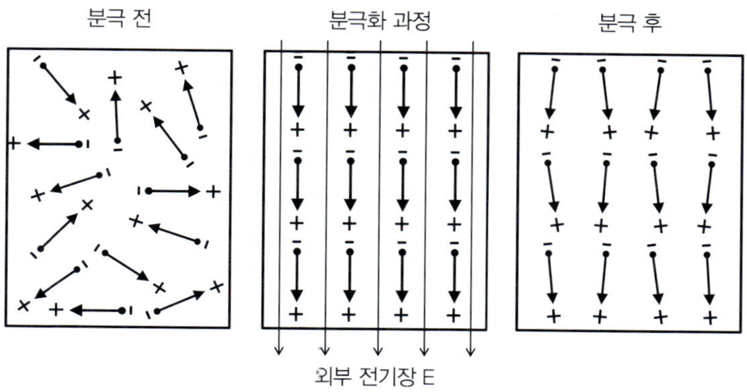

그림 5.44 분극되지 않은 경우에는 바이스 도메인의 정렬이 맞춰지지 않았다. 분극과정에서는 강한 외부전기장과 더불어서 고온으로 가열한다. 소재를 냉각하고 나면 바이스 도메인이 거의 완벽하게 정렬된 상태가 유지되기 때문에 미세 구조 상에서 압전효과가 발생하는 상태로 고착된다.

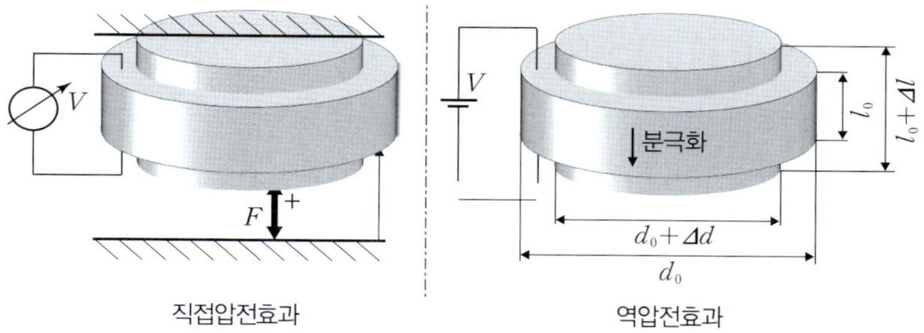

그림 5.45 압전효과의 개략도. 압축력을 받으면 양단에 설치된 전극에서 전압이 측정된다(직접 압전효과). 양단의 전극에 전압을 가하면 방향에 따라서 압전체는 팽창하거나 수축한다(역압전효과)

해서 극성화 과정이 필요하다. 극성화 과정에서는 바이스 도메인이 외부 전기장과 정렬을 갖출 수 있도록 PZT 소재를 큐리온도에 근접하게 가열한 상태에서 강한 전기장($>2\,[\mathrm{kV/mm}]$)을 가한다. 이를 냉각하면 외부 전기장이 없어도 대부분의 방향이 유지되며 소재에 잔류극성이 구현된다. 분극 후에는 거시적 규모에서도 압전특성이 관찰된다. 외부에서 가해지는 기계적인 응력이나 전기장이 압전 소재의 거시적인 평형을 교란시켜서 소재 외부에 관찰 가능한 영향을 끼칠 수 있다. 그림 5.45의 좌측 그림에서는 압전소재에 외력이 가해지면 트랜스듀서의 전극에서 전압이 생성되는 직접 압전효과가 도시되어 있다. 우측의 그림에서는 외부전압으로 압전 소자를 가로질러 전기장을 가하면 전압의 방향에 따라서 팽창이나 수축을 일으키는 역압전효과를 보여주고 있다.

5.7.1.2 전극을 사용한 구속전하의 매핑

압전소재는 부도체이므로 소재내부의 전자들은 자신이 속한 원자에 의해 구속되어있다. 또한 압전소재 내에서 변형률에 의한 총 전하의 이동은 전자의 흐름에 의한 것이 아니라 소재 내 개별 분자들의 미소한 전하이동이 누적된 결과이다. 이는 수없이 많은 작은 전위차이들이 직렬로 연결되어 큰 전위차이가 만들어지는 경우에 해당한다. 불행히도 소재의 부도체 특성이 자유전자를 필요로 하는 전류의 흐름을 방해한다. 따라서 압전체의 양쪽에 도전체 전극을 설치하면 중간의 **유전체**(dielectric material)가 정전용량을 증가시킬 뿐만 아니라 다음 장에서 설명하듯이 전극판에 형성되는 전하에 능동적으로 기여한다. 전극을 설치하면 변형률을 측정하며 힘을 발생시킬 수 있는 **압전 트랜스듀서**(piezoelectric transducer)가 만들어진다. 그림 5.46 (a)에서와 같이 양쪽 전극들 사이에 회로가 형성되지 않으면 이 판들의 전위는 해당 위치에서의 압전체 전위와 같다. 그 결과 전극들 사이에는 전위차이가 존재하며 그림 5.46 (b)에서와 같이 전극들 사이에 도선이 연결되면 전류가 흐른다. 이 전류는 전극들 사이에서 압전 소재의 **구속전하**(bound charge)에 의해서 생성되는 전위차이와는 반대방향으로 전위차이에 비례하는 전하차이를 생성하므로 압전 트랜스듀서의 총 전위차이를 저감시킨다. 이 과정이 일어나는 동안 압전 트랜스듀서가 전하 평형에 도달(그림 5.46 (c))하여 전류가 더 이상 흐르지 않을 때까지 전극 방향으로의 전하이동으로 인하여 초래된 전위차이 감소에 비례하여 전류가 감소한다. 트랜스듀서에 정적인 작용력이 가해지면 그에 따른 구속전하에 의한 전하이동은 트랜스듀서 압전소재의 내부 전위차이를 변화시켜서 전극내의 전하에 의해서 전위차이가 상쇄될 때까지 도선으로 연결된 전극들 사이에 전류를 흐르게 만든다. 도선을 사용하여 전극들 사이를 의도적으로 연결하지 않았다고 하더라도 실제로는 습도, 표면오염, 또는 여타의 전하전송수단에 의

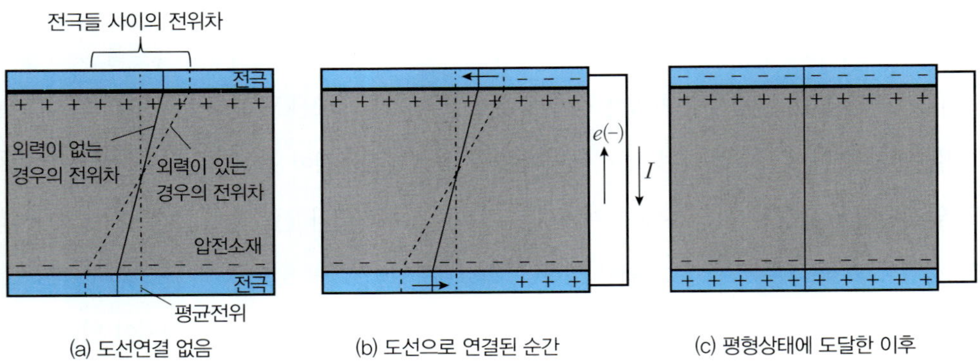

그림 5.46 도전성 전극에서 압전 트랜스듀서의 전류가 생성된다. 전극들 사이를 도선으로 연결하면 총 전하이동이 압전소재 내의 구속전하에 의해서 전위차이를 상쇄하는 반대방향 전위차이가 생성될 때까지 전류가 흐른다.

해서 항상 약간의 **누설**(leak)이 발생하므로 정상상태에서는 전극들 사이에 전위차이가 발생하지 않는다. 이로 인하여 압전 트랜스듀서는 정적인 힘을 측정할 수 없다는 중요한 결론이 내려진다. 이런 특성에 대해서는 8장에서 다시 자세히 설명할 예정이다. 다행히도 고주파에서는 외부전원으로 이 누설전류를 보상할 수 있기 때문에 고주파 작동기로 압전 트랜스듀서를 사용하는 것은 아무런 문제가 없다.

5.7.2 트랜스듀서 모델

압전 현상은 소재의 전기적 거동과 기계적 거동이 조합된 현상으로서 공간 전기변위 $\boldsymbol{D}$에 대한 방정식으로 주어진다.

$$\boldsymbol{D} = \varepsilon \boldsymbol{E} \tag{5.134}$$

여기서 ε은 유전율상수이며 $\boldsymbol{E}$는 전기장이다.

2장에서 정의된 후크-뉴턴 법칙은 강성 k를 가지고 있는 탄성요소의 변형과 외력 사이의 관계를 정의하고 있다($\boldsymbol{F} = \boldsymbol{K}x$). 이 법칙은 다차원 탄성[44] 모듈러스 $\boldsymbol{E}$의 역수인 컴플라이언스 $\boldsymbol{C}$를 갖는 소재의 변형률 $\boldsymbol{S}$와 외부에서 가해진 응력 $\boldsymbol{T}$ 사이의 관계에도 적용할 수 있다.

$$\boldsymbol{T} = \boldsymbol{E}\boldsymbol{S} \quad \Rightarrow \quad \boldsymbol{S} = \frac{\boldsymbol{T}}{\boldsymbol{E}} = \boldsymbol{C}\boldsymbol{T} \tag{5.135}$$

압전체에 대한 IEEE 표준에 따라서 소재의 모든 방향에 대해서 두 개의 동조된 방정식을 사용하여 이들을 조합하면 변형률-전하 형식의 압전 트랜스듀서에 대한 **구성방정식**(constitutive equation)을 얻을 수 있다.

전기장이 소재내의 변형률을 유발하는 역압전효과에 대한 구성방정식은 다음과 같다.

$$\boldsymbol{S} = \boldsymbol{C}^{E}\boldsymbol{T} + \boldsymbol{d}\boldsymbol{E} \tag{5.136}$$

변형이 전하이동에 해당하는 전압을 유발하는 직접압전효과에 대한 구성방정식은 다음과 같이 쓸 수 있다.

44) 이 다차원 행렬식에는 푸아송비, 전단효과 및 압축이 포함되므로 영계수만을 사용하는 것보다 더 크다.

$$D = dT + \varepsilon^T E \tag{5.137}$$

위 식에 사용된 변수들의 차원 및 단위가 아래에 제시되어 있다.

S : 무차원 6×1 변형률 벡터

T : [Pa] 6×1 응력 벡터

E : [V/m] 3×1 전기장 벡터

D : [C/m^2] 3×1 전기이동벡터

그리고 구속조건들은 다음과 같다.

C^E : [m^2/N] 6×6 일정한 전기장 하에서 컴플라이언스 행렬

d : [m/V] 또는 [C/N] 3×6 압전계수행렬

ε^T : [F/m] 3×3 일정한 응력 하에서 유전율 상수 행렬

압전 작동기의 데이터 시트에서 압전계수는 $d_{i,j}$의 형태로 제시되는데, 여기서 i는 전기의 이동을, j는 그림 5.47에서 지정된 방향에 대한 기계적인 응력이나 변형률 방향을 나타낸다. d_{33}은 변형과 전기장은 분극 방향과 평행하다는 것을 나타내고 있으며, 이 계수를 적층형 작동기들의 **압전-이득**(piezoelectric-gain)이라고 부르는 반면에 d_{31}은 예를 들어 튜브형 작동기에서의 압전-이득처럼 변형률이 분극과 직교하며 전기장은 분극과 평행한 상태를 나타낸다.

구성방정식은 압전 트랜스듀서의 물리적인 거동을 나타낸다. 이 소재가 어떻게 적층형 압전 작동기와 같은 거시적인 작동기로 작용하는지에 대해서 이해하기 위해서는 응력과 전기장 강도에 대해서 기술된 방

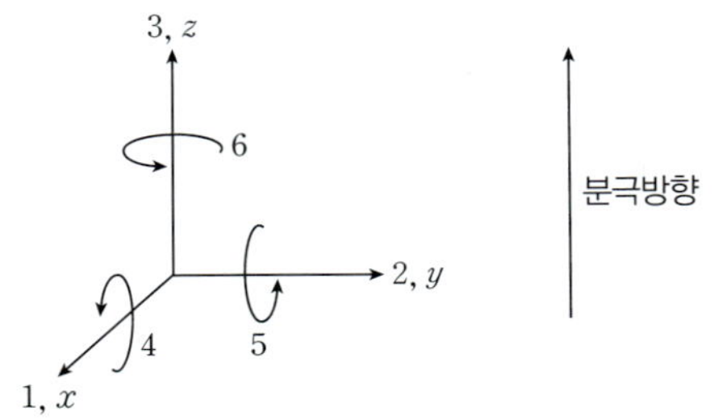

그림 5.47 분극방향과 관련된 압전체의 좌표계

정식을 외력 F [N]과 부가된 전압 V [V]에 대한 식으로 변환시켜야 하며 변형률과 전기이동에 대한 식을 변위 Δl [m]과 전하 Δq [C]에 대한 식으로 변환시켜야 한다. 단순성을 위해서 압전형 작동기의 가장 널리 사용되는 동종재료에 전기장과 응력이 가해지며 분극과 변형률의 방향이 일치한다고 가정한다. 이런 조건 하에서 단면적이 A이며 두께가 l_0인 작동기의 형상에 대해서 이 변환을 통해서 다음과 같은 간단한 스칼라 곱셈식들이 얻어진다.

$$F = T \cdot A$$
$$V = E \cdot l_0$$
$$\Delta l = S \cdot l_0$$
$$q = D \cdot A$$

이 소재의 강성 k_{pz} [N/m]과 커패시턴스 C [F]는 다음과 같다.

$$k_{pz} = \frac{AY^E}{l_0} \qquad C = \frac{\varepsilon^T \cdot A}{l_0} \tag{5.138}$$

여기서 Y^E는 일정한 전기장이 가해지고 있는 압전 소재의 영 계수이다.

이 결과들을 구성 방정식에 대입하면 작용력 $F(t)$, 길이변화 $\Delta l(t)$, 전하변화 $\Delta q(t)$, 그리고 전위차 $V(t)$ 사이에는 다음과 같이 간단한 행렬식이 얻어진다.

$$\begin{bmatrix} \Delta l(t) \\ \Delta q(t) \end{bmatrix} = \begin{bmatrix} k_{pz}^{-1} & d_{ij} \\ d_{ij} & C \end{bmatrix} \cdot \begin{bmatrix} F(t) \\ V(t) \end{bmatrix} \tag{5.139}$$

이 방정식들로부터 압전 작동기에 가해지는 의부전압이 압전체의 커패시턴스를 전하 Δq로 충전하며 이와 동시에 역압전효과에 해당하는 변위 Δl이 유발된다고 결론지을 수 있다. 압전 작동기에 가해지는 외력은 높이에 반비례하는 변형량 Δl를 유발하며 압전소재의 강성이 유한하기 때문에 직접압전효과에 의해서 전하 Δq도 함께 생성된다. 압전 소재의 이런 성질들을 이용하여 이 전기-기계 작동기를 센서로도 사용할 수 있다.

이 절에서 제시된 트랜스듀서 모델은 전기와 기계 도메인 사이의 상호작용에 대한 수학적 선형 모델을 제시하고 있다. 비록 이 모델이 해석뿐만 아니라 시스템 설계를 위해서 압전 작동기를 나타내는 매우 중요한 모델이지만, 다음 절에서 설명하는 압전 소재의 비선형 특성을 포함하지 못한다.

5.7.3 압전 변환기의 비선형성

비록 압전 작동기들이 기어박스를 장착한 DC 모터와 같은 작동기의 정밀도를 저하시키는 마찰과 백래시를 유발할 수 있는 이동부를 가지고 있지는 않지만 압전 작동기들은 크리프나 히스테리시스와 같은 비선형 거동을 나타낸다.

5.7.3.1 크리프

압전소재에 가해지는 전압이 변하고 나면 **크리프**(creep) 현상이 발생한다. 이 효과는 압전 소재의 잔류분극에 가해지는 구동전압에 의해서 유발되며, 느린 드리프트가 관찰된다. 이 크리프 효과는 다음 식에서와 같이 시간에 대한 로그함수 특성을 가지고 있다.

$$\Delta l_{(t)} = \Delta l_{(t=0.1)} \cdot \left(1+\gamma \cdot \log\left(\frac{t}{0.1}\right)\right) \tag{5.140}$$

여기서 $\Delta l_{(t=0.1)}$은 작동전압의 전하가 가해진 후 0.1초가 지난 다음에 발생하는 변위로서 빠른 동적 과도응답이 저감된 이후이며 γ는 크리프 상수로서 전형적으로 1~2%의 크기를 가진다.

몇 시간이 지나고 나면 크리프에 의한 변위는 총 변위의 10%에 달하게 되며, 이는 압전 작동기를 기반으로 하는 개루프 위치결정 시스템에 현저한 위치오차를 유발한다. 만일 압전-크리프와 관련된 계수들을 정확히 알 수 있다면 위치센서 없이도 이를 개루프 방식으로 보상할 수 있다(또는 최소한 현저히 줄일 수 있다). 이런 보상을 수행한다고 하더라도 이미 매개변수 속의 작은 불확실성들이 누적되어 나노미터나 그 이하 수준의 장기간 안정성을 필요로 하는 정밀 위치결정 시스템의 용도에서는 허용할 수 없는 위치결정 오차를 유발할 수 있다. 압전 작동기와 위치센서의 이의 대안이 될 수 있으며 매우 작은 적분을 통해서 압전 소재의 크리프로 인한 위치오차를 완벽하게 보상할 수 있다.

5.7.3.2 히스테리시스

강자성체처럼 압전소재도 히스테리시스를 나타내며, 이 경우에는 구동전압 상승에 따른 운동경로와 구동전압 하강에 따른 운동경로 사이의 차이로 나타난다. 히스테리시스는 압전 작동기의 이상적인 변형량의 15%에 달할 수도 있다. 진폭이 시간에 따라 감소하는 삼각형 구동전압을 적층형 압전 작동기에 부가했을 때에 작동기의 신축을 스트레인 게이지로 측정한 다양한 히스테리시스 루프의 사례가 그림 5.48에 도시되어 있다. 히스테리시스는 주로 식 (5.139)의 C-항인 정전용량에 의해서 압전 트랜스듀서의 입력전압

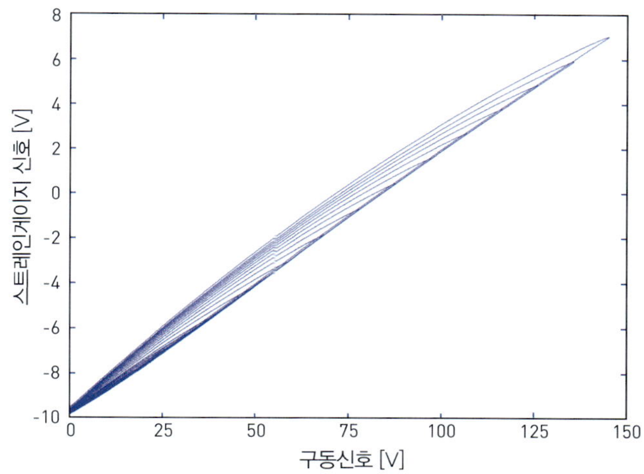

그림 5.48 150[V] 범위에 대해서 다양한 입력신호 진폭에 대한 적층형 압전 작동기의 히스테리시스 루프 측정결과. 스트레인 게이지 신호는 작동기의 신축량 측정결과에 비례한다.

과 전하 사이를 연관지어 주는 소재의 분극특성과 관련되어 있다. 이론상 변형을 유발하는 것은 전하므로 전압에서 전하로의 전달을 막고 필요한 변형량에 비례하는 전하량 Δq에 도달하도록 입력 전류를 직접 제어하면 히스테리시스를 개선할 수 있다. 따라서 전하량을 측정하여 귀환제어할 필요가 있으며, 트랜스듀서로 입력되는 전류를 측정하여 시간에 대해 적분하면 전하량을 측정할 수 있다. 전하를 직접 제어하는 경우에 본질적인 히스테리시스를 가지고 있는 소재의 유전율값은 더 이상 변형량에 영향을 끼치지 못한다.

8장에서는 직접 압전효과를 사용하여 압전 트랜스듀서로 가속도를 측정하기 위해서 이와 유사한 방식을 사용하는 것을 볼 수 있다. 여기서 **전하증폭기**(charge amplifier)는 그림 5.46 (b)에서와 같이 센서에 가해지는 전압을 0[V]로 유지하면서 전하의 이동을 측정하며 가속력에 의해서 생성되어 전극 사이를 흐르는 전류를 적분한다. 전압이 제어되는 시스템의 경우 압전 히스테리시스를 **프라이자흐 모델**(Preisach model)과 같은 **히스테리시스 연산자**(hysteresis operator)를 사용하여 모델링할 수 있으며 개루프 방식으로 보상할 수 있다. 그런데 크리프의 경우와 마찬가지로 히스테리시스를 정밀하게 보상하기 위해서는 작동이력을 포함한 히스테리시스 모델의 몇몇 매개변수들을 완벽하게 알고 있어야만 한다.

원자 작용력 현미경의 스캐닝 운동처럼 정확도가 반복적으로 정밀한 위치결정을 수행하는 것보다 중요하지 않은 용도에서는 히스테리시스가 그리 큰 문제가 되지 않으며 구동전압의 교정과 **사전성형**(preshaping)을 통해서 대부분의 히스테리시스를 보상할 수 있다. 이런 용도에서는 전압상승방향 **또는** 전압하강방향 중 한쪽만을 사용함으로써 비록 두 경로 사이의 편차가 수 마이크로미터에 달한다고 할지라도 1 [nm] 미만의 위치의 반복도(정밀도)를 손쉽게 구현할 수 있다.

압전 히스테리시스를 보상하는 또 다른 방법은 크리프 보상에서와 마찬가지로 귀환제어를 사용하는 것이다.

■ 전력소모

히스테리시스가 있는 물체는 히스테리시스 루프를 일주하면 에너지를 흡수한다. 압전작동기도 예외가 아니므로 작동기를 AC 신호로 구동하면 작동진폭과 주파수에 따라서 히스테리시스가 전력 소모를 유발한다. 작동기가 매우 높은 주파수($\gg$1 [kHz])에서 최대변위로 사이클을 반복하면 현저한 전력을 소모하면서 작동기가 가열되며 큐리온도에 근접하면 영구적인 손상이 발생된다. 이 문제에 대해서는 Uchino와 Hirose[85]가 히스테리시스에 의한 전력소모를 구하기 위한 다양한 모델을 제시하고 있다.

다행히도 가열문제는 대부분의 메카트로닉스 시스템에서 극복할 수 없는 문제가 아니다. 압전소재를 매우 높은 주파수로 사용하는 경우에는 작동기를 냉각하기 위한 추가적인 수단이 필요하다는 것을 인식하는 것으로 충분하다.

5.7.3.3 노화

압전소재에서 발생하는 또 다른 현상은 시간이 지남에 따라서 압전-이득의 극성 이 감소하는 **노화**(aging)이다. 이 현상은 수개월 또는 수년에 걸쳐서 일어난다. 압전소재를 작동기로 사용하면, 최대 구동전압에 근접하는 강한 전기장을 가할 때마다 소재가 재분극화 된다. 이런 경우에는 소재의 노화를 무시할 수 있다. 압전소자를 전하를 생성하는 센서로 사용하는 경우에는 외부전압이 전혀 부가되지 않으므로 노화에 따른 압전-이득의 저감을 고려해야만 한다.

5.7.4 기계적 고려

영강성의 특성을 가지고 있는 로렌츠 작동기와는 달리 대부분의 압전 작동기들은 세라믹 소재로 만들었기 때문에 고강성을 가진다. 메카트로닉스 위치결정 시스템을 설계할 때에는 압전 작동기의 소재 특성을 고려해야만 한다.

압전 작동기의 높은 강성으로 인하여 수 [kN]에 달하는 매우 큰 힘을 출력하는 초고속 위치결정 시스템을 구현할 수 있으며 압전 작동기의 매우 높은 공진주파수 F_{max}와 나노미터 미만 분해능은 이런 형태의 작동기를 사용하는 가장 중요한 장점이다. 압전 작동기의 높은 강성과 연관되어 있는 단점은 제한된 작동범위로서 대략적으로 압전 세라믹은 최대전압이 가해졌을 때에 전체 길이의 0.1% 정도 신축이 가능하다.

고강성으로 인한 또 다른 단점은 지지구조물르 부터의 과도한 진동 전달이다. 이로 인하여 압전 작동기는 CD 플레이어의 광 픽업유닛이나 웨이퍼 스캐너의 스테이지 등과 같이 진동하는 외부환경으로부터의 교란이 차단되어야만 하는 용도에는 적합지 않다. 압전 작동기는 주변으로부터의 이러한 진동을 추가적인 방법으로 충분히 저감시킬 수 있거나 전체 시스템이 너무 작고 통합되어 있어서 전체 시스템의 운동에 의한 가속을 무시할 수 있는 경우에 적용하기가 가장 좋다.

5.7.4.1 압전 강성

각 작동기들의 데이터시트에서는 일부 전형적인 매개변수 값들이 제시되어 있다. 기하학적 성질들과 최대 구동전압 이외에도, 기계적 설계를 위한 중요한 변수에는 **저지력**(blocking force) F_{max}와 무부하 비구속 작동기의 변위폭 Δl_0 등이 있다. 가끔씩은 작동기의 미소신호에 대한 강성 k_{pz}가 다음식을 통해서 제시되기도 한다.

$$F_{max} \approx k_{pz} \cdot \Delta l_0 \tag{5.141}$$

저지력 F_{max}는 압전 작동기 양단을 무한히 강한 지지구조물로 받친 상태에서 작동기가 발생시키는 힘을 나타낸다. 이는 역압전효과에 의해서 생성된 모든 힘이 고정된 지지구조에 가해지며 압전체의 신축은 발생하지 않는다는 것을 의미한다. 압전 작동기가 고정되거나 구속되지 않으면 작동기에 의해서 생성된 힘은 압전체를 신축시키는 데에 사용되며 작용력은 압전 작동기의 내부강성과 평형을 이루어 그림 5.45에서와 같이 Δl_0만큼의 변형을 일으킨다.

주어진 k_{pz}값은 미소신호 조건에 대해서만 유효하다. 신호진폭이 큰 경우에는 소재의 분극효과와 관련된 다른 인자들이 k_{pz}와 중첩되므로 대신호에 대한 강성은 소신호 강성의 절반까지 감소하다. 더욱이 외력에 의해서 누적된 전하를 압전소재로부터 배출시키지 않으면 반력이 생성되기 때문에 압전 작동기를 구동하는 전력 증폭기의 출력 임피던스는 작동기 강성에 영향을 끼친다. 이런 이유 때문에 열린전극 압전 작동기가 쇼트 된 전극 압전 작동기보다 강성이 높다.

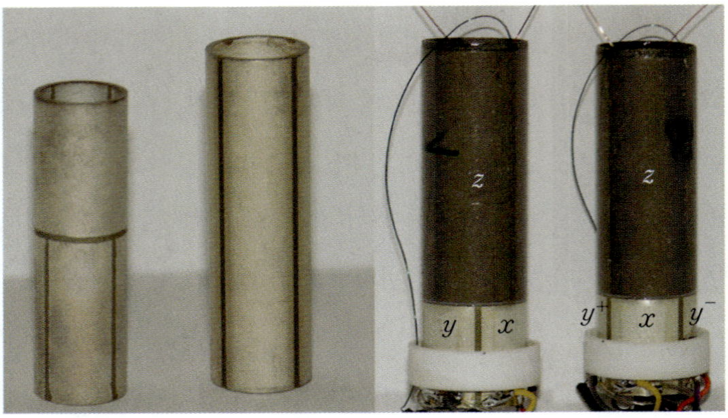

그림 5.49 튜브 스캐너는 내측과 외측에 서로 다른 전극이 설치된 하나의 튜브형 압전요소로 이루어진다. 용도에 따라서 서로 다른 전극 구조를 사용할 수 있다. 우측 사례에서 x 및 y방향 작동기는 각각 튜브의 서로 반대쪽에 위치한 두 개 씩의 활성영역으로 구성되어 있다. z 방향 작동기는 균일한 선형팽창 요소이다.

5.7.4.2 작동기의 유형

굽힘요소, 튜브, 원추, 판재, 전단작동기 및 적층형 작동기 등과 같이 다양한 유형과 형태의 압전 작동기들이 사용된다. 이들 중에서 가장 중요한 두 가지 형태들에 대해서만 논의를 하지만 다른 형태의 작동기들에 대해서도 논의된 내용이 동일하게 적용된다.

압전 튜브 작동기(piezoelectric tube actuator)[8]는 그림 5.49에서와 같이 배럴에 다수의 전극을 설치하여 단 하나의 작동기만을 가지고 3축의 직선이송방향 모두에 대해서 위치결정을 수행할 수 있다. x 및 y 방향으로의 측면방향 운동은 압전체의 한쪽 전극은 신장은, 반대쪽 전극은 수축을 일으켜서 구현하므로 동일한 신호를 받아서 구동전압의 부호만 바꾸어 부가한다. 이로 인하여 튜브의 x 및 y방향으로 굽힘이 유발되며 이로 인한 변위 Δx는

$$\Delta x = \frac{2\sqrt{2} \cdot d_{31} \cdot l^2 \cdot V}{\pi \cdot D_i \cdot d} \tag{5.142}$$

여기서 l은 튜브의 길이, d는 벽두께, D_i는 내경, 그리고 v는 작동기 전압이다.

z방향으로의 구동은 원주방향 모든 전극에 동일한 전압을 부가하여 균일 신축을 일으키며, 수직방향 변위 Δz는 다음과 같다.

$$\Delta z = d_{31} \cdot l \cdot \frac{V}{d} \tag{5.143}$$

압전 튜브는 설계가 단순하고 가격이 저렴하며 정전용량이 낮아서 작동기 구동을 위한 증폭기 설계도

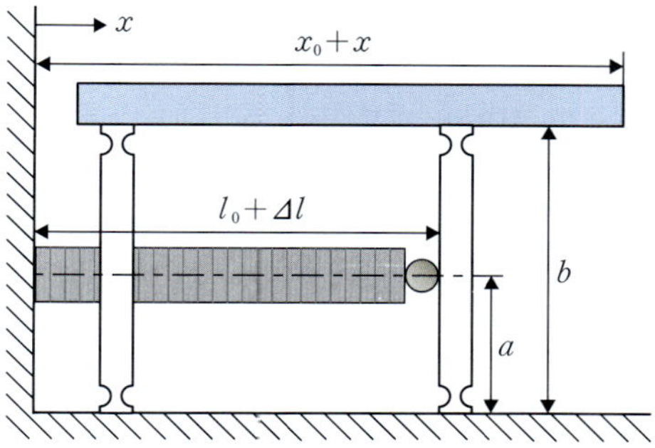

그림 5.50 증폭비 $r=b/a$인 평행 플랙셔 메커니즘을 사용한 압전 작동기 신축 작용의 증폭

용이하기 때문에 고정밀 고분해능 3D 위치결정에 매우 일반적으로 사용되고 있다. 그런데 튜브형 작동기의 단점은 x 및 y방향 운동이 구면작동요소에 의해서 이루어지므로 z방향으로의 교차동조가 발생하여, 매우 정밀한 위치결정이 필요한 경우에는 보상이 필요하다.

그림 5.50의 사례에서 사용된 **적층형 압전 작동기**(piezo-stack actuator)는 다중층 작동기로서 전형적으로 d_{33} 압전소재 시트를 사용하여 제작한다. 낱장의 두께가 50 [μm]인 시트들은 양측면에 구동전압을 가하기 위한 전극이 설치되어 있으며 이들을 접착해 가면서 적층하여 긴 작동기를 만든다. 전기장의 강도는 구동 전압을 시트 두께로 나눈 값이므로 이렇게 박판을 사용한 다중층 적층을 통해서 150 [V] 내외의 낮은 구동전압으로 큰 스트로크를 구현할 수 있다. 압전층의 적층을 사용하지 않는 경우에 동일한 길이의 작동기 구동을 위해서는 수 [kV]의 전압이 필요하며, 이는 표준 전자회로를 사용하여 구현하기도 어렵지만 안전의 측면에서도 위험이 커진다. 극성화와 작동 방향이 적층 방향과 같기 때문에 적층의 수 n에 의해서 적층 작동기의 무부하길이 l_0와 길이변화 범위가 결정된다. l_0길이는 무부하 무구동 상태의 개별층 두께 h에 전극들의 두께, 접착선 및 적층형 작동기의 양측면 절연을 위한 무구동 세라믹 소재 등이 합해진 두께의 n배가 된다. 구동전압 V에 따른 작동기 변형량 Δl은 다음과 같다.

$$\Delta l = n \cdot h \cdot d_{33} \cdot \frac{V}{h} \tag{5.144}$$

5.7.4.3 작동기의 조립

메카트로닉스 시스템의 기계구조물에 압전 작동기를 올바르게 체결하여야 작동기의 파손을 방지하며 구동에 따른 위치결정 범위를 줄이거나 증폭할 수 있다.

외부 압축력을 사용해서 작동기에 **예하중**(pre-loading)을 가하면 인장부하에 의한 파손을 방지할 수 있다. 압전 폴리머로 제작한 작동기를 제외한 대부분의 압전체는 세라믹 소재로 만들기 때문에 매우 강성이 높지만 깨지기도 매우 쉽다. 더욱이 적층형 작동기의 경우에는 개별적인 압전 시트들을 서로 접합하므로 접착선이 취약해 질 위험이 있다. 비록 압전 소재가 매우 강한 압축력을 견딜 수 있지만 인장, 비틀림 또는 전단 부하는 그 목적에 대해서 정확하게 설계되어있지 않는 한은 부가되어서는 안 된다. 압전 작동기가 질량을 밀고 당기는 두 위치를 가지고 있는 활용사례에서는 당김 가속시 너무 큰 인장력이 발생되지 않도록 조심해야 한다. 이 인장력에 의한 손상을 방지하기 위해서는 일반적으로 압전 작동기에 스프링으로 예압을 가한다. 이는 일반 코일스프링을 압전 작동기와 병렬로 설치하면 된다. 플랙셔 스프링을 사용하면 작동방향으로의 압전운동을 구속하며 작동기에 기생하는 흔들림과 비틀림 운동을 억제하므로 더 좋은 설계이다. 두 경우 모두 예하중용 (플랙셔) 스프링의 강성 k_f는 스프링의 총강성 k_{tot}을 증가시킨다.

$$k_{tot} = k_{pz} + k_f \tag{5.145}$$

부하질량은 압전 작동기의 (정적) 위치결정 범위에 영향을 끼치지 못하지만, 구동력은 압전강성 뿐만 아니라 부하용 스프링과 반대로 작용하기 때문에 최대 작동범위를 줄인다. 따라서 압전 트랜스듀서 만큼의 강성을 가지고 있는 부하용 스프링($k_f = k_{pz}$)은 작동범위를 절반으로 감소시킨다. 가장 바람직한 경우는 작동기에 가해지는 일정한 예하중력은 유지하면서 이 예하중력이 위치의 함수가 되지 않도록 만들어야 한다. 이는 저강성 인장 스프링을 통해서 구현할 수 있다. 예하중이 없다면 작동기를 너무 빨리 당겼을 때에 높은 인장력이 마이크로 크랙을 유발하거나 압전 소재의 총체적인 파열을 유발하여 압전 작동기의 적층이 분리될 수도 있다.

5.7.4.4 기계적 증폭

레버기구를 사용한 **기계적 증폭**(mechanical amplification)은 작동기가 구현할 수 있는 최대 스트로크보다 더 큰 위치결정 범위를 만들 수 있다. 그림 5.50에서는 전체 레버길이 b에 대한 압전 작동기가 설치된 위치 a의 비율인 r을 가지고 있는 플랙셔를 사용해서 압전 작동기 적층의 신장 Δl을 원하는 변위인 Δx로 증폭해주는 평행 플랙셔를 기반으로 하는 증폭방식을 보여주고 있다.

$$r = \frac{b}{a} \text{이며, } \Delta x = r \cdot \Delta l = \frac{b}{a}\Delta l \tag{5.146}$$

기계적인 증폭 r로 인하여 부하측에서의 유효강성 k_{tot} 뿐만 아니라 위치결정이 필요한 총질량과 유효 시스템 강성에 의존하는 공진주파수 f_{res}는 다음 식들에서와 같이 낮아진다.

$$k_{tot} = \frac{k_{pz}}{r^2} \text{ 이며, } f_{res} = \frac{f_0}{r} \tag{5.147}$$

5.7.4.5 다자유도 적층

압전 튜브 이외의 압전 작동기들은 단방향 작동기이다. 한 방향 이상의 위치결정이 필요하면 플랙셔 메커니즘과 다수의 작동기들의 적층을 포함한 기계적 설계를 통해서 개별 작동기들을 조합할 수 있다. 그림 5.51에서는 개별적인 3개의 스캐너들을 적층하여 3자유도 **압전 스캐너**(piezoelectric scanner)를 구현한 3가지 사례를 보여주고 있다[75]. 이 스캐너들의 전형적인 위치결정 범위는 사용된 적층의 길이에 따라서 수백 나노미터에서 150 [μm]에 달한다. 위쪽 첫 번째 설계는 3개의 적층형 작동기들을 서로 직교하도록

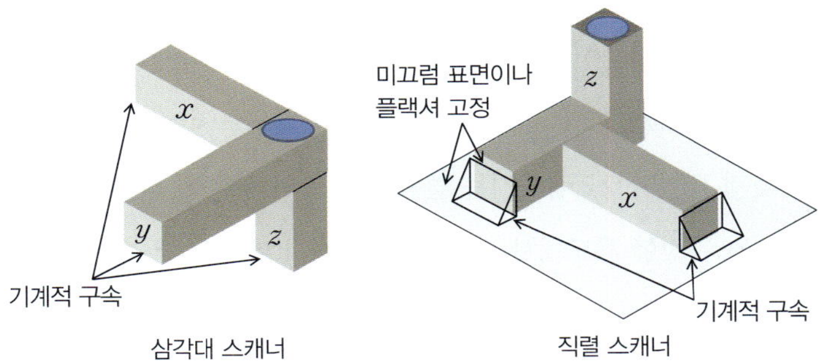

그림 5.51 직교하는 3개 방향으로의 병진운동을 구현하는 위치결정 시스템인 압전 스캐너의 다양한 설계들. 별개의 압전 작동기들을 사용하여 3 자유도 각각을 구현한다. 사진에 도시되어 있는 고속 스캐너는 양방향에서 작동기를 구동하여 x 및 y방향으로의 인장응력 발생을 방지하였다.

접착하여 삼각대를 구성한 **삼각대-스캐너**(tripod-scanner)이다. 이 설계의 장점은 단순성과 3개 방향 모두 병렬로 구성된다는 점이다. 삼각대 설계의 단점은 압전 튜브와 마찬가지로 각각의 작동기들이 고정된 위치를 다른 두 작동기들이 피벗점으로 사용하기 때문에 x, y 및 z방향으로 **스캐너 휨**(scanner bow)이라고 부르는 교차동조를 나타낸다는 것이다.

스캐너 휨을 유발하지 않는 두 가지 설계는 그림 우측의 직렬 스캐너와 아래의 플랙셔 스캐너이다. **직렬 스캐너**(serial scanner)의 경우, 개별적인 작동 방향들이 서로 적층되어 순차적으로 구현된다. 따라서 x-작동기는 y 및 z방향 작동기를 구동하며 y-작동기는 z-작동기를 구동한다. z-작동기는 그림에서 z-작동기의 상부에 작은 디스크로 표시되어 있는 시편만을 움직인다. 직렬 설계의 단점은 적층 하부의 작동방향에서는 훨씬 더 큰 질량을 움직여야만 하기 때문에 속도성능이 적층 상부에 비해서 현저히 느리다는 것이다.

각 방향의 구동을 병렬로 구현하여야 서로 다른 위치결정 축들의 이런 성능차이를 방지할 수 있다. 그림의 하부에 도시되어 있는 **스캐닝 프로브 현미경**(SPM)용 고속 **플랙셔 스캐너**(flexure scanner)를 통해서 이를 구현할 수 있다. 이 설계는 플랙셔 메커니즘을 통해서 밀고 당기는 방식으로 작동하는 개별적인 적층된 작동기들을 조합하여 x 및 y방향에 대해서 병렬을 구현함으로써 x 및 y방향에 대해서 동일한 작동성능과 공진 주파수를 갖게 되었다. z-작동기는 플랙셔 구조의 상부에 직렬 방식으로 설치되어 있다. 스캐닝 프로브 현미경과 같은 특정한 용도에서는 z방향에 대해서 매우 높은 위치결정 대역폭이 필요하므로 z-작동기가 구동해야 하는 총 질량이 최소화되어 있다.

5.7.5 전기적인 고려

앞에서 압전 현상에 대해 설명한 바와 같이 그림 5.44에 도시된 것처럼 강한 외부 전기장을 가하여 바이스 도메인을 정렬하여 압전 소재의 극성화를 구현할 수 있다. 구성방정식에 따라서 전기장을 가하여 압전 소자를 구동할 수 있다. 그림 5.48의 히스테리시스 루프에서 볼 수 있듯이, 양의 구동전압만이 사용된다. 압전 소재는 양의 작동방향으로 가해지는 최대 전기장 강도의 약 10%에 달하는 반대 방향으로 가해지는 약한 전기장을 수용할 수 있다. 반대방향으로 가해지는 강한 전기장은 소재의 **탈분극**(de-polarization)을 유발할 수 있으며 극성화 과정을 통해서 만들어낸 거시적 잔류 분극 특성이 소실될 수 있다. 그런 이유 때문에 대칭 구동전압이 가능하도록 제작되지 않은 압전소재의 경우에는 소재의 탈분극을 방지하기 위해서 양의 전압만을 사용해서 구동해야 한다.

5.7.5.1 전하제어와 전압제어의 비교

히스테리시스에 대해서 설명하기 전에 잠시 언급했듯이 두 가지 방법으로 압전 작동기를 구동할 수 있다. 한 가지 방법은 구동 전압을 제어하는 것이더 다른 하나는 압전 작동기에 부가되는 전하를 제어하는 것이다. 이들 두 가지 방법 모두 장점과 단점을 가지고 있다.

전하제어(charge control)의 경우 작동기의 신장이 부가된 전압의 함수이므로 히스테리시스를 방지할 수 있다. 전하량을 제어하기 위해서는 전하증폭기를 사용하여 압전 작동기를 구동해야 한다. 따라서 증폭기 내에서는 전류를 측정하여 적분해야 하며 귀환제어를 통해서 지정된 값에 대해서 능동적으로 제어해야만 한다. 이 방법을 사용하면 증폭기 출력단에서의 전압을 측정하거나 제어하지 않기 때문에 증폭기는 무한히 큰 출력 임피던스를 가지고 있다. 이렇게 무한히 큰 임피던스로 인하여 외력에 의해서 생성된 전하가 작동기 내에서 없어지지 않으며 증폭기에 의해서 공급된 전하와 합해진다. 이 현상이 증폭기와 결합되어 앞 절의 열린 전극에서 설명했듯이 작동기의 강성을 증가시킨다. 이렇게 증가된 강성은 위치결정 시스템의 공진 주파수를 증가시킨다. 그런데 전하증폭의 단점은 DC-안정성이 떨어지므로 더 많은 드리프트가 발생하며 전하제어는 증폭기의 전류귀환 작동을 적분하기 때문에 일반적으로 전압제어보다 저주파 위치결정 노이즈가 더 많다는 것이다. **전압제어**(voltage control) 압전 작동기는 전력 증폭기의 설계가 더 단순하며 노이즈 성능의 향상이 가능하고 시스템 드리프트가 더 작다. 이 경우에는 전력 증폭기의 출력 임피던스가 낮게 설계할 수 있으며, 노이즈 성능이 더 좋기 때문에 시스템 구축비용이 절감된다. 하지만 무엇보다도 히스테리시스가 전압제어방식 압전 작동기의 단점이므로, 전압구동의 경우에는 다른 수단을 사용해서 이를 보상해야만 한다.

전압구동 방식 압전 작동기 설계의 또 다른 흥미로운 관점은 전력 증폭기의 출력 임피던스가 압전작동기의 정전용량과 결합되어 1차 저역통과 필터를 형성한다는 것이다. 이는 한편으로는 시스템 설계 과정에서 전위 대역한계를 고려해야 한다는 것을 의미하며 다른 한편으로는 압전요소와 직렬로 저항을 연결하면 최대전류를 제한하며 전력증폭기와 작동기를 보호할 뿐만 아니라 일부 특정한 개루프 위치결정 시스템에서 필요로 하는 성질인 주파수응답의 형태를 변화시키고 작동기의 공진주파수 이전에 응답 저감을 구현한다는 것을 의미한다.

5.7.5.2 자가검출 방식 구동

식 (5.139)의 기본법칙에서 주어진 것처럼, 압전 소재는 트랜스듀서의 성질을 가지고 있기 때문에 작동기와 센서로 사용할 수 있으며 델프트 기술대학 시스템 및 제어 연구실의 Stefan Kuiper[56, 57]가 이를

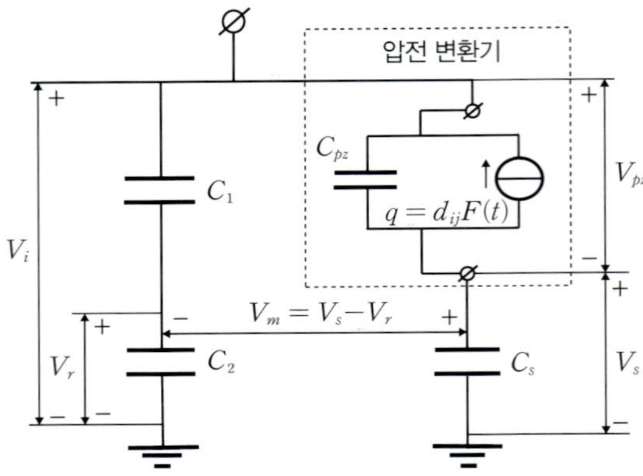

그림 5.52 압전 작동기의 전기적 모델과 작동기에 가해지는 외력에 의해 생성된 전하를 측정하기 위한 커패시턴스 브리지 회로(Courtesy of Stefan Kuiper)

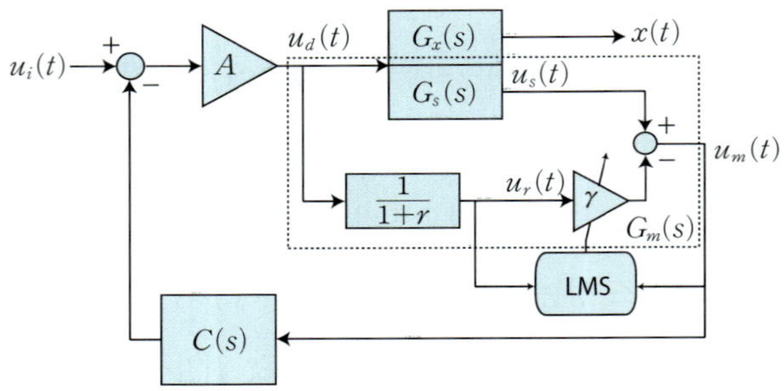

그림 5.53 자가검출을 통한 압전 작동기의 능동감쇠를 위한 귀환제어 시스템의 개략도. 이득 γ와 LMS 블록은 압전 히스테리시스에 의한 이득변화를 상쇄하지만 능동감쇠에는 아무런 직접적 영향을 끼치지 않는 적응형 밸런싱 회로를 형성한다. (Courtesy of Stefan Kuiper)

증명하였다. 그림 5.52에서는 그림 5.49에서와 같이 정전용량 브리지 회로들이 통합된 튜브 스캐너의 x-방향 작동기용 압전 변환기의 전기적 등가회로를 보여주고 있다. 수직방향에 대해서 두 개의 가지로 이루어진 커패시턴스 브리지의 정전용량 비율은 서로 같다($C_1C_2 = C_{pz}/C_s$). 만일 이 압전 작동기가 단 하나의 커패시터 C_{pz}만으로 구성되어 있다면 브리지 회로 내에서 전하 분포는 평형을 이루며 브리지간의 전압차 V_m이 측정되지 않는다.

압전 요소에 가해지는 힘이 식 (5.139)에 따라서 추가적인 전하 $\Delta q = d_{ij}F(t)$를 생성하므로 실제 압전 트랜스듀서는 순수한 커패시터가 아니다. 이는 압전체 양단의 전압을 변화시키며 브리지 회로 내에서는 브리지간의 전압차 V_m을 측정하면 관찰할 수 있는 전하 불평형을 초래한다. 따라서 압전 트랜스듀서의 부

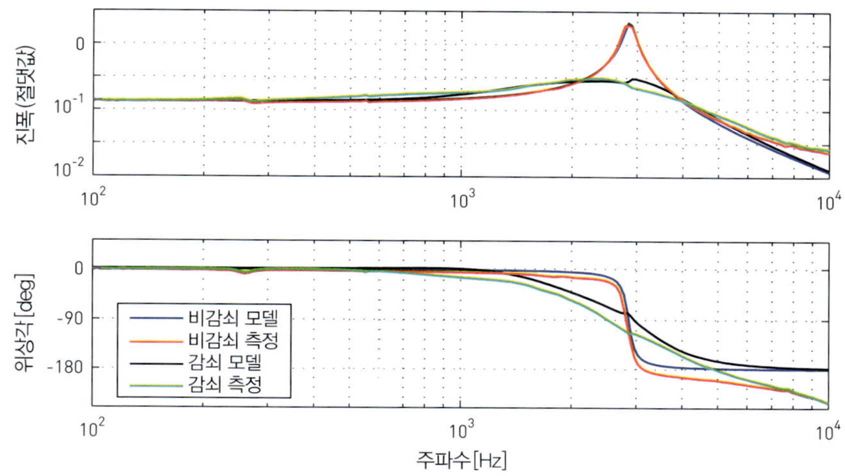

그림 5.54 비감쇠 및 능동 감쇠된 튜브형 압전 작동기의 측정 및 모델링 된 주파수 응답의 보드선도. (Courtesy of Stefan Kuiper)

하질량에 부가되는 외력과 반력을 정전용량 브리지 회로에서 관찰할 수 있으며 궁극적으로는 그림 5.53에 도시되어 있는 귀환제어기를 사용하여 측정된 전압 V_m을 전력증폭기로 귀환시킴으로서 힘 귀환 제어에 이를 활용할 수 있다는 것을 의미한다. 이 귀환은 압전 트랜스듀서의 자가검출 능력을 기초로 하고 있기 때문에 압전체 신축을 측정하기 위한 별도의 센서를 사용하지 않고도 공진의 능동감쇠가 가능하며, 이는 시스템 성능향상을 위한 매우 가격경쟁력이 높은 방법이다.

튜브형 압전 작동기의 공진 피크를 저감하기 위한 능동감쇠기의 특성이 그림 5.54에 도시되어 있다. 적색 실선은 능동감쇠가 없는 튜브형 압전 작동기의 측정된 주파수 응답 $G_x(s)$을 나타내고 있다. 청색선은 측정된 데이터를 근사화 시킨 2차 모델의 주파수 응답이다. 근사모델을 기초로 하여 튜브형 스캐너의 공진 피크를 감쇠시키기 위한 귀환제어기 $C(s)$가 설계되었으며 제어모델의 주파수 응답 시뮬레이션 결과가 그림 5.54에서 검은색 선으로 표시되어 있다. 자가검출 회로를 사용하는 능동감쇠의 주파수응답 전달함수 $G_x(s)$의 측정결과인 녹색선을 통해서 시뮬레이션에서 예측했던 것과 마찬가지로 공진 피크를 거의 1/10 만큼 저감시키고 있음을 확인할 수 있다.

06

메카트로닉스 시스템의 아날로그 전자회로

Robert Munnig Schmidt

6.1 | 서언

메카트로닉스 시스템을 구현하기 위해서는 아날로그 전자회로들이 필수적으로 사용된다. 측정 및 구동 모두에서 전기신호의 제어가 필요하며 균형잡힌 메카트로닉스 시스템의 설계를 위해서는 주요 전자요소들의 거동에 대한 지식이 필요하다. 이 장에서는 측정, 필터링 및 제어를 위한 저전력 전자회로와 전자석 작동기 구동에 사용되는 전력전자회로에 대해서 살펴보기로 한다. 일반적으로 전자회로 기술은 디지털과 아날로그의 서로 다른 두 가지 영역으로 나누어진다. 이 구분은 세월이 흐르면서 두 개의 완전히 분리된 영역으로 나뉘게 되었다. 디지털 전자회로는 단지 **켜짐**과 **꺼짐**의 단 두가지 상태만을 가지고 있는 2진수를 사용하여 논리적인 기능을 수행하도록 설계된 전기적 스위치들로 이루어진다. 이 논리회로들은 AND나 OR와 같은 단순한 연산자에서부터 프로그램이 가능한 디지털 신호처리기나 마이크로컴퓨터에 이르기까지 매우 다양하다. 하지만 이런 이진수 회로의 단순화를 위해서 모든 전자 스위치들이 아날로그 회로로 만들어진다는 것을 인식하여야 한다. 또한 이런 회로들의 최대 작동 주파수나 스위칭 속도 역시 아날로그 거동에 의해서 결정된다. 그런 이유 때문에 마이크로프로세서와 같은 현대적인 고속 전자회로들은 아날로그 특성에 대한 명확한 지식 없이는 설계할 수 없다. 그림 6.1에서는 제어작용을 작동기용 전류로 변환시키며 물리적인 성질들을 측정값으로 변환시키는 전자회로들이 기능성을 결정하는 메카트로닉스 시스템의 서로 다른 영역들을 보여주고 있다. 메카트로닉스 시스템 내에서 주로 아날로그 프로세서들로 이루어진 이런 구성요소들에 초점을 맞춰보면, 아날로그 전자회로들이 신호의 증폭과 필터링을 통해서 동적 시스템의 거동을 결정한다는 것을 알 수 있다. 이 책에서 아날로그 전자회로에 대해서 다루는 것을 정당화시켜주는 또 하나의 이유는 전자공학과 출신이 아닌 많은 메카트로닉스 설계자들이 전자공학에 대해서 충분히 이해하지 못하고 있기 때문이다. 우리 사회에 전자공학이 급격하게 확산되고 있음에도 불구하고 전자공학은 기계공학에 비해서

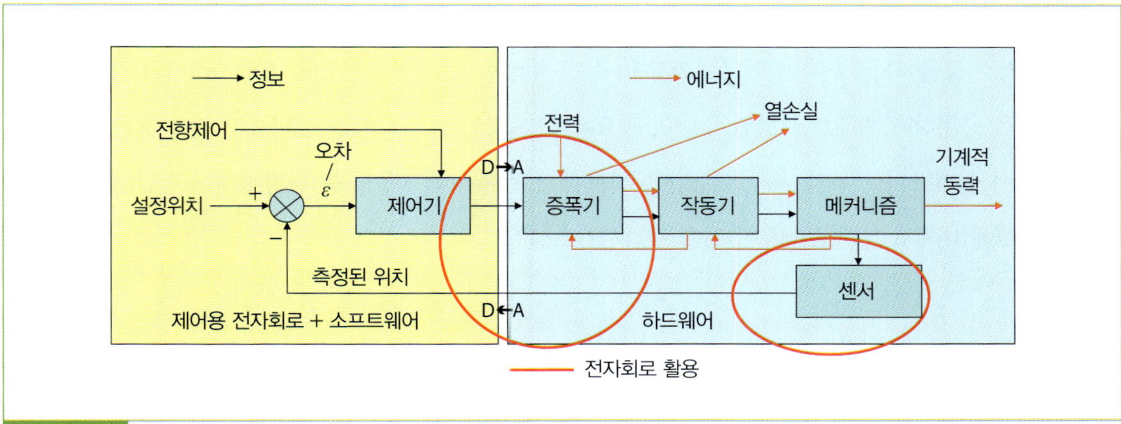

그림 6.1 메카트로닉스 시스템에서 전자회로가 사용되는 주요 위치들

더 추상적이고 눈에 보이는 것이 없기 때문에 전자회로를 다루는 일은 기계엔지니어에게 정신적 장애물이 되고 있다.

이 장은 3개의 절들로 구분되어 있다. 6.2절에서는 증폭이 배제된 필터링을 통한 신호처리에 대해서 다루고 있다. 소스와 임피던스의 활용이 설명되어 있으며 전자회로와 기계 시스템 사이의 유사성 비교를 통해서 상호 분야에 대한 이해를 넓히기 위해서 동특성들 사이의 비교가 수행되어 있다. 6.3절에서는 전자회로의 중요한 비선형 및 능동 요소들을 살펴본 다음에 소신호 증폭과 능동 필터링을 위한 저전력 증폭기에 대해서 다룬다. 6.4절에서는 선형 전력증폭기와 스위치 모드 전력증폭기에 대해서 논의한다. 이 책의 대부분의 단원들에서 그랬듯이, 이 분야의 모든 내용을 다루기에는 너무 방대하므로 깊은 분석보다는 기본적인 이해를 돕는 데에 초점을 맞추어 내용을 제한하고 있다. 그럼에도 불구하고 제시된 내용은 평균적인 복잡성을 가지고 있는 메카트로닉스 시스템의 기본적인 전자회로 설계에 활용하기에는 충분하다.

6.2 수동전자회로

아날로그 전자회로는 능동부와 수동부로 이루어진다. 그 차이는 신호에 에너지가 추가되느냐 아니냐이다. 증폭기는 전형적인 능동소자인 반면에 저항은 전형적인 수동소자이다. 대부분의 수동소자들은 전류와 전압 사이에 선형 관계를 가지고 있다. 지정된 작동조건 하에서 소자들을 사용하는 동안은 이 선형관계가 유지된다. 비록 이런 소자들이 수 [ppm] 수준의 매우 낮은 잔류 비선형성을 가지고 있지만, 반도체와 같은 비선형 소자들은 다이오드처럼 한 방향으로만 전류를 흘리는 소자에서부터 트랜지스터와 같이 지수함수적 거동을 하는 소자에 이르기까지 매우 큰 비선형성을 가지고 있다. 트랜지스터의 경우에는 선형적 거동을 구현하기 위해서 특별한 수단이 필요하다. 복잡한 능동소자를 살펴보기 전에 일단 수동소자들에 대해서 살펴보기로 하자. 수동소자만을 사용해서도 유용한 기능들을 다양하게 구현할 수 있다. 전기 네트워크에 대해서 살펴보면서 이 절을 시작하기로 한다.

6.2.1 네트워크 이론과 법칙

전기 네트워크는 전원과 서로 다른 수동소자들의 조합으로 이루어진다. 완전한 네트워크의 거동은 몇 가지 법칙에 의해서 정의된다. 이 절에서는 뒤에서 살펴볼 수동회로의 신호입력으로 사용되는 전압과 전류에 대한 추상적인 정의에서 시작하여 이 법칙들을 살펴본다.

6.2.1.1 전압원

2장에서는 전압원에 대해서 소개했었다. 이상적인 전압원은 부하로 전류가 송출되어도 외부전압과 동일한 내부 기전력 F_e를 가진다. 실생활에서 살펴보면 유럽 대부분 국가의 가정용 전원 소켓은 대략 230 [V] 50 [Hz]의 교류를 공급하는 거의 이상적인 전압원처럼 작동한다. 이 전압은 전등을 켜거나 강력한 전기기기의 전원을 켜더라도 거의 일정하게 유지된다. **거의**라는 단어를 사용하는 이유는 실제 세계에서는 **이상**이 존재하지 않기 때문이다. 아무런 영향을 받지 않으면서 임의전압으로 1 [mA] 미만이나 1 [GA] 이상의 전류를 송출할 수 있는 전압원을 상상해 보면 이를 이해할 수 있다.

이를 위해서는 전압원이 무한한 전력을 송출할 수 있는 능력을 가지고 있어야만 하나, 불행히도 이는 불가능하다. 그럼에도 불구하고 가정용 전원의 사례는 어느 정도의 한도 이내로 전류가 제한된다면 거의 이상적인 전압원으로 취급할 수 있다.

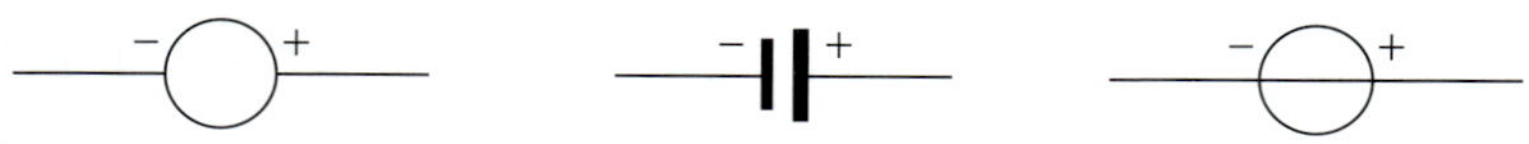

그림 6.2 전자회로에서 도면에 사용되는 전압원의 다양한 기호들에서는 +나 − 부호를 사용하여 전압의 방향을 타나낸다. 때로는 − 부호를 생략한다. 이 책에서는 기호들 중에서 우측 기호가 이상적인 전압원의 소스 임피던스가 0이라는 것을 명확히 보여주기 때문에, 이를 사용한다.

실제 전압원의 경우에는 물리적인 성질에 따른 내부의 직렬 임피던스로 인하여 외부전압이 기전력과 완전히 같을 수 없다. 내부 도선, 화학적 전극과 저장요소의 크기, 그리고 전하의 화학적 분리와 관련된 측면들을 생각해 볼 수 있다. 이 직렬 임피던스는 외부 부하가 내부로 들어온 것처럼 기전력과 반대되는 내부 전기장을 생성한다. 이 전기장은 전류에 의존하며 전원전극에 대한 전압차이의 변화를 초래한다. 저항성 임피던스의 경우 송출전류가 증가하면 전압이 낮아진다. 이상적인 전압원은 내부의 직렬 임피던스가 없으며 **회로 내에서 다른 전원의 영향을 살펴볼 때에는 전원을 도선으로 근사화 시킬 수 있다.** 이는 작동기와 증폭기 사이의 상호작용에 대한 5장에 따르면, 두 전압원으로부터 나오는 전류는 다른 전압원을 단락시켜서 각각에 대해 따로 구할 수 있다

따라서 이 책에서는 전자회로의 회로도를 그릴 때 그림 6.2의 우측에 도시되어 있는 심볼을 사용한다.

6.2.1.2 전류원

대부분의 전자회로들은 전압원을 사용하여 모델링할 수 있지만 때로는 다른 극한전원인 전류원을 사용하는 것이 더 실제적일 수도 있다. 이상적인 전류원은 도전성 부하의 임피던스와는 무관하게 양 또는 음의 전류를 송출하며 그 결과 전류는 전압에 무관하다. 이 기능을 내부 전기장의 모델을 사용해서 이해하기는 쉽지 않다. 대신에 전류를 동일한 레벨로 유지하기 위해서 부하에 능동적인 기전력을 부가하는 전압원에 대한 사고모델을 사용할 수 있다. 나중에 설명하겠지만, 일반적으로 전압원에 전류 피드백을 적용하여 전류원을 만든다. 전류원을 회로에 연결하면 작동기의 운동에 의해 유발되는 전압과 같은 외부 전압원이 더 이상 전류에 영향을 끼치지 못한다. 따라서 이상적인 전류원은 다른 전원에 의해서 유발된 전류에 대해서 끊어진 도선처럼 작용한다는 것을 의미한다. 다시 말해서 전류원은 무한히 큰 출력 임피던스를 가지고 있다. 전류원의 기초 모델은 무한한 기전력과 무한한 직렬저항을 가지고 있는 전압원이라는 것은 정말로 맞는 말이다. **회로 내에서 다른 전원의 영향을 살펴볼 때에는 전류원을 회로 내에서 연결이 끊어진 것으로 간주**할 수 있기 때문에 이런 매우 가상적인 모델에 대해서 그림 6.3의 우측에 도시된 기호를 선호한

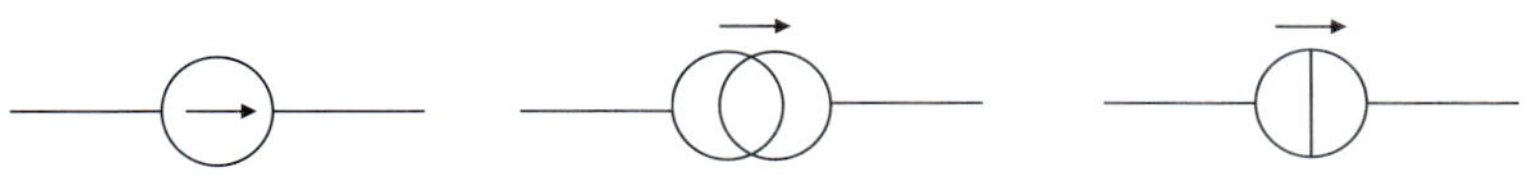

그림 6.3 전류원을 나타내는 다양한 기호들에서 전류 흐름의 방향은 화살표로 나타낸다. 이 책에서는 기호들 중에서 우측 기호가 무한한 내부 임피던스를 나타내는 **차단**선의 의미가 명확하기 때문에, 이를 사용한다.

다. 또한 이상적인 전류원은 존재할 수 없다는 것도 명확하다. 이상적인 전류원은 예를 들어 무한히 먼 거리에서 연속적으로 번개를 일으킬 수 있다는 것을 의미한다. 그럼에도 불구하고 제한된 전압 범위에 대해서 작동하는 거의 이상적인 전류원을 만들 수 있으며, 이것은 두 가지 측면에서 메카트로닉스 시스템에서 매우 중요한 요소이다. 우선, 측정 시스템에 사용되는 몇몇 센서들은 전압이 특정한 범위 내로 유지된다면 전류원처럼 작동한다. 하지만 더 중요한 점은 전력을 작동기에 공급하려면 전류원이 필요하다는 점이다. 5장에 따르면 소스의 낮은 임피던스로 인해서 작동기를 통해 감쇠와 원치 않는 외부 진동이 전달된다. 전류원 방식 전력 증폭기를 사용하면 이런 영향을 방지할 수 있다는 것을 6.4절에서 설명할 예정이다.

6.2.1.3 노턴과 테브난 이론

실제의 전원은 두 가지 방법으로 모델링할 수 있다. 첫 번째는 유한한 임피던스가 직렬로 연결된 전압원이며 프랑스의 전신기사인 Leon Charles Thevenin (1857−1926)이 이를 처음으로 제안하였다. 두 번째 방법은 유한한 임피던스가 전류원과 병렬로 연결된 형태로서 미국의 전기기술자인 Edward Lawry Norton (1898−1938)이 처음으로 제안하였다. 이들 두 형태의 전원들이 그림 6.4에 도시되어 있다.

테브난 모델(Thevenin model)은 역시 가장 이해하기 쉽다. 부하 Z_1을 통과하는 외부전류 I_1은 내부의 직렬 임피던스 Z_s 양단에서 전압강하를 유발하여 전원 양단에서의 전압을 낮추는 결과를 초래한다. **노턴 모델**(Northon model)은 전류 I_N이 테브난 모델의 전원에 의해서 송출할 수 있는 최대전류 $I_{1,max}$와 같다고 정의하여 설명할 수 있다. 이 최대전류는 전극들이 단락되어 옴의 법칙이 적용될 때에 발생한다.

$$I_N = I_{1,max} = \frac{V_{Th}}{Z} \tag{6.1}$$

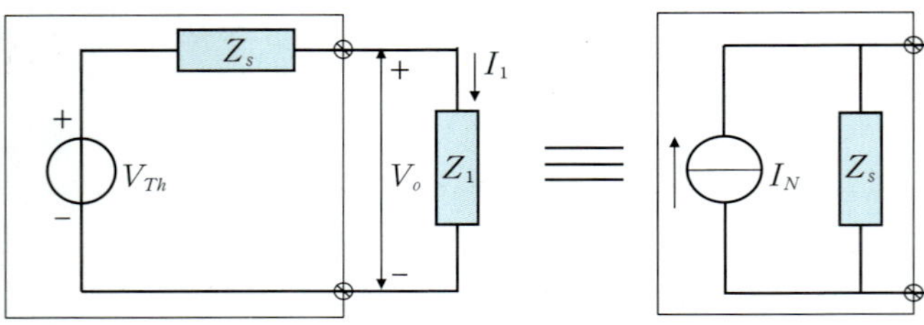

그림 6.4 실제 전원의 등가 모델. 좌측에 도시된 테브난 모델은 전원과 직렬 임피던스로 이루어진다. 우측의 노턴 모델은 전류원과 테브난 모델에서와 동일한 임피던스 Z_s가 병렬로 연결되어 있다. V_{Th}와 I_N사이의 관계는 옴의 법칙 $V_{Th} = I_N Z_s$를 따른다.

이 값에 대해서 두 시스템의 전극 전압은 전극에 아무런 부하도 연결되어있지 않은 경우에 V_{Th}와 같아진다. 부하 Z_1이 전류 I_1을 흘리기 시작하자마자 테브난 모델의 전극 양단에서의 전압은 직렬 임피던스 Z_s로 인하여 $Z_s I_1$만큼 떨어진다. 노턴 모델에서는 동일한 전류 I_1이 병렬 임피던스 Z_s를 통과하는 전류를 감소시키므로 전극 양단에서 동일한 전압강하를 유발한다.

6.2.1.4 키르히호프의 법칙

2장에서 설명했던 옴의 법칙 이외에 전자회로 해석을 위해서는 두 가지 중요한 법칙들을 살펴봐야 한다. 이 법칙들은 처음으로 제안한 독일의 물리학자인 Gustav Robert Kirchhoff(1824－1887)의 이름을 따서 사용하고 있다. **키르히호프의 법칙**(Kirchhoff's laws)들은 전기 임피던스 네트워크 내에서 전류와 전압의 변화 원리를 나타낸다. 키르히호프 1법칙은 네트워크의 마디에서의 전류에 대한 것으로 마디에서는 전하가 저장되지 않는다는 사실을 기반으로 한다.

$$\sum I_{node} = 0 \tag{6.2}$$

키르히호프 2법칙에 따르면 전자회로 내의 모든 닫힌 루프에서 전압변화의 합은 항상 0이 된다.

$$\sum V_{loop} = 0 \tag{6.3}$$

그림 6.5를 통해서 이를 확인할 수 있다.

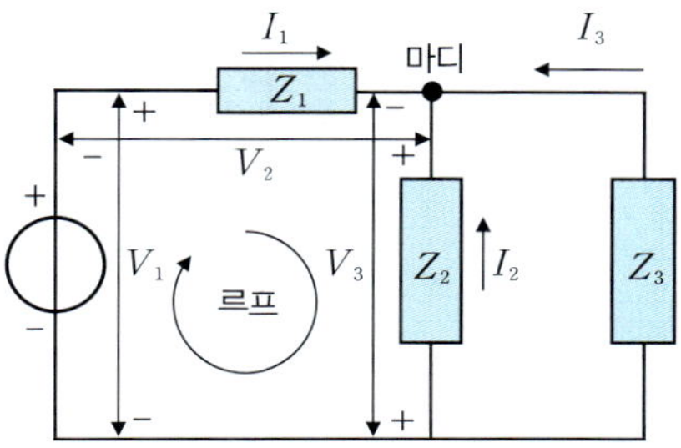

그림 6.5 키르히호프의 법칙. 회로내의 마디에서 전류의 총합은 0이다.($I_1 + I_2 + I_3 = 0$) 또한 닫힌 루프에서의 전압변화의 합은 0이다.($V_1 + V_2 + V_3 = 0$) 전압과 전류의 방향이 잘 정의되어 있다면 이 법칙은 복잡한 네트워크의 전압과 전류를 계산하는 데에 도움이 된다.

6.2.1.5 직렬연결과 병렬연결의 임피던스

제시된 법칙들을 사용하여 다양한 전기회로들의 전류와 전압을 계산할 수 있다. 한가지 사례는 그림 6.6에서와 같이 서로 다른 임피던스들이 직렬 및 병렬로 결합된 경우이다. 두 개의 임피던스가 직렬로 연결되면 전류를 공유하며 임피던스 합은 다음과 같다.

$$Z_{serial}=\frac{V_t}{I_t}=\frac{V_1+V_2}{I_t}=\frac{I_tZ_1+I_tZ_2}{I_t}=Z_1+Z_2 \tag{6.4}$$

두 개의 임피던스가 병렬로 연결되면 전압을 공유하며 임피던스 합은 다음과 같다.

$$Z_{parallel}=\frac{V_t}{I_t}=\frac{V_t}{I_1+I_2}=\frac{V_t}{\frac{V_t}{Z_1}+\frac{V_t}{Z_2}}=\frac{1}{\frac{1}{Z_1}+\frac{1}{Z_2}} \tag{6.5}$$

6.2.1.6 전압분할기

그림 6.7에서는 두 개의 임피던스로 이루어진 전압 분할기를 도시하고 있다. 출력전압을 계산하려면 우선 전압원 V_{in}에서 직렬회로 Z_1+Z_2로 흐르는 총 전류 I를 구한 다음 Z_2에 가해지는 전압을 구하기 위해서 이를 Z_2에 곱한다.

$$I=\frac{V_i}{Z_1+Z_2} \qquad V_o=I\cdot Z_2=\frac{Z_2V_i}{Z_1+Z_2} \tag{6.6}$$

출력전압 V_o와 입력전압 V_i사이의 관계는 다음과 같다.

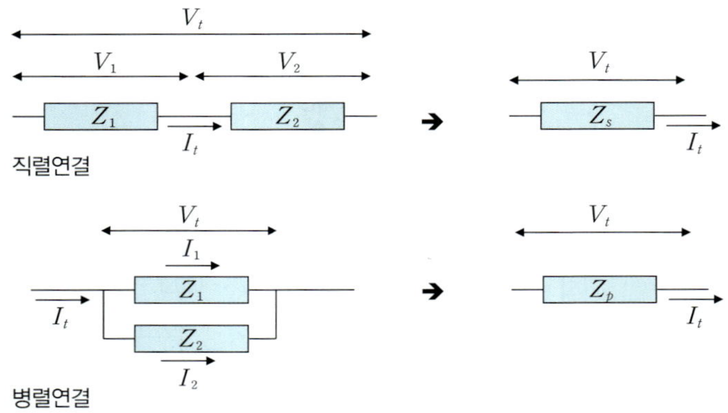

그림 6.6 직렬 임피던스는 전류를 공유하기 때문에 단순 합산하여 총 임피던스를 구하는 반면에 총 전압은 각 임피던스에 부가되는 전압의 총합과 같다. 병렬 임피던스는 동일한 전압을 공유하는 반면에 전류는 임피던스들에 분배된다.

$$\frac{V_o}{V_i}=\frac{Z_2}{Z_1+Z_2} \tag{6.7}$$

테브난 등가회로가 그림 6.7의 가운데에 도시되어 있다.

테브난 전압은 다음과 같다.

$$V_{Th}=V_{in}\frac{Z_2}{Z_1+Z_2} \tag{6.8}$$

테브난 임피던스를 구하기 위해서는 이 임피던스를 외부에서 바라보면 전기회로 내부 모든 경로들의 임피던스와 같다는 특별한 관계를 사용한다. 이 임피던스를 구하기 위해서 전압원을 도선으로 대체하고 전류원을 끊어진 도선으로 대체한다. 전압분할기의 경우 전압원의 임피던스가 0이기 때문에 이는 Z_{Th}가 Z_1 및 Z_2의 병렬합과 같다는 것을 의미한다.

$$Z_{Th}=\frac{1}{\dfrac{1}{Z_1}+\dfrac{1}{Z_2}} \tag{6.9}$$

이 값들을 사용해서 전압 분할기의 노턴 등가도 그림 6.4에 따라서 모델링할 수 있다.

전압 분할기의 특수한 적용사례가 그림 6.7의 우측에 도시되어 있는 **포텐시오미터**(potentiometer)이다. 포텐시오미터는 도전성 슬라이더가 입력과 접지 사이에 연결된 저항기로서 외부의 회전 또는 평행이동 요소에 의해서 저항기 상의 접촉 위치가 결정된다. 이 포텐시오미터는 슬라이더의 위치에 따른 출력단에서의 가변전압을 생성한다.

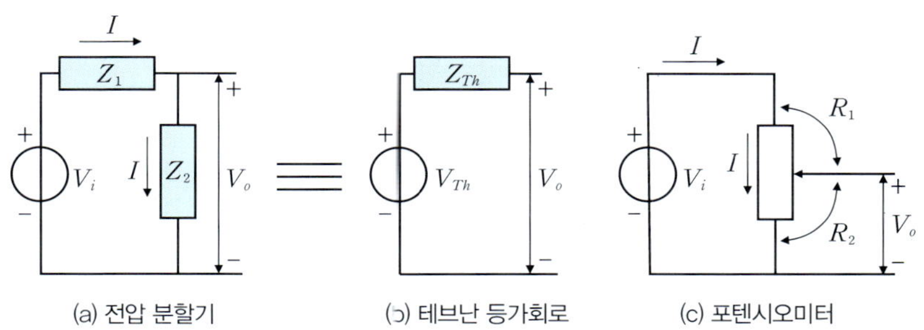

그림 6.7 전압분할기는 두 개의 직렬 임피던스로 구성되며 전류공유의 원리에 의존한다. 전압 V_i는 두 임피던스의 합에 의해서 결정되는 전류 I를 생성하며 출력전압 V_0는 전류와 Z_2에 의해서만 결정된다. 전압분할기의 특수한 형태가 슬라이더를 이용하여 출력전압을 조절하기 위해서 저항성 임피던스 R_1및 R_2 사이의 비율을 변화시킬 수 있는 포텐시오미터이다.

6.2.1.7 실제 전압원의 최대전력

실제 전압원은 이상적인 전압원과 내부 전원 임피던스로 이루어진다. 내부 임피던스가 최대전력을 제한하기 때문에 전원이 송출할 수 있는 최대전력에 대해서 살펴볼 필요가 있다. 저항성 임피던스만이 전력을 소모한다는 것을 2장에서 설명한 바 있으므로, 전기부하에 전류가 송출될 때에 내부에서 소모되는 전력을 계산하려면 전원 임피던스의 저항값만이 필요하다. 이 단순화 된 사례에서는 단순 저항으로 외부 부하를 근사화 시켰으며 그런 경우에 조합된 회로는 **그림 6.8**의 우측 회로도에서와 같이 저항성 전압 분할기처럼 작동한다.

부하저항에서의 출력은 부하의 저항값에 전류의 제곱값을 곱한 값과 같다.

$$P_o = I_o^2 R_o, \qquad I_o = \frac{V_i}{R_o + R_i} \quad \Rightarrow \tag{6.10}$$

$$P_o = V_i^2 \frac{R_o}{(R_o+R_i)^2} = \frac{V_i^2 R_o}{R_o^2 + 2R_oR_i + R_i^2} = \frac{V_i^2}{R_o + 2R_i + \dfrac{R_i^2}{R_o}}$$

$R_o = 0$인 경우에 출력전압이 0이 되므로 이 식은 0이 되며 $R_o = \infty$인 경우에는 출력 전류가 0이 된다. 이 출력은 $R_o = R_i$인 경우에 최대가 되며 이는 식 (6.10)의 분모를 R_o에 대한 미분값이 0이 될 때에 해당한다.

$$\frac{d\left(R_o + 2R_i + \dfrac{R_i^2}{R_o}\right)}{dR_o} = -\frac{R_i^2}{R_o^2} + 1 \tag{6.11}$$

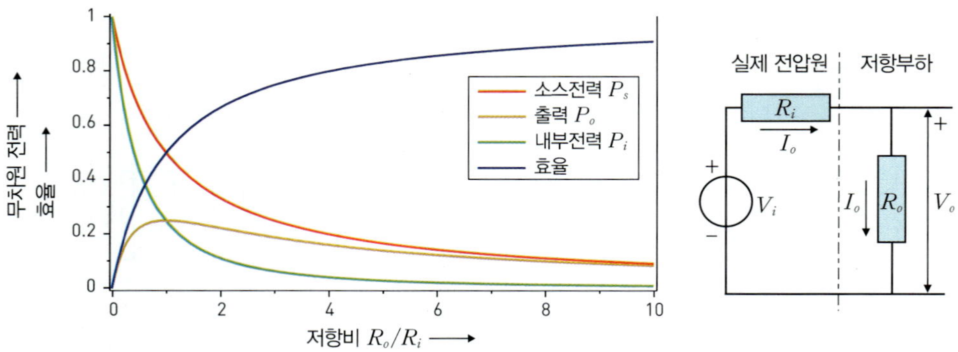

그림 6.8 실제적인 전압원의 최대 전력은 전원의 본질적인 출력의 25%에 불과하며 이 최댓값은 외부 부하저항이 전원 임피던스의 저항값과 같은 경우에만 구현된다. 이 때 조차도 효율은 단지 50%에 불과하다.

이 식은 $R_o \pm R_i$가 0일 때에 0이며 이때에 출력이 최대가 된다.

그림의 좌측에서는 내부의 이상적인 전압원에 의해서 송출되는 전력($P_s = V_i I_o$), 내부저항에서의 전력 손실($P_i = I_o^2 R_i$), 그리고 출력을 소스의 전력으로 나눈 값인 효율의 그래프와 함께 가용 출력이 도식적으로 제시되어 있다. 이 그래프에 따르면 부하저항값이 매우 작은 경우에 전원에서 최대전력이 송출되지만 이 전력의 대부분이 전원 내부에서 열로 소모된다는 것을 보여주고 있다. 이런 현상은 배터리를 단락시켰을 때에 목격할 수 있으며 리튬계열 배터리를 단락시키면 위험을 초래할 수 있다. 또한 최대 가용출력은 전원이 송출할 수 있는 최대 전력의 25%에 불과하다는 것도 알 수 있다.

위의 현상이 발생하는 이유를 잘 못 이해해서는 안 된다. 주어진 실제 전원에서 전원의 내부 임피던스와 동일한 값을 가지고 있는 부하 임피던스를 연결했을 때에 최대 출력이 발생한다. 그런데 효율은 50%에 불과하며 효율을 높이기 위해서는 부하 임피던스가 전원 임피던스보다 훨씬 작아야만 한다. 즉 효율의 관점에서는 전원을 이론적 최대 출력용량으로 사용하지 않는 것이 좋다는 것을 의미한다. 배터리의 경우 총 에너지를 장기간 소비해야 한다. 최대 출력이 송출되도록 배터리에 부하가 연결되면 출력 전압은 절반으로 감소하며 에너지의 절반이 배터리 내부에서 열로 소모된다. 최대 동력전달이 활용되는 사례에는 **특성 임피던스**(characteristic impedance)를 가지고 있는 긴 케이블을 사용해서 신호를 전송하는 경우로서, 이 특성 임피던스에 대해서는 8장에서 설명할 것이다. 예를 들어 케이블의 특성 임피던스가 50 [Ω]라면 케이블 이전의 전원과 케이블 이후의 부하는 케이블과 동일한 50 [Ω]의 임피던스를 가져야 하며 그런 경우에 전원이 송출할 수 있는 최대 신호전력이 전달된다. 이 최대 전력레벨이 신호 대 노이즈 레벨을 극대화한다.

6.2.2 전기회로 내의 임피던스

복소 임피던스 Z는 주파수와 무관한 저항, 주파수에 따라서 임피던스가 감소하는 커패시터, 주파수에 따라서 임피던스가 증가하는 인덕터와 같이, 3가지 다른 성질들을 가질 수 있다. 그림 6.9에서는 전자회로도에서 사용되는 이런 요소들의 기호를 보여주고 있다. 대부분의 경우 이 요소들은 별개의 요소들로 표시되며, 따라서 이들을 물리적으로 분리할 수 있는 것처럼 보인다. 하지만, 항상 그런 것만은 아니다. 5장에서는 전압원, 인덕터 및 저항기로 이루어진 전자석 작동기의 전기적 등가회로가 제시되었다. 이 경우에는 코일이라는 단하나의 요소가 이 모든 요소들의 성질을 가지고 있으므로 이들을 분리할 수 없다. 하지만 대부분의 경우에는 전자회로에서 이 요소들은 별개의 기능요소로 취급되며 대부분의 민감하지 않은 경우에는 이것만으로도 충분하다.

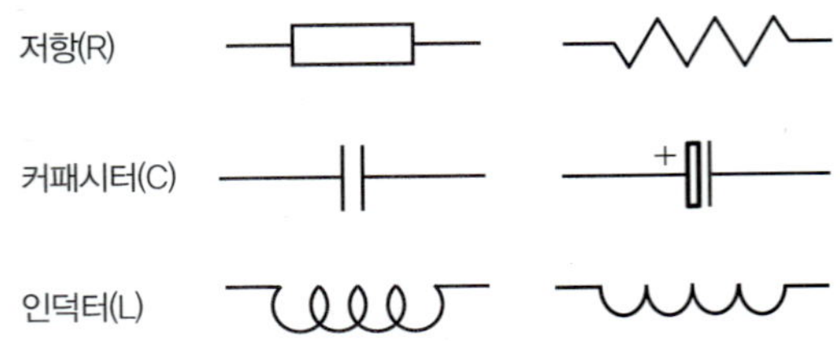

그림 6.9 전자회로에 사용되는 수동요소들의 기호. 저항기의 두 기호들은 서로 등가이다. 커패시터의 좌측 기호는 일반 커패시터이며 우측 기호는 극성이 있는 전해 커패시터이다. 이런 유형은 큰 정전용량을 유지하며 전류누설을 방지하기 위해서 단방향 전위차를 필요로 한다. 인덕터의 두 기호 역시 서로 등가이다.

6.2.2.1 저항

가장 단순한 수동요소가 저항($R[\Omega]$)으로, 복소수 항이 없고 실수 특성만 있기 때문에 주파수와 무관한 임피던스를 가지고 있다. 전압과 전류 사이의 관계는 옴의 법칙을 따르고 있으므로 임피던스는 실수 성분만 존재하며 시간 의존성이 없는 비례관계가 성립되므로, 전압과 전류는 항상 동일위상을 가지고 있다. 따라서 저항기에서 소모되는 전력은 순시전압과 순시전류의 스칼라 곱과 같다.

$$P_1 = IV \tag{6.12}$$

다양한 저항들을 살펴보기 위해서 그림 6.10에서는 실제 전자회로에서 사용되는 다양한 유형의 저항들을 보여주고 있다.

저항의 크기는 1 [Ω] 미만에서 1 [GΩ] 이상에 이르기까지 엄청난 범위에 걸쳐있다. 이런 넓은 범위의 저항들을 거의 동일한 크기로 제작할 수 있기 때문에 거의 모든 용도에 이를 활용할 수 있다. 저항의 제작에는 고저항 소재 위에 금속 도선을 감은 형태(권선저항)에서부터 비전도성 원통형 또는 사각형 몸통 표면에 얇은 탄소피막 또는 금속층을 입힌 형태에 이르기까지 다양한 기술이 적용된다. 후자의 경우, 레이저를 사용해서 저항층의 일부를 제거하여 올바른 저항값을 얻는다. 이런 탄소나 금속피막 저항들은 표면에 색상띠를 인쇄하여 크기를 표시하고 있다는 것을 그림에서 확인할 수 있다.

오랜 기간동안 전자산업계에서는 모든 전자소자들이 거의 이상적인 성질을 갖도록 최선의 노력을 기울였다. 그럼에도 불구하고 항상, 민감한 용도에서는 고려해야만 하는 약간의 **기생**(parasitic)효과들이 존재한다. 저항은 항상 직렬 또는 병렬 연결된 약간의 정전용량과 자체-인덕턴스를 가지고 있으며, 이런 성질들에 대한 요구조건은 상황에 따라서 달라진다. 기생효과 이외에도 최대 전력손실과 허용온도에 따라서 저항기에는 엄청난 편차가 발생한다. 금속이 고온에 둔감하기 때문에 고전력 저항기는 주로 권선방식으로

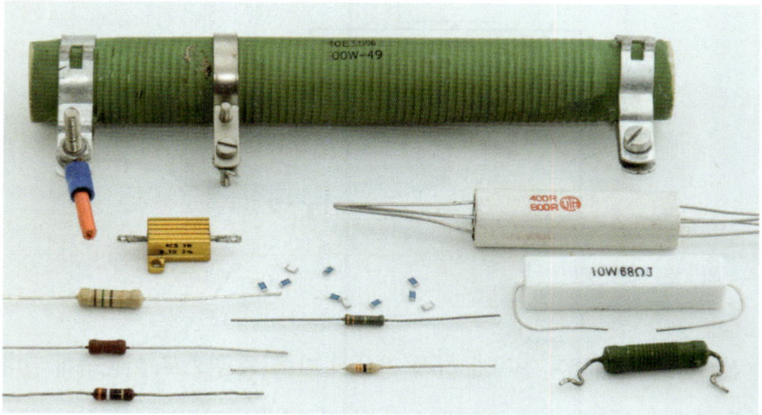

그림 6.10 다양한 저항기의 모습들

제작한다. 이런 고전력 저항기들은 크기 때문에 구별하기 쉽고 권선구조가 보이기도 하며 녹색, 백색 및 금색 저항에서 볼 수 있듯이 방열판에 마운팅이 가능하다. 권선형 저항기는 권선방식으로 제작하기 때문에 비교적 높은 기생 자체-인덕턴스를 가지고 있어서 고주파 용도에는 적합하지 않다. 고주파 소신호의 용도에는 자체-인덕턴스를 유발할 수 있는 리드선 없이 **프린트 회로 보드**(Printed circuit board : PCB) 위에 직접 마운트가 가능한 **표면실장장치**(Surface Mount Device : SMD)를 사용한다. SMD 소자들은 현대적인 저전력 전자회로에 가장 자주 사용되고 있으며 그림 중앙의 흰색과 파란색의 작은 블록들을 확인할 수 있다. 비록 저항들도 크기와 유형에 따라서 약간의 기생 정전용량을 가지고 있지만, 이 정전용량은 저주파 신호를 고주파 신호로 변조시켜 사용하는 정밀측정 시스템에서와 같이 정말 높은 주파수를 사용하는 경우에만 중요할 뿐이다.

6.2.2.2 커패시터

커패시터는 주파수에 의존하기 때문에 임피던스는 복소수 형태를 가진다. 전자회로에서 이 소자에는 C라는 기호를 사용하며 Faraday의 이름을 따서 **패럿**[F]이라는 단위를 사용한다. 커패시터는 그림 6.11에 도시되어 있는 것처럼 한 쌍의 평행판 전극 사이에 생성된 내부 전기장으로 에너지를 저장하기 때문에 **반응성 임피던스**(reactive impedance)라고 부른다. 2장의 전기에서는 전기장과 전위차 사이의 관계와 전하와 정전용량 사이의 관계에 대해서 설명하였다. 정전용량은 절대전위의 함수로 전극에 저장된 전하의 양으로 정의되었다. 커패시터는 서로 인접하여 마주보고 있는 두 개의 평행판으로 이루어진다. 이 전극판들 사이

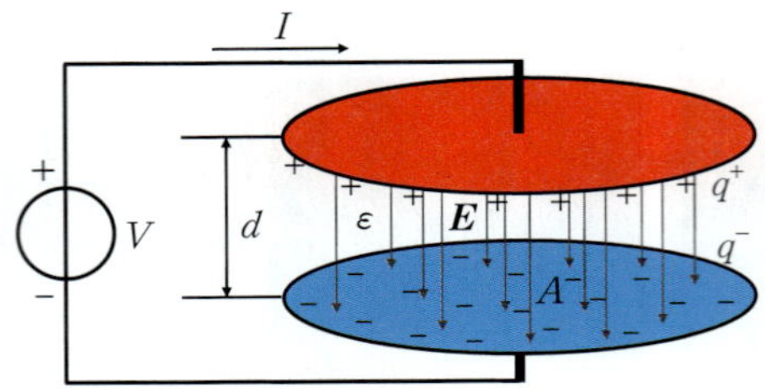

그림 6.11 커패시터의 기본 작동원리

에 전압을 가하면 전위차이로 인하여 전자가 한쪽 판에서 다른 쪽 판으로 이동하게 된다. 이로 인하여 판들 사이의 전기장에 비례하여 전하차이가 유발된다. 이 전기장은 거의 균일하며 평행한 필드선을 형성하며 이 전기장 강도는 전하차이에 의해서만 결정된다. 전하차이에 의해서 유발된 전극판들 사이의 전위차이는 두 전극들 사이의 거리에 대해 전기장을 적분한 값과 동일하다. 거리가 멀어질수록 동일한 전하차이와 동일한 전기장을 유지하기 위해서는 더 높은 전위차이가 필요하게 된다. 또한 거리가 멀어지면 주어진 전압에 대해서 전극판들 사이의 전하차이가 줄어들므로 정전용량은 판들 사이의 거리에 반비례 한다고도 말할 수 있다.

분자구조가 전기 쌍극자로 이루어졌을 때에 커패시터의 정전용량을 결정하는 또다른 인자는 소재의 **분극률**(polarisability)이다. 쌍극자들이 전기장을 따라 놓여서 쌍극자의 양극이 음전극을 향하면, 이 쌍극들은 전기장에 대응하므로 주어진 전위차이에 대해서 전기장을 유지하기 위해서 필요한 전극판들 사이의 전하량 차이가 증가한다. 따라서 전극판들 사이에 이런 소재들을 삽입하면 정전용량이 증가한다.

이는 자성의 경우에 자기장 $\boldsymbol{B} = \mu_o\mu_r\boldsymbol{H}$[45]에 대해서 비투자율 μ_r이 높은 소재 내의 바이스 도메인이 착자계 $\boldsymbol{H}$를 향하는 자기장을 감소시키는 것과 어떤 면에서는 유사성을 가지고 있다. 2장에서 소개되었던 μ에 해당하는 전기적 성질을 **전기적 유전율**(electric permittivity : ε)이라고 부르며 [A · s/(V · m)] 단위를 가진다. 진공 중에서 이는 ε_0의 값을 가지고 있으며 5장에서 설명했던 진공 중에서의 투자율 $\mu_0 = 4\pi \cdot 10^{-7}$ [A · s/(V · m)] 및 진공 중에서의 광속 $c_0 = 299{,}792{,}458$ [m/s]과는 다음과 같이 직접적인 연관성을 가지고 있다.

45) 서로 다른 정의들 때문에 약간 혼란스럽겠지만, 바이스 도메인은 **착자계**(magnetising field) $\boldsymbol{H}$에 대해서 **자기장**(magnetic field) $\boldsymbol{B}$를 증가시켜 준다. 이는 자기장을 착자계의 소스로 간주하는 경우와 비교될 수 있다. 5.2.2절에서 설명했듯이 이들 두 필드 사이의 인과관계는 철학적 논의대상이다.

$$\varepsilon_0\mu_0 = \frac{1}{c_o^2} \quad \Rightarrow \quad \varepsilon_0 = \frac{1}{c_o^2\mu_0} \approx 8.8541878176 \cdot 10^{-12} \quad [\mathrm{A \cdot s/(V \cdot m)}] \tag{6.13}$$

전극판들 사이의 소재가 진공이 아니라면 총 유전율은 공기의 경우 약 1이며 대부분의 고체물질들의 경우에는 100미만이고 일부 세라믹이나 특정한 특수 폴리머의 경우에는 이보다 높은 값을 가지고 있는 유전율 또는 **유전율 상수**(dielectric constant) ε_r로 인하여 총 유전율은 $\varepsilon_0\varepsilon_r$을 가진다.

물리적인 관점에서는 아무런 전하도 커패시터에 저장되지 않으며 전극에만 저장된다는 점을 인식해야 한다. 커패시터를 충전한다는 것은 전하 q를 한쪽 전극에서 다른 쪽 전극으로 이동시킨다는 것을 의미한다. 그 결과 전하이동으로 인하여 양전극에는 양전하 $q+$가 존재하며 음전극에는 이와 동일한 양의 음전하 $q-$가 축적된다. 이로 인하여 커패시터의 정전용량은 주어진 전위차 V와 이동한 전하 q 사이의 비율로 정의된다.

$$C = \frac{q}{V} = \frac{\varepsilon_0\varepsilon_r A}{d} \quad [\mathrm{F}] \tag{6.14}$$

2장에 따르면 단일 전극의 정전용량은 저장된 전하 q와 절대전위 $V(C = q/V)$ 사이의 비율로 정의되었다. 커패시터는 두 개의 전극이 조합된 경우에 해당한다. 정전용량을 가지고 있는 개별 전극들이 조합되지 않은 경우에 양전하 $q+$를 가지고 있는 첫 번째 전극은 양의 절대전위 $V^+ = q^+/C_1$을 가지고 있는 반면에 음전하 $q-$를 가지고 있는 두 번째 전극은 음전위 $V^- = q^-/C_2$를 가지고 있다. 이 전극들을 결합시켜서 커패시터를 만들면 동일한 전극($C_1 = C_2$) 사이의 전위차이는 $V^+ - V^- = 2V$가 될 것으로 예상하겠지만, 전극들이 동일한 전하를 충전하고 있는 커패시터 양단에서 발생하는 실제 전위차이는 이 값의 절반에 불과하다. 이는 조합된 두 전극에 충전된 정전용량이 각 전극에 충전된 정전용량의 두 배가 된다는 것을 의미한다. 이 값이 두 배가 되는 이유는 다음과 같다. 정전용량이 크다는 것은 전위차이가 작기 때문에 에너지가 작아서 충전이 필요하다는 것을 의미한다. 전하를 무한히 먼 곳에서 각 전극으로 이동시키기 위해서 필요한 에너지는 전극의 절대전위와 전하의 곱을 적분한 값과 같다. 동일한 환경 하에서 서로 반대 전하를 가지고 있는 두 전극들은 서로 잡아당긴다. 이 전극들을 서로 마주보게 하면 전극을 충전하는 데에 사용된 에너지의 정확히 절반이 상호견인력에 저장된다.

커패시터의 정전용량에 대한 식 (6.14)는 충전된 전하차이인 $2q$가 아니라 이동한 전위 q에 대한 식이다. 이는 전류에 대한 커패시터의 반응특성에 기초하여 커패시터를 사용하기 때문이다. 전하 q는 커패시터 양단 전극들 사이의 전류를 시간에 대해 적분한 값과 같으며 시간에 따라서 전압이 변하는(교류 : AC) 경우에 이 시간관계 때문에 커패시터가 어떻게 거동하는지를 관찰하는 것은 흥미로운 일이다.

전극들 사이의 전하이동은 식 (6.14)에 따른 전위차이에 비례하며 전류는 전하의 이동율과 같으므로 다음과 같이 나타낼 수 있다.

$$I(t)=\frac{dq}{dt}=C\frac{dV(t)}{dt} \tag{6.15}$$

이 식을 사용하여 t_0에 V_0의 전압에서 출발하여 임의시간 t_1에 커패시터에 가해지는 전압을 계산할 수 있다.

$$V(t)=V_0+\frac{1}{C}\int_{t_0}^{t_1} I(t)dt \tag{6.16}$$

커패시터 내에 저장된 에너지는 전력 P_c의 적분을 취하여 전압이 0인 t_0부터 전압이 V_1인 t_1까지 시간에 대한 전압과 식 (6.15)를 사용하여 계산할 수 있다.

$$\begin{aligned} E_c &= \int_{t_0}^{t_1} P_c(t)dt = \int_{t_0}^{t_1} V(t)I(t)dt = \int_{t_0}^{t_1} V(t)C\frac{dV}{dt}dt \\ &= C\int_0^{V_1} V(t)dV = \frac{1}{2}CV_1^2 \end{aligned} \tag{6.17}$$

커패시터의 주파수 도메인에서의 거동을 구하기 위해서 라플라스 변환을 수행한 후에 $s=\sigma+j\omega$에서 양의 허수부만을 취하여 $V_0=0$을 대입하면 식 (6.15)으로부터 복소 임피던스를 구할 수 있다.

$$\begin{aligned} &I(t)=C\frac{dV(t)}{dt} \Rightarrow I(s)=C\cdot sV(s) \Rightarrow \\ &Z(s)=\frac{V(s)}{I(s)}=\frac{1}{sC} \Rightarrow Z(\omega)=\frac{1}{j\omega C} \end{aligned} \tag{6.18}$$

커패시터의 임피던스는 허수항만을 가지고 있는 복소수이다. 따라서 전압이 전류에 비해서 90°의 위상 지연을 나타내며 보드선도에서 임피던스는 +1의 기울기로 주파수 증가에 비례하여 감소한다.

이런 위상관계 때문에 AC 전원을 공급하면 사인함수(전압)와 코사인함수(전류)를 곱한 셈이 되므로 시간에 대한 평균 전력은 0이다.

$$V_p\sin(\omega t)\,I_p\cos(\omega t)=0.5V_pI_p\sin(2\omega t) \tag{6.19}$$

그림 6.12에서는 $V_p=I_p=1$인 경우에 대해서 이를 보여주고 있다. 커패시터를 충전하기 위한 전력은 커패시터를 방전시키는 음의 전력과 동일한 주기를 가지고 변화한다. 평균 전력은 0이지만 순시전력은 결

코 0이 아니라는 점을 명심해야 한다. 예를 들어 큰 용량의 커패시터를 주전원에 연결하면 큰 전류가 흘러 들어가지만 이상적인 경우에 평균전력은 0이 된다. 하지만 실제의 경우에는 주전원과 커패시터 사이에 존재하는 모든 저항성분들 때문에 전력손실이 발생한다. 커패시터의 정전용량값은 수 패럿에서 1 [pF] 미만에 이르기까지 매우 넓은 범위를 차지하고 있다. 초기에는 용량이 큰 커패시터를 만들기가 매우 어려웠다. 예를 들어 공기중에서 100 [μm]거리를 두고 설치된 1 [m^2] 면적의 금속판들이 생성하는 정전용량은 $\approx 1 \cdot 10^{-7}$ [F]에 불과하다. 따라서 대부분의 실제 정전용량값은 [pF](10^{-12}), [nF](10^{-9}) 또는 [μF](10^{-6})을 가진다.

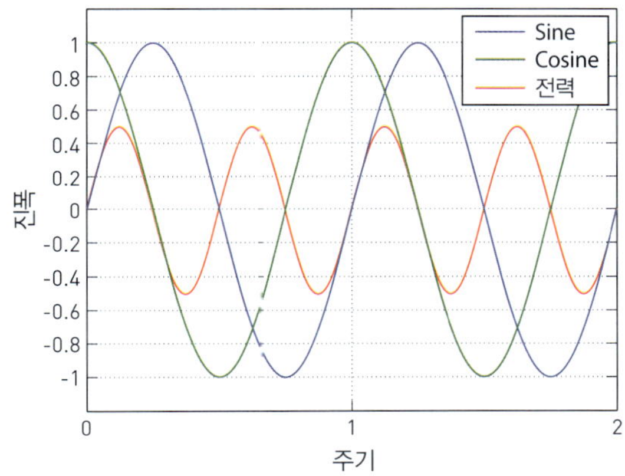

그림 6.12 90°의 위상차이를 가지고 있는 두 정현함수 곱의 시간에 대한 평균 전력은 0이다. 순시전력은 양과 음의 값을 오간다. 이는 반응성 임피던스 내의 에너지 저장특성을 나타내고 있다.

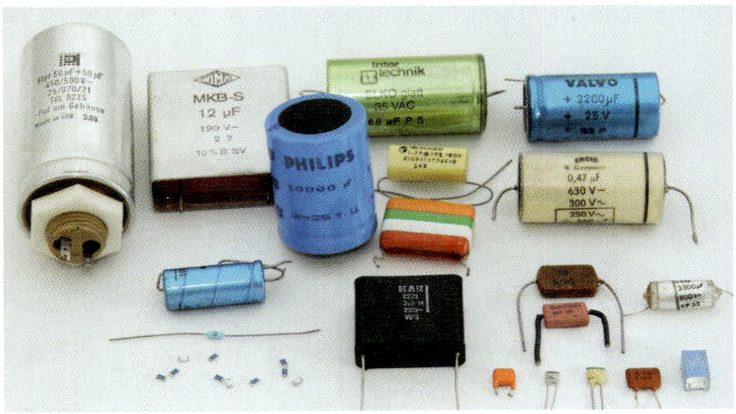

그림 6.13 다양한 커패시터들

그림 6.13에서는 다양한 유형의 커패시터들을 보여주고 있다. 수백 [nF]에서 약 10,000 [μF]의 범위를 가지고 있는 전해 커패시터가 가장 큰 정전용량을 구현할 수 있으며 그림에서는 커다란 청색 커패시터를 비롯하여 녹색 원통, 그리고 너트가 달린 튜브 등의 형태를 가지고 있음을 확인할 수 있다. 전해 커패시터는 대부분 도전성 박판들 사이에서 고유전율 층으로 작용하는 절연성 산화층으로 코팅된 알루미늄 소재의 두 장의 대면적 박판으로 만들어진다. 전도성 전해질로 함침하며 산화층이 손상을 입더라도 산화층의 위치를 유지시켜 주는 얇은 종이층을 사이에 두고 이 박판들을 말아서 제작한다. 이런 자기치유효과를 통해서 초기의 낮은 신뢰성을 개선시켰으나 새로운 산화로 인하여 시간이 지남에 따라서 정전용량은 현저히 줄어들게 된다. 높은 비유전율을 가지고 있는 얇은 산화물층 덕분에 초기에 높은 정전용량을 가질 수 있게 되었으며, 따라서 전해 커패시터는 대부분 에너지 저장을 위해서 전원에 사용된다. 최근에 개발된 전기화학적 이중층을 사용하는 전해커패시터의 경우에는 1 [F] 이상의 최대 정전용량을 구현할 수 있다. 비록 이들의 셀 당 최대전압이 제한되어 있지만, 이런 **슈퍼커패시터**(super capacitor)의 높은 에너지 밀도로 인하여 고전압에서 다중 커패시터 조합과 관련된 모든 기술적 문제들이 해결된다면 곧장 고전력 용도로 사용될 것이다. 여타의 소형 커패시터들은 양호한 유전특성을 가지고 있는 비 전도성 합성물질 박판을 사이에 두고 도전성 박판을 말아서 제작한다(그림에서 기타의 원형 커패시터들). 이들의 정전용량은 약 100 [pF]에서 100 [μF]의 범위로 제작된다. 가장 작은 용량의 커패시터들은 양면에 금속층이 도금된 단일층 또는 다중층 세라믹으로 제작한다. 이들의 정전용량은 1 [pF]에서 1 [μF]의 범위로 제작된다. 박판 포일을 사용하며 이들을 감아서 제작하기 때문에 전해커패시터나 박판 커패시터는 모두 기생저항 및 약간의 자체-인덕턴스를 가지고 있다. 기생저항은 등가 직렬 저항(ESR)으로 나타내며, 이 기생저항이 고주파에서의 최소 임피던스를 제한하고 동력의 손실을 유발한다. 고주파 용도에서는 세라믹 커패시터의 기생 인덕턴스와 기생저항이 작고 표면실장장치(SMD) 형태로 만들 수 있기 때문에 세라믹 커패시터를 선호한다.

6.2.2.3 인덕터

인덕터는 특정한 자체-인덕턴스를 가지고 있는 코일(L [H])이며 5장에서 전자석 작동기의 성질을 소개한 바 있다. 인덕터는 단순히 코일 또는 오랜 문헌에서는 **솔레노이드**(solenoid)라고 부른다. 전자회로에서 인덕터는 자기장의 형태로 에너지를 저장할 수 있기 때문에 주파수 의존적 거동을 하는 제2의 반응성 요소처럼 작동한다.

5장에서 설명했듯이, 인덕터 양단의 전압은 다음과 같다.

$$V(t) = n\frac{\Phi_w}{dt} = \frac{d\Phi_{w,t}}{dt} \tag{6.20}$$

여기서 Φ_w는 권선 당 자속이며 $\Phi_{w,t}$는 모든 권선에 대해서 적분한 자속($n\Phi$)이다. 자체-인덕턴스는 1암페어 당 생성된 자속의 총량으로 정의되어있다.

$$L = \frac{\Phi_{w,t}}{I} = \frac{n\Phi_w}{I} = \frac{n^2}{\mathscr{R}} \Rightarrow \Phi_{w,t} = LI \tag{6.21}$$

이 식을 (6.18)식처럼 변환시키면 시간에 따른 전압을 구할 수 있다.

$$V(t) = \frac{d\Phi_{w,t}}{dt} = L\frac{dI(t)}{dt} \tag{6.22}$$

또한 앞서 인덕터에 저장되는 자기 에너지 E_L에 대해서도 제시하였다. 커패시터에서와 마찬가지로, 특정한 L값에 대해서 전류가 0인 시간 t_0에서 전류가 I_1인 시간 t_1까지 시간에 대한 전력의 적분을 통해서 구할 수 있다.

$$E_L = \int_{t_0}^{t_1} P_L(t)dt = \int_{t_0}^{t_1} I(t)L\frac{dI}{dt}dt = L\int_0^{I_1} I(t)dI = \frac{1}{2}LI_1^2 \tag{6.23}$$

주파수 도메인에서 AC 전류에 대한 인덕터의 임피던스는 식 (6.22)를 라플라스 변환한 다음 $s = \sigma + j\omega$를 대입하여 허수항 만을 취하여 구할 수 있다.

$$Z(s) = \frac{V(s)}{I(s)} = \frac{L \cdot sI(s)}{I(s)} = sL \Rightarrow Z(\omega) = j\omega L \tag{6.24}$$

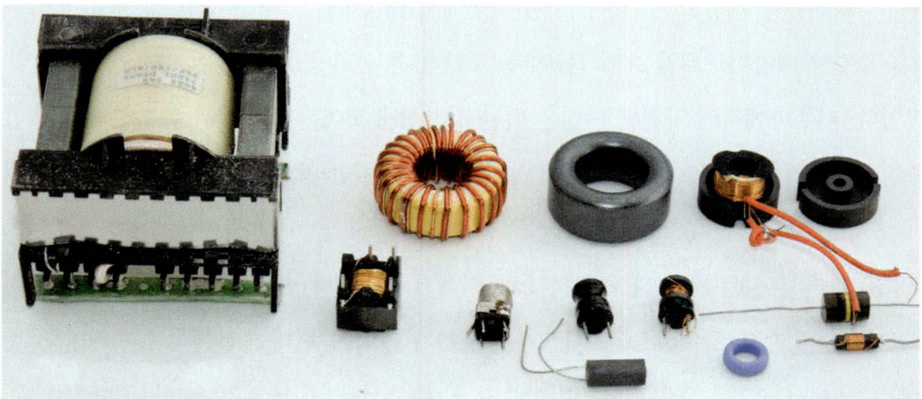

그림 6.14 다양한 인덕터와 강자성체 코어들의 사례

따라서 커패시터와 마찬가지로 인덕터의 임피던스도 복소수의 형태를 가진다. 그런데, 이 경우에는 전압의 위상각이 전류보다 90° 앞서며 주파수가 증가함에 따라서 임피던스도 증가한다. 그림 6.12에 도시되어 있는 것처럼 커패시터와 마찬가지로 AC 전원을 공급할 때에 인덕터의 평균 전력은 0이다. 모든 주기에 인덕터 내의 자기장에 저장된 에너지는 양의 전력 사이클 동안은 증가하고 음의 전력 사이클 동안은 감소한다. 실제의 경우, 모든 인덕터들은 그림 6.14에서 볼 수 있듯이 코어에 권선을 감아서 제작한다. 이 코어는 높은 자체-인덕턴스를 구현하기 위해서 높은 비투자율을 갖는 소재를 사용하거나 선형성을 확보하기 위해서 낮은 비투자율을 갖는 소재를 사용한다.

매우 높은 주파수에서는 코어조차도 사용하지 않으며 이런 경우에는 프린트 회로기판 위에 성형된 나선형 트랙만으로도 충분하다. $n = 100$회 권선된 실제 코일의 경우에 코어 단면적(A)는 10×10 [mm], 코어 길이(l)는 100 [mm], 그리고 $\mu_r = 100$이라면 다음과 같이 비교적 낮은 자체-인덕턴스값이 얻어진다.

$$L = \frac{n^2}{\mathscr{R}} = \frac{n^2 \mu_0 \mu_r A}{l} = \frac{10^4 \cdot 4\pi \cdot 10^{-7} \cdot 100 \cdot 10^{-4}}{0.1} = 125 \cdot 10^{-3} \text{ [H]} \tag{6.25}$$

따라서 인덕터 값은 보통 [mH]나 [μH]의 형태로 제시된다. 실제의 인덕터들은 다양한 기생특성을 가지고 있다. 밀착형 권선은 큰 기생정전용량과 기생저항을 가지고 있다. 큰 전류를 사용하며 큰 자체-인덕턴스가 필요한 경우에는 인덕터의 크기가 커지게 된다. 또한 코어는 많은 문제를 야기한다. 일반적으로 상대 투자율은 포화에 의한 순간자속밀도에 의존한다. 따라서 실제의 경우에 큰 전류가 흐르면 자체-인덕턴스가 감소한다. 또한 코어 내부에서의 자속 변화는 코어 내부에 와전류를 유발한다. 이 현상은 5장의 로렌츠 작동기의 와전류 링에서 설명한 바 있다. 인덕터 코어 내부의 와전류는 유효 자체-인덕턴스를 저감시키며 와전류가 저항성 소재 속을 흐르기 때문에 동력의 손실을 초래한다. 비 전도성 코어 소재를 사용함으로써 이 와전류를 저감할 수 있다. 이런 측면에서 이상적인 소재는 절연 및 부분적으로는 산화된 철 입자들을 소결한 페라이트계열 소재그룹이다. 또한 얇은 산화층을 입힌 철 입자의 플라스틱 중합체도 사용할 수 있다. 저주파에서의 와전류 손실은 박판 강자성체 코어를 적층해서 충분히 제한할 수 있다. 와전류는 자속선과 수직한 방향으로 흐르기 때문에 자속과 동일한 방향으로 적층해야 최대 효과를 구현할 수 있다.

코어 내의 또 다른 손실은 자기 히스테리시스에 의해서 유발된다. 영구자석 소재와는 반대로, 인덕터의 강자성체 코어는 이상적으로는 히스테리시스가 발생하지 않아야 한다. 5장에서 설명했던 것처럼 비용이 허용하는 한도 내에서 코일을 영구자석처럼 만들기 위해서는 페라이트를 높은 히스테리시스를 갖도록 설계해야 하며 페라이트를 인덕터 코어로 사용하려면 극도로 낮은 히스테리시스를 갖도록 설계해야 한다.

2~5% 실리콘을 함유하고 있는 강철 합금을 적층한 코어는 히스테리시스가 낮은 잘 알려진 소재이며 변압기, 회전형 전기기계, 그리고 전자석 작동기 등에 널리 사용되고 있다.

6.2.3 수동 필터

전자식 필터는 메카트로닉스 시스템에서 노이즈와 여타 외란들이 유입되는 **감쇠대역**(attenuated band)의 주파수를 차단하거나 귀환 시스템의 위상 특성을 보정하며 관심 주파수 영역인 **통과대역**(pass band)을 선택하기 위해서 자주 사용된다. 필터는 귀환 시스템의 위상특성을 보정하기 위해서도 사용되며 제어기 자체도 이론상으로는 일종의 복잡한 필터에 불과하다. 전자식 필터의 범위는 매우 넓으며 저항, 커패시터 및 인덕터 등으로만 이루어진 수동 필터와 증폭기를 사용하는 능동 필터 등으로 나눈다. 증폭기를 사용할 수 없는 경우에는 수동 필터가 주로 사용된다. 예를 들어 6.4절의 스위치 모드 전력 증폭기에서 증폭기와 작동기 사이가 여기에 해당된다. 또한 고온상태인 원격위치에 센서를 설치하는 경우에도 수동 필터가 유용하다.

6.2.3.1 수동 1차 RC 필터

가장 기본적인 필터 구조는 그림 6.7의 전압 분할기에서 유도된 **RC-필터**로서 두 임피던스들 중 하나에 커패시터와 같이 주파수 의존적인 요소를 사용한다. 이 원리를 설명하기 위한 첫 번째 필터는 **차단주파수**(cut-off frequency) 또는 **코너 주파수**(corner frequency) ω_0 이상의 주파수에서 노이즈를 차단하기 위해서 사용할 수 있는 1차 저역통과 필터이다. 이 필터는 그림 6.15에서와 같이 커패시터와 저항으로 구성된다.

커패시터의 임피던스는 주파수가 증가함에 따라서 감소하므로 이 필터는 커패시터의 임피던스가 저항의 임피던스보다 작아지는 주파수를 이상에서는 진폭을 저감시킨다고 결론지을 수 있다. 주파수 도메인에서 필터의 주파수 응답 $F(\omega)$를 유도하기 위하서 전압 분할기의 (6.7) 식이 사용된다.

$$F(\omega) = \frac{V_o}{V_i} = \frac{Z_2}{Z_1 + Z_2} \tag{6.7}$$

여기서 $Z_1 = R$이며 $Z_2 = 1/j\omega C$이다. 따라서 주파수 응답은

$$F(\omega) = \frac{V_o}{V_i} = \frac{\frac{1}{j\omega C}}{R + \frac{1}{j\omega C}} = \frac{1}{j\omega RC + 1} \tag{6.26}$$

여기서 시상수 $\tau = RC$를 **RC-시간**(RC-time)이라고도 부른다. 식 (6.26)은 무차원이며, RC값은 주파수 ω에 반비례하므로 시상수는 시간의 단위를 가진다. 또한 제어이론에 따르면 시상수 τ는 0에서 출발하는 시스템의 스텝 응답을 결정한다.

$$V = V_{st}(1-e^{-t/\tau}) \tag{6.27}$$

시상수 τ를 사용하면 식 (6.26)은 다음과 같이 정리된다.

$$F(\omega) = \frac{1}{j\omega\tau+1} \tag{6.28}$$

코너-주파수 $\omega_0 = 1/\tau$에서 진폭을 구하기 위해서 분모와 분자의 실수부와 허수부를 각각 제곱하여 합산한 후에 제곱근을 취하면 주파수 응답의 절댓값을 계산할 수 있다.

$$|F(\omega_0)| = \sqrt{\frac{1^2}{1^2+1^2}} = \sqrt{\frac{1}{2}} = 0.707\cdots \ (-3[\text{dB}]\text{에 해당함}) \tag{6.29}$$

$R = 15\,[\text{k}\Omega]$과 $C = 0.1\,[\mu\text{F}]$인 경우에 이 필터의 보드선도가 그림 6.15에 도시되어 있다. 이 필터의 시상수 $\tau = 1.5\,[\text{ms}]$이며 그에 따른 코너-주파수 $\omega_0 = 1/\tau \approx 660\,[\text{rad/s}]$이며 $f_0 = \omega_0/2\pi \approx 100\,[\text{Hz}]$이다. 예상한대로 1차 시스템의 경우 진폭은 디케이드 당 $-20\,[\text{dB}]$인 -1의 기울기를 가진다.

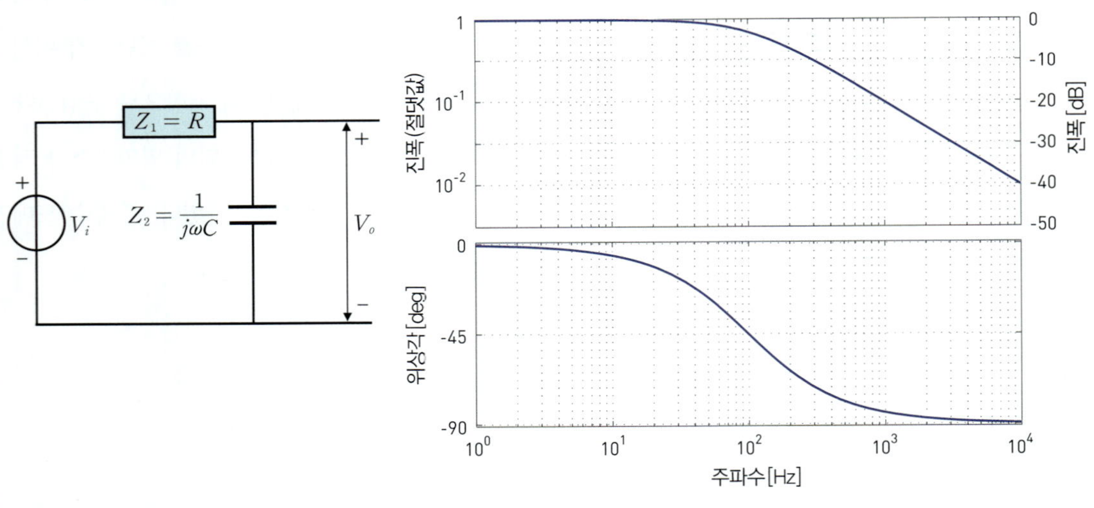

그림 6.15 $R = 15\,[\text{k}\Omega]$과 $C = 0.1\,[\mu\text{F}]$를 사용하여 시상수가 $\tau = 1.5\,[\text{ms}]$인 RC 저역통과 필터 네트워크의 주파수응답에 대한 보드선도. 커패시터의 임피던스 Z_2가 증가하여 Z_1보다 크기가 커지는 코너-주파수 $f_0 = \omega_0/2\pi \approx 100\,[\text{Hz}]$ 이상의 주파수에서는 출력 신호의 진폭이 줄어든다.

수동 필터의 특성은 필터 이후에 연결된 부하에 영향을 받는다는 점을 인식할 필요가 있다. 그림 6.15의 필터에 예를 들어 Z_1과 같은 크기의 저항성 부하가 연결되면 두 가지 영향이 관찰될 것이다. 우선 부하와 Z_1이 주파수와는 무관한 전압 분할기처럼 작동하기 때문에 통과대역에서 이 필터의 이득이 0.5가 된다. 다음으로 균일이득 교차주파수가 2배 높아진다. 이들 두 가지 효과는 일단 등가 테브난 전원전압과 임피던스 Z_1을 구하여 부하와 결합시킨 다음 이 시스템을 커패시터와 연결하여 계산할 수 있다.

이런 영향을 방지하기 위해서 이런 유형의 필터들은 일반적으로 입력 임피던스가 매우 높으며 출력(전원) 임피던스가 낮은 버퍼 증폭기와 함께 사용한다. 이에 대해서는 나중에 다시 설명할 예정이다.

이런 유형의 두 번째 필터가 신호의 DC 값을 제거하기 위해서 사용하는 고역통과 필터이다. 이 회로도 커패시터와 저항으로 구성되어 있지만 그림 6.16에서와 같이 이들의 위치가 저역통과 필터에서와 서로 뒤바뀌어 있다. 저주파에서 전류가 출력저항 쪽으로 흐르는 것을 커패시터의 높은 임피던스가 막는다는 것이 명확하다.

또한 고역통과 필터에 대한 주파수응답 $F(\omega)$를 유도하기 위해서 (6.7)식을 사용한다.

$$F(\omega)=\frac{V_o}{V_i}=\frac{Z_2}{Z_1+Z_2} \tag{6.30}$$

$Z_1=1/j\omega C$와 $Z_2=R$ 및 $\tau=RC$인 경우에 주파수응답은 다음과 같이 구해진다.

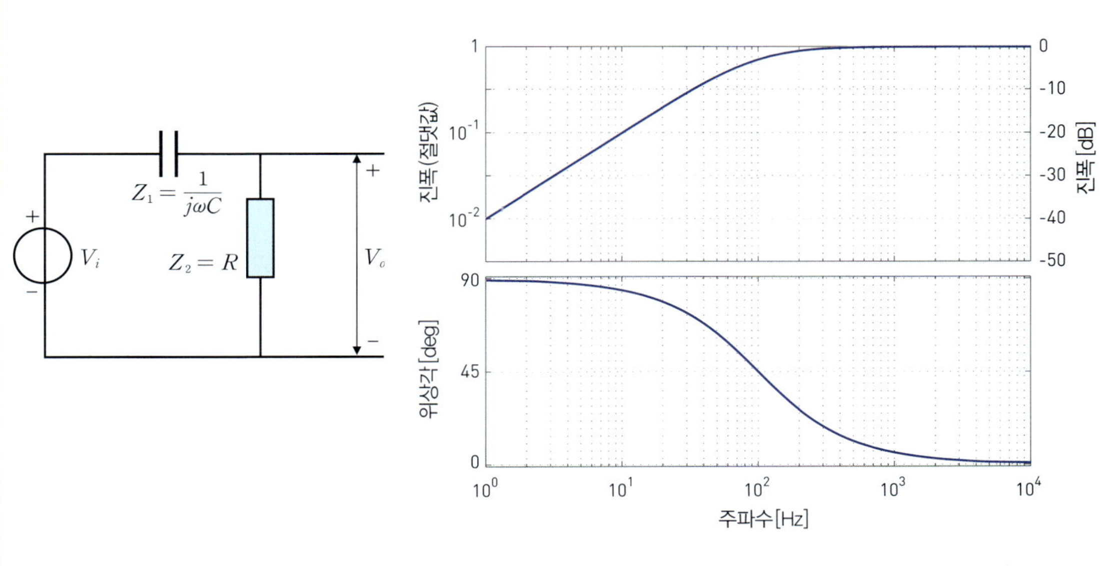

그림 6.16 R = 15[kΩ]과 C = 0.1[μF]를 사용하여 시상수가 τ = 1.5[ms]인 RC 고역통과 필터 네트워크의 주파수응답에 대한 보드선도. 커패시터의 임피던스 Z_2가 증가하여 Z_1보다 크기가 커지는 코너-주파수 $f_0=\omega_0/2\pi\approx$ 100[Hz] 미만의 주파수에서는 출력 신호의 진폭이 줄어든다.

$$F(\omega) = \frac{V_o}{V_i} = \frac{R}{\frac{1}{j\omega C} + R} = \frac{j\omega RC}{j\omega RC + 1} = \frac{j\omega\tau}{j\omega\tau + 1} \tag{6.31}$$

저역통과 필터와의 차이점은 미분 라플라스 변수 s에 해당하는 $j\omega$항이 분자에 있다는 것으로 이 항은 90° 위상 앞섬과 함께 +1 기울기를 나타내며 90°에서 0 [dB] 코너-주파수를 가진다. 이 항을 저역통과 필터의 주파수응답에 추가하면 저항 및 커패시터 용량값이 동일한 경우에 그림 6.16과 같은 보드선도가 얻어진다.

또한 V_0 이상의 부하 임피던스가 이 필터의 특성에 영향을 끼친다. 비록 고주파 통과대역 이득이 변하지 않지만, 부하 임피던스는 Z_2와 병렬로 연결되어 균일이득 교차 주파수를 증가시키며 저주파에서의 더 많은 신호감소를 초래한다.

6.2.3.2 수동 고차 RC 필터

때로는 간단한 1차 필터보다 더 강력하게 원치 않는 주파수를 차단할 필요가 있다. 더 강한 차단특성을 가지고 있는 필터를 구현하기 위해서는 고차필터를 적용할 필요가 있다. 원리상 다수의 1차 필터들을 직렬로 연결하여 이를 구현할 수 있다. 그림 6.17에서는 3개의 필터 영역들 사이에 상호 간섭을 방지하기 위해서 특수한 수단을 갖추고 있는 3차 필터가 도시되어 있다. 일반적으로는 동일한 수동필터들을 단순조합하면 각 필터들이 이전 필터에 부하로 작용하기 때문에 다양한 문제가 야기된다. 이런 영향을 줄이기 위해서는 그림에서와 같이 각 저항요소의 뒤에 연결되는 저항은 이전 영역에 사용된 저항값보다 10배 더 큰 저항을 사용한다. 이를 통해서 문제를 저감시킬 수는 있지만, 조합된 필터의 출력 임피던스가 매우 높아진다. 그런 이유 때문에 그림 6.18에서와 같이 이득이 1인 중간 버퍼 증폭기를 삽입하는 것이 더 좋다.

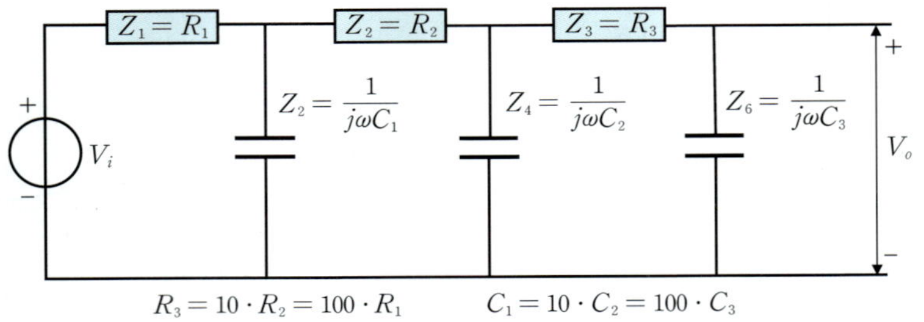

그림 6.17 1차 필터들 3개를 직렬로 연결한 3차 저역통과 필터를 사용하여 상호 부하의 영향을 최소화시킬 수 있다. 하지만 필터의 출력 임피던스가 매우 높아지기 때문에 버퍼 증폭기를 사용하는 것이 더 좋다.

이런 증폭기를 어떻게 만드는가에 대해서는 이 장의 뒷부분에서 논의할 예정이다. 작동원리를 설명하기 위해서는 이 증폭기들이 입력 임피던스는 매우 높고 출력 임피던스는 매우 낮기 때문에 상호 간섭 없이 개별 영역들을 결합시켜줄 수 있다는 점만 받아들이면 된다. 이런 경우, 조합된 주파수응답은 개별 필터들의 주파수응답을 단순히 곱하면 된다.

$$F(\omega) = \frac{1}{(j\omega\tau_1+1)(j\omega\tau_2+1)(j\omega\tau_3+1)} \tag{6.32}$$

RC-시상수 $\tau_1 = \tau_2 = \tau_3 = 0.01\,[\mathrm{s}]$이므로 그림 6.18에 도시되어 있는 보드선도를 얻을 수 있다. 그림에 따르면 차단대역의 기울기가 증가했음을 명확히 알 수 있으나 통과 대역으로의 전이과정은 전혀 이상적이지 못하다. 코너-주파수 $f_0 = \omega_0/2\pi \approx 100\,[\mathrm{Hz}]$에서 신호감소가 이미 $9\,[\mathrm{dB}]$에 달하며 $-3\,[\mathrm{dB}]$에서의 통과대역 대역폭은 코너-주파수의 약 0.5배에 불과하고 -3의 기울기가 될 때까지 완만하게 변화한다.

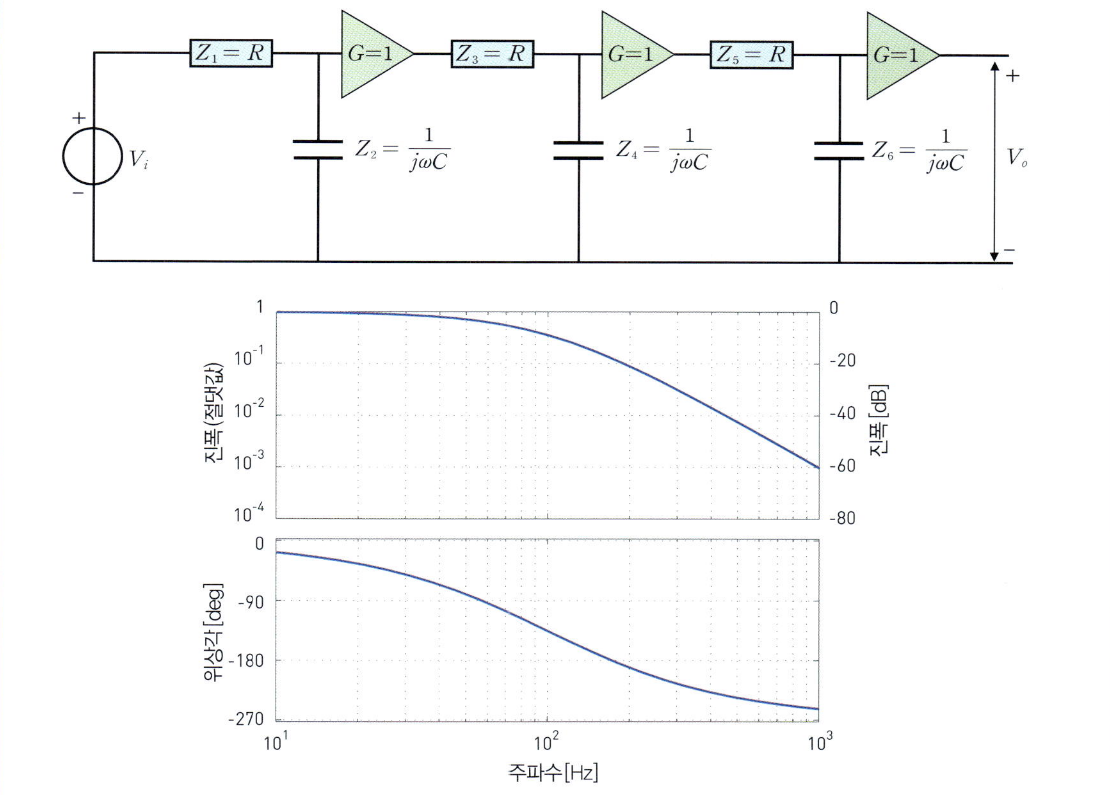

그림 6.18 중간 버퍼 증폭기를 갖춘 3개의 직렬 연결된 1차 저역통과 필터는 코너 주파수 미만의 통과 대역과 f_0이상의 차단 대역 사이에 매우 완만한 전이를 나타낸다. 코너 주파수에서 신호 저감은 이미 −9[dB]에 달한다. 이 보드선도에는 $R = 15\,[\mathrm{k\Omega}]$과 $C = 0.1\,[\mu\mathrm{F}]$를 사용하였으며, 그에 따른 $f_0 \approx 100\,[\mathrm{Hz}]$이다.

6.3.5절에서 능동 필터에 대해서 설명할 예정이지만, 차단대역과 통과대역 성질들 사이의 균형은 라플라스 도메인에서 전달함수의 극점들의 허수항을 증가시키는 양의 귀환을 사용하여 최적화시킬 수 있다. 1차 필터들만으로 이루어진 필터에 이를 사용하면 모든 극점들은 실수축 상에 위치하며, 이는 고차 필터에서 매우 높은 감쇠가 발생한다는 것을 의미한다. 극점들의 위치를 변경시키면 균일이득 교차주파수에서의 이득을 증가시키면서 차단대역에서는 급격한 기울기를 유지할 수 있다. 통과대역에서의 위상과 진폭에 영향을 끼치지 않으면서 무한히 급격한 기울기를 갖는 이상적인 필터를 구현할 수는 없으며 이런 전자적 동특성은 기계적 동특성과 매우 밀접한 관계를 가지고 있다는 것을 설명할 예정이다.

6.2.3.3 수동 LCR 필터

증폭기를 사용할 수 없는 경우에는 다른 복소 임피던스인 인덕터를 사용한 **LCR-필터**(LCR-filter)를 사용하여 고차 필터를 만들 수 있다. 앞서의 필터에서 저항을 인덕터로 대체하면 인덕터의 임피던스가 주파수에 따라서 증가하기 때문에 필터 효과가 증대된다.

■ 병렬공진 LCR-필터

그림 6.19에서는 커패시터와 인덕터가 각각 100 [μF]와 25 [mH]를 가지고 있는 경우의 저역통과 필터 구조에 대한 2차 필터효과를 보여주고 있다.

주파수 응답을 유도하기 위해서 1차 필터의 경우에서와 동일한 방법이 사용된다.

$$F(\omega) = \frac{V_o}{V_i} = \frac{Z_2}{Z_1 + Z_2} \tag{6.33}$$

$Z_1 = j\omega L$과 $Z_2 = 1/j\omega C$를 대입하면 주파수 응답은 다음과 같이 정리된다.

$$F(\omega) = \frac{V_o}{V_i} = \frac{\frac{1}{j\omega C}}{j\omega L + \frac{1}{j\omega C}} = \frac{1}{j^2\omega^2 LC + 1} = \frac{1}{-\omega^2 LC + 1} \tag{6.34}$$

이 필터의 코너-주파수는 다음과 같이 정의된다.

$$\omega_0 = \frac{1}{\sqrt{LC}} \tag{6.35}$$

100 [μF]의 커패시터와 25 [mH]의 인덕터를 사용하는 그림 6.19의 사례에서 코너-주파수는 $\omega_0 = \sqrt{4 \cdot 10^5} = 630$ [rad/s]이며 $f_0 = \omega_0/2\pi = 100$ [Hz]이다.

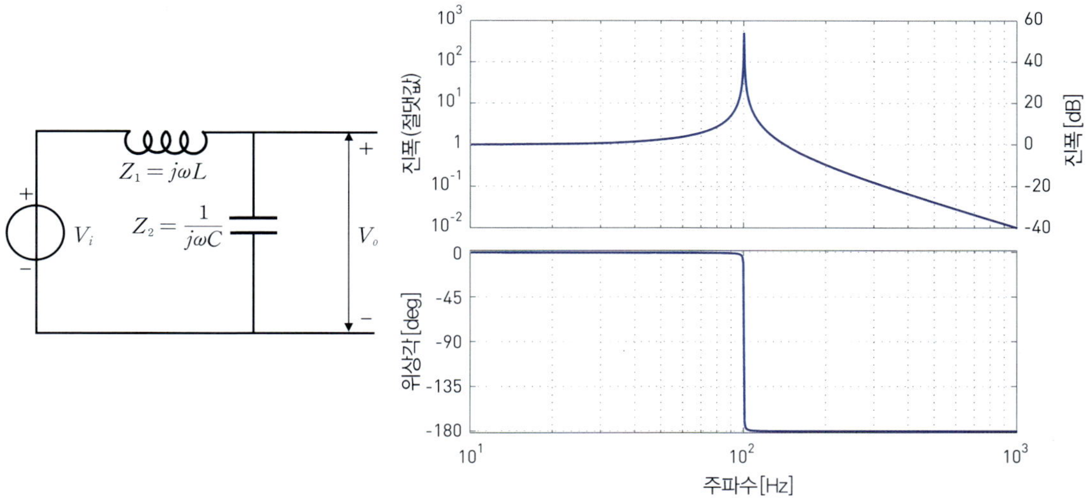

그림 6.19 $C = 100$[μF]과 $L = 25$[mH]를 사용하여 크너 주파수 $f_0 = 100$[Hz]인 2차 LC 저역통과 필터 네트워크와 주파수 응답의 보드선도. 감쇠가 부족하여 코너-즈파수에서의 진폭이 무한대로 증가한다.

앞서 정의된 ω_0를 사용하면 주파수응답은 다음과 같이 정리할 수 있다.

$$F(\omega) = \frac{1}{-\frac{\omega^2}{\omega_0^2}+1} \tag{6.36}$$

3장의 기계식 스프링-질량 시스템에서와 유사하게 이 주파수응답은 $\omega = \omega_0$에서 무한히 큰 진폭의 공진을 나타내며 필터의 코너-주파수는 전자식 공진기의 비감쇠 고유 주파수와 같다. 기계장치의 경우 이 공진 진폭은 감쇠기를 추가하여 조절할 수 있다. 전자식 필터의 경우에는 저항이 에너지를 소모하므로 감쇠요소처럼 작용한다. 이 저항성 감쇠를 서로 다른 두 가지 방법으로 활용할 수 있다. 첫 번째 방법은 필터의 출력단에 부하로 저항을 사용하는 것이다. 이 경우 저항값이 작을수록 더 많은 에너지를 흡수하게 된다. 다른 방법은 전원과 직렬로 저항을 설치하는 것인데, 이 경우에는 저항값이 클수록 더 많은 에너지를 소모한다. 이와 같은 재미있는 모순적 효과는 두 구조를 모델링했을 때에 더욱 명확해진다.

첫 번째 구조는 그림 6.20에서와 같이 LC 저역통과 필터의 출력단에 감쇠용 부하저항을 설치한 것이다. 임피던스의 측면에서 전압원은 단락된 회로처럼 작동하므로 이 구조를 **병렬공진**(parallel resonant) 필터라고도 부른다. 따라서 모든 임피던스들은 병렬로 연결되어 있다.

주파수 응답을 유도하기 위해서는 또다시 앞서의 필터와 동일한 방법을 사용할 수 있지만, 이 경우에는

접지와 연결된 임피던스가 Z_2과 Z_3의 두 개의 병렬 임피던스로 이루어진다. 이 병렬관계는 심볼(||)로 표시한다.

$$F(\omega)=\frac{V_o}{V_i}=\frac{Z_2\|Z_3}{Z_1+Z_2\|Z_3}=\frac{1}{\frac{Z_1}{Z_2\|Z_3}+1}=\frac{1}{Z_1\left(\frac{1}{Z_2}+\frac{1}{Z_3}\right)+1} \tag{6.37}$$

$Z_1=sL$, $Z_2=1/sC$, $Z_3=R$이므로 전달 함수는 다음과 같이 정리된다.

$$F(\omega)=\frac{V_o}{V_i}=\frac{1}{j\omega L\left(j\omega C+\frac{1}{R}\right)+1}=\frac{1}{-\omega^2LC+j\omega\frac{L}{R}+1} \tag{6.38}$$

위 식에 코너-주파수 $\omega_0=\sqrt{1/LC}$를 대입할 수 있으며 품질계수 Q는 다음과 같이 주어진다.[46)]

$$Q=R\sqrt{\frac{C}{L}} \tag{6.39}$$

이렇게 정의된 값들을 사용해서 주파수 도메인에서 전달함수를 나타내면,

$$F(\omega)=\frac{1}{-\frac{\omega^2}{\omega_0^2}+\frac{j}{Q}\frac{\omega}{\omega_0}+1} \tag{6.40}$$

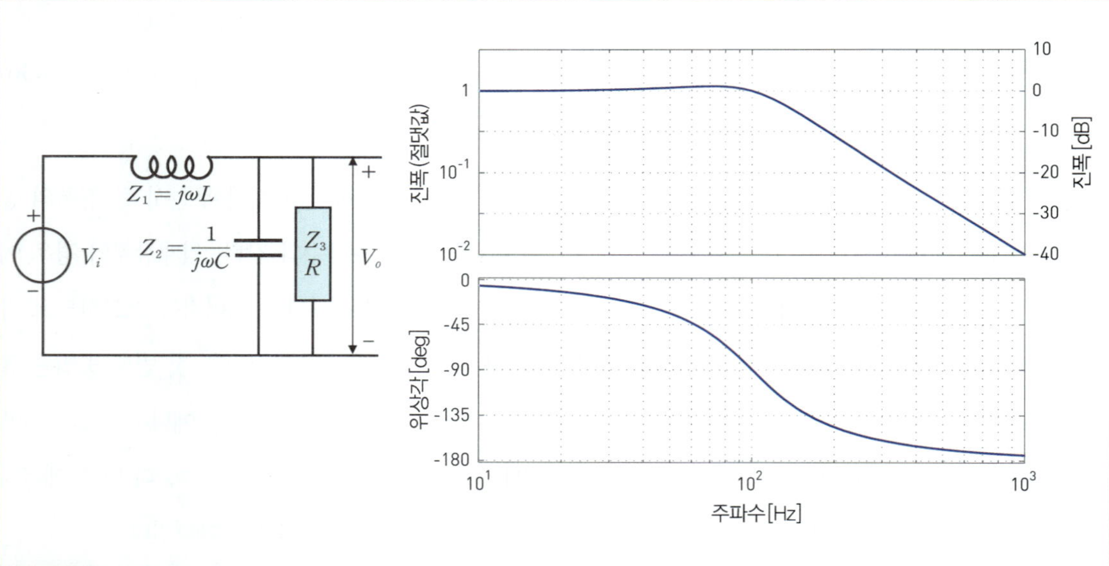

그림 6.20 $C=100$[μF], $L=25$[mH], 그리고 $R=16$[Ω]인 감쇠된 2차 저역통과 필터 네트워크와 주파수응답의 보드선도. 이 값들에 의해 코너-주파수 $f_0=100$[Hz]이며 $Q=1$일 때에 $\zeta=0.5$의 감쇠특성을 가진다. 저항값이 감소하면 감쇠는 증가한다.

46) 전자회로에서는 공진회로의 감쇠를 나타내기 위해서 거의 유일하게 품질계수 $Q=1/(2\zeta)$를 사용한다.

위 식에 0.5~1 사이의 감쇠비를 적용하면 잘 제어되는 동특성을 얻을 수 있다. 이를 통해서 얻어진 주파수응답은 통과대역에서 평평하며 차단대역에서 거의 일정한 기울기를 가진다. 이 함수의 보드선도는 3장에 예시되었던 기계적으로 감쇠된 스프링-질량 시스템의 컴플라이언스에 대한 보드선도와 매우 유사하다. 이러한 기계 시스템과 전기 시스템의 동적 유사성에 대해서는 이 수동필터에 대한 설명이 끝난 후에 간단히 요약하여 설명하기로 한다.

병렬공진 구조는 그림 6.21에서와 같이 고역통과 필터에서도 커패시터와 인덕터의 위치를 서로 뒤바꾸어 사용할 수 있다.

주파수응답을 구하기 위해서는 다시 앞서와 동일한 방법이 사용된다.

$$F(\omega)=\frac{V_o}{V_i}=\frac{Z_2||Z_3}{Z_1+Z_2||Z_3}=\frac{1}{\dfrac{Z_1}{Z_2||Z_3}+1}=\frac{1}{Z_1\left(\dfrac{1}{Z_2}+\dfrac{1}{Z_3}\right)+1} \tag{6.41}$$

$Z_1=1/sC$, $Z_2=sL$, $Z_3=R$이므로 주파수응답은 다음과 같이 정리된다.

$$F(\omega)=\frac{V_o}{V_i}=\frac{1}{\dfrac{1}{j\omega C}\left(\dfrac{1}{j\omega L}+\dfrac{1}{R}\right)+1}=\frac{-\omega^2LC}{-\omega^2LC+j\omega\dfrac{L}{R}+1} \tag{6.42}$$

또한 앞서와 마찬가지로 코너 주파수 $\omega_0=1\sqrt{LC}$와 품질계수 $Q=R\sqrt{C/L}$을 사용하여 주파수응답을 구하면 다음과 같다.

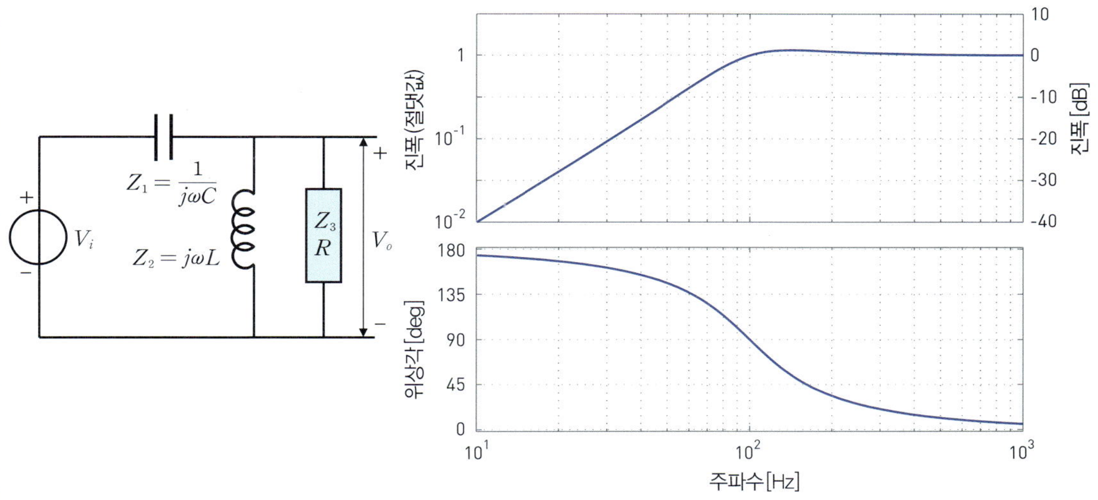

그림 6.21 $C=100$[μF], $L=25$[μF], 그리고 $R=16$[Ω]인 감쇠된 2차 고역통과 필터 네트워크와 주파수응답의 보드선도. 이 값들에 의해 코너-주파수 $f_0=100$[Hz]이며 $Q=1$일 때에 $\zeta=0.5$의 감쇠특성을 가진다. 저항값이 감소하면 감쇠는 증가한다.

$$F(\omega)=\frac{-\frac{\omega^2}{\omega_0^2}}{-\frac{\omega^2}{\omega_0^2}+\frac{j}{Q}\frac{\omega}{\omega_0}+1} \tag{6.43}$$

1차 필터의 경우와 마찬가지로, 저역통과 버전과의 유일한 차이점은 분자항이며, 이번 경우에는 주파수 항이 s^2에 따라서 제곱이 되어 있다. 이로 인해서 (음의 방향으로) 180°의 위상 시프트가 초래된다. 그로 인한 보드선도는 동적인 관점에서 동일한 요소들을 사용한 저역통과 필터와 완벽하게 대칭성을 가진다.

■ 직렬공진 LCR-필터

감쇠를 만들기 위해 직렬저항을 사용하면 그림 6.22와 같은 **직렬공진**(series resonant)회로가 만들어진다. 이 구조는 첫눈에 2차 저역통과 필터와 고역통과 필터[47]를 동시에 구현한 것처럼 보인다. 모든 임피던스들이 직렬로 연결되어 동일한 전류를 공유하며 부가된 전압을 모두 합하면 V_0가 된다. 이런 관찰을 토대로 주파수 도메인에서 저역통과 필터의 주파수 응답을 구하면 다음과 같다.

$$F_{LP}(\omega)=\frac{V_{o,LP}}{V_i}=\frac{Z_3}{Z_1+Z_2+Z_3}=\frac{\frac{1}{j\omega C}}{R+\frac{1}{j\omega C}+j\omega L}=\frac{1}{-\omega^2 LC+j\omega RC+1} \tag{6.44}$$

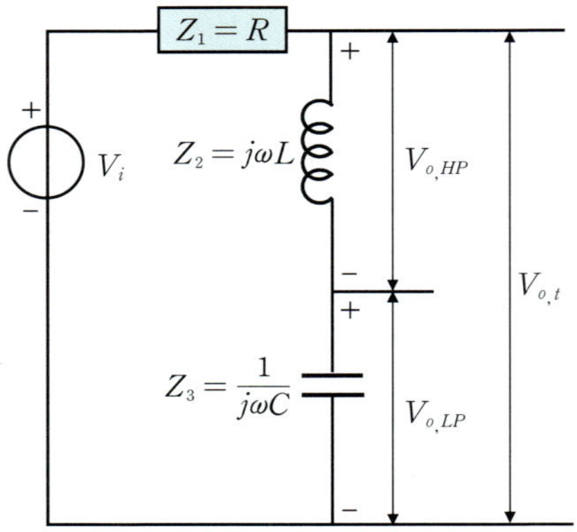

그림 6.22 $C=100$[μF], $L=25$[mH], 그리고 $R=16$[Ω]인 감쇠된 2차 저역통과 필터 네트워크와 주파수응답의 보드선도. 이 값들에 의해 코너-주파수 $f_0=100$[Hz]이며 $Q=1$일 때에 $\zeta=0.5$의 감쇠특성을 가진다. 저항값이 감소하면 감쇠는 증가한다.

47) 저항 양단에 가해진 전압은 코너-주파수 근처에서 1차 대역통과 필터처럼 거동하지만 이에 대한 보다 깊은 고찰은 독자의 몫으로 남겨 둔다.

마찬가지로 고역통과 필터의 주파수 응답은 다음과 같다.

$$F_{HP}(\omega) = \frac{V_{o,HP}}{V_i} = \frac{Z_2}{Z_1+Z_2+Z_3} = \frac{j\omega L}{R+\frac{1}{j\omega C}+j\omega L} = \frac{-\omega^2 LC}{-\omega^2 LC+j\omega RC+1} \tag{6.45}$$

이 방정식들을 식 (6.38) 및 (6.42)와 비교해 보면 감쇠항 L/R이 RC로 대체되었음을 명확히 알 수 있다. 직렬공진 필터의 품질계수는 다음 단계에 따라서 병렬필터의 항을 대체하여 구할 수 있다.

병렬회로의 품질계수는 다음과 같다.

$$Q = R\sqrt{\frac{C}{L}} = \frac{R}{L}\sqrt{CL} \tag{6.46}$$

L/R을 RC로 치환하면 직렬공진 필터의 품질계수는 다음과 같이 구해진다.

$$Q = \frac{1}{RC}\sqrt{CL} = \frac{1}{R}\sqrt{\frac{L}{C}} \tag{6.47}$$

변하지 않은 $\omega_0 = 1/\sqrt{LC}$와 더불어 이 항들을 적용하면 주파수 도메인에 대해서 앞서 구한 식 (6.40) 및 (6.43)과 동일한 방정식이 얻어진다.

직렬 연결된 커패시터와 인덕터에 부가되는 전압 $V_{o,t}$를 살펴볼 필요가 있다.

$$F_{HP}(\omega) = \frac{V_{o,t}}{V_i} = \frac{V_{o,LP}+V_{o,HP}}{V_i} = \frac{-\omega^2 LC+1}{-\omega^2 LC+j\omega RC+1} \tag{6.48}$$

저항 R이 0이라면 $\omega_0 = 1/\sqrt{LC}$에서 위 식은 0이 된다. 이것은 두 개의 영점을 가지고 있는 전형적인 수동 노치필터 전달함수에 대해서 라플라스 변수 $s = \sigma + j\omega$ 중에서 양의 허수항을 전개하여 구한 주파수 응답이다.

6.2.4 기계와 전기의 동적 상사

앞 절에서 설명한 인덕터, 커패시터 및 저항을 사용한 수동 2차 필터는 감쇠된 스프링-질량 시스템의 동특성 방정식과 매우 유사하므로 전자회로의 요소들을 기계식 동적 시스템의 질량, 스프링 및 댐퍼와 연관지어 살펴볼 필요가 있다. 하나 이상의 이런 상사관계를 정의할 수 있으며, 그 중 하나를 여기서 소개하기로 한다. 그림 6.23에서와 같이 주기적으로 방향이 변하는 전류원에 의해 구동되는 병렬 LCR 필터와 기준면과 질량 사이에 작용하는 힘이 주기적으로 변하는 감쇠된 스프링 질량 시스템의 속도응답을 통해서 등가 동적시스템의 상사관계가 비교되어 있다. 이 비교에서 우선 전류 I는 힘 F에 해당한다고 가정한다. 이런 가정을 하게 되는 논리적 기반은 키르히호프의 법칙에 따라서 전기 노드에서 모든 전류의 합이 0이 되는 것처럼 기계 시스템의 연결 노드에서 모든 힘의 합이 0이 되기 때문이다. 또한 기계 요소들의 직렬연결이 힘을 공유하는 반면에 전기 요소들의 직렬 연결은 전류를 공유한다. 두 번째 가정은 전압 V는 상대속도 v에 해당한다는 것이다. 이 가정은 전력이 전압과 전류를 곱한 값이며 동시에 속도와 힘을 곱한 값이기도 하기 때문이다. 다음 단계로 임피던스를 비교할 수 있다. 전기에서의 옴의 법칙을 기계적인 대응성분 $\dot{x} = FZ_m$으로 대체할 수 있다. 여기서 Z_m은 기계적인 임피던스이다. 전기적 임피던스와 마찬가지로 기계적인 임피던스들도 그들만의 특징적인 임피던스를 가지고 있다. 가장 간단한 요소는 $Z_D = 1/c$인 댐퍼로서 $Z_R = R$인 저항에 해당한다. 주파수 의존적인 커패시터의 임피던스 $Z_C = 1/j\omega C$는 질량의 기계적 임피던스인 $Z_B = 1/j\omega m$에 해당한다. 마지막 요소인 스프링은 인덕터와 심볼이 유사할 뿐만 아니라 거동도 매우 유사하다. 스프링의 기계적 임피던스인 $Z_S = j\omega/k$는 인덕터의 임피던스 $Z_I = j\omega L$에 해당한다. 이 임피던스들을 종합해 보면 커패시턴스(C)는 질량(m)에 대응하며 자체-인덕턴스(L)는 스프링의 컴플라이언스($C_s = 1/k$)에 해당하고, 저항(R)은 감쇠계수(c)의 역수에 해당한다는 것을 알 수 있다. 이들 모두를 조합한 결과를 검토하기 위해서 우선 전기회로의 거동을 살펴본다. 옴의 법칙에 따라서 회로의 출력 전압은 다음과 같이 주어진다.

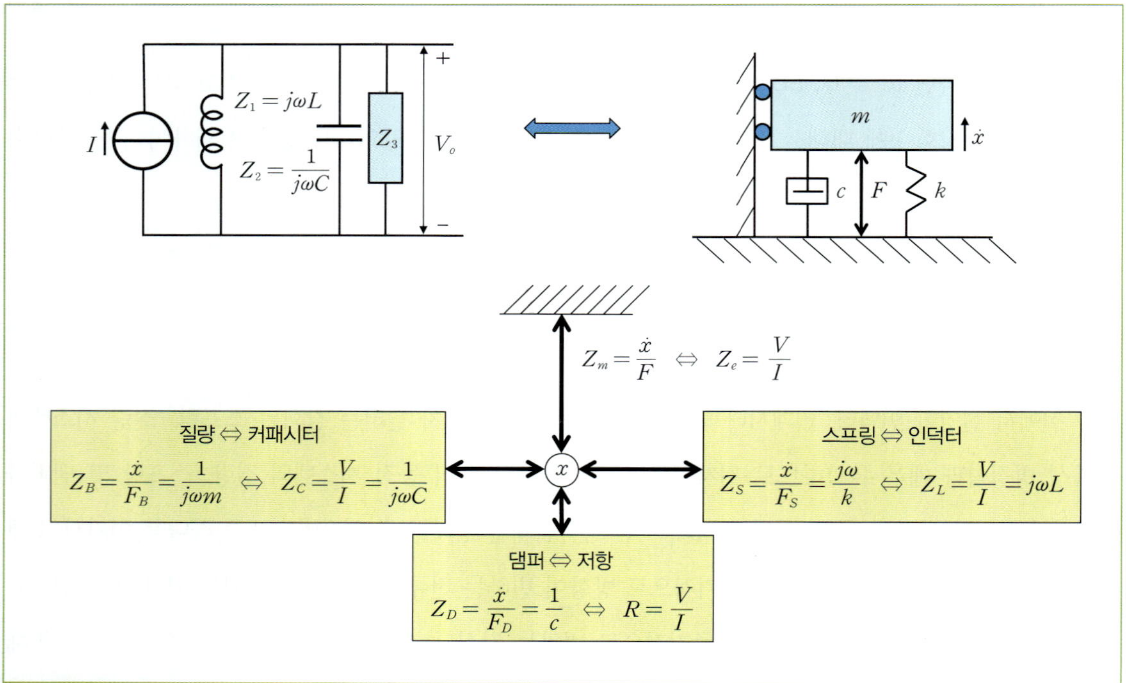

그림 6.23 전압은 속도에, 전류는 힘에 해당하는 경우에 기계 시스템과 전기 시스템의 상사성 비교

$$V_0 = I(Z_1 \| Z_2 \| Z_3) \tag{6.49}$$

따라서

$$\frac{V_o}{I}(\omega) = \frac{1}{\frac{1}{Z_1}+\frac{1}{Z_2}+\frac{1}{Z_3}} = \frac{1}{\frac{1}{j\omega L}+j\omega C+\frac{1}{R}} = \frac{j\omega L}{-\omega^2 LC + j\omega\frac{L}{R}+1} \tag{6.50}$$

다음으로 항들의 상호 교환을 통해 전기식 병렬공진 필터와 기계식 구조의 ω_0 및 감쇠비 ζ값을 구한다.

$$\omega_0 = \frac{1}{\sqrt{LC}} = \sqrt{\frac{k}{m}} \text{ 이며 } \zeta = \frac{1}{2Q} = \frac{1}{2R}\sqrt{\frac{L}{C}} = \frac{c}{2\sqrt{km}} \tag{6.51}$$

이 항들을 사용해서 식 (6.50)을 정리하면 전기 및 기계시스템의 전달함수를 구할 수 있다.

$$\frac{V_o}{I}(\omega) = \frac{j\omega L}{-\frac{\omega^2}{\omega_0^2}+2j\zeta\frac{\omega}{\omega_0}+1} \text{ 이며 } \frac{\dot{x}}{F}(\omega) = \frac{j\omega\frac{1}{k}}{-\frac{\omega^2}{\omega_0^2}+2j\zeta\frac{\omega}{\omega_0}+1} \tag{6.52}$$

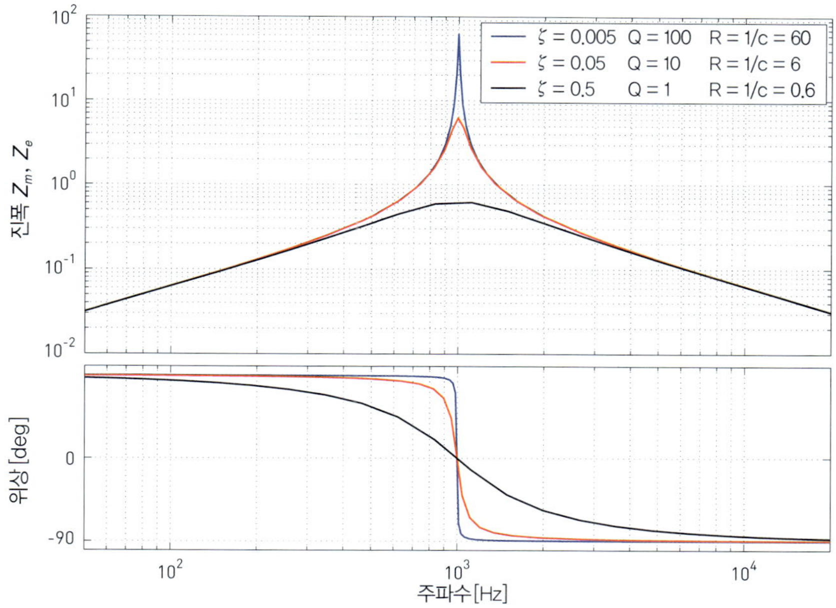

그림 6.24 $1/k = L = 10^{-4}$이며 $m = C = 2.5 \cdot 10^{-4}$를 갖는 등가 전기 임피던스 $Z_e = V/I$와 기계 임피던스 $Z_m = \dot{x}/F$의 보드선도. 코너-주파수인 1[kHz] 미만에서 응답은 +1의 기울기와 90°의 위상 앞섬을 갖는 스프링/인덕터 직선을 추종한다. 코너-주파수에서 임피던스는 실수값만을 가지므로 진폭은 에너지를 소모하는 요소인 저항 또는 댐퍼에 의해서만 결정된다. 1[kHz] 이상에서 응답은 질량/커패시턴스에 의해서 −1의 기울기를 가진다.

표 6.1 전기 및 기계의 상사모델

기계시스템	전자회로
힘(F)	전류(I)
속도(v)	전압(V)
질량(m)	커패시턴스(C)
컴플라이언스($1/k$)	자체-인덕턴스(L)
감쇠계수(c)	전도도($1/R$)
에너지($E = 0.5 \cdot mv^2$)	에너지($E = 0.5 \cdot CV^2$)
동력($P = Fv$)	전력($P = IV$)

이를 설명하기 위해서 두 시스템의 임피던스에 대한 보드선도를 몇 가지 사례값들에 대해서 그림 6.24에 도시하였다. 전기 도메인에서 도표는 코너-주파수인 $f_0 = \omega_0/2\pi = 1000\,[\mathrm{Hz}]$에서 공진을 나타내며 그 최댓값은 저항값에 의존한다. 이런 회로의 적용 사례는 그림 6.7의 전압 분할기를 사용하며 Z_1을 이 회로로 대체하여 좁은 주파수 영역에서의 신호를 차단하는 대역저지 필터를 들 수 있다. Z_2를 이 회로로 대체하면 회로의 코너 주파수 밖의 모든 주파수를 차단하는 대역통과 필터가 만들어진다. 기계적 임피던스에 대한 등가 주파수응답은 3장의 식(3.69)에 제시되어 있는 속도응답에 해당한다. 코너-주파수 이전에서의 +1 기울기와 90°의 위상 앞섬은 기계 시스템의 스프링 임피던스와 전자 회로의 인덕터 임피던스에 해당한다. 코너-주파수 이상에서의 −1 기울기와 90° 위상 지연은 기계 시스템의 질량 임피던스와 전자 회로의 커패시터 임피던스에 해당한다.

표 6.1에서는 이 상사 관계가 요약되어 있다.

6.3 | 반도체와 능동 전자회로

전자회로는 선형 수동 요소들 이외에도 다양한 비선형 및 능동 전자요소들이 있다. 초기 전자시대에는 진공관 내에서 자유전자와 충전된 금속요소들 사이의 상호작용을 기반으로 하여 이런 능동 요소들이 제작되었다. 1897년 독일의 물리학자인 Karl Ferdinand Braun(1850–1918)에 의해서 **반도체 다이오드 효과**가 발견된 이후에 세상의 모습이 변하기 시작했다. 그 다음 중요한 사건은 미국의 물리학자인 Julius Edgar Lilienfeld(1882–1963)가 1930년에 특허를 받은 **전계효과 트랜지스터**인데, 그의 발명은 실험적 검증 없이 이론적인 해석을 통해서 이루어진 것이었다. 실제로 작동하는 트랜지스터는 15년 이상이 지난 1947년 벨 연구소[15]에서 미국의 물리학자인 William Bradford Shockley(1910–1989), Johm Bardeen(1908–

그림 6.25 표면 실장형 프린트 기판 위에 조립된 집적회로와 수동소자들

1991), 그리고 Walter Houser Brattain(1902–1987)등이 만들었으며, 이들은 이 중요한 성과를 통해서 노벨상을 수상하였다. 전자공학의 진정한 발전은 1958년에 텍사스 인스트루먼트사에 근무하던 미국의 물리학자 Jack Kilby(1923–2005)와 페어차일드 반도체의 공동 창업자인 Robert Noyce (1927–1990)가 각자 발명한 집적회로를 통해서 이루어졌다[67].

이 발명들과 함께 진공관은 전자 제품 속에서 빠르게 사라져갔다. 현재 전자산업은 개별 기능적 요소인 **개별부품**(discrete component)과 다수의 서로 다른 요소들이 **칩**(chip)이라고 부르는 단일 실리콘 조각 위에 집적되어 있는 **집적회로**(IC)로 나누어진다.

이 칩들은 그림 6.25에서와 같이 대부분 터미널을 갖춘 플라스틱 하우징 형태로 밀봉된다. 과거 수십년간 **반도체 다이오드**와 **쌍극성 트랜지스터**에서 특수한 기능을 수행하는 **애벌란시 다이오드**나 **제너 다이오드**, **다이악**(diac), **트라이악**(triac), **전계효과트랜지스터**(FET), **금속산화물 반도체 FET**(MOSFET) 등의 수많은 종류의 반도체를 기반으로 하는 개별요소들이 제작되었다.

집적회로들도 아날로그와 디지털 IC로 명확하게 나뉜 상태에서 수많은 용도로 다변화되었다. 아날로그 IC중 최고의 사례는 전자적 기능의 광범위한 활용성 때문에 연산 증폭기를 꼽게 된다. 디지털 IC는 논리연산, 디지털 처리, 및 컴퓨터 메모리 등에 사용된다. 과거 수십년간 이들의 복잡성은 엄청나게 증가했으며, 현재는 내부회로 도선으로 연결된 거대한 네트워크에 의해서 서로가 모두 연결된 수억개의 트랜지스터를 집적하기에 이르렀다. 이 책을 통해서 모든 전자회로 요소들과 그 다양성을 전반적으로 살펴보는 것은 불가능하다. 따라서 개별부품들 중에서 기본적인 비선형 요소인 실리콘 다이오드, 전자회로의 능동

증폭에 사용되는 실리콘 쌍극성 트랜지스터, 그리고 디지털 전자회로와 스위치모드 전력증폭기에 사용되는 MOSFET와 같이 가장 일반적인 3개 사례들에 대해서만 조금 더 자세히 살펴보기로 한다.

6.3.1 기본적인 반도체 소자들

그림 6.26에는 다이오드와 쌍극성 트랜지스터의 전자회로 부호가 도시되어 있다. 다이오드는 전류를 한쪽 방향으로만 흘린다. 이는 체크밸브의 전기적 버전에 해당한다. 밸브를 열기 위해서는 압력이 필요한 체크밸브처럼 전자식 다이오드도 완벽한 열림-닫힘 방향성을 보이지 못하며 더 복잡한 전기적 비선형 특성을 나타낸다. 원리상 다이오드는 에너지를 추가시키지 않는 수동적 반도체이다.

쌍극성 트랜지스터가 전원으로부터의 에너지를 변환시켜서 신호가 더 많은 전력을 갖도록 신호를 증폭해 주는 진정한 능동소자이다. 트랜지스터는 증폭 이외에도 전기제어용 스위치로 사용된다. 이 절에서는 반도체의 주요 성질들을 이해하기 위해서 그 이면에 존재하는 물리적 원리들에 기초하여 쌍극성 다이오드와 트랜지스터의 작동원리에 대해서 살펴본다.

■ 반도체의 물리학

반도체는 주기율표 내에서 화학적으로 중간적인 상태에 있는 물질로서, n개의 전자를 받아들이거나 또는 그만큼의 전자를 내보냄으로서 **이상**적인 상태에 도달할 수 있다. 반도체 소재의 사례로는 실리콘과 게르마늄을 들 수 있다. 실리콘은 전자적 성질이 뛰어나며 모래의 주성분이기 때문에 소재를 얻기가 용이하여 반도체 소재로 가장 널리 사용된다.

순수한 실리콘은 원자마다 최외곽에 정확히 4개의 전자를 가지고 있다. 실리콘은 **준-이상**적인 상태에 도달하기 위해서 추가로 4개의 전자들을 받거나 이 4개의 전자들을 내보내야 한다. 덩어리로 만들어진 소

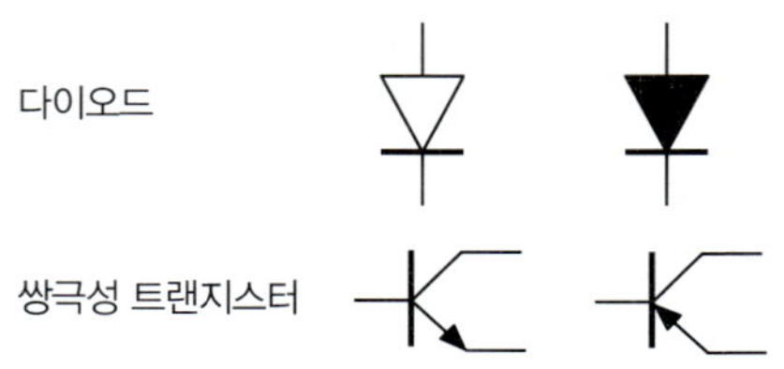

그림 6.26 다이오드의 두 가지 부호와 쌍극성 NPN(좌측) 및 PNP 트랜지스터. 화살표 방향으로 전류가 흐른다.

재 내에서는 각 원자들은 인접한 원자들과 4개의 전자를 공유하여 진정한 화학적 결합을 이룬다. 따라서 이 전자들은 결정격자구조 내에 강하게 구속된다. 이런 전자의 부동성 때문에 순수한 실리콘은 절연물질처럼 작용한다. 반도체 상태를 만들기 위해서는 실리콘 원자들 중 일부를 최외곽 전자가 3개인 붕소(B)나 최외곽 전자가 5개인 인(P)과 같이 주기율표에서 인접한 원소들로 치환할 필요가 있다. 이런 원자의 치환을 **도핑**(doping)이라고 부르며 그림 6.27과 같은 구조가 만들어진다.

도핑하는 물질에 따라서 도핑된 실리콘은 서로 다른 거동을 하게 된다. 인(P) 원자를 도핑한 경우에는 추가적으로 구속되지 않은 **자유전자**(free electron)를 활용할 수 있게 된다. 따라서 실리콘은 **N형 소재**(N-material)가 된다. 붕소(B)를 도핑하면 전자가 결여된 위치인 소위 **정공**(hole)이 생성된다. 소재조성 내에 도핑을 통해서 만들어진 이 나르개들로 인해서 반도체가 전류를 흘릴 수 있게 되므로 이런 전자와 정공들을 **전하 나르개**(charge carrier)라고 부른다. 이런 전도성은 자유전자와 정공의 이동에 의해서 만들어진다. 전자는 원자의 격자구조에 고정되어있지 않기 때문에 전자의 이동성은 이해하기 쉬운 반면에 정공의 이동성은 약간 낯설기 때문에 다음과 같이 설명한다. 어떤 방향으로 내부 전기장이 부가되면 결정격자 속에 존재하는 정공은 소재 내의 에너지 상태를 교란시켜서 인접한 실리콘 원자에 정상적으로 구속된 전자들이 정공 속으로 뛰어들도록 만든다. 그 결과 이 전자가 떠나고 난 빈자리에 새로운 정공이 생성된다. 이 새로운 정공은 마치 뛰쳐나간 전자와 반대 방향으로 원래의 정공이 이동한 것처럼 보일 수 있다. 따라서 전류와 동일한 방향으로 정공에 의한 전하이동이 발생한다. 이런 메커니즘 때문에 정공에 의한 전하이동도 사실상 전자에 의해서 일어난다는 것을 알 수 있다. P형 소재 내에서 정공에 의한 전하이동은 실리콘의 정상적으로 구속된 전자들에 의해서 이루어지는 반면에 N형 소재 내의 전자들에 의한 전하이동

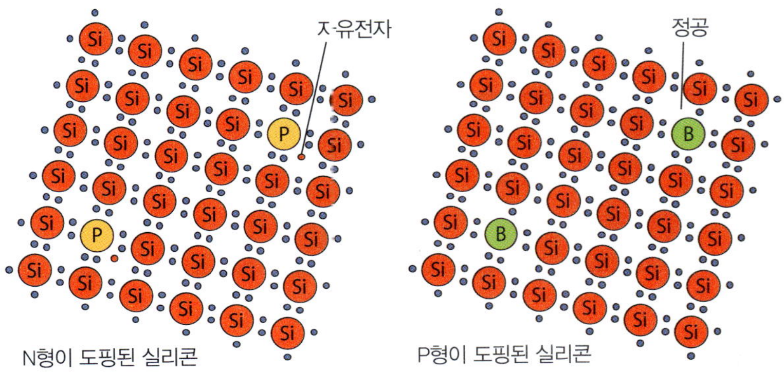

그림 6.27 실리콘 결정 구조물 내에 생성된 N형 및 P형 소재. 원자들 중 하나가 인(P)으로 대체되면 자유전자 하나를 가지고 있는 N형 소재가 되며 붕소(B)로 대체되면 전자가 하나 부족한 정공을 가지고 있는 P형 소재가 된다.

은 도핑된 원자들에 의해서 만들어진 자유전자들에 의해서 이루어진다. N형과 P형이 결합된 다이오드를 다루는 다음 절로 넘어가기 전에 몇 가지 사항들을 짚고 넘어갈 필요가 있다.

- 비록 P형 소재는 자유 정공을 가지고 있으며 N형 소재는 자유 전자를 가지고 있지만, 이 소재들은 실리콘 결정에 중성 원자들을 도핑하여 만들었기 때문에 전기적 중성을 유지하고 있다. 이는 수많은 자유전자를 보유하고 있지만 전기적 중성을 유지하고 있는 금속과 완벽하게 동일한 상태이다.
- 도핑 소재의 농도는 매우 낮다. 목적에 따라서 도핑 농도는 대략 10^{-6}에서 10^{-8} 사이를 유지한다.
- 정공의 전도 모드가 간접적인 특성을 가지고 있기 때문에 P형 소재의 전도 속도는 N형 소재의 전도속도보다 느리다. 이런 차이는 고주파 작동시 관찰된다.

6.3.1.1 반도체 다이오드

N형 소재와 P형 소재가 전기적으로 접촉을 이루면 N형 소재의 자유전자들과 P형 소재의 정공들이 서로 확산되어 접촉영역에서 전자들이 정공들을 채운다. 그 결과 자유전자와 정공이 없는 **PN-접합** 생성된다. 이 공정을 전자와 정공의 **재결합**(recombination)이라고 부르며 그림 6.28에 도시되어 있는 이 층을 **공핍층**(depletion layer)이라고 부른다. 이 층은 자유롭게 이동할 수 있는 전하 나르개가 없기 때문에 절연층처럼 작용한다.

P형 소재에서는 양으로 충전된 정공이 없어지며 N형 소재에서는 음으로 충전된 전자가 없어지기 때문에 P형 소재는 음으로 충전되며 N형 소재는 양으로 충전되어 외부에서 전위차이를 통해서 감지할 수 있을 정도의 기전력이 생성된다. 그림 6.29에서는 만일 이렇게 결합된 N형 및 P형 소재 사이에 외부전압이

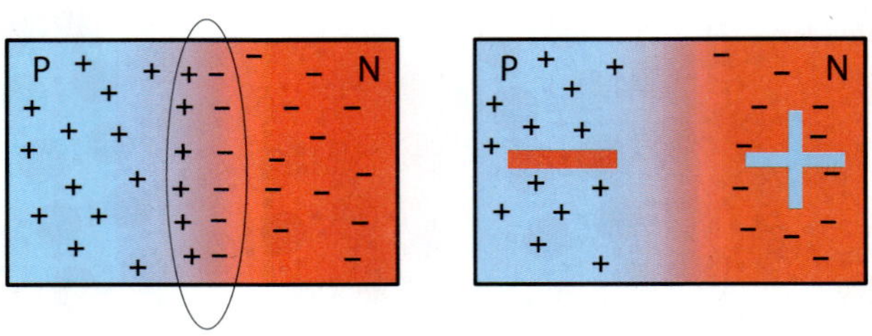

그림 6.28 N형 소재와 P형 소재를 결합하면 N형 소재의 전자들이 P형 소재의 정공들과 재결합을 이루기 때문에 공핍층이 생성된다. 그 결과, 우측의 크게 표기된 + 및 − 부호처럼 N형 소재 내에는 양전하가 충전되며 P형 소재 내에는 음전하가 충전된다. 이로 인하여 두 소재 사이에는 측정 가능한 수준의 전위차이가 초래된다. 우측 그림에 작게 표기된 + 및 − 부호는 잔류 자유이동 전하들을 나타낸다.

가해졌을 때에 어떤 일이 발생하는지를 보여주고 있다. 좌측 그림에서는 외부 전압이 기전력과 동일한 방향을 향하고 있어서 전하 나르개의 재결합이 유발된다. 외부전원은 P형 소재에 전자를 공급하며 N형 소재로 부터는 전자를 빼낸다. 이로 인하여 자유로운 전하 나르개는 더 감소하며, 이로 인하여 공핍층은 더 확장되어 전류가 흐를 수 없게 된다. 공핍층의 두께는 외부전압에 비례하며 이렇게 확장된 공핍층에 해당하는 내부 기전력은 외부에서 가해지는 전압과 평형을 이룬다.

그림 6.29의 우측 그림에서 외부 전압은 재결합된 공핍층의 기전력과 반대 방향으로 가해지고 있다. 이 상태에서는 N형 소재에 전자가 공급되며 P형 소재에서는 전자가 유출되며 재결합의 효과를 보상해 준다. 그 결과 공핍층은 소멸되며 정공과 자유전자가 모두 전류의 흐름에 기여하는 도전성 경로가 생성된다.

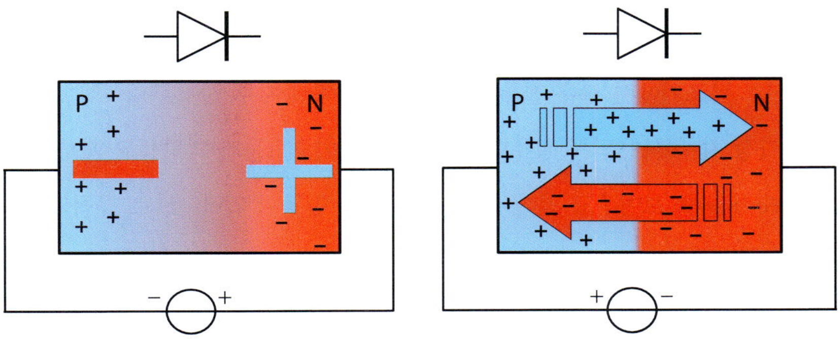

그림 6.29 반도체 다이오드는 외부 전압이 내부 기전력과 반대 방향으로 가해지는 경우에만 전류를 흘리며 반대 방향에 대해서는 전류의 흐름을 차단한다. 전도모드에서 전자와 정공은 모두 전류의 흐름에 기여한다.

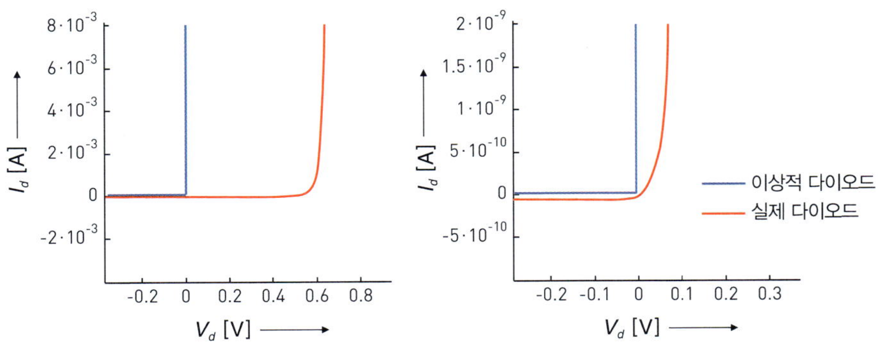

그림 6.30 실제 실리콘 다이오드와 이상적인 다이오드의 작동특성. 좌측에서와 같이 [mA] 수준 이상의 적절한 전류값에 대하여 전도 방향으로 약 0.6[V]의 문턱전압 V_{th}을 나타낸다. 역방향 전압에 대해서도 [nA] 수준의 극도로 낮은 누설전류가 발생한다.

전도와 차단 사이에 과도현상 없이 즉각적으로 이런 전환이 발생할 수 없다는 것이 명확하다. 전형적인 실리콘 반도체 다이오드의 실제 특성을 보여주고 있는 그림 6.30을 통해서 이를 확인할 수 있다. 전도방향의 경우 공핍층의 내부 기전력이 다이오드를 전도성으로 만들기 위해서 외부전압이 압도해야 하는 특정한 문턱전압이 된다. 더욱이 이상적인 소재 특성을 가지고 있지 못하기 때문에 차단 방향에 대해서 항상 약간의 누설전류가 존재한다. 이 누설전류로 인하여 다이오드에 아무것도 연결되지 않은 경우에 터미널 양단에서 측정한 외부전압이 공핍층에 의해서 유발된 기전력보다 낮아진다. 실제의 실리콘 기반 다이오드의 경우 문턱전압 V_{th}는 0.6~0.7 [V] 정도이다. 문턱전압은 공핍층을 생성하는 전하 나르개의 이동성에 의해서 결정되므로 온도에 심하게 의존한다. 이 이동성은 온도에 따라서 증가한다.

또 다른 부수적인 효과는 공핍층이 기생 커패시터처럼 작용하는 두 평행판들 사이의 중성(절연)층이라는 사실에 의해서 유발된다. 이 커패시터를 충전하는 전하량이 전류의 흐름 방향이 반전되었을 때에 다이오드를 도전 상태에서 차단상태로, 또는 그 반대로 전환시키기 위해서 필요한 전류를 결정한다. 다이오드는 전원과 고주파 신호 복조기에서 교류 전류를 정류하기 위해서 자주 사용된다.

그림 6.31에서는 가장 자주 사용되는 정류회로인 4개의 다이오드들과 저장용 커패시터로 이루어진 **브리지-정류기**(bridge rectifier)를 보여주고 있다. 그림에서 알 수 있듯이 입력단으로 공급되는 양의 전압과 음

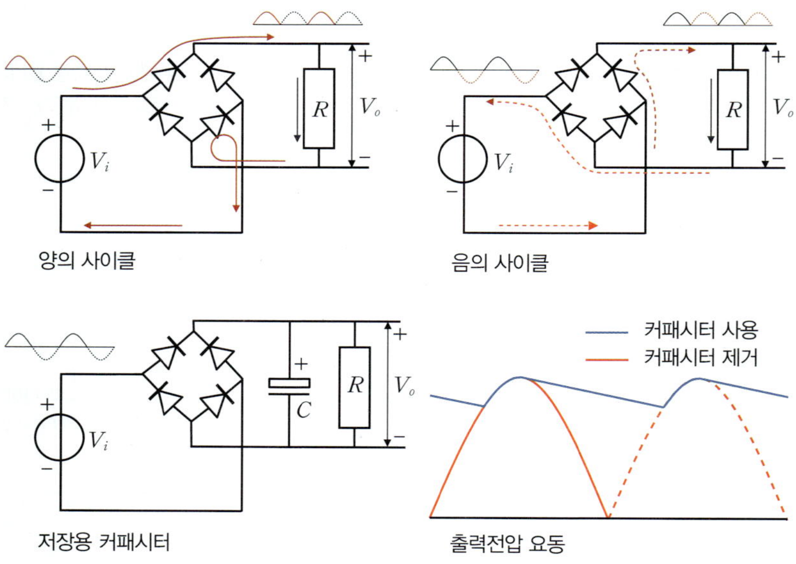

그림 6.31 AC 전압용 다이오드 브릿지 정류기. 다이오드 구조 때문에 입력 전압이 양인 기간과 음인 기간 모두 부하측 전류는 단방향으로 흐른다. 저장용 커패시터를 설치하면 약간의 AC 요동만을 가지고 있는 DC 전압이 만들어진다. 커패시터는 정류된 입력 신호가 양의 기울기를 갖는 주기 동안 충전되며 음의 기울기를 갖는 주기 동안 방전된다.

의 전압 모두에 대해서 출력단에서는 단방향 양전압으로 출력된다. 용량이 큰 저장용 커패시터가 맥동하는 전압을 부하측 전류와 저장용 커패시터의 용량에 따라서 약간의 전압요동이 남아있는 직류 전압으로 평활화시켜 준다. 앞서 설명했던 것처럼 저역통과 필터를 사용하면 이를 더욱 일정하게 만들 수 있다.

앞 장에서는 전기 변압기에 대해서 설명하였다. 그 결론들 중 하나는 크기를 줄이기 위해서는 고주파 AC 전압이 필요하다는 것이었다. 고주파 AC 전압의 정류시 공핍층이 가지고 있는 기생 정전용량의 연속적인 충전과 방전으로 인한 전력소비를 저감하기 위해서는 매우 빠른 스위칭 다이오드가 필요하다. 전력손실을 유발하는 피할 수 없는 회로 내의 기생 전원저항에 의해서 열이 발생한다. 고속 다이오드의 또 다른 용도는 전력증폭의 절에서 설명할 스위치모드 증폭기와 공진 증폭기이다.

다양한 용도에 대해서 이 단일 요소를 최적화시킬 수 있다.

6.3.1.2 쌍극성 트랜지스터

쌍극성 트랜지스터는 N형 반도체와 P형 반도체 3개가 연속적으로 연결되어있는 구조를 가지고 있다. 이미터와 컬렉터 사이에 배치되는 N형 반도체와 P형 반도체 층의 배치순서에 따라서 트랜지스터에는 NPN형이과 PNP형이 있다.

작동원리를 설명하기 위해서 그림 6.32에 도시되어 있는 NPN형 트랜지스터에 대한 단순화 된 사고 모델을 살펴보기로 한다. 컬렉터와 이미터 사이에 양전압이 부가되면 컬렉터와 베이스 사이의 경계는 부도체가 되며 베이스와 이미터 사이의 경계는 도전성을 갖게 된다. 층들이 직렬로 연결되어있기 때문에 이로 인하여 트랜지스터는 부도체가 된다.

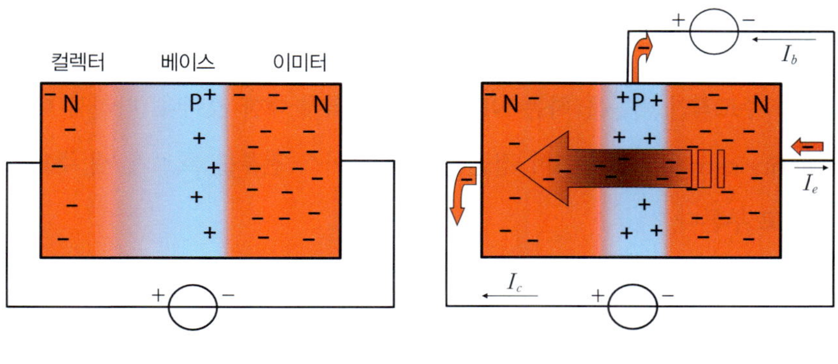

그림 6.32 N형–P형–N형 소재가 결합된 NPN 트랜지스터. 베이스 전류 I_b가 없으면 트랜지스터는 통전되지 않는다. 베이스–이미터 경계면에서 통전방향으로 베이스 전류가 흐르면 다수의 전자들이 컬렉터–베이스 경계를 통과하면서 베이스 전류보다 큰 컬렉터 전류를 생성한다.

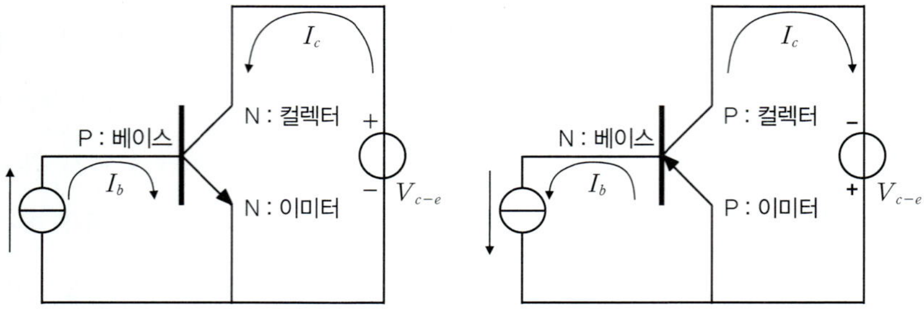

그림 6.33 NPN형과 PNP형의 전류 흐름방향

베이스와 이미터 사이에 양의 전류가 공급되자마자 베이스-이미터 사이의 PN 접합의 통전 방향인 이미터에서 베이스로 전자가 움직이기 시작한다. 베이스는 극도로 얇으며 컬렉터 측의 높은 전압이 강한 전기장을 형성하므로 베이스 전류에 의해서 생성된 정공들을 채우기 위해서 이미터에서 베이스 방향으로 이동하는 전자들이 가속된다.

이런 **열전자**(hot electron)들의 가속된 상태 때문에 이들 중 대부분이 베이스 내의 정공과 재결합하지 않으며 베이스와 컬렉터 사이의 전위 장벽을 뚫고 통과해 버린다. 이렇게 컬렉터에서 이미터로의 전류 흐름과 같은 양의 전자들이 이미터에서 컬렉터로 흐른다. 이 전류는 베이스가 유발한 전류보다 더 크다. 베이스 전류(I_b)를 증가시키면 컬렉터-베이스간을 뚫고 지나가는 이미터 전자의 흐름을 더 많이 촉발시킨다.

이런 원리를 통해서 트랜지스터는 컬렉터 전류와 베이스 전류 사이에 **전류이득**(current gain) β 또는 h_{fe}를 가지고 있는 전류증폭기처럼 작동한다.

$$\beta = h_{fe} = \frac{I_c}{I_b} \tag{6.53}$$

이 사례는 전자가 주도적인 역할을 하는 NPN 트랜지스터에 대한 것이다. 따라서 이 구조에서 전자는 **주 나르개**(majority carrier)라고 부르며 정공은 단지 베이스 전류를 흐르게 해 주므로 **소수 나르개**(minority carrier)라고 부른다.

PNP 트랜지스터의 경우에는 상황이 정 반대로 뒤바뀐다. 그림 6.33에서와 같이 정공은 주 나르개가 되며 모든 전류는 NPN의 사례와 반대 방향으로 흐른다. 두 가지 유형의 트랜지스터들의 주 나르개가 각각 전자와 정공으로 서로 다르기 때문에 이들의 특성은 전류의 방향 이외에는 결코 동일하지 않다. NPN 트랜지스터가 PNP 트랜지스터보다 높은 β값을 구현하기가 더 쉬우며 정공이 전자보다 느리다. 하지만 전자

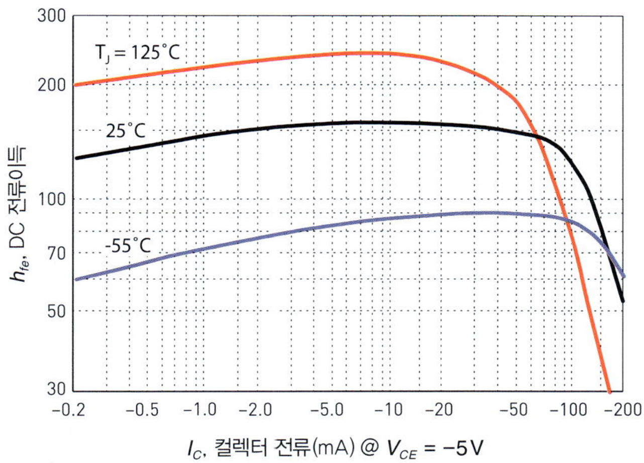

그림 6.34 BC447 범용 PNP 트랜지스터의 전류이득은 쌍극성 트랜지스터의 심한 비선형성과 온도 민감도를 보여주고 있다.

회로 설계자가 양전류와 음전류를 모두 제어하는 거의 대칭적인 회로의 설계에 이런 서로 다른 트랜지스터들을 사용할 수 있다.

또다른 중요한 문제는 트랜지스터는 전압증폭기보다는 전류증폭기라는 점이다. 컬렉터를 통과하여 흐르는 전류는 컬렉터와 이미터 사이의 전압에 크게 영향을 받지 않는다. 이는 큰 전압이 컬렉터와 베이스 사이의 전위 장벽을 증가시킴과 동시에 전위 장벽의 전기장 강도를 증가시키기 때문이며, 이로 인하여 전압이 변해도 대략적으로 동일한 숫자의 전자들이 전위 장벽을 통과하게 된다. 따라서 컬렉터는 전류원처럼 작동한다.

다이오드의 비선형 전도도는 트랜지스터에서도 동일하게 관찰된다. 베이스-이미터간 전압을 0에서부터 상승시키면, 우선 베이스-이미터 접합의 문턱전압에 도달할 때까지는 전류가 컬렉터를 통과하여 흐르지 못하지만, 이보다 높은 전압에서는 약간의 전압 상승만으로도 컬렉터 전류가 크게 증가하게 된다. 또한 그림 6.34에서와 같이 전류이득은 심한 비선형성과 온도민감도를 가지고 있다. 이렇게 심한 비선형성과 온도 민감도는 모든 반도체의 중요한 성질이므로 증폭기의 설계시 이를 감안해야만 한다.

6.3.1.3 MOSFET

MOSFET라는 이름은 **금속 산화물 반도체 전계효과 트랜지스터**(Metal Oxide Semiconductor Field Effect Transistor)라는 의미를 가지고 있다. 이 트랜지스터는 외부전기장의 제어를 통해서 작동하며 이 제어신호가 부가되는 입력단을 절연하기 위해서 금속 산화물을 사용한다. MOSFET의 전극들은 쌍극성 트랜지스터와는 다른 명칭을 가지고 있다. 입력 전극은 **게이트**(Gate)라고 부르며 쌍극성 트랜지스터의 베이스와 동일한 기능을 수행한다. 가장 일반적인 형태인 N-채널 MOSFET에서 **드레인**(Drain)은 전자를 배출하므로 컬렉터와 동일한 기능을 수행하며 N-채널 MOSFET에서 **소스**(Source)는 전자를 공급하므로 이미터와 동일한 기능을 수행한다. 전압원이나 전류원의 영문명칭(source)과 구분하기 위해서 MOSFET의 **게이트**(Gate), **드레인**(Drain) 및 **소스**(Source)는 영문 명칭의 첫글자를 대문자로 표기한다.

MOSFET는 속도, 크기 및 매우 낮은 전원전압으로 작동할 수 있는 능력 등으로 인하여 마이크로프로세서나 메모리와 같은 집적회로에서 가장 일반적으로 사용되는 반도체이다. 앞서 설명했던 것처럼 주 나르개가 전자인 N-채널 MOSFET의 경우 전류 흐름이 주 나르개에 의해서만 발생하므로 전자에 의한 전하 전송 속도가 정공에 의한 간접적인 전하 전송 속도보다 현저히 빠르다. 앞서 설명했듯이, 전자에 의한 전하전송이 정공에 의한 간접전하 전송에 비해서 월등히 빠르다.

소신호용 MOSFET 이외에도 수백만개의 소형 MOSFET들이 병렬로 연결된 고전력 버전도 개발되었

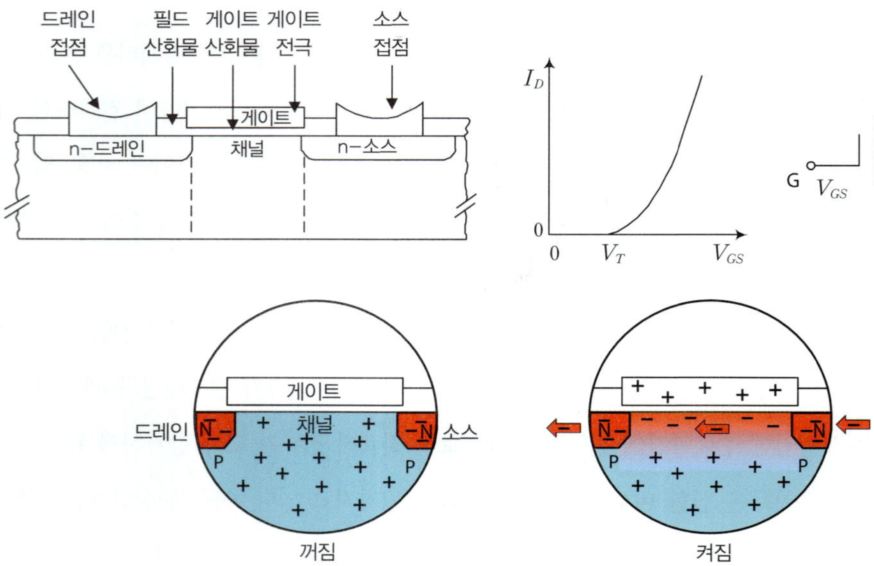

그림 6.35 전기장에 의해서 작동하는 MOSFET. N-채널 MOSFET에서 채널은 모재 속에 P-형 실리콘으로 제작되어 N-형 실리콘으로 만들어진 드레인 D와 소스 S 사이에 위치해 있다. 인핸스먼트형 MOSFET에서 채널은 일반적으로 부도체이며 절연된 게이트와 소스 사이에 양의 전압이 인가되면 그로 인한 전기장이 P형 채널에서 정공을 없애주며 소스로부터 전자들을 끌어당겨서 드레인 쪽으로 흐르게 만들어준다. 게이트와 소스 사이의 전압과 드레인 전류 사이의 관계는 쌍극성 트랜지스터보다는 덜 급격하며 작동 특성은 가변 저항기와 더 유사하다. (Courtesy of International Rectifier)

다. 이들은 고전력 스위칭 용도로 사용되며 이에 대해서는 6.4절에서 살펴보기로 한다.

N-채널 MOSFET의 한가지 유형인 수평 **인핸스먼트형**(enhancement mode)의 구조가 그림 6.35에 도시되어 있다. 다양한 형태의 MOSFET가 존재하며, 상시전도 특성을 가지고 있는 **디플리션형**(depletion-mode) MOSFET보다는 상시절연 특성을 가지고 있는 인핸스먼트-모드가 가장 널리 사용된다. 수평형태가 작동원리를 설명하기에는 가장 쉽지만 전력용 MOSFET에는 수직형태가 사용된다.

수평형 N-채널 인핸스먼트형 MOSFET의 모재는 P-형 실리콘으로 만든다. 드레인과 소스는 모재를 N-형으로 도핑하여 분리시킨다. 모재 내의 드레인과 소스 사이의 영역을 **채널**(channel)이라고 부른다. 쌍극성 트랜지스터와는 달리 P형 소재와 N형 소재 사이의 공핍층은 드레인에 가해지는 전압이 모재에 비해서 높은 경우에 드레인을 모재와 절연하는 것 이외에는 아무런 역할도 수행하지 않는다. 일반적으로 소스와 모재 사이의 접점은 작동시 통전 경로속에 위치하므로 대부분이 내부에서 서로 연결되어 있다.

실제의 기능은 게이트 주변의 채널에서 발생한다. 게이트는 금속과 같은 도전성 소재로 만들어지며 모재, 채널 및 소스와는 금속 산화물 층에 의해서 전기적으로 절연되어 있다. 이로 인하여 비록 게이트의 금속을 실리콘 제조공정에 적용하기에 더 용이한 고밀도로 도핑된 다결정 실리콘과 실리콘 산화물로 대체하는 경우가 많지만, 디바이스에 MOS라는 이름을 붙이게 되었다. 하지만 이들은 작동 원리에 아무런 차이가 없다.

게이트와 채널 사이의 산화물층은 매우 얇으며 게이트에 소스에 비해서 높은 전압이 가해지면 게이트 전압의 전기장에 의해서 채널 속의 정공은 밀려나가 버리며 전자가 빨려 들어온다. 그 결과 채널 내에는 다수의 자유전자들이 채워진다. 이로 인하여 원래는 P형으로 도핑된 모재는 사실상 드레인이나 소스와 동일하게 N형의 소재 특성을 갖게 된다(따라서 **N-채널**이라고 부른다). 이렇게 하여 채널은 드레인과 소스 사이의 통전 경로가 되며 이 경로의 폭은 게이트에 부가되는 전압레벨에 의해서 결정된다. 채널의 저항은 통전 경로의 폭에 의존하며 이런 작동원리 때문에 MOSFET는 가변저항처럼 작동한다.

디플리션형 MOSFET는 이와 반대로 작동한다. 이 경우 원리상 채널은 인핸스먼트형과는 다른 도핑에 의해서 통전되며 N형 채널에서 게이트에 가해지는 음전압은 전자를 밀어내서 저항이 증가된 공핍영역을 생성한다. 이런 형태는 메카트로닉스 시스템의 증폭기로 사용하지 않기 때문에 더 이상 다루지 않겠다.

MOSFET의 매우 단순한 기능성에도 불구하고 아날로그 증폭기에는 여전히 쌍극성 트랜지스터가 더 많이 사용되고 있기 때문에 우선 쌍극성 트랜지스터 증폭기에 대해서 살펴보기로 한다. 전력용 MOSFET는 뛰어난 스위칭 성능을 가지고 있기 때문에 스위칭 모드 증폭기에서 중요한 역할을 한다. 이 증폭기에 대해서는 6.4절의 전력 증폭기에서 다시 논의할 예정이다.

6.3.1.4 여타의 반도체 소자들

전자회로에서 특정한 목적에 사용하기 위해서 다년간 여러 가지의 비선형 개별 반도체소자들이 개발되었다. 이들의 작동원리를 살펴보는 것은 메카트로닉스 설계자가 기본소자인 다이오드, 트랜지스터 및 MOSFET를 이해하는 것만큼 중요하지는 않다. 따라서 가장 자주 사용되는 네 가지 유형의 소자들에 대해서만 간략하게 살펴보기로 한다.

- 제너 다이오드
- 다이악
- 사이리스터
- 트라이악

■ 제너 다이오드

제너 다이오드(zener diode)는 전원과 증폭기에서 기준전압으로 사용된다. 소자의 양단전압은 공급전류에 거의 무관하게 일정하다. 제너 다이오드의 작동원리는 차단방향으로의 최대 저지전압인 **절연파괴전압**(breakdown voltage)을 일정하게 유지한다는 다이오드의 일반적인 성질을 기반으로 하고 있다. 이 전압을 넘어서면 PN-접합에 부가되는 높은 전기장으로 인하여 정상적인 경우에는 정공이 없기 때문에 부도체인 PN-접합을 전자들이 가로질러 흐르게 된다. 높은 전기장이 이 전자들을 가속시키기 때문에 전자충돌이 일어나는 원자들 근처에서 더 많은 전자들이 튕겨나온다. 이런 자체증폭 효과를 **애벌란시 파괴**(avalanche breakdown)라고 부르며 높은 전류가 흐르게 된다. 소자 양단의 전압차이로 인하여 이 전류는 높은 전력손실을 유발하므로 외부수단을 사용하여 전류를 제한하지 않으면 다이오드가 파괴되어 버린다. 미국의 물리학자인 Clarence Melvin Zener(1905-1993)는 **터널효과**(tunnelling effect)라는 두 번째 효과를 만들기 위해서 다이오드 PN-소자의 도핑레벨을 조절함으로써 이 파괴현상을 발견하였다. 터널효과는 하전입자가 일반적으로 필요한 에너지보다 낮은 에너지를 가지고 이 에너지 장벽을 넘어서는 능력이다. 이 장벽을 산이라고 생각한다면 전자가 발견한 경로는 터널로 간주할 수 있기 때문에 이런 이름이 붙게 되었다. 이 현상은 양자역학의 Heisenberg의 불확정성 원리[39]에 기반을 두고 있으며, 이 이론은 이 책의 범주를 넘어선다. 더 중요한 것은 온도 민감도가 제너 다이오드에 끼치는 영향이다. 제너 다이오드를 통과하는 전류가 저항이나 전류원에 의해서 제한된다면 다이오드는 과열되지 않으며 전압이 매우 일정하게 유지된다. 터널효과가 지배적인 약 5[V]미만의 전압에서 전압은 음의 온도계수를 갖는 반면에 애벌란시 효과가 지배적인 약 6 [V] 이상에서 전압은 양의 온도계수를 가진다. 약 5.6 [V]의 제너 전압을 가지고 있는 제너 다이오드는 거의 온도에 영향을 받지 않는다.

■ 다이악, 사이리스터 및 트라이악

다이악(diac), **사이리스터**(thyristor) 및 **트라이악**(triac)은 일반적으로 가정용 형광등 안정기와 같은 AC 주전원 제어회로에 함께 사용되기 때문에 서로 많은 연관성을 가지고 있다. 다이악은 소자 양단이 특정한 촉발전압에 도달하면 작동하는 전기 스위치이다. 이는 일종의 제너 다이오드라고 생각할 수 있지만 두 가지 분명한 차이가 있다. 우선 다이악은 대칭성 소자이므로 전류와 전압이 양방향으로 동일하다. 두 번째 차이는 절연파괴시의 거동이다. 다이악의 경우 촉발전압에 도달하자마자 전압이 강하되므로 전력소모가 작다.

사이리스터는 스위칭이 가능한 다이오드처럼 작동한다. 이 소자는 반도체 소자 4개 층을 적층(P−N−P−N)하여 두 개의 서로얽힌 쌍극성 트랜지스터를 형성한 것이다. 게이트 전류가 없으면 이 소자는 전류를 흘리지 않지만 게이트에 짧은 순간 동안 전류를 흘리고 나면 전류가 흐르기 시작하며, 더 이상 게이트 전류를 공급하지 않아도 이 통전상태가 유지된다. 사이리스터는 소자를 통과하여 흐르는 전류의 방향을 반전시켜야만 통전을 중지시킬 수 있다. 이는 소자에 부가되는 전압을 반전시켜야만 가능하다. 사이리스

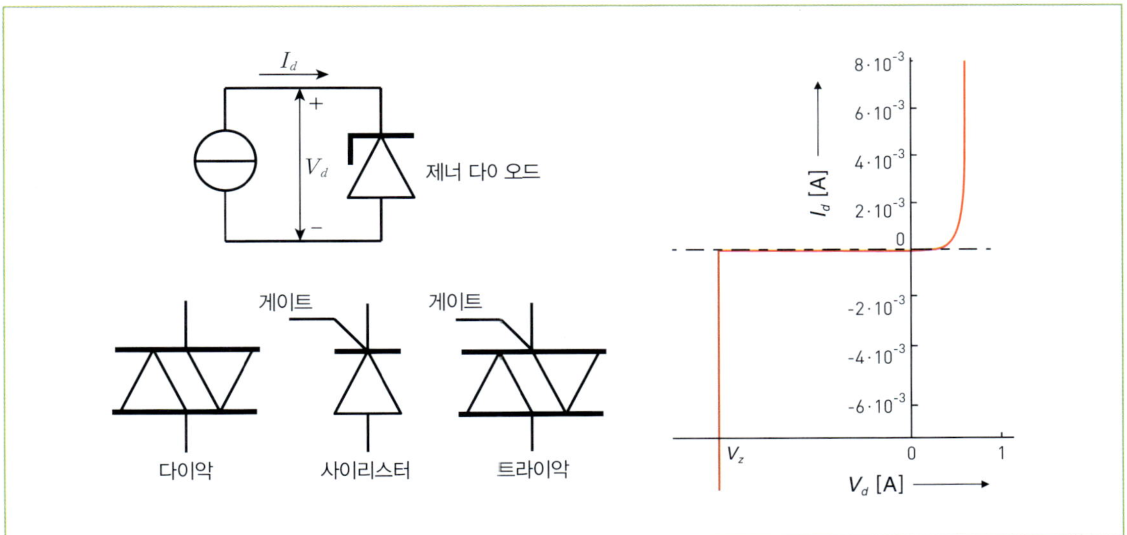

그림 6.36 제너 다이오드, 다이악, 사이리스터 및 트라이악은 모두 매우 비선형적인 전자소자이다. 그래프에서는 다이오드의 V_d와 I_d 사이의 특성을 보여주고 있다. 제너 다이오드를 일반적인 전도방향으로 구동하면 제너 다이오드는 소자 양단에서는 약 0.6[V]의 전압강하를 일으키면서 일반적인 다이오드처럼 작동한다. 하지만 역방향으로 구동하면 거의 일정한 제너전압 V_z에서 전류를 흘리기 시작한다.

터는 한 방향으로만 전류를 통전시킨다. 양방향으로 통전시키기 위해서는 서로 반대방향으로 배치되어있는 두 개의 사이리스터를 결합시켜 트라이악을 만들어야 한다.

메카트로닉스 시스템에서 이런 촉발소자들은 전원에 의해서 전자장비에 과전압이 부가되는 것을 방지하기 위한 **크로버 회로**(crowbar circuit)에서만 사용된다. 공급전압이 특정한 문턱전압을 넘어서자마자 사이리스터가 작동하면서 전원을 쇼트시켜서 회로와 전원 사이의 퓨즈를 태워버림으로써 회로의 손상을 방지한다.

6.3.2 단일 트랜지스터 선형 증폭기

두 가지 유형의 쌍극성 트랜지스터를 사용하여 다양한 전자적 기능들이 구현되었다. 오래전에는 개별 부품들로 조합된 구조를 사용하여 모든 아날로그 전자회로가 구축되었다. 현재에는 대부분의 아날로그 전자회로들은 **연산증폭기**(Operational Amplifier)라고 부르는 IC를 사용하여 구현된다. 이런 집적방식 증폭기들의 작동원리에 대해서 이해하기 위해서 일단 이 절에서는 기본적인 구성요소들에 대해서 살펴보기로 한다.

연산증폭기 회로의 공통적인 주제는 트랜지스터를 더 선형적인 작동범위로 이동시키기 위해서 베이스–이미터 접합에 적절한 **편향전압**(bias voltage)을 부가하여 본질적 비선형 특성을 선형화하는 것이다.

6.3.2.1 이미터 추종기

첫 번째 회로는 그림 6.37에 도시되어 있는 **이미터 추종기**(emitter follower)이다. 이 회로는 컬렉터가 공통 전원에 직접 연결되어있기 때문에 **공통 컬렉터**(common collector)구조라고 부른다. 이미터 추종기의 작동 원리는 NPN 트랜지스터 응용회로의 전류증폭에 기반을 두고 있다. 이 증폭기는 예를 들어, 고 임피던스 입력과 저 임피던스 출력을 충족시키기 위해서 그림 6.18에 도시되어 있는 순차 연결된 수동식 1차 필터의 버퍼 증폭기로 사용할 수 있다. 작동 원리상 이 증폭기의 작동은 매우 단순하다. 컬렉터는 양전압에 연결되며, 이 사례에서는 +15 [V]이다. 이미터는 이미터 저항을 통해서 음전압에 연결된다. 교류신호를 증폭할 수 있도록 음전압으로는 −15 [V]가 선정되었다. 입력 전압은 베이스에 가해진다. 이 입력전압이 양의 공급전압과 음의 공급전압 사이에 있다면 베이스–이미터 접합은 통전상태가 된다. 따라서 베이스–이미터 전압은 편향되어 트랜지스터가 특정한 작동범위에 놓이게 된다. 실리콘 다이오드에서와 마찬가지로, 통전상태에서 베이스–이미터 접합은 $V_{b-e,th} \approx 0.6$ [V]의 문턱전압을 가지고 있다. 따라서 이미터 전압은 입력 전압보다 약 0.6 [V] 더 낮다.

이미터 전압과 음전원 전압 사이의 차이가 이미터 저항을 통과하는 이미터 전류 I_e를 결정한다.

$$I_e = \frac{V_e - V_{sup}^-}{R_e} = \frac{V_i - 0.6 + 15}{R_e} \tag{6.54}$$

이 전류는 컬렉터 전류와 베이스 전류의 합과 같다.

$$I_e = I_b + I_c = I_c\left(\frac{1}{\beta} + 1\right) \tag{6.55}$$

β값이 큰 경우, 컬렉터 전류는 거의 이미터 전류와 같기 때문에 이후에는 베이스 전류를 무시하기로 한다. 이미터 저항을 통과하여 흐르는 전류는 그림 6.37 (b)에 도시된 것과 같이 부하에 양전류와 음전류를 공급해주며 이를 **공전류**(idle current)라고 부른다. 베이스에 입력되는 전압이 그림 6.37 (c)에서와 같이 교류 정현신호인 경우에 이미터 전압은 약 0.6 [V]의 일정한 전압차이를 가지고 입력전압을 추종한다. 외부 부하는 이미터와 이미터 저항 사이의 노드에 연결되어 양전류나 음전류를 소모한다. 양전류는 트랜지스터에 의해서 공급되며 이미터 저항을 통과하여 흐른다. 음전류의 경우에는 트랜지스터로부터의 전류가 줄어들기 때문에 오히려 저항에 의해서 공급받는다. 이는 이미터 전류가 0이 될 때까지 이루어진다. 트랜지

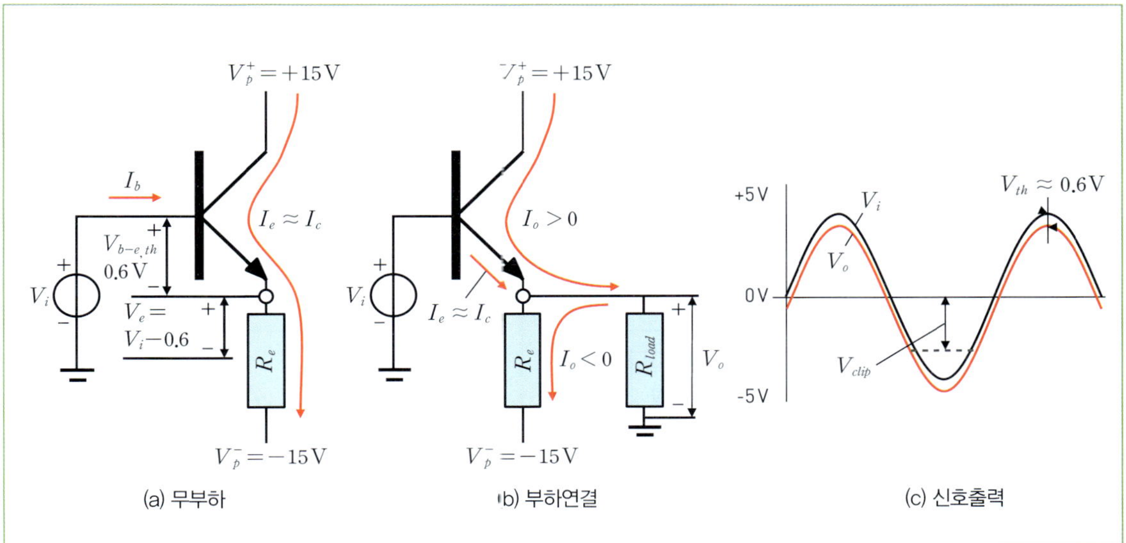

그림 6.37 NPN 트랜지스터의 이미터 추종기는 저임피던스 출력을 구현하기 위해 사용하는 전류증폭기이다. 이미터 전압은 베이스에 공급되는 전압과 0.6[V]의 차이를 가지고 입력 전압을 추종한다. 부하가 연결되면 트랜지스터의 이미터 전류가 증가함에 따라서 양의 출력 전류가 공급된다. 트랜지스터의 이미터 전류를 줄이면 음의 전류출력은 이미터저항 R_e에 의해서 공급된다. 결과적으로 이미터 전류는 0이 되며 최대 음전압에 도달하여 이미터 저항과 관련된 부하와 음전원의 전압에 의해서 결정되는 레벨에서 **클리핑**(clipping)이라고 부르는 현상을 나타낸다.

스터는 음의 전류를 송출할 수 없으며 따라서 증폭기는 음의 공급전압과 연결된 R_e와 R_{load}의 전압분할기로부터 계산할 수 있는 최대 음전압에서 **클리핑**(clipping) 효과를 나타낸다.

$$V_{clip} = V_{sup}^{-} \cdot \frac{R_{load}}{R_e + R_{load}} \tag{6.56}$$

이 단일 트랜지스터 이미터 추종기는 큰 출력전류가 필요하지 않는 경우에만 활용할 수 있다. 이미 언급했던 음의 사이클에서의 클리핑과, 아무런 신호도 증폭하지 않는 경우조차도 공전류에 의하여 이미터 저항과 트랜지스터에서 발생하는 열에 의해서 이런 제한이 발생한다. **단일목적 A등급**(single-ended Class A) 구조는 고출력 증폭기에서 특히 비효율적이다. 그런 이유로 양전류는 NPN 트랜지스터가 공급하며 음전류는 PNP 트랜지스터가 공급하는 더 대칭적인 구조가 자주 사용된다. 이 구조는 그림 6.38에 도시되어 있다. 입력 전압은 두 트랜지스터의 베이스에 동시에 부가된다. 입력 신호가 양의 주기인 동안에 NPN 트랜지스터는 전류를 이미터 저항이 아니라 부하측으로 공급한다는 것을 제외하고는 단일목적 구조와 거의 동일하게 작동한다. 입력신호가 음의 주기인 동안에는 PNP 트랜지스터가 출력 전류를 공급하는 역할을 넘겨받는다. 소위 **푸시-풀 B등급**(push-pull Class B)이라고 부르는 이 구조는 트랜지스터 하나당 약 0.6 [V]인 베이스-이미터 접합의 문턱전압에 의해서 한가지 문제가 유발된다. 이로 인하여 양전류와 음전류 사이의 전환과정에서 **교차왜곡**(cross-over distortion)이라고 부르는 강한 비선형성이 유발된다.

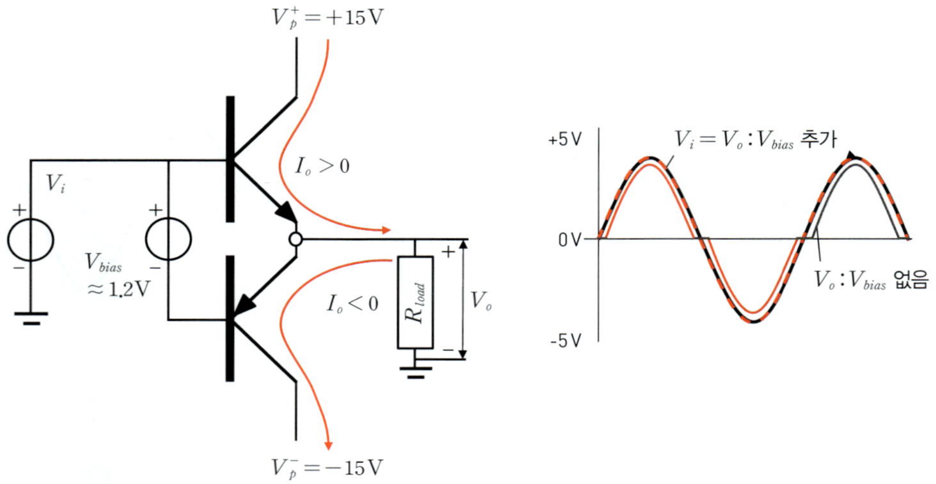

그림 6.38 대칭형태의 푸시-풀 이미터 추종기. NPN 트랜지스터에 의해서 양전류가 공급되며 PNP 트랜지스터에 의해서 음전류가 공급된다. 양전류와 음전류 사이의 변환시 트랜지스터 베이스-이미터 접합의 문턱 전압에 의해서 유발되는 왜곡을 피하여 선형 작동영역을 확장시키기 위해서 트랜지스터에 개별적인 바이어스 전압이 추가된다.

0 [V] 입력에서 이득은 거의 0이 되기 때문에 구환으로는 이 비선형성을 해결할 수 없다. 두 트랜지스터의 베이스 전극들 사이에 개별적으로 편향전압을 부가하여 이를 저감시킬 필요가 있다. 하지만 베이스-이미터 문턱전압은 온도에 크게 의존하기 때문에 이 편향전압의 조절은 매우 중요하다. 대부분의 경우 제한된 공전류가 두 트랜지스터에 흐르도록 설정되며 견실성을 더하기 위해서 바이어스 전압은 온도보상 된다.

이런 구조를 **푸시-풀 AB등급**(push-pull Class AB)라고 부른다.

6.3.2.2 전압 증폭기

이미터 추종회로에서의 발견을 토대로 하여 그림 6.39에서는 가변 전류원과 전압 증폭기의 두 가지 새로운 구조가 제시되어 있다. 두 회로 모두 동일한 유형에 속하며 컬렉터에서 출력을 뽑아내고 이미터는 직접 또는 거의 직접 공통 접지에 연결하기 때문에 **컬렉터 추종**(collector follower) 또는 **이미터 접지**(common emitter)구조라고 부른다.

이미터 추종기의 사례에서와 마찬가지로, 대표 사례로 NPN 트랜지스터가 사용된다. PNP 트랜지스터의 경우에는 전압과 전류의 부호만 반전시키면 동일한 결과가 얻어진다.

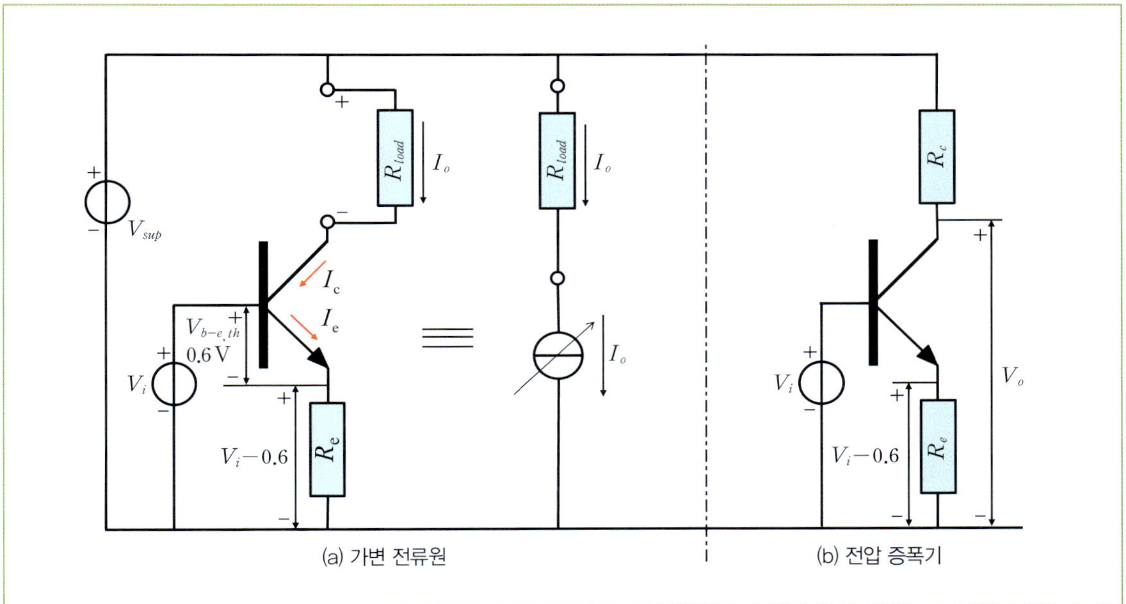

그림 6.39 부하가 컬렉터에 연결되는 두 가지 구조.
(a) 가변 전류원의 경우 컬렉터 전류는 입력전압과 이미터 저항에 의해서만 결정된다. 이 회로는 출력 임피던스가 매우 높다.
(b) 양전원과 컬렉터 사이에 저항을 삽입하여 가변 전류원으로부터 전압 증폭기를 만들었다. 저항 양단에 가해지는 전압은 전류와 저항값에 비례한다. R_c값이 큰 경우, 컬렉터 출력단에서 전압증폭이 이루어진다.

그림 6.39 (a)의 회로는 음전류가 다음과 같이 작용하는 가변 전류원처럼 작동한다. 베이스-이미터 접합을 통전상태로 만들기 위해서 베이스에 충분히 큰 값의 입력 전압을 공급한다. 컬렉터의 전압이 베이스 전압보다 높게 유지되는 한도 내에서 이미터 전류는 이미터 추종기와 마찬가지로 입력 전압과 이미터 저항에 의해서만 결정된다. 전류증폭비 β가 높은 경우, 베이스 전류를 무시할 수 있으며 컬렉터 전류는 이미터 전류와 같다. 이로 인하여 이 전압이 베이스 전압보다 더 큰 값을 유지하는 한도 내에서 컬렉터 전류는 컬렉터 전압에 의존하지 않게 된다. 이 성질은 전류원의 거동과 일치한다. 그리고 이런 전류원 거동특성이 다음 절에서 설명할 차동증폭기 설계에 매우 유용한 것으로 증명되었다. 이 첫 번째 사례에서는 이 특성을 그림 6.39 (b)에서와 마찬가지로 컬렉터와 양의 전원 사이에 설치된 컬렉터 저항을 포함한 단일 트랜지스터 전압 증폭기를 만드는 데에 활용하기로 한다. 컬렉터 전류는 저항 양단에서의 전압을 결정하므로 컬렉터 출력전압 V_o는 다음과 같이 주어진다.

$$V_o = V_{sup} - I_c R_c = V_{sup} - I_e R_c = V_{sup} - \frac{(V_i - V_{th}) R_c}{R_e} \tag{6.57}$$

일정한 값을 갖는 V_{th}와 V_{sup}가 입력 신호의 AC 성분에 영향을 끼치지 못하므로, 이 구조는 다음과 같은 AC 전압증폭을 만들어준다.

$$G_a = \frac{V_o}{V_i} = -\frac{R_c}{R_e} \tag{6.58}$$

이상적인 트랜지스터의 경우 이 이득은 저항값에 의존하지 않는다. 음의 부호는 신호가 반전된다는 것을 의미한다. 비록 이는 180°의 위상 시프트처럼 보이지만, 이 효과는 위상지연과는 무관하며 단지 신호의 반전이 발생한 것일 뿐이다.

제시되어있는 모든 요소들과 마찬가지로, 트랜지스터는 이상적이지 않다. 전류증폭 비율은 무한하지도, 일정하지도 않으며 그림 6.30에 도시되어 있는 다이오드에서 알 수 있듯이, 베이스-이미터 접합에 의해서 비선형 특성을 가지고 있다. 더욱이 다이오드처럼, 트랜지스터도 동적인 한계를 가지고 있으며, 이에 대해서는 연산증폭기를 다루는 다음 절에서 설명할 예정이다.

마지막으로, 이미터 전압은 베이스 전압을 완벽하게 추종하지 못하며 대략적으로 다음과 같은 값을 가지고 있는 일정한 출력저항 $R_{s,e}$를 나타낸다.

$$R_{s,e} = \frac{0.025}{I_C}\ [\Omega] \tag{6.59}$$

하지만 이 값도 온도에 의존적이다.

이와 같은 유한한 이미터 임피던스로 인하여 R_e를 0으로 만들어서 식 (6.58)의 증폭비를 무한히 크게 증가시키는 것이 불가능하다. 이런 경우 이미터 내부에 존재하는 이미터 출력저항 $R_{s,e}$가 최대 증폭비를 결정한다. 예를 들어 1 [mA]의 공전류가 흐르는 경우 출력저항은 25 [Ω]이며, 공급전압은 20 [V]이고 컬렉터 저항이 10 [kΩ]이라면, 컬렉터 전압을 10 [V]로 유지하면 400배의 이득을 구현할 수 있다. 이 이득값은 유한한 전류 증폭비로 인하여 감소하며 베이스-이미터 문턱전압과 전류 사이의 비율의 비선형성 때문에 이 증폭기는 매우 비선형적이다. 실제로 이미터 저항을 증가시키면 증폭기의 이득은 감소하지만 선형성이 좋아진다. 이는 일종의 전류귀환으로 간주할 수 있다. 이미터 저항이 전류를 **측정**하여 이미터로 귀환시키는 반면에 **제어기**인 트랜지스터는 베이스 전압과 이미터 전압 사이의 차이를 나타내는 베이스-이미터간 전압을 측정하며 이 측정결과에 기초하여 이미터 전류를 제어한다. 과거에는 비싼 트랜지스터를 여러 개 사용하지 않기 위해서 이 단일 트랜지스터 증폭기의 세팅을 최적화하는 데에 전자회로 설계자들이 많은 노력을 기울였다.

6.3.2.3 차동증폭기

모든 회로들을 연산증폭기로 통합하기 전에 마지막 구조로서 차동증폭기가 그림 6.40에 도시되어 있다. 본질적으로, 이 구조는 이미터를 통해서 서로 연결된 두 개의 단일 트랜지스터 전압 증폭기로 이루어진다. 전압증폭기는 컬렉터 저항 양단의 전압을 생성하는 가변 전류원으로 구성된다는 것을 앞에서 설명하였다. 이 전류는 이미터 전압과 음의 공급전압 사이의 차이와 이미터 저항에 의해서 결정된다. 그런데 차동증폭기에서 컬렉터 전류는 이들의 차이뿐만 아니라 두 베이스전압 사이의 차이에도 의존한다.

기능에 대해서 설명하기 위해서 두 트랜지스터들의 컬렉터 저항값들은 동일하다고 가정한다 $R_{c,1} = R_{c,2} = R_c$. 또한 이미터 저항들도 $R_{e,1} = R_{e,2} = R_e$로 동일하지만 두 트랜지스터 모두의 전류를 통과시키는 세 번째 이미터 저항 $R_{c,e}$가 추가된다고 가정한다.

입력신호 $V_{i,1}$와 $V_{i,2}$는 공통성분과 차동성분으로 구성되어있는 것으로 모델링한다.

$$V_{i,1} = V_{i,c} + V_{i,d} \text{이며 } V_{i,2} = V_{i,c} - V_{i,d} \tag{6.60}$$

신호의 공통성분을 **공통모드신호**(common mode signal)라고 부르며 이 공통성분으로 인하여 총 전류 I_t의 절반이 흐르는 상태에서 두 트랜지스터의 이미터 전류값은 동일해진다($I_{e,1} = I_{e,2}$). 이미터 전압이 서로 같기 때문에 이 총 전류는 음의 공급전압에 대한 총저항 $R_{e,t} = R_{e,c} + R_{e,1} \| R_{e,2} = R_{e,c} + 0.5R_e$에 의해서 결정된다.

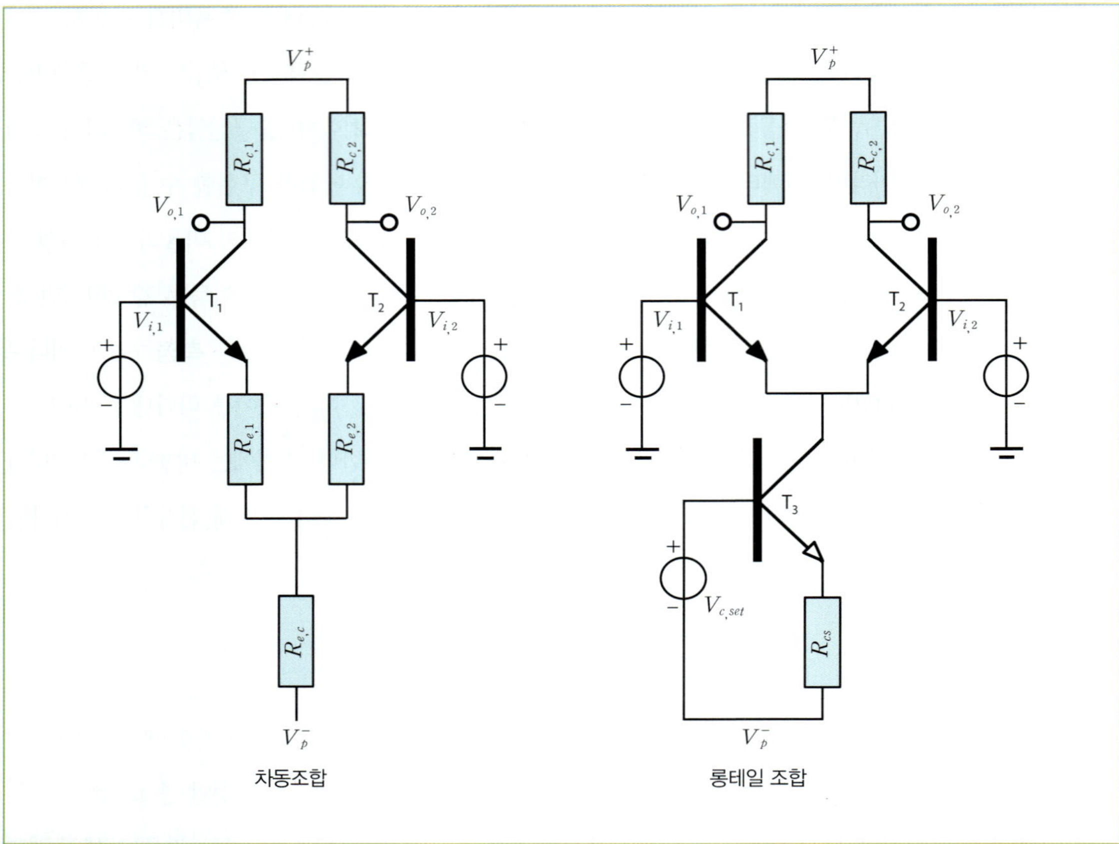

그림 6.40 차동증폭기는 이미터가 직접 또는 한 쌍의 이미터 저항기에 의해서 서로 연결된 한 쌍의 동일한 트랜지스터들로 이루어진다.
(a) 차동증폭은 이미터들 사이의 총 저항과 컬렉터 저항에 의해서 결정되는 반면에 공통모드 증폭은 이미터에서 음전원 전압 사이의 총 저항과 컬렉터 저항에 의해서 결정된다.
(b) 고임피던스 전류원 T_3를 통해서 공통모드 증폭이 최소화된다.

공통모드 입력신호에 의해서 유발되는 두 트랜지스터의 전류는 다음과 같이 계산할 수 있다.

$$I_{e,1} = I_{e,2} = 0.5 I_{e,t} = 0.5 \frac{V_{i,c} - 0.6}{R_{e,c} + 0.5 R_e} \tag{6.61}$$

이 방정식에서는 문턱전압 $V_{th} \approx 0.6\,[\mathrm{V}]$라고 가정했다. 컬렉터 저항이 동일하기 때문에 입력전압의 공통모드 성분에 의해서 유발되는 출력전압은 두 컬렉터단에서 동일하다.

$$V_{o,1} = V_{o,2} = 0.5 R_c \frac{V_{i,c} - 0.6}{R_{e,c} + 0.5 R_e} \tag{6.62}$$

차동부의 증폭에 의한 **차동모드**(differential mode) 신호는 $R_{e,1}$과 $R_{e,2}$ 저항의 직렬합과 컬렉터 저항에 의해서만 결정된다. 차동신호의 경우 동일한 크기의 저항들이 연결된 점에서의 전압은 한쪽 입력전압이 dV_i만큼 상승하고 다른 쪽 입력전압이 dV_i만큼 하강하는 경우에 변하지 않는다. 따라서 $R_{e,c}$를 통과하는 공통모드 전류는 $R_{e,1}=R_{e,2}=R_e$의 값에 따른 비율로 두 트랜지스터에서 다르게 분할된다. 이 전류차이는 다음과 같다.

$$dI_{e,1}=-dI_{e,2}=\frac{V_{i,1}-V_{i,2}}{2R_e}=\frac{dV_i}{R_e} \tag{6.63}$$

$V_{i,1}$과 $V_{i,2}$사이의 차이가 양이면 T_1의 전류는 증가하고 T_2의 전류는 감소한다. 그 결과, 동일한 컬렉터 저항에 대해서 입력 전압의 차동모드 성분에 의해서 유발되는 출력전압 성분은 차동 특성을 갖게 된다.

$$-V_{o,1}=V_{o,2}=R_c\frac{dV_i}{R_e} \tag{6.64}$$

이 관계식을 통해서 특정한 용도에 대해 증폭기를 최적화시킬 수 있다. 일반적으로 목표는 동상증폭이 없는 이상적인 차동 증폭기를 구현하는 것이다. 이는 예를 들어 측정 시스템에서 공통모드 인터페이스 신호에 의한 오차를 피하기 위한 경우에 유용하다. 따라서 $R_{e,c}$값은 극대화시키며 R_e값은 최소화시켜야 한다는 것을 의미한다. 이로 인하여 궁극적으로 R_{cs}를 통과하는 공통전류를 결정하는 입력전압 $V_{c,set}$을 사용하여 전류소스모드로 구동되는 제3의 트랜지스터로 공통 이미터 저항을 대체한 그림 6.40 (b)의 구조가 만들어진다. 이 구조는 차동 증폭기의 꼬리에 추가적인 전류원을 붙였기 때문에 **롱테일 조합**(long tailed pair)이라고 부른다. 이 사례에서 이득을 가능한 최대로 증가시키기 위해서 두 개의 이미터 저항이 생략되었다. 선형성이 필요한 경우 단일 트랜지스터 전압 증폭기에서 설명했던 것처럼 이 구조에도 이미터 저항을 추가할 수 있다.

이 차동증폭기 구조는 출력들 중 하나를 선택하여 직접 사용할 수 있는 두 개의 출력전압을 내주지만 대부분의 경우 이들을 연산증폭기에 집적하여 사용한다.

6.3.3 연산증폭기

연산증폭기는 아마도 가장 중요하고 성공적인 아날로그 IC의 사례일 것이다. 연산증폭기는 측정 및 센서 시스템, 전력증폭기 및 가전제품과 전문장비 등과 같은 많은 용도에 자주 사용된다. 이런 성공은 융통성, 편이성 및 신뢰성 있는 결과를 얻을 수 있기 때문이다. 연산증폭기는 이득이 매우 큰 증폭기이지만, 항상 귀환방식으로 사용하므로 다른 모든 귀환시스템들과 마찬가지로 동적 안정성에 대한 문제를 가지고 있다. 따라서 메카트로닉스 시스템에서와 마찬가지로 동특성과 안정성의 관점에서 모든 성능문제들을 철저하게 살펴볼 필요가 있다.

6.3.3.1 연산증폭기의 기초설계

OP-앰프(OP-amp)라고 부르는 기본적인 연산증폭기는 그림 6.42에 도시되어있는 것처럼 3개의 기능적 스테이지[48]들로 구성되어 있다.

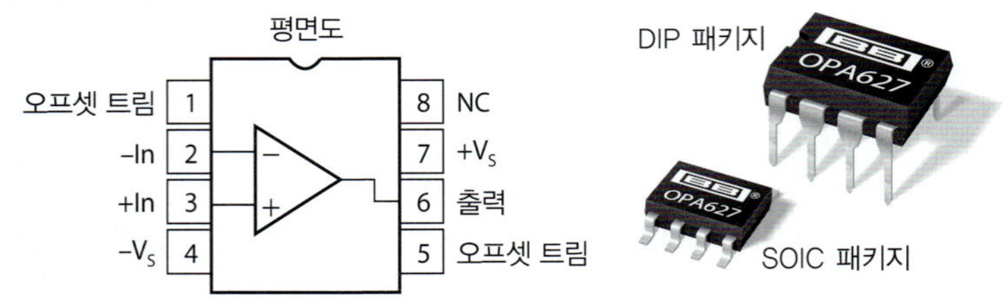

그림 6.41 연산증폭기의 심볼, 핀 배치도 및 하우징. (Courtesy of Texas Instruments)

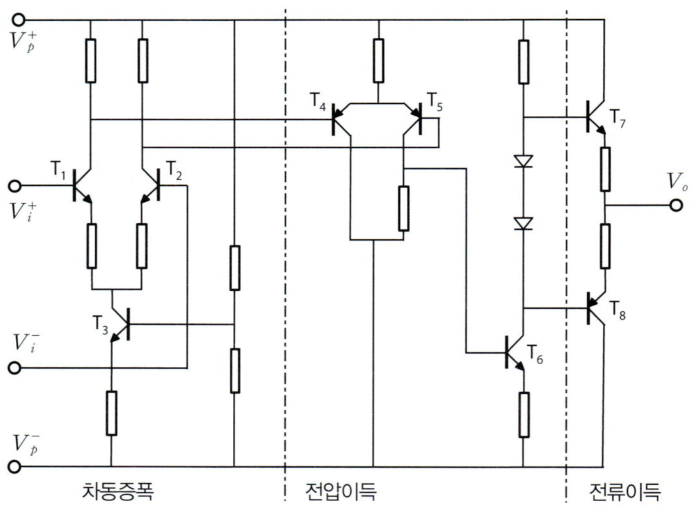

그림 6.42 쌍극성 트랜지스터, 다이오드 및 저항들로 이루어진 기본적인 연산 증폭기. 3가지 기능적 스테이지들로 구분할 수 있는데, 첫 번째 스테이지는 차동입력 전압만을 증폭하며 두 번째 스테이지에서는 최대전압이득을, 세 번째 스테이지에서는 최대 전류이득을 구현해준다.

48) 혼동을 피하기 위해서 전원, 입력 및 출력전압을 위한 전압원은 그림에 표시하지 않았지만 언급한 모든 값들은 일반적으로 전원의 접지나 0 [V]인 기준전압에 대해서 명시되어있다. 이는 전자회로에서 매우 일반적인 방식이다.

첫 번째 스테이지인 차동입력 스테이지는 T_1과 T_2를 통과하는 전류의 합을 일정하게 유지해 주는 전류원 T_3를 가지고 있는 롱테일 조합으로 설계되어있다. 이 구조는 차동모드 이득과 동상이득 사이의 비율인 **동상제거비율**(common-mode rejection ratio : CMRR)을 극대화시켜준다.

두 번째 스테이지인 T_4, T_5 및 T_6 주변의 이득 스테이지는 차동 쌍과 전압 증폭기가 조합되어있다. 이미터들 사이에 저항이 없으면 낮은 선형성과 높은 차동이득이 생성되지만, 연산 증폭기는 거의 귀환방식으로 사용되기 때문에 이는 큰 문제가 되지 않는다.[49] 이 이득을 통해서 첫 번째 스테이지에서의 전압차이가 증폭된다.

마지막 스테이지인 출력 스테이지에서는 필요한 전류를 부하에 공급할 수 있어야 한다. 이는 AB등급 푸시-풀 구조의 대칭적 출력 스테이지에 의해서 구현된다. 양의 출력전류와 음의 출력전류 사이의 교차시 발생하는 문제를 해결하기 위해서 필요한 바이어스 전압은 T_7 및 T_8의 베이스들 사이의 두 다이오드에 의해서 구현되며 수 [mA]의 공전류를 흘리면서 트랜지스터를 통전모드로 유지시켜준다.

6.3.3.2 연산증폭기를 이용한 귀환

연산증폭기는 항상 음 또는 양의 귀환과 함께 사용된다. 전자회로에서 음의 귀환을 사용하는 방법은 미국의 전기공학자인 Harold Stephen Black(1898-1983)이 1927년에 발명[11]하였으며 이 발명은 전자회로와 같은 비선형 시스템의 선형화에 결정적인 영향을 끼친 것으로 판명되었다. 6.4절에서 스위치 모드 전원의 펄스 폭 변조기의 설계에 사용할 **슈미트 트리거**(Schmitt trigger)와 같이 특별히 매우 비선형적인 기능을 구현하기 위해서 양의 귀환을 사용한다. 선형 시스템에서 귀환이라는 용어가 사용된다면 이는 일반적으로 음의 귀환을 의미하지만 능동형 필터의 경우에는 선형 시스템에 유용한 주파수응답을 구현하기 위해서 양의 귀환이 활용된다. 비반전 증폭기의 경우 음의 귀환을 적용하면 그림 6.43의 회로[50]가 만들어진다. 설정값, 출력 및 설정값을 귀환된 출력값과 비교하는 차동 스테이지 등의 고전적인 귀환제어루프를 식별할 수 있도록 회로도가 그려져 있다. 개루프 이득 $G_{a,o}$를 가지고 있는 연산증폭기의 경우 4장의 운동제어에서 설명했던 것처럼 폐루프 이득($G_{a,c}$)은 증폭기 $T(s)$의 상보감도함수와 같으며 다음과 같이 주어진다.

49) 덜 중요한 경우에만 비선형성을 무시하는 것이 허용된다. 실제의 경우, 잔류오차를 피하기 위해서 제어루프 내의 모든 요소들을 가능한 한 선형으로 설계해야 한다.

50) 연산증폭기의 모든 회로도에서 단순화를 위해서 전원은 생략한다. 따로 언급하지 않는다면 충분하며 동일한 크기의 양전압과 음전압을 공급하는 대칭전원을 사용한다고 가정한다.

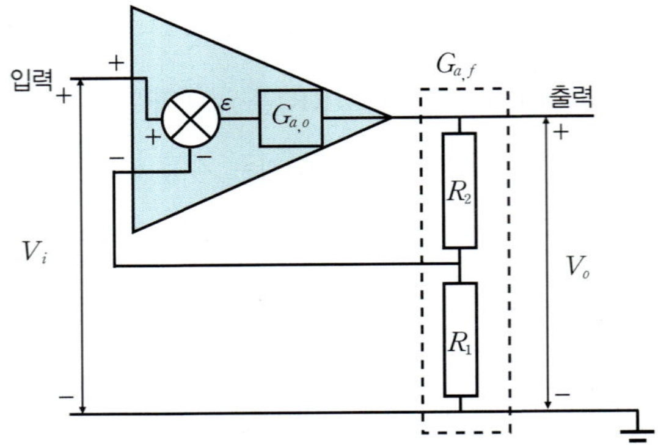

그림 6.43 연산증폭기는 귀환회로와 함께 사용된다.

$$T(s) = G_{a,c} = \frac{V_o}{V_i} = \frac{G_{a,o}}{1+G_{a,o}G_{a,f}} = \frac{1}{\frac{1}{G_{a,o}}+G_{a,f}} \tag{6.65}$$

여기서 귀환이득 $G_{a,f}$는 전압분할기에 의해서 다음과 같이 주어진다.

$$G_{a,f} = \frac{R_1}{R_1+R_2} \tag{6.66}$$

이상적인 증폭기에서 $G_{a,o}$는 무한하다. 따라서 폐루프 이득은 다음과 같아진다.

$$G_{a,c} = \frac{R_1+R_2}{R_1} \tag{6.67}$$

따라서 증폭률은 저항 R_1과 R_2의 비율에만 의존한다. 또한 $G_{a,o}$가 무한히 크다면 입력 전압들 사이의 차이는 0이 된다. 다시 말해서 **귀환위치인 음입력단에서의 전압과 기준점인 양입력단에서의 전압은 항상 동일하다.**

이런 특성은 이상적인 연산증폭기를 기반으로 하여 차동증폭기와 필터 등 설계하는 다음 절에의 사례들과 같이 대부분의 단순화 된 전자회로 설계에 활용된다.

6.3.4 연산증폭기를 이용한 선형증폭

이 절에서는 다음과 같은 이상적인 연산증폭기의 특성들을 사용하여 몇 가지 기본적인 증폭기 구조를 소개하고 있다.

- 내부 이득은 무한히 크다.($G(\infty)$로 표시)
- 입력 임피던스는 무한히 크며 입력 전류는 0이다.
- 출력 임피던스는 0이며 출력전류는 무한히 크다.
- 동상증폭은 0이다.
- 동적 한계나 오차, 옵셋 한계나 오차, 전원한계나 오차 등이 없다.

실제의 경우 이런 상태가 아니라 하여도, 대부분의 민감하지 않은 용도에서 일반적인 연산증폭기는 이 절에서 제시하는 구조를 사용할 수 있을 정도토 충분히 이상적으로 거동한다.

6.3.4.1 설계원칙

연산증폭기를 사용하여 선형회로를 설계하기 위한 다음에 제시되어있는 법칙들은 귀환 제어되는 연산증폭기의 작동원리에 대한 앞서의 설명을 완벽하게 따르고 있으며, 이 책의 전체에 걸쳐서 이상적이지 않은 증폭기를 설계할 때조차도 이 규칙을 준수한다.

1. 음의 귀환이 사용된 경우에, 음입력단 전압과 양입력단 전압은 항상 동일하다($V^+ = V^-$).
2. 회로 내로 입력되는 전류는 0이므로 회로 내의 전류는 입력 전류에 영향을 받지 않는다.

이 규칙들은 대부분의 연산증폭기 회로들의 기능을 결정하기 위한 다음의 단계들에 적용된다.

1. 음의 귀환이 존재하는지 확인한다.
2. 대부분의 경우 양입력단의 전압은 출력전압에 의해 결정되므로 양입력단에서의 전압을 계산한다.
3. 법칙 1 및 2를 적용하여 출력단에서의 전압을 계산한다.

6.3.4.2 비반전 증폭기

비반전 증폭기 구조는 앞서 그림 6.43에서 제시한 귀환된 연산증폭기와 동일한 구조를 가지고 있다. 비반전 증폭기의 단순화된 형태가 그림 6.44에 도시되어 있으며 우측의 특별한 경우는 앞서의 수동 필터 사례에서 서로 다른 필터 영역간의 상호작용을 줄이기 위해서 사용되었던 균일이득 비반전 증폭기 또는 버퍼 증폭기를 보여주고 있다.

비록 폐루프 이득은 앞에서 이미 구했지만 규칙들과 단계들을 이 구조에 적용하여 이들의 타당성을 규명해야 한다. 우선 정말로 음의 귀환이 적용되었는지를 저항 R_1과 R_2로 이루어진 전압분할기를 통해서 검증한다.

그런 다음 규칙 1을 적용하면 음입력단의 전압 V^-가 양입력단 전압 $V^+ = V_i$와 같아야만 한다.

이런 조건 하에서 R_1을 통과하는 전류 I_1은 다음과 같아야 한다.

$$I_1 = \frac{V_i}{R_1} \tag{6.68}$$

규칙 2 때문에 증폭기 속으로 유입되는 전류는 0이며, R_2를 통과하는 전류 I_2는 I_1과 같아야만 한다. 따라서 입력 전압의 함수로 표현된 출력전압은 다음과 같아진다.

$$\frac{V_o}{V_i} = G_a = \frac{I_1}{V_i}(R_1 + R_2) = \frac{R_1 + R_2}{R_1} \tag{6.69}$$

이 방정식은 앞서 구한 식 (6.67)과 같으므로 규칙이 검증되었다.

귀환경로 내의 저항을 $R_1 = \infty$와 $R_2 = 0$으로 선정하면 이득 G_a는 0이 된다. 그 결과 이 구조는 균일이득 버퍼 증폭기로 작동한다. 비반전 증폭기의 매우 중요한 성질은 음입력이 양입력을 따르도록 되어있으므로 연산증폭기의 양입력단에서의 동상입력저항과 증폭기의 개루프 이득의 곱에 의해서만 결정되는 회로의 입력저항이 매우 크다는 것이다. 개루프 입력저항은 매우 크지만, 귀환을 통하면 실제 연산증폭기

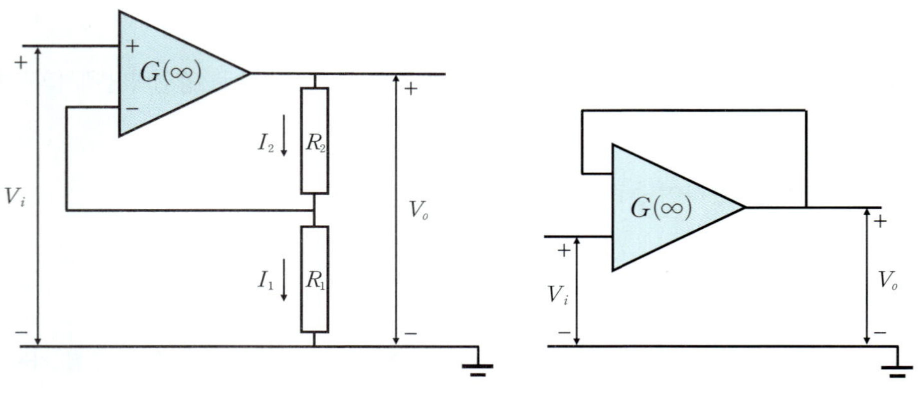

그림 6.44 비반전 증폭기는 귀환경로의 전압 분할기에 의해서 결정되는 1보다 큰 이득값을 가진다. 출력이 음입력단으로 직접 입력되면 귀환이득이 1이 되어서 균일이득 버퍼 증폭기가 만들어진다.

에서 조차도 거의 무한대가 된다. 음입력단 전압은 양입력단의 전압과 같기 때문에 차동입력 임피던스는 거의 영향을 끼치지 못한다. 이 구조는 매우 약한 센서 신호의 낮은 전압과 높은 소스 임피던스를 증폭할 필요가 있는 경우에 특히 유용하다.

반면에, 이 증폭기의 출력 저항은 이상적인 연산 증폭기의 특성 때문에 매우 낮다. 출력 저항이 작은 경우조차도 귀환 시스템의 민감도 함수에 따라서 귀환이 총 루프이득에 의한 내부 출력저항을 감소시켜 준다.

6.3.4.3 반전증폭기

반전 증폭기가 그림 6.45에 도시되어 있다. 증폭특성은 다음과 같이 계산된다.

규칙 1에 따라서 음의 귀환을 검사해 보면 R_2를 통해서 음의 귀환이 이루어짐을 확인할 수 있다. 양입력단이 접지와 연결되어 있으므로 양입력 전압은 0이다.

규칙 1에 따라서 $V^+ = V^- = 0$이 되도록 출력이 작동하며 이를 근거로 하여 옴의 법칙을 적용하면 R_1을 통과하는 전류 I_1을 계산할 수 있다.

$$I_1 = \frac{V_i - V^-}{R_1} = \frac{V_i}{R_1} \tag{6.70}$$

I_2와 출력전압 사이에는 다음과 같은 관계가 성립된다.

$$I_2 = \frac{V^- - V_o}{R_2} = -\frac{V_o}{R_2} \tag{6.71}$$

R_2를 통과하는 전류 I_2는 I_1과 같으므로 규칙 2를 사용하면 회로의 폐루프 이득은 다음과 같이 구해진다.

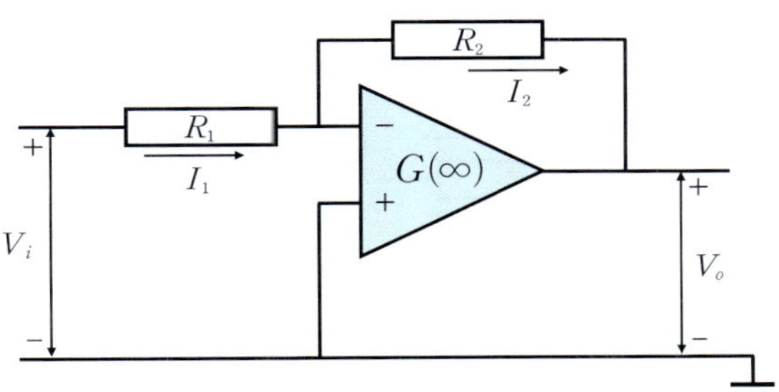

그림 6.45 반전 증폭기에서 출력은 입력과 반대 부호를 가진다.

$$I_1 = I_2 = \frac{V_i}{R_1} = -\frac{V_o}{R_2} \Rightarrow G_a = \frac{V_o}{V_i} = -\frac{R_2}{R_1} \tag{6.72}$$

입력 신호와는 반대 부호인 음의 부호로 인하여 출력 신호는 증폭 및 반전된다는 것을 알 수 있다. 비반전 증폭기에서와는 달리, $R_2 < R_1$이 되도록 저항값을 선정하면 폐루프 귀환이득을 1보다 작게 만들 수 있다.

반전 증폭의 가장 큰 단점은 입력 저항이 R_1으로 비교적 작다는 것이다. 따라서 이 구조는 낮은 입력 저항이 문제를 일으키지 않으며 반전특성이 필요한 경우에 활용된다. 이 회로는 또한 신호를 합산 하거나 차감할 때에도 유용하다.

6.3.4.4 신호의 합산과 차감

연산 증폭기의 매우 강력한 적용사례가 그림 6.46에 도시된 구조를 통해서 신호를 합산 및 차감할 수 있는 능력을 기반으로 하고 있다.

증폭 특성은 다음과 같이 계산된다. 여기서도 규칙들이 적용된다. 음의 귀환이 사용되며 양입력단의 전압이 음입력단의 전압과 같다.($V^+ = V^- = 0$)

규칙 2 때문에 아무런 전류도 증폭기 입력단 내부로 흘러들어갈 수 없으며 저항을 통과하는 전류는 키르히호프의 1법칙을 따른다.

$$I_1 + I_2 + I_3 - I_4 = 0 \Rightarrow I_1 + I_2 + I_3 = I_4 \tag{6.73}$$

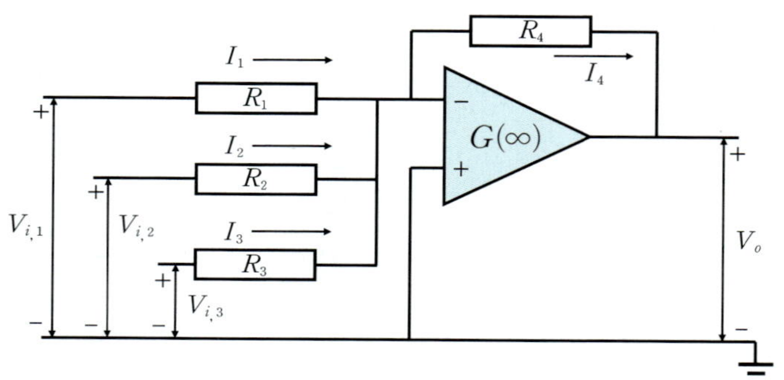

그림 6.46 음입력단에 가상 접지처럼 작용하는 서로 다른 입력들의 전류를 덧붙임으로서 신호의 합산을 구현할 수 있다. $R_1 = R_2 = R_3 = R$인 경우에 출력 신호는 모든 입력신호를 합하여 R_4/R배 만큼 증폭한 후에 부호를 반전시킨 값과 같아진다.

옴의 법칙을 적용하면 이 전류는 서로 다른 전압과 저항값들로부터 다음과 같이 계산할 수 있다.

$$\frac{V_{i,1}}{R_1}+\frac{V_{i,2}}{R_2}+\frac{V_{i,3}}{R_3}=-\frac{V_o}{R_4} \tag{6.74}$$

이를 통해서 다음과 같은 출력 전압이 구해진다.

$$V_o=G_{a,1}V_{i,1}+G_{a,2}V_{i,2}+G_{a,3}V_{i,3}=-\frac{R_4}{R_1}V_{i,1}-\frac{R_4}{R_2}V_{i,2}-\frac{R_4}{R_3}V_{i,3} \tag{6.75}$$

반전합산 구조에서 출력은 음입력단 전압을 접지된 양입력단 전압과 동일하게 유지시켜 주므로 음입력단은 **가상접지**(virtual ground)처럼 작용한다. 따라서 한쪽 입력단의 신호가 다른 입력단 신호에 영향을 받지 않는다. 이는 신호들이 너무 민감하여 비선형성에 의해서 다른 전압들이 출력에 간섭을 유발할 수 있는 소스들을 합산할 때에 특히 유용하다. 이것은 비반전 증폭기와는 다른 특성이다.

신호를 차감할 때에는 그림 6.47에 도시되어 있는 회로를 사용할 수 있다. 이 회로는 비반전 및 반전 증폭기 구조의 조합을 하나의 연산 증폭기 내에서 구현한 것이다. 표준규칙을 이 증폭기의 계산에도 적용할 수 있다.

첫 번째 단계는 음의 귀환에 R_2가 사용되었음을 확인하는 것이다.

다음 단계는 양입력단의 전압을 계산하고 직접 규칙 1에 적용하는 것이다.

$$V^-=V^+=V_{i,2}\left(\frac{R_2}{R_1+R_2}\right) \tag{6.76}$$

규칙 2를 사용하면 옴의 법칙과 키르히호프의 1법칙을 통해서 출력전압 V_o와 첫 번째 입력전압 $V_{i,1}$ 및 V^- 사이의 관계를 구할 수 있다.

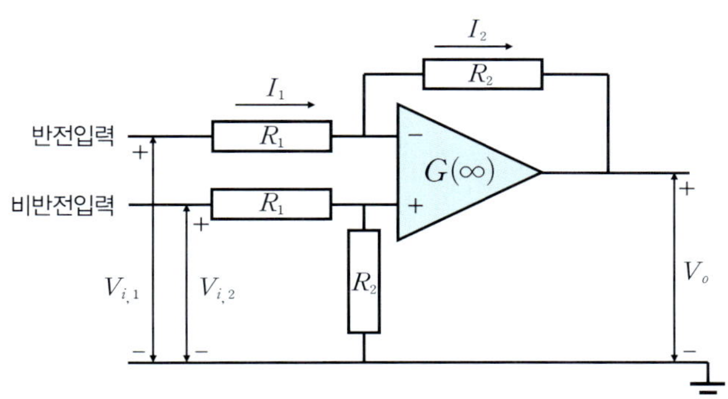

그림 6.47 비반전 구조와 반전 구조를 조합하며 연산증폭기의 양입력단과 음입력단을 동시에 사용하여 신호의 차감을 구현한다.

$$I_1 - I_2 = \frac{V_{i,1} - V^-}{R_1} - \frac{V^- - V_o}{R_2} = 0 \tag{6.77}$$

여기서 I_2의 음의 부호는 그림 6.47에서 I_2에 대해서 정의된 화살표 방향 때문에 만들어진다. 약간의 계산을 통해서 이 방정식을 V^-에 대해서 정리할 수 있다.

$$V^- = V_o \frac{R_1}{R_1+R_2} + V_{i,1} \frac{R_2}{R_1+R_2} \tag{6.78}$$

V^-에 식 (6.76)을 대입하면 3개의 전압 사이의 관계를 구할 수 있다.

$$V_{i,2}\left(\frac{R_2}{R_1+R_2}\right) = V_o \frac{R_1}{R_1+R_2} + V_{i,1} \frac{R_2}{R_1+R_2} \quad \Rightarrow \quad R_1 V_o = R_2(V_{i,2} - V_{i,1}) \tag{6.79}$$

따라서

$$V_o = \frac{R_2}{R_1}(V_{i,2} - V_{i,1}) \tag{6.80}$$

비반전 증폭과 반전 증폭기 구조 사이의 증폭방식 차이 때문에 귀환회로의 저항들이 $V_{i,2}$ 뒤에 연결된 R_1과 R_2로 이루어진 전압 분할기와 동일한 저항값을 가져야만 한다. 때로는 단순화를 위해서 양입력단의 저항들을 생략하는 실수를 저지르기도 한다. 이런 경우에 비반전 입력 신호의 이득이 반전입력 신호에 비해서 더 커지며, 그에 따른 높은 동상증폭이 초래된다. 모든 저항값들이 동일한 값을 갖는 이상적인 상태에서는 동상증폭이 0이 된다.

이런 단일 연산증폭기 차동구조의 단점은 두 입력신호의 부하편차가 발생한다는 점이다. 양입력의 입력 임피던스는 R_1+R_2인 반면에 음입력의 입력 임피던스는 R_1일 뿐이다. 더욱이 전류 I_1은 $V_{i(1)}$과 $V_{i(2)}$ 모두에 의해서 결정되므로 $V_{i(2)}$가 $V_{i(1)}$으로부터의 전류에 영향을 끼친다. 만일 $V_{i(1)}$의 전원이 전압에 의존적인 임피던스를 가지고 있다면 이로 인하여 문제가 발생된다. 이런 경우에는 이 신호원과 반전입력 사이에 별도의 균일이득 버퍼 증폭기를 설치하여 문제를 해결할 수 있다. 8장에서 소개할 계측용 증폭기의 경우, 차동 증폭기는 각각의 입력마다 하나씩 총 두 개의 특수한 버퍼 증폭기를 사용하여 동상제거비율을 극대화시키면서 이 문제를 가장 명쾌하게 해결하였다.

6.3.4.5 전치증폭기

측정 시스템에 사용되는 몇 가지 센서들은 측정값의 함수로 전류 신호를 송출한다. 이런 센서들의 출력 임피던스는 전류원의 특성에 따라서 매우 높은 값을 가질 수 있으며, 많은 경우에 측정 전류를 전압으로 변환시킬 필요가 있다. 이런 변환을 전류-전압 변환(I→V)이라고 부르며 전류제어 전압원 또는 **전치(transimpedance)증폭기**라고도 부른다.

전류-전압 변환기의 가장 단순한 형태는 그림 6.48에서와 같이 접지와 연결된 부하저항을 사용하는 것이다. 저항 양단의 전압은 옴의 법칙에 따르면 $V_o = I_1R$과 같다.

이 단순한 구조는 두 가지 단점을 가지고 있다. 무엇보다도 전류신호가 매우 약한 경우에 에너지 증폭이 없다는 것이고, 두 번째로는 이를 통해서 얻어지는 전압에 입력 전류원의 특성이 반영된다는 것이다. 이 전류원이 이상적이지 못하여 유한한 출력 임피던스를 가지고 있는 경우에 전압은 전류에 영향을 끼친다.

이런 문제를 해결하기 위해서는, 그림 6.48의 우측에 도시되어 있는 것처럼 변환과정에 연산증폭기를 사용할 수 있다. 이 구조는 반전 증폭기와 유사하지만 입력 저항이 없다. 이는 전류원의 임피던스는 대부분의 경우 일반적인 반전 증폭기의 입력 저항보다 훨씬 더 크며 이들이 직렬로 연결되어서 저항값이 작은 저항은 생략할 수 있기 때문이다.

연산증폭기의 규칙에 따르면, 음입력단 전압이 접지와 연결되어 0[V]인 양입력단 전압과 동일해 지도

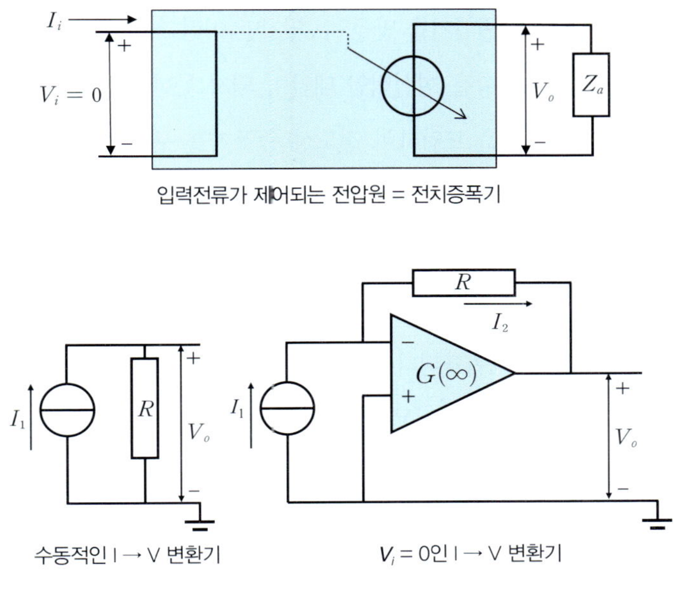

그림 6.48 전류-전압 변환기는 입력 전류로부터 출력 전압을 생성한다. 접지와 연결된 부하저항이 수동적인 I → V 변환기처럼 작용한다. 연산증폭기를 사용하면 신호에 에너지를 더해주며 전류원에 전압을 부가하지 않는 변환기를 만들 수 있다.

록 증폭기의 출력이 작동한다. 연산증폭기 입력단을 통해서 내부로 인입되는 전류가 0이므로 귀환 저항을 통과하여 흐르는 전류 I_2가 입력단 전류 I_1과 같아지도록 출력 전압이 생성된다.

단순히 저항만을 사용하는 경우와의 차이점은 명확하다. 음입력단에서 입력전류의 가상접지로 인하여 입력 전류원의 전압을 0 V로 유지할 수 있어서 완벽하지 못한 전류원을 사용한다고 하여도 아무런 문제가 되지 않는다. 더욱이 증폭기는 신호에 에너지를 더해준다. 단지 부호만 바뀔 뿐이므로 양의 입력전류로 인하여 음의 출력전압 $V_0 = -I_1R$이 생성된다.

이 능동구조는 전류가 통과해야만 하는 입력단과 출력단 사이에서 임피던스처럼 작동하기 때문에 이 증폭기를 **전치증폭기**(transimpedance amplifier)라고 부른다.

6.3.4.6 전도성증폭기

5장에 따르면 전자석 작동기가 힘을 제어하기 위해서는 제어된 전류가 필요하다. 이런 경우 작동기에 부가되는 전압에 무관하게 제어전압을 전류로 변환시켜주는 변환기가 필요하다. 이런 변환기를 전압-전류(V→I)변환기라고 부르며 전압이 제어된 전류원 또는 **전도성**(transconductance) 증폭기라고도 부른다. 전도성 증폭기라는 이름은 **전도도**(conductance)가 **임피던스**(impedance)의 역수이기 때문에 전치증폭기와는 반전된 특성을 가지고 있어서 붙여진 이름이다. 비록 원리상으로는 전압원과 부하 사이에서 높은 저항값을 갖는 직렬 저항으로 이루어진 변환기를 만들 수 있지만 이런 저항은 신호의 에너지를 저감시키기 때문에 작동기를 제어할 때에 직렬 저항은 현실적인 대안이 되지 못한다. 그림 6.49에서와 같이 연산 증폭기의 귀환 루프에 전류측정용 저항을 도입하여 전도성 증폭기를 구현할 수 있다. 이 증폭기는 비반전과 반전의 두 가지 구조로 구현할 수 있다. 저항값 R_{cs}가 작은 측정용 저항이 부하 및 증폭기의 출력단자와 직렬로 연결된다. 반전형 구조는 지배방정식이 더 쉽고 원리를 이해하기에 적합하기 때문에 더 자세히 살펴봐야 한다. 전류 I_o는 이 저항기를 통해서 $V_{cs} = I_oR_{cs}$인 전류감지전압을 생성한다.

이 전압은 증폭기의 음입력단으로 귀환된다. 증폭기는 규칙 1을 따르며 증폭기의 구조는 반전 증폭기처럼 설계되어있기 때문에 음입력단 전압이 0 [V]인 양입력단 전압과 같게 되도록 작동한다. 이런 설계로 인하여 R_{cs} 양단의 전류측정전압 V_{cs}는 다음과 같이 유지된다.

$$V_{cs} = -V_i\left(\frac{R_2}{R_1}\right) \tag{6.81}$$

이 전압을 만들어내기 위해서 증폭기는 작동기와 R_{cs}를 통해서 다음과 같은 출력전류를 공급할 필요가 있다.

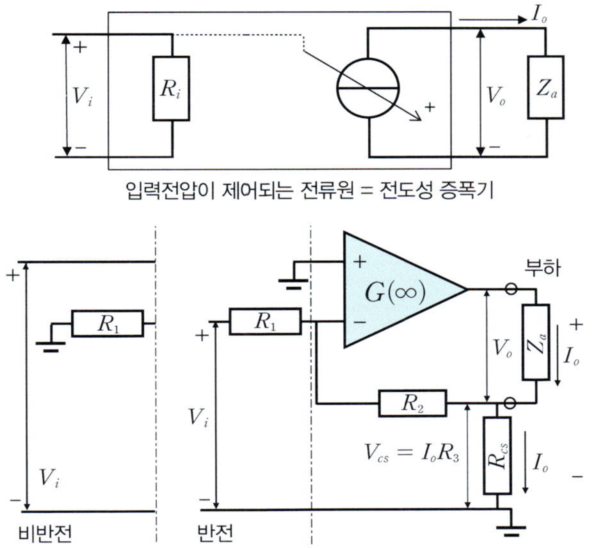

그림 6.49 전도성 증폭기는 입력전압에 의해서 제어되는 전류를 송출한다. 이 전류원 형태의 출력특성은 크기가 작은 저항을 사용하여 출력 전류를 측정하며 이 측정신호를 연산 증폭기의 귀환 루프에 사용하여 구현할 수 있다. 비반전 및 반전 구조 모두 구현할 수 있다.

$$I_o = \frac{V_{cs}}{R_{cs}} = -V_i\left(\frac{R_2}{R_1 R_{cs}}\right) \tag{6.82}$$

따라서 부하를 통과하여 흐르는 전류는 입력전압과 저항값에 의해서만 결정된다. 이 단순한 변환기는 부하의 어느 한쪽도 접지와 연결되어있지 않다는 한가지 단점을 가지고 있다. 따라서 부하는 **부유**(floating)하며 부하측 단자에서의 전압은 부하 양단의 동상전압처럼 작용하는 전류측정용 저항의 전류와 전압 모두에 의해서 결정된다.

■ 접지기준 부하

많은 경우 부하의 한쪽 단자를 접지시키는 것을 선호한다. 이는 작동기의 내부적으로 접지되어 있는 간섭 방지용 커패시터가 간섭 레벨을 저감해주는 사례나, 다수의 작동기들을 하나의 접지로 결합할 수 있다는 현실적인 이유 등에서 그 이유를 찾을 수 있다. 그림 6.50에 도시되어 있는 구조는 부하와 전류측정용 저항의 위치를 서로 바꿔서 이 목적을 이루고 있다. 이런 자리바꿈을 통해서 전류측정용 저항기가 부유하게 되며, 이로 인하여 전류제어가 약간 복잡하게 되어버린다. 이런 경우에 전류는 입력전압과 부하전압 모두에 의해서 결정되기 때문에 더 이상 전류측정용 저항의 한쪽 단자에서의 전압을 사용하여 전류를 구할 수 없게 된다. 대신에 전류측정용 저항 양단에서의 전압차이를 측정하여 전류를 구한다. 그림에 도시되어있는 회로는 전류를 일정하게 유지하기 위해서 OP1의 입력에 대한 부하측에서의 출력전압 V_0의 양의 귀환을 사용한다. 이는 반전형식의 경우에 OP1의 입력단 전압으로부터 OP1의 출력단 전압 V_1을 계산하여 설명할 수 있으며, 규칙 1에 따르면 이들은 동일한 값을 가진다.

$$V^- = V^+ = V_o \frac{R_3}{R_3+R_4} \tag{6.83}$$

$$V_1 = V_i - I_i(R_1+R_2) = V_i - \frac{V_i - V^-}{R_1}(R_1+R_2) \tag{6.84}$$

$$= V_i - (V_i - V^-)\frac{R_1+R_2}{R_1}$$

저항값은 $R_1/(R_1+R_2) = R_3/(R_3+R_4)$가 되도록 선정한다. 식 (6.83)과 (6.84)를 조합하면 다음 식을 얻을 수 있다.

$$V_1 = V_i - \left(V_i - V_o \frac{R_3}{R_3+R_4}\right)\frac{R_1+R_2}{R_1} = V_i\left(1 - \frac{R_1+R_2}{R_1}\right) + V_o \tag{6.85}$$

$$= V_o - \frac{R_2}{R_1} V_i$$

따라서 R_{cs} 양단의 전압차이 $V_{cs} = V_1 - V_o$는 부하에 무관하게 입력전압과 R_1 및 R_2 사이의 비율에 의해서 결정된다. 이로 인하여 전류 I_o는 부하에 의존하지 않는 전류원처럼 작동하며, 다음 식으로부터 이를 검증할 수 있다.

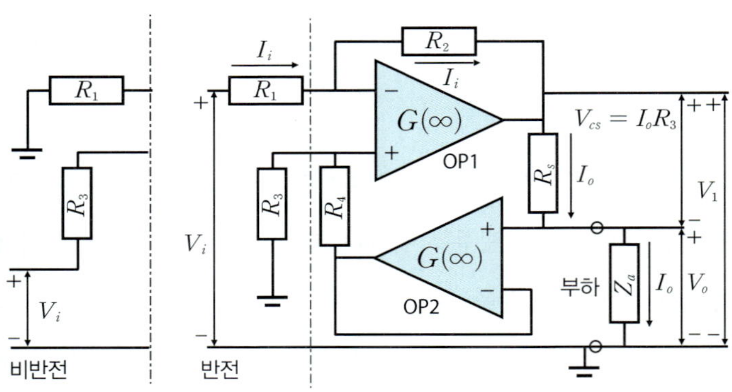

그림 6.50 접지부하를 갖추고 있는 전도성 증폭기는 부하 양단의 전압에 대해서 양의 귀환보상을 하는 부유식 측정저항을 필요로 한다. 비반전 및 반전구조 모두 구현할 수 있다.

$$I_o = \frac{V_{cs}}{R_{cs}} = \frac{V_1 - V_o}{R_{cs}} = -\frac{R_2}{R_1 R_{cs}} V_1 \tag{6.86}$$

이는 식 (6.82)와 같다. 이 구조에 대해서는 몇 가지 유의할 점이 있다. 우선 $R_1/(R_1+R_2) = R_3/(R_3+R_4)$여야만 한다. 이를 준수하지 않으면 전압은 부하에 영향을 받게 된다. 두 번째로 두 증폭기와 부하의 전기동력학적 성질이 안정성에 영향을 끼친다. 양의 귀환을 사용하면 불안정성이 증가할 위험이 증가하며 이는 부하가 없어서 연결이 끊어진 시스템에 대한 사고실험을 통해서 확인할 수 있다. 이 경우 양의 귀환이 항상 V_1이 V_o보다 커지도록 작용하는 반면에 R_{cs}를 통과해서는 아무런 전류도 흐르지 못하기 때문에 이 전압차이가 생성되지 못하므로 변환기의 전압이득은 무한히 커진다.

더욱이 R_1을 접지시키고 입력전압을 R_3에 부가하면 이 구조를 손쉽게 동일한 이득을 가지고 있는 비반전 증폭기로 변환시킬 수 있다. 어떤 저항도 접지시키기 않은 상태에서 R_1과 R_2에 각각 입력신호를 부가하면 회로는 6.3.4.4절에서 소개한 차동증폭기와 유사한 차동형 전압 → 전류 변환기처럼 작동한다. 이에 대한 연산증폭기의 설계규칙을 사용한 수학적 검증은 독자의 몫으로 남겨둔다.

전도성 증폭기는 메카트로닉스 위치결정 시스템에서 매우 중요한 요소이므로 6.4.2절의 선형 전력증폭기에서 안정성과 관련되어 전기동력학적 문제에 대한 사례를 통해서 자세히 살펴보기로 한다.

6.3.5 능동형 전자필터

지금까지 예시된 증폭기들은 모두 폐루프 주파수응답을 결정하기 위해서 순수한 저항들만 사용되었다. 원리상 주파수 의존적 거동을 구현하기 위해서 이 저항들을 복소 임피던스를 가지고 있는 소자로 대체할 수 있다. 수동필터처럼 커패시터와 인덕터를 사용할 수 있지만, 연산증폭기의 능동적 특성으로 인하여 크고 고가인 인덕터를 사용하지 않고 커패시터와 저항만을 사용해서도 모든 종류와 차수의 필터를 구현할 수 있다. 이 분야도 매우 광범위하기 때문에 이 책에서는 엄격한 주제선정이 필요하다. 사례에는 단순 1차 필터, 아날로그 PID 제어기, 그리고 능동 2차 필터 등이 선정되었는데, 그 이유는 이들이 메카트로닉스 시스템에서 가장 자주 사용되는 구조들을 충분히 대표할 수 있기 때문이다.

6.3.5.1 적분기와 1차 저역통과 필터

대부분의 필터들은 그림 6.45에 도시되어 있는 반전 증폭기를 기반으로 한다. 적분기와 이에 관련된 1차 저역통과 필터가 그림 6.51에 함께 도시되어 있는데, 이들은 단지 저항 한 개만 다를 뿐이다.

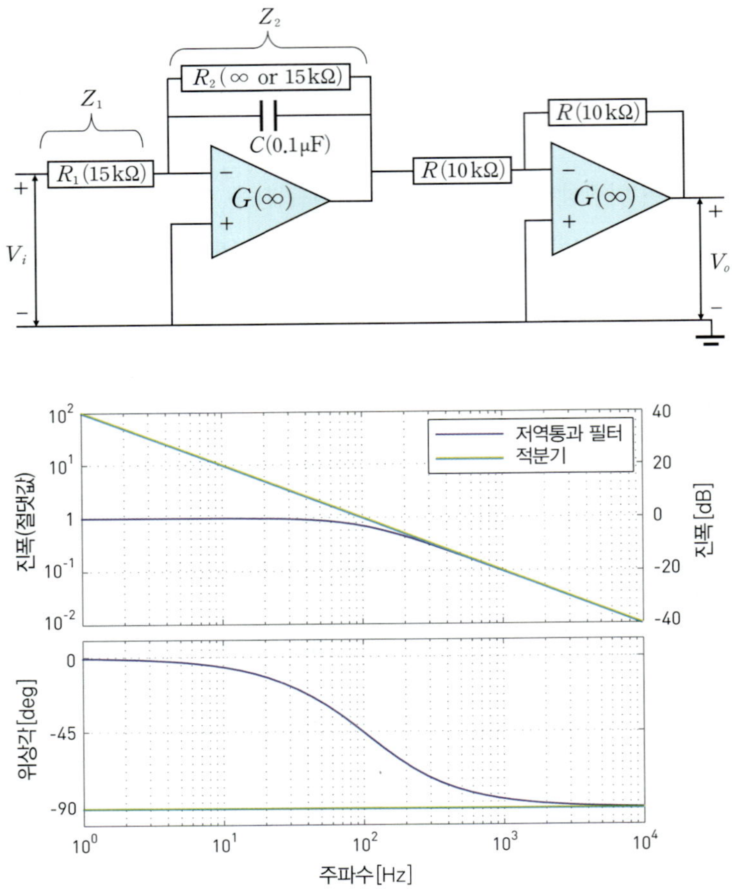

그림 6.51 저항 R_2가 무한히 큰 경우에 반전증폭기의 귀환경로 내에 설치된 커패시터는 적분기를 생성한다. R_2 값이 유한한 경우에는 1차 저역통과 필터가 만들어진다. 보드선도에서는 제시된 수동소자 값들에 대한 두 주파수응답을 보여주고 있다. 이득이 −1인 두 번째 반전증폭기는 첫 번째 반전증폭기의 반전을 보정해 준다.

옴의 법칙은 복소 임피던스에 대해서도 통용되기 때문에 식 (6.72)에 따른 반전 증폭기의 전달함수는 다음과 같이 나타낼 수 있다.

$$G_a(s) = -\frac{Z_2}{Z_1} \tag{6.87}$$

커패시터를 이 임피던스들 중 하나에 추가하면, 전달함수는 주파수에 의존하게 된다. 만일 예를 들어 R_2가 무한히 크며 커패시터가 이와 병렬로 연결된다면 반전 증폭기는 다음과 같은 전달함수와 주파수응답을 갖는 반전 적분기가 되어버린다.

$$G_I(s) = -\frac{Z_2}{Z_1} = -\frac{1}{sR_1C},\ G_I(\omega) = -\frac{1}{j\omega R_1C} \tag{6.88}$$

이 음의 부호를 보상하기 위해서 두 번째 반전 증폭기를 덧붙인다. 이를 통해서 적분기의 180° 위상각 반전[51]으로 인한 혼동을 피할 수 있다. 결과적으로 다음과 같이 반전이 없는 적분기가 만들어진다.

$$G_I(\omega) = \frac{1}{j\omega R_1C} \tag{6.89}$$

보드선도에서 이 비반전 적분기는 균일이득 교차주파수 $\omega_0 = 2\pi f_0 = 1/R_1C$에서 0 [dB]와 교차하며 이보다 높은 전체 주파수 대역에서 −90°의 위상지연을 나타내는 기울기가 −1인 직선을 생성한다.

C 위쪽에 설치된 저항 R_2값이 무한대보다 작아지면 저주파 대역에서의 증폭비를 제한하기 때문에 1차 저역통과 필터가 만들어진다. 병렬 연결된 R_2와 C를 포함하는 Z_2를 계산하며 두 번째 반전증폭기로 인한 이득 −1을 고려하면 주파수응답을 구할 수 있다.

$$F(\omega) = \frac{V_o}{V_i} = \frac{Z_2}{Z_1} = \frac{1}{R_1\left(\frac{1}{R_2} + j\omega C\right)} = \frac{R_2}{R_1}\frac{1}{(1+j\omega R_2C)} \tag{6.90}$$

위 식은 코너 주파수 $\omega_0 = 2\pi f_0 = 1/\tau$ 이하의 통과대역에서 RC−시상수 $\tau = R_2C$와 이득 R_2/R_1를 가지고 있는 1차 필터를 나타낸다. f_0에서 이득은 −3 [dB]이며 이보다 높은 주파수에서 기울기는 적분기와 같이 −1을 나타낸다. 그림에 적시된 값의 수동요소들을 사용한 경우의 보드선도에서 통과대역 이득은 1이며 $f_0 = 100$ [Hz]이다.

적분기와 저역통과 필터의 보드선도를 서로 맞춰서 그 결과를 서로 비교하기 위해서 동일한 R_1 및 R_2 값을 선정했기 때문에 적분기의 균일이득 교차주파수 ω_0와 저역통과 필터의 코너−주파수 ω_0는 그림 6.51의 보드선도에서 동일하다. 일반적인 반전 및 비반전 증폭기에서 조차도 거의 항상 작은 용량의 커패시터가 연산증폭기의 귀환 저항기와 병렬로 설치된다. 이는 두 가지 이유 때문이다. 우선 메카트로닉스 시스템에서 기계구조의 고주파 대역에는 바람직하지 않은 다수의 동적 고유모드들이 존재하기 때문에 관심대역 이상의 고주파를 증폭하는 것은 결코 유용하지 않다. 두 번째 이유는 모든 전자 증폭기들이 이상적이지 않은 동적 성능을 가지고 있기 때문이다. 필터를 다루는 다음 절에서 이에 대해서는 더 자세히 설할 예정이지만, 귀환경로에 위치한 커패시터가 루프의 미분작용을 결정한다는 것을 미리 알고 있으면 유용하다.

51) 이 추가적인 반전은 여러 개의 반전 필터와 증폭기들이 연결되어 있는 복잡한 필터에서는 필요 없다. 이런 경우에는 최종적인 신호가 여전히 반전되어 있는 경우에만 최종적으로 반전 증폭기를 추가한다.

이 미분이 폐루프 시스템의 안정성을 향상시켜 주는 위상 앞섬을 만들어준다. 커패시터의 이러한 미분작용은 커패시터 내부로 유입되는 전류는 전압보다 앞서기 때문이며 미분기에 대한 다음의 사례를 통해서 더 명확히 설명할 수 있다.

6.3.5.2 미분기와 1차 고역통과 필터

반전증폭기와 동일한 구조를 사용하여 미분기 및 이와 거의 동일한 동일한 1차 고역통과 필터를 만들 수 있으며, 이 경우에는 그림 6.52에서와 같이 전향 경로상에 커패시터가 설치된다.

R_1 값이 0인 경우에는 순수한 미분기가 만들어진다. 여기에 −1의 이득을 가지고 있는 두 번째 반전증폭기를 설치하면 전달함수와 주파수 응답은 다음과 같이 주어진다.

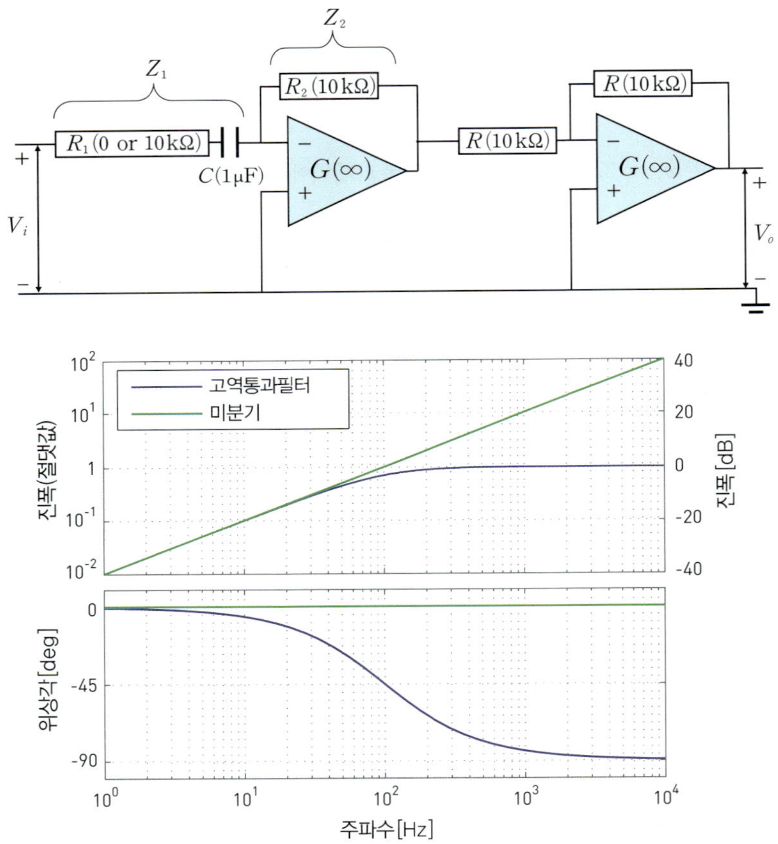

그림 6.52 반전 증폭기의 전향 경로상에 설치된 커패시터는 R_1의 저항값이 0일 때에 미분기를 형성한다. R_1의 저항값이 큰 경우에는 1차 고역통과 필터가 만들어진다. 그림에 적시된 값의 수동요소들을 사용하였을 때의 두 전달함수의 보드선도가 그림에 도시되어 있다.

$$G_D(s) = \frac{Z_2}{Z_1} = sR_2C, \ G_D(\omega) = j\omega R_2C \tag{6.91}$$

보드선도에서 이 함수는 균일이득 교차 주파수 $\omega_0 = 1/R_2C$에서 0 [dB]와 교차하며 이후의 전체 주파수 대역에서 90°의 위상 앞섬을 가지고 있는 기울기가 +1인 직선을 생성한다.

정의에 따르면 무한히 높은 주파수에서 이득이 무한대가 되어야 하기 때문에 순수한 전자식 미분기는 일반적으로 구현할 수 없다. 또한 고주파 대역에서 미분기의 이득을 제한할 수단이 필요하며, 고주파 미분은 실제적인 실용성도 없다. 이득 제한은 직렬저항 R_1을 추가하여 실현할 수 있으며, 이로 인하여 1차 고역통과 필터가 만들어진다. −1의 이득을 가지고 있는 두 번째 반전증폭기를 포함한 전체 회로의 주파수응답은 다음과 같이 구해진다.

$$F(\omega) = \frac{V_o}{V_i} = \frac{Z_2}{Z_1} = \frac{R_2}{\dfrac{1}{j\omega C} + R_1} = \frac{R_2}{R_1}\frac{1}{1 + \dfrac{1}{j\omega R_1C}} = \frac{R_2}{R_1}\frac{j\omega R_1C}{1 + j\omega R_1C} \tag{6.92}$$

이 식은 코너−주파수 $\omega_0 = 1/\tau$ 이상의 통과대역에서 RC−시상수 $\tau = R_1C$와 이득 R_2/R_1을 가지고 있는 1차 필터를 나타낸다. ω_0에서 이득은 −3 [dB]이며 그보다 낮은 주파수에서는 미분기와 마찬가지로 +1의 기울기를 가진다. 그림에 적시된 값의 수동 요소들을 사용한 경우의 보드선도가 그림에 도시되어 있으며, 여기서 통과대역 이득은 1이고 $\omega_0 = 100$ [rad/s]이다.

6.3.6 아날로그 PID 제어기

고속 디지털 제어기가 나오기 전에는 PID 제어기능을 구현하기 위해서 연산증폭기가 사용되었다. 그림 6.53에서는 이런 회로의 사례가 예시되어 있는데, 여기에는 앞서 설명했던 미분기와 적분기가 조합되어 있다.

이 회로의 전달함수를 유도하기 전에 우선, 회로에 사용된 수동요소들의 값을 이용하여 세 가지 제어 요소들을 살펴보기로 한다. 이들은 4장에서 D−제어작용의 1차 조절에 대해서 논의했던 것처럼 PID 제어기에 대한 경험법칙을 통해서 선정된다. 이 제어기를 기계공학 분야에서 사용할 예정이기 때문에 보드선도에서 주파수는 헤르츠로 표시하며 진폭은 [dB] 대신에 절댓값으로 나타내기로 한다.

0 [Hz]에서 시작해 보면 I−제어 시스템에서 예측했던 것처럼 커패시터의 임피던스는 무한대이며 회로의 이득 역시 무한대가 된다. 주파수가 증가함에 따라서 C_1의 임피던스는 여전히 병렬 연결된 저항 R_3

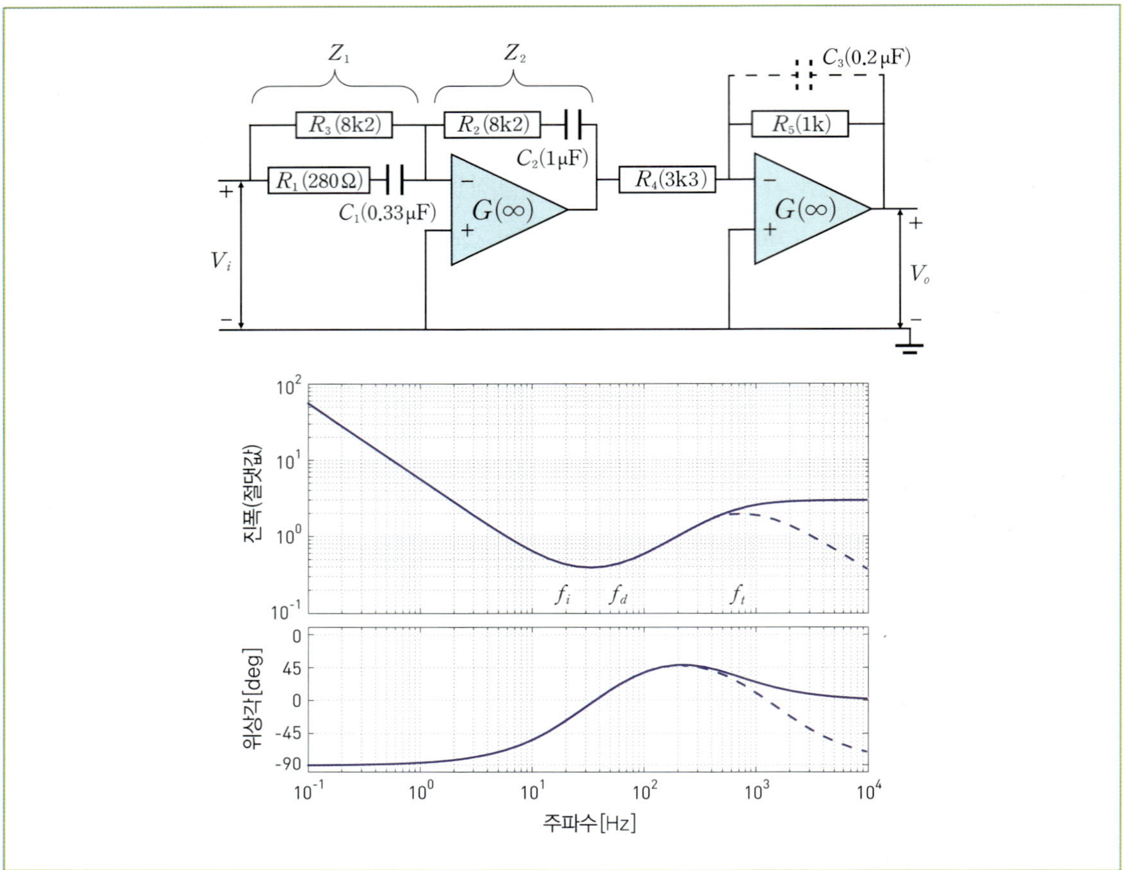

그림 6.53 아날로그 PID-제어기와 주파수응답에 대한 보드선도. 저항과 커패시터에 지정된 값들은 PID-제어기의 균일이득 주파수가 200[Hz]가 되도록 질량제어 시스템에 대해서 경험적으로 선정된 값들이다. 실제의 경우 비례이득은 200[Hz]에서 플랜트의 실제 이득에 대해서 보정되어야만 한다. 시스템에 추가적인 극점이 필요한 경우에는 커패시터 C_3를 사용할 수 있다.(보드선도의 점선)

에 비해서 무시할 정도이기 때문에 C_2의 임피던스가 제어기의 이득을 지배하게 된다. 그 결과, 보드선도 상에서 이득은 −1의 기울기를 나타내어 I−제어작용임을 확인할 수 있다. 적분기의 코너−주파수인 $f_i = \omega_i/2\pi = 1/(2\pi R_2 C_2) \approx 20\,[\text{Hz}]$에서 C_2의 임피던스는 R_2의 임피던스보다 작아지며 기울기는 음에서 수평으로 변한다. 미분기의 코너−주파수인 $f_d = \omega_d/2\pi = 1/(2\pi R_3 C_1) \approx 60\,[\text{Hz}]$에서 C_1의 임피던스는 R_3의 임피던스보다 작아지면서 그에 따른 미분 작용으로 인해 보드선도에 +1의 기울기가 나타나며 C_1의 임피던스가 R_1보다 작아지는 조절된 코너−주파수인 $f_t = \omega_t/2\pi = 1/(2\pi R_1 C_3) \approx 600\,[\text{Hz}]$에 도달하면 미분작용이 종료된다(조절된 PID−제어). 공진하는 고유모드를 사용한 복잡한 시스템의 운동제어에 대해서 설명하고 있는 4.3.6.2절에서와 같이, 위상을 시프트 시키기 위해서 R_5에 커패시터 C_3를 설치하여 극점을 추가할 수 있다.

4장의 PID 제어에서 설명하였듯이, 미분작용은 균일이득 교차주파수에서의 이득을 추가시킨다. 지금의 사례에서는 비례이득을 이 추가적인 이득에 대해서 보정하기 위해서 두 번째 반전증폭기가 사용된다. 제어기의 최대 위상 앞섬은 이득이 1인 200 [Hz]의 교차주파수에서 발생한다. 이 값은 이 사례를 위해 선정된 것이다. 대부분의 실제경우에는 플랜트의 낮은 이득을 보상하기 위해서 큰 비례이득이 필요하다. 두 번째 반전 증폭기의 저항을 바꾸어서 회로를 이 이득으로 변화시킬 수 있다.

6.3.6.1 PID 전달함수

전자식 PID-제어기에 대한 전달함수의 유도는 앞서의 필터에서와 동일하게 반전 증폭기에 대한 일반적인 전달함수에서 시작하지만, 이 경우에는 라플라스 도메인에서 이를 유도한다. 여기에는 두 번째 반전 증폭기의 이득인 $-g_i$가 포함되며 위상각을 시프트 시키기 위해서 R_5와 병렬로 설치한 C_3에 의해서 극점이 추가된다.

$$C_{pid}(s) = \frac{V_o}{V_i} = g_i \frac{Z_2}{Z_1} = g_i \frac{\frac{1}{sC_2} + R_2}{\frac{1}{\frac{1}{\frac{1}{sC_1} + R_1} + \frac{1}{R_3}}} \cdot \frac{1}{R_5 C_3 s + 1} \tag{6.93}$$

R_5와 병렬로 연결되어 있는 C_3에 의한 추가적인 1차 극점은 필요한 경우에 다른 제어항들에 영향을 끼치지 않으면서 추가할 수 있는 선택적인 극점이므로, 이 극점을 고려하지 않고 다른 항들을 시프트 시켜서 제어항 τ_i, τ_d 및 τ_t를 유도한다.

$$C_{pid}(s) = g_i \left(\frac{1}{sC_2} + R_2 \right) \left(\frac{sC_1}{1 + sR_1C_1} + \frac{1}{R_3} \right) \tag{6.94}$$

이 시점에서 앞에서 정의된 코너-주파수에 의거하여 적합한 제어기 시상수를 선정한다. 첫 번째 시상수인 τ_i는 적분기의 코너-주파수 f_i를 정의한다. 두 번째 시상수인 τ_d는 미분기의 코너-주파수를 정의하며 세 번째 시상수인 τ_t는 조절된 코너 주파수 f_t를 정의한다.

$$\tau_i = \frac{1}{\omega_i} = \frac{1}{2\pi f_i} = R_2 C_2 \tag{6.95}$$

$$\tau_d = \frac{1}{\omega_d} = \frac{1}{2\pi f_d} = (R_1 + R_3) C_1 \approx R_3 C_1$$

$$\tau_t = \frac{1}{\omega_t} = \frac{1}{2\pi f_t} = R_1 C_1$$

$R_1 \ll R_3$이므로 대부분의 경우 τ_d를 위와 같이 근사화 시킬 수 있다. 이 항들을 사용하면 다음과 같은 결과를 도출할 수 있다.

$$C_{pid}(s) = g_i \frac{R_2}{R_3}\left(\frac{1}{\tau_i s}+1\right)\left(\frac{sC_1R_2}{1+sR_1C_1}+1\right) = g_i \frac{R_2}{R_3}\left(\frac{\tau_i s+1}{\tau_i s}\right)\left(\frac{\tau_d s+1}{\tau_t s+1}\right) \tag{6.96}$$

첫 번째 항은 비례항이며, 두 번째 항은 적분, 그리고 세 번째 항은 조절된 미분항이다. 뒤에서 다시 설명하겠지만, 비례항이 P-제어이득 k_p와 같아지기 위해서는 보정계수가 필요하다.

이 제어기에 사용된 요소들로부터 계산된 값들인 $\tau_i = 8.2 \cdot 10^{-3}$, $\tau_d = 2.7 \cdot 10^{-3}$, 그리고 $\tau_t = 2.7 \cdot 10^{-4}$에 따른 주파수 응답의 보드선도를 보여주고 있다.

4장에서 설명하였듯이, 앞섬 네트워크가 작용하는 주파수 대역에서의 양의 위상각은 CD 플레이어의 서보 시스템과 같은 피드백 운동제어 구조에서 유효 감쇠를 생성한다. 저주파에서 적분은 중력과 같은 일정한 외란에 따른 정상상태 오차를 저감시켜준다.

커패시터와 저항값을 조절하면 루프 정형을 통해서 플랜트에 제어기를 맞출 수 있다.

6.3.6.2 PID 제어이득

P-제어의 제어이득 k_p, D-제어의 제어이득 k_d, 그리고 I-제어의 제어이득 k_i들은 이 제어기의 시상수들 및 수동요소들의 값과 연관 지을 수 있다. 이 유도과정에서 조절계수 $1/(\tau_t s+1)$은 표준 제어이득에 영향을 끼치지 않는 추가적인 극점을 나타내기 때문에 여기에서는 고려하지 않는다.

제어이득을 결정하기 위해서는 식 (6.96)을 항들이 서로 곱해진 덧셈 형태로 변환시켜야 한다. 이를 통해서 4장의 식 (4.37)에 해당하는 식을 도출할 수 있다.

$$C_{pid}(s) = g_i \frac{R_2}{R_3}\left(1+\frac{\tau_d}{\tau_i}\right)+g_i \frac{R_2}{R_3}\frac{1}{\tau_i s}+g_i \frac{R_2}{R_3}\tau_d s = \left(k_p+\frac{k_i}{s}+k_d s\right) \tag{6.97}$$

이 관계식과 τ_d에 대한 근사값을 적용하면 다음과 같이 비례이득 k_p를 구할 수 있다.

$$k_p = g_i \frac{R_2}{R_3}\left(1+\frac{\tau_d}{\tau_i}\right) = g_i \frac{R_2}{R_3}\left(1+\frac{(R_1+R_3)C_1}{R_2C_2}\right) \approx g_i \left(\frac{R_2}{R_3}+\frac{C_1}{C_2}\right) \tag{6.98}$$

I-제어이득은 다음과 같아진다.

$$k_i = g_i \frac{R_2}{R_3}\frac{1}{\tau_i} = g_i \frac{R_2}{R_3}\frac{1}{R_2C_2} = g_i \frac{1}{R_3C_2} \tag{6.99}$$

D-제어이득은 다음과 같아진다.

$$k_d = g_i \frac{R_2}{R_3} \tau_d = g_i \frac{R_2}{R_3}(R_1 + R_3)C_1 \approx g_i R_2 C_1 \tag{6.100}$$

이 식들은 R_1이 R_3에 비해서 작다는 가정하에 근사화된 것이다.

6.3.6.3 고속 PID 제어

현대 장비의 많은 제어작용에 대해서 디지털 제어기가 활용되고 있기는 하지만, 디지털 제어기에 비해서 아날로그 제어기가 가지고 있는 중요한 장점 중 하나는 샘플링에 따른 지연이 없다는 점이다. 디지털 세계에서는 어떤 순간에 최소한 현재와 과거시점에 대한 두 개의 샘플을 취해서 그 차이를 샘플링 시간으로 나누어야만 미분값을 구할 수 있다. 이 연산의 결과는 다음 샘플링 시점에 플랜트에 적용될 수 있으므로, 최소한 하나의 샘플링 주기만큼 지연되어 그만큼의 위상 앞섬을 잃어버리게 된다. 이 문제에 대한 해결책 중 하나는 4장에서 설명하였듯이 상태를 예측하기 위해서 모델 기반의 제어기를 사용하는 것이지만, 예측할 수 없는 상황에 대해서는 항상 D-제어부의 지연을 피하는 것이 항상 더 좋다. 이로 인하여 샘플링 주기를 지속적으로 줄이게 되었지만, 대역폭이 [MHz]를 넘어서는 수준인 영상속도 원자 작용력 현미경에 사용하는 압전 스캐너와 같이 극단적으로 빠른 제어기에서는 아날로그 제어기가 여전히 최고의 대안으로 활용되고 있다.

6.3.7 고차 전자식 필터

수동 필터에 대한 6.2.3절에 따르면, 적절한 주파수응답을 갖는 고차 전자식 필터를 구현하기 위해서는 인덕터가 필요하다. 특히 저주파 대역에서는, 필요한 자체-인덕턴스 값이 매우 크므로 인덕터의 부피가 커지며, 인덕터는 일반적으로 제조비용이 높다. 전자식 필터에 대해서 다루는 이 절을 통해서 연산 증폭기를 사용하면 어떻게 소용량 커패시터와 저항만을 사용해서 이런 필터를 구현할 수 있는지 보여줄 예정이다. 작동 원리상 이 필터들은 증폭기와 작동기 사이가 아니라 저전력 신호에 사용하기 위해서 설계되므로 전력증폭기 이전의 신호경로에만 사용할 수 있다.

여기서 제시하는 Sallen-Key 필터는 1955년에 MIT의 Lincoln 연구실에서 이를 개발한 두 명의 엔지니어인 R.P. Sallen과 E.L. Key의 이름을 딴 것이다. 이 필터는 그림 6.54에 도시된 것과 같이 출력 신호가 양의 입력단으로 귀환되면서 전달함수의 복소수 항이 복소수 극점을 생성하는 비반전 균일이득 증폭기를 활용하였다.

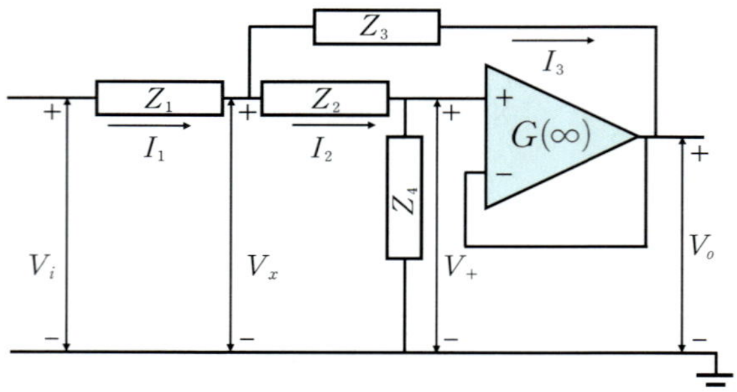

그림 6.54 양의 귀환을 사용하는 Sallen-Key 능동형 2차 필터의 구조

여기서도 전달함수와 주파수 응답을 구하기 위해서 기본규칙이 적용된다. 양입력단 전압은 음입력단 전압과 동일하며 출력전압과도 동일하므로 연산증폭기는 균일이득 전압 추종기처럼 작동한다.

$$V^{+} = V_o \tag{6.101}$$

이 정보를 활용하여 전류 $I_2(s)$에서 시작해서 라플라스 도메인에서 회로를 해석할 수 있다.

$$I_2(s) = \frac{V^{+}}{Z_4} = \frac{V_o}{Z_4} \tag{6.102}$$

다음 단계를 통해서 전압 $V_x(s)$를 구한다.

$$V_x(s) = V_o + I_2 Z_2 = V_o\left(1+\frac{Z_2}{Z_4}\right) \tag{6.103}$$

이 전압을 사용해서 $I_1(s)$와 $I_3(s)$를 구할 수 있다.

$$I_1(s) = \frac{V_i - V_x}{Z_1} = \frac{V_i - V_o\left(1+\frac{Z_2}{Z_4}\right)}{Z_1} \tag{6.104}$$

$$I_3(s) = \frac{V_x - V_o}{Z_3} = \frac{V_o\left(1+\frac{Z_2}{Z_4}-1\right)}{Z_1} = V_o\frac{Z_2}{Z_3 Z_4} \tag{6.105}$$

전류에 대한 키르히호프의 제1법칙을 적용하면 Z_1, Z_2 및 Z_3가 연결되어 있는 공통노드에서 모든 전류의 합은 0이다. 따라서 화살표로 정의된 방향에 대해서 다음 식이 성립된다.

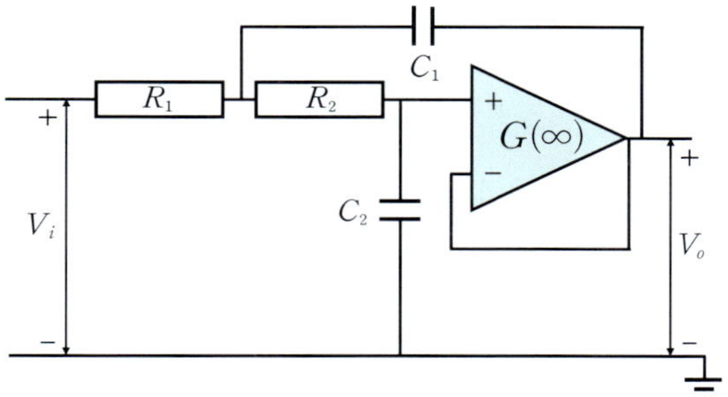

그림 6.55 Sallen–Key 능동형 2차 저역통과 필터회로

$$I_1 - I_2 - I_3 = 0 \tag{6.106}$$

서로 다른 전류에 대해서 앞에서 구한 방정식을 사용하여 약간 식을 정리하면 이 구조에 대해서 다음과 같은 일반적인 전달함수를 구할 수 있다.

$$\frac{V_o}{V_i}(s) = F(s) = \frac{1}{\frac{Z_1 Z_2}{Z_3 Z_4}\frac{Z_1+Z_2}{Z_4}+1} \tag{6.107}$$

이 방정식을 사용하여 첫 번째 사례로 그림 6.55에 도시되어 있는 2차 저역통과 필터의 주파수응답을 구해보기로 한다.

6.3.7.1 2차 저역통과 필터

이 사례에서 다음 값들을 임피던스로 선정한다.

$$Z_1(s) = Z_2(s) = R_1 = R_2 = R,\ Z_3(s) = \frac{1}{sC_1},\ Z_4(s) = \frac{1}{sC_2} \tag{6.108}$$

이를 대입하면 필터 회로의 전달함수와 주파수응답을 구할 수 있다.

$$\frac{V_o}{V_i}(s) = F(s) = \frac{1}{R^2 C_1 C_2 s^2 + 2RC_2 s + 1} \quad \Rightarrow \tag{6.109}$$

$$\frac{V_o}{V_i}(\omega) = F(\omega) = \frac{1}{-R^2 C_1 C_2 \omega^2 + 2jRC_2\omega + 1} = \frac{1}{-\frac{\omega^2}{\omega_0^2} + \frac{j}{Q}\frac{\omega}{\omega_0} + 1}$$

여기서 코너 주파수와 품질계수는 다음과 같다.

$$\omega_0 = 2\pi f_0 = \frac{1}{R\sqrt{C_1 C_2}},\ Q = \frac{1}{2}\sqrt{\frac{C_1}{C_2}} \tag{6.110}$$

양의 귀환 커패시터 값을 증가시키면 품질계수 Q를 매우 크게 만들 수 있음을 알 수 있다. 이를 통해서 양의 귀환이 전달함수 극점의 실수부에 끼치는 영향을 명확히 알 수 있다.

6.3.7.2 2차 고역통과 필터

R_1과 C_1, 그리고 R_2와 C_2에 대해서 저항과 커패시터의 위치를 서로 바꾸면 고역통과 필터를 구현할 수 있으며 다음과 같은 전달함수와 주파수응답을 유도하는 과정은 독자의 몫으로 남겨둔다.

$$\frac{V_o}{V_i}(s) = F(s) = \frac{R^2 C_1 C_2 s^2}{R^2 C_1 C_2 s^2 + 2RC_2 s + 1} \quad \Rightarrow \tag{6.111}$$

$$\frac{V_o}{V_i}(\omega) = F(\omega) = \frac{-R^2 C_1 C_2 \omega^2}{-R^2 C_1 C_2 \omega^2 + 2jRC_2\omega + 1} = \frac{-\dfrac{\omega^2}{\omega_0^2}}{-\dfrac{\omega^2}{\omega_0^2} + \dfrac{j}{Q}\dfrac{\omega}{\omega_0} + 1}$$

이 경우 앞서와 동일한 ω_0, f_0 및 Q가 적용된다.

6.3.7.3 능동형 필터의 다양한 형태

저항과 커패시터 값을 적절히 선정하면 큰 인덕터를 사용하지 않고도 거의 모든 주파수와 감쇠비를 갖는 전자식 필터를 만들 수 있다. 또한 차단대역에서 원하는 기울기를 갖는 고차필터를 만들기 위해서 이들을 조합할 수도 있다.

사례를 통해서 이를 설명하기 위해서 그림 6.56에서는 100 [Hz]의 동일한 코너 주파수를 가지고 있지만 감쇠량이 서로 다른 자주 사용되는 3가지 전형적인 2차 고역통과 필터들을 보여주고 있다.

$Q = 0.7$이 되면 비진동 감쇠로 인하여 공진이 발생하지 않으며 코너 주파수에서 −3 [dB]의 특성을 나타내는데, 이런 유형의 필터를 발명한 영국의 물리학자인 Stephen Butterworth(1885−1958)의 이름을 따서 이 필터를 **버터워스**(Butterworth) 필터라고 부른다. 비록 대역폭을 결정하는 −3 [dB] 미만의 차단대역에서 기울기가 매우 급격하지는 못하지만, 비진동 특성으로 인하여 이 유형의 필터가 종종 가장 이상적인 필터형태로 간주된다.

더 큰 Q값을 사용하면 −3 [dB] 주파수에서 기울기의 경사도를 더 높일 수 있다. 예를 들어 $Q = 1.35$를 사용하면 러시아의 수학자인 Pafnuty Lvovich Chebyshev(1821− 1894)가 유도한 다항식의 특성을 가지고 있어서 그의 이름을 딴 필터인 **체비셰브**(Chebyshev) 필터 특성을 나타낸다. 체비셰브 필터는 통과대

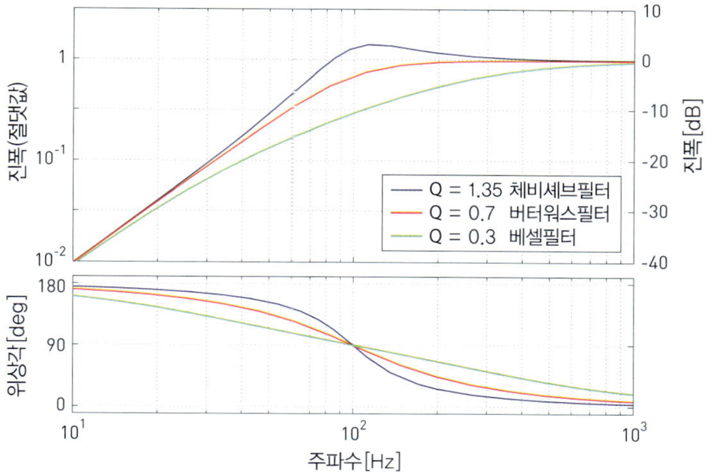

그림 6.56 동일한 코너-주파수를 가지고 있지만 감쇠레벨이 서로 다른 3가지 2차 고역통과 필터들의 전형적인 특성들. 버터워스 필터의 경우 전형적으로 −3[dB] 대역이 이 사례에서 100[Hz]로 선정된 코너-주파수와 서로 일치한다. 체비셰브 필터의 경우 −3[dB] 대역이 70[Hz]에 위치하며 통과대역 이전에서는 가장 기울기가 급격하다. 베셀 필터는 −3[dB] 대역이 200[Hz]이며 통과대역 이전에서 매우 완만한 기울기를 나타낸다.

역에서 +3[dB]의 돌기를 가지고 있으며 −3[dB] 주파수 이하에서는 더 급격한 경사를 나타낸다.

반면에 라우드 스피커 교차필터처럼 위상각 특성이 가능한 한 완만해야 하는 경우에는 독일의 천문학자이며 수학자인 Friedrich Wilhelm Bessel(1784−1846)의 이름을 딴 $Q = 0.3$인 **베셀 필터**처럼 낮은 Q값을 더 선호한다. 베셀 필터의 특성은 통과대역에서 일정한 **그룹지연**(group delay)을 나타내며 위상각과 주파수 사이($d\varphi/df$)에 선형적인 관계를 가진다.

저역통과 필터의 경우에도 동일한 결과를 나타내며 이 사례들은 매우 특정한 목적을 위해서 설계된 것이므로 다양한 필터 구조들 중에서 극히 일부에 불과하다. 필터의 설계는 전문가들이 할 일이며 디지털 제어를 통해서 가변지연과 다양한 기법들을 포함하여 다양한 전달함수들을 만들어낼 수 있다. 그럼에도 불구하고 앞서 설명한 구조들이 자주 사용되며 이들이 일반적인 메카트로닉스 시스템의 설계에 매우 적합하다는 것이 이미 규명되었다.

6.3.8 연산증폭기의 이상적인 특성과 실제특성

앞서의 모든 회로들은 연산증폭기가 이상적인 특성을 가지고 있다고 가정하고 있다. 그렇다면 한 가지 범용 연산증폭기만으로도 충분할 텐데 왜 수천가지 이상의 서로 다른 유형의 연산증폭기들이 설계 및 제조되는지에 대해서 이상하게 생각할 수 있다. 그 이유는 다른 모든 소자들과 마찬가지로 연산 증폭기도 이상적이지 못하며 이상적인 특성에 접근할수록 더 많은 비용이 들기 때문이다. 이 절에서는 연산증폭기 회로의 성능을 제한하는 다양한 특성들에 대해서 살펴보기로 한다. 대부분의 경우, 이 한계를 무시할 수 있으나 민감한 용도에서는 이 한계에 의해서 훼손되는 전제조건들을 인식할 필요가 있다.

그림 6.57에서는 전형적인 고성능 연산증폭기들의 실제 특성을 제시하고 있다. 각각의 변수들과 이들이 성능에 끼치는 영향에 대해서 개별적으로 설명할 예정이다. 이런 대부분의 제한들은 연산증폭기의 기본 구성요소들인 트랜지스터, 다이오드, 저항 및 커패시터 등에 의해서 유발된다.

정적이득 및 동적이득 변수들이 메카트로닉스 시스템의 기능성과 안정성에 비교적 지배적인 영향을 끼치기 때문에 우선 이들에 대해서 상세하게 살펴본 다음에 덜 중요한 제한들에 대해서 살펴보기로 한다.

6.3.8.1 개루프 전압이득

이상적인 연산증폭기에서 가정하는 무한이득은 결코 도달할 수 없다. 무한한 수의 트랜지스터가 필요하다는 점 이외에도, 다음 절에서 설명하듯이 너무 높은 이득은 불안정을 유발할 수 있기 때문에 개루프 전압이득을 특정한 한계 이내로 유지할 필요가 있다. 이 개루프 전압이득의 실제값은 $10^5 \sim 10^6$ $(100 \sim 120\,[\mathrm{dB}])$ 수준이다. 이렇게 개루프 전압이득을 낮추면 민감도함수 $S(s)$로 표시된 왜곡과 노이즈에 의한 오차가 저감된다. 식 (6.65)에서 주어진 연산증폭기의 상보감도함수를 기준으로 하여 폐루프 증폭기 이득 $G_{a,c}$를 높게 만들기 위해서는 귀환경로의 전압이득 $G_{a,f}$가 낮아야 한다.

$$T(s) = G_{a,c} = \frac{V_o}{V_i} = \frac{1}{\dfrac{1}{G_{a,o}} + G_{a,f}} \tag{6.112}$$

불행히도 민감도함수 역시 귀환이득에 의해서 영향을 받는다.

$$S(s) = \frac{1}{1+G_{a,o}\,G_{a,f}} = \frac{1}{1+G_{a,1}} \tag{6.113}$$

증폭기의 총 개루프이득 $G_{a,1}$이 크면 외란에 대한 민감도가 낮은 반면에 귀환이득이 작으면 이 민감도가 증가한다. 주파수가 높아지면 동적 한계로 인하여 증폭기의 개루프 이득이 감소하기 때문에 이런 현상이 더 심화된다. 따라서 상보감도(폐루프 이득)와 민감도 사이의 이런 관계를 인식하는 것이 매우 중요하다. 넓은 주파수 대역에 대해서 충분히 높은 총 전압이득을 얻기 위해서는 많은 경우에 하나 이상의 연산증폭기를 사용할 필요가 있다.

이런 사례가 전류 귀환을 사용하는 전력 증폭기에 대한 6.4.2.1에 제시되어 있다.

별도로 지정하지 않으면 $T_A = 25℃$이며 $V_s = \pm 15\,V$이다.

항목	조건	OPA627			단위
		최솟값	대표값	최댓값	
옵셋전압					
입력옵셋전압			40	10	μV
AP, BP, AU 등급			100	250	μV
평균 드리프트			0.4	0.8	μV/℃
AP, BP, AU 등급			0.8	2	μV/℃
허용전원범위	$V_s = \pm 4.5 \sim \pm 8\,V$	106	120		dB
입력 바이어스 전류					
입력 바이어스 전류	$V_{CM} = 0\,V$		1	5	pA
과도지정 온도	$V_{CM} = 0\,V$			1	nA
SM등급	$V_{CM} = 0\,V$			50	nA
과도 공통모드 전압	$V_{CM} = 0\,V$		1		pA
입력 옵셋 전류	$V_{CM} = \pm 10\,V$		0.5	5	pA
과도지정 온도	$V_{CM} = 0\,V$			1	nA
SM등급				50	nA
노이즈					
입력전압노이즈					
노이즈밀도 $f = 10\,Hz$			15	40	$nV/\sqrt{Hz}$
$f = 100\,Hz$			8	20	$nV/\sqrt{Hz}$
$f = 1\,kHz$			5.2	8	$nV/\sqrt{Hz}$
$f = 10\,kHz$			4.5	6	$nV/\sqrt{Hz}$
전압노이즈 대역 = 0.1～10 Hz			0.6	1.6	μV_{p-p}
입력 바이어스 전류 노이즈					
노이즈밀도 $f = 100\,Hz$			1.6	2.5	$fA/\sqrt{Hz}$
전류노이즈 대역 = 0.1～10 Hz			30	60	fA_{p-p}
입력 임피던스					
차동임피던스		$10^{13} \parallel 8$			$\Omega \parallel pF$
공통모드		$10^{13} \parallel 7$			$\Omega \parallel pF$
개루프 이득					
개루프 전압이득	$V_o = \pm 10\,V,\ R_L = 1\,k\Omega$	112	120		dB
과도지정 온도	$V_o = \pm 10\,V,\ R_L = 1\,k\Omega$	106	117		dB
SM 등급	$V_o = \pm 10\,V,\ R_L = 1\,k\Omega$	100	114		dB
주파수응답					
변화율 : OPA627	$G = -1$, 10 V 스텝	40	55		V/μs
OPA637	$G = -4$, 10 V 스텝	100	135		V/μs
정착시간 : OPA627 0.01%	$G = -1$, 10 V 스텝		550		ns
0.1%	$G = -1$, 10 V 스텝		450		ns
OPA637 0.01%	$G = -4$, 10 V 스텝		450		ns
0.1%	$G = -4$, 10 V 스텝		300		ns
이득-대역 곱 : OPA627	$G = 1$		16		MHz
OPA637	$G = 10$		80		MHz
총 조화왜곡+노이즈	$G = +1,\ f = 1\,kHz$		0.00003		%

항목	조건	OPA627			단위
		최솟값	대표값	최댓값	
전원					
정격 작동전압			±15		V
작동전압범위		±4.5		±18	V
전류			±7	±7.5	mA
출력					
전압출력	$R_L = 1\,\mathrm{k}\Omega$	±11.5	±12.3		V
과도지정 온도		±11	±11.5		V
전류출력	$V_o = \pm 10\,\mathrm{V}$		±45		mA
단락전류		±35	+70/−55	±100	mA
출력 임피던스, 개루프	1 MHz		55		Ω
온도범위					
사양 : AP, BP, AM, BM, AU		−25		+85	℃
SM		−55		+125	℃
보관 : AM, BM, SM		−60		+150	℃
AP, BP, AU		−40		+125	℃
θ_{J-A} : AM, BM, SM			200		℃/W
AP, BP			100		℃/W
AU			160		℃/W

그림 6.57 전형적인 고성능 연산 증폭기들의 특성들. Burr Brown 사의 OPA 627에 대한 원래 데이터시트를 요약하여 놓았다.(Courtesy of Texas Instruments)

6.3.8.2 동적인 한계

무엇보다도 가장 중요한 제한조건은 연산증폭기의 유한한 이득과 속도 때문에 유발된다. 차동증폭기에서 이미 설명했듯이 무한한 주파수 대역에서 무한한 이득을 구현하는 것은 불가능하다. 속도한계는 사용된 트랜지스터의 PN－접합에서의 기생 정전용량에 의해서 주로 유발된다. 특히 컬렉터와 베이스 사이의 기생 정전용량 C_{cb}가 고주파에서의 전류 증폭을 저감시키기 때문에 중요하다. 이 커패시터가 입력 전류의 스텝 변화에 끼치는 영향이 그림 6.58에 도시되어 있다.

이 입력전류(I_i)는 보통 베이스전류(I_b)와 같으며 컬렉터전류(I_c)가 이에 비례하여 변하게 된다. 컬렉터 전류는 저항 R이 연결되어 있는 컬렉터 단자 전압을 비례강하시키면서 C_{cb} 내에 저장된 전류(I_{cb})를 흐르게 하여 베이스 전류의 흐름을 저하시킨다.

$$I_b = I_i - I_{cb} = I_i - C_{cb}\frac{dV_{cb}}{dt} \tag{6.114}$$

높은 속도를 구현하기 위해서는 이 커패시터 용량에 따른 영향을 보상하기 위한 추가적인 베이스 전류가 필요하다. 컬렉터 단자에서 전압 스윙과 C_{cb} 내의 전류 사이의 관계 때문에, 이 기생 커패시터는 입력단

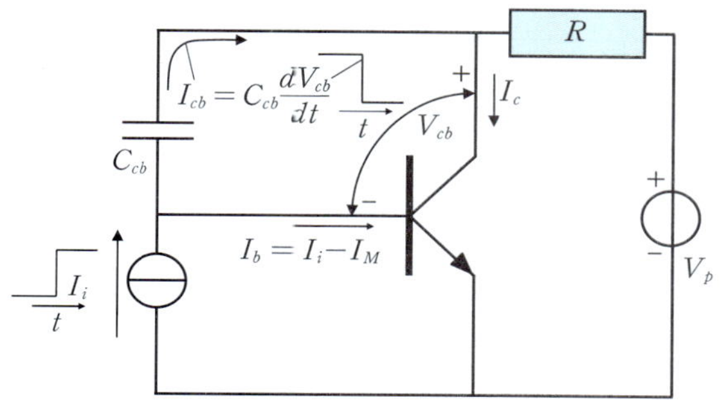

그림 6.58 컬렉터-베이스 커패시터 C_{cb}에 따른 속도한계. 컬렉터 단에서의 전압 변화는 입력 전압이 C_{cb}에 전류를 공급하게 만든다. 전압증폭기의 경우에 이는 입력단에 연결된 C_{cb}보다 더 큰 값을 가지고 있는 밀러(Miller) 커패시터처럼 간주된다.

에 연결된 훨씬 더 용량이 큰 **밀러 커패시터**(Miller Capacitor) C_M으로 간주한다.

$$C_M = C_{cb}(G_v + 1) \tag{6.115}$$

여기서 G_v는 트랜지스터의 전압 증폭비와 같다. 이미터 추종기를 사용하는 경우에는 이 정전용량을 무시할 수 있지만, 증폭비가 100배인 전압 추종기의 경우 일반적인 신호용 트랜지스터의 4[pF] 조차도 무시할 수 없이 큰 값이 되어 버린다. 이로 인한 400[pF] 용량의 밀러 커패시터는 10[kΩ] 크기인 실제 입력 저항과 조합되어 단일 트랜지스터 전압 증폭기의 대역은 $f = 1/(2\pi RC) = 40$[kHz]로 제한된다.

■ 주파수 응답

실제의 연산 증폭기는 내부전류와 전압을 제어하며 과부하로부터 연산증폭기를 보호하기 위해서 다수의 트랜지스터들을 사용하고 있다. 사례로서 서로 다른 용도에 대해서 최적화되어있는 두 가지 유형의 실제 증폭기들이 그림 6.59와 그림 6.60에 도시되어 있다. NE5532는 안정성과 염가를 목적으로 설계된 범용 오디오 증폭기이다. OPA627은 정밀 증폭기로 설계된 것으로서 입력전류를 줄이기 위해서 입력단에 전계효과트랜지스터(FET)를 사용하고 있다. MOSFET처럼, FET는 전류를 제어하기 위해서 전기장을 사용하지만 게이트를 산화물로 절연하는 대신에 추가적인 PN-접합을 사용한다.

정의에 따르면 연산 증폭기 내에 다수의 트랜지스터들을 집적시키면 상당량의 기생 정전용량이 초래된다. 이 정전용량들은 전달함수 내에서 RC-시간(극점)을 결정하며 각각의 정전용량들이 소스 저항과 결합되어 $\omega = 2\pi f = 1/RC$에서 90°의 위상지연이 수반되므로 동적 성능에 문제가 유발된다. 밀러 커패시

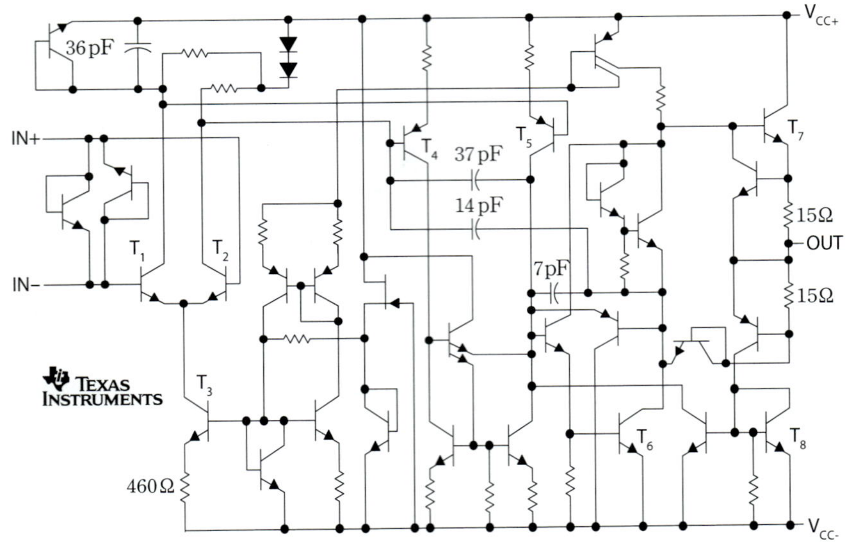

그림 6.59 쌍극성 트랜지스터 입력을 갖춘 범용 오디오 증폭기 NE5532의 회로도. 그림 6.42의 트랜지스터 회로를 발견할 수 있으며 내부전류와 전압을 조절하며 T_7과 T_8 사이의 전류 보호용 트랜지스터와 같이 회로를 보호하기 위해서 트랜지스터가 몇 개 더 추가되어 있다. T_4와 T_5로 구성된 고이득 스테이지 주변의 37[pF] 용량의 귀환 커패시터에 의해서 지배적인 극점이 생성된다. 개루프 주파수 응답의 추가적인 미세조절을 위해서 여타의 커패시터들이 추가되어 있다.(Courtesy of Texas Instruments)

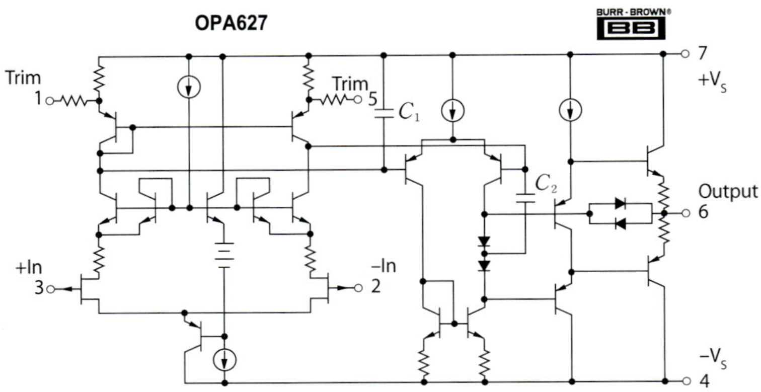

그림 6.60 입력전류를 저감하기 위해서 전계효과트랜지스터(FET)를 사용하는 고정밀 증폭기 OPA627의 회로도. C_1과 C_2 사이의 대이득 증폭 스테이지 주변의 기생 정전용량에 의한 극점의 증가로 인해서 지배적인 극점이 생성된다. (Courtesy of Texas Instrument)

터에서 설명하였듯이 각 트랜지스터의 컬렉터-베이스 정전용량에 의해서 이 영향은 더 심해진다. 이득이 1보다 더 큰 주파수 영역에 두 개 이상의 이러한 1차 극점들이 위치할 때에 제3의 극점에 의해서 약간의 추가적인 위상 지연이 발생하면 폐루프 전달함수는 준안정 또는 불안정해진다.

이 동적 효과를 설명하기 위해서 그림 6.61에서는 준안정 상태의 개루프 주파수응답 사례를 보여주고 있다. 적색선은 개루프 이득이 10^6이며 1 [MHz] 미만에 두 개의 극점을 가지고 있는 증폭기의 주파수 응답을 나타내고 있다. 첫 번째 극점은 100 [Hz]에 위치하며 두 번째 극점이 위치하는 10 [kHz]에서도 이득은 여전히 10^4에 달한다. 위상각 여유는 약간의 이득이 존재하는 1 [MHz] 미만에서 조차도 0으로 접근한다. 감쇠가 원활하게 이루어지도록 만들기 위해서는 약 45°의 위상각 여유가 필요하기 때문에 폐루프 이득이 100 미만이 되면 이로 인하여 문제가 생길 수도 있다.

이 문제는 개루프 이득을 제한하고 더 낮은 주파수에 지배적인 극점을 만들어서 해결할 수 있다. 이로 인하여 이 주파수에서부터 증폭비는 −1의 기울기로 감소하게 된다. 고전압이득 스테이지에서 밀러 커패시터가 작용하는 기생 극점과 거의 유사하게 연산 증폭기 내에 큰 용량의 내부 커패시터를 설치하면 이 극점을 만들 수 있다. 이 커패시터는 OPA627에서 C_2처럼 지배적인 극점을 더 낮은 주파수로 이동시키는 기존의 기생 컬렉터-베이스 커패시턴스와 병렬로 설치할 수 있다. 또한 NE5532처럼 고이득 증폭기 스테이지 주변에 귀환 커패시터를 사용할 수도 있다. 37 [pF]의 귀환 커패시터는 루프 내에서 차동작용(영점)

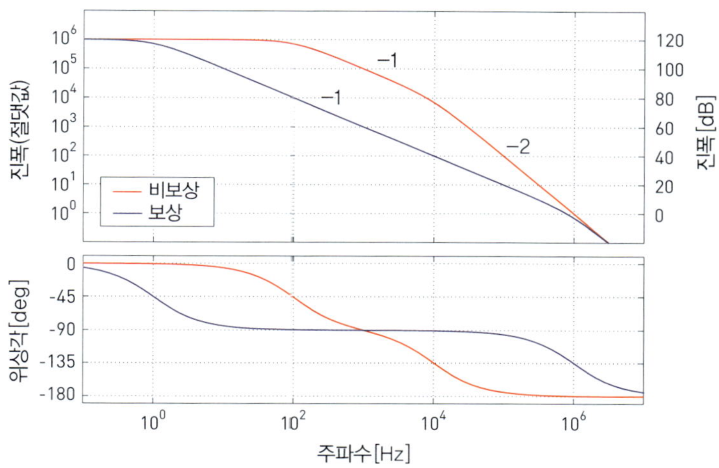

그림 6.61 하나의 지배적인 극점을 사용하여 연산 증폭기의 전달함수 내의 극점들을 소거할 수 있다. 이 사례에서는 보상되지 않은 상태에서 100 [Hz]와 10 [kHz]에 각각 하나씩 두 개의 극점을 가지고 있다. 100 [kHz] 이상의 주파수에서 위상여유가 매우 작다는 것이 명확하다. 보상된 상태에서 1 [Hz]에 위치한 지배적인 극점으로 인하여 위상여유는 45°가 된다.

을 하므로 루프 내부의 기생 극점들 중 하나를 소거하고 새로운 극점을 생성한다.

이 극점을 충분히 낮은 주파수에 위치시키면 다른 극점들이 위상각에 현저한 영향을 끼치기 전에 증폭기의 총 이득이 균일이득 레벨을 교차한다. 이 방법을 통하여 연산 증폭기의 회로는 이 사례의 경우 그림 6.61의 청색선과 같이 1 [MHz]의 균일이득 교차 주파수에서 45°의 위상여유를 가지며 모든 폐루프 귀환 구조에 대해서 안정화된다. 이로 인하여 보드선도에서 첫 번째 극점이 좌측으로 이동하며 두 번째 극점이 우측으로 이동하기 때문에 이 방법을 **극점분할**(pole splitting)이라고 부른다.

■ 이득-대역 곱

이득이 1보다 큰 주파수 범위 내에서 단 하나의 지배적인 극점이 만들어지면 이 극점에 의해서 결정되는 코너-주파수 이상에서 주파수 응답이 지속적으로 -1의 기울기를 갖게 된다. 그 결과 이득과 주파수의 곱은 코너-주파수와 균일이득 교차 주파수 사이의 모든 주파수에서 일정한 값을 가진다. 이 일정한 값을 **이득-대역 곱**(gain-bandwidth product)이라고 부르며 이 값을 사용하여 설계자는 즉시 특정한 폐루프 증폭기가 구현할 수 있는 대역폭을 구할 수 있다. 이상적으로는 이 이득-대역 곱은 무한히 크다.

■ 변화율

내부 정전용량의 또 다른 영향은 출력 전압의 변화 속도가 제한된다는 것이다. 이 **변화율**(slew-rate)은 고주파 AC 신호를 증폭할 때에 내부 커패시터 양단 전압을 변화시키기 위해서 연산증폭기 내부에서 공급할 수 있는 최대전류에 의해서 결정된다. 이 전류원은 커패시터 양단 전압은 특정한 dV/dt값보다는 빠르게 변할 수 없다는 설계원리에 의해서 제한된다. 현실적으로는 고주파에서 신호의 최대 진폭이 제한된다는 것을 의미한다. 이 진폭 이상에서는 dV/dt의 최댓값 한계로 인하여 정현파형은 위상이 시프트 된 기울기가 일정한 삼각파형으로 변화된다. 이상적으로는 이 변화율이 무한히 크다.

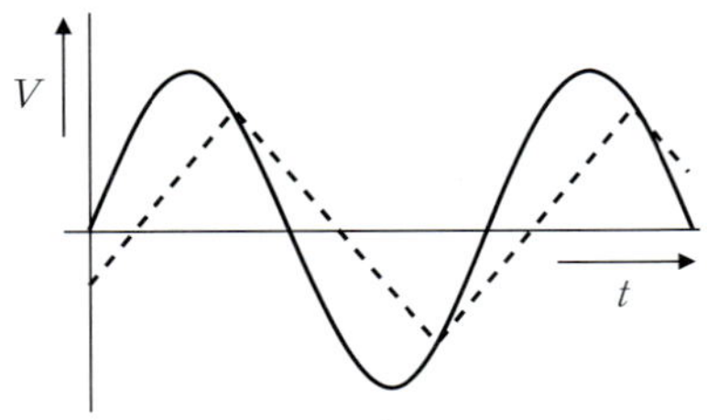

그림 6.62 연산증폭기의 변화율은 출력전압의 변화속도를 제한한다. 고주파에서 출력은 더 이상 정현파형을 추종할 수 없으며 최대 dV/dt를 따르게 된다.

6.3.8.3 입력한계

■ 입력 오프셋 전압과 안정성

입력 **오프셋**(offset) 전압은 0 [V]의 출력을 구현하기 위해서 필요한 +와 −입력전압 사이의 전압차이다. 이 전압은 연산증폭기의 차동이득 스테이지 내의 트랜지스터들 사이의 미소한 편차에 의해서 유발된다. 귀환회로 내에서 오프셋 전압이 존재한다는 것은 실제로는 첫 번째 규칙이 약간 위배된다는 것을 의미한다. 증폭기는 입력 전압들 사이의 차이가 오프셋 전압과 같아지도록 만들기 위해서 작동한다고 규칙을 수정해야 한다. 실제의 경우 이 전압은 수 [mV] 미만이기 때문에 이 옵셋 전압은 매우 작은 DC전압을 증폭하는 경우에만 중요하다. 일부 연산증폭기의 경우 이 전압을 거의 0 [V]로 조절할 수 있다. 장기간에 걸쳐서 매우 작은 DC 전압을 정확하게 증폭해야만 하는 경우에는 **드리프트**(drift)라고 부르는 오프셋 전압의 장기간 안정성에 대해서도 알고 있어야 한다. 이 드리프트는 주로 트랜지스터의 온도 민감성에 의해서 유발된다. 이상적으로는 오프셋 전압은 드리프트 없이 0 [V]이어야만 한다.

■ 입력 바이어스와 오프셋 전류

입력 바이어스와 오프셋 전류는 연산증폭기를 구동하기 위해서 필요한 입력단자에서 유입 또는 유출되는 전류를 나타낸다. 앞의 트랜지스터 사례에서처럼 최적의 작동 조건으로 전자 시스템을 구동하기 위해서는 많은 경우 회로 입력단에 추가적인 전압이나 전류를 부가하여 회로에 바이어스를 가하는 것이 필요하다. 연산증폭기 내에 이 전류가 존재한다는 것은 입력단에서의 전류가 0이라는 두 번째 규칙이 완벽하게 성립되지 않는다는 것을 의미한다. 예를 들어 NE5532의 입력단 쌍극성 트랜지스터에서 첫 번째 트랜

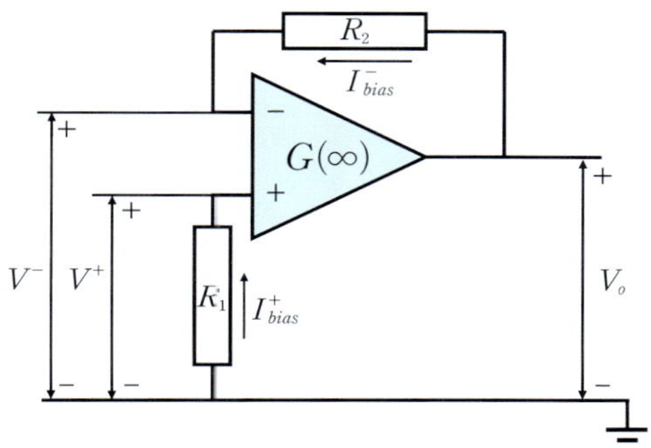

그림 6.63 연산증폭기의 두 입력신호의 바이어스 전류는 소스저항 R_1 및 R_2 양단에서의 전압강하를 유발한다. 두 저항의 크기가 같다면 출력 전압에 끼치는 영향은 0이다.

지스터를 구동하기 위해서는 수 [nA] 수준의 전류가 필요하다. OPA627에 내장된 FET와 같은 특수한 트랜지스터의 경우에는 입력 전류를 수 [nA]까지 낮추었다. 입력에서 접지까지의 경로가 높은 저항값을 가지고 있는 경우에 이 바이어스 전류가 작은 값을 갖는 것이 매우 중요하다. 그렇지 않다면 저항 양단에서의 전압강하를 보상하는 과정에서 이 전류가 출력 전압에 영향을 끼치게 된다. 바이어스 전류의 영향은 +입력단 주변 회로의 소스(테브난)임피던스를 −입력단 주변회로의 임피던스와 같게 만드는 증폭기의 설계를 통해서 저감시킬 수 있다. 그림 6.63에서와 같이 두 입력단의 바이어스 전류와 두 저항값이 모두 동일한 경우에 출력 전압이 0이다.

$$V^+ = 0 - R_1 I_{bias}^+ \tag{6.116}$$

$$V_o = V^- + R_2 I_{bias}^-$$

$$V^+ = V^- \quad \Rightarrow \quad V_o = R_2 I_{bias}^- - R_1 I_{bias}^+ = 0$$

저항 R_1이 R_2와 동일한 경우조차도 바이어스 전류의 오프셋이 출력단에서의 오프셋 전압을 초래한다는 것이 명확하다. 적분기의 귀환경로에 사용된 커패시터는 바이어스 전류와 같은 DC-전류 성분을 흘릴 수 없다는 점을 인식하는 것이 특히 중요하다. 이상적으로는 바이어스 전류가 0이다.

■ 노이즈 전압과 전류

온도 때문에 저항과 여타 연산증폭기의 모든 구성요소들 내에서는 확률적인 신호가 생성된다. 이 노이즈는 입력단에 가해지는 전압과 입력단으로 입력되는 전류로 나타낸다. 귀환회로에 의해서 결정되는 노이즈 전압은 출력에 대한 노이즈 전압으로 직접 변환되며 노이즈 전류들은 입력단 주변 회로들의 소스 임피던스를 통해서 출력 전압으로 변환된다. 이 노이즈는 누적값으로 나타낼 수 있지만, 대부분의 경우 주파수 영역의 함수인 노이즈밀도 함수로 나타낸다. 이상적인 경우의 노이즈는 0이다.

■ 입력저항

입력저항은 입력전압에 의존적인 입력전류에 해당하는 값이므로 바이어스 전압은 제외한다. 이런 성질은 입력회로 주변의 트랜지스터와 저항에 기인한다. 차동모드는 두 입력단 사이의 저항이며 공통모드는 접지에 대한 두 입력단의 저항이다. 귀환시스템의 경우, 입력단 사이의 전압은 거의 0 [V]로 유지되기 때문에 차동모드 저항은 매우 제한된 역할만을 수행한다. 실제의 경우 차동입력 저항은 루프이득값 만큼 저감된다. 반전증폭기의 경우에도 두 입력단 전압이 접지전압으로 유지되기 때문에 공통모드 저항은 중요하지 않다. 비반전 증폭기의 경우에만 공통모드 입력 저항이 입력 전류에 영향을 끼친다. 이상적인 경우 입력 저항은 무한히 크다.

■ 입력전압 범위

대부분의 연산증폭기에서 입력전압은 전원전압 범위를 넘어서지 않아야 하며 정상적인 작동은 이보다 더 작은 범위에 대해서만 보장된다. 많은 경우 다이오드를 통해서 입력전압의 일시적인 상승에 대한 보호가 이루어지지만, 이로 인해서 입력저항이 감소하기 때문에 매우 민감한 설계에서는 보호용 다이오드가 사용되지 않는다. 이 값을 넘어서면 출력 전압이 최댓값으로 클리핑 되며 이로 인하여 증폭기가 손상을 입을 수도 있다. 이상적으로는 입력전압 범위가 무한히 크다.

■ 동상제거비율

연산증폭기의 목적은 두 입력단 전압의 차이인 차동모드 전압만을 증폭하는 것이다. 따라서 출력 전압은 입력단에서의 공통모드 전압과는 완벽하게 무관하여야 한다. 공통모드 이득과 차동모드 이득 사이의 비율을 **동상제거비율**(Common-Mode Rejection Ratio : CMRR)라고 부른다. 이상적으로는 CMRR이 무한히 커야만 한다.

6.3.8.4 전원과 출력한계

■ 전원제거비율

전원의 리플과 같은 노이즈와 전압 편차가 출력전압에 전혀 영향을 끼치지 않아야만 한다. **전원제거비율**(Power Supply Rejection Ratio : PSRR)은 전원전압의 변화와 출력에 동일한 영향을 끼치는 등가 입력전압 사이의 비율로 정의된다. 이상적으로는 PSRR이 무한히 커야만 한다.

■ 개루프 출력저항

이 저항은 출력 전류의 함수로 출력전압의 변화를 결정한다. 귀환 시스템에서 이 값은 루프 이득값의 비율만큼 감소한다. 지배적인 극점으로 인하여 루프 이득이 주파수에 의존하므로 유효 폐루프 출력 임피던스도 주파수에 의존하게 된다. 주파수가 증가함에 따라서 이를 매우 작은 직렬 인덕터로 모델링할 수 있다.

■ 전력소비

전력소비량은 많은 인자들에 의해서 결정된다. 첫 번째 인자는 트랜지스터가 소모하는 **공전류**(idle current)와 관계되며 신호에 따라서 변한다. 변화율이 커지면 커패시터를 충전하기 위해서 큰 내부전류가 필요하므로 전력소비량은 변화율에도 관계되어 있다. 또한 최대 출력전류도 전력소비량을 결정한다.

이상적으로는 전력소비량이 0이며 이동장치용으로 공전류 레벨이 1[mA] 미만의 매우 낮은 값을 갖는 특수한 연산 증폭기가 개발되었다.

6.3.9 저전력 전자회로에 대한 논의

지금까지 증폭 및 필터링과 같은 전기신호의 처리를 수행하는 저전력 아날로그 전자회로를 매우 다양한 방식으로 사용할 수 있다는 것을 살펴보았다. 연산증폭기는 다양한 용도에 대해서 최적화된 극도로 다재다능한 소자로서 오랫동안 개발되어왔다. 이 단원에 제시된 기본 지식을 사용하면 전문가의 도움 없이도 아날로그 전자 시스템에 적합한 소자를 선정할 수 있지만, 여전히 너무 많은 사항을 다루지 않았기 때문에 실제의 견실한 설계를 구현하기 위해서는 많은 주의가 필요하다. 아직 다루지 못한 내용을 다음에서 요약하고 있다.

- **전원의 성질** : 특히 고주파에서 직류전원은 더 이상 훌륭한 전압원으로 작용하지 못한다. 고주파에서 안정적인 전원공급을 위해서는 고주파 간섭을 접지로 흘려보내서 내부 기생저항에 의한 고주파 진동을 감쇠시키기 위해서 가능한 한 연산증폭기와 가까운 위치에서 전원과 접지 사이에 소용량 전해 커패시터와 세라믹 커패시터 조합을 추가할 필요가 있다. 때로는 국부적인 선형 전원 안정화 회로가 필요할 때도 있다. 안정화 전원은 다음 절에서 설명할 전력 증폭기의 특수한 형태이다. 적절한 수준의 전력에 대해서는 프린트 기판 위에 직접 설치할 수 있는 IC 형태의 전압 안정화 회로를 사용할 수 있다.
- **주전원 문제** : 실제 주전원 소켓은 훌륭한 AC220[V] 전압원이 아니다. 때로는 신호가 전혀 정현파를 닮지 않는다. 최악은 다른 곳에 설치된 차단기나 심지어는 번개에 의한 수[kV] 크기의 스파이크가 발생하는 것이다. 전자 시스템은 이러한 과도전압으로부터 민감한 부품들을 분리하기 위한 추가적인 보호수단이 필요하다.
- **전자기환경 적합성(EMC) 대책** : 전류는 루프를 따라 흐르며 자기장은 이 루프에 전압을 유발한다.

이 전압이 신호에 더해져서 오차를 유발할 수 있다. 이 때문에 전자회로의 도선배치에 세심한 주의 필요하다. 이 주제는 8장의 측정에서 다시 논의하기로 한다.

- **정전기방전(ESD) 대책** : 특히 MOSFET 입력을 사용하는 IC들은 게이트와 채널 사이의 박막층에 손상을 줄 수 있는 정전기 전하누적에 민감하다. 방전된 환경 하에서의 세심한 취급이 필요할 뿐만 아니라 전자회로에도 정전기 전하누적을 방지하기 위한 보호수단이 필요하다.
- **안전접지의 영향** : 가장 전문적인 전자장비는 안전을 위해서 접지된 하우징을 구비하고 있다. 간섭의 관점에서는 이것이 항상 좋은 것만은 아니다. 이 주제에 대해서도 8장에서 다시 논의할 예정이다.

이런 주제들과 다른 몇 가지 문제들로 인하여 전자공학 분야는 과거 십여년 간 엄청난 양의 지식이 축적된 중요하고 흥미진진하며 비교적 어려운 전문분야로 자리잡게 되었다.

6.4 | 전력증폭기

전력 증폭기는 작동기 및 기구물들과 결합되어 메카트로닉스 플랜트의 동적 거동을 결정한다. 전력 증폭기는 신뢰성 있는 전력 공급과 효율에 초점을 맞추고 있기 때문에 앞 절의 증폭기들과는 다르다. 이런 목적의 차이로 인하여 저전력 신호 증폭기에서는 거의 필요가 없는 몇 가지 특수한 기술들이 적용된다는 것을 살펴볼 예정이다. 그림 6.64에 도시되어 있는 것처럼 과거의 기술이 사용된 현대적인 진공관 증폭기를 보면 벌써 전력이 크기와 발열에 비례한다는 것이 명확해 지지만 그림 6.65에 도시되어 있는 더 현대적인 반도체 소자에서 조차도 전력용 증폭기는 고전압, 고전류 및 발열에 견뎌야만 하기 때문에 여전히 소자의 크기가 크다는 것을 알 수 있다. 하지만 이런 차이에도 불구하고 전력용 증폭기의 설계도 기존 증폭기 설계방법과 매우 유사하다는 점을 부인할 수 없다. 특히 앞서 설명했던 연산증폭기에 대한 개념들을 선형 전력 증폭기의 설계에 직접 활용할 수 있다.

이 절에서는 주로 전자석 작동기의 구동에 사용되는 전력용 증폭기의 요구조건에 대해서 개괄적으로 살펴보는 것으로부터 시작한다. 뒤이은 하위절에서는 전압원 및 전류원 출력을 송출하는 중간 전력레벨의 선형 증폭기에 대해서 다룬다. 마지막 하위절에서는 고전력 레벨에서 열발산을 저감하기 위해서 사용되는 펄스폭 변조 스위칭 출력 스테이지에 대해서 살펴본다.

그림 6.64 불과 50년 전만 해도 고전력 비례 전자제어는 진공관 내의 진공 속에서 자유전자를 생성하기 위해서 매우 높은 전압을 가하여 빛을 내는 도선을 사용하여서만 구현할 수 있었다. 도시된 오디오 전력 증폭기는 2채널의 80[W] 전력을 송출하면서 그와 동일한 양의 열을 발산한다. 다행히도 반도체는 이보다 높은 효율로 동일한 역할을 수행하지만 멋은 없다.

그림 6.65 우측에 도시된 고전력 반도체는 반도체 소자의 온도를 반도체가 작동불능 상태가 되는 온도(≈ 150~200[℃]) 이하로 유지하기 위해서 방열판에 고정하기 위한 기계적 고정장치를 갖추고 있어서 좌측의 신호용 트랜지스터들과 구분된다.

6.4.1 전력증폭기의 일반적인 성질들

다음은 전력용 증폭기의 설계를 결정짓는 주요 사양항목들이다.

- 전력송출용량
- 동특성
- 출력 임피던스
- 효율
- 선형성

■ 전력송출용량

대전력이라 하면 자동적으로 고전압과 고전류를 의미한다. 고전압 전자회로를 집적하는 것은 어렵기 때문에 이 증폭기들의 전력 스테이지는 종종 능동소자들과 더불어서 수동소자들을 사용하여 구축한다. 여기에 사용되는 대형 코일, 저항, 커패시터 및 고전력 반도체들은 다량의 열을 발산한다. 실리콘 반도체들은 150~200[℃]의 칩 온도를 견딜 수 있지만 패키지의 열전달 저항 때문에 대부분의 경우에 소자의 외부 온도는 더 낮은 온도로 제한해야 한다.

이런 열 문제로 인해서 민감한 전자회로에서 열을 제거하기 위한 효율적인 방법이 필요하게 되었다. 얇은 프린트기판 위에 제작된 신호증폭용 전자회로의 기계적인 설계는 비교적 2차원 적인 형태인 반면에 전력용 증폭기의 레이아웃은 진정한 3차원적인 기계구조를 추구한다. 방열판과 대형 부품들의 활용을 위한 열 설계는 질량과 기계 동역학적 환경에 대한 심각한 고려를 수반한 설계를 필요로 한다. 예를 들어 납땜 조인트는 큰 기계적 부하를 지지할 수 없으며 전자회로 오동작의 원인이 되기 때문에 전력 증폭기 설계시 이를 대체할 특수한 기법이 필요하다.

고전력의 또 다른 문제는 고전압과 고전류가 빠르게 변하면서 자기장 및 전기장에 의한 전위간섭인 **전자환경 적합성**(Electro Magnetic Compatibility : EMC) 문제를 유발하는 것이다. 이 문제의 경우에도 차폐판을 사용한 세심한 3차원 배치와 의도적인 도선의 경로배치를 필요로 한다.

■ 동특성

메카트로닉스 시스템에서 사용되는 전력 증폭기는 귀환 루프에 영향을 끼친다. 증폭기에 의해서 유발된 신호지연은 개루프 전달함수에 하나 또는 그 이상의 극점 추가와 그에 따른 위상지연을 초래하며 안정성 여유를 저감시킨다. 특히 디지털 제어형 증폭기(샘플링 시간)의 경우 이에 대해서 주의해야 한다. 아날로그 증폭기의 경우에 이 지연은 단지 주파수 응답과 관련될 뿐이다. 일반적인 저항성 부하에 대해서 증폭기가 충분히 빠른 경우조차도, 전자석 작동기의 복소수 부하(L, R, C)가 증폭기의 내부 안정성에 영향을 끼친다. 따라서 고성능 메카트로닉스용 전력 증폭기는 특정 목적에 맞게 명확하게 설계되어야만 한다.

■ 출력 임피던스

5장의 5.5.1.3절에서 설명했던 것처럼, 시스템 내의 감쇠가 필요한 경우에는 증폭기의 낮은 출력 임피던스가 필요하다. 이는 예를 들어 낮은 공진주파수에서의 진폭을 제한할 필요가 있는 라우드 스피커에 사용하는 증폭기의 경우에 해당된다.

전류와 힘이 작동기 권선의 운동 및 자체-인덕턴스와 무관할 필요가 있는 경우에는 출력 임피던스가 높은 것이 유용하다. 이는 거의 로렌츠 작동기를 사용하는 서보 제어되는 위치결정 시스템의 경우에 해당된다. 출력 임피던스가 높은 경우, 이동물체와 스테이터 사이의 상대속도에 의해서 유발되는 힘의 변화가 없어서 출력 임피던스가 작은 증폭기를 사용하는 경우에 비해서 이들 둘 사이의 전달율 저하가 초래된다. 5장의 5.5.1절에 따르면 메카트로닉스 설계자들은 너무 자주 강력한 전자회로를 활용할 수 있으므로 자체-인덕턴스는 더 이상 중요하지 않다고 생각하는 경향이 있기 때문에 높은 출력 임피던스를 이용한 자체-인덕턴스의 근원적인 보상은 어떤 위험성을 가진다는 것을 알 수 있었다. 반응성 소자들이 서로 90°의 위상관계를 가지고 있기 때문에 송출해야 하는 전력의 최댓값은 대부분의 경우 서로 다른 순간에 발생하므로 고속 위치결정 서보시스템의 경우에 높은 $L(dI/dt)$값을 극복하기 위해서는 시스템 내에서 송출해야 하는 전력보다 현저히 더 높은 전압을 증폭기가 송출해야 한다. 이런 경우 증폭기의 최대전압과 최대 전류값의 곱은 전력용량보다 훨씬 더 커야만 한다. 이 요구조건은 전체 시스템 비용과 신뢰성에 큰 영향을 끼치며 이에 대해서는 6.4.2.2에서 상세하게 살펴보기로 한다.

■ 효율

증폭기는 공급 전압과 전류를 작동기 전압과 전류로 변환시켜 준다. 이 변환이 트랜지스터와 같은 선형 소자를 통해서 이루어진다면 작동기 전류는 이 트랜지스터를 통과해야만 한다. 따라서 증폭기 내부에서는 출력과 전원 사이의 전압차이에 작동기 전류를 곱한 값만큼의 전력이 열로 소모된다. 자체-인덕턴스가 높은 경우에는 이로 인하여 과도한 전력이 소모된다. 이런 동력소모를 저감하거나 극복하기 위한 궁극적인 해결방안은 스위치 모드 펄스폭 변조방식의 증폭기를 사용하는 것이다.

■ 선형성, 왜곡의 자유도

증폭기의 비선형 특성은 몇 가지 영향을 초래한다. 오디오 앰프의 경우에는 이로 인하여 음향의 왜곡이 발생하지만 전문적인 메카트로닉스 시스템의 경우에 비선형성은 서로 다른 두 가지 방식으로 거동에 위해를 끼친다. 무엇보다도 증폭기의 이득이 출력전압이나 전류의 실제값에 영향을 받는다. 그 결과 귀환 시스템 내에서 루프 이득이 실제 출력전압에 의존하게 되면서 불안정해질 우려가 있다. 실제의 경우에는 불안정성 문제가 거의 발생하지 않을 정도로 비선형성을 낮게 제한할 수 있지만, 여기에도 한 가지 예외가 있다. 즉 출력전압이 공급전압에 근접한 최대전압으로 접근하게 되면 심한 비선형성이 발생한다. 이 순간에 출력 전압은 **고착**되며 제어성이 상실된다. 4장의 4.6절에서는 이런 극단적인 고착으로 인하여 이송 시스템이 제어되지 않는 **사이클 한계**가 초래된다는 설명을 통해서 이 현상을 소개한 바 있다.

그런데 이런 극단적인 사례 이외에도 작은 비선형성이 전향제어에 오차를 유발할 수 있다. 비선형성이 재현성과 결정성을 가지고 있다면 보상이 가능하지만, 비선형성은 증폭기의 최적설계가 구현되지 못했다는 것을 의미하며 거의 자동적으로 열 드리프트가 존재한다는 것을 의미한다.

6.4.2 선형 전력 증폭기

그림 6.66에서는 전압원 출력단을 갖춘 선형 전력 증폭기의 기본 설계를 보여주고 있다. 첫눈에 보기에 이 설계는 저전력 연산증폭기와 매우 유사하게 보인다. 하지만 여기에는 최소한 두 가지 중요한 차이점이 존재한다. 무엇보다도 이득 스테이지(T_1, T_2, T_3)가 차동입력 스테이지에서의 일반적인 전원 전압인 ±15[V]보다 현저히 높은 고전압 출력을 송출할 수 있도록 설계되어 있다. 이는 전압증폭 모드 내에 분리된 고전압 트랜지스터 쌍(T_1, T_2)으로 이루어진 **레벨 시프터**(level-shifter)를 사용하여 구현되었다. 두 번째 차이는 전류-증폭비가 매우 높은 일련의 **달링턴 결합**(Darlington pair) 트랜지스터들(Da_1, Da_2)로 이루어진 고전류 전력 송출 스테이지이다. 이 트랜지스터에는 이 구조를 발명한 미국의 전기기술자인 Sidney Darlington(1906-1997)의 이름을 붙였다. 달링턴 결합은 두 개의 순차 연결된 이미터 추종기로서 1000배 이상의 전류증폭비를 가지고 수 암페어의 전류를 송출할 수 있다.

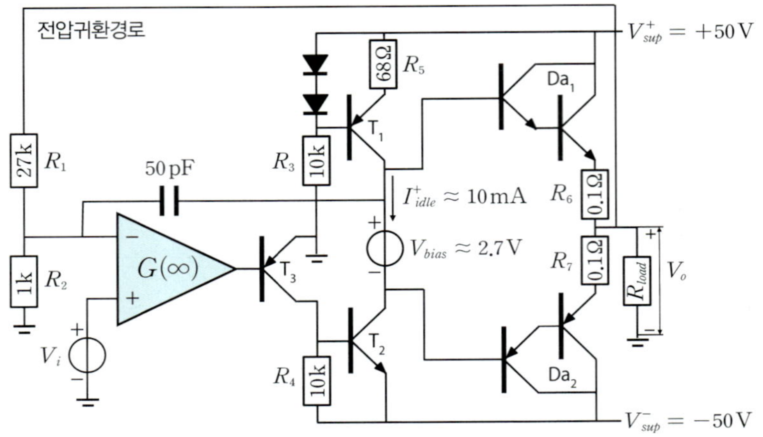

그림 6.66 폐루프 이득이 28배인 전압원 출력 스테이지를 갖춘 선형 전력 증폭기 기본설계. 넓은 출력전압 범위를 구현하기 위해서 트랜지스터 T_1, T_2 및 T_3가 레벨 시프터를 구축하였다. 푸시–풀 출력 스테이지는 두 개의 달링턴 결합 Da_1 및 Da_2로 구성되어 있다. 연산증폭기는 차동입력 및 이득 스테이지의 역할을 수행하며 50[pF] 용량의 커패시터 안정성을 확보하기 위한 지배적인 극점을 생성한다.

레벨–시프터의 기능은 다음과 같다. 입력 트랜지스터 T_3는 저전압 레벨이며 저전력 연산증폭기로부터 전압을 입력받아서 차동입력 스테이지와 고이득 스테이지가 조합된 형태로 작동한다. T_3는 컬렉터 저항이 10 [kΩ]인 전압 증폭기이다. T_3의 컬렉터 전압은 다시 T_3의 베이스 전압으로 사용되면서 컬렉터저항 위치에 전류원을 갖춘 전압 증폭기처럼 작동하게 된다.

T_1에 60 [Ω]의 이미터 저항과 두 개의 다이오드가 연결되어 T_1에 일정한 베이스 전압을 공급하면 0.6 [V]인 T_1의 베이스–이미터 간 문턱전압을 고려할 때 공전류 레벨이 약 10 [mA]인 전류원처럼 작동한다. 이 구조는 전류원 대신에 저항을 사용할 때처럼 전압 변화폭이 제한을 받지 않으며 T_2의 컬렉터 전류는 출력 전압에 의존한다. 더욱이, 달링턴 결합의 전류 증폭비가 1000배 이상인 경우에 10 [mA]의 전류 레벨은 달링턴 결합을 최대 10 [A]의 전류레벨까지 구동하기에 충분하다.

귀환회로는 이득이 약 30 [dB]에 해당하는 28배인 비반전 증폭기의 형태로 구성되어 있다. 지배적인 극점을 생성하면서 고이득 레벨–시프터의 비선형성을 저감하기 위해서 별도로 귀환 커패시터를 추가한다. 결과적인 폐루프 대역폭은 커패시터와 30 [kΩ]인 귀환 저항에 의한 RC–시간에 의해서 결정되며 100 [kHz]의 값을 가진다.

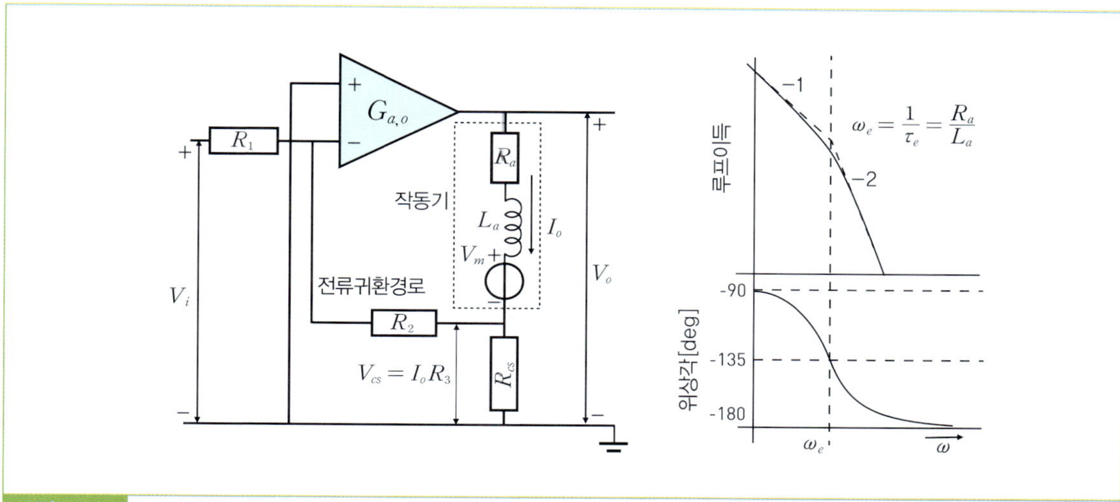

그림 6.67 직렬저항 R_{cs}를 통과하여 흐르는 전류를 측정하며 이 측정전압을 귀환신호로 사용하는 전도성 전력증폭기를 사용하여 전류귀환을 구현한다. 이상적인 경우 작동기를 통과하는 전류는 입력전압에만 의존하며 출력 전압에는 의존하지 않는다. 불행히도 자체-인덕턴스에 의해서 고주파 대역에서 불안정을 유발할 수 있는 추가적인 극점이 생성된다.

6.4.2.1 전류원 증폭기

대부분의 정밀 메카트로닉스 운동제어 시스템에 사용되는 전자석 작동기들은 높은 출력 임피던스를 갖는 전류원을 갖춘 전력 증폭기를 필요로 한다. 앞서 논의했던 고전력 전압원 출력 스테이지는 이미터 추종 구조와 전압귀환 루프로 인하여 낮은 출력 임피던스를 가지고 있다.

■ 전류귀환

전압귀환 대신에 전류귀환을 사용하여 높은 출력 임피던스를 구현하는 전도성 증폭기를 통해서 높은 출력 임피던스를 구현할 수 있다. 이 증폭기의 작동원리는 6.3.4.6절에서 설명하였고 전자석 작동기로 대표되는 유도성 부하에 사용할 때의 문제를 설명하기 위해서 부유성 부하를 가지고 있는 반전형태의 증폭기가 그림 6.67에 도시되어 있다. 이 그림에서는 전력 증폭기를 표준 연산증폭기로 표시하며 그림 6.66에 도시되어 있는 전압원 전력 증폭기에서 두 개의 전압귀환저항(R_1, R_2)이 없는 경우와 같다고 간주한다. 직렬 연결된 소형 저항 R_{cs}를 사용하여 작동기의 출력전류를 측정하며 이 저항 양단의 전압을 전력 증폭기의 음입력단으로 귀환시킨다.

이상적인 경우 이 구조는 작동기 전압과는 구관하며 입력전압에만 의존하는 출력 전류를 생성한다. 불행히도 이는 귀환 루프가 충분한 폐루프 이득과 위상여유를 가지고 있을 때에만 성립한다. 실제 전자석 작동기의 경우, 5.5.1.1에서 설명하였듯이 특정 주파수 이상에서 자체-인덕턴스의 임피던스가 작동기의 임피던스를 결정하기 때문에 작동기 권선의 자체-인덕턴스가 문제를 야기한다. 이 주파수는 다음과 같이 결정된다.

$$\omega_e = \frac{1}{\tau_e} = \frac{R_a}{L_a} \tag{6.117}$$

이 주파수 이상에서는 증폭기 출력에서 V_{cs}로의 귀환경로에 의해서 추가되는 극점과 −1 기울기가 약 1 [Hz] 주변의 주 극점에 의해서 유발되는 연산 증폭기의 내부 −1 기울기에 더해져서 저역통과 필터의 특성을 갖게 된다. 그림 6.67의 단순화 된 진폭 보드선도에서 볼 수 있듯이 이로 인하여 높은 주파수에서 귀환 시스템은 준안정상태가 된다. 원리상 이것은 균일이득 교차 주파수에서 위상각을 −180°이상 변화시키는 추가적인 극점들이 루프 내에 존재하는 경우에만 문제를 유발한다. 이 주파수는 작동기 임피던스와 귀환 저항들(R_1, R_2)을 포함하는 증폭기 주변에서의 총 귀환루프로부터 다음과 같이 계산할 수 있다.

연산증폭기는 개루프 이득 G_a와 1 [Hz] 주변의 특정한 주파수에서 시작하는 주 극점을 가지고 있다. 개루프 전달함수는 연산증폭기 내부의 전압원에 의해서 유발되는 측정된 전류값과 관련이 있을 뿐 운동전압과는 무관하기 때문에 개루프 전달함수의 계산시 운동전압 V_m을 무시할 수 있다[52]. 작동기와 전류측정용 저항은 전기적으로 감쇠회로와 코너 주파수 ω_e가 식 (6.117)과 같은 1차 저역통과 필터의 조합처럼 거동한다. 개루프 전달함수 계산시 입력 전압원 V_i를 단락된 회로로 대체할 수 있기 때문에 R_1과 R_2도 감쇠회로에 영향을 끼친다. 이런 정보들을 사용하여 전도성 증폭기에 대한 개루프 전달함수의 라플라스 식을 다음과 같이 유도할 수 있다.

$$G_{a,c}(s) = \frac{G_{a,o}}{\tau_a s+1}\frac{R_{cs}}{R_a+sL_a}\frac{R_1}{R_1+R_2} = \frac{G_{a,o}}{\tau_a s+1}\frac{\frac{R_{cs}}{R_a}}{\tau_e s+1}\frac{R_1}{R_1+R_2} \tag{6.118}$$

전달함수의 첫 부분은 연산증폭기, 두 번째 부분은 작동기와 전류측정용 저항, 세 번째 부분은 유일하게 주파수에 의존하지 않는 감쇠회로를 결정하는 귀환저항기의 특성을 나타내고 있다. 이를 통해서 원래 연산증폭기가 가지고 있던 높은 이득 G_a가 크게 감소하였음을 명확히 알 수 있다. 다음의 대표적인 사례에서 사용된 값들을 통해서 이와 관련된 동적 문제들이 더 명확하게 밝혀진다.

증폭기의 개루프 전압이득 $G_{a,o} = 10^5$이며 주 극점은 1 [Hz] 주변에 위치한다고 가정한다. 이는

52) 6.2.1.1절에서 설명하였듯이 회로 내의 다른 전압원이 끼치는 영향을 살펴보는 경우에 전압원을 단락된 회로로 대체할 수 있다.

$\tau = 1/2\pi = 0.15$임을 의미한다. 전류측정용 저항 R_{cs}가 크다면 작동기가 소모하는 전력과 동일한 수준의 전력을 소모하게 되어 효율성이 저하되므로 이 저항은 작동기의 직렬저항보다 훨씬 작은 값을 가져야 한다. 하지만 이 저항값이 너무 작다면 전류측정값의 신호 대 노이즈 비율이 감소하므로 이 또한 좋지 않다. 실제 설계의 경우에는 $R_{cs}/R_a = 0.1$을 자주 사용한다. $R_a = 1\,[\Omega]$인 경우에는 $R_{cs} = 0.1\,[\Omega]$을 사용한다. 직류전압에서의 자체 인덕턴스를 무시한다면 이 값으로 인하여 10배의 직류전압 감소가 이루어진다. 마지막으로 R_1과 R_2를 결정해야만 한다. 증폭기의 이득이 $1\,[A/V]$라면 $1\,[V]$ 입력전압에 의해서 R_{cs}를 통과하여 $1\,[A]$가 흐르면서 $0.1\,[V]$의 전압이 송출된다는 뜻이다. 따라서 $R_1/R_2 = 10$이 된다. $R_1 = 10\,[k\Omega]$이며 $R_2 = 1\,[k\Omega]$이라면 R_1 및 R_2에 의한 감쇠($R_1/(R_1+R_2) \approx 0.9$)는 거의 무시할 수 있다. 마지막 항은 작동기의 자체-인덕턴스로서 이 사례에서는 $1\,[mH]$의 값을 가지고 있다. 이 데이터들을 사용하면 라플라스 도메인에서 다음과 같은 전달함수를 얻을 수 있다.

$$G_{a,c}(s) = \frac{10^5}{0.15s+1}\frac{0.1}{0.001s+1}\frac{10}{11} = 10^4\frac{1}{0.15s+1}\frac{1}{0.001s+1} \tag{6.119}$$

따라서 전체 루프의 직류이득($G_{a,1}$)이 10^4배로 1/10만큼 감소하며 1 Hz 이상의 주파수에서는 −1의 기울기를 가지고 주파수에 따라서 추가적인 감쇠가 발생한다. $f = 1000/2\pi \approx 160\,[Hz]$ 이상의 주파수에서는 1차 음의 기울기가 추가되어 루프이득이 더 줄어든다. $160\,[Hz]$에서 루프 이득은 이미 $10^4/160 \approx 60$으로 감소되었으며 $160\,[Hz]$ 이상의 주파수에서는 기울기가 −2가 된다. 그 결과 균일이득 교차 주파수는 $\omega_0 = 160 \cdot \sqrt{60} \approx 1.3\,[kHz]$가 된다.

대부분의 경우 위상각은 여전히 $-180°$이상의 어떤 값을 가지고 있다. 하지만 만일 이것만으로는 안정성을 유지하기에 충분치 못하다면 R_2와 병렬로 미분 앞섬용 커패시터를 설치할 수 있으며, 이를 통해서 4장의 PID-제어기에서 설명했던 것과 마찬가지로 균일이득 교차주파수에서의 위상각이 추가된다. 경험법칙에 따르면,

$$\omega_d = \frac{1}{R_2C} = 0.3\omega_0 \tag{6.120}$$

이로 인하여 그림 6.68에서와 같이 위상각 여유를 증가시킬 수 있지만 귀환경로 내에서 주파수 의존성 요소는 능동화 되므로 이로 인하여 시스템의 폐루프 제어된 전류원 특성도 변화한다. ω_d 이상의 주파수에서 귀환이득을 증가시키면 ω_d에서 전도성 증폭기의 폐루프 전달함수 내의 추가적인 극점을 결정하는 폐루프 이득이 ω_d 이상의 주파수에서 감소한다. 이 증폭기가 사용되는 메카트로닉스 시스템의 개루프 전달함수 내에서 이 극점이 명확해진다. 증폭기의 이 극점은 공진하는 고유모드에서 위상각을 시프트 시키

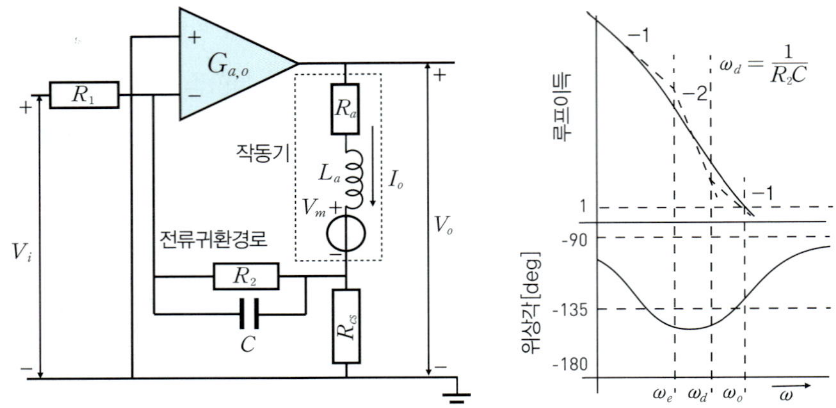

그림 6.68 귀환저항에 병렬로 연결한 커패시터의 극점보상을 통해서 자체-인덕턴스를 상쇄시킬 수 있지만 이로 인하여 전류 측정값이 왜곡되며 고주파에서의 폐루프 이득이 저감된다. 원리상 이는 제어기에 추가적인 차동 리드-네트워크를 통해서 보상할 수 있다.

기 위해서 사용할 수 있지만, 이것이 불가능한 경우에는 미분기가 고주파에서 조절되는 한도 내에서 제어기에 추가적으로 미분성 앞섬 네트워크를 추가하여 이를 보상할 수 있다.

일반적으로 위치귀환 루프 내에서 미분기는 증폭기의 극점을 보상할 가능성을 제한하기 때문에 하나 이상을 사용하지 않는 것이 좋다. 작동기의 자체-인덕턴스에 의한 이 추가적인 극점에 대한 해결책은 6.3.2.2절에서 설명했던 출력 스테이지용 컬렉터 추종기 구조를 사용하는 것이다. 다음 절에서는 이 원리를 기반으로 하여 전체적인 귀환 없이 고출력 임피던스를 생성하는 전력송출 스테이지에 대해서 살펴본다.

■ 전류원 송출 스테이지

그림 6.69에 도시되어 있는 사례에서는 전류귀환 루프가 완벽하게 배제되었으며 이득-스테이지 레벨-시프터 트랜지스터와 출력 스테이지가 비교적 큰 이미터 저항들에 대해서 선형화된다. 더욱이 증폭기의 출력 스테이지는 높은 임피던스를 갖는 컬렉터 추종기를 갖추고 있다.

이 사례에서, 연산 증폭기는 이득이 10이며 출력 임피던스가 낮은 비반전 전압 증폭기처럼만 작동하며 이 출력전압은 2개의 레벨-시프터 전압증폭 트랜지스터 T_1 및 T_2의 입력으로 사용된다. 이 트랜지스터들의 전류는 양의 사이클과 음의 사이클 사이의 전환을 선형화하기 위해서 공유하는 100 [Ω] 저항에 의해서 결정된다. 신호가 양의 사이클인 동안은 T_1에 흐르는 전류가 증가하며 100 [Ω] 컬렉터 저항 때문에 달

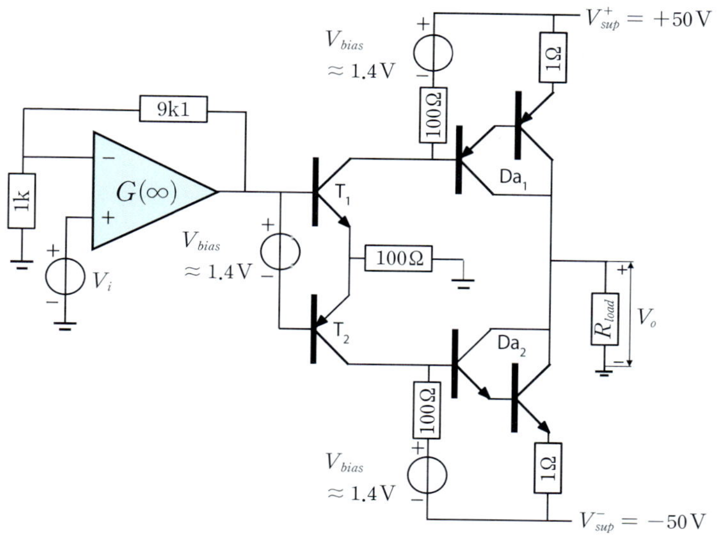

그림 6.69 그림 6.66의 달링턴 결합을 반전시켜서 전력용 달링턴 결합의 컬렉터 추종기를 기반으로 하는 전류원출력을 만들었다. 이 증폭기는 1[V]의 입력전압에 대해서 10[A]의 전류를 송출한다. 양의 반주기 신호에 대해서 트랜지스터 T_1은 이득이 1인 레벨-시프팅 전압증폭기처럼 작동하며 Da_1은 T_1의 컬렉터 전압을 출력 전류로 변환시켜준다. 음의 반주기 동안은 T_2와 Da_2가 주변 저항들과 함께 작동한다. 연산 증폭기는 증폭기 전체에 대한 귀환 없이 이득이 10인 비반전 증폭기처럼만 작동한다.

링턴 결합 Da_1의 베이스 전압의 동일한 감소가 초래된다. 이로 인하여 Da_1의 이미터에 연결된 1 [Ω] 저항에 부가된 전압의 증가와 그에 따른 양의 출력전류 증가가 초래된다. 음의 사이클 동안은 T_2와 Da_2가 이와 동일하게 작동한다.

이 구조의 특별한 측면은 공유된 이미터 저항과 레벨-시프터의 컬렉터 저항값이 동일하다는 점이다. 이 회로에는 비선형성을 보정할 수 있는 귀환이 없기 때문에 레벨-시프터의 증폭을 선형화시키기 위해서 동일한 저항을 사용한 것이다. 이는 또한 달링턴 결합의 이미터에 비교적 큰 저항을 사용한 이유이기도 하다. 선형화 때문에 레벨-시프터 주변에 100 [Ω]의 낮은 저항을 선정함으로써 10 [A]의 최대 출력전류에서 레벨-시프터 내의 전류는 달링턴 결합의 입력전류보다 10배 이상 크다. 10 [A]의 출력 전류에서 100 [Ω] 저항 양단에 10 [V]를 부가하기 위해서는 레벨-시프터에 100 [mA]의 전류가 필요하다. 전류 증폭비 때문에 달링턴 결합의 입력전류는 10 [mA]이며, 이는 레벨-시프터 전류의 10%에 불과하다.

이 사례에 따르면 이런 모든 성질들을 구현하기 위해서 전력의 소모(효율)와 성능 저하를 대가로 치른다는 것이 명확하다. 비교적 높은 전류와 큰 저항값은 모두 출력 전압을 제한하며 반도체와 관련 부품들의 온도를 허용 가능한 수준으로 유지하기 위해서는 상당한 대책이 필요하다. 특히 전력용 트랜지스터가 커지면 밀러 정전용량이 커지며 작동기의 자체 인덕턴스와 결합되면 쉽게 진동이 발생한다. 따라서 더 최적인 해결책은 전류귀환 구조를 그림 6.69의 출력 스테이지를 갖춘 6.3.4.6절의 접지부하와 조합하면서 전력소모를 줄이기 위해서 작은 이미터 저항을 사용하는 것이다. 전류귀환은 비선형성을 감소시켜 주며 컬렉터 추종구조는 작동기의 자체-인덕턴스에 의한 추가적인 극점 문제를 저감시켜 준다. 밀러 정전용량과 자체-인덕턴스에 의한 공진이 루프성형에 의해서 해결되도록 귀환루프를 조절할 수 있다.

하나의 연산증폭기가 구현할 수 있는 이득이 필요한 루프이득에 비해서 너무 작다는 것을 인식하는 것이 중요하다. 일반적으로 실제의 전력증폭기는 각각의 요구조건에 대해서 조절된 다수의 연산증폭기를 사용하여 설계된다. 따라서 제시되어 있는 사례들을 실제로 사용하기에는 제한이 많지만 메카트로닉스 설계자들이 당면한 문제에 대한 통찰력을 얻기에는 충분하다.

6.4.2.2 동적부하, 4상한 동작

유도성 또는 용량성 부하를 가하면 전류와 전압의 위상각이 어긋나기 때문에 선형 증폭기 내에서의 동력 소모는 더 심각하게 발생한다. 5장에서 설명했듯이 메카트로닉스 위치결정 시스템의 전자석 작동기는 때때로 매우 큰 자체-인덕턴스를 나타내며 압전 작동기와 마찬가지로 부하는 주로 용량성 특징을 가지고 있다. 그림 6.70과 같이 극단적으로 순수한 반응성 부하만을 가지고 있는 경우에는 전압이 0 [V]인 상태에서 최대 전류를 송출해야 하는 반면에 전류가 양인 1/4주기 동안은 음전압 상태에서 전류를 송출해야 하며 나머지 1/4주기 동안은 그 반대로 작동해야 한다. 임의의 순간에 전압의 부호에 관계없이 전류를 송출하는 능력을 **4상한**(four quadrant)동작이라고 부른다. 선형 증폭기에서 복소부하를 구동하기 위해서는 특정한 전류 레벨에서 전력용 트랜지스터에 부가되는 전압차이가 공급전압보다 더 커져야 할 필요가 있

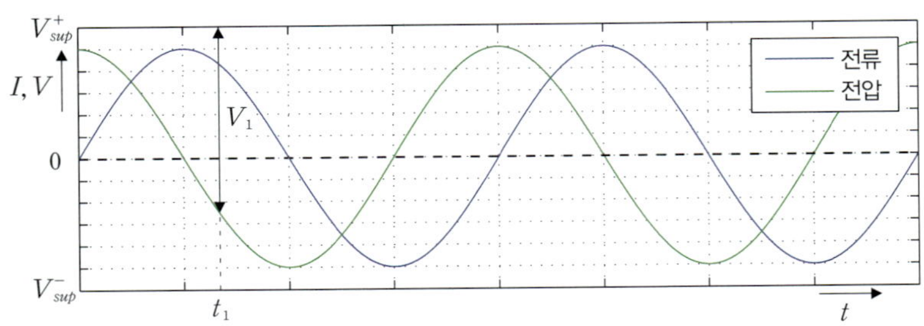

그림 6.70 복소부하를 받으면 증폭기에서 송출되는 전류는 전압과 위상차이를 나타낸다. 즉 출력전압의 부호에 무관하게 양전류 및 음전류를 송출하는 4상한 동작을 수행할 수 있어야 한다. 이 요구조건은 매우 큰 동력이 소모된다는 것을 의미한다.

다. 예를 들어 그림 6.70의 시간 t_1에서는 출력전압이 여전히 음인 상태에서 양전원에 연결되어 있는 전력용 트랜지스터에 의해서 높은 양전류가 송출되어야만 한다. 전류를 통과시키는 트랜지스터 양단의 전압은 이로 인하여 V_1만큼의 크기를 갖는데, 이는 V_{sup}^-보다 큰 값이다.

다행히도, 실제의 경우에는 이처럼 극단적이지 않으며 작동기 임피던스의 저항부가 크기 때문에 음의 효과는 저감된다. 라우드스피커에 공급되는 반응성 전류가 매우 제한되는 대부분의 오디오가 여기에 해당된다.

■ 운동에 의해 유발되는 전압

메카트로닉스 위치결정 시스템에서 발생하는 진짜 문제는 고속으로 작동할 때에 작동기의 운동전압에 의해서 유발된다. 가속시에는 운동전압이 전류와 함께 증가하며 전력이 시스템에 투입되면 운동에너지로 변환된다. 그런데 감속과정은 이와 완벽하게 반대이다. 운동전압은 여전히 가속과정에서와 동일한 부호를 가지고 있지만, 전류는 반전되어야 하며 증폭기가 모든 운동 에너지를 흡수해야 한다.

특히 이런 이유 때문에 메카트로닉스 시스템 내에서 선형 증폭기의 사용은 스트로크가 짧은 로렌츠 증폭기와 같이 적당히 낮은 레벨의 전력과 제한된 속도를 갖는 메카트로닉스 시스템으로 제한된다.

선형 전력증폭기의 대안으로 인덕터와 커패시터가 교대로 에너지를 교환하는 작동원리를 가지고 있는 **스위치-모드 전력증폭기**(switched-mode power amplifier)가 설계되었다. 이 작동원리는 고출력 용도에서 절실히 요구되는 에너지 효율을 극적으로 향상시켜서 열 문제를 해결해 주었다.

6.4.3 스위치모드 전력증폭기

6장의 처음에서 에너지를 저장할 수 있는 반응성 소자로 커패시터와 인덕터가 소개되었다. 또한 공진특성을 가지고 있는 커패시터와 인덕터를 사용해서 필터를 설계할 수 있다는 것도 설명하였다. 공진시 에너지는 커패시터와 인덕터 사이를 오간다. 더욱이 커패시터 양단 전압은 무한히 빨리 변할 수 없으며 이를 변화시킬 전류가 필요하다. 마찬가지로 인덕터를 통과하여 흐르는 전류를 변화시키기 위해서는 전압이 필요하다. 다음 절에서는 증폭을 구현하기 위해서 전자 스위치를 사용하여 반응성 소자 속으로 전류와 전압을 인도하는 과정에서 이 효과가 사용된다. 다음절에서는 ASML 웨이퍼 스테이지에 사용되었던 두 가지 전형적인 스위치-모드 증폭기를 사례로 사용하고 있다. 그림 6.71에 도시되어 있는 첫 번째 사례는 필립스의 Nat-lab에서 1980년대에 개발되어 1장에서 소개되었던 최초의 실리콘 리피터용 웨이퍼 스테이지

그림 6.71 최초의 실리콘 리피터 웨이퍼 스테퍼용 전자식 웨이퍼 스테이지를 위해서 설계된 그림 6.72의 스위치 모드 전력 증폭기

에 사용되었던 초기 프로토타입이다. 이 증폭기는 중간 정도의 수준인 ±30[V]의 출력전압과 최대 5[A]의 전류를 송출하였다. 두 번째 증폭기는 필립스 기술센터에서 1995년 경에 설계된 3상 고출력 증폭기로서 이 증폭기의 기본 작동원리는 트윈스캔 웨이퍼 스캐너의 5[kW] 대변위 작동기를 구동하기 위해서 여전히 사용되고 있다.

첫 번째 증폭기 사례에 대한 소개를 마치고 나면 이를 구동하기 위해서 필요한 전력용 MOSFET를 사용하는 고속 전자식 스위치에 대해서 살펴본다. 그런 다음 활용 사례로서 첫 번째 증폭기의 스위치-모드 전압원 증폭기에 사용되는 펄스폭 변조 원리에 대해서 설명한다. 이런 기본적인 이해를 기반으로 하여 스위칭 파워 출력 스테이지 속을 흐르는 전류에 대한 세밀한 해석을 수행하며, 마지막으로 두 번째 사례의 3상 초 고출력 전력용 증폭기 내에서 반응성 소자들의 공진 모드를 사용한 최적 설계기법에 대해서 고찰한다.

6.4.3.1 증폭기의 첫 번째 사례

첫 번째 증폭기 사례는 이미 증명된 펄스폭 변조식 스위치-모드 증폭기의 설계이다. 1980년에 수작업으로 제도된 회로도 원본이 그림 6.72에 도시되어 있다. 이 증폭기는 이 책의 표지에 사용된 실리콘 리피터 Mark 2의 웨이퍼 스테이지용 선형 전기모터의 구동을 위해서 설계되었다. 회로도에 따르면 C-MOS

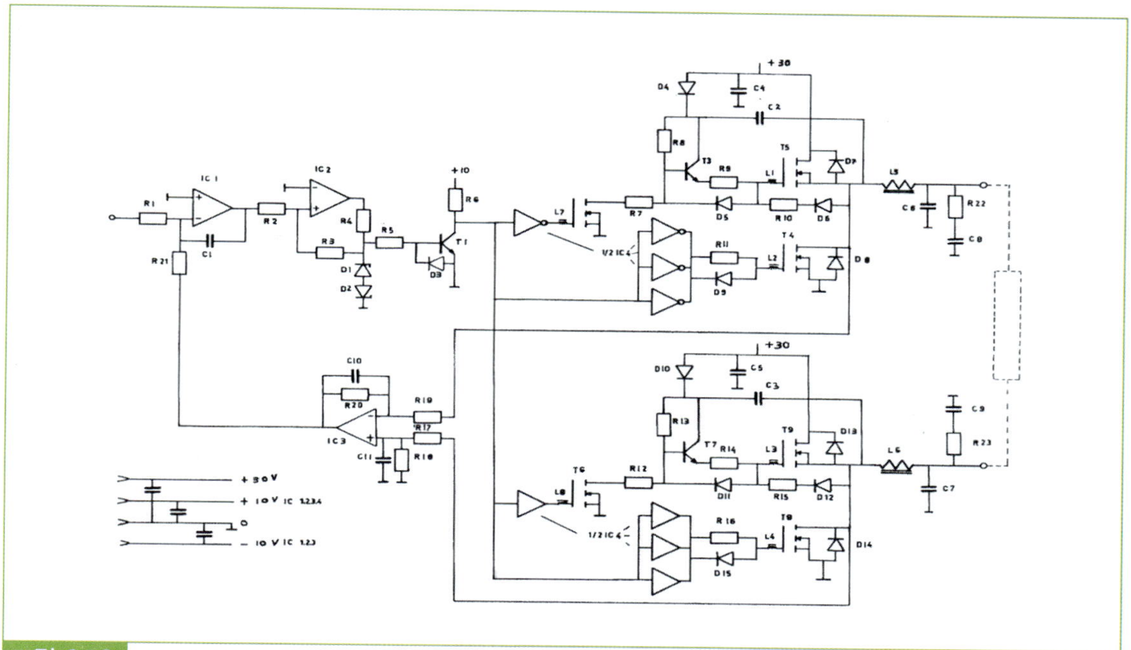

그림 6.72 필립스 전자와 ASML의 최초의 전자식 웨이퍼 스테퍼를 위해서 설계된 펄스폭 변조식 스위치-모드 전력 증폭기의 초기사례. (1980년에 수작업으로 제도된 회로도 원본)

집적회로와 같은 디지털 스위칭 요소(작은 삼각형), 두 개의 연산 증폭기, 여섯 개의 MOSFET, 3개의 쌍극성 트랜지스터, 그리고 다수의 수동소자들을 사용하는 비교적 단순한 설계임을 알 수 있다. 간단한 기능성 때문에 이 증폭기는 스위치-모드 증폭기의 작동원리를 설명할 때에 사용되며 실제의 소자값들과 이 장 전체를 통해서 명확해지는 여타의 시스템 성질들을 사용하여 모든 주요 구성요소들의 기능성을 설명한다.

- 증폭기의 스위칭 주파수 f_s는 0 [V] 출력전압에 대해서 150 [kHz]이다.
- 스위칭 출력 스테이지는 공급전압이 30 [V]인 단전원만을 사용하는 두 개의 단전원 스위칭 파워 유닛들로 이루어진다. 이 스테이지는 ±30 [V]의 두 공급전압을 가지고 있는 하나의 출력 스테이지와 등가이다.
- 출력 필터는 1 [mH]의 자체-인덕턴스를 갖는 인덕터와 0.33 [μF]의 용량을 갖는 커패시터로 이루어지며 코너-주파수 $f_0 = 8.7$ [kHz] 이상의 차단대역에서는 −2의 기울기를 가진다.
- 작동기의 임피던스는 5 [Ω]의 저항과 직렬 연결된 8 [mH]의 자체-인덕턴스로 이루어지며 전기적 시상수 $\tau_e = L/R = 1.6$ [ms]를 가진다.

6.4.3.2 전력 MOSFET, 고속 고출력 스위치

스위치-모드 증폭기의 전류와 전압은 100 [kHz] 이상의 매우 높은 주파수로 스위칭되어야 한다. 이상적인 전자식 스위치는 양방향으로 전류를 흘릴 수 있으며 도통시 저항이 0이고 매우 높은 전압과 전류에 견딜 수 있으며 스위칭 시간이 0이다. 마지막으로 이상적인 전자식 스위치는 접점을 여닫기 위해서 에너지를 소모하지 않는다. 전자기술의 지속적인 발전을 통해서 MOSFET라고 부르는 거의 이상적인 디바이스가 개발되었음에도 불구하고 이 경우에도 마찬가지로 **이상**적인 스위치가 존재하지 않는다는 것이 명확하다.

쌍극성 트랜지스터는 비교적 큰 베이스전류를 필요로 하기 때문에 정밀 메카트로닉스 위치결정 시스템에서 스위칭 디바이스로 쌍극성 트랜지스터를 거의 사용하지 않는다. 더욱이, 쌍극성 트랜지스터는 전하나르개로서 정공의 이동속도가 느리기 때문에 작동속도가 느리고 전력송출을 제한하는 파괴적인 모드인 **2차 항복**(secondary breakdown)이라고 부르는 현상을 겪는다. 반면에 이들의 강인함 때문에 매우 높은 스위칭 주파수를 필요로 하지 않는 전력변환 시스템에서는 일반적으로 사용된다. 큰 베이스 전류는 쌍극성 트랜지스터 앞단에 입력장치로 MOSFET를 통합하여 해결하였다. 이런 조합형 디바이스를 **절연 게이트 쌍극성 트랜지스터**(Insulated Gate Bipolar Transistor : IGBT)라고 부르며 수천볼트의 전압과 수천암페어의 전류를 스위칭할 수 있다. 이들의 스위칭 시간은 수십 마이크로초에 이를 정도로 비교적 길기 때문에 고정밀 메카트로닉스 위치결정 시스템에는 적합지 않지만 대신에 기차나 하이브리드 자동차와 같은 전기운송 시스템에서 주로 활용되고 있다.

더 높은 주파수 대역의 용도에는 전하 나르개로 전자만을 사용하여 스위칭 속도가 수 나노초밖에 안되는 N-채널 전력용 MOSFET가 사용된다. 전력용 MOSFET는 소형의 MOSFET 수백만개를 병렬로 연결하여 제작한다. 개별 MOSFET들이 각자 가변저항처럼 작동하며 작은 저항값을 생성하기 위해서 이들과 병렬로 저항을 설치할 수 있다. 이런 병렬화를 위해서는 그림 6.35에 도시되어 있는 수평구조와는 다른 특수한 구조의 MOSFET 요소가 필요하다. 그림 6.73에 도시되어 있는 것처럼 칩의 바닥에 드레인이 배치되며 상부에는 소스가 위치하는 수직구조는 모든 드레인과 소스들을 직접 서로 연결할 수 있는 반면에 게이트들은 칩 전체에 분산되어 있는 절연된 내장형 배선 네트워크로 연결되어 있다.

원리상 MOSFET는 두 경로를 통해서 드레인에서 소스로 전류를 흘릴 수 있지만 MOSFET를 하나의 경로에 대해서만 최적화시키기 위해서 비대칭 설계가 적용된다. N-채널 MOSFET 내에서 드레인에서 소스로 전류가 흐를 때에는 소스와 기판이 동일한 전위를 가지고 있기 때문에 소스를 기판에 직접 연결하는 것도 역시 일반적이다.

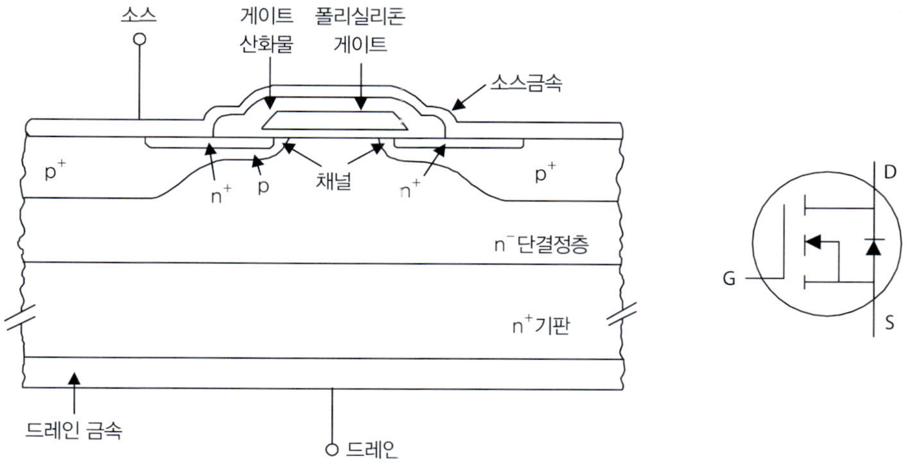

그림 6.73 전력용 MOSFET는 서로 병렬로 연결된 수백만개의 소형 MOSFET들로 이루어져 있다. 이는 칩의 상부와 하부에 각각 소스와 드레인이 배치되고 게이트는 절연된 산화층 속에 묻혀있는 수직구조를 통해서 구현된다. 심볼에서는 기판이 소스와 연결된 구조를 보여주고 있다. 이 연결에 따른 직접적인 결과로 드레인과 소스 사이에는 드레인과 기판 사이의 접합에 의해서 만들어지는 추가적인 다이오드가 형성된다. 이 다이오드는 스위치-모드 증폭기에서 효과적으로 활용된다.(Courtesy of International Rectifier)

그 결과 드레인의 N형 소재와 기판의 P형 소재 사이의 접합이 연결되어 소스와 드레인 사이가 실리콘 다이오드처럼 거동한다. 이 다이오드는 일반적인 전류의 흐름과는 반대방향인 소스에서 드레인으로의 전도를 도와주며, 뒤에서 설명하겠지만, 이는 유도성 부하의 스위칭에 매우 유용한 성질이다.

모든 전자소자들처럼 전력용 MOSFET도 몇 가지의 기생 정전용량을 가지고 있기 때문에 이상적인 작동특성을 갖지 못한다. 이들 중에서 가장 중요한 것은 게이트의 정전용량으로, 200 [A] 이상을 스위칭 할 수 있는 전력용 MOSFET의 경우에 10 [nF] 정도에 달한다. 또한 드레인과 게이트 사이의 정전용량은 쌍극성 트랜지스터의 컬렉터-베이스 간 정전용량과 유사한 부정적 영향을 끼친다. 게이트에서 발생하는 밀러 정전용량은 다행히도 입력 정전용량보다 작지만 여전히 MOSFET 스위치가 상태를 바꿀 때마다 매번 전류를 충전 및 방전하는 데에 비교적 큰 총 정전용량이 필요하다. 그 결과 총 전류가 게이트를 통해서 드나든다. 고전력 용도에서 게이트에는 최소한 10 [V] 이상의 스위칭 전압과 $f_s = 100$ [kHz]의 스위칭 주파수가 필요하며 입력 정전용량이 10 [nF]이므로 게이트를 통과하여 흐르는 유효전류 I_g는 다음과 같다.

$$I_g = f_s \frac{1}{2} CV^2 = 10^5 \cdot 10^{-8} \cdot 100 = 0.1 \ [\text{A}] \tag{6.121}$$

이 전류값을 스위칭 가능한 최대전류인 200 [A]와 비교해 볼 필요가 있다. 이 값은 비교대상인 전류 증폭비 $\beta = 1000$인 달링턴 결합이 연속적으로 전류를 흘리는 경우에 비해서 여전히 낮은 전류값이며 밀러 정전용량을 충전하기 위한 추가적인 베이스전류를 필요로 하지 않는다. 사실 게이트로 흐르는 이 전류 레벨은 수용할 정도이다. 그런데, 여기서 유의할 점은 베이스 전류가 스위칭 속도와 정비례한다는 점이다. 베이스 전류가 스위치 모드 전력 증폭기의 전력소모 원인 중 하나이다.

6.4.3.3 펄스폭 변조

스위치 모드 전력 증폭기는 펄스폭 변조 원리에 따라서 작동한다. 이 원리는 주기신호는 신호의 평균 DC값을 나타내는 하나의 상수값 a_0와 최저 주파수가 주기 신호의 시간주파수와 같은, 일련의 고차 조화 함수들로 분해할 수 있다는 푸리에 급수전개에 기반을 두고 있다. 저역통과 필터를 사용하여 이 조화함수들을 필터링하면 평균값만이 남게 된다.

구형파 신호의 경우 음의 주기가 양의 주기와 시간간격이 동일하다면 평균값은 0이다. 양의 주기와 전체 주기 사이의 비율을 **듀티-사이클**(duty-cycle)라고 부른다. V^-는 구형파 신호의 음전압이며 V^+는 양전압일 때에 이 정의로 인하여 구형파 신호의 평균 DC값인 V_{DC}는 다음 식과 같아진다.

$$V_{DC} = V^- + (V^+ - V^-) \cdot (duty - cycle) \tag{6.122}$$

$V^+ = -V^-$인 경우에 듀티비가 50%라면 평균 전압은 0 [V]이다. 일정한 진폭을 가지고 있는 구형파 신호의 듀티 사이클을 조절함으로써 구형파 신호의 평균 전압을 변화시킬 수 있다. 이 과정을 **펄스폭 변조**(pulse-width modulation)라고 부른다. 양전압 또는 크기가 같은 음전압 고전력 전압원에 증폭기 출력단을 교대로 연결하는 스위치를 사용해서 구형파 신호를 만들 때에 출력 전압의 평균값은 이 출력에 연결되는 부하와는 무관하며 듀티 사이클에 의해서만 결정된다. 이 평균전압은 인덕터와 커패시터로 이루어진 수동 저역통과 필터를 사용하여 신호로부터 고차 푸리에 항들을 필터링하여 얻을 수 있다.

■ 펄스폭 변조기

스위치 모드 증폭기를 만드는 첫 번째 단계는 저주파 신호를 평균값이 이 저주파 신호의 순시값과 같은 구형파 신호로 변환시키는 것이다. 사례로 예시된 증폭기에서 이 과정은 삼각파-구형파 펄스폭 변조기를 기반으로 하며 이는 그림 6.74를 사용하여 설명할 수 있다.

변조기의 심장은 반전 적분기와 미국의 과학자 Otto Herbert Schmitt(1913- 1998)가 발명한 **슈미트 트**

리거(Schmitt trigger)로 이루어진다. 슈미트 트리거의 출력은 두 가지 상태만을 가질 수 있다. 이 증폭기에서 한 가지 상태는 양전압이며 다른 상태는 음전압으로 둘은 동일한 크기를 가지고 있다. 출력은 입력이 특정한 양의 문턱전압을 넘어설 때에만 음전압에서 양전압의 상태로 변할 수 있으며 입력이 특정한 음의 문턱전압 아래로 내려갈 때에만 양전압에서 음전압으로 상태가 변할 수 있다. 이 증폭기에서 두 문턱전압의 크기는 동일하다. 비교기의 출력은 고전력 스위칭 스테이지를 위한 입력으로 사용되며 이 스테이지 출력의 고주파 성분은 수동 LC 필터를 통해서 제거되어 출력 신호의 평균 DC 값만이 전달된다. 필터 앞단의 스위칭 출력신호는 적분기로 귀환된다. 비교기의 출력처럼 스위칭 된 출력이 거의 동일한 구형파이기 때문에 두 출력이 동일하다는 가정 하에서 이 원리를 설명할 수 있다.

비교기가 양의 출력상태인 경우부터 시작해 보면, 반전 적분기의 출력은 시간에 대해서 음의 기울기를 나타내며 그 하강속도는 비교기의 전압, 입력전압, 커패시터 용량 및 저항 R_1과 R_2의 값에 의존한다. 적분기의 출력이 슈미트 트리거의 음의 문턱전압에 도달하게 되면 슈미트 트리거는 음전압 상태로 전환되며 적분기의 출력은 양의 문턱전압에 도달할 때까지 다시 증가하기 시작한다. 양의 문턱전압에 도달하는 순간에 슈미트 트리거는 양의 출력전압으로 상태가 전환된다. 이 과정이 지속되면서 슈미트 트리거 출력단에서의 구형파 신호와 더불어서 적분기 출력단에서의 삼각파 신호가 만들어진다. 입력 전압이 0일 때에는 그에 따른 구형파와 삼각파 모두 평균전압이 0 [V]인 완벽한 대칭상태가 된다. 양의 입력전압이 부가되자

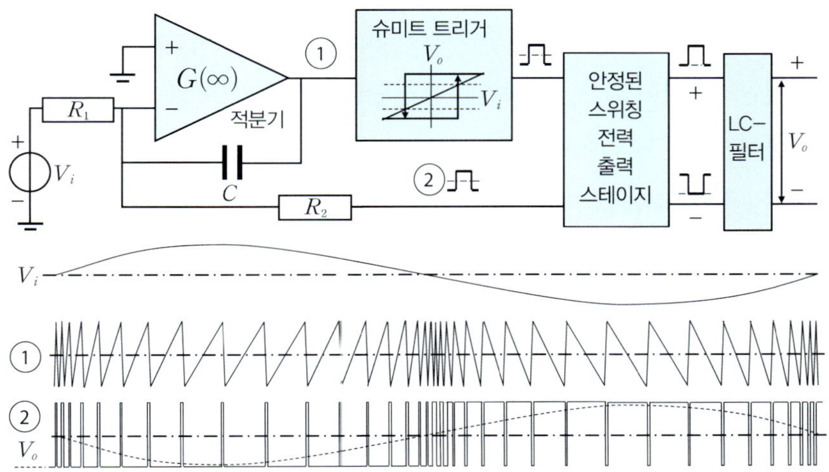

그림 6.74 그림 6.72의 스위치-모드 전력 증폭기에 사용되는 펄스폭 변조기. V_i의 합과 안정된 스위칭 출력 스테이지의 출력은 반전 증폭기에 의해서 적분된다. 이 회로는 닫힌 귀환루프 내의 슈미트 트리거와 조합되어 평균 출력전압이 입력 전압에 비례하는 발진회로가 만들어진다.

마자 R_1 내에서 적분기 음입력단 방향으로 흐르는 전류가 R_2 저항을 통과하여 흐르는 전류에 합해진다. 그 결과 적분기의 하강기울기가 상승 기울기에 비해서 급해지게 되어 슈미트 트리거의 출력단에서의 비대칭 구형파와 함께 적분기 출력단에서는 한쪽으로 쏠린 삼각파형이 만들어진다. 적분기의 이득은 0 [Hz]에서 무한히 크기 때문에 적분기의 삼각파 출력은 평균값이 항상 0이다. 따라서 연산증폭기의 규칙 1을 충족시키기 위해서는 적분기 입력의 평균값도 0이어야만 한다는 것을 의미한다. 그러므로 슈미트 트리거 구형파 출력의 평균값은 R_1과 R_2의 비율에 의해서 결정되는 입력 전압에 비례한다. LC-필터를 사용해서 구형파를 필터링하면 출력단에서 이 평균값이 얻어지며 시스템은 일반적인 반전증폭기처럼 작동한다. 실제의 경우 안정된 스위칭 출력 스테이지는 슈미트 트리거의 출력으로부터 고출력 구형파를 만들어준다. 필터링 전에 출력을 측정하면 이상적인 파워 스테이지의 경우 슈미트 트리거의 출력에 비례하는 신호가 얻어진다. 이상적이지 않은 실제의 경우 스위칭 된 출력 신호의 귀환은 적분기의 높은 이득으로 인하여 이 스테이지 내의 모든 오차를 보정하는 데에 도움이 된다. 그림 6.72의 증폭기 사례에서 슈미트 트리거는 두 번째 연산증폭기(IC2)로 양의 귀환을 통해서 구현된다.

6.4.3.4 고출력 스테이지

반응성 소자들을 포함하는 스위칭 전력 출력 스테이지의 상세한 거동을 보여주고 있는 그림 6.75를 통해서 전류, 전압 및 전력 사이의 관계를 살펴볼 수 있다.

실제값들이 끼치는 영향을 설명하기 위해서 이 사례에서는 1 [mH]의 인덕터와 0.33 [μF]의 커패시터로 이루어진 출력 필터와 150 [kHz]의 스위칭 주파수를 갖는 증폭기의 실제 소자값들과 신호를 보여주고 있다. 양전원 및 음전원의 전압이 30 [V]로 동일한 등가 **단일출력**(single-ended) 스테이지가 사례로 선정되었다. 듀티-사이클이 50%인 경우에 평균 출력전압은 0 [V]이다.

그림에서는 6.66 [μs]인 한주기를 4개의 등간격으로 분할하여 보여주고 있다.

인덕터의 전류가 0인 시점을 첫 번째 스텝의 시작점으로 선정하며 이 순간에 첫 번째 전력용 MOSFET M_1이 켜지면서 양의 총 공급전압인 $V^+_{sup} = 30$ [V]가 스위치들 사이의 연결점에 전압 V_b로 공급된다. 마지막 스텝이 지난 후에 명확해 지는 것처럼, 필터 출력단에서의 전압 V_o는 음의 최댓값인 ≈ -0.1 [V]를 나타내며 이 값을 진폭으로 하는 교류값보다 결코 더 커지지 않는다.

이 듀티 사이클에서 출력 전압이 이토록 낮은 값을 가지고 있기 때문에 인덕터 양단에서의 총 전압차이는 순간적인 브리지 전압 $V_b = V^+_{sup} = 30$ [V]에 의해서만 결정되며 그 결과 1 [mH] 인덕터 내의 전류는 최초 1.66 [μs] 동안 다음 식에 의해서 결정되는 최대전류 $I_{L,max}$까지 증가한다.

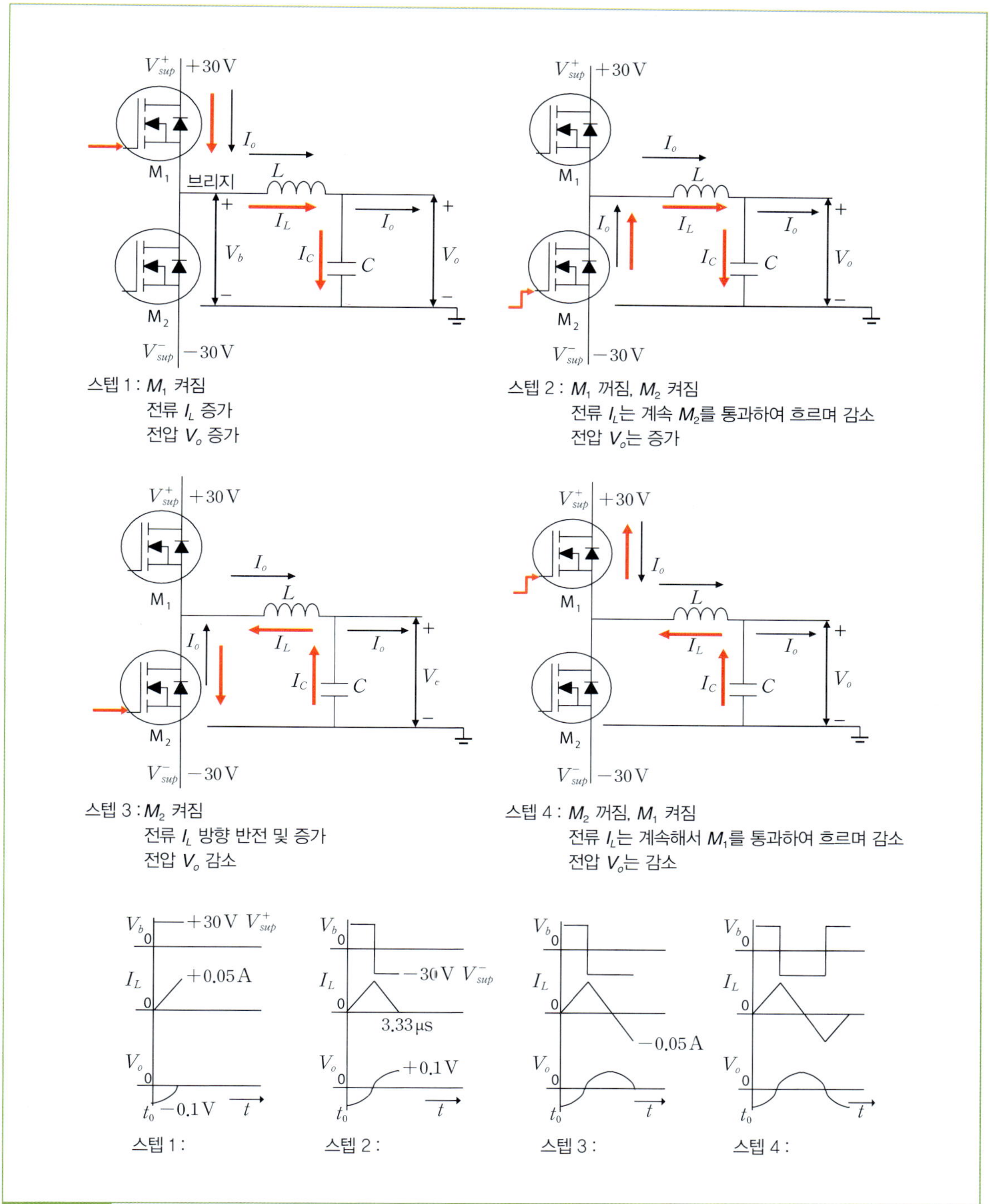

그림 6.75 전력용 MOSFET와 LC-필터를 갖춘 스위치-모드 전력용 증폭기 스위칭 파워 스테이지의 전류흐름. 적색선은 사이클 내에서 고주파 전류의 일시적인 방향을 나타내며 흑색선은 양의 저주파 전류 방향을 나타낸다. 한 주기는 각 스텝이 1.66[μs]인 4개의 동일한 스텝으로 이루어지며 평균 출력전압은 0[V]이다.

$$V_b = L\frac{dI}{dt} \Rightarrow I_{L,max} = \int_0^{T} \frac{V_b(t)}{L} d\tau = \frac{V_b}{L} dt \approx 0.05 \text{ [A]} \tag{6.123}$$

이 전류는 정전용량이 0.33[μF]인 커패시터로 흘러가며 전압의 변화는 1.66[μs] 동안의 전류를 적분하여 구할 수 있다.

$$I_L = C\frac{dV_0}{dt} \Rightarrow \delta V_0 = \int_0^{\tau} \frac{I_L(t)}{C} d\tau = 0.5\frac{I_{L,max}}{C} dt \approx 0.1 \text{ [V]} \tag{6.124}$$

그 결과 첫 번째 스텝 이후의 전압 $V_0 = 0$이다.

두 번째 스텝에서 M_1은 꺼지며 나중에 설명하겠지만 단락전류 유발을 방지하기 위해서 M_2는 그 즉시가 아닌 약간 이후에 켜진다. 그런데 이 짧은 지연에도 불구하고 V_b 전압은 M_1이 꺼진 직후에 음의 공급전압인 $V_{sup}^- = -30$[V]까지 매우 급격하게 하강한다. 이는 전압을 변화시키기 위해서 필요한 인덕터 전류에 의해서 유발되며 음의 전압이 전류레벨을 0으로 다시 저감시킬 때까지 지속된다. M_2 스위칭의 지연으로 인하여 M_2가 완전히 켜지기 전까지는 전류가 M_2의 다이오드를 통과하여 흐른다. 만일 다이오드가 없다면 V_b 전압은 V_{sup}^-보다 더 음의 전압으로 떨어지게 되어 MOSFET의 손상을 초래하게 되므로 이 다이오드의 유용성이 증명된다.

인덕터 L에 음의 전압이 가해지는 결과 전류 I_L이 두 번째 스텝의 마지막에 다시 0이 될 때까지 감소한다.

세 번째와 네 번째 단계는 첫 번째와 두 번째 스텝과 부호만 다를 뿐 나머지는 동일하며, 그 결과 네 번째 스텝의 마지막은 첫 번째 스텝의 시작과 동일하다.

여전히 매우 이상적인 상태이므로 모든 요소들이 아무런 전력도 소모하지 않는다. 스위칭 MOSFET들은 단자간 전압강하 없이 전류를 도통시키며 반응성 요소들은 에너지를 저장할 뿐이다.

그림 6.75의 경우에 듀티-사이클이 50%라면 평균 출력전압은 0[V]이다. 이 경우 저항성 부하의 평균 출력전류 I_o는 0이다. 이 증폭기는 5[Ω] 부하에 대해서 설계되어 있으며 그림 6.76에서는 5[Ω] 부하에 부가된 듀티 사이클이 75%로 변화했을 때에 전류가 어떻게 변하는지를 보여주고 있다. 이 듀티 사이클에서 평균 출력전압은 15[V]이며 이때의 평균 출력 전류는 3[A]이다. 듀티 사이클이 변하자마자 인덕터 L_C의 전류 I_L은 증가하며 이로 인하여 출력 전압 V_o와 출력 전류 I_o가 증가하게 된다. 높은 레벨의 V_o로 인하여 전류가 증가하는 동안 인덕터에 부가되는 전압차는 감소하며 전류가 감소하는 동안의 전압차는 증가하게 된다. 이로 인하여 단지 타이밍의 차이에 부합하는 기울기가 평형상태에 도달할 때까지 계속해서 변하게 만든다. 예를 들어 75% 듀티 사이클의 경우, 인덕터의 전류가 증가하는 구간에서의 전압차이

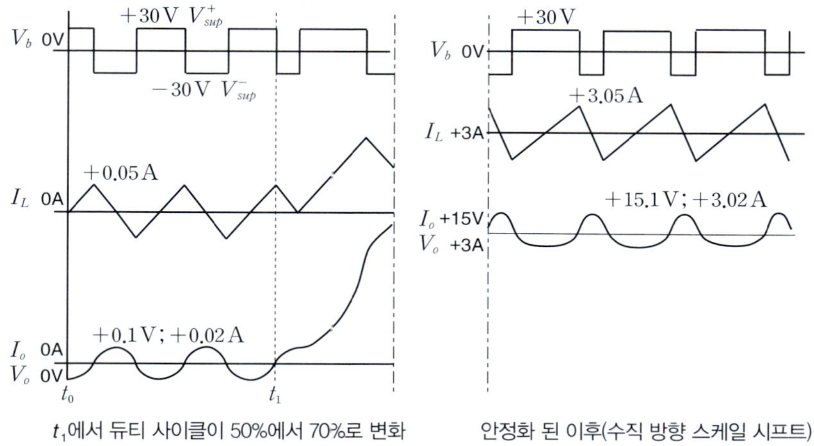

그림 6.76 5[Ω]의 저항성 부하가 증폭기에 부가되면 이로 인하여 듀티 사이클이 50%에서 75%로 변하며 +15[V]의 평균 출력전압과 3[A]의 평균 출력 전류가 유발된다. 전환되는 순간인 t_0부터 평형상태에 도달할 때까지 전류와 전압이 증가한다. 파형만 약간 변할 뿐 거의 일정한 진폭의 요동이 잔류한다.

는 15 [V]이며 전류가 감소하는 구간에서의 전압차이는 45 [V]이며, 타이밍도 1 : 3의 비율을 가지고 있다. 따라서 전류의 AC 레벨의 첨두값 사이의 편차는 변하지 않으며 전압의 첨두값 사이의 편차도 역시 변하지 않는다. 사실상 신호의 형태만 변한다.

■ 리플 전압의 크기

원래의 구형파 신호에 대한 LC-필터의 감쇠를 사용해서 식 (6.124)의 리플전압 계산결과를 검증할 수 있다. 스위칭 MOSFET의 출력단에서 피크 스위칭 출력전압 $V_{p,b}$로 인하여 2차 필터의 차단대역에서의 −2 기울기가 피크 리플전압 $V_{p,ripple}$을 다음과 같이 저감시킨다.

$$V_{p,ripple} = V_{p,b}\left(\frac{f_0}{f_s}\right)^2 = 30\left(\frac{8.6}{150}\right)^2 \approx 100 \ \ [\text{mV}] \tag{6.125}$$

이는 앞서의 해석을 통해서 계산한 값과 같으며 스위칭 출력의 최대 전압레벨의 −50 [dB]에 불과하다. 저주파 출력전압이 없을 때조차도 이 리플전압은 항상 존재한다는 것을 인식하는 것이 중요하다. 리플을 줄이기 위해서는 고차필터를 사용하여 스위칭 주파수를 높이거나 필터의 코너-주파수를 낮춰야 한다. 따라서 이 증폭기를 고정밀 위치결정 시스템에 적용하기 위해서는 매우 빠른 스위치가 필요하다는 것을 알 수 있다. 하지만 150 [kHz]에서 100 [mV]의 신호는 무거운 위치결정 시스템에 그리 큰 가속을 부가할 수 없으며 소음도 발생하지 않을 것이다.

메카트로닉스 설계에서 모든 구체적인 상황을 결정할 때와 마찬가지로, 이 결함이 문제를 일으킬 것인지에 대해서 점검해봐야만 한다.

6.4.3.5 예비결론과 여타 주제들

이 결과들로부터 원리상 고주파 스위칭 신호의 변조와 고주파 성분들의 필터링을 통해서 입력 신호에 비례하는 저주파 출력 신호를 생성하는 증폭기를 만들 수 있다는 것을 살펴보았다. 여기에는 스위치와 반응성 요소들만이 사용되었기 때문에 아무런 동력 소모도 발생하지 않으며 모든 것이 잘 작동할 것이나 다음과 같은 몇 가지 주제들에 대해서는 여전히 주의가 필요하다.

- N-채널 MOSFET들의 게이트를 소스에 대해서 구동할 필요가 있다.
- 단일출력 스테이지에서 **전하펌핑**(charge-pumping)이 발생한다.
- 출력 필터와 부하 임피던스 사이의 상호작용
- 전력용 MOSFET의 속도한계
- 전류원 출력 임피던스의 필요성
- 3상 증폭의 필요성

다음 절들에서 이런 문제들에 대해서 살펴보면서 전력용 증폭기에 대한 이 단원을 마무리한다.

6.4.3.6 전력 MOSFET의 구동

전력용 MOSFET의 구체적인 요구조건은 게이트와 소스 사이의 스위치를 켜기 위해서는 약 10 [V]의 전압이 필요하다는 것이다. 또한 N-채널 MOSFET 게이트의 높은 입력 정전용량 때문에 극도로 짧은 시간동안 매우 높은 전류를 송출할 수 있는 구동회로가 필요하므로 이를 사용하기 위해서는 게이트를 구동하기 위한 전자회로에 특별한 요구조건이 필요하다. 음의 공급측 MOSFET의 경우 스위칭 전압은 음의 공급전압 V_{sup}^{-}에 연결된 소스와 게이트 사이에 공급되어야만 한다. 양의 공급측 MOSFET의 경우 출력의 브리지 전압 V_b는 V_{sup}^{-}에서 V_{sup}^{+}까지 스위칭되기 때문에 심지어 소스조차도 일정한 전압이 아니다. 제어기의 전자회로는 항상 접지레벨 근처의 낮은 전압(5~10 [V])에서 작동한다. 이 요구조건으로 인하여 그림 6.77에 도시된 것과 같은 **부유**(floating)식 게이트 구동회로를 사용할 필요가 있다. 부유식 게이트 구동회

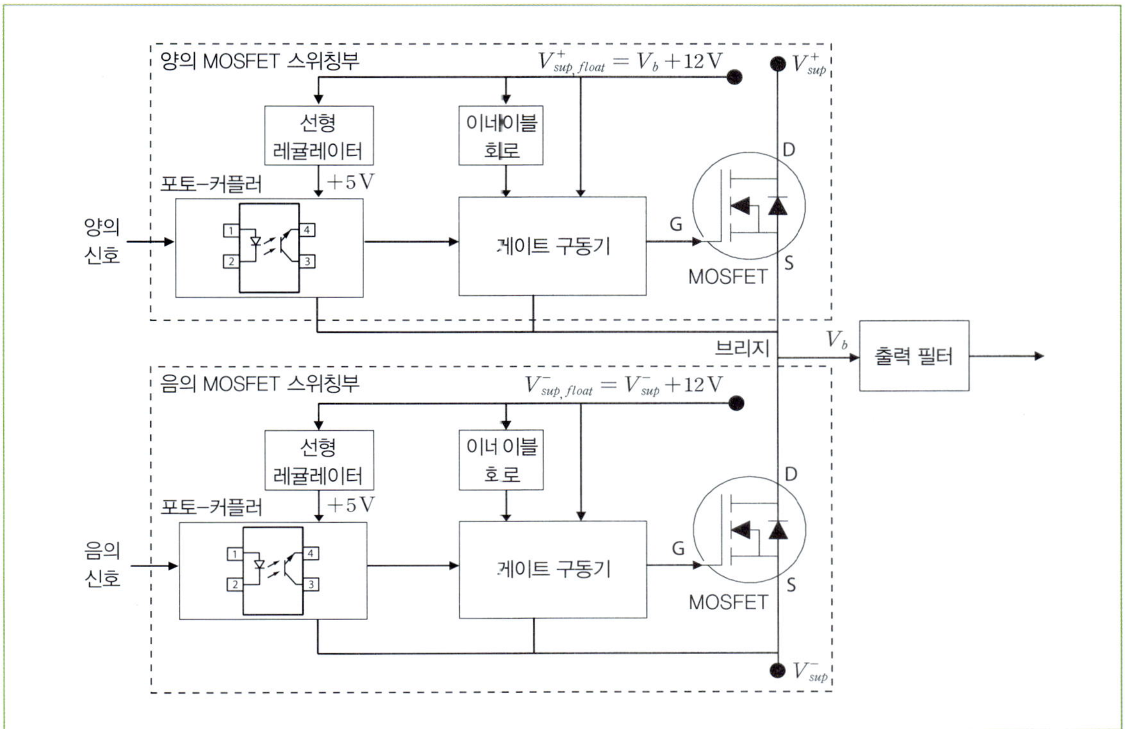

그림 6.77 전력 스위칭용 MOSFET의 게이트 구동기는 게이트전압을 음의 공급전압 V^-_{sup}나 브리지 전압 V_b과 연결되어 있는 소스 전압과 연결할 필요가 있다. 이 전압들은 접지와 다르며 심지어 V_b는 두 공급전압 사이를 오가기 때문에 게이트 구동회로는 제어부와 절연되어 있어야만 하며, 이는 포토-커플러를 통해서 구현된다. 각 MOSFET의 게이트 구동기에 필요한 전력은 해당 MOSFER의 소스전압보다 약 12[V] 더 높은 전압을 가지고 있는 부유식 전원을 사용하여 공급한다. (Courtesy of ASML)

로는 증폭기 전원과는 갈바닉 절연된 독자적인 전원을 갖추고 있으며 스위칭 지령은 절연된 포토-커플러를 통해서 전달된다. 포토 커플러는 베이스가 측정해야 하는 광선에 노출되어 있는 형태의 쌍극성 트랜지스터인 포토트랜지스터와 LED로 이루어진다. 노출된 베이스에 입사되는 광자들이 전자들을 여기 시켜서 일반적인 트랜지스터의 정상적인 베이스 전류처럼 작용하므로 이 트랜지스터에 적합한 전압이 공급되고 있다면 컬렉터 전류가 흐르게 된다. N형 및 P형으로 도핑된 실리콘 사이에 위치한 공핍층의 전자들을 광자가 여기 시키는 포토-다이오드도 사용할 수도 있지만, 전류 증폭비 때문에 민감도가 더 높아서 포토-트랜지스터를 더 선호한다.

전원의 절연은 이 그림에 표시되어있지 않다. 각 공급전압들에 대해서 분리된 2차 권선을 가지고 있는 변압기를 사용하여 주전원용 부유식 전원을 구현할 수 있다.

6.4.3.7 전하-펌핑

부하가 출력과 접지 사이에 연결되어있기 때문에 제시되어 있는 두 전원들을 구비한 단일구조는 에너지 소스와의 문제를 유발할 수 있다. 증폭기가 부하에 저주파나 DC 전류를 공급할 때에 문제가 발생할 수 있으며 그림 6.75의 검은 색 화살표를 통해서 설명할 수 있다.

DC 전류가 부하게 공급되면 이 DC 전류는 적색선으로 표시되어 있는 고주파 AC 전류에 중첩된다. 이 양의 전류가 고주파 전류의 진폭보다 커지면 스위칭 프로세스의 모든 스텝동안 인덕터를 통과하는 총 전류가 항상 한쪽 방향만을 향하게 된다. 스텝 1과 스텝 4의 경우에는 양전원에 의해서 양전류가 공급되므로 아무런 문제가 없다. 하지만 스텝 2와 스텝 3의 경우에는 음전원에서 접지로 양전류가 공급되어야 한다. 즉 음전원이 음의 전력을 공급해야 한다. 다시 말해서 음전원이 전력을 흡수해야 한다. 양전류는 음으로 하전된 전자들의 흐름과 같다는 사실을 생각해 보면 이를 상상해 볼 수 있으며 스텝2와 스텝 3에서 이 전자들은 접지에서 음전원 쪽으로 이동한다. 이 과정으로 인해서 음전원이 더 충전된다.

이 과정에 사용된 에너지는 원래 스텝 1에서 양전원에 의해서 유입되어 인덕터에 저장되어있던 것이므로 이 과정을 **전하펌핑**(charge-pumping)이라고 부른다. 증폭기의 양의 DC 출력전류에 대해서 음전원은 양전류를 송출함으로써 이 모든 음전하를 수용할 수 있어야 한다. 선형 전력 증폭기처럼 대부분의 표준 전원은 양전압 및 음전압이 양전류 및 음전류를 모두 흘릴 수 있는 4상한 능력을 가지고 있지 못하다. 예를 들어 앞 절의 그림 6.31과 같이 브리지 다이오드 정류기와 저장용 커패시터로 만들어진 전원을 사용하는 경우를 생각해 볼 수 있다. 정류기의 다이오드는 반대방향으로의 전류를 전도할 수 없기 때문에 전하 펌핑에 의해서 음전원으로부터 유발된 양전류는 공급되는 음전압의 지속적인 증가를 초래한다. 이렇게 공급되는 음전압의 증가는 저장용 커패시터나 여타 소자들의 손상이 발생될 때까지 지속된다.

음의 DC 전류에 대해서도 방향만 반대로 동일한 효과가 발생한다. 이 경우 음전원으로부터 양전원으로 연속적으로 전하가 전송된다.

오디오용 전력 증폭기처럼 부하에 교류전류만 공급되면 저장용 커패시터가 각 신호주기 내에서 짧은 시간동안 발생하는 과도한 전하를 흡수할 수 있다. 메카트로닉스 시스템은 종종 DC 전류성분을 포함하여 더 오랜 시간을 필요로 하며 그런 경우에 이런 전하-펌핑 현상에 대한 해결책이 필요하다.

해결책 중 하나는 4상한 능력을 갖춘 전원을 사용하는 것이다. 이 경우 이로 인한 에너지는 전원 내부 어딘가에 위치한 저항에 의해서 소비되며, 따라서 스위치-모드 증폭기의 장점들 중 대부분이 없어진다. 최적의 해결책은 에너지를 주 전원으로 되돌려주는 것이다. 이는 스위치모드 증폭기와 동일한 작동원리에 따라 작동하는 특수한 스위치-모드 전원을 통해서 구현할 수 있다. 반응성 요소들에 부가되는 전류와 전압을 스위칭하며 전압레벨을 변화시키기 위해서 고주파 변압기를 사용함으로써 전원의 출력 임피던스를 가능한 한 크게 만들면서 DC 전압에 대해서만 최적화시킬 수 있다. 추가적인 스위치들을 사용하여 주 전원으로부터 DC 출력으로의 변환을 반전시킬 수 있지만, 이 능력을 갖춘 전원은 한 방향으로만 작동하는 전원보다 더 복잡하다.

최대 충전 레벨을 초과하지 않는 한도 내에서는 충전식 배터리가 4상한 능력을 갖춘 전원의 또 다른 좋은 사례이다. 전원이 전압과 반대 방향으로 계속하여 흐르는 이런 전류를 취급할 수 없는 경우에는 **H-브리지**(H-bridge) 또는 증폭기 사례에서 사용된 **이중출력**(dual-ended) 구조를 사용하여 이 문제를 해결할 수 있다.

6.4.3.8 이중출력 구조

이중출력 H-브리지 구조에서 부하의 한쪽 단자는 첫 번째 단일출력 증폭기에 연결되며 반대쪽 단자는 두 번째 단일출력 증폭기에 연결된다. 두 번째 증폭기는 첫 번째 증폭기와 크기는 동일하며 부호는 반대인 전압과 전류를 송출해야만 한다. 즉 두 증폭기들이 각각 필요한 전압의 절반을 부가하면서 동일한 전류를 흘린다는 것을 의미한다.

이 구조의 이점은 6.4.3.1절의 증폭기 사례와 같이 낮은 공급전압이나 심지어는 단일 공급전압을 사용할 수 있다는 점이다. 하나의 단일출력 스테이지가 완전한 두 번째 전원을 사용하는 것보다 덜 복잡하므로 단일 전원을 사용하면 전체 시스템의 복잡성을 줄여준다. 임의 위치에서의 최대 전압차이는 공급전압보다 클 수 없기 때문에 감전에 대한 안전성 역시 덜 영향을 받는다. 더욱이, 음전원측 전력용 MOSFET의 소스를 접지시키기 때문에 전력용 MOSFET를 위한 절연된 게이트 구동기를 사용할 필요가 없다.

스위치-모드 증폭기에 이중출력 구조를 사용하는 두 번째 장점은 전하-펌핑이 없다는 점이다. 그림 6.78에 따르면 스텝 1에서 부하에 양의 DC전류가 흐르는 경우에 전류는 양의 공급전압에서 음의 공급전압 쪽으로 흐른다. 두 전원들 모두에 동일한 전류가 부가되며 두 전원 모두 인덕터와 부하에 에너지를 송출한다. 반면에 스텝 2에서는 전류가 음전원에서 양전원으로 흐르면서 두 전원 모두 인덕터에 저장되었던 에너지를 흡수한다.

이 구조에서 각각의 전원들은 동일한 스위칭 사이클 내에 투입된 자기 에너지를 최대로 흡수해야 한다. 이는 전하-펌핑이 완벽히 없어졌음을 의미한다.

DC를 포함한 큰 전류로 단 하나의 부하를 구동하는 이중출력 구조는 **단상**(single-phase) 증폭기의 산업 표준이 되었다.

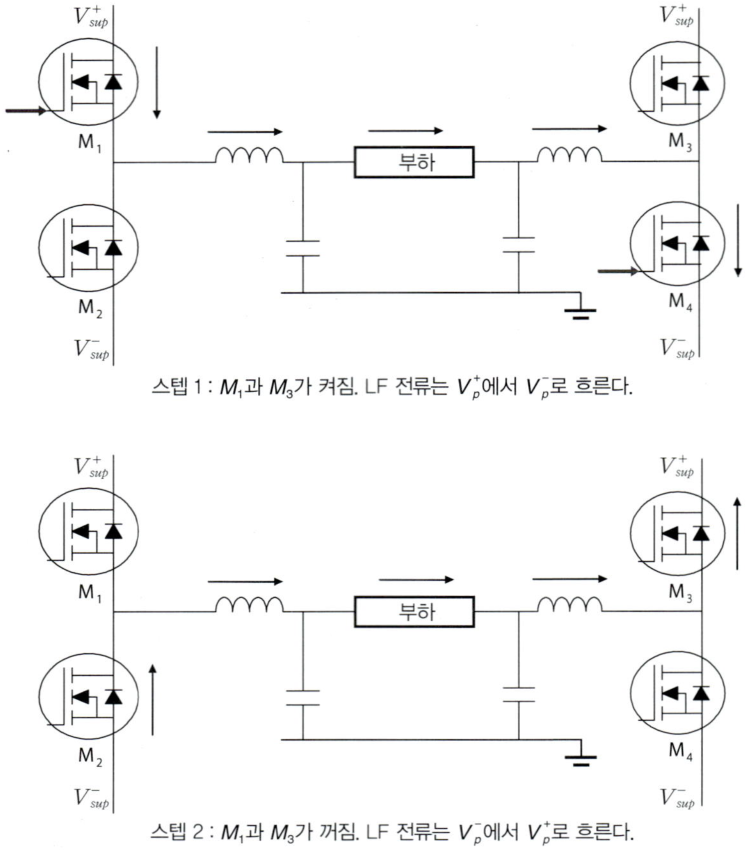

그림 6.78 2중 출력 H-브리지 구조에서 부하는 서로 반대 위상에서 작동하는 두 개의 단일출력 증폭기와 연결된다. 스텝 1에서 인덕터 내부에 쌓인 자기 에너지는 두 전원에 의해서 송출되며 2단계에서 다시 축적된다.

6.4.3.9 출력필터

사례로 제시된 증폭기에서 사용된 출력 필터의 코너-주파수에서의 감쇠를 계산할 때에 1[mH] 인덕터와 0.33[μF] 커패시터로 이루어진 LC-필터에 5[Ω]의 부하가 가해지면 품질계수는 다음과 같다는 결론을 내릴 수 있다.

$$Q = R\sqrt{\frac{C}{L}} \approx 0.1 \tag{6.126}$$

이는 매우 낮은 값이므로 만일 이 부하가 실제로 순수한 저항이라면 0.1[mH] 인덕터와 3.3[μF] 커패시터로 이루어진 필터가 더 적합하다. 그런데 부하는 직렬 인덕턴스가 8[mH]인 전자석 작동기이다. 따

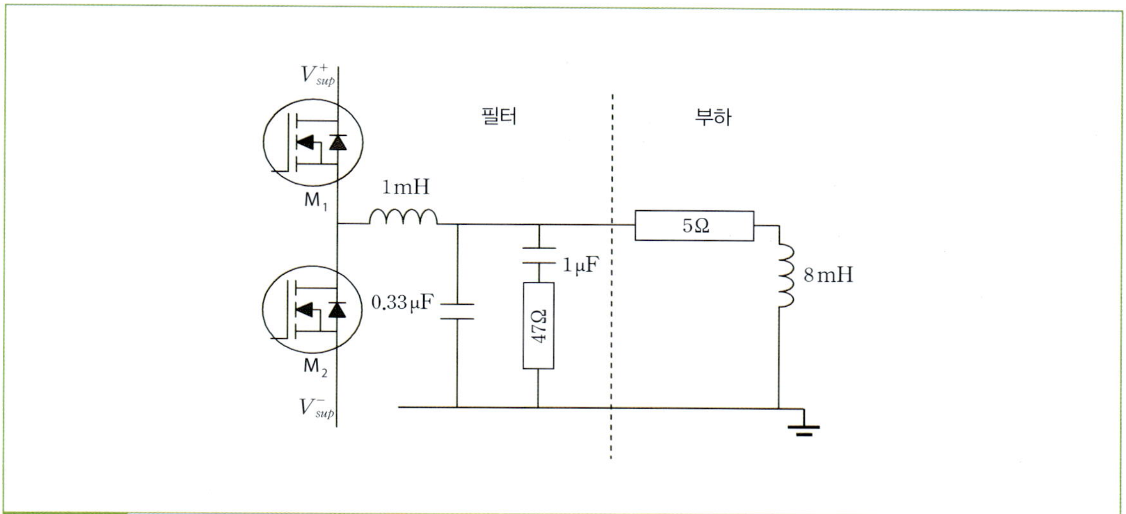

그림 6.79 스위치-모드 증폭기에서 유도성 부하는 LC-필터의 감쇠를 보상하기 위해서 추가적인 RC 네트워크를 필요로 한다.

라서 전기적 시상수 τ_e = 1.6 [ms]이며 그 결과 실제의 임피던스는 약 100 [Hz] 이상에서 +1의 기울기로 증가하여 LC-필터의 코너-주파수인 8.6 [kHz]에서 약 430 [Ω]이 된다. 이렇게 거의 순수한 유도성 임피던스로 인하여 LC-필터는 더 이상 거의 아무런 감쇠도 없으며 증폭기 입력단에 유입된 노이즈가 이 주파수에서 강하게 증폭된다. 복소 임피던스를 갖는 부하의 부수적인 효과를 보정하기 위해서는 약 1 [kHz] 이상에서의 부하 임피던스가 47 [Ω]이 되어서 Q-계수가 거의 1이 되는 RC-네트워크를 추가할 필요가 있다. 원리상 이 저항은 고주파에서 동력을 소모하므로 너무 작은 값으로 선정하지 말아야 한다. 그런 이유 때문에 LC-필터의 인덕터와 커패시터 값들은 5 [Ω]보다는 더 큰 값에 대해서 최적이 되도록 선정된다.

압전 작동기의 경우에는 이런 유형의 작동기가 LC-필터의 커패시터와 병렬로 연결된 용량성 부하를 부가하므로 아주 다른 문제가 발생한다. 압전 작동기는 추가적인 안정성 문제를 유발하지는 않지만 Q-계수를 줄여주지도 않는다. 이런 경우, 감쇠를 위한 병렬 RC-네트워크 이외에도 압전 작동기에 고주파 전류가 가해지는 것을 방지하기 위해서 직렬 인덕터를 설치할 필요가 있다.

이와 같은 간략한 고찰을 통해서 적용사례에 따라서 스위치 모드 증폭기의 출력 필터부에도 동적인 최적화가 필요하다는 것을 명확하게 알 수 있다.

6.4.4 공진모드 전력증폭기

메카트로닉스 시스템에 사용되는 모든 구성요소들이 가지고 있는 가장 중요한 제한은 동적 성질에 의해서 결정된다. 전력용 MOSFET 역시 이 원칙에 예외가 아니다. 이 절에서는 추가적인 커패시터를 장착한 LC－필터의 인덕터 공진을 사용하여 이런 동적인 한계를 가지고 있는 스위치－모드 출력 스테이지의 성능을 최적화시켜주는 **공진－모드**(resonant－mode) 출력 스테이지 기법에 대해서 살펴본다.

■ 하드－스위칭

앞서 설명한 스위치－모드 전력변환의 가장 큰 문제는 MOSFET에서 발생하는 **하드－스위칭**(hard－switching) 과도상태이다. MOSFET가 꺼지는 순간에 전압 스텝을 변화시키기 위해서 필요한 인덕터 전류에 의해서 브리지 전압은 매우 빠르게 변화한다. 이 과도전압은 스위칭 MOSFET의 드레인과 게이트 사이에 존재하는 기생 커패시터를 통과하는 전류를 유발하여 짧은 시간동안 MOSFET의 통전상태를 지속시키므로 전압의 변화 속도가 느려지게 된다. 브리지－전압이 두 공급 전압들 중 하나와 동일하지 않은 이 짧은 순간 동안 MOSFET를 통과하여 흐르는 전류는 전력소모를 유발한다.

하드－스위칭의 두 번째 영향은 스텝 2와 스텝 4에서 MOSFET를 통과하여 반대 방향으로 전류가 흐를 때에 통전되는 다이오드와 관계되어 있다. MOSFET가 켜져 있는 때조차도 일부 전류는 여전히 다이오드를 통과하여 흐른다. 반도체 다이오드는 전류가 반전되었을 때에 새로운 공핍층이 형성되어 부도체로 전환될 때까지 약간의 시간이 필요하다. MOSFET 스위칭 전력용 트랜지스터 내에 집적된 다이오드의 **역회복 시간**(reverse－recovery time)은 대략적으로 100～500 [ns]에 달한다. 반대방향으로 설치된 전력용 MOSFET가 켜졌을 때에 이 시간 동안 진정한 단락이 발생한다. 세 가지 측면에 주의를 기울이면 이 문제를 완화시킬 수 있다.

1. MOSFET에 내장된 다이오드를 통과하는 전류의 저감.

   전력용 MOSFET와 병렬로 문턱 전압이 낮은 매우 빠른 다이오드들을 추가하여 이를 구현할 수 있다. 중간 정도의 전력 레벨인 경우 **쇼트키 다이오드**(Schottky diode)가 이 목적에 적합하다. 이들은 다이오드의 기능성을 구현하기 위해서 금속과 N－형으로 도핑된 실리콘의 조합을 기반으로 하기 때문에 일반적인 실리콘 다이오드와는 다르다. 불행히도 이 다이오드들은 역방향으로 비교적 큰 리크전류를 흘리며 역방향 전압은 100 [V] 미만으로 제한된다. 그런 이유 때문에 쇼트

키 다이오드의 사용은 저전압 증폭기로 제한된다. 다행히도 일반적인 N형 및 P형 소재를 기반으로 고전압용의 특수한 스위칭 다이오드들이 개발되었다.

2. MOSFET들은 짧은 지연시간이 지난 후에 켜져야 한다.

   가급적이면 최소한 다른 쪽 MOSFET 스위치 다이오드의 전도가 중지된 이후에 내장된 다이오드가 통전되었을 때에 MOSFET가 켜져야 한다.

3. 브리지 전압의 과도상태 변화율이 저감되어야 한다.

그림 6.75의 50% 듀티-사이클에서 두 번째 조건은 이미 충족되지만 듀티 사이클이 인덕터를 통과하여 흐르는 전류가 단방향이 되는 값으로 변하자마자 이 조건을 더 이상 충족시키지 못하게 된다.

모든 사안들에 대해서 동시에 대응함으로써 모든 문제를 해결할 수 있으며 그림 6.80에 도시되어 있는 출력 스테이지의 공진 버전을 통해서 이를 구현할 수 있다. 이 회로구성에 대해서 세 가지 대책을 사용한다. 우선 전압의 과도 기울기는 두 개의 추가적인 커패시터로 조절하며, 두 번째로 MOSFET는 항상 전류가 0일 때에 켜지며, 세 번째로 반응성 단계에서 전류를 전송하기 위해서 빠른 병렬 다이오드가 추가된다.

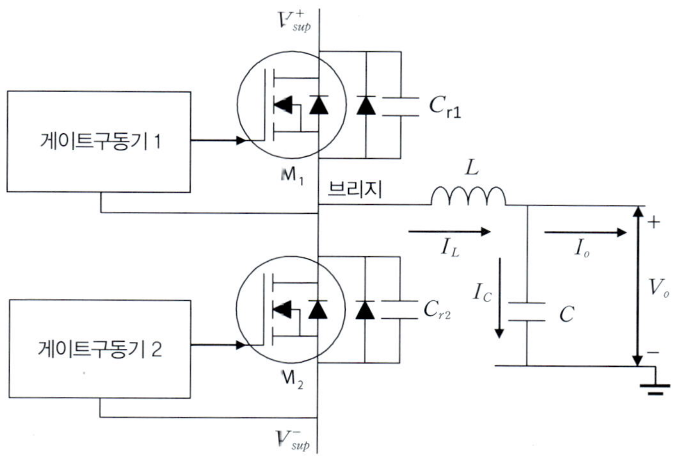

그림 6.80 공진 스위칭 증폭기는 충분히 낮은 레벨의 비소모성 방법으로 과도 속도를 저감시켜서 드레인-게이트 커패시터에 의해서 유발되는 MOSFET 내의 전력소모를 크게 저감시키는 M_1 및 M_2와 병렬로 연결된 두 개의 커패시터 C_{r1} 및 C_{r2}를 사용한다. 추가적인 병렬 다이오드들은 MOSFET에 내장된 다이오드들보다 더 빠르며 문턱전압이 약간 더 낮다. (Courtesy of ASML)

6.4.4.1 출력 스테이지의 스위칭 순서

그림 6.81에서 두 개의 공급전압을 가지고 있는 단일출력 스테이지에 대한 공진모드 출력 스테이지 제어의 기본원리가 도시되어 있다. 전류에 의해서 문제가 발생하므로 이 제어기에서는 전류귀환 시스템을 사용한다. 이 제어기로 인하여, 메카트로닉스 위치결정 시스템에서 선호하는 것처럼 증폭기는 전류원 증폭기가 된다.

제어기는 인덕터를 통과하는 전류 I_L을 연속적으로 측정하며 I_L이 미리 정해진 특정한 기준레벨에 도달하게 되면 MOSFET를 켜고 끈다. 이 레벨들은 양전압을 스위칭하는 MOSFET에 대해서는 항상 양이며 음전압을 스위칭하는 MOSFET에 대해서는 항상 음이다. 양의 출력전류가 흐르는 경우에는 양의 기준 레벨이 증가하며 음의 출력전류가 흐르는 경우에는 음의 기준 레벨이 증가한다. MOSFET들은 전류의 흐름 방향이 반전하면서 전류가 0이 되는 순간에 MOSFET들은 스위칭된다.

이 제어기의 스위칭 거동이 그림 6.82에 도시되어 있다. 이 그림은 실제보다 약간 단순화되어 있다. 우선, 브리지 마디와 전원 사이에 연결되는 두 개의 커패시터들이 접지에 연결된 하나의 커패시터로 대체 되었다. 전원은 접지에 대한 등가 임피던스가 0 [Ω]인 전압원의 특성을 가지고 있기 때문에 이는 허용된다. 두 번째 단순화는 출력 필터의 커패시터를 전압원으로 대체한 것이다. 커패시터 양단에 부가되는 전압은 그림 6.75의 일반적인 스위칭 출력 스테이지에서 살펴보았듯이 고주파 전류의 하나의 스위칭 주기 동안 매우 조금 변하기 때문에 이 단순화를 허용할 수 있다.

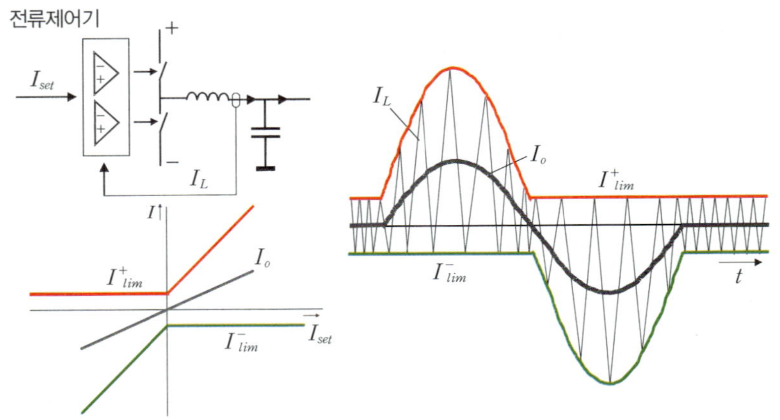

그림 6.81 공진전력 출력 스테이지용 제어기는 인덕터를 통과하여 흐르는 전류를 측정한다. 이 전류가 출력전류와 오프셋을 더한 값으로 정의된 특정한 레벨에 도달하게 되면 MOSFET들은 꺼진다. 전류가 0일 때에 MOSFET들은 켜진다. 이를 통해서 제어된 출력 전류가 만들어진다. (Courtesy of ASML)

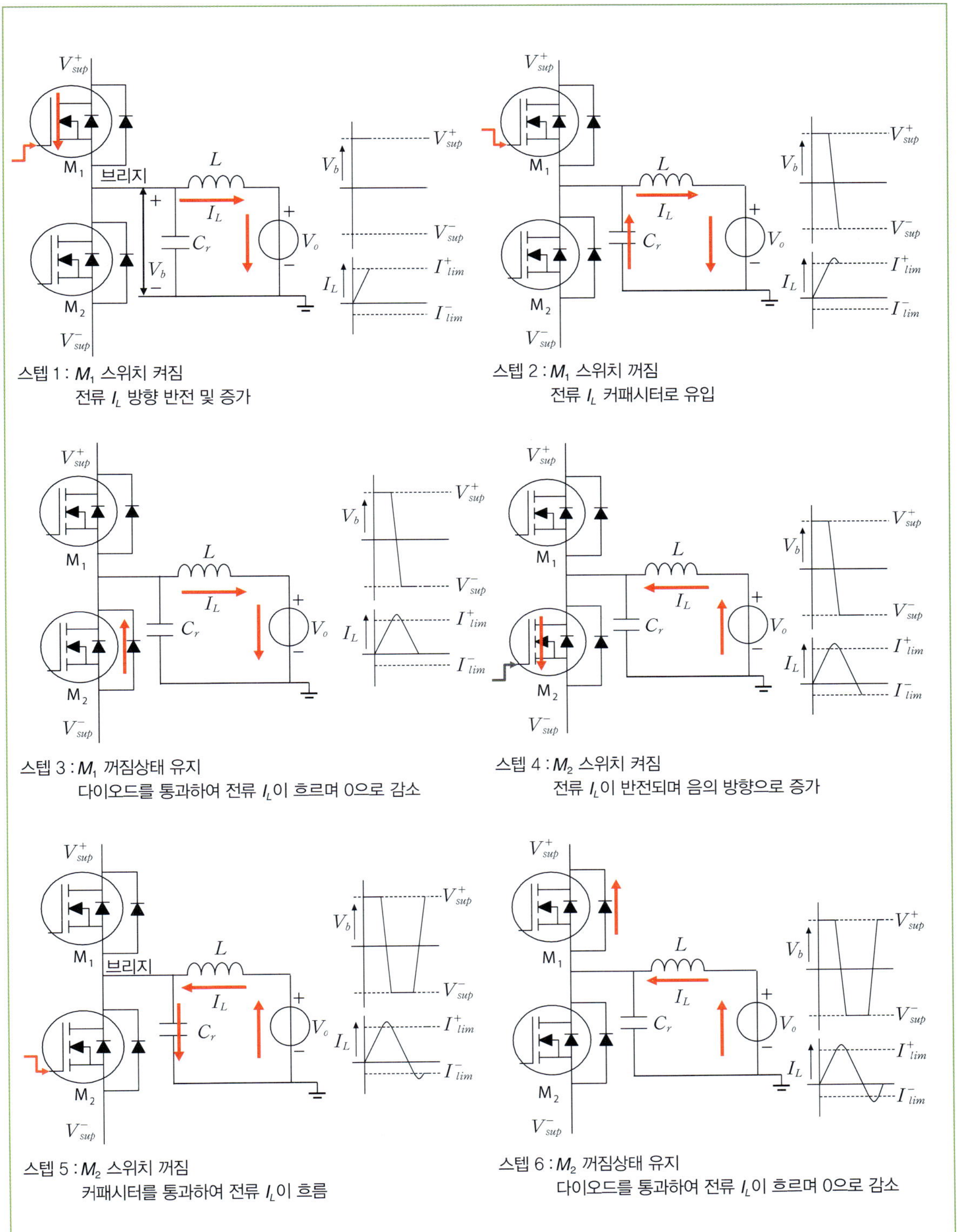

그림 6.82 하나의 MOSFET를 끈 다음에 공진 스위칭 파워 스테이지에서 전류는 아무런 전력소모 없이 커패시터에 의해서 전달되며 브리지 전압은 의도했던 것처럼 변화한다. 전류가 반전되자마자 MOSFET들은 켜진다.

그림 6.75의 스위칭 사이클과의 가장 큰 차이점은 MOSFET가 꺼지는 순간이다. 이는 M_1에 대한 양의 전류 레벨과 M_2에 대한 음의 전류 레벨에 의해서 유일하게 결정된다. 추가적인 커패시터 C_r 때문에 MOSFET가 꺼진 다음에 브리지 전압 V_b는 극도로 빨리 변하지 못한다. 변화율은 전류레벨과 커패시터 값에 의해서 결정된다. 이 변화기간 동안 인덕터에 저장되었던 에너지 중 일부는 커패시터로 유입되며 전체적인 거동은 커패시터와 인덕터에 의해서만 결정된다.

사실 이 구조에 **공진-모드**라는 이름을 붙이게 된 것은 LC-조합이 고유 공진 모드를 일으키는 이 짧은 순간 때문이다.

두 번째 차이점은 MOSFET와 여기에 병렬로 연결되어 있는 다이오드로 구성된 가지 내에서 전류가 반전될 때에만 MOSFET가 켜진다는 것이다. 이 스위칭 순간이 다이오드뿐만 아니라 기생 정전용량과 관련된 모든 동적 문제들을 효과적으로 상쇄시켜준다. 원리상 이는 병렬로 연결되는 추가적인 다이오드의 필요성을 줄여주지만 타이밍의 불완전성 문제가 항상 남아있기 때문에 설계상의 견실성을 추가하는 의미에서 다이오드를 남겨놓는다. 이 전류제어 전력 스테이지를 통해서 추가적으로 한가지 흥미로운 점을 관찰할 수 있다. 일반적인 스위칭 출력 스테이지처럼 스위칭의 듀티 사이클과 출력 전압 사이를 연관시킬 필요가 있다. LC-필터의 출력 전압은 필터 앞단 고주파 신호의 평균과 같으며 이 평균값은 듀티-사이클에 의해서 결정되기 때문이다. 그 결과 이 출력 스테이지의 전류원 거동으로 인하여 듀티-사이클은 부하의 함수가 되어버린다. 그림 6.82에서 듀티-사이클은 50%이며 단락된 회로의 출력인 0 [V]에 대해서 평균 전류가 0이 아니라 하더라도 이 듀티 사이클은 변하지 않는다. 저항성 부하가 부가된 상황이 그림 6.81에 도시되어 있다. 이 경우에는 듀티-사이클과 주파수 모두 변한다.

불행히도 이런 증폭기의 모든 성질과 신호들에 대한 상세한 설명은 이 책의 목적을 크게 벗어나는 것이나, 이런 증폭기에서 전류를 어떻게 검출하는지를 살펴보는 것은 흥미로운 일이다.

6.4.4.2 손실이 없는 전류측정

이런 공진형 전력 증폭기가 활용되는 초 고출력 위치결정 시스템에서 전류레벨이 수십 암페어일 때에 전압 레벨은 거의 1000 [V]에 이를 정도로 매우 높다. 이 전류를 측정하기 위해서 직렬 저항을 단순히 추가한다면 재앙을 맞게 된다. 더욱이 다음 절에서 살펴볼 3상 구조의 경우, 증폭기의 고전압 출력단에서 전류를 측정할 필요가 있다. 따라서 자기장과 능동귀환제어를 통해서 작동하는 무손실 전류측정 방법이 사용된다.

이 전류센서의 작동 원리는 그림 6.83에 도시되어 있다. 이 센서는 전류를 측정해야 하는 도선을 감싸

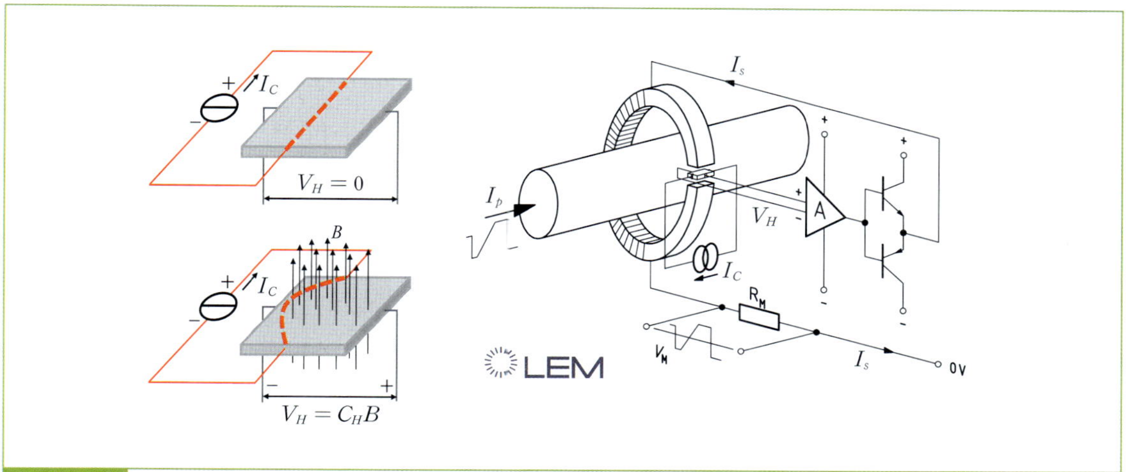

그림 6.83 홀 센서에 가해지는 자기장을 측정하여 간접적으로 전류를 측정하는 홀 센서와 전류검출 모듈.(Courtesy of LEM)

는 좁은 공극이 있는 강자성체 링으로 이루어진다. 홀 센서는 도선 내의 전류 I_p에 의해서 생성된 공극 내의 자기장을 측정한다.

홀 센서는 이 센서의 작동특성을 결정하는 **홀 효과**(Hall effect)를 발견한 미국의 물리학자 Edwin Robert Hall(1855~1938)의 이름을 딴 것이다. 도전성 판을 통과하여 흐르는 전류 I_c는 일반적으로 한쪽 단자에서 다른 쪽 단자 쪽으로 직선으로 흐른다. 전류에 가해지는 로렌츠력이 전자들을 전극판의 한쪽으로 이동시키기 때문에 홀 효과는 전극판 표면과 수직한 자기장의 영향과 관련되어 있다. 이로 인하여 전류 단자와 수직한 두 단자 사이의 전압으로 가 전력을 측정한다. 홀 센서의 전압은 대략적으로 자속밀도 B와 비례한다.

홀 센서의 비선형 거동 때문에, 링에 보조로 감은 권선과 푸시-풀 출력 스테이지를 갖춘 증폭기로 이루어진 보상 회로가 사용된다. 센서를 통과하는 자기장이 0이 되도록 보조권선에 흐르는 전류 I_s를 제어한다. 강자성체 링이 보조 권선과 전류를 흘리는 도선 사이의 자기결합을 만들어주기 때문에 I_s는 I_p에 비례한다.

6.4.5 3상 증폭기

진보된 메카트로닉스 장비들의 지속적인 가속도 및 속도 증가에 대한 요구로 인하여 매우 큰 운동범위를 갖는 로렌츠 원리에 기초한 3상 전자 정류스 리니어모터가 만들어졌다. 이런 작동기의 사례는 5장의 전자식 정류에 대한 5.3.5절에 제시되어 있다.

일반적으로, 메카트로닉스 위치결정 시스템의 작동기들은 위치가 아닌 위치 제어기에 의해서만 결정되는 힘을 송출할 필요가 있다. 해당 코일 요소의 힘 계수 Bl과 위상이 일치하는 특정한 힘 설정위치에서 전류의 크기가 정현적으로 변하며 3상 작동기의 3개 코일 요소들이 전류 출력을 갖는 3개의 증폭기들에 의해서 구동되는 경우에 위치에 무관한 힘을 구현할 수 있다.

6.4.5.1 3상 증폭기의 개념

5[kW]의 출력을 갖는 3상 모터를 구동하기 위해서 설계된 이 장의 두 번째 증폭기 사례의 기본 구조가 그림 6.84에 도시되어 있다. 디지털 제어기는 증폭기와 직렬 데이터 링크를 통해서 힘 설정점을 송출하는 반면에 진단을 위해서 상태 정보가 제어기로 귀환된다. 전류가 각 작동기 코일 요소들의 실제 Bl 힘의 값과 동일한 위상을 유지하도록 보장하기 위해서는 크기와 위치정보가 필요하기 때문에 힘 설정점은 작동기의 크기와 위치로 구성된다.

이 정보를 사용하여 수학적인 위상변환이 수행되어 위치에 대한 정현적 관계가 있으며 120° 시프트 된 두 개의 설정점 신호 R 및 S가 만들어진다. $R+S+T=0$이므로 세 번째 설정점 신호는 R과 S 를 1에서 차감하여 구할 수 있다. 이들 세 개의 설정점 값들은 전류증폭기의 입력으로 사용되며, D/A 변환을 거친 이후에 작동기의 각 위상들은 단전원의 공급을 받는 단일출력 전류제어 전력 스테이지에 의해서 구동된다.

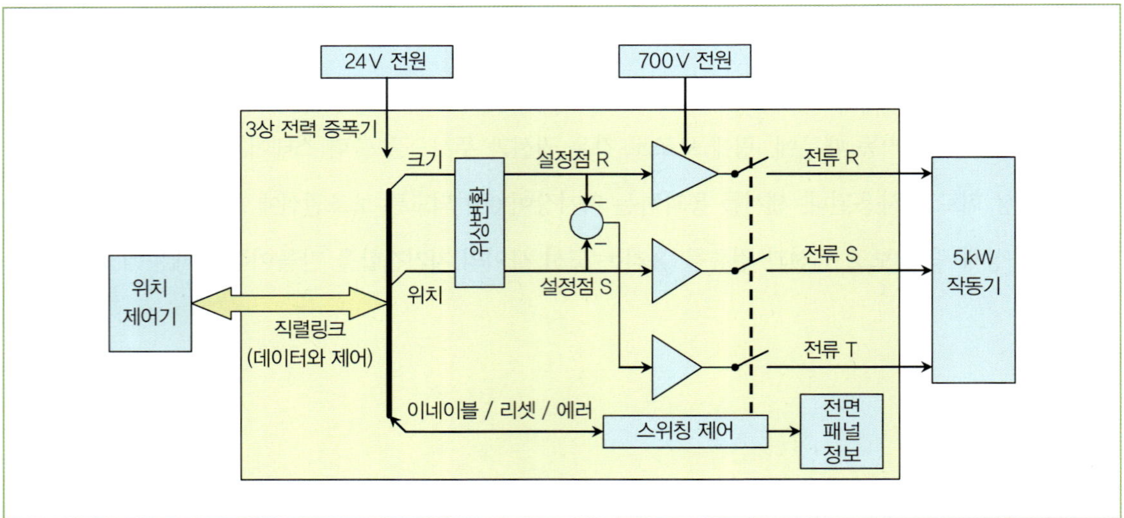

그림 6.84 3상 전력 증폭기의 기능선도. 위치 제어기로부터의 정보는 디지털 링크를 통해서 증폭기의 2상(R, S) 설정점에 대한 정보로 변환시켜 주는 위상변환 유닛으로 전달된다. 세 번째 상(T)은 R과 S를 1에서 차감하여 구한다. 스위칭 전력 증폭기들은 전류를 고출력 작동기로 송출한다. (Courtesy of ASML)

이 증폭기들의 모든 출력 전류들의 합은 0이 되어야만 하며, 이 값이 0이 아니라면 전류원들이 서로에 대해서 일을 하게 된다는 점을 명심해야 한다. 평균 전압이 0이 아닌 불평형 시스템의 경우에는 하나 또는 모든 증폭기들이 공급전압에 의존하게 되어버린다. 이상적인 증폭기의 경우에만 설정점에서의 전류합이 0이 되는 조건이 충족되지만 실제의 경우에는 결코 그렇지 않다. 3개 출력전압의 평균이 0이 되도록 증폭기들 중 하나의 전류 설정값을 수정할 수 있는 분리된 전압제어 루프를 사용하여 이 문제를 해결할 수 있다. 따라서 해당 증폭기는 설정전압이 0 [V]인 종합적인 전압원 증폭기처럼 제어되며 이 제어루프 내에서의 전압 측정값은 3개 출력의 평균전압과 같다. 그 결과 **평균전압제어**를 통한 출력전압은 다른 두 개

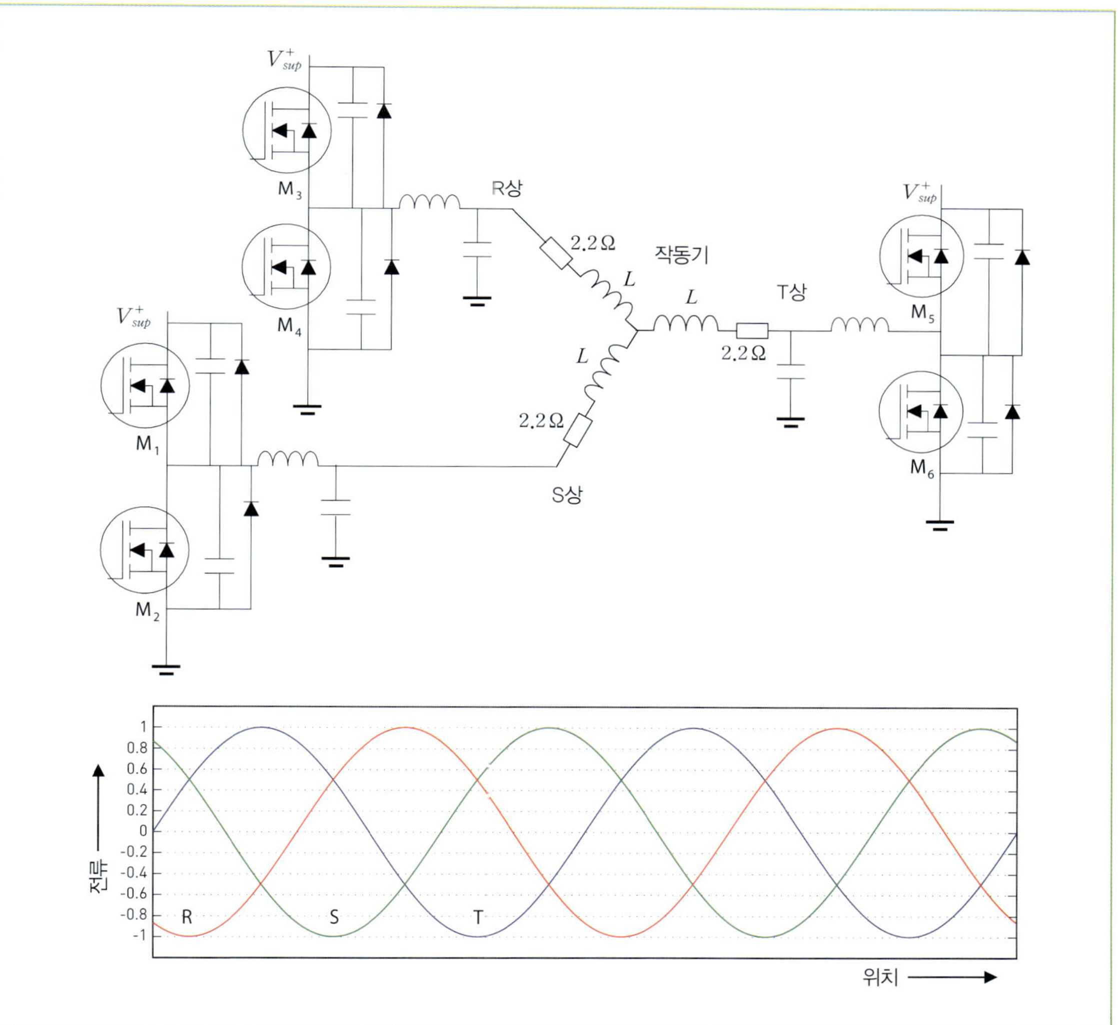

그림 6.85 3상 작동기는 단지 3개의 단일출력 스테이지만을 필요로 한다. 이중출력 구조에서와 마찬가지로 양전원 및 음전원 사이에서 모든 전류가 흐르기 때문에 전하-펌핑이 필요없다.

의 증폭기의 출력전압 합에 음의 부호를 붙인 값($-\Sigma$)과 같아지는 반면에 전류값은 다른 두 증폭기들에 의해서 결정된다. 이에 대한 대안으로, 평균전압을 조절하기 위해서 필요한 증폭기의 전압 설정점도 역시 다른 두 증폭기들의 출력전압의 합에 음의 부호를 붙인 값과 같게 만들 수 있다. 이런 경우 전압제어 루프 내에서 각자 자기의 출력전압만 측정하면 된다.

6.4.5.2 3상 스위칭 파워 스테이지

그림 6.85에서는 3상 작동기들이 어떻게 3상 고출력 공진모드 스위칭 출력 스테이지에 연결되는지를 보여주고 있다. 이 구조에서 3상 작동기 코일의 한쪽 단자들은 중심에 위치한 하나의 연결점으로 묶이며 코일의 반대쪽 단자들은 각각 해당 위상의 증폭기 단자에 연결되어 있는 **스타-결선**(star configuration)을 형성한다. 단 하나의 전원만을 사용하므로 이 증폭기는 6.4.3.8절의 이중출력 증폭기의 특수한 형태가 된다. 중심점의 전압은 공급 전압의 대략 절반으로 거의 일정하게 유지된다. 이 노드로 흐르는 모든 전류의 합이 0이므로 이 전압은 일정하며 키르히호프의 1법칙이 충족된다.

■ 3상 증폭기에서의 전하-펌핑

3상 증폭기를 사용하는 추가적인 이점들 중 하나는, $R+S+T=0$이므로 어떠한 시점에도 하나의 상에 흐르는 저주파 전류는 다른 상들의 전류로 상쇄할 수 있다는 것이다. 따라서 하나의 상에서 발생하는 전하 펌핑은 다른 상들에서의 전하 펌핑에 의해서 상쇄되며 그 결과 전하 펌핑의 총합은 0이 된다.

6.4.6 전자에 대한 마지막 논의

이 절에서는 주요 원리들의 가장 중요한 동적 영향들과 활용방안 등을 중심으로 하여 전력용 증폭기에 대해서 전반적으로 살펴보았다. 이를 통해서 고성능 메카트로닉스 시스템을 설계할 때에 증폭기의 전달함수를 무시할 수 없다는 것이 명확해졌다. 모든 증폭기들은 메카트로닉스 위치결정 시스템의 귀환루프처럼 조절이 필요한 일종의 내부 귀환루프를 가지고 있다. 따라서 동일한 안정성 문제가 발생하므로 이에 대해서 알고 있어야 한다.

중간 정도의 출력을 가지며 동력 소모가 큰 문제가 아닌 경우에는 높은 스위칭 주파수에 의한 전위간섭을 피할 수 있기 때문에 선형 증폭기가 주로 사용된다. 고출력과 4상한 동작이 필요한 경우에는 스위치-모드 증폭기가 사실상 유일한 해결책이다. 비록 더 이상 구체적으로 말하지는 않겠지만, 스위칭 프로세스와 반응성 소자들에 의해서 출력 전압과 공급 전압 사이의 차이에 기인한 동력소모가 방지되므로 스위치-모드 증폭기는 4상한 동작에 아무런 문제가 없다. 그럼에도 불구하고 빠르게 움직이는 작동기의 감속을 위한 운동에너지는 어디선가 흡수되어야 한다. 이 에너지를 증폭기 내에서 열로 소모하지 못한다면 전원이 이를 대신해야만 한다. 작동기에 대해서 진정한 고효율 4상한 전력송출을 구현하기 위한 유일한 방법은 4상한 전원과 스위치-모드 전력 증폭기를 조합하는 것이다.

스위칭 모드 전력변환방법은 4상한 증폭기와 브레이크 작용에 따른 운동에너지의 회수를 위해서 4상한 전원처럼 작동하는 배터리를 사용하여 회전형 작동기를 구동하는 고효율 하이브리드 자동차에서 표준으로 사용되고 있다. 현대적인 하이브리드 자동차는 비록 정밀도가 그리 높지는 않지만 진정으로 완전한 메카트로닉스 위치결정 시스템이다.

07

메카트로닉스 시스템의 광학

Robert Munnig Schmidt

7.1 | 서언

메카트로닉스가 진정한 정밀공학 분야로 자리매김하게 된 순간부터 궁극적인 성능을 구현하기 위해서 광학의 활용이 필수가 되어버렸다. 위치결정 정확도를 1마이크로미터 또는 그 미만으로 제어하기 위해서는 신뢰성 있는 측정 도구가 전제되어야 하며 광학식 센서만이 필요로 하는 분해능, 측정범위 및 정확도 등의 요건들을 충족시킬 수 있다. 하지만 메카트로닉스에서 광학이 사용되는 분야가 이것만은 아니다. 망원경, 웨이퍼 노광 시스템 그리고 현대적인 사진장비 등과 같은 현대적인 영상 시스템들은 모두 정적 및 동적 환경 하에서 영상특성을 제어하기 위해서 진보된 메카트로닉스 시스템을 필요로 한다. 따라서 광학은 메카트로닉스를 지원하기 위한 기술일 뿐만 아니라 메카트로닉스의 응용분야이기도 하다.

이 장은 주로 메카트로닉스 시스템에 광학을 활용하는 것과 관련된 몇 가지 중요한 조건과 성질들에 초점을 맞추고 있다. 이는 메카트로닉스 설계자가 광학 전문가와의 긴밀한 협조를 통해서 광학 시스템을 자신의 설계에 통합하는 과정에 도움이 될 것이다. 필요하다고 생각되는 부분에서는 우리의 경험을 기초로 하여 해당 주제에 대해서 조금 더 깊이 살펴볼 예정이다.

이 장은 7.2절에서 광선 및 광원에 대한 일반적인 성질들에 대해서 다루면서 시작한다. 여기서는 파장, 간섭 및 복사 등과 같은 광원의 서로 다른 성질들에 대해서 소개한다.

7.3절에서는 **페르마의 원리**(Fermat's principle)에 따른 **반사**(reflection) 및 **굴절**(refraction)의 물리적 모델을 소개한다.

7.4절은 **기하광학**(geometric optics)을 다루고 있다. 이것은 빛을 이상적인 광선(광선추적)으로 근사화 시키며 반사 및 굴절에 대한 물리적인 성질만을 고려할 때에 광학 시스템의 영상화 성질을

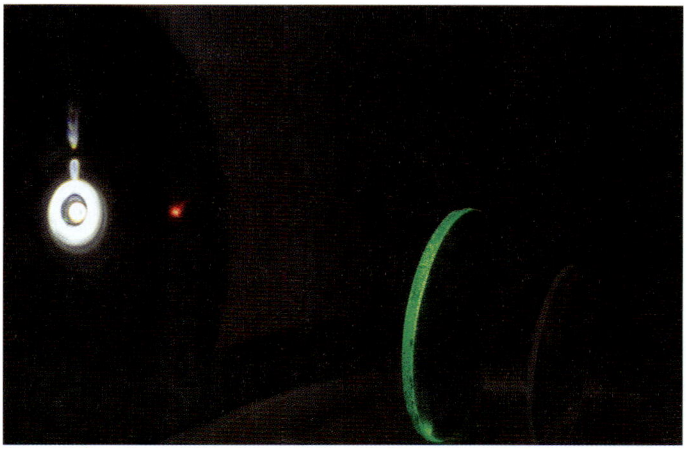

그림 7.1 빛과 광학은 항상 매력적이다.

계산하기 위한 실용적 방법이다. 이 방법은 메카트로닉스 엔지니어가 예를 들면 표준 요소들을 사용하는 실험실용 시험기구와 같은 간단한 광학 시스템을 설계할 때에 에게 유용하다.

정밀 메카트로닉스의 경우 7.5절의 **물리광학**(physical optics)이 가장 중요하다. 물리광학은 **간섭**(interference)이나 **회절**(diffraction)을 포함하는 빛의 파동 특성을 기반으로 하는 효과들을 다룬다. 이 효과들은 광학 시스템의 궁극적인 영상화 특성을 제한하며 다음 장에서 설명하는 간섭계나 인코더와 같은 위치측정에도 사용된다.

7.6절에서는 영상화 오차를 보정하기 위해서 능동 제어가 사용되어 거의 완벽한 영상화 특성을 구현하는 지상망원경과 같은 적응광학에 대해서 간략하게 소개한다.

7.2 빛과 광원의 성질

물리학에서 빛은 전자기파와 입자의 두 가지 성질로 나타낸다. 지금까지도 가장 널리 사용되는 이론에 따르면 빛은 2장에서 설명하였듯이 전자기 파동처럼 작용한다. 이 이론은 간섭의 발생과 더불어서 빛을 사용하여 관찰할 수 있는 대부분의 현상들을 설명해 준다.

더 최근의 양자광학에 대한 이론은 극도로 낮은 에너지 레벨을 가지고 있는 빛에 대한 관찰을 기반으로 하고 있다. 매우 고전압으로 작동하는 광전자 증배관의 발명은 빛에 의해서 하나의 전자가 가진되자마자 전자의 사태가 발생하도록 만들어서 이토록 매우 낮은 에너지 레벨에서의 빛을 검출할 수 있게 해 주었다. 특정한 에너지 레벨 미만에서 빛은 **광자**(photon)라고 부르는 분리된 입자처럼 거동하며 이들 각각은 다음과 같은 일정한 에너지를 가지고 있다.

$$E = hf_p = \frac{hc}{\nu} = hc\nu \ [\mathrm{J}] \tag{7.1}$$

여기서

h = 플랑크상수($\approx (6.62606957 \pm 0.00000029) \cdot 10^{-34}$) [Js]

c = 광선속도(= 299,792,458) [m/s]

f_p = 광자의 시간주파수 [Hz]

λ = 광자의 파장길이 [m]

ν= 공간주파수 또는 파수 [m^{-1}]

실제적인 숫자들을 대입해 보면 가시광선($\lambda \approx 600\,[\mathrm{nm}]$) 광자 하나가 가지고 있는 에너지가 약 $E = 3.5 \cdot 10^{-19}$ [J]이라는 극도로 작은 값을 얻을 수 있다. 따라서 매우 작은 크기의 전력인 1 [μW = μJ/s]는 초당 $3 \cdot 10^{12}$개의 가시광선 광자가 공급하는 에너지와 같다. 이 숫자 역시 매우 큰 값이기 때문에 필요한 경우를 제외하고는 이런 양자의 특성을 고려할 필요는 없다는 것을 알 수 있다. 매우 민감하게 측정을 수행한다고 해도 노이즈 레벨은 양자특성에 의해서 제한되며 이를 통해서 더 큰 이미지 센서를 사용하는 카메라가 노이즈 특성이 더 양호한 이유를 부분적으로 이해할 수 있다.

몇 가지 경우에는 빛과 관계된 물리적 현상을 설명하기 위해 광자와 전자를 사용하는 것이 유용하다.

7.2.1 열복사를 통한 광선발생

가열된 물체의 열복사에서 원자 내 모멘텀 변화나 상변화를 유발하는 전자에 의한 광자의 2차 방출에 이르기까지 다양한 광원들이 존재한다. 열복사는 종종 가시광선 스펙트럼과 관련되어 있으며 온도증가에 따라서 원자 내의 충전된 입자들의 진동속도 증가에 의해서 유발된다. 이런 전하의 진동은 맥스웰 방정식에 따라서 전자기파를 생성한다. 이런 열에 기반을 둔 성질로 인하여 생성된 광선은 넓은 파장으로 이루어진다. 광강도는 독일의 물리학자 Wilhelm Carl Werner Otto Fritz Franz Wien(1864–1928)의 이름을 딴 **빈의 변위법칙**(Wien's displacement law)에 따라서 절대온도 [°K]에 의해서 결정되는 파장에서 피크를

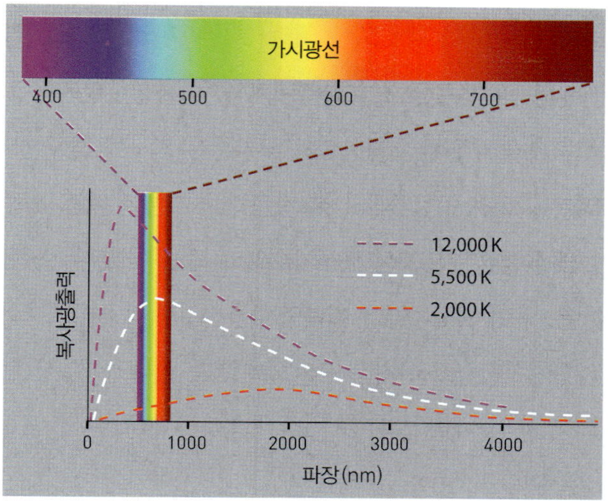

그림 7.2 서로 다른 온도에서 흑체의 열 복사 스펙트럼. 가시광선 스펙트럼은 이런 광원들의 넓은 스펙트럼 중에서 매우 좁은 영역을 차지할 뿐이므로 백열등의 낮은 효율이 설명된다.

가진다. 그에 따르면 주파수 의존적 방출특성을 가지고 있는 표면으로 정의된 **흑체**(black body)의 파장분포의 형태는 온도에 무관한 반면에 최대방출은 다음에 정의된 파장에서 발생한다.

$$\lambda = \frac{b}{T}\ [\text{m}] \tag{7.2}$$

빈의 변위상수인 b는 약 $2.9 \cdot 10^{-3}$[mK]이다. 이 관계식에 따르면 순수한 흑체는 약 2000 [°K]에서 적색 가시광선을 복사하기 시작한다. 이는 약 1500 [nm]의 파장 주변에서의 피크 복사에 해당하며 방출된 광선들 중 대부분은 여전히 보이지 않는 적외선이다. 고온에서는 피크 방출이 더 짧은 파장 쪽으로 이동하며 흑체의 온도가 5500 [°K]인 경우에 피크 방출은 약 530 [nm]로서, 이는 태양이 방출하는 햇빛과 가시광선 파장대역의 중앙값이 같다. 더 높은 온도가 되면 피크는 보이지 않는 더 짧은 파장을 갖는 자외선 영역으로 이동한다. 그림 7.2에서는 이 세 가지 사례의 스펙트럼들을 보여주고 있다.

7.2.2 전자에너지 상태변화에 의해 생성된 광자

열 복사에 의한 스펙트럼은 본질적으로 매우 넓은 주파수 범위를 나타낸다. 하지만 광학 요소들의 많은 성질들이 파장에 의존성을 가지고 있기 때문에 기술적인 관점에서 이는 그리 바람직한 것이 아니다.

예를 들어 물의 주파수 의존적 굴절률에 의해서 빗방울이 햇빛을 서로 다른 색으로 분리하는 무지개를 만들어낸다.

이런 이유 때문에 단색광원을 더 선호한다. 다행히도 대체 광원들이 존재하는데, 전자는 잘 정의된 방식으로 에너지 상태를 변화시키기 때문에 대체광원의 대부분은 전자에 의한 광전자 방출을 기반으로 한다. 원자 내의 전자들은 **여기**(excitation)상태라고 부르는 서로 다른 에너지 레벨을 수용할 수 있다. 보통 이 전자들은 가장 에너지 레벨이 낮은 **기저상태**(ground state)를 유지한다. 어떤 외부 에너지원에 의해서 전자들이 여기되면 전자들은 이 여기를 유발한 에너지에 따라서 서로 다른 고 에너지 여기상태로 이동한다. 이런 높은 여기상태들은 일반적으로 안정하지 않으며 전자는 결국 각 상태들이 가지고 있는 에너지 레벨 차이에 의해서 광선의 주파수가 결정되는 광자를 방출하면서 에너지준위가 더 낮고 더 안정된 상태 또는 기저상태로 되돌아가게 된다.

플라스마 가스 방전램프처럼 온도에 의하거나, 형광등과 같이 빠르게 움직이는 전자들에 의하거나 레이저와 같이 여타의 광자를 통해서 전자를 여기시킬 수 있다. 현대적인 제논 헤드라이트에서 사용되는 플라스마 가스방전 램프 내에서 가스는 매우 높은 전압에 의해서 이온화된다. 이런 이온화로 인하여 전자들 중 일부가 자유롭게 이동할 수 있어서 가스를 도전성으로 만들어 전류가 흐르게 된다. 그에 따른 전력이 가스를 가열하여 다수의 자유전자를 가지고 있는 플라스마 상태로 만들어서 발광 프로세스를 시작하는 데에 필요한 전압인 약 1000 [V]보다 훨씬 낮은 약 100 [V]의 저전압에서 고전류를 흘릴 수 있는 비교적

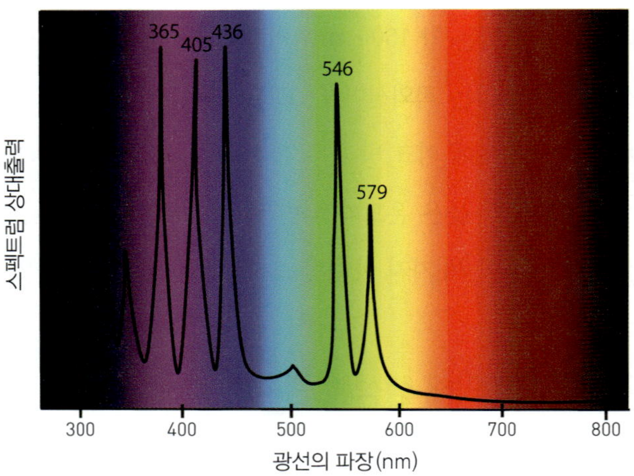

그림 7.3 수은 아크 방전램프의 광선출력은 플라스마 내에서 수은 원자들 주변에 위치한 전자들의 서로 다른 에너지 상태에 따르는 피크들을 보여주고 있다.

낮은 저항경로를 형성한다. 이런 플라스마 가스방전 램프는 플라스마 내의 가스원자들에 의해 결정되는 매우 특수한 파장의 빛을 방출한다. 산업적인 수은가스 방전램프는 그림 7.3에 도시되어 있는 스펙트럼과 같은 빛을 방출하며 여기에서 365[nm](I-라인), 405[nm](H-라인), 그리고 436[nm](G-라인) 등의 서로 다른 좁은 피크들은 초기 웨이퍼 스테퍼의 조명으로 사용되었다.

우리에게 친숙한 형광등도 역시 약간 다르게 작동하는 일종의 수은가스 방전 램프이다. 형광등은 실제의 플라스마에 의해서 작동하지 않는 대신에 초기에는 전자들이 가열된 전극에 의해서 방사되어 수은 원자들로 약하게 도핑된 진공을 통과하여 다른 쪽 전극으로 이동하면서 움직이는 전자들이 수은의 외곽 전자들을 여기시킨다. 그런데 230[VAC]인 가정용 전원의 전압은 형광등을 켜기에 충분치 못하다. 따라서 자체-인덕턴스가 큰 코일을 사용하여 높은 기동 전압을 생성하며, 이 기동전류로 두 전극을 가열하여 발광 프로세스를 시작하기 위한 최초의 전자를 방출한 다음에 **스타터** 스위치로 코일을 통과하여 흐르는 전류를 차단한다. 수은이 방출하는 가시광선 대역의 546[nm]와 579[nm]는 가정용 전등의 광선 스펙트럼으로는 충분치 못하며 대부분의 빛은 보이지 않는 자외선 주파수 대역에 위치한다. 그런 이유 때문에 형광등 튜브의 내측은 UV 광선을 가시광선 대역의 넓은 스펙트럼으로 변환시켜 주어 효율을 향상시키며 색상을 개선시켜 주는 특수한 형광물질로 코팅되어 있다. 형광등이 비록 빌딩의 일반 조명으로 널리 사용되고 있지만, 뒤에서 정의될 용어인 낮은 **방사휘도**(radiance)와 빛을 방출하는 표면적이 넓기 때문에 정밀 메카트로닉스용 광원으로는 중요성이 떨어진다.

7.2.2.1 발광다이오드

메카트로닉스 엔지니어링 분야에서 훨씬 더 흥미로운 광선은 다음 절에서 다룰 예정인 레이저이며, 발광 다이오드(LED) 역시 중요성이 증대되고 있다. LED는 이미 오랜 기간동안 전자장비의 표시장치로 활용되어 왔으며 최근 들어서는 조명으로 활용되기 시작하였다. LED의 작동원리 역시 여기상태가 변하는 전자에 기초하고 있지만 이 경우에는 가스속이 아닌 고체소재 속에서 작동한다. 따라서 LED를 **고체형 램프**(solid-state lamp)라고도 부른다.

LED는 반도체 다이오드의 특수한 형태이며 그 작동원리가 6장에 설명되어 있다. P형 소재와 N형 소재가 결합되면 전압이 가해지는 방향에 따라서 전류에 대해서 전위장벽이나 도전경로가 형성된다. 전도되는 경우에 N형 소재와 P형 소재의 전이 영역에서 전자들은 정공과 재결합한다. 이 재결합은 원자 주변의 빈 공간을 채운다는 것을 의미하며 에너지 레벨의 변화에 해당한다. 이들은 재결합시 복사를 일으키지 않는 Si나 Ge 와 같은 **간접천이형**(indirect band-gap) 소재가 아니어서 이로 인하여 광자의 방출이 초래된다. 따라서 일반적인 다이오드는 빛을 방출하지 않으며 광선방출을 위한 전력도 필요로 하지 않는다. 일반적인 반도체 다이오드의 경우에는 빛을 방출하지 않으므로 이것이 문제되지 않는다. 다행히도 주기율표에서 이와 인접한 계열(III족과 V족)의 소재들로 조성된 Ga, As, In, P 및 N과 같은 물질들은 **직접 천이형**(direct band gap) 소재여서 다이오드는 주입되는 전기 에너지에 의해서 파장이 소재에 의존하는 광자를 방출한다. 예를 들어 GaAs는 적외선을, AlGaAs는 적색빛을, 그리고 GaAsP는 황색빛을 방출한다.

짧은 파장을 갖는 LED는 넓은 천이영역이 필요하며 소재조합들의 제조가 용이하지 않았기 때문에 오랜 기간동안 이를 만들어내는 것이 어려웠다. 결국 GaN이 청색 광선을 만들어내는 올바른 조합이라는 것이 밝혀지게 되었다. LED의 단색광 특성과 수 [mW]에 불과한 비교적 낮은 출력 때문에 가정용 전등과 같은 고출력 조명 시스템에 적용이 오랫동안 불가능했었다. 이는 청색 LED의 개발을 통해서 적색, 녹색 및 청색 LED를 조합하여 백색광을 만들거나 청색광선의 짧은 파장을 더 긴 파장으로 변환시키기 위해서 **인광성**(phosphorescent) 소재를 활용함으로써 극복되었다. LED 자체와 인광 특성의 효율과 출력 향상을 위해서 많은 연구가 수행되었으며 이를 통해서 근래에 들어서 조명용 LED 램프가 출시되었다. 거의 단색인 스펙트럼과 비교적 작은 크기의 광원이라는 점이 공업용 광원으로서 LED의 가장 큰 장점이다. 이는 뒤에서 **방사휘도**(radiance)를 설명하면서 살펴볼 예정인, 고 분해능 영상화에 중요한 것으로 밝혀졌다. LED는 예를 들어 8장에서 설명할 예정인 증분식 광학 측정 시스템(인코더)에서 활용된다.

7.2.2.2 이상적인 광원으로서의 레이저

레이저(laser)는 궁극적인 광원으로서 미국의 물리학자인 Theodore Harold Maiman(1927–2007)에 의해서 1960년에 발명되었다[63]. 레이저는 **복사의 유도방출에 의한 광선의 증폭**(Light Amplification by Stimulated Emission of Radiation)의 약자이며 광자를 방출하면서 여기상태의 전자가 기저상태로 떨어지는 현상에 기초하고 있다. 이 광자는 에너지 상태 변화에 의해서 전자가 방출하는 광자와 동일한 주파수를 가진다. 다시 말해서 여기된 전자를 낮은 에너지 상태로 강하시키는 **촉발**(triggering)을 통해서 하나의 광자가 또 다른 동일한 광자를 생성한다. 그림 7.4에 도시된 것과 같이 하나의 광자는 둘 또는 그 이상의 전자들을 자극하여 **동일한 주파수와 위상**을 갖는 세 개 또는 그 이상의 광자들을 생성한다. 이 위상관계를 **간섭성**(coherence)이라고 부른다. 물론 이 물리적 프로세스도 모든 전자들이 기저상태인 E_0에 도달하면 끝나게 된다. 이렇게 전자의 에너지 레벨이 떨어지면서 광자를 방출하는 과정은 다행히도 가역적이다. 즉 유도방출을 일으키기 위해서 필요한 여기상태인 E_1보다 높은 에너지 레벨인 E_2까지 전자를 여기시키기 위해서 간섭성이 없더라도 일반적인 가스 방전램프와 같은 또다른 광원을 사용할 수 있다는 것을 의미

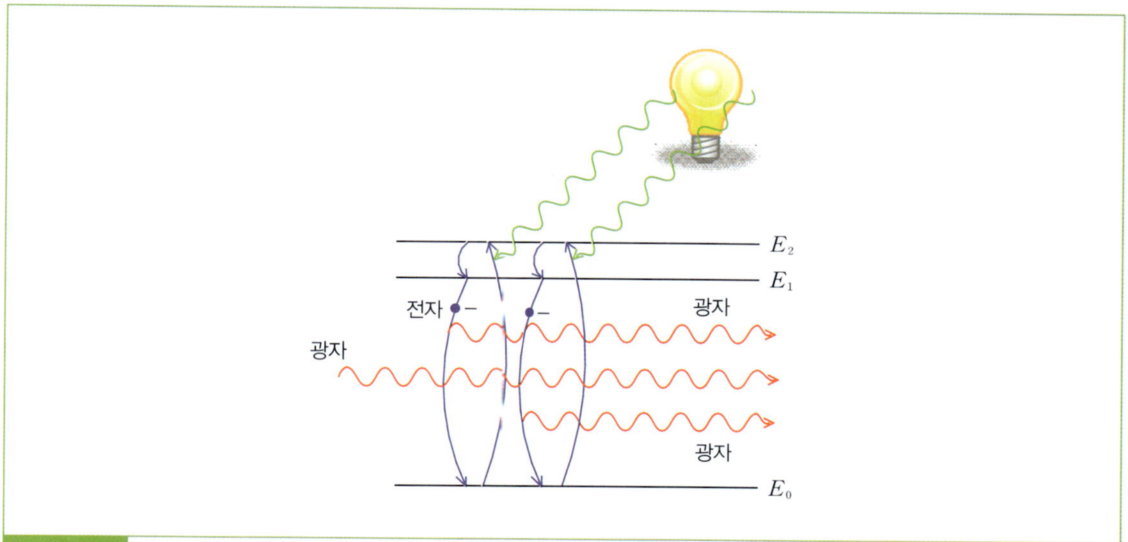

그림 7.4 복사의 유도방출에 의한 광선의 증폭(LASER). 외부 에너지원이 전자들을 높고 불안정한 상태인 E_2로 전자를 여기 시키면 전자는 일단 준안정 상태인 E_1으로 에너지 준위가 떨어지며, 적절한 파장의 광자가 이 전자를 통과하면서 촉발을 일으키면 이 촉발 광자와 동일한 파장을 갖는 광자를 방출하면서 전자는 원래의 기저상태인 E_0로 에너지 준위가 떨어진다.

한다. 이렇게 높은 에너지 레벨인 E_2는 E_1보다 더 불안정하므로 전자들은 E_1 레벨로 떨어지면서 레이저를 방출할 때에 사용하지 않는 주파수의 광자를 방출하지만 이에 대해서는 관심을 기울일 필요가 없다. 전자들을 여기시키기 위한 추가적인 외부광원을 **광학펌프**(optical pump)라고 부른다.

결론적으로 전체 시스템은 유입된 광자의 주파수에 의존하는 이득값을 가지고 유입된 광자를 증폭한다. 이 주파수는 세밀하게 고정된 값이 아니며 이 책의 범주를 크게 넘어서는 주제인 전자의 에너지 레벨에 대한 불확실성 때문에 약간의 편차를 가지고 있다.

이 효과를 설명하기 위해서 연산증폭기에서 정의되었던 이득-대역폭의 곱과는 아주 다른 의미가 있는 **이득 대역폭**(gain bandwidth)이라는 용어가 사용된다. 광학 설계자들은 종종 그림 7.5와 같이 광학 출력의 절반을 포함하는 주파수 대역의 폭을 의미하는 **반치전폭**(Full-width at half-maximum : FWHM)이라는 용어를 사용한다. 이는 전자공학자들이 잘 알고 있는 로그 스케일 상에서의 -3[dB] 점에 해당한다. 이득 대역폭은 대역폭 범위 내의 특정 주파수를 갖는 광자들을 증폭시키기 위한 레이저의 능력을 나타내며 자동으로 레이저로부터 방사된 광선 스펙트럼의 대역을 결정해 준다. 이 품질을 나타내는 문헌 상의 또 다른 용어로는 단일 주파수 레이저의 **선폭**(line width)과 **광학대역**(optical bandwidth) 등이 있다.

레이저의 대역폭은 기술적으로 활용하기 위한 광원으로서의 적합성을 결정하는 인자들 중 하나이다. 많은 렌즈 소재들이 주파수 의존적 성질을 가지고 있기 때문에 대역이 넓은 경우 영상화용 렌즈에 색수

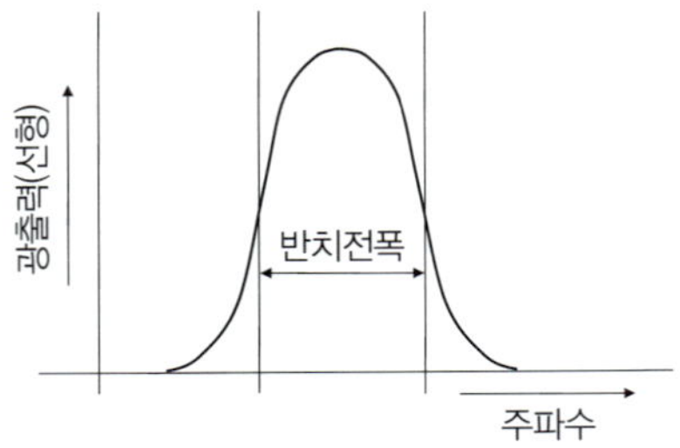

그림 7.5 레이저 광원에 대한 반치전폭 전력이득의 정의. 대역폭이 좁아질수록 레이저의 **시간 가간섭성**(temporal coherence)이 좋아진다.

차가 초래될 수 있다. 반면에 대역이 좁은 경우에는 간섭에 의해 유발되는 산란된 **반점**(speckle) 생성으로 인해 문제가 초래될 수 있다. 이 현상은 입사광선의 변위와 각도의 함수로 변화하는 조사된 영역에서 작은 점들을 형성하는 레이저 포인터의 빛으로부터 알 수 있다. 이 점들은 레이저에 의해서 조사되는 물체의 영상을 손상시킬 수 있다.

■ 대역폭과 간섭성

레이저의 대역폭은 기술적인 용도의 광원에 대한 적합성을 결정하는 핵심인자이다. 영상화에 사용하는 광원의 경우 대역폭이 넓으면 대부분의 렌즈소재가 가지고 있는 주파수 의존적 성질로 인하여 색수차가 발생된다. 반면에 대역폭이 매우 좁으면 간섭에 의해서 유발되는 산란된 **반점**(speckle)이 발생할 우려가 있다. 이에 대한 사례로서 레이저 포인터가 생성하는 작은 광점은 입사광선의 각도와 중심반경에 따라서 광강도가 변하는 작은 반점들을 생성한다. 이 반점들은 레이저에 의해 조사되는 물체의 영상품질을 저하시킬 수 있다.

이 대역이나 반점의 생성과 부분적으로 관련되어 있는 레이저의 또 다른 중요한 성질은 간섭성이다. **공간 가간섭성**(spatial coherence)과 **시간 가간섭성**(temporal coherence)이라는 두 가지 유형의 간섭이 존재한다. 공간 가간섭성은 특정한 시점에 레이저 빔 내부의 전자기장 사이의 상관관계를 빔 **내부 위치의 함수**로 나타낸 것이다. 이는 조사된 파면 형상의 완벽성에 대한 척도이며 파면에 대해서는 나중에 다시 설명할 예정이다. 공간 가간섭성은 긴 거리에 대해서 일정한 직경을 유지하는 능력인 레이저 빔의 발산성을 결정한다. 레이저의 시간 가간섭성은 레이저 빔 내부 특정 위치에서의 전자기장 사이의 상관관계를 **시간의 함수**로 나타낸 것이다. 이는 레이저 광선의 대역과 관련되어 있으며 레이저 광원으로부터의 거리에 따라서

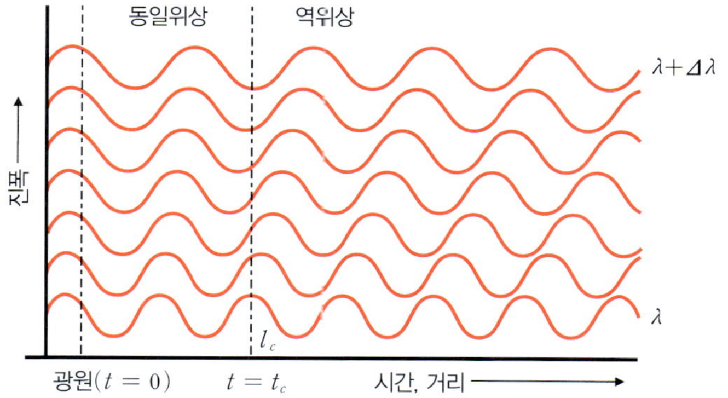

그림 7.6 모두 동일한 위상으로 출발한 서로 다른 주파수를 갖는 광선의 시간에 따른 전자기장 파동. 그림에서는 간섭거리 ℓ_c에 해당하는 광원으로부터의 거리와 간섭시간 t_c에 해당하는 특정한 전파시간 이후에 위상관계의 상실을 보여주고 있다.

감소한다. 시간 가간섭성과 대역폭 사이의 상관관계를 나타낸 그림 7.6에서는 각 주파수들 사이에 약간의 주파수 편차가 존재하는 7개의 그래프들이 도시되어 있다. 모든 주파수들이 광원에서 동일한 위상으로 출발한 경우, 즉 $t = 0$에서 모든 필드값들이 똑같이 0이라면 광속으로 이동하는 빛이 $t = t_c$가 되어 광원에서 일정 거리만큼 떨어지면 상관관계가 사라져 버린다. 이 시간은 광원의 대역폭과 전파속도에 의존한다. 대역폭이 넓은 경우, 시간은 매우 짧으며 단일주파수 광원인 경우에는 이 시간이 매우 길다. 상관관계가 없어지기까지 경과된 시간을 **가간섭 시간**(coherence time)이라고 부른다. 이 가간섭 시간과 전파속도를 곱한 값인 **가간섭 길이**(coherence length) l_c가 더 잘 알려져 있으며 기술적인 관점에서 더 유용하다.

그림 7.5에서와 같이 가우시안 주파수 프로파일을 가정하면 광원으로부터의 거리에 대한 유용한 가간섭 길이를 파장길이가 λ인 최저 대역폭 주파수의 위상이 파장길이가 $\lambda+\Delta\lambda$인 최고대역폭 위상에 비해서 π [rad]만큼 시프트(부호반전!) 되는 길이로 제한할 수 있다. 이때 $\Delta\lambda$는 반치전폭(FWHM)이다. n개의 파장길이만큼 이동한 후에 두 주파수들 사이의 위상차이는 $\varphi = n2\pi\Delta\lambda/\lambda$가 된다. 허용되는 최대 위상차이는 π이므로 n의 최댓값은 $n_{max} = \lambda/(2\Delta\lambda)$가 되며 가간섭길이는 다음과 같이 주어진다.

$$l_c = n_{max}\lambda = \frac{\lambda^2}{2\Delta\lambda} \tag{7.3}$$

다음 장에서 설명할 레이저 간섭 측정 시스템에서 필요한 간섭길이는 수 미터에 달하기도 한다. 필요한 광선 대역폭에 대한 감을 얻기 위한 사례로서 간섭길이가 10 [m]라는 것은 대역폭 내에서 가장 낮은 주파수는 대역폭 내의 가장 높은 주파수와 이 10 [m] 길이에 대해서 1주기 미만의 편차를 가지고 있어야 한다

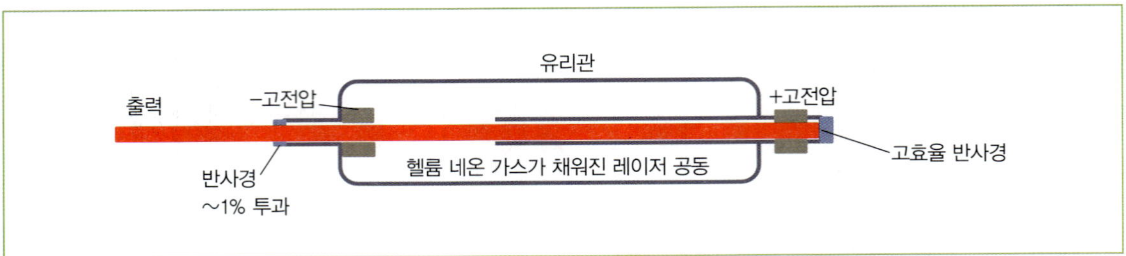

그림 7.7 헬륨–네온 레이저의 단면도. 높은 전압이 플라스마를 생성하며 가스의 전자들이 지속적으로 고에너지 준위로 여기 시킨다. 단 하나의 파장을 갖는 광자에 의해서 632.8[nm]에서 최대 방사가 이루어지는 레이저가 조사된다. 두 개의 반사경이 광 공진기를 형성하여 레이저의 주파수 안정성을 더 높여준다.

는 것을 의미한다. 예를 들어 한 주기가 500 [nm]라면 10 [m] 길이의 $5 \cdot 10^{-8}$배이므로 대역폭은 평균주파수에 이 값의 절반인 $2.5 \cdot 10^{-8}$배를 곱한 값보다 커서는 안 된다. 이런 규모의 정밀도는 레이저에 대한 전자–광자 물리학만을 통해서는 구현할 수 없다. 고정밀 측정 시스템에 사용되는 레이저는 보통 7.5.2.1절에서 소개할 **파브리–페로**(Fabry–Perot) 원리에 따라서 광 공진통과 레이저 튜브의 조합으로 구성된다. 이 공진기는 매우 안정된 거리를 유지하여 두 반사경 사이에서 정재파가 만들어지는 두 개의 평행 반사경으로 이루어진다. 이 이론을 활용하는 레이저의 사례로는 그림 7.7에 도시되어 있는 632.8 [nm]의 적생광을 방사하는 헬륨 네온(HeNe) 레이저를 들 수 있다. 이런 유형의 레이저는 **요오드**(Iodine) 가스를 사용하여 파장을 더욱더 안정화시켜서 매우 좁은 고유 주파수를 구현하며 반사경들 사이의 거리를 능동적으로 제어할 수 있기 때문에 이미 오랫동안 거리측정에 사용되었다. 이로 인해서 이 레이저를 표준 미터의 기준으로 사용하게 되었다. 이런 정밀 HeNe–레이저 이외에 다양한 유형의 레이저들이 소개되었는데, 이들 중에서 CD–플레이어용 적색 레이저 다이오드나 블루레이 플레이어용 청색 레이저 다이오드 등과 같은 반도체 다이오드–레이저는 디스크 상에 신호의 광학적 저장을 위한 도구로 사용되었다. 이 다이오드–레이저들은 LED와 동일한 원리에 따라서 작동하지만 추가적인 내부 레이저 방출과 반도체 소재의 출구측에 위치한 작은 반사면이 파브리–페로 공진통을 형성한다.

7.2.3 광원으로부터의 유용한 동력

광원의 주파수 및 위상 이외에 조사된 에너지, 광원의 크기 및 조사 방향 등도 중요하다. 이들 모두는 광학 시스템에 포획되어 관심 영역으로 전달될 수 있는 광량에 영향을 끼친다. 때로는 **방사속**(radiant flux) [Φ]이라고도 부르는 조사된 빛의 **조명출력**(illumination power) P_i [W]만으로는 광원의 유용성을 정의하기에 충분치 못하다. 무엇보다도 여기에는 모든 주파수가 포함되어 있다. 하지만 광원이 단색인 경우조차도 조사방향, 확산 및 조사표면 등은 정의되지 않았다. 광학 시스템에서 이렇게 정의되지 않은 광원의 변수들을 줄이기 위해서 많은 항들이 도입되었으며 다음에 대해서는 여기서 설명할 예정이다.

- 복사발산과 방사조도
- 방사휘도
- 투과율 또는 에탕드

7.2.3.1 복사발산과 방사조도

광원으로부터의 **복사발산**(radiant emittance) M은 광원에서 방사된 조명출력을 방사면적으로 나눈 값 [W/m^2]과 같다. 복사발산은 2장에서 정의되었던 방사조도와 밀접하게 관련되어 있다. 방사조도 I_r은 정의된 표면에 입사된 광선의 전력밀도[W/m^2]와 같다. 때로는 강도라는 용어를 여기에 사용하지만 광학 및 방사선학에서도 단위 입체각 당 에너지 흐름에 강도라는 용어를 사용하기 때문에 정의가 매우 명확하지 못하다. 그런 이유 때문에 광학에서는 방사조도라는 용어를 더 선호한다.

방사조도는 센서나 인간의 눈으로 측정할 수 있는 광선의 유일한 성질이기 때문에 광학에서 모든 관찰을 결정한다. 광 검출기는 주어진 표면에서 방사조도와 표면적의 곱인 광출력을 전류로 변환시켜준다. 광원의 주어진 복사발산에 대해서 인접 표면에서 받아들인 방사조도는 광원으로부터의 거리 제곱에 비례하여 감소한다. 다음 절의 제목과는 반대로 방사조도는 광학 시스템의 초점에 집광시킴으로서 다시 증가될 수 있다.

7.2.3.2 방사휘도

광원의 크기는 공간 가간섭과 관련되므로 무한히 작은 방사표면을 가지고 있는 **점광원**(point source)은 광학 시스템의 성능 측면에서 가장 이상적인 광원이다. 그런 측면에서, 완벽하게 평행한 레이저 빔은 무한히 먼 곳에 위치하면서 단 하나의 방향을 향하는 점광원으로 모델링할 수 있기 때문에 이 요구조건을 충족시켜 준다. 광원이 이런 이상적인 점광원처럼 거동하는 정도를 나타내기 위해서 **방사휘도**(radiance)라는 용어가 사용된다. 방사휘도는 복사발산에 비례하므로 광원의 **휘도**(brightness)라고도 부른다. 나중에 설명하겠지만, 방사휘도는 광선의 조사방향도 포함한다. 실제 점광원의 경우 정의에 따르면 방사휘도는 무한히 크다.

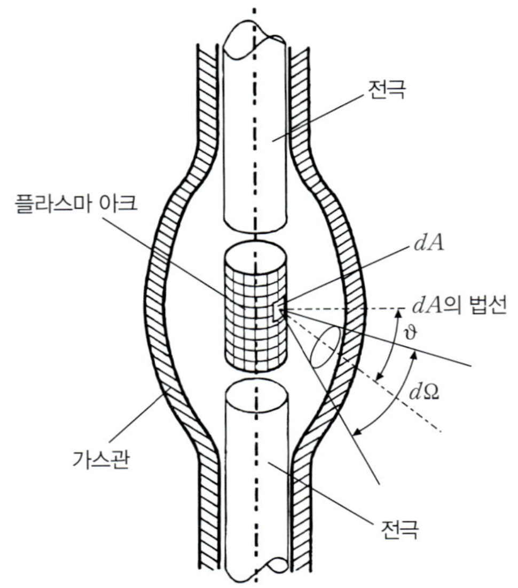

그림 7.8 광원의 방사휘도에 대한 정의. 플라스마 아크를 발광 실린더로 근사화시킬 수 있는 플라스마 가스 방전램프가 도시되어 있다. (Courtesy of ASML)

그림 7.8을 살펴보면 물리 용어에서 방사휘도 L은 광원의 무한히 작은 부분에서 특정한 방향으로 방사된 조명출력에 대한 다음과 같은 식을 통해서 정의된다.[88]

$$dP_i = L(x, y, \alpha, \beta) d\Omega \, dA \cos\vartheta \ \ [\mathrm{W}] \tag{7.4}$$

여기서

A : 광원이 방사되는 표면. [m]

$d\Omega$: 무한히 작은 방사표면요소 dA의 방사방향을 정의하는 입체원추각. [sr]

dP_i : 무한히 작은 표면요소에서 입체원추로 방사되는 조명출력. [W]

$L(x, y, \alpha, \beta)$: 좌표 x, y 위치에서 입체원추 α, β 방향을 향하는 무한히 작은 표면요소에서 광원의 방사휘도. [$\mathrm{W/m^2 sr}$]

ϑ : 표면법선과 방사되는 입체원추의 방향 사이의 각도. [rad]

방사휘도가 전체 표면 A에 대해서 일정하며 입체원추각이 표면에 수직한 방향을 향할 때 입체원추각도 Ω에 의해서 정의되는 특정한 방향을 향하는 광원의 총 조명출력을 다음과 같이 단순화시킬 수 있다.

$$P_{i,t} = LA\Omega \ \ [\mathrm{W}] \tag{7.5}$$

앞에서 언급했듯이 표면적이 작은 광원이 광학 시스템의 성능 측면에서 더 유리하다. 이는 광학 시스템에 조사된 **방사휘도**(radiance)를 굴절률의 제곱으로 나눈 값이 **결코 증가하지 않는다**고 표현한 **방사휘도의 보존**(conservation of radiance)법칙에 기인한다. 최선의 경우 시스템의 광학경로에 대해서 방사휘도는 동일하게 유지된다.[53] 사진의 사례를 통해서 방사휘도에 대한 이 보존법칙의 중요성을 설명할 수 있다. 디지털 카메라의 픽셀 하나를 활성화시키기 위해서 필요한 광선 에너지는 특정한 최대 노출시간이 허용될 때에 광원에서 광선의 최소 방사휘도 레벨을 결정한다. 이를 이해하기 위해서는 일단 광학 시스템 내의 영상이 다음 요소에 대해서 광원처럼 작용한다는 점을 인식할 필요가 있다. 이 경우에는 센서의 광 민감성 픽셀이 다음 요소에 해당한다. 즉 이 픽셀에 부가된 영상반점의 총 출력을 식 (7.5)를 사용해서 계산할 수 있다는 것을 의미한다. A의 크기는 투영된 물체에 의해서 결정되며 입체각 Ω는 광학렌즈의 조리개에 의해서 결정된다. 조명출력은 픽셀을 활성화시키기 위해서 필요한 에너지를 노출시간으로 나누어 구한다. 이 항들을 조합하여 필요한 광원의 방사휘도를 구할 수 있다.

$$L \geq \frac{P_{i,t}}{A\Omega} \tag{7.6}$$

또 다른 사례로 볼록렌즈와 같은 축소 광학기구를 사용해서 태양과 같은 큰 물체를 투영하는 경우를 통해서 이 보존법칙이 끼치는 영향을 살펴볼 수 있다. 태양의 방사휘도가 증가된 영상은 배우 밝은 점이 된다. 반면에 영상 표면은 물체의 실제 표면보다 훨씬 더 작다. 이 축소를 통해서 영상위치에서 광선의 입체각은 거의 평행한 상태인 입사광선의 입체각에 비례하여 더 커진다. 그 결과 방사휘도는 변하지 않는다. 세 번째 사례는 광원의 방사휘도는 광원 표면 중 일부를 가리면 증가한다는 개념에 기초하고 있다. 이 방법은 더 작은 방사 표면이 필요한 경우에 유용할 수 있지만 이에 비례하여 방사된 조명출력이 감소하며 아무런 방사이득도 구현되지 않는다. 심지어 이는 광원의 모든 표면요소들로부터의 광선을 작은 구멍에 집중시키면 방사조도가 높더라도 이로 인해서 만들어진 점의 방사휘도는 증가하지 않는다는 사실을 통해서 증명할 수 있다.

53) 보통 굴절률은 광원과 영상 모두에서 동일하다. 리소그래피 노광 시스템의 액침광학계의 경우에만 굴절률이 증가하기 때문에 영상위치에서 방사휘도를 증가시킬 수 있다.

7.2.3.3 에탕드

앞의 설명에 따르면 매우 좁은 표면에서 매우 좁은 각도로 광선이 방사될 때에 방사휘도가 최대가 된다. 불행히도 이상적인 레이저만이 이런 완성도를 구현할 수 있으며 실제의 경우 광학 시스템은 광선의 일부분만을 수집할 수 있을 뿐이다.

이런 이유 때문에 또다른 품질용어인 **투과율**(optical throughput) 또는 프랑스 단어인 **에탕드**(etendue)라는 용어가 도입된다. 에탕드는 광원으로부터 가능한 한 많은 광선을 수집하며 원래의 방사휘도를 가능한 한 많이 보유할 수 있는 광학 시스템의 능력을 나타내는 척도이다.

에탕드를 완벽하게 계산하기 위해서는 무한히 작은 광원표면에서 빛이 조사되며 광학 시스템 **입구동공**(entry-pupil)[54]의 모든 무한히 작은 표면요소에 의해서 수신되는 광선을 적분할 필요가 있다. 실제로 광학 시스템의 입구-동공에 비해서 작은 표면적을 가지고 있는 광원의 경우에 복사표면과 입구-동공 두 표면 모두가 본질적으로 평행($\vartheta = 0$)하다면 에탕드 G는 다음과 같이 근사화시킬 수 있다.

$$G = \Omega A \ \ [\mathrm{m^2 sr}] \tag{7.7}$$

식 (7.5)를 사용하면 위 식으로부터 광학시스템에 의해서 광원으로부터 포획된 조명출력에 대한 근사식을 다음과 같이 얻을 수 있다.

$$P_{i,c} = LG \ \ [\mathrm{W}] \tag{7.8}$$

이는 주어진 양의 필요한 조명출력과 주어진 광원의 방사휘도에 대해서 에탕드가 극대화되어야 한다는 것을 의미한다. 방사휘도 보존법칙에 따르면 에탕드는 입구-동공 이후의 광학요소를 사용하여 증가시킬 수 없기 때문에, 입구-동공에서 곧장 최대가 되어야 한다는 것을 의미한다. 이 효과는 광원 표면의 일부를 가리는 앞의 마지막 사례에서 설명하였다. 이는 에탕드를 감소시켜서 조명전력의 감소를 초래한다.

7.3 | 반사와 굴절

이 절의 주제를 소개하기 위해서는 물리이론이 유효한 모델과 들어맞아야만 한다는 관찰에 기반을 두

54) 나중에 설명하겠지만, 입구-동공은 입사광선이 포획되는 광학 시스템의 단면적으로 정의된다.

고 있다는 점을 다시 한 번 명심해야 한다. 사람들이 빛에 대한 관찰을 통해서 알게 된 가장 중요한 점은 물질이 일정한 성질을 가지고 있는 한도 내에서 그 속을 통과하는 빛이 직선으로 이동한다는 것이다.

프랑스의 법률가인 Pierre de Fermat(≈1601−1665)는 빛이 특정한 위치에 도달하기 위해서 가장 짧은 시간이 소요되는 경로를 통과한다는 가설을 세웠다. 이 **페르마의 최소시간의 원리**는 오늘날에도 여전히 사용되고 있으며 이 절에서 반사와 굴절 같은 현상을 설명하기 위해서 이를 사용할 예정이다. 이 현상에 대해서 살펴보기 전에, 일련의 광자들로 이루어진 광선이 처음에 어느 경로를 따라가야 할지를 어떻게 알아내는지에 대해서 의구심이 들기 때문에, 이것이 이상한 이론이라는 점을 다시 한 번 명심해야 한다. 리처드 파인만은 그의 유명한 **파인만의 물리학 강의**에서 다음과 같이 말했다.[30]

> 무엇이 그렇게 하도록 만들었으며 어떻게 그 경로를 찾아낼까? 광선이 인접한 경로의 냄새를 맡고 서로를 비교할까? 이는 어떤 면에서 정말로 그렇다.

이를 조금 더 잘 이해하기 위해서는 광자를 연속적인 파동으로도 나타낼 수 있으며 이 파동의 거동이 광자의 경로와 경로상의 장애물에 대한 **정보**를 제공해 주는 빛에 대한 이론으로 되돌아갈 필요가 있다. 이것만으로도 이 책의 범주에 맞춰서 이후의 내용에서 파면 설명에 활용하기에 충분하다.

2장에서 말했던 것처럼, 광원에서 표적까지 광자가 이동할 수 있는 서로 다른 경로에 대한 확률론적 해석에 기반을 두고 있는 빛의 이중성이나 이에 관련된 이론에 대해서 더 알고싶은 독자들에게는 리처드 파인만의 책을 읽어볼 것을 강력하게 추천하는 바이다. 원리상 광자는 어떤 경로도 취할 수 있지만 거의 항상 최소시간경로를 따라 이동한다.

7.5.3.2절에서 위상격자를 설명할 때에 다음절에서 설명하는 방향 이외로 반사하는 반사경에 대해서 설명하기 위해서 이 이론이 사용될 예정이다.

7.3.1 최소시간에 따른 반사와 굴절

그림 7.9에서는 광자를 방출하는 광원 A가 도시되어 있다. 페르마의 원리에 따라서 광자가 B 위치에 도달하는 경로를 결정할 때에 이들은 최소시간의 경로를 따라야 한다. 동일한 매체 속에 있는 동안 광자는 직선으로 이동하기 때문에 최소시간은 최소거리에 해당한다. 이 최단거리는 A에서 B로 직접 연결된 직선이지만, 이 경로는 스크린 O에 의해서 가려져 있으므로 광자는 반사경을 통해서만 B에 도달할 수 있다.

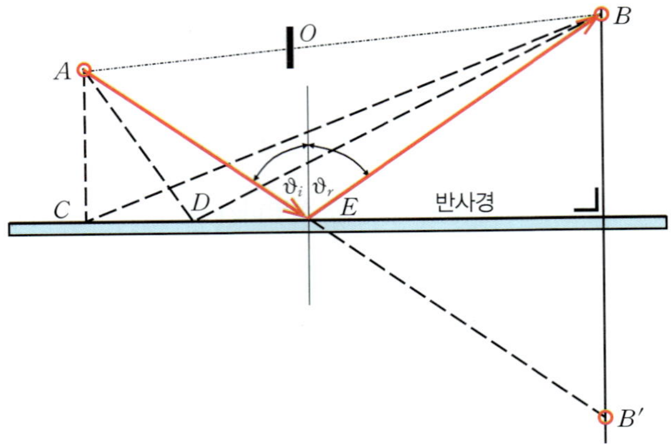

그림 7.9 반사경 표면에서 최소시간의 원리에 따라서 반사되는 광자 경로의 입사각 ϑ_i과 반사각 ϑ_r은 동일하다.

명백히 경로 C를 통과하는 경로는 최소시간을 취하지 못하며 D를 통과하는 경로도 아직 최적이 아니다. 정확히 올바른 반사위치를 결정하기 위해서 간단한 기법을 사용하여 대칭위치 B'을 그린다. A와 B' 사이에 그린 직선이 가장 짧은 경로라는 것을 알고 있으므로 광자가 교점 E에서 반사될 때에 이것이 B에 도달하는 가장 짧은 경로이다. 약간의 삼각법을 사용하면 고등학교 때에 배웠던 것처럼 입사각 ϑ_i과 반사각 ϑ_r이 동일하다는 것이 명확해진다.

이 관계는 단순 반사에 대해서 유도할 때에는 그리 어려운 문제가 아니지만 페르마 모델의 진정한 가치는 광자가 한 매질에서 다른 매질로 옮겨갈 때의 경로를 예측할 때이다. 이를 유도하기 위해서 저밀도 매질(공기) 속에 위치한 동일한 광원 A에서 유리와 같은 고밀도 매질 속에 위치한 B 위치까지의 경로가 그림 7.10에 도시되어 있다.

무엇보다도 페르마에 따르면 더 조밀한 매질은 광선의 속도를 늦춘다. 어떤 매질 속에서의 광선속도(c_m)는 진공 속에서의 광선속도(c)를 굴절률(n)로 나누어 구할 수 있다.

$$c_m = \frac{c}{n} \tag{7.9}$$

이에 따르면 동일한 거리를 저밀도 매질속을 이동할 때보다 고밀도 매질 속을 이동할 때에 더 많은 시간이 소요된다는 것을 의미한다. 이런 속도차이를 설명하기 위해서 **광학경로길이**(Optical path length : OPL)라는 용어가 자주 사용되는데, 여기서 광학 경로 길이는 실제 기하학적 경로길이의 n배와 같다.

페르마의 방법에 따르면 시간의 측면에서 광자는 굴절률을 고려하여 가장 짧은 광학 경로를 찾아

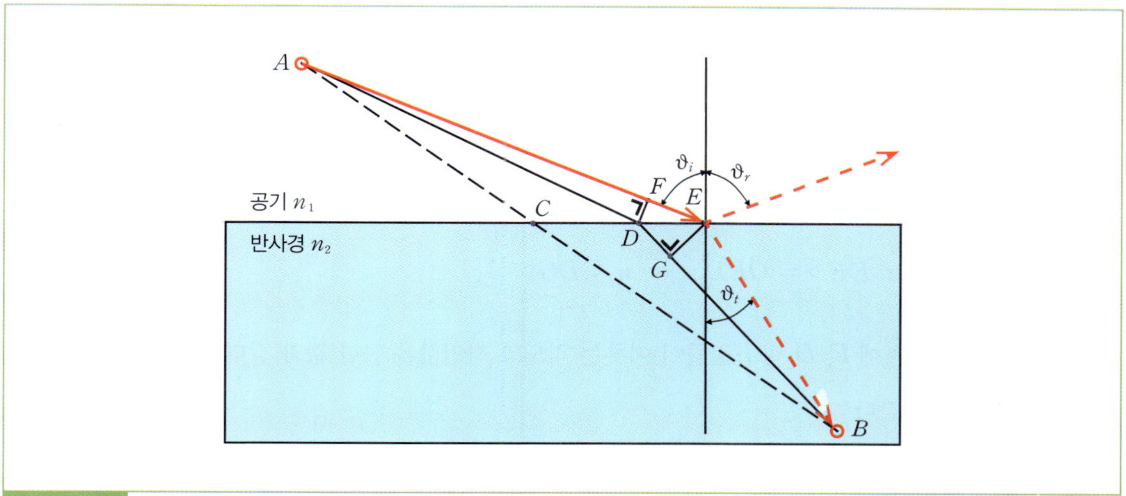

그림 7.10 최소시간의 원리에 의해서 유도된 두 개의 서로 다른 매질 사이의 계면에서 굴절되는 광자의 경로는 서로 다른 입사각 ϑ_i과 반사각 ϑ_t을 초래한다. 최단 경로가 가장 빠른 경로가 아니다! 일부 빛이 반사된다는 점에도 유의해야 한다.

낸다.[55)]

A에서 가장 짧은 경로는 C점에서 매질들이 서로 교차되는 직선일 것이다. 그런데 C에서 B까지의 경로가 현저한 시간지연을 초래하기 때문에 이 기하학적 경로는 최소시간을 갖는 가장 짧은 광학경로가 아니다.

광자는 차라리 공기중에서 약간 더 오래 머물면서 광학 경로가 가장 짧은 더 최적인 경로를 찾는 것이 더 좋다고 생각한다고 말할 수 있다.

교차점 E를 우측으로 이동시키면 교차점에서 B점에 도달하는 경로의 단축을 통해서 단축되는 시간이 A에서 교차점에 도달하는 경로길이의 증가로 인한 시간 손실을 압도한다. 그런데 특정한 순간에 이 이득은 0이 되며 총 소요시간이 다시 증가한다. 이는 교차점이 그림의 우측 끝으로 이동한 극한의 경우를 생각해 보면 간단하게 이해할 수 있다.

그 사이 어딘가에 최적의 위치가 존재하며 일단 E점을 이 최적위치라고 간주하기로 한다. 최적이란 교차점 위치의 함수인 광로길이의 변화가 0이 되는 점을 의미한다. 예를 들어 교차점 D를 통과하는 인접경로 이동시간에 비해서 최적경로를 이동하는 시간이 거의 동일해야 한다는 것을 의미한다.

55) 굴절계수가 큰 매질 속에서 광자는 느려지지만 현재의 물리모델에서 광자는 항상 동일한 정속으로 이동한다고 결론을 내릴 수 있다. 관찰된 지연은 매질 내에서 전자들과의 상호작용에 의해서 원래의 광자들이 새로운 광자들로 치환되면서 약간의 지연이 발생하기 때문에 유발되는 것이다.

D에서 F까지와 E에서 G까지의 두 수직선을 그리면 공기중에서의 경로길이 차이인 F에서 E까지의 길이 $<EF>$를 대략적으로 D에서 E까지의 길이와 비교해보면 대략적으로 같다. 유리를 통과하는 경로길이의 차이는 대략적으로 D와 G 사이의 길이 $<DG>$와 같다. 이 근사는 D와 E 사이의 거리 $<DE>$가 매우 작을 때에 유효하다. 만일 E가 최적점이라면

$$OPL_{air} = n_1 <EF> = OPL_{glass} = n_2 <DG> \tag{7.10}$$

$<EF>$는 $<DE>$에 F, D 및 E점들이 이루는 각도의 사인값을 곱한 값과 같다. 삼각법에 따르면 이 각도는 입사각 ϑ_i와 같다.

마찬가지로 ⟨DG⟩는 ⟨DE⟩에 E, D 및 G 점들이 이루는 각도의 사인값을 곱한 값과 같으며 굴절각 ϑ_t와 같다. 따라서 다음 식이 성립된다.

$$n_1 <DE> \sin \vartheta_i = n_2 <DE> \sin \vartheta_t \tag{7.11}$$

$<DE>$를 소거하고 나면 이 방정식은 라틴이름 "Snellius"로도 알려져 있는 독일의 수학자이며 천문학자인 Willebrord Snel van Royen(1580–1626)의 이름을 딴 **스넬**(Snell)의 법칙이 유도된다. 빛이 굴절률이 n_1인 매질에서 굴절률이 n_2인 매질로 입사되면 스넬의 법칙은 다음과 같이 만들어진다.

$$n_1 \sin \vartheta_i = n_2 \sin \vartheta_t \tag{7.12}$$

알려진 입사각으로부터 굴절각을 계산하기 위해서 스넬의 법칙을 다음과 같이 나타낼 수 있다.

$$\sin \vartheta_t = \frac{n_1}{n_2} \sin \vartheta_i \tag{7.13}$$

7.3.1.1 부분반사와 굴절

최소시간에 대해 앞에서 설명한 이유 때문에 광자의 진행방향을 반전시켜서 유리에서 공기중을 향하게 만들어도 반전된 방향은 동일한 최단경로를 따라간다. 이렇게 반전된 상태에서 원래 스넬의 법칙에서의 입사각은 굴절각이 되며 굴절각은 입사각이 되어 다음과 같이 입사각의 함수로 굴절각이 구해진다.

$$\sin \vartheta_t = \frac{n_2}{n_1} \sin \vartheta_i \tag{7.14}$$

$\sin \vartheta_t$는 결코 1보다 커질 수 없기 때문에 **임계각**(critical angle) $\vartheta_i = \arcsin n_1/n_2$ 이상의 각도에서는

더 이상 빛은 굴절되지 않으며 전반사가 일어난다. 이것이 파이버가 광선을 손실 없이 안내하며 평판유리 또는 아크릴 판의 측면에 빛을 비추어 광선을 안내하는 현상이다.

임계각도 이상에서는 물론 이 현상이 일어나지 않으며 실제의 모든 광학표면에서는 반사와 굴절이 조합되어 발생한다. 반사광의 경우 입사광선에 대한 방사조도율은 다음 방정식으로 주어진다.

$$\frac{I_{r,r}}{I_{r,i}} = \frac{n_1 \cos \vartheta_i - n_2 \cos \vartheta_t}{n_1 \cos \vartheta_i + n_2 \cos \vartheta_t} \tag{7.15}$$

n_1과 n_2는 각각 입사되는 서로 다른 매질들의 굴절계수이다.

이 공식을 유도할 필요도 없이 입사각이 매우 작은 경우라면 이 비율은 매우 작을 것이며 이는 대부분의 빛이 투과된다는 것을 의미한다. 각도가 커지면 대부분의 빛이 반사될 때까지 이 비율은 증가한다.

굴절계수가 높은 매질에서 낮은 매질로 진입할 때에는 특정한 각도에서 100%의 반사가 일어나기 때문에 이 방정식을 검증할 수 있다. 이는 임계각 $\vartheta_i = \arcsin n_1/n_2$에서 $\vartheta_t = 90°$가 되며 $\cos \vartheta_t = 0$이 되어 방정식의 계산값이 1이 되는 경우에 해당된다.

실용 광학계는 대부분 조절된 양 만큼의 빛만을 반사 또는 굴절시킨다. 레이저에서 설명했던 것처럼 광학공진기를 형성하는 서로 다른 굴절계수를 가지고 있는 소재들로 만들어진 다수의 박막층으로 이루어진 표면을 코팅하여 이를 구현한다. 이런 코팅은 특정한 파장 또는 파장대역의 빛을 반사하거나 투과시키도록 조절할 수 있다.

7.3.2 파면의 개념

반사와 굴절에 대한 이 법칙들을 적용하기 전에 우선 **파면**(wavefront)이라는 개념을 알아보기로 한다. $t = 0$일 때에 하나의 광원에서 동시에 출발한 진공중의 광자들을 관찰해 보면 이 광자들은 광원에서 서로 다른 방향으로 동일하며 일정한 광속으로 멀어진다. 임의의 순간에 이들 모두는 광원으로부터 동일한 거리에 위치하며 이들의 위치는 광원을 중심으로 하는 구면을 형성한다. 특정한 시간동안 광자가 이동한 광학거리를 **광학경로길이**(Optical Path Length : OPL)라고 부르며 파면은 광원으로부터 동일한 광학경로길이에 위치하는 점들을 이은 면이다.

이 등가파면에 대한 추론은 다음과 같다. 임의의 시점에 진공중에서 단색의 간섭광원으로부터의 빛은 광원을 중심으로 하는 임의의 동심 구면을 형성한다. 따라서 이 구체를 광자의 운동특성와 파동의 연속특성이 혼합된 파면이라고 부른다.

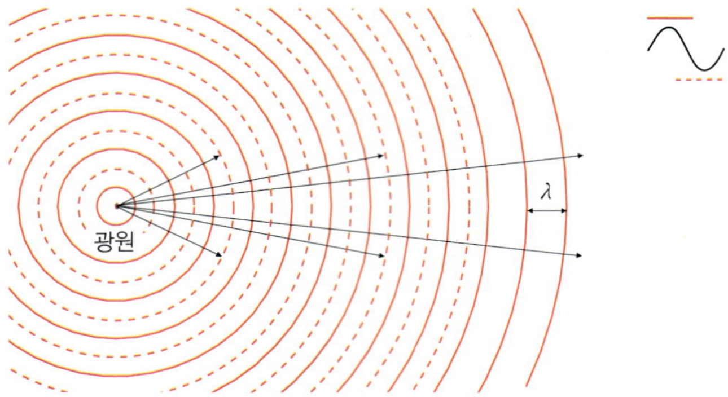

그림 7.11 광선 전파의 파면 모델. 동심형상의 구면들이 중앙에 위치한 광원에서 동시에 출발한 광자들을 나타낸다. 구면들 사이의 거리는 광선의 파장이나 그에 비례하는 값을 나타낸다.

파면에 대한 이 개념을 사용할 때에 이는 매우 인공적인 개념이라는 점을 명심할 필요가 있다. 레이저의 경우에서 설명했듯이 실제의 경우 빛은 결코 완벽한 단색광이거나 넓은 범위에 대해서 완벽한 간섭광이 아니다. 별에서 오는 빛은 간섭거리가 매우 길기 때문에 결코 간섭을 일으키지 않는다. 그럼에도 불구하고 파면은 다른 광학적 효과를 보여주기 때문에 매우 유용한 개념이다.

이 개념은 위상 관계를 설명할 때에 사용되며 광선의 국부 진행방향은 항상 파면과 직교한다. 확산하거나 수렴하는 광선은 굽은 파면을 형성하며 평행광선은 평면 파면을 형성한다. 그림 7.11에서는 구체를 원으로 근사화 시켜서 이를 2차원적으로 설명하고 있다. 그림에서 실선들은 사인 파장에서 양의 최대를 나타내며 점선들은 음의 최대를 나타낼 때에 점광원에서 출발한 파장들은 마치 파장 길이가 실선들 사이의 간격 또는 점선들 사이의 간격과 같은 단 하나의 주파수로 이루어진 것과 같다.

보통 위상 관계가 중요할 때에만 점선들을 도시한다. 방향에 대해서만 살펴보는 경우에는 점선들을 생략한다.

7.3.2.1 가상파면

실제의 경우 구형파면들 사이의 거리는 광선의 파장 길이와 같은 매우 짧은 거리를 가지고 있으며 빛의 속도로 움직인다. 정의에 따르면 이 파면 그림은 특정한 시점에 전파되는 파장을 찍은 사진만을 보여주고 있다는 것을 의미한다. 하지만 결코 파면 그림이 정재파를 나타낸다는 것을 의미하지 않는다.

7.5절에서와 같이 매우 작은 규모에서의 간섭을 살펴볼 때에 구면들 사이의 거리는 파장 길이와 같다. 그런데 빛의 방향만이 문제가 되는 큰 규모의 광학에서는 훨씬 큰 간격의 선들로 이루어진 파면 그림이 사용되며, 여기서 선들 사이의 간격은 실제 파장에 비례할 뿐이다.

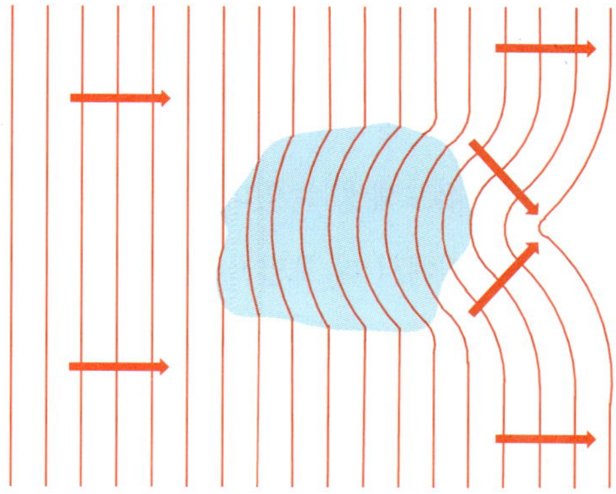

그림 7.12 굴절계수가 큰 매질을 통과하면서 파동 중 일부분의 전파속도가 감소함에 따라서 유발된 파면의 왜곡현상.

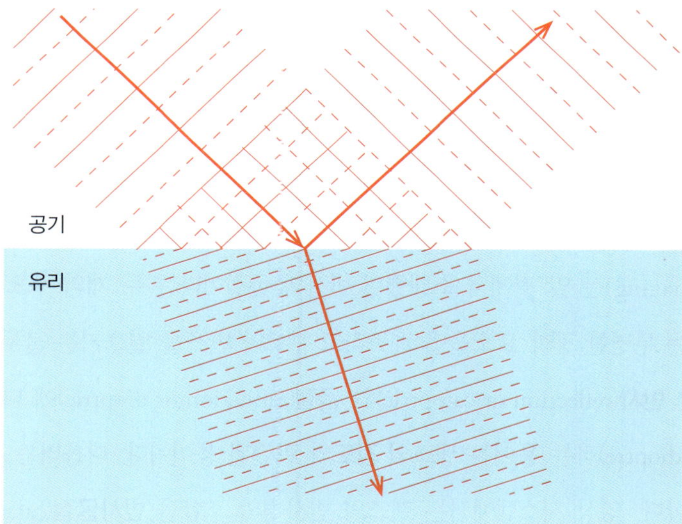

그림 7.13 파면을 사용하여 도출한 두 개의 서로 다른 매질 사이의 계면에서 발생하는 반사와 굴절현상. 큰 굴절계수는 계면에서 입사된 파면과 동일한 위상을 갖는 짧은 파장을 유발한다. 저밀도 매질에서 고밀도 매질로 반사되는 과정에서 반사된 파면은 180°의 위상 반전을 나타낸다.

그림 7.11에 따르면 광원으로부터의 거리가 멀어질수록 파면이 점점 더 평평해진다는 것을 명확히 관찰할 수 있으며, 이를 통해서 태양으로부터 입사되는 빛이 거의 평행광선인 이유가 설명된다.

파면모델로부터 파장이 통과하는 매질의 굴절계수 변화에 따른 영향에 관해 몇 가지 정성적인 설명을 유도할 수 있다. 이 매질이 균일하지 않은 경우, 파장이 부분적으로 느려지면서 그림 7.12에서와 같이 파면의 왜곡이 초래된다. 실제적으로 청색의 매질은 일종의 렌즈처럼 작용하므로 이를 통해서 가열된 표면

위의 공기와 같이 불균일한 가스나 유체를 통과하여 바라볼 때에 관찰되는 현상을 설명해 준다.

그림 7.13에서는 평평한 파면과 유리 속에서의 더 짧은 파장(낮은 전파속도)에 대해서 앞에서 설명했던 반사와 굴절 현상을 보여주고 있다. 반사파와 굴절파가 연결된 점들이 일정한 위상관계를 가져야만 한다는 사실로부터 스넬의 법칙을 도식적으로 유도해낼 수 있다. 이런 경우에 마치 2장에서 사용된 강체와 연결된 질량–스프링 체인처럼 덜 조밀한 매질에서 더 조밀한 매질로 반사될 때에 180°의 위상 시프트가 발생하기 때문에 의도적으로 **동일위상** 대신에 **고정된 위상관계**라는 용어가 사용된다. 이 문제에 대한 더 자세한 내용은 **프레넬**(Fresnel) 방정식에 대한 전문 서적을 참조하기 바란다.

7.4 | 기하광학

기하광학은 광선을 개별 광선들의 독립적인 세트로 근사 시키며 빛의 파동특성과 관련된 간섭과 회절 같은 효과들을 무시함으로써 광학 시스템의 영상화 성질을 예측하기 위해서 사용하는 광학의 중요한 영역이다. 이 근사는 영상화 할 물체의 중요한 세부형상들이 본질적으로 빛의 파장 길이보다 긴 경우에만 유효하지만, 이보다 더 민감한 경우조차도 기하광학이 매우 유용한 예상결과를 제시해 준다.

광학촬상(optical imaging)은 앞 절에서 소개했던 반사와 굴절이라는 두 개의 주요 원리에 기반을 두고 있다. 굴절을 일으키는 투명한 광학 요소들을 렌즈라고 부르며 반사를 일으키는 불투명한 광학 요소들을 반사경이라고 부른다. **반사**(reflection or catoptric)와 **굴절**(refraction or dioptric)에 다른 용어를 사용하기도 하며 특히 **디옵터**(dioptre)라는 용어는 렌즈의 **강도**와 관련된 용어이다. 디옵터는 초점거리의 역수이며 안과에서 주로 사용한다. 영상 시스템에서는 렌즈와 반사경의 조합을 **반사굴절**(catadioptric) 시스템이라고 부른다. 일상생활에 사용되는 대부분의 소형 광학계는 굴절요소들로 구성되므로 이 절에서는 굴절광학에 대해서만 살펴보기로 한다. 굴절광학은 굴절로 인하여 반사광학보다 이론이 더 복잡하다.

하지만 둘 사이의 본질적인 차이에 대해서는 논의가 필요하다. 무엇보다도 일반적으로 굴절은 파장 길이에 대한 의존성이 있으며 뒤에서 설명하겠지만, 이 의존성으로 인하여 반사에서는 발생하지 않는 색수차를 일으킨다. 다음으로 굴절 렌즈요소만으로 이루어진 영상 시스템은 각 요소들이 광축에 수직한 축방향의 미소회전(틸팅)에 덜 의존하는 반면에 반사 표면은 틸팅에 극도로 민감하다. 이런 특성으로 인하여 굴절 요소들의 설치 안정성에 대해 엄격한 요구조건이 부가된다.

7.4.1 굴절렌즈요소와 영상화

두 평행한 평면을 가지고 있는 유리판에 입사된 평행광선은 굴절되며 동일한 평행도와 상호거리를 유지하면서 경로를 유지한다. 이는 광선 진입위치에서 유리에 의한 굴절은 진출위치에서의 굴절에 의해서 보상되기 때문이다. 그림 7.14에서는 또한 동일한 곡률을 가지고 있는 두 개의 평행 곡면으로 이루어진 유리에서 어떤 일이 일어나는지를 보여주고 있다. 이 경우조차도 광선은 유리를 통과한 이후에 거의 평행을 이루며 진행하며 단지 선들 사이의 간격만 변할 뿐이다. 광학촬상을 구현하기 위해서는 두께가 변하는 유리조각을 사용하여 입사각과 위치와 각도에 따라서 속도를 늦출 필요가 있다.

렌즈는 3000년 전에 이미 발명 되었다. 자연적 현상을 통해서 광학 품질을 갖춘 곡면을 평면보다 더 손쉽게 구현할 수 있다. 마모성 페이스트를 바른 비교적 부드러운 표면에다 유리조각을 원형으로 문질러 연

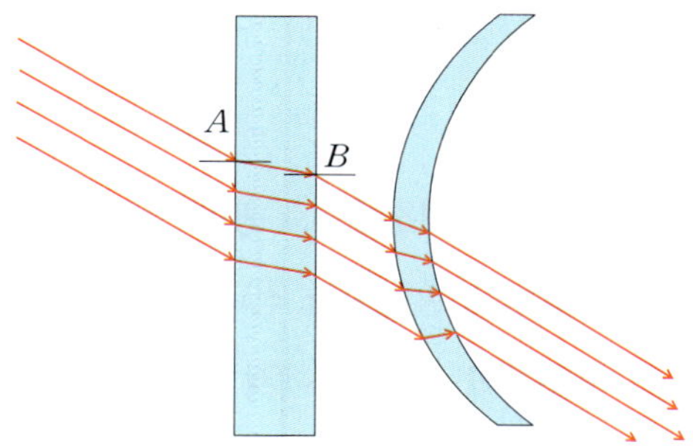

그림 7.14 평행한 표면을 가지고 있는 평판과 곡면의 두 유리소재에서 발생하는 굴절을 살펴보면 광선들의 시프트만이 발생함을 알 수 있다. A점에서의 굴절은 B점에서 반전된다.

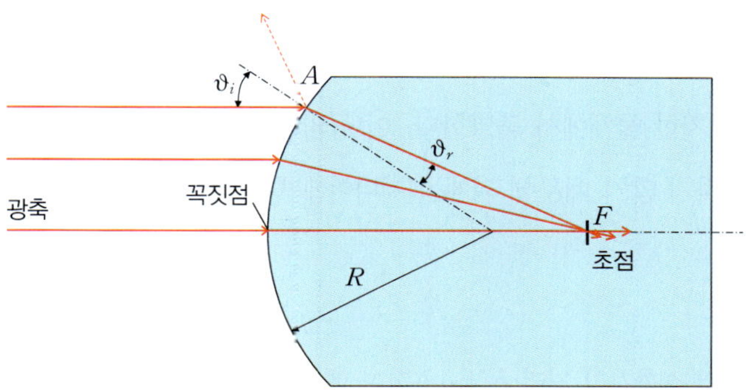

그림 7.15 구면에서의 굴절은 초점 F에서 서로 교차하는 집속광선을 만들어낸다.

마하면 자동적으로 곡면이 만들어진다. 이 연마과정에서 유리의 외경부가 더 많은 운동을 하며 유리의 테두리 부분에 더 큰 힘이 가해지므로 유리의 외경부가 더 많이 마모되어 본질적으로 구면이 만들어진다.

렌즈의 영상화 특성을 모델링하는 첫 단계로서 반경이 R인 구면에서의 굴절이 그림 7.15에 도시되어 있다.

우선 광학 시스템의 회전 대칭축인 **광축**(optical axis)이 정의된다. A점에서 표면에 입사되는 광축과 평행한 광선은 스넬의 법칙에 따라서 법선 방향으로 굴절되어 표면의 중심을 향한다. 광축상의 광선은 꼭짓점에서 90°의 입사각을 가진다. 그 결과 이 광선은 원래의 경로 방향을 유지하며 F점에서 첫 번째 광선과 서로 교차한다. 회전대칭으로 인하여 A점에 위치한 첫 번째 광선과 광축으로부터 동일한 거리에 위치한 모든 평행한 광선들은 굴절된 다음에 동일한 F점에서 광축과 교차하며 이 F점을 초점이라고 부른다. 광축과 근접한 광선도 역시 렌즈의 **구면수차**(spherical aberration)를 유발하는 작은 오차를 가지고 동일한 초점 F를 향하여 굽어진다. 이 광선들이 매우 인접해 있으며 광축에 대해서 거의 평행한 소위 **근축광선**(paraxial ray)인 경우에는 이 수차가 작다.

7.4.1.1 부호규약

대부분의 광학시스템들은 광축에 대해서 축대칭이므로 광학 시스템이 광축을 중심으로 회전한다면 물체의 영상은 변하지 않는다. 물체가 위치해 있는 광축과 직교한 평면을 **물체평면**(object plane)이라고 부르는 반면에 **영상평면**(image plane)은 광축상의 영상위치에서 광축과 직교하는 평면이다. 따라서 기하학적 광학촬상에 대한 논문들에서는 광축 주변에서 동일한 물체평면이나 영상평면상에 위치하는 모든 물체와 영상을 선이나 점을 사용하여 나타내는 단순한 2차원적인 도면을 사용할 수 있다. 물체평면과 영상평면의 위치는 방식에 따라서 광학 시스템과 동일한 방향이나 반대방향에 위치할 수 있다. 이런 위치로 인한 혼동을 피하기 위해서는 영상에 대해 올바른 부호를 부여하기 위한 부호규약을 도입하는 것이 중요하다. 물체와 동일한 방향의 광축방향이 양이며 그 반대 방향이 음이다. 영상화 시스템의 부호규약 원칙은 광원 또는 시스템의 좌측에 위치한 물체에서 출발한다. 이 규약은 양의 축선이 위(y)와 우측(x)을 향하는 표준 2차원 좌표계와 일치하지 않기 때문에 기계 엔지니어에게는 직관과는 반대이다. 일반적으로 사용되는 규약은 다음과 같다.

- 첫 번째 초점에서 렌즈까지의 거리 F_o는 초점이 렌즈의 좌측에 위치했을 때에 양이다.
- 두 번째 초점에서 렌즈까지의 거리 F_i는 초점이 렌즈의 우측에 위치했을 때에 양이다.

- 물체평면에서 렌즈까지의 거리 S_o는 물체평면이 렌즈의 좌측에 위치했을 때에 양이다.
- 영상평면에서 렌즈까지의 거리 S_i는 영상평면이 렌즈의 우측에 위치했을 때에 양이다.
- 수직축 y는 광축의 위쪽 방향이 양이다.
- 렌즈 표면의 반경 R은 중심이 렌즈의 우측에 위치했을 때에 양이다.

이 규약으로 인하여 예를 들어 양면볼록렌즈의 한쪽(좌측) 반경은 양이며 다른 쪽(우측) 반경은 음이다.

7.4.1.2 실제 렌즈요소

실제 렌즈는 스넬의 법칙을 적용할 수 있는 서로 다른 곡률을 가지고 있는 두 개의 표면으로 이루어진다.

그림 7.16과 같이 다양한 렌즈들이 존재한다. 이들은 곡면 형상에 따라서 서로 다른 이름이 부여된다. 곡면은 볼록, 평면(플라노) 및 오목 등의 형상이 있으며 이들의 모든 조합이 도시되어 있다.

양면볼록(biconvex) 렌즈는 광선을 광축 방향으로 굽히므로(수렴시키므로) **볼록렌즈**(positive lens)라고도 부른다. 따라서 **양면오목**(biconcave) 렌즈(발산)는 **오목렌즈**(negative lens)이며 여타의 모든 조합들도 렌즈를 통과하는 광선의 경로가 광축 근처에서 최대가 되거나 렌즈의 외부에서 최대가 되는지에 따라서 양 또는 음이 결정된다.

인체 관절 형상과 유사하다고 하여 볼록과 오목 표면의 조합을 **메니스커스**(meniscus)라고 부르며 안경의 표준 구조로 사용된다.

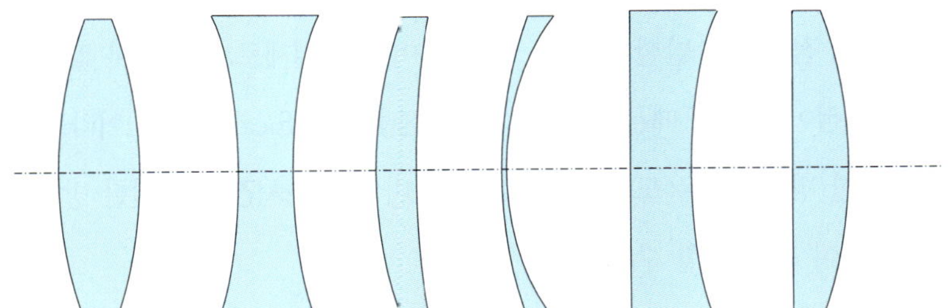

그림 7.16 렌즈 양 면의 곡률에 따라서 다양한 명칭과 형상의 렌즈들이 존재한다.

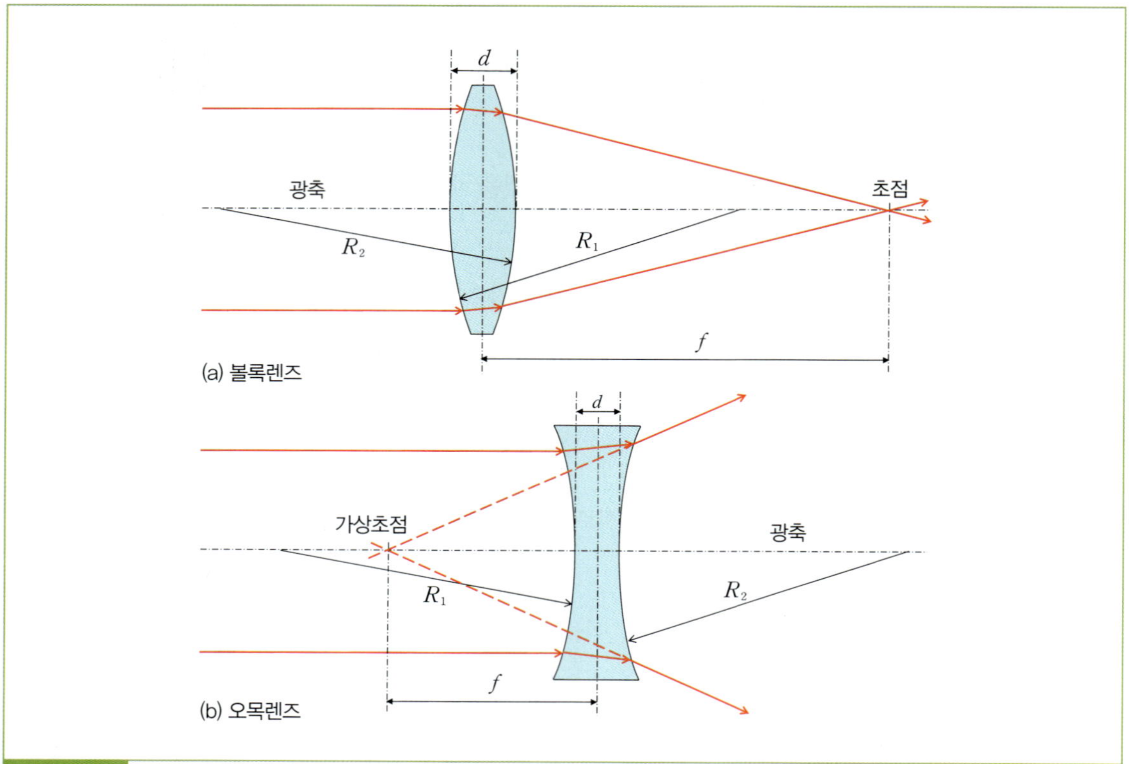

그림 7.17 두 개의 볼록 표면들로 이루어진 볼록렌즈는 굴절된 광선들을 광축으로 수렴시키며 볼록표면이 하나만 있는 경우보다 초점거리가 짧다. 두 개의 오목표면들로 이루어진 오목렌즈는 굴절된 광선을 양쪽에서 발산시켜서 물체와 동일한 방향에 **가상 초점**을 생성한다.

이 절에서 소개할 영상 광학계의 첫 번째 사례는 그림 7.17에 도시되어 있는 양면볼록 렌즈이다. 이 렌즈는 광선을 광축 방향으로 굴절시켜서 수렴시켜 준다. 그림에 따르면 두 표면은 좌측에서 들어온 광선을 같은 방향으로 굴절시켜서 볼록 표면이 하나뿐인 경우보다 초점위치를 렌즈에 더 가깝게 이동시켜 준다. 양면오목 렌즈에서는 반대의 결과가 얻어진다. 이 경우, 광선들은 광축으로부터 발산하여 멀어지며 마치 렌즈의 좌측에 위치한 한 점에서 출발한 것처럼 보인다. 이처럼 실제로 존재하지 않는 점은 렌즈의 우측에서 관찰되는 광선의 원점이 아니기 때문에 이를 **가상초점**(virtual focal-point)이라고 부른다.

렌즈의 초점거리에 대한 방정식을 유도하기 위해서 페르마의 **최소시간**과 동일한 방법을 사용할 수 있지만 스넬을 법칙을 사용하여 직접 구할 수도 있다.

전체 유도과정은 생략하고 두 경우 모두에 대해서 렌즈의 초점거리는 다음과 같이 나타낼 수 있다.

$$\frac{1}{f}=(n-1)\left(\frac{1}{R_1}-\frac{1}{R_2}+\frac{(n-1)d}{nR_1R_2}\right) \tag{7.16}$$

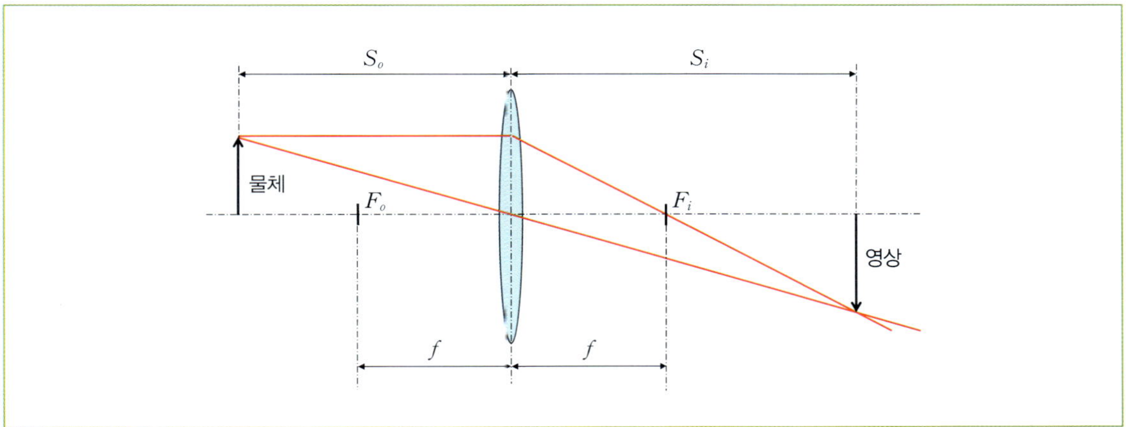

그림 7.18 얇은 볼록렌즈의 경우 물체가 초점거리 f보다 먼 곳에 위치한다면 실제영상이 만들어진다.

여기서

f = 렌즈의 초점거리 [m]

n = 렌즈 소재의 굴절계수

R_1 = 렌즈의 입사표면 곡률반경 [m]

R_2 = 렌즈의 출사표면 곡률반경 [m]

d = 광축상에서 측정한 렌즈두께

매우 얇은 렌즈의 경우 이 방정식은 **렌즈메이커의 방정식**(lensmakers equation)이라고도 부르는 **얇은렌즈 방정식**(thin-lens equation)으로 단순화된다.

$$\frac{1}{f} = (n-1)\left(\frac{1}{R_1} - \frac{1}{R_2}\right) \tag{7.17}$$

그림 7.18에는 볼록렌즈의 영상 특성이 도시되어 있다.[56]

렌즈에서 좌측으로 거리 S_o에 위치한 물체는 렌즈 우측으로 거리 S_i위치에 영상이 맺힌다. 광선은 실제로 영상을 통과하므로 이는 실제영상이다. 다음 그림에서 볼 수 있듯이 실제 영상은 S_o가 f보다 먼 곳에 위치할 때에만 실제영상이 만들어진다. 얇은 렌즈의 경우 영상의 위치는 두 개의 광선 경로 또는 **흔적**

56) 이 사례에서 광선은 화살표 대신에 직선으로 표시되어 있으며 부호규약에 따라서 광선이 항상 좌측에서 들어와서 우측으로 나간다고 가정한다. 또한 앞의 그림들에서와 마찬가지로 광축은 항상 중심선으로 나타낸다.

(trace)을 추적하여 근사적으로 구할 수 있다. 이 과정을 **광선추적**(ray tracing)이라고 부른다. 첫 번째 광선은 렌즈의 중심을 통과하며 방향이나 위치가 변하지 않는다. 이는 렌즈가 매우 얇은 경우에만 적용할 수 있다. 이에 따라서 렌즈의 중심은 두 개의 평행 표면처럼 작용한다.

두 번째 광선은 광축과 평행하게 입사되어 렌즈의 초점을 향하여 굴절된다. 영상은 첫 번째와 두 번째 광선이 교차하는 위치에 생성된다.

S_o와 S_i 사이의 상관관계는 삼각법을 이용해서 유도할 수 있는 단순한 관계에 따라서 초점거리 f에 의해서 결정된다. 이 관계식을 **가우스 렌즈공식**(Gaussian lens formula)이라고 부른다.

$$\frac{1}{S_0}+\frac{1}{S_i}=\frac{1}{f} \tag{7.18}$$

간단한 사고실험 통해서 이 공식을 증명할 수 있다. 즉, 무한히 먼 곳에 위치한 물체는 초점에 영상이 맺히며 초점에 위치한 물체의 영상은 무한히 먼 곳에 맺힌다. 또한 렌즈로부터 물체까지의 거리가 초점 거리의 두 배라면 물체와 영상이 완벽한 대칭을 이룬다.

7.4.1.3 확대

앞의 사례에 따르면 대부분의 경우 영상의 크기는 물체의 크기와 다르며 증폭비 M은 렌즈의 초점에 대한 물체의 상대적인 위치에 의존한다. 이 증폭비도 간단한 삼각법을 이용하여 구할 수 있으며 이 증폭비는 두 거리 사이의 비율에 비례한다. 앞서 정의했던 부호규약에 따르면 렌즈의 증폭비 M은 다음과 같이 나타낼 수 있다.

$$M=-\frac{S_i}{S_0} \tag{7.19}$$

음의 부호는 물체가 위치한 광축의 반대 위치에 영상이 맺힌다는 것을 의미한다.

다음 단계로서, 물체가 렌즈에 가깝게 접근하는 경우에 어떤 일이 생길 것인가를 생각해 봐야 한다. 물체가 초점 위치에 도달할 때까지 영상이 맺히는 위치는 우측으로 이동하여 결국 무한대가 되어버린다. 물체가 렌즈 쪽으로 더욱더 접근하면 우선 영상은 $+\infty$에서 $-\infty$로 점프하며 영상은 다시 렌즈 쪽으로 접근하지만 이제는 렌즈 좌측에 **가상영상**(virtual image)을 만들어낸다. 이는 그림 7.19의 (a)에 설명되어 있으며 이로 인해 렌즈 우측에 발산된 광선은 가상영상으로부터 만들어진 것처럼 보인다.

증폭의 법칙과 물체 및 영상의 위치는 이 상태에서도 여전히 유효하며 S_i값이 음이기 때문에 증폭비는 결국 양의 값을 갖게 된다. 이는 물체와 마찬가지로 광축과 같은 쪽에 영상이 위치한다는 것을 의미한다.

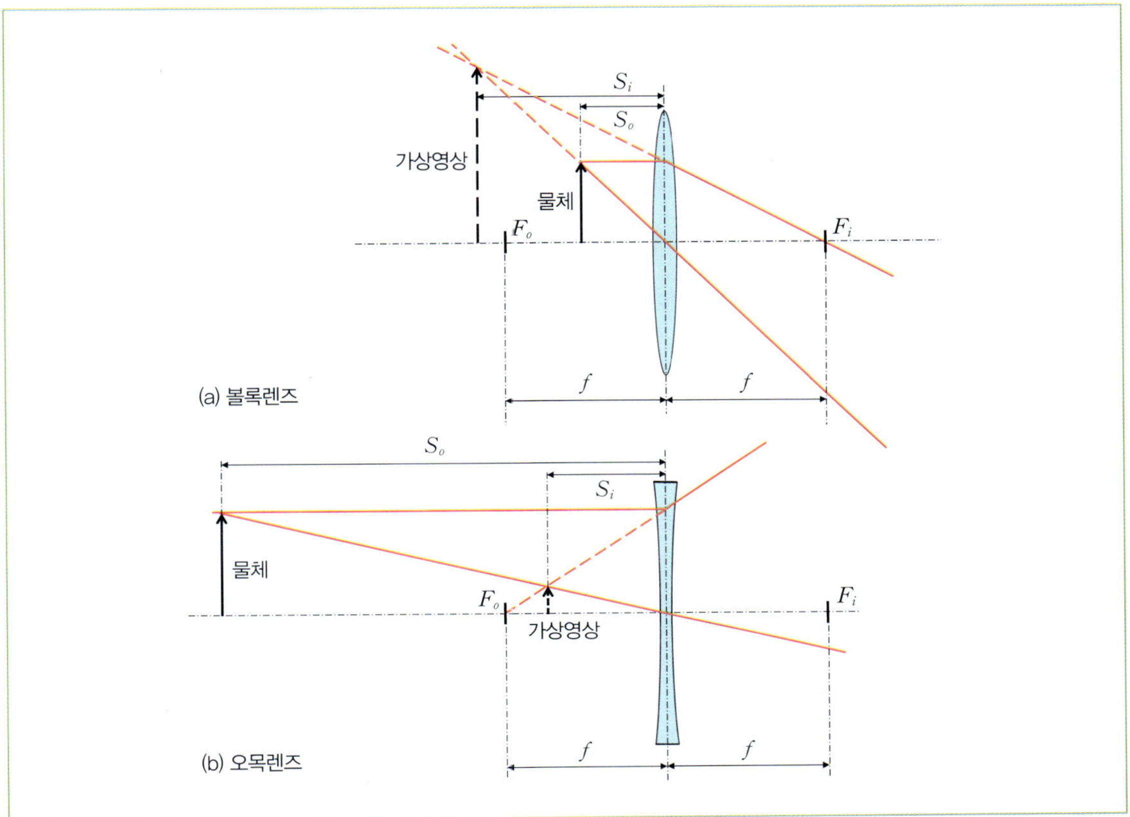

그림 7.19 물체가 초점 길이보다 더 가깝게 렌즈에 접근하면 볼록렌즈는 가상영상을 만들어낸다. 오목렌즈는 물체의 위치에 관계없이 항상 가상영상을 만들어낸다.

또한 영상의 위치는 만일 $S_o < f$라면 S_i가 음이 되는 가우스의 렌즈공식으로부터 유도할 수 있다.

가상초점 때문에 오목렌즈는 가상영상을 만들어낸다. 이는 영상이 하나는 광축과 평행하며 다른 하나는 렌즈의 중심을 통과하는 동일한 광선들로부터 만들어지는 그림 7.19 (b)로부터 확인할 수 있다.

그런데 오목렌즈에서 물체를 렌즈에 근접시킴으로서 실제 영상을 만들어낼 수는 없다. 이는 물체가 우측으로 이동할 때에 그림의 두 광선을 살펴보면 확인할 수 있다. 초점위치를 통과한다 하여도 광선은 렌즈의 우측에서 여전히 발산하며 가상 영상은 항상 물체보다 렌즈에 가깝게 위치한다.

7.4.2 수차

광학 시스템의 영상품질은 많은 인자들에 의해서 결정된다. 오차는 7.5절에서 설명할 광선의 파동특성이 끼치는 영향 이외에도 **수차**(aberration)와 **미광**(stray light) 등으로 이루어지며 **대비**(contrast)와 **선명도**

(sharpness)의 저감을 초래한다.

미광은 테두리 반사와 렌즈 하우징에 의해서 유발된다. 또한 광학 표면의 불충분한 연마는 미광발생을 유발하여 영상의 **플레어**(flare)를 초래한다.

영상위치에 대한 각 광선들의 이상적인 궤적과 실제 궤적 사이의 모든 편차를 수차라고 부른다. 가장 전형적인 세 가지 유형의 수차인 **구면수차**(Spherical Aberration), **난시**(Astigmatism) 및 **코마**(Coma)에 대해서 우선 살펴본 다음 **기하수차**(geometric aberration)와 **색수차**(chromatic aberration)에 대해서 살펴보기로 한다.

7.4.2.1 구면수차

광선이 구형 표면에 대해서 굴절될 때에는 광축에 대해서 서로 다른 거리에 있는 평행광선들이 **매우 작은 오차를 가지고 거의 동일한 초점**에 대해서 굴절된다. 이 오차는 순수한 구면형상의 표면에 의해서 유발되기 때문에 구면수차라고 부른다. 그림 7.20에서는 볼록렌즈의 가장 극단적인 경우인 완전구체에 대해서 이 효과를 설명하고 있다.

완벽한 구형 표면의 경우에는 광축에서 더 먼 거리에 위치한 광선이 광축에 인접한 광선보다 더 심하게 굴절된다. 광축에서 더 먼 거리에서는 광선이 들어가는 표면의 입사각과 나가는 표면의 출사각 모두가 매우 커진다. 광축 방향으로의 굴절 때문에 광선이 나가는 출사점은 표면에 대한 법선이 더 수평인 광축에 더 인접한다. 그 결과 광축에 인접한 빔이 인도되는 초점과 동일한 초점에 도달하기 위해서 렌즈의 출사점에서는 더 강한 굴절이 발생한다. 궁극적으로 대부분의 외곽 광선들은 각도가 너무 커서 출사표면에서의 입사각도가 총 반사각도보나 커지게 되며 더 이상 광선이 탈출하지 못하게 된다.

비록 순수한 구체는 극단적인 사례지만, 단일초점 렌즈의 경우 광축에서 먼 위치에 입사되는 외곽 광선을 굴절시키기에는 곡률 반경이 너무 작기 때문에 구체표면을 가지고 있는 모든 렌즈들은 구면수차를 가지고 있다. 따라서 광축으로부터의 거리에 비례하여 구면반경을 증가시키면 이 문제를 해결할 수 있다. 그림에서 **이탈값**(departure) d로 표시되어 있는 구체 표면의 이런 편차를 **비구면계수**(asphericity)라 부른다.

비구면은 광학 표면을 연마하는 표준 생산기법으로는 만들어낼 수 없다. 이런 비구면을 생성하기 위해서 컴퓨터로 제어되는 밀링, 연삭 및 폴리싱 가공기들이 사용된다. 그림 7.21에 도시되어 있는 QED사의 **자기변성**(Magneto-Rheological : HR) 폴리싱 가공기가 이런 가공기의 사례이다. 이 가공기는 소재를 깎아내야 하는 렌즈 표면상에서 폴리싱 가공력을 매우 정밀하게 집중시키기 위해서 자기장에 의해서 경화되는 자기변성 유체의 성질을 활용한다. 이 유체는 연속적으로 순환 및 필터링되므로 마모나 떠다니는 유

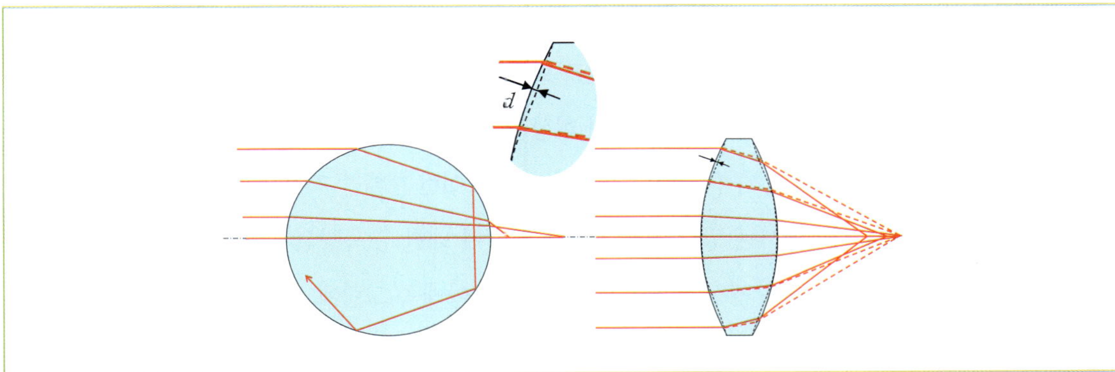

그림 7.20 구형 표면을 가지고 있는 렌즈에서의 구면수차. 광축에서 서로 다른 거리에 위치하는 광선들이 서로 다른 초점을 가지고 있다. 좌측의 완전 구체는 정상적인 영상을 만들기에 부적합한 수차를 생성하는 가장 극단적인 사례이다. 이상적인 형상으로부터의 비구면 이탈 d를 통해서 일반적인 렌즈의 구면수차를 해결할 수 있다.

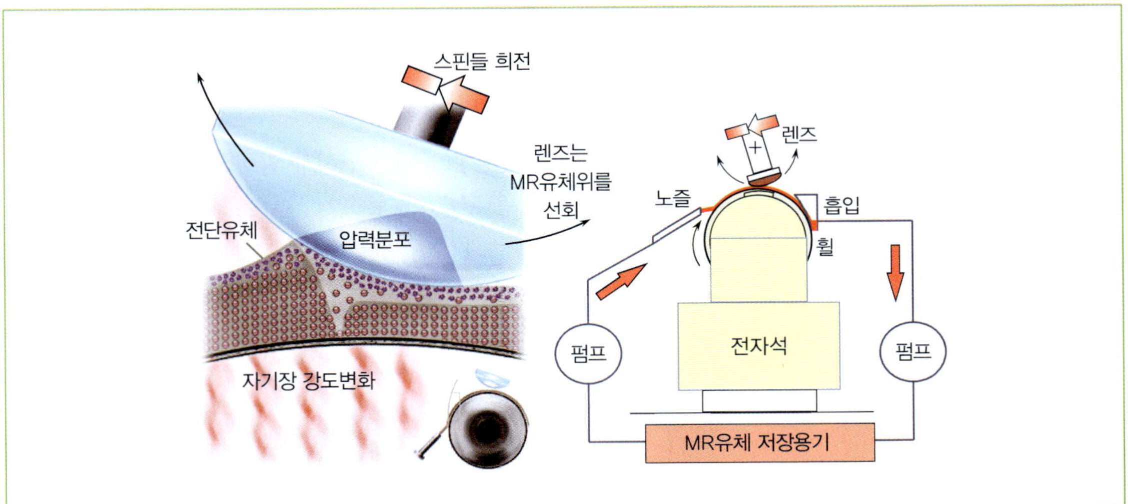

그림 7.21 비구면 광학 표면을 생성하기 위해서 사용되는 자기변성 가공공정. 마모입자들은 연마할 광학표면 근처에서 가해지는 자기장 속에서 경화되어 있는 자기변성 유체 속을 떠다닌다. (Courtesy of QED)

리입자들에 의해서 공정변수들이 영향을 받지 않는다.

이런 가공기의 가격이 매우 높기 때문에 이탈량이 비구면 렌즈 가격에 큰 영향을 끼친다.

7.4.2.2 난시

수차의 두 번째 유형은 그림 7.22에 도시되어 있는 난시이다. 이 수차는 광축을 통과하여 하나의 평면에 전파되는 광선들이 동일한 광축을 통과하더 이와 수직한 평면에 전파되는 광선과 서로 다른 초점거리를 가지고 있는 경우에 관찰된다.

이런 유형의 수차는 렌즈 표면의 곡률이 렌즈를 통과하는 평면들에 대해서 서로 다른 경우에 발생한다. 구면과 실린더형 프로파일이 조합되어 있는 렌즈 표면의 경우가 구면수차를 유발하는 형상의 사례이다. 이로 인하여 렌즈는 회전축에 대해서 비대칭의 형상을 가진다. 안경의 경우, 난시를 **실린더**(cylinder)라고도 부른다. 인간의 눈에서 가장 자주 발견되는 난시가 바로 이런 형태를 가지고 있다.

그림에 도시된 영상의 사례에서는 광축상에 위치한 영상에 대한 근축광선에서 조차도 난시가 발생할 수 있음을 보여주고 있다. 비근축 광선의 경우, 그림 7.22의 아래쪽 그림에 도시되어 있는 것처럼 두 개의 중요한 평면에 놓여있는 물체의 서로 다른 위치에서 출발한 광선들을 추적하여 광축에서 일정한 거리에 위치한 물체의 영상을 분석한다. **자오평면**(meridional plane)이라고도 부르는 첫 번째 평면인 **접선평면**(tangential plane)은 물체상의 점과 광축에 의해서 정의된다. **시상면**(sagittal plane)이라고 부르는 두 번째 평면은 접선평면과 수직이며 분석할 물체상의 점을 포함하고 있다. 따라서 시상면은 광축을 포함하지 않는다. 단일렌즈 요소의 경우 시상면은 렌즈의 중심에서 광축과 교차한다.

접선평면 내의 광선을 **접선광선**(tangential ray)이라고 부르며 시상면 내의 광선은 **시상광선**(sagittal ray)이라고 부른다. 시상광선과 접선광선이 서로 다른 초점을 형성할 때에 난시가 발생하며 심지어 회전대칭 렌즈에서 조차도 난시가 발생한다. 하지만 축대칭인 경우에 광축상에 위치한 물체의 난시는 0이 된다.

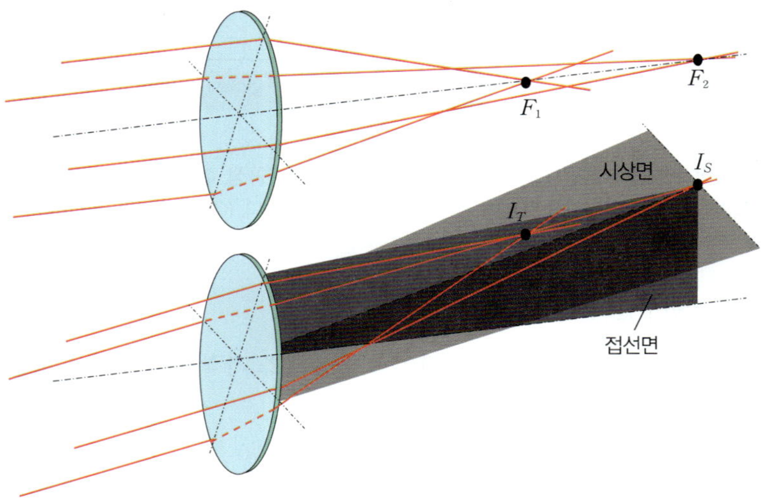

그림 7.22 하나의 평면상의 광선이 이와 수직한 평면상의 광선과 서로 다른 초점을 형성할 때에 난시효과가 관찰된다. 이는 실린더 형상이 렌즈의 구면형상과 중첩되었을 때에 발생한다. 광축상에 위치하지 않은 물체의 영상에 대해서 난시는 I_s 영상이 생성되는 시상면과 I_T 영상이 생성되는 접선평면으로 이루어진 두 평면 내에서 서로 다른 초점거리로 나타낸다.

부분적으로 실린더 형상을 가지고 있는 렌즈는 회전대칭이 아니기 때문에 그림 7.22의 상부 그림에 도시되어 있는 것처럼 광축상에서도 난시가 유발된다.

7.4.2.3 코마

근축광선의 경우에는 광축상에 위치한 물체들에서 조차도 구면수차와 난시가 모두 발생할 수 있는 반면에 여타의 수차들은 광축상에 위치하지 않는 영상으로부터의 광선에 대해서만 발생한다. 이런 유형의 수차인 코마가 그림 7.23에 도시되어 있다.

코마(coma)는 구면수차와 동일한 현상에 의해서 유발된다. 렌즈의 입사 표면에서의 입사각이 커질수록 광선은 출사표면에서 과도하게 굴절된다. 따라서 렌즈의 하부에서 표면에 거의 수직방향으로 입사되는 광선은 렌즈의 상부로 입사되는 광선보다는 더 먼 거리에 초점이 형성된다.

그림에 따르면 이 경우에도 실제의 날카로운 초점을 만들 수 없다는 것을 알 수 있다. 영상은 선정된 영상평면의 위치에 따라서 유성처럼 보이게 된다. 코마는 비교적 날카롭고 조밀한 점과, 강도는 감소하지만 광축 방향으로 크기가 증가하는 플레어 형태를 통해서 구분할 수 있다.

7.4.2.4 기하수차와 색수차

여타의 수차들에는 **상면만곡**(field curvature)과 **왜곡**(distortion)같은 기하학적 수차들이 포함되며, 서로 다른 파장의 빛을 투영하는 경우에는 **색수차**(chromatic aberration)가 관찰된다.

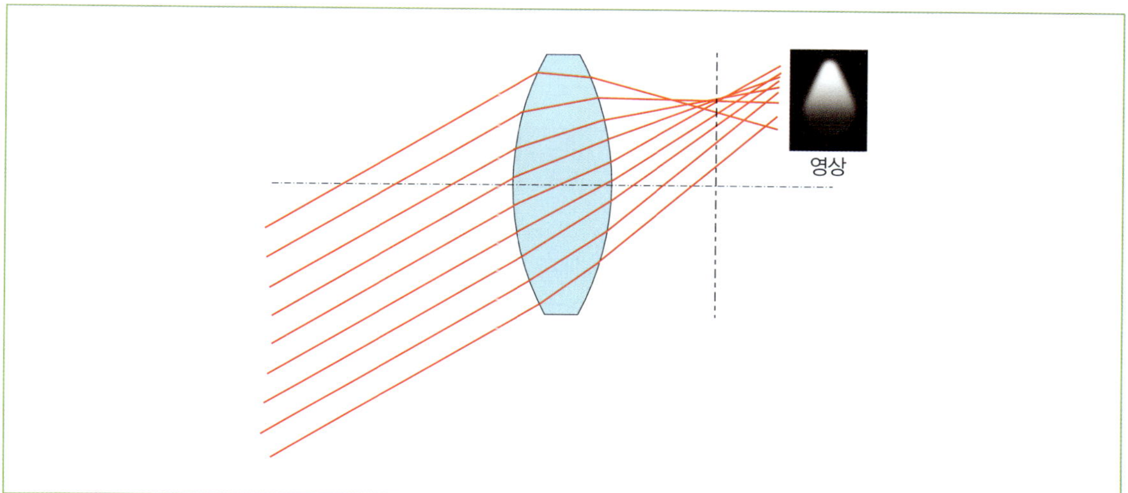

그림 7.23 코마는 비근축 광선에 대해서 발생하며 서로 다른 위치에서 렌즈에 입사되는 광선들의 초점거리 차이에 의해서 유발된다. 그 결과 영상은 **유성의 꼬리**처럼 보인다.

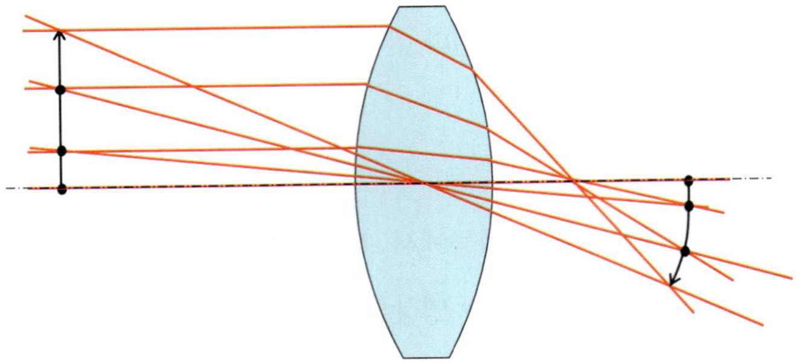

그림 7.24 상면만곡은 물체의 각 위치들이 광축에서 멀어질수록 광축과 인접한 위치와는 다른 거리에 영상이 맺히는 효과이다. 이는 구면수차 및 코마와 동일한 메커니즘에 의해서 유발되지만 동일한 현상이 아니다.

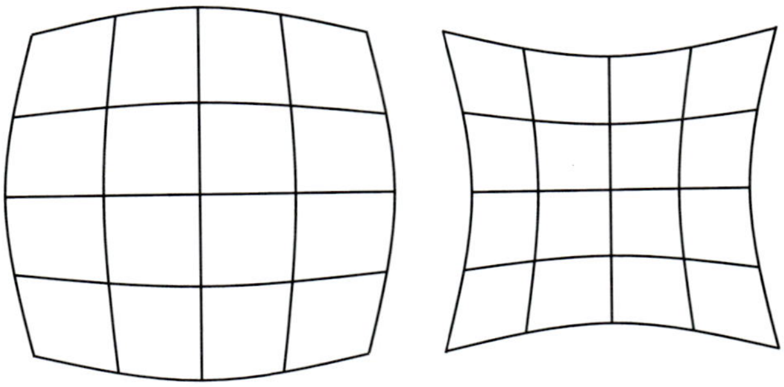

그림 7.25 볼록왜곡과 오목왜곡은 광축으로부터 서로 다른 거리에 위치하는 물체의 각 부분들 사이의 배율 차이에 의해서 유발된다.

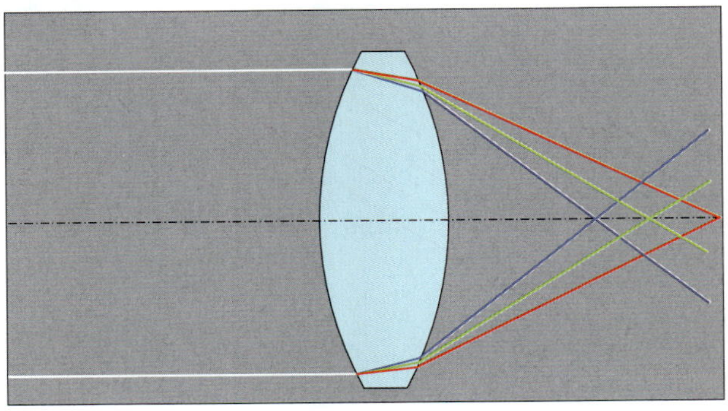

그림 7.26 색수차는 렌즈 소재의 굴절률이 파장 길이에 의존하기 때문에 발생한다. 서로 다른 파장(색)들은 서로 다른 초점 길이를 가지고 있다.

상면만곡은 물체평면 내의 평면형체가 영상위치에서 완벽하게 평면이 아니라 굽어진 **초점평면**(focal plane)으로 투영되는 것이다. 이는 그림 7.24에 도시되어 있다. 물체와 영상평면은 나중에 설명할 **개구평면**(aperture plane)이나 **동공평면**(pupil plane)과 구분하기 위해서 종종 **필드평면**(field plane)이라고 부른다.

왜곡은 렌즈의 확대과정에서 발생하는 오차이다. 렌즈의 배율이 광축에서 물체까지의 거리에 의존할 때에 큰 물체의 형상이 왜곡된다. 그림 7.25에서는 사진기 등에서 가장 자주 관찰되는 두 가지 왜곡현상인 물체가 광축에서 멀어질수록 증폭비가 감소하는 **볼록**(barrel)왜곡과 그와는 반대인 **오목**(Pincushion)왜곡을 보여주고 있다. 이들 두 사례는 1차 선형 왜곡에 불과하며 실제로는 고차왜곡효과가 발생할 수 있다.

투명한 소재가 서로 다른 파장에 서로 다른 굴절률을 가지고 있기 때문에 색수차가 유발된다. 이로 인하여 무지개나 유리 프리즘에서와 같이 잘 알려진 색이 분리가 유발되기 때문에 이 성질을 **색분산**(chromatic dispersion)이라고 부른다.

그림 7.26에서는 파장길이가 감소함에 따라서 굴절율이 증가하는 **정규분산**(normal dispersion)의 사례가 도시되어 있다. 이로 인하여 볼록렌즈에서는 청색광선의 초점이 적색광선의 초점거리보다 짧아진다. 이 수차현상으로 인하여 사진영상의 외곽부에서 관찰할 수 있는 **퍼플 프린징**(purple fringing)현상과 같은 파장 의존성 증폭이 초래된다.

7.4.3 다중광학요소들의 결합

앞서 논의했던 수차들은 모두 영상품질에 영향을 끼치기 때문에 용도에 따라서 허용할 수 있는 수준까지 이를 저감시켜야 한다.

비구면을 도입하여 구면수차를 방지하는 방안을 설명하였으며 코마와 같은 여타의 오차들을 저감하기 위해서도 비구면계수를 활용할 수 있다.

휴대폰에 내장된 카메라와 같이 크기제한이 심각한 저가형 광학계의 경우 비구면 렌즈가 이런 문제를 해결할 유일한 방안이다. 이렇게 크기가 제한된 광학 시스템의 또 다른 사례는 CD 플레이어의 광학픽업용 유닛에 사용하는 렌즈이다. 이 렌즈들은 보통 플라스틱으로 몰딩하여 필요한 비구면 형상을 만든다.

고성능 영상화 시스템의 경우에는 이 비구면 단일렌즈 구조만으로는 충분치 못하며 앞서 언급했던 수차들에 의한 영향이 최소화되는 영상화 시스템을 구현하기 위해서 구면 및 비구면의 다중 렌즈요소들을 조합한다.

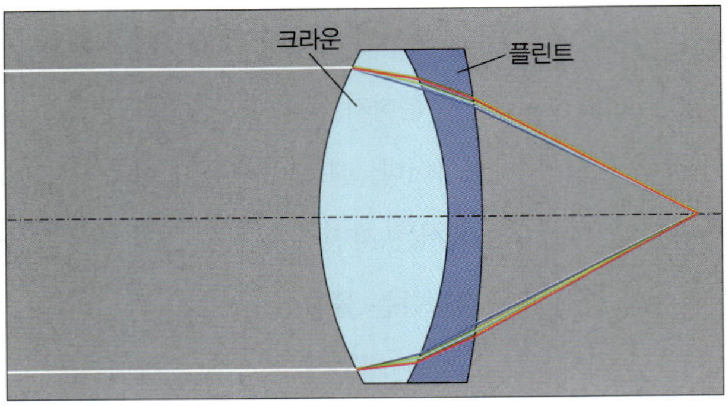

그림 7.27 크라운 유리로 만든 볼록렌즈와 플린트유리로 만든 오목렌즈를 조합하여 단일렌즈 요소의 색수차가 보상된 색지움 접합렌즈를 만든다. 이를 통해서 단일렌즈 요소의 색수차가 보정된다.

다중렌즈 요소를 사용하는 첫 번째 사례는 색수차를 보정하기 위해서 서로 다른 굴절특성을 가지고 있는 두 렌즈요소를 조합하는 것이다. **크라운 유리**(Crown glass)로 만든 볼록렌즈를 **플린트 유리**(Flint glass)로 만든 오목렌즈와 조합하여 그림 7.27에 도시되어 있는 **색지움 접합렌즈**(achromatic doublet)를 만든다.

크라운 유리는 매우 높은 굴절률과 그에 따른 높은 분산을 가지고 있는 소재인 반면에 플린트 유리는 낮은 굴절률과 낮은 분산을 가지고 있다. 이로 인하여 전체적인 분산은 저감되지만 접합체의 초점길이는 볼록렌즈만 사용하는 경우의 초점거리보다 길어지게 된다.

비록 이 조합을 통해서 개선이 이루어지지만, 넓은 파장대역에 대해서 렌즈를 보정하기 위해서는 더 많은 수단들이 필요하다. 그럼에도 불구하고 이 기법은 진보된 광학계에서 더 많은 수의 요소들을 조합하기 위해서 기본개념으로 사용된다.

7.4.3.1 두 개의 볼록 렌즈의 결합

볼록렌즈와 오목렌즈의 다양한 조합들 중에서 이 절에서는 대표 사례로 두 개의 볼록렌즈 조합에 대해서 살펴보기로 한다.

그림 7.28에서는 볼록렌즈들 사이의 거리가 이들의 초점거리 합보다 짧게 배치되어있는 구조를 보여주고 있다.

영상위치의 결정은 두 단계로 이루어진다. 우선 첫 번째 렌즈 L_1만에 의해서 생성되는 영상 I_1이 결정된다.

앞서 설명했듯이, 이 영상은 두 개의 광선을 그려서 얻을 수 있다. 첫 번째 광선은 광축과 평행하게 그

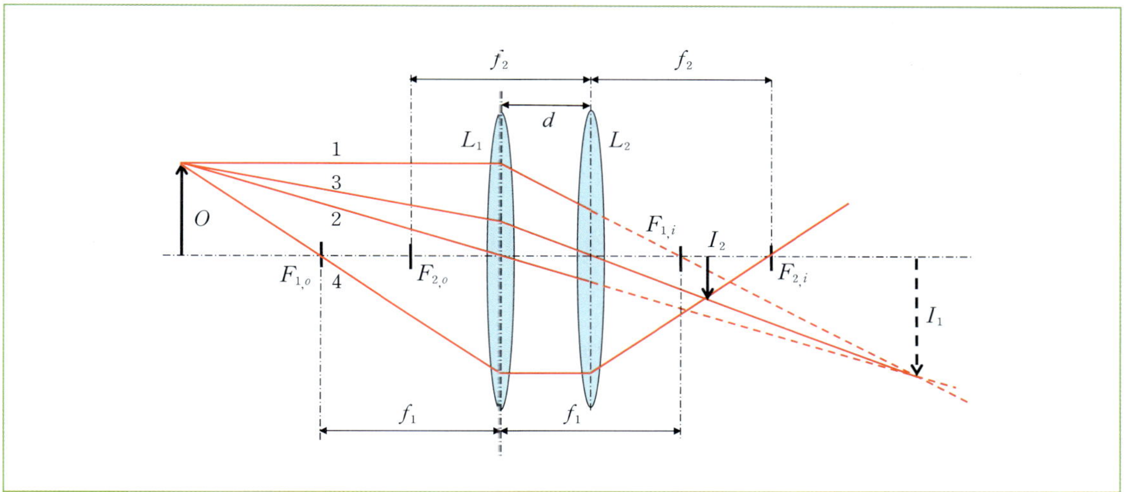

그림 7.28 서로 인접하여 설치된 두 개의 볼록렌즈로 이루어진 광학 시스템. 영상은 우선 L_1을 통과하는 광선 1 및 2에 의해서 결정되며 이 중간 영상을 사용하여 I_1으로부터 L_2의 중심를 통과하는 추가적인 3번 광선과 두 초점을 모두 통과하는 4번 광선의 조합을 통해서 L_2 뒤편의 영상을 구성할 수 있다.

리며 렌즈 속에서 굴절되어 영상측 $F_{1,i}$에 위치한 초점을 통과한다. 두 번째 광선은 L_1의 광학 중심을 통과하여 전파되므로 굴절이 일어나지 않는다. 이 광선들이 이루는 교점영상 I_1은 렌즈 L_2에 의해서 다시 굴절되므로 점선으로 그린다.

영상 I_1의 도움을 받는다면 L_2의 광학중심과 영상 I_1을 통과하는 세 번째 광선을 그릴 수 있다.

영상을 결정하는 마지막 단계로서 물체로부터 초점 $F_{1,o}$를 통과하여 전파되는 네 번째 광선은 L_1을 통과하면서 굴절되어 광축과 평행해지며 L_2를 통과하면서 다시 굴절되어 초점 $F_{2,i}$를 통과한다.

두 렌즈 조합에 의해 얻어지는 영상은 이들 두 마지막 광선의 교점을 통해서 찾아낼 수 있다.

두 렌즈들은 하나의 단일 렌즈처럼 작동하며 약간의 삼각법을 활용하면 조합된 시스템의 초점거리에 대한 근사식을 유도할 수 있다.

$$\frac{1}{f} = \frac{1}{f_1} + \frac{1}{f_2} - \frac{d}{f_1 f_2} \tag{7.20}$$

f_1 및 f_2에 비해서 매우 작은 값 d에 대해서는 다음 식이 성립된다.

$$\frac{1}{f} = \frac{1}{f_1} + \frac{1}{f_2} \tag{7.21}$$

또한 단일 볼록렌즈의 경우에서와 마찬가지로 영상은 반전된다.

렌즈들이 서로 멀리 떨어져 있어서 이들 사이의 거리가 이들 둘의 초점거리 합보다 큰 앞서와는 매우 다른 상황이 그림 7.29에 도시되어 있다.

이 구조에서 L_1에 의해서 만들어진 물체의 영상은 두 렌즈의 사이에 위치하며 이를 **중간영상**(intermediate image)라고 부른다. 중간영상을 L_2에 대한 물체로 간주하여 단일렌즈 시스템에서와 동일한 법칙을 적용하여 두 번째 영상을 구할 수 있다.

이 그림에 따르면 L_1에 의한 반전된 영상은 L_2에 의해서 다시 뒤집어져서 영상이 물체와 동일한 방향을 나타낸다.

물체에서 출발하여 광축과 평행한 광선을 추적함으로써 $F_{t,i}$ 조합의 초점을 찾아낼 수 있다. 그림 7.29에서 L_2가 L_1에 가깝게 이동하면 $F_{t,i}$가 더 우측으로 더 이동한다는 것을 알 수 있다. 물체가 L_1으로부터 일정한 거리에 있을 때의 영상 위치로부터 이런 결론을 얻을 수 있다. I_2에서 수렴하는 세 개의 광선들은 빠르게 발산한다. 그 결과 두 렌즈 조합의 증폭율은 증가하며 초점은 시프트 된다. 이 효과를 통해서 두 개의 볼록렌즈를 사용해서 **줌렌즈**(zoom lens)를 만들 수 있다.

L_2가 L_1 쪽으로 너무 근접하여 $F_{2,o}$가 I_1과 동일한 곳에 위치하게 되면 특별한 상황이 발생한다. 이 경우에는 I_1이 L_2의 초점에 위치하므로 두 번째 영상 I_2는 무한히 먼 곳에 위치하게 된다.

L_2가 L_1 쪽으로 더 이동하면 I_1이 $F_{2,o}$와 L_2 사이의 영역에 들어가면서 몇 페이지 앞의 그림 7.19에서 설명했던 것과 유사한 효과 때문에 시스템의 좌측에 가상 영상이 만들어진다. L_1의 초점을 통과하는 순간에 양의 무한대에서 음의 무한대까지 영상스윕이 일어나며 L_2가 이보다 더 좌측으로 이동하면 이 영상이 좌측으로부터 다시 가까워지게 된다.

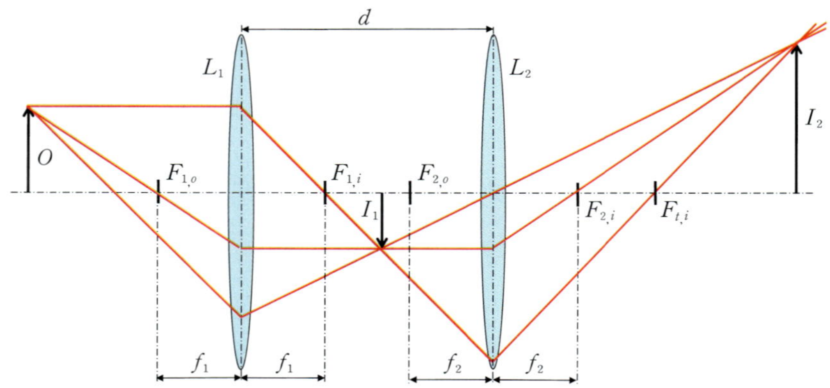

그림 7.29 서로 멀리 떨어져 설치된 두 개의 볼록렌즈로 이루어진 광학 시스템. 일단 중간 영상이 L_1에 의해서 만들어진다. 중간영상이 두 렌즈의 초점들 사이에 위치하기 때문에 최종 영상은 간단하게 결정된다.

궁극적으로 특정한 거리에서 두 렌즈요소들의 초점이 서로 일치하게 된다. 그 결과 이중렌즈 시스템의 한쪽에서 입사되는 평행광선이 반대쪽에서도 평행광선을 이루며, 이 시스템은 초점이 없어진다. 다음의 구경조리개와 동공에 대한 설명을 통해서 알 수 있듯이 이런 **무한초점**(afocal) 광학계는 정밀 메카트로닉스 시스템에서 아주 중요하다.

7.4.4 구경조리개와 동공

모든 광학영상 시스템들은 제한된 크기로 인해 유발되는 하나의 중요한 제약을 가지고 있다. 물리광학에 대한 7.5절에서는 시스템을 통과할 수 있는 광선의 최대 포획각도에 의해서 광학 시스템의 궁극적인 영상화 특성이 어떻게 결정되는지를 보여준다. 가능한 많은 광선을 포획하는 품질은 또한 7.2.3절에서 소개했던 것처럼 방사휘도의 보존법칙과 직접 연관되어 있다. 이러한 크기특성의 기하학적인 척도는 광학시스템에 의해서 어떤 광선이 포획되어 전송되며 어떤 광선이 차단되는지를 정의하는 **동공**(pupil)이다.

단일렌즈 요소의 경우 이 동공은 요소의 직경에 의해서 결정된다. 다수의 렌즈 요소들로 이루어진 더 복잡한 시스템의 경우에 외부광선들은 광선의 방향과 서로 다른 요소들의 위치 및 크기에 따라서 원리상 잘 정의되지 않은 방식으로 제한된다. 스프링, 나사 및 접착제 등으로 금속구조에 렌즈요소를 설치하면 결정되지 않은 방향으로의 광선 산란을 유발하기 때문에 동공의 크기를 결정하기 위한 좋은 방법이 되지 못한다.

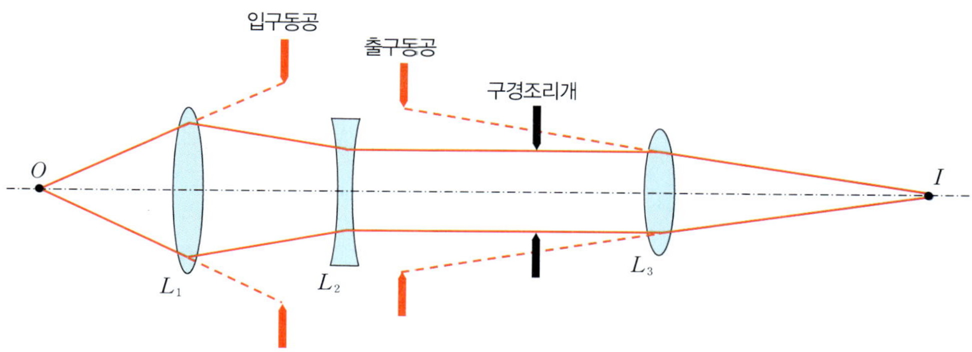

그림 7.30 시스템에 입사되는 외부광선을 제한하는 구경조리개를 갖춘 광학 시스템. 입구동공은 시스템의 입구측에서 관찰되는 구경조리개의 영상인 반면에 출구동공은 광학 시스템의 출구측에서 관찰되는 구경조리개의 영상과 같다.

이런 문제를 해결하기 위해서 동공의 크기를 결정하는 별도의 요소를 추가한다. 이런 요소를 **구경조리개**(aperture stop) 또는 간단히 **조리개**라고 부른다. 다른 이름으로는 **아이리스 다이아프램**(iris diaphragm) 또는 간단히 아이리스라고도 부른다.

그림 7.30에서는 렌즈 L_2와 L_3 사이에 구경조리개가 삽입된 3개의 렌즈요소들로 이루어진 광학 시스템의 개략도를 보여주고 있다. 첫 번째로, 시스템을 통과하는 최외곽 광선은 렌즈의 크기가 아니라 구경 조리개에 의해서 결정된다. 두 번째로 외부의 관찰자는 조리개 사이의 렌즈들에 의해서만 조리개의 영상만을 볼 수 있다. 이 영상을 물체측에서는 **입구동공**(entry-pupil)이라 부르고 영상측에서는 **출구동공**(exit-pupil)이라고 부른다.

7.4.5 텔레센트리

두 볼록렌즈들의 초점이 서로 일치하면 광학 시스템은 더 이상 초점위치에서 평행 입사광선의 초점을 맞출 수 없다. 따라서 이런 광학 시스템을 **무한초점**(afocal)이라고 부른다. 구경이 두 렌즈의 공통 초점평면에 위치하는 경우에 이 무한초점 광학 시스템은 **이중-텔레센트리**(double-telecentricity)라고 부르는 특수한 성질을 가진다. 기술적인 목적에서 매우 유용한 시스템을 만들어주는 이 성질에 대해서 그림 7.31의 이중 렌즈요소 광학 시스템을 사용하여 살펴보기로 하자.

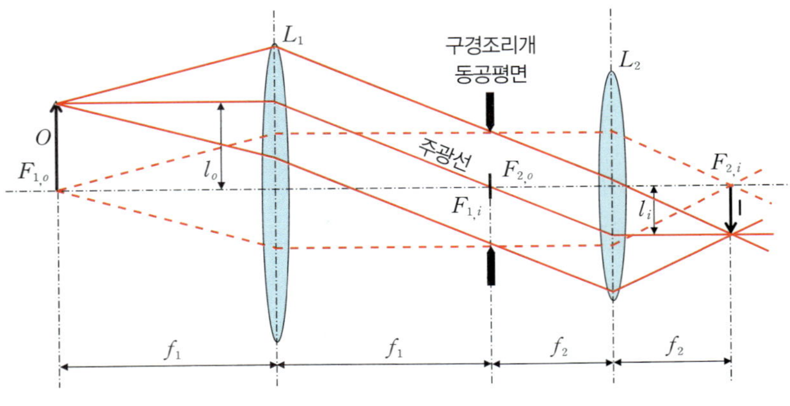

그림 7.31 볼록렌즈 두 개의 초점이 서로 일치하도록 설치하면 무한초점 광학 시스템이 구현된다. 공통초점평면에 위치한 구경조리개는 이중 텔레센트리 광학 시스템을 생성한다. $F_{1,o}$에 위치한 물체는 초점거리의 비율과 같은 증폭비를 가지고 $F_{2,i}$ 위치에 투영된다. 초점중심이 일치하는 점을 통과하는 주광선은 물체쪽과 영상쪽 모두에서 광축과 평행하다. 물체나 영상센서의 위치는 증폭비에 영향을 끼치지 않는다. 주광선 주변 물체에서 출발한 광선의 대칭원추는 영상측에서 광선의 대칭원추를 생성한다.

O에서 나온 근축광선은 L_1에 의해서 굴절된 다음 공통초점을 통과하며 L_2를 지난 후에는 다시 굴절되어 다시 광축과 평행해 진다. 물체상의 임의의 점들에서 나온 광선들이 렌즈들 사이의 공간에서 일련의 평행 광선으로 굴절되기 때문에 영상은 $F_{2,i}$ 위치에 생성된다. 그 결과 이들은 두 번째 렌즈요소 L_2의 초점위치로 스스로 굴절된다. 공통초점 평면상에 위치하는 원형의 구경조리개는 자동적으로 주광선의 광축과 직교하는 원형표면에 대해서 물체상의 모든 점들을 통과해 입사되는 모든 광선들을 제한한다. 이중-텔레센트리 시스템의 경우 물체상의 임의의 점에서 입사되는 근축광선은 주광선이 되며 이는 또한 시스템의 영상측에서는 근축광선이 된다. 물체측과 영상측에서 물체상의 각 점들에 대한 여타의 광선들은 근축 주광선 주변의 광선원추 내를 통과하며, 광선원추는 광축과 평행한 방향을 향한다. 따라서 물체나 센서가 그림 7.31에 도시되어 있는 위치로부터 좌측이나 우측으로 이동하면 더 크고 선명도가 떨어지는 영상이 만들어진다. 비록 영상의 선명도는 떨어지지만, 주광선의 경로가 근축을 유지하며 이 변위에 의해서 영향을 받지 않기 때문에 반점이 형성되는 위치는 변하지 않는다. 그 결과 영상 센서가 완벽하게 초점위치에 놓이지 않았으며 시스템의 증폭비는 초점거리의 비율에 의해서만 결정되는 경우에 영상의 크기는 변하지 않는다.

$$M = -\frac{l_i}{l_o} = -\frac{f_2}{f_1} \tag{7.22}$$

위 식은 기하학적 상관관계로부터 유도할 수 있다.

이런 유형의 렌즈들은 증폭에 대한 요구조건들이 초점이탈에 대한 요구조건들보다 더 엄격할 때에 특별하게 사용된다. 예를 들어 1장에서 소개했던 웨이퍼 스테퍼용 투사렌즈가 여기에 해당한다. 광 민감성 레지스트를 사용하는 웨이퍼가 렌즈와의 거리에 약간의 오차를 가지고 영상 위치에 놓여있을 때에 이 오차는 완벽하게 선명한 영상보다는 약간 못한 영상을 만들어내지만 크기는 변하지 않으며, 이로 인하여 집적회로 내에서 서로 다른 층들의 상대적인 위치결정 오차가 방지된다.

7.4.5.1 동공, 조리개 및 렌즈의 크기

그림 7.31을 살펴보면 물체상의 점들이 주광선에 대해서 대칭인 동일한 광선원추에 대해서 투영되면 광학 시스템은 이중-텔레센트리가 될 수밖에 없다. 광선원추의 크기는 구경 조리개에 의해서 결정되는 반면에 렌즈 요소들은 구경 조리개보다 커야만 한다. 광축에서 가장 먼 곳에 위치하는 물체상의 점이 시스템의 최외곽 주광선을 결정하며 렌즈요소들은 주광선을 모두 포획할 수 있는 광선원추보다는 더 커야만 한다. 이것이 웨이퍼 스테퍼에 사용하는 리소그래피 투영렌즈의 물체와 영상의 크기를 결코 증가시킬 수

없는 이유들 중 하나이다. 또 다른 이유는 높은 광학 분해능을 얻기 위해서는 가능한 한 커져야만 하는 광선원추의 열림각도와 관련되어 있다. 이에 대해서는 7.5.4절에서 상세히 논의할 예정이다. 이중 텔레센트리 렌즈의 구경조리개는 공통초점 위치에 설치되므로 그 영상은 무한히 먼 곳에 위치한다. 실제로, 이것이 구경조리개가 위치하는 광축에 직교하는 평면에 대해 **동공평면**(pupil plane)이라는 이름을 붙이는 이유이다.

또한 비-텔레센트리 광학계의 경우 물체상의 임의 위치에서 출발한 광선이 구경 조리개가 위치해 있는 이 동공평면에서 평행하게 전파되는 것이 좋다. 이는 카메라의 렌즈처럼 제어 가능한 구경 조리개를 필요로 하는 모든 광학계의 경우에 마찬가지이다. 그림 7.31에서와 같이 주광선 주변의 외곽 광선들만을 차단해 주는 작은 구경조리개에 영상을 투영할 때에 이를 확인할 수 있다. 이는 물체의 각 점에서 영상에 도달하는 총 광량을 줄여줄 뿐이며 영상을 변화시키지는 않는다. 작은 구경을 통과하는 광선에 의해서 여전히 물체상의 각 점들이 투영되기 때문에 영상의 일부분을 가린다고 하여도 전체적인 영상의 형태는 변하지 않는다. 따라서 비-텔레센트리 렌즈의 경우에도 구경조리개가 설치되어있는 이 평면을 동공평면이라고 부른다.

다음 절의 물리광학을 통해서 이 동공평면이 영상화 시스템의 품질을 결정하는 매우 중요한 영역이라는 것을 알게 될 것이다.

7.4.5.2 실제 적용과 제약조건

앞서 제시된 두 개의 볼록렌즈만을 사용하는 사례들은 거의 이상적인 상황을 보여주고 있다. 그림 7.30에서와 같이 서로 다른 숫자의 요소들이 사용되는 경우에는 공통초점을 정의할 수 없는 경우가 발생한다. 이런 경우에도 렌즈 시스템 내부에 설치되는 구경 조리개의 위치에 따라서 여전히 단일-텔레센트리를 만들 수 있다.

첫 번째 유형은 물체측에서 바라볼 때에 시스템 내부의 첫 번째 초점위치에 구경 조리개를 설치하는 **물체측 텔레센트리**(object-space telecentric) 시스템이다. 이 경우 입구-동공은 무한히 먼 곳에 위치한다.

이런 물체측 텔레센트리 렌즈의 사례로는 3장에 예시된 측정용 현미경을 들 수 있다. 수직방향으로의 미소변위는 물체 크기의 측정시 오차를 유발할 수 있기 때문에 허용되지 않는데, 물체측 텔레센트리가 이 오차를 방지해 준다.

두 번째 유형은 영상측에서 바라볼 때에 시스템 내부의 첫 번째 초점 위치에 구경조리개를 설치하는 **영상측 텔레센트리**(image-space telecentric) 시스템이다. 이를 통해서 출구-동공이 무한히 먼 곳에 위치한다. 영상측 텔레센트리 렌즈는 디지털 카메라에서 자주 사용한다. 이미지 센서 위치에서 비–텔레센트리로 인하여 영상측으로 향하는 광선원추는 근축광선 주변에서 대칭이 아니며 광축에 대해서 경사져 있다. 이로 인하여 이미지 센서 앞에 설치되는 컬러필터의 적층과 다중렌즈 어레이에 의한 영상결함이 초래될 수 있다. 영상측 텔레센트리 렌즈만이 예를 들어 청색 센서 요소위치에 적색 광선이 비춰지지 않도록 보장할 수 있다. 크기상의 제약 속에서 렌즈로부터 광범위한 거리에 위치한 물체를 감지할 수 있어야 하기 때문에 실제의 카메라 렌즈들은 텔레센트리를 근사적으로 구현할 수 있을 뿐이다. 완벽한 텔레센트리는 물체에서 출발한 완벽하게 대칭인 광선원추가 이미지 센서의 모든 위치에 전송되어야 한다. 그림 7.31에 도시된 사례의 경우 이 요구조건에 따르면 전체 프레임의 크기가 24×36 [mm]인 일반 카메라용 이미지 센서보다 L_2가 훨씬 더 커야하지만 이는 현실적으로 불가능하다. 그 결과 영상의 외곽이 어두워지는 **원축오차**(vignetting)가 발생한다. 크기가 23×15 [mm]인 APS–C형과 같이 더 작은 센서의 경우에는 원축오차를 증가시키지 않으면서 더 용이하게 텔레센트리를 구현할 수 있다. 카메라 렌즈의 텔레센트리는 영상측에서 렌즈를 통해서 출구동공까지의 거리를 평가하여 검증할 수 있다. 이 거리는 가능한 한 멀어야 하지만 대부분의 경우 렌즈간 거리의 절반보다 멀어지지 못한다.

7.5 | 물리광학

전자기파동의 전파 이론에 근거하여 광선의 성질을 나타내는 모델들 중 하나가 제시되어 있다.

2장에서는 전자기파가 전기장 E와 자기장 B의 서로 직교하여 진동하는 두 개의 벡터장의 조합으로 이루어진다고 설명하였다. 5장에서는 맥스웰 방정식에 대한 패러데이와 암페어의 법칙을 통해서 자기장과 전기장 사이의 상호관계가 정의되었으며 광학 시스템 내에서 광선의 실제 성질을 계산하기 위한 전용 모델링 소프트웨어에 이 법칙들이 사용되었다. 이 절에서는 광학 시스템의 성질을 설명하기 위해서 본격적인 계산 없이 광선의 파동 특성을 사용하고 있다. 그 대신에 상호 연관된 두 개의 벡터장들 중에서 하나만에 대한 도식적인 표현을 사용할 예정이다. 이런 목적으로는 전기장 E가 자주 선택되며 사인 파형을 사용하여 도식적으로 나타낸다.

광학의 물리적인 성질을 해석할 때에 만나게 되는 불행한 사실 중 하나는 전자기 파동의 시간 주파수가 극도로 높다는 것이다. 10^{15} [Hz]의 주파수로 진동하는 전기장이나 자기장의 주파수를 직접 측정하는 것은 불가능하다. 앞서 설명했듯이, 광자의 흐름을 전류로 변환시켜주는 광 검출기를 통해서 평균 광학 방사조도 I_r만을 검출할 수 있을 뿐이다.

전자기 파동의 방사조도는 다음 식에서와 같이 정현적으로 변하는 전기장의 제곱에 비례한다.

$$I_r = cn\varepsilon_0 \boldsymbol{E}_{rms}^2 = \frac{cn\varepsilon_0}{2} \hat{\boldsymbol{E}}^2 \ [\mathrm{W/m^2}] \tag{7.23}$$

다음의 하위 절들에서는 우선 광학측정 시스템에서 널리 사용되는 개념인 편광에 대해서 소개한다. 그런 다음 서로 다른 파동들 사이의 상호작용에 의한 간섭효과와 더불어서 회절 및 격자와 관련된 이론들에 대해서 살펴본다. 마지막으로 광학 시스템의 회절에 의한 분해능 한계를 유도하여 포획 각도가 영상의 품질에 끼치는 영향을 살펴본다.

7.5.1 편광

전자기장의 **편광**(polarisation)은 횡방향 특성에 기초하고 있으며 전기장이 진동할 방향을 규정한다. 이것이 무엇을 의미하는지를 보기 위해서 그림 7.32에서는 광선의 전기장을 3차원 벡터 그래프로 나타내고 있다. 그림의 직교좌표계 중 x축이 광선의 전파 방향이다.

이 사례에서 전기장은 한 방향으로 진동하며 y 및 z축에 대해서 45°방향으로 기울어지도록 좌표계가 선정되었다.

$x-y$, $y-z$ 및 $x-z$ 평면에 대한 파동성분들은 단순 투영을 통해서 만들어진다. $y-z$ 평면에 투영된 파동이 직선형태를 나타내기 때문에 이렇게 진동하는 전기장을 **선형편광**(linear polarised)이라고 부른다. $x-y$ 및 $x-z$ 평면에 대해서 각 성분들의 진폭은 선정된 좌표계에 대해서 편광 방향에 의존하며, 이 사례에서는 서로 동일한 진폭을 가지고 있다.

광원으로부터 방사된 광선의 편광 방향은 광원에 의해서 결정되며 일반적으로 전구나 태양과 같은 일반적인 광원들의 편광 방향은 임의적이다. 따라서 이들에게는 위상관계가 거의 존재하지 않는다. 선형편광 광원을 만들기 위해서 광선 중 편광판의 방향과 동일한 편광성분만을 통과시키는 광학 요소인 **편광판**(polariser)을 사용한다. 전자기파의 반사는 반사표면의 방향에 의해서 상대적으로 결정되는 편광 방향에 의존하기 때문에 편광은 반사표면에 의해서 자연적으로도 만들어진다. 법선과 전파방향에 의해서 정의되는 입사평면 내에서 생성된 편광을 p-편광이라고 부르는데, 이와는 직각 방향인 s-편광보다는 빛을 덜 반사한다. 이 효과는 **브루스터 각**(Brewster's angle) $\vartheta_B = \arctan(n_2/n_1)$에서 최대가 되는데, 유리의 경우 $\approx 56°$이다. 이 때문에 편광유리로 만든 선글라스는 바다나 여타의 반사표면으로부터 반사되면서 그

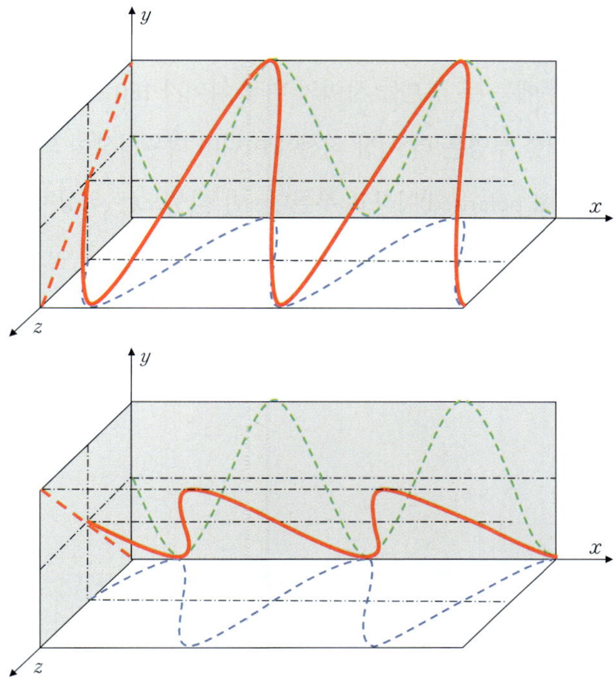

그림 7.32 직교좌표계로 나타낸 선형편광의 전기장에서 x축은 파동이 전파되는 방향이며 전기장의 편광 방향은 y및 z축에 대해서 45°로 기울어져 있다. y–z평면에 투영된 파동은 직선 형태를 나타낸다. 위쪽 그림에서는 y및 z 성분들이 동일한 위상을 가지고 있는 반면에 아래 그림에서는 서로 180°의 위상차이를 가지고 있다. 한 성분의 위상각을 180° 시프트 시키면 편광의 방향은 y–z 평면 상에서 90°회전한다.

과정에서 편광화 된 빛의 통과를 줄여준다. 레이저 공진챔버 내에 브루스터 각도로 수정판을 삽입하면 단 하나만의 편광방향으로 빛을 방사하도록 만들 수 있다. 이 유도가진을 통해서 순수 가진에 의해서 생성된 광자와 주파수 도메인 상에서 거의 동일한 주파수, 위상 및 편광방향을 가지고 있는 광자들을 생성할 수 있다. 특히 잘 설계된 헬륨네온 레이저는 8장에서 설명할 위치측정 시스템에 사용할 수 있을 정도의 거의 이상적인 편광을 생성한다.

7.5.1.1 복굴절

투명소재 내에서 광선의 전파 속도는 편광 방향에 의존한다는 것을 관찰할 수 있다. 이런 광학적 이방성을 **복굴절**(birefringence)이라고 부르며 소재의 원자구조에 의해서 유발된다. 특히 크리스털 소재가 이런 성질을 보인다. 빔 경로내에 특정한 길이의 복굴절 소재를 삽입하여 광선의 편광 방향을 변화시킬 수 있다. 선형 편광의 경우부터 시작해 보면, 그림 7.32의 좌표계에 따른 광선의 편광방향에 대해서 이 복굴절

소재의 이방성 방향은 45° 미만의 각도로 배치되어야 한다. 그 결과 파동의 편광 성분들 중 하나가 다른 성분에 비해서 지연되기 때문에 파동은 더 이상 동일한 위상관계를 갖지 못한다. 그림 7.33에서는 이 상태를 보여주고 있으며, 이 경우에는 두 성분들 사이의 위상 차이가 180°에서 약간 못미치고 있다. 그 결과 조합된 파동의 $y-z$ 평면에 대한 투영은 더 이상 직선이 아니며 타원형상이 되어버린다. 그런 이유 때문에 이 전기장을 **타원편광**(elliptical polarised)이라고 부른다. 이 타원도는 위상차이에 의존하며 위상차이가 ±90°인 경우에는 $y-z$평면의 투영은 그림 7.34에서와 같이 진원이 된다. 이 **원형편광**(circular polarised)은 선정된 좌표계에 무관하게 모든 방향으로의 투영이 동일한 진폭을 가지고 있다. 원형편광 벡터장의 전파를 전파방향 직선 O를 원점으로 하여 완벽하게 나선대칭형상을 나타내는 회전벡터 v를 사용하여 나타

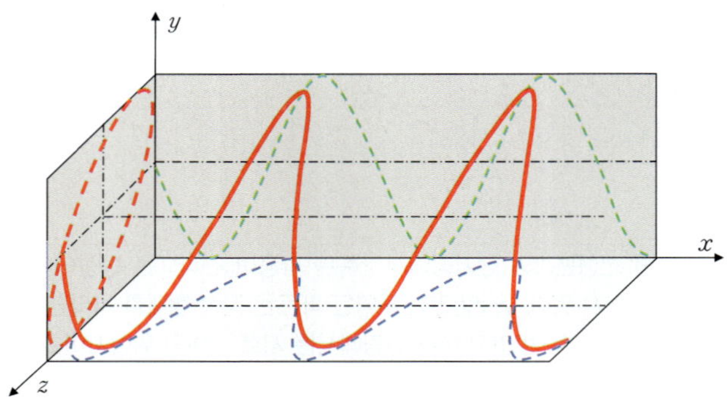

그림 7.33 타원편광. 전자기파 전기장의 z방향 성분에 대해 상대적인 y방향 성분이 180°나 0°에서 약간 차이가 벌어진다면 전기장을 $y-z$ 평면에 투영한 형상은 타원이 된다.

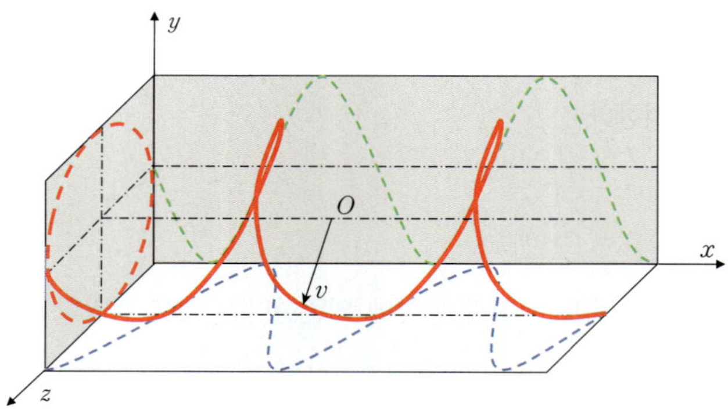

그림 7.34 원형편광. 전자기파 전기장의 y 및 z방향 성분 사이의 위상 관계가 90°가 되면 전기장을 $y-z$ 평면에 투영한 형상은 원형이 된다. 위상차이가 양이냐 음이냐에 따라서 나선은 좌회전 또는 우회전 한다.

낼 수 있다. 나선형으로 회전하는 벡터의 회전방향은 위상차이의 부호에 의존하며, 따라서 타원이나 원형의 서로 다른 버전으로 편광화 된 광선이 존재한다.

편광은 여기서 간략하게 요약하여 설명한 것보다 더 복잡하지만, 공학적인 목적을 위해서 광학 시스템을 모델링하기 위해서는 이 기본적인 이해만으로도 충분하다. 8장에서는 매우 정확한 증분식 광학측정 시스템의 구현을 위해서 복굴절 소재 박판을 사용한 편광 방향의 조작이 사용된다.

7.5.2 간섭

2장에서는 특정한 위치에서 서로 다른 필드들의 순시값을 서로 더할 수 있다는 것을 설명했다. 동일한 파장의 두 광선을 조합하면 **간섭**(interference)이 발생한다. 두 광선의 전기장 진폭 $\hat{\boldsymbol{E}}$와 위상차이 φ를 이용하여 간섭량을 구할 수 있다.

동일한 전기장 진폭을 가지고 있는 두 빔의 경우 위상차이의 영향을 다음과 같이 수학적으로 나타낼 수 있다. 두 빔의 전기장 진폭이 각각 $\boldsymbol{E}_1 = \hat{\boldsymbol{E}}\sin(\omega t)$이며 $\boldsymbol{E}_2 = \hat{\boldsymbol{E}}\sin(\omega t+\varphi)$로 주어졌을 때에 조합된 전기장은 다음과 같이 나타낼 수 있다.

$$\begin{aligned}\boldsymbol{E}_c &= \hat{\boldsymbol{E}}\,(\sin(\omega t)+\sin(\omega t+\varphi)) = 2\hat{\boldsymbol{E}}\left(\sin\left(\frac{2\omega t+\varphi}{2}\right)\cos\left(\frac{-\varphi}{2}\right)\right) \\ &= 2\hat{\boldsymbol{E}}\cos\left(\frac{\varphi}{2}\right)\sin\left(\omega t+\frac{\varphi}{2}\right)\end{aligned} \tag{7.24}$$

무엇보다도 조합된 파장의 위상은 두 파장 위상의 평균이라는 결론을 내릴 수 있다.

다음으로 진폭은 $\varphi = 0$일 때 한쪽 빔 진폭의 두 배가 되며 $\varphi = \pi$ 또는 180°일 때에 0이 된다. 그림 7.35의 맨 위 그림은 $\varphi = 0$인 경우를 보여주고 있다. 두 진폭이 합해져서 두 배가 되는 상태를 **건설적 간섭**(constructive interference)이라고 부른다. 맨 아래 그래프는 $\varphi = 180°$인 경우로서 두 진폭이 서로 상쇄되어 버리는 **파괴적 간섭**(destructive interference)을 나타내고 있다.

전기장들이 조합된 결과를 측정하는 경우에는 방사조도만을 관찰할 수 있다. 방사조도는 식(7.23)의 진폭항인 식(7.24)를 사용하여 구할 수 있다.

$$I_{r,c} = \frac{cn\varepsilon_0}{2}\hat{\boldsymbol{E}}_c^2 = \frac{cn\varepsilon_0}{2}\left(2\hat{\boldsymbol{E}}\cos\left(\frac{\varphi}{2}\right)\right)^2 = 2cn\varepsilon_0\hat{\boldsymbol{E}}^2\cos^2\left(\frac{\varphi}{2}\right) \tag{7.25}$$

코사인 제곱 항을 삼각함수 등가항으로 전개하면 이 방정식은 다음과 같이 정리된다.

$$I_{r,c} = 2cn\varepsilon_0\hat{\boldsymbol{E}}^2\left(\frac{1+\cos\varphi}{2}\right) = cn\varepsilon_0\hat{\boldsymbol{E}}^2(1+\cos\varphi) \tag{7.26}$$

$n \geq 1$인 정수라면, 조합된 전기장이 만들어내는 방사조도는 $\varphi = 0+n \cdot 2\pi$일 때에 $2cn\varepsilon_0\hat{\boldsymbol{E}}^2$이며 $\varphi = \pi+n \cdot 2\pi$일 때에 0이다.

개별적인 전기장들의 방사조도는 다음과 같다.

$$I_{r,1} = I_{r,2} = I_r = \frac{cn\varepsilon_0\hat{\boldsymbol{E}}^2}{2} \tag{7.27}$$

이 방사조도 레벨은 완벽하게 건설적인 간섭이 일어난 경우에 조합된 전기장의 방사조도 레벨에 비해서 1/4에 불과하다. 이는 진폭이 두 배가 된 조합된 전기장과 방사조도 사이에 제곱관계가 있기 때문이다. 비록 이 결과가 에너지 보존법칙과는 상반된 것처럼 보이지만, 건설적 간섭을 일으키는 실제 광학시스템의 경우 다른 위치에서는 동일한 양의 파괴적 간섭이 나타난다. 따라서 파괴적 간섭 영역으로부터의 에너지가 다른 영역의 에너지에 합해지며 시스템 내의 총 에너지는 변하지 않는다. 이 효과에 대해서는 뒤에서 다른 경우에서 설명할 예정이다.

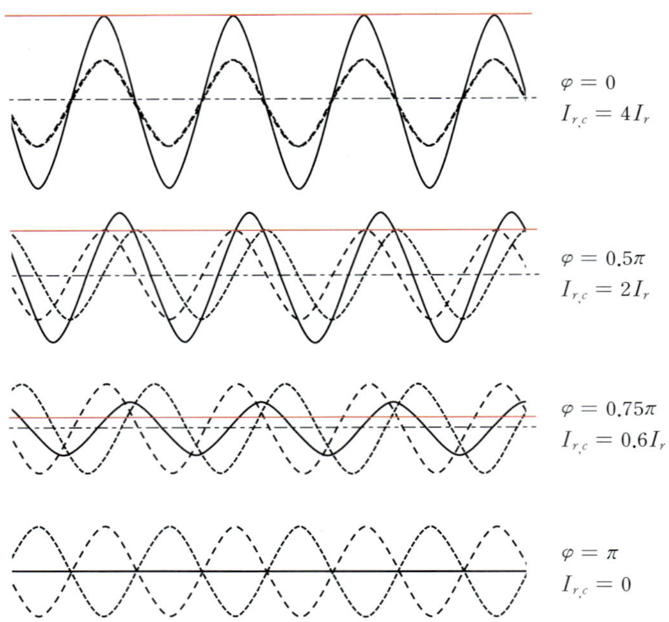

그림 7.35 파장길이와 진폭은 동일하지만 위상각이 서로 다른 두 파동의 간섭으로 인한 전기장의 진폭은 0에서 각 파장 진폭의 두 배가 되어 조합된 방사조도 $I_{r,c}$는 각 파장의 방사조도 I_r보다 최대 네 배 더 커진다.

7.5.2.1 파브리-페로 간섭계

광학 측정 시스템에서 물체의 거리와 형상을 측정하기 위해서 간섭이 자주 활용된다. 예를 들어 동일한 간섭광원에서 나온 두 광선이 하나는 고정되어 있으며 다른 하나는 움직이는 서로 다른 두 경로를 통과한 후에 하나의 센서에서 서로 간섭을 일으킨다고 생각해 보자. 다시 조합된 광선의 방사조도는 이들의 경로 차이에 의해서 결정되며, 이로 인하여 시간이나 위상차이가 유발된다. 조합된 방사조도를 측정하면 두 번째 경로의 거리변화를 측정할 수 있다.

이 측정원리를 **간섭계**(interferometer)라고 부른다. 다양한 유형의 간섭계들이 존재하며 다음 장에서는 거리 측정을 위한 마이컬슨 간섭계에 대해서 소개할 예정이다. 레이저의 간섭성을 증가시키기 위한 광 공진기의 예에서 작동원리를 설명했었기 때문에 여기서는 사례로 **파브리-페로 간섭계**(Fabry-Perot interferometer)에 대해서 더 자세하게 살펴보기로 한다.

그림 7.36에서는 파브리-페로 간섭계의 작동원리에 대해서 보여주고 있다. 일정한 거리를 두고 두 개의 반사경들이 설치된다. 반사경들은 항상 약간의 투과성을 가지고 있다. 100% 전반사는 불가능하므로 일부의 광자들이 첫 번째 반사경을 통과하며 두 반사경들 사이의 **공동**(cavity)으로 진입한다. 두 번째 반사경

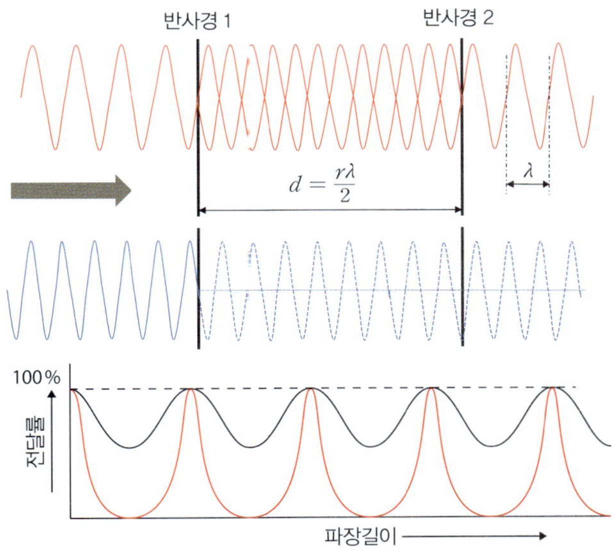

그림 7.36 파브리-페로 간섭계는 고정된 거리에 평행으로 두 개의 반사경이 설치되어 있다. 위쪽 그래프는 반사경들 사이의 거리가 광선 파장길이 절반의 정수배와 같기 때문에 광 공진을 일으켜서 높은 투과성이 구현된다. 중간 그래프의 경우 파장이 반사경들 사이 거리와 들어맞지 않아서 투과율이 0이다. 하부 그래프에서는 파장길이의 함수로 투과율을 나타내고 있다. 여기서 흑색선은 피네스가 낮은 경우를 나타내며 적색선은 피네스가 높은 경우를 나타낸다.

에서 이들 중 대부분이 반사되어 첫 번째 반사경으로 되돌아가며, 반사가 지속된다.

이들의 파동특성 때문에 반사경들 사이의 거리 d가 광선의 절반파장의 정수(r)배가 되면($d = r \cdot \lambda/2$) 특별한 현상이 발생한다. 이 경우 왼쪽의 진입측 반사경에 의해서 반사된 빛이 공동으로 방금 진입한 광선과 건설적 간섭을 일으켜서 **정재파**(standing wave)가 발생한다.

그림의 상부 절반에 도시되어있는 것처럼 마치 이 파장에 대해서 간섭계가 완전히 투명해 진 것처럼 이 정재파가 스스로 발현된다. $\lambda = 2 \cdot d/r$의 조건을 충족시키지 못하는 다른 주파수에서는 건설적 간섭이 줄어들거나 심지어는 파괴적 간섭이 초래되며, 파괴적 간섭의 정도에 따라서 간섭계를 통과하지 못하게 된다. 이 시스템은 광학적 노치필터처럼 작용한다.

서로 다른 파장을 구분해 내는 이 필터의 능력을 **피네스**(finesse)라고 부르며 간섭계를 구성하는 반사경의 반사와 투과의 비율에 따라서 결정된다. 투과성이 큰 경우 파괴적 간섭을 유발하는 내부반사가 거의 일어나지 않기 때문에 다른 많은 주파수가 통과한다. 이는 일반적인 유리창의 경우에 해당한다. 반면에 거울이 이상적인 반사경에 접근할수록 여타의 주파수들이 통과하기가 어려워진다. 파브리-페로 간섭계의 특수한 형태가 렌즈의 반사를 방지하거나 거울의 반사를 증가시키기 위해서 사용하는 **색선별 코팅**(dichroic coating)이다. 이 코팅은 서로 다른 굴절계수를 가지고 있는 소재로 만들어서 이들 각각이 특정한 주파수에 대해서 맞춰진 매우 작은 공동처럼 작용하는 다수의 박막층으로 이루어진다. 다중층들이 결합되어 매우 피네스가 높은 광학 필터나 광대역 거동특성을 갖는 카메라 렌즈와 같은 성질을 구현할 수 있다.

7.5.3 회절

유명한 독일의 과학자 Christiaan Huygens(1629-1695)는 그의 **빛에 관한 논문**(Traite de la lumiere)에서 파동의 모든 입사점이 원래 파장과 동일한 공간주파수와 위상을 갖는 새로운 구형파동의 소스처럼 작용하기 때문에 파동의 전파가 발생한다고 상정하였다.

다수의 이런 종류의 광원들을 통해서 그는 동일한 위상을 가지고 있는 각 개별광원들의 파면을 서로 연결하여 광선의 파면을 구성할 수 있었다. 평평한 파면은 원래의 파면과 평행하여 이 위상관계를 충족시킬 수 있는 평면만으로 이루어진 무한한 숫자의 개별 파면들로 이루어진다.

그의 이론은 모든 경우에 대한 타당성이 충분치 않았으며 광자를 사용한 입자 기반의 이론이 더 적합하기 때문에 나중에 폐기되었다. 그럼에도 불구하고 Huygens의 이론은 그리 틀린 것이 아니었으며 격자에 대한 광선의 회절효과를 도식적으로 표현하기 위해서 사용할 수 있다.

7.5.3.1 진폭격자

회절격자의 첫 번째 사례는 그림 7.37에 도시되어 있는 투과성 **진폭격자**(amplitude grating)이다. 이 이름은 높은 전기장 진폭을 가지고 있는 영역에서 방출된 빛이 낮은 전기장 진폭에서 방출된 빛과 결합되는 이 격자의 성질에 기초한다. 이 사례에서 격자는 광원에서 먼 곳에 시야평면과 직각으로 배치되며 세 개의 매우 작은 평행 슬릿이 성형된 완전히 불투명한 판으로 이루어진다.

단 하나의 파장만으로 이루어진 평평한 광선의 파면은 격자와 평행하게 그려지며 그림의 하부에서 격자 쪽으로 접근한다.[57)]

Huygens에 따르면 이 입사광선은 슬릿 위치마다 동일한 진폭과 위상을 가지고 있는 개별적인 광원들처럼 작용한다. 이 광원은 시야평면과 직교하는 선광원을 생성하며 이로부터 만들어진 파면은 실린더 형태가 되지만 그림에서는 단면만이 도시되어 있다.

이로 인해 만들어진 파면들은 서로 동일한 위상을 가지고 있는 개별 선광원들의 파면을 서로 연결하여 찾아낼 수 있다. 이런 접선의 몇 가지 대표적인 유형들이 그림에 도시되어 있다. 이런 접선들 각각의 법선 방향이 모든 광원들로부터 방출된 빛들이 건설적인 간섭을 일으키는 방향이며 이 방향에서 광선을 관찰

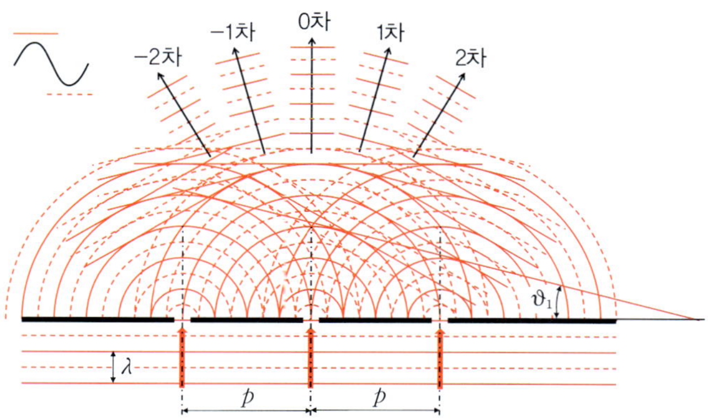

그림 7.37 투과성 진폭격자에서 광선의 회절. 구멍 또는 슬릿은 입사파면에 의해서 결정되는 일정한 위상관계를 가지고 있는 개별광원처럼 거동한다. 모든 슬릿들이 동일한 위상을 가지고 있는 상태에서 원들에 접하는 접선을 그리면 회절 차수에 따른 파면을 찾을 수 있다. 중간 방향에서 반대 부호를 갖는 파면들은 파괴적인 간섭을 일으킨다. 결과적인 회절 차수의 각도들은 구멍들로부터의 거리(p)와 광선의 파장 사이의 비율에 의존한다. 이들 중에서 세 개의 구멍들을 연결하는 2차 접선들만을 보여주고 있다.

57) 파면 그림은 정상적으로 이동하는 광선 전자기파의 파동에 대한 스냅사진이라는 점을 항상 명심해야 한다. 이런 방식의 그림은 모든 회절 사례들에서 서로 다른 광선파동들 사이의 위상관계를 나타낼 때에만 사용된다.

할 수 있다. 그 사이의 여타 방향에서는 양의 위상과 음의 위상을 갖는 빛들이 조합되기 때문에 파괴적 간섭이 일어난다. 그 결과 빛의 파장과 격자 내에서 슬릿간 거리에 의해서 결정되는 각도 ϑ에 따라서 격자 내에서 일련의 분리된 광선으로 회절이 나타난다. 이런 분리된 빛들을 회절차수라고 부르며 광축에서 출발해서 번호가 증가한다. 원리상 회절은 슬릿에서 일정한 거리인 **원시야**(far field)라고 부르는 위치에서 주로 관찰된다. 이보다 가까운 관찰위치에서는 각 슬릿의 필드진폭이 달라지며 격자주기의 배수가 되는 거리에서는 단 하나의 슬릿에서 나온 빛이 모든 방향으로 전파되는 것을 관찰할 수 있다.

그림에 따르면 각 차수들 사이의 각도는 파장길이에 비례하여 증가하며 슬릿간 거리의 주기가 짧아질수록 증가한다는 결론을 내릴 수 있다. 삼각법을 사용하여 다음과 같은 관계를 유도할 수 있다.

$$\vartheta_N = \arcsin \frac{N\lambda}{p} \tag{7.28}$$

여기서 λ는 광선의 파장, p는 격자의 주기성(슬릿의 중심간 거리)이며 N은 정수인 차수값이다. N은 양 또는 음의 값을 가지고 있으며, 이는 양쪽에서 회절이 발생한다는 것을 의미한다. sin값은 최대가 1이므로 차수의 최댓값은 p와 λ 사이의 비율과 같다.

서로 다른 파장의 빛을 사용할 때에 회절로 인해서 서로 다른 파장들의 공간분리가 초래되어 예를 들어 CD-디스크에서 관찰할 수 있는 가시광선의 색분할 효과가 일어난다.

서로 다른 주기거리를 가지고 있는 다수의 하위격자로 이루어진 더 넓은 불규칙 격자는 단일파장의 빛에 대해서도 서로 다른 하위 격자들이 속해있는 회절부의 공간분리를 초래한다. 주기거리가 짧아질수록 거리가 먼 경우보다도 회절각도가 커진다. 짧은 주기거리는 높은 격자선 공간주파수에 해당한다. 회절이 서로 다른 공간 주파수들을 구분해준다는 사실을 나중에 광학 시스템의 영상품질 분석에 사용할 예정이다.

불투명한 판에 투명한 슬릿이 성형된 투과성 진폭격자의 광학효과는 반사성 진폭격자에서도 관찰된다. 이 경우 빛은 위에서 격자로 접근하며 슬릿은 비반사 표면상에 만들어진 반사줄무늬로 대체된다. 이 반사줄무늬는 투과성 격자에서 슬릿처럼 각자가 광원처럼 작용하므로 동일한 방식으로 회절 차수를 구할 수 있다.

7.5.3.2 위상격자

진폭격자는 표면의 불투명하거나 빛을 흡수하는 부분들에 의해서 광선의 총량이 감소된다는 단점을 가지고 있다. 이 성질로 인해서 최대 반사율 또는 투과율은 대략 50%로 제한된다.

슬릿의 폭을 불투명한 부분보다 넓히면 광선의 손실을 줄일 수 있지만, 간섭도 줄어든다. 극단적으로 물체가 투명해지면 전반사를 일으키게 되지만, 이는 격자의 기능을 수행할 수 없다. 다행히도 **위상격자**(phase grating)를 사용하면 50%의 광선 손실을 피할 수 있다. 반사형태의 경우 이런 유형의 격자는 서로 다른 두 가지 높이의 줄무늬가 교대로 배치된 격자구조를 가지고 있다.

■ 반사형 위상격자

위상격자는 진폭격자보다 모델링하기가 약간 더 어렵다. 더 복잡한 이유는 파장과 관련된 높이가 서로 다른 차수들 간의 방사조도 비율을 결정하기 때문이다. 이 원리에 대해서 두 가지 방식으로 설명할 예정이다. 첫 번째에서는 진폭격자에서와 동일한 파면과 위상관계들이 사용된다. 두 번째 방법에서는 격자표면 전체에 대해서 완전한 파면을 사용한다.

그림 7.38의 사례에 도시된 구조는 위상 격자의 특별한 버전으로서, 격자 내 스텝의 높이차이가 수직으로 입사되는 광선의 1/4파장과 정확히 일치한다. 이 경우 낮은 영역에서 반사된 빛은 격자높이의 두 배 만큼을 더 진행했기 때문에 높은 영역에서 수직으로 반사된 빛은 낮은 영역에서 반사된 빛과 180°의 위상차이를 나타낸다. 이 광학경로 차이로 인해서 이들 두 영역에 의해서 반사된 빛들 사이에는 $\lambda/2$의 위상차이가 초래된다. 이 영역들이 동일한 표면인 경우에 원시야에서 0차 방향의 빛은 파괴적인 간섭에 의해서 상쇄되어 버린다.

에너지는 없어지지 않으며 에너지 발산도 일어나지 않기 때문에 동일한 양만큼의 광선이 다른 방향에서 건설적 간섭을 일으켜야만 하며, 그림에서 동일한 위상의 접선으로 확인할 수 있는 것처럼 정말로 특정한

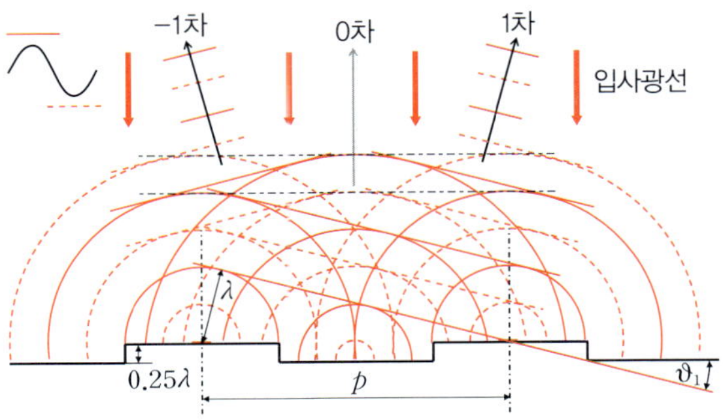

그림 7.38 반사형 위상격자에서 표면에 수직 방향으로 조사된 빛의 회절현상. 격자의 하부에서 직접 반사된 빛은 상부에서 반사된 빛에 비해서 $\lambda/4$의 두 배 거리만큼 더 이동한다. 그로 인해서 이들 두 빛은 $\lambda/2$ = 180°의 위상관계를 갖게 되어서 원시야에서 파괴적 간섭을 일으키므로 0차 방향에서는 아무런 빛도 반사되지 않는다. 각도가 기울면 위상차이가 상쇄되므로 동일한 위상들의 접선을 통해서 관찰할 수 있는 건설적 간섭이 발생한다.

각도에서는 수직으로 입사된 광선의 이동거리와 그 방향으로 회절된 빛의 이동거리가 다시 일치한다.

앞서 설명했던 투과형 격자와 마찬가지로 이 회절각도는 식 (7.28)과 동일하다.

$$\vartheta_N = \arcsin\frac{N\lambda}{p} \tag{7.29}$$

따라서 위상격자에서도 고차의 회절각이 발생하지만, 실제의 경우 격자의 형상은 이 고차성분들이 $N = \pm 1$만으로 제한되거나 매우 낮은 방사조도를 갖도록 선정된다. 비록 각 표면의 중앙에 위치한 한 점이 끼치는 영향만을 도시하고 있지만, 낮은 영역상의 모든 점들은 이와 동일한 방법으로 조합이 이루어지는 높은 영역상의 대응점을 가지고 있기 때문에 격자 중앙에 위치한 점은 격자 전체를 대표한다. 이들을 조합하여 회절에 따른 전체적인 영향을 알아낼 수 있으며, 투과형 위상 격자의 작동원리를 설명하기 위한 두 번째 방법에서는 표면 전체가 사용된다.

위상격자의 경우에는 광선을 흡수하는 표면이 없기 때문에 광선의 총 량이 보존된다.

■ 반사법칙이 위반되는가?

만일 반사형 위상격자가 실제의 거울표면처럼 작용한다고 말하면 몇몇 독자들은 의구심을 가질 것이다. 이 격자를 실제로 측정해 보면 반사광선은 7.3절에서 유도되었던 반사의 법칙을 적용하여 예상한 것과는 다르게 반사된다. 그림 7.39에서는 거울과 격자의 반사특성을 보여주고 있다. 첫눈에 보기에는 큰 거울의 중앙부 만이 반사에 필요하며 광원에서 다른 방향으로 방사된 광자들은 결코 관측지점에 도달하지 못할 것처럼 보인다.

그런데 격자표면의 경우 광자들이 반사표면에서 조차도 회절차수에 따라서 반사되기 때문에 반사의 법칙이 더 이상 성립되지 않는다. 이는 단순한 파동이론만으로는 모든 현상을 설명할 수 없기 때문이다. 비

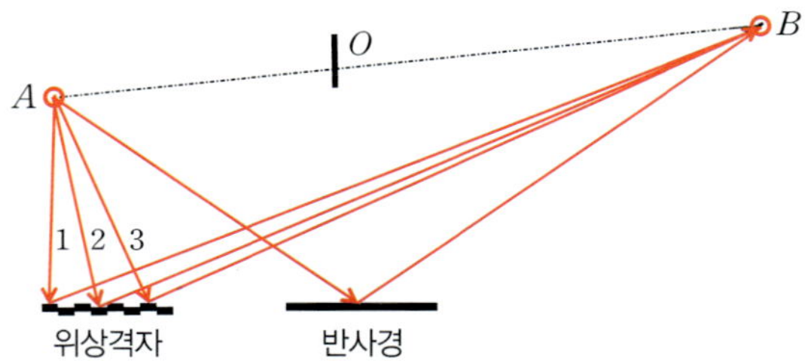

그림 7.39 반사형 위상격자의 서로 다른 경로(1, 2, 3)에 대해서 입사된 광선의 위상이 동일하다면 광선은 반사의 법칙에 위반되는 서로 다른 위치에서 반사될 수 있다.

록 최소시간법이 유용하기는 하지만, 반사격자에서 진짜로 무엇이 발생하는지를 설명하기 위해서는 또다른 방법이 필요하다. 7.3절에서 설명했던 것처럼 입자처럼 거동하는 광선의 특성이 이 현상을 설명하는 데에 도움이 된다.

이 원리에 따르면 격자 내에서 광자는 원리상 관찰위치까지의 서로 다른 모든 경로를 따라갈 수 있다. 하지만 이 위치까지 도달하는 특정 경로를 따라갈 확률은 다른 경로를 통과하여 이 위치에 도달하는 동일한 광원으로부터 출발한 다른 광자들이 이들의 일시적인 주기성에 대해서 모두 동일한 시간관계(즉 동일한 위상)를 가지고 있느냐에 의해서 결정된다. 반사형 격자의 경우 하나의 높은 스텝에서 반사된 광자는 동일한 광원으로부터 다른 높은 영역에 의해서 반사된 다른 모든 광자들과 마찬가지로 관찰 위치에서 동일한 위상을 가져야 한다.

광자가 어떻게 관찰위치에 도달하기 전에는 다른 광자들의 상태에 대해서 알 수 없기 때문에 이 또한 이해하기 어려운 이론 중 하나이다. 그럼에도 불구하고 이 이론은 광자의 거동을 완벽하게 예측하기 때문에 유용하다.

■ 투과형 위상격자

반사형 위상격자와 유사한 표면형상을 가지고 있는 투명판을 사용하여 위상격자의 투과형 버전을 만들 수 있다. 그런데 이 경우에는 동일한 효과를 구현하기 위한 스텝의 높이가 반사형 위상격자와는 다르다.

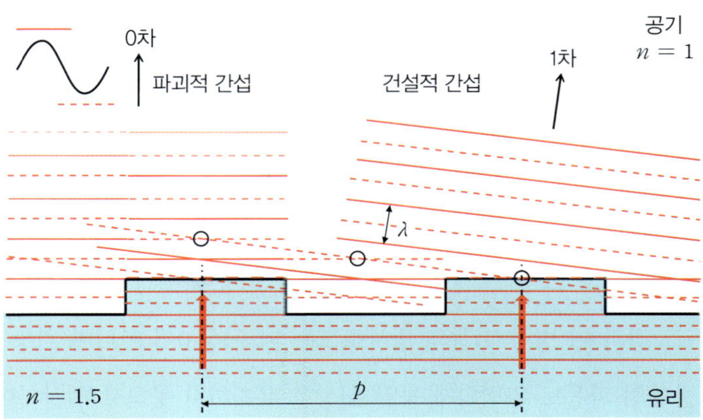

그림 7.40 투과형 위상격자의 아래에서 표면에 수직하게 조사되는 빛의 회절. 스텝의 크기는 공기중($n = 1$)에서는 파장의 길이와 같으며 $n = 1.5$인 유리와 같이 굴절계수가 큰 소재의 경우에는 파장길이의 1.5배가 된다. 이로 인하여 0차 방향에서 두 파면에 180°의 위상차이가 초래되어 서로 상쇄되는 반면에 1차 방향에서는 아무런 위상차이도 발생하지 않는다.

1차 광선이 허용되지 않는 경우에는 광학경로길이가 짧은 영역을 통과하는 광자들과 광학경로 길이가 긴 영역을 통과하는 광자들 사이에 필요한 $\lambda/2$의 위상차이를 생성하기 위해서 더 큰 스텝이 필요하다. 따라서 스텝의 높이는 투명한 소재의 굴절계수에 의존하게 된다. 그림 7.40에서는 이런 격자구조를 보여주고 있으며, 작용 원리는 전체 표면을 사용하는 두 번째 방법을 통해서 설명할 수 있다. 이 방법에서 투과되는 파면은 원형 파면을 갖는 점광원 대신에 마치 평평한 것처럼 그려져 있다. 이는 동일한 결과가 얻어지는 극단적으로 다른 형태의 근사모델이다. 이 사례에서 공기중에서의 스텝 크기는 파장 길이와 같으며 $n = 1.5$인 유리와 같이 굴절계수가 큰 소재의 경우에는 파장길이의 1.5배가 선정된다. 0차 파면을 관찰해보면 높은 영역 파면과 낮은 영역 파면은 180°의 위상차이를 가지고 있으므로 파괴적인 간섭에 의해서 원시야에서 파면은 서로 상쇄된다. 이는 반사형 위상격자에서의 결과와 완벽하게 비교할 수 있다.

■ 위상 시프트

투과형의 경우 입사광선과 회절된 광선은 격자의 서로 반대쪽에 위치하기 때문에 투과형 위상격자는 반사형 위상격자보다 도식적으로 나타내기가 더 쉽다. 그런 이유 때문에 투명 격자를 사용하여 서로 다른 스텝 크기를 가지고 있는 위상격자의 중요한 위상거동에 대해서 설명하였지만, 다음의 추론들은 반사형 위상격자에 대해서도 유효하다.

식 (7.24)에 따르면 동일한 진폭을 가지고 간섭을 일으키는 두 파장의 위상은 두 파장의 위상 평균과 같다. 그림 7.40에 도시된 위상격자의 경우 간섭파장의 0차 파면의 위상은 진폭이 0인 경우에 각각의 간섭파형들과 90° 차이를 가진다. 반면에 1차 파동의 위상은 간섭하는 두 파동과 동일한 위상을 가진다.

위의 사례와 스텝 크기가 다른 경우에는 어떤 일이 발생하는지 살펴보는 것은 더 흥미롭다. 그림 7.41의 위쪽 그래프에서는 90° 위상차이로 인하여 0차가 상쇄되며 1차는 두 파장이 동일한 위상을 가지고 있는 앞서의 상황을 보여주고 있다. 그림 7.41의 (b) 및 (c)에서와 같이 스텝 크기가 변하면 높은 영역을 통과하는 파동의 위상은 낮은 영역을 통과하는 파동에 비해서 덜 지연된다. 그 결과 **두 차수 모두에서 부분적으로 양의 위상 시프트가 발생**된다. 스텝 크기가 줄어들면 0차 방향에서 간섭하는 파동들 사이의 위상차이는 180° 미만이 된다. 그 결과 이 방향 파동의 방사조도는 더 이상 0이 아니며 위상지연은 90° 미만이 된다. 이와 동시에 1차 방향의 파동도 완벽하게 동일 위상을 유지하지 못하고 위상차이를 초래하므로 방사조도의 크기가 감소한다. 궁극적으로 스텝 크기가 0이 되면 위상격자는 단지 투명한 판으로 변하며 입사광선과 동일한 방향으로 빛을 투과시킬 뿐이다. 위상격자의 반사형 버전에서는 이 극한상황에 의하여 평면형 거울이 만들어진다.

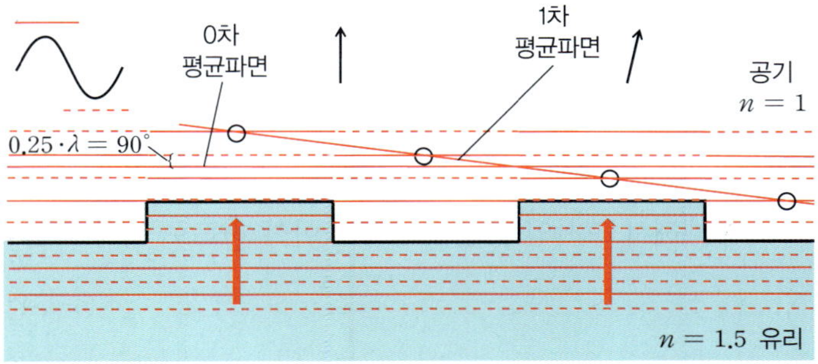

(a) 스텝크기는 공기중에서 $1 \cdot \lambda$, 유리속에서 1.5λ

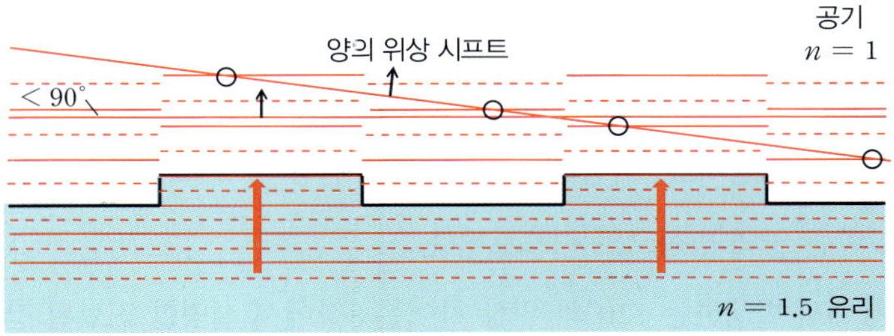

(b) 스텝크기는 공기중에서 0.66λ, 유리속에서 1λ

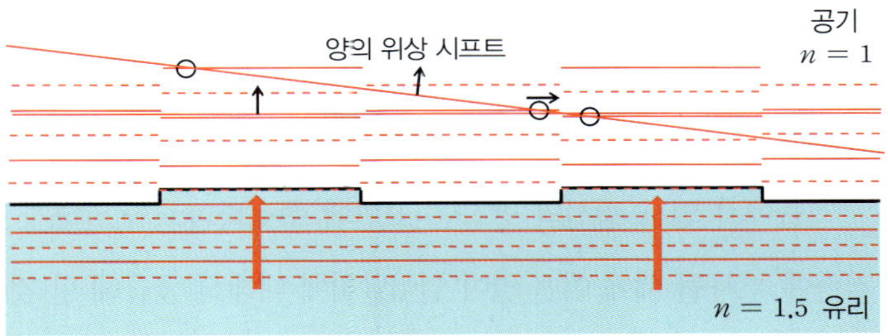

(c) 스텝크기는 공기중에서 0.33λ, 유리속에서 0.5λ

그림 7.41 위상 격자의 스텝 크기를 변화시키면 0차 및 1차의 진폭과 위상도 함께 변한다. 스텝 높이를 줄이면(b와 c) 두 차수 모두 위상의 전진이 초래된다. 차수들의 방사조도는 1차가 100%인 a)의 경우에서부터 궁극적으로 스텝 크기가 0이 되어 0차가 100%가 되는 경우까지 변한다.

이로 인하여 0차의 위상은 항상 1차 회절파장의 위상각에 비해서 지연 상태를 유지한다. 입사광선에 비해서 0차 파면이 일으키는 90°의 위상지연이 점차 0으로 감소하는 반면에 1차 파면의 위상각은 입사광선에 비해서 점차 양의 90° 방향으로 시프트된다. 빔의 크기는 격자에 의해서 영향을 받지 않기 때문에 에너지 보존법칙에 따르는 진폭의 경우, 서로 다른 차수들의 방사조도 총합은 항상 입사광선의 방사조도와 같다. 적당한 스텝 높이를 선정하면 예를 들어서 0차와 1차 빔이 동일한 방사조도를 갖도록 격자를 만들 수 있다. 이 경우 두 차수들의 위상 시프트는 동일해야 한다. 식 (7.26)에 대한 근사계산을 통해서 이를 간단히 나타낼 수 있다.

$$I_{r,o}=I_{r,i}\left(\frac{1+\cos\varphi}{2}\right) \tag{7.30}$$

여기서 $I_{r,o}$는 출력차수의 방사조도와 같으며 $I_{r,i}$는 입사광선의 방사조도이다. 고차로 회절되는 빛이 총 방사조도의 약 25%라고 가정한다면, 3개의 주 차수들 각각은 25%만을 활용할 수 있으며, 이는 현실적인 비율이다. 3개 차수 모두에 대해서 코사인 항은 0.25와 같아야 하므로 이에 따른 위상각은 다음과 같이 구해진다.

$$\varphi=\arccos(2\cdot 0.25-1)\approx 120^\circ \tag{7.31}$$

따라서 0차의 경우 간섭파동들 사이의 위상차이는 120°이며 그로 인해서 입사광선의 위상에 비해서 −60°에서 간섭이 이 값의 절반이 된 다음에 0차는 (음의) 위상 시프트를 일으킨다. 1차의 경우 위상은 0°에 대해서 동일한 60°만큼 양의 방향으로 시프트된다.

이 특수한 위상격자에서 발생하는 120°의 위상 차이는 8장에서 설명할 진보된 간섭계 인코더에서 매우 유용한 것으로 판명되었다.

7.5.3.3 입사광선의 방향

앞서 제시된 모든 사례들에서 입사 광선의 방향은 표면에 수직하다고 엄밀하게 정의되어 있기 때문에 광선이 다른 각도로 격자에 투사될 때에 어떤 일이 일어날지에 대해서 궁금해 할 것이다.

원리상 반사형 격자에 각도 ϑ로 입사되는 광선은 반사법칙에 따라서 법선에 대해서 반대방향에 동일한 각도 ϑ로 안내되는 0차 파동이 생성된다. 1차 근사에 따르면 기하학적 효과는 회절효과와 단순히 선형조합 된다. 사실 큰 각도로 입사되는 광선은 반사되어야 할 특정한 회절차수를 상쇄시키는 반면에 여타의 차수들은 법선의 반대 방향에 나타난다. 이에 대해서 관심을 갖는 독자들은 여타의 광선 방향들에 대한 서로 다른 그래프들을 그려보면서 이를 유도해 낼 수 있다.

이 추론의 결론 중 하나는 이 효과가 두 방향으로 작용한다는 것이다. 예를 들어 반사형 진폭격자의 경우에 1차 회절에 해당하는 각도를 가지고 입사된 광선은 주로 0차 방향으로 반사된다. 서로 반대 방향으로 향하는 광자들의 광학 경로길이는 동일하므로 동일한 비행시간과 이들의 파동 특성에 따른 동일한 위상각을 가진다는 추론을 통해서 이 역효과도 설명할 수 있다.

서로 다른 격자들의 투과형 버전의 경우 투명한 부분이 평면이며 광학적 굴곡이나 쐐기형상이 없다면 원리상 동일한 추론이 성립된다. 그렇지 않다면 이 효과에 대해서 각도를 보정해야 한다.

7.5.4 회절기반의 영상품질

순수하게 물리적인 방식으로 광학물체를 서로 다른 방사조도를 가지고 있는 공간적으로 분리된 영역의 조합으로 근사화시킬 수 있다. 이 방사조도는 TV-스크린의 경우와 같이 국부적인 광원에서 생성되거나 분리된 광원으로부터 투과나 반사되어 생성된다.

앞 절의 물리광학에서 설명했듯이 어두운 선들과 교대하여 개별적으로 조사되는 등간격으로 배치된 선들은 격자처럼 거동하며 광선의 파장과 선들의 거리에 따라서 각도가 결정되는 분리된 빔을 생성한다. 식 (7.28)에서 주어진 선들 사이의 거리를 여기서 다시 써보면 다음과 같다.

$$\vartheta_N = \arcsin \frac{N\lambda}{p} \tag{7.32}$$

선들 사이의 좁은 간격은 높은 선밀도에 해당한다. 이 밀도는 단위 길이당 선의 수 [1/m]로 정의된 선들의 **공간주파수**(spatial frequency) f로 나타낸다. 전기신호에서와 마찬가지로 광학 물체의 공간 주파수 분포는 푸리에 급수전개를 통해서 해석할 수 있다. 공간 주파수 f를 가지고 있는 주기적인 광학 신호에 대해서 푸리에 급수전개를 적용하면 각각의 공간 주파수가 $n \cdot f$인 정현 조화함수를 얻는다. 그림 7.42에서는 좌측으로부터 격자에 수직방향으로 빛이 조사되는 투명 진폭격자를 통해서 동일한 폭으로 투명과 불투명한 선들이 교차되어 있는 물체를 투영했을 때에 이것이 무엇을 의미하는지를 보여주고 있다.

이 사례의 경우에는 단순성 때문에 이중-텔레센트리 영상화 시스템을 사용하지만 다른 모든 영상화 시스템을 사용할 수 있다. 좌측에서 출발하면, 격자에서 회절 차수들이 생성되며, 이들은 광학 시스템에

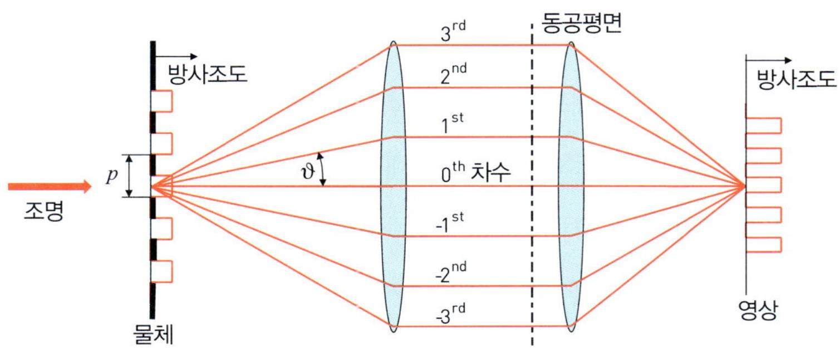

그림 7.42 구형파 방사조도 프로파일을 가지고 있는 투명격자에 좌측에서 수직으로 조사되는 빛에 의한 영상화. 그림에 따르면 영상의 공간적 고주파 성분을 나타-내는 높은 회절차수는 동공평면에서 광축으로부터 먼 곳에 위치한다는 것을 알 수 있다.

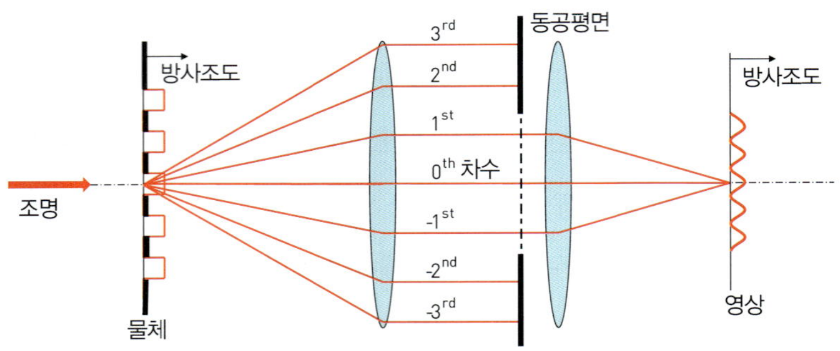

그림 7.43 동공평면상에서 작은 구경조리개를 가지고 있는 광학계에 구형파 방사조도 프로파일을 가지고 있는 투명격자를 투영하여 높은 회절차수들을 차단하면 광학 시스템은 공간적인 저역통과 필터의 특성을 나타낸다.

의해서 포획된다. 동공평면에서 이 모든 차수은 평행광선을 형성하며 고차의 빔들은 저차의 빔보다 광축에서 먼 곳에 위치한다. 두 번째 렌즈를 통과하고 나면 이 빔들은 재조합된다. 이 사례에서는 영상을 축소하기 때문에 영상은 크기는 다르지만 물체와 동일한 형상을 가지고 있다. 영상측에서의 높은 방사조도는 에너지 보존법칙에 따른 것으로 세부형상이 작을수록 높은 방사조도를 나타낸다.

회절 이론에 따르면 회절 차수들 사이의 각도 ϑ는 $\arcsin(n\lambda/d)$와 같으므로 공간주파수가 높아질수록 (d가 작아질수록) 각도가 커진다. 이것이 바로 시스템의 물체 측보다는 영상 측에서 관찰되는 현상이다.

이런 관점에서 렌즈에 의해서 포획되지 않고 잃어버린 고차 성분들이 끼치는 영향을 도시하지 않았기 때문에 그림에 허점이 많다. 실제 광학 시스템에서는 이로 인하여 영상에 대한 방사조도 프로파일의 기울기와 진폭이 감소하는 현상이 목격된다. 광학 시스템의 동공 평면에 작은 조리개를 삽입하여 0차와 1차 회절을 제외한 모든 성분들을 차단한 그림 7.43의 사례를 통해서 이 영향을 설명할 수 있다. 구형파 방사조도 프로파일에 의해서 생성된 회절차수들 각각은 공간주파수의 서로 다른 조화함수들을 나타내고 있다. 0차 성분은 평균 방사조도를 나타내므로 푸리에 급수전개에 따르면 영상의 DC 성분인 a_0값을 가진다. 1차 성분은 영상의 정현함수 공간 주파수를 나타내며 고차 성분들은 각각 고주파 성분들을 나타낸다. 광학 신호들은 전기 신호와 약간 다르기 때문에 그 차이를 살펴보는 것이 도움이 된다. 무엇보다도 방사조도는 전기장 진폭의 제곱이므로 음의 신호값이 존재하지 않는다. 따라서 영상이 존재한다면 평균 방사조도값이 항상 존재하므로 0차 값은 결코 0이 아니다. 다음으로 구형파는 홀수의 조화함수만으로 구성되므로 높은 광학차수들은 푸리에 급수전개에서 홀수의 조화함수에 해당한다. 2장에 따르면 특정한 대칭성을 가지고 있는 모든 신호에 대해서 이것이 성립된다.

제시된 사례들은 일반적인 구형파 패턴을 가지고 있지만, 실제의 경우 물체는 결코 단 하나의 공간 주파수로 이루어지지 않는다. 푸리에 해석에 따르면 임의신호는 무한한 숫자의 정현 주파수 성분들로 근사화시킬 수 있다.

이로 인하여 공간 주파수 도메인 내의 광학 믈체에 대한 다음과 같은 중요한 특성들이 만들어진다.

- 모든 광학물체나 영상은 3차원 내에서 두한한 숫자의 공간주파수들을 사용해서 나타낼 수 있다.
- 높은 공간주파수는 물체의 세밀한 부분을 나타내며 이들은 동공평면 내의 광축에서 가장 먼 영역에 **암호화**되어 위치한다.
- 높은 공간 주파수는 광학 시스템에서 큰 포획각도를 필요로 한다.

다시 말해서 광학영상 시스템은 차단주파수가 포획각도에 의해서 결정되는 공간 저역통과 필터처럼 작용한다. 포획각도가 작으면 광학 분해능과 선명도가 떨어지는 영상이 만들어진다.

광학시스템의 성능이 이런 회절과 관련된 한계에 의해서만 결정되는 것을 **회절한계**(diffraction limited)라고 부른다. 회절한계를 가지고 있는 광학 시스템에서 모든 렌즈수차들은 영상 속의 가장 작은 디테일보다 더 작다. 이상적인 점광원 영상을 사용하여 이를 가장 잘 설명할 수 있다. 공간 임펄스는 물체평면의 한 점에서 무한한 방사조도 피크를 갖기 때문에 크기는 무한히 작고 방사조도는 무한히 높은 점광원은 모든 방향으로 빛을 방사한다. 모든 광학 시스템에 실제 점광원을 투영하면 넓은 면적에 대해서 점광원의 에너지를 분산시킨다. 이로 인해 얻어지는 영상평면 내에서 위치의 함수인 방사조도 프로파일을 **점상진폭분포함수**(point spread function)라고 부른다. 그림 7.44에 도시되어 있는 점광원의 회절제한 영상은 에어리 점상진폭분포함수를 가지고 있으며 이 함수를 구한 영국의 수학자이며 천문학자인 Sir George Biddell Airy(1835–1881)의 이름을 따서 **에어리–디스크**(Airy–disk)라고도 부른다. 에어리 디스크에서 광학 시스템을 사용한 공간 저역통과 필터링에 따른 고차응답은 중심에서의 방사조도 피크와 주변에서의 공간동적현상에 의한 진동을 확인할 수 있다. 광학 시스템의 성능이 이상적인 회절한계를 가지고 있지 못하다면 점광원 영상의 점상진폭분포함수는 중심의 방사조도 피크가 더 넓어지고 낮아진다. 실제 광학 시스템의 피크 방사조도 높이와 이 광학 시스템에 회절한계가 적용되었을 때의 피크 방사조도 높이 사이의 차이를 독일의 물리학자인 Karl Strehl(1864–1940)의 이름을 따서 **스트렐 비율**(Strehl ratio)이라고 부른다. 이 스트렐 비율은 광학 시스템 품질의 척도이다.

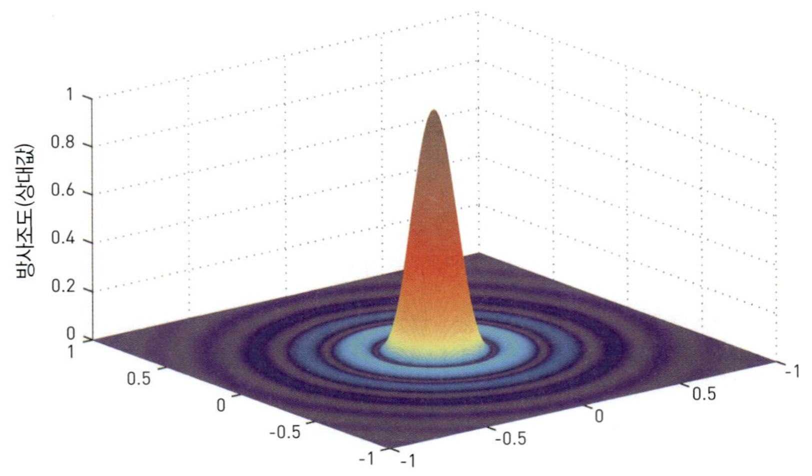

그림 7.44 회절차수가 제한된 광학 시스템에 의해서 만들어진 이상적인 점광원에 대한 에어리-디스크 방사조도 프로파일의 영상. 중심 피크 주변의 테두리들은 고차 동적 시스템과 등가인 광학 시스템의 급격한 필터링에 의해서 유발된다.

7.5.4.1 개구수와 f-값

앞서 설명한 포획각도를 영상화 시스템의 분해능과 연관시키기 위해서 전문적인 영상화 시스템에서의 **개구수**(Numerical Aperture : NA)와 사진에서의 **f-값**(f-number : f/#)이라는 두 개의 밀접하게 연관된 계수들이 사용된다. 그림 7.45를 통해서 두 계수들에 대해서 설명하기로 한다.

f-값은 굴절계수를 고려하지 않으며 입구동공과 초점길이 사이의 비율로 정의되기 때문에 매우 단순하다.

$$<f/\#> = \frac{f}{d} \tag{7.33}$$

이 계수는 공기중에서 물체는 아주 멀리 위치해 있으며 영상은 초점평면에 맺히는 경우의 사진 시스템에서 완벽하게 활용할 수 있다. 카메라 렌즈의 최대 입구동공은 전방 렌즈의 직경과 거의 일치한다. 물체로부터 포획된 광선은 입구동공 표면적의 함수이므로 직경의 제곱에 비례하기 때문에 일반적으로 **조리개**(stops)라고도 부르는 입구동공의 단위는 $\sqrt{2}$배 만큼 차이가 난다. 따라서 조리개의 광선 방사조도는 2배가 된다.

일반적인 카메라 렌즈들의 f-값은 $f/2.8 \sim f/22$의 값을 가지고 있다. 많은 경우 실용적인 렌즈 설계는 $f/8$ 주변의 f-값에서의 렌즈수차에 대해서 최적화 된다. 이미 언급했듯이 조리개를 넓게 열어 사용할 수 있으며 때로는 f-값이 최대 $f/1$에 이르는 매우 고가의 전문가용 카메라 렌즈와 같은 예외적인 경우를 제

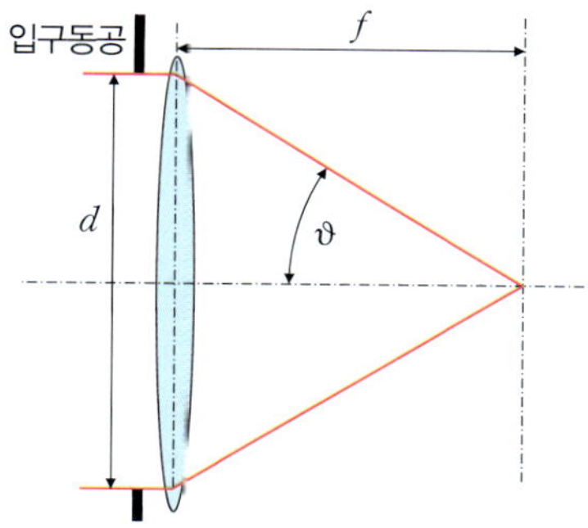

그림 7.45 광학 시스템의 개구수($NA = n \cdot \sin\vartheta$)와 f–값(<f/#> = f/d)에 대한 정의. NA 값이 크거나 <f/#>가 작다는 것은 더 많은 회절차수들이 포획되며 분해능이 좋아진다는 것을 의미한다. 그림에서 카메라 렌즈의 f–값을 결정하기 위해서 사용되는 입구동공이 렌즈 직전에 설치되어 있다. 텔레센트리 렌즈의 경우 동공은 무한히 먼 곳에 위치하기 때문에 포획각도가 NA의 기준으로 사용된다.

외하면 이런 렌즈들은 일반적으로 회절한계를 가지고 있지 않다. 큰 열림 각도를 구현하기 위해서는 매우 큰 렌즈가 필요하다는 것은 명확하며 축구 경기 사진사들이 사용하는 카메라가 그 좋은 사례이다. 또한 이를 통해서 소형 카메라나 셀폰용 카메라의 소형 렌즈들이 근본적으로 분해능 한계를 가지고 있다는 점을 이해할 수 있다. 카메라의 경우와는 반대로 웨이퍼 스캐너와 같은 IC 제조용 노광기에서 구조형상을 정의하기 위해서 사용되는 전문적인 영상화 시스템의 경우에는 물체와 영상이 모두 렌즈에 인접해 있으며 매우 높은 포획각도를 가지고 있다. 이 경우 개구수(NA)가 품질값에 더 적합하며 다음과 같이 정의된다.

$$NA = n \cdot \sin\vartheta \tag{7.34}$$

이 계수는 특정한 주파수를 갖는 빛의 파장길이는 굴절계수가 높은 곳에서 짧아진다는 사실과 관계되어 있는 굴절계수 n을 포함하고 있다. 그 결과 회절 차수들 사이의 각도는 더 작아진다. 다시 말해서 공기보다 물이나 기름과 같이 굴절계수가 높은 매질 속에서 광학 시스템이 더 많은 차수를 포획할 수 있다. 이것이 현미경을 오일속에 담그거나 웨이퍼 스캐너에서 물을 사용하여 액침노광을 시행하는 이유이다.[58]

f–값의 탄젠트 대신에 사인을 사용하는 것이 공기중에서의 값을 구현할 수 없는 목표인 1로 명확하게

58) 기존의 공기 중에서 사용하는 광학계 설계에 액체 함침을 적용한다고 하여 NA값이 자동적으로 증가되는 것이 아니며 단지 설계자로 하여금 공기 중에서는 구현할 수 없는 높은 NA를 구현하기에 적합한 설계를 가능케 해 줄 뿐이다.

제한해 주기 때문에 더 실용적이다. 공기중에서 NA값을 1로 사용하면 물체나 영상이 렌즈요소 내측에 위치해야만 하며 이는 활용이 불가능하다. 작은 각도와 굴절계수 $n=1$에 대해서 f-값과 NA 사이의 관계는 다음과 같이 근사화 시킬 수 있다.

$$NA = n \cdot \sin\vartheta = n \cdot \sin \cdot \arctan\frac{d}{2f} \approx \frac{1}{2<f/\#>} \text{ 또는 } <f/\#> \approx \frac{1}{2NA} \tag{7.35}$$

개구수는 렌즈의 최대 분해능을 결정하며 소위 **임계치수**(Critical Dimension : CD)[59]와 다음과 같은 관계를 가지고 있다[92].

$$CD = k_1 \frac{\lambda}{NA} \tag{7.36}$$

여기서 λ는 **진공중**에서의 파장길이 이다. 굴절계수는 NA값에서 이미 고려되어 있으며 λ는 대부분의 경우 광원으로부터 이미 알고 있다. k_1항은 영어발음 그대로 **케이원 계수**(k-one factor)라고 부르며 최적화되지 않은 시스템의 경우에 약 0.6의 값을 가진다. 물체측에서 광선을 집중시켜 인도하는 방법들로 이루어진 특별한 기법을 사용하면 광학 시스템은 높은 분해능으로 영상을 구현할 수 있게 된다. 이런 기법에 대해서는 Alfred Kwok-Kit Wong이 저술한 서적[92]을 참조하기 바란다. 이런 분해능 강화기법이 그림 7.46에 도시되어 있으며 광축과 각도를 이루며 입사되는 조명으로 인하여 회절 차수들의 틸팅이 유발되는 것을 알 수 있다. 수직으로 입사되는 조명의 경우에는 구경조리개(점선)에 의해서 고차 성분들이 차단되겠지

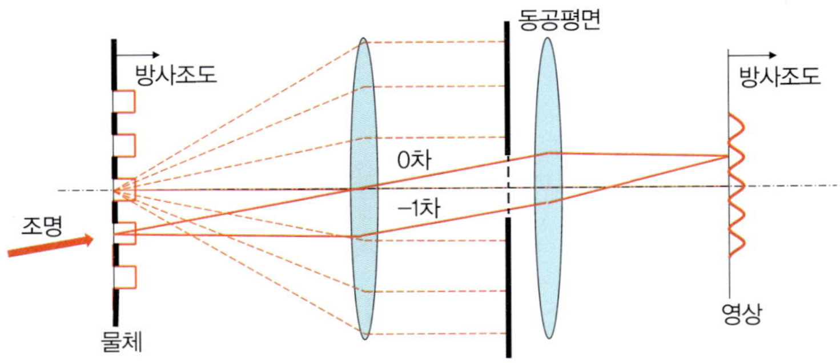

그림 7.46 광축과 각도를 갖고 입사된 조명은 조리개가 너무 작아서 두 1차 회절각(점선)을 포획할 수 없는 경우의 영상화를 가능케 해 준다. 변화된 각도는 0차와 더불어 1차 중에서 하나를 포획할 수 있다.

59) (NA)항과 (CD)항은 하나의 이탤릭 심벌을 사용해서 변수로 표기하지 않으며 엄밀하게는 다른 변수명칭을 사용해야 하지만 관련 업계에서는 이들을 아주 일반적으로 사용한다. 그런 이유 때문에 NA와 CD는 대문자로 표기한다.

만, 이 경사조명은 0차 및 고차 성분들이 조리개를 통과하므로 영상을 생성하기에 충분한 광학 정보를 전달해 준다. 광축에 대해서 동일한 각도를 이루고 두 방향이나 3차원의 모든 방향에서 (원추 형태로) 동일한 각도로 물체에 조명이 조사되는 것을 **환형조명**(annular illuminationn)이라고 부르며 1차 성분도 포획된다. 더욱이 영상측에서의 **대비강화**(contrast enhancement)기법도 이 값을 낮추는 데에 도움이 된다. 어떤 형태의 조명이 조사되더라도 1차 회절 성분이 조금도 포획되지 않는 경우에 k_1의 실제 최솟값은 0.25이다. 웨이퍼 스캐너는 사진처럼 물체에 대한 훌륭한 대표영상의 재현을 목적으로 하지 않기 때문에 작은 k_1 값을 구현하기 위한 앞서 언급한 방법들이 적용되었다. 그 대신에 이들은 관련된 모든 요소들을 최적화시켜서 특정한 구조의 영상을 생성하도록 설계되었다. 이 경우 마스크나 **래티클**(reticle)이라고 부르는 물체는 광학 시스템 전체를 최적화하여 사용하도록 설계할 수 있다. 영상위치에서의 대비강화기법은 방사조도 레벨의 차이가 단지 수 퍼센트에 불과한 경우에도 반응성이 민감하게 구분되는 광 민감성 레지스트를 통해서 검출된다. 이를 위해서는 소위 **조사량 조절**(Dose-control)을 통해서 평균 광도를 세밀하게 조절할 필요가 있다는 것은 말할 필요조차 없다.

7.5.4.2 초점심도

광학시스템에 대한 물체 또는 이미지 센서의 광축방향 위치결정의 허용오차는 많은 이름을 가지고 있으며 **초점심도**(depth of focus)도 그 중 하나이다. **피사계 심도**(depth of field)와 같은 다른 이름은 보통 물체의 위치에 대한 허용오차를 나타내는 반면에 초점심도는 영상측 위치 허용오차에 사용된다. 피사계심도에 필드라는 단어가 사용되었는데, 필드라는 단어는 힘 장에 관련되어 있으며 물체와 영상평면의 영상화도 종종 필드라는 단어를 사용하기 때문에 혼동을 일으키기 쉽다. 더욱이 두 위치들은 광학 시스템의 초점거리에 대해서 단순한 관계를 가지고 있다. 그런 이유 때문에 이 책에서는 초점심도(DOF)라는 단어를 사용한다.

렌즈에 대한 센서의 위치가 고정되면 몇 가지 매개변수에 따라서 물체는 좁은 영역 주변에 선명하게 투영된다. 이 허용오차는 주로 개구각도에 의존한다. 따라서 구현 가능한 최대 분해능을 실현하기 위해서 NA 값을 증가시키거나 f-값을 감소시키면 초점심도가 줄어든다. 개구각도가 큰 경우 위치가 초점에서 약간만 멀어져도 이 변위에 비례하여 광점이 급격하게 커진다. 카메라와 같이 최소분해능(c)이 회절한계 값보다 큰 비임계 광학시스템의 경우 물체의 초점변위(S_o)의 허용오차(dS)와 입구동공의 직경(d) 사이의 관계를 그림 7.47에 도시된 간단한 기하학으로부터 유도할 수 있다.

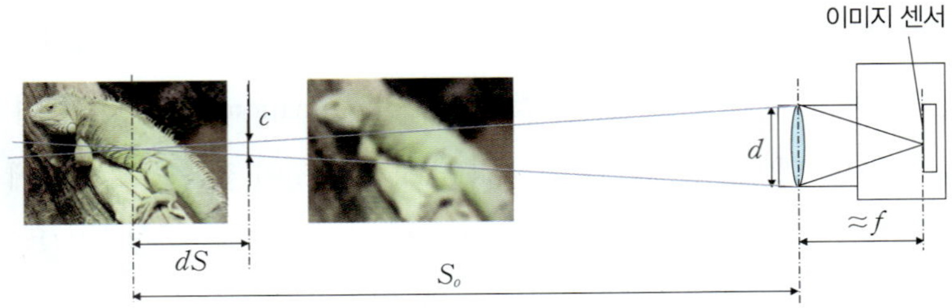

그림 7.47 카메라의 초점심도(dS)는 물체에서 렌즈까지의 거리(S_o), 최소분해능(c), 그리고 f-값(<f/#> = f/d) 등의 서로 다른 매개변수에 의존한다.

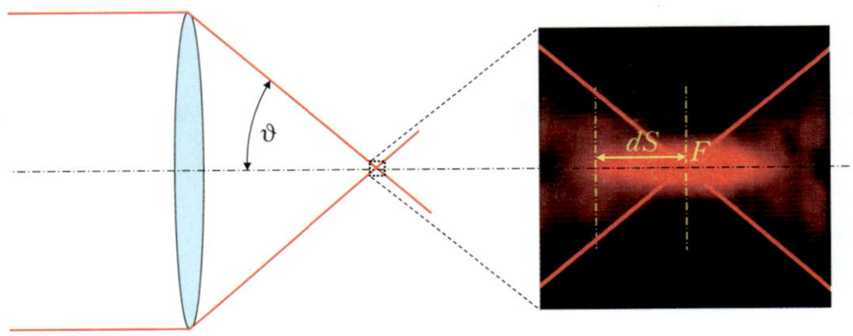

그림 7.48 회절한계를 가지고 있는 광학계의 초점심도. 우측의 확대그림은 초점위치에서의 방사조도를 보여주고 있다. 에어리-디스크의 프로파일은 중앙 스팟 인근에 밝고 어두운 영역을 형성하는 초점단면에서 관찰할 수 있다. 더욱이 스팟의 크기는 교차선으로 예측한 초점심도(dS)의 2~3배에 이를 정도로 광축상의 넓은 범위에 대해서 동일한 크기를 유지한다.

$$\frac{dS}{S_o} = \pm\frac{c}{d} \tag{7.37}$$

여기에 f-값(〈f/#〉=f/d)을 사용하면 최대 허용 초점오차에 대한 다음의 관계식을 유도할 수 있다.

$$dS = \pm\frac{cS_o<f/\#>}{f} \tag{7.38}$$

먼 거리, 높은 f-값, 큰 최소 분해능값, 그리고 작은 초점거리 등이 초점심도를 증가시켜준다. 이는 망원렌즈가 광각렌즈보다 초점심도가 작아서 근접한 물체와 함께 먼 곳의 풍경사진을 높은 선명도로 찍기 위해서는 높은 f-값이 필요하다는 사진사들의 경험과 일치한다. 이는 또한 저가형 셀폰에 내장된 카메라에는 초점조절용 모터를 내장할 수 없기 때문에 광각 렌즈를 사용하는 이유이기도 하다. 광학 시스템의 영상측 상황이 그림 7.48에 도시되어 있다. 비록 물체측과 동일한 추론이 적용되지만, 대부분의 경우 영상과 렌즈 사이의 거리는 훨씬 더 짧기 때문에 카메라용 이미지 센서의 위치결정 허용오차 역시 훨씬 더 작다. 다행히도 이 센서는 평평하며 자동 초점맞춤 기능을 통해서 부정렬을 보정할 수 있다.

더 흥미로운 것은 회절한계를 가지고 있는 영상을 관찰할 때에 초점 위치에서 관찰되는 효과이다. 이 경우 초점 근처에서의 파동특성이 매우 흥미로운 효과를 나타내기 때문에 교차하는 두 최외곽 광선의 교차선 형상으로부터 단순하게 허용오차를 유도할 수 없다.

앞 절에서 설명했듯이 개구수에 의해서 결정되는 에어리-디스크의 크기 때문에 초점위치에서 영상의 크기는 결코 무한히 작아질 수 없다. 중심위치에서 스팟의 최소크기에도 불구하고 최대 방사조도 영역은 순수한 기하학적 해석을 통해서 예상한 것보다 광축방향으로 넓은 범위에 분포된다. 이로 인하여 다음과 같이 넓은 초점범위를 갖게 된다.

$$dS = \pm \frac{n\lambda}{NA^2} \tag{7.39}$$

9장에서는 이 현상으로 인하여 액침 광학계와 매우 높은 개구수(≈ 1.35)를 사용하면 50 [nm] 수준의 광학 분해능과 100 [nm] 수준의 초점심도를 구현할 수 있다는 것을 설명할 예정이다

7.6 | 능동광학

과거 수십년간 복잡한 영상 시스템의 극한성능을 구현하기 위해서 능동제어 이론이 점점 더 많이 사용되었다. **능동광학**(adaptive optics)이라는 메카트로닉스 분야는 천문학과 IC 노광을 위한 고정밀 광학계뿐만 아니라 의료장비 분야에서 그 가치를 증명했으며 최근까지도 불가능하게만 여겨지던 성능을 구현하는 방법으로 사용되고 있다. 이 절에서는 영상 시스템의 최적성능 구현을 저해하는 주요 원인들 중 하나인 광선 광학경로의 강한 온도 의존성에 대해서 살펴보기로 한다.

적절한 측정 및 제어 시스템에 의해서 구동되는 가변형 반사경과 같은 능동광학계를 도입함으로써 이런 문제를 저감할 수 있음을 보여줄 예정이다.

7.6.1 광학 영상화 시스템의 열 영향

광선의 속도차이에 의해서 작동하는 시스템은 투명 소재의 굴절률에 의존한다. 불행히도 이 굴절률은 온도에 의해서 크게 영향을 받는다. 온도가 굴절률에 끼치는 영향은 대부분의 소재들이 온도에 따라서

밀도가 변하기 때문에 유발된다. 대부분의 경우 온도가 상승하면 밀도는 감소한다. 밀도가 낮은 경우 광선궤적 내에서 빛의 속도를 늦출 원자의 수가 작으며 이는 굴절률을 낮춘다.

그런데 이것이 항상 성립하는 것은 아니다. 특히 유리의 경우 특수한 성분을 사용하여 온도상승에 따라서 굴절률을 증가시키거나 감소시킬 수 있다. 온도에 의해 직접적으로 굴절계수가 변하는 것 이외에 물체의 크기도 온도에 따라 변하게 된다. 렌즈의 경우 온도에 의해서 곡률이 변한다.

이 영향을 정성적인 관점에서 살펴보기 위해서 앞서 소개한 렌즈-제조업자의 방정식을 사용할 수 있다.

$$\frac{1}{f} = (n-1)\left(\frac{1}{R_1} - \frac{1}{R_2}\right) \tag{7.40}$$

첫눈에 보기에 양의 dn/dT값을 가지고 있어서 고온에서 렌즈의 크기가 커짐에 따른 렌즈 반경의 증가효과를 보상해 주는 유형의 유리를 고를 수 있을 것처럼 보인다.

하지만 형상에 끼치는 영향을 고려하는 경우와 굴절률에 끼치는 영향을 고려하는 경우에 사용하는 소재가 아주 다르기 때문에 이런 선택은 거의 불가능하다.

파장길이가 193 [nm]인 극자외선을 사용하는 IC 노광장비용 고성능 렌즈의 경우 렌즈 소재로는 굴절계수가 심한 온도 의존성($dn/dT = 15 \cdot 10^{-6}$)을 갖는 반면에 열팽창계수는 $\approx 0.5 \cdot 10^{-6}$에 불과한 용융실리카를 사용해야 한다.

그림 7.49 40℃ 온도의 모하비 사막 한 가운데에 서 있는 자동차가 마치 물 위에 떠 있는 것처럼 보인다. 이 신기루는 하늘로 부터의 빛이 관찰자에게 굴절되는 렌즈효과에 의해서 유발된다. 이 렌즈 효과는 지면 근처의 저밀도 고온 공기에 의해서 생성된다. 전신주들을 통해서 열에 의한 공기유동에 의해서 유발되는 와류를 명확하게 관찰할 수 있으며 수평선에서 접근하는 자동차는 더욱 구분하기 힘들다.

따라서 1[°K]의 온도변화가 10[mm]거리에 위치하는 렌즈의 초점평면을 150[nm]만큼 시프트 시키는데, 이는 노광기 같이 정밀한 광학 시스템에서는 허용할 수 없는 값이다. 더 나쁜 것은 광선의 흡수로 인하여 광학 시스템 전체의 온도가 일정하지 않으므로 추가적인 수차가 발생하게 된다는 점이다.

열에 의해 유발되는 광학 오차의 또다른 잘 알려진 사례는 7.3.2절의 그림 7.12에 도시된 것과 같은 온도 편차이다. 이것이 그림 7.49에 도시된 것과 같은 유명한 **신기루**(mirage) 현상을 유발한다.

7.6.2 파면의 보정

광학 시스템 내부의 동공 평면은 투영되는 물체에 대한 모든 공간정보를 포함하고 있다는 것을 앞에서 설명하였다. 이 정보는 대상체 상의 임의의 점에 대해 모두 평행하게 전파되는 서로 다른 회절차수들 속에 저장되어 있다.

이 평행광선 때문에 동공평면 상의 파면은 평평해야 한다. 따라서 동공평면에서 수차는 이 평평한 파면으로부터의 편차로 구분할 수 있다. 더욱이 광축에서 멀수록 더 세밀한 구조를 가지면서 세부형상에 대한 정보는 전체 동공평면 상에 분포된다. 능동 광학계는 광학 경로 내에서 파면 센서로 측정한 이상적인 파면과의 편차를 보정하기 위해서 제어 가능한 광학 요소를 도입한다.

그림 7.50 유럽 남부 천문대에 설치되는 초대형 천체망원경(E-ELT)은 직경이 약 1.4[m]인 세그먼트 약 1000여개가 모두 $\lambda/20 \approx$ 15~50[nm]의 정확도로 정렬을 맞추어 조립되며 주 반사경의 크기는 약 40[m]에 달한다. 대기 교란에 의한 파면오차를 보정하기 위해서 두 개의 적응형 2차 반사경들이 사용된다.(courtesy of ESO)

능동 광학계를 최초로 도입한 사례는 대기중의 와류와 온도효과가 굴절계수를 변화시켜서 파면오차를 초래하는 지상 천체망원경이다. 특히 더 많은 빛을 포획하며 분해능을 향상시키기 위해서 천체망원경의 크기가 점점 커지면서 공기의 영향이 지배적 인자가 되었다. 사례로서 그림 7.50에서는 2018년에 완공 예정인 소위 E-ELT라고 부르는 유럽 남부에 설치된 초대형 천체 망원경을 보여주고 있다. 가장 큰 반사경의 직경은 약 40 [m]에 달한다. 이토록 큰 반사경을 한 덩어리로 제작할 수 없으므로 다수의 작은 반사경들을 조합하여 이런 유형의 초대형 망원경을 제작한다. E-ELT의 주 반사경은 폭이 1.4 [m]인 작은 반사경 1000여 개로 이루어진다. 각 반사경 요소들로부터 반사된 빛이 다른 반사경 요소들로부터 반사된 빛과 동일한 위상을 갖도록 이 반사경 요소들 각각은 여타의 반사경들에 대해서 상대적으로 정밀하게 위치가 조절된다. 이 조건이 충족되어야만 반사경 조립체가 하나의 일관된 파면을 갖는 하나의 대형 반사경처럼 작동한다.

300 [nm] 미만의 파장길이를 갖는 빛까지도 영상화 시켜야 하기 때문에 $\lambda/20$보다 높은 조립 정밀도가 필요하며, 이는 15 [nm]에 해당한다. 50 [km] 이상의 두께를 가지고 있는 대기 속을 통과한 파면은 매우 쉽게 15 [nm] 이상 왜곡되어 버리기 때문에 망원경의 4개의 서로 다른 반사경 들 중 2개의 표면 형상을 능동적으로 제어해야 한다.

다음의 두 절들에서는 우선 파면 수차의 수학적 표현방법인 제르니커 모드를 소개한 다음에 두 번째 절에서는 능동 광학계의 작동이론에 대해서 상세하게 살펴보기로 한다.

7.6.2.1 제르니커(Zernike) 모드

이상적인 파면과의 편차를 광축에 대해서 반경이 1인 원형 평면(단위 디스크)을 사용하여 정규화 된 극좌표계에 대해서 정의된 **제르니커 다항식**(Zernike polynomials)이라고 부르는 직교 다항식으로 나타낼 수 있다. 따라서 전체 파형의 편차는 서로 다른 차수와 진폭을 갖는 다수의 특이형상(모드)들의 합으로 근사화 시킬 수 있다. 이 근사는 신호 파형의 푸리에 전개나 동적 시스템의 모드선도 등과 비교할 수 있다. 이런 특이형상들을 정의하는 서로 다른 제르니커 다항식 또는 제르니커 모드는 독일의 과학자이며 노벨상 수상자인 Fritz Zernike (1888– 1966)가 정의하였다. 파면 이외에도 광학 요소의 표면과 필드평면 내에서의 이미지 형상도 이 다항식을 사용하여 나타낼 수 있지만, 대부분의 경우 제르니커 모드는 이상적인 파면이 평평해야만 하는 동공평면에서만 사용된다.

짝수 제르니커 다항식과 홀수 제르니커 다항식이 있으며 짝수 다항식은 다음과 같이 정의된다.

$$Z_p^q(\rho,\varphi) = R_p^q(\rho)\cos(q\varphi) \tag{7.41}$$

그리고 홀수 다항식은 다음과 같다.

$$Z_p^{-q}(\rho,\varphi) = R_p^q(\rho)\sin(q\varphi) \tag{7.42}$$

여기서 p와 q는 모두 양의 정수이고 $p-q$는 짝수이며 $p \geq q$이다.

각도 φ는 기준 벡터와 원점에서 출발하여 관심위치를 향하는 벡터 사이의 방위각이다. ρ는 직경이 1인 단위 디스크상에서 정규화 된 반경거리이다.

반경 다항식 $R_p^q(\rho)$는 다음과 같이 주어진다.

$$R_p^q(\rho) = \sum_{k=0}^{(p-q)/2} \frac{(-1)^k(p-k)!}{k!((p+q)/2-k)!((p-q)/2-k)!} \cdot \rho^{p-2k} \tag{7.43}$$

$p+q$가 제르니커 모드의 차수[60]일 때에 이 방정식은 다음과 같은 처음 21개의 제르니커 모드들에 대한 반경 다항식들을 만들어준다.

$$\begin{aligned}
R_0^0(\rho) &= 1 \\
R_1^1(\rho) &= r \\
R_2^0(\rho) &= 2\rho^2-1 \\
R_2^2(\rho) &= \rho^2 \\
R_3^1(\rho) &= 3\rho^3-2\rho \\
R_3^3(\rho) &= \rho^3 \\
R_4^0(\rho) &= 6\rho^4-6\rho^2+1 \\
R_4^2(\rho) &= 4\rho^4-3\rho^2 \\
R_4^4(\rho) &= \rho^4 \\
R_5^1(\rho) &= 10\rho^5-12\rho^3+3\rho \\
R_5^3(\rho) &= 5\rho^5-4\rho^3 \\
R_5^5(\rho) &= \rho^5
\end{aligned} \tag{7.44}$$

60) 예를 들어 여기서는 1을 사용하여 원의 최대직경에 대해서 정규화 하는 것처럼 이 다항식에 대해서는 몇 가지 서로 다른 정의방법이 존재한다. 또한 단위도 [nm]와 같은 미터단위나 파장길이를 사용할 수 있다. 또한 차수들 중에서 p는 **반경차수**(radial order)이며 q는 **방위차수**(azimuthal order)이고 일련의 차수들은 단순히 반경차수의 증가를 기반으로 하거나 모든 2차항에 대해서 구적항을 사용하는 더 복잡한 방식을 사용하기도 한다. 이 모든 정의들은 일관성을 유지하는 한도 내에서 통용할 수 있다.

이 모드들이 가지고 있는 의미를 서술적 형태로 확장시키기 위해서는 파면의 정의에 대한 다른 측면을 다시 살펴보는 것은 중요하다. 파면은 무한히 작은 점에서 방출된 광선을 나타내며 동일한 순간에 출발한 파면상의 광자들은 일정한 위상관계 또는 동일한 타이밍을 가지고 있다. 광자들의 이동이 지연되는 부분에서는 파면이 왜곡되며 그 결과 광자의 이동방향이 변하게 된다. 따라서 물체상의 각 점들은 동공평면상에서 평평한 파면을 생성하며 영상화 시스템 내의 오차에 의해서 왜곡될 수 있다.

그림 7.51에서는 서로 다른 형상을 만들어내는 처음 21개의 제르니커 모드들에 대해 도시하고 있다. 맨 위의 영상은 $Z_0^0 = 1$인 평면파에 해당하며 파면의 평균값과 같다. 이 파면 내에서 모든 광자들은 예를 들면 평판유리에 의해서 일정한 지연을 일으킨다. 한 단계 내려가서 $p = 1$이 되면 2차 제르니커 모드는 수직 또는 수평축에 대한 틸트효과를 나타낸다. 이 효과는 **프리즘**(prism)이라고 부르는 쐐기형상 유리에 의해서 유발되며 파면의 주 이동방향이 틸트각도에 의해서 변한다. $p = 2$인 세 번째 행 중앙의 또다른 제르

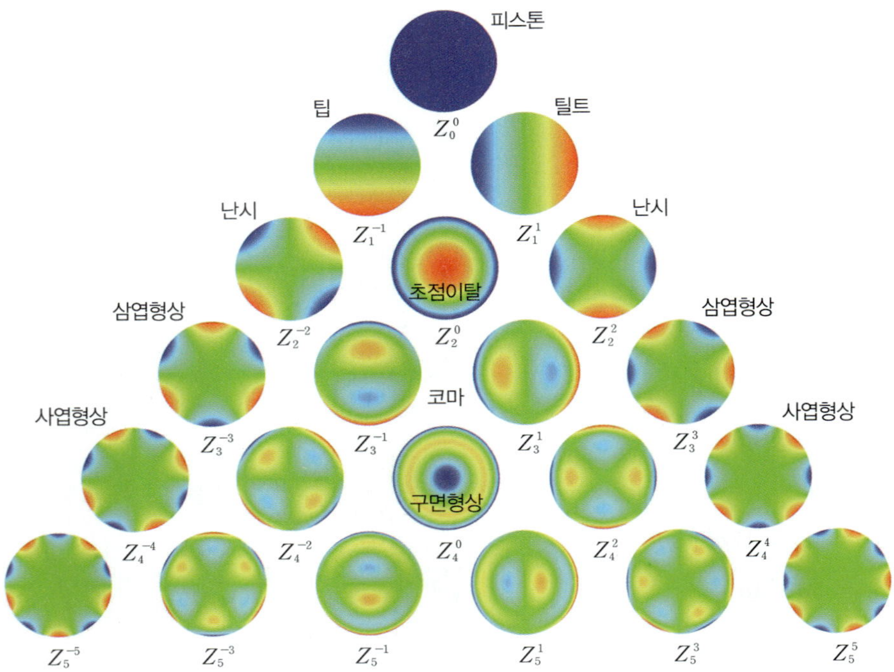

그림 7.51 처음 21개의 제르니커 모드들에 대한 계층지도를 통해서 이상적인 평면과의 차이를 체계적으로 나타내고 있다. 일반적으로 파면의 편차들은 서로 다른 크기를 갖는 다수의 제르니커 모드들의 조합으로 모델링할 수 있다. 이 도표에서 청색은 평균 광자들보다 빠르며 1, 녹색은 0 그리고 적색은 평균 광자들보다 느리며 –1을 나타낸다.(courtesy of Claudio Rocchini)

니커 Z_2^0는 동공평면상에서 포물선형 파면을 생성하는 초점이탈 효과를 나타낸다. 초점이탈로 인해서 내부광선이 외부광선에 비해서 지연되거나 그 반대의 지연이 발생하면서 영상평면에서 동일한 초점을 이루지 못하며 영상의 선명도가 저하된다.

기하광학의 절에서는 구면수차, 난시 및 코마 등 세 가지 수차에 대해서 소개한 바 있다. 이 사례들은 동공이 볼록렌즈 자체의 크기에 의해서 결정되는 단일 볼록렌즈를 사용해서 도시되었다. 수차를 그림에 제시된 영상과 연관시키기 위해서는 렌즈요소 내부 어느 위치로 평행광선이 입사되는 동공평면을 상상해야 한다. 앞의 세 가지 수차들은 4차 제르니커 항들을 통해서 나타낼 수 있다.

구면수차는 Z_4^0를 사용해서 나타낼 수 있으며 중앙부 단면은 이중 사인파형처럼 보인다. 그림 7.20과 비교해 보면 외측 및 내측 광선들은 그 사이의 광선에 비해서 지연되고 있다. 이 그림에 따르면 이 중간 영역에서 더 많은 지연을 일으키는 유리요소를 추가하여 이를 보정할 수 있다.

난시는 Z_2^{-2}와 Z_2^2를 사용해서 나타낼 수 있으며 안장 형상을 나타낸다. 그림 7.22와 비교해 보면 한쪽 평면의 광선들은 광축상의 광선에 비해서 지연되며, 이와 직교하는 평면상의 광선들은 광축상의 광선에 비해서 앞서고 있다.

코마는 Z_3^{-1}과 Z_3^1로 나타낼 수 있으며 낮은 영역과 높은 영역의 광선들이 단일 사인파형처럼 보인다. 그림 7.23과 비교해 보면 이를 상상하기는 쉽지 않으며 고차항들의 경우에는 시도할 가치도 없지만, 확실한 것은 제르니커 항의 차수가 높아질수록 더 정교한 보정 메커니즘이 필요하다는 것은 확실하다.

그림에서는 또한 제시된 주요 수차들의 높은 공간주파수 버전에 해당하는 다수의 고차항들을 볼 수 있다. 예를 들어 Z_4^2와 Z_4^{-2}는 2차 난시를 나타내며 Z_5^1과 Z_5^{-1}은 2차 코마를 나타낸다.

여타의 제르니커 모드들도 역시 형상에 따라서 Z_3^3 및 Z_3^{-3}은 **삼엽형상**(trefoil), Z_4^4 및 Z_4^{-4}는 **사엽형상**(quadrafoil), Z_5^5 및 Z_5^{-5}는 **오엽형상**(pentafoil), 그리고 Z_5^3 및 Z_5^{-3}은 **2차 삼엽형상**(secondary trefoil)이라는 이름을 가지고 있다.

7.6.2.2 능동광학을 이용한 제르니커 모드의 보정

서로 다른 렌즈 요소들의 위치와 방향에 관련되어 있는 0차 및 2차 제르니커 모드들 은 모두 단순한 기계적 수단을 사용하여 보정할 수 있다. 고차의 오차들의 보정을 위해서는 더 복잡한 보정 메커니즘이 필요하다. 이렇게 수학적으로 표현된 광학 시스템의 편차를 기반으로 메카트로닉스적인 방법을 사용하여 동공평면에서의 파면오차를 측정하며 능동 제어되는 광학 요소와 적절하게 조절된 제어 시스템을 사용하여 이를 보정하는 능동 광학장치가 개발되었다.

원리상 능동 광학장치의 일종으로 카메라의 자동초점장치를 이용한 2차 제르니커 오차보정을 생각해 볼 수 있는데, 여기에는 센서, 작동기 및 제어기를 포함하는 능동제어 시스템의 모든 요소들이 사용된다. 그런데 일반적으로 능동광학이라는 용어는 고차의 파면오차를 저감하기 위해서 광학요소 자체의 곡률을 능동적으로 조절하는 경우에만 사용한다.

7.6.3 작동원리

전향제어 보상방법을 사용하는 능동광학장치의 작동원리가 그림 7.52에 도시되어 있다. 동공영역 내에서 점선으로 표시된 것과 같이 왜곡된 파면을 가지고 있는 평행광선이 좌측 상단에서 시스템으로 들어온다.

첫 번째 단계로 **빔분할기**(beam splitter)가 광선을 두 개의 경로로 분할시켜 준다. 작동원리의 측면에서는 이 경로들 사이의 방사조도 비율은 중요하지 않지만 고가인 망원경의 경우 너무 많은 광자를 파면센서 쪽으로 보내는 것은 낭비라는 것을 알 수 있다.

광선은 파면과 직각 방향으로 진행한다는 이론을 기반으로 하는 파면센서를 사용하여 파면 형상을 분석한다. 파면센서의 가장 단순한 형태는 작은 구멍이 뚫린 판으로 이루어지며, 이 구멍을 통과한 광선이 디지털 카메라처럼 판 뒤에 설치된 CCD 이미지 센서에 조사된다. 조사된 영역의 위치는 국부적인 파면

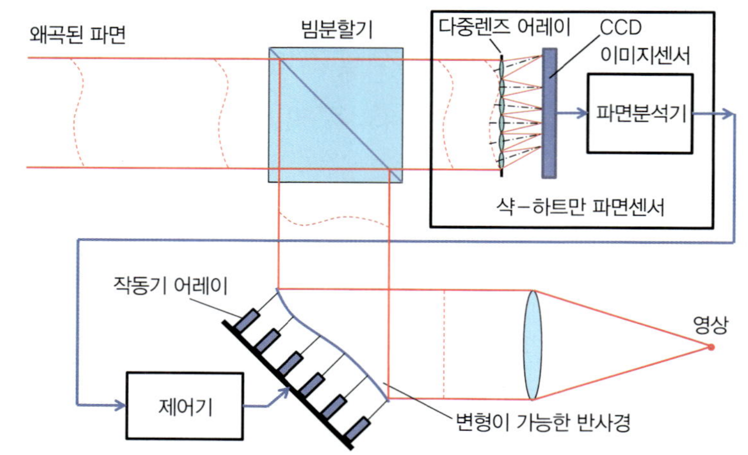

그림 7.52 전향제어 보상기법을 사용한 능동광학계의 원리. 동공영역에 빔 분할기를 삽입하여 왜곡된 파면을 측정할 수 있으며 변형이 가능한 반사경을 사용하여 이를 보정할 수 있다. 변형이 가능한 반사경의 변형량은 입사각도에 의존하는 파면의 왜곡량보다 작아야만 한다.

과 직각방향으로 진행하는 광선에 의해서 결정된다. 적절한 알고리즘을 사용하면 CCD 센서의 스폿 위치들로부터 파면을 재구성할 수 있다. 이 파면센서는 작동원리를 발명한 독일의 물리학자 Johannes Franz Hartmann(1865-1936)의 이름을 따서 **하트만 센서**(Hartmann sensor)라고 부른다. 이 장치는 나중에 미국의 물리학자인 Roland Shack이 그림에 도시된 것처럼 작은 구멍들을 작은 렌즈 어레이로 대체하여 **샥-하트만 파면센서**(Shack-Hartmann wavefront sensor)로 개선하였다. 그림에서는 왜곡된 파면이 이미 언급했듯이 공간적으로 시프트 된 패턴의 스폿을 생성하는 이 센서의 작동원리를 과장하여 나타내고 있다. 비록 단 다섯 개의 렌즈만을 도시하고 있지만 실제로는 필요한 공간 분해능에 따라서 훨씬 더 많은 숫자의 렌즈세트들이 사용된다. 동공평면 전체에 대해서 파면을 정밀하게 분석하기 위해서 이처럼 정교한 **다중렌즈 어레이**(multi-lens array)가 2차원으로 배치된다.

측정된 파면 정보는 제어기에서 왜곡된 파면과 동일한 크기에 반대 부호를 가지고 있는 제르니커 항들을 도입하여 파면왜곡을 보상하도록 변형이 가능한 반사경을 구동하는 데에 사용된다.

변형이 가능한 반사경은 파면 센서의 다중렌즈 어레이에 상응하는 중요한 모든 제르니커 항들을 포함하는 다수의 작동기들을 갖추고 있다. 이 절의 말미에서는 이렇게 구동되는 반사경에 대해서 더 상세하게 살펴보기로 한다.

주의할 점은 이 보정용 반사경의 변형이 파면의 왜곡량보다는 작아야만 한다는 것이다. 이는 반사경 표면에 대한 광선의 입사각도 때문이다. 반사경 표면이 입사광선과 직각일 때 반사경에 의해서 반사되는 광선의 광학경로 차이는 표면 변형량의 두 배에 달한다. 그림에서와 같이 반사 표면이 45°로 기울어져 있을 때 광선의 타이밍 차이는 변형량의 $\sqrt{2}$배에 달한다. 기울어진 각도가 커질수록 더 큰 변형량이 필요하다.

비록 실제로는 이런 유형의 전향제어 보상방식이 사용되고 있지만 구동되는 반사경의 거동을 정확하게 예측할 수 있어야만 하며 넓은 범위에 대해서 파면의 완벽한 측정이 필요하다. 이는 잦은 교정을 통해서만 구현할 수 있다.

그런 이유 때문에 부품들을 재배치하여 그림 7.53에서와 같이 실시간 귀환제어 루프를 만드는 것이 더 일반적이다.

귀환제어를 사용하면 광선이 능동형 반사경에 의해서 먼저 반사되며 그 다음에 빔 분할기를 통해서 센서와 영상부로 광선이 진행한다.

반사경은 센서에서 측정된 편차가 되도록 0에 근접하도록 제어된다. 이 0점 추종제어의 경우에는 평면형 파면에 대해서 센서를 교정하면 되고 반사경은 귀환루프의 안정성을 해치지 않을 정도의 선형성을 가지고 있으면 충분하다는 장점을 가지고 있다.

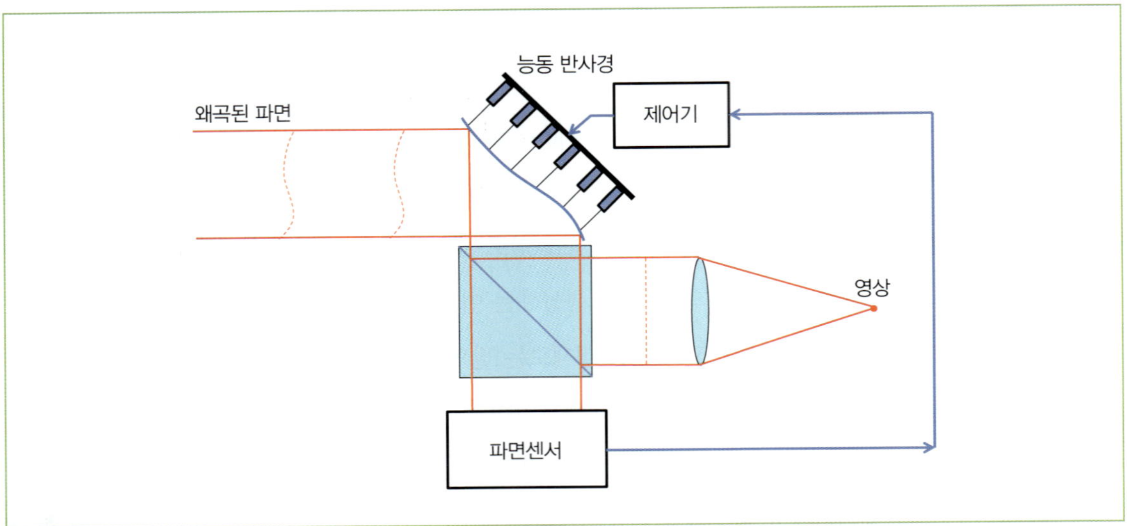

그림 7.53 귀환 제어되는 능동 광학장치의 작동원리. 반사경은 파면센서에서 측정된 오차가 가능한 한 0에 근접하도록 제어된다.

원리상 하나의 측정된 파면위치로부터 그에 해당하는 작동부로 제어되는 모든 채널들은 서로가 연결되어 있으며 기계적이며 광학적으로 서로 영향을 끼치기 때문에 제어 알고리듬이 명확치 않다. 특히 대형 천체 망원경에서의 오차들을 보정할 필요가 있으며 직경이 40 [m]인 천체망원경의 경우 약 10^5개의 작동기들이 필요하다. 고전적인 SISO 제어를 사용하여 실시간 제어를 수행하기 위해서는 작동기 숫자만큼의 채널들에 대해서 10^4개 이상의 FPGA 프로세서가 필요하다. 그런 이유 때문에 인접 요소들의 작동도 함께 고려하는 분산제어 알고리즘을 탑재한 MIMO 제어 시스템을 선호한다.

7.6.3.1 능동 반사경

제어 가능한 반사경을 구현하기 위해서 변형이 가능한 반사경처럼 작동하는 박판의 압전 또는 정전구동을 포함하는 많은 가능성들이 검토되었다. 두 가지 사례들이 제시되어 있는데 첫 번째 사례는 천체망원경에서 대기난류로 인한 파면오차를 보정하기 위해서 사용된다. 두 번째 사례는 투사광선에 의해서 가열되는 광학요소 내에서의 열팽창에 의한 파면오차를 보상하기 위한 방법이다.

■ 전자석 구동식 반사경

그림 7.54에서는 에인트호벤 기술대학의 제어시스템 기술연구실 소속인 Roger Hamelinck가 박사과정 연구를 통해서 구현한 설계를 보여주고 있다[37]. 이 구조는 반사경의 형상을 구동하기 위해서 영구자석

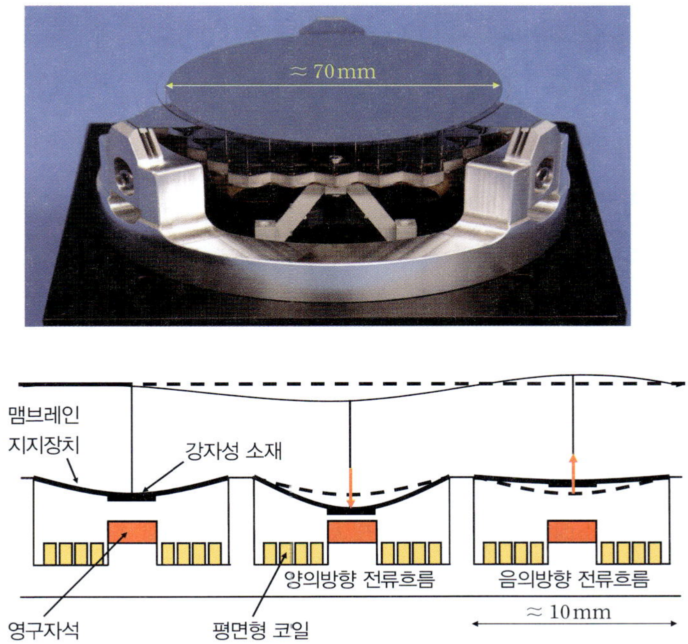

그림 7.54 영구자석 편향식 **하이브리드** 작동기를 갖춘 능동제어 반사경. 좌측의 작동기에는 전류가 흐르지 않으며, 중간의 작동기는 전류의 흐름 방향이 영구자석 자속을 증가시키는 반면에 우측의 작동기는 전류의 흐름 방향이 영구자석의 자속을 감소시킨다. (courtesy of Roger Hamelinck, TU/e)

편향식 릴럭턴스 작동기를 사용하고 있다.

이런 적응형 광학장치 반사경 시스템은 다수의 층들로 이루어진다. 상부층은 반사경으로 작용하기에 적합한 반사코팅이 되어있는 유리박판이다. 이 박판은 얇은 강선으로 중간층에 연결되며 작동기의 이동부는 맴브레인에 부착된 강자성체 금속으로 이루어진다. 고정되어 있는 하부층의 바닥판은 평면형으로 권선된 코일과 그 중앙에 배치된 영구자석으로 이루어지며 영구자석에 의해 생성된 자기장은 코일전류에 의해서 조절된다. 코일에 전류가 흐르지 않으면 영구자석이 일정한 초기장력을 형성한다. 전류가 흐르는 방향에 따라서 강자성체 금속에 가해지는 견인력은 감소하거나 증가한다. 얇은 강선과의 커플링으로 인하여 작동기의 평균위치에 따라서 반사경의 형상이 변형된다. 강선의 높은 유연성으로 인하여 연결위치에서의 불연속 발생이 방지되며 단면적이 작기 때문에 작동기에서 반사경으로의 열전달이 최소화된다.

그림에서는 대형 반사경의 아주 작은 부분만을 도시하고 있다. 실제 시스템에서 작동부는 다수의 육각형 하위구조들이 조립되어 만들어지지만 반사경 자체는 하나의 큰 표면으로 만들어질 예정이다.

참고 : 이 버전의 **하이브리드** 작동기는 영구자석이 전자석의 자속경로 속에 직렬로 삽입되어 있다. 원리상 이 설계는 전류에 의해서 유발되는 자속의 릴럭턴스를 증가시키므로 에너지 효율이 감소된다.

코일의 자속경로 밖에 자석을 설치하는 더 좋은 하이브리드 작동기 설계의 경우에는 5.4.4절에서 설명했던 것처럼 맴브레인 지지장치의 바깥쪽에 대칭구조로 추가적인 부품을 설치할 필요가 있다. 이런 설계는 배치구조를 너무 복잡하게 만들며 개별 작동기의 크기는 작고 공극의 릴럭턴스는 비교적 크기 때문에 자석구조 최적화를 통한 이득이 그리 크기 않다. 그런 이유 때문에 가공성을 포함한 모든 사안들을 고려한다면 제시된 설계가 더 최선이다.

■ 열 구동식 반사경

그림 7.55에서는 델프트 기술대학의 메카트로닉스 시스템 설계 연구실 소속인 Rudolf Saathof가 박사과정 연구를 통해서 구현한 설계를 보여주고 있다[72]. 이 설계는 비교적 높은 열 흡수레벨을 가지고 있는 광학표면에 높은 레벨의 방사조도가 투사되는 극자외선 노광 시스템의 경우에 열에 의해서 유발되는 광학 표면의 느린 변형을 보상 또는 보정하기 위해서 사용된다. 첫 번째 사례에서와 같이 분할 작동기를 반

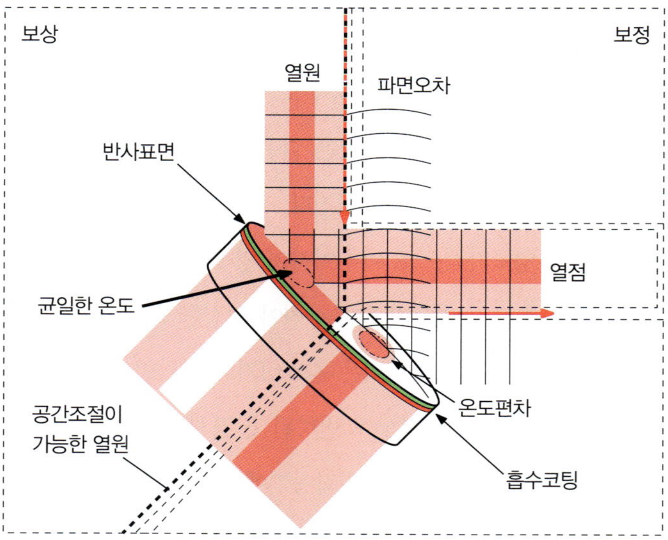

그림 7.55 반사경 표면에서의 온도편차에 따라서 반사경 배면에 광선을 조사하여 작동하는 열구동식 능동 반사경. 불균일한 가열 프로파일에 따른 불균일 팽창을 보상하거나 앞쪽의 광학시스템에 의해서 유발된 파면오차를 보정하기 위해서 사용된다.(Courtesy of Rudolf Saathof, TUDelft)

사경에 사용하는 대신에 문제를 일으키는 원인과 동일한 물리적 효과를 사용하여 광학 표면에 더 균일하고 일정한 열을 가한다. 그림 7.55의 좌측에서는 중심에 열점이 존재하여 불균일한 방사조도 프로파일을 가지고 있는 광선이 반사경에 조사되는 경우의 영향을 보여주고 있다. 이로 인한 열 변화를 보상하기 위해서 반사경의 배면에도 공간적으로 조절이 가능한 조명을 조사하며, 반사경 표면에 인접한 배면의 코팅이 이 에너지를 흡수한다. 상부에 노출되는 광선 강도와 반대가 되도록 열원을 제어하여 유입되는 총 열량이 균일하도록 만들 수 있었으며, 이로 인하여 반사되는 파면의 변형 없이 안정된 형상의 반사면을 구현할 수 있었다.

입사파면이 변형된 경우에도 역시 첫 번째 사례에서와 유사하게 입사광선의 파면오차를 보상해 주는 반대변형을 생성하기 위해서 공간적으로 조절이 가능한 열원이 사용된다. 열을 이용한 보상방법은 전자석 구동방식에 비해서 결코 빠를 수 없지만 열용량으로 인하여 노이즈 레벨이 매우 낮기 때문에 100[pm] 수준 미만의 극도로 정밀한 보정이 가능하다.

08

메카트로닉스 시스템의 측정

Robert Munnig Schmidt

8.1 | 서언

메카트로닉스 시스템의 정밀도는 제어와 시스템 거동의 조절에 필요한 관련된 모든 변수들의 측정 정확도보다는 더 좋을 수 없다. 시스템 내 여타의 요소들은 결코 알 수 없는 측정 오차들을 보정할 수 없다.

계측(metrology) 분야는 일반적으로 측정을 다루며, 기계적인 양 만을 다루는 경우조차도 매우 광범위하다. 이토록 계측분야가 넓은 이유는 오래전부터 상품 거래시 정확한 양을 측정해야만 하는 경제적인 수요가 있었기 때문이다. 계측은 사람들이 가치있는 물건들을 교환하기 시작했던 순간부터 활용되어 왔으며 이로 인하여 **추적성**(traceability)의 측면에서 세계적 도량형에 대한 협정과 규정이 만들어지게 되어 측정된 값을 킬로그램이나 미터와 같은 승인된 표준으로 변환할 수 있게 되었다. 다른 장들과 동일한 이유 때문에 이 장에서는 정밀 운동 시스템의 경우에 가장 중요한 측정 항목들인 힘, 위치 및 운동의 측정에 대해서만 살펴보기로 한다. 여기에는 압전, 전자기 및 광학 등의 물리적 원리들을 기반으로 하는 응력, 속도 및 가속도 측정용 센서들이 포함된다.

이 장은 여덟 개의 절들로 이루어진다.

8.1.1절에서는 측정 시스템들의 기본 작동원리와 모델링에 대해서 개괄적으로 소개한다. 또한 측정의 불확실성과 관련되어서는 추적 가능한 계측 필드에 대한 정의를 소개한다.

8.2절에서는 동적 오차할당이라는 중요한 통계학적 방법을 도입하여 임의오차의 통계학적 취급방법에 대해서 설명한다. 이 방법은 메카트로닉스 설계자로 하여금 동적 시스템 내에서 서로 다른 오차 원인들의 기여값들로부터 총 오차를 구할 수 있도록 해 준다. 통계학은 측정오차의 분석에 매우 중요할 뿐만 아니라 이 방법은 메카트로닉스 운동 시스템의 위치결정 오차 산정에도 활용할 수 있다.

8.3절에서는 측정 시스템의 가장 민감한 요소 내에서의 전기신호에 대해서 집중한다. 서로 다른 오

차의 원인들을 구분하며 부정적인 영향을 저감하기 위한 방안들이 제시된다.

8.4절에서는 미약한 신호의 견실성을 높여주기 위한 전용 전자회로를 소개한다. 이 회로는 6장에서 설명했던 연산증폭기 회로의 기초이론을 기반으로 하고 있다.

8.5절에서는 신뢰성 있는 방법으로 아날로그 신호로부터 디지털 데이터를 생성하는 방법에 대해서 다루고 있다.

8.6절은 응용회로를 다루는 3개의 절들 중 처음으로 소변위 위치측정 시스템용 센서에 집중한다.

8.7절에서는 힘, 속도 및 가속도와 같은 기계적인 양들에 대한 동적 측정용 센서에 대해서 다루고 있다.

8.8절에서는 인코더 및 레이저 간섭계와 같은 중요한 대변위 광학식 위치측정 시스템을 다루고 있다.

8.1.1 측정시스템

측정 시스템의 기능은 물리적인 양, 즉 **측정량**(measurand)을 이를 표시하는 공학적인 대표값으로 변환하는 것이다. 용도에 따라서 이는 아날로그 또는 디지털 값으로 표시할 수 있다. 예를 들어 자동차의 속도계 지시침은 전형적인 아날로그 표시기인 반면에 주유소 연료펌프의 수치 표시기는 디지털 표시기의 사례이다.

제어 공정이나 기능을 지원하기 위한 기본적인 측정 시스템은 그림 8.1에 도시되어 있는 것처럼 연속적으로 연결되어 있는 3개의 기능요소[61]들로 이루어지며, 이들 각각은 매우 명확한 성질을 가지고 있다.

- 물리적 현상(물리적 신호)의 가변량을 아날로그 전기신호로 변환시켜 주는 검출요소
- 신호의 간섭에 의해 외란이 발생할 위험 없이 다른 위치로 신호를 전달할 수 있도록 증폭을 통해서 아날로그 신호에 견실성을 더해주는 신호조절 요소
- 더 큰 시스템이나 공정의 능동제어를 위한 요구조건에 맞춰서 아날로그 신호를 다른 형태의 아날로그나 디지털 값으로 변환시켜주는 신호처리 요소

61) 일반적으로 측정관련 서적에서는 종종 디스플레이, 아날로그 지시침, 프린터 또는 플로터와 같은 데이터 표시부가 4번째 요소로 추가된다. 여기서는 외부 디스플레이가 없는 동적 공정의 제어만으로 측정을 한정하고 있기 때문에 외부 디스플레이는 제외한다.

그림 8.1 측정 시스템을 직렬연결된 세 가지 요소들로 모델링할 수 있다. 측정부는 물리적 신호를 전기 신호로 변환시켜 준다. 신호조절을 통해서 측정된 신호가 견실성을 갖게 되며 신호처리부에서는 신호를 정량적인 값으로 변환시켜 준다.

센서의 사례로는 온도의 함수로 전압을 생성하는 열전쌍, 광자의 흐름을 전류로 변환시켜주는 광 민감성 다이오드, 그리고 속도의 함수로 전압을 생성하는 자기장 내에 위치한 이동코일 등이 있다. 저전력 신호 증폭기가 신호조절 요소의 전형적인 사례이며 아날로그-디지털 변환기가 신호처리 요소의 전형적인 사례이다.

8.1.2 측정시스템의 오차, 불확실도

측정 시스템의 모든 요소들은 그들이 의도한 성능에 대해서 편차를 나타낸다. 이러한 편차는 측정대상으로부터 측정된 양과 완벽한 장비로 측정하는 경우에 측정되는 **실제값**(real value) 사이에 전반적인 차이를 초래한다. **측정오차**(measurement error)라고 부르는 이 편차는 많은 과학자들의 연구주제이다.

공식적으로는 경제적인 목적을 위한 **추적이 가능한**(traceable) 계측에 대해서 측정오차를 분류 및 취급하기 위해서 몇 가지 용어들이 정의된다. 이 용어들은 국제표준기구로 참여한 파리 인근의 Sèvres에 위치한 **국제 도량형 사무국**(Bureau International des Poids et Mesures : BIPM) 산하의 **계측의 지침을 위한 연합위원회**(Joint Committee for Guides in Metrology : JCGM)의 책임하에 **측정의 불확실성 표현지침**(Guide to the Expression of Uncertainty in Measurement : GUM)과 **계측의 기초 및 일반개념들과 관련 항목들에 대한 국제용어**(International Vocabulary of Metrology : VIM) 등을 통해서 제정되었다. 대부분의 제어되는 이송 시스템들은 거의 이 **절대표준**(absolute standards)이라고 부르는 외부 기준보다는 내부 기준에 의존하기 때문에 계측의 이런 부분들은 메카트로닉스 시스템과의 연관성이 떨어진다. 그럼에도 불구하고 타인과의 대화과정에서 서로 다른 용어들을 사용하는 경우에 이 규약을 알고 있다면 유용할 것이므로 이 절에서는 정의들 중 일부에 대해서 설명하기로 한다.

- 측정 시스템 내에서의 오차는 **계통오차**(systematic error)와 **임의오차**(random error)의 두 부분으로 나눌 수 있다. 계통오차는 반복측정의 결과가 일정하거나 결정성을 가지고 있어서 편차의 예측이 가능한 측정오차이다. 임의오차는 반복측정의 편차가 예측할 수 없는 방식으로 발생하는 측정오차이다. 예측이 가능한 측정오차의 사례로는 온도가 다른 물리량의 측정에 영향을 끼치는 경우를 생각해 볼 수 있다. 온도에 대한 시스템의 물리적 모델을 알고 있는 경우에는 온도를 측정하여 그 영향을 보상할 수 있다. 임의오차의 사례로는 저항기 내에서 발생하는 열 노이즈의 순시전압을 들 수 있다. 측정 시스템에서 오차를 줄이기 위해서는 특히 임의오차를 최소한으로 저감시킬 필요가 있다는 것이 명확하다.
- 측정 시스템에서 **측정의 불확실성**(measurement uncertainty)은 사용된 정보에 기초하여 측정량에 기여한 양적인 값들의 분포 특성을 가지고 있는 음이 아닌 매개변수로 비교적 엄밀하게 정의된다. 여기에는 모든 임의오차 및 보상되지 않은 계통오차들이 포함된다. 예측이 가능한 계통오차를 보상하는 경우, 앞서의 온도측정 사례에서 언급했던 것처럼 보상에 사용된 측정값 내에도 임의오차가 포함된다.
- **측정의 정확도**(measurement accuracy)라는 용어는 상대적이며, 주로 정량적인 용어로 대부분의 경우 한편이 다른 편보다 더 정확한 두 측정결과 사이의 차이를 구분할 때에 사용된다. 주어진 숫자를 정량화하는 경우에는 보통 십의 몇 승 정도로만 나타내므로 이 항은 측정의 불확실성에 비해서 엄밀성이 떨어진다.
- **측정의 정밀도**(measurement precision)는 상대적이며 정량적인 항으로서 보통 측정량의 최댓값에 대한 상대적인 부정확성의 척도를 사용하여 수치값으로 표현된다. 지정된 측정조건 하에서의 표준편차, 분산 또는 분산계수 등을 생각해 볼 수 있다. 사실, 측정의 정밀도는 실제값에 대한 측정의 불확실도와 연관되어 있다.
- 정밀도와 직접적인 연관관계를 가지고 있는 용어는 **재현성**(reproducibility)으로서, 반복된 측정을 통해서 동일한 결과를 얻을 수 있는 정량화 된 능력이다.
- **측정의 분해능**(measurement resolution)은 해당 표시기가 감지할 수 있는 변화를 유발하는 측정된 최소변화량이다. 측정 시스템의 최대 분해능은 불확실도와 매우 다른 의미를 가진다는 것을 인식하는 것이 매우 중요하다. 사실 분해능은 항상 불확실도보다 작은 값을 갖기 때문에 몇몇 측정시스템 공급자들은 마케팅 정보로 분해능만을 제시하곤 한다.

8.1.2.1 궁극적인 불확실도

오래 전에 라플라스와 같은 과학자들은 미래의 언젠가는 모든 물리적 공정들을 완벽하게 예측할 수 있을 것이라고 확신하였다.

그런데 예를 들어 독일의 과학자이며 노벨상 수상자인 Werner Karl Heisenberg (1901 – 1976)가 상정한 **하이젠베르크 불확정성 원리**(Heisenberg uncertainty principle) [39]와 같은 양자역학은 우리에게 다른 이야기를 하고 있다. 그의 이론에 따르면 위치(σ_x)와 임펄스(σ_p) 또는 에너지(σ_E)와 시간(σ_t) 같은 두 매개변수들의 측정오차가 가지고 있는 표준편차의 곱은 다음의 식에서 제시된 값보다 작아질 수 없다.

$$\sigma_x \sigma_p \geq \frac{h}{4\pi} \text{ 이며 } \sigma_E \sigma_t \geq \frac{h}{4\pi}$$

여기서 플랑크 상수 $h = (6.62606957 \pm 0.00000029) \cdot 10^{-34}$ [Js]이다.

다행히도 실제의 메카트로닉스 세계에서 이 숫자는 너무 작기 때문에 이 불확실도 한계를 고려할 필요가 없다. 하지만 이 불확실도 레벨에 도달하기까지 여전히 과학자와 엔지니어들이 측정시스템의 정밀도를 개선하고 측정의 불확실도 한계를 꾸준히 낮추기 위한 작업을 수행할 여지가 충분히 남아있다.

8.1.2.2 추적 가능한 측정의 불확실도

모든 절대 표준단위들은 물리적인 상수 또는 잘 보존된 특정한 성질을 가지고 있는 물체를 기준으로 삼고 있다. 이 물리적인 상수들은 해당 물체에 접근하지 않고도 그 성질을 재현할 수 있는 방식을 선호한다. 예를 들어 초[s] 단위는 기저상태인 세슘 133이 가지고 있는 두 가지 전자스핀 에너지레벨 사이의 전환에 의해서 방사되는 빛의 정확히 9,192,631,770주기시간으로 정의되어 있는 반면에 [kg]은 잘 조절된 환경조건 하에서 Sèvres 소재의 국제 도량형 사무국(BIPM)에 보관된 1 [kg]짜리 백금 분동의 무게를 기준으로 삼고 있다. 미터[m] 단위는 빛의 속도에 기반을 두고 있으며 정확히 1/299,792,458초 동안 빛이 진행한 거리와 같다. 이렇게 비논리적인 것처럼 보이는 숫자들이 사용되는 이유는 모든 새로운 표준들은 그 단위가 처음 도입되었던 시점에서 정의되었던 표준과 대략적으로 일치하여야만 하기 때문이다. 이토록 정확한 정의에도 불구하고 물리적인 성질들의 실제값은 정의된 표준과 측정량이 가장 근접하게 일치하도록 개발된 소위 **1차표준**(primary standard)에 대한 비교측정을 통해서만 구할 수 있다. 이 1차표준에 남아있는 불확실성들에 대해서는 지속적인 연구가 필요하다. 전 세계의 계측 연구소들에서 사용하는 표준들은 정기적인 비교연구를 통해서 만들어진 유사 1차표준으로서, 주 표준에 대한 추적 가능한 계층구조 내에서 이들의 위치를 나타내기 위해서 이런 유도표준들을 2차 또는 3차표준이라고 부른다. 현재 불확실도가

$5 \cdot 10^{-16}$ 미만으로 세계에서 가장 정확한 시간에 대한 주표준은 미국의 국립표준 및 기술연구소(NIST)가 보유하고 있는 CsF2 세슘분수 원자시계이다[47]. 두 번째로 정확한 주표준은 Bernard cs[7]와 같은 많은 비교연구를 기반으로 하여 국제 도량형 사무국(BIPM)이 결정한 미터로서, 요오드 안정화 HeNe 레이저($\lambda \approx 633\,[\mathrm{nm}]$)의 파장길이를 사용하며 불확실도는 $2 \cdot 10^{-11}$에 달한다. 최근에 개발된 펄스형 피코초 레이저는 길이표준과 시간을 서로 연결하여 블확실도를 더욱 줄여줄 것으로 기대된다[23]. 전기의 경우 전류의 원래 표준은 화학 반응을 기반으로 하고있기 때문에 그리 정확하지 않았었다. 따라서 Josephson 접합 주파수 발진기를 기반으로 하여 전압을 주표준으로 삼는다[51]. 국제 도량형 사무국(BIPM)에 따르면 유도된 표준들은 $30\,[\mathrm{nV/V}](3 \cdot 10^{-8})$의 불확실도를 가지고 있다. 따라서 전류는 DC 전류에 대해서 교정된 저항이나 AC 전류에 대해서 교정된 커패시터를 사용하여 전압으로부터 유도하며 국제 도량형 사무국(BIPM)에 따르면 $36\,[\mathrm{n}\Omega/\Omega](3.6 \cdot 10^{-8})$의 불확실도를 가지고 있다. 가장 정확도가 떨어지는 표준들 중 하나가 바로 질량으로, 백금으로 제작한 $1\,[\mathrm{kg}]$의 분동을 표준으로 사용하며 국제 도량형 사무국(BIPM)에 따르면 $1.4\,[\mu\mathrm{g}](1.4 \cdot 10^{-7})$의 불확실도를 가지고 있다. 정확한 거리에 평행하게 놓인 두 도선 사이를 흐르는 크기는 같고 방향은 반대인 전류에 의한 두 도선 사이의 상호작용을 측정하는 소위 **와트 밸런스**(Watt balance)를 통하여 힘과 전류 사이의 관계를 정의하려는 연구가 수행되었다[29]. 한쪽 도선에 흐르는 전류는 반대쪽 도선에 흐르는 전류에 의해 생성된 자기장과 결합되어 로렌츠력을 생성한다.

힘은 질량, 길이 및 시간을 사용하여 물체에 가해지는 가속도로 정의된다.$[\mathrm{N} = \mathrm{kgm/s^2}]$ 마지막으로 온도는 물의 삼중점과 같은 몇 가지 물체의 위상전이 온도들을 기반으로 하는 캐나다의 CRC와 독일의 NMI-VSL 사이의 비교연구를 통해서 결정되었으며 약 $273\,[\mathrm{K}]$의 온도 하에서 $0.5 \sim 1\,[\mathrm{mK}]$의 절대 불확실도를 가지고 있다[40].

8.1.3 측정시스템 요소의 기능적 모델

측정 시스템의 모든 구성요소들을 유용한 정보를 주 입력으로 받고 외부 오차를 부입력으로 받으며 하나의 출력을 송출하는 개별적인 하위 시스템으로 모델링할 수 있다. 이 모델이 그림 8.2에 도시되어 있다.

이상적으로는 하나의 구성요소는 측정입력 i와 출력 o 사이의 전달이득이 K_l인 하나의 비례형 선형 전달함수 $L(i)$만을 가진다. 그런데 대부분의 센서들은 얼마간의 비선형성을 가지고 있어서 출력값이 완벽한 비례관계를 갖지 못한다. 신호성분에 대한 총 전달함수의 고차항들을 포함하는 급수전개 다항식을 사용하여 이런 비선형성을 수학적으로 나타낼 수 있다.

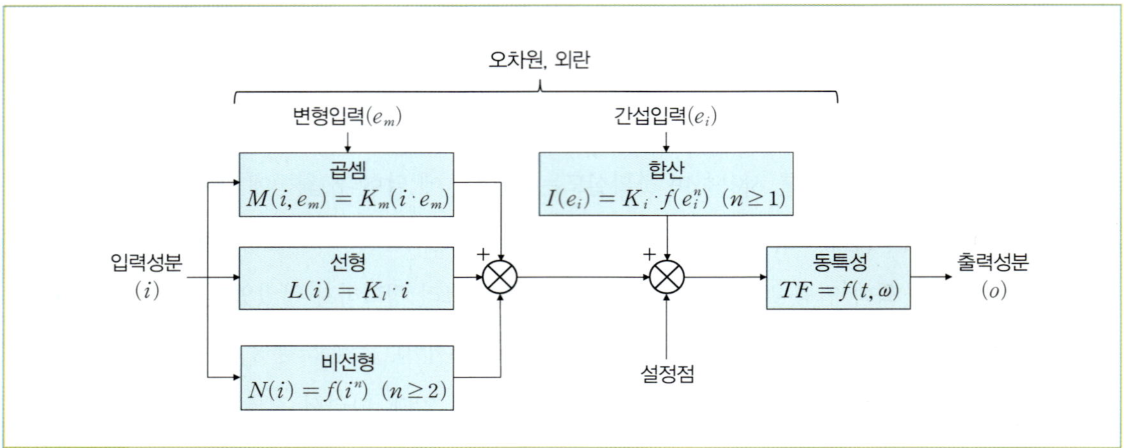

그림 8.2 측정 시스템 내부 구성요소들의 기능적 모델. 센서의 경우 입력성분은 측정량이다. 출력신호를 교란시키는 두 가지 인자들이 도시되어 있다. 변형입력은 입력성분의 전달함수 이득을 변화시킨다. 또한 비선형성과 동특성이 구성요소의 기능성에 영향을 끼친다.

$$N(i) = \sum_{n=2}^{\infty} c_n i^n \tag{8.1}$$

대부분의 경우 측정의 불확실성 수준에 의해서 결정되는 출력값 o의 중요성에 기여할 수 있는 항들만을 사용한다.

비선형성 이외에도 외부영향이 두 가지 방식으로 구성요소의 기능성을 손상시킨다. 우선 측정량의 입력값에 무관하게 외란입력이 구성요소의 출력에 추가적인 값을 초래할 수 있다. 이런 외란입력을 **간섭입력**(interfering input)이라고 부르며 전달이득은 K_i이다. 측정출력을 손상시키는 두 번째 방식은 측정량 입력 전달함수의 비례이득을 변화시키는 것으로 **변형입력**(modifying input)이라고 부르며 전달이득은 K_m이다. 원리상 간섭입력은 측정량 입력과 유사한 비선형 전달함수를 가질 수 있지만 간섭입력의 민감도는 측정량의 민감도에 비해 훨씬 더 작기 때문에 대부분의 경우 관련된 다항식의 고차항들은 무시할 수 있다. 그런데 특히 이런 영향들을 보상할 필요가 있는 고정밀 시스템의 경우에는 이런 선형화가 항상 허용되는 것은 아니다.

대부분의 외부영향들은 이 두 가지 영향들이 조합되어 나타난다. 심지어는 이득계수 K_m 및 K_i가 입력이나 출력 신호의 실제값에 의존하여 모델링을 어렵게 만든다. 일반적으로 정밀 시스템에서 계통오차를 보상한 이후에는 임의간섭오차만이 남게 된다.

구성요소의 출력에 영향을 끼치는 두 가지 인자인 **설정점**(set point)과 **동특성**(dynamics)이 모델에 제시되어 있다. 설정점(a)은 입력값의 일정범위 내에서 출력값의 범위를 지정하기 위해 사용하는 내부 옵셋값이다. 예를 들어 온도센서의 경우 5~25[℃]의 온도범위가 출력전압 0~10[V]에 해당할 수 있다. 이 사례에서 선형 전달 이득 $K_t = 0.5$이며 설정점 $a = 5$[V]가 된다.

동특성 박스는 구성요소의 시간 또는 주파수 의존적 거동특성을 나타내며 동적 전달함수로 모델링할 수 있다. 1차 동적 전달함수를 가지고 있는 구성요소의 전형적인 사례는 온도센서이다. 동적 거동은 센서의 열용량과 센서와 측정대상 물체 사이의 열전도율에 의해서 결정된다. 메카트로닉스 위치결정 시스템에서 센서가 작동기와 다른 위치에 설치되는 경우에는 거의 대부분 전달함수의 2차 및 고차항들이 나타난다.

8.2 | 동적 오차할당

임의오차는 예측할 수 없기 때문에 통계학을 사용해서 정량화시킬 수밖에 없다. 메카트로닉스 시스템에서의 측정은 거의 연속적이며 오차들은 연속적으로 간섭되는 다수의 임의신호들이 조합되어 나타난다. 정밀측정은 많은 경우 임의적 측정오차를 줄이기 위해서 반복수행하여 평균화한다. 반복된 단일측정오차의 통계방법에 대해서 간략하게 살펴본 다음에 이 절에서는 **동적 오차할당**(Dynamic Error Budgeting : DEB)에 대한 개념[62]을 도입하여 신호의 통계처리에 대해서 집중적으로 고찰하기로 한다. 서로 다른 동적 원인들로부터 시스템의 총 오차를 추출하기 위한 이 방법은 실제의 측정 및 위치결정 시스템에 적용하여 오차원인을 분석 및 추출해 내는 매우 유용한 방법인 것으로 판명되었다.

8.2.1 반복측정의 오차통계

추적 가능한 계측에서는 원론적으로 다수의 측정값에 대한 분석을 통해서 오차를 조사한다. 서로 다른 값들의 분포에 대한 관찰을 통해서 발생 가능한 오차의 원인, 이들의 성질 및 개선방법 등에 대한 정보를 얻을 수 있다. 확률과 통계에 관련된 분야는 x_1에서 x_2까지의 특정한 범위 내에서 관찰된 측정값의 확률 p_{x_1,x_2}를 제시해 주는 **확률밀도함수**(Probability Density Function : PDF) $p(x)$를 사용해서 나타내는 서로 다른 많은 분포들을 포함하는 매우 광범위한 분야이다.

62) 이 절은 델프트 기술대학 진보된 메카트로닉스 실험실 출신 Leon Jabben의 박사학위 논문을 요약한 것이다.[46]

$$p_{x_1,x_2} = \int_{x_1}^{x_2} p(x)dx \tag{8.2}$$

측정이 임의의 값을 나타낼 확률은 정의상 1이다. 따라서 $-\infty$에서 $+\infty$까지 $p(x)$를 적분하면 1이 된다. 이와 관련된 **누적확률함수**(Cumulative Probability Function : CPF)는 $-\infty$에서 x까지를 적분한 값으로 정의된다. 많은 경우 확률밀도함수(PDF)와 누적확률함수(CPF)는 다음 절의 사례와 같이 도식적으로 나타낸다. 이를 통해서 시스템의 통계적 성질을 명확하게 설명할 수 있다. 수평축에는 측정값의 범위를 표시하며 수직축은 확률밀도나 누적확률을 표시한다. 일반적으로 두 축 모두 선형 스케일을 사용한다.

8.2.2 정규분포

정밀 위치결정 시스템의 경우 오차들은 주파수와 진폭을 가지고 있는 신호의 편차 형태로 관찰된다. 정밀측정 시스템의 경우 일반적으로 모든 계통오차들은 보상 및 교정된다. 따라서 비상관 임의신호만이 오차의 원인으로 남아있게 된다. 이미 언급했듯이 이 오차들은 주로 측정량과는 무관한 간섭적 특성을 가지고 있다.

신호 내에서 임의오차들은 거의 항상 특수한 확률밀도 함수인 **정규분포**(normal distribution)나 두 가지 맥스웰 방정식을 만들어낸 Johann Carl Friedrich Gauss의 이름을 딴 **가우스분포**(Gaussian distribution)를 사용해서 나타낸다. 정규분포는 평균값 $\bar{x}$와 분산 σ_x^2를 사용해서 나타낼 수 있으며 분산의 제곱근을 **표준편차**(standard deviation) σ_x라고 부른다. 이 항들은 반복측정에서 다음과 같이 정의된다.

$$\text{평균} : \bar{x} = \frac{1}{n}\sum_{i=1}^{n} x_i \tag{8.3}$$

$$\text{분산} : \sigma_x^2 = \frac{1}{n-1}\sum_{i=1}^{n}(x_i - \bar{x})^2$$

임의신호의 경우 다수의 오차신호의 조합에 유용한 것으로 판명된 신호의 제곱 P_s이라는 세 번째 항이 도입된다. 임의신호인 경우 세 가지 항들은 다음과 같이 계산된다.

$$\text{평균} : \bar{x} = \lim_{T\to\infty}\frac{1}{2T}\int_{-T}^{T} x(t)dt \tag{8.4}$$

$$\text{제곱} : P_s = \lim_{T\to\infty}\frac{1}{2T}\int_{-T}^{T} x(t)^2 dt$$

$$\text{분산} : \sigma_x^2 = \lim_{T\to\infty}\frac{1}{2T}\int_{-T}^{T} (x(t)-\bar{x})^2 dt$$

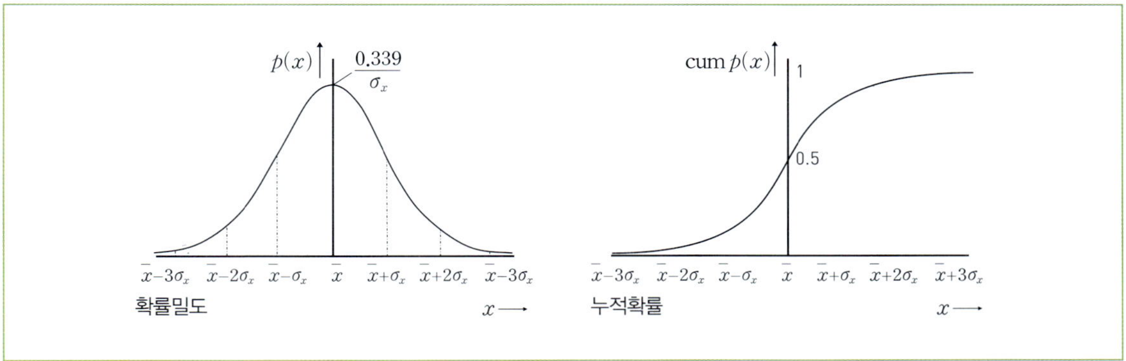

그림 8.3 평균값 $\bar{x}$와 표준편차 σ_x로 정규분포된 임의신호의 확률밀도 함수와 누적확률 함수. 측정값이 특정한 범위에 놓일 확률은 경계를 형성하는 확률밀도함수 그래프와 수평선이 감싸고 있는 범위와 같다.

실제의 경우에는 “lim” 항이 필요하지 않기 대문에 이 정의들은 약간 극단적이다. 대부분의 외란신호들은 매우 연속적이며 실제의 경우 주기 T는 이 간섭신호를 충분히 나타낼 수 있도록 선정된다. 실제적인 **경험법칙**에 따르면 T는 외란신호의 스펙트럼에서 가장 낮은 주요 주파수의 주기로 선정한다. 그렇기 때문에 실제로는 “lim”을 생략할 수 있다.

평균값이 0인 신호의 경우에 분산은 제곱과 같으며 표준편차는 제곱근과 같는 점을 알고 있으면 유용하다. 이 경우 표준편차는 2장의 2.4.1.2절에서 정의했던 평균제곱근(RMS)과 같아진다.

그림 8.3에서는 정규분포된 임의신호의 확률밀도함수와 누적확률함수를 도식적으로 보여주고 있다.

위의 정의에 따라서 다음과 같이 확률밀도함수를 수학적으로 나타낼 수 있다.

$$p(x) = \frac{1}{\sigma_x\sqrt{2\pi}} \cdot e^{\left(-\frac{(x-\bar{x})^2}{2\sigma_x^2}\right)} \tag{8.5}$$

$\bar{x}\pm\sigma_x$, $\bar{x}\pm2\sigma_x$, 또는 $\bar{x}\pm3\sigma_x$의 구간에 위치하는 오차의 확률을 계산해 보면 다음과 같다.

$$p_{-\sigma_x,\sigma_x} = \int_{-\sigma_x}^{\sigma_x} p(x)dx = 0.683 \tag{8.6}$$

$$p_{-2\sigma_x,2\sigma_x} = \int_{-2\sigma_x}^{2\sigma_x} p(x)dx = 0.955$$

$$p_{-3\sigma_x,3\sigma_x} = \int_{-3\sigma_x}^{3\sigma_x} p(x)dx = 0.997$$

이 계산들을 통해서 평균값 주변 $\pm1\sigma$ 범위에서는 단지 68%의 측정값만을 발견할 수 있다는 것을 알 수 있다. $\pm2\sigma$의 범위는 이미 모든 측정값의 95%를 포함하고 있으며 $\pm3\sigma$의 경우에는 단지 0.3% 미만이 측정범위 밖에 위치하게 된다. 따라서 측정 시스템은 측정오차에 대해서 2σ나 3σ의 값을 지정한다.

8.2.3 서로 다른 오차원인들의 조합

특정한 조건 하에서 서로 다른 오차 신호들을 매우 단순한 방식으로 조합할 수 있다. 몇몇 상호 독립적인 변수들의 경우 **제곱합의 제곱근**(root of the sum of squares)을 사용해서 각 변수들의 평균값과 표준편차를 조합할 수 있다. α_n이 총 측정값에서 특정 변수가 차지하는 비율인 경우에, 조합된 측정값의 평균과 표준편차를 구하기 위해서 다음 표현식이 사용된다.

$$\bar{x}_{tot} = \alpha_1\bar{x}_1 + \alpha_2\bar{x}_2 + \alpha_3\bar{x}_3 + \cdots \tag{8.7}$$

$$\alpha_{tot} = \sqrt{(\alpha_1\sigma_1)^2 + (\alpha_2\sigma_2)^2 + (\alpha_3\sigma_3)^2 + \cdots}$$

실제의 경우에는 특정한 평균값 주변에서 입력값의 변화가 작기 때문에 서로 다른 효과들을 선형화하는 것이 자주 허용된다. 이로 인해서 오차들이 평균과 표준편차의 항으로 주어지는 시스템의 경우에는 단순화된 계산을 사용하는 것이 가능하다.

선형화는 서로 다른 입력들이 조합되어 서술된 모델에 대한 구성요소의 거동으로부터 시작한다.

$$o = K_l i + a + N(i) + K_m i e_m + K_i e_i \tag{8.8}$$

미소편차에 대해서 비선형항 $N(i)$는 선형항 $L(i)$와 결합할 수 있으며 방정식은 다음과 같이 정리된다.

$$\delta o = \frac{\partial o}{\partial i}\delta i + \frac{\partial o}{\partial e_m}\delta e_m + \frac{\partial o}{\partial e_i}\delta e_i \tag{8.9}$$

여기서

$$\frac{\partial o}{\partial i} \approx K_l,\ \frac{\partial o}{\partial e_m} \approx K_m i,\ \frac{\partial o}{\partial e_i} \approx K_i \tag{8.10}$$

대부분의 경우 서로 다른 입력들은 독립적이며 이들이 끼치는 영향은 **제곱합의 제곱근**의 법칙을 사용하여 통계적으로 조합할 수 있다. 구성요소들의 조합된 표준편차는 다음과 같다.

$$\sigma_o = \sqrt{\left(\frac{\partial o}{\partial i}\right)^2\sigma_i^2 + \left(\frac{\partial o}{\partial e_m}\right)^2\sigma_{e_m}^2 + \left(\frac{\partial o}{\partial e_i}\right)^2\sigma_{e_i}^2} \tag{8.11}$$

그리고 중앙값은 단순합산을 통해서 구할 수 있다.

$$\bar{o} = K_l\bar{i} + a + \overline{N(i)} + K_m\overline{ie_m} + K_i\overline{e_i} \tag{8.12}$$

8.2.4 파워 스펙트럼 밀도와 누적파워

동적 오찰할당은 모든 외란 원인들의 기여도를 하나의 오차값으로 조합하기 위해서 앞서 설명한 통계적인 방법을 사용하여 동적 시스템 내의 총 오차를 유도하는 방법이다. 이 방법은 측정 시스템에 작용하는 서로 다른 외란 신호들의 파워를 직접적으로 연결시켜 주는 **제곱합의 제곱근**에서 출발한다. 이 방법을 사용해서 서로 다른 오차 원인들에 의한 측정 시스템의 총 오차를 구할 필요가 있는 경우에는 이와 관련된 두 가지 중요한 함수들인 **파워 스펙트럼 밀도**(Power Spectral Density : PSD)와 **누적 파워 스펙트럼**(Cumulative Power Spectrum : CPS)을 사용하는 것이 가장 효과적이다. 파워 스펙트럼 밀도 $P(f)$는 특정한 주파수범위 내에서 신호의 파워를 구해준다.

$$P_{f_1,f_2} = \int_{f_1}^{f_2} P(f)\, df \tag{8.13}$$

누적 파워 스펙트럼은 0 [Hz]에서 출발해서 더 이상 함수의 증가가 관찰되지 않을 때까지 주파수를 증가시켜 가면서 $P(f)$를 적분하여 계산한다. 또한 이 스펙트럼은 수평축이 주파수이고 수직축이 파워밀도의 크기나 누적 파워인 그래프로 표시된다. 파워 스펙트럼 밀도의 경우 오차신호의 특성이 동적 전달함수의 보드선도와 매우 유사한 특성을 보이기 때문에 축선들에 이중 로그를 주로 사용한다. 누적 파워 스펙트럼의 크기 스케일은 서로 다른 오차 원인들의 기여에 대한 혼돈을 피하기 위해서 선형 스케일을 사용한다.

동적 오차할당에 방법을 설명하기 위한 사례로서 그림 8.4에서는 3장에서 소개했었던 검사용 현미경에 3가지 오차원인들이 끼치는 영향을 보여주고 있다.

첫 번째 오차원인은 장비의 민감한 부분으로 바닥진동이 전달되기 때문에 발생한다. 이 전달을 차단하기 위해서 테이블 및 현미경의 질량과 바닥 사이를 연결하는 스프링으로 이루어진 진동차폐 시스템이 사용된다. 이 진동차폐 시스템의 1차 고유주파수는 2 [Hz]이다. 이 첫 번째 오차원인에 대해서 제시된 파워 스펙트럼 밀도에는 필터링되지 않은 바닥의 진동, 진동차폐 시스템의 전달함수 전달률, 그리고 간섭하는 오차원인에 대한 장비의 민감도 등이 조합되어 있다. 저주파 대역에서 현미경은 강체처럼 거동하며 오차의 영향은 작다. 2 [Hz]의 공진에서 스펙트럼 밀도는 최댓값에 도달하며 이보다 높은 주파수에서는 진동차폐 시스템의 전달함수 전달률로 인하여 음의 기울기를 나타낸다. 160 [Hz]에서는 측정용 헤드의 공진이 이 고유모드의 전형적인 동적 비동조 효과를 나타낸다.

두 번째 오차는 예를 들어 현미경이 사용되는 실내의 공조시스템에 의한 음향외란에 의한 것이다. 이

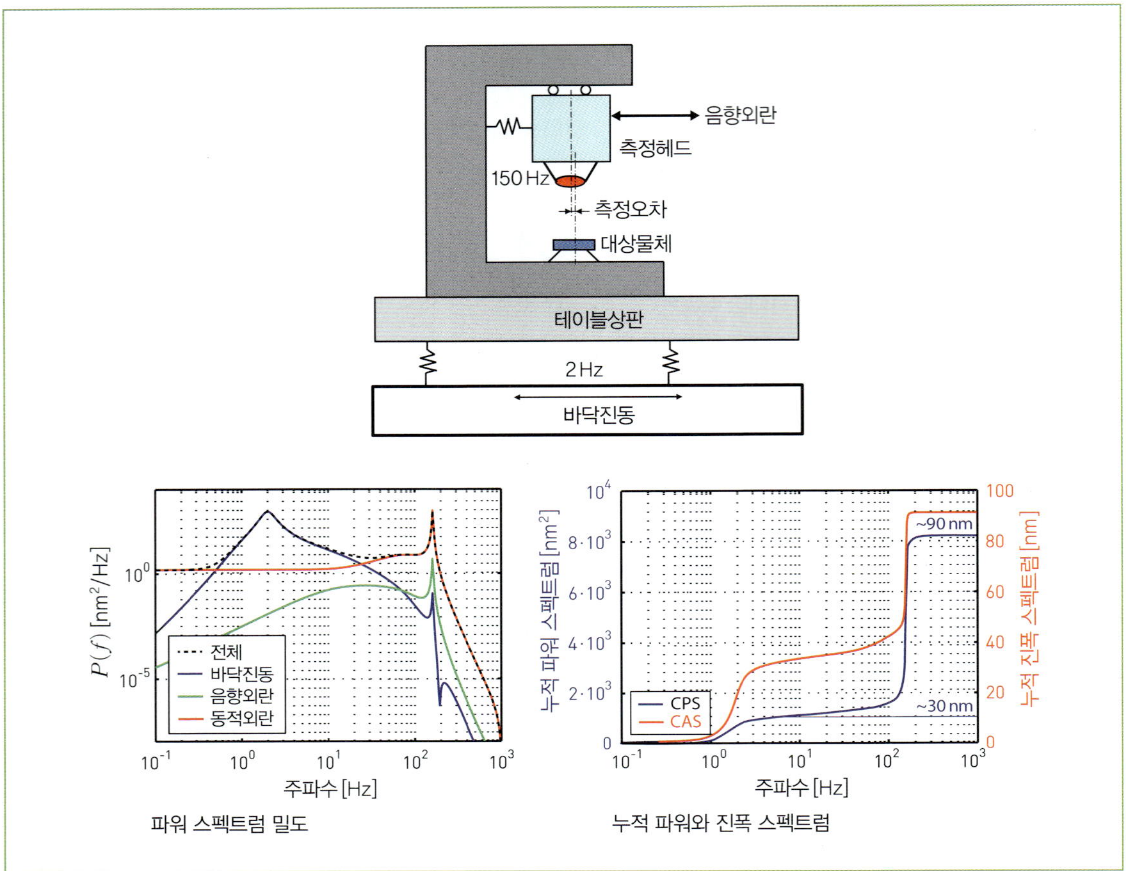

그림 8.4 바닥진동, 측정용 헤드에 작용하는 음향 외란, 그리고 측정용 헤드 자체의 동적 외란 등의 서로 다른 오차 원인들을 가지고 있는 검사용 현미경의 파워 스펙트럼 밀도, 누적 파워 스펙트럼(CPS), 그리고 누적 진폭 스펙트럼(CAS). 2[Hz]에 위치한 진동차폐 시스템의 공진과 160[Hz]에 위치한 현미경 헤드의 공진이 오차의 주요 원인인 것을 알 수 있다. (courtesy of Leon Jabben)

외란들이 장비의 민감도와 조합된 파워 스펙트럼 밀도는 공진주파수인 160 [Hz]에서 최대를 나타낸다.

세 번째 오차 원인은 측정용 헤드를 현미경 내에서 구동하는 귀환제어 위치결정 시스템의 동적 성질에 의해서 유발된다. 잘못된 제어기 설계와 노이즈가 많은 센서에 의해서 현미경 헤드의 내부 공진이 증가되었으며 이로 인하여 공진주파수인 160 [Hz]에서 동특성은 가장 큰 교란을 일으킨다. 전체적인 파워 스펙트럼 밀도는 모든 파워 스펙트럼 밀도 그래프들이 합산된 것이며 로그 스케일로 인해서 세 가지 오차 원인에 의한 **포락곡선**(envelope curve)과 같다. 이 사례에서 총 오차 스펙트럼은 바닥진동과 현미경 헤드의 위치결정 시스템에 의한 동적 외란에 의해서만 결정되는 것처럼 보인다. 음향외란의 영향은 전체 주파수 대역에서 최저 허용오차 미만을 유지한다.

총 오차를 유도하기 위해서 필요한 다음 단계는 누적 파워 스펙트럼을 구하는 것이다. 저주파에서 출발하여 누적 스펙트럼 그래프의 첫 번째 상승은 2 [Hz]에서 목격되며 160 [Hz]에서 훨씬 더 큰 폭의 두 번째 상승을 일으킨 후에 최종적인 파워 레벨은 $\approx 8.1 \cdot 10^3$ [nm^2]에 달하게 된다. 그런데 2 [Hz]에서 파워 스펙트럼 밀도의 피크 표면은 160 [Hz]에서의 피크 표면보다 훨씬 큰 것처럼 보이기 때문에 이런 진폭의 차이는 혼란스럽게 보인다. 하지만 이는 파워 스펙트럼 밀도의 로그 주파수 스케일에 의해서 유발된 것일 뿐이다. 저주파 대역에서 파워 스펙트럼 밀도를 적분해 보면 비교적 작은 값이 누적될 뿐이다.

최종 오차에 대한 표준편차를 구하기 위해서는 총 누적 파워 스펙트럼 값의 제곱근을 취해야 하며 위의 사례에서는 이 값이 90 [nm]이다. 시스템 내에 존재하는 두 개의 고유모드로 인하여 이 값은 3장에서 계산했던 10 [nm] 오차에 비해서 훨씬 더 큰 값을 가지고 있다. 이 차이는 두 개의 비감쇠 공진에 의해서 유발되며 이 오차에 가장 큰 영향을 끼치는 원인은 현미경 헤드 위치결정 시스템의 제어기가 잘 못 설계되었기 때문이다.

4장의 운동제어에서 설명했듯이 극점들을 복소수 평면 상에서 좌측으로 이동시킴으로서 공진이 완벽하게 억제되도록 잘 조절된 PD 제어를 사용하여 비감쇠 스프링–질량 시스템을 제어할 수 있다. 이런 경우 동적 외란에 대해서 공진이 발생하지 않으며 160 [Hz]에서 누적 파워 스펙트럼의 상승이 미미해 진다. 잔류 오차는 바닥진동의 영향만을 받으며 약 30 [nm]의 수준이다. 그 결과 다음의 개선대책은 진동차폐 시스템에 집중되는데 2 [Hz]에서의 피크를 충분히 저감하기 위해서는 약간의 감쇠만으로도 충분하다. 그런데 너무 큰 감쇠는 고주파에서 바닥진동에 의한 외란을 증가시키므로 이 방법은 조심해서 사용해야 한다.

8.2.5 누적진폭

측정시스템 전체에 대해서 최소 오차 레벨을 구현하려 할 때에 설계자가 직접 누적 파워 스펙트럼 값의 제곱근을 구하여 누적 파워 스펙트럼 그래프를 **누적 진폭 스펙트럼**(Cumulative Amplitude Spectrum : CAS)[63] 그래프로 변환시키는 것을 자주 볼 수 있다. 비록 결과적으로 완전히 누적된 최종값이 동일할 지라도 문제의 해결에 이 표시방법을 추천하지 않는다. 제곱근을 취함으로써 저주파 대역에서 외란이 끼치는 영향이 더 높은 주파수에서 외란이 끼치는 영향에 비해서 더 잘 보이게 된다.

63) 누적 파워 스펙트럼에서는 신호의 진폭을 계산하지 않기 때문에 **진폭**이라는 단어는 잘못된 표현이며 표준편차 또는 평균값이 0인 경우의 평균제곱근에 해당한다.

이는 누적 파워 스펙트럼을 나타내는 청색선에 비해서 누적진폭 스펙트럼 그래프를 나타내는 적색선을 통해서 명확하게 설명된다. 누적진폭 스펙트럼 그래프만을 관찰하는 경우에 설계자는 진동차폐 시스템에 단순히 감쇠기만을 추가하여 총 오차를 대략적으로 30 [nm] 수준까지 감소시킬 수 있다는 잘못된 결론을 내릴 수 있다. 그런데 불행히도 이로 인하여 파워스펙트럼 밀도가 $\approx 8.1 \cdot 10^3$ [nm^2]에서 $\approx 7 \cdot 10^3$ [nm^2]로 감소하게 되어서, 앞서의 경우에는 9 [nm] 미만으로 거의 무시할만한 수준이었던 오차진폭이 83 [nm]로 증가하게 된다. 이런 직관과는 반대의 결과는 **제곱합의 제곱근** 때문에 발생하는 것이다.

8.2.5.1 동적 오차할당의 변화

원리상 누적 파워 스펙트럼은 고주파 대역에서 시작하여 저주파 쪽으로 적분해서도 구할 수 있다. 저주파에서 적분을 시작하는 경우에는 이를 통해서 임계주파수에서 동일한 진폭의 증가를 일으키는 누적 파워 스펙트럼이 만들어지기 때문에 동일한 결과가 얻어진다. 하지만 이렇게 반전된 파워 스펙트럼 밀도를 기반으로 하는 누적 진폭 스펙트럼은 완벽하게 다르게 보인다. 검사용 현미경의 사례를 살펴보면 160 [Hz]에서의 공진이 더 강조되며 2 [Hz]에서의 영향은 거의 사라져 버린다. 또한 이렇게 서로 다른 접근방법의 비교를 통해서 서로 다른 오차 원인들에 대한 평가를 위해서는 누적 파워 스펙트럼만이 사용되어야 한다는 것을 알 수 있다.

8.2.6 노이즈와 교란의 원인

메카트로닉스 시스템에서 외란신호의 원인들은 모두 기계적 또는 전기적인 근원을 가지고 있는 반면에 관찰되는 많은 현상들은 열을 근본적인 원인으로 가지고 있다. 모든 팽창효과를 고려한 세심한 설계를 통해서 가열에 의한 큰 스케일의 변형을 부분적으로 피할 수 있지만 특히 열 유동이 일정하지 않은 경우에는 궁극적으로 항상 약간의 열 효과가 남아있게 된다. 아마도 시스템의 정확도에 이 직접적인 열 교란이 끼치는 영향은 항상 고성능 메카트로닉스 시스템의 정밀도를 제한하는 요인으로 남아있을 것이다.

이들은 마치 저항처럼 전자요소들 내에서 노이즈의 근원적인 원인이기 때문에 열 효과는 미소 스케일에서 동적영향을 끼친다.

열 효과에 의한 큰 스케일의 변형은 주로 저주파 대역에서 발생한다. 다음에서는 기계 및 전자분야에서 고주파 동적 노이즈를 유발하는 몇 가지 중요한 원인들에 대해서 간략하게 살펴보기로 한다.

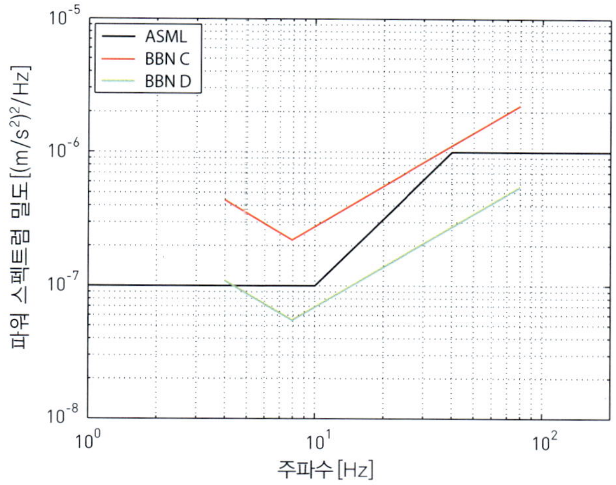

그림 8.5 ASML과 BBN이 제시한 바닥진동 사양의 파워 스펙트럼 밀도(courtesy of Leon Jabben)

8.2.6.1 기계적 노이즈

기계적인 동적 교란의 가장 중요한 원인은 지지구조의 운동, 바닥진동, 또는 기계 자체의 진동부품에 의한 작용력 등에 의해 유발되는 진동이다. 바닥진동은 차량의 운행, 바람, 지진 및 인접한 기계나 근처 사람들의 운동 등에 의해서 유발된다. 바닥진동의 파워 스펙트럼 밀도는 예를 들어 회전기기에 의해서 유발되는 보정되지 않은 임의신호와 계통신호들로 이루어진다. 궁극적인 정밀도를 구현하는 것이 목표라면 최소한 주중 24시간 정도의 대표적인 시간간격 동안 특정 위치에서 측정된 진동을 분석할 필요가 있다. 웨이퍼 스캐너와 같은 생산장비의 경우 장비의 서로 다른 모든 위치에 대해서 성능을 분석할 수 없으므로 특정한 표준 사양을 사용하는 것이 바람직하다. 그림 8.5에서는 미국 회사인 Raytheon BBN Technologies에 의해서 정의된 BBN **기준**과 비교하여 ASML 웨이퍼 스캐너의 사양을 보여주고 있다.

8.2.6.2 전기 노이즈

전기 노이즈의 원인은 매우 다양하며 그 거동특성에 따라서 열 노이즈, 산탄 노이즈, 과잉 노이즈, 파열 노이즈 및 사태 노이즈 등으로 명명된다. 정밀 메카트로닉스 시스템의 성능을 저하시키는 전기 노이즈의 가장 중요한 원인들에 대해서 간략하게 살펴보기로 한다.

■ 열 노이즈(Thermal Noise)

모든 저항의 양단에서는 저항을 통과하여 흐르는 전류에 의해 유발되는 전압이 중첩되어 전위차의 요동이 발생한다.

이 요동하는 전압은 전자와 같은 전하 나르개의 열에 의해 유발된 임의운동에 의해서 발생한다. 열 노이즈는 정규 확률밀도함수와 **화이트 노이즈**(white noise)라고 부르는 균일한 파워 스펙트럼 밀도를 가지고 있다. 전기 시스템의 경우 에너지는 저항에 의해서 소모된다. 저항에서 발생하는 노이즈는 저항과 직렬로 연결된 전압원으로 나타낼 수 있으며 다음과 같은 파워 스펙트럼 밀도를 가진다.

$$N_T = 4kTR \ \ [\mathrm{V^2/Hz}] \tag{8.14}$$

여기서 k는 볼쯔만 상수($1.38 \cdot 10^{-23}$[J/K]), T는 온도이며 R은 저항이다. 사례로 20[℃]에서 1[kΩ] 저항은 0[Hz]에서 최고 1[kHz]까지의 대역에서 평균제곱근이 0.13[μV]인 노이즈를 생성한다.

■ 산탄 노이즈(Shot noise)

산탄 노이즈는 전위장벽 양단에 존재하는 개별 전하 나르개들이 임의적으로 통과하면서 발생된다. 이런 현상은 트랜지스터의 접합에서 자주 목격된다. 노이즈는 정규 확률밀도 함수와 백색 스펙트럼 밀도를 가지고 있다.

$$N_s = 2qI_{DC} \ \ [\mathrm{A^2/Hz}] \tag{8.15}$$

여기서 q_e는 전자가 가지고 있는 전하($1.6 \cdot 10^{-19}$[C])이며 I_{DC}는 평균전류[A]이다. 평균전류가 1[A]인 경우에 0[Hz]에서 1[kHz]까지의 대역에서 평균 제곱근이 18[nA]인 노이즈가 생성된다.

■ 과잉 노이즈(Excess noise)

전류가 저항이나 반도체를 통과할 때에 열 노이즈와 산탄 노이즈를 초과하는 노이즈를 과잉 노이즈라고 부른다. 다른 이름으로는 **플리커 노이즈**(flicker noise) 또는 **f분의 1(1/f)노이즈**라고도 부른다. 이 노이즈는 두 소재들 사이의 불완전한 접합에 의한 전도도의 요동에 의해서 발생한다. 이것이 다수의 미세입자를 코팅하여 제작한 탄소피막 저항기가 권선형 저항기보다 과잉노이즈가 더 크게 발생하는 이유이다. 과잉 노이즈의 파워 스펙트럼 밀도는 주파수가 감소할수록 증가한다.

$$N_E = \frac{K_f}{f^\alpha} \ [V^2/Hz] \tag{8.16}$$

여기서 K_f는 저항 양단에서의 평균 (직류)전압강하에 의존하며 지수 α는 보통 0.8~1.4이며 약식계산의 경우에는 보통 1을 사용한다. 저항의 경우 과잉 노이즈는 저항 양단에서의 평균 전압강하 V에 비례하기 때문에 제조업체들이 전형적으로 주파수 1 디케이드에 대한 노이즈 인덱스 C_R값으로 과잉 노이즈를 제시하고 있다.

$$C_R = \frac{\sigma_V^* \cdot 10^6}{V} \quad [\mu V/V] \tag{8.17}$$

여기서 σ_V^*는 주파수 1 디케이드 범위에 대한 전압의 표준편차이다. 표준 저항의 경우 전형적인 노이즈 인덱스 C_R은 1에서 10 사이의 값을 가진다. 예를 들어 만일 노이즈 인덱스가 10이라면 1 [V]의 평균전압강하로 인해서 1 [Hz]에서 최대 1000 [Hz] 사이의 주파수 범위에 대해서 평균제곱근의 값이 17 [μV]인 노이즈가 유발된다. 그런데, 1 [mHz]에서 1 [Hz]까지의 저주파 대역의 경우에도 마찬가지로 이와 동일한 수준의 노이즈가 유발된다는 점에 유의해야 된다.

8.2.6.3 데이터시트의 노이즈 데이터 활용

전자 요소들의 다양한 데이터 시트들에 제시되어 있는 노이즈 데이터들은 대부분 파워밀도 대신에 평균제곱근 밀도 $[V/\sqrt{Hz}\,]$를 사용하고 있다. 이를 사용하여 단일 전자요소의 노이즈전압 성분을 손쉽게 계산할 수 있다. 시스템의 총 파워 스펙트럼 밀도를 구하기 위해서는 일단 이 값들을 제곱하여 합산해야 한다는 점을 명심해야 한다.

파워 스펙트럼 밀도에 평균 제곱근을 사용한 설계자들에 의해서 과거에 많은 오차들이 발생했으며, 누적 파워 스펙트럼의 제곱근을 취한 후에야 비르소 매우 낮은 교란 레벨을 구현할 수 있게 되었다. 또한 노이즈 전압은 대부분 연관성이 없으며 최악의 경우값을 더하면 너무 큰 값이 초래되므로 전자요소들마다 비 통계학적인 최악의 경우에 해당하는 노이즈 전압을 사용하면 잘못된 결과가 초래된다.

이런 오차들은 메카트로닉스 시스템을 구현하는 과정에서 실제 측정을 통해서 비로소 발견되는 눈에 띄지 않는 문제를 초래하거나, 계산된 최악의 노이즈 값을 전체 시스템의 사양 이하로 유지시키기 위해서 너무 값비싼 설계를 만들게 된다.

어떤 경우라도 동적 오차할당을 올바르게 사용함으로써 이 오차들을 방지할 수 있다.

8.3 | 센서 신호의 민감도

측정 시스템 내의 모든 요소들 내부와 요소들 사이에서 대부분의 정보교환은 전자적으로 이루어진다. 그림 8.6에서는 측정 시스템의 단순화 된 전자 모델을 보여주고 있다. 연결된 모든 요소들의 입력 임피던스는 선행요소의 출력에 부하로 작용한다. 각 요소들의 서로 다른 성질들에 따라서 뒤이어 연결되는 요소에 대한 요구조건이 매우 극단적이 될 수 있다. 대부분의 경우 측정 요소의 출력 임피던스는 꽤 높다. 측정대상인 물리적 현상으로부터 만들어지는 신호는 높은 전력레벨에 해당하는 고전압과 큰 출력전류를 송출해야 한다. 따라서 일반적으로 후속 요소의 입력 임피던스는 입력전류가 매우 작은 경우 가능한 한 높거나 입력전압이 매우 낮은 경우 가능한 한 낮아야 한다. 두 경우 모두 입력 전력은 제한된다.

그림에는 전원연결부도 함께 도시되어 있다. 모든 측정 요소들이 외부 전원을 필요로 하는것은 아니기 때문에 측정 요소에 연결된 전원은 점선으로 표시되어 있다. 여전히 이 모든 연결들을 잘 설계하지 않는다면 주로 간섭특성을 갖는 오차를 유발하게 된다.

이 절에서는 측정 체인, 측정요소 및 이들 사이의 상호연결에서 가장 민감한 부분들에 대해서 다룬다.

8.3.1 측정요소

특정한 물리적 양을 측정하는 측정요소의 민감도는 그 센서의 전기적 성질에 그 측정량이 끼치는 영향을 기반으로 한다. 정의상 이 민감도는 간섭입력, 변형입력 또는 이들의 조합으로 작용하는 여타의 물리적

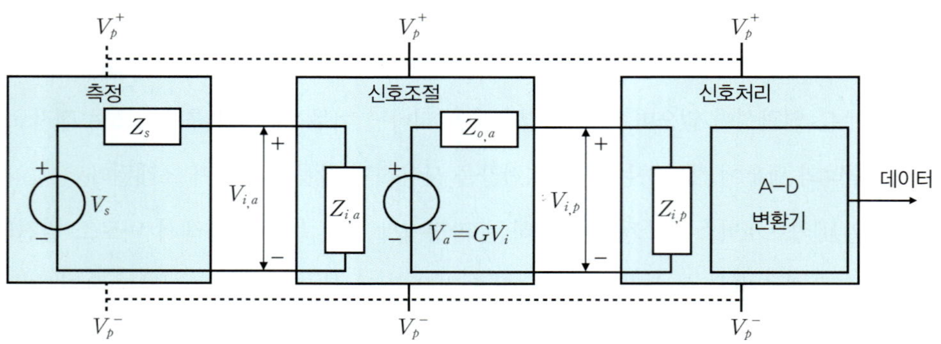

그림 8.6 측정 시스템의 전자회로 모델을 통해서 세가지 요소들과 전원 사이의 연결 관계를 보여주고 있다. 연결된 모든 요소들은 선행 요소에 부하로 작용한다. 처음 두 요소의 출력은 전압원을 가지고 있는 테브난 모델로 표현되어 있다. 시스템의 성질에 따라서 전류원과 노턴 등가모델도 사용할 수 있다.

현상에 따른 민감도를 배제하지 않는다. 이것은 메카트로닉스 설계자가 적합한 센서를 선정하는 과정에서 만나게 되는 첫 번째 문제이다. 이 현상과 관련된 가장 중요한 사례로는 온도가 모든 센서의 거의 모든 전기적 성질에 영향을 끼치는 것이다. 온도 그 자체를 측정하는 경우조차도 측정 시스템의 다른 부위에서는 온도값에 의해서 영향을 받는다.

다음의 개략적인 리스트에서는 몇 가지 대표적인 측정원리들을 제시하고 있다. 이들은 두 가지 서로 다른 작동원리로 구분할 수 있다. 첫 번째 원리는 센서가 물리적인 현상으로부터 직접 전기신호를 만들어내는 에너지변환능력을 활용하는 방식이다. 두 번째 원리는 물리적인 현상에 의해서 전기 임피던스가 변하는 성질에 기초한다.

직접 전기신호를 생성하는 사례는 다음과 같다.

- 서로 다른 금속들 사이의 전위차이를 사용하여 온도차이 측정
- 상대속도에 비례하여 변화하는 자기장에 의해 코일 속에 유도되는 전압 측정
- 힘에 의한 변형이 압전 수정체에 전압 유발
- 다이오드 공핍층 내의 전자가 입사광선의 광자에 의해서 여기되어 전류를 생성

전기 임피던스가 변하는 사례는 다음과 같다.

- 온도나 변형에 의해 저항값이 변하는 저항기
- 전극의 변위에 의해서 정전용량이 변하는 커패시터
- 자기장 기하구조의 변화에 의해 자체 인덕턴스가 변하는 인덕터

모든 센서들이 물리적인 양을 전기로 직접 변화시킬 수는 없다. 하지만 센서가 되려면 추가적인 선행단계를 통해서 앞서 나열되어 있는 일차효과들 중 하나를 생성할 필요가 있다. 힘 측정을 예로 살펴보기로 하자. 힘은 질량의 가속이나 소재의 변형 등으로 발현되기 때문에 직접 측정할 수 없는 물리적인 양이다. 따라서 힘을 측정하기 위해서는 그에 따른 가속도나 변형을 측정해야 한다. 대부분의 경우 질량체를 가속하기 위해서 필요한 힘에 의해 유발되는 소재의 변형 측정을 통해서 가속도를 측정한다.

8.3.2 임피던스를 전기신호로 변환

앞 절에 따르면 전기 임피던스의 변환을 측정 원리로 사용할 수 있다. 하지만 일단 임피던스를 전기신호로 변환한 다음에야 직접적인 방법으로 생성된 전기신호와 동일한 방식으로 이 정보를 취급할 수 있다.[64)]

이런 변환을 구현하는 가장 간단한 방법은 옴의 법칙을 적용하는 것으로, 이미 알고있는 전류를 이 임피던스에 부과한 다음에 임피던스 양단에 생성된 전압을 측정하거나 반대로 일정한 전압을 부가한 다음에 전류를 측정하여야 한다. 커패시터나 인덕터와 같이 복소 임피던스를 가지고 있는 경우에는 AC 전원을 사용해야만 하지만, 그 이외에는 동일한 원리가 적용된다.

비록 현대적인 전자회로를 사용하면 더 정밀하게 만들 수는 있지만, 임피던스를 이용하는 많은 측정수단들의 민감도가 낮기 때문에 오차를 방지하기 위해서는 특별한 수단이 필요하다. 슬라이더의 변위를 측정하기 위해서 포텐시오미터를 사용하는 경우에 출력전압 범위는 공급전압인 V_i에서 0 [V]의 범위를 가진다. 이는 간섭신호와 비교하면 충분히 큰 신호이므로 추가적인 대책이 필요없다. 매우 민감한 저항형 센서의 또 다른 사례는 반도체의 성질을 기반으로 하여 음의 온도계수를 갖는 저항기인 NTC이다. 예를 들어 이 소자는 0~100 [°C]의 온도범위에 대해서 50~1000 [Ω]의 저항값을 가진다. 여기에 1 [mA]의 전류를 흘리면 민감도는 대략 10 [mV/°C]가 되어서 대부분의 측정 용도에 충분하다.

불행히도 대부분의 임피던스 가변형 센서들은 민감도가 훨씬 낮으며 공급전류나 전압 속의 노이즈가 훨씬 더 큰 역할을 하게 된다. 예를 들어 **스트레인 게이지**(strain gage)는 인장시 저항값의 증가를 통해 소재 내부의 응력을 측정하는 저항기이다. 이 요소의 경우 부하에 대한 실제 저항값의 변화 $\delta R/R$은 종종 1% 미만이다. 이 스트레인 게이지에 일정한 전류 I_p가 공급되는 경우 이 전류원의 노이즈를 $10^{-6}\times I_p$ 이하로 유지하는 것은 매우 어렵다. 평균 저항값 $R = 100$ [Ω]인 경우 이 노이즈로 인하여 측정값에는 평균제곱근이 $10^{-6}\times 100$ [Ω]에 달하는 일정한 오차가 유발된다. $\delta R/R \leq 0.01$인 경우에 신호 대 노이즈 비율은 10^4 미만이며 오차신호의 평균제곱근 값이 일정하므로 어떠한 정밀 측정시스템도 이를 수용할 수 없다.

또한 온도는 대부분의 저항형 센서에 큰 영향을 끼치며 이 영향은 측정기의 저항값 변화에 직접적으로 간섭을 일으킨다.

64) 많은 경우 이 변환은 신호조절 요소의 일부분으로 간주된다. 하지만 앞서의 측정요소에 대한 정의에 따르면 이는 논리적이지 않다.

8.3.2.1 휘트스톤 브리지

전압원의 노이즈가 임피던스 측정용 전자회로 끼치는 부정적 영향을 저감하기 위해서 스트레인 게이지와 같은 센서들은 대부분 **휘트스톤 브리지**(Wheatstone bridge)에 연결되는데, 이 회로는 비록 영국의 과학자인 Samuel Hunter Christie (1784–1865)가 발명했지만 이를 널리 사용하도록 만든 영국의 과학자 Sir Charles Wheatstone(1802–1875)의 이름을 따서 부르고 있다.

그림 8.7은 휘트스톤 브리지의 유용성을 가장 잘 설명하고 있는 사고모델이다. 원리상 브리지는 동일한 전압원을 공유하는 두 개의 전압분할기로 구성되어 있다. 이 전압분할기들을 휘트스톤 브리지의 두 **가지**(branch)라고도 부른다. 첫 번째 가지는 Z_1 및 Z_2로 이루어지며 출력 전압은 V_1이다. 마찬가지로 두 번째 가지는 Z_3 및 Z_4로 이루어지며 출력 전압은 V_2이다. 총 측정신호는 브리지에 부하를 가하지 않으면서 차동전압 $V_o = V_1 - V_2$만을 증폭해 주는 이상적인 증폭기를 사용하여 얻을 수 있다. 저항 네 개가 모두 동일한 경우부터 살펴보면 이 구조의 장점을 명확히 알 수 있다. 이 경우 동일한 전압 $V_1 = V_2 = 1/2\,V_p$이 만들어지며 차동전압 $V_o = 0$이 된다. 이를 이상적인 **평형 브리지**(balanced bridge)라고 부르며 이 경우 전원전압 V_p의 영향은 차동전압 내에서 서로 상쇄된다. 이런 경우에 브리지에서는 공통모드 노이즈 전압만이 생성되며, 이는 차동증폭기에 의해서 제거된다. 예를 들어 저항들 중 하나인 Z_2의 값이 변하자마자 V_1 전압이 변하게 되어 차동전압 V_o는 더 이상 0이 아니게 된다. 이런 새로운 상황에서는 차동전압 신호에 전압원의 노이즈가 관찰되지만 이는 측정신호에 비해서 훨씬 작은 값을 가진다. 앞의 사례와 동일한 센서와 전압원을 사용하는 경우에, 이로 인하여 신호의 크기에 비해서 평균제곱근 노이즈가 10^{-6}의 크기를 갖고 있어서, 평균 제곱근 노이즈의 크기가 최대 신호값의 10^{-4}의 크기를 갖는 앞서의 사례에서보다 훨씬 더

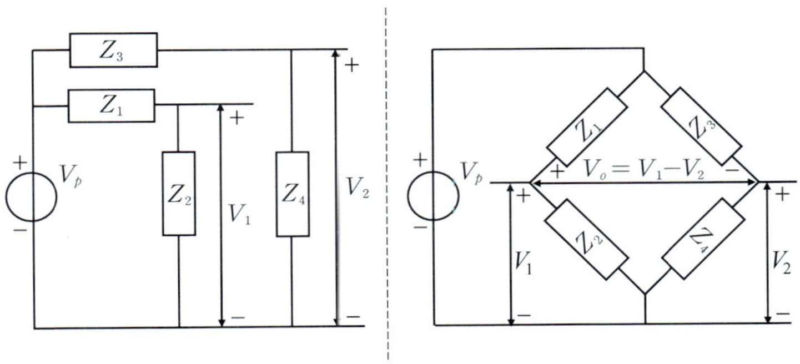

그림 8.7 휘트스톤 브리지는 두 개의 전압 분할기로 이루어진다. 두 전압분할기들 사이의 출력전압 차이만을 측정신호로 사용한다. 차동 출력전압 V_o를 강조하기 위해서 휘트스톤 브리지는 대부분 우측의 그림처럼 기울어진 사각형의 구조로 나타낸다. 모든 저항값들이 동일하다면 차동전압은 0이며 공통모드 전압은 공급전압의 절반이 된다.

좋다는 것을 알 수 있다.

원리상 V_1이 V_2와 거의 동일한 값을 유지하는 한도 내에서는 평형 브리지를 구현하기 위해서 모든 저항 값들이 동일한 값을 가지고 있을 필요가 없다. 휘트스톤 브리지의 두 가지에서 저항의 비율이 동일하다면 ($Z_1 : Z_2 = Z_3 : Z_4$) 이 조건이 항상 충족된다. 예를 들어 $Z_1 = Z_2 = 2\,[\mathrm{k\Omega}]$이며 $Z_3 = Z_4 = 200\,[\mathrm{k\Omega}]$인 경우처럼 한쪽 가지의 저항들을 다른 쪽보다 훨씬 더 크게 사용할 수 있다.

원리상 Z_3와 Z_4 사이의 비율과 동일하다면 Z_1은 Z_2와 다른 크기를 가질 수 있지만 대부분의 경우 그리 선호하지 않는다. 대부분의 센서에서 임피던스 변화는 공칭값에 비해 아주 작으며 측정량 i에 비례한다. ($\delta Z/Z \propto i \ll 1$) 이런 센서들의 경우 $Z_1 = Z_2$이며 $Z_3 = Z_4$인 경우에 최대 민감도가 얻어진다.

예를 들어 다른 임피던스를 가지고 있는 $Z_1 = xR$에 대해서 측정 임피던스 $Z_2 = R+\delta R$의 함수인 V_1에 대한 민감도 계산을 통해서 이를 증명할 수 있다. $\delta R/R = c_m i$에서 c_m이 상수인 경우에 δR은 $Rc_m i$과 같으므로 V_1을 다음과 같이 나타낼 수 있다.

$$V_1 = V_p \frac{R+\delta R}{xR+R+\delta R} = V_p \frac{R(1+c_m i)}{R(x+1+c_m i)} = V_p \frac{1+c_m i}{x+1+c_m i} \tag{8.18}$$

$c_m i \ll 1$이기 때문에 민감도는 주로 선형으로 근사화시킬 수 있으며, 그에 따른 선형이득 K_l은 V_1을 i로 미분한 값이다.

$$K_l = \frac{dV_1}{di} = V_p \frac{(x+1+c_m i)(c_m)-(1+c_m i)(c_m)}{(x+1+c_m i)^2} \tag{8.19}$$

$$= V_p \frac{xc_m}{(x+1+c_m i)^2} \approx V_p c_m \frac{x}{(x+1)^2} = V_p c_m c_s$$

여기서 c_s는 휘트스톤 브리지의 민감도계수이다. 이 근사식은 $c_m i \ll 1$인 경우에 성립된다. 최대 민감도는 c_s를 x에 대해 미분한 값이 0인 경우에 최대가 된다.

$$\frac{dc_s}{dx} = \frac{(x+1)^2 - x(2x+2)}{(x+1)^4} = \frac{(x+1)^2 - 2x(x+1)}{(x+1)^4} = \frac{1-x}{(x+1)^3} \tag{8.20}$$

이 미분은 $x = 1$과 $x = \infty$에서 0이지만 후자의 경우에는 민감도 K_l마저 0이 되어버린다. 따라서 $x = 1$만이 유용한 답이되기 때문에 휘트스톤 브리지의 각 가지들의 임피던스 값이 거의 같아야만 최대 민감도를 구현할 수 있다는 것이 증명된다.

그림 8.8에서는 민감도와 임피던스 비율 사이의 비선형 관계를 통해서 이 결론을 더 상세하게 설명하고 있다. $x = 1$ 주변의 좁은 영역에서만 민감도가 거의 일정하게 유지되고 있다.

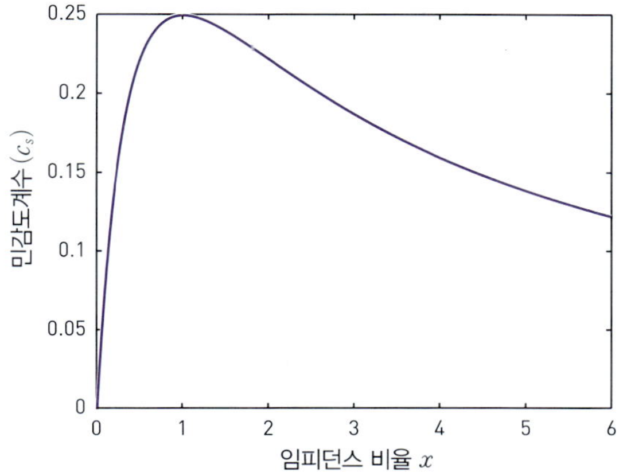

그림 8.8 휘트스톤 브리지의 민감도계수는 각 가지의 임피던스 값들이 동일($x = 1$)해서 작동점에서 공급전압의 절반이 될 때에 최대가 된다.

휘트스톤 브리지의 마지막 변형으로 두 가지들이 서로 다른 종류의 임피던스를 가질 수 있다. 예를 들어 한쪽 가지는 두 개의 저항으로 이루어지는 반면에 다른 쪽 가지는 두 개의 커패시터나 두 개의 인덕터와 같이 동일한 종류의 복소 임피던스를 가지고 있는 두 개의 소자로 이루어질 수 있다. 예를 들어 단 하나의 커패시터만을 사용하는 경우에는 필터링 현상으로 인하여 AC 전압에 대해서 출력이 상대적인 위상 시프트를 나타내기 때문에 이런 유형의 조합은 허용되지 않는다. 이런 경우 측정 신호가 없는 경우조차도 측정 가능한 수준의 전압차이와 현저한 수준의 노이즈가 초래된다.

복소 임피던스를 사용하는 경우에 대해서는 8.6.2절에서 더 상세하게 설명할 예정이며 그 이후에 정전용량형 및 유도형 근접센서에 대해서 살펴보기로 한다.

■ 온도보상과 선형화

평형저항 방식 휘트스톤 브리지의 모든 저항들이 동일한 온도하에 놓이며 동일한 온도 민감도를 가지고 있다면 출력 전압은 더 이상 온도에 영향을 받지 않는다. 이는 매우 매력적인 조건이지만, 모든 구성요소들의 온도를 동일하게 일치시키는 것은 거의 불가능하기 때문에 이 조건을 쉽게 충족시킬 수 없다. 측정을 수행하지 않는 임피던스들은 대부분의 경우 측정위치와는 다른 측정장비 내부에 설치된다. 원리상 각각의 가지들에 대해서만 동일온도 조건을 충족시키면 각각의 가지들은 온도에 영향을 받지 않기 때문에 이를 통해서 동일온도 요구조건을 약간 완화시킬 수 있다. 따라서 가지들 중 한쪽은 측정장비 내부에 동일한 온도상태로 설치되며 다른 쪽 가지는 두 소자 모두 측정위치에 설치되어야 한다.

가능하다면 휘트스톤 브리지 센서 가지의 두 번째 소자도 관심현상의 능동적인 측정에 활용되어야 한다. 뒤에서 설명하겠지만, 이 두 번째 센서가 첫 번째 센서의 임피던스와 크기는 동일하지만 반대로 변한다면 최적일 것이다. 이 효과를 살펴보기 위해서 우선 휘트스톤 브리지의 총 민감도를 수식으로 나타낸다. 브리지는 민감도의 측면에서 최적인 상태여서 모든 임피던스들이 가능한 한 동일한 상태를 유지한다고 가정한다. 그림 8.9에 도시된 임피던스 표기를 사용하면 출력전압 V_o를 다음과 같이 일반 방정식으로 나타낼 수 있다.

$$V_o = V_p\left(\frac{Z_2}{Z_1+Z_2} - \frac{Z_4}{Z_3+Z_4}\right) \tag{8.21}$$

위 식에 대해서 단일센서를 사용하는 경우에 $Z_4 = R+\delta R$이며 $Z_1 = Z_2 = Z_3 = R$이라면 출력 전압은 다음과 같아진다.

$$V_o = V_p\left(\frac{1}{2} - \frac{R+\delta R}{2R+\delta R}\right) \tag{8.22}$$

공통분모에 대해서 식을 다시 정리하면 방정식은 다음과 같이 주어진다.

$$V_o = -V_p\frac{\delta r}{4R+2\delta R} \approx -V_p\frac{\delta R}{4R} \tag{8.23}$$

$\delta R \ll 2R$인 한도 내에서 이 근사식이 성립된다. 근사되지 않은 엄밀해의 경우 분모의 δR 항은 민감도에 작은 비선형을 유발한다. 또한 Z_4의 열효과도 보상되지 않는다.

그런데 서로 반대로 임피던스가 변하는 두 개의 측정 요소를 사용하는 경우에는 아주 다른 상태가 된

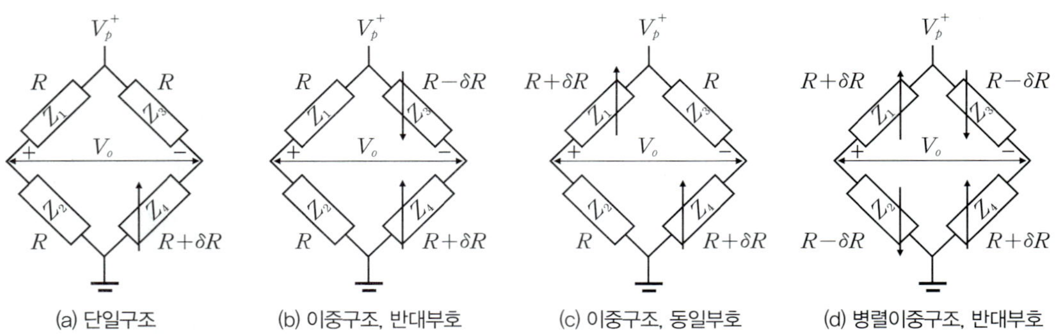

그림 8.9 최대 민감도를 갖는 휘트스톤 브리지의 네 가지 구조를 통해서 다수의 가변 임피던스를 사용할 수 있는 경우에 선택할 수 있는 서로 다른 구성방식들을 보여주고 있다. (a)와 (c)는 약간의 비선형성과 온도보상이 안 된다는 단점을 가지고 있다. 나머지 두 가지 유형은 작동점 주변에서 선형이며 온도보상이 되어있다.

다. 이는 그림 8.9의 두 번째 그림에 도시되어 있는데, 두 번째 측정 임피던스는 동일한 가지의 반대편에 위치하여 $Z_3 = R - \delta R$이 된다. 이런 이중 측정구조의 경우 출력 전압은 다음과 같이 주어진다.

$$V_o = V_p\left(\frac{1}{2} - \frac{R+\delta R}{2R}\right) = -V_p\frac{\delta R}{2R} \tag{8.24}$$

이 방정식은 단일측정 구조에 비해서 민감도가 두 배이며 완벽한 선형성을 가지고 있을 뿐 아니라 두 측정 요소들이 측정 위치에 설치된다면 열 효과도 보상된다.

하지만 이 선형성은 모든 저항값들이 거의 동일한 최적 작동점 근처에서만 보장된다는 점에 주의해야 한다.

언뜻 보면 두 번째 센서를 다른 쪽 가지의 Z_2에 설치할 수 있는 것처럼 보인다. 임피던스 변화가 매우 작은 경우라면 이 구조도 차동전압에 대략적으로 동일한 효과를 보이겠지만 직접 수치값을 넣어 계산해 보면 비선형 효과가 상쇄되지 않는다는 것을 알 수 있다.

$$V_o = V_p\left(\frac{R-\delta R}{2R-\delta R} - \frac{R+\delta R}{2R+\delta R}\right) = -V_p\frac{2R\delta R}{4R^2-4R\delta R+(\delta R)^2} \approx -V_p\frac{\delta R}{2R} \tag{8.25}$$

이 경우에도 열 효과가 두 가지 모두에 동일하게 작용하기 때문에 열 효과는 여전히 보상되지만 근사화되지 않은 방정식 내의 비선형 항들이 여전히 동일한 가지 내의 두 센서가 최적 위치에 있어야 한다는 것을 강조하여 보여주고 있다.

서로 다른 가지에 두 개의 센서들을 사용하는 경우의 부정적 효과는 그림 8.9의 세 번째 사례에서도 찾아볼 수 있다. 불행히도 이 구조는 두 번째 측정 요소가 첫 번째 측정 요소와 동일한 부호의 민감도를 갖는 경우에만 성립된다. 이 경우 예를 들어 Z_1 및 Z_4를 측정 임피던스가 동일하게 $R+\delta R$로 변하는 소자로 대체할 수 있다. 이 경우 출력전압을 계산해 보면 다음과 같이 주어진다.

$$V_o = V_p\frac{\delta R}{2R+\delta R} \approx V_p\frac{\delta R}{2R} \tag{8.26}$$

이 경우 비록 단일 측정 구조에 비해서 민감도가 두 배가 되지만 비선형 특성이 상쇄되지 않는다. 그런데 가장 큰 단점은 가지 내의 측정 임피던스가 설치된 위치가 서로 달라서 온도 문제가 해결되지 않는다는 것이다. 온도 변화에 의해서 임피던스가 동시에 동일하게 변한다고 하여도 이로 인한 차동간섭 전압이 측정신호 전압에 더해진다.

Z_1 및 Z_4 대신에 Z_2 및 Z_3를 두 개의 측정요소들로 대체한다면 부호만 반대가 되며 동일한 결과가 얻어진다.

이 구조에 대해서 조금 더 고찰해 보면 휘트스톤 브리지의 네 개의 임피던스들 모두를 측정요소들로 교체하는 것이 가장 최적의 구조라는 것을 알 수 있다. 이를 통해서 총 신호는 다음과 같이 주어진다.

$$V_o = V_p \frac{R-\delta R}{R+\delta R+R-\delta R} - \frac{R+\delta R}{R+\delta R+R-\delta R} = -V_p \frac{\delta R}{R} \tag{8.27}$$

이 구조의 경우 온도의 영향과 전원 노이즈의 영향이 최소화되며 민감도는 극대화되고 센서는 작동점 근처에서 선형화될 뿐만 아니라 측정용 전자회로에는 단지 4개의 연결용 전선이 필요할 뿐이다.

8.7.1절에서는 스트레인 게이지 요소들을 어떻게 이런 형태로 통합하는지에 대해서 설명할 예정이다.

비선형성에 대한 참고 : 비선형성과 관련된 논의는 디지털 데이터 처리기법이 도입된 이후 시간이 지날수록 그 중요성이 줄어들게 되었다. 원리상 비선형성은 형태가 일정한 오차이므로 제시된 모델을 사용하여 보상할 수 있다. 이 경우 모델의 정확도 만큼만 보상이 가능하며 이상적인 보상은 불가능하기 때문에 선형화가 보상보다는 항상 더 좋다. 하지만 최적이 아닌 브리지 구조를 사용하는 경우에도 디지털 처리기법을 사용하면 허용 가능한 수준의 오차 레벨까지 보상할 수 있다.

8.3.3 민감한 신호의 전기적 연결

앞서 설명한 것처럼, 대부분의 경우 측정요소에서 생성된 전기신호들의 진폭은 작고 소스 임피던스는 크기 때문에 외부 에너지원에 의해서 신호가 간섭받기 쉽다. 이런 교란에 대한 민감도 때문에 측정요소에서 신호조절 요소로의 상호연결에 세심한 주의가 필요하다. 비록 이 상호연결이 측정 시스템에서 가장 중요하지만 여타의 연결들도 문제를 유발할 수 있다. 일단 완전히 아날로그이며 가장 민감한 연결에 대해서 살펴보기로 한다. 전기는 루프를 형성해야 흐를 수 있기 때문에 모든 요소들은 최소한 두 개의 도선으로 상호 연결되며 이들 두 도선이 간섭을 받기 쉽다. 그림 8.10에서는 측정 시스템 내에서 이 상호연결에 영향을 끼칠 수 있는 서로 다른 외부교란 원인들을 가지고 있는 두 구성요소들 사이의 상호연결을 개략적으로 보여주고 있다.

8.3.3.1 자기교란

첫 번째 교란의 원인은 전력 변압기의 변화하는 자기장과 인접한 전자회로 속을 흐르는 높은 전류에 의해서 닫힌 전기회로 내에서 유도되는 전압과 관련되어 있다. 두 도선에서 이로 인한 전압은 대부분 다른

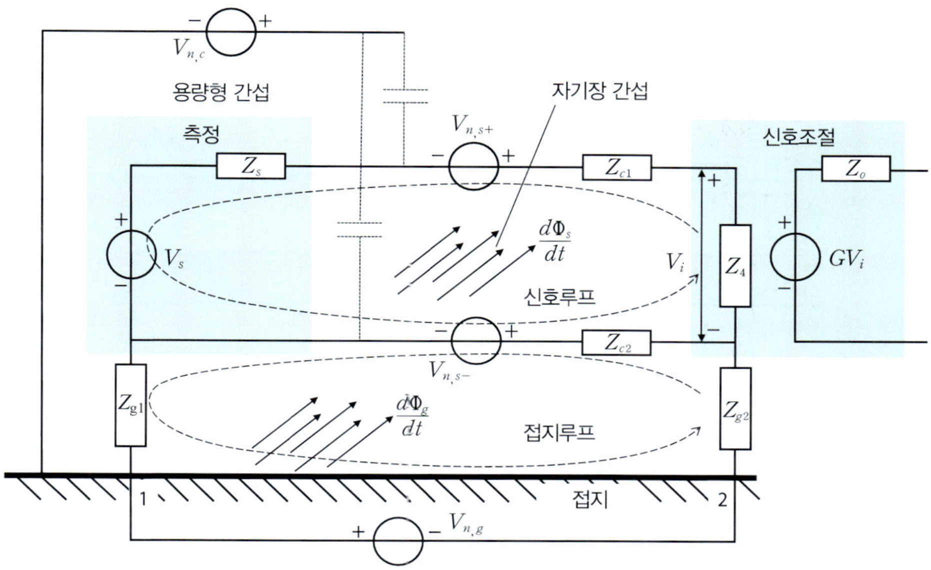

그림 8.10 측정 시스템 내의 두 구성요소들 사이의 연결에 작용하는 간섭 신호의 서로 다른 원인들. 전기장의 변화는 연결 도선에 정전용량형 전류를 생성하며 자기장의 변화는 닫힌회로에 전압을 유도한다. 서로 다른 위치의 접지에는 측정과정에서 위치에 따른 전압차이가 포함된다.

값을 가진다. 이들 두 도선은 각각 다른 루프를 가지고 있어서 첫 번째 구성요소의 출력전압에 합산되는 전압차이 $V_{n,s}^{+}-V_{n,s}^{-}$를 생성하게 된다. 이 전압값들이 서로 동일하다면 차동전압은 0이 되며 다음 번 구성요소에서는 단지 공통모드 교란 입력전압만이 존재할 것이다. 이 공통모드 전압은 6장의 연산증폭기에서 정의되었으며 두 입력전압의 평균값을 나타낸다. 이 공통모드 전압이 끼치는 영향은 뒤에 연결되는 구성요소에 높은 **동상제거비율**을 갖는 차동 증폭기를 사용하여 저감할 수 있다.

불행히도 두 도선을 합선시키지 않고는 정확히 동일한 전압변화 경향을 갖도록 만들 수 없다. 자기장의 상대 투자율 μ_r이 0인 소재가 없기 때문에 자기장으로부터 민감한 시스템을 차폐하는 것은 불가능하므로 민감한 전자회로를 자기장으로부터 멀리 떨어뜨려 놓아야 한다. 저주파 자기장의 경우 두껍고 완벽하게 차폐된 강자성체를 사용하며 고주파 자기장(와동전류)의 경우에는 완벽하게 차폐된 도전성 판재를 사용하여 어느 정도를 저감할 수 있지만 이런 방법들은 많은 경우 비현실적이다.

이런 **자기 간섭**(magnetic interference) 문제를 더 현실적인 방식으로 해결하기 위해서 두 가지 방법이 사용된다. 중요성이 떨어지는 경우에는 그림 8.11의 위쪽 그림에 도시되어 있는 것과 같은 **비차폐 트위스트 페어**(Unshielded Twisted Pair : UTP) 케이블을 사용할 수 있다. 등방성 자기장 변화는 페러데이의 법

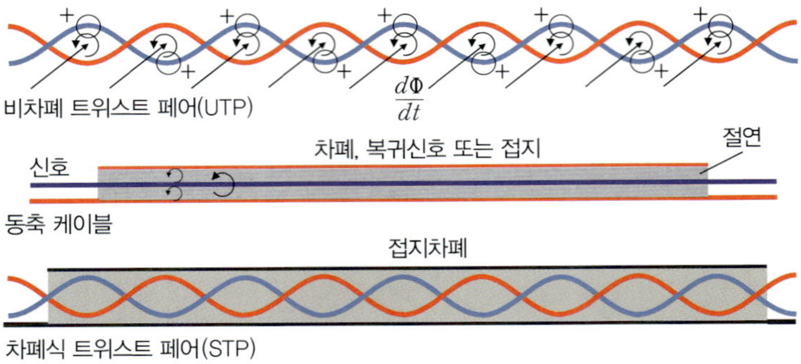

그림 8.11 자기장의 변화에 의한 간섭은 신호용 케이블의 두 도선을 서로 꼬아서 저감시킬 수 있다. 청색 도선에 표시되어 있는 것처럼 각각의 도선에 대해서 케이블이 한번 꼬일 때마다 생성되는 기전력은 인접한 꼬임에서 생성되는 기전력과 서로 반대방향을 향한다. 도선의 직렬연결 구조로 인하여 기전력에 의해서 생성되는 트위스트 페어 전체에 대한 총 전위차이는 대략 0[V]가 된다. 이런 긍정적인 효과는 자기장이 균일한 경우에 극대화된다. 더 좋은 구조는 가운데 그림에 도시되어 있는 동축 케이블로서 모든 위치에 연속적으로 양과 음의 루프가 존재한다. 용량형 교란과 접지루프가 문제를 일으키는 경우라면 차폐식 트위스트 케이블이 가장 좋은 해결책이다.

칙에 따라서 이 자기장의 일부분을 감싸고 있는 각각의 루프들에 기전력을 유발할 수 있다. 모든 트위스트 케이블 들이 동일한 자속을 감싸고 있는 한도 내에서 동일한 자속은 동일한 기전력을 유발한다. 모든 트위스트 케이블들은 도선간의 위치가 서로 교차될 때마다 두 도선 모두에서 기전력의 방향이 양과 음으로 교차된다. 트위스트 케이블의 직렬연결 구조로 인하여 이 기전력들이 생성하는 총 전위차이는 도선의 끝에서 대략 0 [V]가 된다.

불행히도 대부분의 경우 자기장은 균일하지 않으며 모든 트위스트를 동일하게 만드는 것도 어렵다. 따라서 그림 8.11의 가운데 도시되어있는 것과 같은 **동축 케이블**(coaxial cable)이 자주 사용된다. 원리상 신호의 귀환경로는 접지 튜브에 대해 상대적인 신호전압을 나르는 중앙의 도선을 감싸고 있는 튜브형태의 도선이다. 동축 케이블의 한쪽에서 자기장에 의해서 유도되는 기전력은 케이블의 반대쪽에서 유도되는 기전력과 서로 상쇄되며 차폐튜브의 저항이 낮다면 거의 완벽한 보상이 이루어진다. 여기서 거의라는 단어를 사용하는 이유는 자기장이 동축케이블의 단면에 대해서 균일하지 않은 경우가 있기 때문이다. 이런 측면에서는 케이블이 얇을수록 더 좋지만 이로 인하여 케이블의 커패시턴스가 증가하게 된다.

8.3.3.2 정전용량 교란

교란의 두 번째 원인은 예를 들어 주 전원공급선과 전자장비의 고주파 회로에서 발생하는 전기장의 정전용량형 커플링이다. 원리상 교류전압을 나르는 모든 전기도선과 민감한 신호를 나르는 도선 사이에는

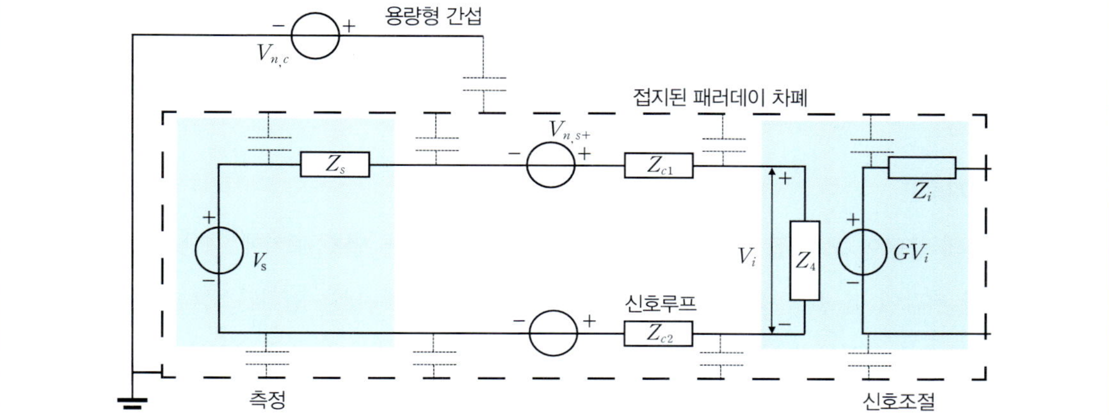

그림 8.12 정전차폐를 사용하여 정전용량형 교란을 저감할 수 있다. 패러데이 차폐는 접지나 여타의 신뢰할 수 있는 일정한 전원에 연결한 도전성 소재로 민감한 부분을 완전히 감싸는 것이다. 차폐와 계측기 사이에 형성되는 다수의 기생 정전용량은 전위차이에 비해서 매우 낮기 때문에 거의 문제를 일으키지 않는다.

항상 얼마간의 정전용량형 커플링이 존재한다. 230 [V]@50 [Hz] 전원선은 민감한 고 임피던스 전자회로에 짧은 거리라면 수 [mV]에서 먼 거리라면 수 [μV]에 이르는 교란을 생성하며 오디오 앰프의 입력단을 손으로 만지는 경우에 이를 경험할 수 있다.

원리상 정전용량형 커플링은 전원과 민감한 구성요소들 사이에 형성되는 작은 정전용량의 높은 임피던스로 인하여 전류원으로 근사화시킬 수 있다. 따라서 이로 인해 생성되는 전압은 측정 요소의 전원 임피던스와 다음 구성요소의 입력 임피던스 사이의 정전용량형 커플링에 의존한다. 종종 이들의 임피던스는 매우 높다.

자기 커플링처럼 정전용량형 커플링은 후속 구성요소에 설치되는 차동증폭기를 사용하여 상쇄할 수 있는 공통모드 교란처럼 두 도선 모두에 전압을 생성한다. 하지만 두 도선이 서로 다른 위치에 설치되는 경우에는 두 도선의 상태가 서로 다를 수 있다.

다행히도 그림 8.12에 도시된 것처럼 전기장을 차단해야 하는 구성요소 주변에 도전성 박스로 **패러데이 차폐**(Faraday shield)를 설치하여 민감한 요소를 차폐시킬 수 있다. 이 차폐는 완전히 밀폐되어야 하지만 교란주파수에 따라서 때로는 냉각용으로 작은 구멍이 허용되기도 한다. 하지만 매우 높은 주파수는 파장길이에 따라서 매우 작은 구멍도 관통할 수 있다.

정전용량형 커플링은 동축 케이블에서 문제를 유발할 수 있다. 원리상 신호선은 귀환도선에 의해서 잘 차폐되지만 이 귀환도선이 모든 정전용량형 외란신호를 받아들이기 때문에 이로 인한 전압이 후속 구성요소의 입력단으로 전송된다. 첫 번째 해결책은 측정 시스템의 접지입력처럼 이 교란전류들을 일정한 기준전압에 합선시키는 것이다. 덜 민감한 경우에는 이것만으로도 충분하지만 때로는 0 [V] 접지점의 임피던스 Z_g가 충분히 낮지 않아서 입력단에 검출 가능한 작은 교란이 초래되기도 한다.

8.3.3.3 접지루프

연결 케이블의 양단이 모두 접지된 경우 더 나쁜 상황이 발생한다. 언뜻 보기에 양단을 접지시키면 정전용량형 교란 저감에 더 좋을 것 같지만 이런 추가적인 연결이 매우 낮은 임피던스를 가지고 있는 **접지루프**(ground loop)를 형성하며 이로 인하여 자기교란이 루프 임피던스에 현저한 전류를 유발하는 전압을 생성한다. 루프 임피던스의 감소에 의해 증가된 전류가 $Z_{g,2}$ 양단 전압의 증가를 유발하기 때문에 $Z_{g,1}$의 저감이 상황을 더 나쁘게 만든다.

이런 부정적인 효과들은 루프가 작은 전자장비 내에서 조차도 존재한다. 경험이 많은 전자회로 설계자들은 프린트 회로기판에서 조차도 모든 전자소자들의 접지를 한 점에 집중시킴으로써 접지루프가 형성되는 것을 막기 위해서 노력한다.

특히 화학 플랜트와 같이 케이블 길이가 수백미터에 달할 정도로 측정 시스템의 구성요소들 사이의 거리가 멀어지는 경우에는 서로 다른 위치에서 접지의 전위차이로 인해 또다른 문제가 발생한다. 크게 접지된 고전력 전기 시스템, 번개 및 자기장 등에 의한 누설전류에 의해서 이런 전위차이가 유발될 수 있다.

따라서 원리상 이중접지는 반드시 회피해야만 한다. 그런데 안전규정에서는 종종 전자회로 시스템으

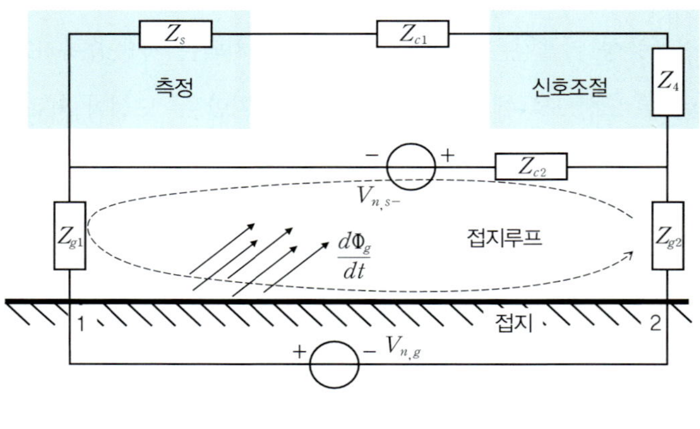

그림 8.13 측정 시스템의 하나 이상의 구성요소를 접지와 연결하면 공통모드 자기교란과 여타 전원으로 인한 전압을 유발하는 접지 루프가 형성된다. 비록 차동 증폭기가 이 문제를 저감시켜 주지만 특히 거리가 먼 경우에는 이로 인한 전압 레벨이 매우 높아질 수 있으므로 접지루프는 회피해야만 한다.

로 공급되는 주전원의 하우징을 **안전접지**(safety ground)에 연결하도록 요구하고 있다. 이런 경우 내부 전자회로들은 이 접지 케이스에 연결하지 말아야 하지만 많은 경우 현실적인 이유 때문에 이 연결이 시행된다. 그리고 심지어는 내부 도선 연결이 없다고 하여도 전자회로와 케이스 사이의 정전용량에 의해서 고주파에서 정전용량 접지가 생성된다.

이 문제를 극복하기 위해서는 동축 케이블과 트위스트 페어가 조합된 **차폐식 트위스트 페어**(Shielded Twisted Pair : STP)를 사용할 수 있다. 트위스트 페어의 두 도선은 비차폐 도선처럼 귀환경로와 함께 신호를 전도한다. 매우 작고 잘 제작된 트위스트 페어 도선을 절연체 속에 견고하게 매립하면 자기교란이 최소화되는 반면에 차폐도선은 전기장을 상쇄시키는 것 이외에는 아무런 기능이 없다.

8.5.4절에서는 높은 신호 에너지를 갖도록 신호가 조절되고 숫자의 형태로 디지털화 된 경우에 사용할 수 있는 광학 파이버에 대해서 설명할 예정이다. 광학 파이버를 사용하면 갈바닉 연결과 그로인한 접지루프 전류를 방지할 수 있다.

8.4 | 신호조절

측정요소의 민감도가 매우 높으므로 측정요소에 인접하여 신호조절요소를 설치하여 전기신호의 견실성을 더해주는 것이 바람직하다. 가능하다면 신호조절요소를 센서와 통합하는 것이 최고의 해결책이다.

앞 절에서 설명하였듯이 신호조절요소로는 가급적이면 측정요소에 부하를 가하지 않으면서 동상제거비율(CMRR)은 무한히 큰 이상적인 차동증폭기를 사용하는 것이 좋다. 더욱이 이 신호조절 요소는 간섭의 영향을 저감하기 위해서 필터와 변조기능을 보유해야 한다.

이 절에서는 우선 진정한 차동증폭기인 인스트루먼트 앰프에 대해서 살펴본 다음에 변조기능에 초점을 맞춰서 필터에 대해서 살펴보기로 한다.

8.4.1 인스트루먼트 앰프

일반적으로 신호조절요소의 입력단은 하나 또는 다수의 연산증폭기로 구성된다. 중요도가 낮은 경우에는 신호를 전송하기에 소스의 임피던스만 너무 높다면, 비반전 증폭기 하나만으로도 충분하다.

뒤의 광 민감성 다이오드에서 설명하는 것처럼 측정 요소가 전류원처럼 거동한다면 이 신호를 출력임피던스가 낮은 전압신호로 변환하기 위해서 입력 임피던스가 낮은 반전증폭기를 사용할 수 있다.

그런데 앞 절에서 설명했던 것처럼 대부분의 경우 정전용량형 커플링과 접지루프 때문에 대부분의 경우 신호 내에 높은 공통모드 교란전압이 존재한다. 이런 경우 이 공통모드 신호를 제거하고 차동전압을 증폭하여 단일출력 전압을 송출하기 위해서 진정한 차동 증폭기가 필요하다. 또한 휘트스톤 브리지를 사용하는 센서의 경우 **단일출력 차동**(differential to single ended)증폭기가 필요하다. 그런데 불행히도 그림 8.14에 도시되어 있는 단일 연산증폭기를 기반으로 하는 단순한 차동 증폭기는 두 입력단 부하가 서로 다르다는 단점을 가지고 있다. 비반전 입력은 단순한 저항성 입력 임피던스를 가지고 있는 반면에 반전입력 전류는 R_1과 연산증폭기의 + 단자에서의 전압에 의존한다. +단자에서의 이 전압은 비반전 입력 전압과 같기 때문에 반전입력 저항을 통과하여 흐르는 전류는 비반전 입력전압에 의존한다. 전원 임피던스가 R_1보다 현저히 낮은 전원에 의해서 $V_{i(1)}$과 $V_{i(2)}$가 공급된다면 위의 논리에 아무런 문제가 없다. 그런데 많은 센서요소들의 경우 그렇지 못하기 때문에 차동증폭을 수행하기 전에 추가적으로 버퍼 증폭기를 설치하여 입력 임피던스를 증가시켜야만 한다. 추가적인 증폭기를 도입해야 하는 또다른 이유는 노이즈 때문에 값이 작은 저항만을 사용해야 한다는 것이다. 8.2절에서 설명했던 것처럼 저항 내의 노이즈는 저항값과 온도에 의존한다. 또한 연산증폭기의 입력 전류 노이즈로 인하여 출력단에서의 노이즈 전압은 입력단에서의 저항값에 의해 결정된다. 실제의 경우 최소 노이즈 레벨을 구현하기 위해서는 연산증폭기의 두 입력단에 1 [kΩ] 미만의 저항성 임피던스가 연결되어야 하지만 대부분의 측정요소들은 이토록 낮은 값의 부하 임피던스를 수용하기 어렵다.

단순한 차동증폭기 구조를 받아들이기 어려운 세 번째 이유는 동상제거비율(CMRR) 때문이다. 실제

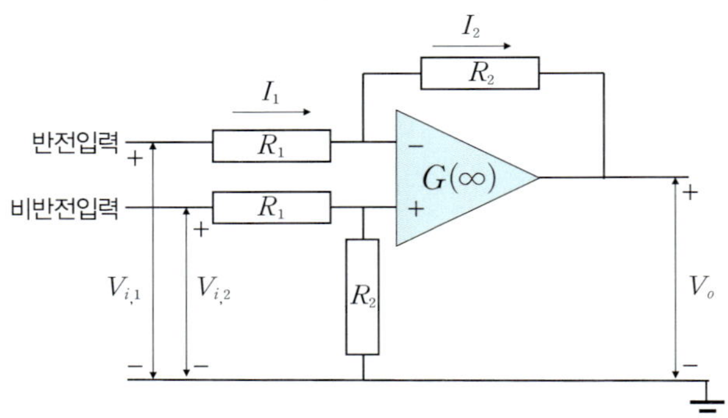

그림 8.14 하나의 연산증폭기를 사용하는 단순한 차동증폭기는 입력 신호에 서로 다른 부하를 가한다. 비반전 입력 전류는 R_1+R_2에 의해서 결정되는 반면에 반전입력 전류는 R_1과 비반전 입력전압에 의해서 결정된다.

의 경우 0.1% 미만의 공차를 가지고 있는 저항은 매우 고가이다. 이런 공차를 가지고 있는 저항을 사용하면 차동 증폭기의 반전 및 비반전 입력의 증폭값이 거의 그 공차만큼 편차를 발생시킨다. 그 결과 공통모드 증폭은 차동모드 증폭의 10^{-3}배에 달하며 이는 -60 [dB]에 해당하는 값이다. 이는 연산증폭기의 표준 동상제거비율인 -100 [dB]에 비해서 훨씬 나쁜 값이다.

그림 8.15에서는 이런 문제들을 해결하기 위해서 입력단에 추가로 두 개의 연산 증폭기를 사용하는 증폭기 구조를 보여주고 있다. 이 구조는 민감한 측정장비에 주로 사용되기 때문에 **인스트루먼트 앰프**(instrument amplifier)라고 부른다.

단순히 두 개의 전압추종기 형태의 버퍼 앰프를 사용하는 대신에 동상제거비율을 개선하기 위해서 입력 증폭기로 고이득 비반전 전압증폭기를 사용하였다. 두 번째 차이점은 두 비반전 증폭기의 음입력들 사이에 R_G 저항을 연결하여 두 연산증폭기의 음입력단과 접지 사이를 연결해 주는 저항을 대체하였다는 것이다.

이 인스트루먼트 앰프의 작동원리는 다음과 같다.

첫 단계로 차동 증폭기와 연결되지 않은 경우에 대해서 차동이득 스테이지의 이득을 계산한다. 모든 연

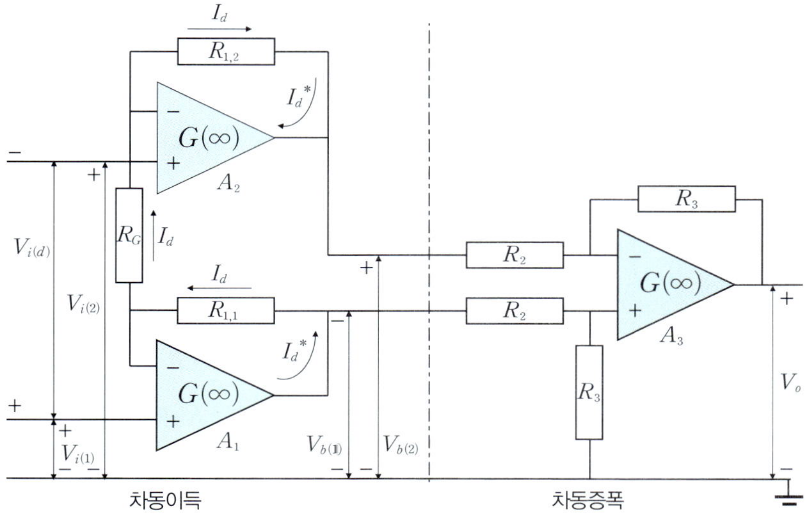

그림 8.15 인스트루먼트 앰프는 입력신호의 차동모드만을 증폭하는 두 개의 비반전 증폭기와 하나의 표준 차동증폭기로 이루어진다. 차동이득을 조절하기 위해서는 저항 R_G만이 사용된다. 그림에 표시되어 있는 전류방향은 입력전압 $V_{i(d)}$의 부호를 기준으로 하고 있다.

* 별도로 표시되어 있지는 않지만 A_1과 A_2의 출력단에서 차동전류 I_d와 합해지는 차동증폭기의 입력전류는 I_d에 포함되어있지 않다.

산증폭기들은 음의 귀환을 가지고 있다. 정상적인 조건 하에서 연산증폭기는 음입력단과 양입력단의 전압을 일치시키기 위해서 출력전압을 변화시킨다. 그 결과 R_G 양단에 부가되는 전압은 두 비반전 증폭기들의 차동입력전압 $V_{i(d)}$와 같아진다. 연산증폭기의 입력전류를 무시한다면 두 증폭기의 출력들은 R_G, $R_{1,1}$ 그리고 $R_{1,2}$에 동일한 전류 $I_d = V_{i(d)}/R_G$를 흘려보낸다. $R_{1,1} = R_{1,2} = R_1$이라면 비반전 증폭기들의 출력단 전압은 다음과 같이 주어진다.

$$V_{b(1)} = V_{i(1)} + I_d R_1 = V_{i(1)} + V_{i(d)} \frac{R_1}{R_G} \tag{8.28}$$

그리고

$$V_{b(2)} = V_{i(2)} - I_d R_1 = V_{i(2)} - V_{i(d)} \frac{R_1}{R_G} \tag{8.29}$$

따라서 공통모드 전압 $V_{b(d)}$과 $V_{b(2)}$는 공통모드 전압 $V_{i(1)}$ 및 $V_{i(2)}$와 일치하는 반면에 차동전압 $V_{i(d)} = V_{i(1)} - V_{i(2)}$는 $V_{b(1)}$과 $V_{b(2)}$ 모두에 대해서 R_G/R_1배 만큼 증폭된다. 그 결과 이 조합의 동상제거비율은 R_G/R_1배 만큼 개선된다.

두 번째 단계로 A_1과 A_2의 출력은 차동증폭기 A_3의 입력들과 연결된다. 이 증폭기의 입력단으로 유입되는 전류는 A_1과 A_2의 출력에 의해서 공급되며 저항 R_G, $R_{1,1}$ 및 $R_{1,2}$를 통과하지 않는다. 따라서 차동이득 스테이지의 이득은 이 부하에 의해서 변하지 않는다. 이 차동입력 스테이지에 의해 개선된 동상제거비율에 대한 결론에 따르면 총 이득의 대부분을 이 스테이지가 담당해야 한다는 것을 알 수 있다. 따라서 차동증폭기부의 저항들을 동일한 값으로 선정하여 균일이득을 구현한다. 이렇게 동일한 저항값들을 사용하면 인스트루먼트 증폭기 전체의 출력전압은 다음과 같아진다.

$$V_o = V_{b(1)} - V_{b(2)} = V_{i(1)} - V_{i(2)} + 2V_{i(d)} \frac{R_1}{R_G} = V_{i(d)} \left(1 + 2\frac{R_1}{R_G}\right) \tag{8.30}$$

이런 인스트루먼트 앰프가 하나의 칩으로 완벽하게 집적화되어 출시되고 있으며 이 경우 완벽하게 견실한 신호처리용 증폭기를 구현하기 위해서는 외부에서 이득설정용 저항 R_G를 연결해야만 한다.

8.4.2 필터링과 변조

세심하게 신호증폭 회로를 설계한다고 하여도 모든 임의오차들을 충분히 낮은 레벨로 저감시키는 것이 항상 가능한 것은 아니다. 이런 경우 측정시스템 내에서 신호를 더 처리하기 전에 우선 필터를 사용해서 이 오차들을 저감시키는 것이 좋다. 만일 교란신호가 유용한 신호와 서로 다른 주파수 스펙트럼을 가지고 있다면 단순 필터만으로도 매우 효과적일 것이다. 그런 경우 6장의 6.3.7절에서 설명했던 능동필터 구조를 사용할 수 있다. 활용사례로는 전자요소의 광대역 노이즈 중 고주파 대역을 저감시키거나 선택적 대역차단필터를 사용하여 단일주파수 교란을 필터링하는 예가 있다. 4장에서 소개했던 PID 제어기용 **조절된** 저역통과 필터도 이와 동일한 목적으로 사용된다.

불행히도 교란신호는 측정신호와 동일한 주파수 대역에서 발생한다. 대부분의 기계식 측정장치들은 강한 저주파 스펙트럼 성분들을 가지고 있기 때문에 저주파 과잉 노이즈가 특히 이에 해당한다. 이런 문제는 측정 신호를 고주파 **캐리어**(carrier) 신호와 조합한 다음 이 조합된 고주파 신호만을 증폭함으로써 해결할 수 있다. 이런 조합과정을 **변조**(modulation)라고 부르며 다양한 유형의 변조기법이 활용되고 있다. 측정 시스템의 경우에는 **진폭변조**(amplitude modulation : AM)가 자주 사용된다. 이 기법은 라디오 전파의 전송을 통해서 잘 알려져 있으며 여기서 조금 더 살펴보기로 한다. 여타의 변조원리들에는 라디오 전파 송신에도 사용되는 주파수 변조, 6장의 전력증폭에서 소개했던 펄스폭 변조, 그리고 8.8절의 증분식 광학 측정 시스템에서 설명할 위상변조 등이 있다.

8.4.2.1 구형파 캐리어와 진폭변조

진폭변조의 원리중 하나가 그림 8.16에 도시되어 있다. 고주파 캐리어 신호는 구형파로서 차동 증폭기의 반전입력과 비반전 입력 사이의 입력 신호를 교대로 스위칭한다. 변조기의 출력은 고주파 진폭변조 된 구형파신호이며 정보의 손실없이 캐리어 파장의 주파수보다 낮은 주파수로 필터링할 수 있다. 고역통과 전달함수를 가지고 있는 **선택적 증폭기**(selective amplifier)를 사용하여 이 필터링을 수행한다. 그 결과 차동 증폭기와 선택적 증폭기 사이의 연결에서의 교란이 복조기의 입력단까지 도달할 수 없게 된다. 복조기는 스위치와 차동 증폭기로 이루어진 변조기와 유사한 조합을 가지고 있으며 변조기와 동기화 된 스위칭을 통해서 입력된 신호의 원래 부호를 복구한다. 여기서는 변조기와 복조기가 동기화된 스위칭을 수행하므로 이런 특수한 복조 기법을 **동기식 복조**(synchronous demodulation)라고 부른다.

변조된 구형파 신호의 날카로운 과도응답 때문에 증폭기는 구형파 스펙트럼의 매우 높은 주파수들을 보존할 수 있어야만 한다. 따라서 이런 형태의 진폭변조는 비교적 낮은 주파수의 측정신호에 국한하여 사용된다. 고주파 신호의 경우에는 정현파 형태의 캐리어 주파수를 더 선호한다. 스위칭 대신에 곱셈을 사용하여 정현파 캐리어 주파수를 사용하는 변조를 구현할 수 있다. 사실 스위칭 변조기는 신호입력의 순간적인 진폭과 구형파 신호의 순간적인 진폭을 서로 곱하는 곱셈기처럼 작용한다.

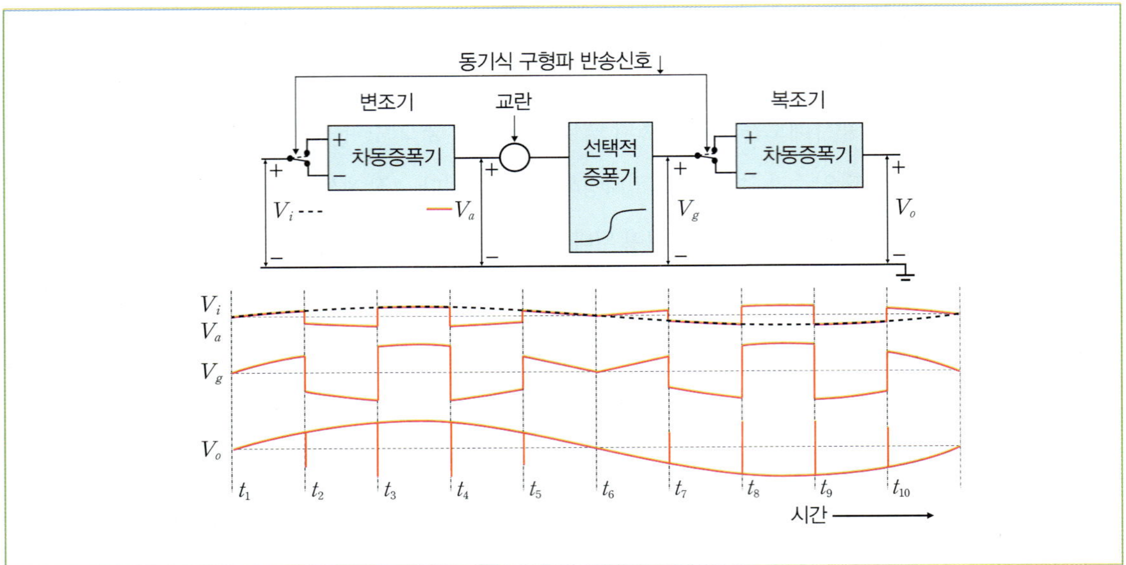

그림 8.16 차동 증폭기의 반전입력 및 비반전 입력 사이의 신호입력 V_i를 교대로 스위칭하여 동기식 변조와 복조가 구현된다. 선택적 증폭기에 의해서 이로 인한 고주파 신호 V_a가 증폭되어 V_g가 만들어진다. 입력 스위치와 동기되어 스위칭 작용을 수행하는 복조기는 다시 증폭된 신호를 저주파 신호 V_o로 반전시킨다. 선택적 증폭기에서 교란은 상쇄된다.

8.4.2.2 정현파 캐리어와 진폭변조

라디오 전파의 전송시 정현파 캐리어 신호는 그림 8.17에서와 같이 DC 바이어스 전압에 음성신호를 곱한다. 이 방법은 복조가 비교적 용이하다는 장점을 가지고 있기 때문에 측정 신호가 DC 값을 가지고 있지 않은 측정 시스템에도 유용하게 사용된다.

첫 번째 단계로 측정 신호를 출력 전압이 항상 단방향을 유지할 수 있도록 충분히 큰 DC 바이어스 전압과 합산한다. 이 조합된 DC+AC 신호전압을 캐리어 신호와 곱하면 이를 통해서 만들어진 신호는 결코 진폭이 0이 되지 않는다. 캐리어 주파수 주변에서 대역통과 전달함수를 가지고 있는 선택적 증폭기를 사용하여 이렇게 변조된 신호를 증폭할 수 있다.

복조는 단순한 정류기와 측정신호 주파수 주변에서 대역통과 필터 특성을 가지고 있는 두 번째 필터를 사용해서 구현할 수 있다. 이 필터는 DC 바이어스 전압과 캐리어 주파수의 고주파 잔류성분들을 제거해준다.

선택적 증폭기의 전달함수를 구하기 위해서는 이 변조원리에 대한 간단한 수학공식을 살펴보는 것이 도움이 된다. DC 바이어스 전압을 포함하고 있는 입력 신호가 $V_i = V_{DC} + V_{i,p}\sin(\omega_i t) =$

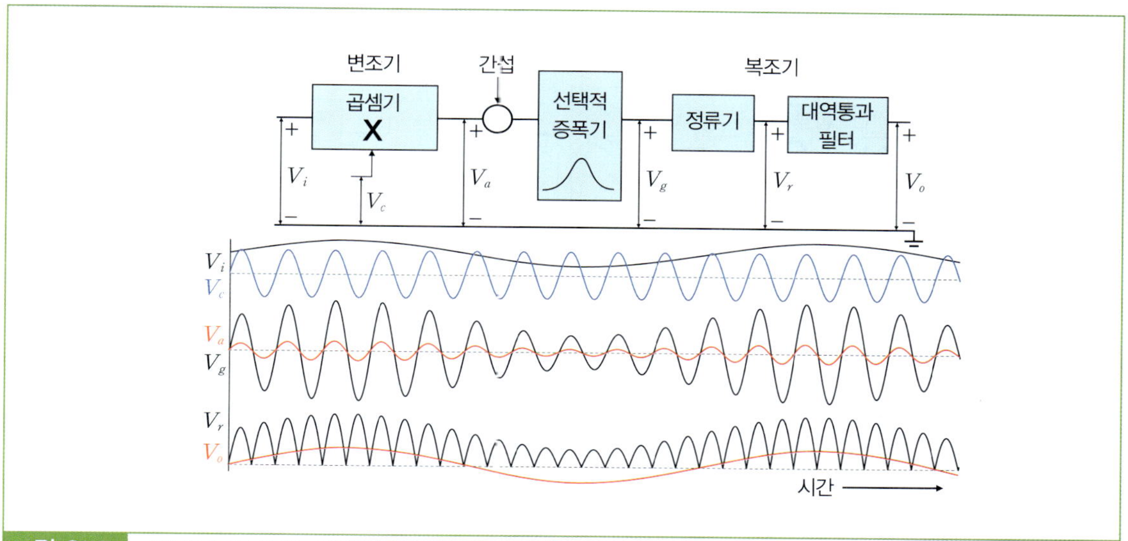

그림 8.17 입력신호와 캐리어 신호를 곱한 진폭변조. 입력신호는 측정신호와 DC 바이어스 전압으로 이루어진다. 그 결과 곱셈 후 출력의 진폭은 결코 0이 되지 않는다. 증폭과 필터링을 거친 후에 단순한 정류기와 대역통과 필터를 사용하여 복조가 이루어진다.

$V_{DC} + V_{i,p}\sin(2\pi f_i t)$와 같으며 캐리어 신호는 $V_c = V_{c,p}\sin(\omega_c t) = V_{c,p}\sin(2\pi f_c t)$와 같다면 곱셈을 통해서 다음 식이 얻어진다.

$$V_a = V_c V_i = V_{c,p} V_{DC}\sin(2\pi f_c t) + V_{c,p} V_{i,p}\sin(2\pi f_c t)(\sin(2\pi f_i t)) \tag{8.31}$$

$$= V_{c,p} V_{DC}\sin(2\pi f_c t) + V_{c,p} V_{i,p}\frac{\cos(2\pi(f_c - f_i)t) - \cos(2\pi(f_c + f_i)t)}{2}$$

따라서 이를 통해서 만들어지는 신호는 캐리어 신호 주파수 f_c와 캐리어 주파수와 양쪽으로 f_i 만큼의 주파수 차이를 가지고 있는 두 주파수로 이루어진 3가지 성분의 주파수들을 포함하고 있다. 이 주파수들을 샘플링 주파수 주변의 **사이드 밴드**(sideband)라고 부르며 이들은 모두 f_i에서 측정신호의 정보를 포함하고 있다.

이 결과를 통해서 최고 주파수가 f_{max}인 서로 다른 주파수들을 포함하고 있는 입력신호를 처리하기 위해서는 $f_c - f_{max}$에서 $f_c + f_{max}$의 대역범위를 가지고 있는 선택적 증폭기가 필요하다는 것을 알 수 있다. 원리상 두 사이드 밴드 중에서 하나를 필터링 하여도 나중에 특수한 방법을 사용하여 이를 복원할 수 있지만 그 과정을 이 책에서 다루기에는 너무 전문적이다.

정류기를 사용하여 복조를 수행하는 단순한 방법은 AC 신호의 주파수에 한계가 있다는 단점을 가지고 있다. 첫 번째 사례의 구형파 신호를 사용하는 동기식 복조는 이런 단점이 없다. 다행히도 그림 8.18에서

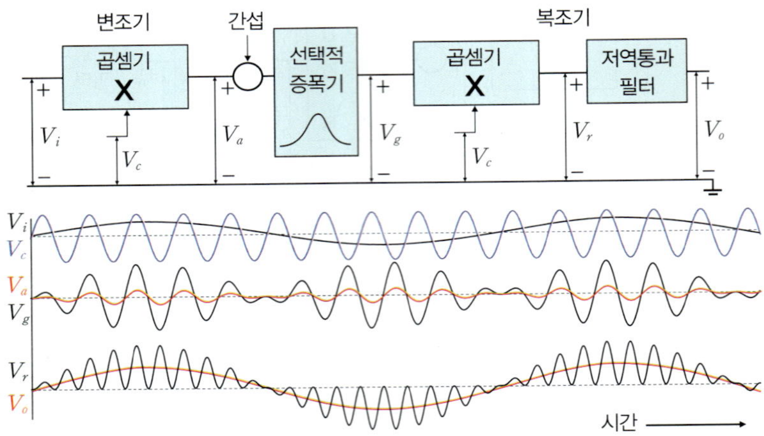

그림 8.18 정현파 캐리어 신호를 사용하는 동기식 변조와 복조를 통해서 DC 바이어스 전압이 없는 입력신호를 사용할 수 있다. 증폭된 측정 신호의 부호는 동일한 캐리어 주파수를 가지고 있는 복조기 내에서의 두 번째 곱셈을 통해서 찾아낼 수 있다.

와 같이 여기에 정현파 캐리어 신호와 함께 동기식 복조기를 적용할 수 있다. 이를 통해서 0 [Hz] 이상의 주파수들을 증폭할 수 있다.

입력 신호의 모든 DC 성분들을 유지해야 하므로 입력 신호에 DC 바이어스 전압을 합산하지 않는다. 변조를 통해서 만들어진 신호는 $V_i = 0$에서 진폭이 0이며 $V_i < 0$인 경우에는 위상이 반전된다. 정류를 통한 복조는 DC 오프셋과 주파수 배가를 초래하므로 동일한 캐리어 주파수를 사용하는 곱셈연산을 통해서 복조를 수행한다.

최종신호의 평균은 입력신호의 형상과 같으며 저역통과 필터를 사용하여 복원할 수 있다. 이 방법을 **위상선택적 검출**(phase selective detection) 또는 **호모다인 검출**(homodyne detection)이라고 부르며 이 장의 다른 측정원리에서 다시 설명할 예정이다.

8.5 | 신호처리

신호조절요소를 거치고 나면 아날로그 제어 시스템에서 사용할 수 있는 강하고 견실한 신호가 만들어진다. 현대적인 제어용 전자회로들은 대부분 디지털 도메인에서 작동하기 때문에 전기 신호의 순시값을 측정된 값을 충분히 나타낼 수 있는 연속적인 데이터들로 변환시킬 필요가 있다.

디지털 시스템은 대부분 수정 발진기를 기반으로 하는 정확한 클록 주파수 발생장치를 사용하여 동기화시킨 매우 정확한 주기적 이벤트에 따라서 작동한다는 특징을 가지고 있다.

주기적 신호의 주파수만이 중요한 경우라면 아날로그 신호를 직접 디지털 도메인으로 변환시킬 수 있다. 이러한 **주파수-디지털 변환**(frequency to digital conversion)공정은 입력 전압 레벨에 따라서 0 또는 1의 출력을 송출하는 1비트 **쌍안정**(bistable) 요소인 비교기를 사용하여 구현할 수 있다. 6장에서는 스위치 모드 전력 증폭기의 펄스폭 변조에 이런 비교기의 특수한 형태인 슈미트 트리거가 사용되었다. 측정 시스템에서는 교란을 억제하기 위해서 슈미트 트리거가 사용된다.

실제의 아날로그-디지털 변환에서는 측정 신호의 순시값을 취한 다음 이 샘플의 크기에 상응하는 숫자를 생성하는 과정을 통해서 입력값의 크기를 디지털화 한다. 다음 절에서는 우선 슈미트 트리거에 대해서 설명한 다음에 측정된 신호의 크기에 상응하는 수치 데이터를 샘플링 하는 과정에 대해서 살펴보기로 한다.

8.5.1 슈미트 트리거

전압 비교기는 무한히 큰 이득을 가지고 있는 차동 증폭기이다. 양입력이 음입력보다 큰 전압을 가지고 있으면 일정한 양의 전압을 송출하며 그 반대의 경우에는 일정한 음의 전압을 송출한다. 슈미트 트리거는 히스테리시스 레벨이 잘 정의되어 있는 전압 비교기이다.

그림 8.19에서는 서로 다른 신호에 대한 슈미트 트리거의 기능을 보여주고 있다. 일단 히스테리시스가 없는 위쪽 그림을 살펴보면 입력 신호가 0 [V] 레벨을 가로지를 때마다 출력전압 V_o가 반전되는 것을 알 수 있다. 히스테리시스가 없는 이 구조는 입력 신호에 노이즈가 없는 경우에만 유용하므로, 실효성이 없다. 노이즈의 영향은 그래프에 노이즈 신호가 더해진 t_0 이후에 도시되어 있다. 노이즈는 입력신호보다 높은 주파수로 0 [V]를 가로지르면서 추가적인 출력신호의 반전을 초래한다. 아래 그래프를 살펴보면 히스테리시스의 영향을 명확하게 관찰할 수 있다.

V_o는 음인 상태에서 시작해서 입력 신호가 V_r^+값을 압도할 때까지 입력신호가 증가한다. 이 순간에 V_o는 양의 상태로 전환된다. 입력 신호가 음전압인 V_r^-까지 떨어지면 V_o는 다시 음의 상태로 전환된다. 이 히스테리시스 작용은 두 가지 효과를 가지고 있다. 우선 V_i의 진폭과 히스테리시스 레벨에 따라서 V_o와 V_i 사이에 추가적인 위상 시프트가 발생한다. 하지만 노이즈의 피크간 전압이 히스테리시스 레벨 이하로

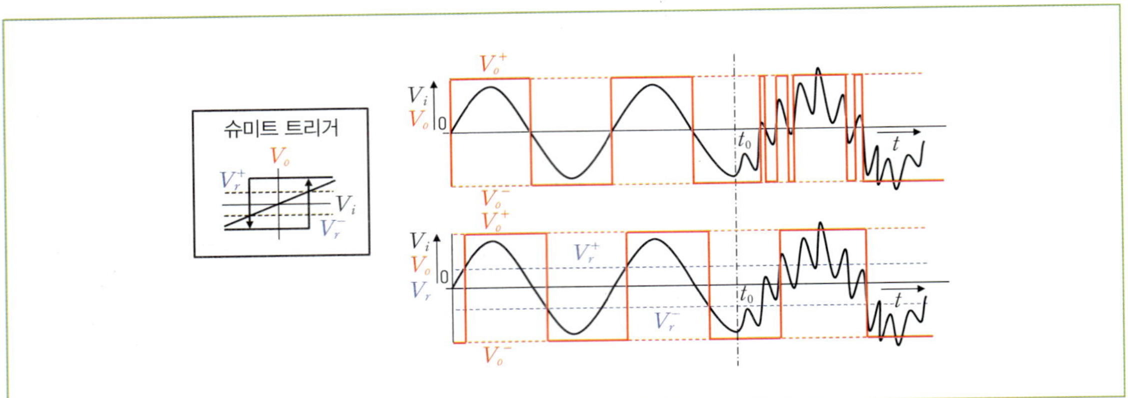

그림 8.19 **슈미트 트리거**는 미리 정의된 히스테리시스 레벨을 가지고 있는 전압 비교기로서 주기적 신호를 노이즈에 대한 민감도를 낮춘 구형파로 변환시켜준다. 위 오른쪽 그래프는 히스테리시스가 없는 경우에 출력전압의 변화를 보여주는 반면에 아래 오른쪽 그래프는 히스테리시스 레벨이 V_r인 경우의 출력전압 변화를 보여주고 있다. 입력 신호는 정현파이며 t_0 이후에는 노이즈가 합산되어 다르게 보인다. 히스테리시스에 의해서 위상 시프트가 발생한 것에 유의해야 한다.

유지되는 한 V_o의 주파수는 노이즈에 영향을 받지 않기 때문에 두 번째 효과가 더 중요하다.

반전 및 비반전 구조의 전압 비교기 모두가 자주 사용되고 있으며, 특별히 명시하지 않더라도 이들은 약간의 히스테리시스를 가지고 있다. 히스테리시스 레벨을 명확히 정의해야만 하는 전압비교기의 경우에만 슈미트 트리거라는 이름을 사용한다.

8.5.2 측정 데이터의 디지털 표시

측정해야 하는 물리적인 성질들은 항상 시간에 대해서 측정값이 연속적으로 변하는 아날로그 특성을 가지고 있다. 측정값을 직접 전기신호로 변환하면 항상 아날로그이며 표시장치 등을 사용하여 연속시간 도메인에서 표시하거나 아날로그 제어기에 입력으로 직접 사용하기 위해서 처음에는 아날로그 측정방법이 사용되었다. 현재에는 컴퓨터를 활용하기 때문에 측정값은 용도에 따라서 십진수나 이진수를 사용하는 이산화 방법으로 표시한다. 이진수 코드는 4.4.3절의 디지털 운동제어에서 소개되었다. 이진수는 n개의 비트로 표시하며 각각은 자릿수에 따라서 2의 승수값을 가진다. 따라서 최하위비트는 $2^0 = 1$이며, 최상위비트는 2^{n-1}의 값을 가진다.

측정값들을 디지털 값으로 변환할 때 최상위비트값이 나타내는 크기는 측정값 전체 범위의 절반에 달한다. 최하위비트값의 크기는 서로 다른 측정값들 사이의 차이를 구분할 수 있는 최소증분을 나타낸다.

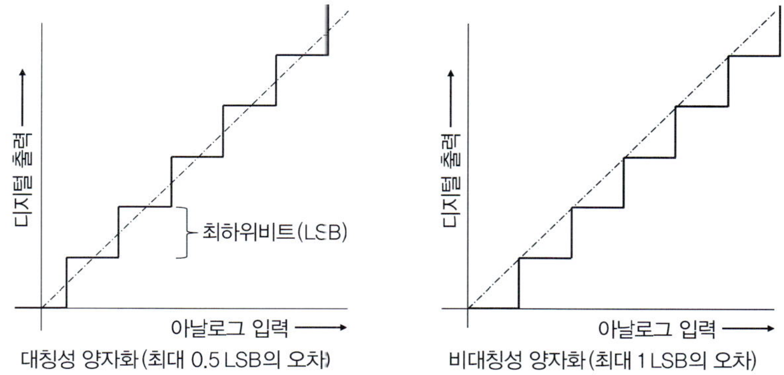

그림 8.20 디지털화된 값은 양자화 방법에 따라서 최하위비트의 0.5에서 1배 사이의 범위를 갖는 양자화 오차를 수반한 증가특성을 나타낸다.

그림 8.20에 도시되어있는 것처럼 디지털화 된 값의 이런 증가특성이 **양자화오차**(quantisation error)라고 부르는 측정 시스템의 첫 번째 오차원인으로 작용한다. 양자화 방법에 따라서 최대오차는 최하위비트(LSB)와 같은 크기를 가진다.

8.5.2.1 그레이코드

원리상으로는 디지털 숫자들이 명확하게 수치화된 값들을 제공해 주지만, 실제로 이를 적용하는 과정에서 문제가 발생한다. 한 스텝 증가하기 전 숫자에 따라서 가장 작은 증분의 한 스텝이 1비트 이상의 변화를 유발할 수 있다. 이진수 데이터의 경우 숫자가 전체범위의 절반 직전에서 절반 직후로 변하는 경우 이런 현상이 가장 극명하게 나타난다. 가장 작은 증분값 1의 증가가 이진수 값을 $011111_{(2)}$에서 $100000_{(2)}$으로 변화시켜서 모든 비트값들을 동시에 변화시킨다. 만일 어떤 이유에서 모든 비트들이 동시에 변하지 않는다면 이로 인하여 데이터에 오류가 발생하게 된다. 이런 상황이 발생할 수 있는 잘 알려진 상황은 서로 다른 비트들을 나타내는 코드 디스크의 구멍을 다수의 빛들이 통과하여 회전각도나 직선위치를 직접 디지털 값으로 측정하는 경우이다. 그림 8.21에서는 이런 로터리 인코더의 사례를 보여주고 있다. 이진수 코드 대신에 측정 시스템은 미국의 물리학자인 Frank Gray의 이름을 딴 **그레이 코드**(Gray code)를 사용한다. 그레이 코드는 최소 증분값이 변할 때마다 단 하나의 비트만 변하도록 설계되어 있다. 그림의 우측에 예시된 것처럼 최하위 비트는 10진수로 홀수일 때에만 반전되므로 2만큼의 증가할 때마다 한 번씩 반전되는 셈이다. 그 다음 비트는 0에서 1로 변하는 것을 시작으로 해서 10진수가 4만큼 증가할 때마다 반

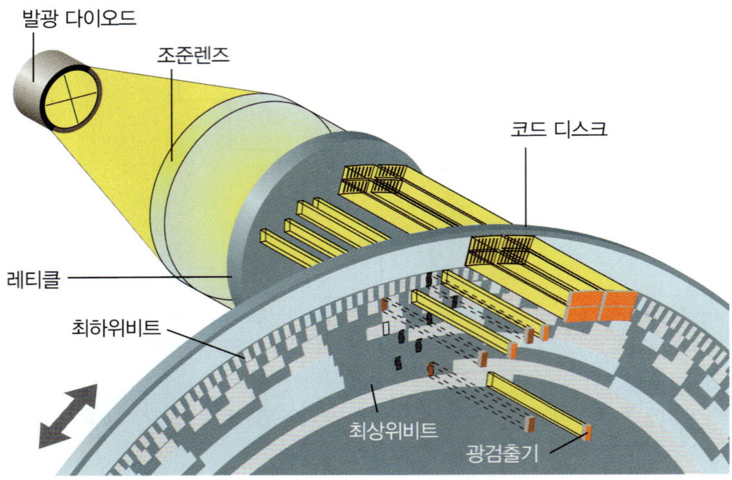

10진수	그레이	이진수
0	0000	0000
1	0001	0001
2	0011	0010
3	0010	0011
4	0110	0100
5	0111	0101
6	0101	0110
7	0100	0111
8	1100	1000
9	1101	1001
10	1111	1010
11	1110	1011
12	1010	1100
13	1011	1101
14	1001	1110
15	1000	1111

그림 8.21 디지털 데이터를 직접 측정하는 경우, 관련된 모든 비트들이 동시에 변하지 않는다면 이진수 코드는 문제를 일으킬 수 있다. 이는 위 그림의 절대위치 광학식 인코더처럼 1이 증가할 때마다 하나의 비트만 변하는 그레이코드를 사용하여 해결할 수 있다. 우측에서는 사례로 4비트 코딩을 예시하여 보여주고 있다. (courtesy of Heidenhain)

전되며 세 번째 비트는 10진수 4일 때 반전을 시작해서 8만큼 증가할 때마다, 반전된다. 그레이 코드는 코드 디스크상의 슬롯과 광 검출기 사이의 정렬 오차에 의한 데이터 오류 발생을 막아준다.

회전 디스크의 사례에서는 위치정렬오차의 영향뿐만 아니라 각 비트들의 서로 다른 스위칭 속도 때문에 모든 비트들이 동시에 변하지 않을 때에 시간도메인에서 오차가 발생할 수 있다는 것을 보여주고 있다. 이 타이밍 문제는 디지털 값을 일정한 시간동안 저장해 주며 모든 데이터들이 안정화 된 순간에 이를 읽을 수 있는 메모리인 **래치**(latch)를 사용하여 해결할 수 있다. 래치는 잘 정의된 클록 주파수에 대해서 모든 디지털 데이터들이 동기화 되어있는 컴퓨터와 같은 시스템에 적용할 수 있다.

다음 절에서는 연속시간 신호를 이산시간 값으로 변환시켜주는 전자식 아날로그-디지털 변환기에 대해서 설명한다. 대부분의 변환기들은 아날로그 샘플로부터 모든 비트의 디지털 값을 구하기 위해서 다수의 클록 사이클을 필요로 한다. 이 과정에서 이미 구해진 비트들은 래치에 저장되며 모든 비트들이 결정되고 나면 마지막 클록 사이클에 이 숫자를 디지털 프로세서로 전송한다.

8.5.2.2 아날로그 값의 샘플링

디지털 신호의 증분특성은 측정값과 시간 모두와 관계되어 있다. 숫자는 점진적으로 변하지 않으며 특정한 주기 동안만 유효하다. 따라서 디지털 숫자는 아날로그 신호의 순시값인 **샘플**(sample)을 나타내며 이 이산화 시간값은 연속시간값의 근사치일 뿐이다. 아날로그-디지털 변환방법에 따라서 샘플링 주파수는 일정하며 디지털 제어기의 클록 주파수와 등기화되거나 신호값에 따라서 변할 수 있다. 가변식일 경우 메모리를 사용하여 나중에 동기화 시키면 데이터가 비동기식으로 저장되지만 동기식으로 읽음으로서 동기화시킬 수 있다.

정의에 따르면 샘플들은 샘플링을 수행하는 시점에만 정확하며 샘플링들 사이의 정보는 잃어버린다. 아날로그 신호가 변화하는 경우에 샘플링 주파수는 신호의 최고 주파수보다 최소한 더 높으면 된다고 생각할 수 있다.

하지만 실제의 한계는 어느 정도인지를 살펴보는 것이 중요하다.[65]

8.5.2.3 나이퀴스트-섀넌의 정리

모든 변환원리들에 대해서 완벽한 아날로그-디지털 변환을 위한 샘플링 주파수의 하한은 다음의 법칙을 따른다.

어떤 변환이 완벽하려면 역변환을 통해서 원래의 신호를 재현할 수 있어야 한다.

이 법칙을 명심하면서 샘플링 과정에 대해서 살펴보기로 하자. 그림 8.22에서는 실제의 경우 어떻게 샘플링이 이루어지는지를 보여주고 있다. 신호의 샘플들은 버퍼 앰프의 출력단 위치에서 순간적으로 커패시터를 신호전압과 연결시켜주는 스위치에 의해서 얻어진다. 이 샘플링 순간에 커패시터는 신호의 순시전압까지 충전된다. 스위치가 열리고 나면 다음 번 샘플을 획득하기 전까지 샘플링 된 전압은 커패시터에 의해서 저장된다. 아날로그-디지털 변환기에서 설명하겠지만 이 **샘플 앤드 홀드**(sample and hold) 기능은 변환과정에서 입력 신호가 일정해야만 하는 변환기에서 필요로 하는 기능이다. 여타의 변환기들은 각 샘플에 대해서 입력 신호를 평균화하기 때문에 이 기능을 가지고 있지 않다. 그림을 통해서 알아낼 수 있는 사실들 중 하나는 **홀드** 기능에 의한 그룹지연(τ_g)으로서, 실시간 귀환 시스템에 적용할 경우에 변환기의 총지연을 유발하는 중요한 인자이다. 원리상 그룹지연은 샘플들 사이의 정보를 잃어버린다는 것을 의미한다. 샘플링에 의한 평균 그룹지연은 샘플링 주기의 절반이며 불행히도 이 지연은 결코 복원할 수 없다. 이

65) 실제의 경우, **위신호**(aliasing)의 발생을 피하고 안정된 구환제어를 수행하기 위해서는 아날로그 신호주기의 약 20배, 정밀 위치제어를 위해서는 약100배 이상의 샘플링 주파수가 필요하다.(역자 주)

것은 측정이 귀환제어 공정에 활용될 때에 최소 샘플링 주파수를 결정하는 중요한 인자이다.

더욱더 중요한 것은 샘플링이 주파수 스펙트럼에 끼치는 영향이다. 원리상 홀드 기능이 없다면 샘플링은 반복된 임펄스 신호의 진폭변조인 반면에 홀드 작용은 일종의 구형파 변조에 해당한다. 진폭 변조를 사용한 신호조절에 관한 앞 절의 내용을 참조하면 샘플링 신호의 주파수 스펙트럼도 샘플링 주파수 주변에 **사이드 밴드**를 나타낸다. 샘플링된 임펄스 신호의 경우 임펄스의 넓은 주파수 스펙트럼으로 인하여 이 패턴은 샘플링 주파수의 n배 만큼 반복된다.

이 현상을 설명하는 그림 8.23에서는 샘플링 주파수의 고차 조화성분 스펙트럼 진폭을 저감시켜주는 저역통과 특성과 함께 홀드 기능의 영향도 도시되어 있다.

그림의 위쪽 그래프에서는 샘플링 주파수가 최대 신호 주파수보다 훨씬 더 높은 경우의 주파수 스펙트

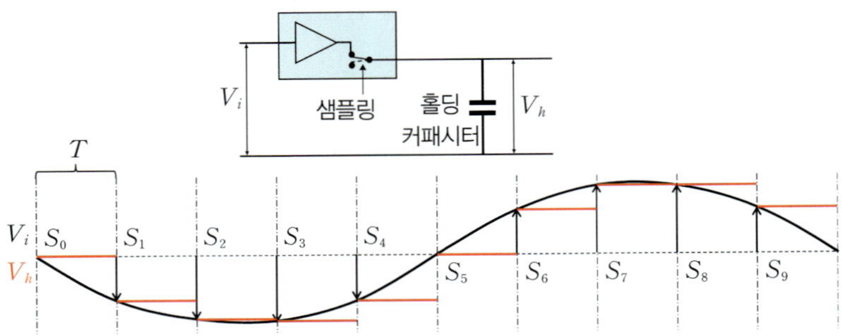

그림 8.22 스위치를 사용하여 신호를 샘플링하며 샘플링 신호 T가 지난 다음에 새로운 샘플링이 이루어지기 전까지는 커패시터가 이 값을 일정하게 유지시켜 준다. 샘플링 스위치 앞에 설치된 버퍼 증폭기는 홀딩 커패시터가 입력 신호에 과잉부하를 가하지 못하도록 막아준다. 샘플링된 신호와 아날로그 값 사이의 평균 그룹지연은 $\tau = 0.5T$이다.

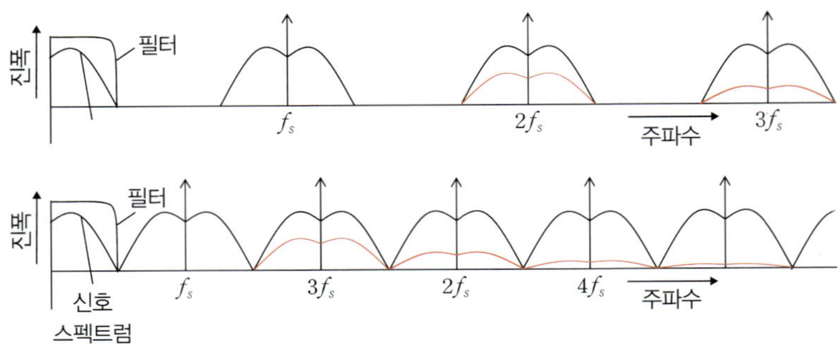

그림 8.23 n이 0보다 큰 정수일 때 샘플링 주파수의 n배 주변의 주파수 스펙트럼에서 샘플링 신호는 대칭형태의 사이드밴드를 생성한다. f_s가 최대 신호 주파수의 두 배 미만인 경우에는 스펙트럼들 사이에 중첩이 발생하여 원래의 신호를 복원할 가능성이 훼손된다. 고주파에서 **홀드** 작용의 영향은 적색선으로 표시되어 있다.

럼을 보여주고 있다. 최대 신호 주파수 이상의 모든 샘플링과 관련된 신호들을 필터링하여 없앰으로서 원래의 신호 스펙트럼을 간단하게 복원할 수 있다.

아래 그래프에서는 샘플링 주파수가 최대 신호 주파수의 정확히 두 배인 경우를 보여주고 있다. 샘플링 주파수 주변에 위치한 첫 번째 사이드밴드의 최저주파수는 신호의 최대주파수와 일치하므로 무한히 예리한 필터만이 인접한 고주파 성분을 원래의 신호에서 만들어진 사이드밴드로부터 차단할 수 있다. 이보다 더 낮은 샘플링 주파수에서 조차도 이를 피할 수 없으며 더 이상 원래의 신호를 복원할 수 없게 된다.

■ 위신호(Aliasing)

그림 8.24에서는 샘플링 주파수가 입력신호 스펙트럼의 최대 주파수와 같은 경우에 어떤 일이 벌어지는지를 보여주고 있다. 샘플링 주파수 주변의 사이드 밴드는 아날로그 입력 신호의 주파수 스펙트럼과 중첩되며 이 스펙트럼의 모든 주파수가 원래의 주파수보다 낮으며 주파수 차이와 같은($f_d = f_s - f_i$) 위신호를 만들어낸다. 이 샘플들을 사용하여 신호를 복원하면 원래의 신호와 위신호의 두 가지 주파수들이 만들어진다. 샘플링 주파수가 신호 주파수의 두 배 이상이 되면 주파수 차이가 신호의 최대 주파수보다 크게 되며 원래의 신호 주파수보다 높은 모든 주파수 성분들을 필터링하고 나면 원래의 주파수만 남게 된다.

위신호의 발생을 기반으로 하여 나이퀴스트 선도를 창안한 Henry Nyquist는 샘플링에 대한 나이퀴스트 기준을 제시하였다. 이 기준은 미국의 수학자인 Claude Elwood Shannon(1916-2001)에 의해서 개선

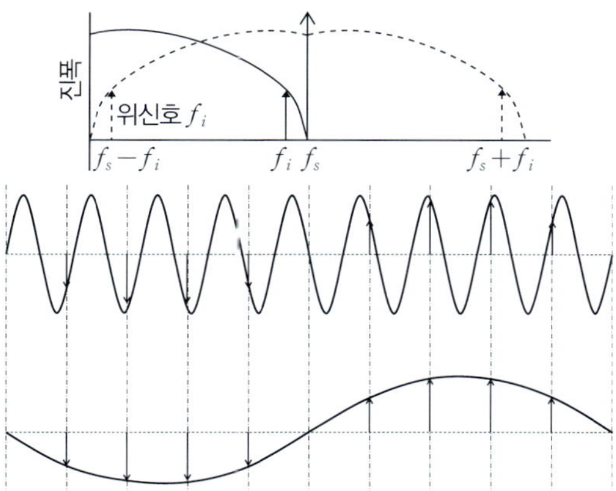

그림 8.24 샘플링 주파수 f_s가 신호의 최고 주파수보다 두 배 미만인 경우에 위신호 주파수가 생성된다. 아날로그 입력 스펙트럼의 주파수성분 f_i가 샘플링 주파수와 결합되어 훨씬 낮은 주파수 성분($f_s - f_i$)인 위신호 주파수를 생성한다. 서로 다른 두 개의 주파수를 가지고 있는 아날로그 신호에 대해서 동일한 샘플이 얻어지는 아래의 두 그래프를 통해서 위신호의 영향을 살펴볼 수 있다.

되어 노이즈효과와 함께 사용하는 나이퀴스트-섀넌 샘플링 정리가 되었다. **나이퀴스트 주파수**(Nyquist frequency) f_N은 샘플링 주파수의 절반으로 정의되며, 이 정리는 다음과 같다.

> 샘플링을 수행할 때 신호의 주파수 스펙트럼은 나이퀴스트 주파수보다 높은 주파수 성분을 포함하지 않아야 한다.

이 정리는 다음 공식과 같이 나타낼 수 있다.[66)]

$$f_{i,max} < F_N = \frac{f_s}{2} \quad \Leftrightarrow \quad f_s > 2f_{i,max} \tag{8.32}$$

8.5.2.4 위신호를 방지하기 위한 필터링

대부분의 경우 측정시스템 내에서의 신호는 넓은 주파수 스펙트럼을 가지고 있다. $f_{i,max}$가 이 스펙트럼 내에서 관심을 가지고 있는 최대 주파수일 때, 샘플링 주파수 f_s는 나이퀴스트 주파수 $f_N \geq f_{i,max}$와 나이퀴스트 섀넌 정리를 완벽하게 충족시켜야만 한다.

특히 위상 마진이 동적 성능을 결정하는 귀환 제어되는 운동 시스템과 같은 실제 시스템의 경우에는 주파수 마진을 조금 더 가져야만 한다. 이는 루프 내에 필터를 두 번 사용해야만 하기 때문이다. 첫 번째 필터로 샘플링 과정에서 f_N보다 높은 부적절한 주파수가 유입되는 것을 방지하기 위해서 위신호방지 필터가 사용된다. 이 필터는 결코 무한히 예리할 수 없기 때문에 샘플링 주파수를 $2f_{i,max}$보다 약간 더 높게 유지해야 한다. 제어기 이후에 설치된 전력증폭기의 입력신호로 아날로그 신호를 복원해야 하는 경우에 또 다른 필터가 사용된다. 샘플링 된 신호의 고주파 성분들을 필터링하여 제거하지 않으면 이 주파수 성분들이 증폭기와 작동기에 원치 않는 영향을 끼치게 된다. 모든 저역통과 필터들은 특히 오버슈트를 방지하기 위해서(고감쇠) 차단성능을 향상시키면 위상지연이 발생한다. 따라서 이런 경우에는 높은 샘플링 주파수와 낮은 차수의 필터를 사용해야 한다. 나이퀴스트-섀넌 정리가 사용된 좋은 사례가 콤팩트 디스크용 오디오 신호의 디지털화이다. CD 플레이어의 샘플링 및 녹음 주파수는 44 [kHz]로 최대 가청 주파수인 20 [kHz]의 두 배에 비해서 단지 10%의 여유만을 가지고 있다. 이로 인하여 CD가 처음 소개되었던 당시에는 위신호에 의한 음향결함을 방지하기 위해서 사용한 예민한 고차필터에 의해 음향품질이 훼손되

66) 이는 최저기준일 뿐이다. 실제 측정시 이 샘플링 기준을 적용하면 큰 낭패를 보게 된다는 점을 다시 한 번 강조한다.(역자 주)

어 많은 비난을 받았었다. 하지만 현재에는 디지털 전자기술의 발전으로 인해서 저가형 CD 플레이어에서조차도 샘플링 된 신호에 고차보간법을 적용하여 96 [kHz]나 심지어는 192 [kHz]로 다수의 디지털 샘플들을 추출할 수 있게 되었다. 이렇게 높은 샘플링 주파수로 인해서 단순한 2차 베셀 필터와 일정한 그룹 지연만을 사용해도 원래의 신호를 복원할 수 있으며 듣기에도 훨씬 음질이 좋다.

8.5.3 아날로그-디지털 변환기

이 절에서는 세 가지 **아날로그-디지털 변환기**(analogue to digital converter : A/D 변환기)에 대해서 살펴보기로 한다. 첫 번째 사례는 디지털 프로세스의 클록과 비동 상태로 측정을 통해서 만들어진 가변 단방향 입력전압에 대한 샘플링 값을 생성해 주는 가장 간단한 형태의 A/D 변환기인 **복경사형**(dual slope) A/D 변환기이다. 이 복경사형 A/D변환기는 빌딩의 중앙난방 제어기와 같이 덜 민감한 용도에 사용된다. 이 변환기는 별도의 샘플링 및 홀딩 기능을 필요로 하지 않으며 마이크로프로세서 주변에 소수의 요소들만을 사용해서 매우 낮은 가격으로 구현할 수 있다. 두 번째 변환기는 자주 사용되는 **점근산법 레지스터**(successive approximation register) A/D 변환기이다. 이 변환기는 정밀도와 속도를 최적으로 절충하였으며 신뢰성있는 타이밍과 낮은 지연으로 인하여 메카트로닉스 시스템용 귀환제어기의 표준 A/D 변환기로 여전히 사용되고 있다. 세 번째 변환기는 **시그마-델타 변환기**(Sigma-Delta converter)이다. 이 변환기의 작동원리는 복경사형 A/D 변환기에서 유도되었지만 매우 높은 샘플링 주파수에서 빠르게 변하는 신호를 동기화 샘플링 할 수 있도록 변형되었다. 이 변환기는 디지털 오디오와 같이 20비트 이상의 고분해능이 낮은 지연시간보다 더 중요한 경우에 널리 사용되고 있다.

8.5.3.1 복경사형 A/D 변환기

복경사형 A/D 변환기의 작동원리가 그림 8.25에 도시되어 있다. 이 변환기는 단극성 신호에 대해서만 적합하다. 이 변환기는 적분기 비교기 및 마이크로프로세서로 이루어진다. 반전 적분기의 입력단에 위치한 스위치가 이 적분기의 입력을 양의 아날로그 입력 신호나 알고 있는 고정된 음의 기준신호에 연결시켜준다. 이중레벨 비교기는 적분기의 출력 전압이 음의 기준전압 V_r이나 0 [V]의 양전압을 통과하는 정확한 순간을 검출해 준다. 이 이벤트들 중 하나가 발생하자마자 비교기는 마이크로프로세서에 셋 또는 리셋 펄스를 송출한다. 셋-펄스는 0 [V]에 도달하는 순간에 해당하며 이 이벤트 이후에 마이크로프로세서는 적분기의 입력단에 설치된 스위치를 A/D 변환기의 입력전압과 연결하도록 명령한다. 이로 인하여 적분기의 출력 전압은 아날로그 입력전압의 속도에 비례하여 떨어지며 마이크로프로세서는 적분기가 기준전압에 도달하여 비교기로부터 리셋 펄스가 트리거 될 때까지의 시간을 측정한다. 이 리셋 펄스를 수신하자마자 마이크로프로세서는 적분기의 입력단에 설치된 스위치를 기준전압과 연결하도록 명령하고 적분기가 0 [V]까지 다시 상승하는 데에 걸리는 시간을 측정하기 시작한다.

측정된 두 타임 슬롯들 사이의 비율은 기준전압의 절댓값과 적분기간 동안의 평균 입력전압 사이의 비율과 같다. 마이크로프로세서를 사용하여 이미 알고 있는 기준전압에 대한 이 비율을 측정값으로 변환시킬 수 있다.

이 복경사형 변환기는 단지 소수의 전자소자들만으로 제작할 수 있기 때문에 모든 변환기들 중에서 가장 단순하다. 적분기로 인하여 고주파 신호가 샘플링주기 내에서 평균화되므로 적분기는 위신호 방지 필터처럼 작동한다. 이 변환기는 중앙난방장치의 제어기와 같이 마이크로프로세서를 사용하는 제어장치에 자주 채용된다. 많은 경우 적분기는 단순한 RC 네트워크로 대체되며 마이크로프로세서의 입력들은 비교기 입력처럼 사용된다. 이 경우 마이크로프로세서는 저가형 솔루션에 의해서 발생하는 비선형성 및 여타의 비정상 현상들을 보상하도록 프로그래밍 된다.

이 변환기의 분해능은 하나의 적분 사이클 속에 포함된 마이크로프로세서의 클록펄스 수에 의해서 제

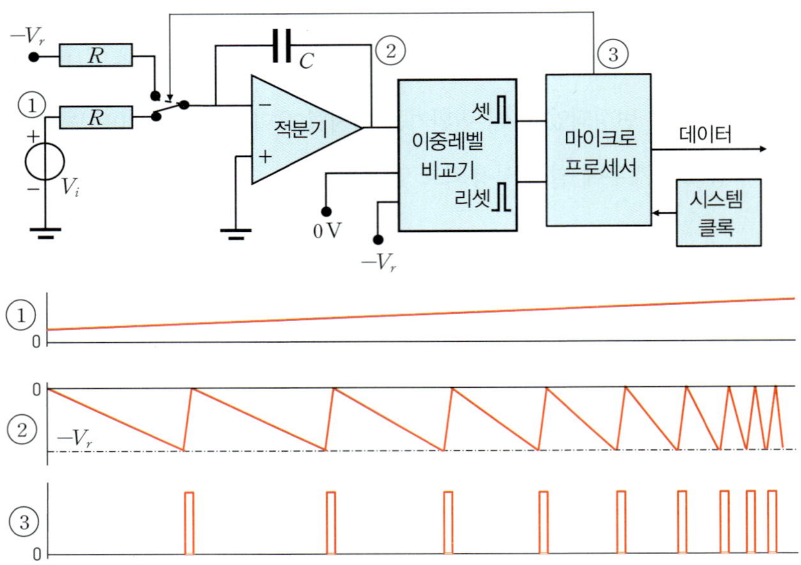

그림 8.25 복경사형 아날로그-디지털(A/D) 변환기. 마이크로프로세서는 적분기의 출력 전압이 0V에서 음의 기준전압 레벨인 V_r까지 변하는 시간을 측정한다. 이 시간은 양의 입력전압에 비례하며 적분기의 입력을 0V로 스위칭 한 다음 음의 기준전압 V_r에 도달할 때까지의 적분 시간에 대해 교정된다.

한되며, 이로 인하여 이 방식은 시간에 대한 제약이 작은 용도에 국한하여 사용된다. 예를 들어 마이크로프로세서의 클록 속도가 1 [MHz]라면 1 [ms] 주기의 적분기는 단지 1000개의 클록펄스만을 포함하고 있을 뿐이다. 또한 입력 전압이 0 [V]에 근접하면 사이클 시간이 증가하기 때문에 이 변환기는 위상지연이 작고 일정해야 하는 귀환제어 운동 시스템에 부적합하다.

8.5.3.2 점근산법 A/D 변환기

점근산법 레지스터(Successive Approximation Register : SAR) 아날로그-디지털 변환기를 사용하여 더 정밀하고 비교적 빠른 변환과정을 구현할 수 있다. 이 방법에서는 **디지털-아날로그 변환기**(digital to analogue converter : D/A 변환기)의 출력과 입력 신호를 비교하며, 최소한의 스텝만으로 올바른 디지털 값을 얻기 위하여 효율적인 알고리듬이 사용된다. 그림 8.26에서는 **R-2R 사다리형 회로망**(R-2R ladder

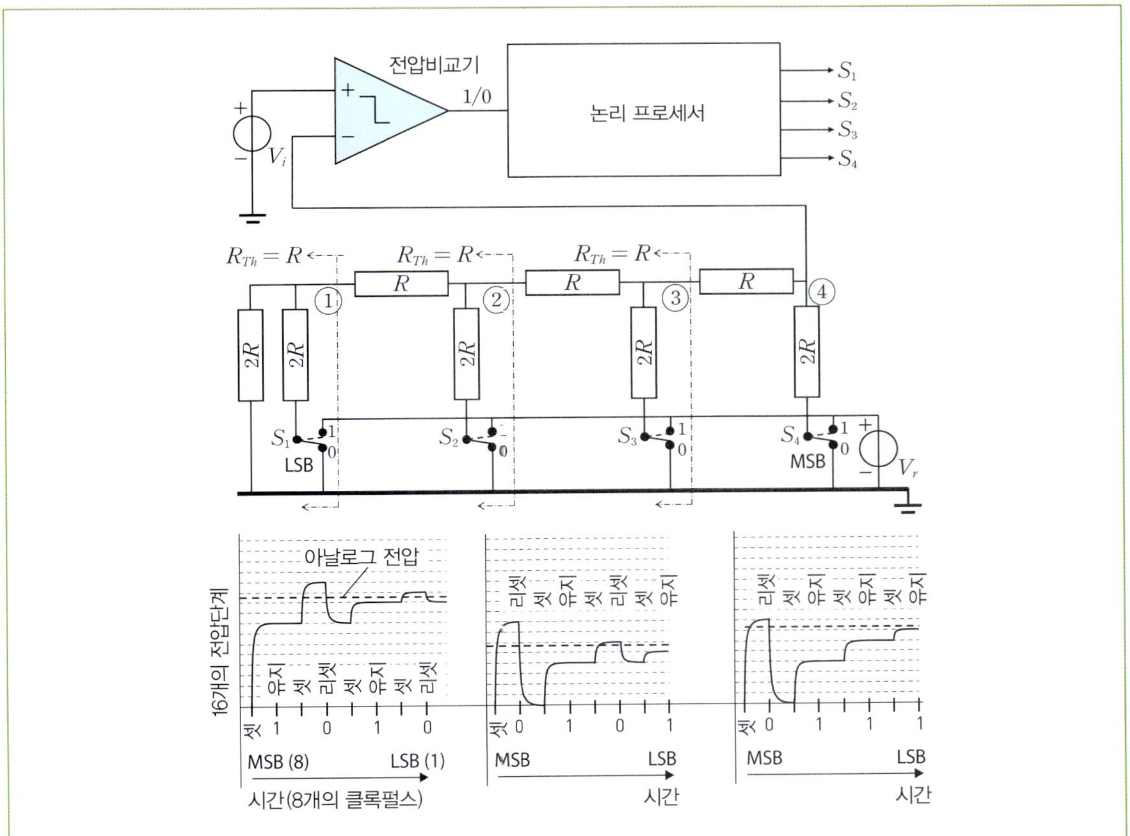

그림 8.26 R-2R 변환기, 비교기 및 논리 프로세서를 사용하며 점근산법을 기반으로 하는 4비트 아날로그-디지털 변환기. 아래의 그래프는 4개의 비트들이 어떤 순서로 4번의 셋과 결정(유지 또는 리셋)과정을 밟는지를 보여주고 있다.

network)을 기반으로 하는 D/A 변환기의 작동원리를 보여주고 있다.

R−2R 사다리형 회로망은 최하위비트(LSB) 스위치 S_1에서부터 시작해서 살펴보면 이해하기 쉽다. ①점에는 크기가 2R인 저항요소 두 개가 병렬로 설치되어 있으므로 전원 임피던스는 테브난 임피던스 $R_{Th} = R$이 된다. 이는 스위치 S_1의 세팅과 무관하다. 전원의 소스 임피던스는 0이기 때문에 스위치가 어느 쪽을 향해도 스위치에서 접지로의 낮은 임피던스가 만들어진다.

①점에 위치한 첫 번째 영역의 테브난 전압 $V_{Th①}$은 스위치 S_1의 상태에 따라서 0 [V] 또는 $0.5V_r$의 전압값을 가진다. 첫 번째 영역의 테브난 임피던스는 두 번째 영역에 의해서 부하를 받으며 두 번째 영역의 저항 R 및 2R에 의해서 전압 분할기를 형성하는데, 여기서 2R 저항은 S_2에 의해서 접지에 직접 연결되거나 전원을 통해서 접지에 연결된다. 이 전압분할기로 인하여 첫 번째 영역의 테브난 전압은 절반으로 희석되어 0 [V] 또는 $0.25V_r$의 전압값을 갖게 된다.

첫 번째 영역에서와 마찬가지로 두 개의 2R 저항들이 접지에 병렬로 연결되므로 이 첫 번째 및 두 번째 영역에 의한 등가 테브난 전원 임피던스는 R과 같다. S_2가 V_r 쪽으로 스위칭되면 ②점에서의 테브난 전압은 S_1에서의 전압(0 [V] 또는 $0.25V_r$)과 S_2에서의 전압(0 [V] 또는 $0.5V_r$)의 합이 되어서 S_1과 S_2의 세팅에 따라서 총 전압은 0, 0.25, 0.5 및 $0.75 \times V_r$의 전압값을 갖게 된다.

이 과정이 다음 단계에서도 반복되어 ③점 및 ④점에서의 총 전압을 형성하게 된다. 그림에서는 단지 4비트만 도시하고 있지만 단지 두 종류의 저항만을 사용하여 많은 비트수를 갖는 정확한 D/A 변환기를 만들 수 있어서 정밀 집적회로의 형태로 구현하기에 매우 적합하다.

A/D 변환기의 논리회로는 다음과 같이 작동한다.

- 우선 최상위비트(MSB) 스위치를 켜서 전체 D/A 변환기가 최대 출력전압의 절반에 해당하는 D/A 전압을 송출하도록 만든다. 이 출력전압이 아날로그 입력 전압보다 높다면 전압 비교기의 출력은 1에서 0으로 전환되며 프로세서는 최상위비트를 다시 0으로 리셋할 것을 결정하게 된다. 그 반대의 경우라면 프로세서는 최상위비트를 1로 유지한다.
- 다음으로 두 번째 상위비트의 스위치를 켜고 앞서와 동일한 과정을 수행한다. D/A 변환기의 출력이 입력보다 작은 경우에는 그 세팅을 유지하고 큰 경우에는 그 결과를 버린다.
- 이 스텝은 최하위비트가 결정 될 때까지 하위비트 쪽으로 모든 비트들에 대하여 순차적으로 수행된다.

점근산법 A/D 변환의 가장 큰 장점은 사용된 D/A 변환기에 의해서 결정되는 절대분해능과 신뢰성있는 타이밍, 그리고 근본적인 선형성을 갖추고 있다는 점이다. D/A 변환의 각 스텝이 수행된 이후에 전압이 안정화 될 충분한 시간이 확보된다면 추가적으로 발생하는 오차는 최하위비트보다 작은 값으로 유지시킬 수 있다. 하지만 모든 전자회로 내에는 기생 정전용량이 항상 존재하기 때문에 D/A 변환의 출력전압을 안정화시키기 위한 시간이 반드시 필요하다는 점을 명심해야 한다. 이 현상으로 인하여 각 비트값들이 설정된 이후에 전압의 기울기가 점차적으로 변하는 것을 그림에서 확인할 수 있다. 이 방식은 비트수가 늘어날수록 많은 스텝이 필요하기 때문에 변환에 필요한 시간이 본질적인 단점으로 작용한다. 모든 변환 단계가 끝날 때까지 입력 전압은 일정하게 유지되어야만 한다. 따라서 이미 설명했듯이 샘플링 순간이 지난 후에는 필요한 기간 동안 샘플 앤드 홀드 회로에 의해서 입력 전압의 순시값이 **기억**되어야만 한다. 또한 홀드값이 안정화 된 다음에야 변환공정을 시작할 수 있기 때문에 이 과정도 시간을 필요로 한다. 이로 인한 큰 지연을 피하기 위해서는 매우 빠른 전자회로들이 필요하다.

■ 단조성

점근산법 레지스터를 사용하는 A/D 변환기의 중요한 측면 중 하나는 사용되는 다중비트 D/A 변환기의 **단조성**(monotonicity)이다. 입력단의 디지털값을 증가시키면 항상 출력단에서 신호가 증가하는 경우에 D/A 변환기가 완벽한 단조성을 가진다. 예를 들어 6비트 2진수 $011111_{(2)}$에서 $100000_{(2)}$으로 최하위비트가 1만큼 증가하면 모든 비트들이 변한다. 만일 다른 비트들과 결합된 오차가 최하위비트 값보다 크며 이 오차가 음의 값을 가진다면 앞서의 최하위비트 1만큼의 변화가 오히려 출력전압을 낮추는 결과를 초래할 수도 있다. 코드 디스크의 비트 전환들 사이의 위치 불확실도가 오차를 유발할 수 있는 8.5.2.1절에 소개되어있는 경우를 이 오차와 비교해 볼 수 있다. 단조성에 대한 요구조건으로 인하여 모든 비트들의 출력값 정밀도가 최하위 비트값보다 작아야만 한다는 엄격한 요구조건이 초래된다. 최상위비트의 영향이 크기 때문에 정밀도가 최하위비트의 0.5배보다 좋아야만 한다는 이 요구조건을 충족시키기 위해서는 사용하는 저항기들의 정밀도가 매우 높아야 하며 이는 매우 비싸다. 그런 이유 때문에 점근산법 레지스터를 사용하는 A/D 변환기들은 대략 최대 18비트로 비트수가 제한되며 보통 12~16비트를 사용한다.

8.5.3.3 시그마-델타 A/D 변환기

A/D 변환기의 마지막 사례인 시그마-델타($\Sigma\Delta$) 아날로그-디지털 변환기는 복경사형 변환기의 가격에 대한 장점과 극한의 오버샘플링을 사용한 빠른 속도의 구현을 조합한 새로운 원리를 기반으로 하고 있

다. 오버샘플링이란 최대신호주파수의 두 배인 **나이퀴스트 기준**보다 훨씬 더 높은 주파수로 신호를 샘플링하는 것을 의미한다. 이로 인해서 샘플 앤드 홀드 회로 또는 위신호방지회로가 없는 단순한 전자회로와 V_r^-와 V_r^+의 단 두 개의 값만을 가지고 있는 단 1비트의 D/A 변환기만을 사용한다. 이런 극단적인 1비트 D/A 변환기 버전은 디지털 오디오와 같이 지연시간 단축이 필요 없으며 높은 선형성과 분해능을 필요로 하는 용도에 자주 사용된다. 그림 8.27에서는 이 변환기의 기본 회로도와 정현파 형태의 입력신호 전압을 보여주고 있다. $\Sigma\Delta$-A/D 변환기의 핵심요소는 입력 전압을 1비트로 코딩된 신호의 시간흐름으로 이루어진 **비트스트림**(beatstream)으로 변환시켜주는 $\Sigma\Delta$-변조기이다. **데시메이터**(decimator)라고 부르는 디지털 프로세서가 이 비트스트림을 다중비트 십진 데이터 스트림으로 변환시켜준다. $\Sigma\Delta$-변조기는 6.4.3절의 스위치 모드 전력 증폭기에서 설명했던 펄스폭 변조기의 변형된 형태이다. 그림 8.27의 블록선도에서는 $\Sigma\Delta$-변조기의 주요 구성요소들을 보여주고 있다.

- 원으로 표시된 차동 증폭기는 아날로그 입력 전압과 1비트 D/A 변환기의 출력전압 사이의 차이를 출력한다.
- 반전 적분기와 이득이 1인 반전 증폭기로 이루어진 비반전 적분기.
- 히스테리시스가 매우 작은 비반전 비교기
- 클록의 양의 모서리에서 입력단에 저장된 순시값을 출력으로 송출하는 래치.
- 래치의 출력으로부터 디지털 데이터를 생성하는 디지털 프로세서
- 변환 공정의 타이밍 순서를 생성하는 클록
- 단 두 개의 출력상태만을 가지고 있는 1비트 A/D 변환기

비반전 증폭기는 입력 신호의 순시값과 1비트 D/A 변환기의 출력 사이의 차이(Δ)를 적분(Σ)한다. 비반전 적분기의 출력은 이 차이가 양일 때에 상승하고 음일 때에 하강한다. 펄스폭 변조기에서와 마찬가지로 적분기의 출력이 기준값을 가로지르는 정확한 순간을 검출하기 위해서 비교기가 사용되지만, 이 경우에는 히스테리시스가 매우 작고 기준전압은 0 [V]이다. 또다른 차이는 비교기의 출력이 변한 직후에 스위칭이 즉시 일어나지 않으며 클록의 양의 모서리에서 비교기의 출력을 디지털 프로세서로 전송하는 래치와 클록에 의해서 스위칭 시점이 결정된다는 것이다. 적분기의 출력단이 양전압이어서 비교기의 출력이 1인 경우 래치의 출력은 1비트 D/A 변환기는 V_r^+로 세팅된다. 적분기의 출력 전압이 음이어서 비교기가 0을 출력하면 1비트 D/A 변환기는 V_r^-로 세팅된다. 이에 따라서 매우 고주파로 송출되는 비트들의 연속적

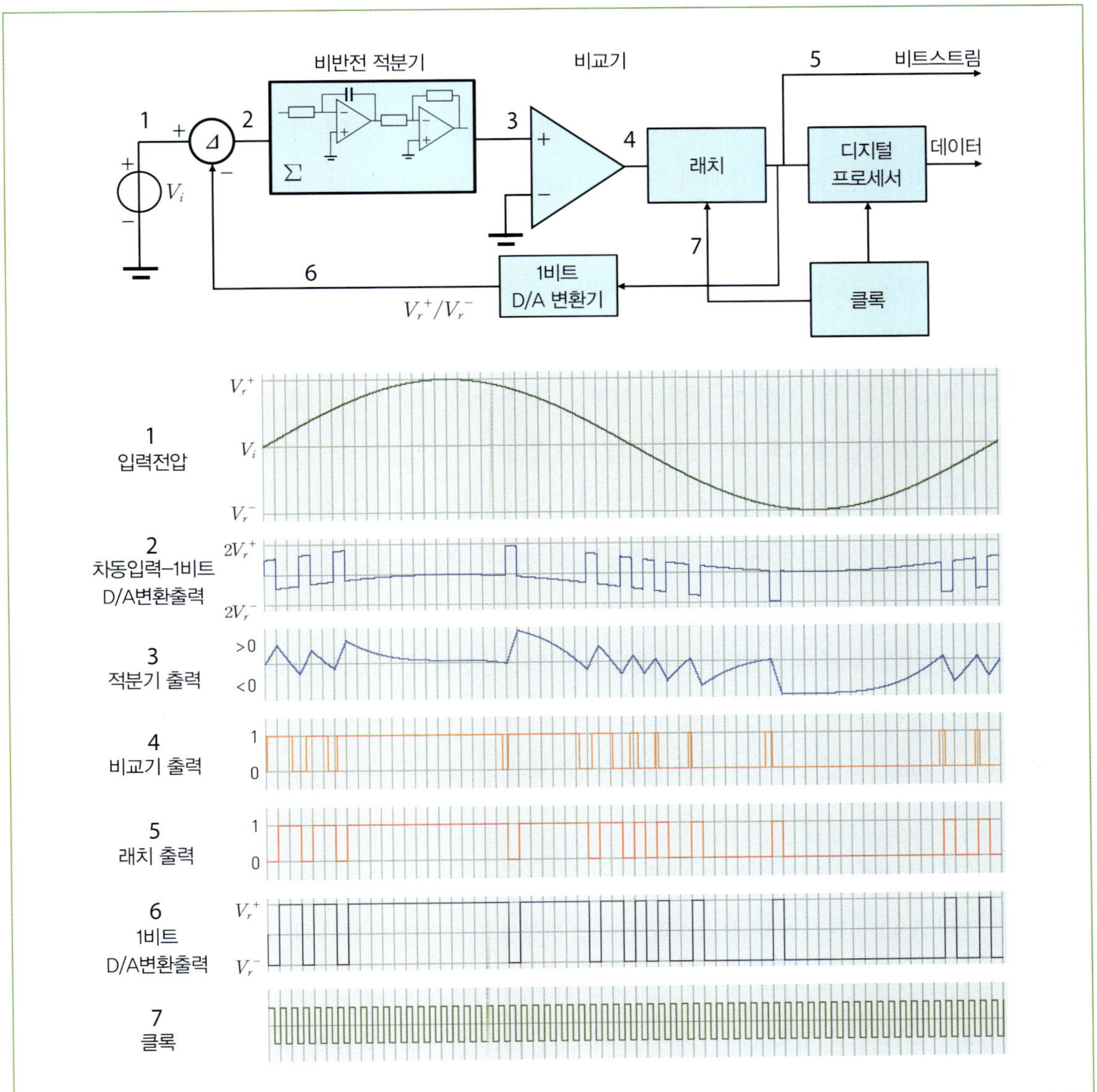

그림 8.27 시그마-델타 아날로그-디지털 변환기. 비반전 적분기는 입력신호와 1비트 D/A 변환기의 출력 신호 사이의 차이를 적분한다. 모든 클록 사이클에 대해서 적분기의 출력이 양이면 1 음이면 0을 송출한다. 이로 인한 비트 **스트림**의 평균전압은 아날로그 입력 전압과 동일하다. (courtesy of Uwe Beis)

인 흐름에 의한 래치의 출력을 소위 **비트스트림**(beatstream)이라고 부른다. 일정한 주기로 다중비트 십진 데이터를 만들어내는 적절한 **십진화 필터**(decimation filter) 알고리듬을 사용하여 이 비트스트림을 정상적인 디지털 숫자로 변환시킬 수 있다. 원리상 적분기-반전기-비교기-래치-D/A 변환기-적분기의 루프는 3회의 반전을 포함하는 음의 귀환루프처럼 작동한다. 적분으로 인하여 정상상태 오차는 0이 되며 1비트 D/A 변환기 출력의 평균값은 입력전압의 반전값과 동일하다. 약간만 생각해보면 그림 8.27의 ⑥을 통해서 확인할 수 있다. 그 결과 이 비트스트림에 대한 단순한 저역통과 필터링을 통해서 원래 신호의 복원이 가능하다. 이는 스위칭 모드 PWM 전력 증폭기에서의 출력 필터링과 유사하다.

이런 직접복원 원리는 최대 22 [kHz] 오디오를 64배 오버샘플링하여 $66 \cdot 44 \cdot 10^3 = 2.8224$ [MHz]의 샘플링 속도를 구현하는 최고의 오디오형식인 **직접 스트림 디지털**방식을 사용하는 **슈퍼오디오 CD**에 사용되고 있다. 이 CD는 가청주파수에서 120 [dB]의 동적 작동범위를 가지고 있으며 높은 샘플링 주파수로 인하여 동적 작동범위를 약간 줄인다면 위신호 효과를 일으키지 않고 최고 100 [kHz]까지 사용이 가능하다. $\Sigma\Delta$−A/D 변환기의 가장 큰 장점은 선형성, 높은 신호 대 노이즈 비율, 그리고 낮은 가격이다. 이 방식은 엄격한 단조성을 필요로 하는 다중비트 D/A 변환기나 정밀요소들을 필요로 하지 않기 때문에 가격이 낮다. 1비트 D/A 변환기를 사용하는 경우에, 모든 값들이 1비트의 진폭과 관련되며, 이 1비트 내에서의 편차는 모든 측정값들에 대해서 상대적으로 작용하기 때문에 단조성과 관련된 문제들을 해결할 수 있어서, 변환기의 선형성이 구현된다. 샘플링 비율이 높기 때문에 최대 신호주파수보다 훨씬 높은 나이퀴스트 주파수 이하의 총 주파수 범위에 대해서 노이즈가 분산되며, 따라서 관심 주파수 영역에서의 노이즈가 저감되어 높은 분해능이 구현된다. $\Sigma\Delta$−변조기에서 1비트 D/A 변환기를 통한 귀환루프 **잡음−형상화**(noise−shaping)로 인하여 노이즈는 관심주파수보다 더 높은 주파수 영역으로 이동한다.

8.5.3.4 귀환루프에서 A/D 변환의 지연

시그마−델타 A/D 변환기의 낮은 가격과 뛰어난 선형성으로 인하여 특히 데이터 저장이 실시간 측정보다 더 중요한 많은 측정 및 기록 시스템에서 다른 유형의 A/D 변환기들을 대체하게 되었다. 특히 오디오 기록 및 재생 시스템이 그 대표적인 사례이다. 이 원리가 실시간 측정에 많이 활용되지 못하는 이유는 실시간 값을 나타내는 비트스트림과 십진화 필터를 거친 이후에 만들어지는 활용 가능한 수치값 사이의 시간지연 때문이다. 저가형 $\Sigma\Delta$−A/D 변환기의 지연량은 대략적으로 십진화 된 디지털 출력 샘플링 주기의 약 20배에 달한다. 십진화 샘플링 주기가 50 [kHz]인 경우에 샘플링 주기는 20 [μs]이므로 총 지연시간은 400 [μs] 이상이 된다. 주기가 1000 [μs]인 1 [kHz] 신호주파수에 대해서 이는 거의 180°의 위상지연을 일으키므로 광대역 운동제어 시스템의 경우에는 사용할 수 없다. 이런 현상 때문에 샘플링 주파수와 샘플링 속도를 구분할 필요가 있다.

점근산법 레지스터(SAR) A/D 변환기는 한 샘플링 주기만큼만 지연되기 때문에 데이터 처리와 귀환 시스템에 여전히 가장 널리 사용되고 있다. n비트 A/D 변환기의 한 샘플링 주기 내에서 해당 샘플링 주기가 종료되는 순간에 샘플링 주파수보다 n배 높은 주파수를 가지고 있는 내부 점근산법 레지스터 클록이 샘플링 된 신호의 정확한 값을 송출할 수 있다. 현재 점근산법 레지스터 A/D 변환기를 IC 칩 내에 집적화 시킬 수 있다. 여기에 사용되는 D/A 변환기의 정밀저항들은 정밀 커패시터들로 대체되었으며 **전하재분배**(charge redistribution) 원리에 의해서 작동한다. 이 방법에 대한 상세한 설명은 이 책의 범주를 넘어서지만, 이 방법의 가장 큰 장점은 IC 칩 내에서 정밀 커패시터가 정밀 저항보다 더 제작하기 쉽기 때문에 비용이 절감된다는 것이다.

8.5.4 덜 민감한 요소의 연결

견실한 신호를 만들기 위해서 신호조절 요소가 사용된다 하여도 동축 케이블이나 트위스트 페어 케이블을 사용하여 조심스럽게 이 신호를 전송할 필요가 있다. 또한 A/D 변환을 수행한 이후의 디지털 데이터를 전송하는 케이블의 선정에도 주의를 기울여야 한다. 대부분의 경우 디지털 정보는 하나 또는 두 개의 실드된 도선을 통해서 직렬 데이터의 형태로 전송된다. 직렬 데이터 전송은 모든 비트들이 어떤 순서로 비트들이 전송되어야 하는지를 규정한 표준 프로토콜에 따라서 순차적으로 전송된다는 것을 의미하며, 이 샘플의 첫 번째와 마지막 데이터 비트를 구분하기 위해서 시작과 마지막에 추가적인 비트들이 필요하다. 따라서 전송되는 데이터의 대역폭은 최소한 샘플링 주파수와 샘플 하나당 비트수의 곱보다는 커야만 한다. 서로 다른 데이터 케이블들 사이의 상호작용에 의한 간섭을 막기 위한 이유 이외에도 이런 높은 전송 대역폭으로 인하여 특히 매우 먼 거리를 전송하는 경우에는 연결용 케이블에 대한 요구조건이 매우 가혹하다.

8.5.4.1 특성임피던스

두 도선이 이루는 모든 조합들은 일정량의 총 커패시턴스와 임피던스 값을 가지고 있다. 두 도선으로 이루어진 연결선을 더 자세히 살펴보기 위해서는 그림 8.28과 같이 무한히 많은 수의 미소 LC-필터 요소들이 직렬로 연결되어있는 형태로 모델링할 수 있다. 이런 조합은 **송전선**(transmission-line)이나 2장에서 설명했던 로프 내에서 파동의 전파에 대한 전기적 등가인 **도파로**(wave-guide)처럼 거동한다. 기계적 사례에서와 마찬가지로 케이블 입력단에 유입된 신호는 약간의 지연을 가지고 출력단에 도달하지만 더 중요한 점은 신호가 입력단으로 반사되며 입력단에서 다시 반사된다는 것이다. 이는 신호의 **정재파**(standing wave)와 공진을 유발할 수 있다.

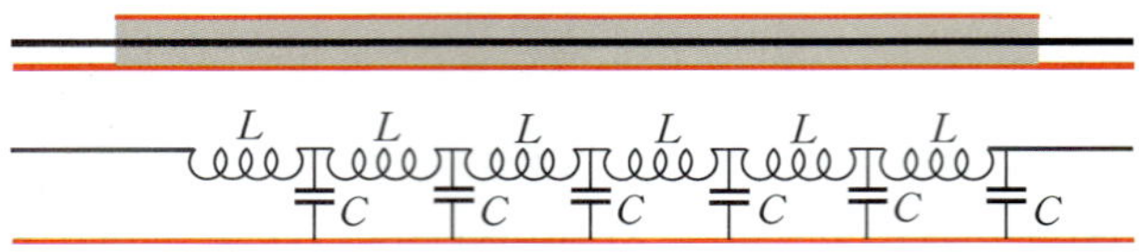

그림 8.28 동축 케이블과 같이 두 개의 도선으로 이루어진 케이블은 소형 인덕터와 커패시터들이 연속하여 연결된 것과 등가이다. 이 조합은 $Q=1$이 되기 위해서 필요한 특징적인 저항성 임피던스를 나타낸다.

6장에 따르면 저항에 의해서 LC-필터를 감쇠시킬 수 있으며 마찬가지로 도선 끝에 설치된 저항이 케이블의 정전용량 및 자체인덕턴스와 결합되어 품질계수 $Q=1$이 만들어지는 경우에 연결도선의 반사를 방지할 수 있다. (6.39) 식에서 이 **특성 임피던스**(characteristic impedance : R_c)는 다음과 같이 계산할 수 있다.

$$Q = R_c\sqrt{\frac{C}{L}} = 1 \quad \Rightarrow \quad R_c = \sqrt{\frac{L}{C}} \tag{8.33}$$

L과 C가 도선의 길이에 비례하기 때문에 동일한 케이블의 경우에 L과 C 사이의 비율은 길이에 무관하다. 따라서 특성임피던스도 케이블의 길이에는 무관함을 알 수 있다.

무한히 긴 길이의 케이블의 입력임피던스는 이 특성 임피던스 R_c와 같다. 이를 수학적으로 증명할 수 있지만 전압원에서 케이블로 짧은 임펄스를 송출하는 경우를 생각해 보면 쉽게 이해할 수 있다. 케이블의 입구측 임피던스에 따라서 이 전압 임펄스는 도선 내에 전류를 생성하며 임펄스의 에너지는 이 임펄스 기간동안의 전압과 전류 곱을 적분한 값과 같다. 2.4.3.4절에서 기계적인 파동의 전파를 물리학적으로 설명했던 것과 마찬가지로, 이 에너지 덩어리는 파동처럼 케이블 속을 이동한다. 손실이 없는 무한히 긴 케이블의 경우에 이 임펄스는 무한히 멀리 전파될 것이나 어떤 위치에서 케이블이 끝나고 R_c에 연결된다면 임펄스 에너지는 해당 위치에서 R_c에 흡수될 것이다. 임펄스가 반사되지 않기 때문에 이 흡수를 입구측 전원이 인지할 수 없으며, 따라서 전원은 케이블의 상태가 무한히 긴지 아니면 특성임피던스에 의해서 끝나는지를 인식할 수 없다. 따라서 케이블의 끝단에 R_c가 연결되어 있다면 케이블의 입력단 위치에서 감지된 임피던스는 케이블의 길이에 의존하지 않는다. 이 일반적인 결론은 심지어 케이블이 전원 바로 앞에서 끝나더라도 R_c가 연결되어 있다면 어떤 길이의 케이블에도 통용된다. 전원에 R_c가 직접 연결되어있는 경우에는 전원은 이 부하를 저항으로 인식한다. 따라서 끝에 R_c가 연결되어 있는 케이블은 어떤 길이라고 상관없이 특성임피던스 R_c를 가지고 있는 저항성 부하로 간주된다. 또한 끝에 R_c가 연결되어있는 케이블의 입구측에서 전기신호의 전압과 전류는 동일한 위상을 가지고 있으며, 끝에 R_c가 연결되어있는 유한한 길이의 케이블은 동력학적으로 무한히 긴 케이블과 동일한 거동을 나타낸다.

케이블에는 양쪽 끝이 있으며 별개의 전원이나 불완전한 마감처리 등으로 인하여 이 양측에서 신호가 유입되면 약간의 잔류반사가 발생할 수 있다.

유한한 길이의 도선에 저항을 연결하여 특성 임피던스를 갖도록 만들면 동적으로는 무한히 긴 도선처럼 거동한다. 따라서 선행 요소의 출력 임피던스와 후속 요소의 입력 임피던스가 케이블의 특성 임피던스와 동일하게 선정되었을 때에 최적의 연결이 구현된다. 따라서 케이블의 양측에 R_c가 연결되어 전원의 출력 임피던스와 소위 **리시버**(receiver)라고 부르는 이후에 연결된 요소의 입력 임피던스가 모두 R_c인 경우에만 최적의 연결이 구현된다. 이 조건이 충족되지 않는다면 짧은 도선일수록 매우 높은 주파수에 대해서 비감쇠 응답만을 나타내기 때문에 오히려 큰 문제를 유발하지 않는다. 예를 들어 50 [Ω]의 특성 임피던스를 가지고 있는 동축 케이블은 대략 1미터 당 50 [pF]의 정전용량을 가진다. 이 값을 기초로 하여 1미터 당 인덕턴스를 계산해 보면 $L = R_c^2 C = 125$ [nH]가 얻어진다. 모든 정전용량이 케이블의 끝에 집중되어 있으며 모든 인덕턴스는 직렬로 연결되어 있다고 근사화 시키면 이 조합은 고유주파수가 $\omega_0 = \sqrt{1/LC} = 4 \cdot 10^8$로서 고유주파수가 대략 60 [MHz]인 LC 필터처럼 거동한다. 그런데 실제의 데이터 통신선들은 이미 초당 1 [Gbit] 이상의 주파수로 데이터를 전송하므로 단 1미터 길이의 연결선이라 하여도 반사와 고주파 감쇠를 방지하기 위해서는 올바른 임피던스를 사용하여 마감처리 하여야 한다. 케이블의 길이가 길어지면 케이블의 길이에 비례하여 고유주파수가 낮아지므로 문제가 더 커진다. 이와 관련된 전체 방정식의 유도는 이 책의 관점을 넘어서지만 몇 가지 사항들에 대해서는 여기서 살펴볼 가치가 있다.

우선, 리시버의 입력 임피던스와 전원의 출력 임피던스가 같다면 신호는 절반으로 감소된다. 하지만 6장에서 설명했듯이 이 레벨은 전원이 송출할 수 있는 최대전력에 해당하기 때문에 이는 절대로 나쁜 것이 아니다. 간섭 에너지는 유용한 신호의 에너지에 비례하므로 외란의 관점에서는 이런 신호의 감소비율이 최적이다. 더욱이, 케이블 내의 임의 위치에서 신호는 양 방향의 저항성 임피던스 특성만을 감지하며 저항값은 주파수에 의존하지 않기 때문에 무한히 긴 케이블의 경우에는 고유주파수 이상의 높은 주파수에서도 신호는 동일하게 잘 전송된다.

하지만 여기서는 케이블 내에 존재하는 도선의 실제 직렬저항에 대해서는 다루지 않았다. 원리상 이 저항은 케이블의 길이가 증가함에 따라서 점진적인 신호의 손실을 유발하기 때문에 케이블 입력단에서의 가용 신호레벨과 리시버 측에서의 노이즈에 따라서 사용할 수 있는 케이블의 길이가 제한된다. 50 [Ω]과 같이 특성임피던스가 낮은 저항을 사용하여 도선을 마감처리 하는 경우에는 이 직렬저항의 영향을 반드시 고려해야만 한다. 실제의 메카트로닉스 시스템에서는 케이블의 길이가 10 [m] 미만이라면 직렬저항의 영향을 거의 무시한다.

8.5.4.2 비-갈바닉 연결

잘 정의된 도선 연결이 많은 용도에 매우 적합하지만 여전히 앞서 언급했던 접지루프와 여타 교란에 의한 문제들이 남아있다. 빛을 사용해서 정보를 전송하는 방식을 사용하면 이런 모든 문제들을 근본적으로 해결할 수 있다. 6장의 6.4.3.6절에서는 전기적으로는 서로 절연되어있는 발광 다이오드(LED)와 광 민감성 광 트랜지스터로 이루어진 광학식 커플러가 소개되어 있다. 발광다이오드 내를 흐르는 전류에 비례하는 광선이 송출되면 트랜지스터 내에서는 이에 비례하는 전류가 생성된다. 트랜지스터의 전류 증폭비로 인하여 발광다이오드 내를 흐르는 전류와 유사한 크기를 갖는 전류가 생성된다. 여기에는 광 민감성 다이오드를 사용할 수도 있다. 광민감성 다이오드는 광 트랜지스터처럼 전류증폭을 하지 못하기 때문에 스위칭 속도가 더 높을 뿐만 아니라 전류도 절감된다. 광 커플러의 명확한 장점은 매우 높은 주파수에서 일부 정전용량형 커플링이 여전히 남아있다고 하더라도 모든 유형의 접지 루프들을 상쇄시키는 갈바닉 절연 특성을 가지고 있다는 것이다. 현저한 온도 의존적 비선형 때문에 광 커플러는 디지털 도메인으로 사용이 제한되기 때문에 신호처리요소의 후단에 주로 사용된다. 광 커플러의 특수한 버전인 파이버 커플링이 그림 8.29에 도시되어 있다. 발광 다이오드와 광 트랜지스터 사이에 광파이버를 삽입하면 정전용량형 커플링을 완벽하게 제거해 줄 뿐만 아니라 전자기 간섭 없이 매우 먼 거리로 신호를 전송할 수 있다. 필요하다면 광원으로 훨씬 더 강한 반도체 레이저를 사용할 수도 있다. 이 기술은 인터넷과 같은 장거리 데이터 전송에 표준으로 자리잡게 되었다.

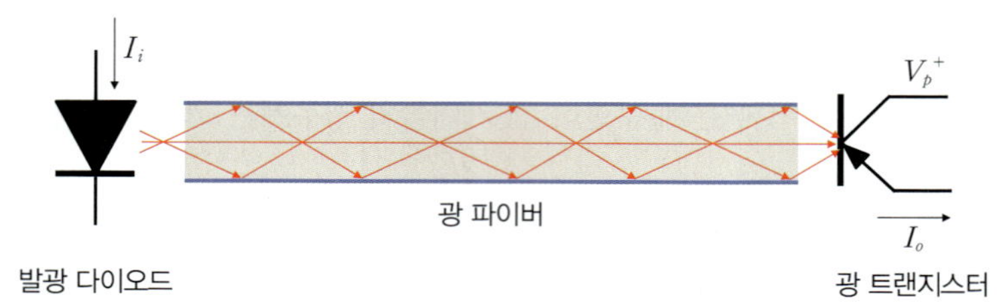

그림 8.29 파이버 커플링을 사용하여 디지털 신호를 전송하면 접지루프에 의한 전기적 교란과 오차가 방지된다. 이 전송방법은 광 트랜지스터 쪽으로 광학식 파이버를 통해 광선을 송출하는 발광 다이오드로 이루어진다.

8.6 | 단거리 운동센서

위치 및 운동 검출용 센서의 첫 번째 부류는 짧은 범위에 대해서 두 물체 사이의 상대위치를 측정하기 위해서 사용하는 센서들로, 보통 **근접 검출기**(proximity detector)라고 부른다. 전형적인 용도에는 대변위 구동 시스템의 경계검출이 포함된다. 또한 자기베어링과 같은 서보 시스템을 사용하는 위치결정 장치용 센서도 이 부류에 속한다. 많은 경우 영점위치에서의 정확도만이 중요하며 전체 측정범위에 대한 민감도는 서보루프의 이득에 대해서만 중요하다.

두 번째 부류는 속도나 가속도와 같은 운동을 검출하는 센서들로 구성된다. 이들은 지진을 검출하는 지구물리학 분야나 진동제어를 위한 정밀장비 등과 같이 서로 다른 많은 분야에서 활용되고 있다.

센서의 종류는 너무나 많기 때문에 해당 분야 전체를 대표할 수 있는 소수의 사례들만을 선정하였다.

8.6.1 광학식 센서

첫 번째 사례인 근접 검출기가 그림 8.30에 도시되어 있다. 이 센서는 발광 다이오드와 광 트랜지스터 센서가 동일한 방향을 바라보도록 하나의 하우징에 설치되어 있다. 이 광학식 근접 검출기는 물체로부터의 거리에 비례하여 광 트랜지스터에서 검출된 방사조도 레벨이 차이를 나타낸다.

대략적으로 위치와 전류 사이의 관계를 선형적으로 사용할 수 있는 영역이 두 곳이 있다. 물체와의 거리가 0인 경우 발광 다이오드와 센서 조합의 검출특성이 모호해지며 거리가 무한히 멀어지면 더 이상 광선이 반사되지 않는다. 이 사이의 어디엔가 검출기가 포획하는 광선이 최대가 되는 점이 존재하며 이 점을 중심으로 하여 양측으로 두 개의 기울기가 존재한다. 가까운 쪽 기울기의 민감도가 최대이다.[67]

일정한 수준의 정확도를 구현하기 위해서는 이 시스템의 **변형오차**(modifying error) 및 **간섭오차**(interfering error)의 원인들을 판명해야만 한다. 우선 발광 다이오드의 전류레벨은 광선의 발광량에 정비례하기 때문에 오차에 영향을 끼친다. 그림 8.30에 도시된 곡선의 전체형상은 영향을 받지 않지만 그 크기는 발광다이오드에서 방출된 빛의 양에 선형적으로 비례한다. 따라서 발광 다이오드에 흐르는 전류는 기울기(민감도)를 변화시키기 때문에 **변형입력**(modifying input)이며 임의위치에서의 값을 변화시키기 때

67) 만일 이 검출기를 서보 시스템에 적용하려면 두 기울기가 반대 부호를 가지고 있다는 점을 인식하고 있어야 한다. 따라서 한쪽 기울기에 대해서 안정화 된 시스템이 다른 쪽 기울기에서의 부호반전에 의해서 불안정해진다. 그러므로 시스템의 안정위치를 검색하고 작동범위를 넘어서지 않도록 특별한 주의를 기울여야 한다.

문에 **간섭입력**(interfering input)이다. 발광 다이오드에 흐르는 전류에 비례하는 기준 전류에 대해서 이들의 입력전류를 비교하여 이들의 영향을 줄일 수 있다. 또한 6장에서 설명했던 것처럼 정전류원을 사용해서 발광 다이오드에 전류를 공급하는 것이 발광다이오드의 영향을 저감할 수 있는 적합한 방법이다.

또다른 오차원에는 물체의 반사율, 물체의 각도, 검출기의 노이즈 및 광 트랜지스터에 의해 검출되는 대기중의 빛 등이 포함된다. 발광다이오드에서 송출되는 빛의 파장만을 검출하기 위해서 광학필터를 사용하면 대기중의 빛에 의한 영향을 저감할 수 있다. 검출기의 노이즈를 줄이기 위해서는 센서와 가능한 한 가까운 위치에 낮은 입력 노이즈 레벨을 가지고 있는 증폭기가 설치되어야 한다. 그림 8.31에서는 트랜지스터를 증폭기의 음입력단에 위치한 가상접지에 직접 연결해서 고주파 거동을 최적화 한 회로의 사례를

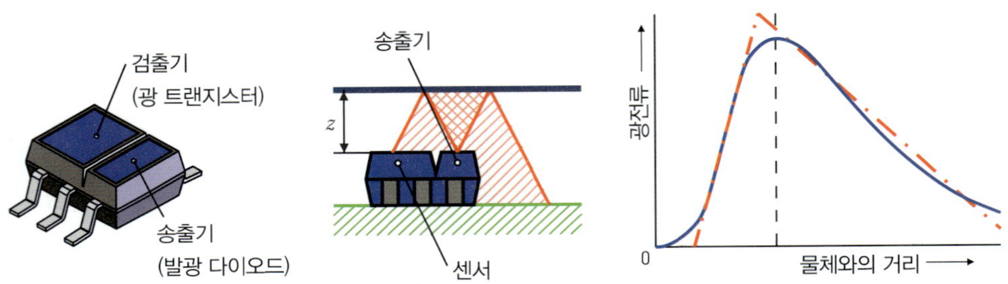

그림 8.30 광학식 근접 검출기는 물체에서 반사된 빛의 방사조도를 결정하는 발광 다이오드와 센서로 구성되어 있다. 센서에 흐르는 전류와 물체로부터의 거리 사이의 관계(청색선)는 서로 기울기가 반대인 두 개의 직선(적색 점선)으로 근사시킬 수 있는데, 이 두 영역 모두 위치검출에 활용할 수 있다.(courtesy of Jasper Wesselingh)

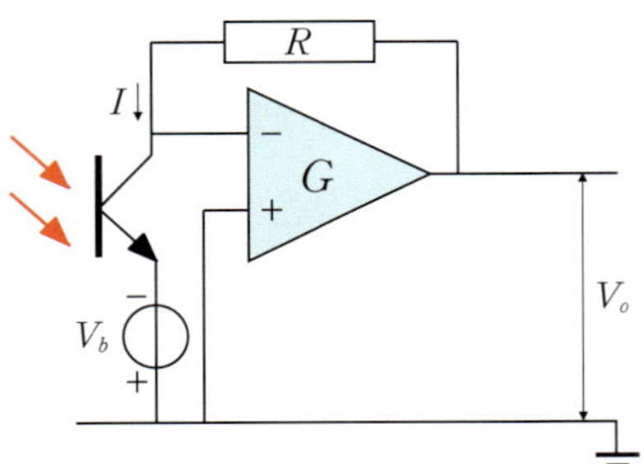

그림 8.31 일정한 바이어스 전압 V_b가 공급되면 광 트랜지스터는 전류 노이즈가 저감된 최적의 상태로 작동한다. 연산증폭기의 음입력단에 위치한 가상접지는 트랜지스터에 부가되는 AC 전압을 제거해 주어 고주파 거동을 향상시켜 준다.(courtesy of Jasper Wesselingh)

보여주고 있다. 이로 인하여 트랜지스터 자체의 전압을 변화시키지 않으면서 트랜지스터로부터의 전류가 증폭기의 출력단에서 전압으로 변환되므로 내부에 기생하는 밀러 커패시터에 의해 컬렉터로부터의 고주파 전류가 베이스로 흐르는 것을 방지해 준다.

8.6.1.1 위치 민감성 검출기

단일 포토트랜지스터나 포토 다이오드를 사용하는 대신에 다수의 검출요소들로 이루어진 센서를 사용하면 방사조도에 대한 정보와 디바이스에 안내되는 광선 스폿의 위치 정보를 측정할 수 있다. 이 원리가 적용된 사례로는 그림 8.32의 좌측에 도시되어 있는 4개의 광-다이오드로 이루어져서 **쿼드-셀**(quad-cell)이라고도 부르는 **4상한 검출기**(four-quadrant detector)가 있다. 또한 이 4상한 검출기의 아날로그 버전이 그림의 우측에 도시되어 있다. 이 검출기의 총 면적은 입사광선에 대해서 민감하지만 생성된 전류는 높은 저항률을 가지고 있는 소재를 통해서 네 개의 외부 접점으로 전송된다. 이로 인해서 각 접점들에서의 전류는 입사광선 스폿으로부터의 거리에 반비례한다.

두 가지 유형의 위치 민감성 검출기에서 각 출력전류들 사이의 비율은 이 센서들에 노출된 광선 스폿의 위치에 대해서 다음 방정식에서와 같이 이상적인 관계를 가지고 있다.

$$x = \frac{(I_2+I_4)-(I_1+I_3)}{I_1+I_2+I_3+I_4} \tag{8.34}$$

$$y = \frac{(I_1+I_2)-(I_3+I_4)}{I_1+I_2+I_3+I_4}$$

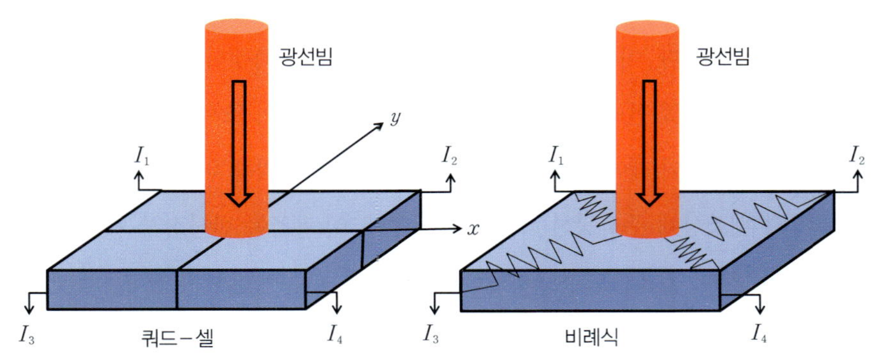

그림 8.32 4상한 위치 민감성 검출기는 좌측의 그림처럼 4개의 분할된 광 다이오드들로 이루어지거나 우측의 그림처럼 출력 도선까지의 저항값이 높은 하나의 큰 광 민감성 영역으로 이루어진다.

전류들 사이의 차이를 네 개의 전류들 모두를 더한 값으로 나눈 값은 변형입력을 초래하는 광선 빔의 방사조도에 무관하다. 위 식의 결과값과 실제위치 사이의 관계는 광선빔의 스폿 크기, 빔 내부의 광선분포, 그리고 센서의 특성 등에 의존한다. 일반적으로 4상한 검출기는 0점 근처에서 스폿의 직경 및 광선분포에 의한 오차가 최소화되기 때문에 CD 플레이어의 광 픽업 유닛과 같은 귀환시스템에서 0점 추종 센서로 사용한다. 비례센서는 이런 편차에 덜 민감하지만 높은 저항률 때문에 노이즈에 더 취약하다.

이런 센서의 더 공들인 사례가 디지털 카메라에 사용되는 CCD 센서와 7장에 제시되었던 샥-하트만 파면센서이다. CCD 센서에서 다수의 도선사용을 피하기 위해서 마치 우물을 비우기 위해서 사람들이 일렬로 늘어서서 물통을 전달하듯이 각 광다이오드에 축적된 전하(샘플링시간 동안의 전류 적분값)를 인접 다이오드로 순차적으로 전달하여 광 다이오드들로 이루어진 행의 정보를 직렬로 읽어낼 수 있는 **전하결합소자**(charge coupled device)라는 전용 전자회로를 가지고 있다.

8.6.1.2 광학식 휨 측정계

몇 가지 기계적 성질들을 측정하기 위해서 위치 민감성 검출기를 사용할 수 있다. 표면에 투사된 광선이 반사되어 위치민감성 검출기에 조사되면 그림 8.33에서와 같이 물체의 각도와 위치를 측정할 수 있다. 보요소의 변형은 반사각도에 의존하며 삼각법을 사용하여 이를 계산할 수 있기 때문에 이 방법을 **삼각측량**(triangulation)이라고 부른다.

그림에서와 같은 단순한 구조에서는 표면의 변위와 각도를 구분할 수 없다. 빔의 초점을 반사표면에 맞추고 위치 민감성 검출기 앞에 설치된 렌즈를 사용해서 이 초점 스폿을 투영하면 이런 문제를 해결할 수 있다. 이 경우 각도는 더 이상 영향을 끼치지 못한다.

높이 대신에 표면의 각도를 검출하기 위해서 영상화가 사용되는 사례로는 그림 8.34에 도시되어 있는 **휨 측정계**(deflectometer)가 있다. 이 계측장비는 반사표면의 형상을 측정하기 위해서 사용된다. 이 장비의 경우 입사점을 중심으로 요동(회전)하는 반사경을 향해서 레이저 빔이 조사된다.

이 반사경의 회전으로 인하여 레이저 빔은 그림에 도시되어 있는 외곽 위치들 사이에서 서로 다른 방향으로 반사되면서 주사 렌즈상에 주사광선 스폿을 생성한다. 이 렌즈는 반사경의 회전중심이 렌즈의 초점평면상에 놓이도록 설치되어 있으므로 렌즈를 통과한 레이저 광선은 항상 평행하게 진행한다. 이 광선들의 각도는 광축에 대해서 상대적으로 진동하는 반사경의 위치에 의해서만 결정되므로 반사경의 순간적인 각도와는 무관하다. 측정해야만 하는 표면은 이 평행광선을 렌즈 쪽으로 반사하며, 반사광선들은 렌즈에 의해서 다시 초점이 모여지면서 선회하는 반사경 위에 원래의 스폿 영상을 다시 만들어낸다. 그림에서는 선회하는 반사경이 광축의 좌측에 위치하므로 영상은 광축에서 우측으로 동일한 거리에 맺히게 된다.[68] 회전하는 반사경의 스폿이 위치 민감성 검출기의 표면상에 투영되므로 측정해야 하는 표면이 완벽한 평면을 유지하는 한도 내에서 이 영상의 위치는 반사경의 각도에 영향을 받지 않는다. 반사표면 위에 평행하게

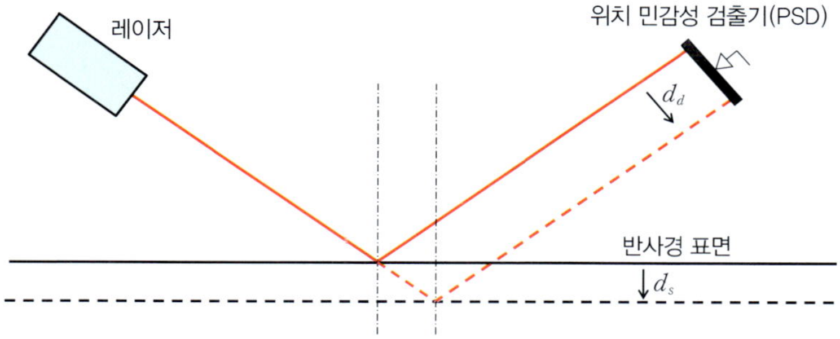

그림 8.33 삼각측량 기법을 사용하여 위치 민감성 검출기로 표면변위를 측정할 수 있다. 표면의 시프트(d_s)가 위치 민감성 검출기에 조사되는 레이저 빔을 시프트(d_d)시킨다.

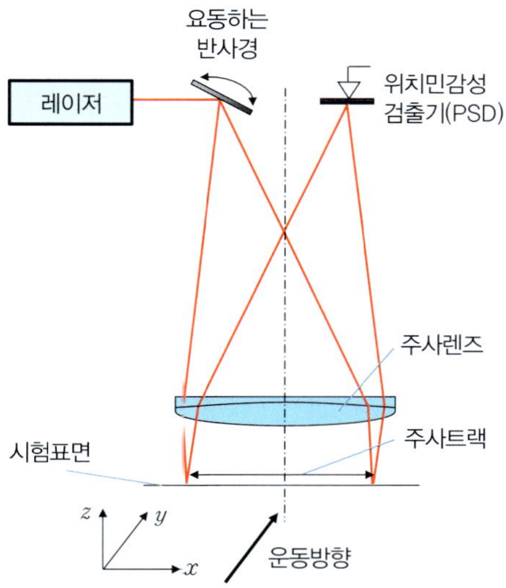

그림 8.34 주사 빔과 적절한 광학계를 사용하여 요동하는 반사경의 스폿 영상을 표면에 반사시켜서 위치 민감성 검출기에 투영하여 표면의 형상을 측정하는 광학식 휨 측정계. 표면의 국부적인 각도변화가 위치민감성 검출기 상에서 스폿의 위치차이를 초래한다.

68) 이 경우에는 영상과 물체가 모두 초점 평면에 위치하며 볼록렌즈가 광축에 대해서 위치의 부호를 뒤집기 때문에 1:1 광학 시스템이다.

입사된 광선이 더 이상 평행하게 반사되지 않는 경우에는 표면상의 특정한 위치에서의 각도편차가 위치민감성 검출기 상의 스폿 위치 변화를 초래하게 된다. 이에 따른 전기신호를 반사경 요동과 동기화시킨다면 위치민감성 검출기에 의해서 측정된 위치신호로부터 표면상의 서로 다른 위치에서의 기울기 정보를 얻을 수 있으며, 계산을 통해서 표면형상을 추출할 수 있다.

8.6.2 정전용량형 위치센서

6장의 6.2.2.2절에 따르면 커패시터는 비 전도성 유전체 층으로 분리된 두 장의 평행판으로 이루어지며 정전용량은 다음과 같다.

$$C = \varepsilon \frac{A}{d} \tag{8.35}$$

여기서 $\varepsilon = \varepsilon_0 \varepsilon_r$과 같으며

$$\varepsilon_0 \approx 8.8541878176 \cdot 10^{-12} \tag{8.36}$$

공기의 경우 ε_r은 대략 1이지만 이 가정이 오차를 유발한다는 것을 뒤에서 설명할 예정이다.

정전용량과 거리 사이에 반비례 관계를 가지고 있기 때문에 이 물리적 특성을 서로 인접한 두 물체 사이의 변위를 측정하기 위해서 사용한다. 복소수 형태의 옴의 법칙($V = Z \cdot I$)이 적용되는 정전용량을 구하기 위해서는 AC 전원이 필요하다. 그림 8.35에서와 같이 변위를 측정하기 위해서 판들 사이의 상호거리 뿐만 아니라 단순 관계식의 다른 두 항들을 변위에 대해서 변화하도록 만들 수 있다. 서로 마주보는 판들 중 하나의 변위가 평면방향으로 일어나는 경우에는 판들 사이의 거리는 일정하게 유지되는 반면에

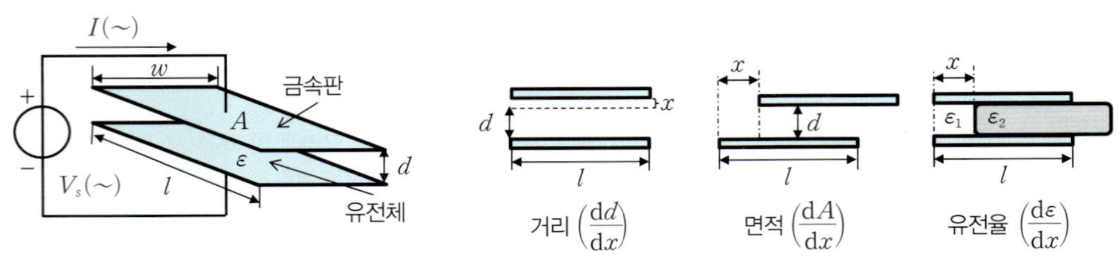

그림 8.35 커패시터의 두 판 위치를 두 방향으로 변화시키거나 변위의 함수로 유전율 특성을 변화시켜서 위치를 검출하는 세 가지 유형의 정전용량형 센서

서로 공유하는 표면적이 변화한다. 세 번째 사례의 경우에는 판들 사이에 서로 다른 유전율 상수를 갖는 물질들이 서로 분리되어 삽입되어 있어서 판들 사이에서 이 물질의 위치에 따라서 정전용량이 변한다. 각각의 방법들은 각자만의 장점을 가지고 있다. 다음에 제시되어 있는 이들 세 가지 사례 각각에 대한 전달함수들로부터 판들 사이의 거리 변화는 일반적으로 판들 사이의 평행운동에 비해서 민감도가 높지만 평행운동이 선형성이 더 좋다는 결론을 내릴 수 있다.

1. 거리 가변 $$C=\varepsilon\frac{A}{d+x} \tag{8.37}$$

2. 면적 가변 $$C=\varepsilon\frac{A-wx}{d} \tag{8.38}$$

3. 유전율 가변 $$C=\varepsilon_0\frac{w}{d}(\varepsilon_2 l-(\varepsilon_2-\varepsilon_1)x) \tag{8.39}$$

이들 세 가지 서로 다른 측정원리들에 따르면 한 가지 원리를 기반으로 하여 측정을 수행해도 다른 인자들에 의해서 영향을 받는다는 것을 알 수 있다. 면적 가변형 센서와 유전율 가변형 센서의 경우 특히 판들 사이의 거리가 센서에 매우 큰 영향을 끼친다. 이 원리들에서 거리는 변형오차의 원인으로 작용한다. 거리 가변형 센서의 경우 두 전극들 중 하나가 다른 전극보다 더 크다면 측면방향 변위에 거의 영향을 받지 않는다. 거리 가변형 센서는 민감도가 높기 때문에 거리 변화의 측정에 정전용량형 센서를 많이 사용하지만 이 센서가 가지고 있는 비선형성이 여전히 활용을 어렵게 만드는 요인으로 작용한다. 그림 8.36에 도시된 것처럼 차동형 센서와 앞서 설명했던 휘트스톤 브리지를 사용하면 이러한 비선형성을 완화시킬 수 있다.

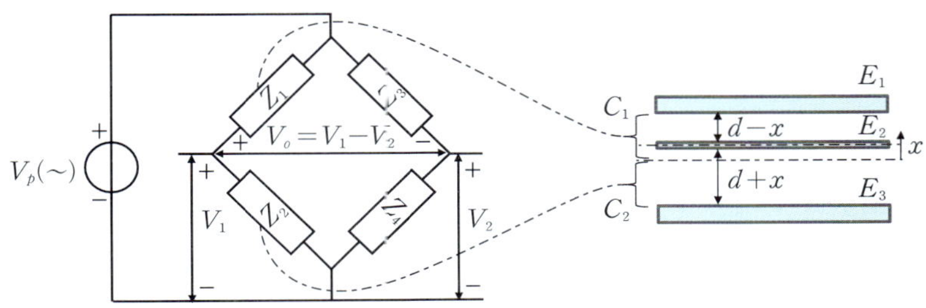

그림 8.36 차동방식 정전용량형 센서는 변위 x와 전압 V_0 사이에 선형 관계를 가지고 있다.

8.6.2.1 차동측정을 통한 선형화

차동방식 정전용량형 센서는 두 개의 정지전극 E_1 및 E_3와 그 사이에 위치한 이동전극 E_2로 이루어진다. 커패시턴스 C_1은 E_1 및 E_2 사이에 생성된 정전용량이며 커패시턴스 C_2는 E_2와 E_3 사이에 생성된 정전용량이다. 전극들의 표면적이 A와 같다면 정전용량은 다음과 같아진다.

$$C_1 = \varepsilon\frac{A}{d-x},\ C_2 = \varepsilon\frac{A}{d+x} \tag{8.40}$$

출력전압 $V_0 = V_1 - V_2$이다. 전압분할기의 법칙을 적용하면 이 전압은 다음과 같이 나타낼 수 있다.

$$V_0 = V_p\left(\frac{Z_2}{Z_1+Z_2} - \frac{Z_4}{Z_3+Z_4}\right) \tag{8.41}$$

양의 x방향으로의 전극 이동에 대해서 양의 출력전압을 얻기 위해서는 V_1 전압을 증가시키도록 C_1이 Z_1 위치에, C_2는 Z_2 위치에 설치되어야 한다. 또 다른 옵션으로 C_1이 Z_4에 위치하며 C_2가 Z_3에 위치한 경우에는 x방향으로의 전극 이동에 의해서 V_2가 감소하게 된다. 이 사례에서는 Z_1과 Z_2가 선정되었으며 브리지의 평형을 맞추기 위해서 $Z_3 = Z_4$와 같이 동일한 저항을 사용한다.

이런 경우 다음과 같이 전압 방정식을 변위의 함수로 나타낼 수 있다.

$$V_0 = V_p\left(\frac{\dfrac{1}{j\omega C_2}}{\dfrac{1}{j\omega C_1}+\dfrac{1}{j\omega C_2}} - \frac{1}{2}\right) = V_p\left(\frac{d+x}{d-x+d+x} - \frac{1}{2}\right) = x\frac{V_p}{2d} \tag{8.42}$$

이 식은 선형이며 주파수에 의존하지 않는다는 것을 알 수 있다.

8.6.2.2 정확도 한계와 개선

앞서의 고찰에 따르면 다양한 외부 요인들이 정전용량 측정방식 센서의 오차를 유발한다는 것을 알 수 있다. 이를 요약해 보면 다음과 같다.

- 신호원의 진폭과 주파수
- 측정용 전자회로의 노이즈
- 다른 방향으로의 운동에 의한 **혼선**(crosstalk)
- 전극의 크기변화에 따른 열 영향
- 유전율 변화

- 전기장의 불균일
- 외부전기장의 영향

정확한 전압을 모른다면 전원이 큰 영향을 끼칠 것이라는 점은 명확하다. 다행히도 이런 전기적 인자들은 고도로 정밀하게 조절할 수 있으며 대부분의 경우 측정결과를 보상할 수 있다. 하지만 측정용 전자회로의 노이즈에 의한 오차는 보상이 어렵다. 실제의 경우 정전용량형 센서는 수 [pF] 범위의 정전용량만을 가지고 있기 때문에 허용할 수 있는 수준의 신호 대 노이즈 비율을 구현하기에 충분한 전류레벨을 생성하기 위해서는 매우 높은 가진 주파수가 필요하다. 이 민감도는 현재 출시된 연산증폭기들 중에서 노이즈에 대해서 최고의 성능을 가지고 있는 아날로그 디바이스사의 AD797에 대한 데이터를 사용해서 설명할 수 있다. 이 증폭기는 0.9 $[nV/\sqrt{Hz}]$의 전압노이즈와 10 $[pA/\sqrt{Hz}]$의 전류 노이즈를 가지고 있다. 1 [kHz]의 대역폭에 대해서 이는 ≈ 30 [nV]와 ≈ 0.3 [nA]의 노이즈에 해당한다. 능동 영역의 직경이 6 [mm](표면적 ≈ 30 $[mm^2]$)이며 거리 $d = 300$ [μm]인 정전용량형 센서에 이 증폭기를 사용하면 약 1 [pF]의 정전용량이 만들어진다. 1 [MHz]에서 10 [V]인 전압원을 사용하면 약 0.1 [mA]의 전류가 생성되어 증폭기 노이즈인 0.3 [nA]에 비해서 $3 \cdot 10^5$배의 크기를 가진다는 것을 알 수 있다. 300 [μm] 거리에 대해서 이 노이즈 레벨은 약 1 [nm]의 오차에 해당한다. 이보다 더 낮은 오차값이 필요하다면 작동거리를 줄여야만 한다.

열 효과와 다른 방향으로의 운동에 의한 혼선과 같은 인자들은 주변 부품들과 조립되는 센서의 기계적 구조와 직접적으로 연관되어 있다. 열에 의한 오차를 없애기 위해서는 등온 측정조건이 필요하지만 원리상 소위 **열 중심**(thermal center)이 센서의 중심에 위치하도록 센서 주변의 기계 구조를 설계하는 것이 바람직하다. 구조물 내에서 열중심은 온도변화에 따라서 아무런 운동도 발생하지 않는 위치로 정의된다. 정전용량형 센서가 측정 시스템의 열중심에 위치하면 온도상승이 전극판들 사이의 거리에 영향을 끼치지 않는다. 열중심은 온도가 상승할 때에 다른 도든 부품들이 열 중심으로부터 멀리 떨어져 있어서 센서 주변에서는 열에 대해서 대칭적인 구조를 필요로 하기 때문에 이를 항상 구현할 수는 없다. 때로는 서로 다른 열팽창계수를 가지고 있는 소재를 사용하면 이런 목표를 달성할 수 있다. 온도변화에 따른 선형운동과는 별개로 안정적인 구조를 형성하여 전극판들 사이에서 발생하는 회전 및 여타 운동들을 방지하여야 한다. 거의 항상 그렇듯이 센서를 진공이 아닌 곳에서 사용하는 경우에는 유전율의 변화가 발생한다. 공기의 비유전율은 유전체의 조성과 습도의 함수이며 측정값에서 압력변화를 관찰할 수 있다. 비록 이런 상관관계는 매우 단순하며, 습도레벨이 더 직접적인 영향을 끼치지만, 이에 대해서는 아직 완벽하게 예측할 수 없다. 이는 수분을 함유하고 있는 공기와 접촉하는 모든 물체에는 얇은 수분층이 형성되기 때문이다. 이 수분층의 두께는 수증기 분압(포화수증기압)에 의존한다. 이 수분층은 공기보다 훨씬 더 높은 유전율을 가지고 있으며 이론상 전극의 일부로 근사화시킬 수 있다. 따라서 수분층의 두께만큼 공극이 줄어들게 된다. 이 주제와 관련되어 수분층 두께가 1 [nm]에서 수 [μm]에 이르는 다양한 모델을 사용하여 수많은 연구가 수행되었지만 이 현상을 보상하기에 충분한 모델을 발견하지 못하였다. 비록 이 현상이 전극의 공수성(hydrophobic)에 의해서 영향을 받지만 PTFE 층에서 조차도 이런 영향이 발생한다. 따라서 극도로 정밀한 측정은 건조공기나 진공하에서 수행되어야만 한다. 환경습도는 형상과 확산속도에 의존하며 분단위로 비교적 느리게 변하기 때문에 단기간 측정의 경우에는 수분층의 변화가 그리 중요하지 않다.

센서의 테두리에서는 필드선이 굽어지기 때문에 **주변효과**(edge effect)에 의해서 전기장의 불균일이 유발된다. 그림 8.37에 도시되어 있는 단일전극 센서의 경우 특수한 구조를 사용해서 이를 저감시킬 수 있다. 이 센서에는 휘트스톤 브리지를 사용할 수 없지만 이 경우에는 전치증폭기의 가상접지에 이 전극을 접지시켰을 때의 측정전극 전류를 측정한다.

상부에 위치한 큰 전극에는 고주파 AC 전압을 공급한다. 그 반대쪽에 위치한 측정용 전극은 훨씬 더 작으며 0 [V] 접지레벨이 유지되는 가드 링에 의해서 둘러싸여 있다. 측정용 전극도 전치증폭기에 의해서 접지레벨로 유지되므로 센서평면 전체는 접지레벨로 유지되며 필드선들은 측정용 전극에서는 균일하게 직선을 유지하며 가드 링 외곽에서만 굽어져 있다.

마지막 유형의 오차는 앞서 설명했던 극도로 작은 측정전류레벨에 의해서 유발된다. 이로 인하여 이런 유형의 센서는 선택적 필터를 사용해서 가진주파수만을 제거한다고 해도 간섭하는 전자기장에 극도로 민감하다. 이 센서를 대역폭이 높은 실시간 귀환제어 시스템에 적용한다면 도선이 생성하는 루프를 방지하

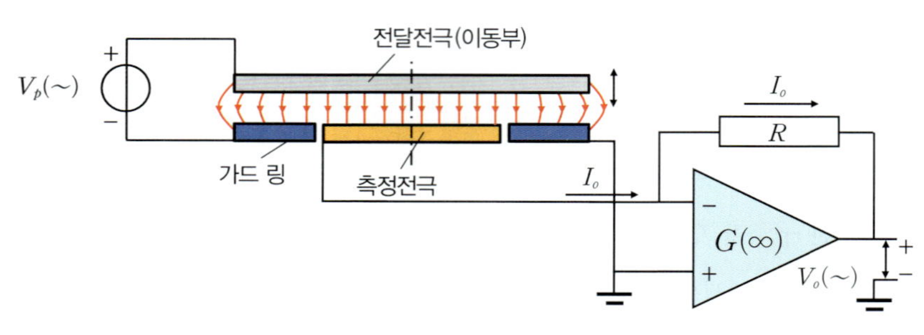

그림 8.37 가드 링을 사용하면 측정용 전극 내의 전기장을 균일하게 만들 수 있다. 측정전극을 가상접지로 만들고 전치증폭기로 전류를 측정하여 정전용량을 측정한다.

기 위해서 차폐에 모든 수단을 동원해야만 한다. 더욱이 측정용 전자회로는 센서에 가능한 한 인접해야만 한다. 극도로 민감한 측정을 수행하는 경우에는 저 노이즈 증폭기가 소모하는 높은 전력으로 인한 발열에 따른 열오차를 방지하기 위해서 냉각수단이 필요하다.

8.6.2.3 도전성 이동판의 측정

선형성을 구현하기 위해서 가드 링을 사용하는 방법을 이론상 차동 센서에도 사용할 수 있지만 도선연결을 통해서 측정대상 물체까지 직접 전류를 공급할 수 없는 경우에 물체까지의 거리를 측정하기 위한 수단이 필요하다.

연속적으로 회전하는 회전축이나 빠르게 움직이는 대변위 위치결정 시스템이 그런 사례에 해당한다. 이 경우 그림 8.38에서와 같이 정지부에 제3의 전극을 사용할 수 있다. 이 구조를 통해서 이동부의 거리에 의존하는 직렬로 연결된 두 개의 정전용량형 센서가 만들어진다. 능동 표면적 전체의 크기가 변하지 않는다면 전극들의 크기는 절반으로 줄어들며 통과해야 하는 거리는 두 배로 늘어나기 때문에 이 센서의 정전용량은 일반적인 센서의 1/4에 불과하다. 따라서 실제의 정밀측정을 위해서는 100 [μm] 내외 또는 그 미만에 불과한 매우 좁은 작동범위를 가져야 한다. 이 경우 전달전극을 측정전극과 분리하기 위해서 가드전극이 사용된다. 이 가드전극은 두 전극들 사이를 직접 흐르는 전류를 줄여준다. 전달전극이 측정전극보다 훨씬 더 큰 경우 측정전극의 전기장이 총 전류를 결정하며 측정전극의 전기장이 균일할수록 더 유용하다. 또한 전치증폭기를 사용하여 이 센서를 가상접지에 연결하여 사용할 수 있다.

결론적으로 정전용량형 센서는 마모되기 쉬운 이동부품을 사용하지 않으면서 물체의 상대적인 위치정보를 검출할 수 있는 능력을 가지고 있다. 따라서 오랫동안 높은 신뢰성이 필요한 경우에 이 센서를 사용할 수 있다.

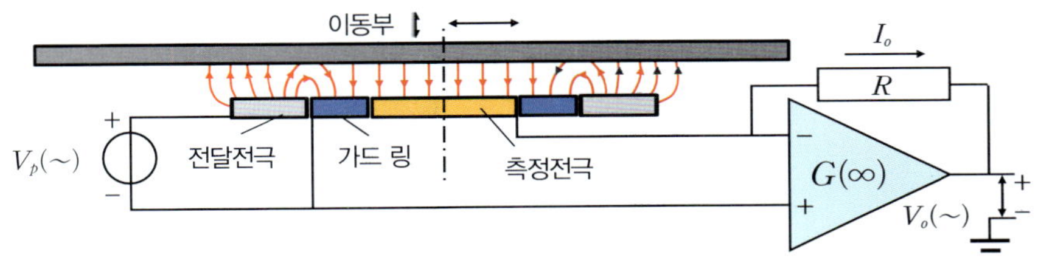

그림 8.38 두 개의 전극들과 가드 링을 사용하면 이동부와의 직접적인 접촉 없이 움직이는 도전체까지의 거리를 측정할 수 있다. 이 경우 가드 링은 전달전극과 측정전극 사이의 정전용량으로 직접 흘러들어 가는 전류를 저감시킨다.

8.6.3 유도형 위치센서

5장의 5.2.2절에서는 강자성체 코어에 n회 권선된 코일로 이루어진 인덕터가 소개되었으며 이 인덕터는 균일한 코어에 대해서 다음 방정식과 같은 자속을 생성한다.

$$\Phi_w = \frac{nI}{\mathcal{R}} = nI\frac{A_c\mu_0\mu_r}{l_c} \tag{8.43}$$

그림 8.39에 도시된 것처럼 자속의 경로가 자속을 생성하는 강자성체 코어와 공극으로 이루어진다면 총 릴럭턴스는 다음에서와 같이 각각의 릴럭턴스 합과 같아진다.

$$\mathcal{R} = \frac{l_c}{A_c\mu_0\mu_r} + \frac{l_g}{A_g\mu_0} = \mathcal{R}_0 + c_1 d \text{이며 } c_1 = \frac{2}{A_g\mu_0} \tag{8.44}$$

자속은 두 번 공극을 지나야만 하며 l_c는 두 부분으로 이루어진다. 이들 중 한 부분은 권선과 코어로 이루어지며 다른 한 부분은 d를 측정해야 하는 물체까지의 귀환경로이다.

자체 인덕턴스는 다음과 같이 정의된다.

$$L = \frac{\Phi_{w,t}}{I} = \frac{n\Phi_w}{I} = \frac{n^2}{\mathcal{R}} \tag{8.45}$$

여기서 $\Phi_{w,t}$는 각 권선의 자속 Φ_w의 합과 같다. 또한 모든 권선들의 Φ_w는 동일하다고 가정한다. 이 정의를 사용하면 자체 인덕턴스는 다음과 같이 구해진다.

$$L = \frac{n^2}{\mathcal{R}_0 + c_1 d} = \frac{L_0}{1 + c_2 d} \text{ 이며 } c_2 = \frac{c_1}{\mathcal{R}_0},\ L_0 = \frac{n^2}{\mathcal{R}_0} \tag{8.46}$$

자체 인덕턴스에 가해지는 전압은 시간에 대한 총 자속 $\Phi_{w,t}$의 변화에 비례하므로 다음 식이 얻어진다.

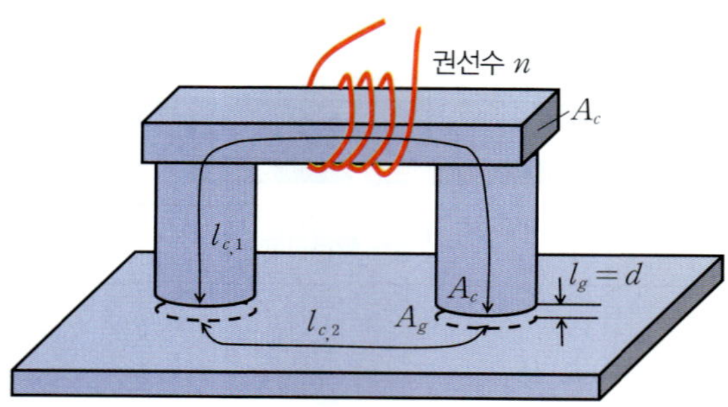

그림 8.39 공극의 릴럭턴스 변화를 기반으로 하는 거리센서와 속도센서

$$V = \frac{d\Phi_{w,t}}{dt} = \frac{d}{dt}LI = L\frac{dI}{dt} + I\frac{dL}{dt} \tag{8.47}$$

따라서 유도형 센서에서는 두 가지 측정원리를 사용할 수 있다는 것을 알 수 있다. 코일에 AC 전류를 공급하는 경우 전압은 위치에 정비례한다. 반면에 DC 전류를 공급하는 경우 전압은 상대속도에 비례한다. 나중에 설명하겠지만, 영구자석을 사용하는 것이 코일 내에서의 상대속도를 검출하는 데에 훨씬 더 효율적이기 때문에 이 두 번째 작동원리는 측정에 거의 사용되지 않는다. 따라서 두 번째 작동원리에 대해서는 더 이상 살펴보지 않는다. 그런데 단일 정전용량형 센서와 마찬가지로 자체인덕턴스가 거리에 반비례하기 때문에 첫 번째 항이 중요하다. 관련된 비선형성은 그림 8.40에 도시된 것처럼 커패시턴스형 센서가 휘트스톤 브리지의 평형잡힌 브리지 내에서 두 센서를 사용해서 해결했던 것과 동일한 방법으로 해결할 수 있다. 인덕터의 임피던스는 주파수에 비례한다($Z = j\omega L$). 따라서 양의 x방향 운동에 대해서 양의 출력전압을 얻기 위해서는 휘트스톤 브리지의 다른 쪽 가지를 정전용량형 센서로 간주한다. 전압은 차동식 정전용량형 센서에서와 동일한 방법으로 식 (8.46)을 대입하여 계산할 수 있다.

$$L_1 = \frac{L_0}{1+c_2(d-x)},\ L_2 = \frac{L_0}{1+c_2(d+x)} \tag{8.48}$$

전압분할기의 법칙을 적용하면 출력전압 $V_0 = V_1 - V_2$는 다음과 같이 주어진다.

$$V_0 = V_p\left(\frac{Z_2}{Z_1+Z_2} - \frac{Z_4}{Z_3+Z_4}\right) \tag{8.49}$$

만일 $Z_2 = Z_1$이며 대부분의 경우에서와 마찬가지로 단순 저항이고 Z_3와 Z_4를 각각 L_1 및 L_2의 임피던스로 대체한다면 변위의 함수로 다음과 같은 전압방정식을 얻을 수 있다.

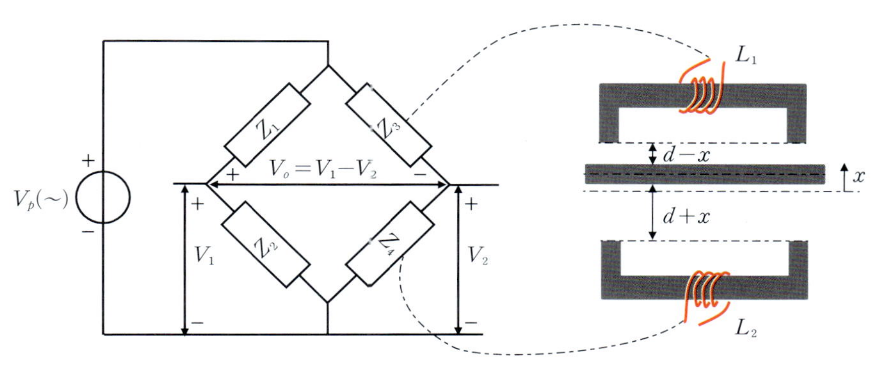

그림 8.40 차동식 릴럭턴스 센서는 변위 x와 속도 V_0 사이에 선형 관계를 가지고 있다.

$$V_0 = V_p\left(\frac{1}{2} - \frac{j\omega L_2}{j\omega L_1 + j\omega L_2}\right) = V_p\left(\frac{1}{2} - \frac{1}{\dfrac{1+c_2(d+x)}{1+c_2(d-x)}+1}\right) \tag{8.50}$$

$$= V_p\left(\frac{1}{2} - \frac{1+c_2 d - c_2 x}{2(1+c_2 d)}\right) = V_p\frac{c_2 x}{2(1+c_2 d)}$$

이 관계식은 선형이며 주파수와 무관함을 알 수 있다.

8.6.3.1 선형가변 차동변압기(LVDT)

그림 8.41에 도시된 것과 같은 선형 가변 차동 트랜스포머(LVDT)는 실험실이나 작업장에서 작은 변위를 측정하기 위해서 자주 사용되는 측정장비이다. 이 장비는 5.6절에서 설명했던 전기 변압기처럼 결합된 교류 자기장의 원리를 기반으로 하고 있다. 그림 8.42에서는 이 측정기의 작동원리를 더 자세하게 설명하고 있다. 변압기는 세 개의 코일들로 이루어지며 중앙 코일에 AC 전압이 공급된다. 두 개의 2차 코일들은 주 코일의 양측에 일직선으로 설치된다. 일반적인 변압기와는 달리 코어의 자속경로가 닫혀있지 않으며 주 코일과 동일한 길이의 강자성체 막대로 이루어진다. 중앙 위치에서 강자성체 막대는 주 코일의 내부에만 위치한다. 이로 인해서 주 코일에 공급된 전압에 의해서 생성된 자속은 2차 코일들과 부분적으로만 결합된다. 따라서 2차 코일들에 유도된 전압은 작으며 두 코일에서 서로 동일한 값을 가진다. 이 유도전압을 서로 차감하면 중앙 위치에서는 0 [V]가 된다. 그런데 코어가 2차 코일의 어느 한쪽 방향으로 움직이면 그 쪽 코일과의 결합이 증가하는 반면에 반대쪽 코일과의 결합은 감소하여 유도전압이 각각 증가 및 감소하게 된다.

이 경우 두 전압을 차감하면 진폭 전압은 변위에 비례하게 된다. 코어가 2차코일 A 또는 B 쪽으로 움직이는 방향에 따라서 출력신호의 위상신호가 반전 또는 비반전된다. 위상 선택적 검출기를 사용하면 변위

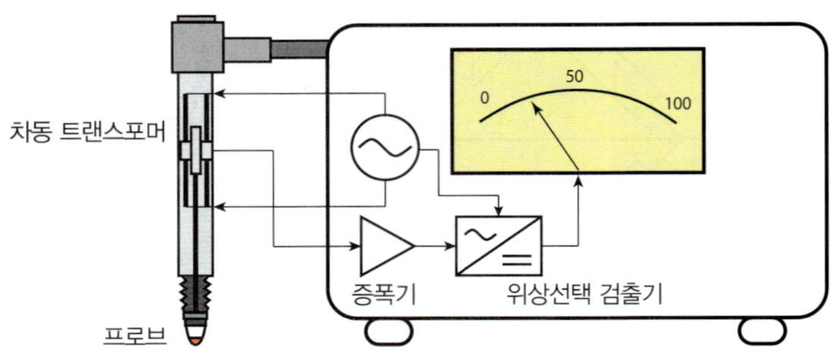

그림 8.41 선형 가변 차동 트랜스포머는 중심위치 주변에 대해서 매우 정밀하게 변위를 측정할 수 있다.

의 방향에 따라서 부호가 변하는 DC 전압을 얻을 수 있다. 입력을 출력과 곱하여 얻은 신호의 부호를 취하면 위상 선택적 검출을 구현할 수 있으며 V_1-V_2의 출력신호를 정류한 후에 저역통과 필터를 거치면 진폭을 구할 수 있다. 8.4.2.2에서 진폭 변조된 신호의 동기식 복조방법에 대해서 설명하면서 이 변환원리도 설명할 예정이다.

8.6.3.2 와전류 센서

유도형 근접 검출기의 마지막 사례로 산업용 시스템에서 전도성 물체의 접근을 검출하기 위해서 자주 사용되는 와전류 센서에 대해서 살펴보기로 한다. LVDT에서와 마찬가지로 이 센서의 작동원리는 두 개의 권선들의 결합된 자기장에 의한 상호작용에 기반을 두고 있지만 이 경우에 한쪽 권선은 측정 대상물체 그 자체이다. 그림 8.43을 살펴보면 센서는 중공형 강자성체 코어의 외경측에 권선된 단일 주코일로 이루어진다. 이 주코일에는 AC 전압이 공급된다. 이로 인해 생성되는 자기장이 코어의 한쪽 끝에서 방출되며 다른 쪽으로 흡수된다. 센서가 도전성 물체의 표면에 접근하면 변압기의 2차측 코일에서와 마찬가지로

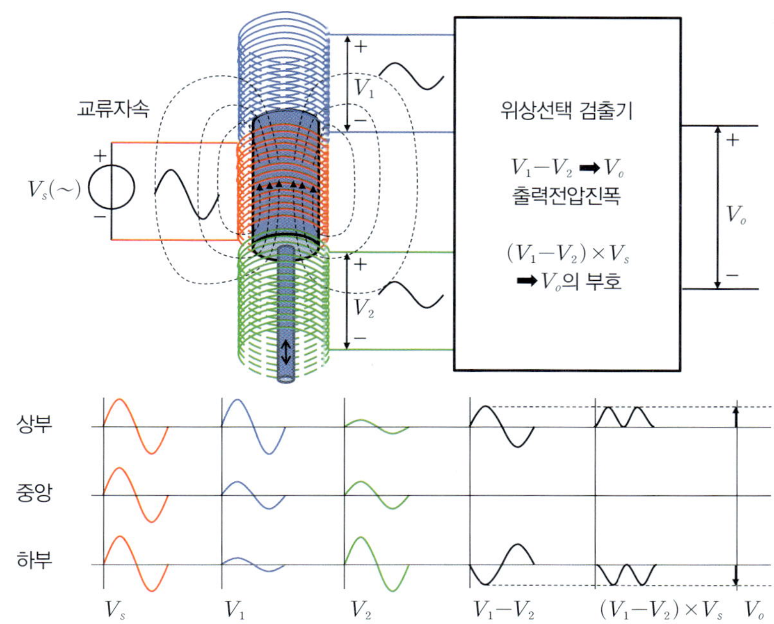

그림 8.42 LVDT의 출력신호. LVDT의 2차측 코일은 주 코일 자속을 부분적으로 공유한다. 중앙 위치에서의 유도전압은 두 2차 코일에서 서로 동일하다. 코어의 위치변화로 인하여 한쪽 2차 코일의 자속이 증가하는 반면에 다른 쪽 자속은 감소한다. 이로 인한 차동전압은 변위에 비례하며 위상은 운동 방향에 비례한다.

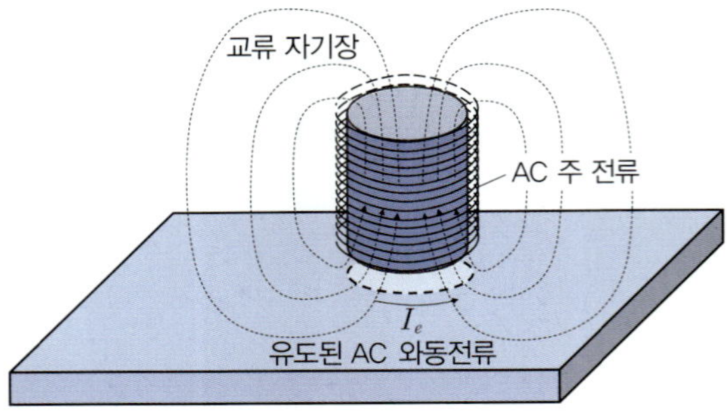

그림 8.43 와전류형 센서를 사용하여 물체까지의 거리를 측정. 자기장이 도전성 물체에 전압을 유도한다. 이 유도전압이 자기장을 억제하는 전류를 생성하여 주 코일에 흐르는 전류를 증가시킨다.

교류 자기장이 물체의 표면에 교류전압을 유도한다. 그런데 이 2차측 코일은 단락되어있는 금속 덩어리여서 이 유도전압은 자기장을 억제하는 와동전류를 생성하게 된다. 이로 인하여 마치 일반적인 변압기에서와 마찬가지로 주 코일의 전류가 증가하게 되므로 이 전류를 측정하면 물체까지의 거리를 구할 수 있다. 주 코일 전류와 전압 사이의 위상각이나 주코일 전압으로부터 거리 정보를 추출할 수 있으며, 이에 대해서는 다음과 같이 설명할 수 있다. 도전성 물체에서 멀리 떨어져 있으면 코일은 이상적인 자체 인덕턴스처럼 작용하여 전류는 전압에 비해서 90°만큼 위상이 지연된 낮은 진폭을 나타낸다. 유도된 와동전류는 2차측 전압 및 그로 인한 자속이나 주 전압 등과 동일한 위상을 가지고 있으므로 코일과 도전성 물체 사이의 거리가 가까워지면 와동전류가 실수성분 주전류를 생성하여 허수성분 전류레벨에 합산된다. 따라서 센서의 전력소모가 증가하며 총 전류는 90° 미만의 위상차이를 나타내게 된다.

와전류 센서의 정밀도가 매우 높지는 않지만 자기베어링에서와 같이 고정된 설치위치 주변에서 [μm] 수준의 정확도를 구현할 수 있다.

8.6.4 공압식 근접센서 또는 에어게이지

짧은 범위 내에서 거리를 검출하기 위한 또다른 방법은 유동제한기를 갖춘 측정용 노즐을 통해서 외부로 분사되는 가압공기를 사용한다. 이 원리를 활용하는 두 가지 방식이 그림 8.44에 도시되어 있다. 노즐의 출구단 압력은 입구측 압력에 의존하므로 공극과 노즐 사이의 유로저항과 유동제한기 사이의 저항비율을 사용하여 거리를 측정할 수 있다. 이 압력들을 측정하면 마이크로미터 미만의 정밀도로 매우 정밀한 측정을 수행할 수 있다.

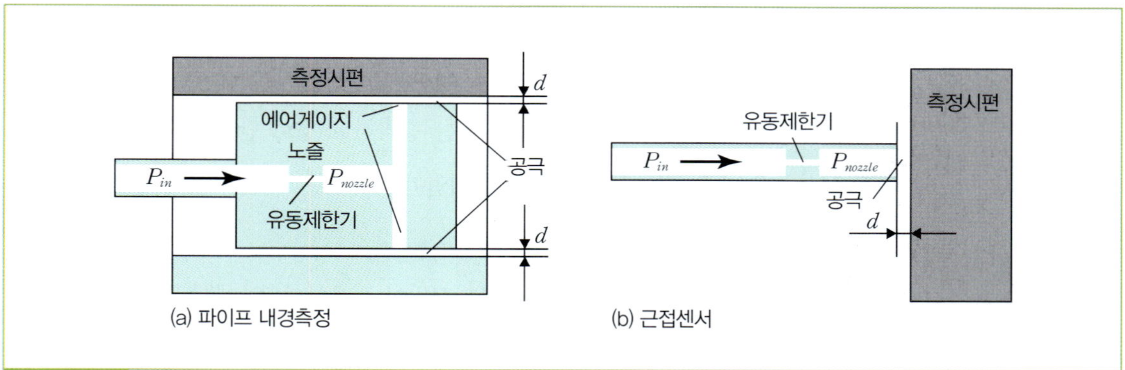

그림 8.44 에어게이지를 사용하여 물체까지의 거리를 측정할 수 있다. 노즐내의 압력 P_{nozzle}은 유동제한기와 공극 사이의 비율과 입구측 압력 P_{in}에 의해서 결정된다.

8.7 | 기계적 동특성의 측정

메카트로닉스 시스템은 시스템에 작용하는 힘에 의해서 결정되는 동적 시변신호에 지배를 받는다. 위치결정 시스템을 모든 상태에 대해서 제어하기 위해서는 이 힘과 그에 관련된 위치결정 시스템의 속도 및 가속도를 측정하는 것이 가장 중요하다. 또한 메카트로닉스 시스템 내부의 기계부에 대한 동적 모드 해석에도 이 동적 센서들이 자주 활용된다.

8.7.1 힘과 변형률의 측정

힘은 스트레인(변형률)과 가속도라는 두 가지 서로 다른 현상을 통해서 간접적으로만 관찰할 수 있는 물리적인 개념이다. 우리가 힘을 느끼는 것은 외력에 의해서 우리의 몸이 변형되는 스트레인 때문이며 이 변형을 보상하기 위해서는 몸 속의 근육을 제어할 필요가 있다. 가속을 직접 측정하는 경우조차도 힘에 노출된 물체내의 스트레인에 의해서 발생하는 전기신호로 이 힘을 측정하는 것이 일반적이다. 스트레인 게이지는 정적인 작용력을 포함하여 측정해야 하는 경우에 측정의 표준 방법이 되었다. 동적인 힘을 측정하는 경우에는 압전형 센서가 사용되며 최근 들어서는 **파이버 브래그 격자**(Fibre Bragg Grating)를 사용하는 매우 세련된 현대적인 광학식 방법이 개발되었다. 스트레인 게이지와 파이버 브래그 센서에 대해서 살펴본 다음에 8.7.3절에서는 가속도계에 주로 사용되는 압전형 센서에 대해서 소개할 예정이다.

8.7.1.1 스트레인 게이지

스트레인 게이지는 크기 변화에 따라서 저항값이 변하는 얇은 도전성 소재이다. 전류가 흐르는 방향으로 늘어나면 소재의 인장으로 인해서 전류가 흐르는 경로길이는 증가하고 경로 단면적은 감소하여 저항값이 증가하게 된다. 이런 센서들은 매우 제한된 수준의 스트레인이 가해지는 경우의 비파괴 측정에 주로 사용된다. 따라서 저항변화도 1% 미만으로 매우 작게 제한된다.

스트레인 게이지는 수동형 센서로서 측정을 위해서는 외부 전원이 필요하다. 앞에서 설명했듯이 휘트스톤 브리지는 이런 유형의 센서에 대해서 최적화되어 있다. 휘트스톤 브리지의 온도에 의한 영향은 민감도가 서로 반대 부호를 가지고 있는 두 개의 센서를 사용해서 열평형을 이룬 가지를 사용해서 최소화시킬 수 있다. 그림 8.45를 통해서 스트레인 게이지를 사용해서 이를 어떻게 구현하는지를 보여주고 있다.

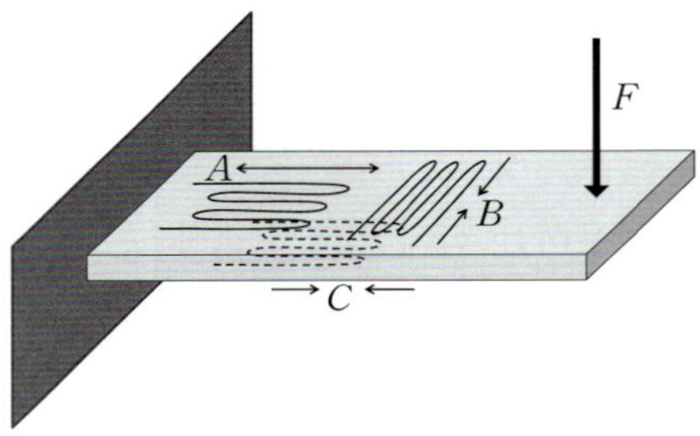

그림 8.45 서로 다른 위치에 스트레인 게이지가 부착된 굽힘 보를 사용한 힘의 측정. 힘 F가 아래 방향으로 작용하면 A 위치의 게이지는 인장되는 반면에 B 및 C 위치의 게이지들은 압축된다.

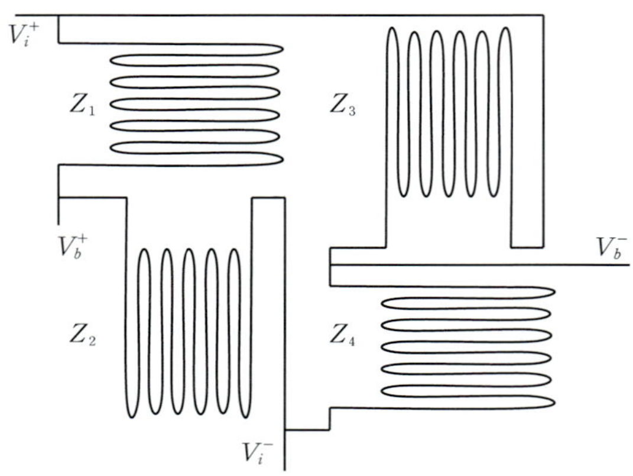

그림 8.46 4개의 스트레인에 민감한 저항기들로 이루어진 풀 브리지 스트레인 게이지

굽힘 보 요소에서 두 번째 스트레인 게이지를 첫 번째 스트레인 게이지가 설치된 위치와 인접한 반대편에 설치하여 반대의 스트레인이 발생하도록 만들거나 동일한 면에 설치하지만 첫 번째 스트레인 게이지와 직각으로 배치하여 소재의 푸아송 비율에 의해서 표면이 반대 스트레인을 가하도록 만든다.

스트레인 게이지를 배치하는 가장 최적인 구조는 4개의 스트레인 게이지들을 사용해서 풀 휘트스톤 브리지를 구성하여 민감도에 비해서 온도 노이즈 및 소스 노이즈를 최소화시키는 것이다. 이는 그림 8.46의 구조에 대해서 푸아송 비율을 사용하는 모놀리식 구조를 사용하여 구현할 수 있다. 측정용 전자회로에는 단지 4개의 연결만이 필요하다. 이 구조는 많은 힘 센서(로드셀)에 사용되고 있으며 매우 신뢰성 있는 것으로 판명되었다.

표 8.1에서는 스트레인 게이지에 사용되며 서로 다른 스트레인 민감도를 가지고 있는 다양한 소재들을 제시하고 있다. 대부분의 소재들은 0.5에서 5 사이의 K값을 가지고 있는 반면에 반도체의 **피에조저항**(piezoresistivity)은 금속에서와 같은 응력을 받고 있는 소재의 체적변화에 대해 훨씬 더 큰 민감도를 나타낸다. 이 효과는 정공과 전자를 가지고 있는 반도체 내에서 스트레인에 의해서 영향을 받는 특별한 전도 메커니즘으로 인하여 100 또는 그 이상의 게이지율을 가진다. 이 원리는 카메라와 핸드폰에서 운동을 감지하며 방위를 검출하기 위해서 지구의 중력을 측정하는 목적으로 자주 사용되는 완전 집적형 MEMS

표 8.1 스트레인 게이지 소재의 K 계수값

소재	K 계수
백금-이리듐(Pt 95%, Ir 5%)	5.1
백금 텅스텐(Pt 92%, W 8%)	4.0
등탄성소재(Fe 55.5%, Ni 36%, Cr 8%, Mn 0.5%)	3.6
콘스탄탄[69](Ni 45%, Cu 55%)	2.1
니크롬 V(Ni 80%, Cr 20%)	2.1
카르마(Ni 74%, Cr 20%, Al 3%, Fe 3%)	2.0
어드밴스(Cu 54%, Mn 1%, Ni 44%)	2.0
아머 D(Fe 70%, Cr 20%, Al 10%)	2.0
모넬(Ni 67%, Cu 33%)	1.9
망가닌(Cu 84%, Mn 12%, Ni 4%)	0.47
N 또는 P형 실리콘	120~175

69) 이 절에서 사용되는 광학식 인코더에 대한 몇몇 다른 그림들과 이 절의 배경 정보들은 고맙게도 고정밀 광학식 인코더의 선도기업인 Heidenhain에서 제공해 준 것이다.

가속도계에서 활용된다. 실리콘이 본질적으로 매우 큰 온도 민감도를 가지고 있기 때문에 이 소재의 경우에는 풀 브리지가 더욱더 필요하다.

8.7.1.2 파이버 브래그 격자 변형률 측정

파이버 브래그 격자이론은 영국의 물리학자인 William Lawrence Bragg(1890–1971)의 크리스털 소재에 대한 X–선 회절연구를 통해서 발견되었으며, 그는 이 연구로 인해서 노벨상을 받았다. 비균질 소재 내에서 관찰되는 특정한 파장의 반사와 굴절현상은 7장에서 소개되었던 광학코팅의 사례에서의 다중 파브리–페로 간섭효과와 밀접한 관계를 가지고 있다.

광학식 파이버 브래그 격자는 투명한 광파이버 내에 굴절계수가 길이방향으로 주기적으로 변하는 약 3 [mm] 길이의 작은 영역을 삽입하여 만들 수 있다. 이 주기가 일정하다면 격자주기 d와 광선의 파장 λ_B가 $d = n\lambda_B$로 정확하게 일치하는 파장만을 반사한다. 여기서 n은 정수이며 대부분의 경우 1이다. 이 격자의 작동원리는 그림 8.47에 도시되어 있다.

광대역 광원의 광선이 이 파이버에 입사되면 파장길이가 λ_B인 파장만이 반사된다. 파이버가 늘어나면 이런 이유 때문에 반사되는 주파수가 변하므로 반사주파수를 측정하여 파이버에 가해지는 스트레인을

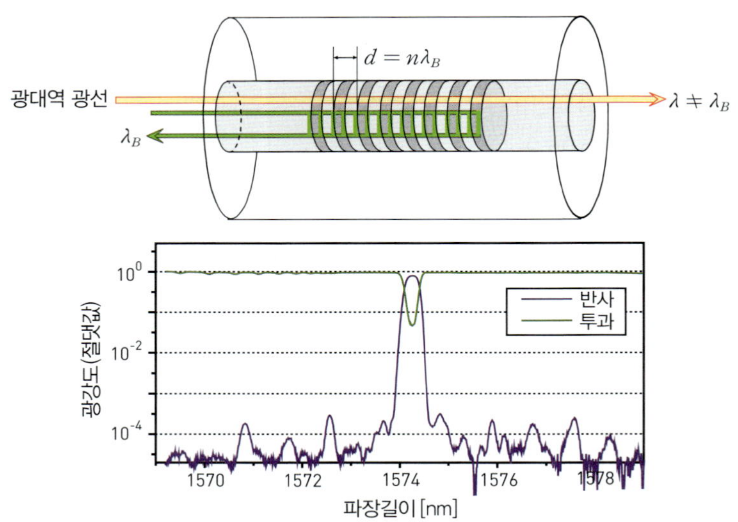

그림 8.47 길이방향으로 굴절계수의 주기적인 변화를 가지고 있는 영역을 통해서 광학 파이버 내에 파이버 브래그 격자가 생성된다. 격자주기 d가 정확히 파장길이 λ_B의 정수비가 되는 경우에 정재파가 발생하며 정재파를 생성한 파장의 광선만이 반사된다. (courtesy of Technobis Fibre Technologies)

측정할 수 있다. 파이버를 고체물체 내에 삽입하면 격자가 설치된 위치에서의 스트레인을 측정할 수 있다.

이론상 격자는 매우 먼 거리에 설치할 수 있으며 더 흥미로운 점은 그림 8.48에서와 같이 하나의 파이버에 하나 이상의 격자를 설치할 수 있다는 점이다. **파장 다중분할**(Wavelength Division Multiplexing : WDM)기법을 사용하면 각각의 격자들마다 주파수 스펙트럼 범위가 다른 격자들의 주기와 서로 중첩되지 않도록 약간 다른 격자주기를 부여하여 각각의 격자들을 구분할 수 있다.

실제의 숫자들을 사용하면 이를 조금 더 명확하게 알 수 있다. 실제의 경우 광원으로 발광다이오드(LED)를 사용한다. 이 사례의 경우 발광 다이오드의 파장은 850 [nm]이며 스펙트럼 대역폭은 50 [nm]이다. 이 대역폭을 10개의 동일한 주파수 범위들로 분할하면 다른 영역들과 5 [nm]의 스펙트럼 차이를 갖게 된다. 방사조도가 낮은 바깥쪽 주파수들을 배제하면 결과적으로 파이버 하나당 8개의 서로 다른 측정 영역을 얻을 수 있다.

파이버의 평균 굴절계수로 인하여 격자주기는 대략적으로 1 [μs]가 되어 3 [mm]의 측정 영역에 대해서 총 3000주기가 만들어진다.

회절각도가 파장에 의해서 결정되는 회절격자를 사용하여 주파수 스펙트럼을 측정한다. 격자로부터 일정한 거리에 설치되어 있는 CCD 광 검출기로 회절된 광선이 안내되며 이 CCD가 회절광선의 입사위치를 측정한다. 이 시스템의 최대 분해능은 1 [m] 당 1 [μm]의 스트레인에 해당하는 1 [pm]의 파장길이 변화를 검출할 수준이며 반복도는 3 [μm/m] 미만이다.

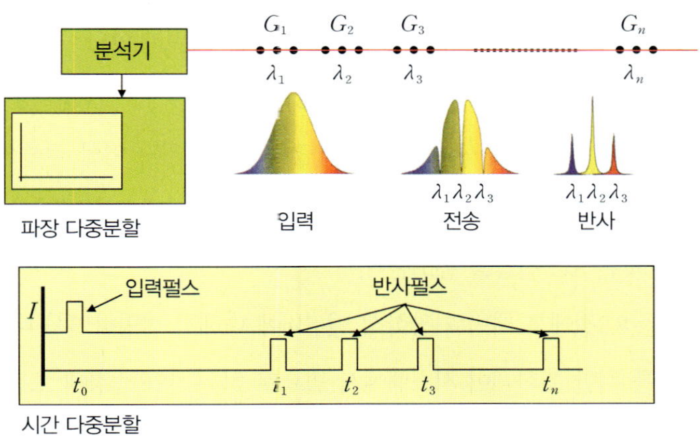

그림 8.48 파이버 브래그 격자를 반사파장으로 구분되는 길이가 긴 파이버 상의 서로 다른 위치에서의 스트레인을 측정하기 위해서 사용할 수 있다. 또한 서로 다른 반사파장들의 순시응답을 통해서 스트레인의 정보를 추출할 수 있다. (courtesy of Technobis Fibre Technologies)

전자회로도 매우 빨라서 50 [μs]의 일정한 지연과 함께 20 [kHz]의 동적 대역폭을 가지고 있다.

이런 스펙트럼 차이 이외에도 펄스형 광원을 사용하면 반사광선의 지연시간으로부터 격자간의 거리를 측정할 수 있다. 이를 **시간 다중분할**(Time division Multiplexing : TDM)이라고 부른다.

대부분의 다른 측정기법들과 마찬가지로 이 기법도 온도가 간섭오차의 원인으로 작용한다. 모든 소재의 굴절계수는 다소간의 온도 의존성을 가지고 있지만 서로 다른 광학 및 온도 특성을 가지고 있는 파이버들을 조합하면 이를 보상할 수 있으며 온도와 스트레인을 동시에 측정할 수도 있다.

파장 다중분할과 시간 다중분할 기법을 조합하면 항공기의 날개, 풍력터빈의 날개 그리고 현수교의 케이블 등과 같은 대형 구조물뿐만 아니라 이보다는 작은 물체들에 이르기까지 이 측정방법은 넓은 활용범위를 가지고 있다.

8.7.2 속도측정

속도측정에는 오래 전부터 영구자석의 자기장과 운동하는 도전성 소재 사이의 상호작용에 의존해 왔다. 전자의 시대가 시작하기 전부터 자동차와 모터사이클의 표준 속도계는 모두 자기장 내에서 회전하는 도전성 디스크가 속도에 비례하는 힘을 생성하는 방식을 사용했다.

현재도 여전히 대부분의 자동차들은 바늘형 지시침을 사용하는 속도계를 장착하고 있지만 더 이상 자기장 내에 설치된 회전 디스크를 사용하지는 않으며 다른 방식의 센서로부터 속도정보를 수신하는 전자회로에 의해서 제어되는 이동코일방식 로렌츠형 회전 작동기를 사용하여 지시침을 구동한다. 여기에 사용하는 센서들은 보통 증분방식을 사용하므로 출력 주파수가 속도에 비례한다.

증분방식 속도 센서는 다양한 작동원리를 사용한다. 광원을 사용하는 사례의 경우 다수의 구멍이 성형된 디스크가 회전 각도에 따라서 광선을 단속적으로 차단하며 광센서가 이를 검출한다.

또다른 사례의 경우 고정된 코일 속에서 회전하는 영구자석이 패러데이의 법칙에 따라서 회전속도에 비례하는 주파수와 진폭을 갖는 AC 전압을 유도한다.

이 작동원리에 대해서는 8.8절에서 대변위 광학식 인코더에 대해서 설명하면서 더 상세하게 살펴볼 예정이며, 여기서는 감쇠제어를 위한 귀환제어 시스템에서 필요로 하는 속도측정에 초점을 맞추기로 한다.

정밀한 위치결정 시스템을 위한 완전한 상태귀환제어 구조에서 조차도 감쇠를 위해서 개별적인 속도센서를 사용하지 않는다. 대부분의 경우에는 4장에서 설명했듯이 위치 신호를 미분하여 PD-제어를 통해 감쇠를 구현한다. 그런데 감쇠작용에 대한 기준이 불명확한 특정한 상황의 경우에는 개별적으로 속도 센서를 사용하는 것이 바람직하다. 9장에서 설명할 능동 제진 시스템이 그런 경우에 해당한다. 이런 시스템의 경우에 진동하는 환경과 진동을 차폐해야 하는 부품 사이를 댐퍼가 연결하고 있으면 고주파 대역에서의 전달율이 증가하게 된다. 저강성 작동기와 속도센서로 이루어진 능동제어 시스템을 사용하면 진동이 전혀 없는 기준에 대한 상대속도를 센서가 측정하는 한도 내에서 전달율의 증가 없이 감쇠를 구현할 수 있다.

원래 지진과 같은 저주파 진동을 측정하기 위해서 설계되었던 **지오폰**(geophone : Geo−phone = 지구의 소리라는 뜻)과 같은 **관성형 속도센서**(inertial velocity sensor)를 사용하면 이런 정적인 기준상태를 구현할 수 있다.

8.7.2.1 지오폰

지오폰의 작동원리가 그림 8.49에 도시되어 있다. **운동질량**(seismic mass)은 매우 유연한 스프링 맴브레인에 의해서 원통형 강자성체 케이스 내부에 지지되는 두 개의 영역으로 분할된 코일로 이루어지며 1~10 [Hz] 수준의 매우 낮은 공진 주파수를 가지고 있다.

코일은 케이스에 연결되어 고정된 코일 내측의 영구자석에 의해서 형성된 자기장 속을 움직인다. 그림에서 자기장은 내측에서부터 코일의 위쪽 단면으로 진입하며 케이스를 통과하여 반대쪽 코일로는 바깥쪽에서 진입하고 있다. 두 영역의 코일들은 서로 반대 방향으로 권선되어 있으므로 유도전압은 동일한 부호를 가진다. 이들의 전압을 합하면 패러데이의 법칙에 따라서 코일의 총 전압은 정지해 있는 자기장에 대한 코일의 상대속도에 비례한다.

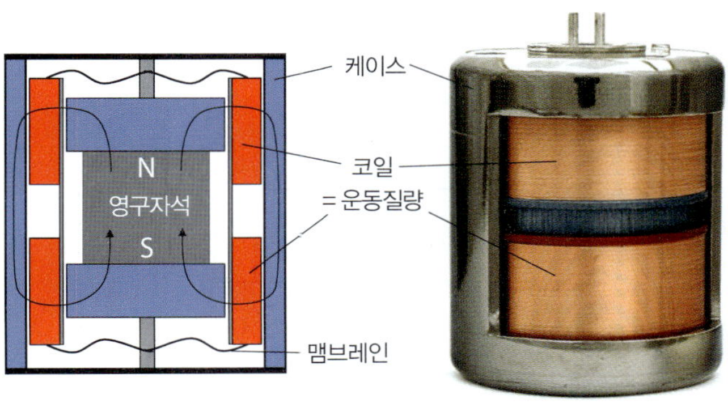

그림 8.49 지오폰은 코일에 자속을 유도하는 영구자석 주위에 유연한 맴브레인으로 지지되는 이동코일 시스템을 갖추고 있다. 코일의 운동 속도에 비례하는 기전력이 코일 속에서 생성된다. (©Aaronia AG, www.aaronia.com)

지오폰을 움직이는 물체에 설치하면 물체의 진동 속도를 측정할 수 있다. 센서의 출력전압은 케이스의 속도에 비례하므로 출력전압은 케이스와 코일 사이의 속도차이에 따른 전달함수에 의해서 결정된다.

1차 고유주파수 미만의 정적인 조건 하에서는 코일의 운동 질량이 케이스를 따라 움직이게 되므로 전압이 유도되지 못한다. 공진주파수 이상에서는 운동질량이 케이스와 동적으로 분리되며 진폭이 빠르게 감소하여 속도차이와 측정 가능한 전압이 만들어진다. 표준 운동 방정식을 사용하면 내부감쇠가 시스템에 끼치는 영향을 구할 수 있다. 질량을 증가시키기 위해서 보통 구리로 제작하기 때문에 마치 단락된 코일처럼 거동하는 코일보빈 속에서 와동전류가 생성되기 때문에 감쇠가 발생한다.

속도차이($\Delta\dot{x} = \dot{x}_c - \dot{x}_m$)와 케이스의 속도($\dot{x}_c$) 사이의 관계는 그림 8.50의 강체모델을 사용하여 다음 관계식과 같이 정의할 수 있다.

$$\frac{\Delta\dot{x}}{\dot{x}_c}(s) = \frac{\dot{x}_c - \dot{x}_m}{\dot{x}_c} = \frac{\frac{d}{dt}(x_c - x_m)}{\frac{d}{dt}x_c} = \frac{s(x_c - x_m)}{sx_c} = \frac{x_c - x_m}{x_c} \tag{8.51}$$

뉴턴의 2법칙을 사용하면 이동질량(m_m)의 힘 평형관계는 다음과 같이 정의된다.

$$m_m s^2 x_m = c(sx_c - sx_m) + kx_c - kx_m = (cs+k)(x_c - x_m) \tag{8.52}$$

3장의 전달율에 대한 이론으로부터 다음 관계를 알 수 있다.

$$x_m = x_c \frac{cs+k}{m_m s^2 + cs + k} \tag{8.53}$$

이를 이용하여 위 식을 정리해 보면

$$m_m s^2 x_c \frac{cs+k}{m_m s^2 + cs + k} = (cs+k)(x_c - x_m) \tag{8.54}$$

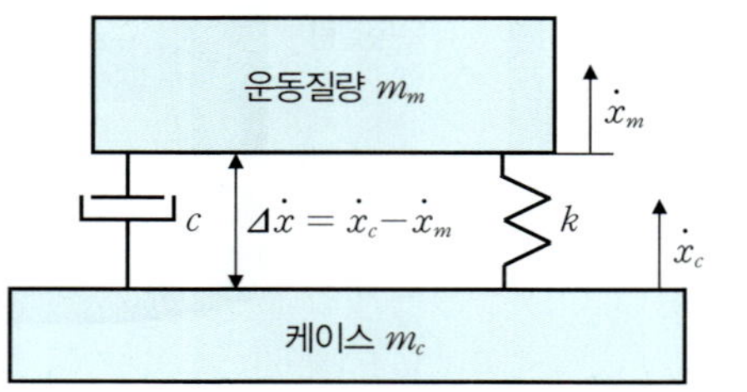

그림 8.50 전달함수를 유도하기 위해서 사용하는 지오폰의 동적 모델

따라서 다음과 같은 결과식이 도출된다.

$$\frac{\Delta\dot{x}}{\dot{x}_c}(s)=\frac{\dot{x}_c-\dot{x}_m}{\dot{x}_c}=\frac{x_c-x_m}{x_c}=\frac{m_m s^2}{m_m s^2+cs+k} \tag{8.55}$$

이동코일의 전압 민감도가 $V_g=c_g(\dot{x}_c-\dot{x}_m)$이며 c_g [Vs/m]는 지오폰의 민감도상수라면, 전체 전달함수는 다음과 같이 나타낼 수 있다.

$$\frac{V_g}{\dot{x}_c}(s)=c_g\frac{\dot{x}_c-\dot{x}_m}{\dot{x}_c}=c_g\frac{m_m s^2}{m_m s^2+cs+k} \tag{8.56}$$

이 방정식은 2차 스프링-질량 시스템의 컴플라이언스 응답과 2차 고역통과 필터처럼 작동하는 2차 미분기가 조합된 것이다.

이 센서에서 감쇠는 공진주파수에서의 과도응답에만 영향을 끼치므로 고주파 응답에는 영향을 끼치지 않으면서 과도응답만 0으로 만들도록 선택할 수 있다.

그림 8.51에서는 운동질량 $m_m=1$ [kg]이며 강성 $k=1\cdot10^2$ [N/m]인 스프링을 장착한 전형적인 지오폰의 전달함수 보드선도를 보여주고 있다. 그림에 따르면 감쇠를 증가시키면 공진 주파수에서의 오버슈

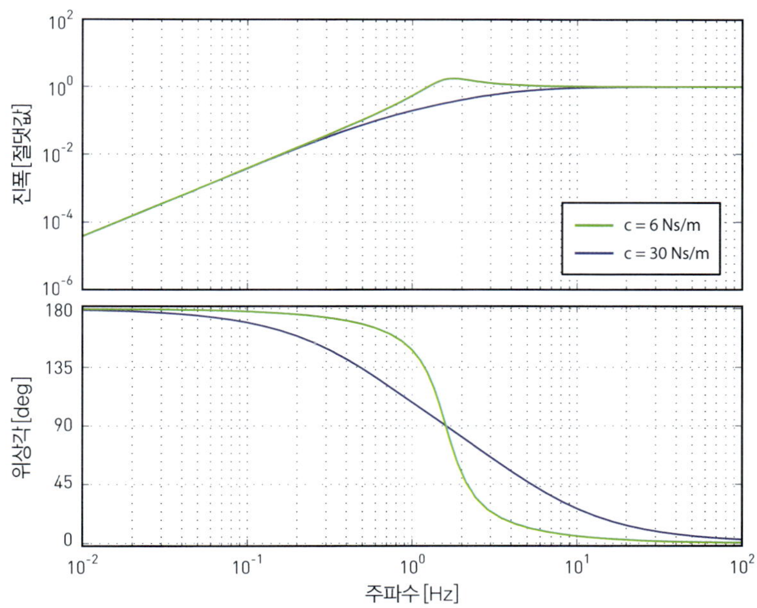

그림 8.51 운동질량 $m_m=1$ [kg], 스프링강성 $k=1\cdot10^2$ [N/m] 그리고 두 가지 감쇠계수 $c=6$ [Ns/m](녹색선)와 $c=30$ [Ns/m](청색선)를 가지고 있는 지오폰의 보드선도를 통해서 감쇠가 위상과 진폭에 끼치는 영향과 저주파 대역한계를 확인할 수 있다.

트가 감소하지만 위상도 변한다는 것을 알 수 있다. 용도에 따라서 허용 가능한 수준의 위상 응답 하에서 공진주파수 이상에서는 일정한 응답을 갖도록 이들 두 특성을 최적화시킬 수 있다.

이 사례에 따르면 대역폭을 더 낮은 주파수까지 확장하기 위해서는 이 질량과 강성값을 사용할 수 없다는 것이 명확하다. 중력 하에서 이 스프링은 이미 질량의 정하중을 지지하기 위해서 0.1 [m]만큼 늘어나야만 하므로 스프링에는 이미 응력이 부가되어 있다.

이런 현실적인 제약 때문에 이런 형태의 지오폰은 중력에 대해 연직 방향으로 설치해야만 하며, 그렇지 않은 경우에는 매우 긴 코일이 필요하지만, 코일이 커지면 저항 증가에 의해 노이즈가 증가하므로 바람직하지 않다.

실제의 경우 저주파-이득을 증가시키기 위해서 적분 특성이 있는 적절한 필터를 사용하여 저주파-대역한계를 보상할 수 있지만, 이로 인해서 저주파 노이즈(드리프트)가 증가하기 때문에 제한적으로만 사용할 수 있을 뿐이다.

이런 형태의 지오폰을 진동차폐 시스템에 활용하는 경우의 가장 큰 장점은 정의에 따르면 관성세계는 진동이 없기 때문에 운동질량이 가지고 있는 관성 기준에 대한 속도를 측정할 수 있다는 것이다.

이런 관성속도신호를 측정할 수 있는 다른 방법은 가속도를 측정하여 더 직접적으로 이 비활성 관성기준과 비교를 수행하는 센서를 사용하는 것이다. 그러면 가속도 신호를 적분하여 속도를 추출할 수 있다.

8.7.3 가속도계

이론상 힘을 측정하면 가속도를 구할 수 있다. 가속도와 힘 사이의 상관관계는 잘 알려진 뉴턴의 제2법칙을 통해서 주어진다.

$$F = m\frac{dv}{dt} = m\dot{v} = ma \tag{8.57}$$

중간 항으로 힘을 사용하면 가속도는 스프링의 변형과 관련되어 있으므로 유연한 지지구조에 매달린 운동질량을 사용하여 가속도를 측정할 수 있는 가능성이 만들어진다.

이 이론을 기반으로 하여 세 가지 유형의 가속도 센서들이 개발되어 있다.

- 폐루프 귀환 가속도계
- 압전 가속도계

• MEMS 가속도계

8.7.3.1 폐루프 귀환 가속도계

힘을 측정할 수 있는 매우 정확한 방법은 변형률값과의 편차가 0이 되는 값을 측정하는 센서가 장착된 귀환제어기를 사용하여 작용력과 동일한 힘을 보상해주는 **상쇄**(nulling)기법을 활용하는 것이다. 작동기의 힘 대 전류의 비율을 알고 있다면 외력을 보상하기 위해서 필요한 전류는 외력에 대한 신뢰할 만한 척도가 된다. 그림 8.52에서는 이 원리가 사용된 **폐루프 귀환 가속도계**(closed loop feedback accelerometer)가 도시되어 있다.

이 센서는 지오폰과 동일한 요소들에 위치 선서와 제어시스템을 추가한 것이다. 이 구조에서 코일은 측정요소가 아니라 선형 로렌츠 작동기의 기능을 수행한다. 위치센서는 이동코일의 케이스에 대한 상대적 위치를 측정한다. 이 위치센서로는 앞서 언급했던 신뢰성 있는 어떠한 센서라도 사용할 수 있다. 제어기와 증폭기는 코일에 전류를 송출하여 변위를 가능한 한 작게 유지하도록 조절되어 있다. 비례이득을 통해서 이 위치귀환 시스템이 추가적인 강성을 생성한다. 이런 작동에 필요한 전류는 가속도에 의해서 질량에 부가된 힘에 비례한다. 따라서 전류를 측정하면 가속도를 구할 수 있다.

4장에서는 D-제어작용을 추가하여 복소수 평면상에서 올바른 위치에 시스템의 극점들을 위치시켜서 안정상태를 유지하려면 위치제어기를 어떻게 만들어야 하는지를 설명한 바 있다. 이 시스템은 마치 CD 플레이어의 광학 픽업 유닛처럼 제어기가 운동질량이 케이스를 추종하도록 제어해야 하므로 CD 플레이어에서와 동일한 PID 제어원리를 사용할 수 있는 서보귀환 시스템이다.

서보제어식 가속도계는 0점 측정 시스템이므로 가속도계 내부에 설치되는 위치 센서는 0점 근처에서만

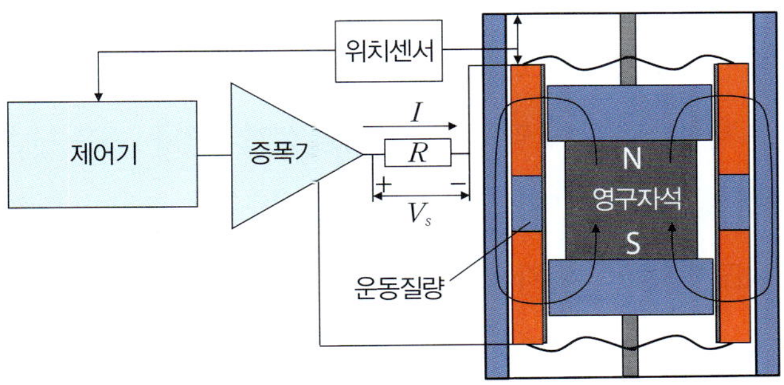

그림 8.52 폐루프 귀환 자속도계. 제어기가 가속도에 비례하는 전류를 가하여 운동 질량의 케이스에 대한 상대운동을 억제한다.

정확하면 된다. 따라서 장기간 정적인 가속도를 측정해야 한다면 0점에서 신호 드리프트가 낮은 비교적 단순한 센서를 사용할 수 있다. 이 구조의 또 다른 장점은 귀환을 통해서 스프링에 가상제어강성을 추가하여 페루프 이득이 높은 주파수 대역에서 지지구조 강성의 비선형성에 따른 영향을 저감시켜준다는 것이다.

저주파에서 높은 이득을 가지고 있는 귀환이론 덕분에 이 페루프 귀환 가속도계는 중력과 같이 정적이거나 매우 낮은 주파수의 가속과 선박이나 비행기 등의 느린 운동을 측정하는 데에 특히 적합하다.

이 센서는 또한 진동차폐 시스템에서 저주파 감쇄를 구현하기 위해서 센서를 적분기와 조합하여 관성속도를 추출하는 경우에도 적합하다. 하지만 센서 전체의 가격이 여타의 두 가지 가속도계에 비해서 매우 비싸기 때문에 페루프 귀환 가속도계의 활용은 매우 낮은 주파수에 대해서 전문적으로 사용하는 경우에 국한된다.

8.7.3.2 압전 가속도계

5장의 5.7절에서는 직접적인 압전효과에 대해서 설명하였다. 압전 소재는 격자구조에 의해서 구속되어 있는 원자들로 이루어진 특수한 결정구조 때문에 변형되면 압전 소재 내부의 전하분포가 변한다. 이 전하이동은 소재에 부착된 전극에서 전압으로 발현된다. 결정격자의 방향과 극성화 방향에 따라서 압전소재는 전단변형이나 압축변형에 민감하게 반응하며 이 두 가지 방식 모두 센서에 활용된다.

그림 8.53에서는 압전 가속도계의 세 가지 서로 다른 구조를 보여주고 있다. **전단형 설계**의 경우 압전 결정체 주변에 운동질량이 부착되어 있다. 그림에서처럼 단 하나의 압전체 만을 사용하는 것과 유사하게 세 개의 압전판을 삼각형으로 배치하여 조립한 형태도 존재한다. 이 구조의 가장 큰 장점은 기계적인 마운팅이나 열변형에 의해 유발되는 바닥소재의 잔류응력에 대해서 낮은 민감도를 가지고 있다는 것이다. 축대칭 구조로 인하여 다른 방향으로의 가속도에 대한 민감도 역시 저감된다. 전단형 설계의 단점은 특히 매우 작은 원추각도가 필요한 경우에 조립과정이 매우 어렵다는 것이다. 조립시 과도한 응력이 발생되지 않아야만 하므로 매우 세심한 취급이 필요하다. **압축형 설계**의 경우 매우 단순하다. 볼트를 사용하여 운동질량으로 평판형 압전 링을 고정하며 접시스프링으로 압축력을 조절한다. 하지만 압축형 설계는 온도변화, 베이스 변형 및 전단방향으로의 가속도에 더 민감하다. **굽힘형 설계**에서는 **바이모프**(bimorph)라고 부르는 두 개의 층으로 이루어진 특수한 압전체 조합을 사용한다. 운동질량에 의한 굽힘력이 하나의 층에는 압축 변형을 생성하며 다른 층에는 인장 변형을 생성한다. 이들 두 층은 서로 반대 방향으로 극성화 되어 있다. 그 결과 바이모프의 두 층에서 생성된 전압을 더하여 하나의 출력전압을 만들어낸다. 이 원

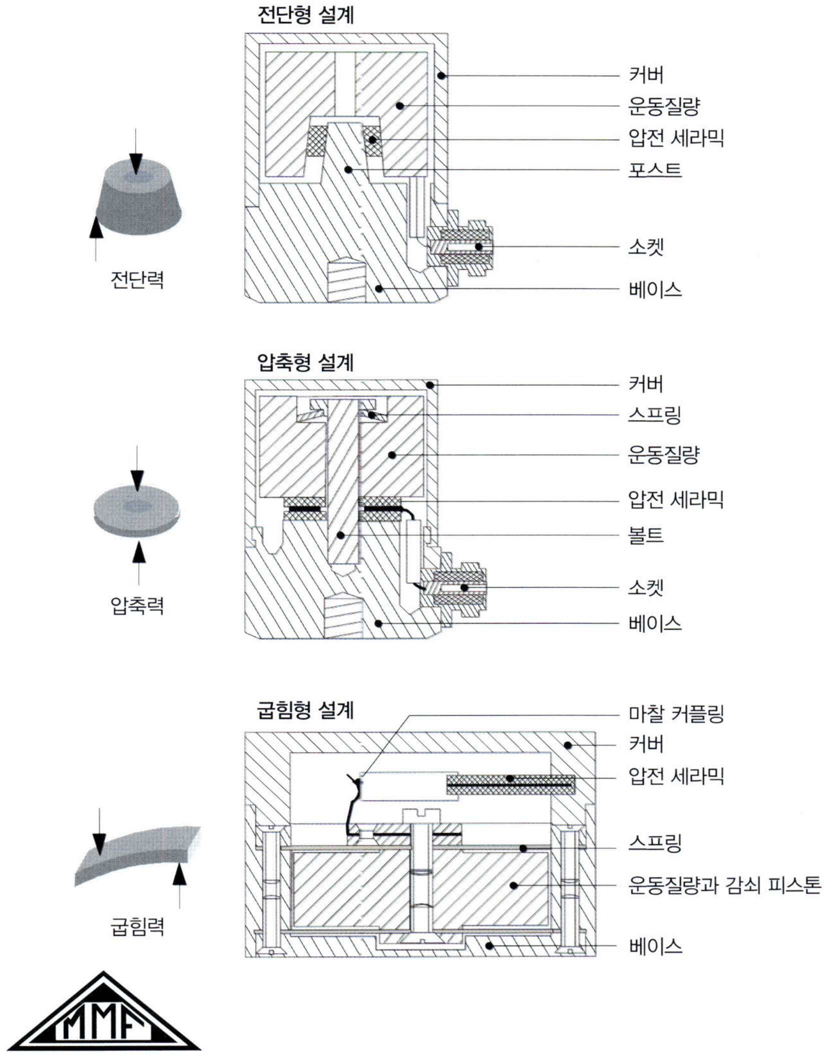

그림 8.53 압전 가속도계의 서로 다른 세 가지 구조설계. 전단형 설계가 동특성이 월등한 가장 현대적인 설계이다.(courtesy of "Metra Mess- und Frequenztechnik Radebeul")

리의 장점은 질량 대비 민감도의 비율이 높다는 것이다. 하지만 가장 큰 단점은 다음 절에서 알 수 있듯이 공진주파수가 비교적 낮기 때문에 저주파에 국한하여 사용할 수 있다는 것이다.

■ 기계적인 주파수 한계

기계적인 측면에서 압전 가속도계는 운동체의 질량과 압전 결정체의 강성에 의해서 공진주파수가 결정되는 스프링-질량 시스템처럼 거동한다. 전달함수는 그림 8.54를 사용해서 유도할 수 있다. 가속도계의 출력전압 V_a는 케이스의 가속 $a=\ddot{x}_c$에 의해서 유발되는 운동질량의 변형량 Δx에 비례한다.

$$\frac{V_a}{\ddot{x}_c}(s)=c_v=\frac{c_d(x_c-x_m)}{\ddot{x}_c}=\frac{c_d(x_c-x_m)}{s^2x_c} \tag{8.58}$$

여기서 $c_v\,[\mathrm{Vs^2/m}]$는 가속도계의 공칭 전압민감도이며 $c_d\,[\mathrm{V/m}]$는 압전 수정체의 변형에 따른 전압민감도이다. 이 값은 압전 작동기에서 외력에 따라 생성되는 압전소재의 전하량을 나타내는 5.7절의 식 (5.139)와 직접적인 연관관계를 가지고 있다. 센서의 정전용량으로 인하여 전하는 전압과 상관관계가 있다.

식 (8.58)은 지오폰의 식 (8.56)을 s^2로 나눈 값과 같다. 따라서 이 방정식으로부터 압전 가속도계의 기계적 전달함수를 간단하게 유도할 수 있다.

$$\frac{V_a}{\ddot{x}_c}(s)=c_v=\frac{c_d(x_c-x_m)}{s^2x_c}=\frac{c_dm_m}{m_ms^2+cs+k}=\frac{c_d\dfrac{m_m}{k}}{\dfrac{m_m}{k}s^2+\dfrac{c}{k}s+1} \tag{8.59}$$

s가 매우 작은 저주파의 경우 전압 민감도는 다음과 같이 주어진다.

$$c_v(s)=c_d\frac{m_m}{k} \tag{8.60}$$

식 (8.59)에 제시되어 있는 전달함수는 스프링-질량 시스템의 컴플라이언스 응답과 유사하다. 고유주파수 미만에서 출력 전압은 주파수와 무관하다. 고유주파수 주변과 고유주파수 이상에서의 전달함수는 감쇠값에 따라서 변한다. 실제의 경우 감쇠는 매우 낮기 때문에 이런 기계적인 동특성으로 인하여 압전 가속도계의 고주파 대역폭은 공진주파수의 약 0.3배 내외로 제한된다. 전단형 및 압축형 설계의 경우 지지강성은 비교적 높으므로 크기에 따라서 사용 가능한 최대 주파수는 수 [kHz]에 달한다. 하지만 굽힘형 설계는 더 유연하다. 여타 형태의 설계들과 동일한 질량과 크기에 대해서 굽힘형 설계는 대략적으로 최고 수백 [Hz]이내의 주파수에 대해서 민감도가 높으며 주파수가 낮은 측정에 주로 사용된다.

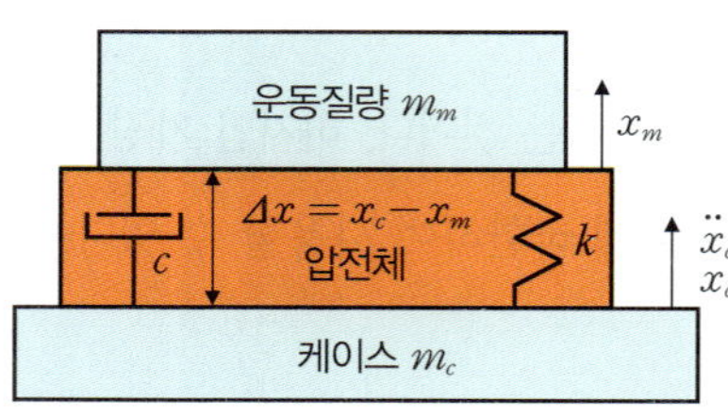

그림 8.54 전달함수를 유도하기 위해서 사용하는 압전 가속도계의 기계적 동역학 모델. 출력전압은 압전 측정 요소의 변형량 Δx에 비례하며 이는 케이스의 가속도 $\ddot{x}_c$와 관계되어 있다.

매우 크기가 작은 경우에는 굽힘형 설계의 고유 주파수가 상당히 올라가기 때문에 측정 위치에 매우 작은 질량만을 설치할 수 있는 경우에는 굽힘형 설계가 가장 좋은 대안이 된다.

■ 전기적 주파수 한계

압전 가속도계의 경우 전기적으로는 가속도 $\ddot{x}_c$에 따라서 전하가 변하는 커패시터처럼 거동한다. 전하의 변화는 전류와 같으므로 그림 8.55에 도시된 것처럼 센서를 전류원과 이에 병렬로 커패시터가 연결된 노턴 등가회로로 모델링할 수 있다. 불행히도 전류 I_N은 가속 진폭과 주파수 모두에 의존한다. 즉 전하의 위치는 가속도에 비례하는 힘에 의해서 결정되므로 전하의 위치를 변화시켜야만 전류가 생성된다고 설명할 수 있다. 따라서 가속도가 변해야만 힘, 변형 및 전하위치 변화와 그로 인한 전류를 생성할 수 있다.

c_i가 가속도에 따른 전하민감도라면 압전 작동기에 대한 5.7장의 식 (5.139)을 적용하여 다음과 같이 노턴 전류원 I_N을 구할 수 있다.

$$I_N = \frac{dQ}{dt} = c_i \frac{d\ddot{x}_c}{dt} = c_i s \ddot{x}_c = c_i j\omega \ddot{x}_c \ [\mathrm{A}] \tag{8.61}$$

따라서 노턴 모델은 주파수 의존성을 가지고 있기 때문에 실용성이 떨어진다. 노턴 등가회로에 대해서 내부 정전용량 이외에는 아무런 부하도 가해지지 않는 경우의 센서전압을 취하여 테브난 등가전압원 V_{Th}를 유도할 수 있다.

$$V_{Th} = I_N Z = \frac{c_i j\omega \ddot{x}_c}{j\omega C} = \frac{c_i \ddot{x}_c}{C} = c_v \ddot{x}_c \ [\mathrm{V}] \tag{8.62}$$

이 전압은 주파수에 대해 독립적이며 비반전 증폭기를 사용하여 검출할 수 있다. 하지만 소스 임피던스

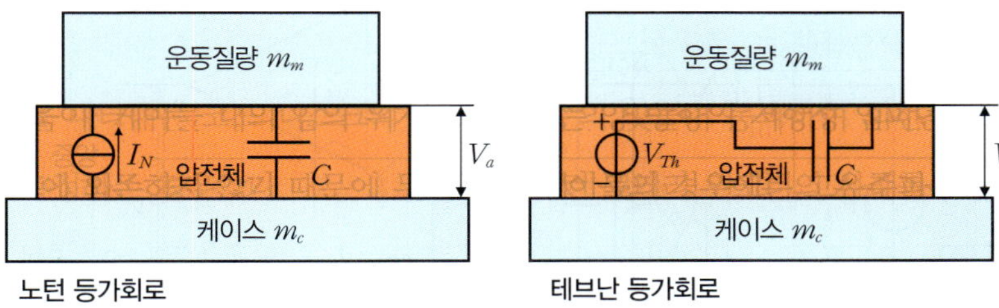

그림 8.55 압전 가속도계의 전기적 모델은 기본적으로 전하가 변하는 커패시터이다. 이는 전하가 주파수 의존성 전류 I_N을 시간에 대해 적분한 값과 같은 경우의 노턴 등가회로 모델에 해당한다. 하지만 전압 V_{Th}는 주파수에 의존하지 않기 때문에 테브난 등가회로가 더 실용적이다.

가 정전용량이기 때문에 이 증폭기의 입력 임피던스는 매우 높아야만 한다. 압전 가속도계의 높은 출력전압으로 인하여 센서의 정전용량 특성만이 문제가 된다면 신호조절 요소로 균일이득 버퍼 증폭기를 사용할 수 있다.

■ 전하증폭기

그림 8.56에 표시되어 있는 요소들의 실제값들이 보여주는 것처럼 단순한 비반전 버퍼 증폭기는 모든 문제를 해결해주지 못한다. 센서를 증폭기에 연결할 때에 외부 간섭을 피하기 위해서는 실드가 잘 갖춰진 동축 케이블이 필요하다. 하지만 동축 케이블은 센서에 부하로 작용하는 기생 정전용량을 가지고 있으며 케이블 정전용량과 센서 정전용량 사이의 비율에 비례하여 민감도가 저하된다. 비록 이것이 주파수 의존적 감소가 아니더라도 정확한 측정을 수행하는 경우에 이 감소를 고려하기 위해서는 이 감소값을 정확히 알아야 한다. 하지만 이 감소값은 온도에 의존적이기 때문에 일정한 한도까지밖에 알아낼 수 없다.

또다른 문제는 커넥터를 맨손으로 만져서 생기는 잔류 염분이 수분과 결합하여 유발하는 기생저항과 관련되어 있다.

증폭기의 입력 임피던스와 센서의 정전용량형 전원 임피던스가 조합되면 1차 고역통과 필터 회로가 만들어진다. 이 사례의 경우에 입력 저항 R_i는 50 [MΩ]이므로 저주파 한계는 다음과 같이 결정된다.

$$f_{LP} = \frac{\omega_{LP}}{2\pi} = \frac{1}{2\pi RC} = \frac{1}{2\pi \cdot 5 \cdot 10^7 \cdot 1.1 \cdot 10^{-9}} \approx 3 \text{ [Hz]} \tag{8.63}$$

이는 총 정전용량이 1 [nF]과 100 [pF] 용량의 커패시터들이 병렬로 연결된 임피던스와 같기 때문이다.

두 번째 문제는 압전 수정체가 가지고 있는 본질적인 비선형성에 의해서 유발된다.

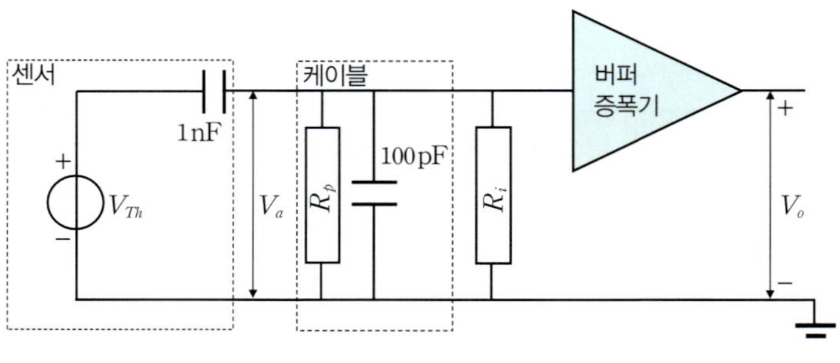

그림 8.56 기생 정전용량과 케이블 저항, 그리고 버퍼 증폭기의 입력저항이 압전 센서의 민감도와 주파수 응답에 영향을 끼친다.

압전 작동기에서 설명했듯이 압전 결정체는 전압과 변형 사이에서 특정한 수준의 히스테리시스를 나타낸다. 다행히도 이 히스테리시스는 정전용량에 의해서 전하와 변형 사이에서 유발되는 히스테리시스보다는 훨씬 더 작다. 따라서 압전 가속도계의 신호를 검출하는 최적의 방법은 전하를 직접 측정하는 것이다. 그림 8.57에 도시되어 있는 전하증폭기를 사용하여 전하의 이동이 전압을 변화시키기 전에 전하의 이동으로부터 전류를 추출하여 이를 측정할 수 있다. 전하증폭기는 케이블 정전용량과 기생저항에 의해 유발되는 민감도 문제도 함께 해결해 주기 때문에 특히 유용하다. 전하증폭기는 일종의 연산증폭기로서 귀환 임피던스가 주로 커피시터에 의해서 결정되는 반전증폭기 구조를 가지고 있다. 센서는 연산증폭기의 반전 입력단에 직접 연결된다.

작동 원리를 설명하기 위해서는 우선 크기가 매우 큰 100 [MΩ] 귀환저항을 무시해야 한다. 이 사례에서 귀환 커패시터는 10 [nF]의 용량을 가지고 있다. 이 반전증폭기의 이득을 구하기 위해서는 6장에 제시되어 있는 규칙들을 적용해야 한다. 입력 임피던스 Z_1은 정전용량이 1 [nF]인 센서의 전원 임피던스와 같으며 귀환임피던스 Z_2는 이 사례에서 선정된 10 [nF] 커패시터의 임피던스와 같다. 이 증폭기의 주파수응답은 다음과 같이 나타낼 수 있다.

$$G = \frac{V_0}{V_{Th}}(\omega) = -\frac{Z_2}{Z_1} = \frac{\dfrac{1}{j\omega \cdot 10^{-8}}}{\dfrac{1}{j\omega \cdot 10^{-9}}} = -0.1 \tag{8.64}$$

진폭의 관점에서는 그리 좋아 보이지 않을 수도 있지만 증폭기는 접지되어 있는 양입력단 전압으로 인하여 음입력단 전압을 이 0 [V]로 유지하기 때문에 기생 임피던스의 영향이 소거된다. 따라서 센서는 가상접지가 되어서 기생임피던스에 아무런 전압이 부가되지 않는 상태에서 센서의 모든 전류가 귀환 임피던

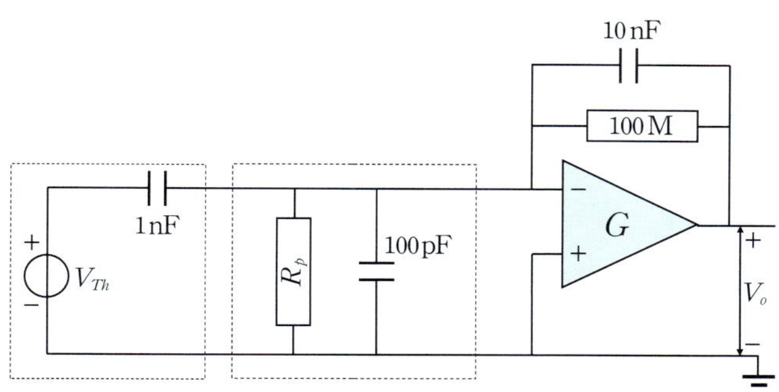

그림 8.57 신호조절 요소로 전하증폭기를 사용하는 압전 가속도계. 전하증폭기는 센서 출력을 가상접지로 만들어서 케이블 정전용량 및 여타 기생 임피던스들의 영향을 저감시켜준다.

스 쪽으로 흐르게 된다.

이 임피던스는 거의 정전용량이므로 출력단 전압은 귀환 커패시터에 저장된 전하량을 정전용량 값으로 나눈 값과 같아진다. 이 전하는 압전 가속도계로부터 이동한 전하량과 같기 때문에 이 구조를 전하증폭기라고 부르는 것이다. 하지만 이 회로에서 전하 자체는 증폭되지 않기 때문에 오히려 **전하-전압 변환기**가 더 정확한 명칭이다.

전압이득이 0.1로 감소한 것은 설계 과정에서 귀환 커패시터와 병렬로 연결된 저항을 최대 얼마까지 사용할 수 있는가에 달려있다. 이론상으로는 이 저항이 필요 없지만 연산 증폭기에 바이어스 전류를 공급하기 위해서는 0 [Hz]에서 유한한 소스 임피던스가 필요하다. 바이어스 전류레벨이 병렬로 연결된 저항의 최댓값과 출력단에서의 허용 DC 오프셋 오차를 결정한다. 1 [pA] 수준의 극도로 낮은 바이어스 전류를 구현하기 위해서 MOSFET 입력을 내장한 특수한 증폭기가 개발되었는데 이 증폭기는 그림에서 제시되었던 100 [MΩ] 저항을 사용하는 경우 0.1 [mV]의 DC 오차를 나타낸다. 전압 증폭기의 경우와 비교해보면, 회로를 세심하게 조립하고 취급과정에서의 오염을 방지하며 필요하다면 증폭기의 민감한 입력단에 수분이 작용하는 것을 막기 위해 보호용 코팅을 도포하여, 이 저항기와 병렬로 작용하는 기생 임피던스를 더 쉽게 막을 수 있다. 이 경우 대역폭의 저주파 한계는 귀환임피던스에 의해서 다음과 같이 결정된다.

$$f_{LP} = \frac{\omega_{LP}}{2\pi} = \frac{1}{2\pi RC} = \frac{1}{2\pi \cdot 1 \cdot 10^8 \cdot 10 \cdot 10^{-9}} \approx 0.16 \ [\text{Hz}] \tag{8.65}$$

이는 버퍼 앰프를 사용하는 경우보다 20배 더 개선된 값이다. 이로 인한 증폭률의 저하는 전하 증폭기 후단에 추가적으로 전하증폭기를 설치하여 해결할 수 있다. 더욱이 전하증폭기에 커패시터 귀환을 사용하기 때문에 고주파 전압 노이즈는 더 이상 문제가 되지 않는다. 귀환 커패시터는 근본적으로 고주파에서 낮은 임피던스를 가지고 있기 때문에 이런 유형의 노이즈에 대해서 낮은 이득값을 가진다. 그림 8.58에서는 비교를 위해서 두 가지 유형의 신호조절용 증폭기를 장착한 압전 가속도계의 전형적인 보드선도를 보여주고 있다. 여기에 사용된 데이터는 그림 8.56과 그림 8.57에 사용된 것들이다. 센서의 기계적인 데이터는 운동질량 $20 \cdot 10^{-3}$ [kg] 및 지지강성 $1 \cdot 10^{7}$ [N/m]으로서 대략적으로 3.5 [kHz]의 고유주파수를 가지고 있다. 전하증폭기를 사용하는 경우 활용 가능한 최대 대역폭은 대략적으로 0.2~1000 [Hz]이다.

압전 가속도계는 본질적으로 고주파 및 저주파 대역에 대해서 한계를 가지고 있기 때문에 기계적인 구조물의 동적 모달해석과 같이 특정한 주파수 대역 내에서의 진동을 고찰하는 경우에 주로 사용된다.

이 센서는 웨이퍼 스캐너용 스테이지와 같은 정밀 위치결정 시스템에서 사용되는 기구물들의 개선도를 측정하기 위해서 자주 활용된다. 또한 정전용량을 활용하기 때문에 고주파 노이즈 레벨이 낮으며 여타의

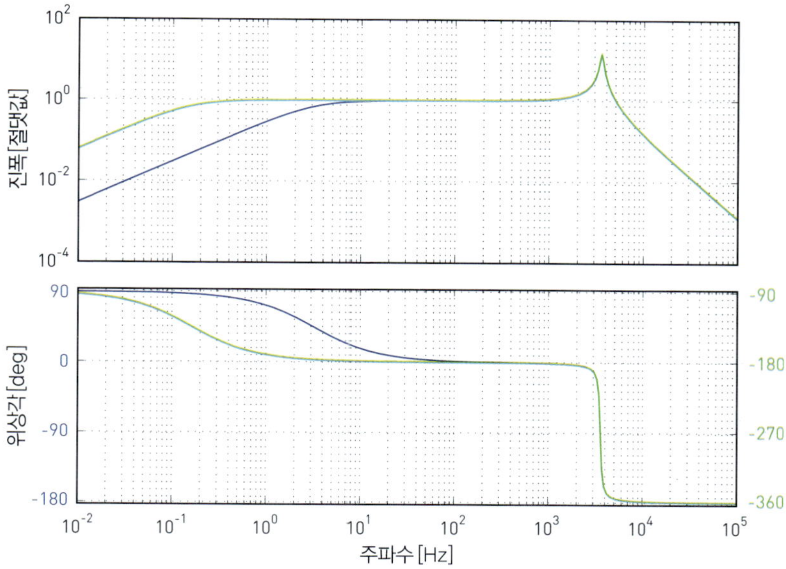

그림 8.58 운동질량이 $20 \cdot 10^{-3}$[kg]이며 지지강성은 $1 \cdot 10^{7}$[N/m]인 압전 가속도계의 전형적인 보드선도를 통해서 기계부에 의한 고주파 대역폭 한계와 전자회로에 의한 저주파 대역폭 한계를 확인할 수 있다. 진폭선도는 통과대역에서 1이 되도록 정규화 되었다. 청색 응답곡선은 비반전 버퍼 증폭기의 출력 전압이며 녹색선은 전하증폭기의 출력 전압이다.

가속도계에 비하여 동적 범위가 매우 넓다는 추가적인 장점을 가지고 있다. 여전히 문제를 일으킬 수 있는 유일한 노이즈는 귀환 커패시터에 의해서 증폭되는 저주파 과잉노이즈이다. 측정원리 자체가 가지고 있는 저주파 한계와 더불어서 이 저주파 노이즈는 이 가속도계에 적분기를 추가하여 속도계로 사용하는 경우에 문제를 일으키게 된다.

8.7.3.3 MEMS 가속도계

마이크로 전자-기계 시스템(Micro Electro-Mechanical System) 또는 MEMS는 반도체 생산기술을 사용하여 소형 기계구조물을 제작하는 방법이다.

매우 특수한 전기적 성질을 가지고 있을 뿐만 아니라 단결정 구조로 인하여 월등한 기계적 성질을 가지고 있는 실리콘이나 게르마늄과 같은 소재들을 사용하므로 매우 높은 Q값을 가지고 있는 동적 시스템(공진기나 작동기)이나 뛰어난 선형성과 민감도(센서)를 구현할 수 있다. 동일한 소재 위에 센서와 신호조절용 전자회로를 일체화 하여 집적할 수 있기 때문에 외부 자기장이나 전기장 등에 대해서 비교적 낮은 민감도를 가지고 있다.

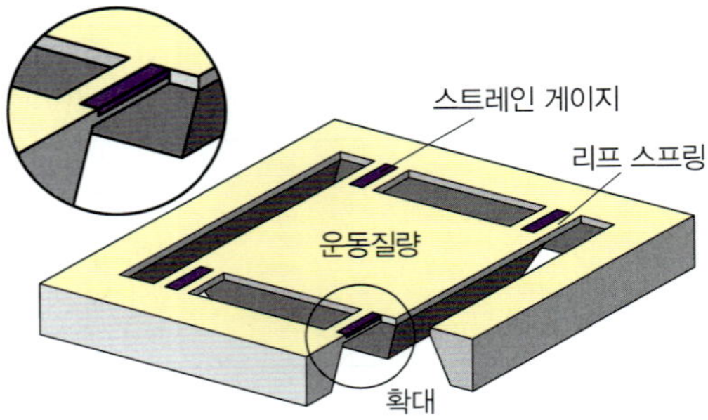

그림 8.59 반도체 스트레인 게이지가 내장된 4개의 리프 스프링들에 의해서 지지되는 운동질량으로 이루어진 MEMS 가속도계. 낮은 질량에도 불구하고 이 센서는 0[Hz]에서부터 매우 높은 주파수까지의 대역에서 매우 높은 민감도를 가지고 있다. (Courtesy of Fredric Creemer, DIMES, TUD)

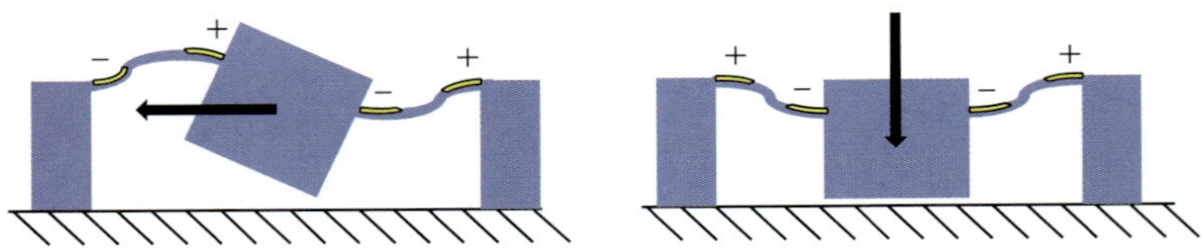

그림 8.60 플랙셔 당 두 개씩 설치된 스트레인 게이지를 이용하여 MEMS 가속도계는 여러 방향의 진동을 측정할 수 있다.

그림 8.59에 기본적인 작동원리가 도시되어 있는 측정용 MEMS 가속도계가 아마도 지금껏 개발된 MEMS 디바이스들 중에서 가장 널리 사용되는 장치일 것이다. 이 센서는 자동차용 에어백과 같은 안전 장치나 카메라, 그리고 중력방향을 감지하기 위한 개인용 디지털 보조장치(PDA) 등에 사용된다.

다른 가속도계들처럼 MEMS 가속도계도 다수의 플랙셔 리프 스프링으로 이루어진 유연 메커니즘으로 지지되는 운동질량을 사용한다. 지지용 스프링 위에 설치된 압전 저항식 스트레인 게이지와 정전용량형 센서를 사용하여 질량의 위치를 측정한다. 정전용량의 측정은 그 단순성 때문에 MEMS 디바이스에 자주 사용된다. 머리빗 구조를 사용하면 정전용량의 민감도를 증가시킬 수 있으며 이런 구조의 제작은 비교적 쉽다. 정전용량의 측정을 통해서 서로 직교하는 3개의 방향에 대한 선형 가속도를 측정할 수 있다.

집적화 된 압전 저항식 스트레인 게이지를 사용한 가속도 측정방식은 더 많은 처리가 필요한 방법이기는 하지만 민감도가 매우 높으며 회전 가속도를 포함하여 6자유도를 측정할 수 있다.

그 작동원리가 그림 8.60에 도시되어 있다.

MEMS 가속도계의 대표적인 사례는 그림 8.61에 기능선도가 도시되어 있는 아날로그 디바이스사의

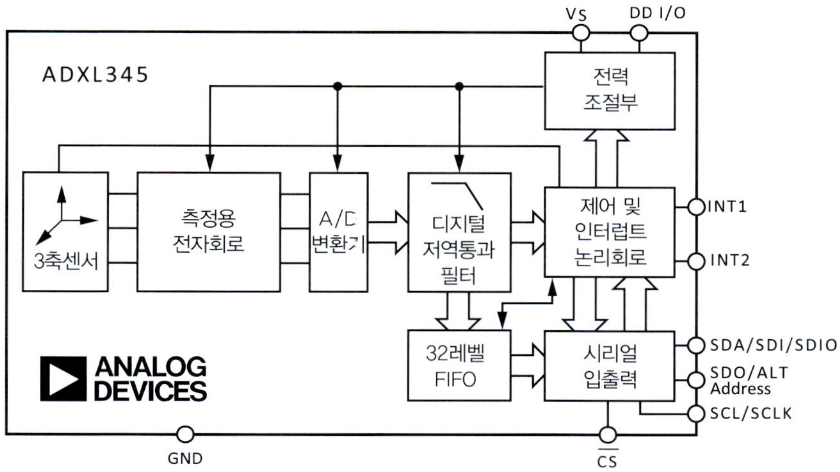

그림 8.61 3축 MEMS 가속도계인 ADXL345의 기능선도를 살펴보면 완전 집적된 센서부, 신호조절부, 신호처리부가 일체화되어 디지털 측정 데이터를 직접 송출한다. (Courtesy of Analog Device)

ADXL345이다. 이 완전 집적형 센서는 정전용량 측정원리를 사용하며 최대가속도 160[m/s^2]로 3축 가속도를 측정할 수 있는데, 분해능 0.04[m/s^2], 비선형성은 전체 스케일에 대해서 1%, 오프셋은 1[m/s^2] 미만, 그리고 3.2[kHz]의 데이터 전송속도로 최대 13비트를 송출한다. 이런 정확도와 노이즈 레벨은 지속적으로 향상될 것으로 기대된다. 특히 MEMS 가속도계의 다기능성, 신뢰성 넓은 주파수대역 및 낮은 가격으로 인하여 궁극적으로 대부분의 여타 가속도 센서를 대체할 것으로 기대된다.

8.8 | 광학식 원거리 증분식 위치센서

아날로그식 대변위 거리측정은 사용하는 센서의 신호 대 노이즈 비율에 의해서 제한된다. 노이즈가 측정범위에 대한 가용 분해능을 제한하기 때문에 측정범위를 넓히면 분해능이 줄어든다. 그런 이유 때문에 예를 들어 휠의 회전수나 스케일 위에서 지나간 줄의 숫자를 카운팅하는 것처럼 대변위 측정에는 항상 **증분**(incremental)방식을 사용한다. 전자의 시대가 도래 하면서 숫자가 새겨진 디스크를 기어로 구동하는 증분식 카운터 대신에 마이크로프로세서와 디지털 로직 카운터가 사용되고 있다. 전자회로를 사용하여 고 분해능 대변위 위치측정 시스템을 구현하는 유일한 방법은 충분히 높은 공간 주파수를 가지고 있는 신뢰성 있는 신호를 제공하는 것이다.

다양한 방식으로 이런 신호를 생성할 수 있다. 그림 8.62에 사례로 제시되어 있는 코일 내에 설치된 영구자석은 속도에 따라서 정현파 전압이 생성되며 치형붙이 휠의 회전각도에 따라서 자기장의 릴럭턴스 경로가 연속적으로 증가 및 감소하게 된다. 이 펄스를 카운팅하기 전에 슈미트 트리거를 사용하여 이 정현신호를 1비트 주기신호로 변화시켜야 한다. 그런데 휠이 정지한 경우에는 릴럭턴스와 그에 따른 자속 변화가 발생하지 않으므로 이 작동원리는 특정한 속도 변위에 대해서만 작동한다.

이런 문제는 그림 8.63에서와 같이 자석 대신에 광선을 사용하여 해결할 수 있다. 회전하는 치형붙이 디스크의 양측에 각각 충분히 작은 램프와 검출기를 설치하면 검출기는 휠의 회전각도에 따라서 증감하는 방사조도 신호를 받게 된다. 이 원리는 다음 절의 광학식 인코더에서 더 세련되게 발전하였으며 간섭을 사용하여 증분신호를 생성하는 기법은 이 장의 마지막 절의 레이저 간섭계에서도 사용된다. 최근 들

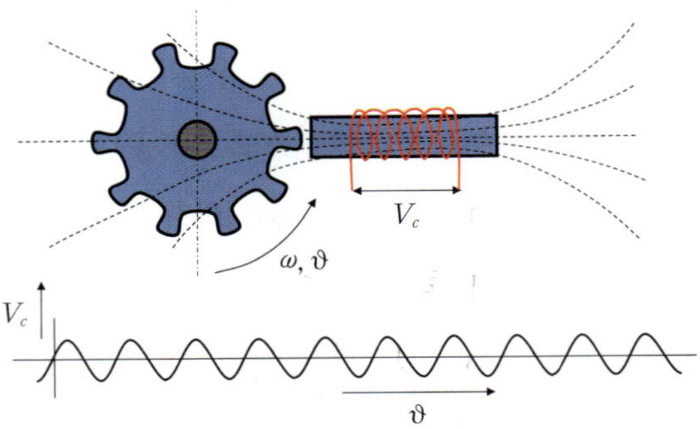

그림 8.62 유도식 증분형 회전센서는 출력 주파수가 회전속도와 치형의 숫자에 의존하는 정현파 전압을 생성한다.

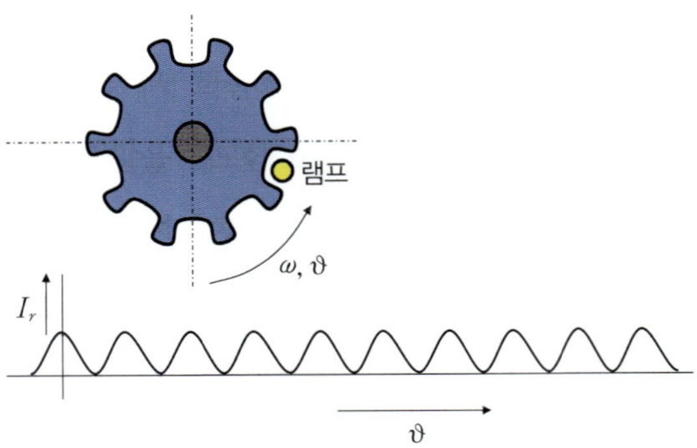

그림 8.63 광학식 증분형 회전 센서. 램프에서 조사된 빛의 방사조도 I_r은 회전하는 휠의 치형에 의해서 변조된다.

어 이 측정원리들의 성능이 고도로 향상되어 심지어는 긴 측정범위를 유지하면서도 많은 단거리 아날로그 센서의 분해능을 능가하게 되었다.

8.8.1 직선형 광학식 인코더

광학식 인코더는 각도 및 직선변위 측정에 광범위하게 사용되고 있다. 정밀 메카트로닉스 시스템에서는 직선변위의 직접측정 방식이 가장 일반적으로 사용되기 때문에 이 절에서는 직선변위 측정에 대해서만 살펴보기로 한다. 이 작동원리는 각도 측정에도 동일하게 적용된다.

광학식 선형 인코더의 가장 기본적인 사례가 그림 8.64에 도시되어 있다.[70] 작동이론은 격자들이 만들어내는 그림자 투영을 이용하여 등간격 슬릿들과 격자 사이의 위치를 비교하는 개념을 사용한다.

발광 다이오드에서 조사되어 시준기 렌즈를 통과한 평행광선이 첫 번째 격자에 투영된다. 이 격자 그림자는 첫 번째 격자와 동일한 주기를 가지고 있으면서 첫 번째 격자와 절반 주기가 어긋나면 광선을 완전히 차단하고 동일한 위상이면 빛을 완전히 투과시켜 주는 두 번째 격자에 투영된다. 이로 인하여 위치에 따라서 삼각형 공간파형을 생성하도록 방사조도가 변조된다. 나중에 설명하겠지만 삼각파형보다는 정현함수적인 공간파형을 더 선호한다. 따라서 삼각파형에 대한 공간 저역통과 필터링을 통해서 정현파형을 생성한다. 7장에서는 저 분해능 영상 광학계가 저역통과 공간 필터링의 역할을 한다는 것을 설명한 바 있다. 그림자는 두 가지 조건 하에서만 선명하다. 우선 점광원에서 광선이 만들어져야만 한다. 두 번째로 회절효과를 방지하기 위해서는 세부형상이 파장길이에 비해서 커야만 한다. 광원의 표면이 넓다면 작은 격자주기를 갖는 패턴은 흐려지게 되어 더 정현적인 공간 파형이 만들어진다. 고 분해능 인코더의 경우 이 회절특성을 이용하여 높은 분해능을 구현하지만 단순형 인코더에서는 회절로 인하여 측정성능이 저하될 뿐이다.

증분식 측정 시스템의 전형적인 성질들 중 하나는 데이터의 상대성이다. 이미 알고있는 특정한 위치에 대해서 카운터의 영점을 세팅한 다음 운동과정에서 검출되는 모든 주기들을 합하면 영점에 대한 상대적인 이동 위치를 알아낼 수 있다. 노이즈 등에 의해서 주기를 잃어버린 경우에는 카운터의 영점을 다시 세팅하기 위해서 원점으로 되돌아가야만 한다. 이런 절대 기준위치를 만드는 몇 가지 방법이 직선형 인코더

70) 이 절에서 사용되는 광학식 인코더에 대한 몇몇 다른 그림들과 이 절의 배경 정보들은 고맙게도 고정밀 광학식 인코더의 선도기업인 Heidenhain에서 제공해 준 것이다.

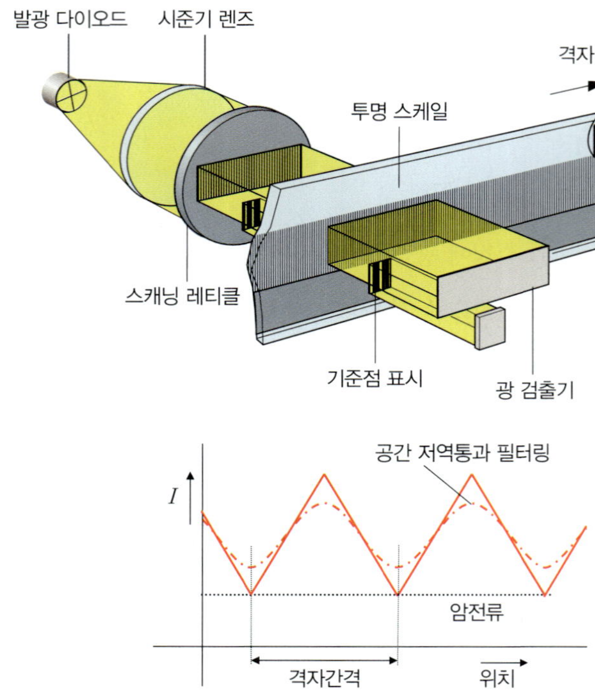

그림 8.64 광학식 직선형 인코더의 기본 구조. 격자와 스캐닝 레티클에는 평행광선이 조사된다. 레티클의 그림자는 움직이는 물체에 고정된 등간격 격자주기를 가지고 있는 스케일에 투영된다. 광 검출기는 변위에 따라서 주기적으로 증감하는 방사조도를 검출한다.

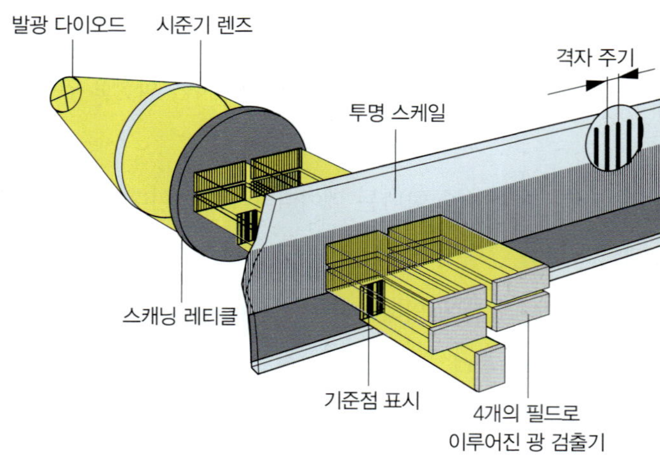

그림 8.65 4개의 필드로 이루어진 광학식 증분형 인코더는 견실성과 방향성이 좋고 보간법을 사용하여 높은 분해능의 위치 정보를 제공해 준다.

에서 사용되고 있다. 기준위치는 하나의 단순한 슬릿에서부터 CCD 카메라로 읽어야 하는 이진수 코드형 패턴에 이르기까지 다양한 형태를 가지고 있지만, 이 모든 방법들은 별도의 기준 표식을 사용한다. 기준 표식을 지나칠 때에 증분식 인코더 신호의 특정한 주기성이 나타난다면 이를 기준으로 증분식 카운터를 세팅하여 절대위치를 설정할 수 있다.

단일필드형 인코더는 몇 가지 고려해야만 하는 문제가 있다. 우선 이동방향을 알 수 없다. 더욱이 신호 레벨이 낮은 위치에서는 전기적 노이즈(암전류)와 격자오염의 영향이 커진다.

그림 8.65에서는 다음과 같은 개선을 통하여 이 작동원리가 가지고 있는 문제들을 보완한 방법이 제시되어 있다.

- 한가지 위상에 대해서 동일한 정보를 가지고 있는 두 개의 영역을 여분으로 사용하며 계수를 수행하는 모든 위치에서 신호가 고전압을 갖도록 만든다.
- **구적검출**(quadrature detection)을 사용하여 방향정보를 추출하기 위해서 두 쌍의 세그먼트들의 공간위상이 90°만큼 시프트 되어있다.

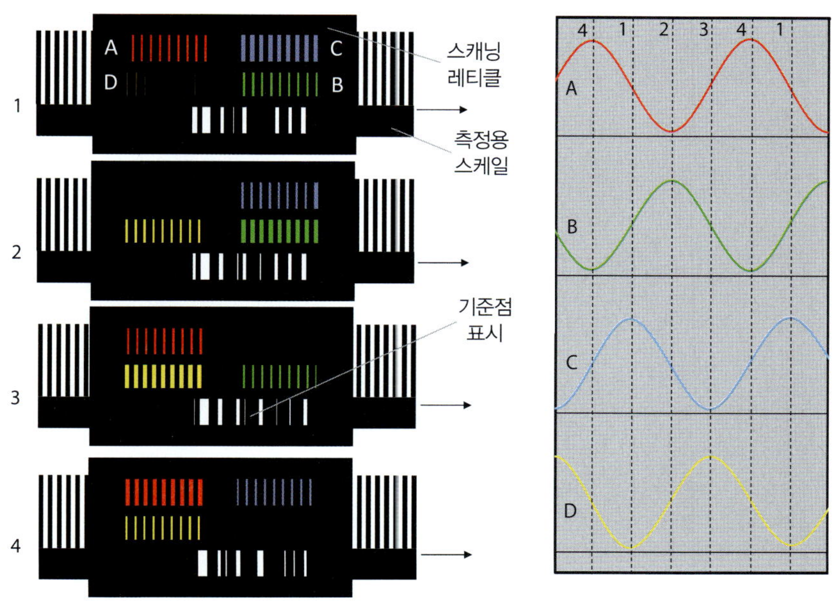

그림 8.66 4개의 필드를 사용하는 인코더에서 스케일의 상대위치에 따른 센서 신호. 좌측의 경우 스캐닝 레티클에 대한 숫자가 표시된 측정용 스케일의 4개의 상더위치들이 도시되어 있으며 이들은 우측의 그래프에서 숫자가 표시된 수직선에 해당한다.

이 추가적인 측정의 이득은 명확하다. 위상이 시프트된 영역들이 끼치는 영향을 더 잘 설명하기 위해 그림 8.66에서는 4개의 위치에 대한 서로 다른 필드들의 신호 레벨을 보여주고 있다. 여기서 4개의 필드 중 하나는 최대 방사조도 레벨을 나타낸다. 측정용 스케일이 1번 위치에서 2번 위치로 움직일 때 신호 A는 감소하는 반면에 신호 C는 양의 부호를 가진다. A가 감소하며 C가 음의 부호(또는 D가 양의 부호)를 가지고 있다는 것은 3에서 2의 방향 즉 좌측으로 움직인다는 것을 의미한다. 구적검출 방법은 신뢰성 있는 방향정보를 제공해 주지만 모든 신호를 벡터로 조합하면 전체 측정 시스템의 성능을 더욱 개선할 수 있다.

8.8.1.1 보간법

이론상 비교기를 사용하여 필드센서의 전류값을 판별하여 위치를 검출할 수 있지만 이런 방식으로는 격자주기보다 높은 분해능을 구현할 수 없다.

신호의 공간적 정현특성으로 인하여 신뢰성 있는 중간 위치 검출이 가능하다. 이런 검출방법을 **보간법**(interpolation)이라고 부르며 검출원리가 그림 8.67에 도시되어 있다.

4개의 필드를 사용하는 인코더로부터 두 개의 신호가 만들어지는데, 하나의 신호는 A와 B의 차이값이며 다른 하나는 C와 D의 차이값이다. 이 신호들을 프랑스의 수학자인 Jules Antoine Lissajous (1822–1880)의 이름을 딴 **리사주 곡선**(Lissajous plot)이라고 부르는 4상한 벡터 그래프로 나타낼 수 있다. 여기서 위상각 φ는 다음과 같이 주어진다.

$$\varphi = \arctan \frac{I_{90^\circ}}{I_{0^\circ}} \tag{8.66}$$

여기서 I_{0°는 $0^\circ + n \cdot 180^\circ$에서 극한값을 갖는 센서부의 조합된 신호전류와 같은 반면에 I_{90°는 $90^\circ + n \cdot 180^\circ$에서 극한값을 갖는 센서부의 조합된 신호전류와 같다.

원래 이 계산은 아날로그 도메인에서 서로 다른 증폭비를 가지고 있는 두 신호를 전자적으로 합산한 다음에 비교기를 사용하여 수행하던 것이었다. 현재는 고 분해능 A/D 변환기를 사용하여 신호를 구분한 다음 각도를 직접 계산하므로 이 보간을 디지털 도메인에서 훨씬 더 쉽게 구현할 수 있게 되었다.

비교적 잘 정의된 신호의 정현파형에 대해서 보간을 통해서 한 주기 당 1024에서 최대 4096개의 구간을 나눌 수 있다.

그림 8.68에서는 이상적인 파형으로부터의 편차에 의해서 유발되는 정성적인 오차의 특성을 개괄적으로 보여주고 있다. 측정 시스템 내의 모든 광학부품들을 세심하게 설치 및 위치조절 하여야 보간에 따른 오차를 저감할 수 있다.

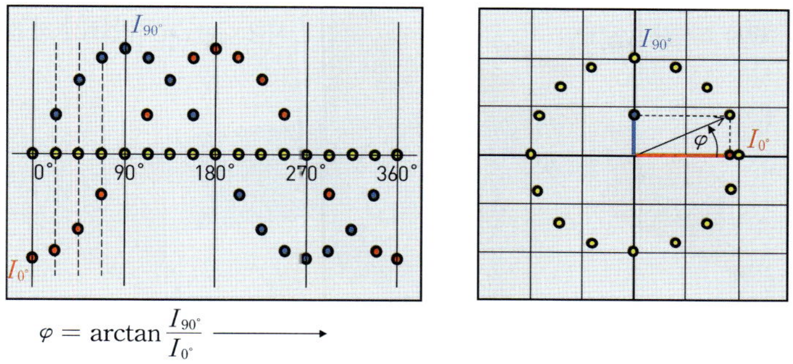

그림 8.67 **리사주**(Lissajous) 곡선을 사용하여 90°의 위상 차이를 가지고 있는 두 개의 정현함수를 도식적으로 나타낼 수 있다. 각도 φ는 한주기 내에서 위치에 비례하며 좌표값으로 부터 계산해 낼 수 있다.

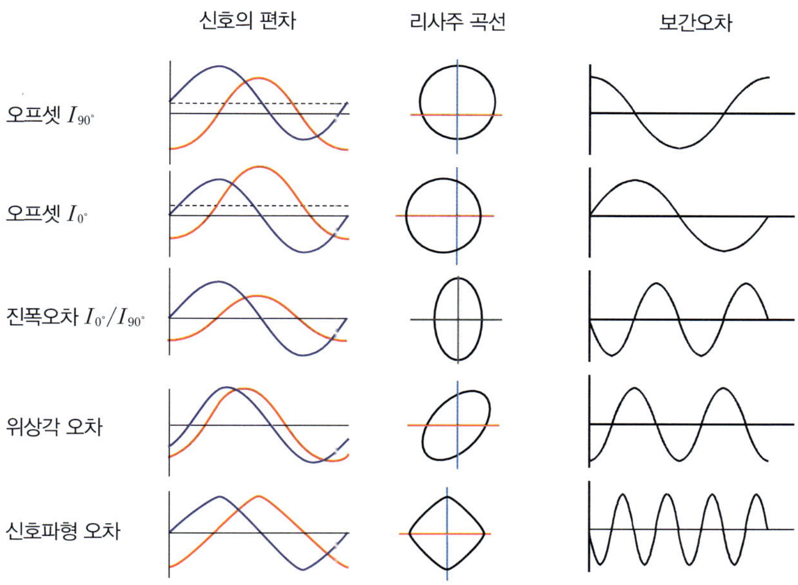

그림 8.68 신호의 형상, 진폭 및 평균값의 편차는 보간시 오차를 유발한다.

8.8.1.2 버니어 분해능향상

앞서 소개한 구조들은 두 가지 중요한 단점을 가지고 있다. 첫 번째는 센서부를 양쪽 모두에 설치할 공간이 필요한 투명 스케일을 사용해야 하므로 이동물체와의 연결이 복잡해진다는 것이다. 두 번째 단점은 견실성과 방향정보를 모두 확보하기 위해서는 다수의 센서필드가 필요하다는 것이다. 첫 번째 문제는

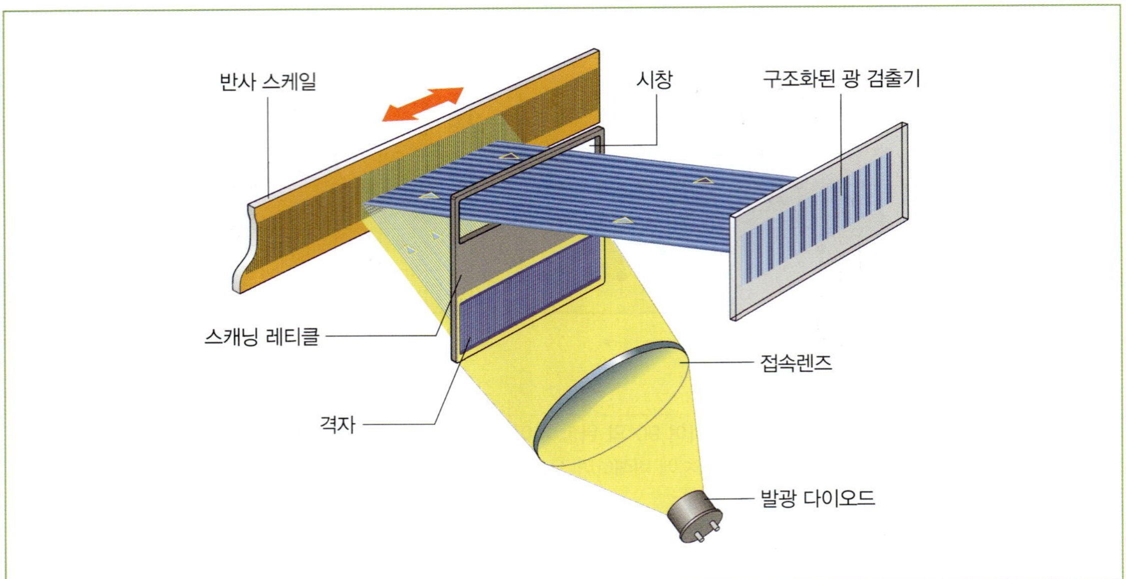

그림 8.69 반사형 스케일을 사용해서 투명형 스케일과 동일한 측정성능을 구현할 수 있다. 이 방법을 통해서 매우 길고 유연한 밴드형 스케일을 움직이는 물체위에 부착할 수 있게 되었다. 버니어 효과라고 부르는 격자주기의 미소한 차이를 이용하여 광 검출기가 방향정보를 얻을 수 있다.

그림 8.69에서와 같이 반사형 격자를 사용하면 해결할 수 있다. 이 구조는 단일필드 투명격자와 매우 유사하게 보이며 조명부와 센서부가 통합되어 있다는 장점을 가지고 있다. 이 방식에서는 이동부에 부착할 수 있는 박판금속으로 만들어진 반사형 스케일을 사용할 수 있다. 방향정보를 추출하지 못하며 오염에 취약하다는 단일필드형 센서가 가지고 있는 본질적인 문제들을 다른 방식으로 해결할 수 있다. 서로 주기가 약간 다른 두 개의 스케일을 사용하면 측정 원리를 발명한 프랑스의 수학자인 Pierre Vernier(1580-1637)의 이름을 딴 **버니어효과**(Vernier effect)가 만들어진다. 버니어 캘리퍼스와 마찬가지로 이 효과는 위치 민감도를 향상시켜 주며 CCD 카메라 센서처럼 구조화 된 광 검출기를 사용하여 신호를 읽으면 방향과 보간 데이터를 추출할 수 있다.

버니어 효과는 그림 8.70에서와 같이 설명할 수 있다. 위쪽 그림에서는 40개의 직선으로 이루어진 격자의 폭 전체에 대해서 직선의 개수가 1개 차이가 나는 두 개의 격자를 보여주고 있다. 그에 따른 버니어 비율은 40이며 버니어 주기는 그림에 도시된 격자의 크기와 같다. 오른쪽 위 그림에서는 두 격자가 서로 겹쳐져 있으면서 격자주기의 절반만큼 상대적으로 시프트 되어있는 경우를 보여주고 있다. 어두운 영역과 밝은 영역이 버니어 주기의 절반만큼 이동한 그림을 살펴보면 격자의 이동거리에 비해서 40배 만큼 더 높은 민감도를 가지고 있다는 것을 알 수 있다. 격자들의 상대적인 이동방향에 따라서 어둡고 밝은 영역이

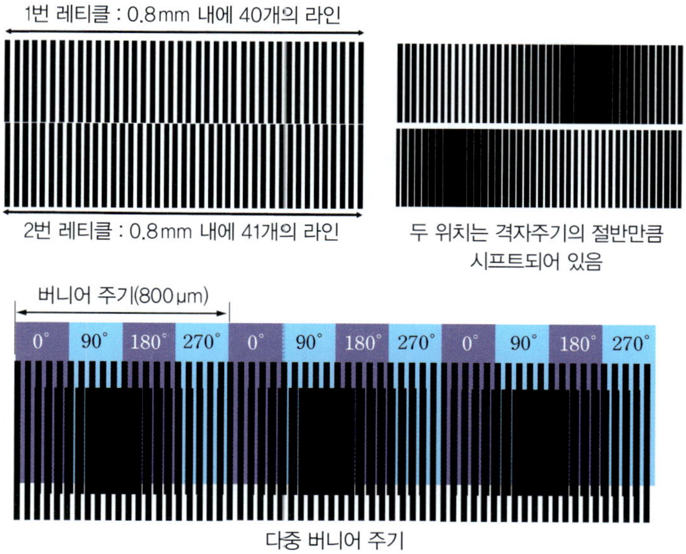

그림 8.70 단일필드 CCD 카메라 센서를 사용하여 방향과 보간 정보를 추출하기 위해서 버니어 격자를 사용한다.

이동하므로 CCD 카메라 센서의 신호들로부터 이동 방향을 검출할 수 있다.

다수의 버니어 영역들을 조합하면 그림 8.70의 아래 쪽 그림에 도시되어 있는 것처럼 오염에 대한 견실성을 증가시킬 수 있다. 센서의 전체 표면을 단 한번만 사용할 수 있으므로 설계자는 하나의 버니어 영역만을 만들어서 매우 큰 버니어 비율을 구현하던가 견실성을 증가시키기 위해서 다수의 버니어 영역을 만들어야 한다. 이는 작동방식에 따라서 결과가 변하는 경우의 최적화 문제에 해당한다.

버니어 효과를 이용하여 분해능을 강화하는 경우에 사용되는 CCD 카메라 센서의 분해능과 노이즈에 따라서 추가적인 위치보간을 수행할 수 있다.

8.8.1.3 간섭계 광학식 인코더

분해능, 정확도, 그리고 견실성을 지속적으로 개선하기 위한 방안의 일환으로 제조공정의 개선을 통해서 스케일 격자주기가 지속적으로 감소하게 되었고 궁극적으로는 빛의 파장길이에 근접하게 되었다. 그 결과 단순한 그림자 투영방법을 더 이상 사용할 수 없게 되었으며 회절 및 간섭효과가 기능성을 결정하게 되었다.

광학식 직선형 인코더의 마지막 사례는 7장의 7.5.3.2절에서 설명했던 위상격자를 사용하며 빛의 간섭효과에 전적으로 의존한다. 이런 간섭형 광학식 인코더는 나노미터 미만의 분해능을 구현할 수 있으며 웨이퍼 스캐너와 같은 정밀기계에서 사용된다.

이처럼 더 복잡한 인코더의 작동원리를 설명하기 위해서는 3단계가 필요하다. 첫 번째 단계에서는 시스템에 대해서 전반적으로 살펴본다. 두 번째 단계에서는 물체의 운동에 따른 이동 스케일의 위상 시프트에 대해서 살펴본다. 세 번째 단계에서는 광 검출기의 간섭 패턴을 생성하는 모든 위상관계가 결정된다.

첫 번째 단계로 그림 8.71에서는 광선의 경로를 3차원적으로 보여주고 있다. 광원에서 방출된 빛의 명확한 위상관계를 보장하기 위해서 광원은 높은 방사조도를 가지고 있는 단색광이어야만 한다. 시스템 내에서 모든 광선의 광학 경로는 동일하게 유지되도록 설계되어있기 때문에 **가간섭 길이**(coherence length)는 길 필요가 없다. 하지만 기계적인 공차로 인하여 미소한 경로차이가 발생할 수 있다. 그러므로 광원은 이 공차로 인하여 비교적 짧은 가간섭길이를 갖게 될 수 있다. 대부분의 경우에는 가간섭길이가 대략적으로 15 [μm]인 발광 다이오드만으로도 충분하지만 더 정밀한 용도에서는 고체레이저를 사용할 수도 있다. 이 점광원에서 발산된 빛은 볼록렌즈에 의해서 평행광선으로 시준되어 스캐닝 레티클 쪽으로 안내된다. 이 스캐닝 레티클은 격자깊이가 75%의 광선이 3개의 차수들로 균일하게 회절되도록 만들어진 위상격자로 이루어진다. 이 3개의 회절 차수들은 반사형 위상격자가 설치되어 있는 이동부의 스케일로 안내된다. 이 두 번째 위상격자의 깊이는 대부분의 광선이 1차 방향으로 회절되도록 만들어져 있다. 이로 인하여 스캐닝 레티클에 의해서 회절된 차수들은 서로 다른 결과를 나타낸다. 우선, 스캐닝 레티클의 0차는 스케일 상에서 +1차 및 −1차로 반사된다. 두 번째로 1차로 입사된 광선은 0차 방향으로 회절되므로 스캐닝 레티

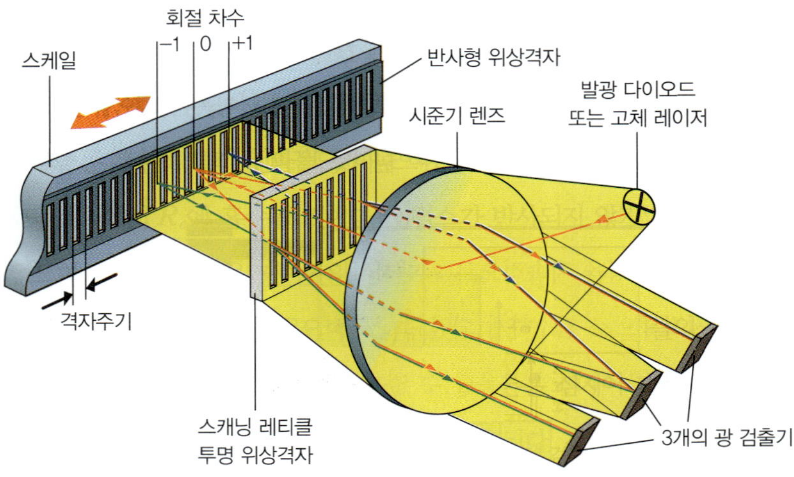

그림 8.71 광선 파장 길이의 차수 주기성을 가지고 있는 위상격자는 검출기에서의 간섭을 통해서 매우 높은 분해능과 3상 위치신호를 생성한다.

클에서 ±1차 방향으로 회절된 빛은 스케일 표면에서 직각으로 반사된다.

만들어진 4개의 광선들은 광학 시스템의 대칭성과 동일한 회절각도로 인하여 스캐닝 레티클에서 재결합된 다음에 0차 및 ±1차로 세 번째 회절을 일으킨다. 이들 중 두 개만이 시스템에서 사용된다. 세 번째 회절광선은 그림에 도시되어있지 않으며 실제로는 시준기 렌즈에 의해서 센서가 없는 영역으로 투영된다. 광원으로부터 평행광선을 생성하는 역할을 수행하는 시준기 렌즈는 광학영상 원리에 따라서 반사된 평행광선들의 각도가 결정되는 위치에 초점이 맞춰진 하나의 스폿을 생성한다. 이 각도에 따라서 광선들은 세 개의 광 검출기로 입사된다.

광학에 대해 설명한 7장의 식 (7.26)에 따르면 φ가 두 광선의 위상차일 때 동일한 방사조도를 가지고 있는 두 광선의 간섭에 따른 방사휘도는 $1+\cos\varphi$에 비례한다. 따라서 간섭위치에서 모든 광선들 사이의 위상차이를 구할 필요가 없다.

추론의 두 번째 단계로 그림 8.72를 통해서 반사형 위상격자의 이동이 반사된 +1차 및 −1차 광선의 위상에 끼치는 영향을 구할 수 있다.

격자가 한 주기만큼 이동하는 동안 회절차수의 위상도 정확히 광선의 한 파장길이 만큼 시프트 된다. 따라서 변위의 증분 Δx에 따른 굴절된 차수의 위상 시프트 증분은 다음과 같이 주어진다.

$$\Delta\varphi_m(x) = 360\frac{\Delta x}{p}\,[\text{deg}] = 2\pi\frac{\Delta x}{p}\,[\text{rad}] \tag{8.67}$$

여기서 부호는 회절차수의 방향에 대해 상대적인 운동의 방향에 의존한다. 그림 8.72에 도시된 방향에

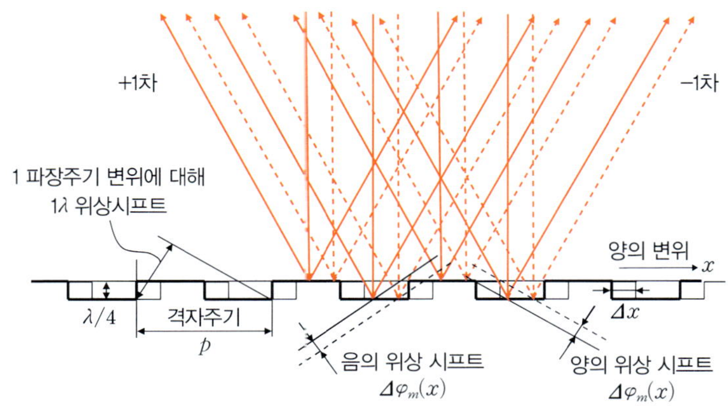

그림 8.72 위상격자의 이동이 차수의 부호와 동일한 부호를 갖는 +1차 및 −1차 회절광선의 위상 시프트를 초래한다. 한 격자주기 만큼의 이동에 의해서 회절 차수들은 한 파장만큼 위상 시프트를 일으킨다.

대해서 부호는 차수의 부호와 동일하다. 세 번째 단계에서는 서로 다른 광선들 사이의 전체적인 위상 관계를 더 쉽게 이해할 수 있도록 실제 시스템과는 달리 몇 가지 단순화가 적용된 그림 8.73의 도식적인 표현을 사용한다. 우선 시준기 렌즈를 생략하였다. 시준기 렌즈는 평행광선을 생성하고 이를 다시 센서에 집속하는 역할을 수행할 뿐이므로 이를 생략해도 무방하다. 이 렌즈가 위상에 끼치는 영향은 만일 있다고 하여도 모든 광선들에 동일하게 작용한다. 두 번째로 반사격자는 마치 투명한 격자처럼 그려져 있다. 이를 만일 반사형태로 그리면 입사광선과 반사광성이 서로 중첩될 것이기 때문이다. 움직이는 스케일의 우측 부분은 좌측으로 반사된 이미지이며 두 번째 스캐닝 레티클은 첫 번째 레티클과 동일한 요소이다. 위상관계는 실제 반사격자의 경우에 해당하도록 그려져 있다. 세 번째로 광학경로 길이에 따른 위상 시프트는 생략하였다. 격자들 사이에서 광학경로의 길이는 모든 광선들이 동일하기 때문에 이또한 허용된다.

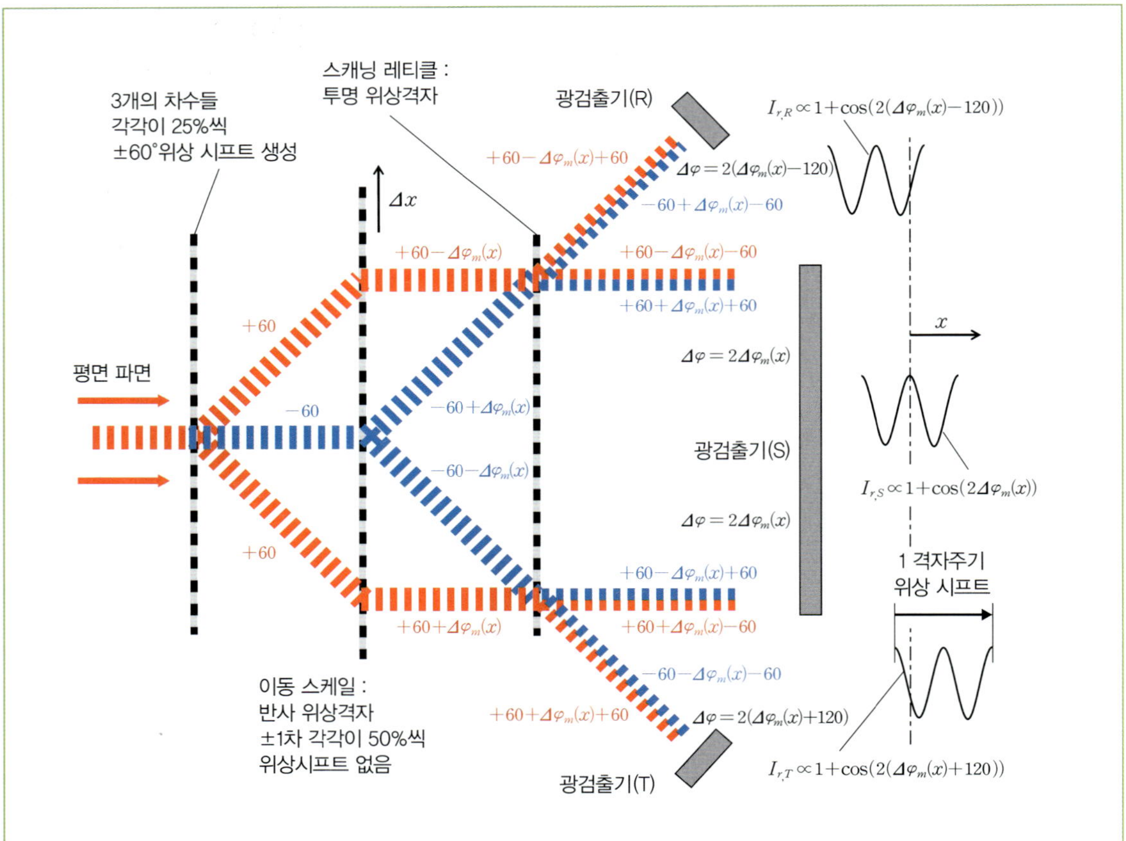

그림 8.73 간섭형 광학식 인코더의 위상에 대한 도식적 표현. 위상 시프트 φ_m은 스케일이 1 주기만큼의 거리를 이동할 때에 두 공간주기 만큼의 신호를 송출하는 광 검출기에서 스케일의 이동에 따른 방사조도 패턴 I_r을 만들어낸다. 투명 격자 위치에서 60°의 위상 시프트는 세 개의 센서들 사이에서 120°의 공간 위상차이를 생성하여 3상 측정신호 (R, S, T)를 만들어낸다.

마지막으로 사용하지 않는 회절 차수들은 생략하였다. 이로 인하여 모든 차수들이 동일한 방사휘도 레벨을 가지고 있지 않은 것처럼 보이게 된다. 필요하다면 이 영향에 대해서는 별도로 논의하기로 한다.

좌측에서 출발하여, 일단 광원으로부터 입사된 광선은 스캐닝 레티클에 의해서 각각 25%씩 동일한 방사조도를 가지고 있는 3개의 차수들로 회절된다. 나머지 광선은 고차로 방사된다. 7장의 7.5.3.2절에 따르면 이 위상격자는 두 개의 +1차에 대해서 +60°의 위상 시프트와 0차에 대해서 −60°의 위상 시프트를 유발한다. 앞서 설명한 것처럼 움직이는 스케일은 50% 회절 스케일로서 회절에 의해서는 위상 시프트를 일으키지 않으며 증분 이동량 Δx에 의해서만 위상 시프트를 일으킨다. 이로 인한 위상 시프트의 증분량은 운동의 반대 방향으로의 회절각도에 대해서 $-\Delta\varphi_m(x)$이며 운동방향 회절각도에 대해서 $+\Delta\varphi_m(x)$이다. 1단계에서 보여주었듯이, 스캐닝 레티클에 의해 최초로 전이된 1차 회절광선은 움직이는 스케일에 의해서 스케일과 수직한 0차 및 사용하지 않는 여타 차수의 방향으로 회절된다. 수직방향으로 회절된 0차 광선은 스캐님 레티클에서 최초로 전이된 0차 회절광선으로부터 만들어진 두 1차들과 스캐닝 레티클에서 다시 재결합된다.

정말로 중요한 위상 시프트는 스캐닝 레티클에 의한 두 번째 전이에서 일어난다. 모든 광선들은 3개의 차수들로 회절되며 이들 중 두 개만이 사용된다. 회절각도에 따라서, 각도를 가지고 회절될 경우에 추가적인 60°의 위상 시프트를 일으키며 입사광선과 동일한 방향으로 진행할 때에는 −60°의 위상 시프트를 일으킨다. 스캐닝 레티클에서 두 번째 전이가 일어나고 나면 각각의 광 경로에 대한 모든 위상 시프트를 더한 위상을 가지고 있는 두 개의 광선들로 이르어진 4개의 광선이 만들어진다. 쌍을 이루고 있는 두 광선들 사이의 위상차이로 인해 광검출기에서의 방사조도값은 움직이는 스케일에 의한 위상 시프트값의 두 배에 대한 코사인값과 같다. 이 두 배는 민감도를 증가시키므로 유용하다. 검출기에서 감지되는 세 개의 방사조도 신호들은 60°의 위상이 시프트 되어 있으므로 서로 120°의 위상 관계를 가지고 있다. 이 3상 측정신호는 필드가 4개인 인코더의 90°시프트 된 신호보다 보간법을 적용하기에 더 적합하다. 여기서는 어느 위치에서라도 높은 방사조도 레벨을 가지고 있어서 신호 대 노이즈 비율을 증가시키기에 충분한 신호를 사용할 수 있기 때문에 낮은 방사조도 영역에서의 노이즈를 극복하기 위해서 역방향 센서를 사용할 필요가 없다. 또한 버니어 증강방식을 채용한 복잡한 구조의 센서도 필요 없다. 더욱이 오염은 빛을 산란시켜서 방사조도의 저하를 유발할 뿐 위상관계에는 영향을 끼치지 않으므로 오염에 대한 민감도 역시 수용할 정도이다. 간섭계 방식 인코더에서 극한수준의 보간을 사용하는 경우에는 서로 다른 광선들의 방사조도 레벨이 보간에 영향을 끼치므로 좁은 공차를 엄격하게 고수해야만 한다.

8.8.1.4 직선형 인코더에 대한 결론

여기서는 격자방식 스케일과 전용 측정 광학계를 사용하여 증분형 위치정보를 추출하는 수많은 방법들 중에서 단지 소수에 대해서만 살펴보았다.

여기서 다루지 않은 방법들 중에서 흥미로운 사례에는 광학식 컴퓨터 마우스의 2차원 측정원리가 있다. 이 염가형 시스템은 표면의 구조를 기반으로 표면의 운동을 추출하기 위해서 CCD 센서를 사용한다. 측정 표면이 어떤 형상의 패턴을 가지고 있더라도 격자의 역할을 수행할 수 있다. 개선된 레이저를 통해서 대비가 강화되면서 이 센서는 1 [μs] 이하 레벨의 민감도와 높은 신뢰성을 구현하게 되었다. 불행히도 이 방법은 거리 변화에 매우 민감하며 텔레센트리 광학계를 사용하여 이 문제를 해결할 수 있지만, 비용이 급격하게 증가한다. 그럼에도 불구하고 이 방법은 더 진보된 용도의 미래형 센서에 활용할 수 있을 것이다.

고정밀 위치결정 시스템에 사용하는 광학식 인코더의 중요한 특징은 센서와 스케일 사이의 거리가 좁다는 것이다. 이로 인해서 공기 매질의 굴절계수 변화에 대한 민감도를 크게 저감할 수 있다. 이 굴절계수 변화 문제는 다음 절에서 설명할 레이저 간섭계에서 더 두드러지게 나타난다.

간섭계 방식 인코더 원리를 더 발전시키면 하나의 집적형 센서와 2차원 격자를 사용하여 더 많은 차원을 측정할 수 있다. 9장에서는 웨이퍼 스캐너의 웨이퍼 스테이지에서 위치를 측정하기 위해서 이런 센서가 사용된다.

스케일을 움직이는 물체 위에 설치할 수 있으며 센서가 스케일을 추종할 수 있다면 매우 큰 변위를 매우 높은 분해능으로 측정하기 위해서 광학식 인코더 측정 시스템을 활용할 수 있다. 하지만 레이저 간섭계를 사용하여 광학 경로길이 차이를 구하는 방식의 측정 시스템에서는 이런 측정길이의 한계가 존재하지 않는다.

8.8.2 레이저 간섭계 측정 시스템

앞 절에 따르면 간섭을 통해서 증분형 위치정보를 얻을 수 있다. 레이저 간섭계의 경우 회절광선에 의해서 간섭이 일어나는 것이 아니라 서로 다른 길이의 광학 경로를 통과한 광선이 조합되면서 간섭이 발생한다. 레이저 간섭계는 수 없이 많은 형태와 극도로 넓은 전문분야를 가지고 있다. 기하학적 측정분야는 크게 두 가지 분야로 나눌 수 있다.

무엇보다도 레이저 간섭계는 광학 요소와 정밀 가공된 물체의 표면형상 토폴로지의 측정에 현실적인 표준으로 사용된다. 측정표면에서 반사된 광선 파면을 이미 알고있는 표면에서 반사된 파면과 위상비교를 통해서 수 피코미터의 편차까지도 검출할 수 있다. 이 측정은 이론상 정적인 상태에서 수행되어야 하므로 진동과 안정성에 대해서 극도로 주의를 기울여야 한다.

더 중요한 두 번째 적용영역인 제어운동을 취급하는 메카트로닉스 시스템의 경우 물체의 변위측정에 초점을 맞추고 있다. 따라서 이 절에서는 움직이는 물체의 변위측정 중에서도 가장 자주 사용되는 간섭계 기반의 마이컬슨 구조에 대해서만 다루기로 한다. 이 구조는 구현 가능한 많은 구조들 중 하나에 불과하지만 이 구조의 작동원리를 이해하고 나면 다른 간섭계들의 물리적인 작동원리를 이해할 수 있는 기초가 된다.

그림 8.74에서는 레이저 간섭계 변위측정 시스템의 주요 구성요소들을 보여주고 있다. 간섭원리 때문에 레이저 광원은 먼 거리에 대해 강한 응집성을 갖춰야 한다. 광선의 위상관계를 측정하기 위해서는 앞 절의 간섭식 인코더보다 훨씬 더 길이가 긴 전체 광 경로에 대해서 응집성을 유지해야 한다. 움직이는 물체에 대한 실제의 거리측정은 간섭계 자체에 의해서 수행된다. 기준 빔과 측정 빔 사이의 **광학경로차이**(Optical Path Difference : OPD)가 간섭 신호를 유발하며 광학경로차이의 변화를 사용하여 간섭계에서 물체의 움직인 거리를 측정한다. 이를 위해서 간섭계 내에서 광원을 위상과 주파수 관계를 알고있는 두 개의 광선으로 분할한다. 한쪽 광선은 기준 반사경 쪽으로 안내되며 다른 쪽 광선은 거리를 측정해야 하는 물체 위에 설치된 반사경 쪽으로 안내된다. 광 경로를 다시 되돌아온 두 광선은 다시 합쳐지면서 광학

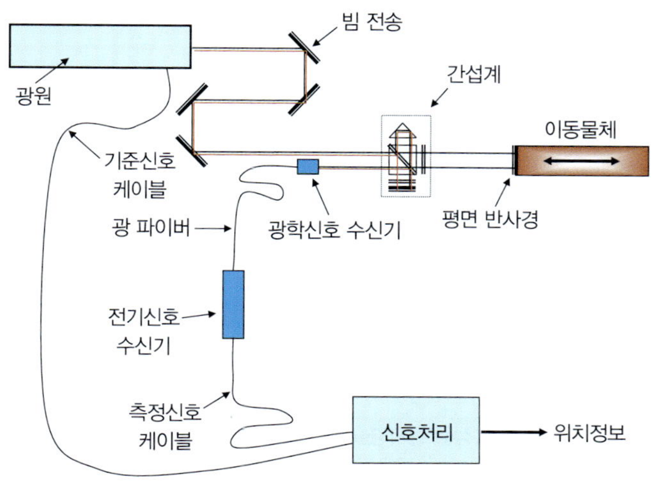

그림 8.74 레이저 간섭계 측정 시스템의 주요 구성요소들. 기준신호 케이블은 헤테로다인 측정원리에서만 사용이 가능하다.

간섭을 일으킨다. 이로 인한 간섭 패턴은 광학경로차이에 의해서 유발된 간섭광선들 사이의 위상차이의 함수로 방사조도가 변조된 광선 신호이다. 이 간섭신호는 파면오차에 큰 영향을 받지 않으므로 파이버에 광선의 초점을 맞추는 광학부품과 광파이버를 사용해서 간섭신호를 광 검출기로 전달할 수 있다. 파이버는 광선의 방사조도를 전기신호로 변환시켜 주는 전기신호 수신기에 연결되어 있으며 이 신호는 신호처리부로 전송된다.

8.8.2.1 호모다인 거리 간섭계

가장 단순한 형태인 **호모다인 간섭계**(homodyne interferometer)가 그림 8.75에 도시되어 있다. 여기서 호모다인이라는 용어는 단 하나의 주파수를 가지고 있는 광선을 사용한다는 것을 의미한다. 레이저의 단색 응집광선이 좌측으로부터 시스템에 입사되며 50% 반사경을 통해서 동일한 방사조도를 두 개의 광선으로 분할된다. 반사된 첫 번째 광선은 기준 반사경을 향하여 안내되었다가 다시 50% 반사경 쪽으로 되돌아와서 다시 동일한 방사조도로 분할된다. 이 중에 절반은 광선쪽으로 향하며 더 이상 사용하지 않는다. 시스템에 입력된 광선에 비해서 25%의 방사조도를 가지고 있는 나머지 광선은 반사경을 통과하여 광 검출기로 입사된다.

50% 반사경에 입사되어 측정 반사경 쪽으로 향한 나머지 광선도 첫 번째 광선과 마찬가지로 다시 50% 반사경 쪽으로 되돌아와서 다시 이중 절반은 광원 쪽으로 향하면서 손실되며 25%만이 반사경에 의해서 반사되어 광 검출기에 도달하게 된다. 모든 광학계가 잘 정렬되어 있다면 두 광선들의 파면은 여전히 평행

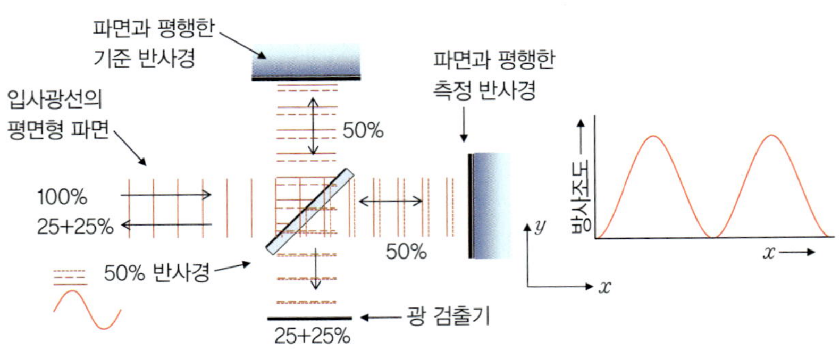

그림 8.75 50% 반사경, 기준반사경 및 측정용 반사경을 구비한 기본적인 호모다인형 마이컬슨 간섭계. 기준반사경 및 측정용 반사경에 반사된 광선들의 경로는 점선으로 표시되어 있다. 우측에는 변위의 함수로 검출기에서의 방사조도를 보여주고 있다. 굴절계수가 낮은 매질에서 높은 매질로 빛이 반사되는 경우에 반사경에서의 $0.5\lambda = 180°$의 위상점프가 발생한다는 점에 유의해야 한다.

하며 광 검출기에서 간섭이 발생한다. 이때에 두 광선이 동일한 위상이면 건설적인 간섭을 일으키고 반대 위상이라면 파괴적인 간섭을 일으키며 그 사이라면 부분적인 간섭을 일으키게 된다. 기준 반사경은 고정되어 있으므로 반사된 광선의 위상변화에 따라서 측정용 반사경에서 반사된 빛의 광학경로길이(OPL)가 변한다. 기준광선과 측정광선 사이의 광학경로차이의 변화는 앞 장에서 설명했던 간섭에 관한 식 (7.27)로부터 $1+\cos\varphi$ 관계에 따라서 광 검출기 위치에서 간섭광선의 정현적인 방사조도 변조를 초래한다.

레이저 광선이 간섭계에서 측정용 반사경까지의 경로를 두 번 통과한 다음 되돌아가기 때문에 광학경로길이의 증분변화가 두 배가 되므로 측정용 반사경의 미소운동 $\varDelta x$에 따른 미소 위상 시프트는 다음과 같이 주어진다.

$$\varDelta OPL = 2\varDelta x \text{ 이며, } \varDelta\varphi_m(x) = \frac{2\pi N}{\lambda}\varDelta x = \frac{2\pi f_p N n}{c}\varDelta x \ \ [\text{rad}] \tag{8.68}$$

여기서 N은 측정광선이 통과한 물체까지와 물체로부터의 단일경로에 대해서 정의된 **간섭계수**(interferometer constant)이며 이 경우 $N=2$이다. λ, f_p 및 c는 각각 파장길이, 주파수 및 진공중에서 광선의 전파속도이며 n은 간섭계와 이동하는 반사경 사이 매질의 굴절계수(공기의 경우 $n \approx 1$)이다.

운동중에 광 검출기에서 측정된 방사조도는 두 파면이 서로 반대위상을 가지고 있을때에 변조된 간섭광선의 매 주기마다 0이 된다. 이 위치에서는 광원으로부터의 에너지가 사라져 버린다. 하지만 광 검출기에서 파괴적인 간섭을 일으키는 경우에 광원 쪽으로 되돌아온 두 광선은 건설적인 간섭을 일으키며, 그 반대의 경우에는 파괴적인 간섭을 일으키기 때문에 실제로는 에너지 보존의 법칙이 유지된다. 낮은 굴절계수를 가지고 있는 매질로부터 진입한 광선이 높은 굴절계수를 가지고 있는 매질 표면에 반사되면 위상의 신호반전이 일어나는 현상에서도 에너지 브존을 검증할 수 있다. 위상반전은 기준반사경과 측정반사경에서 일어나지만 50% 반사경의 경우에는 반사 알루미늄이 코팅된 반사경 쪽에서만 이 현상이 일어난다. 광선의 경로를 따라가면서 반사경에서의 위상부호 반전 횟수를 세는 경우에 기준 반사경에서 광 검출기 쪽으로 들어오는 광선은 두 번의 위상 반전을 일으키는 반면에 측정 반사경에서 되돌아오는 광선은 단한 번의 신호반전을 일으킨다. 따라서 변위로 인한 두 광선들 사이의 위상차이 부호는 반전된다. 광원 쪽으로 반사되어 되돌아간 광선은 측정 반사경으로부터 한 번의 신호반전을 일으키는 반면에 기준 반사경으로부터 되돌아간 광선은 총 3회의 신호반전을 일으킨다. 따라서 두 광선들은 동일한 부호를 가지고 있으며 그 결과 변위로 인한 두 빔들 사이의 위상차이 부호는 반전되지 않는다. 따라서 센서측과 광원측으로 되돌아온 광선들 사이의 위상차이는 정확히 한 번의 부호반전만큼 차이를 가지고 있다. 그 결과 두 광선들 중 하나에서 건설적인 간섭을 일으키면 다른 쪽 광선은 파괴적인 간섭을 일으키는 것이다.

■ 방향정보와 보간법

앞서 설명한 기본적인 호모다인 간섭계는 단 두 개의 격자와 하나의 센서만으로 이루어진 기본적인 광학식 인코더와 동일한 구성을 가지고 있다. 정지상태에서 검출기로부터의 신호는 일정한 값을 가지며 이동시에는 시간주파수가 속도에 비례하는 정현주파수를 가지고 신호가 변한다. 불행히도 기본적인 인코더와 마찬가지로 방향정보가 없으며 방사조도 레벨이 낮은 경우에 노이즈 레벨로 인하여 정확도가 훼손된다.

이 문제를 해결하는 방법들 중 하나가 그림 8.76에 도시되어 있다. 이는 앞서 설명했던 버니어 인코더와 구조화 센서를 사용하는 것이다. 이 버니어 효과는 격자주기의 불완전성에 의해서 유발된다. 이 경우에서와 마찬가지로 간섭계에서 방향정보를 얻어내기 위해서는 반사경 방향의 불완전성을 활용할 수 있다. 완벽한 건설적 간섭이나 파괴적 간섭은 파면이 완벽하게 평평하며 완벽하게 정렬되어있는 경우에만 발생한다. 반사경들 중 하나가 약간 기울어져 있다면 그림 8.76의 우측에 도시되어 있는 것처럼 광 검출기에서 **줄무늬**(fringe)가 관찰된다. 이 줄무늬는 반사경 경사 의한 경로길이의 차이에 의해서 유발되며 다음과 같은 이유 때문에 줄무늬의 공간주파수는 경사각도에 비례한다. 기준광선의 파면에 대해서 반사경이 각도 ϑ만큼 기울어져 있으면 반사된 파면은 2ϑ만큼 기운다. 광 검출기 상에서 x방향으로 dx만큼의 위치차이는 파면들 사이에 $dy = dx\sin 2\vartheta$만큼의 거리차이에 해당한다. 하나의 건설적 간섭에서 다음번 건설적 간섭까지 y방향으로 한파장 만큼의 시프트에 따른 줄무늬 간격은 각도가 작은 경우에 다음과 같이 나타낼 수 있다.

$$dy = \lambda = dx\sin 2\vartheta \quad \Rightarrow \quad dx = \frac{\lambda}{\sin 2\vartheta} \approx \frac{\lambda}{2\vartheta} \tag{8.69}$$

단일 광 검출기를 사용하는 경우 줄무늬의 주기가 센서의 직경보다 작다면 이 줄무늬들은 센서 표면에서 일정한 평균 방사조도를 만들어낸다. 일반적인 간섭계의 경우에는 이 때문에 민감도를 희생시키더라도 더 작은 센서가 필요하지만 CCD 카메라와 같은 구조화 센서를 사용하는 것이 훨씬 더 유용하다. CCD 카메라의 경우 측정 반사경이 x-방향으로 움직이면 검출기 표면에서 줄무늬가 움직이기 때문에 운동방향을 검출할 수 있다. 그림 8.76에 도시되어 있는 설치에서 반사경이 우측으로 움직이면 줄무늬는 좌측으로 이동한다. 미소변위 $\Delta x = \lambda/N = \lambda/2$는 줄무늬 한 주기 만큼의 줄무늬 시프트를 초래한다. 공간 정현파 신호에 대한 충분한 보간능력 덕분에 이를 사용하여 높은 분해능을 구현할 수 있다. 632 [nm] 파장의 헬륨-네온 레이저를 사용하는 경우 보간계수가 100이라면 이미 3 [nm]의 분해능이 구현된다. 보간능력을 더욱 개선하면 훨씬 더 좋은 결과를 얻을 수 있지만 이 원리는 여전히 몇 가지 추가적인 단점을 가지고 있어서 사람들이 다른 개념을 사용하여 이 문제를 해결하기 위해서 노력하고 있다. 무엇보다도 반사경

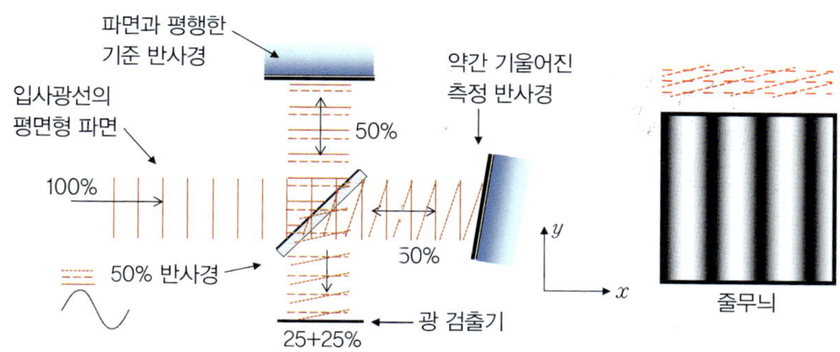

그림 8.76 CCD 센서와 경사진 측정용 반사경을 갖춘 호모다인형 마이컬슨 간섭계. 이해를 돕기 위해서 반사경의 경사를 매우 과장되게 그려놓았다. 우측에는 줄무늬 방사조도 패턴이 도시되어 있으며, 파면들이 평행하지 않은 경우에 광 검출기 파면에서 발생하는 파면이 도시되어 있다. 측정용 반사경이 우측으로 이동하면 반사광선의 위상지연이 증가한다. 그 결과 측정용 반사경에서 광 검출기로 향하는 파면이 상승하므로 기준 반사경에서 되돌아오는 파면들과 건설적 간섭을 일으키는 교차점들이 좌측으로 이동한다.

은 경사에 민감도를 가지고 있으며 두 번째로 신호주파수는 운동속도에 따라서 0 [Hz]에서 매우 높은 주파수까지 변한다. 특히 전기적 드리프트로 인해서 저주파 신호는 오차를 유발하게 된다.

■ 경사 민감도

반사경의 경사변화에 대한 민감도는 매우 안정된 마운팅을 사용하여 개선할 수 있다. 이로 인하여 1자유도만을 가지고 있어서 각운동을 유발하지 않는 완벽한 직선안내 메커니즘에만 이 측정방식을 활용할 수 있다. 방향정보를 추출하기 위해서 경사진 반사경을 사용할 필요가 없는 간섭계의 경우에는 두 반사경들을 육면체 모서리라고도 부르는 **육면체 모서리 역반사경**(cube corner retro-reflector)으로 대체하여 해결할 수 있다. 또한 **캣츠아이**(cats-eye)도 이러한 목적에 사용할 수 있다. 이들 두 광학요소 모두 평행광선에 대해서 아무런 경로차이 없이 입사광선과 동일한 방향으로 광선을 역반사 시킨다는 공통적인 특징을 가지고 있으므로 반사파면은 평면을 유지하며 입사광선과 평행하다. 그림 8.77에서는 두 광학 시스템을 보여주고 있다.

캣츠아이는 볼록렌즈와 렌즈의 초점위치에 설치된 구면 반사경으로 이루어진다. 구면 반사경의 반경은 반사경의 초점거리와 같기 때문에 렌즈의 중심을 통과하는 주광선은 항상 동일한 방향으로 반사된다. 반사표면이 렌즈의 초점에 위치하므로 모든 평행광선은 구면상의 한 점에 초점이 맞춰지며 구체 표면과 항상 직교하는 주광선과 동일한 각도로 반사된다. 렌즈를 통과한 다음에 반사광선은 입사광선과 평행하게

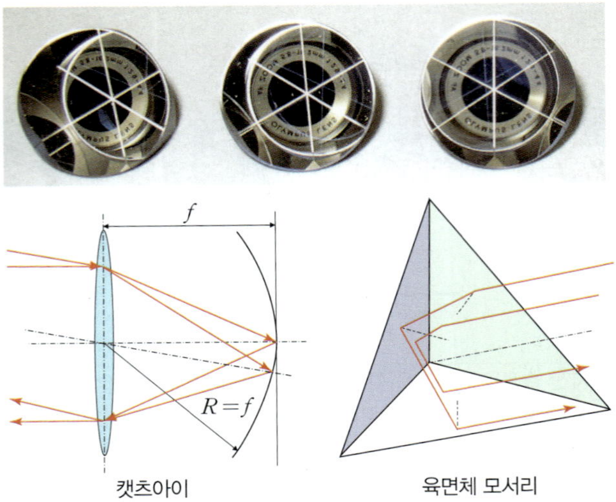

그림 8.77 캣츠아이는 볼록렌즈와 렌즈의 초점위치에 설치된 구면 반사경으로 이루어진다. 육면체 모서리는 서로 직교하는 3개의 반사면으로 이루어진 프리즘이다. 두 광학 시스템 모두 광선이 입사된 곳과 동일한 방향으로 반사하지만 주광선은 입사동공의 중앙점 반대 방향으로 시프트 된다. 서로 다른 각도로 놓여진 3개의 육면체 모서리가 카메라 렌즈형상을 동일한 방향으로 반사를 하고 있는 위쪽 그림의 3개 사진들을 통해서 점대칭을 확인할 수 있다. 하지만 렌즈에 써진 글자들은 반전되어 있다.

다시 시준된다. 그런데 반사광선은 주광선 입사점에 대해서 대칭위치로 반사된다. 따라서 이 시스템을 **점대칭**(point symmetric)이라고 부른다. 캣츠아이의 가장 큰 단점은 2개의 요소만을 사용하는 단순한 캣츠아이는 조리개가 작고 대략적으로 근축광선인 경우에만 사용할 수 있으며 그 이외의 경우에는 구면수차와 코마로 인하여 파면오차가 유발된다. 비구면 렌즈나 다중 광학요소를 사용하면 이 오차를 피할 수 있지만 비용이 상승한다. 육면체 모서리는 곡면을 사용하지 않기 때문에 그런 측면에서는 문제가 작다. 육면체 모서리는 한 덩어리의 투명한 소재로 서로 직교하는 3개의 반사경 표면을 만든 것이기 때문에 내부에서 모든 광선을 동일한 방향으로 반사시켜 준다. 캣츠아이처럼 육면체 모서리는 점대칭 역반사경이다.

■ 넓은 주파수 범위

측정용 반사경이 간섭계에 대해서 정지해 있는 경우에 간섭 패턴은 변하지 않으며 검출기의 신호도 일정하다. 측정용 반사경이 움직이면 센서신호는 이동속도, 간섭계상수 및 줄무늬를 유발하는 경사각도 등에 의해서 결정되는 주파수를 가지고 변한다. 일반적으로 간섭계는 0 [Hz]에서 매우 높은 주파수에 이르는 넓은 주파수 대역을 갖기 때문에 신호레벨이 낮은 경우에는 노이즈에 취약하다. 전형적으로 하나의 레이저 광원을 사용하여 다수의 간섭계에 광선을 공급하는 다축 측정 시스템의 경우에 전형적으로 신호레벨이 저하된다. 모든 DC값 측정은 시간에 대해서 얼마간의 DC 드리프트를 나타내기 때문에 신호의 DC값 발생을 막는 것이 무엇보다도 중요하다. 8.4.2절에서는 저주파 신호의 변조를 통해서 측정신호의 스펙트럼을 고주파 대역으로 시프트 시켜서 드리프트에 의해 유발되는 문제를 없앨 수 있다는 것을 보여주었다. 호모다인 간섭계에서는 기준 반사경에 작은 고주파운동 진동을 가하여 신호를 변조하며 검출기에서는 변조된 신호를 검출할 수 있다. 이 신호는 증폭과 동시에 **복조**(demodulate)할 수 있다.

인코더 신호의 보간이론에서 소개되었던 **구적**(quadrature)검출을 사용하여 방향정보를 얻기 위해서 90° 위상차이를 가지고 있는 두 개의 신호를 생성하려면 편광판과 편광 의존성 광학요소들을 사용하여야 한다.

궁극적으로 **헤테로다인 간섭계**(heterodyne interferometer)가 능동 제어되는 위치결정 시스템에서 레이저 간섭계를 사용한 고정밀 위치측정에 더 좋은 방법이다.

8.8.2.2 헤테로다인 거리 간섭계

서로 다른 주파수와 서로 직교하는 편광방향을 가지고 있는 두 개의 서로 다른 광선을 레이저 광원으로 사용하면서, 광선중 하나는 기준으로, 다른 하나는 측정용으로 사용함으로써, 헤테로다인 방식 거리 측정용 간섭계는 위에서 논의했던 문제들을 해결하였다. 대부분의 경우 시스템 입력단에서 광선들은 하나의 광선으로 합쳐지지만 이들이 이미 알고 있는 위상과 주파수 관계를 가지고 있는 한은 이론상 이 합쳐진 광선이 완전히 분리된 광선처럼 작용할 수 있다.

헤테로다인이라는 용어는 주파수 차이를 의미한다. 이 **분리주파수**(split-frequency) f_s는 수 [MHz]의 주파수를 가지고 있다. 이런 이중 주파수 스펙트럼을 가지고 있는 레이저 광원을 만드는 방법들 중 하나는 이를 발견한 독일의 물리학자이며 노벨상 수상자인 Pieter Zeeman(1865-1943)의 이름을 따서 **제만효과**(Zeeman effect)라고 부른다. 헬륨-네온 레이저의 레이저 공동이 영구자석 자기장 속에 위치하면 보통 단일 레이저 주파수 복사가 동일한 방사조도를 가지고 있지만 두 개의 서로 다른 주파수와 편광상태를 가지고 있는 두 개의 복사부로 나뉜다. 두 주파수들은 **중심 주파수**(center frequency) f_c라고 부르는 원래 주파수 좌우에 대칭으로 위치한다. 이 분리주파수는 자속밀도에 비례한다. 두 복사성분들의 편광 방향은 서로 직교하며 원형이다. 이 원형 편광은 서로 직교하는 편광 방향들 사이를 파장 길이의 1/4만큼 지연시켜 주는 복굴절 판에 의해서 두 개의 서로 직교하는 선형 편광 복사성분들로 변환된다. 이 **1/4 파장판**(quarter wave plate)은 앞으로 설명할 헤테로다인 간섭계에서 중요한 역할을 수행한다.

두 개의 주파수를 가지고 있는 레이저 광원을 생성하는 제만 방법이 가지고 있는 단점은 광학 출력이 제한되어 있다는 것이다. 이는 레이저의 두 주파수를 최적으로 공진시키기에는 파브리-페로 공동의 대역이 너무 작기 때문이다. 이 효과는 매우 큰 분리주파수가 필요한 경우에 특히 두드러진다. 나중에 설명하겠지만 매우 높은 속도로 움직이는 물체에 대한 속도 측정을 위해서는 매우 큰 분리주파수가 필요하다.

이렇게 큰 분리주파수를 가지고 있으면서도 더 높은 출력이 필요한 경우에는 음향-광학 변조기를 사용하여 단일 주파수 레이저 광선을 변조시켜서 이에 적합한 광원을 생성할 수 있다. 음향-광학 변조기는 압전 작동기를 사용하여 수정과 같은 소재 내에서 음파진동을 일으킨다. 이로 인한 밀도차이는 변조된 움직이는 굴절계수 위상격자처럼 작용한다. 위상격자의 깊이에 의한 변조에서 설명했던 것과 유사한 방식으로 변조강도에 따라서 회절차수 내의 광선진폭이 변조된다. 더 중요한 것은 서로 다른 회절 차수에 대해서 서로 다른 주파수를 생성하는 움직이는 음파에서 도플러 효과에 의해서 유발되는 주파수 시프트이다. 이 주파수 차이는 음향 주파수에 회절 차수를 곱한 값과 같다.

그림 8.78에서는 헤테로다인 간섭계의 작동 원리를 보여주고 있다. 두 주파수 광선 성분들의 서로 다른 편광 방향이 광선을 각각 측정용 광학경로와 기준 광학경로로 안내하기 위해서 다음과 같은 방식으로 사용된다.

두 주파수가 조합된 광선이 좌측에서 시스템으로 입사된다. 주파수가 f_1인 광성 성분은 **편광화 빔 분할기**(polarising beam splitter)의 입사평면 내에서 p-형으로 편광화 되어 있으며 주파수가 f_2인 광선 성분은 s-형으로 편광화 되어있다. s-형으로 편광화 된 광선은 편광화 빔 분할기에 의해서 반사되며 p-형으로 편광화 된 광선은 투과된다. 그 결과 s-형 편광은 기준광선으로 사용된다. s-형 편광은 기준 반사경 쪽으로 반사되며 복굴절 소재로 만들어진 1/4 파장판을 통과한다. $\lambda/4$ 파장판이 광선의 편광방향에 맞춰 정렬된 경우에 7.5.1.1절에서 설명했던 것처럼 편광방향들 중 하나는 다른 방향의 편광에 비해서 90°만큼 위상지연이 발생하며 편광은 선형에서 원형으로 변한다. 기준 반사경에서 반사된 이후에 $\lambda/4$ 파장판을 두 번째로 통과하면 원형으로 편광화 되었던 광선이 다시 선형으로 편광화 되지만 원래의 방향과는 직교하게 된다. 그 결과 이제는 p-형으로 변화된 편광이 편광화 빔 분할기를 통과하여 편광판과 광 검출기로 향하게 된다.

레이저 광원에서 방출된 p-형 편광 성분은 측정빔의 역할을 수행한다. 이 광선은 일단 편광화 빔 분할기를 통과한 다음 두 번째 $\lambda/4$ 파장판을 통과하여 측정 반사경에 반사된 다음 $\lambda/4$ 파장판을 두 번째로 통과하면서 s-형으로 편광화 되어서 편광판을 통과한 다음 마지막으로 광 검출기에서 기준 광선과 재결합된다.

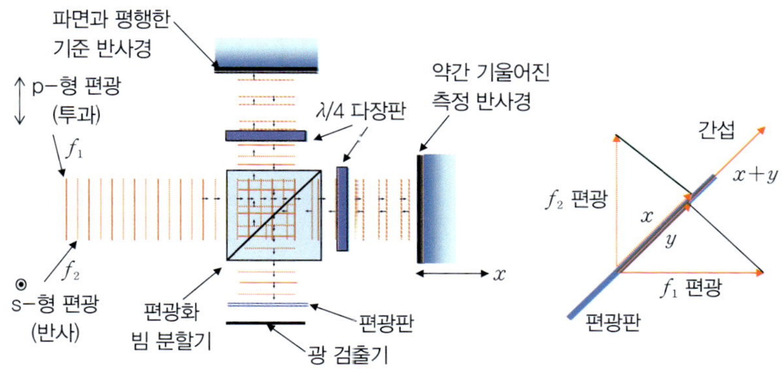

그림 8.78 서로 직교하는 두 개의 주파수 편광 레이저를 사용하는 헤테로다인 마이컬슨 간섭계에서 기준 경로와 측정 경로를 분리하기 위해서 편광화 빔 분할기와 드 개의 λ/4 파장판을 사용한다. 우측 그림에서 편광판은 서로 직교하는 편광들 사이에서 간섭을 일으키도록 만들어준다. 반사표면에서의 180° 위상반전은 이 원리의 설명에 적절하지 않기 때문에 그림에 표시하지 않았다.

직각으로 편광화 된 전자기장들을 벡터합산하면 파괴적 간섭이나 건설적 간섭을 일으키지 않기 때문에 편광판은 중요한 조건을 충족시켜 준다. 두 편광방향에 대해서 45°로 정확하게 설치된 편광판에 의해서 그림 8.78에서와 같이 편광판의 편광 방향과 일치하는 광선 성분들만이 편광판을 통과하게 된다. 따라서 편광판을 통과한 이후에 두 광선들의 필드가 동일한 방향을 갖게 되므로 비록 진폭은 $\sqrt{2}$배 만큼 감소하며 방사휘도는 절반으로 줄어들게 되지만 이들의 벡터합은 간섭을 일으키게 된다. 이 또한 어느 한 위치에서의 건설적 간섭이 일어난다면 다른 위치에서 파괴적 간섭이 일어난다는 것을 의미한다는 에너지 보존의 법칙과 일맥 상통한다. 그림에 도시되어 있는 것처럼 x 및 y가 편광판의 위상 방향이라면 서로 직교하는 f_1 편광과 f_2 편광 성분들은 서로 반대 위상을 가지고 있다.

■ 검출기에서의 간섭

이로 인한 검출기 위치에서의 간섭필드는 그림 8.79에 도시되어있는 것과 같이 동일한 방사조도 레벨을 가지고 있지만 주파수가 서로 다른 두 레이저빔의 필드들의 합으로 이루어진다. 이 필드들은 다음 식을 통해서 합산된다.

$$E_t = E_1 + E_2 = E_{b,p}(\sin(2\pi f_1 t) + \sin(2\pi f_2 t)) \tag{8.70}$$

여기서 $E_{b,p}$는 광선 전기장의 피크진폭과 같으며 이 사례의 경우에는 두 빔이 같은 값을 가지고 있다.

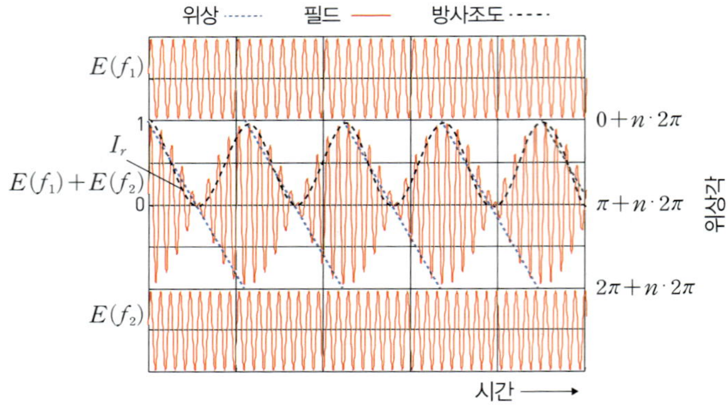

그림 8.79 서로 다른 주파수를 가지고 있는 두 개의 광선이 간섭을 일으키면 $1+\cos(2\pi(f_1-f_2))$에 비례하는 방사조도 신호가 얻어진다. 두 주파수들 사이의 위상은 시간에 비례하여 선형으로 시프트 된다.

삼각함수 변환을 수행한 다음 분모와 분자항의 계수인 2를 소거하면 다음 방정식을 얻을 수 있다.

$$E_t = 2E_p \sin\left(\frac{2\pi(f_1+f_2)t}{2}\right)\cos\left(\frac{2\pi(f_1-f_2)t}{2}\right) \tag{8.71}$$

$$= 2E_p \sin(\pi(f_1+f_2)t)\cos(\pi(f_1-f_2)t)$$

$$= 2E_p \sin(2\pi f_c t)\cos(\pi f_s t)$$

이 방정식에서 사인 항은 주파수가 매우 높은 중심주파수이다. 코사인 항은 주파수 차이가 훨씬 작으며 고주파 항의 진폭 변조처럼 보인다.

방사조도는 필드진폭의 제곱에 비례한다. 고주파 항은 측정할 수 없을 정도로 주파수가 높기 때문에 이 성분은 $\sqrt{2}$의 일정한 평균제곱근 값으로만 비례식에 남아있게 되므로 방사조도는 다음과 같이 나타낼 수 있다.

$$I_r \propto E_p^2 \cos^2(\pi f_s t) \tag{8.72}$$

$$\propto E_p^2 \left(\frac{1+\cos(2\pi f_s t)}{2}\right) \propto E_p^2\,(1+\cos(2\pi f_s t))$$

광 검출기에서 검출되는 최종 신호는 DC 전압과 주파수가 센서위치에서 간섭을 일으키는 두 광선 성분들의 주파수 차이와 같은 정현전압으로 이루어진다. 이 방정식을 호모다인 간섭계에서 사용되는 식 (7.27)의 $1+\cos\varphi$관계와 비교해 보면 두 개의 헤테로다인 주파수 성분들이 연속적인 위상 시프트를 나타내고 있음을 알 수 있다.

$$\varphi_s = 2\pi f_s t \tag{8.73}$$

정지시 위상 시프트는 시간에 대해 선형적으로 비례한다.

다음에서는 이 위상관계가 측정 및 기준 광선 사이의 광학경로 차이 변화에 따라서도 변한다는 것을 보여줄 예정이다. 연속적인 위상 시프트와 광학경로차이에 의한 위상시프트를 조합한 다음, 신호의 AC성분만을 사용하여 운동을 측정할 수 있으므로 저주파 노이즈에 의해 유발되는 오차를 저감할 수 있다.

■ 도플러 시프트를 이용한 속도와 위치 검출

헤테로다인 간섭계에서 측정 반사경이 광선 방향을 따라서 움직이는 경우에 간섭이 발생한 이후에 측정된 주파수 차이 f_m은 간섭계에 투입된 광선의 주파수 차이 f_s와 다르다. 이 현상을 측정된 광선의 **도플러 시프트**(Doppler shift)라고 부르며 오스트리아의 물리학자인 Christian Andreas Doppler(1803–1853)가 1842년에 발견한 도플러 효과에 의해서 유발된다. 도플러 효과는 진행파의 일정한 파장길이와 전파속도에 관련되어 있다. 위치가 고정된 경우 전파속도 v_p와 파장길이 λ를 가지고 있는 진행파는 일정한 시간 주파수 $f = v_p/\lambda$를 가진다.

관찰자의 위치가 움직이는 경우에 파장의 전파 방향과 동일한 방향으로 이동하고 있다면 관찰된 주파수는 감소하며 반대 방향으로 이동하고 있다면 주파수는 증가한다. 사실 파장길이에 의해서 결정되는 파장의 공간 주파수는 관찰자의 이동에 의해서 시간주파수로 변환된다. 운동방향에 따라서 이 시간주파수는 정지위치에서 관찰된 파장의 시간주파수와 합산되거나 차감된다.

시간주파수 f_c와 굴절계수가 n일 때에 전파속도 $v_p = c/n$을 가지고 있는 측정용 광선의 주파수가 운동속도 v_m에 의해서 다음과 같이 도플러 시프트를 일으킨다.

$$\begin{aligned} f_d &= f_c\left(1-\frac{v_p}{v_p \pm Nv_m}\right) = f_c\left(1-\frac{c/n}{c/n \pm Nv_m}\right) \\ &= f_c\left(\frac{c/n \pm Nv_m - c/n}{c/n \pm Nv_m}\right) \approx \pm f_c\left(\frac{Nnv_m}{c}\right) \end{aligned} \tag{8.74}$$

이 근사식은 물체의 운동 속도가 파장의 전파속도에 비해서 매우 느린 경우에 유효하며 빛의 속도는 매우 빠르기 때문에 현실적으로 타당하다. N은 앞서 정의했던 간섭계 상수로서 측정용 광선이 움직이는 반사경까지 이동한 횟수에 해당하며 도플러 효과에서 곱셈계수처럼 사용된다. 5 [MHz]인 분리주파수 조차도 중심주파수 f_c에 비하면 약 10^{-8}에 불과한 매우 작은 값이기 때문에 중심주파수 f_c는 대부분의 경우 기준값으로 간주된다. 필요하다면 이 작은 인자를 함께 고려할 수도 있다. 더 중요한 것은 관찰된 주파수 시프트에 직접 영향을 끼치는 인자인 굴절계수 n이다. 뒤에서 설명하겠지만 공기중에서 극한의 측정 정밀도를 요구받는 경우에 굴절계수는 심각한 측정 불확실성을 유발한다. 도플러 시프트는 측정용 센서에서 주파수 차이($f_m = f_s + f_d$)의 오프셋으로 동일하게 존재한다. 따라서 간섭계의 검출기 신호를 간섭계로 입사되는 광선 성분들의 분리주파수 f_s와 같은 기준신호와 비교하여 f_d를 검출할 수 있다. 제만 레이저를 사용하면 간섭계에서의 검출과정과 유사하게 빔 분할기, 편광판 및 검출기를 통해서 광선의 작은 부분으로부터 간섭신호를 생성하여 이 신호차이를 얻는다. 음향-광학 변조 레이저의 경우에는 변조 주파수를 기준으로 직접 사용할 수 있다.

검출에는 다양한 방식을 사용할 수 있다. 그중 한 가지 방법에서는 검출기 신호와 기준 신호의 AC 부분에 대해서 0 [V] 전압 교차를 검출하기 위해서 슈미트 트리거와 같은 비교기를 사용한다. 그림 8.80에서와 같이 두 신호의 0 [V] 교차시간들 사이의 시간 간격을 정확히 측정한다면 두 신호주기 사이의 차이로부터 주파수와 그에 따른 속도를 정확하게 측정할 수 있다.

이 측정을 정기적으로 수행하면 시간간격과 측정된 속도를 곱하여 그 기간 동안의 위치변화를 산출할 수 있다.

이론상 서로 다른 주파수에서 이들의 위상 관계는 속도의 함수인 시간에 비례하여 시프트 되기 때문에 0 [V] 통과시점에 대한 샘플링 값은 위상측정값과 동일하다. 식 (8.73)을 측정된 주파수 f_m에 적용하면 다음의 위상관계가 얻어진다.

$$\varphi_t = 2\pi f_m t = 2\pi(f_s + f_d)t = \varphi_s + \varphi_d \tag{8.75}$$

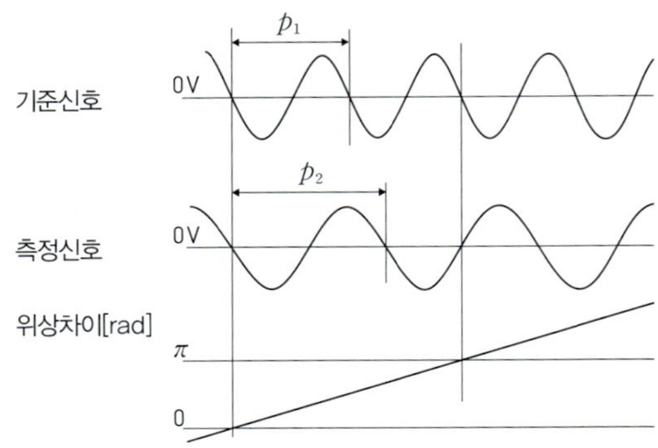

그림 8.80 기준 방사조도 신호와 측정 방사조도 신호의 주기 시간 차이를 측정하거나 상대위상을 측정하여 측정용 반사경의 속도와 위치를 검출할 수 있다.

위상항 $\varphi_s = 2\pi f_s t$는 기준신호에도 동일하게 존재하므로 측정 주파수와 기준 주파수를 위상값에 대해서 비교하면 도플러 위상 시프트 φ_d만이 남아있게 된다. 식 (8.74)에 대해서 물체의 운동속도와 광속 사이의 속도차이에 따른 작은 오차를 무시한다면 도플러 위상시프트는 다음과 같이 구해진다.

$$\varphi_d = 2\pi f_d t = \pm 2\pi f_c \left(\frac{Nnv_m t}{c}\right) \tag{8.76}$$

미소 시간간격 Δt 동안의 미소변위 $\Delta x = v_m \Delta t$이며 변위에 의한 미소 위상 시프트는 다음과 같이 구해진다.

$$\Delta\varphi_m(x) = \pm\frac{2\pi f_c Nn}{c}\Delta x \tag{8.77}$$

이 관계는 호모다인 간섭계에서 구한 위상관계와 동일하다. 이는 변위에 의해 유발된 위상 시프트에 헤테로다인 주파수 차이가 추가적인 위상 시프트를 유발하기 때문이다. 따라서 두 번째 검출방식에서는 **구적검출**(quadrature detection)과 **로크인 증폭기**(lock−in amplifier)를 사용하여 미소변위에 따른 미소 위상 시프트를 직접 측정한다.

■ 로크인 구적검출

그림 8.81에서는 두 신호들 사이의 위상 차이를 측정하기 위해서 사용되는 전형적인 로크인 증폭기를 보여주고 있다. 공칭 오프셋을 제거하고 광출력 요동의 민감도를 저감하며 디지털 신호처리에서 위신호 방지 필터링을 수행하기 위해서 측정신호(M)와 기준신호(R) 모두에 대해서 분리주파수 f_s 주변에서 대역

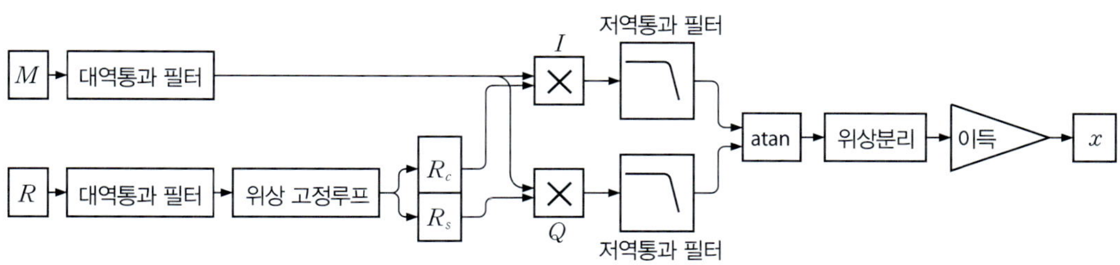

그림 8.81 위상 측정을 위한 로크인 증폭기의 개략도. 두 개의 신호를 검출 및 필터링한다. 기준신호 R은 매칭된 사인 및 코사인 신호를 생성하기 위해서 위상고정루프(PLL)로 보내진다. 이들을 필터링 된 측정신호 M과 곱하여 동상출력(I)과 구적출력(Q)을 생성한다. 그런 다음 저역통과 필터로 필터링한 다음 아크탄젠트 함수로 보낸다. 여기서 위상이 분리되며 분리된 위상으로부터 변위 x를 구하기 위해서 이득이 곱해진다. (Courtesy of Jonathan Ellis)

통과 필터링(BPF)을 수행한다. 필터링 이후에 기준신호는 **위상고정루프**(Phase Locked Loop : PLL)로 전달된다. 위상고정루프는 귀환 제어되는 가변 발진기로서 출력 주파수가 위상 검출기에 의해서 검출된 입력 주파수를 위상차이 없이 추종하도록 제어된다. 공칭 위상 오프셋이 90°인 두 개의 신호를 생성하기 위해서 위상고정루프가 사용된다. 4개의 센서를 사용하는 디코더의 공간 신호에서 제시되었던 리사주 선도처럼 90°의 위상차이를 가지고 있는 두 개의 순시신호로부터 신호 보간과 방향정보 검출이 가능하다. 이 방법을 **구적검출**(quadrature detection)이라고 부르는 이유는 무선전송에서 유래했으며 신호의 위상차이에 의해 정의되는 **4상한**(four quadrant) 벡터표현과 관련되어 있다.

위상고정루프에 의해서 90°의 위상차이를 가지고 있는 두 개의 출력 R_c 및 R_s를 측정신호와 곱하여 동상출력 I와 구적출력 Q를 생성한다. 이 신호들은 기준광선과 측정광선 사이의 광학경로 길이차이와 관련된 위상 시프트 $\varphi_m(x)$과 다음의 관계를 가지고 있다.

$$I = R_c M = \cos(2\pi f_s t)\cos(2\pi f_s t + \varphi_m(x)) \tag{8.78}$$

$$Q = R_s M = \cos\left(2\pi f_s t + \frac{\pi}{2}\right)\cos(2\pi f_s t + \varphi_m(x)) \tag{8.79}$$

여기서 $\varphi_m(x)$는 변위의 함수로서 기준신호에 대한 측정신호의 도플러 위상변화이다. 삼각함수 변환을 적용하면

$$I = \frac{1}{2}\cos(4\pi f_s t + \varphi_m(x)) + \frac{1}{2}\cos(\varphi_m(x)) \tag{8.80}$$

$$Q = \frac{1}{2}\cos\left(4\pi f_s t + \frac{\pi}{2} + \varphi_m(x)\right) + \frac{1}{2}\cos\left(\frac{\pi}{2} + \varphi_m(x)\right) \tag{8.81}$$

만일 $2f_s$ 주파수에서의 신호를 충분히 저감하기 위해서 두 곱셈기 후단에 저역통과 필터를 사용한다면 잔류신호는 다음과 같이 주어진다.

$$I = \frac{1}{2}\cos\varphi_m(x) \tag{8.82}$$

$$Q = \frac{1}{2}\cos\left(\frac{\pi}{2} + \varphi_m(x)\right) \tag{8.83}$$

광학경로 차이에 의한 위상 시프트는 다음과 같다.

$$\varphi_m(x) = \arctan\left(\frac{Q}{I}\right) \tag{8.84}$$

미소변위 Δx에 대한 올바른 미소위상 시프트 $\Delta\varphi_m(x)$를 유도하려면 미소변위의 시작과 끝을 적절한 사분면 내의 각도에 위치시키기 위해서 입력전압의 부호를 고려해야만 한다. 마지막으로 미소변위에 의해서 2π만큼의 위상 점프가 일어날 때마다 2π만큼을 더하거나 빼주는 분리함수가 필요하다. 굴절계수 n, 간섭계 상수 N, 그리고 레이저 중심주파수 f_c를 알고 있다면 식 (8.77)을 사용하여 이 위상을 변위로 변환시킬 수 있다.

참고 : 올바른 사분면과 모든 2π위상 점프에 대한 완벽한 카운팅 등의 요구조건들은 실제 레이저 간섭계 시스템의 증분 특성을 완벽하게 나타내고 있다. 위치 카운터와 위상 포인터를 0으로 설정하기 위해서 이들 모두는 초기화가 필요하다.

인코더에서 절대위치 마크를 사용하는 것처럼 전체 궤적에 대해서 절대위치를 측정하는 것은 불가능하다. 이런 문제를 해결하기 위해서 수백 펨토(10^{-15})초 동안의 짧은 펄스를 송출하는 레이저를 사용하는 **주파수 빗**(frequency comb)이라고 부르는 다중 주파수 간섭계에 대한 연구가 진행중이다. 이 연구는 아직 상업적인 실용화가 되지 못하고 있다.

■ 헤테로다인 간섭계의 속도한계

헤테로다인 간섭계를 사용하는 데에 가장 중요한 제약조건은 사용하는 레이저 광선에서 신뢰성 있게 구현할 수 있는 분리주파수의 최댓값에 의존한다. 측정용 검출기에서 주파수 차이를 증가시키는 방향으로 측정대상이 움직이는 경우에는 이로 인하여 증가된 주파수 레벨을 취급할 수 있는 대역한계 내에서는 아무런 실제적인 문제가 일어나지 않는다. 그런데 반대방향으로의 이동은 속도에 따라서 주파수 차이를 낮은 주파수 쪽으로 줄여버린다. 이런 경우에 이동 속도가 증가하면 특정한 속도에서 측정된 주파수 차이가 0이 되어버린다. 이보다 높은 속도가 되면 주파수 차이는 다시 증가하게 되지만 부호는 반전된다. 이런 상태가 되면 모든 방향 정보는 손실되고 측정 시스템은 다시 리셋 되어버린다.

최소 분리주파수는 식 (8.74)에 의해서 결정된다.

$$f_s > f_c\left(\frac{Nnv_m}{c}\right) \tag{8.85}$$

앞서의 사례에서 간섭계 상수 N은 2이지만 다음 절에서는 $N = 4$인 사례를 보여줄 예정이다. 간섭계 상수가 커지면 민감도와 정확도가 증가하지만 그에 따라서 분리주파수도 증가해야만 한다.

이런 헤테로다인 간섭계의 성질은 정확도와 최대속도 사이에서 선택을 강요하므로 고속 신호조절 및 신호처리용 전자회로와 더불어서 큰 주파수 차이를 갖는 음향-광학 레이저 광원의 개발이 촉진되었다.

8.8.2.3 측정의 불확실도

레이저 간섭계 위치측정 시스템의 불확실성에는 크게 두 가지 원인이 있다. 첫 번째 원인은 간섭계가 원하는 변위만을 측정하는가에 대한 질문과 관련되어 있다. 불확실성의 두 번째 원인은 위상 측정시 바람직한 위상 시프트만이 측정 신호로 변환되는가와 관련되어 있다.

불확실성의 두 가지 원인들 사이에는 미묘하지만 중요한 차이가 있다. 전자에는 간섭계 설계와 시스템 밸런싱을 통한 직접보상 및 상쇄가 포함되어있는 반면에 후자는 사용된 레이저 시스템, 측정환경, 위상-변위 변환, 그리고 샘플의 특성 등이 더 많이 관련되어 있다.

기계구조와 관련된 불확실성 인자들에 대해서는 이 장의 마지막인 8.8.3절에서 다룰 예정이다. 다음에서는 간섭계의 내부오차에 대해서 살펴보기로 한다.

- **주기오차** : 나노미터 및 나노미터 이하 레벨에서 반복적으로 추가적인 측정오차를 유발하는 오차
- **주파수 안정성** : 변형오차처럼 작용한다.
- **파면오차와 조준 안정성** : 광학부품의 오차에 의존한다.
- **굴절계수 변화** : 간섭계와 이동물체 사이의 매질의 성질에 의존한다.

■ 주기오차

헤테로다인 간섭계의 작동원리는 편광을 사용하여 측정광선과 기준광선을 완벽하게 분리하는 것이다. 불행히도 광원이나 편광용 광학부품의 불완전성으로 인해 편광의 방향은 결코 서로 완벽한 직각을 이루지 못한다. 따라서 항상 기준광선의 일부분이 측정광선 쪽으로 갔다가 되돌아오게 된다. 이런 원치 않는 효과를 **편광혼합**(polarisation mixing)이라고 부르며 측정용 간섭신호와 기준신호 사이에서 측정된 위상의 작은 변화를 유발한다. 이 변화는 호모다인 간섭계에서 소개되었던 것처럼 파장과 줄무늬의 숫자에 의존하는 변위의 주기함수이다. 줄무늬 하나는 2π의 위상 시프트와 같으며 $x = \lambda/N$의 변위에 해당한다. 이런 위상 차이는 그림 8.82에 도시된 것과 같은 결정성 **주기오차**(periodic error)를 초래하는데, 조건이 변하지 않는다면 이론상 소프트웨어나 교정을 통해서 이를 보상할 수 있다. 이런 보상은 시스템의 안정성이 확보되어야만 유효하며 처음부터 두 광선을 직접 완벽하게 분리하여 이런 오차를 방지하는 것이 더 좋은

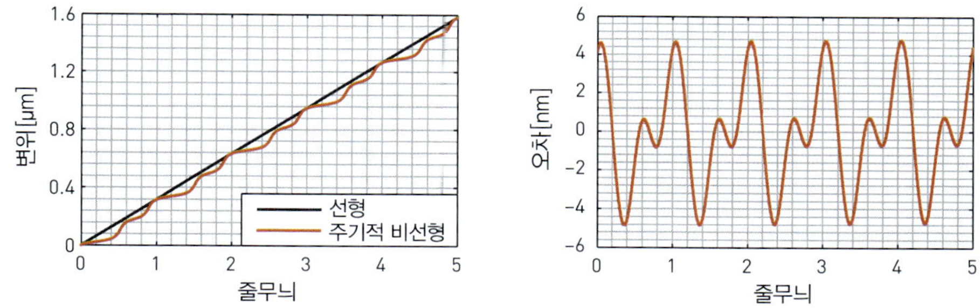

그림 8.82 선형신호와 주기적 비선형성을 가지고 있는 신호를 비교한 그림으로 설명을 위해서 심하게 과장되어 있다. 두 번째 그래프는 공칭 기울기를 제외하여 선형변위에 대한 5[nm]의 주기오차만을 표시한 그림이다. 주기오차는 전형적으로 줄무늬 당 한 주기만큼 변하는 1차 성분과 줄무늬 하나당 두 번 변하는 2차성분이 포함되어 있다. 의사반사와 기생신호에 의해서 추가적으로 고차 항들이 나타날 수도 있다.

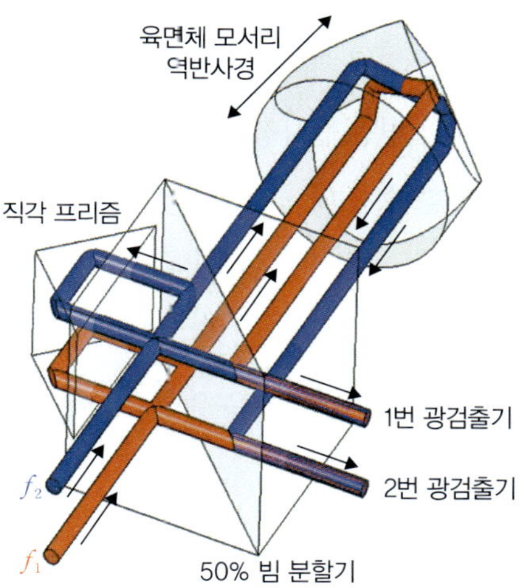

그림 8.83 주기오차가 없는 헤테로다인 간섭계. 광원으로부터 입사된 두 개의 평행광선(f_1 및 f_2)은 빔 분할기로 입사되며 반사된 광선은 직각 프리즘으로 안내된다. 이를 통과한 광선은 역반사경을 거쳐서 되돌아온다. 그런 다음 기준광선과 측정 광선은 빔 분할기에 의해서 재결합하여 서로 반대의 위상방향에 대해서 간섭을 일으키며 광 검출기가 이를 검출한다. (Courtesy of Ki-Nam Joo)

방법이다.

그림 8.83에서는 델프트 기술대학 메카트로닉스 시스템 설계 연구실의 Ki-Nam Joo와 Jonathan Ellis가 설계한 1 자유도를 가지고 있는 이런 시스템의 사례를 보여주고 있다.[48], [49], [50]

호모다인 간섭계에서와 유사하게 분리주파수가 일정하며 음향-광학 변조 레이저 광원에 의해서 만들어진 분리된 두 개의 레이저 광선이 50% 빔 분할기로 입사된다. 두 광선의 각각 절반은 직각 프리즘에 의해서 반사되어 빔 분할기쪽으로 되돌아가서 분리된 기준광선으로 사용되며 나머지 절반은 투과되어 움직이는 육면체 모서리 역반사경에 입사되면서 측정광선으로 사용된다. 직각 프리즘은 선대칭이어서 프리즘의 모서리 직선과 직각인 입사평면과 동일한 평면에서 반사된다. 그 결과 아래쪽 경로를 통과하는 기준광선 f_1은 간섭계의 하부에 머물며 상부측 기준광선 f_2는 상부에 머물게 된다. 육면체 모서리는 점대칭이므로 두 광선은 서로 위치를 뒤바꾸며 빔 분할기에서 측정광선 f_1은 기준광선 f_2와 동일한 위치에 도달하며 측정광선 f_2는 기준광선 f_1과 동일한 위치에 도달하게 된다.

이들 두 광선은 모두 동일한 빔 분할기에서 간섭을 일으키며 이들의 간섭 신호는 간섭계와 움직이는 역반사경 사이에서 측정된 거리의 함수로 서로 반대 위상을 나타낸다.

이 구조의 첫 번째 장점은 주기적인 오차가 측정용 광선에서 움직이는 역반사경으로의 궤적변화와 관련되어있기 때문에 간섭이 발생하기 전에는 편광혼합이 발생하지 않는다는 점이다. 두 번째 장점은 간섭계 상수 $N=4$인 경우에 4개의 광선들이 움직이는 역반사경까지 동일한 경로를 이동하기 때문에 민감도가 두 배가 된다는 것이다. 마지막 장점은 편광 방향 이외의 방향은 사용하지 않는다는 것이다. 이로 인하여 다음 절에서 설명할 개념인 간섭계의 평면 반사경 버전에서와 같이 다른 이유 때문에 편광 방향을 사용하는 더 복잡한 간섭계에 이를 활용할 수 있다.

■ 주파수 안정성

간섭계 측정 자체의 불확실성은 식 (8.77)에서와 같은 위상측정에 전적으로 기반을 두고 있다.

$$\Delta\varphi_x = \pm\frac{2\pi f_c N n}{c}\Delta x \tag{8.86}$$

불확실성의 첫 번째 원인은 광선의 중심주파수 f_c이다. 이론상 레이저는 온도 안정화와 여타의 기법들을 사용하여 최고 10^{-11} 또는 10 [pm/m]에 이를 정도까지 주파수를 안정화시킬 수 있으며 이는 대부분의 측정 목적에 대해서 충분하다. 그리고 측정이 이루어지는 대기환경 내에서 빛의 이동속도와 관련된 굴절계수 n을 제외한 여타의 모든 계수들은 상수이다.

■ 파면오차와 조준 안정성

측정용 광선과 기준광선의 경로가 중첩되는 전 영역에서 광선의 간섭이 일어난다. 두 광선이 평평하며 평행한 파면을 가지고 있다면 전체 표면에 대해서 간섭이 균일하게 발생하겠지만 이상적인 평면 파면과의 어떠한 편차도 위상 시프트와 광 검출기에서 관찰되는 총 간섭량의 저하를 초래한다. 움직이는 줄무늬를 만들기 위해서 의도적으로 호모다인 간섭계의 파면을 기울이는 경우를 제외하고는 일반적으로 레이저 간섭계 측정 시스템의 모든 파면은 평행해야 하며 파면은 예외없이 항상 평평해야만 한다. 이로 인하여 레이저 광원의 공간 간섭성, 광학 표면의 편평도, 그리고 역반사경의 완벽성 등에 대한 극단적인 요구조건이 만들어지게 되었다. 이론상 **광학 평판**(optical flat)은 제작하기 매우 어렵고 크기에 따라서 가격과 표면 토폴로지 편차의 최대 허용값이 지수함수적으로 증가한다. 이 편차를 7.6.2.1절에서 설명했던 제르니커 모드를 사용해서 나타낼 수 있으며 허용 가능한 간섭 신호를 얻기 위해서는 최소한 $\lambda/20$ 미만으로 유지해야 하지만 측면방향으로의 광선 변위가 존재한다면 표면편차를 간섭계 시스템이 필요로 하는 측정 정확도 미만으로 유지해야 한다.

평행도 문제 이외에도 광선이 정확한 방향을 조준하지 못한다면 측정 반사경의 반사표면과 광선이 이루는 각도 오차의 코사인 값에 비례하여 소위 **코사인 오차**(cosine error)라고 부르는 오차가 발생한다. 이 오차는 조준 방향이 정확히 직각일 때에 최소가 된다. 초기에는 측정광선이 가능한 한 최고의 수준으로 정렬이 맞춰지도록 간섭계들이 설치되었다 하더라도 온도나 여타의 기계적 불안정성에 의해서 조준이 변하게 되면 이것이 측정오차에 영향을 끼치게 된다.

■ 굴절계수 변화

공기의 굴절계수는 압력과 온도에 의해서 영향을 받으며 이와 관련된 측정의 불확실성은 극복하기가 더 어려운 오차이다. 굴절계수 계산에 사용되는 방정식의 **계통 불확실도**(systematic uncertainty) 때문에 이는 큰 부분을 차지한다. 이상적인 환경 하에서 측정을 수행한다 하여도 사용하는 방정식과 대입하는 경험 데이터 때문에 여전히 불확실성이 존재한다. 굴절계수는 전형적으로 스웨덴의 물리학자인 Bengt Edlén(1906–1993)의 이름을 딴 **수정된 에들렌**(modified Edlén)공식을 사용하여 계산한다. 에들렌이 Metrologia[25]를 통해서 발표한 원래 정의를 기초로 하여 에인트호벤 기술대학의 Piet Schellekens와 현재는 델프트 대학 우리 실험실의 계측 분야에서 능동적으로 활동하고 있는 Van Swinden 실험실의 Jo Spronck 같은 다수의 과학자들이 간섭식 공기굴절계의 국제적인 비교를 통해서 굴절계수에 대한 개선이 이루어졌다. 이 고도로 정확한 실험연구는 Metrologia[73]에 게재되었으며 영국의 계측연구소인 NPL 소속 두 과학자인 K.P. Birch와 M.J. Downs가 국제 도량형 사무국(BIPM)의 온도스케일 표준인 IPTS–1948을 기반으로 수행한 1993년의 후속연구[9]와 1990년에 개정된 국제온도스케일인 ITS–90[69]를 사용하여 그 다음해에 수행한 보완연구[10]를 통해서 개선되었다.

다음 방정식은 진공에 대한 공기의 굴절계수 차이를 보정한 것이다.

$$(n-1)_{T,P} = \frac{P(n-1)_{\nu}}{96095.43} \cdot \frac{1+10^{-8}(0.601-0.00972T)P}{1+0.003661T} \tag{8.87}$$

여기서 분산계수 $(n-1)_{\nu}$는 다음과 같다.

$$(n-1)_{\nu} = \left(8342.54 + \frac{2406147}{130-\nu^2} + \frac{15998}{38.9-\nu^2}\right) \cdot 10^{-8} \tag{8.88}$$

이 방정식은 파장길이가 350~650 [nm]인 광선에 대해서 건조공기 중에서의 굴절계수 $n_{T,P}$를 파수 $\nu = 1/\lambda$ [1/μm], ITS-90 온도스케일에 따른 온도 T [℃], 그리고 압력 P [Pa]의 함수로 나타내고 있다.

건조되지 않은 공기에 대한 굴절계수 $n_{T,P,P_{\nu}}$는 다음과 같이 계산할 수 있다.

$$n_{T,P,P_{\nu}} - n_{T,P} = -P_{\nu}(3.7345-0.0401\nu^2) \cdot 10^{-10} \tag{8.89}$$

여기서 P_{ν} [Pa]는 수증기 압력이다.

이 방정식들을 사용한다고 하여도 압력, 온도 및 습도 측정의 불확실성 때문에 굴절계수 계산과정에서 추적 가능한 불확실성은 대략적으로 10^{-8}보다 좋아질 수 없다. 이 값은 추적 가능한 불확실성이 1미터 당 10 [nm]정도 발생하는 것으로 이는 장기간 안정성 요구조건에 부합한다. 다행히도 이 불확실성의 원인은 알 수 없지만 비교적 일정한 오차값을 가지고 있다. 메카트로닉스 위치결정 시스템의 경우에서와 같이 분이나 초 단위로 비교적 짧은 기간 내에 측정이 수행되어야만 하는 경우에는 불확실성을 100 [pm]까지 낮출 수 있다.

온도, 압력 및 습도에 대한 수정된 에들렌 방정식의 편미분을 취하면 특정한 환경조건에 대해서 이 변형오차 입력값들에 대한 개별적인 민감도를 산출할 수 있다. 대기압력 10^5 [Pa], 온도 20 [℃], 그리고 600 [nm]의 파장에 대해서 방정식의 편미분을 통해서 다음과 같은 근사값을 얻을 수 있다.

$$\frac{\partial n_{T,P,P_{\nu}}}{\partial T} \approx 1 \cdot 10^{-6} \quad [1/℃] \tag{8.90}$$

$$\frac{\partial n_{T,P,P_{\nu}}}{\partial P} \approx 2.8 \cdot 10^{-9} \quad [1/\text{Pa}]$$

$$\frac{\partial n_{T,P,P_{\nu}}}{\partial P_{\nu}} \approx 3.6 \cdot 10^{-10} \quad [1/\text{Pa}]$$

따라서 10^{-8} 수준의 추적 가능한 불확실성을 구현하기 위해서는 허용 가능한 환경 변화는 온도의 경우 10 [mK], 총 압력의 경우 28 [Pa], 그리고 수증기분압은 3.6 [Pa]로 제한된다는 것을 알 수 있다. 28 [Pa]

의 수증기 분압은 $2.4 \cdot 10^3$ [Pa]인 물의 포화수증기압력의 약 1%에 해당한다. 이 계수들을 살펴보면 온도가 가장 큰 영향을 끼치며 단 1 [mK]의 온도차이가 1 [m]의 광학경로에 대해서 1 [nm]의 오차를 생성한다는 것을 알 수 있다.

온도가 조절되는 환경 속에서 느리게 움직이는 시스템의 경우에 **파장 추적기**(wavelength tracker)를 사용하면 기계 내의 단 하나의 위치에 대한 공기의 굴절계수를 구할 수 있다. 이 요소는 간섭계에 대해서 상대적으로 위치가 고정된 측정용 역반사경을 구비한 별도의 간섭계로 이루어진다. 이 간섭계에서 측정된 위상변화는 온도, 압력 및 습도에 의한 공기의 굴절계수 변화에 의해서만 유발된다.

그런데 기계 내부의 정확한 온도제어가 필요한 위치에 인접하여 빠르게 움직이는 물체는 많은 와류를 생성하므로 움직이는 물체 주변의 공기유동도 제어할 필요가 있다. 작동기와 같이 주변보다 온도가 높은 물체로 인하여 서로 다른 온도의 공기가 섞이는 것을 피하기 위해서는 공기가 움직이는 물체의 최고속도에 비해서 빠르게 흘러야 한다.

나노미터 수준의 오차를 구현하기 위해서는 1 [mK]보다 좋은 온도 안정성을 가지고 있는 **공기 샤워**(air shower)를 사용해야 한다. 공기샤워를 사용하면 와류공기에 의해서 가진된 진동력의 최대 허용값과 같은 훨씬 더 복잡한 문제들이 야기되기 때문에 이런 용도에는 레이저 간섭계 대신에 인코더를 사용한다.

진공 속에서 작동하는 경우에는 이런 문제들이 발생하지 않으므로 진공중에서 사용하는 레이저 간섭계는 EUV 노광 웨이퍼 스캐너용 스테이지와 같이 가장 엄격한 요구조건을 필요로 하는 경우에 매우 적합하다. 또한 위성간 거리와 같이 매우 먼 거리를 측정해야 하는 경우에 레이저 간섭계를 사용하는 우주계측장비가 최고의 해결방안이다.

8.8.2.4 여타의 구조들

레이저 간섭계에서 몇 가지 실용적인 구조가 활용되고 있다. 복잡한 다축 측정 시스템에 활용해야 하며 서로 다른 편광방향을 통해서 광선을 안내할 수 있기 때문에 제시된 사례들은 모두 헤테로다인 간섭계 방식을 사용한다.

첫 번째 사례인 그림 8.84는 구현 가능한 가장 단순한 헤테로다인 간섭계 구조이다. 이 사례는 1축 단일통과 간섭계이며 광선을 다른 위치에 설치된 간섭계 쪽으로 인도하기 위해서 $\lambda/4$ 파장판을 사용하는 대신에 검출기를 레이저 광원 옆에 설치한다. 레이저 광선들의 충돌을 방지하기 위해서 두 개의 육면체 모서리 역반사경을 사용한다.

광원으로부터의 빛이 편광화 빔 분할기의 상부쪽으로 입사되면 편광화 방향에 따라서 주파수들 중 하

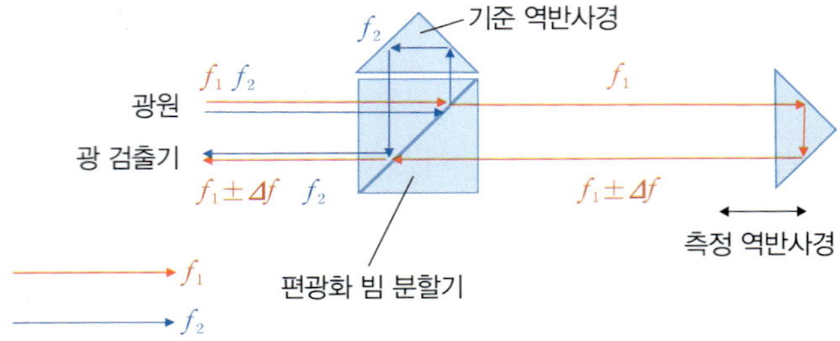

그림 8.84 광선을 시프트 시키며 경사에 대한 민감도를 줄이기 위해서 두 개의 육면체 모서리 역반사경을 사용하는 기본적인 단일통과 헤테로다인 간섭계. 광선들을 시프트 시켜 표시하고 있지만 각 위치들은 단지 경로를 나타내기 위한 것 일 뿐이다. 그리고 검출기 앞의 편광판은 생략되어 있다.

나는 반사되며 나머지 하나는 투과된다. 육면체 모서리들 중 하나는 기준반사경으로 사용되며 편광화 빔 분할기의 다른 쪽으로 나머지 절반의 광선을 시프트 시킨다. 또 하나의 육면체 모서리는 측정용 반사경으로 사용된다. 육면체 모서리는 각운동에 의해 유발되는 파면 오차를 막아주며 나머지 절반의 측정 광선을 편광화 분광기의 아래쪽으로 시프트시켜 준다. 이런 방법을 통해서 귀환 경로가 입사 경로와 충돌하지 않게 되며 검출기를 레이저 광원 옆에 설치할 수 있게 된다.

이 구조에서는 육면체 모서리 대신에 직각 프리즘을 기준 광선에 대해서 사용할 수 있다. 이 구조에서 육면체 모서리의 가장 큰 장점은 요소를 마운팅했을 때에 모든 방향으로의 회전에 대해서 둔감하다는 것이다. 직각 프리즘을 충분히 잘 마운팅하여 기준광선이 측정 광선의 귀환성분과 동일한 위치를 조준하여야 한다.

측정용 역반사경은 광선의 시프팅을 피하고 각운동에 의해 유발되는 파면의 경사 발생을 방지하기 위해서 항상 육면체 모서리를 사용해야 한다.

■ 이중통과 평면 반사경 간섭계

육면체 모서리를 평면 반사경으로 대체한 다중 간섭계를 사용하여 더 많은 방향을 측정하기 위해서 그림 8.85에 도시되어 있는 이중통과 평면 반사경 간섭계가 개발되었다. 반사경이 크다면 이 구조는 측정에 영향을 주지 않으면서 측정 방향과 직각인 방향으로의 반사경 운동을 허용한다. 이 구조는 간섭계에 하나의 $\lambda/4$ 파장판과 두 개의 육면체 모서리를 사용한다. 기준광선은 단일통과 간섭계와 동일한 경로를 통과하지만 측정광선은 다른 경로를 통과한다. 편광화 빔 분할기를 통과한 다음에 $\lambda/4$ 파장판에 의해서 광

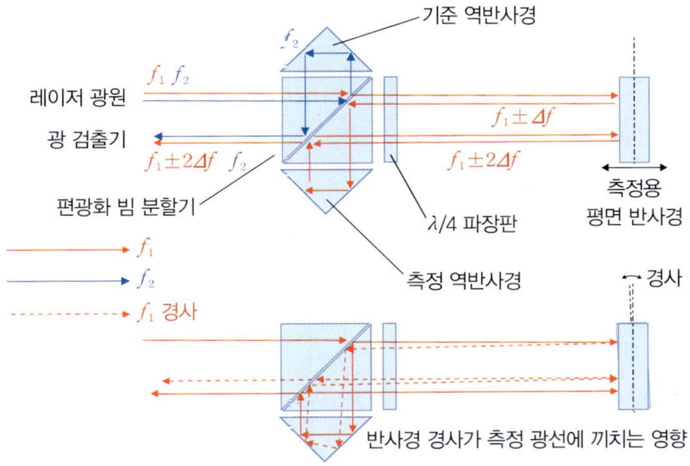

그림 8.85 광선을 시프트 시키기 위해서 두 개의 육견체 모서리를 사용하며 이동요소로는 평면 반사경을 사용하는 기본적인 이중통과 헤테로다인 간섭계. 하나의 $\lambda/4$ 파장판이 측정 광선의 편광 방향을 변화시켜서 편광화 빔 분할기에서 다시 반사되어 움직이는 반사경 쪽으로 되돌아가도록 만들어 준다. 아래쪽 그림은 측정 반사경의 경사가 측정 광선의 궤적에 끼치는 영향을 보여주고 있다. 이 그림에서도 검출기 앞단의 편광판이 생략되어 있다.

선의 편광 방향이 선형에서 원형으로 변하며 이동 반사경에 의해서 반사된 다음의 편광은 $\lambda/4$ 파장판에 의해서 다시 선형 편광으로 변환되지만 이제는 직각 방향을 향하게 된다. 그 결과 측정 광선은 편광화 빔 분할기와 두 번째 육면체 모서리에 의해서 반사되며 이동 반사경 쪽으로 다시 향하게 된다. 이 두 번째 궤적에서 편광은 원형에서 원래의 선형편광으로 변환되어 편광화 빔 분할기를 통과한 다음에 기준 광선과 간섭을 일으킨다.

이 이중통과로 인하여 측정광선은 반사경의 운동에 의해서 이중 위상 시프트와 이중 도플러 효과를 일으키게 된다. 이로 인한 간섭계 상수는 4가 되므로 이 간섭계를 이중 통과형이라고 부르면 혼동을 일으킬 우려가 있다. 이중통과라는 것은 물체와 간섭계 사이의 거리를 양 방향으로 두 번 통과해야만 한다는 것을 말한다. 간섭계 상수 $N = 4$이므로 측정 신호는 운동에 대해서 두 배의 민감도를 갖게 되며 앞 절에서 언급했듯이 높은 속도에 대해서 측정을 수행하려면 이 또한 높은 분리주파수를 필요로 한다. 측정 방향으로의 운동에 대해 증가된 높은 민감도를 가지고 있으며 직각 방향으로의 큰 운동에 대한 둔감성을 가지고 있을 뿐만 아니라 측정 반사경의 경사에 대한 민감도는 미소회전에 대해서 0이다. 그림 8.85의 아래 그림에서 점선을 따라가 보면 이를 확인할 수 있다. 첫 번째 반사 이후에 되돌아가는 광선은 측정 반사경의 경사각의 두 배 만큼 기울어진다.

편광화 빔 분할기에서 4회 반사가 이루어지므로 육면체 모서리가 광선의 두 번째 궤적을 첫 번째 반사 이후와 마찬가지로 2배 경사각으로 되돌려 보내면 이 두 번째 반사는 동일한 경사각을 가지고 있지만 방향은 반전된다. 그 결과 측정 광선의 광학 경로길이는 변하지 않는다.

비록 광학 경로길이는 변하지 않지만 광 검출기로 입사되는 측정 광선은 **광선분리**(Beam WalkOff : BWO)라고 부르는 측면방향 변위를 나타낸다.

측정 반사경의 경사각은 ϑ_t [rad]이며 간섭계에서 d_m만큼 떨어져 있다면 광선분리는 다음과 같다.

$$BWO = 4 \cdot d_m \vartheta_t \tag{8.91}$$

광선분리는 기준광선과 측정광선이 간섭을 일으키기에 충분한 만큼만 허용되기 때문에 측정 반사경의 경사는 모든 광선이 간섭계 내부에 머물 수 있는 정도까지만 허용된다. 그림 8.86에서는 광선분리가 간섭 효율에 끼치는 영향을 보여주고 있다. 중첩되지 않는 부분의 광선은 센서에 DC 방사조도 신호를 부가하며 광선분리가 증가하면 AC 간섭부가 비교적 작아진다.

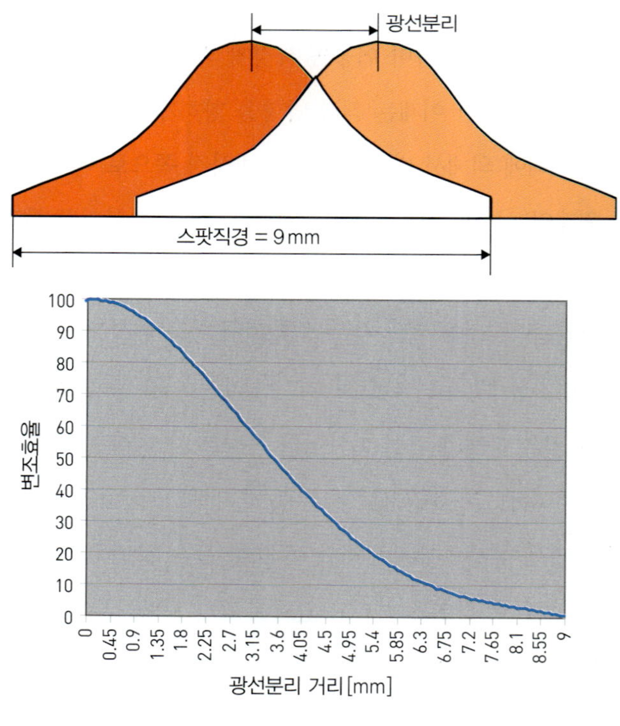

그림 8.86 이중통과 평면 반사경 간섭계에서 측정용 반사경의 경사는 측정광선의 시프트를 초래한다. 그 결과 측정 광선과 기준 광선은 완벽하게 중첩되지 않으며, 이를 광선분리(BWO)라고 부른다. 간섭은 중첩영역에서만 발생한다.

광선의 직경을 증가시키면 허용 경사가 증가하지만 더 큰 광학부품을 필요로 하게 된다. 하지만 편평도 및 파면오차에 대한 광학적 요구조건 때문에 이런 큰 부품들은 극도로 비싸진다.

■ 파면왜곡

광선분리에 영향을 끼치는 매우 중요한 인자가 파면왜곡이다. 그림 8.87에서는 두 광선이 간섭을 일으키는 경우를 보여주고 있다. 대부분의 파면왜곡이 측정용 빔에 의해서 유발되지만 이론상으로는 두 광선이 모두 왜곡될 수 있다. 이 사례의 경우 측정용 광선의 파면이 완벽한 평면이 아니므로 두 광선들 사이의 간섭도 더 이상 완벽하지 못하며 파면편차의 평균값을 측정하여 구하는 위상각 역시 변하게 된다. 이 편차가 측정 반사경의 변위와 무관하게 일정하다면, 시스템은 상대적인 측정값을 사용하여 변위를 산출하며 모든 위치에서 파면오차의 위상 기여도가 동일하여 서로 상쇄되어 버리기 때문에 아무런 문제가 없다. 하지만 측정용 반사경의 이동에 의해서 광선의 중첩도가 변한다면 이런 상쇄가 구현되지 않는다. 이런 경우 왜곡된 파면이 반대쪽 광선의 외부로 시프트 되면 파면왜곡의 위상분포가 변하여 위치측정 오차가 발생하게 된다.

8.8.2.5 다중축 레이저 간섭계

평면 반사경 간섭계는 측정 방향과 직각인 방향으로의 움직임을 허용한다고 설명한 바 있다. 이로 인하여 웨이퍼 스캐너의 웨이퍼 스테이지와 같은 고체 물체의 다축 측정에 이를 활용할 수 있다.

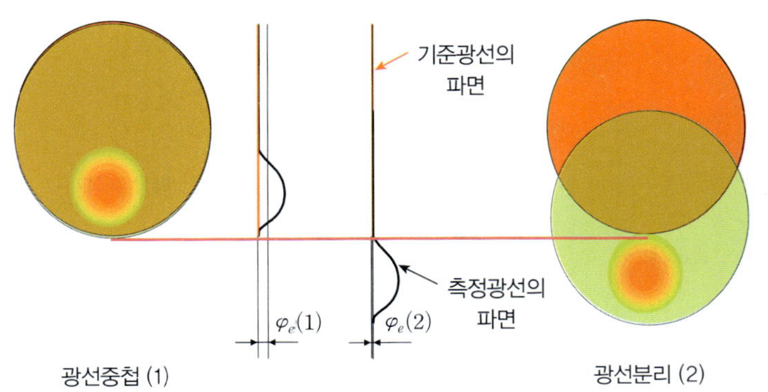

그림 8.87 기준광선에 비하여 파면이 왜곡된 측정광선은 광선의 평균위상 ϕ_e를 변화시켜서 위치측정값을 변화시킨다. 광선분리로 인하여 이 왜곡위치가 기준광선의 외측으로 이동하게 되면 이 편차가 더 이상 발생하지 않으며 위치측정값의 편차를 유발하게 된다.

그림 8.88에서는 이 책의 표지에 제시된 3 자유도 웨이퍼 스테이지의 광학 배치를 보여주고 있다. 하나의 간섭계가 y방향 변위 측정에 사용되며 두 개의 간섭계들이 x방향 변위측정에 사용된다.

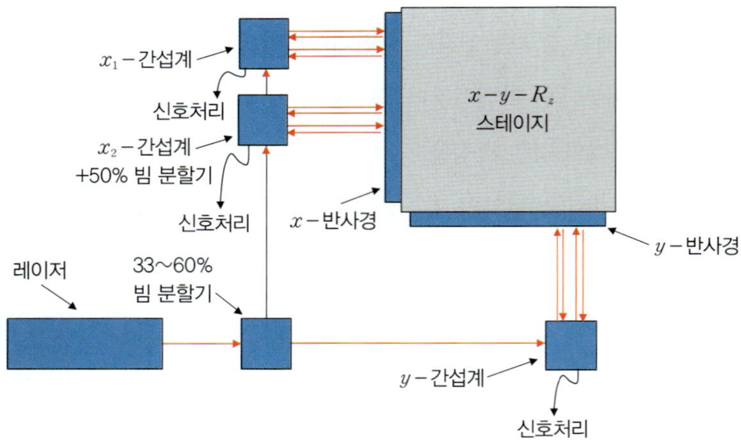

그림 8.88 3개의 평면 반사경 간섭계를 사용하여 3축 측정이 가능하다. 이 경우 x_1 및 x_2는 x방향 변위와 z축 방향으로의 회전각 R_z를 측정한다.

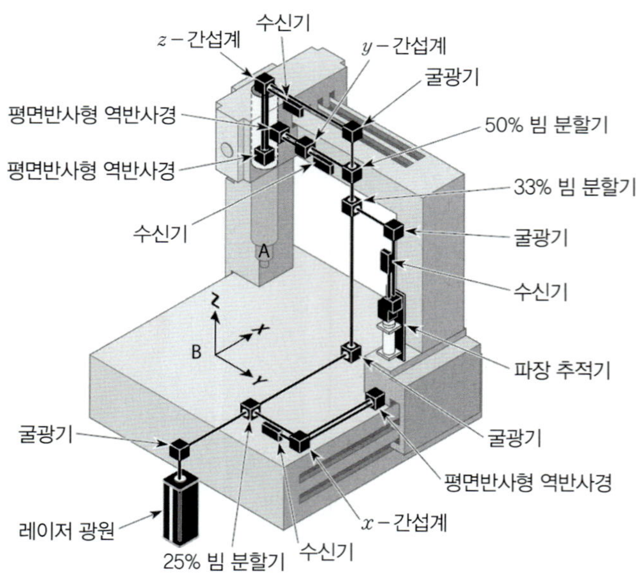

그림 8.89 갠트리 방식 머시닝 센터에 장착된 3 자유도 x-y-z 측정 시스템은 광선을 측정위치까지 안내하기 위해서 다양한 광학 부품들을 사용하고 있다. 파장 추적기는 굴절계수 변화를 보상해 준다. A에서 B까지의 계측 루프는 매우 길며 간접적이다.

두 x방향 측정값들 사이의 차이를 사용하여 z축 방향으로의 회전각(R_z)을 구할 수 있다. 앞서 설명했던 광선분리 때문에 회전각 측정범위는 매우 좁지만 웨이퍼 스캐너에 활용하기에는 충분하다. 측정 반사경을 z방향으로 확장하면 9장에 제시되어있는 것처럼 완전한 6자유도 측정 시스템을 구현할 수 있다.

마지막 사례로 그림 8.89에 도시되어 있는 3축 $x-y-z$ 측정 시스템은 광선을 어느 측정위치로도 안내할 수 있다는 것을 보여주고 있다. 또한 온도나 압력에 의해서 변하는 공기의 굴절계수를 구할 수 있는 파장 추적기를 위한 제 4의 가지를 갖추고 있다.

8.8.3 기계적인 측면

위치 측정은 알고 있는 기준위치에 대한 상대적인 측정과정이다. 원거리 정밀측정의 경우 변형에 의해서 유발되는 모든 측정오차를 방지하기 위해서 열팽창이 없는 강체를 진동이 없는 환경에 설치하여 기준위치를 만들어 놓는다. 이 안정된 기준 환경을 유지하는 프레임을 **계측프레임**(metrology frame)이라고 부르며 이 프레임은 정밀 계측공학자의 이상향을 나타낸다. 9장에 제시된 웨이퍼 스캐너에서 계측 프레임은 웨이퍼에 투영되는 영상의 위치 정확도를 보장하기 위해서 렌즈와 강체구조로 연결되어 있다. 이와 같이 극한의 정밀도를 요구하는 사례 이외에 정밀 머시닝 센터의 작업시편 위치와 같은 여타의 활용 사례에서 계측 프레임은 기준위치와 잘 연결되어 있어야 한다. 단일축 위치결정 시스템의 경우 이 계측 프레임은 측정위치에 근접하여 설치되어야 하지만 그림 8.39에 도시된 갠트리 구조를 가지고 있는 다중축 측정 시스템의 경우에는 근접설치가 불가능하다.

이런 구조에서 계측 프레임은 별도로 분리되어있지 않으며 베이스와 갠트리로 이루어진다. 이동부 A에서 고정된 테이블 B까지의 상대위치 측정은 **계측루프**(metrology loop)를 통해서 간접적으로 이루어진다. 계측 루프는 둘 또는 그 이상의 측정위치에 대한 상대위치정보를 운반하는 가장 짧은 경로이며 위치측정 센서에 의해서 측정이 가능하도록 연결되어 있거나 미리 교정된 슬라이드 테이블로 연결되어 있는 일련의 강체로 이루어진다. 그림에 도시된 사례에서 계측 루프는 위치 B에서 출발하여 테이블을 거쳐서 위치 정보를 갠트리로 연결해 주는 x-간섭계로 이어진다. 계측 루프는 갠트리를 통과하여 갠트리 위치를 이동부 A와 연결시켜 주는 z-간섭계로 연결된다. 루프 내의 모든 부품들이 전체 측정에 기여하며 모든 부품들과 계측루프 전체의 거동특성을 정확히 알고 있다면 아무런 오차도 발생하지 않는다. 하지만 현실은 결코 이상적이지 못하며 슬라이딩 메커니즘의 결함이나 강체에 끼치는 열팽창 등이 측정에 영향을 끼치는 미지의 부정적인 요인으로 작용하게 된다.

8.8.3.1 아베오차

오차의 중요한 원인들 중 하나는 각운동이 긴 팔걸이 길이와 결합된 것이다. 독일의 물리학자인 Ernst Karl Abbe(1840 – 1905)는 이 오차를 처음으로 소개하였기에 **아베오차**(Abbe error)라는 이름이 붙게 되었다. 그는 다음과 같이 말했다.

> 만일 **시차**(parallax)에 의한 오차를 피하기 위해서는 측정 시스템이 변위를 측정해야 하는 시편 상의 축선과 동축 선상에 위치해야만 한다.

이 일반적인 논제로부터 변위측정 시스템은 변위를 측정해야 하는 물체와 일직선상에 위치해야 하며 회전에 의한 영향을 보상하기 위해서는 각운동을 별도로 측정해야 한다는 결론을 얻을 수 있다. 이를 고려한 측정 방법이 그림 8.90에 제시되어 있다. 이 경우 측정 반사경의 상부 A점의 위치를 측정해야 하지만 반사경도 z방향으로 이동시켜야 하기 때문에 레이저 광선을 이 위치와 동축선 상에 위치시키는 것은 불가능하다. 이런 경우 추가적인 측정광선을 사용하여 x–축에 대한 회전각도 정보를 제공할 수 있다.

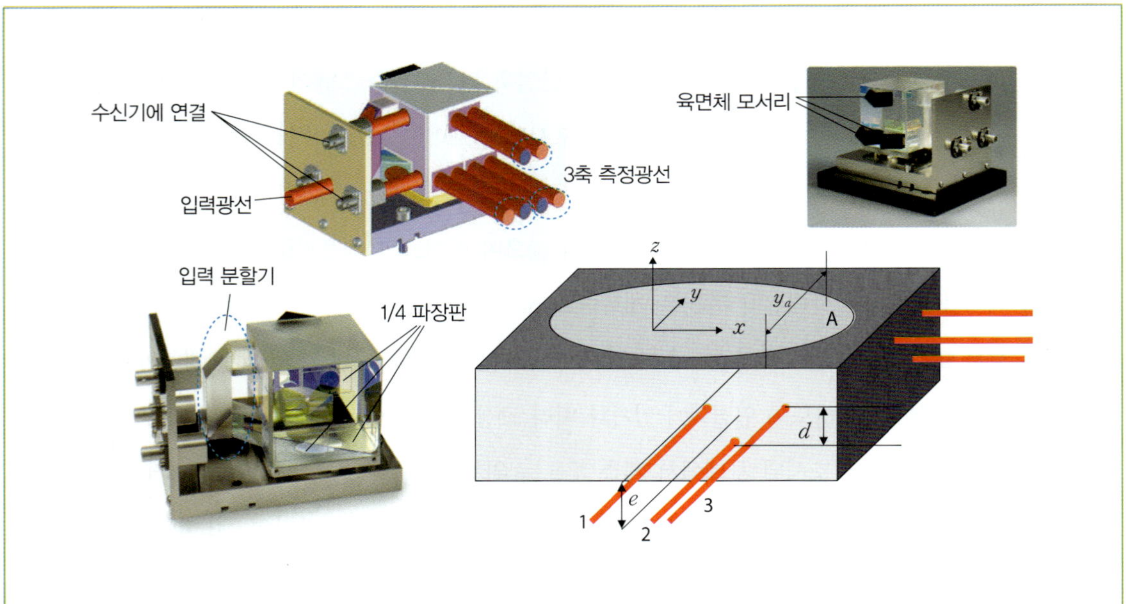

그림 8.90 다중 간섭광선 측정을 통해서 x, y 및 z 축 방향으로의 회전을 측정할 수 있다. 표면까지의 거리 e와 x–축 방향으로의 회전을 갖는 비동축 측정에 의해서 유발되는 아베 오차는 상호간 거리 d를 가지고 있는 두 개의 간섭광선을 이용한 각도측정을 통해서 보상할 수 있다. 이런 측정을 하나의 유닛으로 수행할 수 있는 Agilent Technologies 사의 모놀리식 3축 간섭계가 도시되어 있다. 신뢰성있는 각도측정을 위해서는 높은 상대 안정성을 가지고 집적된 3개의 독립적인 평면 반사경 간섭계가 필요하다.

어떠한 각도측정 오차도 관심위치까지의 거리 y_a에 선형적으로 비례하는 z-방향 측정오차로 변환된다는 것을 인식하는 것이 극도로 중요하다. 그런 이유 때문에 각도측정의 안정성에 대한 요구조건은 선형운동의 경우보다 더 엄격하며 가능하다면 항상 아베오차를 가능한 한 정밀하게 측정하는 것이 좋다.

Agilent Technologies사의 간섭계 유닛은 3개의 독립적인 평면 반사경 간섭계들 사이의 안정적인 상호관계를 보장하기 위해서 모든 광학부품들이 완벽하게 집적화 되어있으며, 이를 통해서 이런 간섭계의 복잡성을 명확하게 보여주고 있다. 접착제를 사용해서 다중 광학 요소들을 조립할 수 있지만 이 표면들이 충분히 평평하다면 폴리싱 된 표면들 사이의 광학식 직접접착도 가능하다. 이런 고난이도의 조립과정을 통해서만 각도측정에 필요한 정확도를 구현할 수 있다.

이 원리들은 이 책의 마지막 응용사례로 소개되어있는 ASML 웨이퍼 스캐너의 극한 측정에 적용되고 있다.

09

웨이퍼 스캐너의 정밀 위치결정

Robert Munnig Schmidt

9.1 | 서언

1장에서, 필립스 전자가 세계최초로 발명한 웨이퍼 스테퍼인 실리콘 리피터에 대해서 소개한 바 있다. 이 메커니즘은 집적회로의 복잡한 구조배치를 실현하기 위해서 설계되었으며, 그 후계자인 ASML의 장비[71]는 레티클 이미지를 웨이퍼 위에 매우 세밀하게 노광할 수 있어서 전자산업의 세계적인 확산에 중요한 역할을 하게 되었다. 집적회로 내에서 가장 작은 형상을 **최소선폭**(features)이라 부르며, 이 최소크기는 주로 **임계치수**(Critical Dimension : CD)로 표시되는 노광 시스템의 분해능에 의해서 결정된다. 7장에서 설명한 바에 따르면, 광학 시스템의 분해능은 빛의 파장길이 λ, 렌즈의 개구수(NA), 그리고 주로 조명 시스템에 의해 결정되는 k_1 계수 등에 의해서 결정된다. 이 변수 등을 사용하여 임계치수를 나타내면,

$$CD = k_1 \frac{\lambda}{NA} \tag{9.1}$$

이 분해능은 이론적인 값이며, 주변 패턴에 의해서 영향을 받는다. 빛의 파장특성에 의해서, 회절에 의해 제한된 형상의 에어리 디스크 필드 프로파일을 생성하며, 피크 주변에서의 **울림**이 인접형상의 에어리 디스크 필드 프로파일에 벡터 합산된다. 그 결과 고립된 형상의 임계치수는 조밀하게 집적된 형상의 임계치수와는 다르게 된다. 이런 이유 때문에 임계치수에 대한 몇 가지 정의가 사용되며, 이 단원에서는 그 중에서 **절반피치**(half−pitch) 임계치수를 사용한다. 고립되지 않은 형상의 경우, 절

71) 이 장에 제시되어 있는 많은 사진들과 배후정보들은 반도체 업계에서 사용하는 노광 시스템 시장의 선도주자인 ASML이 제공해 주었다.

반피치 임계치수란 일반적인 직선과 간극의 격자로서, 직선의 폭이 주기(피치)의 절반이다. 임계치수의 기본 공식을 기초로 하여 반도체 장비들의 연구와 개발에서는 항상 파장 길이 λ와 k_1계수를 줄이고, NA를 극대화하는 데에 초점을 맞추고 있다. 파장 길이를 줄이기 위해서 빛의 파장은 436[nm], 405[nm] 및 365[nm]파장을 가지고 있는 수은 아크등에서 출발하여 248[nm] 및 193[nm] 파장의 빛을 방사하는 엑시머 레이저에 이르게 되었다. 그 다음 단계는 13[nm] 파장의 **극자외선**(EUV)광원이 될 것이다. 그런데 이토록 짧은 파장에 대해서 투명한 소재는 존재하지 않기 때문에, 극자외선 광선에 대해서는 거울을 이용한 반사광학계 만을 사용할 수 있다. k_1계수의 개선에 있어서는 7.5.4절에서 설명했던 것처럼, 되도록 많은 영상의 회절차수들이 렌즈의 동공에 포집되도록 조명을 인도하는 몇 가지 광학기법이 개발되었다.

높은 개수구가 필요하기 때문에 산업계에서는 처음부터 웨이퍼 전체가 아닌 일부분만을 노광하였다. 높은 개구수를 가지고 넓은 표면을 노광하려면 매우 직경이 크고 극도로 비싼 렌즈를 사용해야만 한다. 이런 이유 때문에 작은 렌즈를 사용하면서 웨이퍼를 단계별로 노광하는 것이 더 적합하다고 생각하게 되었다. 각각의 분리된 노광영역을 **다이**(die)라고 부르며 하나의 다이에는 다수의 집적 회로들이 포함된다. 실제의 경우, 다이의 크기는 투사 렌즈와 웨이퍼 스테퍼에 의해서 결정되는데, 대략적으로 18×18[mm]의 사각형이다. 현실적인 이유 때문에 공기 중에서의 개구수는 최댓값이 0.93이며, 이 한계 때문에, 193[nm]의 광선을 사용하는 대부분의 현대적인 노광 시스템에서는 굴절율이 약 1.44인 물을 중간 매질로 사용한다. 이를 통해서 실제적인 개수구를 약 1.35까지 증가시킬 수 있다.

1998년경에 웨이퍼 스캐너가 등장하기 전까지는 가장 정교한 세부형상이 포함된 가장 중요한 층의 노광을 위한 핵심기법으로 웨이퍼 스테퍼가 사용되었다.

레티클에서 웨이퍼로 영상을 확대해 주는 노광 시스템에 스캐닝 이론을 적용한 미국회사인 PerKin Elmer사에 의해서 웨이퍼 스캐너의 원리는 훨씬 오래전에 소개되었다. 비록 이 장치는 웨이퍼와 동일한 크기의 레티클을 필요로 했지만, 웨이퍼에 직접 접촉시키는 레티클을 사용했던, 그 당시의 원래 노광 원리가 가지고 있던 오염과 손상 문제에 대한 훌륭한 해결책이었다. 문서스캐너에서처럼, 광선 띠가 웨이퍼와 동기화 된 스캐닝 운동으로 레티클을 노광한다. 이 경우, 정지해 있는 광선 띠에 대해서 웨이퍼와 레티클이 이동한다. ASML의 웨이퍼 스캐너는 이와 동일한 원리을 사용하지만, 여기에서는 분해능을 높이기 위해서 웨이퍼 스테퍼에 축소 렌즈를 사용하고 있다.

9.1.1 웨이퍼 스캐너

그림 9.1에서는 웨이퍼 스캐너가 어떤 방식으로 실리콘 웨이퍼에 노광을 수행하는지를 매우 간략하게 보여주고 있다. 조명계는 투사렌즈에 대해서 정지해 있는 특정한 폭의 **슬릿**(slit)이라고 부르는 광선 띠를 만들어 낸다. 웨이퍼 스캐너에서는 정지해 있는 레티클을 사용하는 대신에, 레티클을 **레티클 스테이지**(reticle stage) 위에 얹어서 스캐닝 운동을 수행하며, 이와 동시에 조명 시스템은 레티클의 한 부분만을 비춘다. 투사렌즈는 레티클의 영상을 실리콘웨이퍼 위에 투사하는데, 웨이퍼도 **웨이퍼 스테이지**(wafer stage)라는 스캐닝 위치결정시스템 위에 얹혀있어서, 레티클 스테이지와 동기화되어 움직인다. 웨이퍼는 진공에 의해서 웨이퍼 스테이지 위의 **웨이퍼 테이블**(wafer table)에 견고하게 고정된다. 이 웨이퍼 테이블은 웨이퍼를 이동 스테이지에 단단히 고정하므로 보통 **웨이퍼 척**(wafer chuck) 또는 그냥 **척**이라고 부른다. 투사렌즈들이 영상을 4배 축소시켜 주고, 한 번에 하나의 다이에 대해서만 노광을 시행하기 때문에 Perkin

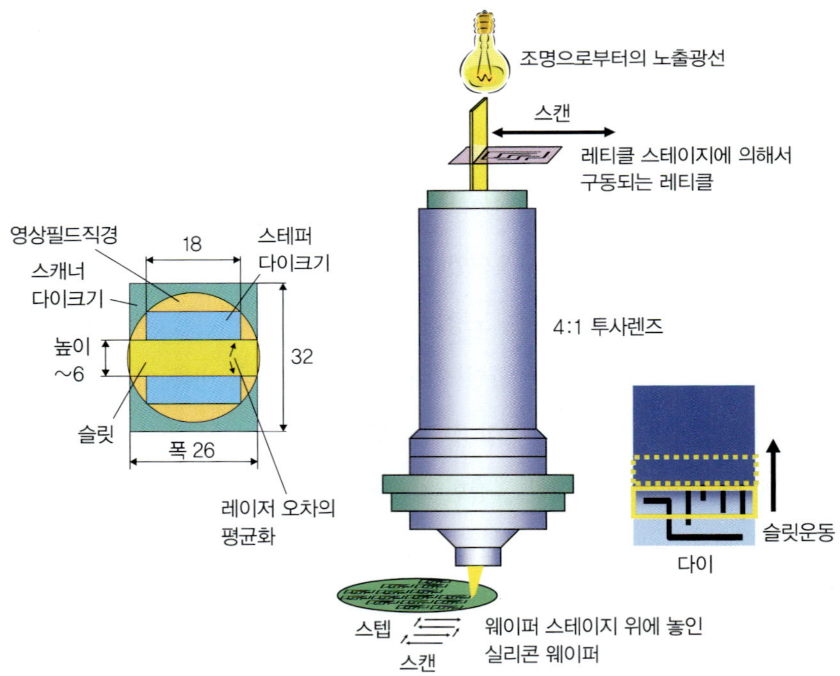

그림 9.1 웨이퍼 스캐너 노광 시스템의 기본원리. 폭이 좁은 광선 **슬릿**이 투명한 레티클 위의 패턴에 노출되며, 이 패턴은 4배 축소 투사렌즈를 통해서 웨이퍼 위에 투영된다. 레티클과 웨이퍼의 동기 운동을 통해서 전체적인 패턴 이미지가 웨이퍼에 전사된다. 웨이퍼 전체를 노광하기 위해서 다음번 다이 위치로의 중간스텝이동과 스캐닝운동이 반복된다. 렌즈의 원형 이미지필드의 전체 폭을 활용하고 스캐닝 스트로크를 극대화 시켜서 다이 크기를 증가시켰다.

Elmer 스캐너에 비해서 비교적 큰 레티클을 사용해서 미세한 형상들을 노광할 수 있다. 이 축소기법의 단점은 레티클이 웨이퍼보다 4배 빠르게 움직여야 하므로, 그에 따라서 높은 가속과 반력이 수반된다는 점이다. 이런 동적인 단점들에도 불구하고, 레티클을 사용하여 충분한 품질로 복잡한 형상을 생성하기 위해서는 영상축소가 필요하다. 세부형상들이 매우 인접해 있어서 단락이 발생할 우려가 있는 영역에서의 분해능을 증강시키기 위해서 IC패턴의 모서리 주변에 추가되는 **보조형상**(assist features)과 미세한 세부형상들을 포함한 패턴들을 4배 더 크게 만들면 전자빔 패턴 생성기로 이를 제작할 수 있게 된다.

레티클의 스캐닝 노광은 웨이퍼 스테퍼에서 사용했었던 정지식 레티클을 사용한 노광에 비해서 몇 가지 장점이 있다.

스테핑에 비해서 스캐닝이 가지고 있는 첫 번째 장점은 미소한 이미지 위치오차의 평균화이다. 레티클 상의 모든 점들은 스캐닝운동에 의해서 노광슬릿의 전체 폭으로 노광되며 투사렌즈에 의해서 슬릿의 한쪽부위에 존재하는 미소한 이미지 위치오차는 슬릿의 다른 부분에서는 반대오차로 보상된다. 만일 오차가 임의적이라면 이는 평균화 되어 버린다.

두 번째 장점은 이미지 필드의 최대 크기와 관계되어 있다.

원형 렌즈 소재로 제작한 렌즈는 동일한 개구수를 가지고 모든 부분들을 노출할 수 있는 원형의 이미지필드를 가지고 있다. 원형으로 웨이퍼를 노광하면 노광되지 않는 부위가 생기기 때문에 매우 실용적이지 않다. 육각형 다이라면 표면전체를 채울 수 있겠지만 육각형 다이로 사각형 집적회로를 노광하는 것은 매우 비실용적이다. 이런 이유 때문에 다이는 항상 사각형이다. 스테퍼를 사용하는 경우, 사각형 다이를 원형 필드 내에 맞춰 넣어야만 하며, 정사각형 다이가 최대면적을 채워 넣을 수 있는 형상이다.

제한된 높이의 슬릿을 사용하는 웨이퍼 스캐너는 렌즈의 크기나 비용을 증가시키지 않으면서, 대략 26[mm]의 넓은 이미지 필드의 폭을 이용할 수 있다. 심지어, 이 방식은 슬릿영역 내에서의 광학 영상 품질 최적화도 가능하다. 더욱이, 원리상으로는 스캐닝 방향으로의 이미지 크기를 무한히 길게 만들 수 있지만, 레티클이 커지면 매우 비싸질 것이다. 이런 이유 때문에, 스캐닝 방향으로의 다이 크기는 약 32[mm]로 제한된다.

9.1.2 정밀도 요구조건

임계치수는 웨이퍼 스캐너의 정밀도를 결정짓는 주요 인자들 중 하나이다. 임계치수는 거의 **무어의 법칙**(Moore's law)에 따라서 지속적으로 감소하고 있다.

인텔의 공동 창업자이며, 미국의 화학 및 물리학자인 Gordon Earle Moore(1929)는 1965년에 관찰을 통해서 인텔 프로세서 속에 들어가는 트랜지스터의 수는 2년마다 두 배로 증가한다는 법칙을 만들었다 [65]. 비록 이것이 자연법칙은 아니지만, 가장 작은 형상들의 **축소**를 통해서, 이 가설은 거의 40년간 이어진 접적도의 지수함수적인 증가를 예측하였다. 산업계는 이런 측면에서 스스로 매우 잘 조직화 되어서, International Sematech은 반도체업계를 향후 15년 동안 지배하게 될 다양한 인자들의 예상되는 개발방향을 매우 세밀하게 기술하고 있는 **국제 반도체 기술 로드맵**(ITRS)[45]을 함께 만들어서 활용하고 있다.

임계치수 다음으로는 **중첩**(overlay)이 정밀도를 지배하는 두 번째 인자이다. 중첩은 다른 층에 대한 임의의 패턴층의 상대적인 위치이며, 가능한 한 작아야 한다. 그림 9.2에서 알 수 있듯이, 모든 층등은 **비아**(Vias)라고 부르는 다수의 작은 도전성 기둥에 의해서 연결되어야 한다.

중첩간의 오차는 접점과 절연의 전기적 성질 모두에 영향을 끼치며, 심지어는 단락을 유발할 수도 있다.

최대허용 중첩값은 임계치수와 강하게 관련되어 있다. 원래에는 최대중첩이 임계치수의 30% 내외여도 충분했지만, 최근 들어서는 중첩의 요구조건이 임계치수의 약 15% 미만이 될 정도로 강화 되었다.

이토록 상대적인 중첩의 요구조건이 더 강화된 이유는 최근 들어, 이전 노광 사이클에서 만들어진 직선들 사이에 추가적으로 직선을 노광하는 이중 패터닝 또는 이중노광과 같은 특수한 노광기법 때문이다. 렌

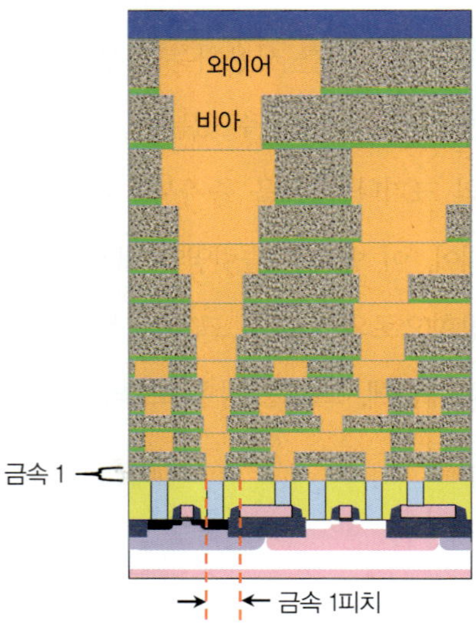

그림 9.2 현대적인 집적회로의 단면형상을 통해서 엄격한 중첩조건을 사용해서 위치를 맞춰야만 하는 다수의 상호연결층 등을 보여주고 있다. (Courtesy of Semiconductor Industry Association. The International Technology Roadmap for Semiconductors, 2009 Edition. International SEMATECH : Austin, TX, 2009)
우측의 사진은 IBM의 CMOS로직 마이크로프로세서이다. (Courtesy of IBM Research)

즈에 의해서 상이 생성될 수 있을 만큼으로 패턴을 약간 과소 노광 시키면 현상된 패턴은 간극보다 직선의 폭이 작아지기 때문에 그 사이에 또 하나는 직선을 노광할 수 있다. 이 방법을 통해서 IC제조업체들은 193[nm]파장의 광원을 사용하면서 훨씬 더 작은 치수를 만들 수 있게 되었지만, 그림 9.3에서 알 수 있듯이 중첩에 대한 요구조건이 무어의 법칙을 넘어서 급격하게 강화 되었다.

정밀도에 중요한 세 번째 인자는 생산성이다. 주로 광학에 의해서 구동되므로, 장비의 가격이 매우 높기 때문에, IC 제조업체가 허용하는 수준의 투자회수를 보장해 주기 위해서 지속적인 작동속도의 상승이 요구된다.

생산성은 다른 방식으로 정의된다. 기계의 **처리량**(throughput)은 가장 정량화하기 쉬운 항목이며, 한 시간에 얼마나 많은 수의 웨이퍼를 노광할 수 있는가를 말해준다. 하지만 생산성은 얼마나 노광이 성공적이었는가에 대해서 알려주지 못하며, 이런 이유 때문에 단위 시간당 성공한 노광의 수가 사용자들에게는 더 의미가 있다.

하지만 여전히 현실적인 이유 때문에 기계의 설계과정에서는 처리량이 가장 자주 사용된다.

2010년의 최고 수준은 시간당 180장의 웨이퍼를 처리하는 것이다. 이 값은 웨이퍼 로딩과 언로딩 시간을 포함하여 웨이퍼 당 20초에 해당한다. 이에 따라서 스테이지와 여타의 로봇 운동 시스템들을 구동하는 극한의 속도와 가속도는 강한 반력과 진동을 유발하여, 노광과정에서의 **페이딩**(fading)과 진동에 의한 **대비**(contrast)저하로 인해서 임계치수가 훼손될 수 있다.

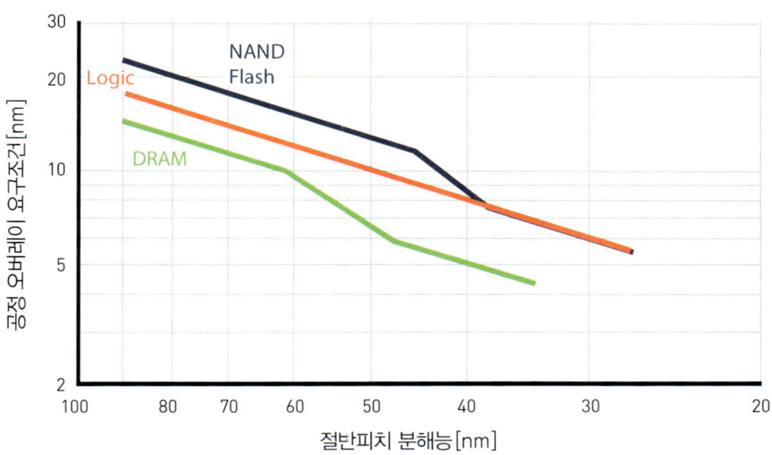

그림 9.3 허용중첩편차에 대한 요구조건의 경향이 무어의 법칙을 앞질러 버렸다. 머지않아, 집적 회로의 모든 층들을 수 나노미터 이내로 위치시킬 필요가 있다.

표 9.1 **웨이퍼 스캐너의 위치결정 시스템 정밀도에 대한 주요 요구조건들(2014년 기준)**

요구조건	근사값
임계치수(CD)	< 40[nm]
오버레이	< 4[nm]
웨이퍼 스테이지 스텝 속도	> 2[m/s]
웨이퍼 스테이지 스캔 속도	> 0.5[m/s]
레티클 스테이지 속도	> 2[m/s]
웨이퍼 스테이지 가속도	> 30[m/s^2]
레티클 스테이지 가속도	> 120[m/s^2]
웨이퍼 스테이지 계측오차	< 0.5[nm/20초] 이상
웨이퍼 스테이지 MA의 평면 내 위치오차(오버레이)	< 1[nm]
웨이퍼 스테이지 MSD의 평면 내 위치오차(페이딩)	< 10[nm]
초점오차	< 100[nm]
정착시간	< 10[ms]

이런 모든 요인들 때문에 웨이퍼 스캐너에 대해서 일련의 요구조건들이 도출되었다. 표 9.1의 항목들은 정밀 위치결정 시스템인 웨이퍼 스테이지와 레티클 스테이지의 성능을 직접 결정하는 가장 중요한 요구조건들을 개괄적으로 선정하여 보여주고 있다. 제시된 값들은 그 크기에 대한 개념을 잡는데 도움을 주기위해서 제시된 근사값일 뿐이다. 웨이퍼 스테이지의 위치오차는 중첩오차를 유발하는 저주파 대역의 **이동평균**(MA)과 영상의 페이딩을 유발하는 고주파 대역에서의 **이동표준편차**(MSD)로 나눠진다.

이 요구조건들을 기초로 하여 이 장에서는, 이런 극한의 성능을 결정하며 앞으로의 개발을 위한 새로운 도전을 위해서 다음의 중요한 관점들에 대해 살펴보기로 한다.

- 동적으로 민감한 부품들의 교란진동을 막아주는 동적구조
- 동적성능에 대한 요구를 충족시키기 위해서 로렌츠 작동기를 사용한 영강성 스테이지 구동
- 정렬용 마크와 대변위 센서를 활용한, 영상과 웨이퍼 사이의 간접적인 상대위치 측정
- 플랜트 동특성에 대한 고도의 예측성을 기반으로 한 전향제어 및 PID 귀환 제어를 활용하는 운동제어

9.2 | 동적 구조

정밀공학 분야에서 적용되는 중요한 법칙들 중 하나는 메카트로닉스 시스템의 거동제어를 시도하기 전에, 우선, 시스템의 개루프 동특성을 완벽하게 지배하여 문제의 발현을 방지해야 한다는 것이다. 이런 이유에서, 그림 9.4에 도시되어 있는 웨이퍼 스캐너의 동적구조는 모든 비결정적 동적교란들을 가능한 한 광학투사 시스템에서 분리하는데 초점이 맞추져 있다.

외란의 첫 번째 원인은 웨이퍼 스캐너의 스테이지 급가속에 의해 발생하는 가속력이다. 외란으로 작용하는 힘의 또 다른 주요 원인들은 대형 공조기나, 반도체 업계에서 일반적으로 사용하는 용어인, **웨이퍼 펩**(wafer fab)내의 정수 및 수처리 장비 등에 의해 유발되는 진동이다.

이러한 진동은 잘 설계된 동적구조로 이루어진 기계적 프레임, 반발력을 흡수하기 위해 **평행질량**(balance mass)의 사용, 그리고 가장 민감한 부품들의 보호를 위한 진동 차폐 시스템 등을 통해서 저감할 수 있다.

웨이퍼 스캐너의 기본적인 기계적 구조는 몇 가지 부분들로 구성된다. 첫 번째 부분은 무겁고 강한 구조를 갖는 **기초부**(pedestal)로서, 웨이퍼 스캐너를 웨이퍼 펩 내의 바닥과 연결시켜 준다. 이 바닥은 전형

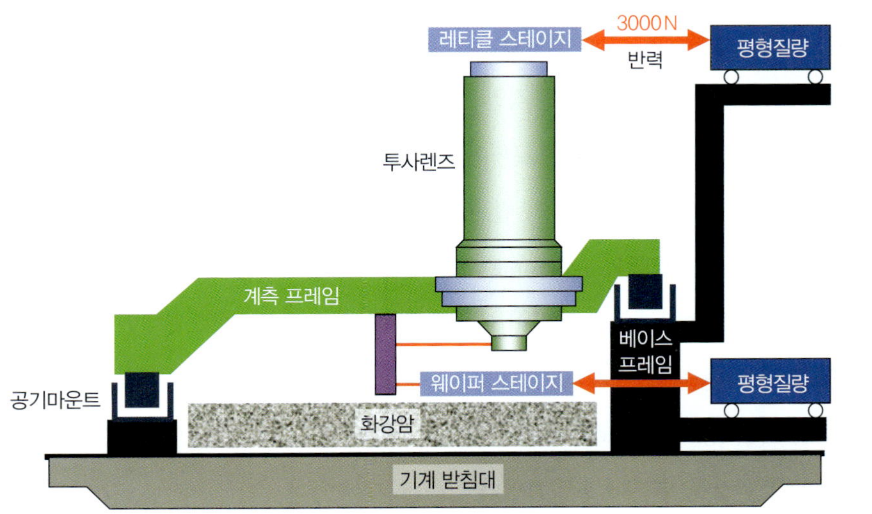

그림 9.4 웨이퍼 스캐너의 동적 구조는 두 가지 원리에 기반을 두고 있다. 첫 번째는 투사렌즈와 계측프레임에 진동이 없는 환경을 만들어 두는 것이고, 두 번째는 평행질량과 잘 조절된 진동차폐 시스템 등을 사용해서 이 **신성한 기준**으로 전달되는 진동을 저감하는 것이다. 실제의 경우 웨이퍼 스테이지의 평형질량에는 웨이퍼 스테이지를 지지하는 화강암 판이 포함되어 있다.

적으로 대형 강철 빔으로 제작되어 있으며, 웨이퍼 스캐너의 중량에 비해서 극도로 강하지 못하다. 때로는 이 기초구조물을 콘크리트 덩어리로 제작하며 가능한 한 펩의 바닥에 가깝게 위치시킨다. 이를 통해서 기초부가 효과적으로 웨이퍼 스캐너를 유연한 바닥구조에 안착시키며, 기계 내부에서 웨이퍼 펩으로 전달되는 진동의 영향을 저감시킬 수 있다.

웨이퍼 스캐너를 구성하는 모든 모듈들은 강철로 제작한 강체 **베이스프레임**(base frame) 위에 조립된다. 웨이퍼 스캐너의 주 구조물은 추가적인 진동차폐수단 없이 기초부에 직접 얹힌다. 투사렌즈는, 다이영상에 대한 스테이지의 측정 기준을 정의해 주는 **계측 프레임**(metrology frame)에 의해서 정위치에 견고하게 고정된다. 계측프레임은, 바닥프레임이 진동이 계측프레임으로 전달되는 것을 저감하기 위해서 매우 높은 컴플라이언스를 갖은 공기쿠션스프링인, 3개의 **공기 마운트**(air mount)를 통해서 베이스프레임과 연결된다.

스테이지는 6자유도로 움직이며 베이스프레임 위에서 공기 베어링이나 능동형 자기 지지 장치 등을 통해서 지지되어 있다. 수직 방향으로의 웨이퍼 스테이지 지지 장치는 대부분, 대형의 평판형 화강암 위에 떠 있는 **에어 풋**(air foot)이라고 부르는 대형 공기베어링으로 이루어져 있다. 화강암은 매우 안정적인 소재이며 정밀기계장치들에서 자주 공기베어링 안내면으로 사용되고 있다.

9.2.1 평형질량

수평방향으로는 매우 높은 가속도로 움직일 필요가 있지만, 수직 및 회전방향에 대한 가속조건은 그리 가혹하지 않다. 무거운 스테이지에 부가되는 이토록 높은 수평방향 가속은 수 킬로뉴턴 수준의 반력을 생성한다. 1세대 웨이퍼 스캐너의 경우, 이 반력은, 장비의 여타 민감한 부분들과 분리되어 베이스프레임 위에 설치된 무거운 **힘전달 프레임**(force frame)으로 전달되었다.

비록 이 방식에서 힘전달 프레임의 질량이 이 반력을 흡수해 줄 것으로 기대했었지만, 실제로는 베이스프레임으로 전달되는 운동들이 결과적으로 많은 문제를 야기하였다. 잔류 진동들이 때로는 펩 바닥을 가진 시켜서 인접한 다른 장비들을 교란 시킬 수 있었으며, 바닥프레임에서 공기 마운트를 통해서 기계내부로 전달되어 전동이 민감한 부분에 도달하였다.

이런 이유 때문에, 더 현대적인 세대의 웨이퍼 스캐너에서는, x 및 y 방향으로의 높은 가속도에 의해서 유발되는 반력을 베이스프레임에 강체 연결되어있지 않으며, 공기 베어링이나 유연메커니즘을 통해서 수평방향으로 안내되는 매우 무거운 평형질량이 흡수하는 것으로 결정되었다.

평형질량들은 스테이지를 구동하는 직선형 작동기의 스테이터에 직접 연결된 매우 무거운 질량체로 이루어진다. 작동기의 구동력은 스테이지와 평형질량 모두를 서로 반대 방향으로 구동하며, 이로 인하여 운동하는 물체와 작동기 스테이터 사이의 상대운동은 스테이터가 힘전달 프레임에 연결되어 있을 때보다도 더 크게 발생하게 된다.

이러한 상대운동 증가에 의해서 발생하는 첫 번째 결과로 모터코일에 유도되는 **전자기력**(EMF)이 증가하며, 이로 인해서 파워앰프는 더 높은 최대전압이 필요하게 되었다. 두 번째 결과로는 이동거리가 더 긴 직선형 작동기가 필요하게 되었으며, 이로 인해서 더 큰 코일이나 자석조립체로 인한 비용 상승이 초래되었다.

평형질량의 무게를 증가시키면, 그에 비례하여 최대변위가 감소하므로, 이런 이유 때문에 평형질량의 무게를 스테이지의 무게보다 훨씬 크게 선정한다. 스테이지 무게가 80 [kg]인 경우에 평형질량은 500 [kg] 또는 그 이상이 된다. 질량이 증가하면 체적도 커지므로, 평형 질량이 운동 중에 기계의 다른 부분들과 접촉하지 않도록 보장할 수 있는 수단이 강구되어야만 한다. 평형질량의 일관된 자유운동을 보장하기 위한 방안은 평균위치를 이동 범위의 중앙에 위치시키고, 중력의 영향과 질량에 작용하는 여타의 비주기성 힘들의 영향을 보상하는 것이다. 이를 위해서는 저 강성(k_p) 피드백제어를 채용하거나 충분히 낮은 강성[72]을 갖는 수동형 스프링을 사용하여 베이스프레임에 진동이 과도하게 전달되는 것을 막아야한다. 평형질량으로 반력을 흡수하는 방법은 작용력들이 수평면에 대하여 가능한 한 무게중심 높이에 근접하여 작용해야만 한다. 이 이상적인 상황으로부터의 어떠한 편차도 무게중심을 통과하는 수평축 주변에서 거리에 비례하는 토크를 초래하며 바닥프레임에 수직 방향으로의 진동력을 전가한다.

평형질량을 갖춘 잘 설계된 구조체는 내부진동의 전달을 적당한 수준으로 유지해 주며, 진동 자폐 시스템은 웨이퍼 스캐너의 최대 영상 품질을 구현하는데 필요한 수준까지 진동을 저감시켜 준다.

9.2.2 진동의 차폐

그림 9.5에서는 웨이퍼 스캐너의 외부 및 내부 진동의 민감도를 결정하는 각 부분들의 강체선도를 보여주고 있다.

72) 앞서와 마찬가지로 원본에는 낮은 컴플라이언스라고 되어있으나 높은 컴플라이언스, 즉 낮은 강성을 갖는 서스펜션을 사용해야 한다. 역자 주.

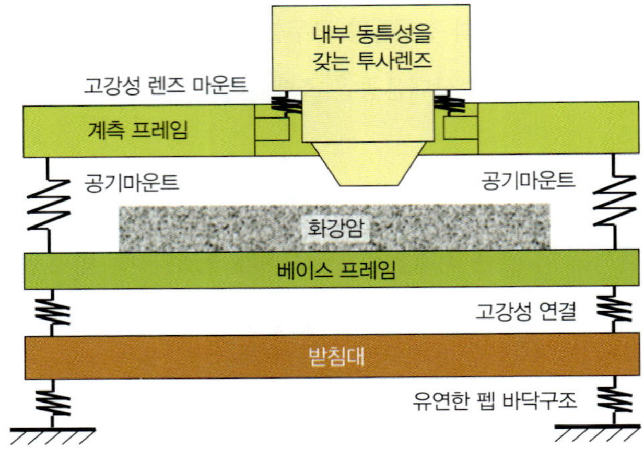

그림 9.5 웨이퍼 스캐너의 동적 구조는 두 가지 원리에 기반을 두고 있다. 첫 번째는 투사렌즈와 계측프레임에 진동이 없는 환경을 만들어 두는 것이고, 두 번째는 평행질량과 잘 조절된 진동차폐 시스템 등을 사용해서 이 **신성한 기준**으로 전달되는 진동을 저감하는 것이다. 실제의 경우 웨이퍼 스테이지의 평형질량에는 웨이퍼 스테이지를 지지하는 화강암 판이 포함되어 있다.

교란진동에 대한 주 방어선은 3개의 공기 마운트와 계측프레임 및 렌즈 질량이 만드는 전달함수의 전달율에 의해서 결정된다. 작동원리상, 공기 마운트는 피스톤이 공기베어링으로 안내되는 체적이 큰 공압 실린더로 이루어진다. 공기베어링의 간극은 충분히 좁기 때문에, 일반적인 고무 벨로우즈를 사용할 필요가 없어서, 고무의 고유한 감쇠에 의해서 고주파에서 전달율이 증가하는 문제가 발생하지 않는다. 세 개의 공기 마운트의 조합 강성은 10^5 [N/m] 정도의 수준이다. 계측 프레임과 투사렌즈들이 합쳐진 총 질량은 약 2500 [kg]으로서, 이 공기 마운트에 얹혔을 때의 고유 주파수는 1 [Hz]내외이다. 이렇게 비교적 낮은 강성 때문에 차폐된 물체의 질량이 변하면 심각한 문제가 유발된다. 2500 [kg]의 질량으로 인한 정적인 총 처짐은 약 25 [cm]에 달하며, 미소한 질량의 변화가 투사렌즈 위치의 허용할 수 없는 수준의 변화를 유발할 수 있다. 그런 이유 때문에, 수직방향으로의 지지위치는 상황변화에 맞춰 공기실린더 내의 공기량을 조절하여 능동적으로 제어한다. 지지구조물의 질량증가는 공기마운트 내의 체적감소와 압력 증가를 수반한다. 계측프레임의 수직방향 위치변화에 따라서 공기밸브를 여닫아서 외부로부터 충분한 양의 공기를 주입하여 이 체적을 복구시킬 수 있다.

이 시스템이 가지고 있는 또 하나의 문제는 감쇠가 필요하다는 것이다. 바닥에서 전달되는 힘이나 운동 에 의해서 고유주파수인 1 [Hz]로 가진되면, 시스템은 공진을 일으킨다. 3장에서 전달율에 대한 논의에 따르면, 고무 벨로우즈와 같은 일반적인 점성감쇠기들은 원치 않는 연결을 생성하며, 고유주파수 이상

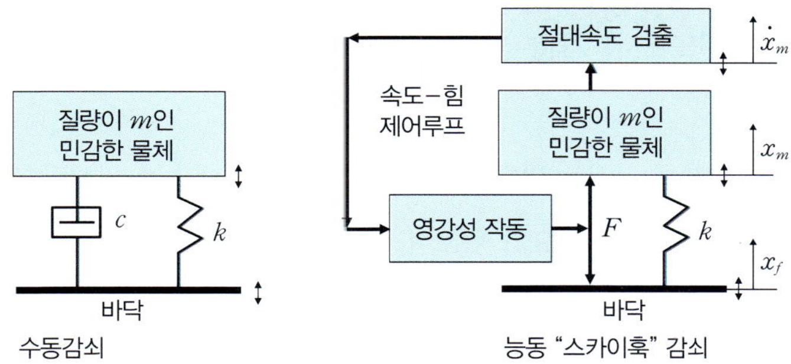

그림 9.6 진동차폐시스템 내의 능동형 **스카이훅**감쇠를 통해서 외부 진동이 댐퍼를 통해서 전달되는 것을 피할 수 있다. 절대속도 검출기가 지진측정용 질량체와 민감한 물체 사이의 상대속도를 측정하며, 그 출력을 속도의 반대방향으로 작용력을 생성하기 위해서 사용한다.

의 주파수 대역에서는 이런 진동의 전달율이 증가한다. 그런 이유로 **스카이훅**(skyhook) 능동감쇠기가 사용된다. 그림 9.6에서는 시스템이 마치 **하늘에 매달려**있는 것처럼 진정으로 안정된 기준에 대한 **절대속도** 측정을 기반으로 하는 작동원리를 보여주고 있다. 실제의 경우에는 안정된 기준은 속도센서 내부에 탄성적으로 매달린 지진측정용 질량체이다. 이런 원리에 적합한 센서는 측정을 다룬 앞장에서 논의했던 지오폰으로, 이 센서는 지진측정용 질량체에 대한 상대속도를 측정하지만, 속도 신호는 가속도계의 신호를 적분해서도 구할 수 있다. 속도 신호는, 위치가 아니라 전류에 의해서만 작용력이 결정되는 로렌츠 작동기를 사용하여 속도에 비례하며, 속도의 반대방향으로 작용하는 감쇠력을 생성하는 데에 사용된다. 그 결과, 지지용 기계식 스프링의 강성 k에 합산해야 하며, 전달율을 증가시키는 작동기의 강성이 거의 0이 된다.

운동방정식을 구하면, 전달율의 전달함수를 구할 수 있다.

$$m\frac{d^2x_m}{dt^2} = -c_s\frac{d}{dt}(x_m)+k(x_f-x_m) \tag{9.2}$$

여기서 c_s는 속도루프의 제어 이득이다.

미분식을 라플라스 변환하면, x_m에 대한 x_f의 전달함수는 다음과 같이 구해진다.

$$\frac{x_m}{x_f} = \frac{k}{ms^2+cs+k} = \frac{1}{\frac{m}{k}s^2+\frac{cs}{k}+1} \tag{9.3}$$

고유주파수 ω_0 및 감쇠비 ζ와 같은 알고 있는 항들로 방정식을 치환하면

$$\frac{x_m}{x_f} = \frac{1}{\frac{s^2}{\omega_0^2}+2\zeta\frac{s}{\omega_0}+1} \tag{9.4}$$

이 전달함수에는 수동식 댐퍼 전달함수 내의 전달율 증가를 나타내는 미분항이 분모에 보이지 않으므로, 그 결과 그림 9.7의 보드선도에서는 외부진동 저감율의 증가가 댐핑이 없는 경우의 수준에 근접할 정도로 명확히 나타난다.

비록 이런 능동감쇠기법이 자주 사용되지만, 그 성능은 센서의 노이즈에 의해서 제한된다. 원리상으로는 센서가 매우 작은 운동만을 검출할 필요가 있으며, 어떠한 노이즈원도 감쇠루프에 교란신호를 유발한다. 실제의 경우에는 이로 인하여 저주파대역에서는 능동감쇠의 긍정적인 효과가 감소한다. 노이즈의 파워스펙트럼 밀도는 모든 주파수에 대해서 동일하지 않다. 전하증폭기에 연결된 압전 가속도계는 관성으로부터 속도신호를 추출하기 위해서 추가적인 적분기가 필요하다. 적분기는 증폭기의 피드백 커패시터 때문에 고주파보다는 매우 낮은 주파수에서 노이즈를 증폭한다. 8장에서 설명했던 것처럼, **과잉 노이즈**(excess noise : $1/f$)는 특히 문제가 된다. 비록 지오폰과 같은 직접관성형 속도센서는 적분기를 필요로 하지 않지만, 진동차폐시스템의 고유주파수보다 충분히 낮은 대역에서 일정한 속도응답을 구현하기 위해서는 저주파 대역에서 추가적인 증폭기가 필요하다.

여러 연구소들에서 수행한 연구결과에 따르면 진동차폐 시스템의 능동부에 대한 최적화에 좋은 결과가 도출되었다. 이러한 연구들에는 연결 강성의 능동저감과, 안정된 기준에 대한 위치의 가상연결 등이 포함되어 있다. 이러한 개발에도 불구하고 실제로는 저주파 노이즈나, 교차동조와 같이 센서에 발생하는 여타의 동적 문제들 때문에 무거운 질량과 유연한 스프링을 기반으로 하는 진동 차폐를 주요 부품들의 기초로 사용하는 것을 여전히 선호하고 있다.

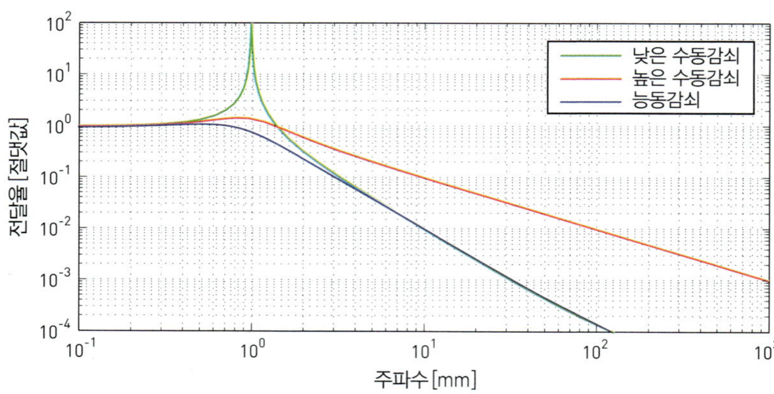

그림 9.7 능동 스카이훅 감쇠기의 전달함수는 스프링-질량 시스템의 고유주파수에서 시작하는 주파수 밴드 내에서 진동저감이 증가하는 것을 보여주고 있다.

9.2.2.1 민감한 부품들의 동특성

렌즈가 설치되어 있는 계측프레임과 같은 대형 기계구조물들은 다수의 고유주파수에서 동적인 고유진동모드들을 나타낸다. 그림 9.5에 도시되어 있는 렌즈와 계측프레임 사이의 스프링은 상호연결의 강성을 나타낸다. 비록 이 연결은 매우 강하지만, 렌즈가 무겁기 때문에 여전히 현저한 공진이 초래된다. 또한, 렌즈와 이를 고정하는 유연한 기계식마운트 내의 광학요소들은 고유모드를 생성하며 외부진동에 의해 가진될 수 있다. 이들은 매우 무겁기 때문에, 그로 인한 고유주파수들은 50 100 [Hz] 주변으로, 비교적 낮은 주파수를 갖고 있으며, 그런 이유 때문에 진동차폐시스템은 이 대역에서 특히 잘 작동해야 한다.

일반적으로 기계식 마운트의 감쇠가 작기 때문에 보통 Q 레벨이 높은 공진이 생성되어 진동을 30배 이상 증가시켜 버린다. 잘 제어되는 진동차폐 시스템에서 조차도 이 고유주파수들에서의 진폭을 저감시키기 위해서 추가적인 감쇠를 만들어낼 필요가 있다. 연결강성이 높기 때문에 수동적인 방법으로 기계식 마운팅 구조의 감쇠를 구현하는 것은 어렵다. 기계식 마운팅의 작은 운동에 수반되는 점성으로 많은 에너지를 소산시키는 것이 거의 불가능하다.

■ 스마트 디스크

강한 연결 내에서 작동기와 적절한 제어기법을 사용해서 능동적으로 감쇠를 만들 수 있다. 그림 9.8에 도시되어있는 **압전 능동식 렌즈마운트**(Piezoelectric Active Lens Mount : PALM)은 계측프레임과 투사렌

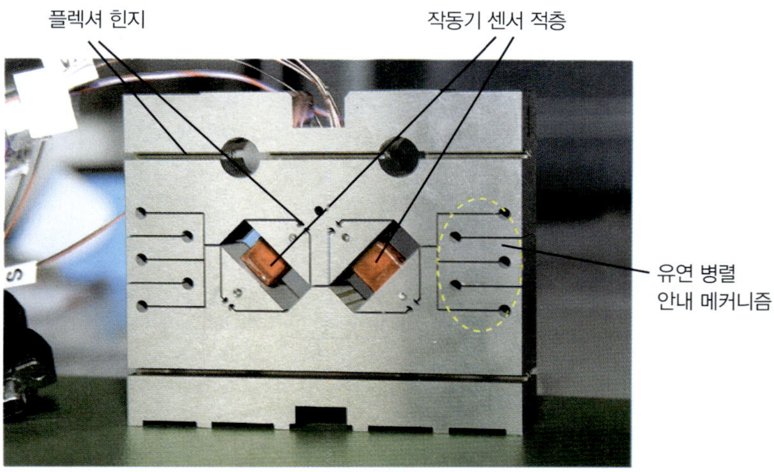

그림 9.8 적층된 압전 작동기와 센서로 구성된 **스마트 디스크**를 장착한 압전 능동식 렌즈마운트. 변위측정을 통해서 능동 피드백루프 내에서 감쇠력을 생성할 수 있다. (Courtesy of Jan Holterman)

즈 연결부의 고유모드감쇠에 사용된다. 6자유도의 감쇠력을 생성하기 위해서는 이 시스템이 3개가 필요하다.

이 시스템의 기본 설계는 이 시스템에서 핵심적인 역할을 충족시켜주는 **스마트디스크**(smart-disk)를 발명한 Rien Koster의 지도하에서 Twente 대학의 Jon Holterman이 연구과제 수행을 통해 개발하였다[42]. 스마트 디스크는 압전작동기와 센서가 적층된 조립체로 이루어진다. 원리상 센서는 적층에 작용하는 힘을 측정하며 작동기는 가해진 전압에 따라서 변위를 생성한다.

센서에서 작동기로의 피드백루프를 만들 수 있다. 루프 내에서 측정된 신호의 적분(I-제어)은 다음과 같은 이유 때문에 마치 댐퍼가 스마트디스크에 직렬로 삽입된 것과 같은 효과를 낸다.

감쇠를 구현하기 위해서는 진동하는 렌즈의 속도와 힘을 연결시킬 필요가 있다. $F_d(s)$가 라플라스 도메인에서 센서로부터의 힘 신호와 같을 때, 작동기에 의해서 I-제어는 변위 x_d를 생성한다.

$$x_d = \frac{k_i}{s} F_d(s) \quad \Rightarrow \quad \frac{s x_d}{F_d(s)} = k_i = \frac{1}{c} \tag{9.5}$$

렌즈의 운동에 의한 힘은 제어된 스마트 디스크와 직렬로 연결되어, 작동기는 속도에 비례하는 성분인 감쇠계수가 $c = 1/k_i$인 감쇠기를 생성한다.

■ 반공진기 또는 동조질량 감쇠기

고유모드에 기인한 진동을 저감하는 두 번째 방법은 민감한 물체에 **반공진기**(anti-resonator) 또는 **동조질량 감쇠기**(tuned-mass damper)를 부착하는 것이다.

이 추가적인 질량-스프링 시스템의 분리현상은 3장의 3.2.4절에서 논의 했었던 것처럼 민감한 물체에 가해진 가진력에 의해서 전달함수 내에서 전형적인 공진과 반공진의 조합이 유발된다. 전달함수가 0이 되는 주파수는 다음과 같다.

$$f_a = \frac{1}{2\pi}\sqrt{\frac{k_a}{m_a}} \ [\mathrm{Hz}] \tag{9.6}$$

여기서 k_a와 m_a는 반공진기의 강성과 질량을 나타낸다. 반공진기의 주파수 f_a는 렌즈의 마운팅 강성에 따른 비감쇠 고유주파수와 같도록 선정된다. 반공진기의 조합된 전달함수와, 바닥으로부터 공기마운트를 통해 렌즈로 전달되는 진동력의 일반적인 전달율이 그림 9.9에 도시되어 있다. 3장의 표준 운동 방정식을 사용하여 보드선도가 유도되었으며, 그에 따르면, 이 사례에서 원래 100 [Hz]였던 공진이 동조질량의 감쇠에 따라서 진폭이 작은 두 개의 공진으로 대체되는 것을 보여주고 있다.

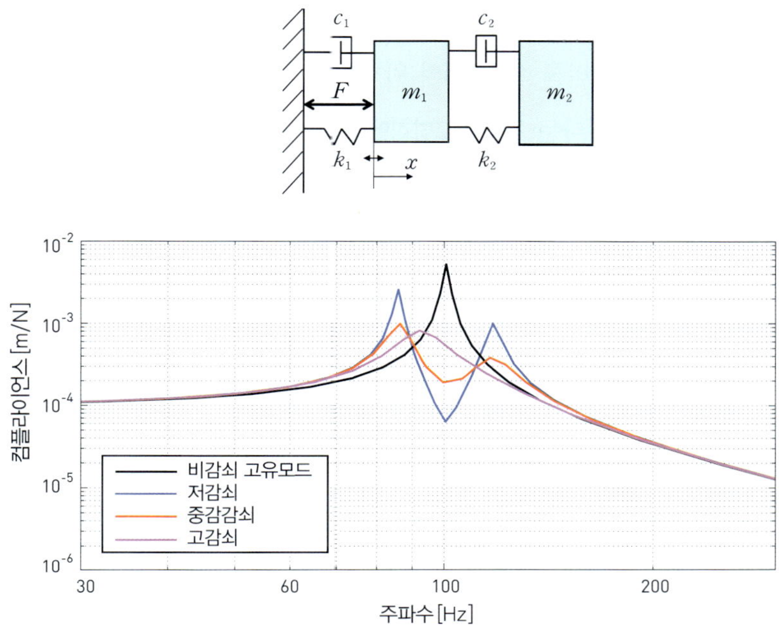

그림 9.9 동조질량 감쇠기의 반공진이 렌즈와 지지구조가 가지고 있던 원래의 비감쇠 고유주파수를 두 개의 공진과 하나의 반공진으로 대체시켜 준다. 특정한 c_2값에서 공진진폭은 반공진기가 없는 경우보다 줄어든다.

비감쇠 시스템이 주파수대역 내에서 공진을 일으켜서, 고출력 주동력 유닛에 100 [Hz] 잡음이 발생하는 경우와 같이, 외란에 의한 피크가 발생하는 경우에 이러한 공진주파수의 이동현상은 특히 유용하다.

공진주파수가 일정하지 않은 경우에는 능동제어형 반공진기를 구현할 수 있다. 비례 귀환값을 조절해서 강성을 변화시킴으로서, 동조질량 감쇠시스템을 정확한 공진주파수로 맞출 수 있다.

9.3 | 영강성 스테이지 구동

능동형 진동차폐에서 감쇠력을 구현하기 위해서 로렌츠 작동기가 사용되었다. 로렌츠 작동기는 진동하는 바닥프레임에서 민감한 계측프레임으로의 전달율을 증가시키지 않고 거의 이상적인 **영강성**(zero-stiffness) 거동을 보이므로, 이 방식이 사용된다.

마찬가지로, 스테이지의 정확도에 대한 요구조건과 더불어 높은 수준의 속도와 가속도 때문에 이동스테이지와 주변의 기계부품들 사이에 어떠한 탄성연결도 완벽하게 없애기 위해서 이러한 영강성 작동기를 사용할 필요가 있다.

기본적인 방식에서, 웨이퍼와 레티클 스테이지의 위치결정 원리는 완전히 물체의 가속도는 작용력에 비례하며, 물체의 질량에는 반비례한다는 뉴턴의 2법칙에 의존한다. 힘을 미리 알고 제어할 수 있다면, 4장의 광학 디스크 검출유닛의 PD제어 위치결정에서 설명했던 것처럼, 귀환제어기를 사용해서 질량을 알고 있는 물체위치를 정확하게 제어할 수 있다.

웨이퍼 스캐너의 설계 시에는 지지테이블 위에 놓인 웨이퍼나 레티클을 운반하는 이동체에 가해지는 힘에 대한 완벽한 제어에 대부분의 노력이 투입된다. 이 물체들이 예측 가능하고 재현 가능한 동특성을 가지고 있는 강체처럼 거동하는 한, 물체의 운동은 물체에 작용하는 힘에 의해서만 결정된다. 이런 이유 때문에, **영강성**은 교란진동 원인과의 기계적인 연결에만 관련되어 있으며 강성제어를 의미하지 않는다. 작동기의 영강성이 구현되면 물체는 이상적인 관성질량처럼 거동하며 제어시스템의 임무는 스테이지를 광학시스템에 가능한 한 견고하게 연결시켜주는 것이다. 더 자세히 설명하면, 제어 시스템은 레티클 스테이지를 광학 시스템에 대해서 미리 계획된 스캐닝 궤적대로 가능한 한 강하게 연결할 필요가 있다. 이와 동시에 제어시스템은 웨이퍼 스테이지를 움직이는 레티클의 스캔 영상과 가능한 한 강하게 연결해야 한다.

이후의 절 들에서도 대부분 웨이퍼 스테이지를 사례로 삼고 있지만, 그 설계원리는 레티클 스테이지에도 똑같이 적용된다. 가장 큰 차이점은 레티클 스테이지는 웨이퍼 스테이지에 비해서 속도나 가속도는 더 높고 정확도는 낮다는 점이다.

9.3.1 웨이퍼 스테이지의 구동 개념

사용 가능한 모든 유형의 작동기들 중에서, 이미 언급했던 로렌츠 작동기만이 영강성 기준을 거의 이상적으로 충족시켜준다. 압전 작동기는 본질적으로 강성이 크고, 릴럭턴스 기반의 작동기들은 음강성을 가지고 있어서 비교할 가치가 있지만, 반전 시키면 양강성을 가지고 있는 것처럼 진동을 전달한다. 불행히도, 단순한 로렌츠 작동기는 선형 작동범위가 매우 작다. 이런 한계를 극복하기 위해서 5장의 5.3.5절에서는 전기적 변환이 소개되어 있다. 그림 5.22에 도시된 사례에서는 커다란 자석 조립체와 3개의 길이가 긴 이동코일을 가지고 있지만, 운동방향으로 코일세트와 자석 조립체가 동일한 길이를 가져야 하므로 운동범위는 여전히 제한되어있다.

9.3.1.1 웨이퍼 스테퍼용 대변위 로렌츠 작동기

최초의 웨이퍼 스테퍼 설계과정에서 이 책의 저자 중 한명에 의해서 필립스 연구소에서 교류 2상 전기 변환식 로렌츠 작동기가 설계되었다. 작동범위가 늘어난 이 로렌츠 작동기는 앞서 논의했던 한계가 없이 작동할 수 있으며, 더 좋은 해결방안이 필요한 웨이퍼 스캐너가 도입되기 전까지, 모든 웨이퍼 스테퍼의 웨이퍼 스테이지에 적용되었다. 그림 9.10에서는 이 설계가 도출되기까지의 사고 단계들을 보여주고 있다. 개념은 영구자석 시스템을 이동부로 사용하는 표준 스피커형 로렌츠작동기에서부터 시작한다. 첫 번째 변형단계(1)는 코일을 붙잡고 있는 실린더형 내측 코일 위를 이동하는 외측 부품 내의 움직이는 자성체 요크를 분리하는 것이다. 이 단계에서 이동 질량은 줄어들지만 영구자석은 여전히 코일에 대해서 움직이면서 $d\Phi/dx$를 생성한다. 이 운동을 공기베어링으로 지지할 수 있지만, 다음 단계에서는 슬라이더(베어링)가 없어진다. (2)단계에서는 중앙에 위치한 공통의 요크 주변에 동일한 영구자석-코일 세트를 추가하는 것이다. 이 단계는 특정한 전류 레벨에서 힘을 증가시켜주며, 이는 (3)단계에서처럼 작동기들 중 하나의 영구자석 자기장과 코일에 흐르는 전류의 방향이 반전되면 훨씬 더 유용해진다. (3)단계에서 두 영구자석의 자속을 공유할 수 있게 되었으므로, (4)단계에서는 슬라이더(베어링)가 없어진다. 더 큰 운동범위를 구현하기 위해서 (5)단계에서는 하나의 단순한 이동식 요크에 대칭 형상의 두 영구자석 세트가 연결되어 코일 위를 움직이기 때문에 운동범위가 확장된다. 불행히도, 점선으로 표시된 코일의 자기장에 의해서 길이가 긴 코일은 요크(6)의 요크의 이동부에 가해지는 릴럭턴스 작용력을 유발한다. 이 힘은 코일 자기장에 대한 릴럭턴스가 최소가 되는 바깥쪽으로 밀어낸다. 이런 문제는 (7)단계에서와 같이 길이가 짧은 코일을 사용하고 전기변환을 적용하면 대부분 저감할 수 있다.

자성체 요크에 감긴 권선은 교류권선 방향으로 연결된 두 개의 코일들로 이루어져 있다. 즉, 1번 코일의 첫 번째 섹션은 시계방향으로 권선되며 2번 코일의 첫 번째 섹션도 시계방향으로 권선된다. 반면에, 1번 코일의 두 번째 섹션은 반시계방향으로 권선된다. 전기변환을 통해서, 어떤 코일의 전류방향을 반전시키면 시계방향 권선에서 반시계방향 전류를 흘리거나 그 반대의 작용을 일으킬 수 있다. 이를 우측으로의 운동에 대해서 (8)~(10)단계로 보여주고 있다. 원리상으로는 코일이 설치된 스테이터와 내측자성체 요크는 각 코일들로 구성된 구획을 추가하여 무한히 길게 만들 수 있으며, (11)단계에서는 이동부를 여러 개 겹쳐서 작용력을 증대시켰다.

이 구조의 가장 큰 문제는 전류가 영구자석 자기장 밖에 위치한 코일의 구획들을 포함하여 코일 전체를 관통하여 흘러야만 하기에 효율이 떨어진다는 점이다. 이런 단점은 각 코일 구획들을 별도의 동력증폭기로 분리하여 해결할 수 있지만, 스위칭을 통해 코일들을 켜고 끄면서 작용력을 교란시키는 것을 피하기

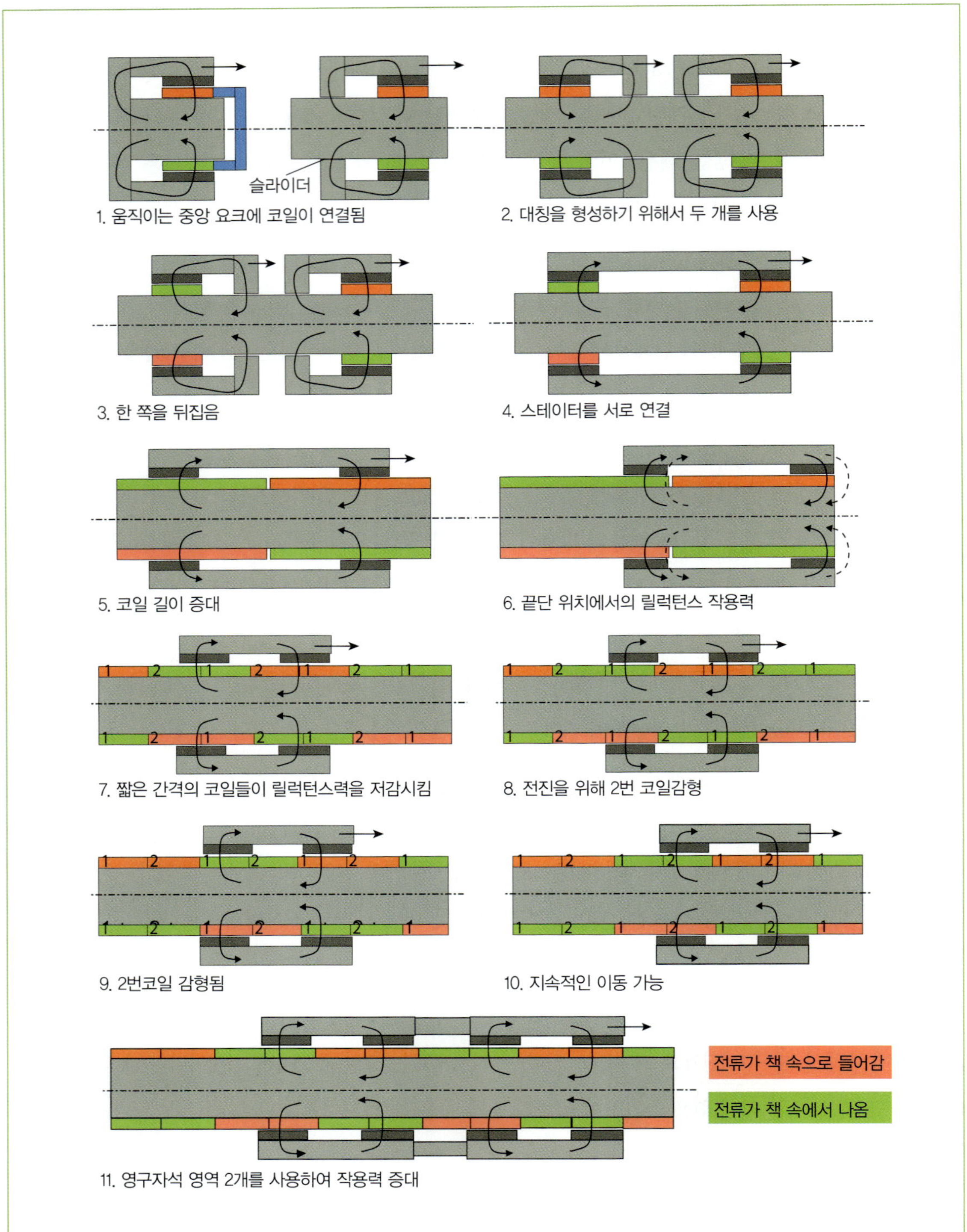

그림 9.10 전기적변환을 통해서 긴 직선운동 변위를 구현한 영강성 로렌츠형 작동기의 설계. 코일 내에서 전류의 방향은 이동부위에 우측으로 작용하는 힘과 일치한다. 화살표 루프는 영구자석의 자기장이 흐르는 방향을 나타낸다. (6)의 점선 화살표는 코일 내부를 흐르는 전류에 의한 자속을 나타낸다.

위해서 실제 시스템에서는 이를 적용하지 않았다. 이는 또한, 다수의 도선들을 필요로 하지만, 동력을 분리하지 않는다면 하나의 작동기는 스위칭 모멘트에 의한 교란을 유발하지 않고 전류를 부드럽게 제어하기 위해서는 단지 4개의 도선과 2개의 증폭기만이 필요할 뿐이다.

여기에 적용된 펄스폭 변조기의 설계원리는 6장 그림 6.72에 도시되어 있다.

9.3.1.2 다중축 위치결정

웨이퍼 스테퍼와 스캐너의 서로 다른 방향은 스캐닝 방향과 투사렌즈에 대해 상대적으로 배치된 계측용 좌표계에서 정의된다. 수평의 x방향은 웨이퍼 스테이지의 스테핑 방향이며, y는 웨이퍼와 레티클 스테이지의 스캐닝 방향이다. 수직의 z방향은 투사렌즈의 광축방향을 향하며, 병진 운동축에 대한 회전인 R_x, R_y 및 R_z가 나머지 방향을 정의해준다. 최초의 웨이퍼 스테퍼에서 웨이퍼는 기계적인 수단에 의해서 웨이퍼 척 위에 투사되는 영상과 평행하게 배치되어 있으므로, 앞서 논의 되었던 작동범위가 확장된 리니어 로렌츠 작동기는 수평면 내의 3개 방향의 운동만을 구현하면 되었다. 현재 다중축 위치결정 기구를 구현하는 표준 방식은 개별적인 단일축 이송시스템들을 그림 9.11에서와 같이 순차적으로 쌓아 올리는 것이다. $x-y-R_z$ 방향으로 작동하는 3축 스테이지는 일반적으로 두 개의 직선형 구동장치와 그 위에 얹힌 회전 테이블로 이루어진다. 적층구조로 인하여, 구동력은 결코 이동 시스템의 무게중심을 향할 수 없다. 첫 번째 작동기는 그 다음번 작동기도 함께 구동해야만 하지만, 마지막 작동기만이 이동 스테이지의 무게중심에 근접해 있다.

이런 이유 때문에 하나의 리니어 작동기가 x방향 이송을 담당하며 y_1 및 y_2의 두 개의 리니어 작동기들이 y방향 이송 및 R_z방향으로의 미소회전을 담당하는 알파벳 $\boldsymbol{H}$자 형상의 소위 H-구동기 구조가 선

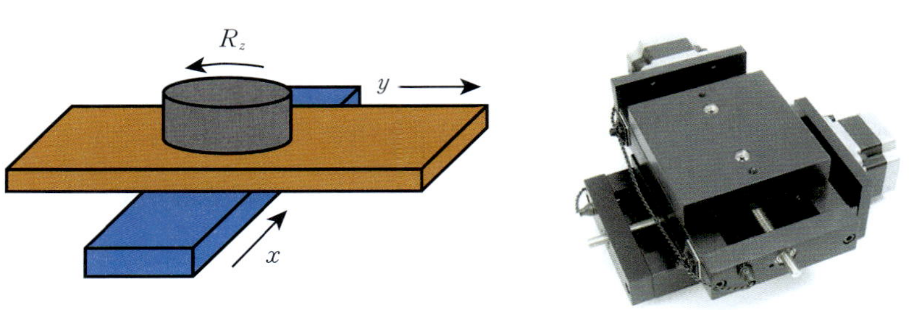

그림 9.11 3축 위치결정시스템을 만드는 일반적인 방법은 3개의 단일축 스테이지들을 위로 쌓아올리는 것이다. 구동력은 무게중심을 향하지 못하기 때문에 원치 않은 토크와 회전이 유발된다. 그런 이유 때문에, 이 구조는 고정밀 고속 스테이지에 부적합하다.

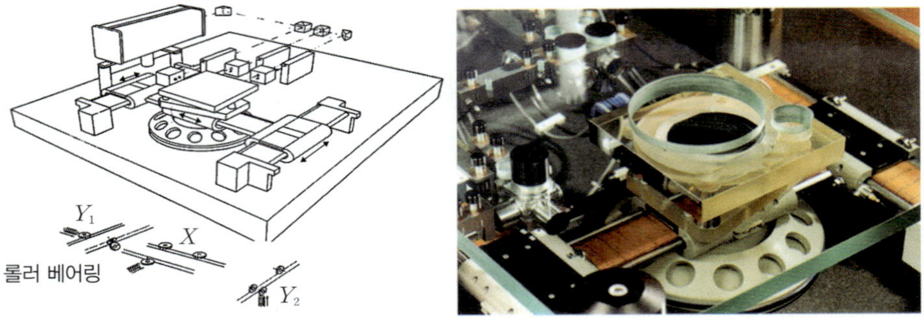

그림 9.12 H-구조물 내에 웨이퍼 스테퍼용 전기식 리니어 작동기를 갖춘 최초의 웨이퍼 스테이지의 오리지널 3-D스케치와 사진 이미지. 자기식 이동부는 코일과 같은 방향으로 설치된 롤러 베어링에 의해서 지지되며 웨이퍼 척과 반사경 블록은 공기베어링에 지지되어 화강암 평판 위를 떠다닌다.

정되었다. 그림 9.12에서는 그 구조를 보여주고 있는데, 구름요소 베어링은 코일 스테이터 위의 영구자석 이송체를 지지하며 화강암 평판 위를 떠다니는 공기베어링은 웨이퍼 스테이지 자체를 지지하도록 베어링 지지구조가 구성된다.

웨이퍼 스테퍼의 후속 버전에서는 이 기본 시스템에 많은 개선이 추가되었다. 예를 들면, 렌즈의 초점 평면에 대해 상대적으로 웨이퍼의 직각도와 편평도를 보장하는 데 필요한 3개의 남아있는 방향인 $z-R_x-R_y$에 대해 웨이퍼의 위치를 결정하기 위해서 3개의 분리된 작동기들이 추가되었다.

9.3.1.3 길고 짧은 스트로크의 구동

앞 절에서 논의된 단일 스트로크 대변위 로렌츠 작동기는 노광시 단지 완전히 정지해 있으면 되므로 웨이퍼 스테퍼로 사용하기에 충분히 정밀했다. 그런데, 웨이퍼 스캐너에서는 일정한 속도로 이동하는 동안 노광이 이루어진다. 더욱이, 분해능과 중첩에 대한 사양들이 엄격해지면서 더 극한의 요구조건들이 정밀도와 가속도에 부가되었다. 이로 인하여, 전기변환과 사용된 롤러베어링들의 마찰력 변화에 의해 생성된 잔류 기생 작용력과 같이 웨이퍼 스테퍼에 사용된 직선형 작동기의 근원적 단점들이 해결된 웨이퍼 스테이지의 설계가 필요하게 되었다. 이에 대한 해결책은 그림 9.13에 도시되어 있는 것처럼 전기변환을 사용하지 않는 **소변위**(short stroke) 로렌츠 작동기와 **대변위**(long stroke) 작동기를 함께 사용하는 것이다.

이 대변위 작동기는 소변위 작동기의 정지부에 연결되며, 소변위 작동기의 영구자석 시스템이 최소한의 강성값을 가지고 운동범위 중심근처의 ±0.1 [mm] 범위 내에 머물러 있도록 위치결정 작동을 수행한다. 이 구조에서 대변위 작동기는 단지 ±0.1 [mm] 수준의 낮은 정밀도로 작동하며, 소변위 작동기는 나노미

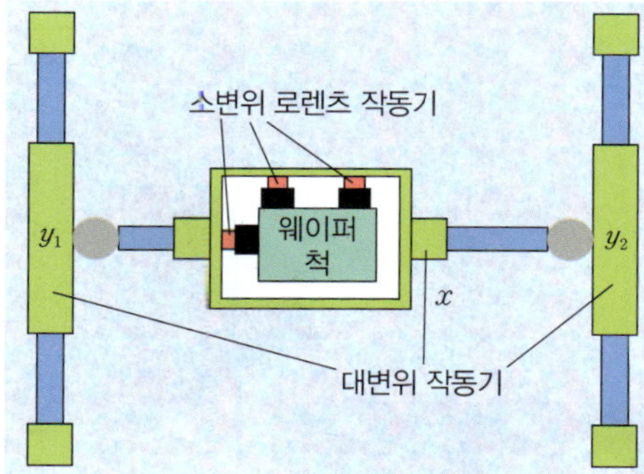

그림 9.13 웨이퍼 스테이지의 H-구조 내에 설치된 3축 대변위, 소변위 작동기의 개략도. 대변위 및 소변위 작동기들은 웨이퍼 테이블의 무게중심을 관통하는 동일한 평면내에서 작동한다. z축 방향으로의 회전은 y방향 작동기들의 위치편차를 통해서 구현된다.

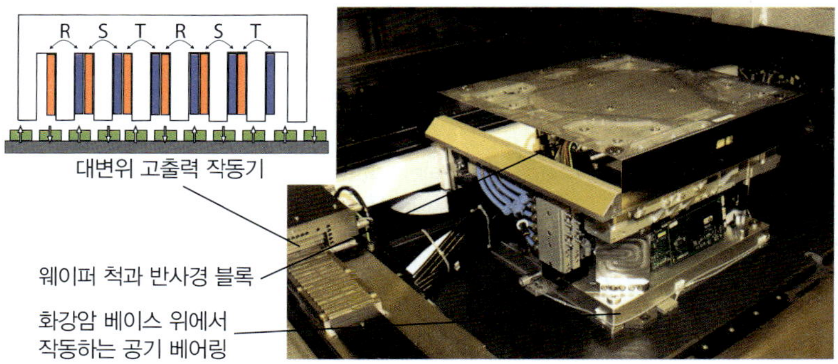

그림 9.14 웨이퍼 스캐너의 웨이퍼 스테이지. 고출력 대변위 작동기의 강자성체 요크를 갖춘 3상 코일들이 영구자석 스테이터 위를 이동한다. 레이저 간섭계를 사용하여 웨이퍼 스테이지의 위치를 측정하기 위해서 반사경 블록이 사용된다.

터 미만의 수준으로 작동한다. 소변위 작동기의 낮은 강성 때문에 대변위 작동기의 이동과 진동은 민감한 웨이퍼 위치로 거의 전달되지 않는다. 이런 이유 때문에 그림 9.14에 도시되어 있는 대변위 작동기 시스템 내에 강한 전기변환을 사용하는 3상 작동기들과 자성체 요크를 사용할 수 있다. 이 작동기는 코일 주변의 자성체 요크를 배치하여 정밀한 위치결정과 영강성 대신에 큰 힘을 생성하도록 최적화 되어있다. 이 요크는 영구자석 필드의 릴럭턴스가 최소화 되는 위치를 향하여 **코깅**(cogging) 작용력을 유발한다. 코깅 작용력은 손으로 이동체를 전체 스트로크에 대해 움직일 때에 마치 걸림돌처럼 느껴진다. 코일 주변을 감싸는 자성체 요크의 장점은, 작동기의 모터상수를 증가시키는, 자기장에 대한 짧은 릴럭턴스 경로를 제공해 준

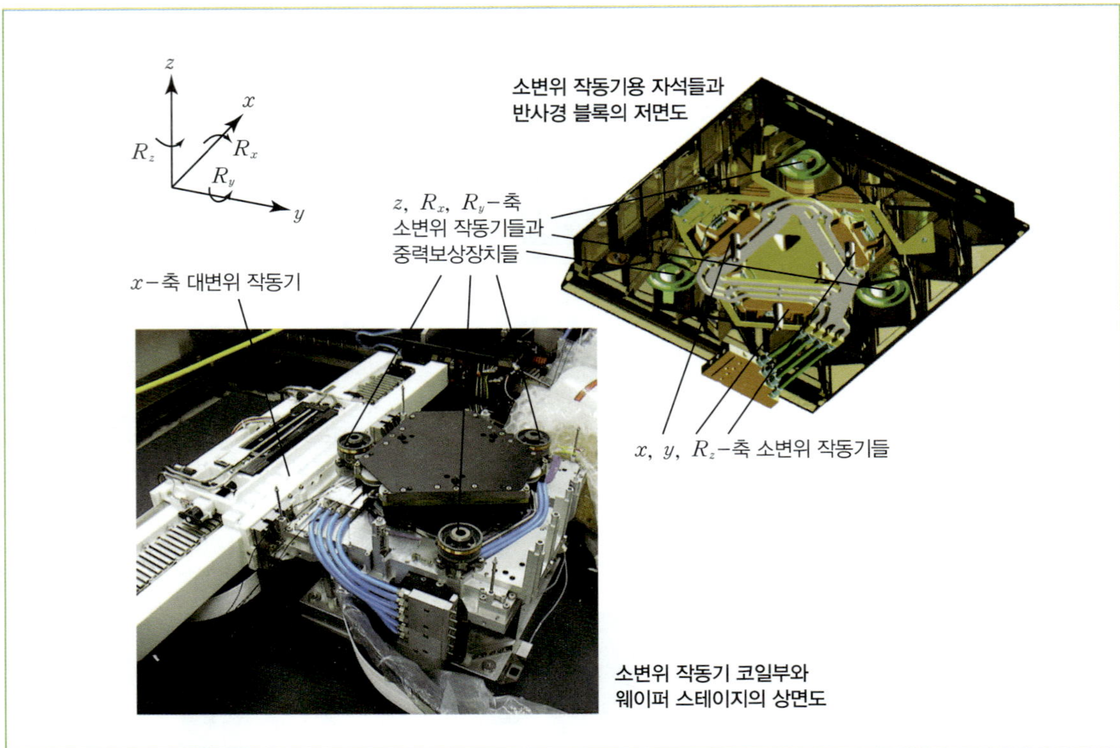

그림 9.15 소변위 작동기들은 반사경 블록 내부에 조립된다. 수평면 방향으로의 구동은 평평한 로렌츠 작동기에 의해서 수행되는 반면에, 평면외 운동은 릴럭턴스 작용력에 의한 비선형성을 막기 위해서 자성체 요크가 없는 라우드 스피커형 작동기에 의해서 구현된다.

다는 것이다. 이 작동기는 소변위 코일들 및 자기 자신의 코일들이 필요로 하는 케이블과 전선들, 그리고 냉각수 튜브들을 손쉽게 이송할 수 있다. 다행히도, 웨이퍼 스캐너 내에서는 평면내 운동만이 대변위이므로 평면 내 운동에 대해서만 대변위 작동기가 필요하다.

렌즈의 초점 평면 내에 웨이퍼 표면을 위치시킬 필요가 있는 평면외 운동은 그림 9.15에서와 같이, 별도의 소변위 작동기만을 사용하여 구현되었다. 5장의 5.4절에서 논의했듯이 릴럭턴스 작용력을 발생을 방지하기 위해서 자성체 요크가 없는 라우드 스피커형 로렌츠 작동기가 설계되었다. 지속적으로 작용하는 중력을 지지하기 위해서는 작동기에 일정한 전류를 흘려야만 하며 이로 인하여 큰 전력소모가 발생하기 때문에 Sven Hol이 설계한 그림 9.16과 같은 자기식 중력보상기가 일체화 된 z–방향 작동기가 사용되었다 [41]. 이동물체에 위쪽으로 거의 일정한 힘을 부가하기 위해서 정지부와 이동부 사이에서 영구자석에 의한 견인력을 사용하였다. 자석의 형상과 치수를 세심하게 최적화시켜서 이동부와 정지부 사이의 강성을 외부진동의 전달율을 낮추기 위해서 필요한 값인 $k = 300\,[\mathrm{N/m}]$미만으로 유지할 수 있었다.

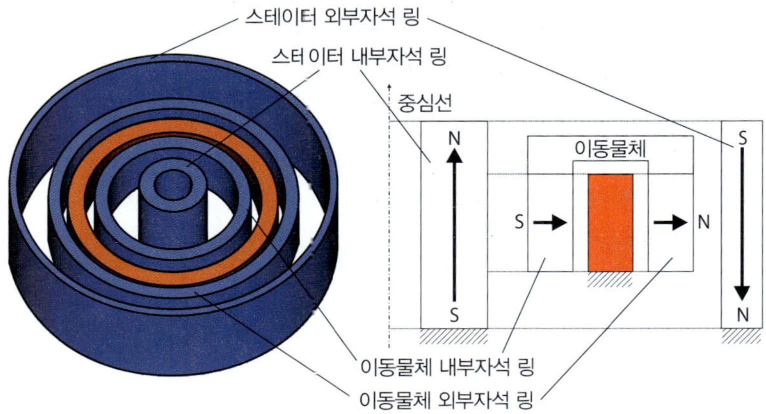

그림 9.16 동일 자극들 사이의 반발력과 반대 자극들 사이의 견인력을 이용하는 중력보상기가 통합되어있는 z-방향 작동기 (Courtesy of Sven Hol)

9.3.2 완전한 자기부상

H-구조를 가지고 있는 웨이퍼 스테이지의 대변위 안내에는 주로 공기베어링이 사용된다. 공기 지지장치는 소변위 작동기 코일이 포함된 무거운 중심부를 지지하며, 충분한 강성을 구현하기 위해서 화강암 평판과 공기 지지장치 사이의 닫힌 면적에 진공을 부가하여 예하중을 생성한다. 대변위 작동기는 공기베어링과 일체화 되어서 이동부와 스테이터 사이에서 생성되는 견인자력에 의해 예하중을 받는다.

13[nm]의 EUV 광선을 사용하는 미래의 웨이퍼 스캐너에서는 광선이 공기에 흡수되므로 광선경로 내에 공기가 허용되지 않는다. 그런 이유 때문에 이 장비들은 진공 속에서 작동한다. 비록 원리상으로는 공기베어링의 측면에서 유출되는 공기를 국부적으로 배출하는 특수한 장치를 설치하면 진공챔버 내에서 공기베어링을 사용할 수 있지만, 그러지 않는게 좋다. 그런 이유 때문에 6자유도로 작동하는 전자석 평면형 작동기를 사용하는 대변위 스테이지가 개발되었다. 그 작동원리가 그림 9.17에 도시되어 있다. 다수의 교차 배열된 영구자석들로 이루어진 영구자석 플랫폼이 서로 다른 자기장 방향을 가지고 있는 자계를 생성한다. 전류가 흐르는 코일은 자석 테이블 상에서의 위치와 전류의 방향에 따라서 작용방향이 결정되는 자기력을 받게 된다. 서로 다른 위치에 별개의 코일들을 사용하면, 적절한 전기 증폭 시스템과 결합하여 자유롭게 움직이는 스테이지가 임의 위치에서 6자유도 모두에 힘과 토크를 생성할 수 있는 구조를 만들어 낼 수 있다.

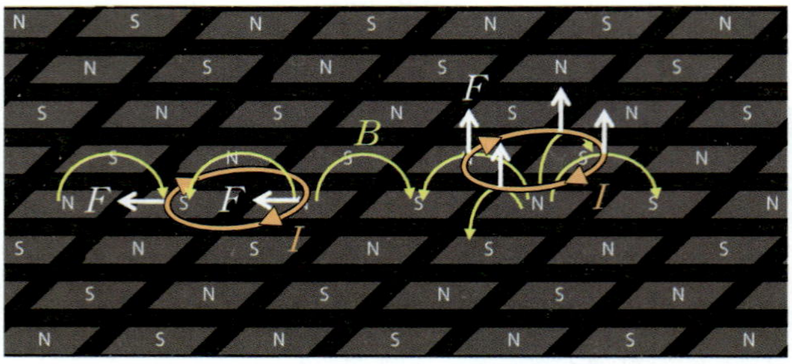

그림 9.17 영구자석 교차배열 위에 형성된 자기장 내에 위치한 코일에 작용하는 힘. 필드내의 위치에 따라서, 코일에 발생되는 힘은 평면방향, 직각방향 및 그 조합이 된다.

9.3.3 레티클 스테이지의 가속한계

레티클 스테이지 가속수준의 지속적인 증가는 점점 더 어려운 기술적 난제들을 요구하고 있다. 가장 주된 문제는 대변위 작동기와 소변위 작동기가 본질적으로 직렬연결 되어 있기 때문에 두 작동기 모두가 동일한 힘을 전달해야만 한다는 점이다. 이 큰 힘은 특히 로렌츠 작동기의 경우에 문제가 된다.

여타의 모든 작동기들처럼, 로렌츠 작동기도 힘과 출력능력에 온도한계를 가지고 있다. 모터 전류에 의해 권선저항 내에서 발생하는 다량의 열을 물 순환 회로를 사용해서 제거해야만 한다. 단위체적 당 특정한 수준의 발열량에 도달하게 되면 권선의 온도는 절연체가 견딜 수 있는 최댓값에 도달하게 되며, 이 한계는 권선의 열전도도와 냉각회로에 의해서 결정된다. 권선의 체적은 작동기의 이동하는 영구자석 부분의 크기에 비례하며, 작동기 자체의 단위 이동질량당 발생력의 최댓값을 결정한다. 로렌츠 작동기의 **최대 힘 비율**(specific peak force)은 약 650 [N/kg]이며, 이 값은 구동되는 물체없이 작동기가 구현할 수 있는 최대 가속도에 해당한다. 이 상관관계 때문에 스테이지의 총 이동질량이 웨이퍼를 반송하는 구동체의 질량보다 훨씬 커진다. 표 9.1에서 언급했던 것처럼 120 [m/s^2]의 최대가속도를 구현하기 위해서 필요한 작동기의 질량은 여전히 구동되는 물체 질량의 50% 미만이며, 아직까지는 큰 문제없이 이를 충족시킬 수 있지만, 앞으로 더 높은 가속도가 필요해지게 되면, 총 질량은 급격하게 증가하게 된다. 이런 이유 때문에, 현재의 스테이지 개발은 박판과 강화플라스틱을 사용한 중공형 구조물을 활용하여 이동질량을 줄이는데 초점이 맞춰져있다. 불행히도 이 질량저감은 전달율에 의한 외부교란 작용력의 민감도를 증가시키므로 반드시 이로운 것만은 아니다. 한편으로는 최대가속을 증가시키기 위해 질량을 줄일 필요가 있는 반면에 다른 한편으로는 외부교란에 대한 민감도를 줄이기 위해서 질량을 증가시킬 필요가 있다는 질량의 **균형잡**

기(counterbalance)효과를 정밀 위치결정 시스템에서 소위 **질량의 딜레마**(mass dilemma)라고 부른다. 다시 말해서, 질량이 줄어들면 외부 진동에 대한 민감도 증가를 보상하기 위해서 더 높은 제어 대역폭을 확보하여 시스템 동특성을 개선해야만 한다.

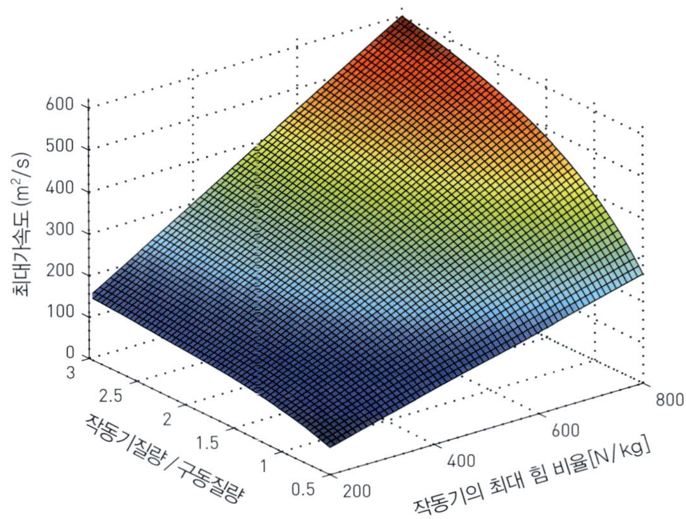

그림 9.18 모든 전기식 작동기들은 최대 힘 비율이라는 작동기 자체의 단위질량 당 발생력의 한계를 가지고 있다. 구동해야만 하는 주어진 질량에 대해서 가속도가 증가하면 작동기의 질량 증가가 수반되어야 한다. 상대적으로 추가된 가속은 최대힘비율이 최대일 때에 접근 특성을 가지고 작동기 질량과 구동되는 질량사이의 비율이 최대일 때 평평해 진다.

9.4 위치측정

웨이퍼 스캐너에는 다양한 위치측정 시스템들이 사용된다. 다음에 나열된 항목들이 가장 중요한 것들이다.

- 나노미터 미만의 정확도로 웨이퍼 스테이지에 대한 웨이퍼의 상대위치를 측정하는 정렬시스템
- 나노미터의 정확도로 웨이퍼 스테이지에 대한 웨이퍼의 표면 윤곽을 측정하는 레벨 센서
- 나노미터 미만의 정확도로 계측프레임에 대한 스테이지의 실시간 증분 위치측정을 위한 대변위 레이저 간섭계 또는 인코더

- 나노미터의 정확도로 계측프레임에 대한 레티클 스테이지의 수직방향 위치와 같은 짧은 상대측정거리나 범위를 측정하기 위한 정전용량형 센서
- 나노미터의 정확도로 웨이퍼의 표면을 측정하기 위한 광학식 근접 검출기
- 마이크로미터 미만의 정확도로 대변위 작동기의 내부 위치측정을 수행하는 덜 결정적인 측정용 전통적인 인코더
- 투사렌즈 내부의 광학요소들의 상대위치를 측정하기 위해서 사용하는, 수 피코미터의 정확도를 가지고 있는, 매우 측정범위가 좁고 극한의 측정 정밀도를 가지고 있는, 최신의 인코더

웨이퍼 스캐너에서 가장 중요하고 복잡한 측정은 중첩에 관련된, 레티클의 영상에 대한 웨이퍼상의 이전에 노광된 층의 상대위치를 측정하는 것이다. 현재의 영상과 이전의 층 사이에 형성된 계측루프는 실시간 측정이 불가능한 측정을 포함한 다수의 상대적 측정들로 구성되어 있기 때문에 매우 복잡하다. 이 문제의 주 원인은 투사렌즈들이 노광할 웨이퍼의 영역에 근접하여 위치해 있기 때문에 영상과 그 곳에 위치하는 이전의 층을 직접 측정하기 위해서 어떠한 수단도 사용할 수 없다는 점이다.

직접측정의 유일한 대안은 웨이퍼 스캐너 내의 잘 알고 있는 위치의 충분히 안정적인 기준에 대해서 웨이퍼상의 이전층의 위치와 영상 위치를 분리하여 간접적으로 측정하는 것이다. 실시간 측정된 웨이퍼 스테이지를 이 기준으로 사용한다. 스테이지의 6축 증분 위치 측정값은 연속적으로 사용할 수 있으며, 렌즈에 연결된 중앙 기준점에 대한 스테이지와 계측프레임 사이의 연결을 정의해 준다. 이 실시간 측정 시스템은 엄밀한 요구조건 하에서 레티클 스테이지와 웨이퍼 스테이지의 지연시간에 대한 폐루프 귀환제어 및 동기화를 위해서도 사용된다.

이 간접측정을 통해서 서로 다른 측정단계마다 발생하는 모든 측정 오차들을 합한 결과가 얻어진다. 이 합산결과는 8장의 측정에서 논의했던 **제곱합의 근**을 사용하여 계산할 수 있지만, 모든 측정의 정확도들이 중첩의 요구사양인 1 [nm] 미만을 유지해야만 한다.

다행히도, 중첩의 요구조건인 수 나노미터는 단지 상대적인 값일 뿐이다. 표준 미터와의 추적 가능한 상관관계는 이보다 열 배 이상 크다. 여기서는 장기간 동안의 규명된 불확실도를 갖고 있는 추적성이 중요하지 않다. 모든 교정들은 웨이퍼 상의 이전층과 관련되어 있고 웨이퍼 스테이지에 대해 이전층이 상대적으로 측정된 후에 노광이 완료될 시점까지만 안정성을 유지하면 된다. 더욱이, 웨이퍼 자체가 고온에서의 화학적 처리공정 동안 안정적이지 않아서 이전에 만들어진 구조들이 웨이퍼의 변형에 의해 움직일 수 있기 때문에 측정은 본질적으로 상대적인 특성을 가지고 있다. 이 변형을 측정하고, 이 변형을 수용할 수 있도

록 렌즈의 배율을 조정하고 스테이지의 위치를 조절한다. 아래에 나열된 일련의 단계들을 통해서 이전층의 위치로부터 영상위치로의 총체적인 측정 과정들을 더 자세히 설명한다.

1. 웨이퍼의 기본 방향을 결정하기 위해서 웨이퍼 취급장치 내에서 광학 센서를 사용해서 웨이퍼의 한쪽에 성형되는 평면 모서리나 노치의 위치를 측정하여 사전정렬을 맞춘다.
2. 로봇이 사전정렬용 척에서 웨이퍼 스테이지로 웨이퍼를 이송한다. 로봇의 진공 그리퍼 위치는 기구학적으로 위치가 결정되는 기계적인 연결에 의해서 사전정렬 척과 웨이퍼 스테이지의 기준위치에 교대로 의존한다. 웨이퍼 스테이지상에서 웨이퍼에 결과적으로 발생하는 총 위치오차는 대략적으로 10 [μm]정도이다.
3. 웨이퍼상의 이전층 위치를 첫 번째 층의 노광시 미리 만들어 놓은 정렬용 마크를 사용하여 측정한다. 이 기준마크의 숫자는 두 개에서부터 다이의 총 숫자에 이르기까지 다양하다. **기준점**(fiducial)이라고 부르는 유사한 정렬용 마크가 웨이퍼에 인접한 웨이퍼 스테이지에 안정적으로 부착된다. 정렬시스템은 기준점 위치에 대해서 상대적으로 웨이퍼 상의 정렬용 마크의 위치를 측정한다.
4. 정렬된 웨이퍼가 고정된 웨이퍼 스테이지는 계측프레임에 대해 실시간 측정을 수행하면서 투사렌즈로 이동한다. 특수한 영상 센서를 사용하여 영상의 위치와 초점평면을 웨이퍼 스테이지에 대해서 상대적으로 측정한다. 이 정보는 한번 또는 다수의 노광 사이클 동안 안정적으로 유지된다고 가정한다.
5. 웨이퍼 스테이지의 기준점은 렌즈내의 기준위치에 대해서 측정하거나 투사렌즈를 통해서 레티클상의 정렬용 마스크에 대해 상대적으로 측정한다.

다음의 하위 절들에서는 정렬측정의 원리, 초점평면의 측정, 그리고 대변위 증분 측정 시스템을 사용한 실시간 계측루프에 대해서 설명한다.

9.4.1 정렬용 센서

정렬용 마크들을 웨이퍼상의 패턴의 기준으로 사용하는 정렬원리가 그림 9.19에 도시되어 있다. 정렬마크들은 위상격자들이며 측정은 8.8.1.3절의 간섭계 인코더를 사용한다.

격자에 레이저가 조사되며 0.25λ 높이의 위상스텝이 주로 두 개의 1차 성분으로 구성된 회절차수들을 생성한다. 두 번째 기준격자를 사용하여 두 차수들을 간섭시킨 다음 광 검출기에서 재결합한다. 이 간섭의 방사조도는 이 차수들의 위상관계에 의존한다. 간섭계 인코더에서 설명했던 것처럼, +1st 차수의 위상이동은 −1st 차수의 위상이동과 크기는 같고 방향은 반대여서 결합된 차동위상이동은 두배가 되어, 측정 분해능이 두 배 증가한다.

최적의 정렬이 수행되어야 하는 범위에 대해서 웨이퍼 스테이지는 스캐닝 운동을 통해서 정렬이 수행되며 방사조도 신호의 영점교차가 측정된다. 이 영점교차는 두 회절차수의 증배 효과로 인해서 매 절반 격자주기마다 반복되므로 이 정렬시스템의 작동범위는 정렬용 격자 주기의 절반인 8 [μm]으로 제한된다.

이 값은 웨이퍼 취급장치가 정렬 시스템의 감지 범위 내에 웨이퍼를 신뢰성 있게 위치시키기에는 너무 부족하다. 부정렬이 8 [μm]이상 발생하면 노광 전체를 망쳐버린다는 것을 의미한다.

이 문제를 피하고 검출 범위를 확장시키기 위해서, 격자 주기가 10% 다른 두 번째 격자를 동시에 측정해서 버니어 원리를 적용한다. 두 격자들에 의한 복사조도의 영점교차는 한쪽 격자의 복사조도 신호 매 10주기마다 단 하나만 일치하므로 검출 범위를 10배 증가시켜 준다. 실제의 경우, **이상점**(outlier) 측정에 따른 오류를 피하기 위해서 약 40 [μm]로 측정범위가 제한된다.

위상 격자의 흥미로운 점은 변위에 의한 위상이동은 격자 높이에 무관하게 항상 일정하다는 점이다. 간섭계 인코더에서 설명했듯이, 위상이동은 변위와 격자주기 사이의 비율에 의해서만 결정된다. 이는 위치

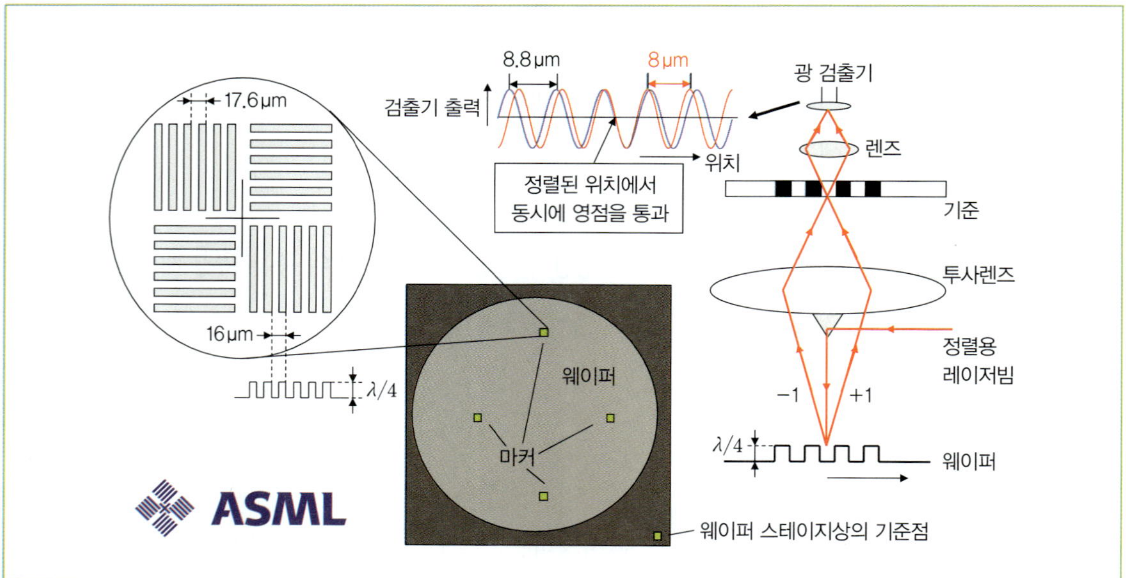

그림 9.19 정렬용 마크는 검출 범위를 증대시키기 위해서 주기를 다르게 만든 반사성 위상 격자이다. 마크를 측정하는 방법 중 하나가 우측에 도시되어 있는데, 투명한 기준 위상격자 상에 두 1차 성분들이 투영되며 센서로 그 편차를 검출한다. 이 구조는 위치 민감도를 2배 향상시켜준다. 이 정렬용 마크가 ASML의 로고가 되었다.

검출이 격자의 높이에 영향을 받지 않는다는 것을 의미한다. 반면에, 두 1차 성분들의 방사조도는 격자의 높이에 영향을 받으며 스텝 높이가 0.25λ인 경우에 최대이다. 특정한 시점에 초점을 향상시키기 위해서 표면을 평탄화 시키는 금속층의 **기계화학적 폴리싱**(Chemical Mechanical Polishing : CMP)이 도입되었는데, 이 폴리싱 공정이 정렬용 마크를 지워버릴 우려가 있었다. 다행히도 최적 높이보다 훨씬 얇은 격자도 여전히 정렬에 사용하기에 충분한 신호를 만들어주는 것으로 판명되었다. 광학 센서의 민감도에 대한 약간의 추가적인 측정을 통해서 여전히 충분한 정확도로 평탄화 된 격자에 남아있는 위상차이를 검출할 수 있다.

9.4.2 웨이퍼의 초점유지

분해능을 향상시키기 위해서 필요한 높은 개구수는 자동적으로 7장에서 논의했던 것처럼 **초점심도**(Depth Of Focus : DOF)를 감소시킨다. 다수의 제조공정 단계들을 거쳐서 생성된 웨이퍼 표면상의 3차원 구조는 이러한 투사렌즈 초점심도의 지속적인 감소를 수용하기에 충분할 정도의 평면을 보장하기가 점점 어려워지게 만든다. 그림 9.20에서는 초점심도와 임계치수 사이의 상관관계를 보여주고 있다. 25[mm] 다이 전체에 걸쳐서 100[nm] 미만의 초점오차를 유지하는 것은 매우 어려운 조건이다. 이런 극한의 사양을 구현하기 위해서는, 이 문제를 두 가지 측면에서 접근해야 한다. 첫 번째 단계는 웨이퍼 상에서 특정한 편평도를 보장하는 것이다. 이미 설명했던 것처럼, 배선을 위해 증착된 금속층은 다이 위에서 표면의 국부적인 평면 오차를 허용가능한 수준인 50[nm] 미만으로 유지하기 위해서 보통 CMP공정으로 표면을 처리한다. 충분히 작은 초점오차를 구현하기 위한 두 번째 방법은 노광할 다이영역 내에서 웨이퍼의 위치를 초점영역 내로 능동적으로 조절하는 것이다. 이 과정을 웨이퍼 **레벨링**(levelling)이라고 부르며, 1세대 웨이퍼 스캐너에서는 스캐닝을 수행하는 동안 렌즈 전면의 웨이퍼 표면에 대한 실시간 측

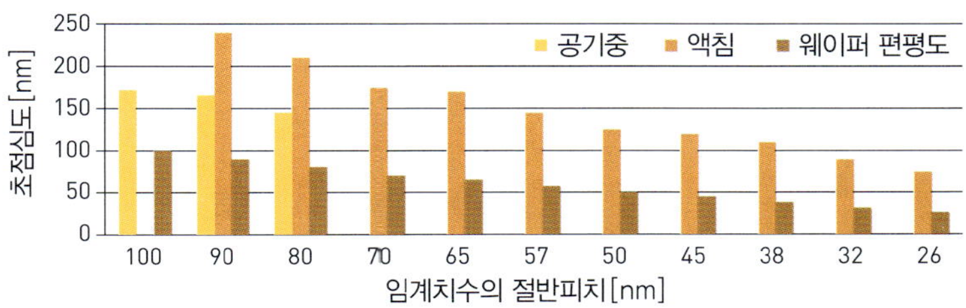

그림 2.20 임계치수의 함수로 표시된 필요한 초점심도(DOF). 액침노광이 도입된 이후에 요구조건이 완화되었다.

정을 통해서 레벨링을 수행했었다. 이 측정은 측정을 다룬 8장 중에서 8.6.1.2절의 광학식 3각측량 방법 등을 통해서 수행된다. 서보 추적식 귀환제어 시스템이 웨이퍼 표면을 초점평면 내의 영상과 대략적으로 평행하게 유지시켜 준다. 불행히도 위치결정 시스템의 동특성과 제어이득의 한계 때문에 일부 남아있는 초점오차는 귀환제어로는 결코 막을 수 없다. 노광을 시행하기 전에 웨이퍼의 높이 프로파일을 결정하는 더 좋은 해결책이 발견되었으며, 노광시에 이 정보를 전향제어에 활용한다.

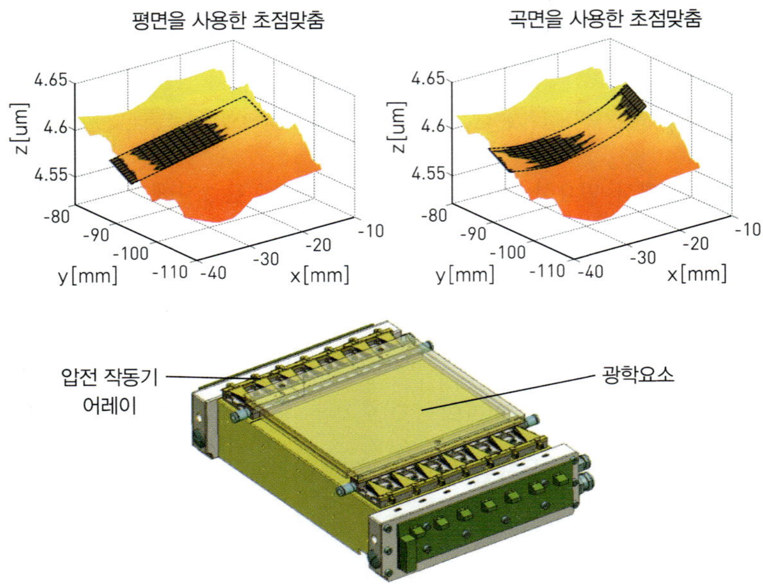

그림 9.21 곡선형 영상평면을 사용하여 웨이퍼의 국부적인 곡면에 더 좋은 영상을 투영할 수 있다. 압전요소들을 사용하여 투사광학계 내의 광학요소를 변형시켜서 이를 구현할 수 있다. (Courtesy of Chris Valemtin)

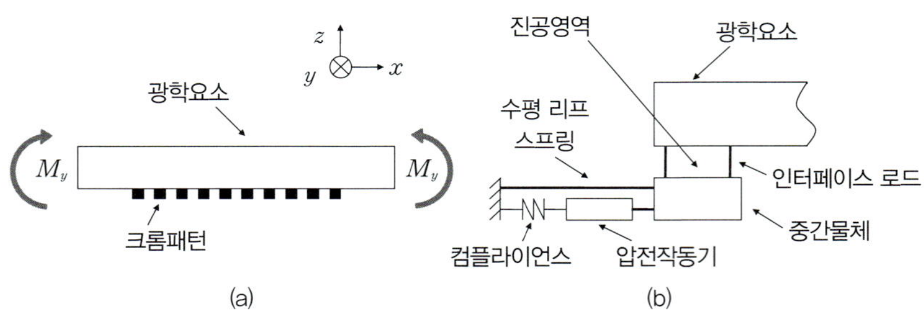

그림 9.22 평판 모서리에 작용하는 토크는 곡률이 잘 정의된 곡면을 생성한다. 압전 작동기는 유연 요소를 통해서 이 토크를 전달할 수 있다. (Courtesy of Chris Valentin)

단일 웨이퍼 스테이지의 경우, 웨이퍼 표면 토폴로지를 따로 측정하면, 측정에 소요되는 추가적인 시간 때문에 생산성의 감소가 초래된다. 이 문제를 해결하기 위해서 측정과 노광을 병렬로 수행하는 이중 웨이퍼 스테이지가 설계 되었다(Boonman cs[12]). 하지만 첫 번째 사례로는 토크를 생성하기 위해서 유연 연결된 압전 작동기를 사용하는 레티클 곡률의 능동제어에 대해서 살펴보기로 한다.

■ 다이의 웨이퍼곡률 보정

초점성능을 향상시키기 위한 다음 단계로, 델프트 기술대학 메카트로닉스 시스템 설계 실험실의 Chris Valentin[86]은 그림 9.21에서와 같이 평면형 초점평면 대신에 곡면형 초점평면을 사용하기 위한 연구를 수행하였다. 이 시스템에서 사용된 이중 텔레센트리 투사광학계는 노광 시스템 내에서 광학 요소의 능동 변형을 통해서 원하는 곡률보정을 구현한다. 향후에 지속적으로 좁아지는 초점에 대한 요구를 충족시켜 주기 위해서는 이런 유형의 능동 광학계의 중요성이 더욱 강조될 것으로 예상된다.

평판에 대해서 잘 정의되어 있는 반경을 구현하기 위한 주 요구조건은 판의 폭방향에 대해서 일정한 토크를 가하는 것으로, 그림 9.22에서와 같이 판의 모서리에 토크를 가하여 이를 구현할 수 있다. 압전 요소는 강성이 크기 때문에 순수한 토크를 가하기 위한 특별한 수단이 없다면 이런 목적의 작동기로 적절치 않다. 유연 스프링과 얇은 막대를 사용하여 광학요소와 작동기 사이를 연결하며 다수의 작동기 세트를 사용함으로써 사용 가능한 수준으로 균일하게 분포된 토크를 생성할 수 있다.

9.4.3 이중 스테이지의 측정과 노광

웨이퍼 스캐너의 측정과 노광 사이클을 병렬로 처리하도록 설계하기로 결정한 가장 큰 이유는 생산성 때문이다. 생산성을 희생시키지 않고 특정한 웨이퍼의 세밀한 모든 치수들을 정밀하게 측정할 수 있는 가능성과 함께, 이렇게 웨이퍼 스테이지를 이중으로 사용하는 또 하나의 중요한 이유는 고가인 렌즈의 사용율을 높이려는 의도가 있다. 이중 스테이지를 사용하면 다른 웨이퍼의 측정을 수행하는 동안 하나의 웨이퍼는 노광을 수행할 수 있으며, 그 결과 렌즈는 지속적으로 사용된다. 그림 9.23에서는 이중 웨이퍼 스테이지의 공정 단계들을 보여주고 있다. 한쪽 웨이퍼가 측정 사이클을 수행하는 동안 다른 쪽 웨이퍼는 이와 동기화 되어서 노광 사이클을 수행한다. 이를 통해서 웨이퍼 스테이지에 대한 정렬용 마커들의 위치와 표면의 높이 프로파일을 완벽히 알고 있는 웨이퍼에 대해서 노광을 시작한다. 이를 통해서 전향제어를 완벽하게 활용할 수 있다.

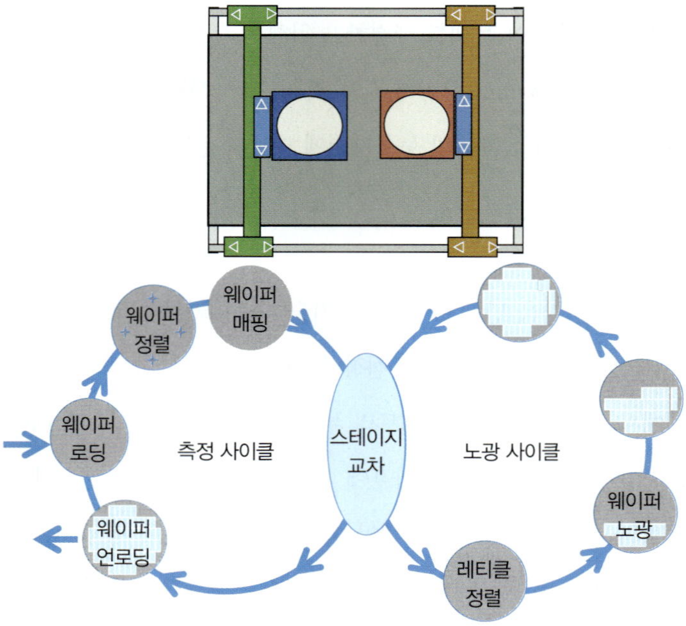

그림 9.23 이중 스테이지 웨이퍼 스캐너의 로딩과 언로딩으로 구성된 두 사이클 사이의 공정단계들. 측정 사이클에서 웨이퍼는 웨이퍼 스테이지와 정렬이 맞춰지고, 초점을 위해서 표면지도가 만들어진다. 노광 사이클 동안 웨이퍼 스테이지는 레티클과 정렬이 맞춰지며 노광이 수행된다.

9.4.4 대변위 증분식 측정 시스템

웨이퍼 스테이지와 레티클 스테이지 내의 대변위 측정 시스템은, 두 스테이지 사이의 동기화 정확도를 저감시키는 추가적인 지연 없이, 지정된 정확도와 속도 수준을 가지고 위치를 추종할 수 있어야만 한다.

20세기 말까지는 레이저 간섭계 측정 시스템만이 귀환제어 대역폭의 제한이나 스테이지들 간의 동기화 간섭 없이 나노미터 수준의 분해능과 지연 타이밍을 가지고 긴 거리의 측정이 가능했다. 20[kHz]를 훌쩍 넘어선 샘플링 속도가 현재의 기술수준이며, 적절하게 동기화 된 위상검출 전자회로를 통해서 다수의 측정축들을 동시에 측정할 수 있게 되었다.

그림 9.24에서는 웨이퍼 스테이지용 반사경 블록을 보여주고 있는데, 여기서 6축 실시간 측정 시스템의 구축을 위해서 사용된 레이저 빔이 도시되어 있다.

웨이퍼 스테이지에서 위쪽으로 빔을 유도하는 45°반사경을 통한 z축 측정신호를 구동하기 위해서 특수한 구조가 사용되었다. 계측프레임에 연결되어 있는 고정된 기준 반사경에 의해 빔이 반사되며, 45°반사경

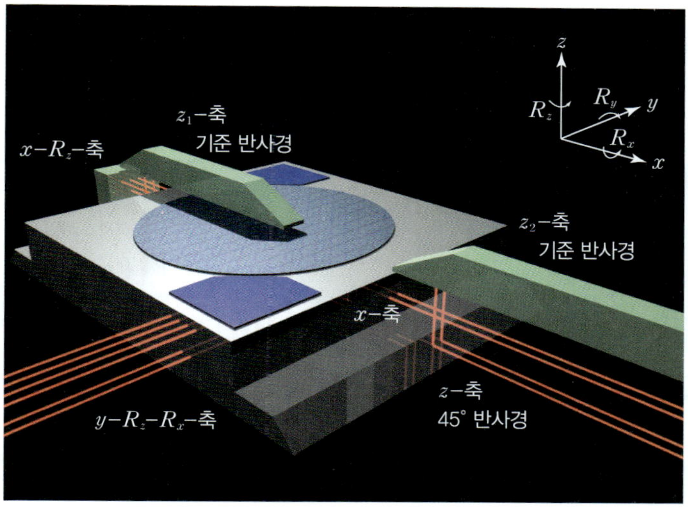

그림 9.24 레이저 간섭계를 사용하여 6축 위치를 측정하기 위한 반사경 블록. z축의 측정은 빛을 위쪽의 기준 거울로 반사해주는 45°반사경을 사용하여 구현하였다. 모든 축들은 이중 경로 평면 반사경 간섭계로 이루어졌으며, Ry는 두 개의 z방향 간섭계에 의해서 결정된다.

을 통해서 간섭계로 되돌아온다.

이 구조에서 빔의 총 광학 경로길이는 x및 z방향 길이에 의해서 결정된다. 또 다른 레이저빔을 사용해서 직접 측정한 증분식 x위치를 차감하면, z방향 위치가 구해진다.

레이저 간섭계 측정 시스템의 정확도는 측정에 대한 8장의 내용들 중에서 8.8.2.3절에서 설명했던 에들렌 방정식 (8.87)에 따른 공기의 굴절률에 강하게 영향을 받는다. 간섭계 거리측정 시스템의 가장 큰 문제는 공기를 통과하여 먼 거리를 측정해야만 한다는 점이다. 거리가 멀어지면, 온도나 압력에 의해서 유발되는 공기중 광선속도의 미소한 변화가 측정에 현저한 영향을 끼칠 수 있다. 측정의 정확도를 허용 가능한 수준으로 유지하기 위해서는 광학 측정경로 전체에 대해 공기를 조절하기 위해서 **공기 샤워**(air shower)가 사용된다. 공기온도는 노광 사이클 동안 1 [mK]이내의 안정성을 갖도록 제어할 필요가 있다. 더욱이, 공기샤워를 통해서 공급된, 온도가 조절된 공기가 온도가 다른 곳에서 유입된 공기와 섞이는 것을 막기 위해서 스테이지의 최고 속도보다 빠른 속도로 공기가 흘러야만 한다. 필요한 사양들은 반드시 맞춰야만 하기 때문에, 이러한 요구조건들이 현저한 개발을 초래하였다. 하지만 장기적인 관점에서, 이 방법은 더 이상 적합하지 않으며, 온도가 조절된 공기가 고속으로 공급되면 민감한 부품들의 동적공진을 가진시킬 수 있다.

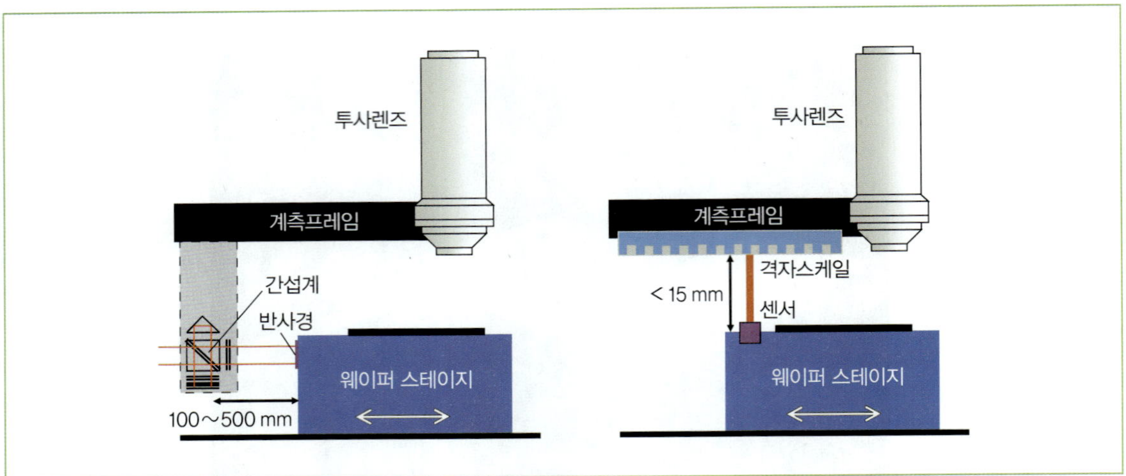

그림 9.25 대변위 증분식 위치측정을 위한 두 가지 방법. 좌측의 레이저 간섭계는 오랫동안 표준으로 사용되어 왔지만, 부분적으로는 우측과 같은 평면형 인코더 시스템으로 대체되었다. 그 차이는 계측 루프의 길이와 안정성, 그리고 공기의 굴절계수 변화에 따른 열에 의해 유발된 불안정성의 저감 등으로 나타난다.

다행히도 또 다른 해결책이, 6개의 방향 모두를 웨이퍼 스캐너의 대변위 측정 시스템에 적용하기에 충분한 분해능으로 측정하는, 위상격자를 사용하는 평면 반사형 인코더 시스템을 통해서 구현되었다. 이 대안은 레이저 간섭계에 비해서 두 가지 장점을 가지고 있다. 우선, 공기를 통과하는 경로가 15 [mm] 미만에 불과하여 열에 의해서 유발되는 굴절계수의 변화가 훨씬 덜 영향을 끼친다. 열에 의한 민감도는 100배가 감소하여 1 [K]변화에 대해서 $\Delta L/L = 2\times10^{-8}$을 가진다. 두 번째 장점은 그림 9.25에서와 같이 실시간 계측루프의 안정성과 관련이 있다.

9.4.4.1 실시간 계측루프

실시간 계측루프는 이 절의 시작 부분에서 정의했던 전체 계측루프의 하위세트이며 실시간으로 수행되지 않은 측정도 함께 포함되어 있다. 실시간 계측루프는 모든 정렬 단계들이 잘 수행되었고 노광기간 동안 안정을 유지한다고 가정하고 있다. 이는 실시간 계측루프가 계측프레임을 통해서 렌즈를 웨이퍼 스테이지 상의 웨이퍼와 연결시켜준다는 것을 의미한다.

이 실시간 계측루프에서 계측프레임에 대한 렌즈의 위치를 첫 번째로 측정한다. 이전에 설명했듯이 계측프레임과 렌즈 사이의 연결은 강하지 않으며 심지어는 진동을 제어하기 위해서 능동형 댐퍼를 설치하기도 한다. 강성이 낮기 때문에, 계측프레임에 대한 렌즈의 어떠한 미소한 변위도 측정하기 위해서 별도의 광학식 또는 정전용량식 센서가 사용된다.

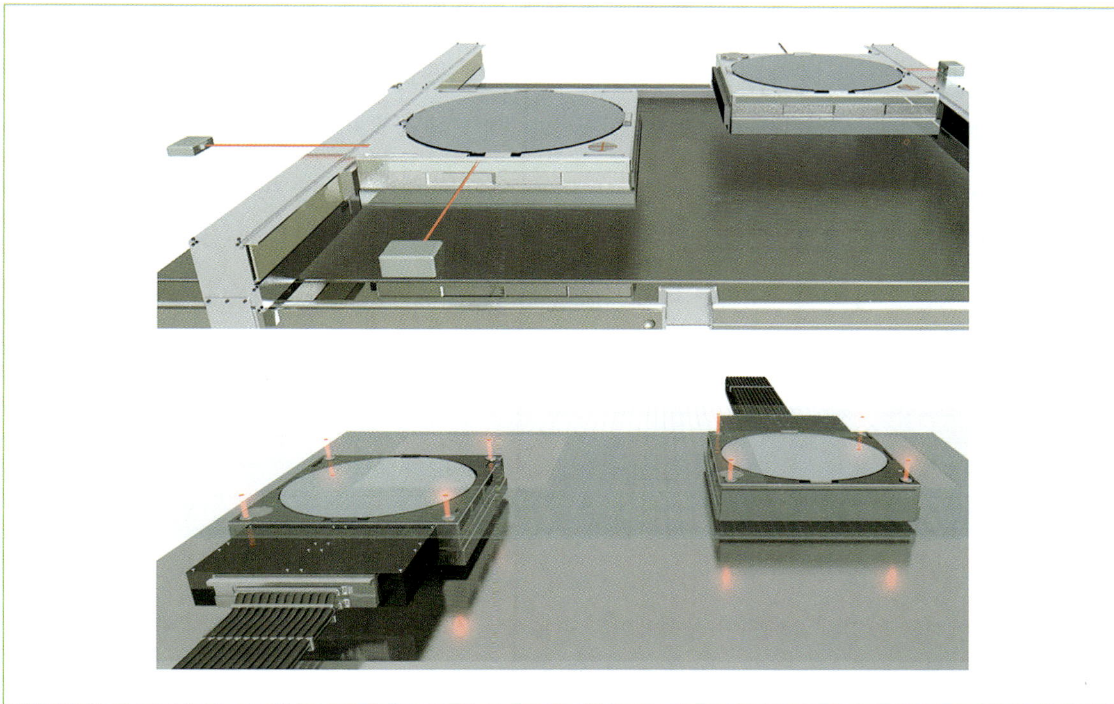

그림 9.26 상부에 레이저 간섭계가 설치된 시스템과 H-구조물이 조합된 형태와 평면형 인코더와 바닥에 설치된 평면형 구동 시스템은 그 차이를 명확하게 설명해주고 있다.

실시간 계측루프에서 대변위 측정시스템을 사용하여 계측프레임에 대한 웨이퍼 스테이지의 위치를 두 번째로 측정한다. 레이저 간섭계에서, 간섭부는 웨이퍼 스테이지의 최대 이동범위에 따라서 결정되는 광축으로부터의 거리만큼 떨어진 계측프레임에 견고하게 고정된다. 따라서 렌즈에서 간섭계까지의 총 거리에 대해서 계측 프레임이 안정을 유지할 필요가 있다. 원리상, 간섭계에서 렌즈까지의 기준측정축을 추가하면 이 문제를 해결할 수 있지만, 이 추가적인 측정시 공기의 굴절계수 변화에 의해 유발된 오차가 증가하게 된다.

평면형 인코더의 경우, **그리드 판**(grid plate)이라고 부르는 측정용 격자가 계측 프레임 상에 안정적으로 설치되며, 제한된 온도범위 내에서 열팽창 계수가 0인, Scott 사에서 제작된 유리세라믹 소재인 Zerodur와 같이 열에 둔감한 소재로 제작되었다. 이 방식은 공기중을 통과하는 계측루프의 길이를 감소시켜주며, 계측프레임의 안정성 요구조건을 완화시켜준다.

웨이퍼 스테이지 내에서 계측루프의 마지막 부분인 계측용 반사경에서 웨이퍼까지의 측정은 레이저 간섭계를 사용할 경우에는 매우 간단하고 명확하다. 반사경 블록은 웨이퍼 척과 **모놀리식**(monolithic) 구조를 형성하며 웨이퍼 테이블 위에 웨이퍼를 진공으로 견고하게 부착한다. 이 모놀리식 구조도 역시

Zerodur와 같이 열에 둔감한 소재로 제작한다.

평면형 인코더 버전은 센서부가 웨이퍼 스테이지의 이동부에 위치하고 있기 때문에 웨이퍼에 대한 계측 루프의 마지막부분이 더 복잡하다. 이 부분의 안정성과 관련되어 발생 가능한 문제들은 모든 광학 부품들을 하나의 유닛으로 완전히 통합하고 보조 측정축을 사용하여 연속적으로 교정함으로써 해결할 수 있다. 원리상으로는 추가적인 자유도를 결정하는 4개의 센서들이 사용된다. 잉여자유도들은 모든 노광 사이클마다 모든 센서들을 비교 및 교정하는 데에 사용된다. 그림 9.26에서는 서로 다른 구동 및 측정방식을 비교하여 보여주고 있다.

9.5 | 운동제어

그림 9.27[73]에서는 웨이퍼 스테이지 운동제어의 기본적인 원리를 보여주고 있다. 현대제어의 전문가라면 **다중입력 다중출력**(MIMO)제어기, 옵저버 및 여타 최근에 개발된 제어기법들을 그리워할 지도 모르겠다.

사실, 전체 제어기는 모든 방향에 대해서 개별적으로 구축된, 전향 및 귀환 경로를 갖춘 **단일입력 단일**

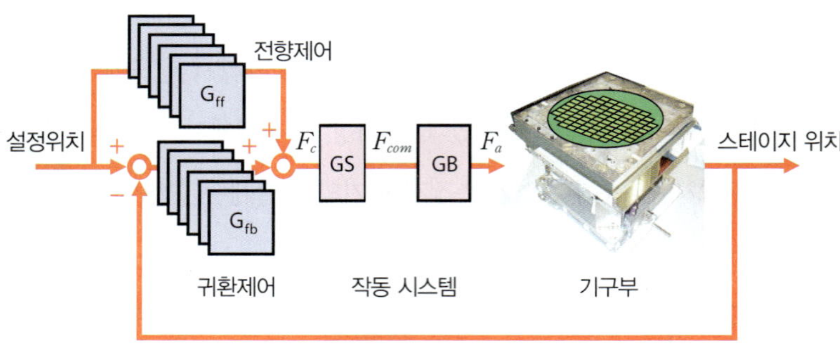

그림 9.27 웨이퍼 스테이지의 위치제어는 6축 SISO PID제어기를 사용한다. **이득 스케줄 행렬**(GS)은 기계좌표계에 대해서 6자유도로 작용하는 제어력(F_c)을 무게중심 근처에 위치한 웨이퍼 스테이지 좌표계에 작용하는 힘(F_{com})으로 변환시켜 준다. **이득 밸런싱 행렬**(GB)은 이 힘들을 작동기 작용력(F_a)으로 변환시켜 준다.

73) 이 절의 그림들은 동역학 및 제어분야에서 ASML의 공동연구자이며 에인트호벤 기술대학의 교수인 Hans Butler가 제공해 주었다. ASML의 Wilbert Simon과 함께 이 장비의 위치제어에 대한 훌륭한 논문을 작성하였다[19].

출력(SISO)제어기로 구성되어 있다. 귀환 제어기는 잘 조절된 고전적인 **비례-적분-미분**(PID)제어 알고리즘을 사용한다.

위치측정 및 제어기를 위한 6축 기계좌표계는 영상 위치의 중앙에 원점이 위치한다. 이 위치는 노광이 이루어지며 모든 정밀도가 결정되는 중요한 영역이다. 불행히도 웨이퍼 스테이지의 무게중심 위치도 아니며 웨이퍼 스테이지의 작동기가 위치한 곳이 아니다. 그런 이유 때문에 노광영역에서 필요한 제어력을 만들어내기 위해서 무게중심 위치와 작동기 위치에서의 작용력을 구할 필요가 있다. 우선 **이득 스케줄링**(gain scheduling) 행렬을 사용하여 여섯 개의 제어력 F_c들을 위치결정 스테이지의 무게중심에 작용하는 힘인 F_{com}으로 변환시킨다. 이것은 실제 위치와는 무관하게 스테이지의 동적 응답을 결정하기 위한 최적의 위치이다. 실제위치의 영향을 상쇄하기 위해서는 이득 스케줄링 행렬을 스테이지의 실제 위치에 맞춰서 지속적으로 수정해야 한다. 그런 다음, 이득 밸런싱 행렬을 사용하여 개별 작동기들의 작용력 F_a들을 구하기 위한 두 번째 변환이 수행된다. 모든 계산이 잘 수행되고 나면 작동기의 작용력은 무게중심 위치에서 필요한 힘들과 노광위치에서의 제어력으로 조합된다. 서로 다른 기능을 수행하는 부품들의 공차에 기인한 성능차이를 보상하기 위해서 웨이퍼 스테이지의 물리적인 하드웨어에 대해서 이득 밸런싱 행렬을 매우 잘 맞춰야 한다. 하드웨어의 변화에 따라 교정을 통해서 이득 밸런싱 행렬을 맞출 수 있지만, 원리상 이 행렬은 고정되어 있다.

이런 이유 때문에 이중으로 된 제어기의 구축에 비교적 단순하고 쉬운 SISO방식을 사용하는 것이다. 무엇보다도, 이 방법은 시스템 내부에서 관찰되는 오차를 더 직접적으로 살펴볼 수 있다는 장점이 있다. 이로 인해서 시스템이 고장 났거나, 부품을 교체해서 시스템을 다시 조절해야만 하는 경우에 고객측 현장에서 문제해결에 소요되는 시간을 단축시켜준다. 두 번째 이유는 시스템 매개변수들이 이상적으로 모델링된 상황에서 벗어났을 때에는 제어기의 귀환부 만이 제어의 견실성에 영향을 끼치며, 이에 대해서는 다음 절에서 상세히 설명한다.

9.5.1 전향 및 귀환제어

귀환제어의 특성상, 작동을 위해서는 오차가 필요하기 때문에, **귀환제어는 항상 (너무) 늦다**고 말할 수 있다. 그에 따른 지연은, 교란사건의 영향을 지정된 최대 허용오차까지 저감하는 데에 필요한 시간인 **정착시간**(settle time)을 통해서 명확해진다.

귀환제어는 단지 임의교란이나, 시스템 내의 서로 다른 요소들의 성질에 대한 불확실성 때문에 전향제어만으로는 피할 수 없는 오차의 보정에만 적용되어야 한다. 웨이퍼 스캐너의 설계에서는 주로 정착 시간이 생산성에 끼치는 영향 때문에 동적 시스템의 거동이 가능한 한 결정성을 갖도록 초점을 맞춘다.

작은 사례를 통해서 이 요구조건을 실제적인 관점에서 살펴볼 수 있다.

표 9.1의 사양에서와 같이, 질량 20 [kg], 가속 30 [m/s^2], 최대 속도 0.5 [m/s]인 웨이퍼 스테이지를 생각해 보자. 이 수치들로 인하여 가속에 필요한 힘은 600 [N]에 달하며, 가속시간은 17 [ms]이다.

이 상황이 작용력 최대오차가 단지 0.6 [N](=0.1%)이내인 순수한 개루프 관성기반 전향제어시스템에 의한 것이라고 가정하자. 그러면 간단한 계산을 통해서 17 [ms]의 가속시간이 지난 후의 위치오차를 산출할 수 있다.

$$\varepsilon = 0.5at^2 = 0.5 \cdot \frac{0.6}{20}(17 \cdot 10^{-3})^2 \approx 4 \cdot 10^{-6}\,[\mathrm{m}] \tag{9.7}$$

이 값은 여전히, 필요한 10 [nm]수준에 비하면 400배나 큰 값이다. 전향제어 작용력을 필요한 수준까지 개선하기 위해서는 총 오차가 1 [ppm](1 : 10^6)수준이 되어야 하며, 이 수준은 전자적으로만 구현할 수 있다. 이를 통해서 잔류 오차를 줄이기 위해서는 추가적인 피드백 제어 작용이 필요하다는 것이 명확하며, 그림 9.28에서는 잘 조절된 PID귀환 제어기를 사용하는 웨이퍼 스테이지의 사실감 있는 성능 그래프를 통해서 큰 개선이 이루어졌음을 보여주고 있다. 가속 프로파일이 시작된 직후부터 거의 즉시 귀환제어가 개시되며, 전체 오차는 11 [nm]를 조금 넘는 수준으로 사양을 거의 충족시키고 있다. 이는 귀환제어

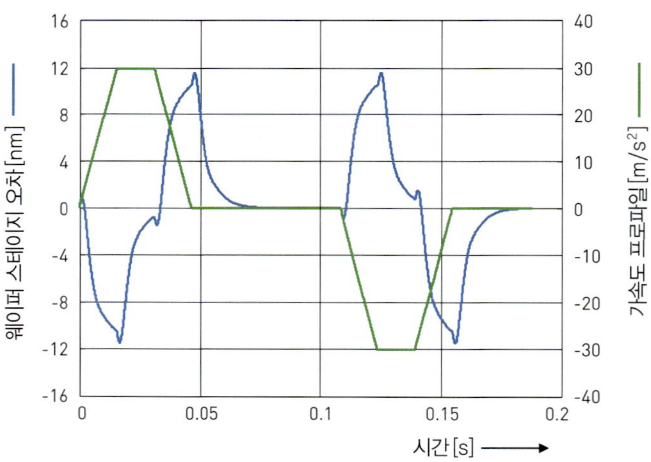

그림 9.28 매우 잘 조절된 피드백을 사용한 때에 전향 작용력이 0.1% 만큼 편차가 발생한 경우에 유발되는 시간에 따른 스테이지 오차

의 가치를 증명해 주지만, 그렇다고 전향제어의 필요성이 줄어드는 이유가 되지는 못한다. 만일 전향제어 작용력의 정확도가 예를 들어 3배 이상 줄어들던, 이 그래프에서 최대 피크 오차를 3배 이상 저감하기 위해서 필요한 정착시간은 거의 10[ms]가 된다. 이 사례에서 전향제어의 정확도를 3배 이상 줄이는 경우에 기계의 생산성은 다음과 같은 결과를 낳게 된다. 평균적으로 300[mm] 웨이퍼에는 100개의 다이가 있어서 100회의 가감속을 수행한다. 정착시간이 매 스캔당 10[ms]라면 기계의 총 노광시간인 20초에 대해서 약 1초의 손실이 발생함을 의미한다. 이 5%의 손실은 웨이퍼 스캐너의 소비자 가치를 직접적으로 5% 낮추는 결과를 초래한다!

장래에 요구조건들이 더 엄격해지면, 원리상 정착시간을 줄이기 위해서는 단 두가지 방법밖에 없다. 첫 번째 방안은 제어주파수 대역을 증가시키는 것이다. 그런데, 이를 위해서는 이미 최적이라고 가정했던 기계의 동특성을 더 개선해야만 하는데, 비용의 증가 없이는 그리 쉽지 않을 것이다. 그 외에 남아있는 유일한 해결책은 전향제어 시스템의 정확도를 개선하는 것이다. 전향제어 모델의 오차는 주로, 온도에 의해 작동기의 성질이 변화함에 따른 것이며, 실제의 경우 전체시스템의 오차가 허용레벨 이하로 유지되도록 연속적으로 교정하며 적응이 가능한 (학습형) 전향제어기를 사용해야만 오차수준을 저감할 수 있다.

9.5.2 질량의 딜레마

9.3.3절에서 질량의 딜레마에 대해서 살펴봤다 질량이 크면 환경으로부터 전달되는 진동에 의한 오차를 줄이는 데에 도움이 되지만 질량이 작으면 동력소모가 줄고 가속에 따른 반력이 줄어든다. 경량구조를 통해서 전달에 의한 오차를 저감하기 위해서 필요한 대역폭을 증가시킬 수 있다고 생각할 수 있다. 불행히도, 전체적인 크기를 줄이지 않고 질량만 줄이면 구조물이 얇아지게 된다. 이렇게 얇은 구조물은 필요한 높은 고유주파수를 보장할 수 있을 정도로 모든 방향에 대해서 충분히 강하게 만들 수 없다. **과도작동** (overactuation)을 통해서 잠재적으로 유해한 고유모드들을 보상하려는 시도가 여러 곳에서 연구 되었다. 과도작동이란 제어해야만 하는 좌표계 방향으 숫자보다 더 많은 수의 작동기들을 사용하는 것을 의미한다. 에인트호벤 기술대학의 Schneiders, vd Mɔlengraft와 Steinbuch에 따르면 모드선도에 따라서 작동기들의 배치를 최적화시키면 저주파 고유모드들에 의한 가진을 피할 수 있다[77].

외력에 의해서 유발되는 위치결정 오차를 저감하기 위한 또다른 해결방안은 가속도 귀환을 증가시켜서 가상질량을 증가시키는 것이다. 이 방법은 ASML의 Hans Butler가 발표하였다[16]. 그는 귀환경로 및 전향경로의 주파수 대역을 분할하여 귀환제어의 고주파 대역 의존도를 줄였다.

9.6 | IC 노광기의 향후 개발전망

반도체 산업용 노광장비를 위한 초정밀 공학에 대한 **왕립사회회보**(Philosophical transactions of the Royal Society)에 게재된 기고문[66]의 결론이 이 책에도 동일하게 통용된다.

인용문 :

약 30여 년 전에 필립스 연구소에서 최초의 웨이퍼 스테퍼를 개발했던 당시에, 전문가들은 파장의 한계와 렌즈소재의 제약 때문에 광학식 노광 시스템의 미래에 대해서 의문을 품었었다. 또한 그때에 이미 사람들은 크기가 더 줄어들면 실리콘 속에 독립구조를 만드는 것이 불가능해질 것을 걱정했었다. 현재에도 무어의 법칙이 유지되고 있지만 업계 내에는 이 질문이 계속 제기되고 있으며 그림 9.2에서는 이 기적을 지속시키기 위해서 IBM이 다음 단계를 어떻게 가져가고 있는지를 보여주고 있다.

과연 무어의 법칙이 지속될 것인가에 대한 가장 합당한 답은 "필요하다면 무어의 법칙은 언제까지라도 지속될 것이다"이다.

이 답은 무어의 첫 번째 법칙의 이면에 숨어있는 무어의 2법칙이라고 부를 수 있는 또 다른 기술적 법칙에 대한 관찰을 기반으로 하고 있다.

반도체 로드맵의 다음 단계에서 어떤 발명이 필요 하다면 그것이 실현될 것이다!

실리콘 단원자의 직경은 약 0.25 [nm]이며, 원자의 크기가 문제가 되기까지는 아직도 한참의 시간이 남아있는 것처럼 보이지만, 이미 **그래핀**(graphene)과 같은 새로운 물질과 광자 스위치들이 소형화와 전자회로의 성능향상을 위한 새로운 대안으로 떠오르고 있다. 이와 관련된 흥미로운 질문은 "과연 실리콘 웨이퍼의 3차원 공간을 완전히 활용할 수 있을 것인가"이다. 비록 많은 회로들이 새로운 능동층을 이전 층의 위에 쌓아올린 $2D^+$ 구조로 간주할 수 있지만, 대부분의 IC들은 여전히 2차원 구조를 가지고 있다. 이런 차원적 한계가 없어지고 나면, 형상의 축소 없이도 무어의 법칙을 지속시킬 수 있다. 하지만 기술적 어려움을 감안한다면 형상축소를 위한 기술경쟁은 가까운 미래에 끝날 것이 예상된다. EUV 노광기술의 도입을 위해서는 향후 십여 년간의 기술개발이 필요하지만 이를 가능케 해 줄 발명이 이루어질 것이다. 이를 위해서도 정밀공학과 메카트로닉스가 여전히 중요한 역할을 할 것이라는 점에는 의심할 여지가 없다.

9.7 | 정밀설계의 주요 원칙들[74)]

현재의 중요한 기술적 발전을 위한 메카트로닉스의 중요한 가치들을 세밀하게 짚어보는 대신에 이 절에서는 몇 가지 중요한 범용 설계원칙들에 대해서 살펴보기로 한다. 이 원칙들을 준수하면 웨이퍼 스캐너와 같은 고속 생산시스템을 설계할 때에 높은 정밀도를 구현하는 데에 도움이 된다.

1. **문제의 파악** : 모든 요구조건들과 사양들이 분명해진 다음에 설계를 시작할 수 있다.
2. **스스로 문제를 만들지 말 것** : 외란의 잠재적 원인들은 원인쪽에서 해결해야만 한다.
3. **하드웨어에 대한 숙지** : 첫 번째 설계목표는 조합된 모든 시스템들의 동적 거동이 가능한 한 최대로 결정적 특성을 갖도록 극도로 잘 균형 잡힌 하드웨어 개념을 정의하는 것이다. 메카트로닉스는 설계의 종합적 접근방법이다.
4. **소프트웨어가 문제를 해결해 줄 것으로 기대하지 말 것** : 하드웨어의 수정은 매우 비싸며 오랜 시간이 소요된다. 대부분의 경우, 소프트웨어는 대기시간을 늘려서 결함을 덮을 뿐이다.
5. **견실성을 위해서만 귀환제어를 사용한다** : 전향제어를 최대한 활용하고 정말로 알 수 없는 오차 원인들에 대한 견실성 확보를 위해서만 귀환제어를 사용한다.
6. **측정이 아는 것이다** : 정확히 측정할 수 있을 때에만 정확하게 만들 수 있다. 즉 계측루프의 모든 측면들을 완벽하게 꿰고 있어야만 한다.
7. **타이밍이 필수적이다** : 제어루프 내의 모든 요소들의 타이밍을 알고 있어야만 한다. 디지털 계측시스템내의 지연시간은 안정적인 귀환 루프에 해가 된다.

특히, 소프트웨어와 관련된 하드웨어에 대한 믿을만한 지식에 대한 원칙은 가장 중요하다. 특히 젊은 세대를 중심으로 소프트웨어가 궁극적으로 우리의 모든 문제를 해결해 줄 것이라는 믿음이 커지고 있다. 비록 이 책에서 다루고 있지는 않지만, 소프트웨어가 복잡한 첨단 장비의 통합과 제어에 결정적이라는 것이 증명되었기 때문에 이것은 진실이다. 소프트웨어의 유연성이 컴퓨터의 극도로 빠른 연산속도와 결합되었을 때 엄청난 위력을 발휘한다. 하지만 절대로 잊지 말아야 할 것은 잘 못 설계된 기계는 결코 소프트웨어

74) 이 절은 1판의 마지막 절이었지만 2판에서는 9.6절의 내용으로 대체되었다. 하지만 역자는 이 내용을 남겨두는 게 유용할 것으로 판단하였다. 역자 주.

로 수리할 수 없다는 것이다. 소프트웨어로는 어떠한 힘도 전달할 수 없기 때문에 풀린 볼트는 풀린 채로 남아있다. 물론 훨씬 더 미묘한 관점들이 이런 인식에 작용하겠지만, 복잡한 메카트로닉스 시스템의 궁극적 성능은 항상 모든 구성품들로 부터 동시에 궁극적인 성능을 필요로 한다고 말하는 것이 안전하다. 이런 성능의 사슬 속에서 하드웨어 요소는, 근원적인 복잡성과 물리적인 구속조건들 때문에 가장 성능 좋은 메카트로닉스 시스템이 최대 구현 가능한 성능의 한계인자로 남아있게 된다.

레퍼런스와 추천도서

이 책을 저술하는 과정에서 책들 이외에도 인터넷을 통해서 자유롭게 다운로드할 수 있는 박사학위 논문들을 참조하였다. 다음의 교재들은 메카트로닉스의 다른 분야들에 대한 더 상세한 지식을 제공해 줄 것이다.

빛과 파장을 포함하는 **일반 물리학** 분야의 경우 Richard P. Feynman, Robert B. Leighton, 그리고 Matthew Sands가 저술한 **파인만의 물리학 강의**[30]가 사례를 통해서 어려운 주제를 명확하게 설명하고 있으며 이해하기 쉬운 구성을 가지고 있어서 가장 적합할 것이다.

다음의 책들은 메커니즘, 트랜스미션, 베어링 등과 같이 이 책에서 다루지 않은 기계공학 분야의 다양한 분야를 다루고 있기 때문에 **메카트로닉스 시스템**의 이론을 이해하는 데에 유용하다. 첫 번째 교재는 필립스 전자 엔지니어링 부서의 동적 메커니즘에 대한 실무경험을 기초로 하여 저술된 책이다. 원래의 책은 Wim van der Hoek가 독일어로 쓴 책으로, 전문가들 사이에서는 Des Duivels Prentenboek으로 알려져 있었으며 1980년경에 여러 해에 걸쳐서 De Constructeur에서 부분적으로 출간되었다. 나중에 Rien Koster가 이 모든 작업들을 정리하여 책으로 출간하였다. 최근 들어서 Twente 대학의 Herman Soemers가 전체적인 내용을 다시 정리하여 영문으로 출간하였다[82]. 기계설계에 분야의 두 번째 교재는 델프트 기술대학의 Anton van Beek가 베어링과 마찰현상을 중심으로 저술한 책이다[87].

동역학 분야의 경우 모달시험은 Ewins[28], 고전 진동학은 den Hartog[24], 그리고 더 최신의 진동학은 Gèradin과 Rixen[36]등의 책을 강력하게 추천하는 바이다.

운동제어 분야의 경우 제어공학의 모든 분야를 심도 깊게 다루며, 제어 플랜트의 물리적인 측면과 관계된 내용을 포함하는 4장의 방법론과 직접적인 관계되어있는 책들이 매우 많이 출간되었다. 특히 Karl Johan Åström은 Tore Hägglund[1, 2], Björn Wittenmark[4], 그리고 Richard M. Murray[3] 등과 많은 책을 썼으며, 이 책들을 강력하게 추천하는 바이다.

Gene F. Franklin과 J. David Powell이 Abbas Emami-Naeini와 귀환제어에 대해서 저술한 책[33]과 앞의 두 사람이 Michael L. Workman과 동적 시스템의 디지털 제어에 대해서 저술한 책[34]이 대학 강의에 자주 사용되며 Oppenheim과 Schafer가 이산시간 신호처리에 대해서 저술한 책[68]도 읽을 가치가 있다.

물리학 이론과 **전기기계**의 응용에 대한 지식이 필요하다면 물체에 작용하는 전자기력에 대해서 공학적 사례를 포함하여 설명하고 있는 다음의 세 권의 책들이 적합하다. 첫 번째는 물리학에 중점을 두고 연속체 전기기계에 대해서 다룬 James R. Melcher의 책[64]이며, 두 번째는 전자기계 시스템과 디바이스에 대해서 다룬 Sergey Edward Lyshevski의 책이다[62]. 세 번째는 전력 증폭기를 포함하는 메카트로닉스 환경하에서의 활용에 더 초점을 맞추어 전기기계에 대해서 다룬 A.E Fitzgerald, Charles Kinfsley Jr. 그리고 Stephen Umans의 책[32]이다.

압전작동기와 센서 분야에서는 최근 들어서 압전소재와 그 응용분야에 대해서 다룬 Jan Holterman과 Pim Groen이 저술한 책[43]이 매우 좋다.

전자공학 분야의 경우 잘 알려진 Paul Horowitz의 책[44]이 아날로그와 디지털 회로설계분야 모두를 다루고 있다.

광학 분야에서는 Max Born과 Emil Wolf의 책[14]과 Eugene Hecht의 책[38]이 자주 참조된다.

측정 분야에서는 John P. Bently의 책[6]이 강의교재로 자주 채택되고 있다.

참고문헌

[1] K. J. Åström and T. Hägglund. *PID Controllers, Theory, Design and Tuning*. Instrument Society of America, 1995.

[2] K. J. Åström and T. Hägglund. *Advanced PID Control*. Instrument Society of America, 2005.

[3] K. J. Åström and R. M. Murray. *Feedback systems : An Introduction for Scientists and Engineers*. Princeton University Press, 2008.

[4] K. J. Åström and B. Wittenmark. *Computer-Controlled Systems : Theory and Design*. Prentice Hall, 1996.

[5] J. Bardeen and W. Brattain. The transistor, a semi-conductor triode. *Physics Review Letters*, 74 : 230-231, 1948.

[6] J. P. Bentley. *Principles of Measurement Systems*. Prentice Hall, 2005.

[7] J. E. Bernard, A. A. Madej, K. J. Siemsen, and L. Marmet. Absolute frequency measurement of the HeNe / I 2 standard at 633 nm. *Optics Communications*, 187(January) : 211-218, 2001.

[8] B. Binnig and D. P. E. Smith. Single-tube three-dimensional scanner for scanning tunneling microscopy. *Review of Scientific Instruments*, 57(8) : 1688-1689, 1986.

[9] K. P. Birch and M. J. Downs. An Updated Edlén Equation for the Refractive Index of Air. *Metrologia*, 30 : 155-162, 1993.

[10] K. P. Birch and M. J. Downs. Correction to the Updated Edlén Equation for the Refractive Index of Air. *Metrologia*, 31(4) : 315-316, 1994.

[11] H. S. Black. Stabilized feed-back amplifiers. *Electrical Engineering*, 53(January) : 114-120, 1934.

[12] M. Boonman, C. vd Ven, S. Tempelaars, J. van Doorn, R Zimmerman, P. Teunissen, and A. Minnaert. The performance advantages of dual stage systems : focus performance at high throughput. In *Preedings of the SPIE 5377*, pages 742–757, 2004.

[13] A. Borisavljevic. *Limits, Modeling and Design of High-Speed Permanent Magnet Machines*. Phd thesis, Delft University of Technology, 2011.

[14] M. Born and E. Wolf. *Principles of Optics : Electromagnetic Theory of Propagation, Interference and Diffraction of Light*. Cambridge University Press, 1999.

[15] A. G. Bouwer, G. Bouwhuis, H. F. van Heek, and S. Wittekoek. De Silicon Repeater. *Philips Technisch Tijdschrift*, 37(11/12) : 349–352, 1977.

[16] H. Butler. Acceleration feedback in a lithographic tool. *Control Engineering Practice*, 20(4) : 453–464, Apr. 2012.

[17] H. Butler. Feedforward signal prediction for accurate motion systems using digital filters. *Mechatronics*, 22(6) : 827–835, Sept. 2012.

[18] H. Butler. Adaptive Feedforward for a Wafer Stage in a Lithographic Tool. *IEEE Transactions on Control Systems Technology*, 21(3) : 875–881, 2013.

[19] H. Butler and W. Simons. Position control in lithographic equipment. *IEEE Control Systems Magazine*, October : 28–47, 2011.

[20] M. F. Byl, S. J. Ludwick, and D. L. Trumper. A loop shaping perspective for tuning controllers with adaptive feedforward cancellation. *Precision Engineering*, 29 : 27–40, 2005.

[21] H. B. G. Casimir. Kanttekeningen bij een jubileum. *Philips Technisch Tijdschrift*, 43(2/3/4) : 34–36, 1986.

[22] R. R. Craig. *Structural Dynamics-An Introduction to Computer Methods*. John Wiley & Sons Inc., New York, 1981.

[23] M. Cui. *Distance Metrology in Air with a Femtosecond Frequency Comb Laser*. PhD thesis, 2010.

[24] J. P. den Hartog. *Mechanical Vibrations*. McGraw-Hill, New York, 1956.

[25] B. Edlén. The Refractive Index of Air. *Metrologia*, 2(2) : 71–80, 1966.

[26] J. D. Ellis. *Optical metrology techniques for dimensional stability measurements*. PhD thesis, Delft University of Technology, Dec. 2010.

[27] J. D. Ellis, K.-N. Joo, J. W. Spronck, and R.-H. Munnig Schmidt. Balanced interferometric system for stability measurements. *Applied optics*, 48(9) : 1733-1740, Mar. 2009.

[28] D. J. Ewins. *Modal Testing : Theory, Practice and Application, 2nd edition*. Wiley, 2000.

[29] H. Fang, A. Kiss, L. Robertsson, A. Zeggagh, J. Lan, E. De Mirandés, S. Solve, A. Picard, and M. Stock. Status of the BIPM watt balance. *IEEE Transactions on Instrumentation and Measurement*, 62(6) : 1491-1498, 2013.

[30] R. P. Feynman, R. B. Leighton, and M. Sands. *The Feynman Lectures on Physics, boxed set : The New Millenium Edition*. Basic Books, 2011.

[31] R. P. Feynman and A. Zee. *QED : The Strange Theory of Light and Matter*. Princeton University Press, 2006.

[32] A. E. Fitzgerald, C. J. Kingsley, and S. Umans. *Electric machinery*. McGraw-Hill, 2002.

[33] G. Franklin, J. D. Powell, and A. Emami-Naeini. *Feedback Control of Dynamic Systems*. Pearson, 2009.

[34] G. Franklin, J. D. Powell, and M. L. Workman. *Digital Control of Dynamic Systems*. Addison Wesley, 1998.

[35] A. Geim. Everyone's Magnetism. Physics Today, 51(9) : 36-39, 1998.

[36] M. Géradin and D. Rixen. *Mechanical Vibrations*. John Wiley & Sons Inc., 2 edition, 1997.

[37] R. F. M. M. Hamelinck. *Adaptive deformable mirror based on electromagnetic actuators*. PhD thesis, Eindhoven University of Technology, 2010.

[38] E. Hecht. *Optics*. Addison Wesley, 2002.

[39] W. Heisenberg. Über den anschaulichen Inhalt der quantentheoretischen Kinematik und Mechanik. *Zeitschrift fuür Physik*, 43(3-4) : 172-98, 1927.

[40] K. D. Hill, A. Peruzzi, and R. Bosma. CCT-K2 . 3 : NRC / NMi-VSL bilateral comparison of capsule-type standard platinum resistance thermometers from 13 . 8 K to 273 . 16 K. *Metrologia*, 49(1A (Technical Supplement 2012)) : 1-15, 2012.

[41] S. Hol. *Design and optimization of a magnetic gravity compensator*. PhD thesis, Eindhoven University of Technology, 2004.

[42] J. Holterman. *Vibration Control of High-Precision Machines with Active Structural Elements*. PhD

thesis, University Twente, 2002.

[43] J. Holterman and P. Groen. *An Introduction to Piezoelectric Materials and Applications*. Stichting Applied Piezo, 2013.

[44] P. Horowitz and W. Hill. *The Art of Electronics*. Cambridge University Press, 1989.

[45] ITRS. International Technology Roadmap for Semiconductors. lithography update. Technical report, International Sematech, 2012.

[46] L. Jabben. *Mechatronic Design of a Magnetically Suspended Rotating Platform*. PhD thesis, Delft University of Technology, 2007.

[47] S. R. Jefferts, T. P. Heavner, T. E. Parker, and J. H. Shirley. NIST cesium Fountains-Current status and future prospects. In *Proceedings of SPIE-The International Society for Optical Engineering, Volume 6673*, page Article nr : 667309, 2007.

[48] K.-N. Joo, J. D. Ellis, E. S. Buice, J. W. Spronck, and R.-H. Munnig Schmidt. High resolution heterodyne interferometer without detectable periodic nonlinearity. *Optics express*, 18(2) : 1159-5, Jan. 2010.

[49] K.-N. Joo, J. D. Ellis, J. W. Spronck, and R.-H. Munnig Schmidt. Realtime wavelength corrected heterodyne laser interferometry. *Precision Engineering*, 35(1) : 38-3, Jan. 2011.

[50] K.-N. Joo, J. D. Ellis, J.W. Spronck, P. J. M. van Kan, and R. H. Munnig Schmidt. Simple heterodyne laser interferometer with subnanometer periodic errors. *Optics letters*, 34(3) : 386-8, Feb. 2009.

[51] B. D. Josephson. Possible new effects in superconductive tunnelling. *Physics Letters*, 1(7) : 251-253, 1962.

[52] A. Katalenic. *Control of reluctance actuators for high-precision positioning*. PhD thesis, Eindhoven University of Technology, 2013.

[53] A. Katalenic, J. de Boeij, H. Butler, and P. P. J. van den Bosch. Linearization of a current-driven reluctance actuator with hysteresis compensation. *Mechatronics*, 23(2) : 163-171, Mar. 2013.

[54] M. H. Kimman. *Design of a micro milling setup with an active magnetic bearing spindle*. PhD thesis, Delft University of Technology, 2010.

[55] M. H. Kimman, H. H. Langen, and R. H. Munnig Schmidt. A miniature milling spindle with

Active Magnetic Bearings. *Mechatronics*, 20(2) : 224-235, 2010.

[56] S. Kuiper. *Mechatronics and Control Solutions for Increasing the Imaging Speed in Atomic Force Microscopy*. PhD thesis, Delft University of Technology, 2012.

[57] S. Kuiper and G. Schitter. Active damping of a piezoelectric tube scanner using self-sensing piezo actuation. *Mechatronics*, 20(6) : 656-665, 2010.

[58] L. Ljung. *System Identification : Theory for the User*. Prentice Hall, 1999.

[59] X. D. Lu and D. L. Trumper. High bandwidth fast tool servo control. *Proceedings of the 2004 American Control Conference*, 1, 2004.

[60] X. D. Lu and D. L. Trumper. Ultrafast Tool Servos for Diamond Turning. *CIRP Annals Manufacturing Technology*, 54 : 383-388, 2005.

[61] S. J. Ludwick, D. A. Chargin, J. A. Calzaretta, and D. L. Trumper. Design of a rotary fast tool servo for ophthalmic lens fabrication. *Precision Engineering*, 23 : 253-259, 1999.

[62] S. E. Lyshevski. *Electromechanical Systems and Devices*. CRC press, 2008.

[63] T. H. Maiman. Stimulated Optical Radiation in Ruby. *Nature*, 187(August) : 493-494, 1960.

[64] J. R. Melcher. *Continuum Electromechanics*. The MIT press, 1981.

[65] G. E. Moore. Cramming More Components onto Integrated Circuits. *Electronics*, (38) : 114-117, 1965.

[66] R. H. Munnig Schmidt. Ultra-precision engineering in lithographic exposure equipment for the semiconductor industry. *Philosophical transactions. Series A, Mathematical, physical, and engineering sciences*, 370(1973) : 3950-3972, Aug. 2012.

[67] R. Noyce. Semiconductor device-and-lead structure, 1961.

[68] A. V. Oppenheim and R. W. Schafer. *Discrete-time Signal Processing*. Pearson Higher Education, 3rd edition, 2009.

[69] H. Preston-Thomas. The International Temperature Scale of 1990 (ITS-90). *Metrologia*, 27 : 3-0,107, 1990.

[70] A. M. Rankers. *Machine Dynamics in Mechatronic Systems*. PhD thesis, Twente, 1997.

[71] L. C. Rogers. Derivatives of Eigenvalues and Eigenvectors. *AIAA Journal*, 8(5) : 943-944, 1970.

[72] R. Saathof. *Adaptive Optics to Counteract Thermal Aberrations-System Design for EUV-Lithography*

with sub-nm Precision. PhD thesis, Delft University of Technology, 2013.

[73] P. Schellekens, G. Wilkening, F. Reinboth, M. J. Downs, K. P. Birch, and J. W. Spronck. Measurements of the Refractive Index of Air Using Interference Refractometers. *Metrologia*, 22 : 279-87, 1986.

[74] G. Schitter. Improving the Speed of AFM by Mechatronic Design and Modern Control Methods. *Technisches Messen*, 76(5) : 266-273, 2009.

[75] G. Schitter, K. J. Åström, B. E. DeMartini, P. J. Thurner, K. L. Turner, and P. K. Hansma. Design and modeling of a high-speed AFM-scanner. *IEEE Transactions on Control Systems Technology*, 15(5) : 906-915, 2007.

[76] G. Schitter, P. J. Thurner, and P. K. Hansma. Design and inputshaping control of a novel scanner for high-speed atomic force microscopy. *Mechatronics*, 18(5-6) : 282-288, 2008.

[77] M. G. E. Schneiders, M. J. G. van de Molengraft, and M. Steinbuch. Benefits of overactuation in motion systems. In *Proc. American Control Conf.*, pages 505-510, Boston, 2004.

[78] K. Seto, I. Kajuwara, and A. Nagamatsu. Design of an optical servo system using a structural optimization method in which controllability is taken into account. In *66th Symposium of the Japan Society of Mechanical Engineers*, 1989.

[79] K. Seto and S. Mitsuta. A new method for making a reduced order model of flexible structures using unobservability and uncontrollability and its application in vibration control. In *1st Int. Conf. on Vibraion and Motion Control, Yokohama, Japan*, 1992.

[80] S. Skogestad and I. Postlethwaite. *Multivariable Feedback Control : Analysis and Design*. John Wiley & Sons Inc., 1996.

[81] S. W. Smith. *The Scientist and Engineer's Guide to Digital Signal Processing*. California Technical Publishing, 1997.

[82] H. M. J. R. Soemers. *Design Principles for Precision Mechanisms*. T-Point Print VOF, 2010.

[83] K. Teer. Terugkijken op ver zien : Televisietechniek van 1936 tot 1986. *Philips Technisch Tijdschrift*, 43(2/3/4) : 37-52, 1986.

[84] K. Thorborg, A. D. Unruh, and C. J. Struck. An Improved Electrical Equivalent Circuit Model for Dynamic Moving Coil Transducers. In *AES Convention paper*, Vienna, 2007. Audio

Engineering Society.

[85] K. Uchino and S. Hirose. Loss Mechanisms in Piezoelectrics : How to Measure Different Losses Separately. *IEEE Transactions on Ultrasonics, Ferroelectrics, and Frequency Control*, 48(1) : 307–321, 2001.

[86] C. L. Valentin. *Curvature Manipulation of Photomasks, Enhancing the imaging performance of immersion lithography equipment*. PhD thesis, Delft University of Technology, 2013.

[87] A. van Beek. *Advanced Engineering Design–lifetime performance and reliability*. Tribos, 2012.

[88] M. van den Brink, H. Jasper, S. Slonaker, P. Wijnhoven, and F. Klaassen. Step–and–Scan and Step–and–Repeat, a technology comparison. *SPIE*, 2726 : 734–753, June 1996.

[89] J. C. van Vessem. Van transistor naar IC : een lange weg? *Philips Technisch Tijdschrift*, 43(2/3/4) : 68–76, 1986.

[90] B. P. Wang. Eigensolution Derivatives for Arbitrarily Normalized Modes. *Shock & Vibration*, 1(4) : 395–399, 1994.

[91] J. J. C.Wei, Q. Zang, R. J. Allemang, and M. L.Wei. Correction of finite element models via selected physical parameters. In *13th Seminar on Modal Analysis, Leuven, belgium*, 1988.

[92] A. K.–K. Wong. *Resolution Enhancement Techniques in Optical Lithography*. SPIE–The International Society for Optical Engineering, 2001.

Appendix 03

부호와 약자들

1 | 부호

a	[m/s^2]	가속도
A	[−]	진폭(일반용어)
A	[m^2]	단면적
A_c	[m^2]	코일의 단면적
$A_{c,w}$	[m^2]	코일 내 권선의 단면적
A_g	[m^2]	공극의 단면적
A_i	[m^2]	코일 내 자속경로의 단면적
A_m	[m^2]	영구자석의 단면적
A_o	[m^2]	코일 외부 자속경로의 단면적
A_y	[m^2]	요크내부 자속경로의 단면적
B	[T]	자기장(자속밀도)
B	[Pa]	체적탄성률
B	[T]	자속밀도
B_g	[T]	공극 내의 자속밀도
$B_{g,c}$	[T]	전류에 의해 유발된 공극 내 자속밀도
$B_{g,m}$	[T]	자석에 의해 유발된 공극 내 자속밀도
B_r	[T]	잔류자속밀도
B_s	[T]	포화자속밀도
B_w	[T]	코일권선 내의 자속밀도

B_y	[T]	강자성체 요크 내의 자속밀도
c_p	[m/s]	전파속도
c_0	[m/s]	진공중에서 광선의 전파속도
c	[N·s/m]	감쇠계수
c_d	[V/m]	압전형 가속도계의 변형상수
c_i	[C·s^2/m]	압전형 가속도계의 전하 민감도
c_v	[V·s^2/m]	압전형 가속도계의 전압 민감도
C	[F]	정전용량
$C_{fb}(s)$	[−]	귀환제어기의 전달함수
$C_{pd}(s)$	[−]	PD−귀환제어기의 전달함수
$C_{pid}(s)$	[−]	PID−귀환제어기의 전달함수
$C_{ff}(s)$	[−]	전향제어기의 전달함수
C_m	[m/N]	질량의 컴플라이언스
C_s	[m/N]	스프링의 컴플라이언스
C_t	[m/N]	시스템의 컴플라이언스
C_d	[m/N]	댐퍼의 컴플라이언스
C^E	[m^2/N]	특성 컴플라이언스 행렬(압전)
d	[m/V]	압전계수행렬
$D, \mathbf{D}$	[C/m^2]	전기선속밀도 또는 변위
$E, \mathbf{E}$	[V/m]	전기장
E	[Pa]	다차원 탄성계수
E	[J]	에너지
E_C	[J]	커패시터 내에 저장된 에너지
E_k	[J]	운동에너지
E_L	[J]	인덕터 내에 저장된 에너지
E_m	[J]	자기에너지
E_p	[J]	위치에너지
f	[Hz]	공간주파수 또는 시간주파수

f	[m]	초점거리
$f(f), F(f)$	[−]	시간주파수응답함수
$f(s), F(s)$	[−]	전달함수
$f(t), F(t)$	[−]	운동방정식
$f(\omega), F(\omega)$	[−]	각도주파수응답함수
f_0	[Hz]	시간고유주파수 또는 코너주파수
f_a	[Hz]	비동조 물체의 반공진 주파수
f_c	[Hz]	균일이득 교차주파수
f_c	[Hz]	이중레이저 광선의 중심주파수
f_d	[Hz]	도플러 시프트 주파수
f_d	[Hz]	D−제어의 미분 코너주파수
f_i	[Hz]	I−제어의 적분 코너주파수
f_m	[Hz]	측정된 주파수
f_N	[Hz]	샘플링의 나이퀴스트 주파수한계
f_p	[Hz]	광자의 주파수
f_s	[Hz]	스위칭모드 전력증폭기의 스위칭 주파수
f_s	[Hz]	이중레이저 광선의 분리주파수
f_t	[Hz]	D−제어의 조절된 코너주파수
$\boldsymbol{F}, F$	[N]	힘 벡터 또는 힘 스칼라
F_a	[N]	작동기의 작용력
F_b	[N]	물체의 가속력
F_d	[N]	댐퍼의 작용력
F_s	[N]	스프링의 작용력
$\mathscr{F}_e$	[V]	기전력
$\mathscr{F}_m$	[A]	기자력
$G(s), (\omega), (f)$	[−]	전달함수/주파수응답함수의 이득
G_a	[−]	(연산)증폭기의 전압이득
$G_{a,c}$	[−]	연산증폭기의 폐루프 전압이득

$G_{a,f}$	[−]	연산증폭기의 귀환경로 전압이득
$G_{a,l}$	[−]	귀환경로를 갖춘 연산증폭기의 총 루프이득
$G_{a,o}$	[−]	연산증폭기의 개루프 내부전압이득
G_v	[−]	트랜지스터의 전압이득
$G_{t,ff}(s)$	[−]	전향제어기를 갖춘 총 전달함수
h	[−]	플랑크상수
h_c	[m]	코일의 권선높이
$h_{c,g}$	[m]	코일과 공극이 겹쳐진 권선높이
h_g	[m]	운동방향으로의 공극높이
H	[A/m]	자기장(자계강도)
H_c	[A/m]	보자력 자계강도
H_w	[A/m]	코일권선 내에서의 자계강도
I	[A]	전류
I	[W/m^2]	강도
I_b	[A]	트랜지스터의 베이스 전류
I_c	[A]	트랜지스터의 컬렉터 전류
I_d	[A]	다이오드 전류
I_e	[A]	트랜지스터의 이미터 전류
I_g	[A]	MOSFET의 게이트 전류
I_i	[A]	전자회로의 입력전류
I_l	[A]	부하 내의 전류
I_m	[A]	작동기 운동에 의해서 유도된 전류
I_N	[A]	노턴 등가전류
I_o	[A]	전자회로의 출력전류
$I_p, I_{*,p}$	[A]	교류의 피크 또는 진폭
I_r	[W/m^2]	방사조도
$I_{r,c}$	[W/m^2]	조합된 방사조도
$I_{r,i}$	[W/m^2]	입사된 복사광선의 방사조도

$I_{r,r}$	[W/m^2]	반사된 복사광선의 방사조도
I_s	[A]	전원에서 송출된 전류
J	[A/m^2]	전류밀도
k	[1/m]	각파수(angular wavenumber) (2πν).
$\boldsymbol{k}$	[1/m]	각파수 벡터(2πν).
k	[N/A]	작동기의 모터상수
k	[N/m]	강성
k_d	[–]	D–제어의 미분이득계수
k_f	[–]	플랙셔 스프링의 강성
k_i	[–]	I–제어의 적분이득계수
k_n	[N/m]	플랜트의 음강성
k_p	[–]	P–제어의 비례이득계수
k_{pz}	[N/m]	압전 작동기의 강성
k_t	[–]	직렬연결된 요소들의 총 이득
K_i	[–]	간섭입력이득
K_m	[–]	수정입력이득
$\mathscr{K}_i$	[N/m]	i번째 고유모드의 모달강성
$\mathscr{K}_{eff,i,k}$	[N/m]	k번째 자유도의 유효모달강성
l_c	[m]	가간섭길이
l_g	[m]	공극길이
l_i	[m]	코일 내의 자속경로길이
l_m	[m]	자석의 길이
l_o	[m]	코일 외부의 자속경로길이
l_w	[m]	권선의 도선길이
$l_{w,t}$	[m]	영구자석 자장 내에 위치한 코일의 총 도선길이
$l_{w,a}$	[m]	코일 내 도선의 능동부
$l_{w,p}$	[m]	코일 내 도선의 수동부
l_y	[m]	요크 내 자속경로길이

L	[H]	자체인덕턴스
L_a	[H]	작동기의 자체인덕턴스
L	[W/(m²·sr)]	광원의 방사휘도
m	[kg]	질량
m_a	[kg]	반공진기의 질량
m_m	[kg]	이동물체의 질량
M	[−]	배율
M	[W/m²]	복사발산도(Radiant emittance)
$M(s)$	[−]	측정 시스템의 전달함수
$\mathscr{M}_i$	[kg]	i번째 고유모드의 모달질량
$\mathscr{M}_{eff,i,k}$	[kg]	k번째 자유도의 유효모달질량
n	[−]	전달함수의 수 또는 차수(정수)
n	[−]	굴절계수
N	[−]	간섭계 상수의 승수
N_E	[V²/Hz]	과잉노이즈 불규칙 노이즈, 또는 $1/f$ 노이즈
N_S	[A₂/Hz]	산탄노이즈
N_T	[V²/Hz]	열 노이즈
$\hat{n}$	[−]	정의된 표면에 대한 연직벡터
p	[−]	확률
P	[Pa]	압력
P	[W]	전력, (빛의) 강도
$\overline{P}$	[W]	교류신호의 평균전력
P_i	[W]	광원의 조명강도
$P_{i,c}$	[W]	포획된 총 조명강도
$P_{i,t}$	[W]	방사된 총 조명강도
P_l	[W]	발산된 손실동력
P_m	[W]	기계적 동력
$P_p, P_{*,p}$	[W]	교류신호의 최대전력치

P_s	[−]	신호전력, 진폭의 제곱
P_L	[W]	인덕터를 통과하는 전류에 의해서 생성된 동력
P_v	[Pa]	수증기압력
Q	[−]	품질계수
Q_m	[−]	성능지수
q	[C]	전하
q_e	[C]	전자 하나의 전하
q_i	[−]	일반화 좌표 또는 모달좌표
R	[Ω]	저항
R_a	[Ω]	작동기 저항
R_c	[Ω]	케이블의 특성 임피던스
R_{cs}	[Ω]	전류측정용 저항
R_s	[Ω]	전원의 출력저항
$R_{s,c}$	[Ω]	컬렉터 전원의 출력저항
$R_{s,e}$	[Ω]	이미터 전원의 출력저항
$R_{x,y,z}$	[rad]	x, y, z축 방향으로의 회전
$\mathscr{R}$	[A/Wb]	자기저항(Magnetic reluctance)
$\mathscr{R}_g$	[A/Wb]	공극의 자기저항
$\mathscr{R}_i$	[A/Wb]	코일 내부의 자기저항
$\mathscr{R}_m$	[A/Wb]	영구자석의 자기저항
$\mathscr{R}_o$	[A/Wb]	코일 외부의 자기저항
$\mathscr{R}_t$	[A/Wb]	자속경로의 총 자기저항
$\mathscr{R}_y$	[A/Wb]	강자성체 요크의 자기저항
s	[−]	라플라스 변수
S, $\boldsymbol{S}$	[−]	압전소재 내의 기계적 변형률
S, $\boldsymbol{S}$	[N^2/W]	작동기의 준도(steepness)
$S(s)$, (ω), (f)	[N/m]	전달함수/주파수응답함수의 민감도
t	[s]	시간

t_c	[s]	가간섭성 시간
T	[℃]	온도
$T, \boldsymbol{T}$	[Pa]	기계적 응력
T_c	[℃]	큐리온도
T	[s]	주기
$T(s), (\omega), (f)$	[N/m]	전달함수/주파수응답함수의 상보감도함수
v	[m/s]	속도
v_p	[m/s]	파동전파속도 또는 위상속도
v_m	[m/s]	운동속도
V	[m^3]	체적
V_{pm}	[m^3]	영구자석의 체적
V	[V]	전위차, 전압
V_a	[V]	작동기에 브가된 전압
V_b	[V]	두 스위치 사이의 브리지 전압
V_c	[V]	캐리어 주파수 전압
V_{b-e}	[V]	트랜지스터의 베이스-이미터 전압
V_{c-e}	[V]	트랜지스터의 컬렉터-이미터 전압
V_{cs}	[V]	전류측정전압
$V_{c,a}$	[m^3]	자기장 내 코일의 능동체적
V_d	[V]	다이오드 양단전압
V_g	[V]	지오폰 출력전압
V_C	[V]	커패시터 나에서 전하이동에 의한 전압
V_L	[V]	인덕터 내부의 전류변압에 의한 전압
V_i	[V]	전자회로의 입력전압
V_m	[V]	작동기 운동에 의한 전압
V_o	[V]	전자회로의 출력전압
V_{sup}	[V]	전원공급전압
$V_p, V_{*,p}$	[V]	교류전압의 최댓값 또는 진폭

V_R	[V]	저항 내 전류에 의해 유도된 전압
V_s	[V]	전원전압
V_t	[V]	전자회로 내의 총 직렬전압
V_{th}	[V]	트랜지스터의 베이스-이미터 간 문턱전압
V_{Th}	[V]	테브난 등가전압
x	[m]	위치, 거리
x_d	[m]	변위
x_p, $x_{*,p}$	[m]	위치변화의 최댓값 또는 진폭
Y	[Pa]	영계수(탄성률)
Y^E	[Pa]	일정한 전기장 하에서의 영계수
Z	[−]	임피던스
β	[−]	트랜지스터의 전류증폭률
γ	[−]	코일 권선의 유효충진계수
δ, Δ	[−]	변화, 편차
ε	[−]	제어오차
ε	[−]	기계적 변형률
ε_0	[A·s(V·m)]	진공중에서의 전기적 유전율
ε_r	[−]	비유전율 상수
ζ	[−]	감쇠비
ϑ	[rad or °]	포획각도
ϑ_i	[rad or °]	입사각도
ϑ_r	[rad or °]	반사각도
ϑ_t	[rad or °]	굴절각도
$\varkappa$	[−]	코일 내의 결합계수
λ	[−]	기생자속에 의한 손실계수
λ	[m]	파장길이
λ_B	[m]	브래그 격자 파장길이
μ_0	[A·s(A·m)]	진공중에서의 투자율

μ_r [−] 비투자율

ν [−] 푸아송(탄성)비

ν [1/m] 파수(wavenumber : 파장길이의 역수)

$\boldsymbol{\phi}_i$ [−] i차 고유모드의 고유벡터

φ [rad or °] 위상각

Φ [Wb] 자속 또는 방사속(광학)

Φ_e [C] 전하 플럭스

Φ_m [Wb] 자석의 자속

Φ_w [Wb] 코일권선 내의 자속

$\Phi_{w,t}$ [Wb] 모든 권선에 대한 총 자속

Φ_y [Wb] 요크 내부의 자속

ρ_m [kg/m^3] 질량밀도

ρ_r [Ωm] 저항률

ρ_q [C/m^3] 전하밀도

σ [Pa] 기계적 응력

σ_x [nb] 변수 x의 표준편차

τ [s] 시상수, RC 시간

τ_d [s] 미분시상수 (D−제어)

τ_e [s] 작동기의 전기적 시상수

τ_g [s] 그룹지연

τ_i [s] 적분시상수 (I−제어)

τ_t [s] 조절시상수 (D−제어)

ω [rad/s] 각도주파수

ω_0 [rad/s] 각도 고유주파수 또는 각도 코너주파수

ω_c [rad/s] 각도 균일이득 교차주파수

ω_d [rad/s] D−제어의 미분 코너주파수

ω_i [rad/s] I−제어의 적분 코너주파수

ω_t [rad/s] D−제어의 조절된 코너주파수

Ω	[sr]	입체각
Ω	[V/A]	저항

2 | 약자

AC	교류(Alternating Current)
ADC	아날로그-디지털 변환기(Analogue-to-Digital Converter)
AFM	원자 작용력 현미경(Atomic Force Microscope)
AO	능동광학(Adaptive Optics)
BIPM	국제도량형사무국(Bureau International des Poids et Mesures)
BWO	광선분리(Beam Walk Off)
CAD	컴퓨터 원용설계(Computer Aided Design)
CAS	누적진폭 스펙트럼(Cumulative Amplitude Spectrum)
CD	임계치수(Critical Dimension)
CCD	전하결합소자(Charge Coupled Device : 카메라 센서)
CMMR	동상제거비(Common Mode Rejection Ratio)
CMP	화학적 기계연마(Chemical Mechanical Polishing)
COM	무게중심(Centre Of Mass)
CPF	누적확률함수(Cumulative Probability Function)
CPS	누적파워스펙트럼(Cumulative Power Spectrum)
DAC	디지털-아날로그 변환기(Digital-to-Analogue Converter)
DC	직류(Direct Current)
DEB	동적 오차할당(Dynamic Error Budgeting)
DFT	이산화 푸리에 변환(Discrete Fourier Transform)
DOF	초점심도(Depth Of Focus)
DOF	자유도(Degree(s) Of Freedom)
DSP	디지털 신호처리(Digital Signal Processor)

EMC	전자환경적합성(Electro-Magnetic Compatibility)
EP	유전율(Electric permittivity)
ESD	정전방전(Electrostatic Discharge)
FBG	파이버 브래그 격자(Fibre Bragg Grating)
FEM	유한요소법(Finite Element Method)
FET	전계효과 트랜지스터(Field Effect Transistor)
FFT	고속 푸리에 변환(Fast Fourier Transform)
FIR	유한 임펄스 응답(Finite Impulse Response)
FPGA	필드 프로그램 게이트 어레이(Field Programmable Gate Array)
FRF	주파수응답함수(Frequency Response Function)
FWHM	반치전폭(Full Width Half Maximum)
GB	이득 밸런싱(Gain Balancing)
GS	이득 스케쥴링(Gain Scheduling)
GUM	측정 불확실성 표현방법(Guide to the expression of Uncertainty in Measurement)
HF	고주파(High Frequency)
HP	고역통과(High Pass : 필터)
IC	집적회로(Integrated Circuit)
IGBT	절연 게이트 쌍극성 트랜지스터(Insulated Gate Bipolar Transistor)
IIR	무한임펄스응답(Infinite Impulse Response)
JCGM	계측의 지침을 위한 연합 위원회(Joint Committee for Guides in Metrology LF Low Frequency)
LP	저역통과(Low Pass : 필터)
LSB	최하위비트(Least Significant Bit)
LTI	선형 시불변(Linear Time-Invariant)
LVDT	선형가변 차동변압기(Linear Variable Differential Transformer)
MA	이동평균(Moving Average)
MEMS	미세전자기계시스템(Micro Electro Mechanical System : 마이크로시스템)
MFD	자속밀도(Magnetic Flux Density)

MIMO	다중입력 다중출력(Multiple Input Multiple Output : 제어)
MOS	금속 산화물 반도체(Metal Oxide Semiconductor : FET)
MSB	최상위비트(Most Significant Bit)
MSD	이동표준편차(Moving Standard Deviation)
NA	개구수(Numerical Aperture)
NLTV	비선형시변(Non–Linear Time–Variant)
OPD	광학경로차이(Optical Path Difference)
OPL	광학경로길이(Optical Path Length)
PALM	압전식 능동형 렌즈 마운트(Piezoelectric Active Lens Mount)
PCB	프린트 회로기판(Printed Circuit Board)
PDA	개인정보단말기(Personal Digital Assistant)
PDF	확률밀도함수(Probability Density Function)
PLL	위상고정루프(Phase Locked Loop)
PLZT	티탄산 지르콘산 란탄산 납(Lead Lanthanum Zirconate Titanate : 압전)
PM	영구자석(Permanent Magnet)
PSD	파워 스펙트럼 밀도(Power Spectral Density)
PSD	위치감응검출기(Position Sensitive Detector)
PSF	점상진폭분포함수(Point Spread Function)
PSRR	전원제거비율(Power Supply Rejection Ratio)
PVDF	폴리염화비닐리덴(Polyvinylidene Fluoride : 압전)
PTFE	폴리테트라플루오로에틸렌(Polytetrafluoroethylene : 테프론)
PZT	티탄산 지르콘산 납(Lead Zirconate Titanate : 압전)
PWM	펄스폭 변조(Pulse Width Modulation)
RMS	평균제곱근(Root Mean Square)
SCS	표면단면적(Surface Cross Section)
SISO	단일입력 단일출력(Single Input Single Output : 출력)
SMPA	스위치 모드 전원 증폭기(Switched Mode Power Amplifier)
SNR	신호 대 노이즈 비율(Signal to Noise Ratio)

SPM	원자현미경(Scanning Probe Microscopy)
STM	주사 터널링 현미경(Scanning Tunnelling Microscopy)
STP	차폐식 트위스트 페어(Shielded Twisted Pair)
TDM	시분할 다중화(Time Division Multiplexing)
TF	전달함수(Transfer Function)
UTP	비차폐식 트위스트 페어(Unshielded Twisted Pair)
VCO	전압제어 발진기(Voltage Controlled Oscillator)
VGM	벡터이득여유(Vector Gain Margin)
WDM	파장 다중분할(Wavelength Division Multiplexing)

색인

ㅅ

ㅇ

ㅈ

ㅌ

ㅍ

ㅎ

1-9

A-Z